UTB 8075

utb.

Eine Arbeitsgemeinschaft der Verlage

Böhlau Verlag · Wien · Köln · Weimar
Verlag Barbara Budrich · Opladen · Toronto
facultas · Wien
Wilhelm Fink · Paderborn
A. Francke Verlag · Tübingen
Haupt Verlag · Bern
Verlag Julius Klinkhardt · Bad Heilbrunn
Mohr Siebeck · Tübingen
Nomos Verlagsgesellschaft · Baden-Baden
Ernst Reinhardt Verlag · München · Basel
Ferdinand Schöningh · Paderborn
Eugen Ulmer Verlag · Stuttgart
UVK Verlagsgesellschaft · Konstanz, mit UVK/Lucius · München
Vandenhoeck & Ruprecht · Göttingen · Bristol
Waxmann · Münster · New York

Wichtiger Hinweis

Die Inhalte des vorliegenden Buches geben den aktuellen, wissenschaftlichen Stand zum Zeitpunkt der Drucklegung wieder und wurden nach bestem Wissen und Gewissen verfasst. Dennoch kann das Buch keine medizinische Beratung und Diagnose ersetzen.

In diesem Buch sind die Namen von Medikamenten, die zugleich eingetragene Warenzeichen sind, als solche nicht besonders kenntlich gemacht. Es kann also aus der Bezeichnung nicht geschlossen werden, dass die Bezeichnung ein freier Warenname ist. Die Markennamen wurden nur beispielhaft aufgeführt.

Hinsichtlich der in diesem Buch angegebenen Dosierungen von Medikamenten usw. wurde auf größtmögliche Sorgfalt geachtet. Gleichwohl sind Fehler nie ganz ausgeschlossen. Autoren und Verlag können keine Gewähr übernehmen. Die Leser werden aufgefordert, die entsprechenden Beipackzettel der Hersteller zur Kontrolle heranzuziehen.

Vinzenz Gerber
Reto Straub
(Herausgeber)

Pferdekrankheiten
Innere Medizin

2., vollständig überarbeitete Auflage

Haupt Verlag

Die Herausgabe dieses Buches wurde durch Beiträge folgender Unternehmen unterstützt:

Boehringer Ingelheim Schweiz GmbH, Basel
Dr. E. Graeub AG, Bern
Laboratorium Dr. G. Bichsel AG, Interlaken
Provet AG, Lyssach

Herzlichen Dank!

2. Auflage: 2016
1. Auflage: 1994 (Heinz Gerber, Pferdekrankheiten Band 1: Innere Medizin einschließlich Dermatologie, utb 8075. Ulmer, Stuttgart)

Die Deutsche Bibliothek – CIP Einheitsaufnahme

Bibliografische Informationen der *Deutschen Nationalbibliothek:*
Die Deutsche Nationalbibliothek verzeichnet diese Publikation in der Deutschen Nationalbibliografie; detaillierte bibliografische Angaben sind im Internet unter http://dnb.dnb.de abrufbar.

Korrektorat: Claudia Bislin, F-Vingrau
Satz / Gestaltung: René Tschirren
Einbandgestaltung: Atelier Reichert, Stuttgart

Bildnachweis:
Umschlagseite: Nach einer Zeichnung von Prof. em. Dr. med. vet. Heinz Gerber
Abb. 1.1, 1.2, 1.4, 1.5, 1.9, 1.23, 3.1, 3.6, 3.7, 3.8, 3.10, 3.11, 3.13, 4.2, 5.5, 6.1, 6.4, 6.5, 6.6, 6.7, 10.1, 10.2, 10.3, 11.1, 11.5, 12.1, 13.4, 16.1, 17.1: Aus Gerber/Gerber/Straub: Untersuchungsmethoden beim Pferd. Ulmer, Stuttgart, 2008.
Alle anderen Abbildungen: ISME-Pferdeklinik, Bern

Printed in Germany

www.haupt.ch

UTB-Band-Nr.: 8075
ISBN: 978-3-8252-8612-5

Inhaltsverzeichnis

Vorwort zur 2., vollständig überarbeiteten Auflage

Gedacht ist das Buch, wie schon die erste Auflage, für Pferdepraktiker und Studierende, denen es nützliche Dienste erweisen soll. Es war der Erfolg der ersten Auflage und die sogar 20 Jahre nach dem ersten Erscheinen anhaltende Nachfrage nach einer Neuauflage, die uns ermutigt haben, diese riesige Aufgabe anzugehen.

«Pferdekrankheiten – Innere Medizin» wurde für diese Neuauflage komplett überarbeitet. Allerdings haben wir versucht, den Geist des von Heinz Gerber als alleinigem Autor verfassten ursprünglichen Buches zu erhalten. Deshalb haben wir bewusst auf zu viele Detailinformationen, die für die klinische Praxis nicht relevant sind, verzichtet. Wir sind der bereits in der ersten Auflage verfolgten Linie auch insofern treu geblieben, als chirurgische, gynäkologische und andrologische Themen und Fragen nur dort, wo sie in der Inneren Medizin unbedingt relevant sind, erwähnt werden. Dagegen werden Fragen der Neonatologie und Fohlenmedizin in der Neuauflage etwas stärker gewichtet und beschrieben. Entsprechend dem beträchtlichen Wissenszuwachs hat natürlich der Umfang der zweiten Auflage um etwa einen Drittel zugenommen. Wir haben also versucht, dem Anspruch gerecht zu werden, ein Werk zu schaffen, das auf dem neuesten Stand ist, aber gleichzeitig kompakt und praxisnah bleibt.

Als großen Gewinn betrachten wir die Ergänzung des Buches durch den Online-Atlas «EquiSurf». Die zahlreichen darin enthaltenen Bilder und Videos ermöglichen eine umfassende ergänzende Illustration verschiedenster Krankheitsbilder der Pferdemedizin. «EquiSurf» seinerseits ist in seinem Aufbau eng an das vorliegende Buch angelehnt und wird stetig ergänzt und weiterentwickelt.

Dass wir diese Arbeit zu Ende führen konnten, verdanken wir all unseren Mitautorinnen und -autoren, die ihre eigenen Erfahrungen und ihr Wissen in die neu überarbeiteten Kapitel eingebracht haben. Besonders hat es uns gefreut, dass wir als Mitautorinnen und -autoren allesamt ehemalige und gegenwärtige Mitarbeitende gewinnen konnten. Nicht zuletzt darum war es möglich, das oben beschriebene Konzept der Aktualität bei gleichzeitiger Praxisnähe umzusetzen. Ihnen gebührt also unser größter Dank!

Weiter danken wir unseren Kolleginnen und Kollegen in der Praxis für die gute Zusammenarbeit, die es uns an der Universitätsklinik erst ermöglicht, die nötigen reichen Erfahrungen zu sammeln. Schlussendlich danken wir herzlich dem Haupt Verlag Bern, insbesondere Herrn Matthias Haupt, Frau Homberger und Herrn Tschirren für ihre Unterstützung und Zusammenarbeit.

In diesem Sinne sei dieses Buch nicht nur dem ursprünglichen Autor, Heinz Gerber, sondern auch allen unseren Pferdepatienten gewidmet, die uns – oft durch ihr Leiden – am meisten über die Pferdemedizin gelehrt haben.

Bern, im Herbst 2015
Reto Straub und *Vinzenz Gerber*

EquiSurf

Aufbauend auf dem Archiv der ISME-Pferdeklinik Bern (Institute suisse de médecine équine) entstand über die vergangenen Jahre eine wertvolle Sammlung klinischer Fotografien und Filmaufnahmen. Um diese optimal für die Aus- und Weiterbildung von Tierärzten und Tierärztinnen nutzen zu können, wurden alle wesentlichen Bild- und Videoinhalte auf der Online-Plattform **EquiSurf** zugänglich gemacht. Damit stellt diese Plattform, die im Aufbau an das vorliegende Buch angelehnt ist, eine ideale Ergänzung zum Buch dar.

Der Zugang zum **EquiSurf** Bild- und Videoatlas erfolgt über die Website des ISME unter *www.ismequine.ch* in der Rubrik «Links». Die Inhalte des **EquiSurf**-Atlas können durch die Eingabe von

Benutzername: **EquiSurf**
Passwort: **ISME-EquiSurf**
(Groß-/Kleinschreibung beachten!)

genutzt werden. Die Suche kann nach Stichwort oder nach Kapitelnummer dieses Buches erfolgen (z.B. «Niereninsuffizienz» oder «5.1.2»). Bei der Suche nach Kapitelnummern muss immer mindestens ein Punkt (.) im Suchbegriff vorkommen.

Wir empfehlen Ihnen die Verwendung eines gängigen, aktualisierten Browsers (z.B. Firefox), um die Inhalte von **EquiSurf** ohne Einschränkungen nutzen zu können.

Abkürzungen

4-BAD Fourth Branchial Arch Defects
ACTH Adrenocorticotropes Hormon
ACTH Adrenocorticotropin
AHSV Pferdepestvirus (Engl.: *African Horse Sickness*)
ANA Antinukleäre Antikörper
AP Alkalische-Phosphatase
AQH American Quarter Horse (Engl.)
ARDS Acute Respiratory Distress Syndrome
AST Aspartat-Aminotransferase (= ASAT)
ATP Adenosintriphosphat
BALF Broncho Alveoläre Lavage Flüssigkeit
BCG Bacille-Calmette-Guérin
BID Medikation 2×/Tag
BPV Bovines Papillomavirus
CA Zerebelläre Abiotrophie (Engl.: *Cerebellar Abiotrophy*)
CAST Cellular Antigen Stimulation Test
CEM Contagious Equine Metritis
CFU Colony forming units
CLF Kongenitale Leberfibrose
COB Chronisch Obstruktive Bronchitis
COPD Chronic obstructive pulmonary disease
COX Cyclo-Oxygenasen
CRH Corticotropin-Releasing Hormone
CT Computer-Tomografie
CV(S)M Cervical Vertebral (Stenotic) Myelopathy
DD Differenzialdiagnose
DDSP Dorsal-Displacement of the Soft Palate (Dorsalverlagerung des weichen Gaumens)
DIC Disseminated Intravascular Coagulation
DMSO Dimethy-Sulfoxid
DNA Desoxyribonukleinsäure
EAdV Mastadenovirus
EAV Equines Arteriitis-Virus
EcPV Equines Papillomavirus
EcPV Equus caballus Papillomvirus
ECS Equines Cushing-Syndrom
EDM Equine Degenerative Myelopathie (oder Myelomalazie)
EEG Elektro Enzephalografie
EEE Eastern Equine Enzephalomyelitis
EHM Herpesmyoloenzephalopathie
EHV Equines Herpesvirus
EIA Equine Infektiöse Anämie
EIPH Exercise Induced Pulmonary Haemorrhage
ELISA Enzyme Linked Immunosorbent Assay
EMG Elektromyogramm
EMND Equine Motor Neuron Disease
EMPF Equine Multinodular Pulmonary Fibrosis
EMS Equines Metabolisches Syndrom
Engl. Englisch
EPM Equine Protozoäre Myeloenzephalitis
EPO Erythropoetin
EPSM Equine Polysaccharide Storage Myopathy
ERAV Equines Rhinitisvirus A
ERBV Equines Rhinitisvirus B
EVA Equine Virus-Arteriitis
FIT Funktioneller Invitrotest
FSH Follikel stimulierendes Hormon
FSME Frühsommer Meningoenzephalitis
GABA Gamma-Aminobuttersäure (Engl.: *Gamma-Amino-Butyric-Acid*)
GBED Glycogen Branching Enzyme Deficiency
GE Granulomatöse Enteritis
GFR Glomeruläre Filtrationsrate
ggf. gegebenenfalls
ggr. geringgradig
GH-RH Growth-Hormon-Releasing-Hormon
GLDH Glutamat-Dehydrogenase
GnRH Gonadotropin Releasing Hormone
GYS Glycogen Synthase Enzyme Gene
Hb
HERDA Hereditary Equine Regional Dermal Asthenia
hgr. hochgradig
HIE Hypoxisch Ischämische Enzephalopathie
Hkt Hämatokrit
HPA Hypothalamo Pituitary Adrenal axis
HYPP Hyperkaliämische Periodische Parese
i. c. intrakutan
i. m. intramuskulär
i. v. intravenös
IAD Inflammatory Airway Disease
IBD Inflammatory Bowel Disease
ICR Intercostalraum
IFEED Idiopathische Focale Eosinophile Enterocolitis Disease
IHC Immunhistochemie
IMHA Immune-Mediated Hemolytic Anemia
ISCOM Immuno-Stimulatory Complexes
KBR Komplementbindungsreaktion

KCl Kaliumchlorid
KFZ Kapilläre Füllungszeit
KG Körpergewicht
LDH Laktat-Dehydrogenase
LH Luteinisierendes Hormon
LPE Lymphozytäre-Plasmazytäre-Enterocolitis
MADD Multiple Acyl-CoA Dehydrogenase Deficiency
MCH Mean Corpuscular Hämoglobine
MCHC Mean Corpuscular Hämoglobine Concentration
MCV Mean Corpuscular Volume
MEED Multisystemic Eosinophilic Epitheliotropic Disease
mgr. mittelgradig
MHC Major Histocompatibility Complex
MRH Melanotropin-Releasing Hormone
MRI Magnetic Resonance Imaging
MRSA Methicillin-Resistente-*Staphylococcus aureus*
MSH Melanozyten Stimulierendes Hormon
NCE Neuritis Caudae Equinae
NNR Nebennierenrinde
NSS Nasen Schlund Sonde
OCD Osteochondrosis Dissecans
OIE Office International des Epizootie
p. o. per os
p. p. post partum
PAS Periodic-Acid-Schiff-Färbung
PCR Polymerase-Chain-Reaction
PGE Prostaglandin E
POMC Proopiomelanocortin
PPID Pituitary Pars Intermedia Dysfunction
PSSM Polysaccharid Speicher-Myopathie
PTH Parathormon
PU/PD Polyurie/Polydipsie
QID Medikation 4 ×/Tag
RAO Rezidivierende Atemwegs-Obstruktion
REM Rapid-Eye-Movement
RER Recurrent Exertional Rhabdomyolysis
RYR Ryadonin Receptor Gene
SAM Sympathetic Adreno Medullary system
SCN44 Sodium Channel Control Gene
SDH Sorbit-Dehydrogenase
SF Selle Français
SID Medikation 1 ×/Tag
SIRS Systemic Inflammatory Response Syndrome
SPAPD Summer-pasture associated pulmonary disease
STH Somatotropes Hormon (Engl.: *growth hormone*)
Syn Synonym
TBS Tracheo-Bronchial-Sekret
TDAV Theiler's Disease-Associated virus
TH T-Helferzellen
TID Medikation 3 ×/Tag
TRH Thyrotropin Releasing Hormone
TSH Thyreoidea stimulierendes Hormon
var. Varietät
VEE Venezuelan Equine Enzephalomyelitis
VLDL Very Low Density Lipoprotein
VSD Ventrikelseptumdefekt
vWF von-Willebrand-Faktor
WEE Western Equine Enzephalomyelitis
WMD White Muscle Disease
WNV West Nile Virus
XX Engl. Vollblut
ZNS Zentrales Nervensystem
γGT Gamma-Glutamyl-Transferase (= GGT)

1 Krankheiten der Haut

V. Gerber, P. Roosje und R. Straub

Der Erscheinungsform der Veränderungen kommt gerade in der Dermatologie eine große diagnostische und therapeutische Bedeutung zu. Wir unterscheiden zwischen primären und sekundären Effloreszenzen, welche die einzelnen, spezifischen Hauterkrankungen charakterisieren können. Die primären Hautveränderungen werden unmittelbar durch die Krankheit verursacht, während sich sekundäre Effloreszenzen als Folge der primären entwickeln. Bei dieser in der folgenden Tabelle schematisch dargestellten Unterscheidung gibt es aber auch Ausnahmen, z. B. kann Schuppung ausnahmsweise auch primär auftreten wie bei idiopathischer generalisierter Seborrhoe oder lokal bei Röhrbeinkeratosen und linearer Keratose. Diese Ausnahmen sind aber sehr selten, und zuerst sind Ursachen für sekundäre Schuppenbildung auszuschließen, somit ist die vereinfachte schematische Einteilung diagnostisch doch oft hilfreich.

Tabelle 1.1: Primäre und sekundäre Hautläsionen

primäre Hautläsionen	primäre oder sekundäre Hautläsionen	sekundäre Hautläsionen
Fleck (Makula)	Alopezie / Hypotrichose	Narbe (Cicatrix)
Papel, Knötchen (Papula < 1 cm) oder	Schuppe (Squama)	Exkoriation (Abschürfung)
Plaque (flache, derbe Hauterhebung)	Kruste	Kollarette
Pustel (Pustula; Eiterbläschen)	Komedone	Erosion
Vesikel (Bläschen < 1 cm) Bulla (> 1 cm)	Keratinmanschette	Ulzeration
Quaddel	Pigmentveränderungen	Rhagade (Hautriss)
Knoten (Nodus, größer als 1 cm)		Lichenifikation
Zyste (Cystis)		
Knollen, Geschwulst (Tumor)		

Auch wenn für die Behandlung immer eine ätiologische Diagnose angestrebt wird (die symptomatische Therapie einer von Läusen versursachten Dermatitis bringt nur kurzfristige Scheinerfolge), kommt man gerade in der Dermatologie manchmal nicht darum herum, die symptomatische Diagnose als Grundlage für Prognose und Therapie zu benützen.

Entsprechend erstreckt sich die folgende Besprechung von Leitsymptomen und Symptomkomplexen zu selbstständigen spezifischen Krankheitsbildern und Ursachenkomplexen.

Leitsymptome

- Juckreiz (Pruritus)
- Veränderungen des Haarkleides: Hyper- und Hypotrichose
- Pigmentierungsstörungen von Haut und Haaren
- Störungen der Schweißsekretion: Hyper- und Anhidrose
- akute und chronisch-rezidivierende Urticaria und Angioödem
- noduläre und ulzerative Hautveränderungen
- Schuppen (Seborrhoe) und Krusten

1.1 Leitsymptome verschiedener Ursachen

1.1.1 Juckreiz

Das Symptom «Juckreiz» tritt meistens zusammen mit bestimmten Hautveränderungen auf. Wenn diese primär sind (z. B. Urticaria), können sie Hinweise auf die Ursache liefern. Meist sind die Läsionen aber sekundär (insb. Scheuereffloreszenzen, wenn sich die Pferde kratzen), und die Diagnose muss aufgrund der klinischen Präsentation, wie Ausprägung und Lokalisation des Juckreizes, und mittels Zusatzuntersuchungen gestellt werden.

Milder Juckreiz ist an sich sehr unspezifisch, und andere begleitende Symptome führen oft eher zu einer Diagnose. Eine Vielzahl von allergischen und infektiösen Ursachen können einen milden, bestimmt auch von der individuellen Sensibilität abhängigen Grad von Pruritus verursachen. Bei manchen Ursachen kann sich die Ausprägung des Juckreizes auch mit der Zeit verändern. Parasiten verursachen oft nur beim Erstbefall deutlichen Juckreiz. Die Symptomatik kann sich dann besonders bei empfindlichen Individuen nach Erstbefall, z. B. mit Lausfliegen, Milben, insb. Hühnermilben (Dermanyssus gallinae →1.4.3.2 sind wenig wirtspezifisch; auch in der Umgebung und nachtaktiv) oder Insektenstichen am Unterbauch sehr heftig manifestieren und wie ein Kolikanfall aussehen. Auch bei schlechtem Putzzustand kann Juckreiz entstehen. Dermatophytosen werden beim Pferd nicht oder kaum von Juckreiz begleitet. Auch bei Urticariafällen und Leberaffektionen zeigt nur eine Minderheit Juckreiz.

Allergische und unspezifisch-entzündliche Reaktionen auf Insektenstiche (Sommerekzem →1.2.3.2 & 13.1.1) und auf Erstbefall mit Ektoparasiten (→1.4.2) stellen die häufigste Ursache von **ausgeprägtem Juckreiz** dar. Das Pferd zieht sich dann wegen des Juckreizes sekundäre, traumatische Hautläsionen zu: Es kratzt, reibt und scheuert sich, es beißt sich gelegentlich bis zur Automutilation (Abb. 1.1).

Nur selten lässt sich der Juckreiz nicht mit einer somatischen Ursache in Verbindung bringen. Können aber alle oben genannten Ursachen ausgeschlossen werden und sind die unten aufgeführten therapeutischen Maßnahmen wirkungslos, ist besonders bei nervösen Tieren und v. a. bei Hengsten an eine mögliche psychische Ursache zu denken, die sich evtl. mit einer «Beschäftigungstherapie» (Raufutter; Abwechslung in der Umwelt, Sozialkontakte) beeinflussen lässt. Ein Beispiel dafür ist das «Flankenbeißen» →6.3.7), das als Verhaltensstörung angesehen wird.

Symptome: Scheuern, Reiben, Kratzen, heftiges Stampfen, Lecken, Nagen und Beißen sind als eigentliche klinische Manifestationen, ab- und ausgeriebene Haare, Schürfungen und tiefer gehende Verletzungen als Folgen des Juckreizes anzusehen.

Diagnose: Die Abklärung der Ätiologie ist ausschlaggebend für eine gezielte Therapie. Dabei ist die Anamnese, die klinische und die dermatologische Untersuchung sehr wichtig. Das Symptom Juckreiz lässt sich eindeutig erkennen. Ein subjektiver, aber einfacher Test kann helfen, Pruritus von Schmerz abzugrenzen, indem die Reaktion eines betroffenen Pferdes auf leichtes Kratzen der betroffenen Stellen mit der Hand oder einem Striegel beobachtet wird. Pferde mit Juckreiz reagieren positiv, während Schmerz oder Paraesthesie eher eine Abwehr auslöst; das Fehlen einer Reaktion kann Hinweis auf eine seltene psychische Störung sein. Die genaue Beobachtung des Patienten (mit welchen Symptomen äußert sich der Juckreiz – Scheuern und Reiben oder eher Benagen einer Hautstelle, oder gar Aufstampfen bis zu kolikartigen Anfällen? Wie ist seine Intensität, der Verlauf und die Lokalisation?) kann aufschlussreich sein und Hinweise auf mögliche Ursachen geben (Tab. 1.2). Geschabsel (Ektoparasiten), Biopsien und ggf. Allergietests (z. B. Cellular-Antigen-Stimulation-Test (CAST) bei Verdacht auf Sommerekzem (Abb. 1.1) können zusätzlich helfen, die einzelnen Ursachen zu differenzieren.

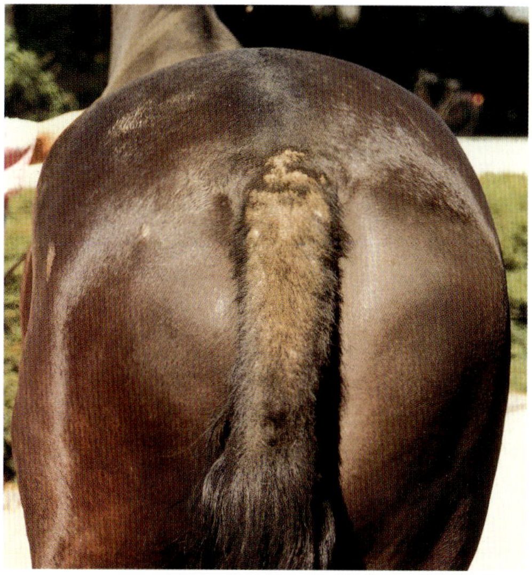

Abb. 1.1: Sommerekzem: Durch Juckreiz hervorgerufene Scheuerläsionen, squamöse Effloreszenzen und ausgeriebene Schweifhaare.

Tabelle 1.2: Ursachen für Juckreiz nach typischer Symptomatik und Lokalisation geordnet

Ursachengruppe	spezifische Ursachen; Beispiele	Intensität; Verlauf	Ausprägung und Lokalisation
Ektoparasiten	**Räude *(Chorioptes)*,** Läuse, **Haarlinge, Lausfliegen, und Herbstgras- und Hühnermilbe** (→ 1.4.3.2); Fliegenmaden	zu Beginn (Erstbefall) meist heftig; später Gewöhnung	Je nach Parasit v. a. Scheuern, Reiben Kratzen am Rumpf (z. B. Haarlinge; Lausfliegen) oder v. a. an den Gliedmaßen, hier z. T. mit Stampfen, und Ausschlagen (Fliegenmaden im Präputium), Nagen. Bei Erstbefall von sensiblen Tieren auch «kolikartige» Anfälle
Endoparasiten	Oxyuren (→ 1.4.1.1) Onchocercose (→ 1.4.1.4)	mäßig bis deutlich; z. T. auch Gewöhnung	bei Oxyuren Scheuern (Schweifrübe), bei Onchocercose (Dermatitis, v.a. Kopf, Hals und Mittellinie) befallene Stellen
Allergie/Hypersensitivität	**Sommerekzem** (→ 1.2.3.2) ***Culicoides*** **sp. *(Simulium* sp.)** (→ 1.4.2.3)	deutlich bis heftig (Automutilation); keine Gewöhnung, typisch	Scheuern, Reiben, Kratzen; typische Lokalisation v. a. an Mähnenansatz und Schweifrübe; an zugänglichen Stellen z. T. auch Beißen, Nagen und Lecken
	Urticaria, Kontaktallergie, Futterallergie, atopische Dermatitis	mäßig bis fehlend	v. a. Scheuern, Reiben, Kratzen; Lokalisation variabel
Infektionen	Bakterien (→ 1.3.2) (Dermatophilose u. a.), Pilze (Trichophytie), Protozoen (→ 17.1.1) (Beschälseuche), Viren (15.3.3.3) (Coitales Ekzanthem)	meist wenig ausgeprägt oder fehlend	v. a. Scheuern, Reiben, Kratzen; Lokalisation entsprechend Infekt

Ursachengruppe	spezifische Ursachen; Beispiele	Intensität; Verlauf	Ausprägung und Lokalisation
Schlechter Putzzustand		meist wenig ausgeprägt oder fehlend	v. a. Scheuern, Reiben, Kratzen; v. a. Mähnenansatz; Kruppe; Schweifansatz
Neuropathien	Paraesthesien (z. B. Neuritis cauda equina; → 6.3.6.1)	variabel, manchmal anfallsweise; z. T. hochgradig	Oft Beißen und Nagen, seltener Scheuern, Reiben, Kratzen, Lokalisation variabel
Verhaltensstörung (→ 6.3.7)		variabel, manchmal anfallsweise; z. T. hochgradig	Oft Flankenbeißen und Nagen, seltener Scheuern, Reiben, Kratzen; typische Lokalisation «Flankenbeißen»; z. T. auch an den Beinen
Neoplasie (→ 1.5)	z. B. subkutanes Lymphom	variabel; selten hochgradig	Beißen und Nagen; Lokalisation variabel

Die bei uns relativ häufigen Ursachen sind fett und kursiv gedruckt.

Therapie: Die Behandlung richtet sich möglichst nach der Ursache. In gewissen Fällen ist aber eine rein symptomatische Therapie angezeigt. Schonende, aber gründliche Reinigung von Haut und Haaren. Wenn nötig, Waschung mit mildem, gut verträglichem (cave! Pferde sind sehr empfindlich) Shampoo oder harter, unparfümierter Seife (Kern-/Natronseifen), besser mit Kamillen- oder stark verdünnter Chlorhexidin- oder Jodophorlösung, die wieder abgewaschen werden soll. Wenn nötig, werden die veränderten Hautbezirke vorgängig geschoren. Umgebungsbehandlung bei Befall mit Ektoparasiten. Kortikosteroide (Prednisolon per os 0.5 oder 1, initial bis 2 mg/kg KG) wirken systemisch oft gut, insbesondere bei allergisch bedingtem Juckreiz.

Bewährte topische Medikationen bei Hauterkrankungen

- **Lösungen** (antiseptisch; Waschung; Verbände)
  - Kamillenextrakt (Kamillosan® 2–4 % u. a.)
  - Povidon-Jod (Betadine®-Waschung 2–10 %; Verband 0.05 %)
  - Chlorhexidin (Chlorhexidin-Bichsel® 1 % u. a.)
  - Kaliumpermanganat 0.01 %
- **Shampoos** (antiseptisch)
  - Povidone-Jod (Betadine® u. a.)
  - Chlorhexidin 3 % (Pyoderm® u. a.)
- **pH-neutrale Shampoos** und Seifen
  - Hafermehl (Equimyl®)
  - Chlorhexidine (Lifo-Scrub® u. a.)
- **Salben/Cremen** (antiseptisch)
  - Kamillenextrakt (Kamillosan® u. a.)
  - Povidon-Jod (Betadine® u. a.)
  - Dexpanthenol (Bepanthen®)
  - Dexpanthenol & Chlorhexidin (Bepanthen-Plus®)
  - Dichlorophan & Chlorhexidin (Neodermovet® u. a.)
- **Pasten** (antiseptisch)
  - Zinkpaste (ZinCream® u. a.)
- **Salben** (antiphlogistisch)
  - Hydrocortison (Hexal® u. a.)
- **Spray** (antiphlogistisch)
  - Hydrocortisonaceponat (HCA). (Cortavance®)

Die Markennamen sind hier als Beispiele angegeben, sie sind aber nicht unbedingt für Pferde registriert.

1.1.2 Veränderungen des Haarkleides (Hyper- und Hypotrichose und Alopezien)

Übermäßige Behaarung (**Hypertrichose**; oft auch, aber an sich inkorrekt, als Hirsutismus bezeichnet), verlangsamter, unregelmäßiger und verspäteter Haarwechsel wird bei stark verwurmten Fohlen und bei alten Pferden (idiopathisch oder hormonell) gelegentlich beobachtet. Bei älteren Pferden (> 15-jährig) ist jede übermäßige Behaarung verdächtig für ein Hypophysenadenom. Bei den American Bashkir Curly Horses ist rassespezifisch ein (genetisch bedingter) Phänotyp mit saisonunabhängig langem gewelltem Deckhaar erwünscht.

Beispiele von Haarkleidveränderungen

- **Übermäßige Behaarung; Hypertrichose; verzögerter Haarwechsel**
  - verwurmte Jungtiere
  - Hypophysenadenom (→ 10.1.2.1)
  - rassetypisch (aufgrund einer genetischen Mutation) beim American Bashkir Curly Horse

Verminderte Behaarung; Hypotrichosen; Alopezien
  - mechanische und infektiöse Ursachen
  - rassetypisch (z. B. Appaloosas)
  - anagenes und telogenes Effluvium
  - Alopezia areata; lineare Alopezie
  - Langhaarverlust bei Selenvergiftung (→ 14.3)

Schüttere Behaarung und **haarlose Stellen** können entweder durch verminderten Haarwuchs oder durch vermehrten Haarverlust (Ausfall ganzer Haare oder Abbrechen des Haarschaftes) zustande kommen. Eine ganze Reihe mechanischer (Ausreiben wegen «Juckreiz») und infektiöser Ursachen (z. B. Flechten →1.3.3.1) können sekundär zu Haarverlust führen. Eine kongenitale generalisierte Alopezie ist beim Pferd sehr selten. Eine weniger ausgeprägte, angeborene **Hypotrichose** tritt selten bei gewissen Araberlinien auf. Häufiger anzutreffen und rassetypisch ist dagegen schütteres Mähnen- und Schweifhaar bei Appaloosas (*«mane and tail dystrophy»* – wird heute als rassespezifische Form der Alopezia areata diskutiert).

Der normale saisonale Haarwechsel des Pferdes verursacht keine **Alopezie**. Synchroner, nicht saisonaler Haarverlust größerer Hautflächen bis zur generalisierten Alopezie hingegen kann Tage bis Wochen (**anagenes Effluvium**; Störung der Wachstumsphase mit Deformation und Bruch des Haarschaftes) oder Wochen bis Monate (**telogenes oder auch exogenes Effluvium**; Störung in der Ruhephase und Synchronisation mit gleichzeitigem Ausfall) einem «Stress» auftreten. Als auslösender Stress für telogenes Effluvium lassen sich manchmal fieberhafte Krankheiten, Operationen, Narkosen, Trächtigkeiten oder Geburt identifizieren, oft bleibt aber die Ursache unerkannt. Anagenes Effluvium ist eine typische Nebenwirkung antimitotischer Medikamente in der Krebstherapie beim Menschen.

Schädigung des wachsenden Haares oder des Haarfollikels durch T-Zellen kann die seltenen **Alopezia areata** (autoimmun; Lang- und/oder Deckhaar siehe Abb. 1.2) und **lineare Alopezie** (Haarverlust und Hyperkeratose in vertikalen Streifen) verursachen.

Vergiftungen Selenvergiftung führt zu einem Langhaarausfall und Hufdefekten. Mangelzustände und Futterfehler/-unverträglichkeiten sollen auch zu Fellveränderungen führen, sind aber beim Pferd ungenügend dokumentiert (→14.3).

Haarverlust, Alopezie – Diagnose: Der Ausschluss primärer mechanischer oder infektiöser Ursachen (wie Flechten u. a.) ist entscheidend. Die histopathologische Untersuchung erlaubt manchmal eine klare ätiologische Diagnose, wenn typische klinische und histologische Veränderungen vorhanden sind (z. B. bei **Alopezia areata** (multi-)fokaler Haarverlust (Abb. 1.2) und histologisch lymphozytäre Infiltrate um die Haarfollikel). Dabei kann es wichtig sein, mehrere Hautbiopsien (unbehaarte Areale, Hypotrichose und Übergang zu normaler Haut sowie eine klinisch normal behaarte Stelle) zu untersuchen. Häufig ist aber nur eine morphologische Diagnose möglich.

Haarverlust, Alopezie – Prognose und Therapie: Eine sekundäre Alopezie ist in der Regel reversibel, wenn die Primärursache behandelt wird; erfolgt keine rasche Wiederbehaarung nach dem Ausschalten der Ursache (Behandlung infektiöser Erreger oder Futterumstellung usw.) muss mit einer permanenten und irreversiblen Zerstörung der Haarfollikel gerechnet werden. Während das Effluvium meist spontan (oder nach Ausschalten der Ursache) reversibel ist, kann die

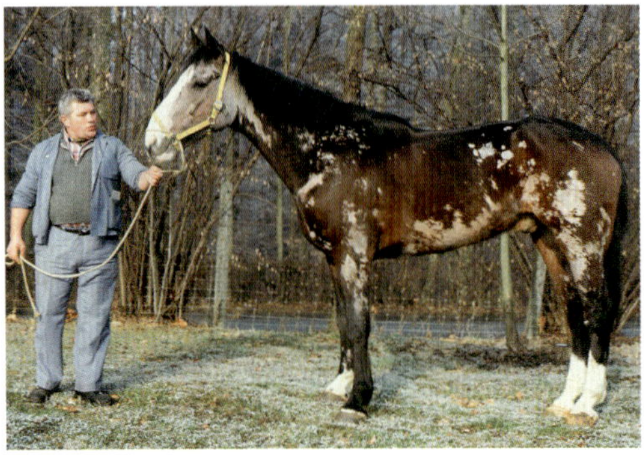

Abb. 1.2: Alopezia areata: Regionaler Haarausfall am ganzen Körper ohne Juckreiz. Keine Entzündungserscheinungen der Haut.

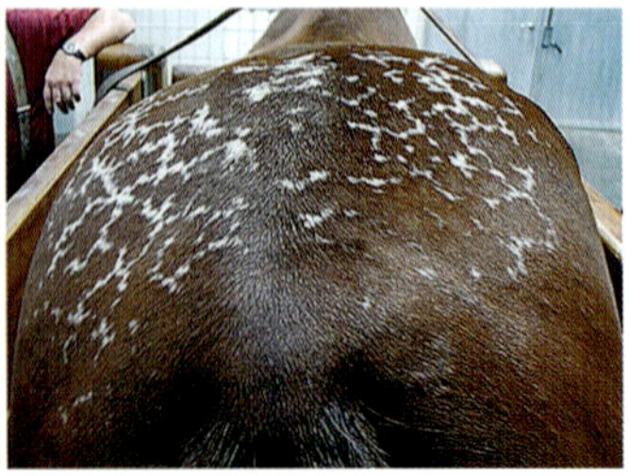

Abb. 1.3: Retikuläre Leukotrichie: Netzförmiger Pigmentverlust der Haare nach anfänglicher Exsudation und Krustenbildung auf der Kruppe.

Alopezia areata einen wellenförmigen Verlauf haben und die lineare Alopezie persistieren. Eine gezielte Therapie ist bei Alopezia areata nicht bekannt. Oft zeigen Kortikosteroide nur wenig Erfolg oder werden gar nicht eingesetzt, weil die potenziellen Nachteile angesichts eines kosmetischen Problems überwiegen. Bei ausgedehnter Alopezie sind die Pferde einzudecken, um sie vor Kälte, aber auch vor UV-Strahlung (unpigmentierte Haut) zu schützen.

1.1.3 Störungen der Pigmentierung

Pigmentverlust der Haare (Leukotrichose) tritt oft unabhängig von einem Pigmentverlust der Haut (Leukoderma) auf. Die Leukotrichie kommt in verschiedenen Erscheinungsformen vor: (multi-)fokal, netzförmig und auch als hyperästhetische (die Hyperästhesie ist vorübergehend) Leukotrichie.

Die weitaus **häufigste Ursache** von Leukotrichose beim Pferd ist **physikalisches Trauma**. Heiß- und Kaltbrand nützen diese Reaktion der Haut zur irreversiblen Kennzeichnung von Pferden. Bei Sattel- und Gurtdruckstellen sind sie ein Zeichen fehlender Vorsicht. Seltener ist die **Melanotrichie** oder **Hyperpigmentation** (sog. Kohlflecken), eine Reaktion, die zur Schwarzverfärbung der betroffenen Haarstellen führt. Eine **retikuläre Leukotrichose** (Abb. 1.3) ist als seltene, aber klinisch charakteristische Entität beschrieben. Es kommt zu einer netzförmigen Weißverfärbung der Haare auf dem Rücken betroffener (v. a. Quarter Horses) Individuen. Anfänglich kann evtl. eine leichte Exsudation und Krustenbildung beobachtet werden. Die Ursache dieser Erkrankung ist jedoch unbekannt, und gezielte Therapieformen sind nicht beschrieben.

Beispiele von Pigmentierungsstörungen

- **Haarpigmentveränderungen (Leukotrichose und Melanotrichie)**
  - Physikalische Traumen
  - Idiopathische Formen der Leukotrichose (immunvermittelt?)
  - Kupfermangel (→ 9.1.5)
- **Hautpigmentverlust (Hypo- respektive Depigmentation), Leukodermie**
  - Physikalische Traumen
  - Idiopathische Leukodermie (Vitiligo)
  - Albinismus (kongenital)
  - Depigmentation aufgrund entzündlicher (insb. viraler oder autoimmuner) Ursachen

Ein fleckenförmiger **Pigmentverlust der Haut (Leukodermie)**, vor allem um die Augen, Nüstern und auch in der Perinealregion kann beobachtet werden. Diese **idiopathische Leukodermie**, oft **Vitiligo genannt**, obschon der Ausdruck in der Humanmedizin für eine besser definierte Krankheit reserviert ist, tritt bei jungen Arabern und Lipizzanern gewisser Linien gehäuft auf. Die depigmentierten Stellen können sich spontan repigmentieren, permanent depigmentiert bleiben oder sich über längere Zeit dauernd verändern.

Es gibt beim Pferd keinen echten **Albinismus**, aber die speziellen **«pigment-verdünnten» Fellfarben**, z. B. «cream» (Palomino) und «pearl» (Champagne), manifestieren sich als teilweise (blaue oder weiße Iris) kongenital unpigmentierte Individuen, sie haben zwar Melanozyten, aber eine reduzierte Melaninproduktion oder -einlagerung. Abgesehen von dem fehlenden natürlichen Schutz gegen UV-Strahlung sind diese Tiere gesund. Dagegen sind Fohlen mit dem *«lethal white foal syndrome»* (kein Albinismus, sondern Leuzismus, d.h. keine Melanozyten vorhanden; Homozygote aus einer Paarung von Overo Paints mit einer Endothelin-B-Rezeptor-Mutation) wegen intestinaler Defekte (Kolonatresie, Aganglionose u.a.) nicht lebensfähig. Verschiedene weitere genetische Pigmentierungsstörungen können mit bestimmten Krankheiten assoziiert sein, z. B. Schwerhörigkeit bei *«splashed white overos»* und anderen Pferden mit weißen Abzeichen, die über beide Augen reichen oder schwere neurologische Ausfälle bei nicht lebensfähigen lavendelfarbigen Araberfohlen die am sog. *«lavender foal syndrome»* leiden.

Primär entzündliche virale (juvenile Papillomatose (Abb. 1.17), aurale Plaques (Abb. 1.19), coitales Exanthem (Abb. 15.4) und autoimmune (z. B. Lupus erythematosus) Erkrankungen können zu **Depigmentation** um die Augen, Nüstern, Perinealgegend, Ohrmuschel und Präputium führen.

Unpigmentierte Haut ist nicht nur empfindlicher auf UV-Strahlung (Fotodermatitis, Sonnenbrand), sondern allgemein prädisponiert für Dermatitiden wie Mauke in unpigmentierten Fesselbeugen und Vaskulitis.

1.1.4 Störungen der Schweißsekretion: Hyper- und Anhidrose

Chronisches übermäßiges Schwitzen (Hyperhidrose) – Die Stallhaltung dicht behaarter Pferde und Esel (insb. Poitouesel), vor allem sonst draußen gehaltener, sogenannter Robustpferde wie Isländer, Ponys u. a. kann zu dauerndem Schwitzen führen. Pathologisch ist das Fehlen des Haarwechsels beim Hypophysenadenom (→10.1.2) älterer Pferde; das lang wachsende Deckhaar (Hypertrichose) ist dabei oft gewellt oder kraus (Abb. 10.1). Diese Patienten schwitzen auch in Ruhe im Stall, besonders am Bauch. Oft ist das Schwitzen nicht augenscheinlich, aber das Fell fühlt sich feucht an.

«Schweißausbrüche» sind bei Aufregung, Anstrengung, bei hoher Außentemperatur zur Regelung der Körpertemperatur physiologisch. Schockzustände (→12.1 «kalter Schweiß» bei schlechter peripherer Durchblutung, z. B. beim Kolikpatienten) führen oft zu profusem Schwitzen. Bei rascher Entfieberung (Krisis) nach hoch fieberhaften Krankheiten ist ebenfalls starkes Schwitzen zu beobachten. Nach Injektion bestimmter Medikamente (z. B: Adrenalin; Parasympathikomimetika, Prostaglandin F2α, Morphinpräparate; α-2 Agonisten) kann es ebenfalls zu lokalen oder generalisierten Schweißausbrüchen kommen.

Lokales Schwitzen – Bei Sympathikusneuritis (Abb. 1.4) ist Schwitzen an scharf begrenzten Stellen in Ruhe zu beobachten und Abtrocknen bei Anstrengung oder Aufregung, wenn das Pferd am übrigen Körper schwitzt (inverse Reaktion; typisch z. B. beim Horner-Syndrom →6.3.5).

In der Regel ist eine **Behandlung** der Hyperhidrose nur angezeigt, wenn eine pathologische Ursache vermutet wird. Bei Stallhaltung wird Scheren und adäquates Eindecken der Pferde empfohlen. Sehr dicht behaarte Pferde robuster Rassen sind normalerweise nicht aufzustallen.

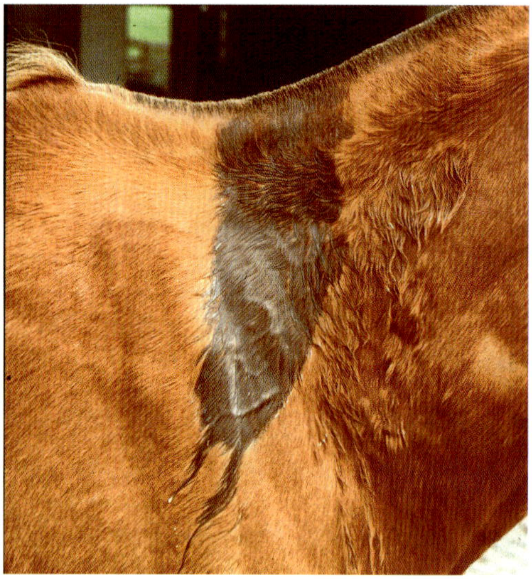

Abb. 1.4: Lokale Hyperhidrose: Scharf begrenztes Schwitzen durch lokale Sympathikus-Reizung unbekannter Genese.

Beispiele von Schweißsekretionsstörungen

- **Übermäßiges Schwitzen; Hyperhidrose**
  - Chronisch, generalisiert, z. B. bei Hypertrichose
  - Akut, generalisiert «Schweißausbruch», bei großer Anstrengung und Schockzuständen sowie bei verschiedenen Krankheiten, z. B. Phäochromozytom oder akuter Equine Motor Neuron Disease
  - Lokalisiert, z. B. bei Sympathikusneuritis oder Horner-Syndrom
- **Vermindertes Schwitzen; Anhidrose**
  - Nicht adaptierte Pferde in (sub-)tropischem, feucht-heißem Klima

Anhidrose – Ein **Unvermögen zu schwitzen** tritt v. a. in feucht-warmen, tropischen und subtropischen Gebieten auf. Nicht adaptierte Pferde erkranken oft innerhalb eines Jahres an Anhidrose, während Individuen, die in feucht-heißem Klima aufgewachsen sind, oft erst viel später (bis zu 12-jährig und älter) erkranken. Die Pathogenese ist nicht geklärt. Es wird vermutet, dass die Schweißdrüsen auf einen dauernd zu hohen Epinephrinspiegel nicht mehr ansprechen (zuerst versiegen, dann verkümmern sie). Dadurch vermag das Pferd nicht mehr genügend Wärme abzugeben.

Akute Anhidrose führt zu Atemnot, Hyperthermie (Wärmestauung) ohne Schweißausbruch und zum Tod, wenn das Tier nicht abgekühlt werden kann. Chronische Anhidrose ist als *«dry coat»* bekannt, eine Krankheit, die mit vermehrter Schuppung, schütterer Behaarung, Polydipsie und Polyurie, Appetit- und Konditionsverlust einhergeht (→10.4.3). Sie endet tödlich bei irreversibler, ausgebreiteter Schweißdrüsenatrophie.

Die **Diagnose** stellt in den betreffenden Gebieten und bei ausgeprägten Fällen kein Problem dar. Die Reaktion auf intradermales Epinephrin (0.5 ml intradermal am Hals in 10^{3-6}-facher Verdünnungen) kann in unklaren Fällen eine Diagnose unterstützen. Lokales Schwitzen tritt normalerweise innert Minuten bei allen Verdünnungen auf, Anhydrotiker schwitzen über der Injektionsstelle verzögert, nur bei kleiner Verdünnung oder gar nicht.

Die **Prognose** ist abhängig vom Zustand der Schweißdrüsen. Erst kurz erkrankte Pferde haben eine gute Prognose, wenn sie rasch in ein gemäßigtes Klima verstellt werden. Atrophierte Schweißdrüsen länger betroffener Pferde sind meist irreversibel geschädigt.

Therapie/Prophylaxe: Abkühlen der Pferde durch kühle Duschen oder Bäder, Klimatisierung der Ställe oder Verbringen der Pferde in günstigere Gebiete während der feuchtesten Jahreszeit erlauben es, betroffene Individuen an sich nicht adaptierter Rassen in Regionen zu halten, in denen sie sonst nicht überleben würden. Supplementierung der Diät mit Tyrosin und ACTH-Medikation sollen eine Besserung bewirken. Schwer betroffene Individuen können aber oft nicht in feucht-heißem Klima gehalten werden. Spontane Remission in kühlerem Klima wird manchmal beobachtet.

1.1.5 Urticaria (Nesselfieber, Nesselausschlag)

Urticaria, die beim Pferd häufiger als bei anderen Haustierspezies auftritt, ist ein kutanes Reaktionsmuster mit mannigfachen Ursachen.

Unter **Quaddel (Urtica)** wird eine scharf umschriebene, beetartig erhabene Schwellung der Haut verstanden. Dabei handelt es sich um ein Ödem (erhöhte Kapillarpermeabilität) in der oberflächlichen Dermis (Corium), das sich durch eine teigige Beschaffenheit auszeichnet und in das durch Druck mit dem Finger eine Delle eingedrückt werden kann (Abb. 1.5). Eine lokalisierte Ausschüttung von **Histamin** und anderen Mediatoren der Entzündung durch Mastzellen führt zu der lokal erhöhten Kapillarpermeabilität.

Urticaria oder Nesselfieber nennen wir das meist flüchtige Auftreten multipler Hautquaddeln, die konfluieren können. Quaddeln bilden sich in sehr unterschiedlichen Formen und Größen. Es kommt auch eine exsudative Form vor, wobei das ausgeprägte Ödem zur serösen Ausschwitzungen und Krustenbildung führt. Manchmal entsteht nachher eine sekundäre Hypotrichose. Eine generalisierte und massive Urticaria kann selten einen anaphylaktischen Schockzustand ankündigen.

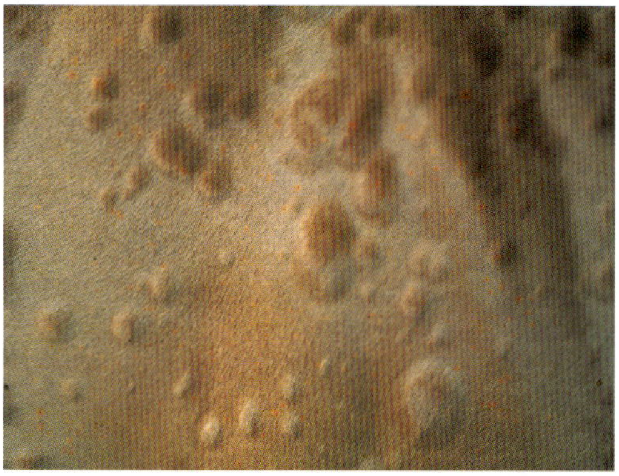

Abb. 1.5: Nesselfieber: Generalisierte Urticaria, ausgelöst durch allergische Typ-I-Mechanismen.

Eine **lokale Urticaria** entsteht durch Berührung mit hautreizenden Pflanzen wie Brennnesseln, nach Insektenstichen, nach Applikation hautreizender Chemikalien; durch Strahlentherapie; durch mechanische Reizung (Peitsche: Striemenbildung, sog. Dermografismus; bei echtem Dermografismus reagiert die Haut schon auf geringen Druck mit Erythem- und Ödembildung). Sie tritt meist beschränkt auf dem Ort der Reizung auf **(Reizödem)**. Eine echte «Kontaktallergie» mit Ödembildung soll äußerst selten sein.

Eine **generalisierte Urticaria** wird häufiger von Allergenen, die auf systemischem Wege oder als Kontaktallergene die Haut infiltrieren, über immunologische allergische (Typ I) Mechanismen ausgelöst, wie z. B. durch Medikamente, Insektenstiche, Infektionen (*Streptococcus equi* →16.6.1), Futtermittel, Futterzusätze oder durch physikalische Ursachen wie Kälte und Schweiß. Wenn eine generalisierte Urticaria von Juckreiz begleitet wird, kann sie als Form einer atopischen Dermatitis angesehen werden. Eine systemische Urticaria ist manchmal auch bei **Verdauungskrankheiten** zu sehen: möglicherweise steht hinter derartigen Zeichen ein «Unverträglichkeit» von Stoffen, die eine kompromittierte Darmbarriere durchdringen. Früher wurde eine derartige Urticaria im Zusammenhang mit der Verfütterung von Kartoffeln, Brauerei- oder Schnapsbrennereiabfällen, Malz, Zuckerrüben, Buchweizen, Weizen etc. beobachtet. Heute wird ein **«Futterallergieverdacht»** zwar nicht selten geäußert, es ist aber meist schwierig, die Urticaria mit einem bestimmten Futterbestandteil direkt in Zusammenhang zu bringen. Zu bedenken bleibt, dass auch inhalierbare Antigene zu Urticaria Anlass geben könnten, obschon eine solche Reaktion auf Aeroallergene beim Pferd nicht dokumentiert ist.

Eine **Unverträglichkeit** gegenüber Medikamenten und deren Ingredientien kann sich als Nesselausschlag äußern, zum Beispiel nach Gabe von Phenylbutazon, Penizillin u. a. Stoffen. Nicht zu vergessen sind Entwurmungsmittel, Impfstoffe, Insektizide und Repellentien.

Recht häufig kündet eine Urticaria ein Petechialfieber (→13.4) an. Bei Infektion mit *Trypanosoma equiperdum* (anzeigepflichtige Beschälseuche →17.1.1) soll Nesselfieber neben generalisiertem Juckreiz und später depigmentierten Narben ebenfalls oft ein Begleitsymptom darstellen; gelegentlich treten ähnliche klinische Erscheinungsbilder auch etwa im Anfangsstadium einer Dermatophytose, bei *Pemphigus foliaceus*, Dermatophytose, Virus Arteriitis (→15.2.5) oder bei Druse (→16.6.1.1) auf. Im Verlauf einer Druse und nach scheinbarer Abheilung ist jede Urticaria ein Prodromalsymptom von Petechialfieber.

Wenn eine Urticaria länger als 6 Wochen anhält, wird sie als **chronisch** klassifiziert. Eine **chronisch wiederkehrende Urticaria** mit großen (bis zu 20 cm), ringförmigen, zum Teil konfluierenden und oft von Angioödem, serösen Ausschwitzungen und lokalem leichtem Haarverlust begleiteten Quaddeln, die in unseren Fällen meist nicht von Pruritus begleitet wurden, kann als selbstständiges Krankheitsbild angesehen werden. Diese Form der Urticaria rezidiviert meist in Schüben über Jahre. Die Diagnose mithilfe der histopathologischen Untersuchung ist für den Pathologen oft nicht einfach, aber kann zum Ausschluss von einem **Erythema multiforme** (→1.2.3.5) helfen.

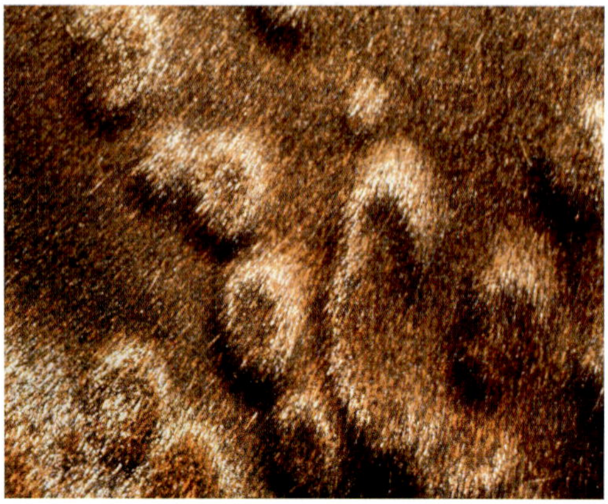

Abb. 1.6: Erythema multiforme: Mit typischen ringförmigen, kraterbildenden, klar umgrenzten Formen, von reiner Urticaria nur histologisch differenzierbar.

Manchmal kann mittels Elimination von Futter- und Einstreubestandteilen sowie anderen «Umgebungsfaktoren» ein auslösender Faktor identifiziert werden. Intradermaltests, CAST oder FIT (Funktioneller Invitrotest) können Aeroallergene als mögliche Ursache identifizieren. Wir haben bei wenigen solchen Fällen auch eine Spätreaktion auf intradermal appliziertes autologes Serum beobachtet. Ob es sich dabei um ein Analogon der beim Menschen für etwa ein Drittel der chronischen Urticariafälle verantwortlichen Autoimmunkrankheit (IgG gegen den *«high-affinity IgE receptor»*) handelt, müssten weiter gehende Untersuchungen zeigen.

Tabelle 1.3: Urticariaformen nach typischer Symptomatik geordnet

Urticariaform, Dauer	Symptome, Verlauf und Lokalisation	mögliche Pathogenese; spezifische Ursachen; Beispiele
akute Urticaria Dauer: Minuten bis Tage	lokalisierte Urticaria, meist beschränkt auf den Ort der Reizung, meist ohne Juckreiz	Reizödem: physikalische (Druck: Dermografismus; Strahlung) oder chemische Reizung
	generalisierte Urticaria, beginnt oft lokalisiert (z. B. am Hals) und breitet sich dann über den Rumpf und andere Körperteile aus; oft ohne Juckreiz	Immunologisch, allergische Genese. Auslösende Faktoren: Medikamentenunverträglichkeit; intestinale Auslöser (Verdacht auf «Futterallergie»; relativ häufige Urticaria bei Verdauungskrankheiten; bei Infektionskrankheiten (z. B. als Vorläufer eines Petechialfiebers bei Druse). Oft idiopathisch.

Urticariaform, Dauer	Symptome, Verlauf und Lokalisation	mögliche Pathogenese; spezifische Ursachen; Beispiele
chronische und chronisch-rezidiviernde Urticaria Dauer: mehrere Wochen, oft in Schüben über Jahre	oft große (bis zu 20 cm), ringförmige, zum Teil konfluierende und manchmal von Angioödem, serösen Ausschwitzungen und lokalem leichtem Haarverlust begleitete Quaddeln; meist ohne Juckreiz	Futter- und Einstreubestandteile sowie andere «Umgebungsfaktoren»; z. T. evtl. autoimmunbedingt; oft idiopathisch
Angioödem	Angioödem, subkutane, kutane und Schleimhautödeme; manchmal in Kombination mit Urticaria, aber ausgedehnter und diffuser als diese. Z. T. mit serohämorrhagischen Ergüssen und serösen Ausschwitzungen, später auch Haut(druck-)nekrose (siehe Abb. 1.7)	Immunologisch (Typ-I- und Typ-III-Hypersensitivitätsreaktionen); Medikamenten- und Futterunverträglichkeit und Insektenstichreaktionen; insb. auch bei von Petechialfieber verursachter Vaskulitis

Symptome und Diagnose: Ein sehr plötzliches Auftreten der Schwellungen verschiedener Größe ist typisch. Außer bei chronisch-rezidivierender Urticaria oder beim angioödemartigen Fällen verschwinden die Quaddeln oft innerhalb weniger Stunden. Ein Ausschwitzen seröser Flüssigkeit aus den Schwellungen tritt in der Regel erst ein, wenn die Urticaria über mehrere Tage persistiert. **Pathognomonisch** für Urticaria (Differenzierung von anderen nodulären Hautveränderungen) ist der Ödemcharakter, d. h. die teigige Beschaffenheit: Druck mit einem Finger hinterlässt eine anhaltende Eindellung.

Die rein symptomatische, allerdings nichtssagende Diagnose ist leicht zu stellen, die Abklärung der Ursache ist indessen oft schwierig. Bei der Allgemeinuntersuchung ist auf Symptome einer Primärkrankheit zu achten. Immer sollte nach einer kürzlich erfolgten Medikation und Futterumstellung sowie allgemein nach den Haltungs- (z. B. auch Decken; Waschungen; Einstreu) und Fütterungsbedingungen gefragt werden. Die Vorgeschichte gibt außerdem Hinweise auf ein mögliches saisonales oder lokales (z. B. Stall) Reaktionsmuster.

Eine weitergehende, aufwendige und oft unergiebige Suche nach einer Ursache ist nur für **rezidivierende und chronische Fälle**, die manchmal nur histologisch von Erythema multiforme abzugrenzen sind (→1.2.3.5; siehe Abb. 1.6: ausgedehnte Form mit ringförmigen Quaddeln) und bei angioödemartigen Bildern, zu empfehlen. Intradermale und In-vitro-Allergietests (cave!: serologische Tests zur Diagnose Sommerekzem (→1.2.3.2) oder atopischer Dermatitis sind nicht verlässlich, darum besser CAST oder FIT), Biopsien und entsprechende andere weiterführende Untersuchungen eignen sich vor allem zum Ausschluss der unten genannten Differenzialdiagnosen. Der Besitzer wird angewiesen, die Hautveränderungen und deren Auftreten genau zu protokollieren. Bei Verdacht auf Futterallergie sollte das Futter für mindestens 4 Wochen vollständig umgestellt werden und womöglich das Kraftfutter sowie v. a. auch Zusatzfuttermittel für diese Zeit weggelassen werden. Bei Erfolg können einzelne Futterkomponenten systematisch je während zwei Wochen der Diät zugegeben und die Symptome beobachtet werden. Ein Umgebungswechsel z. B. von Stall- zu reiner Weidehaltung, anderer Einstreu muss ebenfalls während 4 Wochen konsequent durchgeführt werden, um eine Beurteilung zu erlauben. Konzentriert sich der Verdacht durch die Eliminationsversuche und Umgebungswechsel auf bestimmte Allergene, können Haut- und *In-vitro*-Allergietests gezielter durchgeführt werden. Cave! Die Qualität von kommerziellen Allergenpräparaten und Testkits ist sehr unterschiedlich und deren Aussagekraft oft fragwürdig. Es sollten darum wenn möglich gesunde Pferde aus derselben Umgebung als negative Kontrollen mitgetestet werden. Kortikosteroide sollten mindestens 4 Wochen vor allen Eliminationsversuchen und Allergentests abgesetzt werden.

Differenzialdiagnosen: Erythema multiforme (→1.2.3.5), Flechten (Dermatophytose →1.3.3.1), bakterielle Follikulitis, Petechialfieber (→13.4), Pemphigus foliaceus (→1.2.3.3), unilaterale eosinophile papuläre Dermatose, Virus Arteriitis (→15.2.5), Druse (→16.6.1.1) und epitheliotropes T-Zell-Lymphom (→11.4.1.2) müssen ausgeschlossen werden.

Prognose: Sie ist abhängig vom auslösenden Reiz beziehungsweise von der Primärkrankheit und der Durchführbarkeit der Elimination.

Therapie: Bei einer einmaligen akuten Urticaria ist eine Behandlung oft nicht nötig. Allerdings sollten verdächtige Medikamente bei dem betroffenen Patienten durch analoge, andere Wirkstoffe ersetzt werden, um eine spätere heftigere Unverträglichkeitsreaktion zu vermeiden. Ggf. Kortikosteroide (Prednisolon 1–2 mg/kg SID, dann erniedrigen nach Wirkung). Bei einem Verdacht auf Verdauungskrankheiten oder auf eine Futterunverträglichkeit können die Patienten zusätzlich mild abgeführt werden (tiefe bis mittlere Dosis Glaubersalz, 100–300 g in 6 l Wasser und 1 l Paraffinöl per Nasen-Schlund-Sonde pro 500 kg Pferd pro Tag). Wird eine Ursache verdächtigt oder gar diagnostiziert, sollte sie selbstverständlich eliminiert werden. Therapieerfolge von allergen-spezifischen Immuntherapien (Desensibilisierung) basierend auf den CAST, FIT oder auf Intradermal-Tests werden positiv beurteilt, allerdings vor allem in nicht kontrollierten Studien.

Angioödem: Diese Ödemform (Abb. 1.7), auch Quincke-Ödem, tritt manchmal in Kombination mit Urticaria auf und ist beim Pferd ungenügend untersucht. Es handelt sich um Subkutan-, Kutan- und Schleimhautödeme. Die Schwellungen können sehr ausgedehnt auftreten und sind diffuser und weniger klar abgegrenzt als Urticaria. Als Ursache kommen Typ-I- und Typ-III-Hypersensitivititätsreaktionen infrage. Gewisse Medikamente (Penicilloylhaptene), Stiche von Bienen, Wespen und Hornissen können Angioödem erzeugen. Beschuldigt werden auch Leguminosenproteine, Glycoproteine und andere Futterbestandteile. Das sogenannte Petechialfieber (auch Morbus maculosus oder Purpura haemorrhagica →13.4) des Pferdes wird u. a. durch subkutane und kutane Ödeme und serohämorrhagische Ergüsse charakterisiert, die möglicherweise einem angioneurotischen Ödem als Folge einer Immunreaktion entsprechen. Die Ödeme können von serösen Ausschwitzungen und später von Hautnekrose gefolgt werden. Therapie siehe oben unter Urticaria.

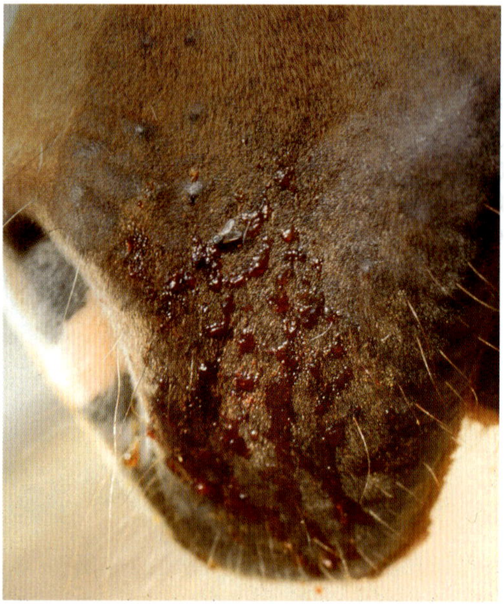

Abb. 1.7: Angioödem: Auch Quincke-Ödem genannt. Die allergischen Typ-I- & -III-Reaktionen führen zu Kutan-, Subkutan und Schleimhautödemen. Bei Morbus maculosus (Bild) kommt es zusätzlich zu blutigen Ergüssen und Ausschwitzungen an den Gliedmaßen und der Oberlippe.

1.1.6 Knotige, erosive und ulzerative Hautveränderungen

Noduläre, nicht eindrückbare, aber spontan vorübergehende Hautveränderungen mit intakter Epidermis können bei empfindlichen Pferden als Folge nach Insektenstichen beobachtet werden. Bleiben Knötchen, z. B. eosinophile Granulome, bestehen oder treten sie sehr zahlreich auf, drängen sich manchmal, besonders wenn sie ungünstig gelegen sind (mechanische Reizung; Geschirr- und Sattellage; Ulzerationsgefahr), diagnostische und therapeutische Maßnahmen auf. In einem ersten Schritt ist festzustellen, ob die Veränderungen in der Dermis selber lokalisiert sind oder ob die Masse ganz oder teilweise unter der Haut liegt und sich die Haut darüber verschieben lässt. Tumoren wie z. B. die noduläre Form des equinen Sarkoids (→1.3.1.2) oder Fibrosarkome sowie die sog. **Calcinosis circumscripta** (mineralisierter Knoten über Gelenken, besonders am Knie, bei jungen Pferden, Tendenz zur Dehiszenz nach chirurgischer Entfernung) können sich in dieser Form manifestieren. Ultraschalluntersuchungen, Feinnadelaspiration oder Biopsie sind für eine genaue Kausaldiagnose angezeigt. Ist dagegen die Dermis selber betroffen, sind klinisch und evtl. histopathologisch auch weitere hier aufgeführte Krankheitsbilder auszuschließen.

Beispiele von Ursachen für primäre und sekundäre noduläre Veränderungen

- **Neoplasie**
  - Sarkoid
  - Fibrosarkom
  - Sarkoidose
  - Melanom
  - Kutanes Lymphom
  - Plattenepithelkarzinom
  - Papillome
  - Mastzelltumor
  - Basal-Zelltumor/-trichopeithelioma
  - Fibroma/*«nerve sheath tumors»*
  - u. a. Tumoren
- **Immunologische Ursachen**
  - Insektenstichreaktionen
  - Reaktion gegen Parasiten
  - Amyloidose
  - Pseudolymphoma
- **Trauma**
  - vz. B. überschießendes knotiges Granulationsgewebe bei Wunden («wildes Fleisch»)
  - Fremdkörperreaktion
- **Infekt**
  - viral (z. B. Papillome, Sarkoid; Coitales Exanthem)
  - bakteriell (z. B. Follikulitis, Furunkelose und Abszesse) Pseudomycetoma/Botryomycose
  - mykotisch (z. B. tiefe Pilzinfekte Mycetoma saprophytär Pilze, Sporotrichose)
  - parasitär (z. B. Habronema, Hypoderma; Parafilariose)
  - protozoär (Leishmania)
- **Verschiedene sterile Prozesse**
  - angeborene Ursachen, z. B. epidermale Zysten
  - idiopathische Veränderungen
  - Eosinophiles Granulom, axilläre noduläre Nekrobiose
  - Unilaterale papuläre Dermatose
  - Calcinosis circumscripta

Eosinophiles Granulom (Noduläre Nekrobiose; kollagenolytische Nekrobiose): Beim Pferd die häufigste noduläre Hautveränderung ohne andere begleitende Symptome. Einzelne oder mehrere harte Knötchen bis Knoten von 0.5–5 cm Durchmesser treten bevorzugt am Hals, Rücken (Abb. 1.8) und Rumpf auf. Eine Überempfindlichkeitsreaktion auf Insektenstiche oder eine Fremdkörperreaktion wird oft als Ursache genannt, histopathologisch ist eine ausgeprägte Eosinophileninfiltration um verändertes

Kollagen mit Zelldegeneration zu sehen, die manchmal verkalken kann. Die Veränderungen sind unproblematisch, sofern nicht lokale Infektionen und mechanische Ulzeration durch Friktion der Geschirr- oder Sattelteile droht. Um dem vorzubeugen, müssen die kritischen Stellen gut gepolstert und sauber gehalten werden. Eine lokale (Umspritzung mit Triamcinolonacetat oder Methylprednisolonacetat), bei sehr zahlreichen Knötchen systemisch unterstützte, Kortikosteroidtherapie kann versucht werden. Je älter und verkalkter die Veränderungen sind, desto schlechter sprechen sie an. Wenn nach wiederholter Injektion kein Erfolg erzielt wird, drängt sich eine chirurgische Exzision auf.

Achselknoten Nekrose (*«axillary nodular necrosis»*): Eine immunologische Ursache der im Ellbogenspalt und der Gurtlage gelegenen intra- und subkutanen, oft in «Schnüren» von mehreren Knötchen angeordneten Veränderungen von 1–5 cm Durchmesser ist nur eine Vermutung. Ebenso wie der an sich naheliegende Verdacht, es handle sich um Spätschäden von Gurtdrücken, kann nicht erhärtet werden, da auch bei Pferden, die nie einen Sattelgurt trugen, dieselben Knötchen auftreten. Histologisch sollen sich diese Veränderungen etwas vom eosinophilen Granulomen unterscheiden, der therapeutische Ansatz ist aber, wenn notwendig, derselbe: Kortikosteroide lokal oder chirurgische Exzision. Spontanabheilung kommt vor.

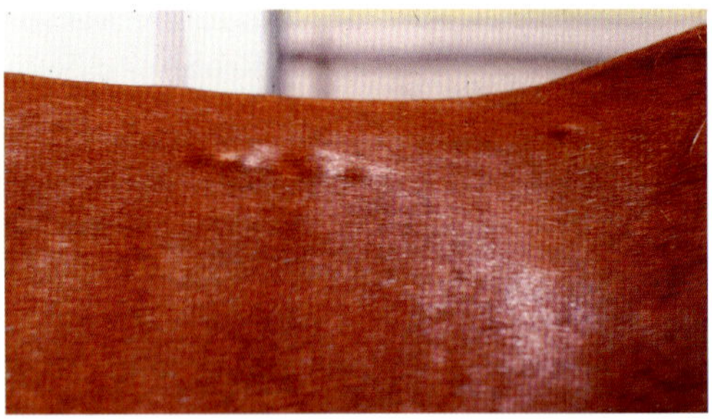

Abb. 1.8: Knoten: Knotige mit intakter Haut überzogene Effloreszenz in der Widerristgegend. Charakteristisch für eosinophile Granulome.

Unilaterale papuläre Dermatose (*«unilateral papular dermatosis»*): In den USA ist vor allem bei Quarterhorses ein Krankheitsbild beschrieben, das von sehr zahlreichen, trockenen oder von leichten Ausschwitzungen begleiteten Knötchen, die weder schmerzhaft noch von Juckreiz begleitet sind, charakterisiert ist. Kennzeichnend ist, dass die Veränderungen von 1–10 mm Durchmesser nur auf einer Seite des Rumpfes auftreten. Vermutet wird eine immunologische Ursache. Eine Kortikosteroidtherapie kann versucht werden, die Knötchen sollen aber auch ohne Medikation nach 2–6 Monaten spontan abheilen.

Kutane Amyloidose: Eine übermäßige Stimulation des retikuloendothelialen Systems vor allem bei Pferden (Serumpferden), die zur Herstellung von Hyperimmunserum verwendet werden, kann es neben einer Amyloidose der Leber auch zu Amyloidknoten in der Haut und den Schleimhäuten der oberen Luftwege (Blutungstendenz, Epistaxis) führen.

Kongenitale Zysten: Epidermoid-Zysten (Epidermis ohne Adnexa) sind kongenitale, gutartige Zysten. Sie äußern sich in nicht schmerzhaften, harten Schwellungen und sind in der Dermis lokalisiert, bestehen aus epidermalen Zellen und weisen keine Hautanhangsgebilde auf. Diese Zysten entstehen durch die Proliferation von Epidermalzellen in der sie umgebenden Dermis. Histologisch bestehen sie aus einer dünnen Plattenepithelschicht mit Hornlamellen. **Atherome** sind fluktuierende Schwellungen, typischerweise im falschen Nasenloch, aber auch am Kopf oder den Gliedmaßen auftretend. Sie entstehen infolge einer Verstopfung des Ausführungsganges für das Talgdrüsensekret. Eine sterile cremige Flüssigkeit lässt sich aspirieren. Das meist rein kosmetische Problem lässt sich leicht chirurgisch beheben. **Dermoidzysten** sind Keimzelltumoren, Teratome die aus vollkommen verschiedenen Gewebearten bestehen. Es sind embryonale

Verlagerung von Ektoderm (enthalten Epithel mit Adnexa) in die Subcutis. Sie treten meist auf der Rückenmittellinie zwischen Widerrist und Kruppe auf und lassen sich wenn nötig ebenfalls problemlos chirurgisch entfernen. **Conchale Zysten** an der Ohrbasis und **Dentale Zysten** (**Irrzahn**; meist temporal; evtl. röntgen) treten am Kopf auf, fistulieren oft und müssen chirurgisch entfernt werden.

Bei den meisten unter Dermatitis beschriebenen (→1.2.1) und vielen anderen (besonders ektoparasitären) Krankheitsbildern können Papeln oder Knötchen als mehr oder weniger spezifische Begleiterscheinung beobachtet werden und müssen im Zusammenhang mit anderen Symptomen interpretiert werden.

Sekundär können bei mechanischer Beanspruchung und Reizung grundsätzliche alle nodulären Veränderungen oberflächlich ulzerieren. Unabhängig von mechanischer Beanspruchung kann es bei großen Knoten, die eine zunehmend schlechte Blutversorgung ihrer Oberfläche haben, zu großflächigen und chronischen Ulzerationen kommen. Dies ist z. B. bei gewissen Tumoren (→1.5), insbesondere beim Sarkoid, seltener bei Melanomen, der Fall. Primäre tief ulzerative Veränderungen sind beim Pferd relativ selten. Häufiger als tiefe Ulzerationen sind primäre oberflächlich erosive Läsionen.

Beispiele von erosiven und ulzerativen Veränderungen

- **Trauma, Umwelteinflüsse**
  - Druck (z. B. Satteldruck), Scheuern (z. B. bei Juckreiz)
  - Hitze: Brandwunden
  - UV-Strahlung unpigmentierte Haut (Sonnenbrand; primäre und sekundäre Fotosensibilisierung)
  - überschießendes knotiges Granulationsgewebe bei Wunden («wildes Fleisch»)
  - Fremdkörperreaktion
- **Infekt**
  - viral (z. B. Coitales Exanthem → 15.3.3.3; ulzerierende Sarkoidformen → 1.3.1.2)
  - parasitär (z. B. Habronema [Sommerwunden] → 1.4.1.2; Parafilaria [Sommerbluten] → 1.4.1.3)
  - protozoär (Leishmaniose → 17.2)
- **Neoplasie**
  - gewisse Sarkoidformen häufig ulzerierend
  - Melanome selten
  - Plattenepithelkarzinom häufig ulzerierend
- **immunologische Ursachen**
  - Pemphigus vulgaris (→ 1.2.3.3) und das bullöse Pemphigoid (sehr selten)
  - Erythema multiforme (→.2.3.5)
  - Kontaktdermatitis (→ 1.2.3.1)
  - Vaskulitis (→ 1.2.3.4)
- **verschiedene**
  - angeborene Ursachen, z. B. genetisch bedingte wie Equine Epidermolysis bullosa junctionalis (→ 1.6.2)

1.1.7 Ichtyose, Hyperkeratose und Seborrhoe, Krusten- und Schuppenbildung

Ichtyose ist ein Sammelbegriff für Verhornungsstörungen. Als **Hyperkeratose** bezeichnet man die übermäßige Verhornung der Haut. Die äußerste Schicht der Epidermis, das Stratum corneum, wird großflächig oder punktuell dicker. Obschon die Bezeichnung «Hyperkeratose» oft rein klinisch gebraucht wird, kann sie also eigentlich nur histologisch begründet werden. Hyperkeratosen können primär (z. B. genetische Ursachen) und sekundär (meist exogene Ursachen wie z. B. mechanische Beanspruchung) sein. Bei mechanischer Überbeanspruchung

(Geschirrlage, Widerrist) wird die Haut zur vermehrten Bildung von Keratinozyten angeregt (hyperplastische Epidermis; Proliferationshyperkeratose). **Prophylaxe** und **Therapie** durch Entlastung der Hautstellen durch gute Polsterung. UV-Strahlen (primäre und sekundäre Fotosensibilisierung) können ebenfalls Hyperkeratose der unpigmentierten Haut hervorrufen. Primäre Keratinisierungsstörungen (z. B. Röhrbeinkeratose und andere Ichtyosen) sind selten.

Das Symptom der **Seborrhoe** kann unterteilt werden in die trockene Seborrhoe (vermehrte Schuppung – häufig beim Pferd) und in die ölige Seborrhoe (vermehrte Schuppung und Talgfluss; selten beim Pferd). Beim Pferd geht Schuppenbildung meist mit entzündlichen Erkrankungen einher und ist nach einer akuten Entzündung am ausgeprägtesten. Symptomatische Schuppung ist ein äußerst unspezifisches Zeichen, und die Liste von Differenzialdiagnosen entsprechend lang. Für das Pferd typische Lokalisationen für einen seborrhoischen, schuppenbildenden Hautausschlag mit Hyperkeratose (Krusten) sind die dorsalen Bereiche der Metatarsi, der sog. **Röhrbeinkeratose** *(«cannon keratosis»)*, des Kronsaumes *(«coronary band dystrophy»)*, des Mähnen- und Schweifansatzes die sog. **Mähnen- und Schweifekzeme**, sowie am Hals, Brust und Rumpf die **lineare Keratose** oder auch **lineare Alopezie** genannt, die als streifenförmige krustig-seborrhoische, haarlose Effloreszenzen auftreten.

Krusten können neben epidermalem Material auch exudatives Material (seröse Ausschwitzungen; Eiter oder Blut) enthalten.

Beispiele von hyperkeratotischen und seborrhoischen Hautveränderungen

- **Umwelt, Pflege und Fütterung**
  - mechanische chronische Reizung z. B. durch Sattel und Geschirr
  - chemische Reizung (Kontaktdermatitis)
  - UV-Strahlung, unpigmentierte Haut (Sonnenbrand; primäre und sekundäre Fotosensibilisierung)
- **Infekt**
  - viral (z. B. Aurale Plaques → 1.3.1.3)
  - bakteriell (z. B. Dermatophilose → 16.8.1; Follikulitis, Furunkulose)
  - mykotisch (z. B. Dermatophytose → 1.3.3.1)
  - parasitär (z. B. Habronema → 1.4.1.2, Hypoderma → 1.4.2.3)
- **Neoplasie**
  - Papillome (→ 1.3.1.1)
  - z. T. Sarkoide (→ 1.3.1.2)
- **immunologische Ursachen**
  - Pemphigus foliaceus (→ 1.2.3.3)
  - Lupus erythematosus (→ 1.2.3.7)
  - Sarkoidose (→ 1.2.3.6)
  - Kontaktdermatitis (→ 1.2.3.1)
  - Vaskulitis (→ 1.2.3.4)
- **angeborene Ursachen**
  - Epidermalzysten (→ 1.1.6)
- **idiopathische Ursachen**
  - retikuläre Leukotrichose (→ 1.1.3)
  - Mähnen- und Schweifseborrhoe
  - generalisierte Seborrhoe (sehr selten)
  - Röhrbeinkeratose
  - lineare Keratose

Therapie: Ursachen identifizieren und abstellen, Waschungen mit Medizinalshampoos im Abstand von 2–3 Tagen. Die Besitzer sind darauf aufmerksam zu machen, dass sich die Schuppenbildung initial mit der Behandlung verstärken kann. Tritt aber nach ein 1–2 Wochen keine Besserung ein und können andere Ursachen ausgeschlossen werden, ist eine Biopsie empfehlenswert.

1.2 Spezifische Hauterkrankungen

Dermatitis (Hautentzündung) und Ekzem (Hautausschlag)

Unter «Dermatitis» verstehen wir eine Entzündung der Oberhaut (Epidermis) einschließlich der Lederhaut (Dermis). Der Ausdruck «Ekzem» ist schlecht definiert und sollte nur noch für bestimmte Hauterkrankungen, wie z. B. Sommerekzem (→1.2.3.2) oder Mähnen-/Schweifekzem gebraucht werden.

Die nachstehende Beschreibung von Hautkrankheiten erhebt keinen Anspruch auf Vollständigkeit. Sie legt das Hauptgewicht auf Krankheitszustände, die bei Pferden in unseren Breitengraden beobachtet werden können, während etwa die in den Tropen auftretenden Hauterkrankungen von Pferden höchstens gestreift werden.

Die Selbstständigkeit der besprochenen Krankheitsbilder ist nicht in jedem Fall über jeden Zweifel erhaben!

Ursachen spezifischer Hauterkrankungen

- multifaktoriell
- physikalisch-chemisch
- diätetisch
- immunogen
- metabolisch
- idopathisch
- iatrogen
- infektiös
- parasitär
- neoplastisch
- genetisch

1.2.1 Dermatitis mit multifaktoriellen Ursachen

1.2.1.1 Mauke

Mauke (oder Mauken) ist eine Dermatitis der Fesselbeuge, mit einer Bevorzugung unpigmentierter Gliedmaßen. Bei der chronischen Form kann es zu verruköser Hautverdickung mit feigenwarzenähnlichen Wucherungen kommen, die sich von der Fesselbeuge palmar resp. plantar bis zur Röhre hinaufziehen können.

Früher verwendete man dafür Ausdrücke wie Raspen, Straubfuß, Igelfuß oder chronische verruköse Dermatitis.

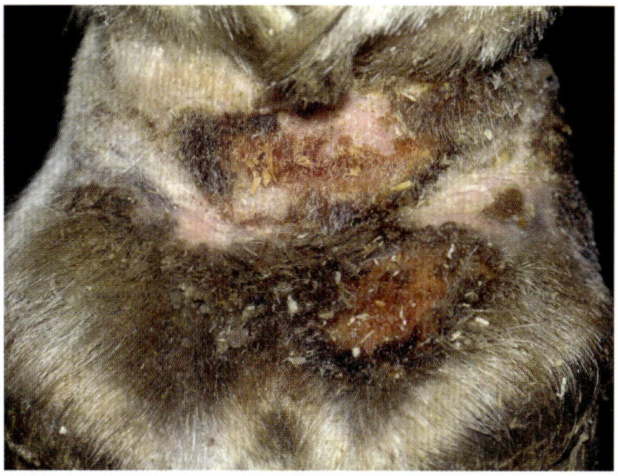

Abb. 1.9: Mauke: Exsudative Dermatitis in der Fesselbeuge.

Die Fesselbeugen sind eigentliche Prädilektionsstellen für Dermatitis beim Pferd. Besonders, aber keineswegs ausschließlich betrifft das Rassen mit langem Fesselbehang (Friesen, Percheron, Shire, Clydesdale etc.). Diese Kaltblüter haben ein erhöhtes Risiko für besondere chronische Formen der Mauke: chronisches progressives Lymphödem und Entzündung, die zu extremer Falten-/Wulstenbildung und Fibrose führen (sogenannte Warzenmauke).

«Mauke» wird als multifaktorielle Krankheit sowohl von endogenen Faktoren (weiße Abzeichen; Kötenbehang) als auch von der Umwelt beeinflusst. Oft ist die exogene Primärursache in einer Aufweichung der Fesselbeugehaut, besonders durch andauernde hohe Feuchtigkeit und Verschmutzung zu sehen. Häufig werden als Primärursachen einer Mauke, vor allem bei Kötenbehang, auch der Befall mit *Chorioptes*-Milben, die Infektion mit *Dermatophilus congolensis* und *Staphyloccocus* spp. vermutet. «Mauke» kann anscheinend auch auf einer Futterunverträglichkeit (früher «Kartoffelmauke») beruhen. Zuerst ist ein Erythem, dann sind Papeln und Krusten zu beobachten (Abb. 1.9). Häufig ergibt sich eine nässende exsudative Hautentzündung mit exzessiver Verkrustung (Abb. 1.10). In diesem Stadium gehen die meisten Pferde mehr oder weniger deutlich lahm, und Einschussphlegmonen stellen sich häufig ein.

Bestrahlung. Eine Fototoxizität («Sonnenbrand», aktinische Dermatose) ist eine dosisabhängige Reaktion auf UV-Bestrahlung. Sie kommt vor allem an Körperstellen vor, welche nicht oder dünn behaart, nicht pigmentiert und gleichzeitig exponiert sind (z. B. an den Nüstern; Abb. 1.12).

Das Vorhandensein eines fotodynamischen Stoffes in der Haut verstärkt die Empfindlichkeit der Haut gegenüber der UV-Bestrahlung und verursacht eine Untergruppe der Fotodermatitis, nämlich die primäre oder sekundäre Fotosensibilisierung. Die Fotosensibilisierung wird vor allem bei Weidepferden beobachtet.

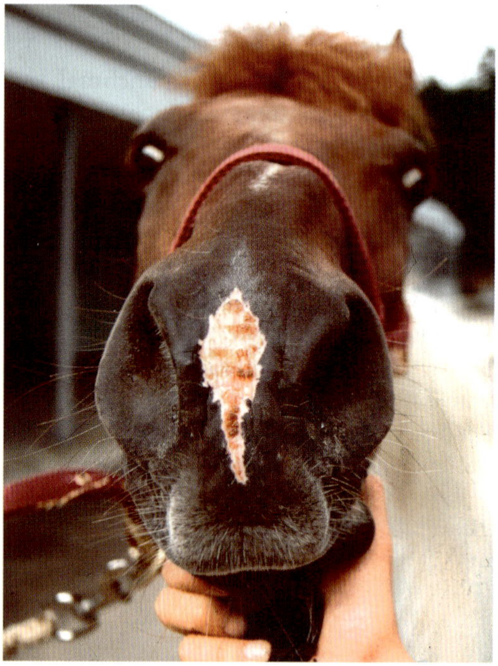

Abb. 1.12: Dermatitis solaris: Primäre Fotosensibilisierung der unpigmentierten Oberlippe (Schnippe) nach Aufnahme von Buchweizen.

Eine **primäre Fotosensibilisierung** wird durch bestimmte Pflanzen ausgelöst, die fotodynamische Stoffe (ätherische Öle u. a.) enthalten: Buchweizen, Johanniskraut *(Hypericum perforatum)*. Auch Klee und Luzerne werden als primär fotosensibilisierend beschrieben. Weiden mit mehr als 30 % Kleeanteil führen zu Trifoliose (Kleekrankheit) mit Fotosensibilisierung, Blähung und Hufrehe.

Symptome: An nicht pigmentierten Körperstellen bilden sich Hautödeme und Rötungen aus, gefolgt von einer blasigen Dermatitis, die ihrerseits zu serösen Ausschwitzungen, Krusten und Hautrissen führt (Abb. 1.12).

Diagnose: Das Auftreten einer Dermatitis der unpigmentierten Haut nach Sonnenbestrahlung ist diagnostisch entscheidend. Eine Weideinspektion und Fütterungsanamnese ist zu erheben, doch ist es oft nicht leicht, den Kausalzusammenhang zu etablieren.

Prognose: Die Heilungsaussichten sind günstig, wenn die Behandlung in schweren Fällen auch viel Aufwand und Zeit beansprucht.

Wenn das betroffene Tier zudem Ikterus, Apathie und/oder ZNS-Symptome zeigt, ist immer von einer hepatogenen **sekundären Fotosensibilisierung** auszugehen und entsprechend abzuklären. Dabei wird der fotodynamische Stoff Phylloerythrin, ein Porphyrinmetabolit von Chlorophyll, nicht oder ungenügend abgebaut. Medikation mit Phenothiazin, Tetracyclinen, Chlorothiazid, Sulfonamiden führt wahrscheinlich zu einer Kombination beider Typen der Fotosensibilisierung.

Symptome: Das Auftreten einer Dermatitis der unpigmentierten Haut nach Sonnenbestrahlung ist pathognomonisch. Klinisch manifestiert sich sowohl eine primäre als auch eine sekundäre Fotosensibilisierung in Form einer Dermatitis. Juckreiz oder Schmerzen können vorhanden sein.

Diagnose: Die Dermatitis der unpigmentierten Haut und der gleichzeitige Nachweis von Weidegang, einer Lebererkrankung oder einer Behandlung mit gewissen Medikamenten untermauern die Verdachtsdiagnose.

Prognose: Handelt es sich um eine primäre Fotosensibilisierung, ist die Prognose günstig. Sekundäre hängen vom Grad des Leberschadens ab.

Therapie: Die Behandlung besteht in der Elimination potenzieller Fotosensibilisatoren und im Aufstallen von Weidepferden. Dazu kommt eine milde Reinigung und Aufweichung von Krusten mit milden Cremes oder Lotionen (Kamille). Betroffene Gliedmaßenenden sind mit Vorteil unter Verband zu halten. Verabreichung von Laxantien kann angezeigt sein. Wenn nötig (starke Schwellung an Nüstern und Maul; schmerzhafte, maukeähnliche Dermatitis an Gliedmaßenenden →1.2.1.1), ist eine systemische Therapie mit Kortikosteroiden einzuleiten und eine sekundäre bakterielle Hautinfektion topisch mit Antiseptika (evtl. mit kortikoidhaltigen Kombinationspräparaten) zu behandeln. Zur Prophylaxe sollten die empfindlichen Pferde aufgestallt oder mit Sonnencreme geschützt werden.

1.2.2.3 Hautverbrennung

Als spezielle Form der Dermatitis physikalischer Ursache sei abschließend die Hautverbrennung erwähnt, die ein besonderes, auch chirurgisch-therapeutisches Problem darstellt.

Symptome/Diagnose/Prognose: Die prognostische Beurteilung einer Verbrennung ist meist schwierig, sie wird von der Ausbreitung (Prognose quoad vitam ungünstig bei über 50 % betroffener Körperoberfläche) und Tiefe (> Grad 2 ist mit Komplikationen, verzögerter Heilung und höheren Kosten [Hauttransplantation] zu rechnen) der Verbrennung bestimmt. Die Tiefe der Verbrennung kann in drei Grade eingeteilt werden: 1. Grad: Rötung (stratum corneum wird abgestoßen); 2. Grad: Teilzerstörung der Haut mit Blasenbildung, aber erhaltenen Hautanhangsgebilden; 3. Grad: Zerstörung der gesamten Haut inkl. Anhangsgebilden (Abb. 1.13), eine Regeneration der Haut ist nicht mehr möglich. Kurz nach einer Verbrennung kann man mit Schmerztests drittgradig von tief zweitgradig geschädigten Hautpartien unterscheiden. Anders als bei drittgradigen Verbrennungen bleibt auch bei tief zweitgradiger Verbrennung die Schmerzsensibilität bestehen.

Therapie: Zur allgemeinen Sofortmaßnahme gehört die Schmerzbekämpfung (Ketamin-, Morphinpräparate), Tetanusprophylaxe, Behandlung eines evtl. hypovolämischen Schocks (isotonische Kochsalzlösung 2–4 ml/ kg KG pro Prozent verbrannter Oberfläche, evtl. Plasma) und die lokale Wundbehandlung (Débridement; Spülung mit Antiseptika (Jod-Povidon, Chlorhexidin, 0.5 % Silbernitratlsg.); cave! Resistenzbildung, restriktive Anwendung von antibiotischen Cremen (z. B Silber-Sulfadiazincreme). Bei schwerer Infektion der Hautwunden ist eine systemische Antibiose angezeigt.

Abb. 1.13: Verbrennungen: Verbrennungen 2. bis 3. Grades nach Stallbrand.

1.2.3 Immunogene Ursachen

Immunogene Hautkrankheiten treten wohl häufiger auf, als sie diagnostiziert werden, der Beweis der «Allergie» ist oft schwierig zu führen. Man vergesse nie, dass ein Teil der Läsionen etwa bei Ektoparasitenbefall allergischer Natur ist. Eine dem Pferd entsprechende Klassifikation allergischer Erkrankungen wird im Kapitel klinische

Immunologie besprochen. Weitere Symptome, bei denen immunogene Ursachen oder Komponenten mehr oder weniger gut dokumentiert sind, wurden oben unter →1.1 erwähnt: Pruritus; Urticaria; noduläre Hautveränderungen, bei denen eine Überempfindlichkeitsreaktion vermutet wird (noduläre Nekrobiose; axilläre noduläre Nekrose; Amyloidose); Alopezie aufgrund einer vermuteten T-Zell-vermittelten Reaktion (Alopezia areata).

Die Purpura Haemorrhagica (→13.4) und verwandte schwere systemische Vaskulitiden, die im Gegensatz zu vielen der oben erwähnten Krankheiten von großer klinischer Bedeutung sind, werden im Kapitel klinische Immunologie (→13) besprochen.

1.2.3.1 Allergische Kontaktdermatitis

Eine Kontaktallergie lässt sich klinisch kaum von einer nicht allergischen Kontaktdermatitis abgrenzen. Beide Erkrankungen können Juckreiz verursachen. Kleinmolekulare Stoffe (Medikamente, Lederöl u. a.) verbinden sich als Haptene mit einem Trägermolekül; zum Teil wirken sie wohl auch direkt allergen.

Symptome: Die entzündliche Reaktion bleibt meist streng auf die Kontaktflächen begrenzt. Sie besteht in einer oberflächlichen Dermatitis verschiedener Ausprägung, die von Juckreiz begleitet wird.

Diagnose: Oft ist nur eine Verdachtsdiagnose möglich. Ein sogenannter Patchtest (Pflaster- / Epikutantest) kann auf rasierter Haut durchgeführt werden, er liefert allerdings recht unzuverlässige Resultate. **Prognose:** Die Prognose ist günstig zu stellen. **Therapie:** Die Behandlung besteht in der Ausschaltung des Allergens. Eine symptomatisch-unterstützende Lokalbehandlung beschleunigt die Abheilung.

1.2.3.2 Sommerekzem

Die Krankheit wurde früher auch Sommerräude genannt. Im anglo-amerikanischen Schrifttum bürgern sich die Ausdrücke *«insect bite hypersensitivity»* (ISH) oder *«culicoides hypersensitivity»* ein. Das allergische Sommerekzem tritt bei unseren Pferden mit einer Häufigkeit von 1–3 % auf. Von Island auf den Kontinent importierte Isländer erkranken dagegen mit einer Frequenz von über 30 %. Interessanterweise ist die Inzidenz aber unter Isländern, die auf dem Kontinent geboren werden und mit den Mücken aufwachsen, nicht wesentlich verschieden von der anderer Rassen (< 10 %). Die Morbidität ist abhängig von der Umgebung (Mückenarten, Mückendichte) und von der Abstammung der Pferde (familiäre Häufung). Im Übrigen besteht auch eine schwache Assoziation zwischen Sommerekzem und dem equinen Leukozyten-Antigensystem. Die Krankheit resp. die Prädisposition hat also eine genetische Grundlage.

Pathogenese: Die Pathogenese ist klar: Anfällige Pferde sensibilisieren sich gegen Mückenantigene (vor allem *Culicoides* spp. oder Gnitzen, aber auch *Simulium* oder Kriebelmücken →1.4.2.3). Die Mücken bevorzugen je nach Spezies bestimmte Körperstellen zum Saugen; möglicherweise ist dieser Umstand verantwortlich für die variierende Hauptlokalisation des Ekzems. Die Hypothese, es handle sich um eine «Grasallergie» ist nicht bestätigt.

Symptome: Klinische Erscheinungen treten saisonal von Frühling bis Herbst vor allem bei Weidegang in der wärmeren Jahreszeit auf, selten bei Stallhaltung und in über 1800 m gelegenen Berggebieten.

Als erste Anzeichen der Krankheit sind ausgeprägter Juckreiz und gesträubte Haare über papulösen Erhebungen zu beobachten. Darauf folgt eine vorwiegend squamöse Dermatitis, zuerst am Kammrand-Mähnenansatz, Schweifansatz (dorsale Form, Abb. 1.2) und (je nach Mückenart!) entlang der Linea alba (ventrale Form, Abb. 13.2). Nicht selten sind auch unregelmäßig begrenzte, serumausschwitzende oder hämorrhagische Bezirke zu sehen. In fortgeschrittenen Stadien breitet sich die Entzündung auf die Halsseiten und den Rumpf aus. Der hochgradige Juckreiz führt zu ernsthaften Scheuerwunden.

Das Leiden wird im Allgemeinen vom 2. oder 3. Lebensjahr an von Saison zu Saison schlimmer; es scheint sich von einem gewissen Punkt an selbst zu unterhalten, und es heilt dann auch im Winter nicht mehr völlig ab. Die ausgeriebenen Mähnen- und Schweifhaare wachsen über den Winter nicht mehr vollständig nach. Spontane Desensibilisierungen kommen äußerst selten vor.

Diagnose: Die jahreszeitliche Abhängigkeit des Auftretens und die typische Lokalisation, der hochgradige Juckreiz, eventuell auch eine bekannte Familiendisposition erlauben eine klinische Diagnose. Grundsätzlich kann die Sensibilisierung eines Pferdes mit einem Hauttest oder auch mit dem In-vitro-CAST-Test oder FIT-Test, eventuell zusammen mit einer histologischen Untersuchung einer Hauptbiopsie, nachgewiesen oder ausgeschlossen werden. In der Regel ist eine derartige Sicherung der Diagnose auch nicht notwendig. Eine Indikation für einen Intrakutan- oder In-vitro-Test stellte sich bei einer Kaufuntersuchung in fraglichen, asymptomatischen Fällen im Winter oder bei forensischer Fragestellung.

Prognose: Für Pferde, die im Sommer nicht aufgestallt werden, also vor allem Zuchtstuten und sogenannte Robustpferde, ist die Prognose auf die Dauer ungünstig. Anfällige Pferde sollten nicht zur Zucht verwendet werden.

Therapie: Die wirksamste Maßnahme besteht in der Prophylaxe, im Aufstallen anfälliger Pferde. Die Stallfenster sollten mit einem feinmaschigen Netz verschlossen sein. In unseren Breiten scheint die höchste Aktivität der Gnitzen in die Dämmerung zu fallen, sodass oft schon das Aufstallen am frühen Morgen und während der Abenddämmerung hilft; *Simulium* aber fliegt und sticht tagsüber. Spezielle «Ekzemerdecken» können die Mückenstiche zu einem wesentlichen Teil verhindern. Ein insektenabweisendes Mittel (Repellent z. B. 25 % Benzylbenzoat-Lotion) vermag die Pferde bei der Arbeit im Freien einigermaßen zu schützen, muss aber täglich angewendet werden.

Eine kontrollierte klinische Studie hat keinen therapeutischen Effekt von Ω-6-Fettsäure-reichen Ölen (z. B. Borretsch-Samenöl) gezeigt. Auch Antihistaminika sind beim Sommerekzem unwirksam.

Kortikosteroide dagegen wirken symptomatisch gut und müssen in schweren Fällen zuerst in hohen Dosen per injectionem, später als Langzeitbehandlung per os gegeben werden. Die Pferdebesitzer sind auf die möglichen Nebenwirkungen hinzuweisen. Das Auftragen von Salben oder Cremen (Box 1.1.1) kann nicht nur die Entzündung mildern, sondern auch die Mücken am Stechen hindern. Die bisherigen allergen-spezifischen Immuntherapien sind nicht erfolgreich, aber bessere Methoden sind in Entwicklung.

Während die allergische Genese beim Sommerekzem klar bewiesen ist, wird der Begriff **atopische Dermatitis** v. a. in der englischen Literatur oft für verschiedene juckende und z. T. quaddelbildende Hauterkrankungen verwendet, ohne dass klar die Beteiligung von IgE nachgewiesen ist. Serologische IgE-Titer gegen Umwelt-Antigene sind dabei noch kein Beweis eines ursächlichen Zusammenhangs! Viel eher müssten funktionelle Tests, wie FIT und CAST, reproduzierbar eine Beziehung nachweisen.

1.2.3.3 Pemphigus

Beim Pemphigus handelt es sich um eine Autoimmunkrankheit. Dabei werden Autoantikörper gegen ein kutanes Antigen (Interzellulärsubstanz) gebildet. Es sind verschiedene Pemphigustypen bekannt, die allerdings beim Pferd ungenügend erforscht sind (→13.4).

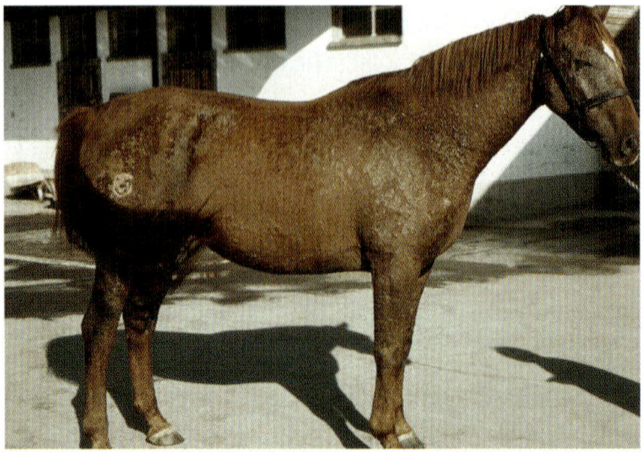

Abb. 1.14: Pemphigus foliaceus: Meist ist das ganze Integument von den typischen Effloreszenzen betroffen.

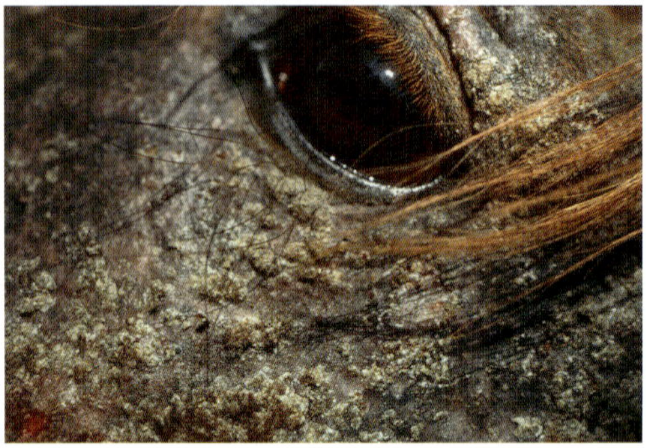

Abb.1.15: Pemphigus foliaceus: Typische Effloreszenzen der Autoimmunerkrankung: Krustöse Dermatitis nach Aufplatzen der Vesikeln.

Pemphigus foliaceus (verursacht von Autoantikörpern gegen desmosomale Antigene) ist die häufigste autoimmune Hauterkrankung des Pferdes. Verkrustungen, Pusteln, Schuppung und Seborrhoe der Hautoberfläche und Haarverlust sind die wesentlichen Symptome (Abb. 1.15). Histologisch sind intradermale Pusteln und Krusten mit akantholytischen Zellen charakteristisch. Besonders betroffen sind Hals und Kopf und auch distale Gliedmaßen. Erste Veränderungen werden z. T. an muko-kutanen Übergängen (Lippen, Nüstern, Augenlidern) bemerkt, die Schleimhäute (Konjunktiven) selbst und die Kornea sind aber äußerst selten betroffen. In fortgeschrittenen hochgradigen Formen kann der ganze Körper betroffen sein (Abb. 1.14). Urticaria und Unterbauch- sowie Gliedmaßenödeme können die schwereren Hautveränderungen begleiten oder diese ankündigen. Pruritus kann fehlen oder ausgeprägt sein. In schweren Fällen ist Fieber, Apathie und Fressunlust beobachtet worden.

Als besondere, aber sehr seltene Form ist der **Kronrand- und Kastanienpemphigus** zu erwähnen, der zusammen mit den oben erwähnten Lokalisationen oder selten alleine auftreten kann. Er kann zur Ablösung der Kronsaumlederhaut führen. Der ganze Kronrand sinkt dann ein, vernachlässigte Fälle schuhen aus. Der Zustand scheint außerordentlich schmerzhaft zu sein. Ist der Kronrand die alleinige Lokalisation, kann die Differenzierung von Hufrehe eine Röntgenuntersuchung erfordern, ist aber auch dann manchmal noch unsicher.

Diagnose: Die Diagnose Pemphigus lässt sich nur mithilfe der Histologie stellen. Pathognomonisch sind Pustel und Krustenbildung mit Akantholyse infolge einer Zerstörung der Desmosomen durch Autoimmunantikörper.

Prognose: Sie hängt vom Alter der Patienten ab. Die Krankheit kann schon bei Saugfohlen auftreten und hat bis zum 1. Lebensjahr eine günstige Prognose. Spontane Abheilung ist möglich. Die meisten Fälle von P. foliaceus werden bei über 5 Jahre alten Pferden beobachtet. Bei dieser Altersgruppe ist die Prognose in der Regel ungünstig, sofern man nicht eine meist lebenslange, anstrengende immunsuppressive und antiphlogistische Behandlung in Betracht ziehen will.

Therapie: Die Therapie der Wahl ist eine Dauerbehandlung mit Kortikosteroiden (Prednisolon 1–2 mg/kg/Tag Anfangsdosierung, ggf. auch höher. Nach dem Ansprechen auf die Steroidbehandlung wird empfohlen, die Dosis vorsichtig jede Woche bis auf eine minimale Dosis um 20 % zu reduzieren. Bei Rezidiven wurden Therapieresistenzen beobachtet. Die Behandlung mit Goldsalzen (Natriumaurothiomalate 1 mg/kg KG i. m. einmal pro Woche während 6 Wochen parallel zu den Kortikosteroiden) kann in manchen Fällen das Absetzen der Kortikosteroide erlauben. Testdosen von 20 mg oder 50 mg pro 500 kg Pferd werden häufig gegeben, bevor mit der Therapie angefangen wird. Jedes Pferd muss individuell therapiert werden.

Pemphigus vulgaris (Blasensucht) und das **bullöse Pemphigoid** werden beim Pferd sehr selten vom Dermatologen diagnostiziert. Beide Krankheiten imponieren klinisch mit Vesikeln und Pusteln, die nach Ruptur erosive-ulzerative Veränderungen auf der Haut, an mukokutanen Übergängen und in der Maulschleimhaut hinterlassen. Sie sprechen auf Kortikosteroide schlecht an, dementsprechend ist die Prognose ungünstig.

1.2.3.4 Vaskulitis

Vaskulitiden sind Gefäßentzündungen, wobei beim Pferd vor allem die kleineren Gefäße in der Haut betroffen sind. Die Erscheinungsformen der Effloreszenz sind abhängig von Stärke der Reaktion, Lokalisation, Größe und Verlauf der betroffenen Gefäße und der Schwere des Befalls (Abb. 1.16). Man vermutet zirkulierende Immunkomplexe als Auslöser.

Symptome: Die Hautveränderungen findet man vor allem an weißen Abzeichen v. a. lateral an den distalen Gliedmaßen. Typische Effloreszenzen sind: Erythem; Echymosen; zirkuläre oder serpentinöse seröse Ausschwitzungen und Krustenbildung bis zu Ulzerationen.

Diagnose: Die Veränderungen sind wie oben beschrieben recht typisch. Zur Abgrenzung einer Fotodermatitis ist zu beachten, dass die Vaskulitis oft zirkuläre oder serpiginös, klar abgegrenzte und (im Gegensatz zur Fotodermatitis) nicht die gesamte Fläche der weißen Abzeichen einnehmende Läsionen verursacht. Biopsien können den klinischen Verdacht bestätigen.

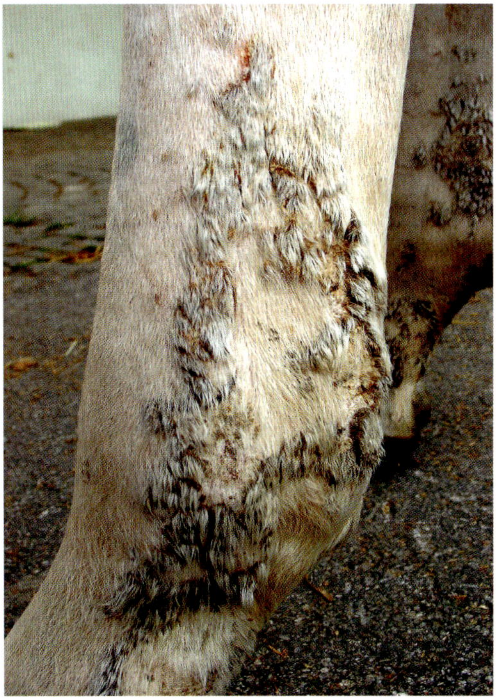

Abb.1.16: Vaskulitis: Als Ursache der v. a. lateral an den unpigmentierten, distalen Hintergliedmaßen, zirkulären, serpiginösen und klar abgegrenzten serösen Ausschwitzungen mit sekundärer Krustenbildung.

Die **Prognose** ist abwartend vorsichtig zu stellen, weil viele Fälle auf die Therapie nicht gut oder nur vorübergehend ansprechen, und zu Rezidiven neigen.

Therapie: Sie beschränkt sich meist auf lokale Desinfektion («Bewährte topische Medikationen bei Hauterkrankungen», Box 1.1.1) und Prednisolongaben über längere Zeit. Pentoxifyllin (10 mg/kg KG p. o. BID) wird empfohlen, ist aber teuer und in unseren Händen nicht zuverlässig wirksam.

Die **Purpura Haemorrhagica** (→13.4) und verwandte schwere systemische Vaskulitiden (Typ-III-Reaktion), die im Gegensatz zu vielen der oben erwähnten Krankheiten von großer klinischer Bedeutung sind, werden im Kapitel klinische Immunologie (→13) behandelt.

1.2.3.5 Erythema multiforme

Erythema multiforme ist eine seltene, ebenfalls ungenügend untersuchte Form einer zellvermittelten Hypersensitivitätsreaktion. Sie kann durch Medikamente (z. B Trimethoprim-Sulfadiazin), vor allem Infektionen (Herpesvirus →15.3.3), Vakzination und Neoplasmen ausgelöst werden.

Symptome: Die Erscheinung gleicht äußerlich (ringförmige Hautschwellungen mit Kraterbildung (Abb. 1.16) und im Verlauf (wochen- bis monatelange Progression, manchmal spontane Remission, aber auch chronisch-rekurrierend) sehr stark einer chronischen Urticaria. Erythema multiforme kann auch die Schleimhäute erfassen, sie lässt sich aber sonst von der Urticaria meist nur histopathologisch abgrenzen. Neben dem Ödem in der Dermis (teilweise mit ausgetretenen Erythrozyten) finden sich lymphozytäre Infiltrate, die zu Apoptose in der Epidermis (apoptotische Keratinozyten) und zu Ausschwitzungen führen.

Diagnose: Meist ringförmige, Krater bildende Effloreszenzen. Die Ringwülste zeigen oft Ausschwitzungen und Krustenbildung. Abgrenzung zu chronisch-rezidivierender Urticaria schwierig.

Therapie: Orale Kortikosteroide.

1.2.3.6 Equine Sarkoidose

Die histologisch von multinukleären Riesenzellen geprägten granulomatösen Hautveränderungen sind entweder durch Schuppen, Krustenbildung (exfoliative Dermatitis) und Haarverlust oder seltener von nodulären Veränderungen gekennzeichnet. Läsionen können schmerzhaft sein. Die granulomatösen Veränderungen betreffen aber z. T. auch die Lunge und andere innere Organe und verursachen ein dementsprechend variables systemisches Krankheitsbild. Die Diagnose ist nur per Ausschluss von anderen Ursachen einer granulomatösen Reaktion und der Demonstration der typischen Läsionen in anderen Geweben (Lymphknoten, Lunge, Rektum, Leber etc.) möglich. Bis jetzt konnten keine infektiösen Erreger gefunden werden. Eine Kortikosteroidtherapie kann versucht werden. Die Prognose bei den generalisierten granulomatösen Formen mit Beteiligung innerer Organe ist ungünstig bis schlecht. Wenn die Läsionen lokal auf die Haut beschränkt sind, ist die Chance für eine klinische Besserung günstiger. Diese Patienten benötigen aber u. U. andauernde Prednisolongaben, um in Remission zu bleiben.

1.2.3.7 Lupus erythematodes

Die seltene, beim Pferd schlecht definierte Autoimmunerkrankung, die bevorzugt ältere Tiere betrifft, äußert sich v. a. in Pigmentverlust, manchmal begleitet von Alopzie, Erythem und Krustenbildung. Prädilektionsstellen sind am Kopf sowie in der Perianal- und Genitalgegend zu finden. Die mildere Form beschränkt sich auf die Haut (kutaner Lupus erythematodes), es werden aber auch schwere systemische Krankheitszeichen (Fieber, Gewichtsverlust, Petechien, Polyarthritis, Uveitis) beschrieben. Eine klinisch oder histologisch nachweisbare entzündliche Komponente bildet, ergänzt durch den Nachweis von Antikörpern und Komplement an der dermal-epidermalen Grenze oder von zirkulierenden antinukleären Antikörpern (ANA-Test; Spezifität und Sensitivität beim Pferd aber unklar), die differenzialdiagnostische Grundlage zum Ausschluss der benignen Leukoderma (Vitiligo). Eine Therapie scheint bei den schwereren systemischen Formen aussichtslos.

1.3 Infektionen der Haut

1.3.1 Viruskrankheiten

1.3.1.1 Papillomatose

Man spricht bei uns von «Warzen» oder «Weidwarzen». Verantwortlich für die Krankheit ist das equine Papillomavirus 1 (EcPV-1 →15.3.3.1).

Befallen werden vor allem junge Pferde (Jährlinge und seltener 2- oder 3-Jährige). Es treten multiple, oft sehr zahlreiche, kleine gestielte Papillome (bis 2 cm) um die Nüstern und das Maul auf, selten auch am Bauch, am Präputium und an den Beinen. Die Farbe der Warzen ist meist Grau, auch Gelblich und Rosa (Abb. 1.17). In der Regel kommt es nach etwa drei Monaten zur spontanen Regression der Tumoren («Abdorren»). Nur wenn die Spontanheilung ausbleibt oder der Tumor ungünstig lokalisiert ist, drängt sich eine chirurgische Intervention auf.

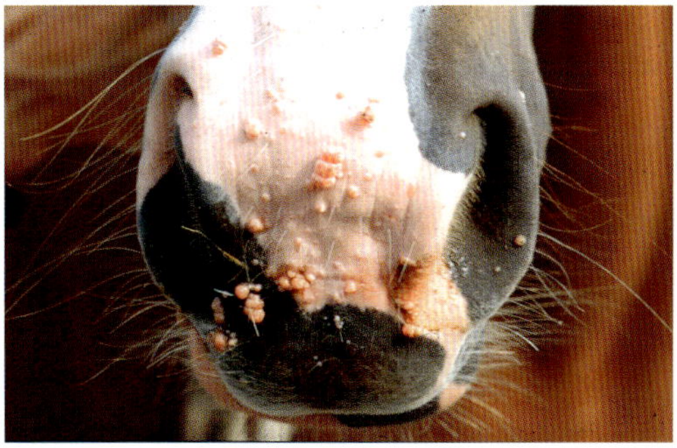

Abb. 1.17: Juvenile Papillomatose: Fleischfarbene kleine Weidewarzen an der Oberlippe bei einem Jährling.

1.3.1.2 Equines Sarkoid

Lange Zeit wurde das Sarkoid als «Warzen» verharmlost. Ältere Beschreibungen von Fibromen, Fibrosarkomen und Neurofibromen der Haut stellten wohl meist eher Fälle von equinem Sarkoid dar.

Es wird angenommen, die Krankheit werde durch ein Virus induziert. Es gibt überzeugende Anhaltspunkte dafür, dass ein Rinderpapillomvirus für das equine Sarkoid verantwortlich ist (BPV-l und BPV-2; regional verschieden →15.3.1.2). Die Tumoren enthalten DNA-Sequenzen, die mit BPV-DNA-Sequenzen identisch sind. Das Sarkoid ist mit zellfreien Extrakten auf anfällige Pferde übertragbar. Die natürliche Übertragung geschieht wahrscheinlich über einen Insektenvektor.

Beim Sarkoid handelt es sich um einen Tumor mit fibroblastischen und epithelialen Komponenten. Er zeigt eine Tendenz zu lokalem infiltrativem Wachstum, aber es kommt nicht zur Metastasierung in andere Organe. Befallen werden eher jüngere Pferde mit genetisch fixierter Anfälligkeit. Es besteht eine enge Assoziation zwischen Krankheit und bestimmten genetischen Markern (equine Leukozyten-Antigene; MHC-Marker).

Erscheinungsformen des Sarkoids

- okkult (flach, haarlos)
- warzig (hyperkeratotisch)
- knotig (subkutan)
- fibroblastisch (ulzerierend)
- gemischt

Sarkoide treten einzeln oder multipel auf. Aufgrund ihrer klinischen Merkmale kann man den Hauttumor in verschiedene pathomorphologische Typen einteilen.

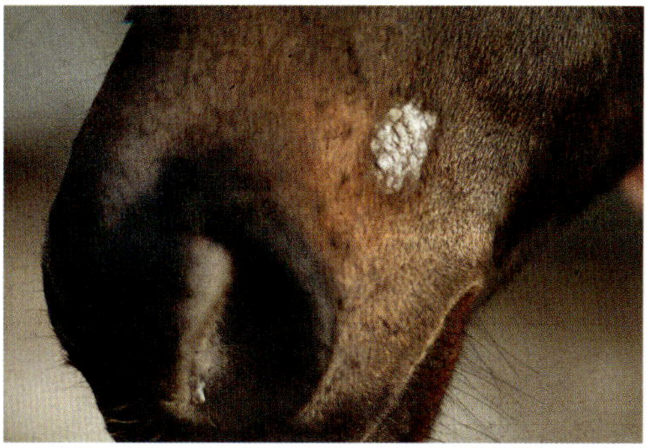

Abb. 1.18: Hyperkeratotisches Sarkoid: Verruköse, hyperkeratotische kreisrunde Effloreszenz. An dieser Stelle selten entartend.

Okkultes Sarkoid ist flach, klar umgrenzte, haarlose Fläche mit grauer Oberfläche; die obere Hautschicht ist schuppig. Der Tumor kann wachsen oder jahrelang gleich groß bleiben. Manche dieser Sarkoide sind von normaler Haut bedeckt, andere entwickeln mehrere Knötchen oder eine Verdickung der Hornschicht mit starker Schuppenbildung.

Warzenartiges Sarkoid: Deren Hornschicht der Region ist verdickt (Hyperkeratosis) und kann schuppen. An Stellen, wo die Haut dünn ist (z. B. am Kopf), nicht so markant. Wächst langsam, aber kann nach Reizung oder Behandlung granulös werden und eine aggressivere Form annehmen.

Fibroblastisches Sarkoid aufgebrochene, ulzerierend-blutende, aktive Sarkoide. Aggressiv in Erscheinung und Entwicklung. Kann schnell wachsen oder statisch bleiben, mit Phasen, in denen es besser zu werden scheint. Entsteht aus anderen Sarkoidtypen, die gereizt werden; oder nach Verletzungen. Dem chirurgischen Entfernen folgt oft ein aggressiveres Wachstum.

Knotiges Sarkoid, dessen verschiebbare Knubbel vollständig unter der Haut liegen oder fest mit der Dermis verbunden sein können. Der Knoten lässt sich ein wenig verschieben. Kommt meistens in Regionen vor, in denen die Haut dünner ist (Genitalregion, Schenkelinnenseite, Kopf). Generell gutartiger und chirurgisch gut behandelbar.

Gemischter Typ mit oft ausgedehnten, großen und gemischten Sarkoidformen, die sich aus okkulten, warzenartigen, knotigen, fibroblastischen und ulzerierenden Formen zusammensetzen können.

Es ist noch unklar, ob die verantwortlichen Virustypen ähnlich wie beim Rind eher den einen oder den anderen Tumortyp hervorrufen bzw. ob sie die eine oder andere Lokalisation bevorzugen. Besonders große, übel aussehende Geschwülste treten oft bei Eseln auf.

Sarkoide können überall am Körper auftreten. Prädilektionsstellen sind der Kopf (Augenlider, Augenbogen, Ohren), das Präputium, die Schenkelinnenflächen, die Gurtlage, Vorderbrust und Brustfalten, die Bauchunterseite, überall dort am Körper, wo sich stechende Insekten gerne gütlich tun. In feuchtwarmen Gebieten sind Sarkoide an den Gliedmaßen besonders häufig.

Diagnose: Sarkoide lassen sich leicht von Papillomen differenzieren; gewisse Sarkoide können aussehen wie Caro luxurians, Fibrosarkome oder kutane Habronematose (→1.4.1.2) oder wie eines der seltenen Karzinome. In der Regel lässt sich die Diagnose aber klinisch stellen; Zweifelsfälle sind histologisch zu untersuchen.

Therapie und Prognose: Die Behandlung von equinen Sarkoiden stellt uns immer wieder vor größere Probleme: Angefangen mit der oft extrem unterschiedlichen Wahrnehmung des Problems seitens des Besitzers (aber auch des Tierarztes), und damit verbunden, die unterschiedliche Bereitschaft, therapeutisch vorzugehen. Diese Wahrnehmungen reichen von einer Bagatellisierung bis hin zum inakzeptablen Makel, der die weitere Nutzung des Pferdes infrage stellt. Diese Einschätzung wird geprägt durch persönliche Erfahrungen oder Meinungen von Drittpersonen und ist oft nur zweitrangig abhängig von Lokalisation, Anzahl und patho-morphologischem Typ der Sarkoide. Tatsächlich ist es nahezu unmöglich, eine zuverlässige Prognose über die weitere Progression verschiedener Sarkoid-Tumore zu machen. So können «mildere» morphologische Formen, wie beispielsweise kleine verruköse Sarkoide auch nach jahrelanger «Latenz» rasch zu umfangreichen fibroblastischen Tumoren mit oberflächlichen Ulzerationen anwachsen. Bekannt ist, dass inadäquate Therapieversuche, die Entnahme von Biopsien oder Verletzungen im Bereich der Tumore diese Entwicklung beschleunigen können. Andererseits können sich ähnliche, kleine und weniger «aggressiv» erscheinende Typen auch spontan zurückbilden.

Es ist also unerlässlich, Besitzer und Kollegen auf das unberechenbare und sehr dynamische Entwicklungspotenzial von Sarkoiden hinzuweisen, sei dies bei der Beratung in einer Ankaufssituation oder vor Therapiebeginn. Aufgrund der berüchtigten **Rezidivneigung** dieser Hauttumore, sollten Besitzer vor Beginn einer Behandlung von klinisch fortgeschrittenen, umfangreichen Läsionen, insbesondere solchen an Prädilektionsstellen wie den Schenkelinnenseiten oder im Bereich der Axilla, darauf hingewiesen werden, dass das Problem mit einer einmaligen Behandlung oft nicht unter Kontrolle zu bringen ist. Bei Patienten mit einem ausgeprägten Krankheitsbild sollte man die Besitzer darauf vorbereiten, dass das Pferd lebenslang medizinisch betreut werden muss. Dennoch sollte bei jedem Behandlungsversuch die Methode gewählt werden, mit welcher eine möglichst komplette Entfernung des Tumors erreicht wird, auch wenn dies z. T. einen erheblichen «Kollateralschaden» bedingen kann.

Drei grundsätzliche Möglichkeiten zur Behandlung von Sarkoiden

Exzision oder die **physikalische Abtötung** von Tumorgewebe durch z. B.
- Skalpell, Electrocauter oder Laser
- radioaktive Strahlung (z. B. Brachytherapie)
- Wärme oder Kälte (Cryochirurgie)-Energie

chemische Zerstörung des Gewebes mittels zell- oder gefäß-toxischen Substanzen, wie z. B.
- Cytostatika (Cisplatin)
- topische Salben mit Imiquimod, 5-Fluorouracil, Tazarotene oder mit kanadischem Blutwurz *(Sanguinaria canadensis)* (XXTerra®)

Immuno-Modulatoren, wie z. B.
- Mistelpräparate
- Bazillus Calmette-Guérin (BCG «Vaccine»)
- autologe Vakzinen

Oft wird auch eine Kombination dieser vier Möglichkeiten als individuell angepasstes Management gewählt.

Tumore, bei welchen wir uns anmaßen, klar definierbare Abgrenzungen zu erkennen und deren Größe und Lokalisation eine vollständige Entfernung mit 1–2 cm großen Rändern unveränderten Gewebes erlauben, sind Kandidaten für konventionelle Skalpell-Exzision mit Primärverschluss. Dabei sollten sämtliche Prinzipien der onkologischen Chirurgie, zur Vermeidung einer intra-operativen «Streuung» von transformierten Zellen, stets berücksichtigt werden. Eine rasche, primäre Wundheilung ist anzustreben, bleibt aber bei vielen umfangreicheren Läsionen ein illusorisches Ziel. In diesen Fällen ist die Exzision mit dem Laser dem Skalpell überlegen. Während des Eingriffs ermöglicht der Laser durch Erhitzung der wundnahen Gewebe und exponierten Oberfläche sowohl eine bessere Hämostase als auch eine «Dekontamination» (von oberflächlich ulzerierten Tumoren). Zudem wird vermutet, dass durch den thermischen Kollateralschaden eine geringere Rezidivneigung erreicht wird. Sekundär abheilende Wunden sollten postoperativ gut gereinigt und gepflegt werden, um auch hier ein möglichst rasches Abheilen zu ermöglichen und ggf. Rezidive rasch zu erkennen. Tumore im Bereich der Augenlider oder distalen Gliedmaßen sind häufig nicht geeignete Kandidaten für eine Exzision. Dort müssen gewebeeinsparende Alternativen in Betracht gezogen werden. Je nach Möglichkeiten und Erfahrungen des behandelnden Tierarztes, finanziellen Mitteln des Besitzers und bisherigem Ansprechen auf therapeutische Maßnahmen stehen hier in Kombination mit einer physikalischen Reduktion der Tumorsubstanz *(«debulking»)* verschiedene topische Behandlungsmaßnahmen mit Chemotherapeutika oder die intraläsionale (aber auch systemische) Applikation von immunomodulatorischen Substanzen im Vordergrund. Die Iridium-Spickung zur brachytherapeutischen Bestrahlung ist eine hoch effektive, mittlerweile aber nur selten zugängliche Methode, die sich insbesondere zur Behandlung von periokulären Sarkoiden eignet.

1.3.1.3 Aurale Plaque

Es wird angenommen, dass das aurale Plaque durch ein equines Papillomvirus (EcPV3 und EcPV4 →15.3.1.1) hervorgerufen wird. Als Überträger des Virus wird u. a. die Kriebelmücke vermutet. Sehr hochgradige, große Läsionen (cave! Komplikationen wie Knorpelnekrose; Infekte) können das Pferd besonders beim Aufzäumen stark stören.

Diagnose: Beim auralen Plaque zeigen sich weiße, flache oft konfluierende depigmentierte hyperkeratotische Plaques (selten warzenförmige Läsionen) an der Innenfläche der Ohrmuschel (Abb. 1.21). Diese können in jedem Alter auftreten. **Prognose:** quoad restitutionem ungünstig, spontane Heilung wird nicht beobachtet.

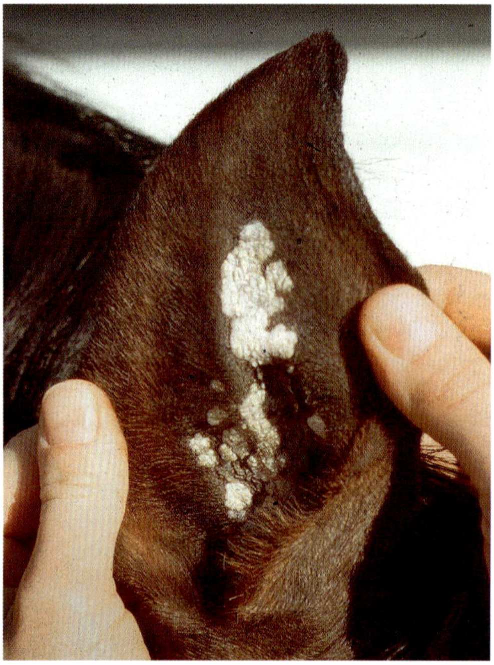

Abb.1.19: Aural Plaques: Flache, depigmentierte, hyperkeratotische, z. T. konfluierende Plaques an der Innenfläche der Ohrmuschel.

Therapie: Solange das Pferd nicht darunter leidet, können diese Veränderungen unbehandelt bleiben. Wenn nötig, kann Imiquimod-Creme 2–3 Mal pro Woche in einem 2-wöchigen Intervall auf die Veränderungen aufgetragen werden. Imiquimod hat immunmodulierende, antitumorale und antivirale Eigenschaften, kann aber auch sehr irritierend wirken. Meist ist eine Sedation nötig. Imiquimod ruft eine Entzündungsreaktion hervor. Therapiefrequenz sollte deswegen individuell angepasst werden. Bei schweren Fällen ist, wenn die Veränderung das Verhalten durch Kopfscheu, Kopfschlagen stark beeinflusst, ist eine chirurgische Behandlung bis zur Ohrentfernung angezeigt.

1.3.1.4 Pferdepocken

Pferdepocken sind in Mitteleuropa seit Jahrzehnten nicht mehr diagnostiziert worden, und es ist strittig, ob das Pferdepockenvirus wirklich speziesspezifisch ist *(Variola equina?)* oder ob es sich nicht um das Kuhpockenvirus (*Orthopoxvirus bovis* und *Orthopoxvirus bovis var. elefanti*) handelt. Pferdepocken sollen sich als vesiculo-pustulöses Exanthem der Haut manifestieren, besonders der Fesselbeuge (Mauke →1.2.1.1). Allein oder zusammen mit einer Hautentzündung tritt auch eine papulo-vesikuläre Stomatitis auf. Die Effloreszenzen können in ein pustulöses, später sogar in ein ulzeröses Stadium umschlagen. Differenzialdiagnostisch (Vorkommen südliche USA und v. a. Karibik) müsste auch die Vesikuläre Stomatitis in Betracht gezogen werden (→15.2.10.1).

Es wird auch eine papulöse Dermatitis beschrieben (Australien, USA, Neuseeland). Der Erreger ist ein epitheliotropes Virus, das mit dem Vacciniavirus verwandt zu sein scheint. Innerhalb einer Woche bilden sich Krusten, es kommt zu lokalisiertem Haarausfall. Die Veränderungen können am ganzen Körper auftreten, mit Vorliebe jedoch in der Gurt- und in der Sattellage. In späteren Stadien wird diese virale Dermatitis anscheinend leicht mit einer Trichophytie (→1.3.3.1) verwechselt.

1.3.1.5 Coitales Exanthem (Bläschenseuche)

Das coitale Exanthem ist eine venerische Krankheit und wird durch das equine Herpesvirus 3 (→15.3.3.3, Abb. 15.4) hervorgerufen.

Diagnose: Schwellung der Vulva und Rötung der Schleimhaut. In der Regel findet man 4 Tage nach Deckakt konfluierende Bläschenbildung in der Schleimhaut und dem kutanen Vulvateil. Erosionen bzw. tiefe Ulzera mit gerötetem Grund. Analoge

Veränderungen finden sich am Präputium beim männlichen Tier. Abheilung nach drei Wochen. Meist bleiben charakteristische depigmentierte Stellen zurück.

Auf weitere mit Viren verbundene Hautaffektionen wird im entsprechenden Kapitel (→15) gegebenenfalls eingegangen.

1.3.2 Bakterielle Infektionen

1.3.2.1 Clostridien und deren Toxine (Gasbrand)

Clostridien (nekrotisierende und hämolytische Toxine von *C. perfringens, C. novyi, C. septicum, C. histolyticum* →16.7.5) sind Erreger des Gasbrands (Syn.: Gasgangrän, Clostridien-Myositis und -Zellulitis, malignes Ödem →7.6). Beim Pferd spielen diese Erkrankungen in der Praxis eine Rolle bei tiefen und verschmutzten, zerrissenen Wunden (Pfählwunden), die dem Anaerobier gute Bedingungen bieten. Besonders unerfreulich sind Fälle, die auf intramuskuläre Injektionen mit nicht sterilen Kanülen und Spritzen und/oder stark reizenden Injektabilia zurückzuführen sind (Haftpflicht!). Intramuskulär zu verabreichende Medikamente, die besonders gewebsschädigend sind (Depotpräparate auf öliger Grundlage oder mit saurem pH insb. NSAIDs; Oxytetrazyklin) und tief gelegene Nekrosen hervorrufen können, sind besonders vorsichtig zu verwenden. Bei der anaeroben Zellulitis bleiben die Läsionen auf Haut, Unterhaut und die Faszienloge beschränkt. Bei Gasbrand weitet sich die Infektion auf die Muskulatur aus und führt in den meisten fortgeschrittenen Fällen zur tödlichen Toxämie.

Symptome: Die schnell an Umfang zunehmende, knisternde, puffige Phlegmone fühlt sich zuerst warm an, im Zentrum wird sie dann später kühl. Die Haut wird zu diesem Zeitpunkt «lederbündig»: trockene Gangrän. Die Pferde weisen hohes Fieber auf, oft über 41 °C, und zeigen die schweren Allgemeinsymptome einer Sepsis und Toxämie.

Diagnose: Tiefe Wunden und intramuskuläre Injektionsstellen mit knisternder Phlegmone in der Wundumgebung mit Fieber sind immer verdächtig (cave! nicht zu verwechseln mit banalem Emphysem (afebril), durch Luftansaugen durch eine Wundöffnung mit Ventilwirkung).

Prognose: Die Heilungsaussichten sind vorsichtig zu beurteilen. Viele Fälle verlaufen trotz frühzeitig eingeleiteter Behandlung meist ungünstig.

Therapie: Eine generöse Wunddrainage mit aggressiver perforierender Skarifikation des betroffenen Gewebes, spülen mit Jodophorlösungen und H_2O_2 gehören zusammen mit hohen Dosen von krist. Penizillin i. v. (40 000 IU/kg KG QID) zur Behandlung.

1.3.2.2 Staphylokokken

Erhalten die opportunistischen Erreger durch Schwächung (prädisponierende Faktoren wie Trauma, Feuchtigkeit und immunosuppressive Begleiterkrankungen, z. B. Cushing →10.1.2.1) Gelegenheit, sich auszubreiten, kommt es zur Hautentzündung. Verschiedene fakultativ pathogene Staphylokokken spp. (→16.5.1) können auf der Haut gefunden werden, aber *S. aureus* ist der Haupterreger von bakterieller Follikulitis und Pyodermien des Pferdes (Abb. 1.20). Eine recht häufige Lokalisation von leichteren Pyodermien ist die Fesselbeuge, solche Krankheitsbilder werden dann oft einfach als Mauke (→1.2.1.1; Abb. 1.9) diagnostiziert und bezeichnet. Sehr selten können Staphylokokken granulomatöse, fibrotische Knoten mit Eiterherden und Fisteln hervorrufen, die sogenannte Botryomykose. Sie kommt am ehesten als Komplikation nach Kastration im Samenstrang, aber auch am Euter und an Geschirrlagen vor.

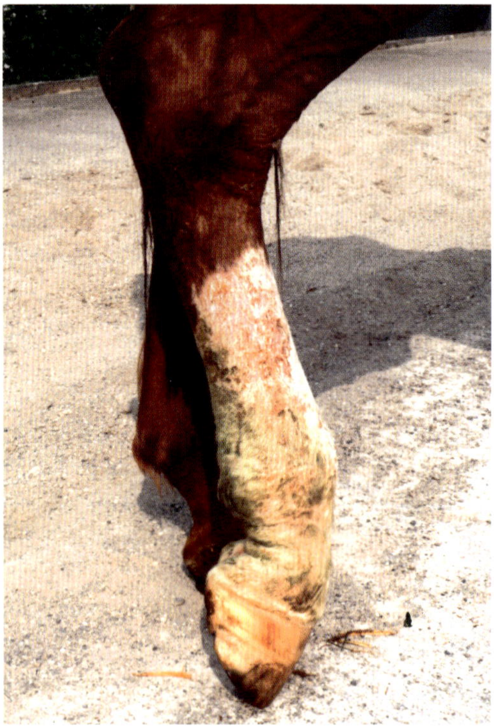

Abb. 1.20: Pyodermie: Sekundäre Pyodermie der distalen hinteren Gliedmaßen, hervorgerufen durch *S. aureus* nach unsachgemäßer Behandlung des vorgängigen Milbenbefalls (Chorioptesräude).

Diagnose: Die klinischen Symptome sind stark variabel und können auf lokale kleine Papeln, Hypotrichose und kleine Krusten beschränkt sein, sie können sich aber durch zu großflächige schmerzhafte exsudative Pyodermien und granulomatöse knotige Veränderungen ausdehnen.

Eine Verdachtsdiagnose kann durch eine Abklatschzytologie untermauert (neutrophile Granulozyten mit intra- und extrazelluläre Kokken), die Diagnose bakteriologisch gesichert werden. Ein Antibiogramm ist unerlässlich, da die Resistenz von *S. aureus* (MRSA = **M**ethicillin-**r**esistenter **S**taphylococcus **a**ureus; cave! zoonotisches Potenzial!) weit verbreitet ist.

Prognose: Ist abhängig von der Therapiewahl und der Resistenz der krank machenden Keime.

Therapie: Waschungen mit Jodophoren, Chlorhexidin-Shampoo oder Nassverband. Bei schweren Fällen systemische Antibiotikatherapie nach Resistenzprüfung.

1.3.2.3 Dermatophilus

Dermatophilus congolensis (früher auch als Streptotrichose beschrieben →16.8.1) verursacht verschiedene Krankheitsbilder, besonders an den distalen Gliedmaßen. Weiße Gliedmaßenenden sind empfindlicher als pigmentierte.

Weidepferde können vor allem nach Regenperioden ein anderes, sehr charakteristisches Bild entwickeln. Betroffene Gliedmaßen und oben liegende Körperteile, besonders Kruppe, Lende, Rücken, weniger der Hals, zeigen flache Krusten und durch Exsudat verklebtes Haar, das leicht gesträubt sein kann. Die oben liegenden Körperteile können sehr ausgebreitet befallen sein. Die schmerzhafte Entfernung derartiger flacher Krusten hinterlässt eine ovale, oberflächlich blutende, haarlose Stelle; Eiter ist unten an der Kruste festzustellen. Es besteht in der Regel kein Juckreiz.

Diagnose: Bei therapieresistenter «Mauke» muss man Dermatophilose als Ursache der Dermatitis ausschließen. Der Verdacht kann mit der Abklatschmethode von der Unterseite frisch abgelöster Krusten zytologisch oder mikrobiologisch bestätigt werden (Antibiogramm).

Prognose: Spontanheilungen kommen vor, aber viele Fälle erweisen sich bzgl. Abheilung als sehr hartnäckig.

Therapie: Für die Gliedmaßen eignen sich feuchte Jodophor- oder Kamillenverbände, wenn nötig unterstützt durch eine systemische Therapie (Penizillin; ggf. auch Trimethoprim-Sulfonamid, das oral eingesetzt werden kann). Die Krusten sollen sorgfältig abgelöst werden, die Haare wenn möglich schonend geschoren werden.

Prophylaxe: Kein gemeinsames Putzzeug! Aufstallen der Weidepferde bei Regenperioden. Da eine Übertragung durch stechende Insekten infrage kommt, sind gegebenenfalls Repellentien einzusetzen.

1.3.2.4 Corynebacterium pseudotuberculosis

Corynebacterium pseudotuberculosis (→16.8.5.2) ist der Erreger der ulzerierenden Lymphangitis und anscheinend auch der sogenannten «Kanadischen Pferdepocken». In Europa spielt die Infektion offenbar keine Rolle. Der Erreger ist ubiquitär; über sein Verhalten außerhalb des Körpers weiß man wenig. Die Infektion geschieht durch oberflächliche Verletzungen. Die betroffenen Stellen schwellen ödematös an, später bilden sich pathognomonische multiple Abszesse entlang der Lymphbahnen an den Gliedmaßen. Gelegentlich treten – ohne apparente Beteiligung des lymphatischen Systems – auch an anderen Körperstellen und inneren Organen (Euter; Leber, Niere) Abszesse und Geschwüre auf.

Symptome: Ödematöse Schwellungen die später abszedieren und fistulieren mit geschwürig-nekrotischem Zerfall der des Gewebes. Der Erreger soll auch für akneähnliche Follikulitiden in Geschirr- und Sattellage verantwortlich sein.

Diagnose: Pathognomonische ulzerierende Lymphangitis entlang der hinteren Gliedmaßen, selten auch pustulöse Dermatitis an anderen Körperstellen. Die Diagnose muss mikrobiologisch gesichert werden.

Therapie: Nur die chirurgische Sanierung verspricht Erfolg, wenn nötig unterstützt von Entzündungshemmern und Langzeit-Antibiose.

1.3.2.5 Streptokokken

Streptokokkeninfektionen (→16.6.1) können mit Hautveränderungen einhergehen, ganz besonders die Druse (→16.6.1.1). Die Hautveränderung dominiert indessen das klinische Bild nur sehr selten; es wird deshalb auf die Ausführungen im Kapitel Infektionskrankheiten verwiesen.

1.3.3 Pilzinfektionen

Tief liegende Pilzinfektionen (eher Sub tropen/Tropen) sind von oberflächlichen Infektionen, eigentlichen Dermatophytosen (Flechten) zu unterscheiden.

1.3.3.1 Oberflächliche Pilzinfektionen – Dermatophytosen (Flechten)

Erreger: ***Trichophyton equinum*** und ***Microsporum canis*** (auch als ***M. equinum*** beschrieben) sind bei Weitem am häufigsten die Erreger der Pferdeflechten, ***T. mentagrophytes*** *(Arthroderma vanbreuseghemii)* und ***T. verrucosum***, der Erreger der Rinderflechte, kommt seltener vor (Abb. 1.21).

Die Übertragung und Verschleppung erfolgt durch Putz- und Sattelzeug, vor allem auch durch Decken. Man warne das Personal vor der Menschenpathogenität der Pilze. Cave! Zoonotisches Potenzial bei ***T. mentagrophytes*** größer als bei andern Flechten. Die Inkubationszeit beträgt 4–30 Tage. Flechten treten im Winter bei dichter Behaarung häufiger auf, doch ist das Vorkommen nicht an eine Jahreszeit gebunden. Oft sind sie ein Bestandsproblem. Junge Pferde sind prädisposniert, und hohe Feuchtigkeit ist auch ein Risikofaktor.

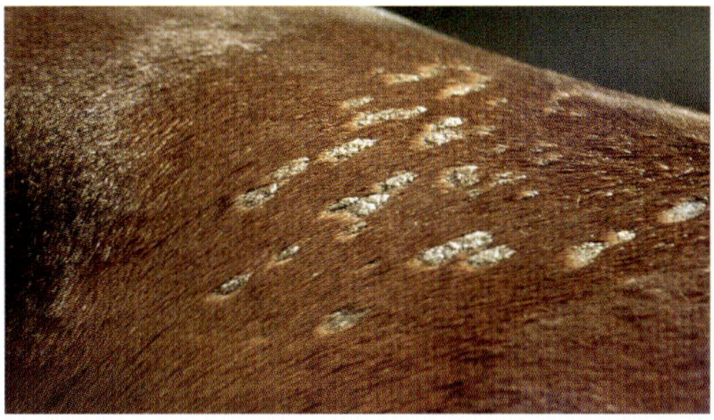

Abb. 1.21: Dermatomykose: Typische kreisrunde verruköse Hauteffloreszenz bei der beim Pferd selten vorkommenden Rinderflechte (Trichophyton verrusosum).

spontan ab.

Symptome: Nicht heilende, therapieresistente Wunden.

Diagnose: Die Diagnose sollte durch die histopathologische Untersuchung exzidierten Gewebes gesichert werden. Eine Abgrenzung von einfacher «üppiger Granulation» oder von ulzerierenden Sarkoiden ist sonst oft nicht möglich.

Prognose: Die Prognose ist abhängig von der Lokalisation, dem Alter und der Ausdehnung der Veränderungen. **Therapie:** Therapeutisch wird man sich auf die chirurgische Sanierung konzentrieren und diese Behandlung mit einem Anthelminthikum ergänzen.

Prophylaxe: Vorbeugend ist auf die gute Versorgung auch kleiner Wunden zu achten. Die Fliegenbekämpfung ist in Pferdeställen nicht zu vernachlässigen.

1.4.1.3 *Parafilaria multipapillosa*

(Ordnung Spirurida; Unterordnung Spirurata; Familie Filariidae) wird bei Pferden osteuropäischer und zentralasiatischer Herkunft beobachtet: **Sommerbluten**, Blutschwitzen. Der Wurm lebt in der Subkutis. Im Sommer bilden sich kutane Knötchen, die vor allem bei Sonnenbestrahlung aufbrechen, wobei dann einige Tropfen Blut austreten. Oft brechen viele Knoten auf einmal auf und bluten, was vor allem bei Schimmeln für den uneingeweihten Pferdebesitzer furchterregend aussehen kann (Abb. 1.24). Dem Aufbrechen der Knoten folgt eine rasche Spontanheilung. Eventuelle Rezidive im nächsten Sommer beschränken sich auf wenige Knoten. Im 3. Sommer nach dem Import sind kaum mehr Blutungen zu beobachten.

Symptome: Hautknötchen, die zur Sommerszeit aufbrechen, bluten und danach spontan abheilen.

Diagnose: Die Diagnose ist sehr leicht zu stellen. Aus frischen Blutstropfen können Eier oder Larven gewonnen und die Diagnose so gesichert werden (Zwischenwirt: *Hämatobia atripalpis* u. a. Stechfliegen).

Therapie: Behandlungen mit Diethylcarbamazin oder Ivermectin sind angezeigt.

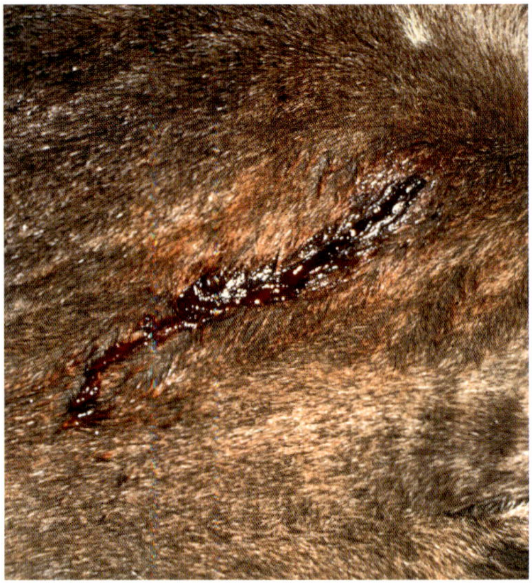

Abb. 1.22: Filariose: *Parafilaria multipapillosa* verursacht Sommerbluten, das durch Aufbrechen der von den Filarien gebildeten subkutanen Hautknötchen entsteht.

1.4.1.4 Onchocerca cervicalis

(Ordnung Spirurida; Unterordnung Spirurata; Familie Filariidae) bewohnt vor allem das Ligamentum nuchae der Pferde. Übertragen wird der Parasit u. a. durch Gnitzen der Gattung *Culicoides.* Die pathologische Bedeutung dieses weit verbreiteten Parasiten ist trotz zahlreicher Untersuchungen unklar geblieben. Gewisse Fälle der periodischen Augenentzündung mögen einer immunologischen Reaktion gegen *Onchocera*-Larven zuzuschreiben sein.

Kutane Veränderungen – in Form von Haarausfall, Depigmentation, ekzemähnlicher Hautentzündung mit Ödem, Krustenbildung und mehr oder weniger ausgeprägtem Juckreiz – werden an Kopf, Hals, Brust, Widerrist und entlang der Linea alba (*«ventral midline dermatitis»*, nicht zu verwechseln mit Sommerekzem) gesehen.

Diagnose: Diagnostisch muss der Nachweis von *Onchocerca*-Mikrofilarien in bioptischem Material kritisch bewertet werden, weil der Befall ohne Symptome auch vorkommt.

Therapie: Das Ansprechen auf das Piperazinderivat Diethylcarbamazin, 4 mg/kg KG pro Tag während 5 Tagen, kann eventuell diagnostisch verwertet werden (wirksam gegen Larven). Lokale und systemische Nebenwirkungen während und nach der Behandlung (Ivermectin) können mit steroidalen Entzündungshemmern behandelt werden.

1.4.1.5 Thelazia lacrymalis

(Ordnung Spirurida; Unterordnung Spirurata; Familie Thelaziidae) wird von Fliegen übertragen. Sie ist ein Bewohner der Konjunktiva und des Tränenkanals der Pferde. Der Parasit wird besonders bei osteuropäischen Importpferden beobachtet. Eigentliche Augenentzündungen kommen kaum vor; ein Zusammenhang mit periodischer Augenentzündung ist in Einzelfällen indessen nicht ausgeschlossen. Es sind keine eigentlichen Hautaffektionen zu beobachten. Der oft reichliche Tränenfluss kann immerhin zu sekundären Erscheinungen (Haarlosigkeit; leichte, oberflächliche Dermatitis) unter dem inneren Augenwinkel führen.

Diagnose: Die Diagnose ist bei Weitstellung der Pupillen durch Cocainisieren des Auges leicht zu sichern. Die Parasiten sind 1–2 cm lang und gut sichtbar.

Therapie: Eine anthelminthische Therapie ist in der Regel wirksam.

1.4.2 Insekten

1.4.2.1 Haematopinus asini

(Ordnung Phthiraptera; Unterordnung Anoplura) Die Pferdelaus schädigt die Haut direkt beim Blutsaugen. Massenbefall führt zu Anämie, der Großteil des Läuseekzems ist aber einer Allergie gegen Sekrete (Speichel) und Exkremente zuzuschreiben. Dazu belästigt das Herumkrabbeln und Beißen empfindliche Pferde. Unruhe, Scharren, Stampfen, Reiben, Scheuern und Benagen, manchmal sogar kolikähnliche Zeichen weisen auf einen Läusebefall hin. Der außerordentliche Juckreiz führt oft zu schweren Sekundärläsionen.

Diagnose: Stark juckende Ekzeme sind besonders im Winter immer als läuseverdächtig anzusehen! Imagines sind bei leichtem Befall schwer zu finden (Kötenbehang). Die Diagnose stützt sich auf den Nachweis der Nissen, die vor allem an Deckhaaren am Mähnengrund und um den Schweifansatz angeklebt werden. Cave! Nicht zu verwechseln mit *Gasterophilus*-Eier an den Vorderbeinen und andernorts. Diese verursachen keinen Juckreiz, keine Hautreaktionen. Die Eier lassen sich auch mikroskopisch von den Nissen unterscheiden.

Therapie: Die Therapie besteht in Ganzkörperwaschungen mit Phosphorsäureestern (cave! Toxizität) in Intervallen von 10–14 Tagen (Nissen werden nicht abgetötet!). Pyrethrine sind weniger toxisch und wirken gut auf die Imagines. Avermectine (zyklische Laktone) können ebenfalls eingesetzt werden. Die Nissen können mit einem Läusekamm mechanisch entfernt werden.

1.4.2.2 Damalinia

(Syn.: *Werneckiella equi*; *Bovicola equi*; *Trichodectes parumpilosus*, *T. pilosus*; Ordnung Phthiraptera; Unterordnung Mallophaga). Der Pferdehaarling ist ein Schuppenfresser. Seine Anwesenheit wirkt sich viel weniger allergen aus als diejenige von Läusen: mildere Ekzeme, weniger traumatische, selbstzugezogene Verletzungen. Die Imagines sind leichter zu finden als Läuse, die Nissen sehen fast gleich aus und werden an denselben Stellen bevorzugt an Haare geklebt.

Diagnose: Die Diagnose fußt auf dem Nachweis der Parasiten und Nissen.

Therapie: Die Therapie gestaltet sich wie bei der Verlausung.

1.4.2.3 Mücken und Fliegen

Culicoides (Ordnung Diptera; Unterordnung Nematocera; Familie Ceratopogonidae)

Die **Gnitzen** sind sehr kleine Mücken (bis 3 mm); wirken als Überträger u. a. von der afrikanischen Pferdepest (→15.2.3.1.1) und Onchocercose. Sie sind vor allem Verursacher des allergischen Sommerekzems (→1.2.3.2) (Mähnen- und Schweifansatz, auch Unterbauch). *Culicoides* sind Tagmücken mit höchster Aktivität frühmorgens und am Abend in der Dämmerung.

Simulium (Ordnung Diptera; Unterordnung Nematocera; Familie Simuliidae): Die **Kriebelmücken** sind ebenfalls sehr klein (1.5–4 mm), auch am Morgen und Abend am aktivsten, doch stechen sie auch tagsüber. Als Krankheitsüberträger sind sie wohl weniger wichtig als *Culicoides*. Simulien verursachen wie die Gnitzen Sommerekzem, anscheinend besonders an der Bauchunterseite. Ihr Speichel wirkt auch direkt toxisch und allergen; er ist sehr schmerzhaft. Massenattacken können eine Herdenpanik zur Folge haben, auch Herztod (Toxine) wird beschrieben.

Mosquitos (*Anopheles, Aedes, Culex*; Ordnung Diptera; Unterordnung Nematocera; Familie Culicidae): Die **Stechmücken**, auch Nachtmücken genannt, sind Belästiger und Krankheitsüberträger, ihre Stiche führen gelegentlich zu lokalen Reaktionen (Urtica). *Anopheles* überträgt infektiöse Anämie (→15.2.7), *Aedes* und *Culex* übertragen auch die amerikanischen Encephalomyelitiden (→15.2.4) und die afrikanische Pferdepest (→15.2.3.1.1).

Bremsen (Ordnung Diptera; Unterordnung Brachycera; Familie Tabanidae): Die Bremsen *(horse-flies)* sind Tagfliegen. Der Stich ist recht schmerzhaft, und empfindliche Pferde geraten unter Umständen in Panik. Urtikarielle Reaktionen auf Bremsenstiche werden bei feinhäutigen Pferden beobachtet. Bremsen gehen nicht in Ställe. Empfindliche Pferde müssen deshalb tagsüber aufgestallt werden. Repellentien wirken meistens nur kurze Zeit. Bremsen übertragen wahrscheinlich auch infektiöse Anämie, afrikanische Pferdepest, bakterielle Infektionen, Trypanosomen.

Hausfliege (Ordnung Diptera; Unterordnung Cyclorrhapha (Schizophora); Superfamilie Calypterae; Familie Anthomyiidae; Gattung *Musca*): Diese Fliegen sind vor allem Belästiger. Sie übertragen aber auch z. B. bakterielle und protozoäre Infektionen, besonders der Konjunktiven. Sie legen Maden auf Wunden. Die daraus resultierende Fliegenmadenkrankheit wird als Myiasis bezeichnet (meistens durch Schmeißfliegen: *Calliphora* u. a.).

Stallstechfliege (Ordnung Diptera; Unterordnung Cyclorrhapha (Schizophora); Superfamilie Calypterae; Familie Anthomyiidae Gattung *Stomoxys*): Der Stich von *Stomoxys*, dem sog. Wadenstecher, ist sehr schmerzhaft. Lokale Ödeme mit Krüstchen treten bei empfindlichen Pferden auf. Die Fliege ist auch Überträger von equiner infektiöser Anämie (→15.2.7), Anthrax (→16.5.3), Trypanosomiasis (→17.1), Habronematose (→4.8.1). Die Beunruhigung der Pferde kann intensiv sein. Dunkle, kühle Ställe mit einer wirksamen Fliegenbekämpfung sowie eine geregelte Mistbewirtschaftung sind die wichtigsten prophylaktischen Maßnahmen.

Weidestechfliege (Ordnung Diptera; Unterordnung Cyclorrhapha (Schizophora);

Superfamilie Calypterae; Gattung *Haematobia*): Diese Stechfliege («*hornfly*» der USA) soll eine ventrale Mittellinien-Dermatitis auslösen (cave! DD Onchocercose →1.4.1.4). Ein Ekzem an der Bauchunterseite ist bei uns aber in der Regel die Folge von *Simulium*- oder *Culicoides*-Stichen.

Tsetse-Fliege (Ordnung Diptera; Unterordnung Cyclorrhapha (Schizophora); Superfamilie Calypterae; Gattung *Glossina*): Überträger in Afrika von *Trypanosoma* spp. (Schlafkrankheit des Menschen und der Nagana und Surra beim Pferd →17.1).

Gasterophilus (Ordnung Diptera; Unterordnung Cyclorrhapha (Schizophora); Superfamilie Calypterae; Familie Oestridae; Gattung *Gasterophilus*): Die Maden von *Gasterophilus intestinalis* parasitieren den Magen und das Duodenum der Pferde (andere *Gasterophilus*-Arten sind nicht von Bedeutung: Nase, Pharynx *(G. nasalis)*, Enddarm *(G. haemorrhoidalis)*. Die Imago beunruhigt Weidepferde, die Eiablage erfolgt besonders an den Vordergliedmaßen, in der Anconäusgegend und an der Euterfalte. Die Eier sind gut zu sehen, aber hartnäckig an die Haare angeklebt. Zu deren Entfernung eignet sich ein Spezialkamm oder ein feines Sägeblatt.

Bei uns ist *Gasterophilus* für die Dermatologie ohne Bedeutung. Wandernde Larven von *G. haemorrhoidalis* können das **Streifensommerekzem** hervorrufen, das als depigmentierte, gegen den Maulwinkel zu konvergierende Streifen imponiert.

Dasselfliege (Ordnung Diptera; Unterordnung Cyclorrhapha (Schizophora); Superfamilie Calypterae; Familie Oestridae; Gattung *Hypoderma*): Die Rinderdasselfliegen *H. bovis* und weniger häufig *H. lineatum* und *H. diana* können auch Pferde als Verlegenheitswirte benützen: Typische Dasselbeulen treten besonders in der Sattellage junger Weidepferde im frühen Frühjahr auf. Beulen mit Atemöffnung sind sorgfältig auszudrücken mit anschließender Desinfektion. Auch eine radikale Chirurgie einzelner Dasselbeulen kann angezeigt sein. Von medikamentellem Abdasseln und «*Pour-on*-Behandlung» ist beim Pferd wegen Nebenwirkungen (Parästhesien etc.) abzuraten.

Pferdelausfliege (Ordnung Diptera; Unterordnung Cyclorrhapha (Schizophora); Superfamilie Calypterae; Familie Oestridae; Gattung *Hippobosca*): Die Pferdelausfliegen (*Hippobosca equina)* sind kleine, auf den Haaren sehr flink traversierende, extrem flache, braune und meist abgeplattete, beflügelte Ektoparasiten, die Blut saugen. Sie können ekzematoide Reaktionen, Urticaria hervorrufen und Krankheiten übertragen. Bei Frischbefall reagieren empfindliche Tiere mit starkem Juckreiz bis hin zur Raserei. Sie halten sich in der Schenkelfalten- und Analgegend auf. Therapeutisch und prophylaktisch werden Repellentien und Waschungen mit Phosphorsäureester oder Pyrethroide eingesetzt.

1.4.3 Spinnentiere (Arachnida)

1.4.3.1 Zecken

Zecken spielen in Europa eine kleine dermatologische Rolle. Im weiteren Rahmen gesehen, sind sie außerordentlich wichtige Krankheitsüberträger. Es gibt ein- und mehrwirtige Zecken sowie zahlreiche Arten.

Ixodes ricinus (Familie Ixodidae): Der gemeine Holzbock tritt beim Pferd eher selten auf. Er ist Überträger von Pferdepiroplasmose (Babesiose und Theileriose →17.9), der Ehrlichiose und der Borreliose (→16.9.2 resp. 16.10.1.1).

***Dermacentor* spp.** (Familie Ixodidae): Die Buntzecken übertragen Pferdepiroplasmose (→17.9) und die europäische Frühsommer-Meningoenzephalitis (FSME →15.2.6.4).

Auch andere Zecken wie *Boophilus microplus*, *Hyalomma* spp., *Rhipicephalus* spp., *Amblyomma* spp. und *Haemaphysalis* spp. übertragen die Pferdepiroplasmose.

Zecken verletzen durch Blutsaugen die Haut und können lokale Entzündungen hervorrufen (Borrelioseverdacht!) Bei Massenbefall kann sich eine Anämie einstellen. Je nach Zeckenart wird sich eine Dermatitis manifestieren, die sich oft sekundär infiziert. Zeckenparalyse (Toxin) kommt beim Pferd sehr selten vor. In Australien hingegen wird auch eine allergische Reaktion gegen den Befall mit *Boophilus microplus* beschrieben.

In Mitteleuropa ist ein Massenbefall selten zu beobachten, Zeckenbäder oder Ganzwaschungen sind deshalb in der Regel unnötig. Einzelne Zecken werden mit einem Insektizid abgetötet und «aus der Haut gedreht». Die Bissstelle wird desinfiziert. Eine Überwachung der Pferde wegen Piroplasmose und FSME ist in bekannten Seuchengebieten am Platz.

1.4.3.2 Milben

Allgemein können Milben anderer Tierarten, z. B. der Hühner, auch Pferde attackieren. **Hühnermilben** (rote Vogelmilbe; *Dermanyssus gallinae*) sind während der Nacht sehr aktiv und rufen bei Pferden starke Unruhe und Juckreiz hervor, die Kolik vortäuschen können.

Im Gras (Herbstgrasmilbe), Stroh und anderen Futtermitteln kommen Milben vor *(«grain itch mite»; «straw itch mite»)*, die u. a. eine Dermatitis der Fesselgegend hervorrufen können. Die Milben gehen auch an Menschen. Die weitaus am häufigsten vorkommende Räudemilbe beim Pferd ist die *Chorioptes*-Milbe. Der Befall mit *Sarcoptes*- und *Psoroptes*-Milben ist außerordentlich selten.

Chorioptes equi (Familie Psoroptidae): Die sog. Beinmilbe ist der Erreger der Fußräude der Pferde. Die Milbe ist genotypisch identisch mit *Chorioptes bovis*. Sie parasitiert mit Vorliebe die Gegend der Fesseln und der Röhrbeine, eher hinten als vorn. Gelegentliche Ausdehnungen nach oben bis an die Schweifrübe und den Perianalbereich kommen vor. Die *Chorioptes*-Räude tritt häufiger im Winter auf als in wärmeren Jahreszeiten. Juckreiz und als Folge davon Reiben, Nagen, Beißen, Stampfen, Schlagen sind Ausdruck des Pruritus. Schüttere Behaarung bis haarlose Flecken treten an den befallenen Gliedmaßen auf, auch ein papulös-vesikulärer Ausschlag mit Rötung ist oft zu sehen. Später kommt es zu starker Schuppung mit Hautverdickung.

Oft wird die Chorioptes-Räude kompliziert durch Mauken, oder sie wirkt geradezu als Auslöser der Mauke (→1.2.1.1).

Diagnose: Ein oberflächliches, großflächiges Geschabsel oder Klebestreifen sichert die Diagnose. Bei hartnäckiger Mauke ist an die Möglichkeit einer primären Fußräude zu denken.

Prognose: Sie ist an sich günstig, wenn keine Komplikationen (Scheuerwunden, bakterielle Infektion) aufgetreten sind.

Therapie: Sie besteht in wiederholten Waschungen oder Bädern mit Phosphorsäureestern (Phoxim, Fipronil; cave! Registrierung Pferd). Überdies ist die symptomatische Pflege der Hautveränderungen sehr wichtig. Die Milben können längere Zeit in der Umgebung und auf anderen Tieren (auch z. B. Ruminanten) überleben, und deswegen sind auch Kontakttiere, Putzzeug und die Umgebung (inkl. Einstreu vernichten) zu behandeln.

Sarcoptes equi (Familie Sarcoptidae): Die sog. Grabmilbe verursacht die Krätzräude. Die Milbe kann den Menschen befallen. Der Beginn der Infestation erfolgt am Kopf, dann am Hals, an der Vorhand und auch am Rumpf. Es besteht ausgeprägter Juckreiz, der zum größten Teil wohl allergischen Reaktionen zuzuschreiben ist. Der Haarausfall erfolgt in unregelmäßigen, konfluierenden Flecken. Die Haut erscheint verdickt, gefaltet und nach einiger Zeit hyperkeratotisch. Es zeigen sich eine starke Schuppung und daneben auch Erscheinungen eines akuten

Ekzems. Gebietsweise ist Exsudation mit Krusten- und Borkenbildung zu beobachten. Sekundärläsionen verschlimmern das primäre klinische Bild. **Diagnose**: Die Diagnose muss durch den Erregernachweis gesichert werden. Dazu muss tief, bis zum Bluten, ein Geschabsel oder eine Hautbiopsie entnommen werden.

Prognose: *Sarcoptes*-Räude tritt unter den heutigen Verhältnissen nur noch sehr selten auf, und sie wird nur bei sonst geschwächten, unterernährten und vernachlässigten Tieren gesehen. Die Prognose hängt deshalb auch vom Allgemeinzustand ab. Die Behandlung kann recht viel Zeit und Ausdauer kosten.

Therapie: Wiederholte Ganzwaschungen mit Phosphorsäureestern sind erforderlich (cave! Patienten mit Bronchiolitis, Asthma!), und eine ergänzende Therapie mit Avermectinen ist zu empfehlen.

Psoroptes equi (Familie Psoroptidae): Die sog. Saugmilbe befällt zuerst die Kammgegend, dann Halsseiten, Widerrist, Schweifansatz. Nach den meisten Quellen ist die Psoroptes-Räude die Räude der Kammgegend, von wo aus sie sich über die oben liegenden Körperteile zum Schweifansatz ausbreitet. Gelegentlich befällt die Saugmilbe ***P. hippotis*** und ***P. cuniculi*** die Ohren (Kopfschütteln). Psoroptes-Räude des Pferdes ist in Europa seit Langem nicht mehr beschrieben worden. Haarlose Flecken mit starker Schuppung, Hautverdickung mit Fältelung, Juckreiz, Ekzem an den beschriebenen Körperteilen weisen auf die Möglichkeit einer Psoroptes-Räude hin.

Diagnose: *Psoroptes equi* ist im Geschabsel leicht zu finden. Vor allem muss das allergische Sommerekzem differenzialdiagnostisch ausgeschlossen werden. Bei jedem Fall von «Kopfschütteln» ist an die Möglichkeit eines Psoroptes-Befalls zu denken, wiewohl sich dieser Verdacht bei uns kaum je bestätigen lässt.

Prognose: Ist günstiger als bei *Sarcoptes*-Räude, weil der Parasit der Therapie leichter zugänglich ist.

Therapie: Wie bei der Grabmilbe sind Ganzwaschungen mit Phosphorsäureestern erforderlich (cave! Bronchiolitis, Asthma!), eine ergänzende Therapie mit Avermectinen ist zu empfehlen.

Demodex equi (Familie Demodicidae): Die Haarbalgmilbe führt selten zu klinischen Erscheinungen. Praktisch reaktionslose Knötchen treten etwa auf, aber auch – an Kopf und Hals – Haarausfall, Schuppung, Hautverdickung und gelegentlich Pusteln. Dazu besteht manchmal ein leicht- bis mittelgradiger Juckreiz. Beschrieben wird auch ***Demodex caballi*** in Meibom'schen Drüsen.

Diagnose: Parasitennachweis!

Prognose: Bei adäquater Therapie günstig.

Therapie: Sie wird am besten mit Ivermectin versucht.

Trombicula autumnalis (Familie Trombiculidae): Die Grasmilbe attackiert alle Haustiere, bleibt aber nicht lange auf dem Tier (Spätsommer, Herbst). Pferd: Kopf und Hals und gelegentlich die Fesselbeugen werden bevorzugt. Pruritus, Kopfschütteln und ein papulöser bis verkrusteter Ausschlag werden beschrieben. Störendes Kopfschütteln kann auftreten. Die orangefarbene Larve ist gut zu sehen.

Diagnose: Milbennachweis!

Therapie: Wenn nötig, wird mit einem Insektizid behandelt.

Tabelle 1.4: Behandlungsmöglichkeiten bei Ektoparasitenbefall

Wirkstoff	Präparat	Eigenschaft	Anwendung	Applikationsform: topisch /oral /p. inj	Frequenz	Nebenwirkungen Bemerkung
Produkte mit Neemöl	u. a. Mite Stop®	Repellent Insektizid	Sommerekzem Haarlinge	topisch	täglich	
Margosa-Extrakt	u. a. Derbymed Cutalind®	Repellent	Sommerekzem	topisch	täglich	
Benzylbenzoat	Killitch®	Repellent Acarizid	Sommerekzem	topisch	täglich	
Icaridin	Equirepell Spray®, Centaura®	Repellent	Sommerekzem	topisch	täglich	
Fipronil Spray*	Frontline®	Ektoparasitikum	u. a. Chorioptes-infektion	topisch	Chorioptes: 125 ml pro Bein 2 × im Abstand von 2 Wochen	Chorioptes: starke Milben-Reduktion, keine 100 % Effektivität
Lime sulfur Kalziumpolysulfid	u. a. Lime Plusdip®	Ektoparasitikum Antimykotikum	u. a. Chorioptes-infektion	topisch	5 % Lösung, 1 × pro Woche, 4 × wiederholen	weiße Haare verfärben gelblich, übel riechend
Phoxim*	Sebacil®	Ektoparasitikum	u. a. Chorioptes-infektion, Hühner-milben	topisch	1 × pro Woche 3–4 × wiederholen	
Permethrin	u. a. Wellcare emulsion® Farm spray®	Ektoparasitikum	Sommerekzem; Hühnermilben	topisch	alle 10–14 Tage auf trockenes Fell auftragen (Gebrauchsinformation)	
Deltamethrin*	Butox®, 7.5 % pour on	Ektoparasitikum	Sommerekzem	topisch	30–60 ml pro Pferd 1 × pro Woche Behandlung regelmäßig wiederho-len (1 × pro Woche)	Hautläsionen können selten vorkommen
Alphacypermethrin* pour on	Renegade® 1.5 %	Ektoparasitikum	Haarlinge	topisch	10 ml pro Esel, einmalig (Rinderdosierung)	Pyrethroidtoleranz bei Haarlingen wurde rappor-tiert

Wirkstoff	Präparat	Eigenschaft	Anwendung	Applikationsform: topisch /oral /p. inj	Frequenz	Nebenwirkungen Bemerkung
Ivermectin	Eqvalan®	Endektozid	Läuse, Habronema u. a. (auch Endoparasiten!)	oral	Frequenz abhängig von den zu bekämpfenden Endo-/Ektoparasiten	bei Haarlingen weniger effektiv, Chorioptes: evtl. 4 × mit 1 Woche Intervall verbessert Effektivität
Eprinomectin*	Eprinex®	Endektozid	u. a. Läuse, Psoroptes	0.5 mg/kg, topisch Esel und Pferd (Rinderdosierung)	Einmalige Behandlung wurde als erfolgreich beschrieben für Läuse beim Esel, Psoroptes beim Pferd: 4 × mit 1 Woche Intervall	

* Nur für andere Tierspezies registriert; cave! Nebenwirkungen sind insb. bei nicht für das Pferd registrierten Präparaten möglich. Unter Präparaten sind nur die Ektoparasitika und Endektozide aufgeführt, welche in Studien zur Bekämpfung der unter «Anwendung» aufgeführten Erkrankungen und Ektoparasiten beschrieben wurden.

1.5 Hautneoplasien

Die wichtigsten Hauttumoren des Pferdes sind die viralen Neoplasien, das **Equine Sarkoid** (→1.3.1.2) und das **Papillom** (→1.3.1.1), zusammen mit dem schwarzen Hautkrebs, dem **Melanom.** Andere Tumoren (Mastozytome; kutanes Lymphosarkom →11.4.1.2; u. a.) treten selten auf und müssen in jedem Fall histologisch diagnostiziert werden. Jeder Therapieversuch richtet sich nach dem histologischen Befund.

1.5.1 Melanom

Melanome kommen außerordentlich häufig bei vergrauenden Schimmeln vor, selten bei nicht vergrauenden Schimmeln und sehr selten bei Pferden anderer Farbe (Abb. 3.9). Die Inzidenz steigt mit zunehmendem Alter. Der Primärtumor ist perianal oder an der Schweifrübe zu suchen, selten anderswo. Man kann das Melanom also als Hautkrankheit mit genetischer Grundlage verstehen, Genloci und Risiken aber je nach Rasse verschieden (Box 1.6.1) sind.

Das Melanom bleibt oft während Jahren benigne und entartet dann in Einzelfällen zu einem malignen Melanosarkom; riesige Tumorkomplexe um den Anus, Metastasen in Lymphknoten (besonders Retropharynx, aber auch im Abdomen) lassen sich feststellen. Ein Befall aller Organe kommt vor, einschließlich der Knochen und des ZNS (Meningen). Als potenziell maligner sind alle Melanome bei Nichtschimmeln, Braunen, Füchsen etc. anzusehen. Insbesondere maligne Melanome an der Schweifrübenspitze bei Nichtschimmeln verhalten sich, mit seltenen Ausnahmen, sehr aggressiv. Lange wurde die Meinung vertreten, dass Melanome wegen Metastasierungsrisiko weder biopsiert noch chirurgisch angegangen werden sollten. Heute geht die Meinung eher dahin, dass man v. a. kleinere, gut abgesetzte und begrenzte Tumoren entfernen sollte, bevor sie zu stark wachsen und lokal invasiv werden oder metastasieren. Medikamentell als alleinige Therapie oder eine chirurgische Entfernung begleitend, wurden u. a. auch Cysplatin-Injektionen erfolgreich eingesetzt. Neuere Berichte über die Wirksamkeit einer Melanomtherapie mit Vakzinationen gegen Tyrosinase (Oncept®), Zytostatika oder mit dem H_2-Rezeptoren-Antagonisten (Langzeittherapie mit Cimetidin beeinflusst nach unserer Erfahrung das Tumorwachstum kaum) bedürfen noch der Bestätigung.

1.5.2 Plattenepithelkarzinom

Plattenepithelkarzinome werden je nach Lokalisation (z. B. Genitalapparat; kutane Magenschleimhaut) beim jeweiligen Organsystem besprochen, ebenso ihre mögliche virale Ätiologie (vermutet wird EcPV-2 →15.3.1.1) und mögliche Behandlung mit Imiquimod, insbesondere im mukokutanen Genitalbereich (→1.3.1.3).

1.5.3 Mastzelltumor (Mastozytome)

Mastzelltumoren kommen selten vor. Meistens sind es solitäre, gut abgrenzbare, langsam wachsende, nicht metastasierende Tumore, welche vor allem am Kopf, aber manchmal auch am Stamm und den Beinen vorkommen. Kalzifikationen können auftreten, und diese Tumoren müssen von eosinophilen Granulomen und Calcinosis circumscripta unterschieden werden. Zytologische Untersuchung von einem Feinnadelaspirat ist hilfreich, aber eine histopathologische Untersuchung (Gewebebiopsie) kann notwendig sein für eine definitive Diagnose. Die totale Exzision ist kurativ.

1.6 Spezielle Erbkrankheiten der Haut

Viele und zum Teil sehr seltene Krankheitsbilder sind als (vermutet) hereditär beschrieben worden, sie können aber (noch) nicht einem spezifischen Gendefekt zugeordnet werden.

1.6.1 *Hereditary equine regional dermal asthenia* (HERDA; Syn.: *«equine hyperelastosis cutis»*)

Die Erkrankung ist selten. Sie betrifft nicht ausschließlich, aber überwiegend Westernpferde. Die vorgestellten Pferde sind miteinander verwandt, wobei der Erbgang rezessiv ist, d. h., es müssen beide Elternteile das Gen tragen (ohne selbst krank zu sein!), um es an das Fohlen weiterzugeben. Die Wahrscheinlichkeit, dass ein Fohlen aus dieser Anpaarung dann Doppelgenträger wird und damit die Symptome von HERDA zeigt, liegt also bei 25 %. Mittlerweile haben die Wissenschaftler mit 102 genetischen Markern bereits einen Chromosomenabschnitt eingekreist und das Gen, auf dem die Erbanlage liegt, gefunden. Gentests stehen zur Verfügung. Hautdefekte werden meist erst bemerkt, wenn die Pferde eingeritten werden, da die Hautveränderungen insbesondere an der stark beanspruchten Haut in der Sattel- und Gurtlage auftreten. Dabei ist die Haut extrem dehnbar, faltenbildend und reißt leicht. Bei der Heilung entstehen unansehnliche Narben. Ätiologisch wird die Krankheit mit dem sog. Ehrlers-Danlos-Syndrom des Menschen, einer ebenfalls erblichen Krankheitsgruppe mit verschiedenen Kollagendefekten, verglichen.

Cave! Eine auffällige, idiopathische, z. T. reversible Fältelung der Haut wird manchmal angetroffen und ist pathogenetisch von der beschriebenen Hyperelastose verschieden und noch ungeklärt (Abb. 1.23).

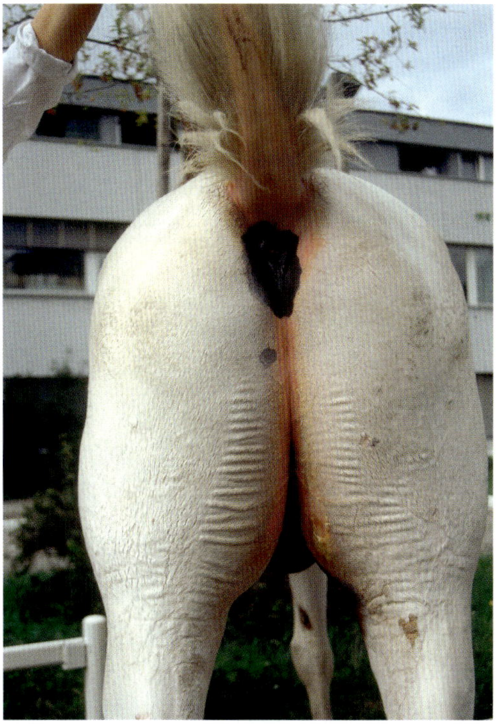

Abb. 1.23: Idiopathische Faltenbildung der Haut: Idiopathische und reversible Strukturveränderungen der Haut. Cave! Nicht zu verwechseln mit HERDA.

Erbliche Hautkrankheiten und farbassoziierte Erbkrankheiten

Hautkrankheiten mit bekannter Genmutation

- *Hereditary equine regional dermal asthenia* (HERDA →1.6.1)
- *Equine epidermolysis bullosa junctionalis* Typ 1 & 2 (→1.6.2)
- *Warmblood fragile foal syndrome* (brüchige Haut; Bindegewebsschwäche; überdehnbare Gelenke; Frühgeburt, Abort)
- Melanom (70–80 % der über 15-jährigen vergrauenden Schimmel; Genloci und Risiken je nach Rasse verschieden, z. B. STX17 und ASIP; →1.5.1)

Erbkrankheiten verschiedener Organsysteme, die mit der Fellfarbe assoziiert sind; →1.1.3, z. B.:

- Dominantes Weiß (versch. Rassen; mehr oder weniger vollständige Absenz von Melanozyten und Pigment im Fell, Haaren und Haut; Augen pigmentiert; homozygote letal; KIT Gen 20 unabhängige Mutationen bekannt)

Erbliche Hautkrankheiten und farbassoziierte Erbkrankheiten

- *Lethal White Foal Syndrome* (Paint, American Quarter Horse, XX; meistens ganz weiß, blaue Augen, taub; intestinale Aganglionose: Fehlen des intrinsischen Plexus myentericus im distalen Dünndarm, Caecum und Colon; Kolik 5–20 Std. nach Geburt; EDNRB Gen auf Chromosom 17)
- *Splashed White* (versch. Rassen mit versch. Genloci SW1–3; heterogener Phänotyp, viel Weiß am Kopf, Extremitäten stark depigmentiert, häufig Bauchflecken; oft blaue Augen; Taubheit bei bestimmten Genotypen)
- *Lavender Foal Syndrome* (Vollblutaraber; Aufhellung der Grundfarben; Tetanie, Opisthotonus, Extensortonus; Seitenlage; häufig ventrale Strabismus und Nystagmus; letal 24–72 Std. nach Geburt; Genlocus MYO5A)

1.6.2 Equine epidermolysis bullosa junctionalis (Syn.: «*Equine junctional epidermolysis bullosa*»)

Die früher als Epitheliogenesis imperfecta oder Agenesis cutis bekannte, bei gewissen Rassen (z. B. beim Belgischen Kaltblut) autosomal, rezessiver vererbbarer Hautdefekt (Mutationen in Genloci LAMC2 und LAMA3, auf Chromosom 5 respektive 8 lokalisiert) beim Fohlen befällt unterschiedliche Rassen (als Einzelfall z. B. auch Freiberger). Der Typ 1 (LAMC2 Mutation) ist bei belgischen und bretonischen Kaltblütern und Comtois bekannt, mit z. T. sehr hohen Trägerfrequenzen über 40 %; Typ 2 (LAMA3 Mutation) wird beim American Saddlebred beobachtet. Fohlen weisen bei der Geburt unterschiedlich große, gut abgegrenzte hautlose Stellen auf. Obschon die genetische Mutation eine andere ist, gleichen sich die klinischen Erscheinungsbilder. Beide Gendefekte führen zu einer veränderten Laminin-5-expression. Dieser Defekt führt zu einer Schwächung der dermalen, epidermalen Verbindung, was zu einer Separation der Epidermis von der darunter liegenden Dermis führt. Als klinische Symptomatik zeigen diese Fohlen großflächige Ulzerationen an mehreren Körperstellen (fehlende Epidermis). Die Krankheit kann überall am Körper auftreten, meist sind die unteren Gliedmaßen betroffen. Ulzerationen im Maul und Verlust von Hufen sind auch beschrieben.

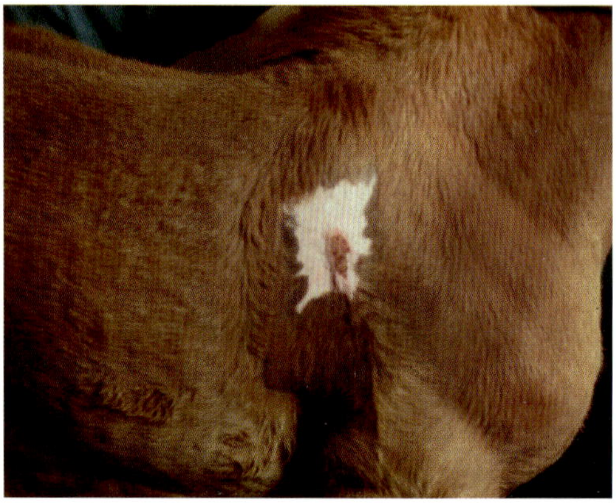

Abb. 1.24: Epidermolyse: Die Erbkrankheit Equine epidermolyse bullosa junctionalis wird autosomal und rezessiv vererbt. Sie ist durch gut abgegrenzte hautlose Stellen (fehlende Epidermis) gekennzeichnet. Die Defekte können nicht nur an den Gliedmaßen, sondern an allen Körperteilen auftreten. Im Bild in Abheilung beim Freibergerfohlen.

Einige Erbkrankheiten mit bereits bekannten Gendefekten sind mit der Fellfarbe assoziiert (siehe Kasten), manifestieren sich aber in anderen Organsystemen und werden ggf. dort eingehender besprochen.

Weiterführende Literatur

Knottenbelt D. C., Holdstock N., Madigan J. E.: Neonatologie der Pferde. Urban & Fischer, 2007.

Knottenbelt D., Pasco J. R.: Principles and Practice of Equine Dermatology. Saunders, 2009.

Rosychuk R., Yu A. (Hrsg.): Equine Dermatology. Veterinary Clinics of North America: Equine practice, 2013.

Scott D. W., Miller W. H. Jr.: Equine Dermatology. Elsevier, Maryland Heights, 2011.

Stannard A. A.: Equine dermatology. Proc. Amer. Assoc. Eq. Pract. **22**, 273, 1976.

2 Herz- und Gefäßkrankheiten

L. Unger, V. Gerber, A. Imhasly und M. Venner

Die Untersuchung von Herz und Gefäßen ist für Leistungspferde von großer Bedeutung. Es geht in der Regel um die Beurteilung der zukünftigen Verwendbarkeit des Pferdes.

2.1 Herzkrankheiten

2.1.1 Kongenitale Herzkrankheiten

Angeborene Missbildungen des Herzens sind beim Fohlen eher selten. Beim neugeborenen Fohlen ist ein – oft sehr lautes – Geräusch beim Durchfließen des **Ductus arteriosus** während der 1. Lebenswoche normal und beim patenten **Foramen ovale** während der ersten 7 Lebenswochen physiologisch. Beim persistierenden Ductus arteriosus ist das Herznebengeräusch in Systole und Diastole zu hören. Bei den meisten Tieren schließt sich der Ductus schon in den ersten 24 Stunden nach der Geburt, jedenfalls vor dem 7. Lebenstag, und damit muss das Geräusch verschwinden. Beim Foramen ovale ist das Geräusch systolisch und der Verschluss erfolgt etwas langsamer.

Verschiedenste neonatale Krankheiten, wie Blasenruptur, Weißmuskelkrankheit, ischämische Schäden und Sepsis, können sekundäre Auswirkungen auf das Herz haben. Besonders bei septischen Fohlen verschließt sich der Ductus arteriosus verzögert oder öffnet sich wieder. Dagegen beruhen Geräusche, die bei Fohlen nicht verschwinden, in der Regel auf einer Missbildung; besonders wenn Anzeichen einer Dekompensation vorhanden sind, kann der Verdacht auf einen angeborenen Fehler früher geäußert werden. Als weitere Untersuchung ist bei diesen Fällen eine Echokardiografie immer angezeigt. Allgemein gilt, dass nicht die Lautstärke des Geräusches, sondern die Art und Größe des Defektes, welche ihrerseits das Ausmaß des Shuntvolumens bestimmen, prognostisch ausschlaggebend sind. Die Shuntmenge bestimmt, ob und wann Defizite (verlangsamtes, vorzeitig beendetes Wachstum) und Dekompensationserscheinungen (bereits in Ruhe; bei Belastung; Stresssituationen etc.) auftreten.

2.1.1.1 Ductus arteriosus (Botalli) patens oder persistens

Der *Ductus arteriosus* (Botalli) *patens* oder *persistens* ist ziemlich selten. Er erzeugt ein pansystolisches und -diastolisches Geräusch, das auch nach 7 Lebenstagen persistiert. Es handelt sich um ein Anastomosengeräusch, das wegen des Druckgefälles zwischen der Aorta (Hochdruck) und der *A. pulmonalis* (Niederdruck) entsteht. Das Geräusch schwillt an in der Systole, es klingt ab in der Diastole. Oft zeigen die Fohlen eine ausgeprägte Dekompensation (Atemnot, Zyanose) bei Bewegung.

2.1.1.2 Foramen interventriculare persistens

Das Foramen interventriculare persistens, auch Ventrikelseptumdefekt (VSD) genannt, ist meist ein membranöser Defekt unterhalb der septalen Trikuspidalklappe und der rechten Aortenklappe. Funktionell schwerwiegender sind Foramina im muskulären Teil zwischen den Kammern (Abb. 2.1 & 2.2). Die Tiere erreichen indessen nicht immer das Erwachsenenalter, weil Dekompensationserscheinungen bei Aufnahme des Trainings aufzutreten pflegen. Der Ventrikelseptumdefekt verursacht ein raues bis mechanisches, systolisches Geräusch, das rechts meist deutlicher und lauter zu hören ist als links. Meistens ist kein diastolisches Geräusch hörbar. Die Lautstärke ist kein Anhaltspunkt für die Größe des Defekts. Für die Sicherung der

Diagnose und Einschätzung der Prognose ist die Ultraschalluntersuchung unerlässlich. Prognostisch sind Lage und Größe des Defektes, die Shuntcharakteristika und der Verwendungszweck ausschlaggebend. Eine günstige Prognose haben ausgewachsene Pferde mit einem maximalen Defektdurchmesser von weniger als 2.8 cm (oder weniger als ein Drittel des Durchmessers der Aortenwurzel) und eine Shuntflussgeschwindigkeit von über 4 m/s.

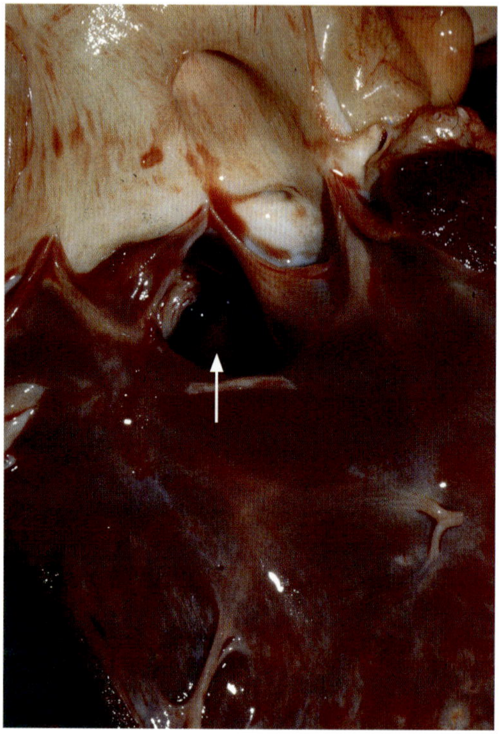

Abb. 2.1: Ventrikelseptumdefekt: Septumdefekt (Pfeil), knapp unter der Aortenklappe gelegen (Ø ca. 25 mm).

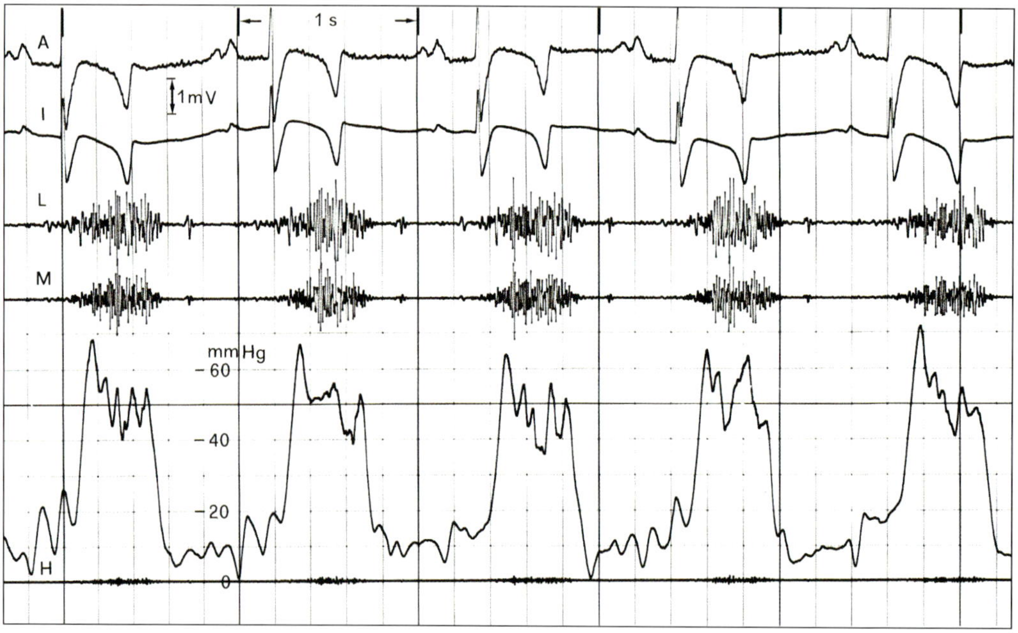

Abb. 2.2 Ventrikelseptumdefekt (Ø 20 mm). EKG normal; das Phonokardiogrammzeigt ein lautes systolisches Geräusch mit p. m. links und rechts im 4. Interkostalraum (hier: Aufnahme von rechts). Druckkurve: Der Druck im rechten Ventrikel steigt systolisch über die Norm an.

2.1.1.3 Angeborene Herzfehler anderer Art

Am ehesten ist mit obstruktiven Veränderungen in der rechten Kammer zu rechnen (Trikuspidalatresie und Pseudotruncus; kongenitale Hypoplasie der Mitralis mit Myokardhypertrophie). Atriale Septumdefekte, Klappenanomalien wie Hypoplasien oder Stenosen sowie verschiedene Formen der «Fallot'schen Tetralogie» kommen vor, wobei die echte vollständige Ausprägung der «Fallot'schen Tetralogie» (Ventrikelseptumdefekt, reitende Aorta, Pulmonalstenose und Rechtsherzhypertrophie) ebenso wie ein Truncus arteriosus communis (immer auch mit Ventrikelseptumdefekt) sehr selten sind. Derartige Missbildungen können mit Missbildungen anderer Organe (Wirbelsäule u. a.) in Verbindung stehen oder sekundäre Auswirkungen auf andere Organe, z. B. persistierender rechter Aorten-Atrium-Bogen mit Ringstenose um die Speiseröhre und daraus resultierendem Megaösophagus haben.

Tabelle 2.1: Ausgewählte kongenitale Herzerkrankungen beim Fohlen

Missbildung	Definition	Beurteilung
Ductus arteriosus (Botalli) patens/ persistens	Offene Verbindung (*Ductus arteriosus* Botalli) zwischen Aorta und A. Pulmonalis	– physiologisch in 1. Woche – bei persistierendem DA: oft wenig Symptome in den ersten Monaten, langfristig Gefahr von Linksherzversagen/ PA-Ruptur – oft zusammen mit anderen Missbildungen am Herz
Foramen ovale	Physiologisch offene Verbindung zwischen Vorhöfen in Fetalperiode, die sich nach Geburt aufgrund der Druckverhältnisse zunächst innerhalb der ersten 24–48 Stunden funktionell, später (bis zu 9 Wochen) anatomisch verschließt	– Fluss durch *F. ovale* während erster Lebenswochen physiologisch – meist keine klinische Bedeutung, außer wenn deutlicher Shunt – DD: echter atrialer Septumdefekt (sehr selten)
Foramen interventriculare persistens (Ventrikelseptumdefekt)	Loch in der Herzscheidewand, häufiger im membranösen Teil als im muskulären Teil	– am häufigsten – restriktive Defekte mit Leben und ggf. sogar Leistung vereinbar – große Defekte: bis Herzversagen
Trikuspidalatresie	Nichtanlage der Trikuspidalklappe	– immer pathologisch – Zyanose, Herzversagen – meist mit VSD
Fallot'sche Tetralogie	Ventrikelseptumdefekt reitende Aorta Pulmonalstenose Rechtsherzhypertrophie	– ausgeprägte Hypoxämie und Zyanose (R-L-Shunt), Polyzythämie – Leistungsintoleranz, Kümmern bis Herzversagen
Pseudotruncus arteriosus	Aorta und PA sind zwar angelegt, eine der beiden Arterien ist jedoch atretisch und es besteht zeitgleich ein VSD, auf dem das durchgängige Gefäß reitet	– immer pathologisch – Zyanose, Herzversagen
Truncus arteriosus communis	Aorta und PA entspringen gemeinsam aus dem Herz, da während fetaler Entwicklung keine vollständige Trennung der beiden Arterien stattgefunden hat	– immer pathologisch – Zyanose, Herzversagen – meist mit VSD

Legende: DA = Ductus arteriosus, PA = Pulmonalarterie, VSD = Ventrikelseptumdefekt

2.1.2 Krankheiten des Myokards

2.1.2.1 Myokarditis

Eine selbstständige Myokarditis lässt sich beim Pferd selten mit Sicherheit nachweisen; ein Verdacht kann etwa im Zusammenhang mit Herzrhythmusstörung (→2.1.3), Herzinsuffizienz (→2.1.8) und entsprechender Anamnese (Infektionskrankheiten) ausgesprochen und durch Hilfsuntersuchungen (Elektrokardiogramm, Echokardiografie und Enzymprofil) gesichert werden.

Schwere Infektionskrankheit, Intoxikationen und Immunerkrankungen können Myokarditis (bzw. eine degenerative Myokardose, (→2.1.2.2) erzeugen. Ätiologisch spielen in unseren Verhältnissen besonders Infektionen mit Viren, darunter vor allem schwere Verläufe der Infektion mit *Orthomyxovirus influenzae* (→15.2.8), dem Arteriitisvirus (→15.2.5) und bakterielle Infektionen eine Rolle. Die Rolle von Immunreaktionen ist bei Herzmuskelschädigungen noch unklar.

Pathologisch-anatomisch sind verschiedene Myokarditisformen festzustellen, ohne dass klinisch eine Abgrenzung möglich wäre (interstitiell-parenchymatös; herdförmig-diffus etc.). Funktionell und anatomisch ist eine Restitution möglich, die Abheilung besteht aber oft in schwieligem Ersatz geschädigten Muskelgewebes. Derartige Narben können später zu Reizleitungsstörungen Anlass geben. Eine Ultraschalluntersuchung, die sich auf die Myokardstruktur konzentriert, vermag unter Umständen Hinweise auf Narbenbildung, Infarkt oder Entzündung zu ermitteln durch Nachweis einer fokalen Veränderung der Echostruktur des Myokards.

Symptome: Die Symptome einer Myokarditis variieren je nach Art und Ausdehnung einer Läsion. Sowohl die EKG- als auch die Ultraschalluntersuchung liefern oft keine definitive Bestätigung der Verdachtsdiagnose Myokarditis, können jedoch, v. a. im Zusammenhang mit Enzymprofilen, den Verdacht erhärten.

Bei fieberhaften Grundkrankheiten beobachtet man eine veränderte Herzschlagfrequenz in Ruhe, in der Regel Tachykardie, selten Bradykardie. Auskultatorisch mögen Geräusche und Galopprhythmen zu erheben sein, oft auch Arrhythmien wegen Überleitungsstörungen. Dazu kommen Veränderungen im EKG, etwa in der ST-Strecke; mono- oder polymorphe Extrasystolien, Blöcke und ventrikuläre Tachykardien.

In schweren Fällen führt die Myokardinsuffizienz mit Blutdruckabfall zu Schockzuständen als Zeichen einer Dekompensation. Plötzlicher Tod ist möglich.

Diagnose: Eine sichere Diagnose ist, wie erwähnt, selten ohne erheblichen Aufwand möglich. Die Berücksichtigung des gesamten klinischen Bildes mit deutlicher Herzfrequenzsteigerung in Ruhe und auffallenden Rhythmusstörungen mit oder ohne Herzgeräusch erlauben indessen die Diagnose Herzinsuffizienz mit Verdacht auf Myokardschaden. Die Insuffizienz des Myokards kann echokardiografisch (z. B. Bewegungsmuster und Bestimmung der Verkürzungsfraktion des linken Ventrikelmyokards im M-Mode) substantiviert werden. Ein akuter Herzmuskelschaden geht mit einer gewissen Aktivitätserhöhung muskelspezifischer Enzyme im Plasma einher. Herzmuskelspezifische Enzymaktivitäten (Creatin-Kinase-Muscle-Brain [CKMB], $LDH_{1/2}$, α – Hydroxy-Butyrat-Dehydrogenase [HBDH] u. a.), sowie erhöhte kardiale «Troponin I»-Werte können hier diagnostisch weiterhelfen.

Prognose: Sie variiert je nach Schweregrad des Falles. Eine funktionelle Restitution dürfte sehr oft möglich sein bei längerer Ruhigstellung und anschließendem, kontrolliertem und langsam aufbauendem Training. Ein plötzlicher Tod ist indessen möglich und besonders bei Rennpferden und anderen Hochleistungstieren zu befürchten. Die unerwarteten und plötzlichen Todesfälle bei Rennpferden Wochen oder Monate nach dem Überstehen einer Influenza dürften zum größten Teil einer Influenza-Myokarditis zuzuschreiben sein. Sehr junge, alte und geschwächte Tiere sowie Pferde, die unregelmäßiger und unvernünftiger Arbeit unterworfen werden, erweisen sich als besonders gefährdet.

Therapie: Behandlung der Grund- und Folgekrankheit (Schock)! Bei Fieber und Verdacht auf infektiöse Ursache sollten Antibiotika (Aminoglykoside und Betalaktam-Präparate) verabreicht werden. Rhythmusstörungen (v. a. bei ventrikulärer Tachykardie) sollten mit Lidokain-Infusion und Magnesium behandelt werden. Darüber hinaus werden nicht steroidale Antiphlogistika oder Glykokortikoide (in Form von Prednisolon) über 6–10 Tage empfohlen. Boxenruhe, solange eine Ruheinsuffizienz (erhöhter Ruhepuls, anormales EKG, erhöhte Enzymaktivitäten) besteht. Der Rekonvaleszenz angemessene Belastung mit Überwachung (EKG, Verlauf der Enzymaktivitäten).

Einzelheiten zur Behandlung der Herzinsuffizienz werden weiter hinten in diesem Kapitel besprochen.

2.1.2.2 Degenerative Myokarderkrankungen (Myodegeneratio cordis)

Erscheinungen degenerativer Myokardveränderungen lassen sich beim Pferd klinisch kaum von Myokarditis unterscheiden. Pathologisch-anatomisch fehlen entzündliche Erscheinungen. Ätiologisch sind beim Pferd nur Vermutungen möglich. Eine länger dauernde schwere Allgemeinerkrankung gleich welcher Ursache und/oder Störungen im Mineral- oder im Energiestoffwechsel, können auch degenerative Myokardschäden bewirken. Als Primärkrankheiten kämen beim Pferd demnach in Frage: Leberzirrhose; chronischer, schwerer Parasitismus; bakterielle Herdinfektionen; Nephrose; Hyperlipämie; Amyloidose; Mangelzustände (Weißmuskelkrankheit!); Intoxikationen u. a.

Diagnose: Die klinischen Zeichen sind undeutlich und nicht spezifisch. Elektrokardiografische Befunde bestehen meist in Veränderungen der T-Welle und des ST-Segmentes. Außerdem werden bei solchen Fällen Herzrhythmusstörungen insbesondere Ventrikel-Extrasystolen, ventrikuläre Tachykardie oder sogar Vorhofflimmern beobachtet.

Therapie: Zu behandeln sind in erster Linie die Primärkrankheiten oder Mangelzustände. Ohne Symptome einer Insuffizienz macht eine symptomatische Herztherapie keinen Sinn.

2.1.2.3 Myokardkrankheiten als Begleiterkrankung

Toxische Myokardschädigung finden wir bei septischen Fohlenkrankheiten (→16.23, *E. coli*, Salmonellen, Clostridien-Enterotoxämie u. a.). Enterotoxine von *C. perfringens* (→16.7.7) und *C. difficile* (→16.7.8), aber auch das Letal-Toxin von *C. sordellii* und *C. bifermentans* (→16.7.4), welches direkt myotoxisch wirkt. Unter den chemischen und pflanzlichen Giften üben Phosphor, Kohlenmonoxid und Sublimat (Quecksilber) sowie Chinidin und seine Derivate toxische Effekte auf den Herzmuskel aus. Ionophore (v. a. Monensin) und Pflanzenalkaloide wie das Taxin der Eibe führen ebenfalls zu Myokardschäden.

Hämorrhagien im **Myokard** sind oft Begleiterscheinungen von Petechialfieber, akuter EIA (→15.2.7), Afrikanischer Pferdepest und Septikämien u. a.

Myokardrupturen kommen bei älteren Pferden (vor allem bei Hengsten) gelegentlich vor. Am häufigsten scheint die Wand des rechten Ventrikels zu reißen, gefolgt vom Aortenansatz, vom rechten Atrium und – sehr selten – vom linken Vorhof und dem Septum interatriale bzw. interventrikulare. Bei Friesenpferden scheint der Aortenansatz die häufigste Prädilektionsstelle zu sein.

Myokardinfarkte mit einem klinischen Bild, das der menschlichen Krankheit entspricht, gehören zu den großen Seltenheiten. Immerhin stellt sich bei systematischen Untersuchungen heraus, dass Lumenverengungen intramuraler Gefäße infolge Arteriosklerose häufig sind und dass auch Koronarstenosen vorkommen. Ein Teil der häufigen Myokardschwielen dürfte überstandenen, kleinen Infarkten zuzuschreiben sein (Abb. 2.4). Als Folge akuter Myokardschäden finden sich beim Pferd oft Fibrosen, Schwielenbildungen, Verkalkungen und Verknöcherungen im Myokard. Bei nahezu 80 % der erwachsenen Pferde ist mit narbigen Myokardveränderungen zu rechnen. Besonders anfällig scheint die Vorhofsmuskulatur zu sein (rechts häufiger als links).

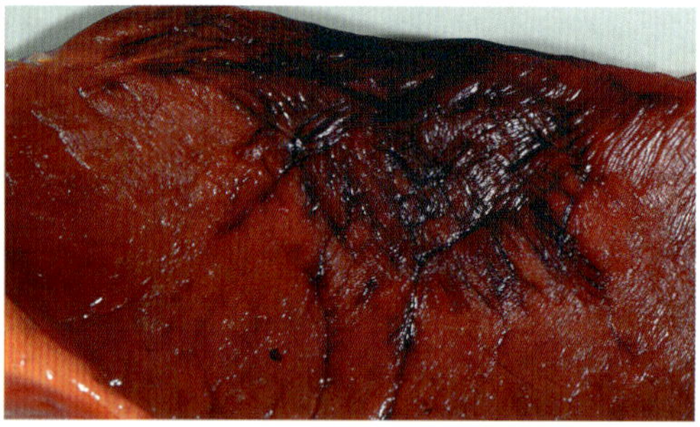

Abb. 2.3: Herzinfarkt: Hämorrhagische Infarzierung der Herzmuskulatur des rechten Ventrikels.

Abb. 2.4: Wandernder Schrittmacher. Wechselnde Form der P-Zacken (Pfeile). Geringgradige Arrhythmie. Normaler Befund (erhaltene Arbeitsfähigkeit).

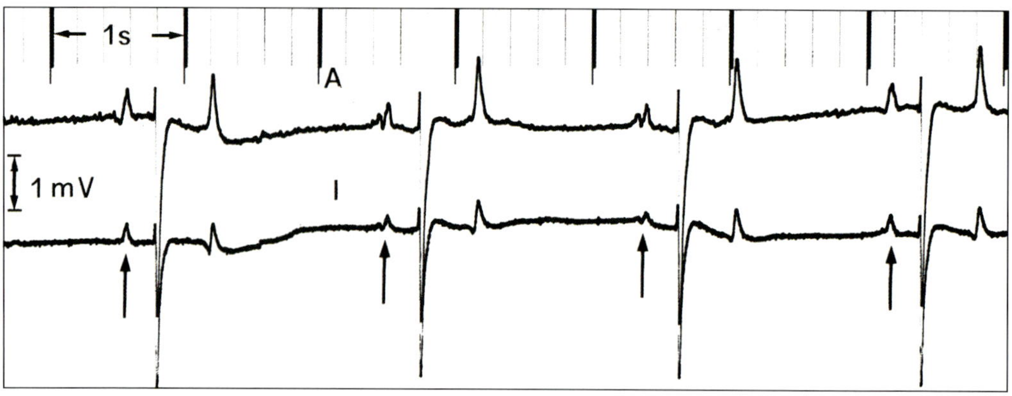

2.1.3 Rhythmusstörungen

Arrhythmien sind beim Pferd nicht unter allen Umständen pathologisch. «Normale» Arrhythmien sollten bei herabgesetztem Vagotonus, also bei Aufregung oder kurzer Bewegung verschwinden, während pathologische Zustände bei höherer Herzfrequenz eher die Tendenz zeigen, sich zu verdeutlichen.

2.1.3.1 Supraventrikuläre und atriale Arrhythmien

Sinusarrhythmie: In leichtgradiger Ausprägung ist die Sinusarrhythmie nur im EKG nachweisbar. Eine Sinusarrhythmie ist immer vorhanden bei inkomplettem, atrioventrikulärem Block. Das Auftreten einer Sinusarrhythmie während und nach Arbeit wird als physiologisch angesehen, wenn sie nach 10–15 min wieder verschwindet und nicht mit einer verlängerten Erholungsphase einhergeht.

Wandernder Schrittmacher ***(«wandering pacemaker»)***: Als Ursache für einen wandernden Schrittmacher gilt ein großer Sinusknoten. Vegetative Fasern beeinflussen den Ursprungsort der Erregungsbildung. Das Phänomen ist beim Pferd sehr häufig zu beobachten und als normal zu bewerten, wenn es bei herabgesetztem Vagotonus wieder verschwindet. (Veränderungen der Form und der Amplitude von P, oft auch inkonstante Länge des PR-Intervalls (Abb. 2.5).

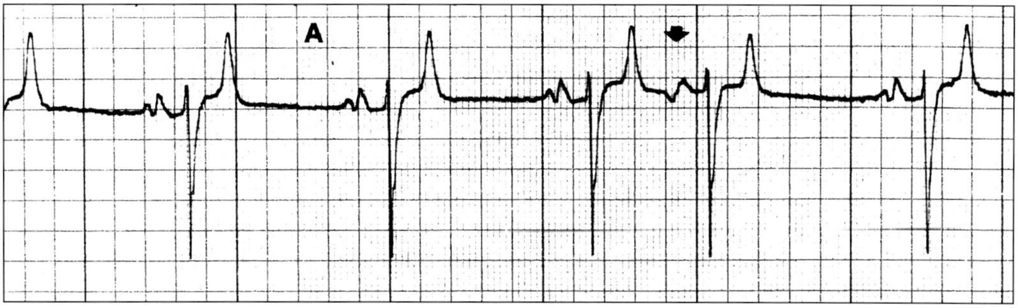

Abb. 2.5: Normaler Kammerkomplex (T-Zacke), unmittelbar gefolgt von Vorhofextrasystole (Pfeil). Deutliche Arrhythmie.

Vorhofextrasystolen ***(«premature atrial depolarisation»)*****:** Vorhofextrasystolen können, solange sie vereinzelt auftreten, meist als normal bewertet werden. Sie wurden bei gesunden Dressur-, Spring- und Rennpferden vereinzelt auch vor, während und nach Belastung festgestellt – ohne ersichtliche klinische Bedeutung. Persistierende Vorhofextrasystolen sind jedoch als Zeichen für eine Myokarderkrankung der Vorhöfe anzusehen.

Ein ektopischer Schrittmacher in den Vorhöfen provoziert arrhythmische Kontraktionen, vorzeitig auftretende P-Zacken und bizarre Zackenformen (Abb. 2.6). Insgesamt haben aber die QRS-Komplexe eine normale Form.

Paroxysmale Vorhoftachykardie: Eigentlich handelt es sich um eine Serie ektopischer Vorhofextrasystolen, die abrupt auftreten und verschwinden. Der Zustand ist, wenn persistierend oder rezidivierend, in der Regel Ausdruck einer ernsthaften Erkrankung des Vorhofmyokards.

Sinuatrialer Block/Arrest: Definition: Ein atrialer Block ist eine Pause, die kürzer oder gleich lang ist wie 2 P-P-Intervalle. Ein sinuatrialer Arrest ist eine Pause, die länger als 2 P-P-Intervalle dauert.

Der Befund eines sinuaurikulären Blockes wird nicht sehr häufig erhoben. Er ist in Ruhe meist kein Zeichen eines Herzschadens sondern vielmehr eines hohen Vagotonus. Die Diagnose ist nur im EKG sicher zu stellen: 1–2 ganze PQRS Komplexe fallen aus (Abb. 2.7). Diese Auffälligkeit muss allerdings bei Bewegung verschwinden, ansonsten ist hier von einem *«sick sinus syndrom»* auszugehen, welches durch eine Entzündung oder eine Degeneration des Sinusknoten verursacht wird. Solche Patienten werden mit Glukokortikoiden behandelt und sind bei bleibenden EKG Veränderungen Kandidaten für eine Pacemaker-Implantation.

Abb. 2.6: Sinu-aurikulärer oder sinu-atrialer Block: Zufallsbefund bei Auskultation im Training. Während des Blocks erfolgt keine Vorhofskontraktion; deshalb lässt sich bei diesem Befund auch kein Vorhofston auskultieren.

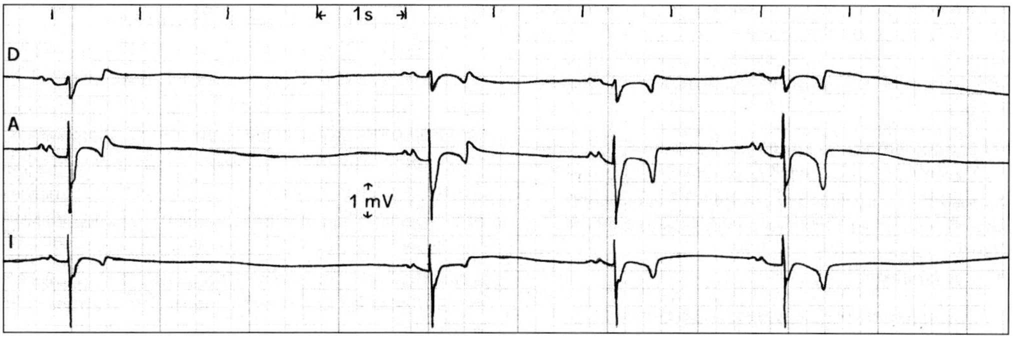

Vorhofflimmern: Diese Form der Arrhythmie kommt gehäuft bei Rennpferden und bei großrahmigen Pferden vor. Bekannte Ursachen sind AV Klappeninsuffizienz, Überbeanspruchung vor allem junger Pferde, Sedativa und Narkotika. Die meisten Pferde mit Vorhofflimmern haben aber keine zugrunde liegende primäre Herzerkrankung. Pferde sind allein schon aufgrund ihrer großen Vorhofmasse und des hohen Vagustonus für Vorhofflimmern prädisponiert.

Von Vorhofflattern wird in der Regel gesprochen, wenn die Zahl der Impulse unter 400/min liegt *(«atrial flutter»)*, von Vorhofflimmern bei Frequenzen über 400/min *(«atrial fibrillation»)*. Wir verwenden den Ausdruck «Vorhofflimmern» für beide Zustände. Das rein zufällige Auftreffen von F-Wellen auf den AV-Knoten ist Anlass für die Arrhythmie der Kammern. Vorhofflimmern ist eine der häufigsten Arrhythmien des Pferdes, es muss nicht unbedingt mit schweren Myokardschäden verbunden sein (temporäres Auftreten von Vorhofflimmern z. B. bei Kolikern, Patienten unter Sedation oder Narkose oder kurzfristiger Überanstrengung). Das Vorhofflimmern kann weiterhin mit einem vergrößerten Vorhof einhergehen. Ebenso können Patienten mit erworbenen Herzinsuffizienzen im späteren Verlauf Vorhofflimmern entwickeln. Die Vorhofkontraktion ist v. a. bei maximaler Leistung – und damit schneller Herzfrequenz – zur ausreichenden Kammerfüllung und damit zur Gewährleistung des erforderlichen Auswurfvolumens nötig. Es beeinträchtigt die sportliche Verwendbarkeit eines Pferdes indessen aber nicht im jedem Fall. Ca. 0.3 % der Galopprennpferde zeigen bei Renneinsatz ein Vorhofflimmern ohne Leistungsschwäche oder Niedergehen.

Diagnose: Klinisch imponieren die völlig regellosen Kammerkontraktionen vor allem mit Pausen, die 5 Sekunden und länger dauern können. Die Ruhe-Herzschlagfrequenz ist deshalb oft zu niedrig, seltener zu hoch (prognostisch ungünstig). Wichtig ist der Befund, dass kein Vorhofton (4. Herzton) zu hören ist. Außerdem variieren Lautstärke und Qualität der Herztöne von Kontraktion zu Kontraktion, und oft ist der zweite Herzton nicht auszumachen. Es besteht in der Regel ein Pulsdefizit, außerdem ist der Puls unregelmäßig und die Pulsstärke ungleichmäßig. Die Arrhythmie verschwindet nicht bei Belastung, sie wird meistens noch deutlicher oder durch eine Ventrikeltachykardie abgelöst. Sehr selten können Pferde mit extrem lang dauernden Pausen «in Ohnmacht fallen» (Synkopen).

Die vollständige Herzarrhythmie zusammen mit den anderen genannten Charakteristika erlaubt eine klare klinische Diagnose, die mit dem EKG nur noch bestätigt wird. Die EKG-Aufnahme dokumentiert das Vorhofflimmern sehr schön (Abb. 2.8 & 2.9), die Ultraschalluntersuchung weist direkt nach, dass die Vorhöfe sich nicht kontrahieren, sondern eben flimmern. Die Echokardiografie ist aber vor allem wichtig, um begleitende oder sogar kausale (z. B. Klappenvitien; in Abb. 2.10 die relativ häufige Kombination mit einer Mitralinsuffizienz), sowie sekundäre (Vorhofdilatation) Schäden festzustellen, Befunde, die prognostisch von großer Bedeutung sind.

Wenn die Herzschlagfrequenz in Ruhe niedrig ist, zeigen die Pferde bei leichter Arbeit oft wenig Anzeichen einer Herzkrankheit. Bei länger bestehendem Vorhofflimmern können Ausdauer und Leistungsfähigkeit des Pferdes reduziert sein. Eine hohe Ruhefrequenz wird bei folgenden Situationen festgestellt: einerseits kommt sie bei jungen Rennpferden vorübergehend vor, im Fall eines sogenannten paroxysmalen Vorhofflimmerns unmittelbar nach dem Rennen, oder bei persistierendem Auskultationsbefund in Verbindung zu einer Herzerkrankung, wobei die Tiere auch geringe Anstrengungen nicht ertragen. Meistens wird post mortem eine Myokarditis oder Myokarddegeneration in der Vorhofsmuskulatur gefunden; die Bedeutung der Veränderungen ist jedoch oft fragwürdig.

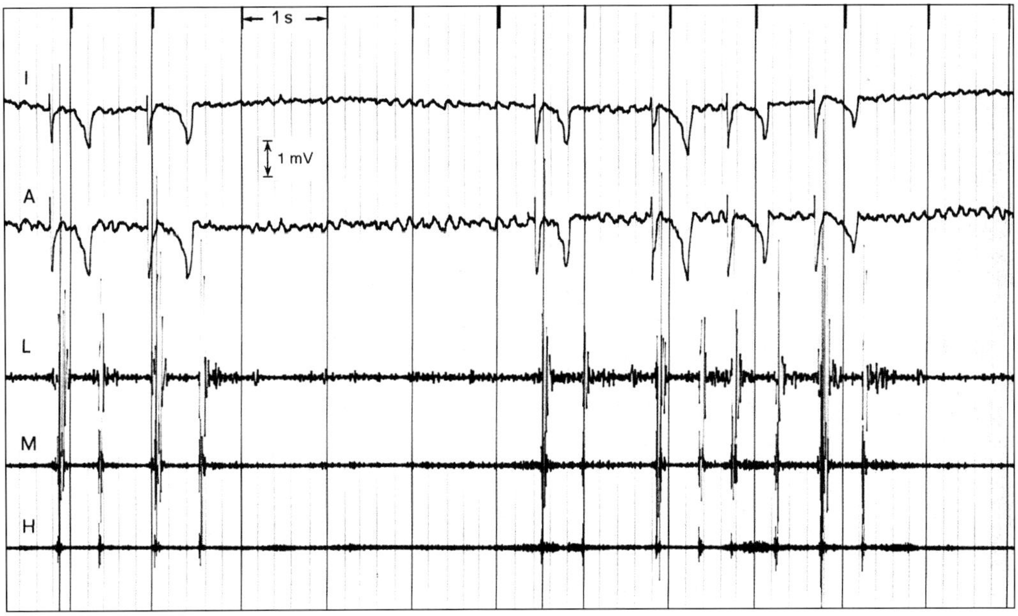

Abb. 2.7: Vorhofflimmern. Schwere Arrhythmie mit bis zu 8 sec dauernden Ausfällen von Kammerkontraktionen (hier: 4,5 sec). Das Pferd war arbeitsunfähig.

Vorhofflimmern kann zusammen mit einer Mitralinsuffizienz (Abb. 2.10), weniger häufig mit einer Trikuspidalinsuffizienz auftreten. Bei auskultatorisch erhobenen Geräuschen oder um die Prognose besser einzuschätzen, ist es angezeigt, ein Echokardiogramm durchzuführen. Es ist möglich, dass die Überdehnung der Vorhofsmuskulatur und «*jet lesions*» durch das regurgitierte Kammerblut zu den Reizleitungsstörungen den Anlass gibt. Eine gleichzeitig vorhandene Klappeninsuffizienz beeinflusst die Prognose ungünstig. Vorhofflimmern kann zu plötzlichem Tod mit Niederstürzen führen und birgt dadurch eine gewisse Gefahr für Reiter und Pferd.

Therapie: Da beim Pferd auch transientes Vorhofflimmern auftreten kann, sollten die ersten 48 Stunden abgewartet werden, ehe ein Therapieversuch gestartet wird. Pferde mit Vorhofflimmern und wenig echokardiografischen Veränderungen sind gute Kandidaten für eine pharmakologische oder elektrische Kardioversion. Als Therapie kommen die Gabe von Antiarrhythmika (Tab. 2.3) oder die elektrische Kardiokonversion unter Vollnarkose infrage.

Alle Antiarrhythmika wirken recht toxisch, ihre Anwendung ist nicht ungefährlich und kann sogar ihrerseits weitere Arrhythmien auslösen. Chinidin-Derivate werden routinemäßig zur Therapie des Vorhofflimmerns eingesetzt. Der weit besseren Überwachungsmöglichkeiten, aber auch der Möglichkeit einer präziseren Dosierung wegen ist einer intravenösen Therapie mit Dihydrochinidin-Glukonat/Sulfat (sofern erhältlich) vor dem per NSS gegebenen Chinidin-Sulfat den Vorzug zu geben. Eine sehr genaue Überwachung der Patienten während der Therapie ist unerlässlich (dauernde EKG-Kontrolle; cave! plötzlicher Blutdruckabfall, Extrasystolie, ventrikuläre Anarchie (Tab. 2.3).

Die Risiken der Chinidin-Therapie sind mit dem Besitzer zu besprechen. Nebenwirkungen dieser Therapie: Unruhe, Apathie, Depression, Schwellung der Nasenschleimhaut, Durchfall, Urticaria, Hufrehe treten häufiger auf als bei intravenöser Therapie. Eine zusätzliche Therapie mit Herzglykosiden ist nur selten indiziert, jedenfalls nur bei einer Kammertachykardie oder wenn das Pferd am 2. Tag der Chinidin-Therapie noch nicht in den Sinusrhythmus konvertiert hat.

Die Chinidin- bzw. Dihydrochinidin-Therapie des Vorhofflimmerns scheint mit 65–85 % Erfolg (Etablierung eines Sinusrhythmus) rechnen zu dürfen. Der Besitzer ist auf das Risiko von Rückfällen aufmerksam zu machen. Die Rezidivrate variiert mit der Dauer des Vorhofflimmerns. Bei weniger als 3 Monate bestehendem Vorhofflimmern ist mit einer Rezidivrate von ca. 15 % zu rechnen. Hingegen liegt bei länger vorliegendem Vorhofflimmern die Rückfallrate bei ca. 65 %.

Die folgenden Richtlinien für die Therapie mit Dihydrochinidin sind zu befolgen:

a) Dem Besitzer eines Reitpferdes mit Vorhofflimmern ist klarzumachen, dass sein Tier in diesem Zustand jederzeit tot umfallen kann. Es ist ihm zu erklären, dass auch die Behandlung an sich für sein Pferd gefährlich werden kann, dass das Tier möglicherweise nicht ansprechen wird, dass auch nach der Etablierung eines Sinusrhythmus vor allem bei erhöhter Ruheherzfrequenz, vorgeschichtlich lange bestehendem Vorhofflimmern oder bereits bestehenden strukturellen Herzveränderungen (Klappenfehler, Myokardschäden, vergrößerten Herzdimensionen) eine erhebliche Rezidivgefahr besteht.

b) Als erste Behandlungsdosis werden 10 g Dihydrochinidin-Glukonat i. v. mit Vorteil nicht überschritten. Eventuell kann die Infusion vorher abgebrochen werden und in jedem Fall sobald der Sinusrhythmus wiederhergestellt ist. Unterhalb einer Dosis von etwa 10 g Dihydrochinidin-Glukonat ist bei langsamer Infusion bei einem etwa 500 kg schweren Pferd kaum mit deutlichen Nebenerscheinungen zu rechnen. Bei Nichtansprechen auf eine Dosis von etwa 10 g ist der Besitzer auf das erhöhte Risiko erneuter Infusionen mit gesteigerten Dosen aufmerksam zu machen. Wiederholte Infusionen sollten in Intervallen von einem Tag vorgenommen werden.

c) Nach einer Überführung der Herztätigkeit in einen Sinusrhythmus muss das Training schonend und unter ständiger Überwachung des Herzens (Anleitung des Reiters) wieder aufgenommen werden. Wir empfehlen auch noch während der ersten 24 h nach erfolgreicher Konversion das Pferd mittels Holter-EKG zu überwachen.

d) Ein initialer Behandlungsversuch mit einem Chinidin-Derivat ist bei einem Pferd mit Anzeichen für Herzversagen kontraindiziert.

Sollte die medikamentelle Behandlung nicht zu einer Kardioversion geführt haben, besteht seit einigen Jahren die Möglichkeit, unter Klinikbedingungen und unter Allgemeinnarkose eine elektrische transvenöse Defibrillation vorzunehmen.

2.1.3.2 Atrioventrikuläre Überleitungsstörungen, intraventrikuläre Reizleitungsstörungen und ventrikuläre Arrhythmien

Die Lokalisation derartiger Störungen ist im AV-Knoten, dem His-Bündel und dessen Schenkeln und in den Purkinje-Fasern zu suchen. Bei einem Ausfall des spezialisierten Gewebes können die gewöhnlichen Myokardfasern deren Funktion bis zu einem gewissen Grad übernehmen.

Atrioventrikulärer Block: Der **atrioventrikuläre Block 1. Grades** ist gekennzeichnet durch eine verzögerte Überleitung. Das PQ-Intervall ist länger als normal. Die Diagnose kann nur mit dem EKG gestellt werden (Abb. 2.11). Der Befund wird sehr häufig erhoben. Er ist ohne klinische Bedeutung, wenn er bei Aufregung oder Belastung, bei erhöhtem Sympathikotonus verschwindet.

Beim **AV-Block 2. Grades** handelt es sich um den periodischen Ausfall von Ventrikelkon-

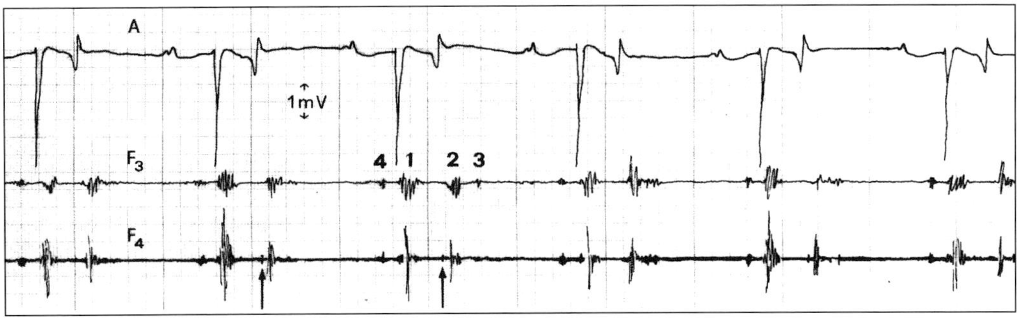

Abb. 2.8: Atrioventrikulärer Block 1. Grades: Diagnostisch ausschlaggebend ist die überlange PQ-Strecke. Im Phonokardiogramm sind die vier Herztöne schön zu sehen, und zudem ist ein systolischer «Click» dargestellt (Pfeil). Normal leistungsfähiges Pferd.

traktionen wegen temporär unterbrochener Überleitung. Periodisch findet keine Kammerdepolarisation und damit keine Ventrikelkontraktion statt. Am ruhenden Pferd wird oft ein Blockverhältnis von 5 : 4 oder 4 : 3 beobachtet, von 5 (4) Vorhofsdepolarisationen werden also nur 4 (3) auf die Kammern übergeleitet (Abb. 2.12). Als häufigste Form der Arrhythmie beim Pferd ist dieser Block meist die Folge eines hohen Vagotonus in Ruhe. Bei Aufregung, Bewegung sowie nach Atropinmedikation etc. verschwindet die Arrhythmie. Man beachte auch, dass während der blockbedingten Pause der 4. Herzton, also der Vorhofston, meistens zu hören ist! Von sehr seltenen Ausnahmefällen abgesehen, darf diese Form des AV-Blocks als normales Phänomen angesehen werden. Das Herz spart damit Kammeraktionen. Der AV-Block 2. Grades ist im Übrigen häufiger bei gut trainierten Sportpferden zu beobachten als bei untrainierten Kaltblütern. Eine häufigere Blockierung der atrioventrikulären Überleitung (Abb. 2.13 & Abb. 2.14) bei Belastung/Aufregung ist in der Regel ein pathologisches Zeichen.

Die Aufnahme eines EKG in Ruhe und während Belastung ist in jedem Zweifelsfall angezeigt.

Sowohl beim AV-Block 1. Grades als auch beim AV-Block 2. Grades kann beim EKG das Wenckebach-Phänomen beobachtet werden: das PQ-Intervall wird von Schlag zu Schlag länger, dann wieder kurz und wieder länger. Beim Block 2. Grades ist meistens das dem Block folgende PQ-Intervall das kürzeste.

AV-Block 3. Grades: Die Impulse aus den Vorhöfen erreichen die Ventrikel nicht. Vorhöfe und Ventrikel schlagen unabhängig voneinander. Die Kammerfrequenz ist meistens auffallend tief (oft nur 10 Kammerschläge/Minute). Diese Art des AV-Blocks muss mit dem EKG diagnostiziert werden (Abb. 2.15). Der Befund ist immer als krankhaft zu beurteilen.

Ein kompletter Block 3. Grades ist als Zeichen einer schweren Krankheit (z. B. entzündliche oder degenerative Erkrankungen des AV-Knotens, bei schweren Elektrolytverschiebungen wie Hyperkaliämie bei Blasenruptur, als kongenitales Problem bei Zwergeseln etc.) zu beurteilen. Eine eigentliche Therapie gibt es nicht. Als Notfalltherapie können vagolytische Medikamente wie Atropin eingesetzt werden. Eine Kortikosteroidtherapie kann versucht werden, da oft entzündliche Veränderungen des AV-Knotens zugrunde liegen. Digitalis und seine Derivate sind wegen ihres vagotonus-steigernden Effektes kontraindiziert. Die Implantation von Herzschrittmachern ist bei Pferd und Esel beschrieben, ist aber mit einem großen Operationsrisiko verbunden und kann nur in speziell dafür ausgestatteten Kliniken vorgenommen werden.

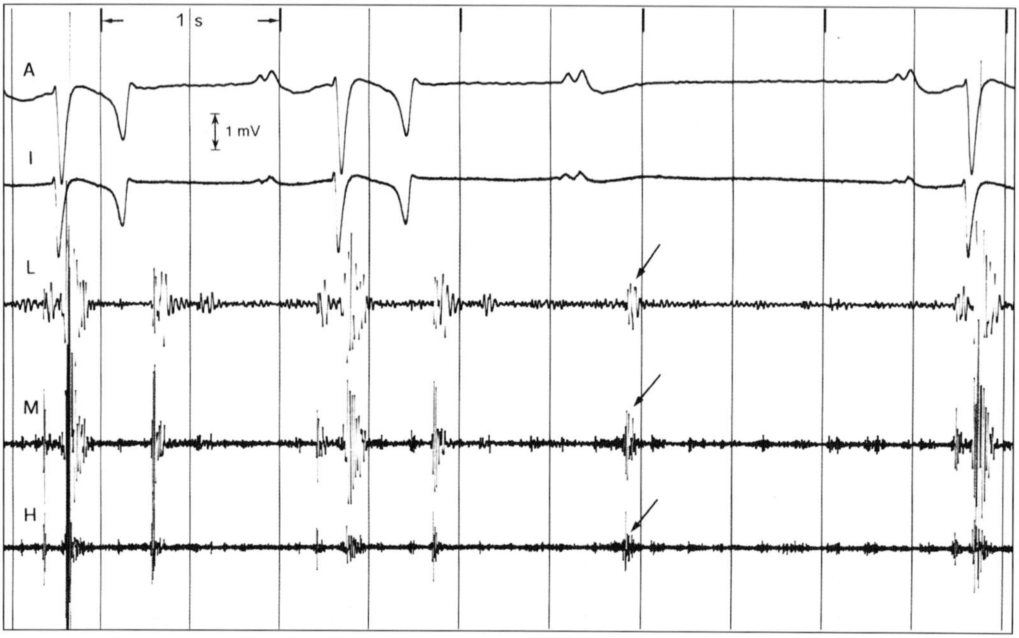

Abb. 2.9: Atrioventrikulärer Block 2. Grades: Bei vielen Pferden ist während des Blocks der Vorhofston deutlich zu hören und phonokardiografisch zu erfassen (Pfeil). Der Block verschwindet bei leichter Bewegung oder Aufregung, wenn er nur als normale Folge eines hohen Vagotonus in Ruhe auftritt. Bei diesem Pferd besteht ein 4:3-Block. Die vier Herztöne sind gut zu differenzieren.

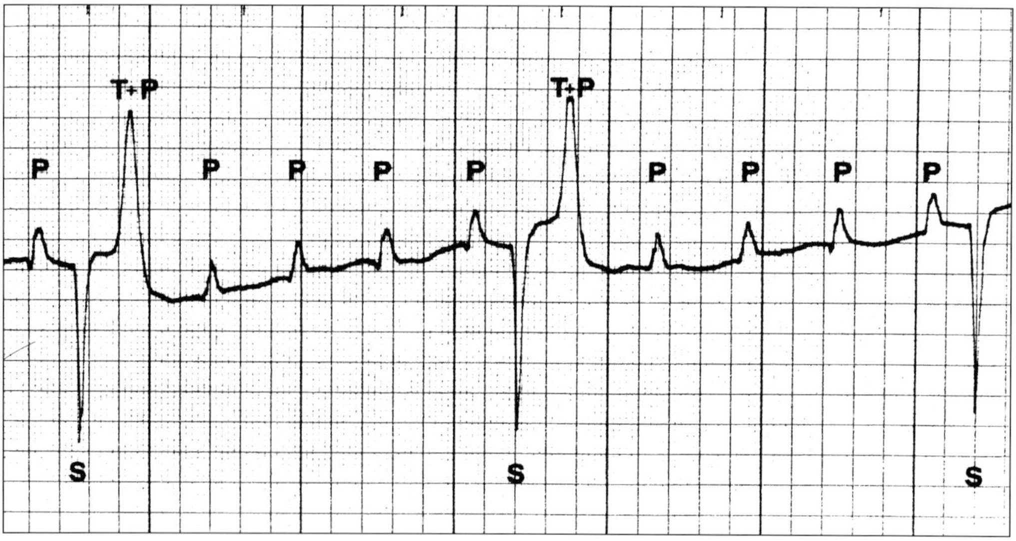

Abb. 2.10: Pathologischer atrio-ventrikulärer Block 2. Grades: Telemetrische Aufnahme nach Arbeitsprobe; nur jede fünfte Vorhofserregung wird übergeleitet. In Ruhe war ein 3:1-AV-Block registriert worden. Post mortem konnte bei diesem Pferd eine schwere Arteriosklerose im Gebiet des AV-Knotens festgestellt werden.

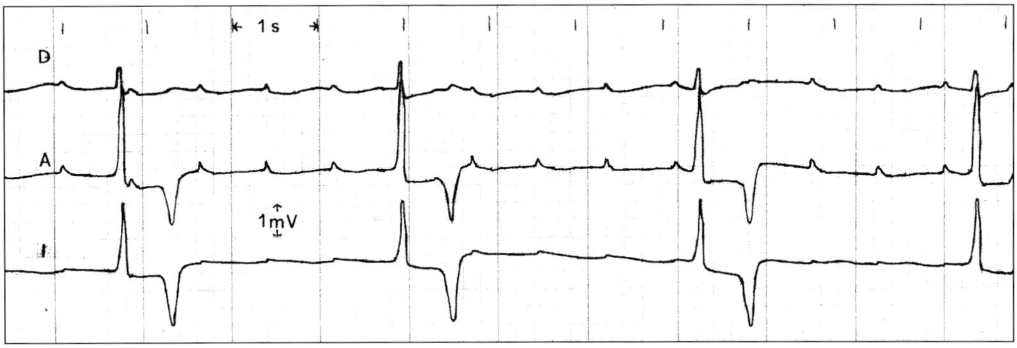

Abb. 2.11: Atrioventrikulärer Block 3. Grades: Vorhoffrequenz von 78/min und Kammerschlagfrequenz von 18 bis 20/min. Es findet keine Überleitung über den AV-Knoten statt; die Rhythmen sind voneinander unabhängig. Hier besteht überdies eine Inversion des QRS-Komplexes. Derartige Pferde fallen schon in Ruhe oder bei geringer Anstrengung in «Ohnmacht» (Synkopen)! Status zwei Tage nach fieberhafter Erkrankung.

Schenkelblock: Die Reizleitung ist entweder im linken oder rechten Schenkel des His-Bündels gestört. Der Ventrikel, der vom blockierten Schenkel versorgt wird, kontrahiert später als der andere, und das Depolarisationsmuster ist abnorm, der QRS-Komplex deutlich verbreitert. Die Diagnose bleibt beim Pferd auch elektrokardiografisch unsicher.

Vorzeitige Ventrikelextrasystole *(«Ventricular premature depolarisation»)*: «Extrasystole» ist nicht unbedingt ein passender Ausdruck, weil die betreffenden Kontraktionen im Allgemeinen nicht «extra» sind, sondern nur eine normale Kontraktion ersetzen. Eine Diagnose ist oft schon bei der Auskultation möglich. Nach der vorzeitigen Kontraktion kann eine kompensatorische Pause beobachtet werden (Abb. 2.16 & Abb. 2.17). Es besteht ein Pulsdefizit, und ein zweiter Herzton ist nicht immer auszumachen. Relativ häufig lassen sich derartige Extrasystolen bei schweren Koliken beobachten, überhaupt bei Stoffwechsel- und Elektrolytstörungen, bei Intoxikationen und im Schock. Diese Zustände sind auch beim Pferd von entscheidender Bedeutung für Veränderungen der Membranpermeabilität der Herzmuskelzelle, ergo für die Entstehung ektopischer Rhythmusstörungen.

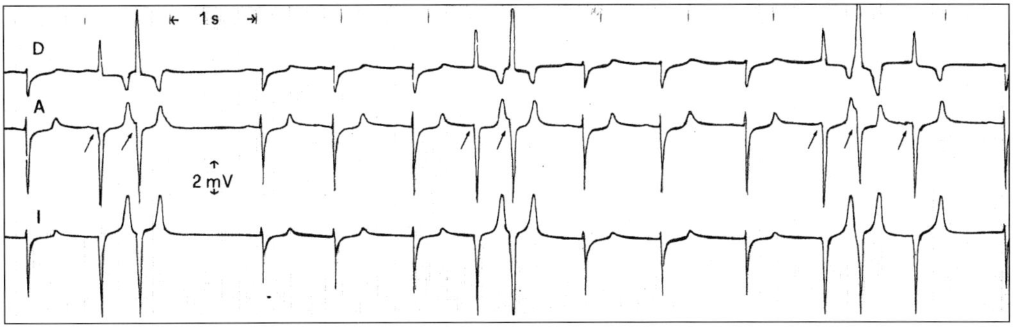

Abb. 2.12: Kammerextrasystolie: Ventrikuläre polytope Extrasystolie. Die Extrasystolien sind mit Pfeilen bezeichnet.

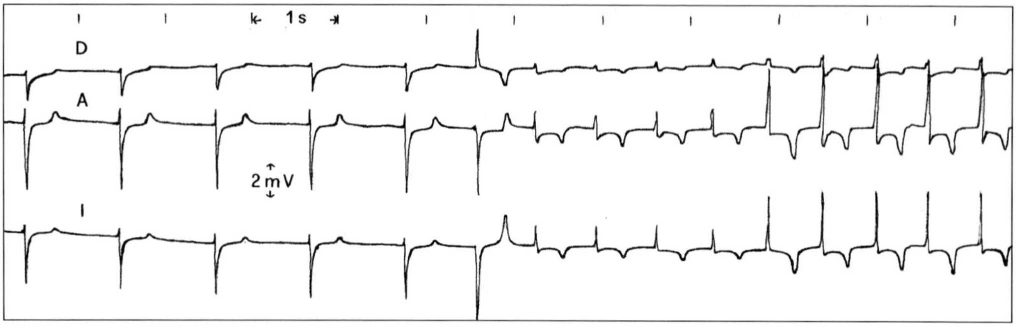

Abb. 2.13: Paroxysmale Kammertachykardie mit polytopen Extrasystolien: Befund nach Operation (Ovariektomie). Das Phänomen verschwand nach wenigen Tagen spontan.

In der Literatur werden diese «*ventricular premature depolarization*» als nicht sicher pathologisches Zeichen angesehen. Einige Studien an gesunden Sportpferden, die mit einem Funk-EKG-Gerät bestückt waren, zeigten, dass solche Pferde sowohl in der Ruhe als auch in Wettkampfsituationen mehrere vorzeitige Ventrikelextrasystolen aufweisen können. Ein Herzschaden muss aber bis zum Beweis des Gegenteils angenommen werden, besonders wenn das Phänomen durch Arbeit provoziert werden kann oder wenn es im Verlauf einer schweren Primärkrankheit auftritt. Zu unterscheiden von ventrikulären Extrasystolen sind im Übrigen die selteneren Knotenextrasystolen.

Paroxysmale ventrikuläre Tachykardie: Die paroxysmale ventrikuläre Tachykardie ist lebensbedrohlich. Der Zustand ist beim Pferd selten. Im Allgemeinen wird er mit schweren Herzerkrankungen in Zusammenhang gebracht. Die Herzschlagfrequenz steigt manchmal auf über 200/min an. Der Zustand kann Sekunden bis Tage andauern und kann in ein Kammerflattern resp. Kammerflimmern übergehen und mit dem Tode enden. Lidokain i. v. ist als Notfalltherapie angezeigt.

Ventrikuläre Fibrillation: Ein Kammerflattern (Frequenz < 350/min) oder Kammerflimmern (Frequenz > 350/min) lässt sich ohne EKG nicht von einem Herzstillstand unterscheiden.

Pararrhythmien: Zwei oder mehrere Schrittmacher funktionieren bei Pararrhythmien unabhängig voneinander. Parasystole und Dissoziation sind selten, und treten am ehesten unter Digitalismedikation (auch Chinidin) auf.

Wolff-Parkinson-White-Syndrom: Elektrokardiografische Diagnose: verkürzte PQ-Zeit und verbreiterter QRS-Komplex im Ruhe-EKG. Bei Sinusrhythmus treten intermittierend oder kontinuierlich sehr laute Herztöne auf.

Tabelle 2.2: Übersicht zu physiologischen und pathologischen Arrhythmien beim Pferd

Arrhythmie	physiologisch	pathologisch
Sinusarrhythmie	– bei trainierten Pferden mit hohem Vagustonus – in ersten 10–15 min Erholungsphase nach Arbeit	– Nichtverschwinden bei Arbeit/vagolytischen Medikamenten/Stress
Wandering pacemaker	– normal aufgrund von Vorhofgröße beim Pferd	– Nichtverschwinden bei herabgesetztem Vagotonus
Vorhofextrasystolen, vorzeitige Vorhofkontraktionen (bis zur paroxysmalen Vorhoftachykardie)	– bei 23 % gesunder Galopprennpferde, während oder nach Arbeit beschrieben – Sportpferde (in Ruhe: bis 30 %, in Arbeit: bis 90 %, nach der Arbeit: bis 60 %; pro Trainingseinheit (Springparcours oder Dressurprogramm) und Erholungszeit von 45–60 Minuten, weniger als 3–9 vorzeitige Vorhofextrasystolen)	– falls bestehend oder sehr häufig – häufig beobachtet bei Galopprennpferden mit Leistungsschwäche, aber Bedeutung unklar – bei häufigem Auftreten möglicherweise ein Risikofaktor für Vorhofflimmern beim Rennpferd während maximaler Arbeit
sinuaurikulärer Block/Arrest	– bei trainierten Pferden mit hohem Vagotonus – in ersten 10–15 min Erholungsphase nach Arbeit (50 % der Dressurpferde nach Arbeit)	– Nichtverschwinden bei Arbeit/vagolytischen Medikamenten/Stress
Vorhofflimmern	– tritt nicht physiologischerweise auf	– plötzlich auftretendes Vorhofflimmern während der Arbeit geht mit Leistungsschwäche einher – 0.3 % der Galopprennpferde zeigen paroxysmales Vorhofflimmern, 1.4 % der leistungsschwachen Galopprennpferde leiden an paroxysmalem Vorhofflimmern als Ursache, Risiko höher ab Alter von 4 Jahren
AV-Block 2. Grades	– bei trainierten Pferden mit hohem Vagustonus häufig	– Nichtverschwinden bei Arbeit/vagolytischen Medikamenten/Stress – fortgeschrittener AV-Block 2. Grades (mehr als 2 AV-Blöcke 2. Grades aufeinanderfolgend), hier meist schwere Leistungsschwäche und Kollapsgefahr
vorzeitige Ventrikelextrasystole	– kommt bei 28.6 % gesunder Galopprennpferde vor, während oder nach Arbeit beschrieben – 1–2 beim Galopprennpferd während maximaler Leistung beschrieben – weniger häufig bei Springpferden (18 % bei Arbeit) und sehr selten bei Dressurpferden – cave! trotz beschriebener Prävalenzen möglicher Risikofaktor für plötzlichen Tod beim Rennpferd.	– autonome Instabilität bei schneller Verlangsamung der Herzfrequenz kann zu lebensbedrohlichen, ventrikulären Arrhythmien führen (*«Sudden death»* bei Trabrennpferden) – häufig beobachtet bei Galopprennpferden mit Leistungsschwäche, aber Bedeutung unklar

Arrhythmie	physiologisch	pathologisch
paroxysmale ventrikuläre Arrhythmie	komplexe ventrikuläre Arrhythmien können zwar beim Rennpferd ohne Konsequenzen während der Arbeit oder Erholung auftreten, stellen aber dennoch einen Risikofaktor für plötzlichen Tod dar	autonome Instabilität bei schneller Verlangsamung der Herzfrequenz kann zu lebensbedrohlichen, ventrikulären Arrhythmien führen («plötzlicher Herztod» bei Rennpferden) falls lang anhaltend und polypmorph, z. B. bei Rennpferden bei maximaler Leistung in Erholungsphase nach Arbeit im Allgemeinen gefährlicher als supraventrikuläre Tachyarrhythmie, da jederzeit Übergang in Kammerflattern/-flimmern möglich

2.1.3.3 Therapie von Arrhythmien

Für viele Formen von Herzarrhythmie ist keine wirksame Behandlung bekannt, für einige Zustände ist eine Behandlung auch keineswegs notwendig. Nach Expertenangaben ist die Behandlung einer Arrhythmie mit Antiarrhythmika nur sinnvoll, wenn mindestens eines der folgenden Kriterien zutrifft:

Indikationen für die Wahl von Antiarrhythmika

- Klinische Symptome aufgrund der Arrhythmie
- Anhaltend erhöhte Herzfrequenz von über 100/min
- Polymorphe ventrikuläre Tachykardie
- R auf T-Phänomen

Zudem sind Antiarrhythmika nur einzusetzen, wenn keine klare, korrigierbare Ursache (z. B. Elektrolytverschiebung) vorliegt. Prinzipiell sind immer Antiarrhythmika vorzuziehen, von denen pharmakokinetische Studien und klinische Erfahrungswerte beim Pferd vorhanden sind (z. B. Chinidin, Lidokain). Nur beim Nichtansprechen auf diese Therapie sollte man auf Antiarrhythmika zurückgreifen, die beim Pferd nur selten verabreicht werden und deren Einsatz z. T. mit großem Risiko verbunden ist. Die Therapie des Vorhofflimmerns ist oben bereits ausführlich dargestellt. In der Tabelle 2.3 werden zudem weitere antiarrhythmische Therapien sowie deren Indikationen und Dosierungen beschrieben.

Tabelle 2.3 Antiarrhythmika und weitere antidysrhythmische Medikamente – Übersicht

Medikament	Wirkweise	Indikation/Kontraindikation	Dosierung/ Nebenwirkungen
Chinidin	Klasse 1A: – Natrium-Kanal Blocker: Verlängerung Aktionspotenzial und effektive refraktäre Periode, verminderte Kontraktilität – indirekt anticholinerg/ vagolytisch (erhöhte Aktivität Sinusknoten, erhöhte Herzfrequenz) – α-adrenerger Rezeptorblocker (Vasodilatation)	Vorhofflimmern – gute Erfahrungswerte beim Pferd – kontraindiziert beim Patienten mit Herzversagen (erhöhte Herzfrequenz bei verminderter Kontraktilität → vermindertes Herzauswurfsvolumen) – kontraindiziert beim Patienten mit bereits hoher Herzfrequenz (> 80/min), Alternative: behandeln wie Patienten mit supraventrikulärer Tachyarrhythmie mit Digoxin, Beta-Blockern, Kalzium-Kanal-Blockern (denn wichtiger als Rhythmuskontrolle ist hier Kontrolle der Herzfrequenz)	– Sulfat: 22 mg/kg per NSS 4–6 × q. 2 h, dann q. 6 h bis Konversion oder Anzeichen für Toxizität – cave! nicht p. o., da bitter, sauer und orale Ulzerationen hervorrufend – Glukonat: 0.5–2.2 mg/kg KG i. v. q. 10 min bis max. 12 mg/kg – 1 % Chinidin-Sulfat-Lösung i. v. bei einer Tropfgeschwindigkeit von 80–100 Tropfen/min, maximal 2 l über 6–6.5 h, sofortiges Abbrechen bei Nebenwirkungen, 2. Behandlungsversuch bei Nichtansprechen nach 4–6 Wochen – Nebenwirkung: Arrhythmie (beschleunigt Ventrikelantwort → ggf. VT → Therapie mit NaHCO3), Anorexie, Kolik, Durchfall, Ataxie, Apathie, Ödem Nasenschleimhaut, Urtikaria, Hufrehe
Procainamid	Klasse 1A: – wie Chinidin, aber OHNE anticholinergen Effekt und α-adrenerger Rezeptorblockade – blockiert auch Kalium-Kanäle (verlängert effektive refraktäre Periode)	– supraventrikuläre und ventrikuläre Tachyarrhythmien – cave! kaum Erfahrungswerte beim Pferd, nur 2. Wahl	– 0.5 mg/kg KG i. v. q. 10 min oder 1 mg/kg/min i. v. bis max. 4–20 mg/kg KG – Nebenwirkung: Arrhythmie, Kolik
Lidokain	Klasse 1B: – Natrium-Kanal-Blocker (verkürzt Aktionspotenzial) – setzt die Schwelle für Erregbarkeit der Kardiomyozyten herauf (dadurch reduzierte Automatizität des Ventrikelmyokards)	– zusammen mit Magnesiumsulfat erste Wahl bei ventrikulärer Tachykardie	– 0.25–1 mg/kg KG i. v. 2 × im Abstand von 5 min – oder Bolus von 1.3 mg/ kg KG i. v. über 5 min, gefolgt von 0.05 mg/kg KG/min – Nebenwirkung: Ataxie, Krämpfe (möglich ab 1.5 mg/kg KG, Therapie mit Diazepam 0.2 mg/kg KG i. v.), Schwitzen, Tachykardie, Arrhythmie – erhöhtes Risiko für Toxizität bei Lebererkrankungen und Herzversagen

Medikament	Wirkweise	Indikation/Kontraindikation	Dosierung/ Nebenwirkungen
Phenytoin	Klasse 1B (wie Lidokain), zusätzlich: – Antikonvulsiv – bei Muskel- und Nervenerkrankungen beim Pferd im Einsatz (z. B. HYPP, Australian Stringhalt)	– ventrikuläre Arrhythmien, v. a. nach Digitalis-/Digoxinintoxikation	– cave! verschiedene Quellen mit unterschiedlichen Dosierungen – 7.5–8.8 mg/kg KG i. v. – 10–22 mg/kg KG p. o. q. 12 h – Bolus von 20 mg/kg KG p. o., dann angepasste Dosis (8–17 mg/kg KG) q. 12, um Plasmalevel auf 5–10 mg/l zu halten – Monitoring Plasmakonzentration empfohlen – Nebenwirkung: kaum beschrieben, ggf. Festliegen, Exzitationen
Propafenon	Klasse 1C: – Natrium-Kanal-Blocker (variabler Einfluss auf Dauer des Aktionspotenzials) – vermindert Erregbarkeit, unterdrückt Automatizität des Sinusknotens	– therapieresistente ventrikuläre Tachykardie (teils erfolgreich beim Pferd eingesetzt) (ggf. auch supraventrikuläre Tachykardie) – erfolglos in der Therapie des Vorhofflimmerns	– cave! wenig Erfahrung mit Dosierungen – 0.5–1 mg/kg KG i. v. in 5 % Dextrose über 5–8 min – 2 mg/kg KG p. o. q. 8 h – Nebenwirkung: kaum, ggf. Erhöhung Herzfrequenz
Flecainide	Klasse 1C: – Natrium-Kanal-Blocker (verlängert Dauer des Aktionspotenzials)	– therapieresistentes Vorhofflimmern	– i. v. nicht empfohlen (lebensbedrohliche ventrikuläre Dysrhythmien) und ineffektiv – 4.1 mg/kg KG p. o. q. 2 h, Maximum: 4–6 ×, dann q. 4–6 h – cave! kaum Erfahrungswerte beim Pferd, v. a. beim experimentell ausgelösten Vorhofflimmern eingesetzt – Nebenwirkung (auch bei p. o.-Gabe): lebensbedrohliche Arrhythmien, Kollaps, Tod (v. a. in Kombination mit Chinidin-Therapie)
Propanolol	Klasse 2: – Beta-Rezeptor-Blocker, v. a $\beta 1$ → negativ chrono- (verlangsamte Herzfrequenz), dromo- (verlangsamte AV-Überleitung) und bathmotrop (verminderte Erregbarkeit Myokard)	– supraventrikuläre Tachykardie – therapieresistente ventrikuläre Tachykardie – digoxininduzierte Dysrhythmien	– 0.05 mg/kg KG i. v. – 0.1–0.3 mg/kg KG i. v. – 0.38–0.78 mg/kg KG p. o. q.8 h (kaum empfohlen, da schlechte orale Bioverfügbarkeit) – Nebenwirkung: Bradykardie, Arrhythmien

Medikament	Wirkweise	Indikation/Kontraindikation	Dosierung/ Nebenwirkungen
Amiodaron	Klasse 3: – Kalium-Kanal-Blocker (verlangsamte Repolarisation, verlängertes Aktionspotenzial)	– therapieresistentes Vorhofflimmern – therapieresistente ventrikuläre Tachykardie (keine Berichte beim Pferd, nur bei Hund und Mensch)	– cave! wenig Erfahrung mit Dosierungen – 1. Stunde: 5 mg/kg KG/h i. v., nächste 23 h: 0.83 mg/kg/h, dann ggf. 1.9 mg/kg KG/h i. v. – neueres Protokoll: erste Phase: 6.52 mg/kg KG/h i. v. für 1 h, dann 1.1 mg/kg KG/h für 47 h, zweite Phase: 3.74 mg/kg KG/h für 1 h, dann 1.31 mg/kg/h für 47 h (damit 50 % Erfolg) – Nebenwirkung: Durchfall (bis zu 2 Wochen), Hinterhandschwäche, Hyperbilirubinämie
Diltiazem	Klasse 4: – langsamer Kalzium-Kanal-Blocker → negativ chrono- (verlangsamte Herzfrequenz) und dromotrop (verlangsamte AV-Überleitung) – arterielle Vasodilatation, verminderter Gefäßwiderstand in der Peripherie	– supraventrikuläre Tachykardie inkl. Vorhofflimmern (besonders geeignet zur Kontrolle der Ventrikelfrequenz)	– effektive Dosierung bei 0.125–1.125 mg/kg KG i. v. – zusammen mit Chinidin verwendet in Dosierung von: 0.125 mg/kg KG i. v. über 2 min, wiederholt bis Konversion q. 12 min – cave! kaum Erfahrungswerte beim Pferd – Nebenwirkung: zu starke Hypotension, ggf. Beeinträchtigung der systolischen und diastolischen Funktion des linken Ventrikels, Depression Sinus- und AV-Knoten → z. B. Sinusarrest
Magnesium-Sulfat	Klasse 4: Kalzium-Kanal-Blocker, stabilisiert Membranpotenzial von Kardiomyozyten	– zusammen mit Lidokain erste Wahl bei ventrikulärer Tachykardie – Therapie chinidininduzierter Torsade – Tachykardie	– 2.2–4.4 mg/kg KG langsam i. v., ggf. q. 5 min bis zu max. totaler Dosis von 55 mg/kg KG – 55 mg/kg KG i. v. in isotoner Lösung über 20 min – 7 mg/kg KG/min i. v. – Nebenwirkung: Magnesiumintoxikation bei hoher Dosierung
Atropin	Parasympatholytikum (Blockade muskarinerger Rezeptoren) – positiv chrono- und dromotrop	– 1. Wahl bei Bradyarrhythmien (Sinusbradykardie, fortgeschrittener AV-Block) – nicht effektiv bei AV-Block 3. Grades → Schrittmacher nötig	– 0.01–0.02 mg/kg KG i. v. (Bolus) – Nebenwirkung: gastrointestinaler Ileus, Mydriase

Medikament	Wirkweise	Indikation/Kontraindikation	Dosierung/ Nebenwirkungen
Adrenalin (Epinephrin)	Sympathomimetikum (wirkt hier v. a. als Beta-Rezeptor-Agonist) – über $\beta 1$: Positiv ino-, chromo-, dromo- und bathmotrop – über α: blutdrucksteigernd	– therapieresistente Bradyarrhythmie (Sinusbradykardie) – nicht effektiv bei AV-Block 3. Grades → Schrittmacher nötig	– 0.01 mg/kg KG i. v. – Nebenwirkung: Arrhythmien, z. B. ventrikuläre Extrasystolen, ventrikuläre Tachykardie, Hypertonie
Dopamin	Sympathomimetikum – unterschiedliche agonistische Wirkung auf Rezeptoren, je nach Dosierung – 1–3 µg/kg/min: agonistisch an dopaminergen Rezeptoren (Vasodilatation) – 3–5 µg/kg/min: agonistisch an $\beta 1$ (Positiv ino-, chromo-, dromo- und bathmotrop) – 5–10 µg/kg/min: agonistisch an α (Vasokonstriktion)	– Bradyarrhythmie, welche nicht auf Atropin anspricht (fortgeschrittener und kompletter AV-Block) – Schock, Notfalltherapie Herzversagen – deutlich verminderte systolische Funktion – nicht effektiv bei AV-Block 3. Grades → Schrittmacher nötig	– 3–5 (10) µg/kg KG/min, ggf. in 5 % Dextrose – Nebenwirkung: Tachykardie, Arrhythmie, Hypertension
Dobutamin	Sympathomimetikum – v. a. als Beta1-Rezeptor-Agonist: Positiv ino-, chromo-, dromo- und bathmotrop	– refraktäre Bradyarrhythmie – Schock, Notfalltherapie Herzversagen – deutlich verminderte systolische Funktion – Hypotension – nicht effektiv bei AV-Block 3. Grades → Schrittmacher nötig	– 3–5 µg/kg KG/min, ggf. in 5 % Dextrose – Nebenwirkung: Tachykardie, Arrhythmie, Hypertension
Digoxin	– Hemmer der Na-K-ATPase → positiv inotrop – vermindert Einfluss des sympathischen Nervensystems, steigert Vagotonus → reduziert Automatizität des Myokards	– supraventrikuläre Tachykardie – am Tag 2 der Chinidintherapie aufgrund von Vorhofflimmern bei noch nicht erfolgter Kardiokonversion – bei Pferden mit Vorhofflimmern und reduzierter Myokardfunktion vor Beginn der Chinidintherapie	– 0.011 mg/kg KG p. o. q. 24 h – cave! geringe Sicherheitsspanne der Dosis – cave! konkurriert mit Chinidin um Plasmaproteinbindung, Überwachung der Plasmalevel empfohlen – Nebenwirkung: Anorexie, Kolik, Durchfall, Schwäche, Lethargie, Arrhythmie, Bradykardie

Legende: VT = Ventrikuläre Tachykardie, HYPP = hyperkaliemic periodic paralysis. Weiterführende Literatur siehe auch H. Gehlen, 2009, C. Schwarzwald, 2009, und C. M. Marr, 2010.

2.1.4 Krankheiten des Endokards

2.1.4.1 Entzündliche Endokarderkrankungen

Endokarditiden sind selten beim Pferd und werden pathologisch-anatomisch häufiger festgestellt, als klinisch diagnostiziert. Von praktischem Interesse ist die Lokalisation solcher Prozesse. An den Klappen lokalisierte Veränderungen erhöhen das Risiko funktioneller Störungen, von Thrombosen und Embolien. Nur sie verursachen in der Regel klinisch nachweisbare Störungen.

Akute Endokarditis ist vor allem im Verlauf von Infektionskrankheiten anzutreffen. Neben bakteriellen Infektionen dürften manchmal auch Viren und immunogene Gewebereaktionen für eine akute Endokarditis primär verantwortlich sein. Endokarditis, welche die Trikuspidalklappen betrifft, kann auch auf eine septische Thrombophlebitis (→2.2.2) der Jugularvenen zurückzuführen sein. Es ist wahrscheinlich, dass viele Endokardentzündungen (Klappen) akut entstehen; ein Übergang in Chronizität ist nach Überstehen akuter Endokarditiden möglich. Tumoren am oder um den Klappenapparat sind äußerst selten. Funktionell stören sie den Blutfluss. Die Ultraschalldiagnostik inklusive der Dopplertechnik leistet gute diagnostische Dienste, denn Rückflüsse, Kontraktionsdefizite und Vergrößerung der Herzdimensionen werden dadurch dargestellt.

2.1.4.2 Nicht entzündliche Endokarderkrankungen

Ungefähr 25 % aller erwachsenen Pferde weisen pathologisch-anatomisch erkennbare, endokardiale Läsionen auf. Davon besteht der größte Teil aus Klappenveränderungen vor allem im linken Herz, selten auf beiden Seiten und gelegentlich nur im rechten Herz. Am häufigsten sind die Aortenklappe und Mitralklappen verändert, gefolgt von Trikuspidal- und Pulmonalklappe. Eine klinische Manifestation aufgrund des «*Vitium cordis*» ist seltener als die pathologisch-anatomische Veränderung! Die Bevorzugung des linken Herzes dürfte sich aus der Funktion ergeben: Der linke Ventrikel muss das Blut unter hohem Druck gegen den relativ hohen Widerstand der systemischen Zirkulation auswerfen. Im Alter zeigen die Pferde häufiger Endokardläsionen, obgleich besonders an der Aortenklappe auch bei jungen Tieren Veränderungen nicht selten sind. Pferde, die hart arbeiten müssen, scheinen häufiger Endokardveränderungen aufzuweisen als wenig arbeitende Tiere. Die am häufigsten anzutreffenden Endokardveränderungen bestehen in einer fibrotischen Verdickung der Klappen (Abb. 2.19), wobei es in leichtgradigen Fällen anscheinend eine Frage des Ermessens ist, ob es sich um eine pathologische Läsion handelt oder nicht. Die AV-Klappen zeigen etwa auch Verdickungen der *Chordae tendineae*, welche dann auch rupturieren können. Die Semilunarklappen sind nicht selten fenestriert. Es dürfte von der Größe und Lage derartiger Fenster abhängen, ob klinisch nachweisbare Symptome auftreten.

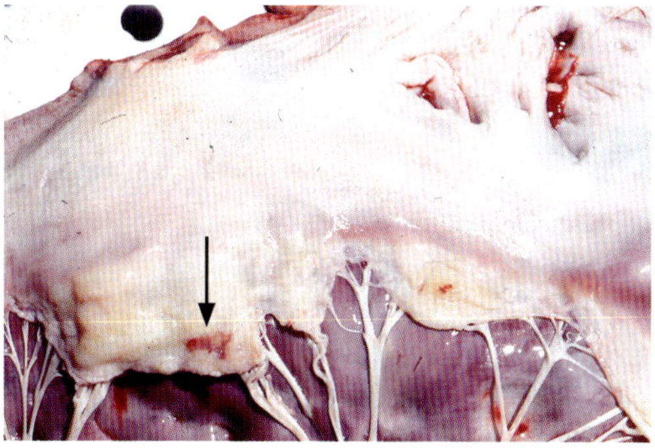

Abb. 2.14: Mitralklappenfibrose: Fibrotisch veränderte Mitralsegel mit frischen und älteren Blutungen (Pfeil) und Kalkauflagerungen.

Diagnose: Endokarderkrankungen können mit oder ohne Herzgeräusch und Anzeichen einer Herzerkrankung auftreten. Zur Objektivierung des Verdachtes benötigt man die Echokardiografie. Bei entzündlicher Erkrankung kann Fieber auftreten, der hämatologische Befund (mit pos. Blutkultur) kann die Verdachtsdiagnose untermauern. Herzgeräusche werden oft angetroffen, vor allem wenn die Läsionen im linken Herz lokalisiert sind. Die Korrelation zwischen Schweregrad einer Herzerkrankung und Auskultation ist nicht sehr eng. Ein Endokardschaden darf angenommen werden:

- wenn bei akuten virämischen oder septikämischen Krankheiten ein deutliches Geräusch auftritt. (cave! Verwechslung mit rheologischen Veränderungen des Blutes),
- wenn ein Pferd mit Leistungsabfall ein Herzgeräusch aufweist, das sich bei Arbeit eher verstärkt und zu funktionellen Störungen (mit der Folge einer Dekompensation) führt. Diastolische Geräusche sind bedeutsamer als systolische. Jedes Geräusch muss lokalisiert (rechts- oder linksseitig, *Punktum maximum*) und charakterisiert werden; in welcher Beziehung steht es zum kardialen Zyklus? Wie ist seine Frequenz (Klangcharakter)? Seine Lautstärke?

Der Verdacht auf einen Endokardschaden kann nur mithilfe der Ultraschalluntersuchung untermauert werden.

Prognose: Bei chronischen Veränderungen ist das Stellen einer Prognose nur nach Arbeitsproben möglich. Bei akuten Zuständen ist die Prognose abhängig von der Primärkrankheit, vom Zeitpunkt des Eingreifens und der Wirksamkeit der Therapie. Zudem können ultrasonografische Verlaufskontrollen (Dimensionen des Herzens, Größe und Rauigkeit der Oberfläche von vegetativen Klappenveränderungen) ebenfalls helfen, die Prognose besser einzuschätzen.

Therapie: Die Therapie einer Endokarditis muss so früh wie möglich begonnen werden und besteht in der Gabe von Antibiotika – initial Breitspektrum, anschließend optimalerweise je nach Ergebnissen der Blutkultur – über mindestens 5–6 Wochen. Nur bei früher Diagnosestellung und sofortiger aggressiver Therapie besteht Chance auf Heilung.

2.1.5 Herzgeräusche

Herzgeräusche werden unterteilt in **organisch** bedingte bei angeborenen Herzfehlern oder erworbenen Klappenfehlern und **funktionell** bedingte Geräusche ohne organische Veränderung des Herzes bei nicht kardialen Erkrankungen wie z. B. bei rheologischen Veränderungen des Blutes (z. B. bei Anämie, Fieber etc.) und die akzidentell bedingten, ohne strukturelle oder hämodynamische Veränderungen auftretenden Geräusche z. B. stellungsbedingte Geräusche. Organisch werden perikardiale und endokardiale Herzgeräusche unterschieden. Die Ursache kann eine Unterbrechung des laminären Blutflusses im Herz oder in herznahen Gefäßen sein, wie bei Klappenveränderungen oder Missbildungen, oder auf eine Perikarditis (plätschernde bei exsudativer Perikarditis oder Reibegeräusche bei Pericarditis sicca) hinweisen. Herzgeräusche sind in erster Linie durch genaue Auskultation abzuklären und zu definieren. Phonokardiogramme dienen der Dokumentation, der Sicherung einer Geräuschdiagnose und der Erfassung unklarer Phänomene. Die Ultraschalluntersuchung vermag sowohl anatomische Veränderungen als auch hämodynamische Störungen direkt nachzuweisen, sodass sich invasive Druckmessungen oft erübrigen.

Beim Pferd treten Herzgeräusche häufig auf. Sie bedeuten nicht zwangsläufig, dass eine organische Herzkrankheit vorliegt! Besonders über der Herzbasis (Aorta und Arteria pulmonalis) können frühsystolische Geräusche bei klinisch normalen und voll leistungsfähigen Tieren auftreten: «normale» Fließgeräusche, die meistens ein relativ weiches, hoch tönendes Decrescendo früh in Systole erzeugen. Ob nicht diskrete Klappenveränderungen vorliegen, die wohl Turbulenzen erzeugen, aber funktionell den Blutfluss nicht oder nur unwesentlich stören, lässt sich nur echokardiografisch einigermaßen sicher entscheiden. Ähnliche Geräusche treten bei Anämie und erhöhter Durchflussgeschwindigkeit nach Arbeit auf.

Diastolische Geräusche sind dagegen beim gesunden Pferd selten. Ein verlängerter und akzentuierter Vorhofton kann eventuell den Charakter eines Geräusches annehmen. Die Echokardiografie hilft auch da in zweifelhaften Fällen weiter.

Herzgeräusche sind nur zu verstehen, wenn man sich die Druck- und Strömungsverhältnisse im Herz vor Augen führt. In der Systole findet ein kontinuierlicher Blutausstrom aus dem Herz statt: die Strömungsgeschwindigkeit nimmt zu bis auf ein Maximum und schwillt dann wieder ab (symmetrische Kurve). Der diastolische Bluteinstrom ist diskontinuierlich; der größte Teil des Blutes strömt frühdiastolisch in die Kammern ein (während der Phase des maximalen Druckgefälles vom Atrium zum Ventrikel). Während der Phase des Druckausgleichs zwischen Vorhof und Kammer findet kaum eine Blutverschiebung statt, hingegen kommt es gegen Ende der Diastole durch die Vorhofkontraktion erneut zu einem Druckgefälle.

Charakterisierung eines Herzgeräusches

1. Thoraxseite
2. Lokalisation: Punctum maximum: Angabe der Herzklappe und Fortleitung
3. Zeitliche Beziehung zur Herzaktion (kontinuierlich, systolisch, diastolisch; holo- (pan-), proto- (früh-), meso- (mittel-), tele- (spät-) systolisch resp. diastolisch
4. Lautstärke (Grad 1–6) im zeitlichen Verlauf als Crescendo, Decrescendo, spindelförmig oder bandförmig
5. Klangcharakter (Frequenz): hoch-, mittel- oder tieffrequent
6. Qualität: reibend, rau, blasend etc.

Gradeinteilung eines Herzgeräusches

Grad 1: sehr leises Geräusch, kaum hörbar, erst nach längerem Auskultieren hörbar.
Grad 2: leises Geräusch, nur gerade über dem Punctum maximum hörbar, aber zugleich gut hörbar.
Grad 3: deutliches, ohne Weiteres feststellbares Geräusch, bereits mit einiger Schallausbreitung.
Grad 4: lautes Geräusch, mit großer Ausbreitung, das aber ohne Stethoskop nicht hörbar ist.
Grad 5: sehr lautes Geräusch, mit schwachem Schwirren der Thoraxwand, das auch von außen hörbar ist.
Grad 6: extrem lautes Geräusch mit starkem Brustwandschwirren, über weite Gebiete des Thorax spürbar und von außen deutlich hörbar.

2.1.5.1 Systolische Geräusche

Zu unterscheiden sind die Austreibungs- von den Refluxgeräuschen.

Systolische Austreibungsgeräusche sind dadurch charakterisiert, dass sie mit der Austreibungsphase beginnen (abgesetzt vom ersten Herzton), mit der Veränderung der Strömungsgeschwindigkeit entsprechend zunehmen und abnehmen. Das Phonokardiogramm zeigt im typischen Fall ein spindelförmiges Geräusch. Systolische Austreibungsgeräusche entstehen an den Semilunarklappen (Aorten- und Pulmonalklappen), wenn diese Klappen verengt sind (Stenose). Stenosen der Semilunarklappen, insbesondere der Aortenklappen, erzeugen laute, eher raue Geräusche, die etwa auch als Schwirren mit dem Handrücken zu spüren sein können (Abb. 2.20).

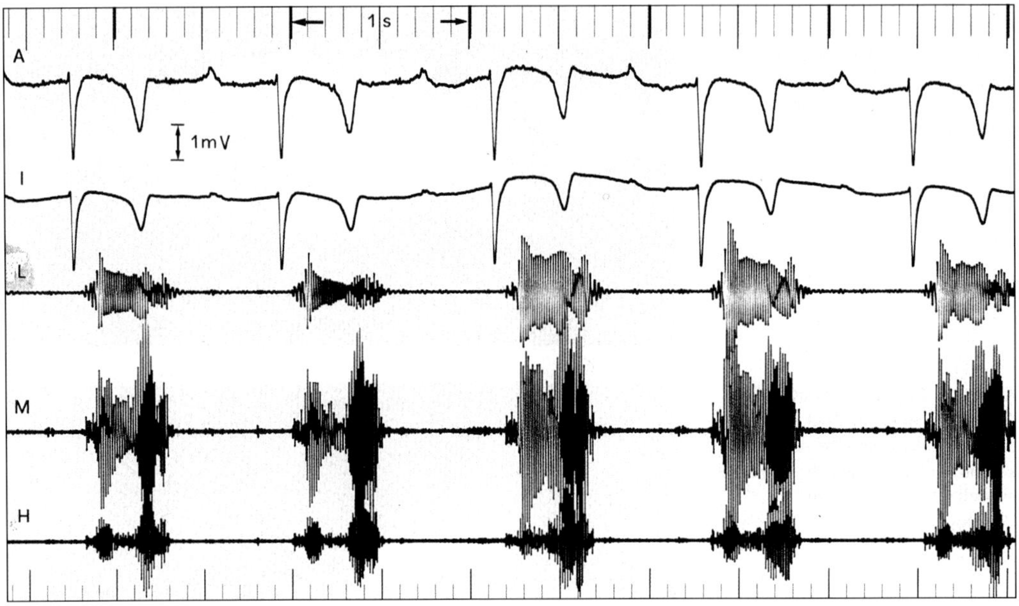

Abb. 2.15: Aortenstenose: Systolisches Geräusch von wechselnder Intensität (z. T. sehr laut) und Qualität über dem 4. Interkostalraum. Schwirren der Brustwand. Das Pferd zeigte einen abrupten Leistungsabfall.

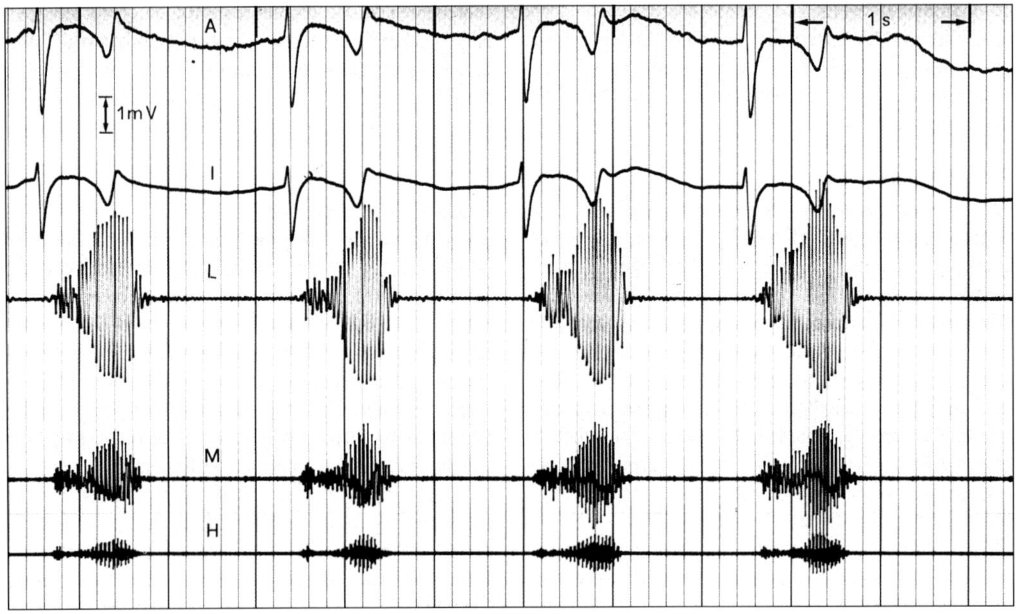

Abb. 2.16: Kombiniertes Klappenvitium: Bei diesem Pferd bestand eine absolute Dekompensation. Über der linken Brustwand war in einem weiten Bereich ein besonders lautes systolisches Geräusch zu verzeichnen mit starkem Schwirren der Thoraxwand. Der Verdacht auf eine Mitralinsuffizienz bestätigte sich post mortem, doch war offensichtlich auch eine Aortenstenose an der Geräuschbildung beteiligt.

Sogenannte funktionelle Strömungsgeräusche («relative Stenosen») entstehen an gesunden Semilunarklappen bei stark erhöhtem Durchstrom; übermäßige Anstrengung, hohes Fieber, Anämie. Die Geräusche sind Austreibungsgeräusche, klingen aber weniger laut als stenotische Phänomene. Verwandte Geräusche sind auch nachzuweisen bei einem Vorhofseptumdefekt (erhöhte Durchströmung der *A. pulmonalis*) und bei Aortenerweiterungen (nicht selten beim alten Pferd).

Systolische Rückfluss- oder Refluxgeräusche (Regurgitationsgeräusche) entstehen bei Insuffizienz der AV-Klappen. Das Geräusch ist durch Wirbelbildungen an einer schlecht oder überhaupt nicht schließenden Klappe zu erklären, wenn ein Teil des Blutes in Systole in die Vorhöfe zurückgetrieben wird. Die Regurgitation beginnt schon bei der Ventrikelanspannung, nicht erst bei der Austreibung und ist im typischen Fall während der Systole von gleicher Intensität. Das Geräusch endet, wenn der Ventrikeldruck geringer geworden ist als der Druck im entsprechenden Vorhof.

Ventrikelseptumdefekte erzeugen ähnliche Geräusche; ein holosystolisches bandförmiges Geräusch links (einer funktionellen Pulmonalstenose zuzuschreiben), aber mit *Punctum maximum* auf der rechten Thoraxseite, im 3. ICR (dem Links-Rechts-Shunt zuzuschreiben).

Blut wird entlang des Druckgefälles in der Systole von links nach rechts verschoben. Derartige Geräusche sind in der Regel sehr laut und links und rechts am Thorax gut hörbar, rechts meist lauter.

2.1.5.2 Diastolische Geräusche

Auch hier sind zwei Untergruppen zu unterscheiden, Füllungs- und Rückflussgeräusche.

Die **diastolischen Einstromgeräusche** (Füllungsgeräusche) entstehen durch Turbulenz beim Einstrom von Blut aus den Vorhöfen in die Kammern.

Diastolische Einstromgeräusche entstehen bei Stenosen der AV-Klappen: eine derartige Stenose verlangsamt die Ventrikelfüllung. Die Geräusche, die auf echten Stenosen beruhen, sind vom zweiten Herzton abgesetzt, lang anhaltend, und wegen des verzögerten Bluteinstroms geht der Druckausgleich zwischen Vorhof und Ventrikel langsam vor sich (proportional zum Grad der Stenose verzögert): frühdiastolische Füllungsgeräusche sind zuerst laut und werden mit dem sich einstellenden Druckausgleich leiser: diastolisches Decrescendo. Ähnlich verhält sich die späte diastolische Füllung: sie ist ebenfalls verzögert und wird in vielen Fällen erst von der Kammerkontraktion unterbrochen. Dieses Phänomen kann für einen sehr lauten ersten Herzton bei einer Mitralstenose verantwortlich sein. Das Geräusch ist dabei ein präsystolisches Crescendo, das vom ersten Herzton abrupt abgelöst wird. Die Geräusche sind meistens tieffrequent, rau und brummend.

An den AV-Klappen gibt es auch relative Stenosen mit funktionellen Geräuschen; sie sind aber naturgemäß viel seltener als systolische Geräusche. Gelegentlich ist rechts über der Trikuspidalis ein diastolisches Geräusch bei gesunden Pferden zu hören, das als funktionelles Füllungs- oder Strömungsgeräusch angesehen werden kann.

Die beim Pferd anscheinend seltenen Vorhofseptumdefekte müssten grundsätzlich ein Füllungsgeräusch durch Volumenüberlastung des rechten Herzes erzeugen (frühdiastolisch und präsystolisch). Volumenbelastungen der Mitralis erzeugen an dieser Klappe Füllungsgeräusche oder Strömungsgeräusche. Ursächlich infrage kommen: Mitralinsuffizienz (nicht zu verwechseln mit Mitralstenosegeräusch!), Ventrikelseptumdefekt, offener Ductus arteriosus. Derartige Zustände erzeugen vom zweiten Herzton abgesetzte, kurze und relativ scharfe Geräusche.

Diastolische Rückflussgeräusche entstehen bei Regurgitation während der Diastole anlässlich einer Insuffizienz der Semilunarklappen. Zu Beginn der Diastole besteht ein erhebliches Druckgefälle zwischen abführenden Gefäßen einerseits (Aorta und Pulmonalis) und den Kammern andererseits. Durch die insuffizienten Klappen fließt dabei Blut in die Ventrikel zurück. Mit abnehmender Druckdifferenz zwischen Gefäß und Ventrikel während der Diastole verringert sich der Reflux. Geräusche treten deshalb unmittelbar bei Diastolebeginn am intensivsten auf und werden leiser: frühdiastolisches Decrescendo. Bei Pulmonalklappeninsuffizienz sind die Geräusche in der Regel leise, bei der Aortenklappeninsuffizienz entstehen oft sehr laute diastolische Geräusche.

Andere Tonphänomene: Systolische Clicks sind hochfrequente, kurze und helle Töne (eher wie zweiter Herzton als wie erster). Es ist unsicher, welche Bedeutung den Clicks beim Pferd beigemessen werden darf, obgleich sie verhältnismäßig häufig nachzuweisen sind.

«Atrial vibration» ist ein Tonphänomen, das nach dem zweiten Herzton auftritt und als Geräusch hörbar, aber phonokardiografisch kaum darzustellen ist. Als Ursache können Schwingung der Vorhofsmuskulatur in früher Diastole verantwortlich gemacht werden. Das Phänomen ist beim Pferd häufig festzustellen, seine Bedeutung ist vermutlich klein.

Iatrogene Plätschergeräusche nach Luftaspiration bei offenem Venenkatheter.

2.1.6 Herzklappenfehler

Schlussunfähigkeit (Insuffizienz) oder Verengungen (Stenosen) der Herzklappen können angeboren oder erworben, alleine oder in Kombination vorkommen. Bei normalen Herzklappenstrukturen bei gleichzeitiger Ventrikeldilatation und Erhöhung der Durchflussvolumina spricht man von sogenannten relativen oder funktionellen Herzklappenfehlern.

Diagnostizierbare Klappenfehler gehen mit Herzgeräuschen einher. Sie beruhen auf den unter «Endokard» beschriebenen Veränderungen (Abb. 2.14). Klappeninsuffizienzen kommen beim Pferd viel häufiger vor als Stenosen.

Die Schwierigkeit bei der Abklärung von Herzgeräuschen besteht darin, dass meist Pferde vorgestellt werden, die keinerlei klinische Beeinträchtigung dadurch zeigen. Dennoch ist vom Tierarzt eine Risikoabschätzung (v. a. in Bezug auf plötzliche Arrhythmieentstehung sowie Kollaps) gefordert.

Generell gilt: Herzgeräusche mit einer Intensität von < 3/6, die in ihrer Lautstärke variabel sind oder sogar zeitweise verschwinden, sind eher als prognostisch günstig zu bewerten. Herzgeräusche mit einer Intensität ab 3/6 sowie Herzgeräusche, die persistieren, mit irgendeiner Art von Arrhythmie oder klinischen Symptomen wie Leistungsschwäche einhergehen, sollten in jedem Fall ernst genommen und echokardiografisch abgeklärt werden.

Dennoch bleibt eine Grauzone. In jedem Fall sollten einmal diagnostizierte Herzklappenfehler in regelmäßigen Abständen (individuell an den jeweiligen Fall angepasst, variierend zwischen wenigen Monaten bis zu 2 Jahren) echokardiografisch nachkontrolliert werden, um eine bessere Einschätzung des Verlaufs zu gewährleisten.

2.1.6.1 AV-Klappen: Insuffizienz

Durch eine insuffiziente (ungenügend schließende) Mitral-Klappe oder Trikuspidal-Klappe wird Blut aus der Kammer in den Vorhof zurückgepresst, also regurgitiert. Die Insuffizienz kann auf einer Deformation oder Erweiterung des Klappenringes beruhen. Das Geräusch ist systolisch, es beginnt mit dem ersten und endet vor dem zweiten Ton. Wenn ein solches Geräusch sehr laut ist, vermag es die eigentlichen Herztöne völlig zu überdecken.

Ein Mitralisgeräusch hat sein *Punctum maximum* im Allgemeinen links im 4. oder 5. Interkostalraum, eine Handbreite unter der Buglinie, das Trikuspidalgeräusch rechts im 3. oder 4. Interkostalraum. Diese Regel ist nicht absolut gültig: Gelegentlich sind an der

Mitralis entstehende Geräusche rechts lauter zu hören als links.

Mitralinsuffizienz
Die Mitralis ist schließunfähig. Es wird in der Systole Blut in den linken Vorhof ausgeworfen. (Das Schlagvolumen für den großen Kreislauf wird in der Regel durch Kompensation aufrechterhalten).

Linker Vorhof und linker Ventrikel sind bei Mitralinsuffizienz einer zusätzlichen Volumenbelastung unterworfen. Vorhofdilatationen stellen sich ein (eventuell Ursache von Vorhofflattern oder -flimmern), und der linke Ventrikel hypertrophiert und wird dilatiert. Der Nachweis derartiger einseitiger Herzvergrößerungen ist beim Pferd nur echokardiografisch zu führen. Grundsätzlich kann sich – besonders wenn eine Linksinsuffizienz vorliegt – ein pulmonaler Hochdruck entwickeln, der zu einer Akzentuierung des zweiten Herztons und zu einer Rechtshypertrophie Anlass geben könnte. Stauungsbronchitis und Dyspnoe sind dann die Folgen. Allerdings kommen diese Folgen häufig sehr spät vor. Langzeituntersuchungen haben gezeigt, dass Pferde über viele Jahre mit einer Mitralklappen-Insuffizienz eine gute Leistung im Sport aufweisen können und keinerlei Anzeichen von Vorhofdilatation bei den echokardiografischen Kontrolluntersuchungen beobachtet werden. Im schlimmsten Falle kann es durch den Lungenhochdruck und Rückstau zum rechten Herz zu einer Ruptur der Pulmonalarterie kommen, also sogar zu Herzversagen und plötzlichem Tod führen.

Hämodynamik an der Klappe: In Systole besteht ein Druckgefälle zwischen linkem Ventrikel und Vorhof. Es kommt zu einem regurgitierenden Blutstrom, der sofort mit Beginn der Kammerkontraktion einsetzt und ziemlich kontinuierlich anhält, bis der Ventrikeldruck unter den Vorhofsdruck sinkt. Vor allem in früher Diastole strömt eine sehr große Blutmenge vom Vorhof in den Ventrikel ein. Die Blutmenge setzt sich zusammen aus dem normalen Volumen des linken Vorhofs und dem Refluxvolumen. Der hohe Vorhofsdruck am Ende der Systole führt auch zu einem sehr hohen Füllungsdruck: Der Einstrom des zu großen Blutvolumens in den Ventrikel geht unter einem hohen Füllungsdruck mit großer Strömungsgeschwindigkeit vor sich: rascher, turbulenter, frühdiastolischer Einstrom.

Ein lauter dritter Herzton bei der Auskultation kann ein Zeichen für eine erhöhte Füllung und ggf. Volumenüberladung des linken Ventrikels sein.

Diagnose: Das klinische Kardinalsymptom Leistungsabfall kann perakut bis schleichend auftreten. Das *Punctum maximum* des Geräusches ist über der Herzspitzengegend im linken 4. bis 5. Intercostalraum (ICR), oder auch etwas dorsal, und kann pan- oder holosystolisch auftreten, es ist auf dem PKG als bandförmige oder spindelförmige Aufzeichnung zu erkennen. Derartige Geräusche können nach dorsal, kranial und rechts fortgeleitet werden. Die Intensität reicht von Grad 1/6–6/6.

Die Sonografie und Doppleruntersuchung spielen für die Diagnose und Prognose eine zentrale Rolle. Zusätzlich können mit diesen Methoden Anzeichen für Dekompensation und Volumenüberladung der Herzkammern erkannt werden, welche wiederum ein erhöhtes Risiko für Arrhythmien (z. B. Vorhofflimmern) darstellen.

Die **Prognose** ist abhängig von der Größe der systolisch unverschlossenen Klappenöffnung, der Jetausdehnung und -geschwindigkeit und zusätzlich von morphologischen Veränderungen, wie Vergrößerungen der Herzdimensionen. Häufig sind auch Mitralinsuffizienzen mit einer Intensität von > 3/6 bei Sportpferden nicht mit Leistungseinbußen verbunden. Bei Lungenhochdruck und daraus resultierender Rechtsherzhypertrophie ist das Risiko des plötzlichen Todes durch Pulmonalarterienruptur jedoch gegeben, und von einer Nutzung als Reitpferd muss dringend abgeraten werden.

Tabelle 2.4 Symptome, Ultraschallbefund und Arrhytmien bei Mitralinsuffizienz (nach C. M. Marr, 2010)

Indikation für eine ultrasonografische Abklärung	Ultraschallbefund mit fraglicher Prognose	Assoziation mit Arrhythmien
Herzgeräusch = 3/6 Lautes S3 Herzgeräusch über große Fläche Fieber Leistung ↓	Klappenveränderungen rupturierte Chordae tendineae ↑ LA/LV (rundes Herz) ↑ PA (cave! Ruptur!) großer Jet ohne ↑ LV (akut!)	Vorhofflimmern auch ventrikuläre Arrhythmien etc.

Legende: S3 = dritter Herzton, LA = linkes Atrium, LV = linker Ventrikel, PA = Pulmonalarterie

Trikuspidalinsuffizienz

Läsionen an der Trikuspidalis des Pferdes scheinen verhältnismäßig selten vorzukommen. Die Trikuspidalinsuffizienz ist eine typische Regurgitation bei Sportpferden, meist ohne klinische Relevanz. Vermutlich führt die gesteigerte Fitness und körperliche Leistungsfähigkeit zu hämodynamischen und neuroendokrinen Veränderungen, welche eine Trikuspidalinsuffizienz bedingen. Bei Rennpferden wird eine Inzidenz von bis zu 50 % beschrieben. Selten hingegen ist diese Klappeninsuffizienz bei Freizeitpferden anzutreffen, wo eine Abklärung immer angeraten ist. Wichtig ist auch, dass rechts besser hörbare Geräusche nicht unbedingt immer auf eine Trikuspidalveränderung zurückzuführen sind (Beispiel: Ventrikel-Septum-Defekt). Grundsätzlich kann eine Trikuspidalinsuffizienz aber auch bei allen schweren Belastungen der rechten Kammer (Mitralstenose; chronische Lungenkrankheiten mit Cor pulmonale; Pulmonalstenose) entstehen. Meistens ist sie demnach verbunden mit einer Insuffizienz des rechten Herzes.

In Systole wird Blut ins rechte Atrium ausgeworfen. Die rechte Kammer muss diastolisch zu große Blutmengen übernehmen und in Systole mit vermehrter Kraft auswerfen (Circulus vitiosus, besonders was die Ventrikeldilatation betrifft: Hypertrophie und Dilatation). Im rechten Vorhof und im venösen Kreislauf besteht dabei ein erhöhter Druck mit einer Stauung des Einstroms: sicht-, eventuell tastbarer Jugularispuls (ventrikulär; verschwindet nicht bei manueller Stauung). Der Arterienpuls ist oft schwach.

Diagnose: Selten schlechte Arbeitstoleranz, selten klinische Zeichen einer Herzinsuffizienz.

Die Hämodynamik an der Klappe verhält sich ähnlich wie bei Mitralinsuffizienz. Die Trikuspidalinsuffizienz erzeugt ein holosystolisches Geräusch, das im 3. (eventuell 4.) Interkostalraum rechts am besten hörbar ist: Bandförmig, weich, hochfrequent, inspiratorisch lauter. In der Diastole kann der turbulente Einstrom ein kurzes Geräusch erzeugen, das den dritten Herzton ersetzt. Der erste Herzton ist oft nur schwach zu hören, der zweite kann auch abgeschwächt sein. Die Intensität von Grad 2/6–6/6 des bandförmigen, holosystolischen Geräusches ist gelegentlich abhängig von der Atmung: laut während der Inspiration wegen des größeren Schlagvolumens des rechten Ventrikels, leiser in der Exspiration. P. m. ist über der Herzspitzengegend rechts im 3.–4. ICR zu suchen. Das Geräusch kann sich ausbreiten/ausstrahlen nach links (2. ICR). Die Sonografie inkl. Doppleruntersuchung spielt für die Diagnose und Prognose eine zentrale Rolle.

Die **Prognose** ist wiederum abhängig von der Größe der systolisch unverschlossenen Klappenöffnung, der Jetausdehnung und -geschwindigkeit und zusätzlichen morphologischen Veränderungen, wie Vergrößerungen der Herzdimension. Bei den meisten Rennpferden ist eine Trikuspidalinsuffizienz nicht von klinischer Bedeutung und auch sehr selten mit Arrhythmien vergesellschaftet. Bei Freizeitpferden eine Abklärung einer Trikuspidalinsuffizienz angeraten.

Tabelle 2.5 Symptome, Ultraschallbefund und Arrhytmien bei Trikuspidalklappeninsuffizienz (nach C. M. Marr, 2010)

Indikation für eine ultrasonografische Abklärung	Ultraschallbefund mit fraglicher Prognose	Assoziation mit Arrhythmien
– Herzgeräusch = 4/6 bei Vollblut + Traber – Herzgeräusch = 3/6 bei anderen Rassen – positiver Venenpuls – Fieber – Leistung ↓	– Klappenveränderungen – rupturierte Chordae tendineae – ↑ RA/RV (+ paradoxe Septum-Bewegung), «Doppel-Apex-Herz» – sehr schneller Jet	– Vorhofflimmern (oft gleichzeitig)

Legende: RA = rechtes Atrium, RV = rechter Ventrikel

2.1.6.2 Semilunarklappen: Insuffizienz

Ein diastolisches Regurgitieren von Blut aus den großen Arterien in die entsprechenden Ventrikel repräsentiert die hauptsächliche hämodynamische Störung.

Aorteninsuffizienz

Es steht fest, dass von beiden Semilunarklappen die Aortenklappe beim Pferd am häufigsten verändert angetroffen wird, v. a. bei mittelalten bis alten Pferden. Ob Dekompensationserscheinungen auftreten, hängt u. a. von der verlangten Arbeit ab. Akutes Herzversagen ist möglich v. a. aufgrund von ventrikulären Arrhythmien infolge von vergrößerten Herzdimensionen.

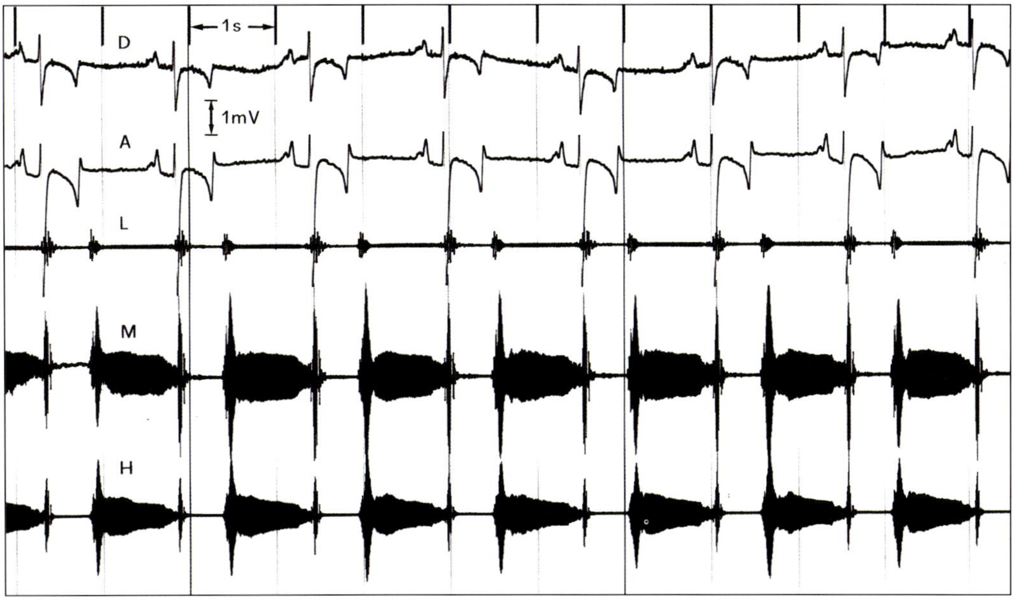

Abb. 2.17: Aorteninsuffizienz: (Typ I) bei einer 16-jährigen Araberstute mit Belastungsinsuffizienz. Zu hören war ein Diastolikum der Intensität 4 bis 5 mit Schwirren der Brustwand. Das mittel- bis hochfrequente Geräusch geht aus dem 2. Herzton hervor. In später Diastole Decrescendo und Absetzen vom 1. Ton.

Der linke Ventrikel hat bei Aorteninsuffizienz diastolisch ein zu großes Volumen aufzunehmen und systolisch auszuwerfen. Die Kammer wird dilatiert und sie hypertrophiert. Solange das Minutenvolumen aufrechterhalten wird (beim Pferd zumindest in Ruhe die Regel), wird die Dilatation kompensiert. Die Windkesselfunktion der Aorta selbst ist gestört, in schweren Fällen praktisch aufgehoben; die Peripherie wird nicht mehr kontinuierlich mit Blut versorgt: starke systolische Füllung, fast fehlende diastolische Füllung der Aorta und der Arterien.

Der Puls ist groß und hüpfend und wird auch als «hämmernd» bezeichnet. Der Puls kann auch an ungewöhlichen Lokalisationen deutlich zu fühlen sein. Normalerweise besteht, solange die Aortenklappe geschlossen ist, ein zuerst etwas zunehmendes, dann langsam abnehmendes Druckgefälle zwischen Aorta und Ventrikel. Dieses Gefälle ist für die Regurgitation bei Insuffizienz verantwortlich. Bei sehr hochgradiger Aorteninsuffizienz ergibt sich (derartige Pferde gibt es kaum; nicht arbeitsfähig) eine Belastung der Mitralis, wenn wegen der Regurgitation der Druck im linken Ventrikel diastolisch über denjenigen im Vorhof steigt: vorzeitiger Mitralschluss mit nur noch frühdiastolischer Füllung.

Diagnose: Bei vorzeitigem Mitralschluss ist ein abgeschwächter erster Herzton zu auskultieren; der zweite Herzton ist bei Aorteninsuffizienz immer sehr leise (nur Schluss der Pulmonalklappen). Die Aorteninsuffizienz erzeugt ein diastolisches Geräusch, das aus dem zweiten Herzton zu kommen scheint (diastolisches Sofortgeräusch) und als Decrescendo während der Diastole dann abschwillt. Das Geräusch ist weich und hochfrequent und oft laut und musikalisch vibrierend wenn laut: cave! Verwechslung mit Systolicum). Das *Punctum maximum* liegt links knapp unter und vor der Kreuzung von Ankonäen- und Buglinie. Systolische Geräusche können ebenfalls auftreten, weil der linke Ventrikel ein übermäßig großes Volumen durch die Aortenklappe auszuwerfen hat; bei Klappenveränderungen ergibt sich ohne eigentliche Stenose eine turbulente Strömung: Austreibungsgeräusch; spindelförmig, vom ersten Herzton abgesetzt, vor dem zweiten Herzton beendet. Die Sonografie, Doppler-und Druckuntersuchung spielen für die Diagnose und Prognose eine zentrale Rolle. Grundsätzlich führt eine Aortenklappen-Insuffizienz früher zu einer Leistungsschwäche und die Bedeutung für die Herzleistung sollte bei betroffenen Patienten regelmäßig durch echokardiografische und EKG-Untersuchung während und nach der Belastung überprüft werden.

Tabelle 2.6 Symptome, Ultraschallbefund und Arrhytmien bei Aortenklappeninsuffizienz (nach C. M. Marr, 2010)

Indikation für eine ultrasonografische Abklärung	Ultraschallbefund mit fraglicher Prognose	Assoziation mit Arrhythmien
– hyperkinetischer Puls – Herzgeräusch > 3/6 – jung oder = 15a – + weitere Geräusche – Fieber, Leistung ↓	– Klappenveränderungen – vergrößerter LV + normales bis ↓ LV%FS – großer, schneller Jet – großer Jet ohne ↑ LV (AKUT!) – +MR/VSD	– ventrikuläre Arrhythmien

Legende: LV = linker Ventrikel, LV%FS = Verkürzungsfraktion linker Ventrikel, chMR = Mitralregurgitation, VSD = Ventrikelseptumdefekt das Pendelblut, Lokalisierte

Pulmonalinsuffizienz

Diagnose: Diastolische Geräusche über der Pulmonalis (3. Interkostalraum; unter der Oberarmmuskulatur auskultieren) sind grundsätzlich sehr selten und treten bei erschöpften Tieren auf; sie verschwinden bei Erholung. In hochgradigen Fällen kann der rechte Ventrikel als Folge der Regurgitation aus den Pulmonalarterien hypertrophieren und dilatieren. Der Herzstoß soll nach rechts gut fühlbar sein. Wegen mangelhafter Lungendurchblutung kommt es in solchen hochgradigen Fällen zu Tachypnoe und Dyspnoe; evtl. Zyanose.

Der zweite Herzton ist eventuell etwas leiser (Pulmonalschlusston fehlt). Die Pulmonalinsuffizienz müsste ein diastolisches Geräusch erzeugen, das demjenigen der Aorteninsuffizienz entspricht, weit vorn aber deutlicher hörbar wäre als hinten. Die Sonografie, Doppler-und Druckuntersuchung spielen für die Diagnose und Prognose eine zentrale Rolle. Bei der Ultraschalluntersuchung können kleine Refluxjets über der Pulmonalklappe ohne korrespondierendes auskultierbares Geräusch. Hierbei handelt es sich meist um physiologische Pulmonalinsuffizienzen. Klinisch bedeutsame Pulmonalinsuffizienzen hingegen sind meist mit einem Geräusch, Lungenhochdruck und Anzeichen für Herzversagen assoziiert.

Übersicht Pulmonalinsuffizienz nach C. M. Marr, 2010

Indikation für eine ultrasonografische Abklärung	Ultraschallbefund mit fraglicher Prognose	Assoziation mit Arrhythmien
Herzgeräusch = 1/6! Fieber Leistung ↓	Klappenveränderungen ↑ RV, «Doppel-Apex-Herz», paradoxe Septumbewegung	keine beschrieben

Legende: RV = rechter Ventrikel

2.1.6.3 Herzklappenstenosen AV-Klappen: Stenose

Sowohl Stenosen an AV-Klappen als auch an den Semilunarklappen sind beim Pferd typischerweise meist angeboren und sehr selten (Abb. 2.15).

2.1.7 Krankheiten des Perikards und Epikards

Eine Perikarditis des Pferdes wird meistens sekundär beim Vorliegen von Pleuropneumonie oder Pleuritis angetroffen. Entzündungserscheinungen auf der Innenseite des Perikards übertragen sich in der Regel auf das Epikard. Eine isolierte Epikarditis ist verstärkt: Herzklopfen. In schweren Fällen stellt sich ein Lungenödem mit schaumigem Nasenausfluss ein: grobes Rasseln über der ganzen Lunge. Ödeme an tief gelegenen Körperteilen fühlen sich kühl an; sie sind nicht dolent. Überdies ist die Hautoberfläche kühl (Zentralisationsphase des Schocksyndroms).

In leichten akuten Fällen sind nur eine gemischte Dyspnoe, ein beschleunigter, kleiner Puls, erhöhte Ruhepulsfrequenz und erheblich gesteigerte Frequenz bei mäßiger Bewegung und eine verzögerte Senkung der Pulsfrequenz nach Bewegung zu beobachten. Schleimhautrötungen, Stauungserscheinungen gehören ebenso zum klinischen Erscheinungsbild.

Bei Herzinsuffizienzen auf infektiös-toxischer Grundlage sind die Erscheinungen prinzipiell gleich. Dazu gesellen sich erhöhte Körpertemperatur sowie oft Arrhythmien, z. B. können Extrasystolen, temporäres Vorhofflimmern und ventrikuläre Tachykardie auftreten.

Die chronische Herzinsuffizienz ist nicht leicht zu erkennen. Die klinischen Zeichen sind meistens diskret: erhöhte Ruhepulsfrequenz, verlängerte Erholungspulsfrequenz, gemischte Dyspnoe, Stauungen, Verschlimmerung der Symptome bei und nach Anstrengung.

Diagnose: Die Ruhepulsfrequenz ist in der Regel erhöht (nicht immer), der Puls ist klein, schwach und evtl. arrhythmisch; die Pulsfrequenz wird stark gesteigert bei moderater Belastung, im Anschluss erfolgt eine verzögerte Erholung. Der Herzstoß ist eventuell deutlich verstärkt, die Herzdämpfung vergrößert. Ödeme und vor allem Venenstauungen sind auffällige Zeichen der Insuffizienz. Eine Atemnot stellt sich schon bei verhältnismäßig geringgradiger Anstrengung ein mit Zeichen von Lungenstauung, und manchmal ist Husten zu hören. Oft sind Klappengeräusche vorhanden.

In sehr deutlichen Fällen liefert die Röntgenuntersuchung zuverlässige Ergebnisse (Vergrößerung des Herzschattens, Gefäßstauung); besser eignet sich die Sonografie zur Erfassung der Herzdimensionen, der Kammerwanddicke, von Klappenfehlern und anderen strukturellen Veränderungen sowie ein EKG zur Diagnose von Herzrhythmusstörungen.

Differenzialdiagnose: Eine ruhige Untersuchung in gewohnter Umgebung (ohne Instrumente) schließt Aufregungszustände aus. Wenn nötig, ist eine vorsichtige Arbeitsprobe anzuordnen. Nervöse Arrhythmien verschwinden bei Bewegung (pathologische Arrhythmien werden durch Arbeit akzentuiert) und Insuffizienzerscheinungen fehlen. Ödeme können durch lokale Prozesse bedingt sein!

Ödeme, wie sie bei Petechialfieber, EIA, Virus-Arteriitis, Nierenerkrankungen und dergleichen aufzutreten pflegen, lassen sich ohne Schwierigkeiten differenzieren.

Verlauf: Bei einfacher Überanstrengung darf mit einer Heilung in einigen Wochen gerechnet werden, sofern der Patient ruhig gestellt wird. Die Insuffizienz kann bei unvernünftiger Belastung chronisch und irreversibel werden: Plötzlicher Tod ist möglich. Progredient verläuft die Insuffizienz bei Dekompensation von Klappenvitien etc. und anderen strukturellen Herzveränderungen.

Prognose: Die Prognose ist in erster Linie abhängig vom Grad der Erscheinungen, von ihrem Alter und vom Primärleiden; sie ist für Sportpferde bei dekompensierten Vitien ungünstig.

Klinisch erprobte Substanzgruppen zu Behandlung der Herzinsuffizienz

- Digoxin → positiv inotrop, Verminderung des sympathischen Einflusses auf das Herz, Erhöhung Vagotonus
- Diuretika → Reduktion des intravaskulären Volumens, der Vorlast und der Myokardbelastung
- Vasodilatatoren (Angiotensin-converting-enzyme (ACE)-Hemmer) → Vasodilatation, reduzierte Wasser- und Natriumreabsorption in der Niere, Verminderung des sympathischen Einflusses auf das Herz

Therapie: Sehr wichtig sind die Ruhigstellung des Patienten und die Bekämpfung der Primärursachen.

Dem akut und schwer erkrankten Pferd dürfen keine Belastungen, wie unnötige Transporte, zugemutet werden.

Die klassische Behandlung der Herzinsuffizienz besteht in der Vergrößerung des Schlagvolumens mit Herzglykosiden (pars pro toto: «Digitalis») und der Förderung der Diurese mit Diuretika. Neben der kardiotonischen Wirkung haben die Herzglykoside eine «vagusartige» Wirkung: Sie senken die Sinusfrequenz und erschweren die atrioventrikuläre Überleitung der Erregung. Digoxin, Digitoxin, Lanatosid C, g-Strophanthin (Ouabain) unterscheiden sich nur in der Wirksamkeit pro mg und im kinetischen Verhalten. Digoxin ist beim Pferd relativ gut erprobt; seine Eliminationshalbwertszeit beim Pferd beträgt etwa 24 Stunden. Die Unterhaltungsdosis fürs Pferd beträgt 0.011 mg/kg PO SID bzw. 0.0022 mg/kg i. v. BID. Dies ergibt 0.5–2 ng/ml Serum, was der erwünschte Bereich ist (2 ng/ml ist für den Menschen die obere Grenze zum toxischen Bereich hin).

Für Digitoxin ist die Unterhaltungsdosis 1.5–2 Mal größer als für Digoxin, für g-Strophanthin (nur i. v.) ist sie die Hälfte derjenigen für Digoxin.

Durch Herzglykoside ausgelöste Rhythmusstörungen müssen durch Kaliumgaben (0.5–1 mmol/kg KG = 3.7–7.4 g/100 kg KG KCl, am besten per os) und/oder Phenytoin (2.5–5 mg/kg KG) bekämpft werden, unter Reduktion oder Sistierung der Digitalisbehandlung. Zum sofortigen Abbruch der Digitalisierung sollte das Auftreten von Bigeminie, polytopen, ventrikulären Extrasystolen oder ventrikulärer oder supraventrikulärer Tachykardie Anlass geben.

Herzglykoside werden bei Vorhofflimmern nur angewendet, wenn am 2. Tag der Quinidin-Behandlung noch keine Konversion in den Sinusrhythmus stattgefunden hat. Aber auch dann ist Vorsicht geboten: Digoxin und Quinidin konkurrieren um die Bindung an Plasmaproteine, was zu einer raschen Erhöhung des Digoxin-Serumspiegels und damit zu toxischen Effekten führen kann. Die Kontrolle des Digoxin-Serumspiegels ist also unbedingt zu empfehlen.

Werden die Wasserretention und die Stauungszeichen mit der Digoxinbehandlung nicht genügend vermindert, fügt man Diuretica wie Chlorothiazid oder Furosemid hinzu. Furosemid, das auch bei Verdacht auf Niereninsuffizienz erlaubt ist, ist ein sogenanntes Schleifendiuretikum, das heißt, dass es die NaCl-Rückresorption im dicken, ansteigenden Teil der Henle-Schleife vermindert (der Na-K-2Cl-Cotransport in die Zelle hinein wird gehemmt). Chlorothiazid wirkt ähnlich am oberen distalen Tubulus durch Hemmung des gekoppelten NaCl-Eintritts in die Zelle. Längere Anwendung dieser Diuretika kann zu gefährlichen Kaliumverlusten führen (niedriges Serumkalium steigert die Herzglykosidtoxizität!), was durch Zusatz von Kaliumsalzen zur Futterration ausgeglichen werden sollte.

Furosemid wird 1.5–3 mg/kg KG intravenös, intramuskulär oder oral dosiert. Furosemid wird auch beim akuten Lungenödem und zur forcierten Diurese (zusammen mit Elektrolytinfusion) bei Vergiftungen angewendet. Auch lokale Ödeme können damit vermindert werden (Pfortaderstauung, entzündliche Ödeme).

Eine weitere Therapie besteht darin, den Angiotensin-II-Spiegel zu senken. Dies erreicht man durch Blocker des Angiotensin-konvertierenden Enzyms (Angiotensin I →Angiotensin II) wie Captopril oder Enalapril. Dadurch sinken der Blutdruck und das zirkulierende Blutvolumen. Allerdings ist die orale Bioverfügbarkeit dieser Medikamente beim Pferd oft nicht genügend. Dennoch wurde Quinapril auch beim Pferd in einer Dosierung von 120 mg/Pferd/d oral über einen Zeitraum von ca. 8 Wochen bei Mitralinsuffizienzen erfolgreich getestet. Neuere Studien zeigen, dass auch Benazepril (0.5 mg/kg per os einmal täglich) in der Lage ist, den Blutdruck beim Pferd signifikant zu senken.

Die Wirkung von Weißdornpräparaten sind beim Pferd mit Mitralinsuffizienz und teilweiser Leistungsschwäche untersucht worden, mit einer messbaren Verbesserung der echokardiografischen Befunde.

2.1.9 Cor pulmonale

Das sogenannte «*Cor pulmonale*» entwickelt sich bei einer anhaltenden Erhöhung des Strömungswiderstands im Lungenkreislauf. Der Begriff wird nur auf Zustände angewandt, bei denen eine Lungenerkrankung zu Veränderungen am rechten Herz geführt hat.

Die Krankheit kann sich beim Pferd mit chronisch-obstruktiven Lungenleiden entwickeln, besonders bei ausgedehntem und lang bestehendem Lungenemphysem. Verglichen mit der Häufigkeit obstruktiver Lungenkrankheiten, kommt indessen ein Cor pulmonale beim Pferd selten vor. Emphysempatienten leben kaum lang genug oder werden bei zunehmender Atemnot kaum mehr belastet, um den Zustand entwickeln zu können, oder sie werden bei der Arbeit zunehmend geschont.

Das Cor pulmonale bildet sich aus, weil der Strombahnquerschnitt des Lungenkapillarsystems bei Emphysem reduziert wird. Es stellt sich ein erhöhter Strömungswiderstand ein. Der systolische Druck in der A. pulmonalis ist erhöht und durch eine hohe Blutflussgeschwindigkeit, einer end-diastolischen Pulmonalinsuffizienz und durch eine Erweiterung des Durchmessers der Pulmonalarterie charakterisiert. Der rechte Ventrikel hypertrophiert und wird dann zunehmend gedehnt. Eventuell besteht eine nachweisbare Vergrößerung des Herzes, eher nach kaudal. Der zweite Herzton ist akzentuiert, manchmal gespalten. Gelegentlich kommt es aufgrund der Kammerdilatation zu Trikuspidalinsuffizienz mit der entsprechenden Geräuschbildung. Mit der Zeit entsteht eine deutliche Rechtsinsuffizienz.

Ein «*low-voltage*» EKG mit spitzem, hohem P kann bei emphysematösen Pferden nicht selten gefunden werden. Die Diagnose wird aber nicht oft gestellt; sie ist in leichten Fällen auch kaum zu sichern. Die Behandlung konzentriert sich auf das Lungenleiden.

2.2 Gefäßkrankheiten

2.2.1 Arterien

Die Aorta des Pferdes weist mit fortschreitendem Alter sehr häufig eine Verdickung durch Proliferation der Intima und Alterationen der Media auf: primäre Medianekrose und Bindegewebsersatz, später Kalzifizierung ab etwa 14–16 Jahren. Eine primäre Intimakalzifizierung ist auch bei jungen Tieren beobachtet worden.

Überdies kommen Läsionen in der Aorta vor, die den Larven von *Strongylus vulgaris* zugeschrieben werden (Abb. 2.28) und die zu einer Verdickung der Gefäßwand und zur Bildung eines Aortenaneurysmas führen können. Die Feststellung gelingt bei der rektalen Exploration, wenn die Veränderung im kaudalen Bereich der Aorta liegt (sonografische Bestätigung des Palpationsbefunds).

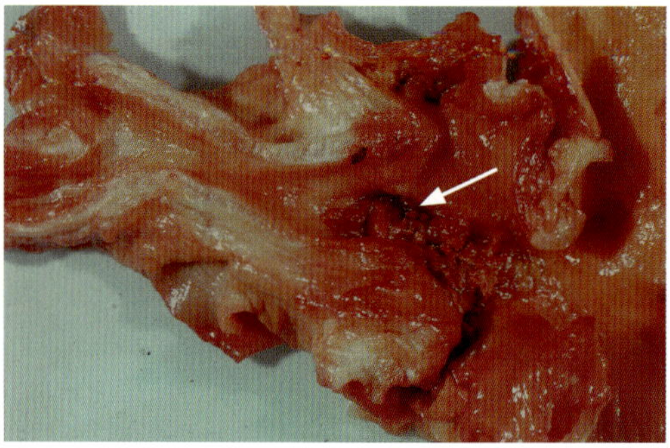

Abb. 2.18: Thromboarteriitis: Schwere Veränderungen (Endarteriitis; Pfeil) an der vorderen Gekrösewurzel bei einem mit Strongyliden (S. vulgaris) schwer verwurmten Pferd.

2.2.1.1 Arterienruptur

Eine Ruptur des *Annulus fibrosus aortae* meist im rechten Koronarsinus und ein Riss bis in den rechten Ventrikel, ins Septum oder in die Pulmonalarterie hinein lässt sich als Todesursache vor allem bei alten Deckhengsten, bei Friesen und bei Pferden mit hoher Belastung, vor allem beim Rennpferd beobachten. Der Verlauf ist perakut oder über 6–8 Tage protrahiert, wenn die Ruptur zunächst klein ist und die Blutung tamponiert wird. Unmittelbar nach dem Gefäßriss taumeln und stürzen die Tiere und sterben sofort.

Die *A. uterina media* kann bei Stuten unter der Geburt und auch während der späten Trächtigkeit reißen. Das Peritoneum viscerale wird durch die Blutung gedehnt, was zu Kolikschmerzen führt, bei dessen Ruptur ist die Blutung meist nicht mehr stillbar, in der Folge verblutet die Stute. Für eine chirurgische Intervention ist es meist zu spät.

Eine Ruptur anderer Arterien tritt selten auf, die *A. mesenterica cranialis* und die *A. renalis* sollen indessen gelegentlich reißen.

2.2.1.2 Arterienthrombosen

Ätiologie: Eine Endarteriitis und Endothelschädigung verminösen Ursprungs *(S. vulgaris)* ist die häufigste Ursache eines Arterienverschlusses. Es kommt zu einer Ablagerung von Thrombozyten und zur Bildung eines Thrombus, in dem sich Larven von *Strongylus vulgaris* recht häufig nachweisen lassen (Abb. 2.18).

Derartige Veränderungen finden sich weitaus am häufigsten in der *A. mesenterica cranialis* und in den *A. iliacae*. Pferde, die nicht von Jugend auf regelmäßig entwurmt worden sind, zeigen praktisch immer Läsionen. In der Häufigkeit der Erkrankung folgt die Aorta, besonders die kaudale Aorta mit Thrombose von Schenkelarterien, allerdings ist dabei die verminöse Ätiologie kaum je zu sichern. Seltener wird die Nierenarterie thrombotisch verschlossen, und noch weniger oft werden Thrombosen oder Embolien der Lungenarterien festgestellt.

Die Art des Thrombus und das freie Lumen bestimmen den Grad der Symptome *(Thrombus parietalis, T. canalisatus, T. obturans)*.

Ursachen die zu Thrombenbildung führen:

- Gefäßwandschädigung → Trauma, Entzündung
- Veränderte Blutströmung → verlangsamte Strömung, Wirbelbildung
- Beschleunigte Gerinnung → Hyperkoagulabilität

Thrombosen und Embolien in Gekrösearterien: Der Thrombus bildet sich in der geschädigten *A. mesenterica cranialis*. Er kann die Gefäße direkt verschließen oder nach seinem Abriss periphere Darmgefäße embolisch obliterieren. Darminfarkte verlaufen im Allgemeinen in drei klinischen Phasen: Kolik → Atonie → Endotoxämie (→4.2.6.1.5).

Thrombose der Aortenenden und den Schenkelarterien: Ein thrombotischer Verschluss an der Endverzweigung der Aorta (Abb. 2.19) lässt sich verhältnismäßig oft beobachten, viel seltener ist eine Thrombose der A. femoralis. Ein Zusammenhang mit *Strongylus vulgaris*-Befall ist nicht immer evident. Das Kardinalsymptom heißt *Claudicatio intermittens* oder intermittierendes Hinken, das durch Belastung stärker wird und zu starken ischämischen Muskelschmerzen, Schweißausbruch und schneller Atmung führt. Das ungenügend durchblutete Bein bleibt auffallend kühl, der Puls der Digitalarterien ist kaum fühlbar. Bei komplettem Verschluss sind schon in Ruhe Symptome erkennbar. Rektal ist der Thrombus meistens gut fühlbar, dazu bestehen Unterschiede in der Pulsation der abgehenden Arterien. Die Sonografie erlaubt eine präzisere Erfassung des Ausmaßes derartiger Verschlüsse.

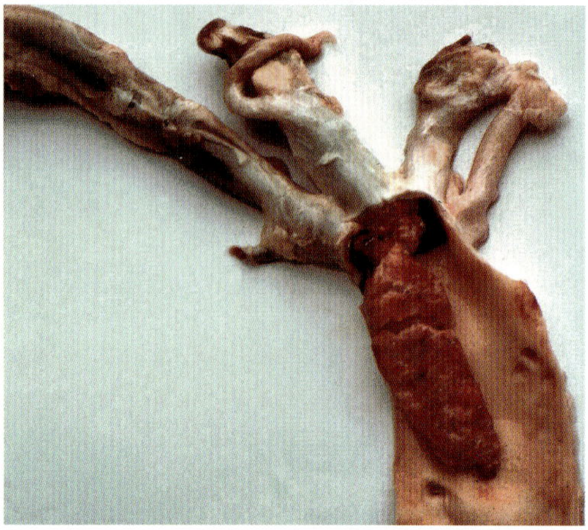

Abb. 2.19: Thrombus: Thrombosierung des Aortenendes und der Iliacal-Arterien.

Diagnose: Zunehmende Lahmheit und Schmerzäußerungen bei Belastung. Rektaler Befund und Echografie sichern die Diagnose.

Verlauf und **Prognose:** Im Allgemeinen sind die Aussichten auf eine Heilung sehr gering. Bei der Ausbildung eines Kollateralkreislaufes oder Rekanalisierung der Thromben, wenn kleinere, tiefer gelegene Arterien betroffen sind, ist eine funktionelle Besserung möglich.

Therapie: Es wird periodisch von therapeutischen Erfolgen berichtet, die mit Vorsicht zu bewerten sind. Eine Wiederherstellung der vollen Arbeitsfähigkeit bei Sportpferden ist möglich, allerdings nur bei langer Behandlungsdauer (über mehrere Monate) zu erwarten. Ein Behandlungsversuch mit Antikoagulantien (Heparin) und vielleicht mit fibrinolytischen Enzymen lohnt sich in frischen Einzelfällen. Die Therapie mit Na-Glukonatlösung (20 %; 60 mg/kg KG) hat in unseren Händen in jedem Fall versagt. Bemerkungen zur Thrombosebehandlung sind auch am Schluss des Kapitels zu finden.

Der Einsatz von Marcoumar® (Wirkstoff: Phenprocoumon) hat vereinzelt zum Erfolg und vollständiger Auflösung des Thrombus geführt.

Thrombosen und Embolien anderer Arterien: Thrombosen anderer Arterien treten selten klinisch in Erscheinung. Als Folge einer *Endocarditis valvularis* (→2.1.4.1) (Trikuspidalis; Pulmonalis), eher aber einer Jugularvenenthrombose sind Lungenembolien und Lungeninfarkte nach Verschlüssen von Lungenarterien zu beobachten. Sehr selten verursachen Thrombosen der A. renalis wahrscheinlich nach Abriss eines Embolus auf der Höhe der kranialen Gekrösewurzel, Niereninfarkte (heftige Kolik, Hämaturie →5.2.2).

2.2.1.3 Andere Arterienveränderungen

Die Pulmonalarterien des Pferdes weisen häufig eine Intimahyperplasie auf. Bei Lungenhochdruck und bei chronisch-alveolärem Lungenemphysem kommt es in der Regel auch zu Arteriosklerose der Pulmonalarterien. Dem Befund fehlt im Allgemeinen eine selbstständige klinische Bedeutung.

Entzündliche Veränderungen der Arterienwand sind eine typische Erscheinung der Virusarteriitis (→15.2.5) und des Petechialfiebers (→13.3.2). Auch die Venenwände sind dabei entzündet; man spricht deshalb von Vaskulitis. Im ZNS beobachtet man etwa Vaskulitiden, die möglicherweise das Resultat einer Immunreaktion bei Herpesvirusinfektionen darstellen (EHV-l →15.3.3.1). Auch die Infektiöse Anämie zieht Gefäßschäden nach sich *(Endarteriitis obliterans)*. Das anstrengungsbedingte Lungenbluten («*Exercise Induced Pulmonary Haemorrhage*», EIPH →3.6.5) ist charakterisiert durch Blutansammlungen in den Atemwegen nach anstrengendem Training und resultiert aus einem Stressversagen der pulmonalen Kapillaren vorwiegend im dorso-kaudalen Bereich der Diaphragmallappen.

Beim Pferd ist eine Lumenverengung von Arterien durch **Arteriosklerose** anscheinend häufig. Insbesondere finden sich entsprechende Veränderungen in intramuralen Koronararterien. Die klinische Signifikanz dieses Befundes ist gering; die häufigen kleinen Narben im Myokard sind vielleicht z. T.

Folgen von Arteriosklerose. Große Infarkte kommen aber äußerst selten vor.

2.2.2 Venen

Verschlüsse kleiner Venen sind unwichtig, weil in der Regel genügend kollaterale Venen oder Anastomosen das Hindernis umgehen. Hingegen sind Schäden an den großen Venen von Bedeutung, ganz besonders Phlebitiden, Para- und Thrombophlebitiden der Drosselvenen. Insbesondere sind iatrogene Schädigungen der *V. jugularis* von erheblicher medizinischer und forensischer Bedeutung.

Paravenöse Injektionen gewebsreizender Lösungen provozieren schmerzhafte Phlegmonen; die Schwellung kann für einige Zeit das Lumen der Jugularis verengen und venöse Stauungen am Kopf hervorrufen (Abb. 2.20 & 2.21). Bei nicht infizierten Prozessen ist unter einer entzündungshemmenden Behandlung mit einer Heilung in 1–3 Wochen zu rechnen.

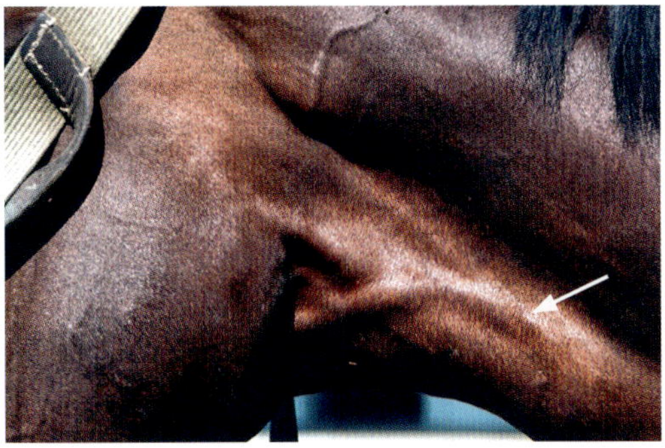

Abb. 2.20: Obliteration der linken Jugularvene: Thrombosierung der v. jugularis sin. nach Injektion (Pfeil).

Die **iatrogene Thrombophlebitis** ist von weit größerer Bedeutung. Nach fehlerhafter Injektion, aber auch nach kunstgerecht durchgeführten Injektionen und Infusionen entwickelt das Pferd eine Thrombophlebitis, die zu einem vollständigen Verschluss der Drosselvene führen kann. Eine Kanalisierung des oft sehr langen Thrombus (nicht selten reicht er bis zur Verzweigung der *V. cava cranialis*) beansprucht viel Zeit (Monate) und bringt nicht in jedem Fall die erhoffte funktionelle Besserung. Verweilkatheter, die mehrere Tage liegen müssen, vermögen durch mechanische Reizung der Venenklappen und -wände eine ausgeprägte Thrombosierung auszulösen, besonders, wenn das betreffende Pferd hämokonzentriert ist und an Gerinnungsstörungen (z. B. bei Endotoxämie) leidet. Das Material des Venenkatheters spielt ebenfalls eine wichtige Rolle: Venenverweilkatheter aus Polyurethan sind deutlich weniger venenreizend als beispielsweise Venenverweilkatheter aus Polytetrafluoroethylene.

Symptome: Die betroffenen Pferde zeigen lokal eine druckdolente Schwellung, die passive Dorsoflexion des Halses ist in der Regel sehr schmerzhaft. In jedem Fall aber ist der Thrombus als Strang zu fühlen. Oberhalb der Obliteration kommt es zu mehr oder weniger ausgeprägten Schwellungen, besonders deutlich in der Parotisgegend und mehr oder weniger deutlich auf der erkrankten Seite des Kopfes. Die Kopfvenen sind meistens gut sichtbar und stärker gefüllt als die Venen der gesunden Seite. Ein beidseitiger akuter Verschluss der Jugularvenen führt temporär zu monströsen Kopfschwellungen, lokaler Zyanose und gelegentlich zu zentralnervösen Störungen.

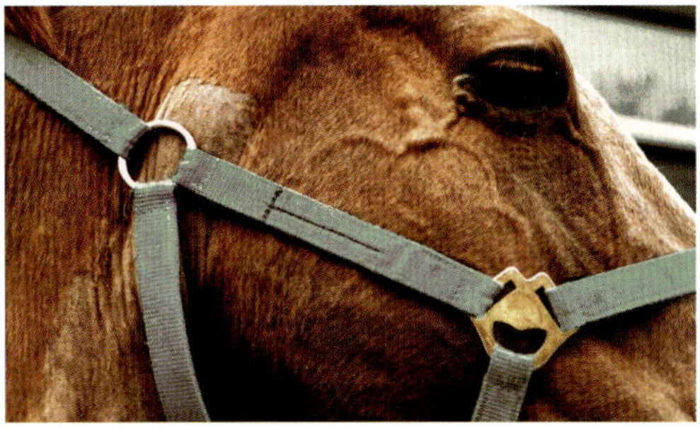

Abb. 2.21: Venenstauung: Deutliche Stauung der peripheren Kopfvenen und Parotisschwellung nach Verlegung der rechten Halsvene.

Infiziert sich zusätzlich das geschädigte Gewebe, kommt es zu Fieber, peripherer Leukozytose aufgrund einer Neutrophilie mit Linksverschiebung, im schlimmsten Fall zur infizierten Lungenembolie.

An der Häufigkeit der obliterierenden Thrombophlebitis der Jugularis gemessen, stellen sich thromboembolische Klappenendokarditiden (Trikuspidalis) und Lungenembolien mit Infarkt erstaunlich selten ein. Auch ohne derartige Komplikationen bleibt indessen ein großer Teil dieser Patienten für Wochen oder Monate oder auch dauernd arbeitsunfähig oder nur beschränkt arbeitstauglich.

Therapie: Lokale entzündungshemmende Behandlung unter wärmendem Halsverband. Hohe Kopfhaltung (Heunetzfütterung). Eine thrombolytisch-antikoagulierende Therapie mit Acetylsalicylsäure (10–20 mg/kg KG, q 12 h, p. o.) wird nur selten von Erfolg gekrönt. Bei infizierten Thrombophlebitiden ist neben der Thrombenbehandlung eine Antibiotika-Gabe angezeigt.

Die chirurgische Entfernung des Thrombus oder eines Teils der betroffenen Vene bringt, wenn sie gelingt, Erleichterung resp. kosmetische Vorteile.

Bei erkannter Thromboseneigung können nicht steroidale antiinflammatorische Medikamente prophylaktisch weitere Thrombenbildung verhindern (dafür geeignet ist z. B. Aspirin = Acetylsalicylsäure). Aspirin u. a. hemmt die Cyclooxygenase und damit die Produktion von Thromboxanen (TXA_2, TXB2) und von Prostacyclinen (wie PG I2 = Epoprostenol). TXA fördert die Plättchenaggregation und -aktivierung, PGI (aus der Gefäßwand) hemmt sie. Offenbar gibt es (niedrige) Aspirindosen, die die Thromboxan-Bildung stärker hemmen als die PGI-Bildung. Eine andere Art Prophylaxe besteht in der Anwendung von Heparin. Richtdosis für einen Thrombus-Therapieversuch mit unfraktioniertem Heparin in einer Initialdosierung von 120 IU/kg KG s. c BID, gefolgt von 6 bis auf 42 IU/kg KG reduzierte Injektionen alle 12 Stunden und anschließend Belassen dieses Therapieschemas während zwölf Tagen. Die Behandlung mit niedermolekularem Heparin in einer Dosierung von 50 anti-Xa IU/kg KG s. c. SID ist eine gute Alternative zu UFH. Die Vorteile bei Behandlung mit niedermolekularem Heparin sind: konstante Dosis-Wirkungs-Beziehung, hohe Bioverfügbarkeit (90 %; UFH 10–20 %), längere T½ und die Dosisunabhängigkeit. Thrombolyse, die Auflösung intravasaler Thromben, ist grundsätzlich durch Aktivierung des Plasminsystems (Fibrinolysinsystems) möglich. Dies erreicht man mit dem Aktivator Streptokinase oder der Protease Urokinase. Urokinase wurde bei Claudicatio intermittens anscheinend mit Erfolg verwendet: 3 Tage lang 2.4 Mio. IU/Tag in 1 l isoton. NaCl-Lösung in 2 h i. v.; am 4. Tag 1.2 Mio. auf gleiche Weise verabreicht.

Zusätzlich ab dem 4. Therapietag, aber nicht parallel zur Heparin-Behandlung, kann Phenprocoumon (Wirkstoffklasse der Cumarine) 0.025–0.03 mg/kg KG p. o. q 24 h verabreicht werden. Kontrolle des Quick-Wertes (18–20 s oder 18–25 %) alle zwei Tage und evtl. Anpassung der Dosierung bis der optimale Quick-Wert erreicht und stabil ist. Therapiedauer nach Wirkung (cave! Unerwünschte Wechselwirkung mit nicht steroidalen Antiphlogistika).

Das Neueste für diesen Zweck in der Humanmedizin ist ein gentechnisch hergestellter Gewebeplasminaktivator (recombinant tissue plasmin activator = r-tPA), der nur auf fibringebundenes Plasmin wirkt. Innerhalb von 4 Stunden nach Manifestation des thrombotischen Gefäßverschlusses angewendet, sollen diese Verfahren tatsächlich in den menschlichen Koronararterien Thromben zum Verschwinden bringen. Ob diese Methode beim Pferd erfolgreich ist, ist noch ungewiss.

Prophylaxe: Unfraktionierte Heparin-Initialdosis 80 IU/kg KG i. v., Erhaltungsdosis 40 IU/kg KG BID s. c. (Quick-Kontrolle); niedermolekulares Heparin 50 anti-XA IU/kg KG SID s. c.

Die ***V. cava cranialis*** und ihre Verzweigung in die Jugularis erleiden Kompressionen durch Geschwülste (Thymuskarzinom; Lympho- und Retikulosarkome u. a.) und durch Abszesse (in der Regel Druseabszesse). Durch die Stauungen bilden sich oft große kühle Ödeme im Gebiet der Vorder- und der Unterbrust, die Jugulares sind beidseitig gestaut, ein Hydrothorax ist die Regel.

Die ***V. cava caudalis*** wird vor allem komprimiert von Tumoren im Mediastinum über der hinteren Herzbasis. Beeinträchtigt der Tumor auch den Ösophagus, zeigt das Pferd entsprechende Beschwerden (Regurgitieren von Speiseröhreninhalt, eventuell sichtbare Anfüllung des Ösophagus im Halsteil). Eine Obliteration oder Kompression führt zu Aszites, zu Schlauchödem, bei Hengsten zu Ergüssen ins Skrotum, und auch zu Gliedmaßenödemen, mit der Zeit zu Leberzirrhose.

Der Nachweis eines Tumors und von Ergüssen in der Brusthöhle wird durch die Röntgenuntersuchung ermöglicht. Auch die Ultraschalltechnik leistet wertvolle Dienste. Die Punktion eines Hydrothorax und die zytologische Untersuchung des Punktats ermöglicht oft die präzise Charakterisierung des Tumors.

Pfortaderverschlüsse sind sehr selten. Sie führen zu Aszites und zu Leberschäden, die – wenn aktiv – durch Enzymaktivitätsbestimmungen und Leberfunktionsproben erfasst werden können.

Venenrupturen stellen sich besonders bei Rennpferden ein *(«broken vessel»)*, und zwar reißen Venen der Hintergliedmaßen, die hintere oder die vordere V. cava am ehesten.

Das **Nasenbluten** der Rennpferde beruht wie angedeutet in der Regel nicht auf eigentlichen Gefäßrupturen, sondern auf kapillären Blutungen auf alveolärem Niveau (→3.6.5).

Weiterführende Literatur

BONAGURA J. D., Reef V. B., Schwarzwald C. C.: Cardiovascular Diseases. In: REED S. M., BAYLY W. M., SELLON D. C.: Equine Internal Medicine, 2nd edition, Saunders Elsevier, St. Louis, 2009.

GEHLEN H. (Hrsg.): Pferdekardiologie. Schlütersche (Verlag), 2009.

JESTY S. A., Reef V. B.: Evaluation of the Horse with Acute Cardiac Crisis. Clin Tech Equine Pract 5: 93–103, 2006.

LYLE C. H., Keen J. A.: Episodic collapse in the horse. Equine vet. Educ. 22 (11): 576–586, 2010.

MARR M., Bowen M.: Cardiology of the horse. 2nd ed., Saunders Elsevier, Edinburgh, 2010.

REEF V. B., BONAGURA J., BUHL R., MCGURRIN M. K. J., SCHWARZWALD C. C., VAN LOON G., YOUNG L. E.: Recommendations for Equine Athletes with Cardiovascular Abnormalities. ACVIM/ ECEIM Consensus Statement 2013, JVIM.

REEF V. B.: Cardiovascular ultrasonography. In: Reef V. B. (Hrsg.): Equine Diagnostic Ultrasound, Saunders, 1998, 215.

SCHWARZWALD C. C.: Cardiovascular Pharmacology. In: N. E. ROBINSON (Hrsg.): Current Therapy in Equine Medicine 6, Elsevier Saunders, 182–191, 2009.

3 Krankheiten der Atemwege

V. Gerber, M. Venner und R. Straub

3.1 Krankheiten der Nase und der Nebenhöhlen

Viele dieser Krankheiten, und insbesondere ihre Therapie, sind chirurgischer Natur und werden hier darum nur erwähnt und nicht eingehend besprochen. Weil außerdem viele der Krankheiten der Nase und Nebenhöhlen zwar selbstständige Entitäten darstellen, aber doch selten auftreten, sind die folgenden Abschnitte der Übersicht halber nach größeren Ursachengruppen und Leitsymptomen geordnet.

3.1.1 Angeborene und erworbene anatomisch-funktionelle Anomalien

Diese Gruppe von Krankheiten ist sehr heterogen. Gemeinsam ist ihnen oft, dass sie sich mit äußerlich sichtbaren **Formveränderungen** und/oder anormalen **Atemgeräuschen** äußern.

Entsprechend ihren unterschiedlichen Ausprägungen und äußerlichen Formveränderungen können **kongenitale Missbildungen und Entwicklungsstörungen** der Nase sehr augenscheinlich sein (z. B. ausgeprägte «Schiefnase»), von außen sichtbar (z. B. epidermale Einschlusszysten) oder weniger klar erkennbar, und sind evtl. nur mit einer vertieften, bildgebenden oder endoskopischen Untersuchung zu diagnostizieren (z. B. Stenosen der Alarfalten; Deformationen des Nasenseptums; Atresie der Choanen). Dementsprechend variabel sind auch die meist chirurgische Therapie und die Prognose. Auch die Behinderungen des Luftstroms und damit einhergehende **Stenosegeräusche,** schon in Ruhe oder bei der Arbeit, können erheblich variieren. Wegen der Geräuscherzeugung kommt diesen Veränderungen differenzialdiagnostische Bedeutung zu (Hemiparesis laryngis; Dorsalverlagerung des Gaumensegels; Pharynxkollaps etc.). Bei Atemstenosegeräuschen mit Dyspnoe ist die (einseitige) Lokalisierung der Stenose in der Nase zu beweisen: abwechselndes manuelles Verschließen der Nasenlöcher; beim Zuhalten der stenosierten Seite verschwindet das Geräusch.

Ursachen anatomisch-funktioneller Anomalitäten der Nase und Nasengänge

- **Angeborene Missbildungen und Entwicklungsstörungen**
  - «Schiefnase» (*«wry nose»*, campylorhinus lateralis)
  - Stenosen der Alarfalten (*«nasal flutter»*)
  - Deformationen des Nasenseptums
  - Atresie der Choanen
  - Epidermale Einschlusszysten des falschen Nasengangs (nasale Divertikulumzysten)
- **Trauma**
  - Verletzungen und Narben
- **Infektiöse Ursachen**
  - Bakterielle Infekte
  - Pilzinfekte
  - Parasiten, z. B. Myiasis von Habronema (→1.4.1.2)
- **Tumoren**
  - Progressives Siebbeinhämatom
  - Karzinome (Adenokarzinom, Plattenepithelkarzinom, undifferenziertes Karzinom)
  - Fibrome, Myxome, Chondrome, Neurofibrome, Osteo-, Fibro- und Hämangiosarkome, sehr selten Lymphome
- **Idiopathische und andere Ursachen**
  - Entzündliche nasale Polypen
  - Amyloidose
  - Konchennekrose (evtl. bei Osteitis oder ernährungsbedingtem Hyperparathyreoidismus mit Osteodystrophia fibrosa)

Die häufigsten erworbenen Erkrankungen gehen wohl auf **Traumen** und daraus entstandene Narben zurück. Gelegentlich reißen sich Pferde an vorstehenden Nägeln, an Stacheldrahtzäunen und ähnlichen scharfen Gegenständen die Nüstern auf. Derartige Verletzungen können, werden sie vernachlässigt, zu Atmungsschwierigkeiten Anlass geben. Verletzungen der Nasenhöhlen und der Nasennebenhöhlen lassen sich in der Regel auf schwerere Traumen zurückführen, wie sie sich Pferde beim Einrennen des Schädels, durch Stürze oder durch Hufschläge zuziehen können. Auch wenn die äußere Haut unverletzt bleibt, ist damit zu rechnen, dass die Verletzungen zu Frakturen der Schädelknochen geführt haben und in den Nasennebenhöhlen selbst mit Komplikationen – vor allem Infektionen – abheilen werden. Im Vergleich zur CT-Untersuchung geben Röntgenaufnahmen nur selten guten Aufschluss über die Frakturanordnung. Ggf. ist chirurgisch eine Rekonstruktion anzustreben, insbesondere wenn lose Fragmente innerhalb der Nasennebenhöhlen ausgemacht werden oder wenn eine funktionelle oder kosmetische Verbesserung dadurch zu erwarten ist.

Verletzungen der Nasenschleimhaut und der Konchenknorpel können auch beim Einführen von Instrumenten iatrogen oder auch bei ruckartiger Abwehrreaktion des Patienten entstehen.

Eigenständige **infektiöse Ursachen** für anatomisch-funktionelle Abweichungen in der Nase sind selten. Beschrieben werden z. B. bakterielle Infekte der Nasenschleimhaut (in endemischen Gebieten auch z. B. Rotz →16.3.1) und des Septumknorpels oder mykotischen Plaques (v. a. *Aspergillus fumigatus*, aber auch *Candida* spp. und die saprophytischen *Pseudallerscheria boydii* und, v. a. wenn Sinus (→3.1.6) involviert, *Halicephalobus gingivalis*) und Granulome (z. B. durch *Cryptococcus* oder *Conidiobolus*). Je nach Präsentation und Ausmaß der Läsionen ist eine Kombination von chirurgischer Entfernung zusammen mit peroraler und ggf. topischer antibiotischer respektive antimykotischer **Therapie** angezeigt.

Eher selten sind auch **Tumore** und andere, z. T. idiopathische Ursachen, die wiederum entsprechend den vielfältigen Geweben in den Nasengängen ebenfalls sehr unterschiedlich sein können (siehe auch Box 3.1.1).

3.1.2 Nasenbluten

Grundsätzlich versteht man unter Epistaxis eine tropfende, unter Rhinorrhagie eine strömende Blutung. Epistaxis wird aber häufiger einfach synonym mit Nasenbluten verwendet. Weiter müsste eigentlich ein Nasenbluten im engeren Sinn seinen Ursprung in der Nase haben, gewöhnlich spricht man jedoch von Nasenbluten, Epistaxis oder Rhinorrhagie, auch wenn der Ursprung der Blutung anderswo zu suchen ist (Luftsack; Ethmoid; Bronchien; Bronchiolen). «Nasenbluten» ist also ein Leitsymptom mit zahlreichen möglichen Ursachen, die sich aber nach der klinischen Präsentation bereits eingrenzen lassen.

Sehr oft ist Nasenbluten die Folge eines Traumas (Sturz, Hufschlag, Nasen-Schlund-Sonde, Endoskop usw.); besonders gefürchtet sind Arrosionsblutungen von Arterien in den Luftsäcken, hervorgerufen durch Aspergilleninfektionen. Weniger lebensbedrohlich sind in der Regel Blutungen des Ethmoids durch Verletzungen mit der Nasen-Schlund-Sonde und Luftsackblutungen durch Abriss des Musculus rectus capitis und durch das progressive **Siebbeinhämatom**. Die nicht allzu selten vorkommenden Tumoren oder infiltrativen Erkrankungen wie die Amyloidose der Nasen- und Kieferhöhlen führen ebenfalls zu Blutungen. Gefäßblutungen in Pharynx, Larynx und den Lungen treten eher selten auf. Anaplasmose (→16.9.2) und andere septikämische Infektionskrankheiten (z. B. Equine Infektiöse Anämie, Milzbrand, Rotz) gehen gelegentlich ebenfalls mit Nasenbluten einher, wie auch der Morbus maculosus

Ursachen von «Nasenbluten» beim Pferd

- **Erkrankungen der oberen Atemwege**
  - Kopftrauma
  - Fremdkörper in Nasengänge oder Pharynx
  - Rhinitis (→ 3.1.4)
  - Progressives Siebbeinhämatom (→ 3.1.6.3)
  - Infiltrative Erkrankung der Nasengänge (z. B. Amyloidose)
  - Varizen in Nasengänge oder Pharynx
  - Luftsackmykose (→ 3.2.2)
  - Abriss des M. rectus capitis
- **Erkrankungen der tiefen Atemwege**
  - Trachea-Trauma
  - Brustkorbverletzung mit Beteiligung der Lunge
  - Belastungsinduziertes Lungenbluten (EIPH → 3.6.5)
  - Bronchopneumonie, Abszesse mit Gefäßarrosion
  - Lungentumor (→ 3.8)
- **Systemische Erkrankung mit Gerinnungsstörung**
  - Infektionskrankheit (Anaplasmose → 16.9.2, Infektiöse Anämie → 15.2.5, Rotz → 16.3.1.1)
  - Disseminierte Intravaskuläre Koagulopathie (→ 11.5)
- **Iatrogene Blutung**
  - Trauma der Schleimhaut der Nasengänge oder des Siebbeins beim Einführen der Nasen-Schlund-Sonde
  - Transkutane Lungenbiopsie

(Petechialfieber), andere hämorrhagische Diathesen und Koagulopathien.

Die **Symptome** von Nasenbluten sind recht uniform. Wichtig ist die Schätzung der Menge ausströmenden Blutes, das Aussehen des Blutes (hellrot-schäumend [v. a. Lungenbluten], hellrot größere Mengen [v. a. Carotisarrosion im Luftsack], bräunlich, sero-sanguinös, oft wenig, nur tropfweise [v. a. Siebbeinhämatom u. a. progressive Hämatome] etc.) und die Frage, ob die Blutung ein- oder beidseitig stattfindet. Einseitige Blutungen lassen auf Veränderungen schließen, die ihren Ursprung in der Nase oder den Nebenhöhlen haben, beidseitige Blutungen entstehen meist kaudal der Choanen. Luftsackblutungen zeigen oft einen schwallweisen Austritt von Blut bei Kopftiefhaltung. Starke, länger anhaltende oder rezidivierende Blutungen führen zur Hypovolämie respektive Anämie und den damit verbundenen Störungen.

Die **Diagnose** «Nasenbluten» alleine ist unproblematisch, aber schon der Nachweis der Blutungsquelle kann – gerade bei akuten, starken Blutungen – schwierig sein, wenn keine Traumatisierung bekannt ist. Ausschlaggebend ist die Endoskopie der Nasenhöhlen, des Ethmoids (Vorsicht!), des Rachenraums, der Luftsäcke, der Trachea und der Bronchien. Bildgebende Verfahren (Röntgen, CT, MRI) sind für die Lokalisation und den Umfang des Krankheitsgeschehens oft sehr wertvoll. Die hämatologischen Untersuchungen müssen eine Thrombozytenzählung und gegebenenfalls einen Gerinnungsstatus umfassen.

Vom eigentlichen Nasenbluten lässt sich eine Luftsackblutung mit Sicherheit durch die Endoskopie abgrenzen; das Gleiche gilt für Blutungen aus verletzten Gefäßen im Larynx-Pharynx-Gebiet. Lungenblutungen größeren Ausmaßes erzeugen meistens einen hellroten, feinschaumigen Ausfluss aus der Nase. Endoskopisch lässt sich das schaumige Blut aus dem Larynx austretend beobachten. Die tracheo- und bronchoskopische Untersuchung vermag, wie bereits erwähnt, in der Regel auch geringfügige (oft dann nicht schaumige) Blutungen in der Trachea und den oberen Abschnitten des Bronchialbaums nachzuweisen. Noch sensitiver ist die Zytologie einer broncho-alveolären Lavage: Pigmentabbauprodukte in Makrophagen sind als Hämosiderophagen noch Wochen nach einer Lungenblutung sichtbar.

Eine **Prognose** lässt sich nicht sicher formulieren, ohne dass Sitz und Natur der ursächlichen Veränderung bekannt sind. Geringgradige Blutungen aus den Nasengängen selbst, z. B. nach Sondenverletzungen, sistieren spontan in kurzer Zeit. Auch die Luftsackblutung durch Ruptur des *M. rectus capitis* kommt rasch zum Stehen. Eine ungünstigere Prognose kommt denjenigen Blutungen zu, die von Arterienarrosionen

(z. B. Luftsackmykose) herstammen. Das Nasenbluten aufgrund einer Lungenblutung (EIPH) ist prognostisch quoad vitam als günstig, quoad usum und quoad restitutionem als zweifelhaft bis ungünstig zu beurteilen (→3.6.5).

Therapie: Sollte die Blutungsquelle sichtbar und zugänglich sein, ist sie bei starkem Blutverlust zu ligieren oder zu kauterisieren. Kapilläre Blutungen in den oberen Luftwegen können mit Adrenalin getränkten Tupfern tamponiert werden. Die Tupfer sollten alle durch einen Faden miteinander verbunden sein und nicht länger als einen Tag liegen bleiben (wenn nötig Tracheotomie). Empfindliche Pferde lassen sich die Tamponade allerdings nicht widerstandslos gefallen und prusten die Tupfer immer wieder aus.

Eine radikale Exzision, wiederholte Laserablation (je nach Größe und Lokalisation alleine oder kombiniert) des progressiven Hämatoms des Ethmoids (manchmal handelt es sich dabei eigentlich um Hämangioendotheliome) oder mehrfache intratumoraler Formalininjektion (4 %) führen in vielen Fällen zu Dauererfolgen.

Bei starkem Blutverlust mit deutlichen Symptomen des hypovolämischen Schocks (Tachypnoe, Tachykardie, weisse Schleimhäute u. a.) ist mit einem Blutvolumenverlust von über 25 % zu rechnen, und eine Bluttransfusion ist angezeigt.

3.1.3 Nüsternlähmung

Als Folge einer Lähmung der Muskeln, die die Nüstern erweitern (*M. levator nasolabialis* und *M. caninus*) durch Traumatisierung der oberen Backenäste *(rami buccales dorsales)* des *N. facialis* lässt sich beim Pferd eine meist einseitige Nüsternlähmung beobachten. Häufig ist das Trauma stumpf und äußerlich (Schlag, Kompression durch Halfter etc.), möglich sind auch iatrogene Traumatisierungen (z. B. Buccotomie) oder infektiöse (selten z. B. Luftsackmykose), degenerative (z. B. Zungenbeinosteopathie) und idiopathische (z. B. Polyneuritis mit Kopfnervenbeteiligung →6.3.6.2) lokalisierte und auch generalisiert toxische Schädigungen (z. B. Botulismus →16.7.1 oder Bleivergiftung →14.3). Je peripherer die Erkrankung des *N. facialis*, desto undeutlicher ist die Symptomatologie in Ruhe. Die Oberlippe kann nach der gesunden Seite hin etwas verzogen sein; die gelähmte Nüster ist länger und schlaffer als die normale. Besonders im Galopp wird aber die gelähmte Nüster in der Inspiration passiv verschlossen, während der Exspiration erzeugt sie manchmal ein flatterndes Geräusch. Empfindliche Pferde geraten dabei rasch in einen Angstzustand, der auf die damit verbundene Atemnot zurückzuführen ist. Ist der Rückzieher und Heber der Oberlippe von der Lähmung ebenfalls betroffen, kommt es zum typischen Bild einer Facialislähmung (→6.3.3.2).

Eine medikamentelle **Therapie** verspricht keinen Erfolg. Liegt der Lähmung eine fassbare Ursache zugrunde, so ist diese Ursache entsprechend zu behandeln. Resektionen der Alarfalte und Einsetzen von Prothesen (z. T. mit autologem Ohrknorpel) sind beschriebene chirurgische Versuche, den Kollaps bei der Inspiration zu beheben und so eine normale Atemfunktion wiederherzustellen.

Weil es oft unmöglich ist, klinisch zu entscheiden, wie stark der Nerv traumatisiert ist, lässt sich **prognostisch** eine derartige Nüsternlähmung oft erst nach einer Beobachtungszeit von mehreren Wochen abschließend beurteilen. Akut aufgetretene, auf Traumen beruhende Lähmungen (also eine leichte «Nervenquetschung») erweisen sich meistens als reversibel, gelegentlich bleibt jedoch eine funktionelle Störung zurück, die den Gebrauch des Pferdes in höheren Gangarten behindert.

Eine angeborene, ätiologisch ungeklärte, abnorme Beweglichkeit im falschen Nasenloch und in der Nasentrompete (**Stenosen der Alarfalten**, *«nasal-flutter»*) erzeugt während der Arbeit inspiratorische und exspiratorische Atemgeräusche. Der

Zustand wurde beim «*American saddle horse*» gehäuft beobachtet (genetische Veranlagung) und wird chirurgisch durch die Resektion der Flügelfalte und der medialen Wand der Nasentrompete korrigiert.

3.1.4 Rhinitis

Beim Pferd treten selbstständige Rhinitiden selten auf, während sie als Begleitsymptom infektiöser Respirationskrankheiten viel häufiger vorkommen. In jedem Fall ist Nasenausfluss vorhanden, dessen Natur und Menge für die Beurteilung wichtig ist. Die sichtbare Schleimhaut ist gerötet und oft injiziert. Die Kehlganglymphknoten sind bei Rhinitis meist reaktiv. Eine Rhinitis wird aufgrund dieser Veränderungen und der Natur der abgegebenen Sekrete charakterisiert, aber bei der Beobachtung des Leitsymptoms «Nasenausfluss» ist eben daran zu denken, dass die meisten aus den Nüstern austretenden Sekrete nicht aus den Nasengängen selber, sondern aus den tiefen Luftwegen stammen.

Nicht infektiöse Rhinitiden werden vor allem nach Reizung durch Gase, Staub, Rauch und Dampf beobachtet. Besonders schwer pflegt sich die Rhinitis nach Bränden zu zeigen, weil dabei der Rauch selbst, aber auch die Hitze an sich die Schleimhäute der Nase in hohem Grad schädigen können. Mehrfaches Setzen der Nasen-Schlund-Sonde kann zu Verletzungen und sekundären Infektionen führen. Neben den **physikalischen und chemischen Reizen** mag in Einzelfällen eine lokale **Immunreaktion** eine Rhinitis hervorrufen (heuschnupfenähnlich). Bei bestimmten Immunerkrankungen, wie dem Morbus maculosus (→13.3.2), ist dem Zustand der Nasenschleimhaut besondere Beachtung zu schenken, weil eine erhebliche Schwellung oft verbunden ist mit einem vergleichbaren Zustand im Kehlkopf, welcher zu Atemnot führen kann. Als beim Pferd seltene eigenständige Rhinitis ist eine **vasomotorische Rhinitis** beschrieben, die Ausdruck einer (anscheinend z. T. durch Stress und Arbeit ausgelösten) Unverträglichkeitsreaktion sein soll und auf die intranasale Zerstäubung von Xylometazolin (adrenerger Agonist, Mastzell-Stabilisator) und Natrium Chromoglycat ansprechen kann. Eine ***Rhinitis sicca*** mit z. T. dicken, trockenen Auflagerungen und Krusten und oft mit respiratorischen Stenosegeräuschen finden wir auch bei der Graskrankheit als Folge einer neurogenen Erkrankung des Ganglion sphenopalatinum (→4.2.6.1.4 & 6.3.5 & Abb. 3.1).

Schwellungen der Nasenschleimhaut – manchmal von bedrohlichem Ausmaß – werden auch als **Unverträglichkeitsreaktion** gegenüber Medikamenten interpretiert (z. B. Chinidinsulfat) oder als Ausdruck einer lokalen oder systemischen Immunreaktion.

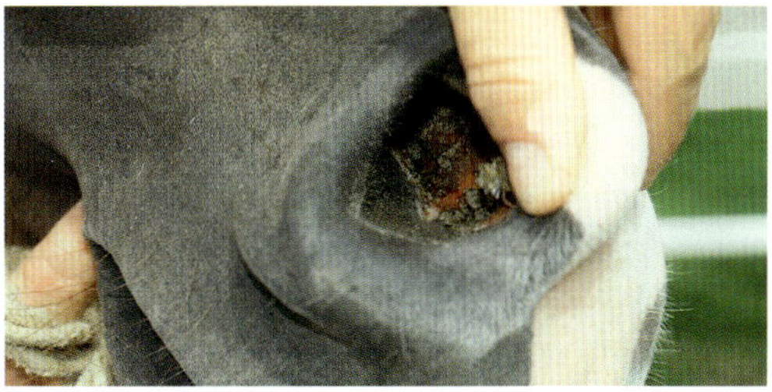

Abb. 3.1: Rhinitis sicca: Pathognomonische pseudomembranöse Rhinitis (Rhinitis sicca), hervorgerufen durch eine Neuropathie des Ganglion sphenopalatinum bei subakutem oder chronischem Verlauf der Graskrankheit.

Infektionen mit den equinen Rhinoviren verlaufen meist asymptomatisch und mild. Sie scheinen jedoch rasch sekundär kompliziert zu werden. Die Rhinovirusinfektionen werden im Kapitel Virusinfektionen ausführlich behandelt (→15.2.2). Neben den Viralinfekten kommen bakterielle, oberflächliche und tiefe mykotische sowie auch parasitäre Ursachen infrage. Bei purulentem, v. a. bei stinkendem Nasenausfluss ist aber insb. auch an intranasale Drainage einer eitrigen maxillären Alveolarperiostitis zu denken. Mykotische Rhinitiden können spontan oder infolge längerfristiger Antibiotikagabe (z. B. bei chronischen Nasennebenhöhlen-Infekten) entstehen.

Differenzialdiagnostisch ist ggf. auch in Betracht zu ziehen, dass **reizendes Futter** (z. B. behandeltes Stroh oder verschimmeltes Heu) eine Ursache gehäufter Fälle einer **Hautaffektion** um die Nüstern und an der Oberlippe sein kann. Dabei lösen sich die obersten mumifizierten Hautschichten in trockenen Fetzen oder blättern ab, darunter scheint die Haut nicht betroffen. Abgeschilferte pigmentierte Hautteile können dann, vermischt mit Staub und Tränensekret, einen übel aussehenden Nasenausfluss vortäuschen. Im Allgemeinen ist aber keine Rhinitis vorhanden, sondern nur die beschriebenen Hautveränderungen. Die Veränderungen heilen innerhalb weniger Tage spontan ab; es ist keine Therapie notwendig.

Die **Diagnose** «Rhinitis» bereitet durch den Einsatz der Endoskopie an sich wenige Schwierigkeiten. Der Nachweis indessen, dass die vorliegende Rhinitis primär und selbstständig aufgetreten sei und nicht eine andere Ursache für einen beobachteten Nasenausfluss verantwortlich ist, lässt sich nur durch Ausschluss erbringen, d. h., es müssen alle möglichen Primärkrankheiten sowohl der oberen (Pharyngitis, Sinusitis, Luftsackempyem etc.) als auch der unteren Luftwege (z. B. RAO) sorgfältig ausgeschlossen werden. Tief gehende Knochenschäden, aber auch Ergüsse in die Nasenmuscheln lassen sich radiologisch darstellen.

Prognose: Akute Rhinitiden heilen meistens spontan nach Ausschaltung der Ursache. Chronische Rhinitis dagegen zeigt eine schlechte spontane Heiltendenz, und die Tatsache, dass sie oft mit einer Sinusitis oder anderen Krankheiten vergesellschaftet oder sekundär dazu auftreten kann, beeinflusst die Prognose quoad restitutionem.

Außer der oben beschriebenen abschwellenden **Therapie** der vasomotorischen Rhinitis und einer dem Keim entsprechenden antibiotischen oder -mykotischen Medikation bei infektiösen Rhinitiden muss die Behandlung hauptsächlich im Versuch bestehen, die Ursache abzustellen. Symptomatische lindernde Behandlungen mit Spülungen der Nasenhöhlen lassen sich bei geduldigen Patienten leicht durchführen, am besten mit einem weichen Kunststoffkatheter. Das Spülmittel sollte eine milde und möglichst nicht reizende Wirkung ausüben (z. B. Kamillenextrakt). Eine lokale oder parenterale antibiotische Therapie ist bei reiner Rhinitis meist nicht am Platz, außer wenn – bei erheblicher Schwellung – ein Kortikosteroid verabreicht werden muss.

Die Nüsternöffnungen sind nach Entfernen von Krusten mit milder Salbe zu pflegen. Nekrosen der Knochen und Knorpel müssen über den Weg einer meist endoskopischen operativen Eröffnung der Nasenhöhlen und Debridement angegangen werden. Das nekrotische Material muss sorgfältig entfernt werden, anschließend wird direkt lokal behandelt. Die hauptsächlichen Schwierigkeiten von Operationen an diesen Strukturen bestehen in der Beherrschung der meistens unangenehm starken, diffusen Blutungen. Außerdem kann sich die topische Behandlung als schwierig und langwierig gestalten.

3.1.5 Erkrankungen des Tränennasengangs

Bei Pferden mit einer hartnäckigen, einseitigen Bindehautentzündung und tränendem Auge (Epiphora) wird, um die Durchlässigkeit des Tränenkanals zu prüfen, über die Mündung des Tränenkanals (*ostium nasolacrimale*; meistens deutlich am Übergang von pigmentierter zu unpigmentierter Schleimhaut auf dem Nüsternboden zu sehen; cave! beim Esel weiter dorso-lateral an der Nüsterninnenseite) versucht, den Kanal retrograd zu spülen. Ist der Kanal nicht spülbar, kommt differenzialdiagnostisch eine Entzündung (z. B. durch Fremdkörper), Kompression (z. B. bei Sinusitis oder Exostosen der lacrimo-maxillären Knochennaht), Ruptur oder eine Atresie des Tränenkanales, die dort eine fluktuierende, zystenähnliche Anschwellung und eben den Tränenfluss und Konjunktivitis hervorruft, infrage.

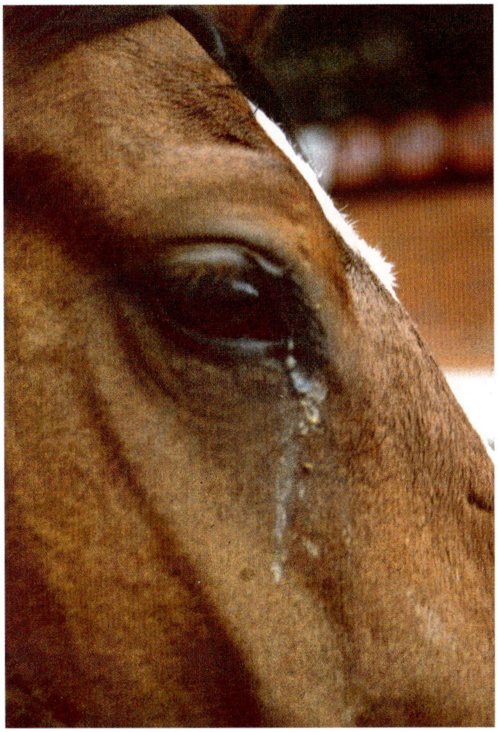

Abb. 3.2: Tränenträufeln (Epiphora): Spontanes Überlaufen der Tränen über den Lidrand bei Verlegung des Tränenkanals. In diesem Fall aufgrund einer Sinusitis maxillaris dextra.

3.1.6 Erkrankungen der Nasennebenhöhlen

3.1.6.1 Sinusitis

Der Kliniker unterscheidet die häufigere Sinusitis maxillaris von der Sinusitis frontalis, wobei diese für sich alleine, aber auch beide zusammen auftreten können. Dagegen ist Beteiligung der Gaumen- und Keilbeinhöhle *(S. spheno-palatinus)* nicht ein selbstständiges Krankheitsgeschehen, sondern tritt als Komplikation einer *S. maxillaris* auf (→3.1.7). Grundsätzlich können Sinusitiden in **primäre** (Abflussstörung der normalen nasomaxillären Drainage) und **sekundäre** (v. a. Alveolarperiostitis und Pulpitis der Backenzähne, aber auch Zysten, Tumore etc.) eingeteilt werden. Bei primären Sinusitiden werden häufig *S. equi zooepidemicus, Pseudomonas aeruginosa, Bacteroides* spp., *Peptostreptococcus* spp. und *E. coli* isoliert. Die ätiologische Bedeutung ist aber oft unklar. Bei sekundären Sinusitiden mit Backenzahnbeteiligung sind es dagegen v. a. Anaerobier wie *Bacteroides fragilis, B. melaninogenicus, B. oralis* und *Fusobacterium mortiferum.*

3.1.6.1.1 *Kieferhöhle (Sinusitis maxillaris)*

Entzündungen der Kieferhöhle lassen sich beim Pferd relativ häufig beobachten, häufig sind sie sekundär als Folge einer Alveolarperiostitis oder anderer Krankheiten der Backenzähne, gelegentlich auch als Folge eines Traumas (Depressionsfrakturen) oder auch einer Infektion der Atemwege. Die gewissenhafte Untersuchung anlässlich des Auftretens akuter infektiöser Respirationsleiden zeigt, dass die Kieferhöhlen nicht selten mitbeteiligt sind. Solche akuten Sinusitiden sind aber oft selbstlimitierend.

Eine besondere Stellung bei der Lokalisation der erkrankten Bezirke, nehmen die rostralen Nasennebenhöhlen, namentlich der ***Sinus maxillaris rostralis*** und der ***Sinus conchae ventralis***, ein. Obwohl alle Nasennebenhöhlen (einer Körperhälfte) untereinander zumindest indirekt in Verbindung stehen, kann das komplexe System der Nasennebenhöhlen hinsichtlich seiner räumlichen Anordnung weiter in ein rostrales und kaudales System unterteilt werden. Aus Sicht des Klinikers macht diese Unterteilung insofern Sinn, als sich bei chronischen Infektionen Eiter und Keime genau in diesen am rostralsten und ventralsten gelegenen Sinus ablagern. Bei den routinemäßig durchgeführten chirurgischen Eingriffen im Bereich des Nasennebenhöhlen-Systems hingegen werden oft genau diese beiden Sinus nicht zwingend eröffnet. Auch wenn in den meisten Fällen mit chronischen Infektionsgeschehen (primärer oder sekundärer Natur) gleichzeitig auch das oberflächlicher angelegte kaudale System mitbetroffen ist, werden diese Prozesse nur unzureichend diagnostisch gewichtet und behandelt. Insbesondere sind hier Eiter-Konkremente zu nennen. Um eine möglichst vollständige Exploration (ggf.

endoskopgestützt) der Nasennebenhöhlen vorzunehmen, ist ein Zugang im Bereich des dorsal gut exponierten *Sinus conchofrontalis* vorteilhaft. Dieser ermöglicht zugleich eine relativ weitläufige Exploration und Behandlung des kaudalen Systems und des rostralen Systems nach Fenestrierung der Bulla des *Sinus conchae ventralis*, welche im Bereich der meist gut erkennbaren *Apertura frontomaxillaria* in den *Sinus maxillaris caudalis* ragt. Alternativ kann eine Sinusotomie oder Trepanation des *Sinus maxillaris rostralis* vorgenommen werden. Bei dieser Variante ist jedoch insbesondere bei Jungtieren die Gefahr einer iatrogenen Zahnwurzelschädigung der Backenzähne (P1/M1) zu beachten, und außerdem ist eine Exploration des kaudalen Systems nur dann gegeben, falls sich die Sinusotomie bis über den *Sinus maxillaris caudalis* erstreckt *(«maxillary bone flap»)*. Eine Sinusitis wird in der Regel erst bemerkt, wenn sie chronisch geworden und ihre **Symptomatik** entsprechend ausgeprägt ist. Die chronische Sinusitis maxillaris stellt beim Pferd fast ausschließlich eine einseitige Erkrankung eitrigen Charakters dar (Empyem). Die Patienten zeigen vor allem bei tiefer Kopfhaltung einseitigen Nasenausfluss in wechselnder Menge. Das Sekret ist oft krümelig-bröcklig und riecht in diesen chronischen Fällen auch bei primären Sinusitiden meistens unangenehm. Es mag eine lokale Auftreibung der entsprechenden Knochen mit Perkussionsschmerz auffallen. Der Perkussionsschall über der erkrankten Kieferhöhle ist beim Vorliegen von Eitermassen von dumpfer Qualität.

In praktisch jedem Fall sind die Kehlganglymphknoten einseitig etwas reaktiv, also vergrößert und druckdolent. Nicht selten besteht gleichzeitig eine eitrige Konjunktivitis, hervorgerufen durch die fortgeleitete Entzündung in den Tränenkanal. Bei primären Zahnkrankheiten können Kaubeschwerden vorliegen, oft ist der sehr typische, stinkende Geruch nach Zahneiter wahrzunehmen (flüchtige, von proteolytischen Anaerobiern produzierte Schwefelverbindungen). Außerdem sind Sinusitiden eine der vielen möglichen Ursachen für *«headshaking»* (→6.3.3.2).

Komplikationen verschleppter Sinusitiden der Kieferhöhle bestehen in einem Übergreifen der Infektion in die Knochen und Stirnhöhle. Durchbrüche in die Maulhöhle und durch die Oberkieferknochenplatte nach außen kommen selten vor.

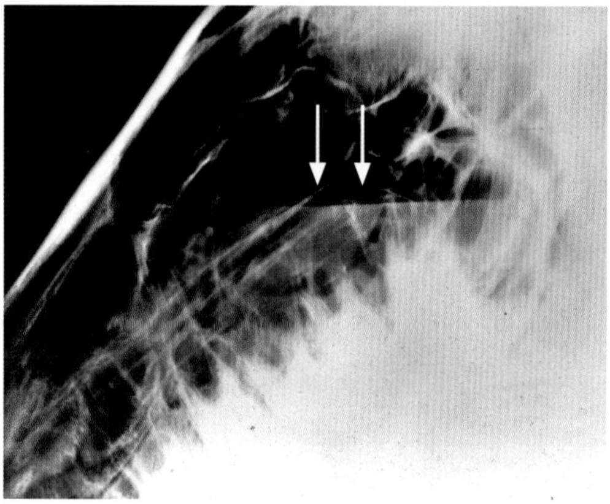

Abb. 3.3: Empyem der Kieferhöhle: Empyem des *Sinus maxillaris*. Das Röntgenbild zeigt einen horizontalen Flüssigkeitsspiegel (Pfeile). Die Zahnwurzeln scheinen unverändert.

Diagnose: Zu den Kardinalsymptomen gehören Nasenausfluss und einseitig vergrößerte Mandibularlymphknoten. Die Diagnose bereitet kaum Schwierigkeiten. Hingegen kann das Herausfinden der Ursache der Sinusitis eine Herausforderung sein. In jedem Fall ist es angebracht, bei der Sinusitis maxillaris eine Röntgenuntersuchung anzustellen, weil damit über das Ausmaß und oft über die Herkunft der Vereiterung genauere Informationen gewonnen werden können. Überdies erlaubt die Röntgenuntersuchung in der Regel die Bestätigung der Diagnose. Sie gibt zudem oft wertvolle Auskünfte über den Zustand der Backenzähne, deren Alveolen und Wurzeln. Eine präzise Beurteilung ist aber mittels Röntgenuntersuchungen des Kopfes nicht immer möglich. In einzelnen Fällen, bei denen röntgenologisch die Nasennebenhöhlen und die Zahnwurzeln der Maxilla nicht gut zu beurteilen sind, ist die Zuhilfenahme weiterer bildgebender Verfahren (Sinuskopie, CT, MRI, Szintigrafie) nötig. Insbesondere wenn die Möglichkeit besteht, am stehenden, sedierten Pferd eine CT-Untersuchung des Kopfes durchzuführen, wird man diese Option in vielen komplizierteren Fällen, insb. bei Beteiligung der Backenzähne, der Röntgenuntersuchung vorziehen. Die Endoskopie liefert dagegen in der Regel keine wesentlich neuen Informationen (visuelle Bestätigung von Eiterausfluss aus dem *Ostium nasomaxillare*), außer zum differenzialdiagnostischen Ausschluss einer Luftsackerkrankung (→3.2) und ggf. zur Visualisierung und Biopsie von Tumoren oder Zysten (Sinuskopie). Differenzialdiagnostisch ist bei Jungtieren auch die (sehr seltene) ernährungsbedingte Osteodystrophia fibrosa auszuschließen, die eine symmetrische, beidseitige Anschwellung des Kopfes zu provozieren pflegt und den Unterkiefer gleichzeitig in Mitleidenschaft zieht (→9.1.1). Karzinome der Kieferhöhlen führen auch zu starker Auftreibung, aber verursachen meist wenig Ausfluss (oft leichte Blutungen!). Die regionalen Lymphknoten sind dabei in der Regel ebenfalls einseitig vergrößert. Einen weniger ausgeprägt einseitigen Nasenausfluss vergleichbarer Qualität beobachten wir auch bei Luftsackvereiterungen; die Differenzierung sollte aufgrund der Lokalbefunde (Mandibularlymphknoten nicht reaktiv; retropharyngeale Lymphknoten vergrößert) und mithilfe von Zusatzuntersuchungen (Endoskopie der Nasengänge, Pharynx und v. a. Luftsäcke; Röntgen) möglich sein. Eine von der Sinusitis unabhängige Stenosierung des Tränenkanals führt zum einseitigen Epiphora (Tränenfluss) und gelegentlich zur einseitigen Konjunktivitis. Die Differenzierung ist mittels einer Tränenkanalspülung mit Farbstofflösungen leicht nachzuvollziehen.

Prognose: Die chronische Sinusitis maxillaris ist prognostisch je nach Primärursache (Komplikationen insb. der Zahninfekte) vorsichtig zu beurteilen. Obgleich in vielen Fällen eine Abheilung unter einer recht aufwendigen Therapie erreicht werden kann, gibt es immer wieder Patienten, bei denen der Heilungsverlauf nicht befriedigt. Es handelt sich dabei oft um Tiere, deren Kommunikationsöffnung von der Kieferhöhle zur Nasenhöhle verengt oder verschlossen ist; gelegentlich ist auch der Tränenkanal stenosiert und ist nicht gleichzeitig zur Abheilung zu bringen. Meistens liegt aber bei unbefriedigend oder nicht abheilenden Sinusitiden eine eitrige Affektion knöcherner Strukturen vor (vor allem bei einer Alveolarperiostitis). Hier ist die Prognosestellung von einer möglichst exakten Diagnose abhängig (s. o. Schwierigkeiten röntgenologischer Entdeckung der Zahnbeteiligung und bessere Aussagen mit CT).

Therapie: Die Behandlung der Primärerkrankung steht im Vordergrund. Pferde, die an Sinusitis maxillaris leiden, sind am Boden zu füttern, um den Abfluss der Sekrete zu erleichtern. Der Sauberkeit von Krippen, Tränkeimern oder Selbsttränken ist Beachtung zu schenken. Die meisten Sinusitiden sind derart verschleppt, dass eine parenterale Antibiose und Allgemeinbehandlung nur als unterstützende Maßnahme ins Auge zu fassen ist. Ein Therapieversuch mit Durchspülung der Kieferhöhlen durch einen Verweilkatheter oder transendoskopisch ist langwierig (z. B. 5–10 Liter BID während 2–10 Tagen), aber mag sich lohnen. Gelegentlich liefert aber diese Behandlungsmethode unbefriedigende Resultate. Es wird dann trepaniert oder fenestriert («Knochenflap»), die Höhlen werden dabei ausgeräumt und ein Zugang geschaffen für intensive Spülungen. Schwerkraftspülungen werden am besten mit großen Mengen steriler, körperwarmer isotoner Flüssigkeit, anschließend mit Jod-Povidon (z. B. Betadine) vorgenommen. Die Behandlung kann sich über Wochen hinziehen. Die Extraktion von infizierten Backenzähnen kann mittels verschiedener

Techniken (bevorzugte orale Extraktion um die Entstehung einer orosinusalen Fistel zu vermeiden) angegangen werden und stellt oft eine eigene chirurgische Herausforderung dar. Abszess- und Fistelbildung, persistierende Zahninfekte kleine, infizierte Fragmente und Sequester nach Extraktion sind die häufigsten Gründe für eine Verzögerung des Heilungsprozesses.

3.1.6.1.2 Stirnhöhle (*Sinus frontalis*)

Eine Entzündung des *Sinus (concho-)frontalis* wird beim Pferd eher selten beobachtet, und zwar meistens bei gleichzeitig vorliegender Sinusitis maxillaris oder anderen übergreifenden Prozessen, wie z. B. Tumoren, manchmal nach perforierenden Traumen (Impressionsfrakturen). Zum Beispiel sind entsprechend der anatomischen Gegebenheiten sekundäre Sinusitiden aufgrund von Backenzahnproblemen nur fortgeleitet vom *S. maxillaris* möglich. Der *S. frontalis* besitzt, mit Ausnahme der seltenen «*Frontal Sinus Eversion*», einer wahrscheinlich kongenitalen knöchernen Geschwulst, keine besonderen eigenständigen Krankheitsbilder. Dementsprechend gestalten sich **Diagnostik** und **Behandlung** grundsätzlich gleich wie bei der Sinusitis maxillaris.

Symptomatik der Sinusitis

- Nasenausfluss
  - meist nur betroffene Seite
  - muko-purulent bei primärer Sinusitis
  - kann aber auch bei verschleppten primären Prozessen unangenehm riechen
  - stinkend-eitrig bei ursächlichen Zahnerkrankungen
  - blutig-eitrig bei Tumoren
- korrespondierende Lymphknoten reaktiv, vergrößert und druckdolent
- Augenausfluss (Epiphora durch Verstopfung des entzündeten Tränenkanals)
- evtl. Auftreibung, Schmerz bei Palpation und Perkussion über betroffenem Sinus
- evtl. gedämpfter Perkussionsschall

3.1.6.1.3 Gaumen- und Keilbeinhöhle (*Sinus palatinus und Sinus sphenoidalis*)

Die *Sinus palatinus* bzw. *S. sphenoides* sind beim Pferd meistens zu einem *Sinus sphenopalatinus* (Keilbeinhöhle) zusammengefasst. Erkrankungen dieses Höhlensystems scheinen nur im Zusammenhang mit Kieferhöhlenentzündungen aufzutreten. U. a. können Kieferhöhlenspülungen unter Druck Infektionen über den *aditus maxillopalatinus* bis in die Keilbeinhöhle verschleppen. Entzündungen der Keilbeinhöhle werden meist erst dann besonders beachtet, wenn sie zu neurologischen **Symptomen** wie z. B. Hirnnervenstörungen (insb. *N. opticus*) geführt haben: Amaurose, Atrophie der *Papilla optica*, Exophthalmus, Meningitissymptomatik. Die Diagnose einer Erkrankung der Keilbeinhöhle ist meist nur mit bildgebenden Verfahren (am besten CT und evtl. MRI) möglich.

3.1.6.2 Geschwülste der Nebenhöhlen

In der Nasenhöhle und – etwas häufiger – in der Kieferhöhle des Pferdes entwickeln sich gelegentlich Neubildungen. Meistens handelt es sich dabei um maligne Neoplasmen, wie Plattenepithelkarzinome und Spindelzellsarkome, auch Mastozytome, Hämangio- und Lymphosarkome; andere Geschwülste (z. B. benigne Fibrome, Fibrosarkome, Osteochondrome, Neurofibrome, Neuroblastome oder auch Adamantome) und auch infektiöse Granulome (z. B. Mykosen, bakterielle und parasitäre Infekte, wie Rotz, Aspergillose oder *Halicephalobus-gingivalis*-Befall) werden seltener beobachtet. Weiter sind eigentliche Tumoren zu differenzieren von **zystenähnlichen Gebilden**, die von der Kieferhöhlenschleimhaut (meist schleimgefüllte Sinuszysten, Mukozelen, am häufigsten im *S. maxillaris*) selbst, aber auch vom Ethmoid ausgehen (progressives Siebbeinhämatom) und ebenfalls zu Deformationen der Schädelknochen führen können, sowie von harten Schwellungen (Exostosen) der Gesichtsknochen, die von den Knochennähten (z. B. Epiphora durch Kompression des Tränenkanals) herrühren. Differenzialdiagnostisch wäre bei Jungtieren mit Gesichtsdeformationen auch die seltene ernährungsbedingte Osteodystrophia fibrosa auszuschließen (→10.3).

Symptome: Von außen ist manchmal eine einseitige Auftreibung auffallend, die je nach Ausmaß mit einem einseitigen Exophthalmus, Tränenfluss, manchmal Chemosis verbunden ist. Etwas Nasenausfluss besteht fast immer, er ist meist spärlich, schleimig bis schleimig-eitrig und oft mit Nasenbluten verbunden, besonders wenn das Siebbein mitbeteiligt ist. Beim Vorliegen eines Kieferhöhlenkarzinoms wird in der Regel eine deutliche, derbhöckrige, nicht dolente Anschwellung der gleichseitigen Kehlganglymphknoten festgestellt. Auch diese Veränderungen sind potenzielle, wenn auch seltene Ursachen für «*head-shaking*» (→6.3.3.2). Durch Einengung der Nasengänge vermag ein Kieferhöhlentumor auch Atembeschwerden hervorzurufen und Dyspnoe, verbunden mit Geräuschen. Diese Erscheinungen beherrschen das Symptomenbild bei einem Tumorwachstum (inkl. Polypen) in den Nasengängen. Wächst der Tumor gegen den Pharynx zu, kann er endoskopisch von der Maulhöhle aus betrachtet werden. Bösartige Neubildungen, insb. rasch wachsende Plattenepithelkarzinome, dringen manchmal auch durch den harten Gaumen in die Maulhöhle vor (oder umgekehrt!). Verschleppte und vernachlässigte Fälle werden gelegentlich erst vorgestellt, wenn die Tiere Kaubeschwerden oder Zahnausfall aufweisen.

Der Verdacht, es könnte eine Neoplasie oder ein zystöses Gebilde vorliegen, lässt sich klinisch rechtfertigen beim Vorliegen von Knochenauftreibungen und geringem, bei malignen Tumoren meist serosanguinösem bis blutigem Nasenausfluss. Gerade Sinuszysten können aber neben der Sinusitis ohne zusätzliche klinische Hinweise auftreten, die Erkennung und **Diagnose** muss sich darum oft auf Zusatzuntersuchungen, wie Röntgen, CT, MRI oder Sinuskopie, ggf. mit Biopsie oder Probeexzision, stützen.

Therapie und **Prognose:** Geeignete Fälle können chirurgisch und radiotherapeutisch angegangen werden, aber viele derartige Prozesse sind zu weit fortgeschritten, als dass noch eine Heilungschance bestehen würde. Ausnahmen, die man ggf. medikamentell und chirurgisch angehen kann, sind juvenile Fibrome, sofern rechtzeitig diagnostiziert (partielle Knochenresektion), die dentogenen Tumoren, gepaart mit Zahnextraktion, gewisse infektiöse Granulome (→3.1.1), sowie v. a. die grundsätzlich gutartigen Sinuszysten, Polypen und auch das progressive Siebbeinhämatom.

3.1.6.3 Progressives Hämatom des Siebbeines

Das **progressive Siebbeinhämatom** stellt eine ätiologisch ungeklärte, aber nicht seltene Erkrankung der Nasengänge und -nebenhöhlen beim meist erwachsenen Pferd dar. Die oft zystenartigen, wie der Name sagt, typischerweise progressiv wachsenden, aber nicht neoplastischen, auch als blutende Polypen beschriebenen Gebilde entspringen meist ganz ventral am Ethmoid und wachsen in die kaudalen Nasengänge. Seltener sind die intrasinusoidalen Teile des Ethmoids betroffen mit Wachstum in *S. maxillaris* oder *frontalis* und nur ausnahmsweise scheint der Ursprung auch in der Submukosa der Sinusschleimhaut selber zu liegen. Das typischste **Symptom** ist ein chronisch-rezidivierender, oft spärlicher sero-sanguinöser Nasenausfluss. Allerdings kann das wenige Blut auch leicht abgeschluckt werden und ein subklinischer Verlauf über längere Zeit ist wahrscheinlich häufig. Weiter kann man manchmal auch einen mehr muko-purulenten Nasenausfluss (sekundäre Sinusitis), Obstruktion des Luftstroms mit Atemgeräuschen, auch reaktive Lymphknotenschwellung retropharyngealen Lymphknoten und «*head-shaking*» beobachten. Im Gegensatz zu festeren Gebilden und Tumoren sind aber Kompressionen und Deformationen knöcherner Strukturen durch ein Siebbeinhämatom sehr selten.

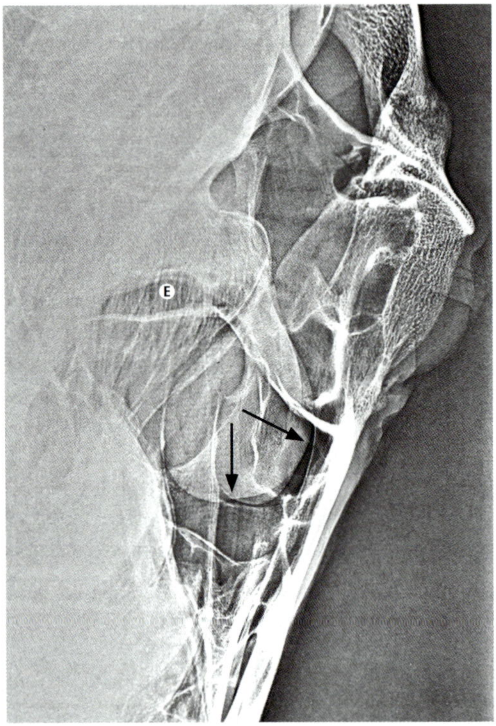

Abb. 3.4: Progressives Siebbeinhämatom: Xeroradiografie, schräg dorso-ventral aufgenommen. Vom Ethmoid (E) ausgehendes zystöses Gebilde im aboralen Teil der großen Kieferhöhle (Pfeile deuten auf die untere Kontur).

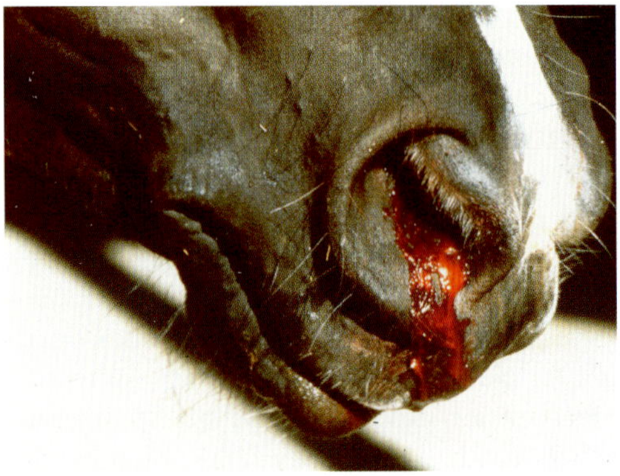

Abb. 3.5: Nasenbluten (Epistaxis oder Rhinorrhagie): Einseitige Blutung aus einem progressiven Hämatom des Ethmoids.

Die klinische Symptomatik rechtfertigt meist mindestens eine **Verdachtsdiagnose**. Zur Bestätigung und zum Ausschluss v. a. von anderen Geschwüren und Ursachen von Nasenbluten (Box 3.1.2) können Röntgenaufnahmen (Abb. 3.4), CT und MRI helfen. Meist genügt aber die Endoskopie (je nach Lokalisation auch Sinuskopie) die ein typisches Bild der polypartigen, glatten, rötlich bis grünlichen Geschwulst zeigt. Selten, evtl. bei untypischem Erscheinungsbild oder Lokalisation, wird eine histologische Bestätigung mittels Biopsie angestrebt.

Die **Therapieoptionen** umfassen chirurgische Exzision (Blutungskomplikationen), Laser- und Kryochirurgie, sowie chemische Koagulation mittels transendoskopischer Injektion von 4 % wässriger Formaldehydlösung. Letztere Möglichkeit ist oft die Therapie der Wahl, weil sie bei relativ geringem Aufwand und Komplikationsrisiko einen wenigstens kurz- bis mittelfristigen Erfolg, v. a. bei wiederholten Injektionen verspricht. Leider ist die Prognose langfristig aber ungünstig bis schlecht, weil innerhalb von Monaten bis einigen Jahren die meisten progressiven Siebbeinhämatome ungeachtet der gewählten Therapieform rezidivieren.

3.2 Krankheiten der Luftsäcke

Die Luftsäcke sind Ausweitungen der *Tuba eustachii* mit je 300–500 ml Luftinhalt aufgeteilt in zwei Kompartimente. Sie scheinen einen Beitrag zur Kühlung des Gehirns zu leisten und kommen nur bei Equiden, Tapiren und Nashörnern vor. Die *A. carotis interna*, die Hirnnerven IX, X, XI und XII und der Sympathikus mit dem kranialen Ganglion zervikale verlaufen im größeren (ca. 2/3 des Volumens) medialen, die *A. carotis externa* und der *N. facialis* (VII) im lateralen Kompartiment. Die Öffnung der Luftsackklappen (Mündung der *Tuba eustachii* in den Rachen) liegen bei angehobenem Kopf auf halber Höhe des medialen Luftsackkompartimentes und sind ausser beim Abschlucken geschlossen. Eine effektive Drainage ist darum nur bei gesenktem Kopf und beim Abschlucken (z. B. beim Grasen) möglich, wenn sich die Klappen öffnen.

Entsprechend ihrer komplexen Anatomie sind auch die Erkrankungen dieser Strukturen und ihre klinische Symptomatik vielfältig, und die Therapie erfordert ein differenziertes und gezieltes Vorgehen.

Übersicht der Luftsackerkrankungen

- Bakterielle Luftsackinfekte
- Luftsackmykose
- Luftsacktympanie
- Osteopathie des Temporohyoids
- Tumore

3.2.1 Bakterielle Infekte der Luftsäcke

Bakterielle Infekte der Luftsäcke sind meistens die Folge einer vom Pharynx aszendierenden, eitrigen Infektion (*Streptococcus equi* spp. *zooepidemicus* →16.6.1.2) oder manchmal spezifisch einer eigentlichen Druse (*S. equi* spp. *equi* →16.6.1.1) der retropharyngealen Lymphknoten, eventuell auch Folge einer Virusinfektion. Die abszedierten Lymphknoten brechen in der Regel in die Luftsäcke durch. Die Symptome der Primärkrankheit, häufig v. a. als Pharyngitis (→3.3.1) sichtbar, selten mit systemischen Anzeichen, beherrschen im akuten Stadium demnach recht oft das klinische Bild. Die **chronische Luftsackentzündung** dagegen oder das Luftsackempyem mit oder ohne Konkrementbildung erscheinen als selbstständige Krankheiten, sobald die Primäraffektion abgeklungen ist. Die Kammerung der Luftsäcke und ihr konkaver Boden begünstigen die Empyembildung. Aus Empyemen können nach Eintrocknung käsige bis harte Konkremente entstehen («Chondroitiden», aus dem Englischen «*chondroids*»).

Symptomatik der Luftsackerkrankungen

- **Nasenausfluss/Epistaxis**
  - bei Luftsackmykose anfänglich spärlich serös, später blutig
  - bei bakteriellem Infekt/Empyem eitrig
- **Retropharyngeale Auftreibung**
  - Bei Tympanie: eindrückbar, tympanischer Schall bei der Perkussion
  - Empyem: fest bei der Palpation, gedämpfter Schall bei der Perkussion, ggf. Stridor
- **Hirnnerven- und Sympatikusausfälle**
  - Dysphagie (Ramus pharyngeus *N. vagus* (X); *n. glosso-pharyngeus* (IX), *N. hypoglossus* (XII))
  - Lähmung von Augenlid, Nüster, Ohren und Lippe (*N. facialis* (VII))
  - Inspiratorisches Atemgeräusch (*N. recurrens* des *N. vagus* (X))
  - Zunge hängt aus dem Maul, einseitig reduzierter Zungentonus (vom *N. hypoglossus* (XII))
  - Hornhautentzündung (*N. ophthalmicus* (V))
  - *Keratitis sicca (N. facialis* (VII))
  - Horner-Syndrom (Reizung des *ganglion cervicale craniale trunci sympathici*)

Symptome und Diagnose: Der Nasenausfluss erfolgt schubweise, besonders wenn der Kopf nach unten gehalten wird, wie etwa beim Fressen, in meist reichlicher Menge. Er ist in der Regel rein eitrig und flüssig, oft beidseitig vorhanden, doch fließt das Sekret auf der befallenen Seite reichlicher. Bei Empyemen mit Eindickung wird das Sekret dann zunehmend klumpig oder es ist kein Nasenausfluss mehr vorhanden. Eine einseitige Anschwellung der Luftsackgegend (Parotisgegend) ist selten sicht- oder palpierbar. Kurzhalsige Pferde, die wenig Ganaschenfreiheit haben, weisen eher sichtbare Auftreibungen auf als langhalsige Tiere. Manchmal spürt man eine fluktuierende Auftreibung, deren Massage von einer Vermehrung des Nasenausflusses gefolgt werden kann. Selten sind Husten und deutliche Störungen des Allgemeinbefindens mit Fieber und Apathie. Der eitergefüllte Luftsack kann die Pharynxwand erheblich nach medial und nach ventral drücken. Diese Patienten zeigen dann Schluckbeschwerden und Regurgitieren, nicht selten auch Atemstenosegeräusche oder sogar Atemnot mit gestreckter Kopfhaltung. Deutlich seltener als bei der Luftsackmykose, aber v. a. bei sehr chronischen Entzündungen ebenfalls anzutreffen, sind Kopfnerven- und Sympathikusschäden (→6.3.3.2 resp. 6.3.5), die dann auch wiederum zu Schluck- und Atemstörungen oder einem Horner-Syndrom führen können. Raritäten sind Verklebungen der Luftsacköffnungen nach starken Entzündungen und Empyemen, die mit Luftsacktympanie einhergehen können.

Die klinische Untersuchung wird ergänzt durch eine endoskopische Betrachtung des Luftsacks. An den Luftsackklappen stellt man bei eitrigen Entzündungen und Empyemen manchmal eine Sekretstraße oder einen Sekretklumpen fest. Man führt das Endoskop mithilfe eines durch den exzentrisch angelegten Arbeitskanal eingeführten Katheter oder einen Führdraht (z. B. eine geschlossene Biopsiezange) oder eines Kunststoffkatheters unter einer halben Drehung durch die Luftsackklappen ein. Im Luftsackinnern wird man beim Empyem Sekretfetzen oder -pfützen sehen können, die sich bevorzugt in der medialen Kammer befinden, gelegentlich aber auch bis in die kleine, laterale reichen. Die sichtbare Schleimhaut erscheint gerötet, und die hintere Wand ist bei einer Lymphknotenschwellung der *Lnn. retropharyngeales* vorgewölbt. Je nach Zeitpunkt der Untersuchung wird bei Druse etwa die Durchbruchstelle des Abszesses durch die Wand erkennbar, ebenso wie auch Konkremente mit der Endoskopie sicher nachgewiesen werden.

Eine Röntgenuntersuchung ist besonders dann angezeigt, wenn Schluckbeschwerden, Regurgitieren oder Atemstenosegeräusche beobachtet werden. Sie orientiert über die Flüssigkeitsmenge und über etwa vorhandene Konkremente, vor allem gibt sie Auskunft über das Ausmaß der retropharyngealen Schwellung und der resultierenden Kompression von Larynx und Trachea. Schwierigkeiten bereitet die Interpretation knöcherner Schädigungen am Felsenbein und am Zungenbein (→3.2.4). Die Knochenszintigrafie, CT oder MRI können in diesen seltenen Fällen eine sicherere Lokalisierung der Entzündung ermöglichen.

Bei Störungen des Allgemeinzustandes ist ein hämatologisches Blutbild angezeigt. Bei Schluckbeschwerden mit Anzeichen von Futteraspiration in die unteren Luftwege (Husten; Fieber) sollte ergänzend die Lunge radiologisch untersucht werden.

Differenzialdiagnostisch ist eine eitrige Pharyngitis (Nasenausfluss aus beiden Nasenöffnungen, reaktive Mandibularlymphknoten, Schluckbeschwerden mit Regurgitieren, Palpationsschmerz über dem Pharynx) auszuschließen sowie eine Schwellung der retropharyngealen Lymphknoten mit oder ohne Durchbruch in den Luftsack oder auch eine *Sinusitis maxillaris* auf der gleichen Seite. Bei jeder eitrigen Luftsackentzündung muss, wie oben schon erwähnt, eine Druse in Betracht gezogen werden. Empyeme und Konkremente im Luftsack sind die häufigsten Lokalisationen einer chronischen Streptokokken-Infektion, insb. einer asymptomatischen Druse (*S. equi* subsp. *equi* →16.6.1.1). Selten ist die Ursache von Luftsackentzündungen eine Otitis media oder eine Reizung und Entzündung durch eingedrungene Futterteile oder andere Fremdkörper. Seltenheiten sind ebenfalls Frakturen des Zungenbeins oder unvollständige Stenosen und andere Deformationen der Luftsackklappen als Ursachen, sowie eine selbstständige chronische Divertikulitis mit neurologischen Ausfällen ohne identifizierbaren Streptokokkeninfekt.

Prognose: In die Luftsäcke durchgebrochene Abszesse heilen meistens nach kurzer Zeit ad integrum. Empyem- und Konkrementbildungen sind jedoch immer möglich und prognostisch vorsichtig zu beurteilen, weil ihre Therapie oft aufwendig ist und chirurgische Eingriffe manchmal riskant sind.

Therapie: Bei der Abszedierung retropharyngealer Lymphknoten mit Durchbruch in den Luftsack genügt meist die Fütterung vom Stallboden, unterstützt durch Massage. Die Luftsäcke lassen sich bei Empyem transendoskopisch oder von der Nase her mit einem

Ballonkatheter («Foley», der während der Therapie belassen wird) durchspülen, wenn nötig täglich mit ca. 500 ml. Auf die gleiche Art werden lokal wirkende desinfizierende und in seltenen Fällen antibiotische Medikamente (→3.2.2) eingebracht. Wir bevorzugen bei unkompliziertem Empyem meist wiederholte Spülungen mit Wasser, physiologischer NaCl-Lösung, stark verdünnter Betadine- oder Kamillenextraktlösung. Auch Luftsackkonkremente lassen sich oft endoskopisch mittels eines Biopsieinstrumentes oder eines Fangkorbes (Drahtschlingen) zerteilen und anschließend entfernen. Systemische Antibiose und Entzündungshemmer sind meist nur bei Störungen des Allgemeinzustandes nötig. Wenn die Atemnot gravierend ist, muss die Stenose über eine vorübergehende Tracheotomie umgangen werden. Bei Patienten mit Schluckbeschwerden wird die Fütterung angepasst oder vorübergehend sistiert, wenn Anzeichen von Futteraspiration in die unteren Luftwege bestehen.

Die chirurgische Behandlung von Luftsackkrankheiten ist aus anatomischen Gründen anspruchsvoll. Sie ist unumgänglich beim Empyem, das konservativ nicht zur Abheilung zu bringen ist, v. a. bei Konkrementen die sich endoskopisch nicht zerkleinern und herausspülen lassen. Je nach dem zu behandelnden Problem (und dem behandelnden Chirurgen) variiert die Technik.

3.2.2 Luftsackmykose

Luftsackmykosen sind typischerweise (aber nicht immer!) einseitig am Dach der medialen Kammer meist direkt auf einer Arterie lokalisiert und können durch Arrosion von Arterien (vor allem ***A. carotis interna***; gelegentlich, wenn auch die laterale Kammer betroffen ist, ***A. carotis externa***, sehr selten der *A. maxillaris interna* und *A. maxillaris externa*) zum rasch verlaufenden Verbluten Anlass geben. Verursacher sind opportunistische Schimmelpilze, fast immer *Aspergillus* spezies (v. a. *A. fumigatus* und *nidulans*), selten *Candida* ssp. Der endoskopische Nachweis der typischen Pilzplaques sichert die Diagnose (Abb. 3.6). Eine Aneurysmenbildung erfolgt wahrscheinlich eher sekundär im Zusammenhang mit einer Stenosierung der Arterie durch die Mykose und die damit verbundene Gewebsreaktion, allerdings ist eine prädisponierende Rolle von Aneurysmen in einzelnen Fällen nicht auszuschließen.

Symptome und Komplikationen: Die **Luftsackmykose** pflegt ohne deutliche Prodromalsymptome so lange zu verlaufen, bis der Pilz Gefäße arrodiert oder (seltener) Nerven geschädigt hat. Besonders exponiert sind der *N. sympathicus* (*Gl. cervicale craniale*) und die Hirnnerven IX–XII; Schäden an V, VII und VIII treten eher im Zusammenhang mit Läsionen am Felsen- und am Zungenbein (→3.2.4) auf. Die **Symptome** variieren entsprechend von Dysphagie (nach der Blutung die häufigste Komplikation/Symptomatik) mit Gefahr einer Aspirationspneumonie, Schmerzhaftigkeit der Parotisgegend, über das sogenannte Hornersyndrom, ipsilateraler Larynxhemiplegie, Dorsalverlagerung des Gaumensegels, Zungenlähmung, Fotophobie, bis zu (bei Mykosen eher selten) Fazialislähmungen und vestibulären Störungen. Die Dysphagie ist oft hochgradig, was klinisch auf eine Schädigung aller drei am Schluckakt beteiligten Kopfnerven (IX, X [Ramus pharyngeus] und XI) schließen lässt (→6.3.3.2). Neurologische Symptome und Hämorrhagie kommen selten gemeinsam vor, aber die Gefäßarrosion ist die häufigste klinische Manifestation. Typisch sind aber zuerst einige leichtere Blutungsepisoden, vorwiegend aus einer Nüster. Wenn solche aufgrund einer Luftsackmykose auftreten, muss innert Tagen bis Wochen mit einer stärkeren bis massiven Blutung gerechnet werden. Diese kann zum perakuten Verblutungstod führen. Aus der Anamnese erfährt man manchmal (meistens erst nachträglich), dass der Patient einen spärlichen Nasenausfluss mit evtl. unangenehmem Geruch, eine Schmerzhaftigkeit an der Ohrbasis, der Parotisgegend, im Genick, oder auch Halssteifheit, Fotophobie, Inappetenz und Schluckbeschwerden gezeigt habe.

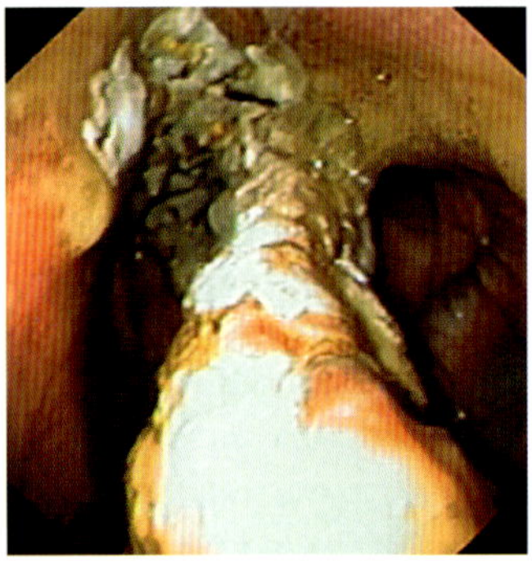

Abb. 3.6: Luftsackmykose: Nahaufnahme der Pilzplaques auf der Luftsackschleimhaut.

Die **Diagnose** einer Luftsackmykose wird also im Allgemeinen erst gestellt, wenn eine Gefäßarrosion oder die erwähnten Nervenschäden schon vorhanden sind. Die endoskopische Untersuchung ist in keinem verdächtigen Fall von Nasenbluten zu unterlassen. Sie ermöglicht zudem die Erkennung und Lokalisation mykotischer Beläge besonders am Luftsackdach. Diese, aus dem Pilzmyzel und dem darunterliegenden Gewebe gebildeten Plaques (Abb. 3.6) haben meist ein dyphteroides Aussehen mit unregelmäßiger Oberfläche, in der Farbe können sie von weißlich, über braun, grünlich, gelb bis schwarz (Arrosions- und Blutungsanzeichen) variieren. Die Ausdehnung reicht von unter 1 cm Durchmesser, wie bereits beschrieben meist direkt über einer Arterie, bis zur Überwucherung der gesamten Luftsackschleimhaut und sogar zum Durchbruch in den kontralateralen Luftsack. Selten sind reaktive Exostosen und ventrale Durchbrüche mit Abszessbildung. Bei Blutungen geht es grundsätzlich darum, den Ort der Arrosion zu lokalisieren. Allerdings ist in akuten Fällen wegen der Blutung im Luftsack selber kaum etwas zu sehen. Meist kann aufgrund einer Blutspur oder eines fingerförmigen Koagulums nur die betroffene Seite festgestellt werden. Die Endoskopie sollte, sofern es der Zustand des Patienten nach der initialen Stabilisierung zulässt, nach der akuten Blutung wiederholt werden. Meist sind 2–3 Tage nötig, bis man im Luftsack genügend sieht. Für die genaue Lokalisation der Gefäßarrosion kann weiter eine Arteriografie des Gebietes (von der *A. carotis communis* aus) durchgeführt werden. Außerdem sollten beide Luftsäcke endoskopiert werden, denn in einigen Fällen sind beide unabhängig voneinander betroffen. Zur Differenzialdiagnose von Epistaxis bei Luftsackblutung sind insb. an Rupturen der *Mm. Rectus capitis* et *longus capitis*, welche mit Avulsionsfrakturen des Basisphenoids einhergehen können.

Prognose: Ohne chirurgische Unterbindung des Blutflusses ist bei nachgewiesener Mykose und Arrosion eine zweifelhafte bis ungünstige Prognose zu stellen. Bei Vorliegen einer neurologischen Störung oder einer Aspirationspneumonie ist eine vorsichtige Prognose zu stellen. Die Genesung von neurologischen Ausfällen kann erst nach Monaten (bis über ein Jahr) nach Auftreten der Dysphagie beurteilt werden.

Therapie: Der Blutfluss durch das Gefäß wird unterbunden, mittels intraluminaler Ballonierung distal der Mykose in Verbindung mit einer proximalen Ligatur, oder durch «coils» proximal und distal der Arrosionsstelle. Die Mykose heilt anschließend meistens spontan ab (ggf. unterstützt von einer topischen Therapie, s. u.), nachdem die arterielle Blutzufuhr unterbunden ist. Im Notfall kann die *A. carotis communis* ggf. beidseits als lebensrettende Erstversorgung im Halsbereich im Stehen oder in Allgemeinnarkose abgebunden werden, ohne wesentliche Störungen hervorzurufen. Allgemein sollten betroffene Pferde, wie alle Patienten mit gefährlichen Blutungen, ruhiggestellt werden. Transfusionen sollten nur wenn nötig (→12.2.2.2) durchgeführt werden. Wenn der operative Eingriff keine Option darstellt oder wenn die

Mykose nicht gefäßassoziiert ist (sehr selten, aber Fälle mit Dysphagie und Plaque direkt auf einem Nerv [z. B. *ramus pharyngeus* des X] kommen vor), kann – v. a. bei Patienten, die «nur» Kopfnervenausfälle und keine Blutungen zeigen – versucht werden, die Mykose medikamentell zu behandeln, allerdings mit bestenfalls mäßigen Erfolgschancen. Damit die lokale antimykotische Wirkung möglichst lang lokal am Luftsackdach direkt auf die Schimmelpilze einwirkt, kann das Medikament (Ketokonazol 5–15 g; Nystatin Puder bis 15 g; Natamyzin-, Enilkonazol- oder Jodlösungen) entweder in Puder- oder in Gelform aus einem endoskopisch geführten oder beobachteten Katheter auf die Pilzplaques appliziert werden. Bei der Puderform benötigt man einen am Katheter befestigten Zerstäuber, für das Gel nur eine Spritze. Einen guten Erfolg verspricht z. B. eine Mischung aus ca. 5 g Ketokonazol in 3–4 g Gelatine, die auf ca. 38 °C aufgewärmt flüssig genug bleibt, um durch den Katheter appliziert werden zu können und viskös genug ist, um so lange wie möglich an den Pilzplaques zu haften. Dies wird nach Wirkung, meist 7–10 Tage, täglich wiederholt. Man kann versuchen, mit diesem Gel den Luftsack auf- und auszufüllen, was sich aber in unseren Händen nicht als praktisch (und ökonomisch) erwiesen hat.

3.2.3 Luftsacktympanie

Luftsacktympanie oder -**meteorismus** tritt vereinzelt nach Verklebungen im Zusammenhang mit einem Empyem auf. Die selbstständige kongenitale Form der Tympanie kommt etwas häufiger vor und ist meist beim jungen Saugfohlen (Stutfohlen sind vermehrt betroffen), aber auch bei Jungpferden bis über einjährig zu beobachten. Diese Form tritt, rezessiv vererbt, linien- und rassebedingt gehäuft auf. Insbesondere sind Araber und Warmblutlinien, aber auch Vollblüter und andere Rassen betroffen. Sie wird einer Ventilwirkung der Luftsackklappen aufgrund einer funktionellen, nicht (offensichtlichen) anatomischen Störung zugeschrieben. Die **Symptome** sind typisch. Der Luftsack kann dann tympanisch gespannt, z. T. fluktuierend, erscheinen. Man beobachtet außen eine gut sichtbare Auftreibung, die nicht schmerzhaft ist, solange die sich mit der Zeit einstellende Sekundärinfektion nicht dominiert (Abb. 3.7). Manchmal sind derartige Luftsäcke nach einiger Zeit noch zusätzlich von Eitermassen belastet und die sicht- und tastbare Schwellung zieht sich über den Larynx und die obersten Tracheateile seitlich hinunter. Außerdem machen solche Fohlen, v. a. beim Trinken und beim Schlafen, Schnarchgeräusche. Wenn die Tympanie beidseitig ist, kann sie zu Dysphagie (Milch aus der Nase; Gefahr einer Aspirationspneumonie) und zu einer hochgradigen Atemwegsstenose führen. Der Grad der Tympanie scheint sich auf der Weide, wenn die Fohlen etwas grasen, abschlucken und dabei den Kopf tiefhalten, oft etwas zu reduzieren. Der kongenitale Luftsackmeteorismus ist schon beim sehr jungen Fohlen ohne Weiteres zu erkennen.

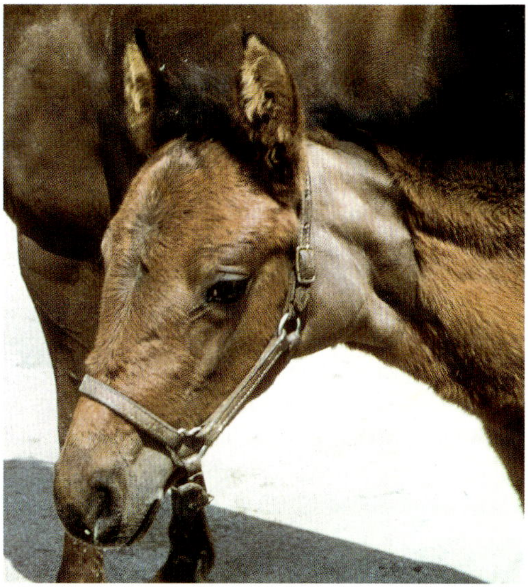

Abb. 3.7: Luftsacktympanie oder -meteorismus: Deutliche, nicht druckdolente, leicht eindrückbare Vorwölbung mit tympanischem Perkussionsschall hinter der linken Ganasche und spärlicher eitriger, einseitiger Nasenausfluss.

Die klinische Symptomatik zusammen mit dem Alter ist meist auch genügend für eine **Diagnose**. Zur Bestätigung und zum Ausschluss einer (komplizierenden) Infektion ergeben Röntgenaufnahmen und Endoskopie ein sehr typisches Bild.

Der kongenitale Luftsackmeteorismus ist meistens nicht gefährlich, die **Therapie** mittels operativer Schaffung einer Erweiterung der Verbindung zwischen Pharynx und *Tuba eustachii* durch Laserentfernung der *Plica occlusiva* (Innenfalte des Luftsackausgangs) hat eine hohe Erfolgsquote. Bei einseitiger Tympanie kann die Fenestrierung der medialen Wand zwischen den Luftsäcken, am besten (allerdings mit Vorsicht) mittels transendoskopischen Lasers vorgenommen werden. Diese Maßnahmen werden am sedierten Fohlen durchgeführt. Der konservative Versuch, einen Ballon-Katheter längere Zeit, wenn nötig und wenn vom Fohlen toleriert über Wochen, liegen zu lassen, wird von manchen Autoren empfohlen, kann aber auch zu Komplikationen führen. Wegen der gut dokumentierten **erblichen Komponente** (die Heritabilität wird auf 50–80 % geschätzt, ursächlich verantwortliche Gene sind aber bislang noch keine bekannt) sollten betroffene Tiere von der Zucht ausgeschlossen werden.

3.2.4 Osteopathie des Temporohyoids

Beim Pferd kommt diese Erkrankung selten vor. Die Ätiologie ist immer noch unklar, wobei infektiöse oder traumatische Ereignisse in Betracht gezogen werden. Pathogenetisch führt die zweifellos chronisch progressive Verdickung des Zungenbeins mit Mikrofrakturen wegen der zunehmenden Unbeweglichkeit klinisch zu akut und häufig nacheinander auftretenden Kopfnervenausfällen, insbesondere des *N. vestibulocochlearis* (Vestibulärsyndrom) und des *N. facialis* (→6.3.3.2). Therapeutisch beschränkt man sich darum auf die palliative und symptomatische Behandlung der neurologischen Störungen und einer meist nur vermuteten bakteriellen Ursache mittels Gabe von Breitband-Antibiotika in Verbindung mit Entzündungshemmern über 2–4 Wochen. In Fällen, bei denen die medikamentelle Behandlung keinen Erfolg hat, kann die chirurgische Exzision des Keratohyoids zu einer klinischen Besserung führen. Durch diese Maßnahme soll der Zug im Bereich des Temporohyoid-Gelenkes reduziert werden, um Schmerzen und Frakturen des *Os petrosum* zu vermeiden.

3.2.5 Neoplasien der Luftsäcke

Außer den bei Schimmeln endoskopisch häufig zu beobachtenden schwarzen Pigmentplaques am Luftsackdach und gelegentlichen größeren echten Melanomen (z. T. aus der Parotis), sind Tumoren (Plattenepithelkarzinom, Fibrome, Hämangio(sarko)me, Rundzellsarkome) im Luftsack Seltenheiten.

3.3 Erkrankungen im Rachenraum

3.3.1 Akute Pharyngitis

Ob man die Krankheiten des Pharynx unter den Leiden der Atemwege *(Pharynx respiratorius)* oder unter denjenigen des Verdauungsapparates abhandelt, ist eine Frage des Ermessens; immerhin sind im Pharynx lokalisierte Störungen der Atmung so häufig, dass sich eine Besprechung hier aufdrängt. Pharyngitiden treten meist zusammen mit Larynxentzündungen auf. Die Differenzierung beider Erkrankungen ist klinisch schwierig.

Mit wenigen Ausnahmen ist die akute, katarrhalische Pharyngitis eine infektiöse Krankheit, die von Streptokokken nach primärer Virusinfektion verursacht wird. Betroffen sind auch der lymphatische Rachenring und die Mandeln; man spricht deshalb auch von Angina. Eine selbstständige Streptokokkeninfektion (*S. equi* subsp. *zooepidemicus*) vermag ebenfalls eine Pharyngitis hervorzurufen, daneben kommen als Erreger auch Viren allein infrage (EHV 1 und 4 →15.3.3; Rhinovirus →15.2.2; Influenzaviren →15.2.8 u. a.). Die nicht infektiöse Pharyngitis wird im Allgemeinen durch Verletzungen durch Fremdkörper verursacht, aber eher noch durch ungeschicktes Einführen der Nasen-Schlund-Sonde, aber auch durch das Schlucken ätzender Stoffe oder bei Stallbränden durch das Einatmen giftiger oder reizender Gase und vor allem durch die Hitzeeinwirkung.

Symptome: Wir verweisen auf das Kapitel über Entzündungen des Larynx (→3.4.1) und dasjenige über Infektionskrankheiten. Es ist beizufügen, dass eine akzidentelle, z. B. traumatisch verursachte Pharyngitis in der Regel sekundär infiziert wird und zu einer hochgradigen, phlegmonösen Schwellung Anlass geben kann. Dabei besteht Erstickungsgefahr.

Diagnose: Die Diagnose ist leicht zu stellen. Neben dem lokalen Palpationsschmerz, den Schluckbeschwerden und den reaktiven Mandibularlymphknoten fallen besonders der typische Husten mit Rückschlag auf. Die Endoskopie sichert die Diagnose; eine Röntgenuntersuchung gibt präzisere Auskunft über das Ausmaß der Schwellungen.

Ein Larynxödem mit ausgeprägtem Stenosegeräusch bereitet für die Diagnosestellung keine Schwierigkeiten. Es ist entscheidend, dass der Zustand rasch diagnostiziert wird, damit sofort therapeutisch eingegriffen werden kann. Ein ähnliches Bild der Atemnot wird etwa verursacht durch beidseitige Larynxlähmungen oder Arytenoid- und Stimmfaltenkollaps (Norwegische Kaltblut-Traber), durch hochgradigen Kollaps von Pharynxwand und -dach (v. a. bei Fohlen) und häufiger durch starke Anschwellungen der retropharyngealen Lymphknoten.

Therapie: In bedrohlichen Fällen wird eine antibiotische Therapie in Kombination mit Kortikosteroiden eingeleitet. Bei einzelnen Pferden muss chirurgisch eingegriffen werden (Fremdkörper entfernen, Tracheotomie u. Ä.).

Kardinalsymptome der Laryngo-Pharyngitis

- Nasenausfluss beidseitig
- Husten (mit Rückschlag bei Pharyngitis)
- Reaktive Mandibularlymphknoten

3.3.2 Chronische Pharyngitis

Die chronische Pharyngitis ist beim Pferd häufig anzutreffen und wegen ihrer therapeutischen Unzugänglichkeit von großer Wichtigkeit. Ätiologisch handelt es sich entweder um den Übergang in Chronizität nicht völlig ausgeheilter, akuter Pharyngitiden, oder es spielt eine Besiedlung des Rachenrings mit EHV4 (→15.3.3.4) oder anderen Viren eine wesentliche Rolle.

Symptome: Der Zustand ist in den meisten Fällen afebril. Schluckbeschwerden fehlen oft oder sind undeutlich. Die Pharynxgegend ist meistens etwas dolent. Die Pferde husten vor allem bei der Aufnahme kalten Wassers oder auch beim Fressen, wobei der Husten feucht tönt, manchmal produktiv ist und von einem sogenannten Rückschlag gefolgt wird. Patienten mit chronisch-eitriger Pharyngitis weisen nicht selten ein stark verändertes Blutbild auf, mit Anämie und Leukozytose (Neutrophilie).

Bei jungen Pferden ist die sogenannte lymphofollikuläre Pharyngitis besonders gefürchtet. Der Allgemeinzustand der Patienten ist gut, sie husten gelegentlich, befriedigen aber in den Trainingsleistungen nicht. Manchmal ist im Galopp ein Atemstenosegeräusch zu hören, das leicht mit einem Roarergeräusch verwechselt werden kann. Das Geräusch lässt sich aber in der Inspiration und in der Exspiration vernehmen. Ätiologisch kommt am ehesten eine EHV-4-Infektion infrage. In Rennställen kann der Zustand zum Verlust einer ganzen Saison führen.

Die **Diagnose** ist zusammen mit den

klinischen Kardinalsymptomen, Husten, Nasenausfluss und reaktiven Mandibularlymphknoten endoskopisch leicht zu stellen. Die **Prognose** der chronisch-eitrigen Pharyngitis ist quoad restitutionem zweifelhaft bis günstig zu stellen. Die Heilung beansprucht in der Regel mehrere Wochen. Auch die lymphofollikuläre Pharyngitis heilt nur langsam ab.

Die **Therapie** der Pharyngitis chronica ist undankbar. Möglicherweise ist das Nichtansprechen gewisser Fälle auf die persistierende Besiedlung mit einem Virus zurückzuführen. Es ist am Platz, derartigen Patienten während längerer Zeit, etwa 10–14 Tage lang, Antibiotika zu verabreichen, auch wenn sie fieberfrei sind. Verwendet wird auch eine nasal verabreichte Behandlung mit Jodophor-sprays auf Glyzerinbasis, z. T. auch mit Kortikosteroiden und DMSO. Der Versuch, gewisse Fälle (Bestandsproblem) mit Herpesvakzinen zu impfen, ist ratsam.

3.3.3 Pharynxtumoren

Pharynxtumoren kommen beim Pferd nicht häufig vor. Es handelt sich dabei selten um echte Neoplasien, sondern öfter um Retentionszysten oder Schleimhautwucherungen, besonders auf dem Pharynxboden. Zysten finden sich v. a. unter oder etwas neben der Epiglottis. Die Subepiglottiszysten werden darum als selbstständige Entität behandelt. Zysten können Atemstenosegeräusche verursachen, die sich – je nach Größe und Lokalisation – manchmal schon in Ruhe vernehmen lassen. An echten Tumoren ist vor allem ein Plattenepithelkarzinom oder Lymphosarkom zu fürchten. Die Tumordiagnose wird meistens gestellt, nachdem Atemstenosegeräusche aufgefallen sind. Die Endoskopie, Probeexzision und Histologie ist für die Diagnose unerlässlich.

3.3.4 Pharynxparesen

Bei den Innervationsstörungen der Pharynxmuskulatur handelt es sich im Allgemeinen um ein Begleitsymptom von Intoxikationen, vor allem Botulismus, eventuell anderer Clostridien-Intoxikationen, von Luftsackmykosen und auch von Grass Sickness. Paresen können in unterschiedlicher Weise zu Atemstenosen führen.

Eine ventral oder seitlich liegende Ary-Epiglottisfalte des Pharynx kann die Beweglichkeit der Epiglottis beeinträchtigen (→3.4.4.2).

3.4 Erkrankungen des Kehlkopfes

3.4.1 Laryngitisformen

Eine einfache Laryngitis besteht in einer entzündlichen Veränderung der Larynxschleimhaut, die sich klinisch durch einen kräftigen, meist trockenen Husten und eine lokale Empfindlichkeit auszeichnet.

Die Ursachen einer Laryngitis sind mannigfaltig. Neben chemisch-physikalischen Einwirkungen durch die Einatmung reizender Gase, von Rauch und Staub, sowie inhalierte, z. T. dornenbewehrte Fremdkörper, die sich nicht selten dann zwischen Larynx, Epiglottis und Pharynxwand festklemmen. Darüber hinaus sind akute, ansteckende Kehlkopfentzündungen als Folge spezifischer Infektionen (Streptokokken →16.6.1.2; Herpesviren →15.3.3; Influenzaviren →15.2.8 u. a.) zu werten.

Laryngitis wird oft begleitet von Entzündungen des umliegenden pharyngealen Gewebes, der Epiglottis (unabhängig oder zusammen mit einem Entrapment; manchmal mit Ulzerationen an der Epiglottisunterseite, an der Glossoepiglottisfalte) und des Luftsacks, von Rhinitis und von Tracheitis.

Die **Symptomatik** der **akuten Laryngitis** ist vor allem geprägt von einem kräftigen, kurzen, trockenen und oft anfallsweisen Husten. Bei einer Mitbeteiligung des Pharynx kann der Husten von feuchter Qualität sein und von einem sogenannten Rückschlag gefolgt werden. Die Hustenanfälle treten besonders während der Fütterung in Erscheinung, aber auch bei Bewegung in kalter Luft. Die akute Laryngitis bereitet Schmerzen; der Palpation weichen die Pferde ängstlich aus. Auch kann Husten leicht durch die Palpation der proximalen Trachea ausgelöst werden. Bei erheblicher Schleimhautschwellung sind Atemstenosegeräusche zu hören, und in schweren Fällen ist eine vorwiegend inspiratorische Dyspnoe zu vermerken. Die Mandibularlymphknoten sind reaktiv. Laryngoskopisch ist in der Regel eine deutliche Rötung zu registrieren, gelegentlich auch eitriges Sekret oder follikuläre Schwellungen im Bereich des lymphatischen Rachenringes bei verschiedenen Virusinfektionen. Ob eine Erhöhung der Körpertemperatur vorliegt, hängt weitgehend von der Ätiologie der Laryngitis und vom Zeitpunkt der Untersuchung ab. Eine Extremform der akuten Laryngitis ist das Larynxödem, das wegen der potenziell lebensbedrohlichen Atemnot, separat besprochen wird (→3.4.2). Bei Fremdkörpern (oft Ästchen mit Dornen) sind auch Schluckstörungen zu erwarten.

Die **chronische Kehlkopfentzündung** ruft meist ähnliche, manchmal undeutlichere Krankheitszeichen hervor, kann aber auch durch Veränderungen, wie Ulzerationen und Granulombildungen (z. B. die idiopathischen, oft bilateral symmetrischen *«kissing lesions»* mediodorsal der Stimmbänder; oder seltene kongenitale und erworbene Bindegewebszubildungen, *«laryngeal webbing»*), sowie Chondropathien, v. a. das Arytenoid (Stellknorpel) und insb. dessen *Processus corniculatus* (Spitzenfortsatz) betreffen, kompliziert werden. Diese Komplikationen können ein- oder beidseitig, aus akuten Entzündungen oder primär chronisch, entstehen und verursachen je nach ihrer Form und Ausdehnung auch vorwiegend inspiratorische Stenosegeräusche bei der Arbeit und endoskopisch sichtbare funktionelle Störungen (z. B. Abduktionsverlust bei Chondropathien des Arytenoids und der Corniculatavorwölbung *(Proc. corniculatus)*.

Diagnose: Die Diagnose der akuten Laryngitis bereitet meist keinerlei Schwierigkeiten. Bei Vorliegen einer chronischen Laryngitis ist vor allem dem Ausschluss aller tiefer gelegenen Respirationskrankheiten große Beachtung zu schenken; dabei bleibt zu berücksichtigen, dass die chronische Laryngitis meistens mit einer Pharyngitis (Laryngo-Pharyngitis) und manchmal mit einer Tracheo-Bronchitis vergesellschaftet vorkommt. Wichtig ist selbstverständlich die Differenzierung der ätiologischen Möglichkeiten: insbesondere sind ansteckende Infekte des Respirationstraktes möglichst frühzeitig durch gewissenhafte Kontrollen der Körpertemperatur, Blutuntersuchung und den Nachweis der Kontagiosität zu erfassen. In allen Fällen und speziell bei Ulzerationen, Granulomen und Chondropathien leistet das Endoskop gute Dienste, die Palpation sollte aber nicht vernachlässigt werden. Auch Ultraschall- und Röntgenuntersuchungen sind oft wertvoll.

Prognose: Die Prognose einer akuten Laryngitis hängt in hohem Maß von der Ursache und vom Zeitpunkt der ersten Untersuchung ab. Die akute Laryngitis hat eine günstige Prognose, vorausgesetzt, reizende Einwirkungen können ausgeschaltet werden und das Pferd wird bei bester Stallhygiene ruhiggestellt. Die chronische Laryngitis ist therapeutisch schwierig zu beeinflussen und deshalb mit Vorsicht zu beurteilen, insb. wenn die oben genannten Komplikationen wie Chondropathien, Granulome und Ulzerationen auftreten: die Prognose ist quoad restitutionem als zweifelhaft zu stellen, und da die chronische Laryngitis nicht selten Lungenaffektionen zu begleiten pflegt, ist besondere Skepsis am Platz.

Therapie: Sowohl die isolierte Laryngitis als auch die Laryngo-Pharyngitis wird am wirksamsten mit einer tadellosen Stallhygiene und Ruhigstellung oder Weidegang zur Abheilung gebracht. Es ist entscheidend wichtig, dass die Stallluft frei ist von reizenden Gasen (Ammoniak) und von Staub (Allergene; physikalische Irritantien). Dem Patienten ist eine Rekonvaleszenzzeit einzuplanen, die am besten bis zum gänzlichen Verschwinden des Hustens zu bemessen ist. Eine medikamentelle Behandlung erübrigt sich in den allermeisten Fällen; bei störender Schleimhautschwellung ist jedoch eine abschwellende Medikation am Platz. Sie besteht – vorausgesetzt, dass eitrig-phlegmonöse Prozesse ausgeschlossen werden können – am wirksamsten in der Verabreichung eines Kortikoids, kombiniert mit einem Antibiotikum.

Die chronische Laryngitis ist nur mit zweifelhafter Erfolgsaussicht zu behandeln, v. a. wenn Chondropathien auftreten. Chondropathien im Sinne von (oft septischen) Knorpelentzündungen, assoziiert mit Schleimhautulzerationen, treten insbesondere im Bereich der *Processus corniculates* der Aryknorpel (Stellknorpel) auf. Chirurgische Therapieversuche zielen auf eine Teilresektion der so entstandenen Granulome und Ulzerationen ab. Nachdem mittels einer Laryngotomie ein Zugang von ventral geschaffen wurde, wird der Aryknorpel der betroffenen Seite bis auf seinen *proc. muscularis* entfernt (sogen. Partielle Arytenoidektomie). Die Vermeidung aller möglichen Reize spielt auch hier eine zentrale Rolle. Wärme (hyperämisierende Einreibungen) durch Verbände können versucht werden, wie auch eine Aerosoltherapie (ätherische Öle; Kamillenextrakt); die therapeutischen Erfolge sind indessen selten befriedigend. Eine länger dauernde, systemische Verabreichung von Kortikoiden, evtl. zusammen mit einer Breitspektrumantibiose, ist nicht ungefährlich und sollte nur vorgenommen werden, nachdem der Besitzer auf das Komplikationsrisiko aufmerksam gemacht worden ist. Gelegentlich sind unspezifische Reiztherapien mit einer parenteralen Jodtherapie und mit lokal applizierten Sprays von Jodophorlösungen Erfolge zu verzeichnen.

3.4.2 Larynxödem

Eine erhebliche ödematöse Schwellung der Kehlkopfschleimhaut geht mit deutlicher Atembehinderung einher und ist lebensbedrohlich. Deshalb wird das Larynxödem als Extremform einer Laryngitis separat aufgeführt. Die **Symptomatik** ist typisch: Pferde lassen Stenosegeräusche hören (gemischt, vorwiegend inspiratorisch) und zeigen Dyspnoe. Der Patient zeigt sich sehr ängstlich, steht mit gestrecktem Hals und maximal geöffneten Nüstern da. Nach kurzer Zeit ist in schweren Fällen eine zyanotische Verfärbung aller Schleimhäute festzustellen. Das Tier bricht schließlich unter Erstickungserscheinungen (Lungenödem offensichtlich durch schaumigen Nasenausfluss) zusammen.

Eine gewisse Ödematisierung der Schleimhaut begleitet jede akute entzündliche Kehlkopferkrankung. **Hochgradige Schwellung** mit bedrohlicher Stenose entsteht bei Bränden durch Rauch- und v. a. Hitzeeinwirkung (Entzündung und Ödem meist auch der restlichen Nasen-, Rachen- und Epiglottisschleimhaut). Die unteren Atemwege werden meist weniger durch die Hitze als vielmehr durch toxischen Rauch und Gase beschädigt. Lungenödem und Schocklunge (→3.6.4) können bei anaphylaktischer Reaktion z. B. nach Insektenstichen auftreten und ist als Komplikation von **Morbus maculosus** gefürchtet (dabei oft verbunden mit Blutungen →13.3.2). Auch Narkosen mit (fehlerhafter und langzeitiger) Intubation und Operationen am Larynx können durch bedrohliche Schwellungen kompliziert werden. Allergische Erkrankungen scheinen ein Larynxödem verursachen zu können, deshalb ist bei jeder Urticaria die Atmung des Pferdes zu beachten. Selten sind äußere Traumen die Ursache einer leichtgradigen ödematösen Larynxschwellung, etwas häufiger entsteht bei empfindlichen Pferden ein Kehlkopfödem nach einer Reizung durch

Instrumente (Sonde, Endoskop), dieses ist aber meist nur geringgradig.

Diagnose: Die Diagnose eines akuten lebensbedrohlichen Larynxödems mit ausgeprägtem Stenosegeräusch bereitet keine Schwierigkeiten. Es ist entscheidend, dass der Zustand rasch diagnostiziert wird, damit sofort therapeutisch eingegriffen werden kann. Ein ähnliches Bild der Atemnot wird etwa verursacht durch beidseitige Larynxlähmungen oder Arytenoid- und Stimmfaltenkollaps (Norwegische Kaltblut-Traber), hochgradigen Kollaps von Pharynxwand und -dach (v. a. bei Fohlen), allgemeine Kopfödeme bei venösen Abflussstörungen, Obstruktion und Schwellung wegen eines Fremdkörpers und häufiger durch starke Anschwellungen der retropharyngealen Lymphknoten (Druse). Die Beschwerden treten aber meist langsamer und graduell auf. Die auf die Larynxgegend drückende retropharyngeale Schwellung der Lymphknoten kann radiologisch dargestellt werden, und das Endoskop leistet gute Dienste (sofern die akute Atemnot eine Untersuchung zulässt), um Larynxschwellungen von -lähmungen oder -kollaps abzugrenzen.

Prognose: Bei rechtzeitiger tierärztlicher Intervention sind die kurzfristigen Aussichten gut. Die endgültige Prognose hängt von der Ursache ab.

Therapie: In vielen Fällen hat sich ein Larynxödem beim Eintreffen des Tierarztes zur lebensbedrohlichen Stenose entwickelt. Die sofortige **Tracheotomie** ist dann am Platz und erlaubt in der Regel eine rasche Erholung des Patienten. Sind die Symptome nicht bedrohlich, kann eine medikamentelle Therapie (steroidale Entzündungshemmer: 2–3 mg/kg KG Prednisolon initial i. v.; 0.04–0.1 mg/kg KG i.v. Dexamethason; sofern vorhanden und toleriert, auch nasale Sauerstoffinsufflation) eingeleitet werden, aber auch dabei sollte das Instrumentarium zur Tracheotomie beim Patienten bereitliegen.

Kardinalsymptome der Kehlkopf-, Epiglottis- und Gaumensegelerkrankungen

- **Einfache und komplizierte Laryngitis**
  - klinisch stumm bis Husten, Fieber
  - vergrößerte Mandibularlymphknoten, bei Komplikationen wie Granulomen, Ulzerationen, Chondropathien zusätzlich Atemgeräusche (v. a. bei Belastung, evtl. schon in Ruhe)
- **Larynx-Ödem**
  - bereits in Ruhe: inspiratorisches Atemgeräusch, inspiratorische Dyspnoe
  - gestreckte Kopfhaltung, evtl. Maulatmung
- **Hemiparesis laryngis (idiopathisch oder erworben einseitig)**
  - inspiratorisches Atemgeräusch, inspiratorische Dyspnoe je nach Schweregrad der Lähmung
- **Larynxlähmungen oder Arytenoid- und Stimmfaltenkollaps**
  - inspiratorisches stenotisches Atemgeräusch bei Belastung (insb. bei Versammlung)
  - Leistungsinsuffizienz je nach Schweregrad der Hemiplegie
- **Dorsalverlagerung des Gaumensegels**
  - Vorwiegend exspiratorisches schnarchendes Atemgeräusch
- **Epiglottis entrapment**
  - Dysphagie, Atemgeräusch bei Belastung, evtl. Husten
- **Epiglottis retroversion**
  - Lautes Atemgeräusch und evtl. Atemnot in Ruhe, bei Belastung

3.4.3 Hemiparesis laryngis (Kehlkopfpfeifen; Kehlkopflähmung; «Roaren»)

Es handelt sich bei der Stimmbandlähmung (unvollständige Lähmung, Parese; vollständige Lähmung Plegie oder Paralyse) um eine Lähmung des *Nervus recurrens* (Ast des *n. vagus*, des größten Nervs des Parasympathikus) mit Atrophie der betroffenen Muskeln, die klinisch durch ein typisches inspiratorisches Stenosegeräusch bei der Arbeit charakterisiert wird und außerdem mit entsprechenden endoskopischen Befunden einhergeht. Die Hemiplegie, eine totale einseitige Lähmung ist selten. Vielmehr liegt eine Hemiparese, eine inkomplette Lähmung vor, wobei es sich um eine progressive Erkrankung handelt, die entsprechend bei einem Patienten über Monate oder Jahre fortschreitet. Gesichert ist überdies, dass große Pferde häufiger erkranken als kleinwüchsige, dass die Krankheit bei Hengsten und Wallachen häufiger auftritt als bei Stuten und dass die linke Seite des Larynx betroffen ist, ohne dass die rechte Seite später auch erkranken würde. Die Ätiologie der klassischen linksseitigen Recurrenslähmung ist ungeklärt. In der englischen Literatur wird sie heute als «*idiopathic recurrent laryngeal neuropathy* (RLN)» bezeichnet.

Wahrscheinlich ist die Vererbung einer Disposition zur Kehlkopflähmung als Hauptursache anzusehen. Bei den Nachkommen kranker Hengste wird jedenfalls eine signifikante Häufung von *Hemiparesis laryngis* festgestellt. Die Heritabilität wird auf ungefähr 60 % geschätzt und Assoziationen mit gewissen Chromosomenregionen sind beschrieben, aber ursächliche Gene sind bisher noch keine identifiziert worden. Als wirksamste «Prophylaxe» werden deswegen in einigen Zuchtverbänden Hengste mit *Hemiparesis laryngis* vom Deckgeschäft ausgeschlossen.

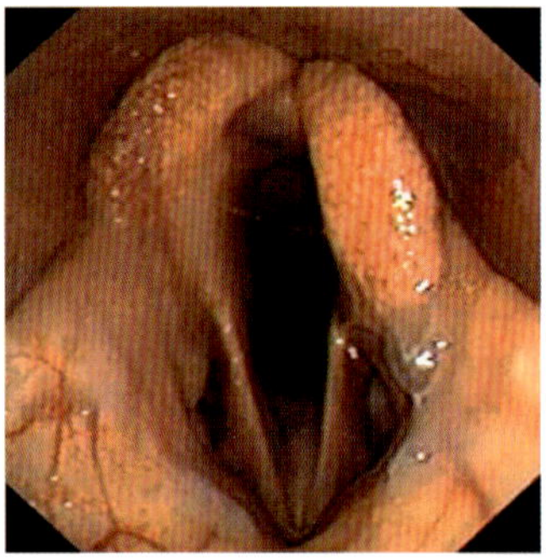

Abb. 3.8: Hemiparesis laryngis: Die endoskopische Aufnahme zeigt eine deutliche Asymmetrie der Corniculatafortsätze des Aryknorpels während der Inspiration. Der linke Aryknorpel wird nicht abduziert.

Erworbene Lähmungen aufgrund **diagnostizierbarer Ursachen** sind selten und können manchmal auf Recurrensschädigungen in der Nähe von Luftsack (z. B. aufgrund einer Mykose →3.2.2) oder Pharynx (Trauma, Neoplasie), entlang des Halses (z. B. iatrogen nach Injektionen oder chirurgischen Eingriffen) und im Thoraxraum (z. B. durch Lymphosarkome; Abszesse) zurückgeführt werden. Diese können dann natürlich auch rechts oder beidseitig auftreten. Bei Leberinsuffizienz mit Hepathoenzephalopathie (→6.3.1.5.1) kann z. B. eine bilaterale Larynxparese/-paralyse auftreten. Eine kleine Rolle spielen postanästhetische Komplikationen, die Hyperkaliämische Periodische Paralyse (HYPP →7.4.1) und Vergiftungen (→14), die zu chronisch neurologischen Erkrankungen führen können (Lathyrismus u. a. durch Blei, Organophosphate).

Die Untersuchung eines Roarers muss in Ruhe und bei unklarem Befund stets während, evtl. nach der Arbeit vorgenommen werden, nachdem man sich um eine möglichst präzise Anamnese, besonders über eine Beeinflussung der Leistungsfähigkeit, bemüht hat. In Ruhe zeigt der typische Roarer eine normale Atmung und lässt kein Stenosegeräusch hören. Die Palpation des Larynx (gleichzeitig auf beiden Seiten) ergibt in fortgeschrittenen Fällen eine Asymmetrie der dorsalen Kehlkopfmuskulatur *(M. cricoarytaenoideus dorsalis)*, diese lässt sich mit einer Ultraschalluntersuchung objektivieren. Ein einfacher Funktionstest ist der sogenannte «Slap-Test». Dieser Cervicolaryngeal-Reflex wird durch einen leichten Klaps auf die Widerristgegend ausgelöst, was zu einer kontralateralen Adduktionsreaktion des Larynx führt. Der Test erlaubt jedoch nur eine sehr grobe Beurteilung der Funktion und lässt nur auf das **Add**uktionsvermögen des Larynxmuskels und keineswegs auf das **Abd**uktionsvermögen schließen.

Besteht eine sichtbare Asymmetrie bei mehr oder weniger erhaltener Beweglichkeit des Arytenoids, manifestieren die Pferde dementsprechend ein variabel hörbares **inspiratorisches Geräusch** im Trab und/oder Galopp.

Die Untersuchung während der Arbeit erfolgt mit Vorteil am versammelt gerittenen oder ausgebunden longierten Pferd; (Renn-) Pferde mit leichtgradiger Lähmung müssen entsprechend in schneller Arbeit beurteilt werden. Bei Hemiparese müssen die Patienten mindestens drei Minuten im Galopp belastet werden, um die Ermüdung der ungenügend innervierten Abduktionsmuskeln zu provozieren und das damit verbundene Auftreten des inspiratorischen Geräusches zu registrieren. Das Geräusch verschwindet in der Regel sehr rasch nach Anhalten des Pferdes. Lautes inspiratorisches Grunzen bei Erschrecken und bei der Arbeit und heiseres Wiehern sind oft hörbar. Diese Zeichen sind allerdings wenig zuverlässig. Hochgradige Lähmungen führen bei Belastung zu starker inspiratorischer Dyspnoe, verbunden mit Angstzuständen. Die Atemnot darf nicht mit derjenigen einer «Lungendämpfigkeit» (exspiratorisch) ohne deutliches Atemgeräusch verwechselt werden. Weiter vorne entstehende Stenosegeräusche können relativ leicht abgegrenzt werden, indem die Untersucherhand die Nüstern abwechselnd verschließt: Verschwindet das Geräusch beim Zuhalten des einen und wird es stärker beim Zuhalten der andern Nüster, kommt als Quelle nur eine Stenose in den Nasengängen infrage. Schwieriger ist die Unterscheidung von gemischten und mehr expiratorischen Geräuschen bei der Arbeit, die durch andere Strukturen im Pharynx, insb. durch das Gaumensegel und die Epiglottis (→3.4.4.1 & 3.4.4.2) verursacht werden. In solchen Fällen ist meist eine **endoskopische Untersuchung** nötig.

Die Beweglichkeit der Aryknorpel wird man endoskopisch zuerst in Ruhe beurteilen (Gradeinteilung I bis IV →Box 3.4.3). Dem Schließen der Aryknorpel beim Abschlucken folgt eine bestmögliche Abduktion der Knorpel. Die Laryngoskopie zeigt manchmal schon in Ruhe bei ausgeprägter Lähmung einen typischen Befund, indem der linke Aryknorpel nach unten in den Luftweg hineinhängt und das gelähmte Stimmband bewegungslos die Öffnung verengt (Abb. 3.8). Die Laryngoskopie während der Belastung macht eine leichte Asymmetrie und eine Motilitätsbeeinträchtigung im Larynx oft besser sichtbar. Die Endoskopie während schneller Arbeit auf dem Laufband oder mit einem Arbeitsendoskop (Laryngoskope, die am Pferd befestigt werden und telemetrische, «dynamische» Beobachtungen erlauben) ist die Untersuchungsmethode der Wahl für unklare Fälle und um weitere funktionelle Anomalitäten, wie Gaumensegelverlagerung oder dynamische Pharynxkollaps usw., auszuschließen. Diese Methode dient also vor allem dazu, leichtgradige Larynxhemiplegien und andere, z. T. komplexe Stenoseursachen im laryngo-pharyngealen Bereich auszuschließen.

Diagnose: Die Diagnose Hemiplegie oder Hemiparese wird aufgrund des typischen inspiratorischen Stenosegeräusches unter Belastung mit oder ohne Atemnot, mit oder ohne Asynchronie des Auffußens mit der Expirationim Galopp gestellt. In den chronischen Fällen ist eine Larynxasymmetrie von außen palpierbar. Die Sicherung der Diagnose und die Einteilung in Schweregrade erfolgt durch die Laryngoskopie. Differenzialdiagnostisch sind Störungen der Atmung durch Arytenoid- und Stimmfaltenkollaps (auch beidseitig), Pharynxkollaps, die dorsale Verlagerung des Gaumensegels (vorwiegend exspiratorisches Geräusch →3.4.4.1), ein «Entrapment» der Epiglottis (→3.4.4.2) und palato-pharyngeale Verlagerungen bei starker Belastung auszuschließen. Besonders bei jungen Pferden sind chronisch-follikuläre Pharyngitiden (→3.3.2) häufig, die ebenfalls (selten) Atemstenosegeräusche unter der Arbeit hervorrufen können. Außerdem müssen die obengenannten erworbenen Ursachen für Larynxparesen differenziert werden. Nur die sorgfältige endoskopische Untersuchung erlaubt eine sichere Abgrenzung.

Einteilung der Abduktionsfunktion des Kehlkopfes in vier Graden

(mod. nach Gerber V. et al. Untersuchungsmethoden beim Pferd, 2008)

Grad I	Symmetrisch, synchrone Abduktion u. Adduktion des linken u. rechten Arytenoids
Grad II	Leichtgradige asynchrone Abduktion oder Adduktion (leichtes Flattern, verzögerte Bewegung in Ruhe); volle Abduktion bei verstärkter Atmung (Verschluss der Nase, Lobelin, Laufbanduntersuchung) oder nach Abschlucken
Grad II,1	Vorübergehende Rechts-Links-Asynchronie
Grad II,2	Komplette Abduktion nur selten nach Schlucken oder bei verstärkter Atmung möglich
Grad III	Asymmetrische u./o. asynchrone Bewegung des Arytenoids, ohne dass eine komplette Abduktion während Belastung für längere Zeit möglich ist.
Grad III,1	Asymmetrie wegen reduzierter Beweglichkeit von Arytenoid und Stimmfalte. Komplette Abduktion, bei verstärkter Atmung nur kurze Zeit möglich bei Belastung
Grad III,2	Deutliche Asymmetrie und Abduktorendefizit des Arytenoids. Komplette Abduktion nicht möglich
Grad III,3	Ausgeprägte Asymmetrie und Abduktorendefizit des Arytenoids. Wenig Bewegung ist vorhanden, komplette Abduktion nicht möglich
Grad IV	Keine substanzielle Beweglichkeit des Arytenoids und Stimmfalte. Vollständige Lähmung (Hemiplegia laryngis)

Prognose: Die Prognose quoad usum hängt von Schweregrad und der Intensität der Arbeitsbelastung ab: Rennpferde können schon von geringgradigen Hemiplaresen in ihrer Leistung beeinträchtigt werden, während bei Reitpferden oft ein deutlich schwerer Paresegrad toleriert wird und manchmal das als störend empfundene «Roarergeräusch» im Vordergrund steht. Die Prognose ist dann klar ungünstig, wenn schwerer befallene Pferde ohne operative Korrektur kaum mehr belastet werden können. Das Vorliegen einer Atemnot verbietet eine weitere Verwendung des Patienten gänzlich. Quoad restitutionem ist die Hemiplegia laryngis ohne chirurgischen Eingriff (Reinervationsversuch), mit äußerst seltenen Ausnahmen (temporäres Symptom bei Vergiftungen) als ungünstig zu beurteilen. Die Chancen, dass ein Pferd nach operativer Therapie wieder voll arbeitsfähig wird, sind umso vorsichtiger zu beurteilen, je schneller die vom betreffenden Pferd verlangte Arbeit ist. Postoperative Komplikationen, wie z. B. eine zum Glück seltene, aber z. T. fatale Dysphagie, sind immer zu besprechen.

Therapie: Hier kommen verschiedene Operationstechniken zur Stenosebehebung infrage. Am häufigsten angewendet wird die meist kombinierte Ventrikulo- und Kordektomie, d. h. die Entfernung der linken Stimmtasche und des linken Stimmbandes. Die Operation kann am stehenden Pferd mit einem transendoskopischen Laser durchgeführt werden oder nach Laryngotomie. Um die Luftwege für funktionell anspruchsvollere Aufgaben (Rennpferde, Vielseitigkeitssport u. a.) zu wappnen, wird neben der Ventrikulotomie zusätzlich eine Implantatstechnik (die sogen. Laryngoplastik) angewendet. Das Prinzip der Operation beruht darauf, dass eine (oder zwei) Schlaufe(n) aus nicht resorbierbarem Nahtmaterial zwischen dem *Processus muscularis* des Arytenoids und dem Krikoid gespannt wird. Die Laryngoplastik ist bekanntermaßen verhältnismäßig häufig für einen Routineeingriff von Komplikationen gefolgt, u. a. deshalb, weil durch das Implantat der Stellknorpel in einer abduzierten Position fixiert ist und somit die *Rima glottitis* beim Abschlucken partiell offen bleibt. Chronischer Husten bei der Futteraufnahme und teilweise schwerwiegendere Schluckbeschwerden können postoperativ auftreten. Die Reinervationsmethode (Reinervation des *m. cricothyreoideus dorsalis* mit Ästen des *n. accessorius*) ist sehr aufwendig, hat eine lange Rekonvaleszenzzeit und ist wenig Erfolg versprechend.

3.4.4 Störung der Atmung durch Gaumensegel und Ary-Epiglottisfalte

3.4.4.1 Dorsalverlagerung des Gaumensegels

Das Gaumensegel kann sich bei bestimmten Kopfhaltungen in Ruhe, ganz besonders bei versammelter Arbeit oder unter einer großen Anstrengung über die Epiglottis legen (Dorsalverlagerung des weichen Gaumens; *«dorsal displacement of the soft palate»*, DDSP). Dieser Zustand resultiert in einer Obstruktion der Luftwege mit vorwiegend exspiratorischer Stenose, ohne dass notwendigerweise organische Läsionen nachweisbar wären. Die Ursachen dieses Zustandes sind nicht in allen Fällen bekannt. Häufig jedoch steht die beobachtete Funktionsstörung der Pharynxmuskulatur in Verbindung mit einer Entzündung der oberen Atemwege.

Schnarchende Stenosegeräusche, die offensichtlich von einer partiellen Obstruktion des Luftstromes durch den weichen Gaumen herrühren, sind recht häufig zu hören, besonders bei Dressurpferden in starker Versammlung und auch bei Rennpferden während einer schnellen Arbeit. Solange die Leistungsfähigkeit eines Pferdes nicht beeinträchtigt wird, ist derartigen Geräuschen nicht allzu viel Gewicht beizumessen.

Diagnose: Bei Rennpferden kommt die dorsale Verlagerung des Gaumensegels in der Regel bei maximaler Belastung vor. Hier wird vom intermittierenden DDSP gesprochen. Die Diagnose lässt sich aufgrund der Anamnese vermuten (exspiratorisches Atemgeräusch bei maximaler Arbeit und damit verbundenes plötzliches Zurückfallen im Rennen), aber ausschließlich durch eine dynamische Endoskopie bestätigen. Bei der Belastungsendoskopie kann man oft zunächst beobachten, dass sich das Gaumensegel kurzfristig über die Epiglottis verlagert, mit Schlucken aber rasch korrigiert wird. Besteht die Dorsalverlagerung aber über längere Zeit (8 Sekunden und länger) und wird diese durch den Schluckakt nicht korrigiert, geht man davon aus, dass die intermittierende DDSP klinische Relevanz hat.

In ihrer klinischen Präsentation lassen sich hiervon verschiedene Schweregrade von permanenten, also auch bei der Ruheendoskopie beobachteten Dorsalverlagerungen des weichen Gaumens abgrenzen. Pferde, bei denen das Gaumensegel derart häufig über der Epiglottis zu liegen kommt, zeigen in der Regel bereits in ruhigen Gangarten ein flatterndes, exspiratorisches Geräusch. In schnelleren Gängen ist ein Geräusch oft inspiratorisch und exspiratorisch festzustellen: Das betreffende Tier kann gleichzeitig ein Roarer sein, oder der weiche Gaumen behindert auch die Inspiration. Derartige Pferde sind zum Teil Maulatmer, die oft die Zunge stark zurückziehen oder über die Trense nehmen. Bei angestrengter Arbeit ist etwa ein Verschluckgeräusch, einem Singultus ähnlich, zu hören. Auch das sogenannte *«tongue swallowing»*, das bei Rennpferden in höchster Anstrengung auftritt, gehört in diesen Problemkreis. In ausgeprägten Fällen einer (annähernd) permanenten Dorsalverlagerung kann auch Dysphagie auftreten. Bei der Endoskopie in der Ruhe ist bei Weitem nicht immer mit einem zuverlässigen Befund zu rechnen: die Epiglottis ist durch das *Velum palatinum* verdeckt, die Decke und die seitlichen Wände des Pharynx sind schlecht tonisiert, manchmal vorgefallen. Ein derartiger Befund ist durch Endoskopie während der Belastung hingegen deutlich zu sehen; er sollte sich auch wiederholt bestätigen lassen, bevor er diagnostisch gewichtet werden darf. Außerdem sollten die tiefen Atemwege untersucht werden, denn eine IAD kann in Verbindung stehen (nachgewiesenermaßen beim Traber) mit einer Verlagerung des Gaumensegels.

Prognose: Da die habituelle dorsale Verlagerung des weichen Gaumens manchmal nicht andauert, ist eine abwartende Haltung am Platz. Zäumungswechsel, Trensen und veränderte Kopf-Hals-Haltung während der Arbeit führen manchmal zu überraschenden

3.4.6 Tumoren des Larynx

Im Bereich des Larynx finden sich nicht allzu selten zystenähnliche, benigne Gebilde, die zu Stenoseerscheinungen wie den eben beschriebenen führen können. Polypen und Granulome wurden nach Roareroperationen beobachtet. Offensichtlich sind Malignome (am ehesten noch Plattenepithelkarzinome und Lymphosarkome) in diesem Gebiet sehr selten. Die Stenosegeräusche sind meistens inspiratorisch und exspiratorisch festzustellen. Bei einer Beeinträchtigung der Stimmbänder erscheint das Wiehern meist heiser und leise. Derartige Pferde lassen die Stenosegeräusche oft besonders intensiv beim Fressen hören. Die Diagnose kann endoskopisch-bioptisch gesichert werden; therapeutisch kommt allein eine Operation infrage.

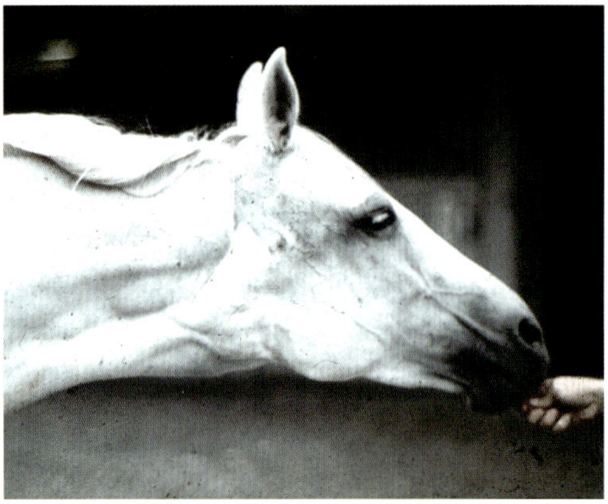

Abb. 3.9: Melanom beim Schimmel: Pharynx- und Kehlkopfstenose durch ein Melanom. Ausgedehnte retropharyngeale Massen komprimieren die Luftwege, die gestreckte Halsstellung erleichtert dem Pferd das Atmen.

3.5 Krankheiten der Trachea

Selbstständige Erkrankungen der Luftröhre kommen selten vor. Eine Tracheitis stellt in der Regel eine Begleiterscheinung der Laryngitis und/oder der Bronchitis dar. Außerdem äußern sich praktisch alle – infektiösen, wie nicht infektiösen – unteren Atemwegsaffektionen mit vermehrten Schleimansammlungen in der Trachea.

Bei alten Pferden aller Rassen wird gelegentlich ein Kollaps von Trachealringen beschrieben, der zu Dyspnoe führen kann. Auch sonst kommt es in seltenen Einzelfällen zu Deformationen und Stenosen der Trachea, z. B. durch inspiratorischen Prolaps der Trachealring-Membran bis zur Bronchialaufzweigungen im Halsbereich der Trachea. Eine sehr ausgeprägte Dyspnoe, evtl. zusammen mit starkem Husten, kann auch sonst normale Trachealringe zum Kollabieren bringen. Eine angeborene Deformation der Trachea, die sogenannte **Säbelscheidentrachea**, die hochgradige Dyspnoe und z. T. sehr laute Geräusche, verursachen kann, wird bei Shetlandponys und Miniature Horses beobachtet. Versuche, chirurgisch einen Stent (zylindrisches dehnbares Kunststoffnetz) zu platzieren, sind nicht zuverlässig Erfolg versprechend. Nach kurzer klinischer Besserung kann es erneut zu einer Dyspnoe kommen, deren Ursache eine Hypergranulation um den Stent sein kann. **Narbenstrikturen** mit Beeinträchtigung der Atmung treten gelegentlich nach Tracheotomien auf, partielle Stenosen durch Kompression ergeben sich u. a. aus einem Tumorwachstum oder aus großen Abszessen der mediastinalen Lymphknoten.

Nach der Sterilisierung von Endotrachealtubi aus Kunststoff mit Ethylenoxidgas oder anderweitigen Desinfektionsmitteln ist auf eine anschließende gründliche Lüftung der Instrumente zu achten. Verwendet man einen derart sterilisierten Tubus zu früh, schließt sich eine nekrotisierende, eventuell phlegmonöse **Tracheitis** mit meist ungünstiger Prognose an. Auch allzu stark und zu lange aufgeblasene Manschetten von Endotrachealtubi können die Trachea von innen traumatisieren und sogar Drucknekrosen verursachen. Ebenfalls von innen her können luminal gelegene, meist bedornte Fremdkörper zu einer chronischen Tracheitis führen, wenn sie nicht spontan ausgehustet werden. Ein Trauma der Trachea durch Schlag durch ein anderes Pferd führt in den meisten Fällen zu einem Austritt von Luft unter die Haut. Trotz fehlender äußerlicher Hinweise auf eine Verletzung entsteht ein beeindruckendes und schmerzhaftes Unterhautemphysem am Hals, Kopf und Rumpf.

Viel häufiger als die oben beschriebenen, seltenen angeborenen und erworbenen Krankheiten der Trachea sind kleinere, klinisch unbedeutende Deformationen in Form von unter der Schleimhaut endoskopisch sichtbar hervortretende Spitzen und Knoten der Trachealringe, sowie ebenfalls asymptomatische linksseitige intrathorakale Deviationen und eine v. a. bei Engl. Vollblütern beobachtete laterale Abflachung der Trachea.

3.6 Krankheiten der Bronchien und Lungen

3.6.1 Bronchitis und Bronchiolitis

Die Bronchitis und Bronchiolitis ist durch Husten und vermehrter Sekretbildung charakterisiert und kann vielfältige Ursachen haben. In diesem Abschnitt werden v. a. die Bronchitiden (Schädigung der Atemwege, ohne dass das Lungengewebe selbst beteiligt ist) infektiöser Ursache besprochen, wobei wir diese klar von den Broncho- und Pleuropneumonien und den interstitiellen Pneumopathien, bei denen das Lungenparenchym die Hauptlokalisation der Schäden darstellt, abgrenzen. Wir unterscheiden hier vereinfachend nach klinischem Verlauf zwischen mehr akuten und eher chronisch verlaufenden Bronchitiden und Bronchiolitiden. Die klar definierten Krankheitsbilder der «*inflammatory airway disease*» IAD (→3.6.2.1, früher geringgradige chronisch obstruktive Bronchitis, COB) und der rezidivierenden Atemwegsobstruktion («*recurrent airway obstruction*», RAO →3.6.2.2; früher mittel- und hochgradige COB) werden unten separat dargestellt.

Krank machende Noxen des Bronchialbaumes

- **Exogene:**
  - mechanisch (Staub, Rauch)
  - thermisch (Stallbrand, Kälte)
  - chemisch (Ammoniak u. a.)
  - infektiös (Viren, Bakterien, Pilze, Parasiten)
  - immunogen (Pilze, Milben u. a.)
- **Endogene:**
  - Herz-Kreislauf-Probleme
  - Toxine (v. a. Endotoxine)
  - metabolische Entgleisung
  - metastatisch (infektiös, tumorös)

3.6.1.1 Akute Bronchitis

Man beobachtet eine akute Bronchitis nach starker Reizung der Luftwege durch Viren, Gase, durch Rauch bei Stall- oder Transporterbränden oder auch durch Staub, besonders von verdorbenem Heu (eher subakutchronischer oder rezidivierender Verlauf). Hoch fieberhafte, akute Bronchitiden, die in einem Bestand gehäuft auftreten, sind in der Regel einer Virus-Influenza zuzuschreiben. Deshalb sollten die Impfpläne kontrolliert werden: Wenn die letzte Impfung länger als 6 Monate zurückliegt, wird das Pferd an einer Influenza, allerdings unter einem milden Verlaufsbild, erkranken können. Weitere virale Erreger wie EHV-4 (→15.3.3.4), Equines Arteriitis Virus (EVA →15.2.5) können eine weniger fieberhafte Hustensymptomatik verursachen. Reoviren (→15.2.3.2), und Adenoviren (→15.3.2) können eine akute Bronchitis mit moderatem Fieber insbesondere bei Fohlen auslösen. Primär bakterielle (*S. pneumoniae*; Pneumokokken, →16.6.1) und v. a. mykotische akute Bronchitiden sind selten.

Symptomatik der akuten Bronchitis – Bronchiolitis

- Husten
- Nasenausfluss
- Auskultationsbefund (pathologische Atemgeräusche)
- Fieber
- Leistungsabfall (je nach Schweregrad und Disziplin)
- Selten obstruktive Dyspnoe

3.6.1.2 Chronische Bronchitis

Die chronische Bronchitis lässt sich vor allem bei jüngeren Pferden beobachten, denen nach einer akuten Affektion der Luftwege keine Gelegenheit zur völligen Ausheilung gegeben worden ist. Bei Chronizität weitet sich die Makrobronchitis auch auf periphere Bezirke aus, es kommt zusätzlich zu einer Bronchiolitis. Die diffus-chronische Bronchitis ist in der Regel eitrig, typischerweise als Folge einer bakteriellen Sekundärinfektion (häufigster Keim ist *S. equi* subsp. *zooepidemicus* (→16.6.1.2) nach akuter viraler Bronchitis (Influenza →15.2.8). Ein Infekt mit *S. pneumoniae* (→16.6.1) oder auch der Befall mit dem Lungenwurm *Dictyocaulus arnfieldi* imponiert beim Pferd dagegen meistens als primär chronische Bronchitis, wenn sie nicht überhaupt symptomlos verläuft (Esel). Sie geht oft mit etwas erhöhter Körpertemperatur einher; die Patienten husten häufig; der Husten ist produktiv und kräftig. Sind die Bronchiolen nicht oder nur wenig betroffen, fehlt eine Atemnot oder sie ist von bescheidenem Grad. Allergische Reaktionen und deren Entzündungsmediatoren (Histamin u. a.) führen dagegen zu chronisch nicht infektiösen Krankheiten der Lunge (RAO), welche dadurch charakterisiert sind, dass neben Husten, Nasenausfluss zusätzlich eine Dyspnoe diagnostiziert werden kann. Nasenausfluss ist reichlich vorhanden, mukös bis mukopurulent. Der Auskultationsbefund ergibt ein grobblasiges Rasseln vor allem über den tiefer liegenden Lungenbezirken.

Eine besondere Form der Bronchitis stellt die Bronchialentzündung nach Verschlucken dar, die im Zusammenhang mit Störungen des Schluckaktes und des Abschlingens auftreten kann (z. B. Ösophagusverlegung durch Trockenfutter; Hirnnervenlähmungen bei Luftsackmykose; Status nach Roareroperation u. a.) oder leider manchmal nach fehlerhaftem Einführen der Nasen-Schlund-Sonde. Eine solche Aspirationsbronchitis ist als Vorstufe einer Aspirationspneumonie (Abzugrenzen mittels Lungenröntgen) ernst zu nehmen.

Symptomatik und Diagnose: Abhängig von der Ätiologie der Erkrankung, verläuft eine Bronchitis/Bronchiolitis fieberlos bis hoch febril. Der Höhe des Fiebers entsprechend variieren die Allgemeinsymptome und die Pulsfrequenz beträchtlich. Auch andere Manifestationen der Bronchitis schwanken ausgeprägt in Abhängigkeit von Ätiologie, engerer Lokalisation und Art der pathologisch-anatomischen Veränderungen. Bei einer durch physikalischen Reiz entstandenen Bronchitis ist in der Regel ein reichlicher, anfänglich seromuköser, später purulenter Nasenausfluss festzustellen. In den Anfangsstadien einer viralen Bronchitis liegt dagegen oft nur spärlicher, zuerst rein seröser Nasenausfluss vor, der allerdings rasch eitrig und kopiös (bei bakterieller Sekundärinfektion) werden kann. Nasenausfluss jeder Konsistenz weist bei Bronchiolitis im Allgemeinen zahlreiche kleine Luftbläschen auf.

Frequenz und Charakter des Hustens unterscheiden sich bei den verschiedenen Arten einer Bronchitis ebenfalls. Die Pferde husten häufig oder auch nur ab und an, trocken oder feucht-produktiv und in der Regel kräftig, tief und brummend bei diffuser Bronchitis. Überwiegt die Bronchiolitis, ist der Husten auch in der akuten Phase eher unterdrückt und kraftlos, ein Hüsteln. Bronchiolitis allergischer Genese führt vor allem während und nach der Fütterung zu Hustenanfällen. Einige Pferde zeigen auch keinerlei Husten, sondern nur Leistungsschwäche, können auskultatorisch «stumm» sein, und bei der Endoskopie der Trachea überrascht eine Ansammlung zähen Schleims.

Auskultatorisch lassen sich bei ausgeprägter Bronchitis deutliche, trocken oder feucht tönende Rasselgeräusche hören, bei Vorliegen von viskösem Sekret und Bronchospasmus (insb. bei RAO) auch giemende, pfeifende Geräusche. Ist die Bronchitis oder Bronchiolitis aber eher diskret, besteht der Auskultationsbefund oft nur in etwas zu rauen und zu deutlich hörbaren Geräuschen, besonders in der Exspiration. Eine bronchoskopische Untersuchung des Pferdes mit akuter Bronchitis ist in speziellen Fällen indiziert. Dieselbe Feststellung trifft auf die Röntgenuntersuchung zu.

Der Erregernachweis gelingt gelegentlich in der Fieberphase am ehesten durch Einsendung eines Pharynxtupfers mit dem Auftrag eine PCR für folgende Viren: Influenza (→15.2.8), Herpes Virus 1 und 4 (→15.3.3), EVA (→15.2.5), bei Verdacht auf eine mögliche interstitielle Beteiligung auch EHV-5 aus TBS oder BALF. Für den Nachweis von bakteriellen Erregern sollte Bronchialsekret möglichst ohne Kontamination (invasive, transtracheale Aspiration oder mittels geschützten Katheters) gewonnen werden. Ein Verdacht auf **Lungenwurmbefall** *(Dictiocaulus arnfieldi)* kann manchmal indirekt (Nachweis von vermehrten eosinophilen Granulozyten in der TBS- oder BALF-Zytologie) oder direkt (Nachweis von adulten Parasiten im Sekret) erhärtet werden, die Eiausscheidung ist dagegen nur beim Esel, nicht aber beim Pferd (Fehlwirt) sinnvoll mittels parasitologischer Kotuntersuchung zu überprüfen.

Differenzialdiagnose: Gewissenhaft auszuschließen sind Erkrankungen der oberen Luftwege, das Lungenödem und vor allem die allergischen (→3.6.2.2) und interstitiellen Pneumopathien (→3.6.6.4), die meistens mithilfe der Anamnese ausgeschlossen werden können. Die Bronchoskopie und die bakteriologische und die zytologische Untersuchung sauber gewonnenen Bronchialsekrets (ggf. Bronchoalveolarlavage-Flüßigkeit) verfeinert dabei die Diagnose. Schwierig und nicht selten unmöglich gestaltet sich bei jeder akuten Bronchitis der Ausschluss einer begleitenden, diskreten Pneumonie, die jedoch in den meisten Fällen zu Dyspnoe führt. Ebenfalls schwierig kann die Abgrenzung zu den leichtgradigen Krankheitsbildern der IAD (→3.6.2.1) sein, weil diese per Definition eine geringgradige, akut bis chronisch verlaufenden Bronchitis/Bronchiolitis darstellen und darum oft gar nicht klar abgegrenzt werden können.

Prognose: Die Prognose einer Bronchitis hängt weitgehend von ihrer Ursache ab und auch davon, ob es gelingt, im Patientenstall einwandfreie hygienische Verhältnisse zu schaffen. Einen häufigen Grund für das Chronischwerden einer Bronchiolitis stellt die verfrühte Arbeitsaufnahme und schlechte Stallhygiene während der Rekonvaleszenz dar. Eine akute, infektiöse Bronchiolitis (vor allem Influenza) kann in solchen Fällen einen chronischen, allergiebedingten Zustand einleiten.

Therapie: Bronchitispatienten sind in einem einwandfrei ventilierten Stall oder auf der Weide ruhig zu stellen. Daneben ist einer staubfreie Fütterung größte Beachtung zu schenken, ebenso wie überhaupt jeder Reiz möglichst vermieden werden muss (kalte Luft, staubige Reitbahnen usw.). Liegen Indizien für eine eitrige Infektion vor oder besteht die Gefahr, dass sich eine virale Affektion bakteriell kompliziert, rechtfertigt sich die Verabreichung von Antibiotika (→16.24).

Expektorantien und Sekretolytika können eingesetzt werden (v. a. wenn endoskopisch größere Mengen von Sekret in der Trachea festgestellt werden Schleimmenge ≥ 3 von 5 Graden), befriedigen in ihrer Wirkung jedoch selten. Bei Bronchiolitis mit Spasmen sind eher Beta-Mimetika von der Art des Clenbuterol angezeigt. Zusätzlich zur Bronchospasmolyse soll Clenbuterol entzündungshemmende Eigenschaften haben. Steroide sind bei isolierter, infektiöser Bronchitis selten indiziert, außer der Zustand geht in die Chronizität über. Zur Therapie der chronischen Bronchitiden und Bronchiolitiden sei auch auf die nächsten Abschnitte verwiesen.

3.6.2 Chronisch obstruktive Bronchitis

In der neueren englischen Literatur wurde der aus der Humanmedizin stammende Begriff COPD «*chronic obstructiv pulmonary disease*» durch RAO (→3.6.2.2) ersetzt. Aufgrund der unterschiedlichen Pathogenese, des Verlaufes und der Zytologie des Bronchialsekretes im Vergleich zur humanen Erkrankung war die Umbenennung gerechtfertigt. Im älteren (z. T. auch heute noch sehr verbreitet gebrauchten) deutschen Schrifttum entspricht indessen die chronisch-obstruktive Bronchitis (COB) der angloamerikanischen Benennung IAD (leichtgradige COB) respektive RAO (mittel- bis hochgradige COB). Weitere alte Begriffe wie «Emphysem» (viele Missverständnisse →3.6.2.2 & 3.6.3) oder «Lungendämpfigkeit», die sich auf das hochgradige Ende dieses Spektrums beziehen, halten sich unter den Laien z. T. hartnäckig.

Tabelle 3.1 Charakteristika und Unterscheidungsmerkmale von COB, IAD und RAO

IAD ≅ leichtgradige COB	RAO ≅ mittel bis hochgradige COB
jede Altersgruppe	*ältere Pferde (meist > 7j.)*
Ursachen: unklar, multifaktoriell*: Umwelt/Infekt?	**Ursachen:** Umwelt, «Allergie»(Hypersensitivität) insb. auf Heu- und Einstreustaub
Klinik: Leistungseinbuße, Schleimansammlung in der Trachea (Grad ≥ 2/5)*, Hyperreaktivität (übermäßige Reaktion auf Reize; diagnostisch z. B. mit Histaminbronchoprovokation)*	**Klinik:** *deutliche* Leistungseinbuße, Hyperreaktivität, *cholinergischer Bronchospasmus, reversible Obstruktion mit sichtbar erschwerter Atmung in Ruhe.* Schleimansammlung in der Trachea (endoskopisch sichtbare Schleimmenge meist Grad ≥ 3/5)*)
Zytologie: Entzündungsparameter**: vermehrte Neutrophile (> 5 %), Eosinophile (> 1 %) oder Mastzellen (> 1 %)	**Zytologie:** Entzündungsparameter**: *hochgradige neutrophile (> 25 %**) Entzündung*

* Nicht Teil der «offiziellen» (siehe Literaturangaben) Definition, u. E. aber wichtiges Charakteristikum
** Prozentangaben beziehen sich auf BALF- (nicht TBS-) Zytologie
Punkte, die zur Unterscheidung von RAO gegenüber IAD dienen können, sind kursiv gedruckt.

3.6.2.1 IAD – «*inflammatory airway disease*»

Die IAD, durch Leistungsabfall, gelegentlichen Husten, vermehrtes Bronchialsekret und vermehrte Entzündungszellen bei der zytologischen Untersuchung der bronchoalveolären Lavageflüssigkeit charakterisiert, wurde in der (englischen) Literatur zuerst vorwiegend bei jungen Rennpferden beschrieben. Die IAD entspricht aber, wie oben ausgeführt (→3.6.2), grundsätzlich einer geringgradigen COB und kann in diesem Sinne bei jeder Alters- und Gebrauchsgruppe von Pferden vorkommen. Pathologisch-anatomisch handelt es sich um eine leichtgradige Bronchitis/Bronchiolitis. Bis anhin konnten die Ursachen der entzündlichen Veränderungen im Bronchialbaum nicht mit Sicherheit eruiert werden, wahrscheinlich weil die IAD eine multifaktoriell verursachte Krankheit ist. Schlechte Lufthygiene im Stall und während Transporten, Infektionen und Allergien sind die häufigsten Auslöser. Nun ist aber die Staubbelastung bei ganz «normaler» konventioneller Stallhaltung mit Heufütterung und Stroheinstreu oft sehr hoch. Dementsprechend werden viele Pferde (oft über die Hälfte der Pferde in konventioneller Stallhaltung), als an IAD erkrankt diagnostiziert, wenn sie nach strengen zytologischen Kriterien eingeteilt werden. Die Zytologie kann bei der Wahl der Therapie Hinweise geben, aber als alleiniges diagnostisches Kriterium ist sie problematisch, weil man angesichts der hohen Prävalenz bei konventioneller Stallhaltung durchaus postulieren kann, dass die IAD einfach eine normale physiologische Abwehrreaktion auf die hohe Staubbelastung darstellt. Es stellt sich daher die Frage, worin die klinische Bedeutung einer IAD besteht.

Es gibt gegenwärtig keine Hinweise dafür, dass eine IAD ohne klinische Symptome (Husten, Nasenausfluss) ein erhöhtes Risiko darstellt, um sich später zu einer RAO zu entwickeln. Dagegen ist eine IAD mit Nasenausfluss und v. a. mit Husten (auch wenn er nur «ab und zu» auftritt), aber das Symptom länger als einen Monat andauert, als Warnsignal für eine zukünftige Verschlechterung und ein erhöhtes RAO-Risiko, zu werten. Bei der Beurteilung der IAD als Ursache für eine Leistungsverminderung ist v. a. die Disziplin, also die Anforderungen an die aerobe Leistungskapazität, ausschlaggebend. Z. B. ist für ein Rennpferd, das eine maximale aerobe Leistung über 2400 m erbringen muss, eine subklinische IAD viel eher relevant als für ein Sportpferd in einer technischen Disziplin wie Springen oder Dressur. Dabei ist eine vermehrte Schleimmenge (Rennpferd ab Grad 2 von 5, Sportpferd erst ab Grad 3 von 5) als Anzeichen für eine Leistungseinschränkung wohl wichtiger als die Prozente der Entzündungszellen in der BALF.

Diagnose: Bei einer IAD mit unbefriedigender Leistung müssen zuerst immer andere Erkrankungen, die zu Leistungsverminderung führen, wie Erkrankungen der oberen Luftwege, muskuloskeletale und Kreislaufleiden, systematisch ausgeschlossen werden. Da die klinische Untersuchung wenig ergiebig ist, müssen die Patienten bronchoskopiert (vermehrtes [Schleimmenge ≥ 2 von 5 Graden], meist zähflüssiges Sekret) und die gewonnene bronchoalveoläre Flüssigkeit (weniger zuverlässig ist TBS) zytologisch untersucht werden. Die Diagnose IAD stützt sich gemäß der internationalen Konvention insb. auf den Nachweis vermehrter Entzündungszellen (> 5 % neutrophile Granulozyten, > 1 % Mastzellen, > 1 % Eosinophile).

Die **Prognose** einer IAD ist quoad restitutionem vorsichtig günstig, wobei auf klinische Anzeichen für eine Verschlechterung, wie länger anhaltenden Nasenausfluss und v. a. Husten, geachtet werden sollte. Quoad usum hängt die Relevanz einer IAD, wie oben erläutert, v. a. vom genauen Gebrauchszweck und der entsprechenden aeroben Leistungsintensität ab.

Therapie: Wie bei allen Atemwegserkrankungen ist auf eine gute Lufthygiene, staubarmes Futter und angepasste Trainingsintensität zu achten. Ist bei einer IAD innerhalb von zwei Wochen mit diesen Maßnahmen keine Besserung feststellbar, kann eine medikamentelle Therapie versucht werden, z. B. mit Glukokortikoiden per os oder inhaliert. Auch Bronchodilatatoren und Expektorantien werden relativ häufig gebraucht, ihr Nutzen ist aber bei IAD unklar. Sicher ist, dass die Dyskrinie und vermehrte Schleimansammlung schwieriger zu bekämpfen sind als die Atemwegsentzündung und die Hyperreaktivität. Der Typ der Entzündung kann manchmal bei der Wahl der Medikation Hinweise geben. Die wegen Dopingproblematik (Verzicht auf Kortikosteroide und Bronchodilatatoren etc.) bei Sportpferden z. T. populären Curcuminpräparate («Phytotherapie»; Futterzusatzmittel) scheinen v. a. bei neutrophiler IAD wirksam zu sein. Mastzellstabilisatoren wie Natrium Cromoglycat sind dagegen v. a. bei erhöhten Mastzellen mit Luftwegshyperreaktivität indiziert und Anthelminthika ggf. bei deutlicher BALF Eosinophilie. Immunmodulatoren, wie tief dosiertes Interferon-α (50–100 IU SID während 5 Tagen) soll bei Rennpferden mit IAD nützlich sein. Bei jungen Rennpferden (2- und 3-jährigen), die frisch im Training sind, ist auch eine bakteriell-infektiöse Ätiologie und eine antibiotische Behandlung in Betracht zu ziehen. Grundsätzlich ist aber eine Antibiose bei IAD, ohne dass bestimmte Keime wie z. B. Pneumokokken isoliert würden, nicht angezeigt.

Allgemein ist festzuhalten, dass die wissenschaftlichen Grundlagen zur Beurteilung der Wirksamkeit sowohl der verschiedenen Managementmaßnahmen als auch der medikamentellen Therapien für die Behandlung der RAO viel solider sind als für die IAD. Entsprechend orientieren sich unsere Empfehlungen für beide Krankheiten oft v. a. an «RAO-Studien» (→3.6.2.2).

Ausgewählte Punkte zum Management (Verbesserung der Umwelt und Lufthygiene) bei IAD und RAO

- Für IAD ist wahrscheinlich allgemein die Reduktion der Staubbelastung wichtig
- Für RAO ist neben der allgemeinen Staubbelastung v. a. die Reduktion der spezifischen Allergene (insb. Schimmelpilzsporen und evtl. Futtermilben) und Irritantien (insb. Endotoxin) wichtig
- Wenn Stallhaltung, dann Außenbox oder Box mit Auslauf bevorzugt (frische Luft)
- Ausschlaggebend ist die Belastung in der Atemzone des Pferdes. Entsprechend stammt die Staubbelastung im Stall hauptsächlich aus dem Futter und der Einstreu; z. B.:
  - «schlechtes» Heu hat 12 × mehr Staub als «gutes» Heu
  - «gutes» Heu hat immer noch 6 × mehr Staub als Heylage
  - Bedampfen des Heus: Ebenso gute Verbesserung der Symptome wie mit Heylage; kommerzielle und selbst gebaute (cave! Strom, Feuergefahr) Bedampfer
  - Heu in Wasser tauchen (10 min): Teilweiser Erfolg möglich (individuell, von Fall zu Fall, zu testen)
  - Heu und Stroheinstreu nur in einer Boxe ersetzen, andere Pferde im Stall immer noch Heufütterung: nur teilweise Verbesserung
  - Einstreu: beste Resultate hinsichtlich Staubbelastung und klinischer Verbesserung mit Strohpellets oder gereinigten Holzspänen
- Aktivitäten im Stall wie Misten, Wischen und vor allem Einstreuen können außerdem die Staubbelastung 6–7 × erhöhen (Pferde beim Morgenstall auf Weide/Paddock lassen).

3.6.2.2 *RAO «recurrent airway obstruction»* – Asthma bronchiale – chronisch-obstruktive Bronchitis/Bronchiolitis (COB)

Im Gegensatz zur IAD (→3.6.2.1), hat die RAO eine gesicherte genetische Grundlage. Sie tritt darum oft familiär gehäuft auf und betrifft meist Pferde im besten Alter oder ältere Tiere. Meist sind die Betroffenen 7-jährig oder älter, wenn die Krankheit diagnostiziert wird. Die RAO wird oft mit dem Asthma bronchiale des Menschen verglichen, das ebenfalls eine entzündliche Atemwegserkrankung darstellt, die mit einer gesteigerten Empfindlichkeit der Atemwege auf zahlreiche Reize, einer Hyper- und Dyskrinie und einer spontan oder medikamentös reversiblen Bronchokonstriktion in unterschiedlicher Dominanz einhergeht. Gemeinsam ist grundsätzlich auch die entzündliche Infiltration der Bronchialschleimhaut, wobei sich aber der Typ der Entzündung unterscheiden kann (Human Asthma: Eosinophilie oder auch Neutrophilie; RAO immer Neutrophilie), sowie die mehr oder weniger ausgeprägten klinischen Kardinalsymptome wie Dyspnoe, Leistungseinbuße und Husten. Die vermehrte Sekretproduktion überfordert oft den Clearancemechanismus der oralwärts schlagenden Zilien, sodass die **Sekretclearance** nur noch durch Hustenstöße aufrechterhalten bleibt. Die vermehrte Schleimansammlung führt beim Menschen zu vermehrtem Sputum, beim Pferd neben Husten auch zu Nasenausfluss. Außerdem haben beide Krankheiten eine komplexe, multigenetische, aber klar dokumentierte erbliche Grundlage.

Wichtig ist das Kardinalsymptom der Dyspnoe, die sich mit einer verstärkten, exspiratorisch angestrengten Ruheatmung und Polypnoe äußert. Dies grenzt die RAO von der leichtgradigeren IAD ab. Streng genommen, bezeichnet «Dyspnoe» das subjektive Gefühl von Atemnot, welches mit erhöhtem Atemminutenvolumen (Atemfrequenz und -tiefe) zu korrigieren versucht wird. Der Begriff sollte deshalb beim Tier eher als verstärkte oder erschwerte Atmung umschrieben werden. Wir verwenden den Begriff trotzdem, weil er so geläufig ist. Wichtiger ist, dass man sich über die nicht nur recht zahlreichen, sondern auch z. T. fundamental unterschiedlichen Ursachen von Dyspnoe im Klaren ist. Der Typ der angestrengten Atmung kann neben der Abgrenzung zur IAD weitere diagnostisch wertvolle Hinweise geben: z. B. exspiratorisch angestrengt vertieft bei obstruktiver Krankheit wie RAO vs. in- und exspiratorisch gemischt verstärkt und oberflächlich restriktives Atemmuster bei interstitiellen Pneumopathien. Die Dyspnoe und die zugrunde liegende Lungenfunktionseinschränkung sind zu einem großen Teil durch die Lumeneinschränkung durch Schleimhautschwellung, Sekretansammlung und Bronchokonstriktion mit «*air trapping*» («reversibles Emphysem») verursacht und darum reversibel. Nur ein kleiner Anteil der Veränderungen (Wandverdickung der Luftwege, «airway remodelling») ist normalerweise irreversibel. Klinisch relevante irreversible Lungenfunktionseinbußen sind entweder auf Komplikationen wie Bronchiektasien oder ein heute sehr seltenes echtes destruktives, alveoläres Emphysem, zurückzuführen. Wenn sich keine dieser Erklärungen bestätigen lässt, sollte die Diagnose RAO infrage gestellt und Differenzialdiagnosen, wie z. B. interstitielle Pneumopathie, in Betracht gezogen werden.

Ursachen erhöhter Ventilation

Respiratorische Ursachen: **Störungen der Ventilation-, Störungen der Diffusion und/oder Perfusion mit Veränderungen der Blutgaswerte (paO_2 ↘: paCO2 ↗: pH ↘)**

- Stenose, Obstruktion (erhöhter Atemwiderstand)
  - obere Luftwege (meist inspiratorisch bis gemischte Dyspnoe; oft mit Stridor), sehr ausgeprägt z. B. bei Larynxödem, beidseitiger Larynxlähmung, Kollaps oder Kompression des Pharynx (Schwellung, Fremdkörper, retropharyngeale Druse)
  - untere Luftwege (meist exspiratorisch evtl. hörbares Geräusch, «wheezing») typische obstruktive angestrengte Atmung wegen Bronchospasmus und Sekretansammlungen in den Luftwegen, z. B. bei RAO, klassische «Dampfrinne»
- herabgesetzte Lungenelastizität und/oder Diffusionsstörung wegen verminderter Gasaustauschoberfläche oder erhöhter Diffusionsbarriere
  - v. a. bei interstitiellen Pneumopathien und Lungenfibrosen
  - selten auch bei Surfactantmangel (Frühgeburt, «unreifes» Fohlen)
- extrapulmonale mechanische Behinderung der Lungenausdehnung, z. B. bei Zwerchfellhochstand (Meteorismus), Pleuraerguss (z. B. bei Pleuritis, Tumoren), Pneumothorax
  Funktionseinschränkung der Atemmuskulatur (Tetanus → 16.7.2, Botulismus → 16.7.1, zentralnervöse Störungen u. a.)
- Verluste von Lungenparenchym und -alveolaroberfläche bei Pneumonien, Atelektasen oder Lungenemphysem
- herabgesetzte Alveolendurchblutung, z. B. bei Lungeninfarkt- oder -embolie, Rechts-links-Shunt: beim Pferd sehr selten

Nicht respiratorische Ursachen

- physiologisch bei Anstrengung
- thermoregulatorisch bei Überhitzung
- Schmerz z. B. Hufrehe, abdominaler Schmerz (Kolik)
- emotionale Ursache, z. B. Angst
- Anämie (Blutung, Hämolyse)
- Hyperventilation wegen metabolischer Azidose (Schock mit Laktatazidose; Nierenerkrankung, Bikarbonatverluste)
- Kreislaufschwäche (Herzerkrankung)
- zentralnervöse Erkrankungen (z. B. bei Enzephalitis, Tumor u. a.)

Exazerbationen imponieren oft als akute Schübe der chronischen Erkrankung, indem die Symptome anlässlich einer Exposition mit allergenem Heustaub (Pilzsporen, Futtermilben u. a.) auftreten. Typischerweise erscheinen derartige Pferde bei Weidehaltung im Sommer gesund, bei Heufütterung und Stallhaltung im Winter (schlechte Belüftung) erkranken sie oft hochgradig. Nicht allzu selten gibt es aber auch Fälle, die diesem Schema nicht entsprechen und v. a. im Frühling und Sommer und wenn sie vermehrt draußen sind, Symptome zeigen. Meist lässt sich kein bestimmtes Allergen (z. B. Pollen) als Ursache feststellen, und die Heuelimination bleibt bis zum Beweis des Gegenteils die wichtigste Maßnahme. In den süd-östlichen USA und mit steigernder Tendenz in Europa gibt es aber das klar beschriebene Krankheitsbild der *«summer-pasture associated pulmonary disease»* (SPAOPD). Wie der Name sagt, treten die Exazerbationen im Sommer und auf der Weide auf, aber abgesehen davon ist die *«summer-pasture associated pulmonary disease»* mit der RAO identisch.

Abb. 3.10: Nasenausfluss: Weißlich-trüber, oft mit Luftbläschen durchsetzter, muköser Nasenausfluss findet sich bei Patienten, die an nicht infektiösen Pneumopathien, wie IAD oder RAO, leiden.

Symptome: Die typische RAO ist eine nicht infektiöse Bronchitis/Bronchiolitis. Entsprechend wird sie nicht von Fieber begleitet, und Veränderungen im Blutbild fehlen oder sind diskret wie z. B. Anstiege von Entzündungsmarkern (Fibrinogen und Serum Amyloid A: SAA) bei akuter Exazerbation. Nasenausfluss kann in Ruhe fehlen; nach der Arbeit beobachtet man im typischen Fall einen weißlichen, von Bläschen durchsetzten und meist recht spärlichen, mukopurulenten beidseitigen Ausfluss (Abb 3.10). Die Bronchiolitispatienten husten vor allem im Stall anlässlich der Fütterung, meistens in Anfällen. Der Husten ist trocken bis eher feucht, meistens kraftlos und unterdrückt. Die Pferde zeigen fast ausnahmslos eine erschwerte Atmung bei anfänglich wenig erhöhter Atemfrequenz: die angestrengt verstärkte Exspiration verläuft gut sichtbar unter Beteiligung der Bauchmuskulatur in zwei Phasen (doppelschlägige Atmung). Der Atemzeitquotient, d. h. das Verhältnis der Exspirations- zur Inspirationsdauer nimmt zu. In ausgeprägten Fällen ist eine sogenannte Nüstern- und Afteratmung, sowie als Ausdruck der angespannten, hypertrophen Bauchmuskulatur eine sogenannte «Dampfrinne» (Abb. 3.11) zu beobachten, begleitet von Rippenspiel und Flankenwogen. Dabei wird man immer eine vergrößerte Lunge perkutieren können. Sehr wichtig wird dann die Abklärung der Reversibilität oder Irreversibilität dieser Lungenerweiterung.

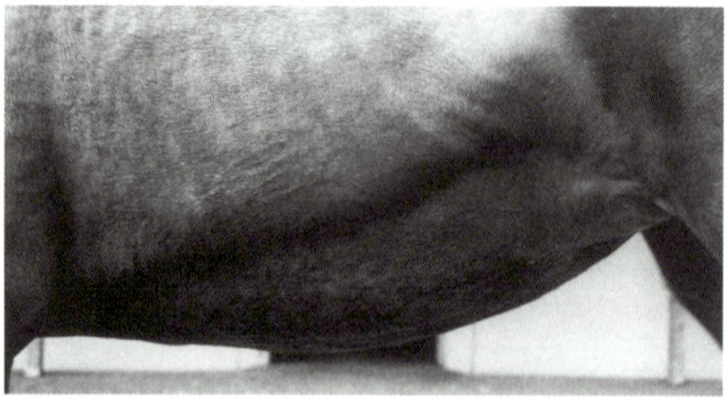

Abb. 3.11: Dampfrinne: Bei chronisch dyspnoischen Patienten führt die andauernde übermäßige expiratorische Beanspruchung der Bauchmuskulatur zu einer sichtbaren Hypertrophie des M. rectus abdominis (sog. «Dampfrinne»).

Die Auskultation enttäuscht den Ungeübten oft. Das Auskultationsgeräusch ist in Inspiration schärfer zu hören als beim gesunden Pferd, die Exspiration – normalerweise kaum hörbar – ist von etwas deutlicheren Geräuschen begleitet («Hauch»). In Zweifelsfällen sollte während einer künstlich forcierten Atmung (Rückatmung in Plastiksack; längeres Zuhalten der Nüstern) auskultiert werden. Ein feinblasiges Rasseln und gelegentlich giemende Auskultationsgeräusche finden sich bei zähem Sekret respektive bei Bronchospasmen. Von außen kann bei hochgradiger Dyspnoe ein pfeifendes vor allem exspiratorisches, giemendes Stenosegeräusch *(«wheezing»)* wahrgenommen werden.

In hochgradigen, chronischen Fällen, insb. wenn sie nicht oder schlecht auf die Behandlung ansprechen, ist außerdem auf klinische Hinweise für seltene Komplikationen wie Bronchiektasien (Bildung lokaler Infektherde mit rezidivierendem Fieber; Nichtansprechen auf Therapie), destruktives alveoläres Emphysem mit irreversibler Lungenerweiterung (Nichtansprechen auf Therapie) oder Lungenhochdruck und Cor pulmonale (Tachykardie, schwacher arterieller und deutlicher Venenpuls, holosystolisches Geräusch; allg. Ödeme und gestaute Venen bei Rechtsherzversagen →2.1.8) zu achten.

Diagnose: Die RAO ist mithilfe einer ausführlichen Anamnese, des wichtigsten Bausteins der Diagnostik, und der klinischen Symptomatik an sich leicht zu diagnostizieren. Schwieriger ist es, ihre Ursachen abzuklären. Anfallsweise verlaufende Erkrankungen, bei denen Hustenparoxysmen und Dyspnoe an den Stallaufenthalt und dabei besonders an die Fütterung gebunden scheinen, begründen den Verdacht auf eine allergische Ätiologie. Auch eine saisonale Periodizität – Symptomfreiheit bei Weidegang; Husten und Atemnot bei Stallhaltung und Heufütterung – spricht für die typische Hyperreaktivität auf Stallstaubbestandteile.

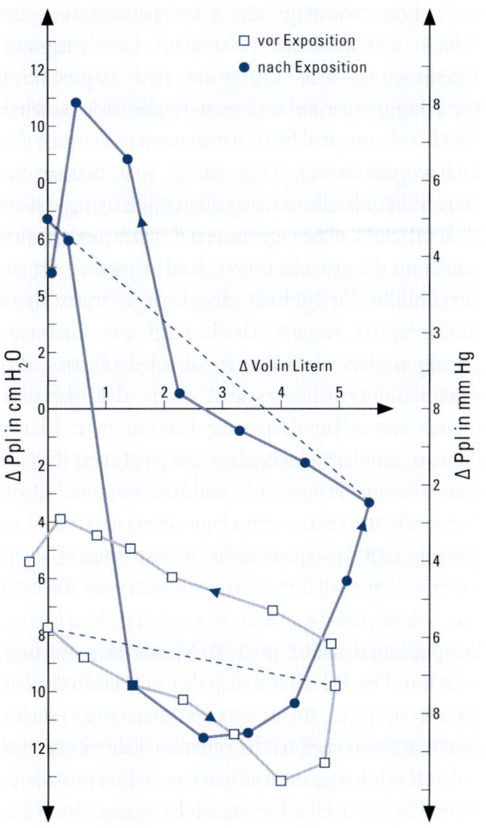

Abb. 3.12: Atemschleife (Fluss-intrapleural Druckkurve): Die Messungen zeigen die Reversibilität einer hochgradigen Dyspnoe bei einem Pferd nach Heustaubexposition. Nach Heustaub-Exposition ist das von rezidivierender Atemwegsobstruktion (RAO) betroffene Pferd schwer krank. Die Messpunkte der Atemschleife befinden sich sowohl im Unter- als auch im Überdruckbereich; die Schleife umfasst eine große Fläche, was bedeutet, dass die Arbeit, die das Pferd bei jedem Atemzug aufwenden muss, sehr groß ist. Die steile Schleifen-Diagonale ist Ausdruck der geringen Dehnbarkeit des Lungengewebes (geringe Compliance). Atemschleife aufgenommen nach dreiwöchiger Haltungsoptimierung ohne Heustaub. In diesem Zustand zeigt das Pferd keine Symptome, und die Messpunkte der Atemschleife liegen alle im Unterdruckbereich. Die Schleifen-Diagonale ist flach, d. h. dass die dynamische Compliance groß und die Dehnbarkeit des Lungengewebes normal ist.

nicht zum Erfolg geführt hat – während längerer Zeit, bis eine deutliche Besserung des Zustandes zu verzeichnen ist (2–8 Wochen lang), ein Glukokortikoid verabreicht werden; die Behandlungsintervalle richten sich nach der Art des verwendeten Medikamentes. Unter den Nebenwirkungen ist bei gewissen Präparaten eine akute Hufrehe besonders gefürchtet (Dexamethason-Depotpräparate). Insbesondere sind Pferde mit Equinem Cushing Syndrom und Metabolischem Syndrom dafür anfällig. Kortikosteroide wirken allgemein gut entzündungshemmend und deshalb auf die Schleimhautschwellung, Dyskrinie, mykozilliäre Clearance und den Bronchospasmus und verbessern damit die Lungenfunktion. Nach Absetzen der Therapie ist immer mit Rezidiven zu rechnen, wenn die Eliminierung des allergenen Staubs nicht gelungen ist. Die medikamentelle Therapie ist darum im Gegensatz zur Haltungsoptimierung (Box 3.6.2.1) immer nur eine Hilfsbehandlung. Inhalation von Sekretolytika oder Expektorantien sowie die «Hyperhydratationstherapie» (cave! Kreislaufbelastung) versprechen eine Verflüssigung eines zähen Sekretes, allein verwendet indessen wenig nachhaltigen Erfolg. Von den Bronchodilatatoren ist die Wirkung der β2-Agonisten Clenbuterol für die orale und intravenöse Gabe und per inhalationem (p. i.) z. B. auch Albuterol und Salmeterol wohl am besten dokumentiert. Clenbuterol ist gut β2-spezifisch und relativ frei von Nebenwirkungen. Sein Einsatz bei Wettkampfpferden wird als Doping geahndet; seine über den sogenannten *«repartitioning effect»* erreichte anabolisierende Wirkung hat aber auf die Leistungsfähigkeit der Skelettmuskulatur einen unwesentlichen Einfluss.

Medikamentelle Therapieoptionen bei IAD und RAO

- **Kortikosteroide**
  - Prednisolon (1–2 mg/kg KG p. o. SID) – Besserung innerhalb von 3–7 Tagen
  - Dexamethason (0.01–0.05 mg/kg KG i. m. SID) – Besserung innerhalb von 3–7 Tagen
  - Beclomethason (p. i. BID 5, entsprechen ca. 500 µg)
  - Budesonid (p. i. BID, 800 µg pro Inhalation)
  - Fluticason (p. i. BID 9, entsprechen ca. 2000 µg)
- **Bronchodilatatoren – β2-Agonisten**
  - Clenbuterol (0.8–3.2 µg/kg KG p. o. oder i. v. BID; beginnend mit tiefer Dosis während 3 Tagen, dann Steigerung um 0.8 µg/kg KG alle 3 Tage) – wirkt auch anti-inflammatorisch und anregend auf mukoziliäre Clearance
  - Albuterol (p. i. q3h 3–6, entsprechen ca. 360–720 µg) – nur kurz wirksam
  - Salmeterol (p. i. TID 3–10, entsprechen ca. 63–210 µg) – länger wirksam als Albuterol
- **Bronchodilatatoren – Anticholinergika (Parasympathikolytika)**
  - Atropinsulfat (einmalige Dosis von 0.01 mg/kg KG i. v. bewirkt Bronchodilatation innerhalb von 15 min; cave! Nebenwirkungen! z. B. paralytischer Ileus)
  - Glycopyrolat (0.007 mg/kg KG i. v.; gleiche Wirksamkeit und Nebenwirkungen wie Atropin)
  - Scopolaminbutylbromid (N-butylscopolammonium Bromid, 0.3 mg/kg KG i. v.) – Bronchodilatation innerhalb von 10 min, Wirkungsdauer ca. 30–40 min; ohne relevante Nebenwirkungen!
  - Ipratropiumbromid (p. i. QID 20 «Hübe», entsprechen ca. 360 µg) – ohne relevante Nebenwirkungen
- **Cromone (Mastzellstabilisatoren) wie Cromoglicinsäure und Nedocromil** – entzündungshemmend und antiallergisch, Indikation: evtl. «Mastzell-IAD» mit Hyperreaktivität
  - Natrium-Cromoglycat (p. i. BID, 200 mg pro Inhalation) – einige Tage verzögerte Wirkung; ggf. als Prophylaxe vor Antigenexposition
- **Mukolytika und Expektorantien** – relative häufig gebraucht, aber Nutzen oft unklar, schlecht dokumentiert; versprechen allein verwendet wenig Erfolg
  - Acetylcystein relativ hoch dosiert, 5–10 mg/kg KG BID p. o.
  - Bromhexin, Dembrexin evtl. hochdosiert
  - «Hyperinfusions-Therapien», Ammoniumchlorid und Kaliumjodid-Infusionen werden zwar z. T. in der Praxis verwendet, aber die Wirksamkeit ist nicht gut dokumentiert (cave! Hyperinfusion).

Medikamentelle Therapieoptionen bei IAD und RAO

- **Beispiele anderer Therapieoptionen**
  - tiefdosiertes Interferon-α (50–100 IU SID während 5 Tagen); Indikation evtl. bei jungen Rennpferden mit IAD
  - «Phytotherapie»; Futterzusatzmittel z. B. Curcuminpräparate, evtl. Dämpfung der neutrophilen Entzündung bei diesem Typ der IAD
  - Supplementierung mit Omega-3-freien Fettsäuren – Wirksamkeit je nach Studie gut oder schlecht; evtl. abhängig von der Quelle der Fettsäuren und ihrer Formulierung
  - Desensibilisierung – wäre die ideale kausale Therapieform, bisher aber keine kontrollierten Studien zur Wirksamkeit; in Zukunft evtl. mit neuen Adjuvantien wie z. B. immunstimulatorische CpG-Nanopartikel.

3.6.3 Chronisch-alveoläres Lungenemphysem

Früher wurde hochgradige COB/RAO auch als «Emphysem» (oder «Lungendämpfigkeit») bezeichnet. Diese Bezeichnung hat zu vielen Missverständnissen geführt, weil unter Lungenemphysem gemeinhin eine irreversible Schädigung verstanden wird. Es ist deshalb vorzuziehen, einerseits von reversibler Lungenüberdehnung wegen *«air-trapping»* (s. o.) zu sprechen, andererseits den Ausdruck Lungenemphysem nur für destruktive, irreversible Schäden zu reservieren. Dieses eigentliche destruktive alveoläre Emphysem ist heute eine sehr seltene Komplikation oder Endstufe der RAO.

Es handelt sich dabei um eine Überdehnung der Lufträume distal der terminalen Bronchioli mit irreversiblen, destruktiven Veränderungen der Alveolen, der Lungensepten und reaktiven Schäden im Interstitium. Dieser Zustand führt zu einer restriktiven Funktionseinbuße der Lunge.

Das chronisch-alveoläre Lungenemphysem entwickelt sich, wenn ein Pferd, das hochgradig RAO-krank ist, andauernd in einem dyspnoischen Zustand verbleibt (kein Ausschalten der Noxe) oder wenn mit ihm trotz Anzeichen einer Lungenüberdehnung gearbeitet wird. Der Prozess verläuft offenbar langsam. Feuchte, warme Ställe mit hohen Konzentrationen von Schadgasen (Ammoniak) und Staub sollen die rasche Entstehung des chronischen Emphysems begünstigen. Eine kleinere Rolle spielt offenbar das Alter eines Pferdes; indes darf angenommen werden, dass im Alter die Elastizität der Lungen abnimmt und sich damit ein Emphysem eher entwickeln kann. Bei sehr alten Pferden findet man den Großteil der Lungen oft unverändert, an den Lungenrändern und in den Spitzenlappen aber gut lokalisierte, emphysematöse Veränderungen (marginales Emphysem). Dieses bullöse Emphysem ist meist klinisch unbedeutend.

Ein Emphysem bildet sich auch als sogenanntes kompensatorisches Emphysem bei Lungenödem aus und vor allem bei ausgedehnten pneumonischen Veränderungen. Nach lang dauernden Narkosen mit aktiver Beatmung des in Seiten- oder Rückenlage operierten Pferdes stellen sich manchmal in kürzester Zeit bullös-emphysematöse Schäden ein (als Folge eines zu hohen positiven Beatmungsdrucks).

Der wichtigste Hinweis auf irreversible Lungenschäden ist das Nichtansprechen auf eine entzündungshemmende, intensive Kortikosteroidbehandlung. Die radiologische Untersuchung ergänzt den diagnostischen Prozess, doch wird die Interpretation der Bilder (erhöhter Luftgehalt in den Zwerchfellslappen) von einer gewissen Subjektivität belastet. Die bronchoskopische Untersuchung dient in Fällen eines destruktiven Emphysems der Diagnostik nicht.

Prognose: Ein ausgedehntes chronisch-alveoläre Lungenemphysem hat quoad usum eine zweifelhafte bis ungünstige Prognose und quoad restitutionem ist sie infaust. Die Prognose in Bezug auf die Weiterverwendung des Pferdes richtet sich vor allem nach dessen Verwendungszweck und nach dem Grad der Symptome, wie sie bei optimaler Haltung noch bestehen bleiben.

Therapie: Eine Behandlung kann dem chronisch-emphysemkranken Pferd nur Erleichterung verschaffen durch die günstige Beeinflussung der gleichzeitig vorliegenden obstruktiven Bronchiolitis und durch die Verkleinerung des Residualvolumens in noch nicht irreversibel geschädigten Bezirken. Jedenfalls ist darauf zu achten, dass derartige Pferde sich möglichst im Freien aufhalten können und dass sie nur noch zu leichter Arbeit verwendet werden.

3.6.4 Lungenödem, akutes Lungenversagen (*«acute respiratory distress syndrome»*, ARDS)

«Acute respiratory distress syndrome» bedeutet ein akutes Lungenversagen, das nach Einwirkung unterschiedlicher Noxen: Sepsis, Intoxikation, Inhalation von toxischen Gasen, Sauerstoffmangel, Aspiration bei Aspirationspneumonie und Einatmung von heißer Luft (bei Stallbrand). Dies geht einher mit einem meist entzündlichen Permeabilitätsödem, welches wir von einem nicht entzündlichen hydrostatischen Ödem unterscheiden müssen.

Ein entzündliches Lungenödem bildet sich infolge von Plasmaaustritt aus den entzündlich veränderten Interalveolarsepten und Kapillaren, die Ödemflüssigkeit findet sich im interalveolären Gewebe, in schweren Fällen auch in den Alveolarlumina und im Bronchialbaum. Lungenhyperämie, Lungenstauung und nicht entzündliches Lungenödem kommen kaum selbstständig vor; sie stellen in der Regel Symptome eines übergeordneten Leidens dar. Neben den oben genannten Auslösern wie Hitze und toxischen Dämpfen, Sepsis und Vergiftungen (→14), können auch akute Schockzustände (besonders anaphylaktischer und endotoxischer Schock →12.1.4 resp. 12.1.2) und gewisse Virusinfektionen (Afrikanische Pferdepest →15.2.3.1.1, schwere Pferdeinfluenza →15.2.8), mit akutem Lungenödem einhergehen. Bei Neugeborenen und Fohlen in den ersten Lebenswochen kommt es sporadisch, meist ohne dass eine der zahlreichen vermuteten potenziellen viralen, bakteriologischen, mykologischen (*Pneumocystis carinii* →3.6.6.4.2) oder toxischen Ursachen klar identifiziert wird, zu einem oft fulminant und tödlich verlaufenden *«acute respiratory distress syndrome»*.

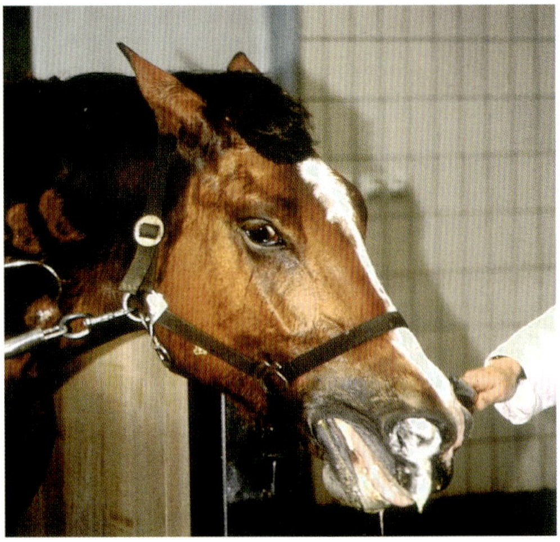

Abb. 3.13: Lungenödem: Hochgradiges Lungenödem mit schaumigem Nasenausfluss, ausgeprägter Dyspnoe (geblähte Nüstern), Angst, Husten und deutlichen auskultatorischen Rasselgeräuschen.

Ursachen eines Lungenödems

- **nicht kardiogenes Permeabilitätsödem**
  - akute Lungenschädigung
    - physikalisch, z. B. Hitze oder Aspiration von Wasser (Ertrinken) oder anderen Flüssigkeiten (iatrogen! Nasen-Schlund-Sonde in Trachea; Hyperinfusion)
    - toxisch (Dämpfe bei Stallbrand; Sauerstoffradikale)
    - ARDS aufgrund akuter Alveolitis und interstitieller Pneumopathie (viral, bakteriell-septisch mit Endotoxämie und «systemic inflammatory response syndrome»: SIRS; bei Fohlen oft ohne identifizierbare Ursache)
    - Anaphylaxie; Lungenembolie (beim Pferd sehr selten)
  - akute obere Luftwegobstruktion
    - Larynxödem
    - beidseitige Larynxlähmung
    - Arytenoid- und Stimmfaltenkollaps
    - Pharynxkollaps oder Kompression des Pharynx (Schwellung, Fremdkörper, retropharyngeale Lymphknoten bei Druse)
- **hydrostatisches, kardiogenes Lungenödem**
  - Ruptur der Chordae tendineae
  - Abriss der Mitralklappe
  - ventrikuläre Tachykardie
  - Myokarditis

Symptome: In ausgeprägten, akuten Fällen von Lungenödem manifestiert das Pferd Angst. Es zeigt eine gestreckte Kopf-Hals-Haltung und starke Dyspnoe. Aus den Nüstern tritt bei deutlichem Ödem ein schaumiger, nicht selten etwas blutiger Nasenausfluss zutage (Abb. 3.13). Die Herzschlagfrequenz ist gesteigert, oft auf weit über 100/min, der Puls ist schwach fühlbar, der Herzstoß aber pochend. Ist Ödemflüssigkeit in den Alveolen und Bronchien vorhanden, auskultiert man mit Leichtigkeit laute, «grobblasige» Rhonchi. Bei der Perkussion erweist sich das Lungenfeld oft als vergrößert (kompensatorische Überdehnung).

Daneben finden sich die Erscheinungen der jeweiligen Primärkrankheit, z. B. inspiratorische Dyspnoe und Stridor bei Stenose und Obstruktion der oberen Atemwege. Bei einem kardiogenen Lungenödem sind die Schleimhäute meist hyperämisch, gestaut, zyanotisch, die Jugularvenen sind gestaut, und die Herzauskultation ergibt pathologische Befunde.

Diagnose: Die Diagnose wird aufgrund der Dyspnoe, des schaumigen Nasenausflusses und der typischen Rasselgeräusche gestellt. Man wird versuchen, ein kardiogenes vom nicht kardiogenen Lungenödem abzugrenzen und wenn möglich eine spezifische Ursache zu identifizieren (Box 3.6.4). Neben den oben beschriebenen klinischen Anzeichen und ggf. Resultaten von Zusatzuntersuchungen (u. a. Röntgen, Ultraschall, Endoskopie, TBS Zytologie) muss auch die Anamnese dabei berücksichtigt werden. Hohes Fieber deutet darauf hin, dass das Ödem infektiöser oder toxischer Genese sein könnte (ausgeprägt z. B. bei Afrikanischer Pferdepest →15.2.3.1.1).

Die **Prognose** hängt vom Grad der Erscheinungen, dem Ansprechen auf die Therapie und v. a. von der Primärkrankheit ab. Ein schweres Lungenödem mit Austritt von viel Schaum und hochgradiger Dyspnoe ist allgemein als zweifelhaft zu beurteilen. Kardiogene Stauungen lassen sich auf die Dauer kaum wirksam beeinflussen, und auch viele der nicht kardiogenen Ursachen haben selber eine vorsichtig bis ungünstige Prognose.

Therapie: Überanstrengten Tieren ist sofortige und absolute Ruhe zu verordnen. Bei Hitzestau sind die Pferde unverzüglich abzukühlen (Dusche). Neben Furosemid (1 mg/kg KG i. v.) als Diuretikum und einer unterstützenden, intranasalen Sauerstofftherapie (10 l/min/Pferd) und nicht steroidalen Entzündungshemmern sind auch Kortikosteroide indiziert, vor allem beim anaphylaktischen Schock, Sepsis, Intoxikation oder Inhalation von reizenden Gasen. Zu empfehlen sind schnell wirksame, wasserlösliche Präparate, die i. v. verabreicht werden können (Methylprednisolon oder Prednisolon-Natriumsuccinat oder Hydrokortison-Natriumsuccinat). Tritt bei Lungenödem als Komplikation eine Herzinsuffizienz auf (2.1.8), gilt das Herzglykosid g-Strophantin i. v. (0.25–0.375 mg/100 kg KG) als besonders rasch wirkende Digitalisierung; bei hochgradiger Mitralinsuffizienz kann Hydralazine (0.5–1.5 mg/kg KG p. o. oder 0.5 mg/kg KG i. v.), Lidokain (0.25–0.5 mg/kg KG langsam i. v.) oder MgSO4 (1–2.5 g/450 kg KG/min i. v. bis total 25 g) bei ventrikulärer Tachykardie und ggf. Kortikosteroide bei Myokarditis. Wird das Lungenödem zusätzlich kardiogen verstärkt (starke Jugularvenenfüllung beim stehenden Patienten) wäre dies die einzige Indikation für einen Aderlass (4–6 l; Vorsicht!).

3.6.5 Lungenblutung (EIPH, *«exercise induced pulmonary hemorrhage»*)

Bronchoskopische Serienuntersuchungen an Vollblütern und Trabern unmittelbar nach maximaler Belastung haben gezeigt, dass ein erheblicher Teil (25–75 %) der Pferde endoskopisch sichtbares Blut in den Bronchien und in der Trachea aufweist, das von Rupturen vom alveolären Kapillarbett vorwiegend der caudo-dorsalen Lungenbezirke, der Diaphragmallappen, herrührt. Noch deutlich häufiger sind zytologische Hinweise auf EIPH in der BALF: bei > 90 % der Rennpferde lassen sich Tage bis Wochen nach Anstrengung sogenannte Hämosiderophagen (Alveolarmakrophagen, die Erythrozyten phagozytiert haben) nachweisen. Dagegen sind starke Blutungen mit Epistaxis deutlich seltener (< 5 % der «Bluter»). Neben Rennpferden sind auch *«barrel racer»*, Military- und Polopferde relativ häufig betroffen, bei anderen Sportpferden (Springen und Dressur) ist EIPH deutlich seltener.

Die Resultate zur Relevanz der EIPH als Grund für eine Leistungseinbuße sind widersprüchlich, die Mehrheit der Studien zeigt eher einen negativen Effekt, aber die Bedeutung im Rennsport liegt v. a. darin, dass z. T. (je nach Land und Organisation) Pferde, die dreimalig Epistaxis nach dem Rennen gezeigt haben, gesperrt werden. Bekannt ist, dass Pferde die schon EIPH hatten, danach ein erhöhtes Risiko haben, erneut zu bluten.

Ungeklärt sind im Einzelnen auch die Ursachen der EIPH, die eine multifaktorielle Genese hat. Verantwortlich dafür ist wahrscheinlich ein Teufelskreis von Lungenkapillarhochdruck und traumatisierende fortgeleitete Schockwellen bei maximaler Belastung, die zu den Rupturen führen und dann die durch das Blut verursachte Entzündung und schließlich Fibrosierung der Lunge. Die Versteifung des Lungenparenchyms bewirkt wiederum eine Zunahme der Rupturen bei der nächsten Belastung. Wahrscheinlich spielen auch Gewebeläsionen nach akuter, viraler oder bakterieller Bronchitis (wahrscheinlich v. a. klinisch sonst inapparente Gewebeschäden nach Virusinfektionen) oder auch bei einer IAD eine Rolle. Der darauffolgende Umbau des umliegenden Gewebes inkl. Gefäßneubildung der nutritiven Bronchialgefäße, und evtl. auch eine lokale Fibrose bewirken zusammen mit den hohen Druckspitzen in den Lungenkapillaren bei maximaler Belastung die Blutung im Lungeninterstitium.

Mögliche Ursachen und pathogenetische Mechanismen der EIPH

- erhöhter transmuraler Druck bei starker Anstrengung (schnelle Arbeit; Rennen)
  - erhöhter kapillärer Druck (pulmonale Hypertonie)
  - erniedrigter intraalveolärer Druck (ausgeprägter negativer Intrapleuraldruck)
  - verstärkt durch:
    - extrathorakale Obstruktion (obere Atemwege, z. B. bei Larynxparese)
    - intrathorakale Obstruktion (RAO; IAD nur bedingt)
- Schockwellen – fortgesetzt vom Auftreffen der Vorderhufe über Thorax bis in caudo-dorsale Lungenbezirke
- rheologische Bluteigenschaften
- erhöhter Kapillardruck:
  - Vorhofflimmern
- Koagulopathien
  - anormale Plättchenfunktion
  - Verletzlichkeit der Kapillaren
- Entzündung
  - viraler oder bakterieller Infekt
  - IAD (RAO bei Rennpferden sehr unwahrscheinlich, v. a. bei Sportpferden zu beachten)
  - entzündungsbedingte Umbau von Luftwegen, Gefäßen und Parenchym (*«remodelling»*)
- interstitielle Pneumopathie: Lungenfibrose mit Einschränkung der Elastizität
- bronchiale Neovaskularisation

Symptome und Diagnose: Lungenblutungen größeren Ausmaßes erzeugen meistens einen Austritt von Blut oder einen hellroten, feinschaumigen sanguinösen Ausfluss aus der Nase. Sonst sind die Symptome meist unergiebig, viele Pferde mit EIPH husten wenig oder nicht, und manchmal wird nach der Arbeit wiederholtes Schlucken (von Blut) beobachtet.

Bei Epistaxis nach Belastung ist immer eine EIPH zu vermuten (Box 3.1.2). Die endoskopische Untersuchung eine halbe bis 2 Stunden nach der schnellen Arbeit oder dem Rennen bestätigt die Diagnose und vermag in der Regel auch geringfügige Blutungen in der Trachea (Grad 0–4) und den oberen Abschnitten des Bronchialbaums nachzuweisen oder andere Probleme identifizieren. Noch sensitiver ist die Zytologie einer broncho-alveolären Lavage: Pigmentabbauprodukte in Makrophagen sind als Hämosiderophagen noch Wochen nach einer Blutung sichtbar. Die beste Färbung, um Hämosiderophagen darzustellen, ist Preußischblau (Berliner Blau; Eisenfärbung). Die Zählung der Erythrozyten in der BALF ist in Studien als quantitativer Indikator verwendet worden, ist aber nicht klinisch validiert. Im Röntgen zeigen sich typischerweise, aber lange nicht bei allen Pferden, die an EIPH leiden, Verschattungen im dorso-kaudalen Lungenfeld, die Untersuchung ist aber – außer zum Ausschluss von anderen Krankheiten – neben der Endoskopie und Zytologie nicht notwendig.

Prognose: Da kein Therapieansatz Erfolg versprechend ist, wäre die einzige Möglichkeit, den Teufelskreis von auslösenden Faktoren und Schäden in der Lunge zu stoppen, ganz auf schnelle Arbeit zu verzichten, was natürlich für Renn- und viele Sportpferde einen Karriereabbruch bedeutet. Entsprechend schlecht ist bei stärkerem Lungenbluten die Prognose quoad usum. Quoad restitutionem ist die Prognose ohnehin ungünstig, weil die Umbauvorgänge in der Lunge z. T. irreversibel sind. Quoad vitam ist sie dagegen gut, fatale Komplikationen (Verbluten) sind bei EIPH sehr selten.

Therapie: Rennpferden mit EIPH, also mit Nasenbluten, wird vielerorts (sofern erlaubt) im Training und 1–4 Stunden vor den Rennen das Diuretikum Furosemid (0.5–1 mg/kg KG; Lasix®) verabreicht, dessen Wirkung (weniger häufige und weniger starke Blutung; Wirksamkeit aber sehr variabel) auf einer temporären Senkung des Blutdrucks (ca. 7–10 mmHg) in den Pulmonalarterien und -kapillaren beruhen dürfte. Außerdem «macht Furosemid die Pferde schneller», weil sie durch die Diurese vor dem Rennen etwas Gewicht (ca. 2.5 % des Körpergewichts) verlieren.

Es sollte alles daran gesetzt werden, um bei jungen Rennpferden die Gewebeschädigung um die peripheren Bronchien zu vermeiden. Dies schließt eine optimale Lufthygiene (→3.6.2.1), die Behandlung von Atemwegsinfekten und anschließend eine ausreichende Rekonvaleszenz von mindestens 14 Tagen ein. Weil aber die Wirksamkeit dieser Maßnahmen, unsicher ist, gibt es keine bewiesenermaßen wirksame Therapie. Darum sind die experimentellen und meist ohne wissenschaftliche Grundlage verwendeten medikamentellen Therapien so zahlreich wie die Theorien zur Pathogenese der EIPH und schließen u. a. Vasodilatatoren (z. B. Stickstoff Oxid [NO]), gerinnungsfördernde Substanzen (z. B. Vitamin K, konjugiertes Östrogen, Aminocapronsäure), Medikamente gegen Bluthochdruck (z. B. Enalapril), rheologisch aktive Substanzen (z. B. Pentoxyphyllin), Konstriktoren glatter Muskulatur, die bei Migräne eingesetzt werden (z. B. Methylergometrine), Bronchodilatatoren und Entzündungshemmer (inkl. Kortikosteroide) und zahllose Futterergänzungsmittel und Kräuterextrakte (z. B. Bioflavinoide) ein. Hingegen gibt es belastbare Hinweise dafür, dass das Furosemid, welches allerdings nur in Teilen der USA und Kanada verwendet werden darf, vor dem Rennen verabreicht, dem Vorkommen von EIPH vorbeugt.

3.6.6 Lungenentzündung (Pneumonie)

Die Pneumonie ist definiert als eine Entzündung des Lungenparenchyms. Hierbei können allergische, chemische, physikalische sowie infektiöse Faktoren eine ursächliche Rolle spielen. In diesem Kapitel wird nur auf die Ätiologie, Lokalisation und klinische Symptomatik der infektiösen Pneumonien eingegangen. Mikroorganismen können prinzipiell die Lunge aerogen oder hämatogen erreichen. Eine hämatogene Keiminokulation ist selten. Ein klassisches Beispiel ist der infizierte Thrombus im Rahmen einer Lungenembolie bei septischer iatrogenen Thrombophlebitis der Jugularvene. Die aerogene Infektion ist weitaus die häufigste. Die Keime stammen aus den oberen Luftwegen oder aus Aerosolen von erkrankten Tieren, die mittels Husten übertragen werden. Respiratorische Virusinfekte bahnen bakteriellen Pneumonien den Weg. Die pathogenetischen Mechanismen laufen am wahrscheinlichsten über eine Schädigung der Pneumozyten I und der Zellen des Bronchialepithels, eine Störung der mukoziliären Clearance, Dyskrinie und der zellulären Abwehr.

3.6.6.1 Bronchopneumonie und Pleuropneumonie

3.6.6.1.1 Primär nicht eitrige Bronchopneumonien

Die primär nicht eitrigen Bronchopneumonien des Pferdes und vor allem des Saugfohlens sind wohl meistens auf Virusinfektionen zurückzuführen. Andere Ursachen wie Transportstress mit großer Staubexposition, Sauerstoffmangel und Einschränkung der Lungenclearance durch das Hochbinden des Pferdekopfes sind ebenfalls in Betracht zu ziehen. Die primär katarrhalische Bronchopneumonie verursacht weitgehend dieselben Symptome wie die akute Bronchitis. Eine Abgrenzung dieser Zustände ist oft nicht möglich und in gewissem Maß eine Ermessensfrage. Für das Vorliegen pneumonischer Veränderungen sprechen die folgenden Befunde: anhaltendes Fieber, deutlich herabgesetztes pO_2 und ausgeprägte Allgemeinsymptome. Umschriebene, perkutorische Dämpfungenzonen, über denen das Vesikuläratmen auskultatorisch nicht zu hören ist, sind eher selten zu beobachten. Bei Fohlen kann der Husten fehlen. Beim erwachsenen Pferd ist meistens der Husten verhalten, und die Pferde geben den Anschein, Schmerzen zu empfinden. In Zweifelsfällen vermögen die sonografische und die Röntgenuntersuchung pneumonische Infiltrate nachzuweisen und damit die Diagnose zu sichern.

Akute und unkomplizierte Bronchitiden, besonders viraler Genese, zeigen bei den meisten Pferden eine ausgeprägte Tendenz zur Spontanheilung, günstige hygienische Verhältnisse selbstverständlich vorausgesetzt. Bleibt das Fieber aber länger als 3–4 Tage bestehen, bessert sich die Dyspnoe nicht spontan und werden die Hustenparoxysmen nicht seltener, ist mit einer Bronchopneumonie zu rechnen und die Prognose vorsichtiger zu stellen. Vor allem ist dem Besitzer klarzumachen, dass derartige Patienten oft eine Rekonvaleszenz von mehreren Wochen benötigen.

Dictyocaulus arnfieldi wird am ehesten bei Eseln gefunden oder bei Pferden, die mit Eseln zusammen gehalten werden. Der Lungenwurm provoziert bei Pferden meistens nur diskrete Symptome einer Bronchitis (→3.6.1), sehr selten ergibt sich eine subakut-chronische Pneumonie oder bei Massenbefall gar ein akutes hochgradiges Krankheitsbild mit Lungenödem und ARDS (→3.6.4). Esel stellen für *D. arnfieldi* ein Reservoir dar. Sie erkranken in der Regel nicht manifest. Für die Diagnose sind die Bronchoskopie (Eosinophile im Sekret, eventuell Nachweis von Parasiten oder deren Eiern) und beim Esel die parasitologische Kotuntersuchung Voraussetzung. Behandelt wird zurzeit am besten mit Ivermectin.

Obwohl Pferde einer starken inhalativen Belastung von Schimmelpilzsporen (Aspergillen) ausgesetzt sind, treten Lungenmykosen beim Pferd nur äußerst selten auf. Schimmelpilzsporen im TBS oder auch der BALF-Zytologie sind Zufallsbefunde von inhaliertem Staub, aber weisen nicht auf eine Lungenmykose hin! Meist sind Lungenaspergillosen mit Langzeittherapie mit Antibiotika oder mit einer immunsupprimierenden Erkrankung wie eine Tumorerkrankung assoziiert.

Pathogene Mikroorganismen der Lunge

- Bakterien, Broncho- (Pleuro-)pneumonien sind meist opportunistische Mischinfekte
  - Aerobier: Streptokokken, Pasteurellen, Rhodokokken, Staphylokokken, Aktinobazillen, Colibakterien und Actinobacillen, Salmonellen
  - Anaerobier: Bacteroides, Fusobakterien u. a.
- Viren (Myxoviren, EHV 4 u. a.)
- Pilze (Aspergillen, Pneumocystis u. a.)
- Parasiten (Dictyocaulus arnfieldi u. a.)

3.6.6.1.2 *Eitrige Bronchopneumonie und Pleuropneumonie («shipping fever»)*

Die eitrige Bronchopneumonie und Pleuropneumonie entwickeln sich meistens auf der Grundlage einer vorangegangenen, nicht eitrigen Bronchopneumonie; sie ist gekennzeichnet durch die eitrige Entzündung der tieferen Luftwege, nach einiger Zeit gelegentlich auch durch Abszessbildung. Die eitrige Bronchopneumonie des Pferdes ist also in der Regel eine Sekundärerkrankung (Broncho- (Pleuro-)pneumonien sind meist opportunistische Mischinfekte aus der Flora der oberen Luftwege), die meistens Streptokokken, aber auch, Pasteurellen, Klebsiellen, Bordetellen, Actinobazillen und *Escherichia coli* zugeschrieben werden kann.

Ausnahmsweise und praktisch nur bei Fohlen werden Pasteurellen und Salmonellen aus bronchopneumonischen Sekreten isoliert; auf *Rhodococcus equi* verursacht subakut-chronische, abszedierende Pneumonien bei Fohlen (→3.6.6.3).

Spezifische, primär-chronische Bronchopneumonien wurden beim Pferd früher auch einer Tuberkulose zugeschrieben, und in Rotzgebieten ist diese gefürchtete Zoonose in Betracht zu ziehen. Mykotische Pneumonien gehören zu den großen Seltenheiten.

Begünstigend für das Entstehen eitriger Bronchopneumonien wirken folgende Faktoren: geschwächter Allgemeinzustand, Überanstrengung, vorbestehende Lungenleiden, hoher Keimdruck bei Sammeltransporten *(«shipping fever»)*. Die bei und nach Transport und nach Überanstrengung und hohem Stress auftretenden Bronchopneumonien entwickeln oft einen infektiösen Pleuraerguss; es entsteht eine sog. **Pleuropneumonie**, die auch bei intrathorakalen Oesophagusverletzungen auftritt.

Verschluck- oder Fremdkörperpneumonien verlaufen über ein Zwischenstadium der eitrigen Bronchopneumonie etwa als Lungengangrän.

Symptome und Diagnose: Die Anamnese bildet auch bei dieser Erkrankung den

Grundstein für die Diagnose. In der Regel präsentiert sich eine akute, eitrige Bronchopneumonie als Krankheit mit ausgeprägten Allgemeinstörungen; Fieber, Husten. Auffallend sind dabei vor allem der reichliche, eitrige Nasenausfluss und ein unterdrückter, feuchter, produktiver Husten. Daneben zeigen die Patienten durch die obstruktive Funktionseinschränkung eine mehr oder weniger deutliche, vorwiegend exspiratorische Dyspnoe. Eine Pleuropneumonie mit Pleuritis ist oft schmerzhaft; die Pferde zeigen Schmerzen und Stöhnen beim Gehen (evtl. mit Abplatten der Schulter), beim Husten, beim Kotabsatz und bei Druck auf den Thorax. Bemerkenswert ist, dass erwachsene Pferde mit Pneumonie sehr häufig auch eine Pleuritis entwickeln (Pleuropneumonie; «*shipping fever*»), Fohlen dagegen auch bei hochgradiger Pneumonie nur selten einen deutlichen Pleuraerguss zeigen.

Auskultatorisch sind grobe Rasselgeräusche und Giemen festzustellen, daneben Bezirke ohne Ventilation; die Perkussion ergibt bei einem Befall der Zwerchfellslappen mehr oder weniger gut begrenzte Dämpfungsbezirke (selten; eher bei Fohlen), die dann auch sonografisch und radiologisch dargestellt werden können. Das Differenzialblutbild entspricht meistens dem einer bakteriellen Infektion mit Leukozytose, Neutrophilie, absolut und relativ, mit Linksverschiebung. Weitere veränderte Blutparameter sind erhöhte Fibrinogen-Wert, Serum Amiloid A (SAA) und ein meist erniedrigter Sauerstoff-Partialdruck (PaO2) im arteriellen Blut.

Die **Prognose** einer eitrigen Bronchopneumonie hängt von der ursächlich verantwortlichen Keimart, von der Ausdehnung der Pneumonie und vom Zeitpunkt des tierärztlichen Eingreifens ab. In der Regel ist ein derartiger Fall als zum mindesten zweifelhaft zu beurteilen, weil die Integrität der Lungen oft auch dann nicht vollständig wiederhergestellt werden kann, wenn es gelingt, den Infekt an sich zu beherrschen. Neben karnifizierten und nicht mehr funktionierenden Gebieten wird man in schweren Fällen auch ein kompensatorisches Emphysem unterschiedlicher Ausdehnung feststellen müssen. Patienten mit Bronchopneumonie benötigen immer eine mehrere Wochen dauernde Schonungs- und Erholungszeit.

Die **Therapie** besteht im lang dauernden Einsatz von Chemotherapeutika nach Antibiogramm, wobei es von Bedeutung sein kann, dass der kausale verantwortliche Erreger früh isoliert wird. Neben der Chemotherapie ist jedes Pferd auch symptomatisch zu behandeln, und der Pflege des Patienten durch Ruhe, gute Fütterung und tadellose Stallhygiene ist Beachtung zu schenken.

Entgegen theoretischen Bedenken ist bei akuten, bedrohlichen Pneumonien auch anfänglich und nur kurzfristig eine Kortikosteroidbehandlung angezeigt.

3.6.6.2 Aspirationspneumonie – gangränöse Bronchopneumonie

Lungengangrän tritt beim Pferd nur sehr selten auf, weil das Eingießen von Medikamenten heutzutage durch Laien kaum mehr vorgenommen wird (gangränöse Aspirationspneumonie). Häufiger sind leider Zwischenfälle durch falsche Eingabe von Milch bei lebensschwachen neugeborenen Fohlen oder mit der Nasen-Schlund-Sonde (Kunstfehler) oder Aspiration bei Schlundverstopfung. Seltene Einzelfälle entwickeln eine Gangrän nach Abszessdurchbrüchen; nach perforierenden Thoraxverletzungen ist die Gefahr einer gangränösen Entzündung ebenfalls gegeben und natürlich auch bei Dysphagie irgendeiner Genese.

Es ist erstaunlich, wie wenig Pferde husten, wenn sie z. B. nach Behandlung einer Schlundverstopfung (→4.1.7.1) sehr viel (endoskopisch sichtbares) Futter in die Trachea und Bronchien aspiriert haben. Ebenfalls ist festzuhalten, dass die meisten dieser Fälle dank einer funktionierenden Clearance keine Pneumonie entwickeln. Die **Symptome** einer Aspirationspneumonie selber imponieren aber als schwere Bronchopneumonie.

Der Nasenausfluss derartiger Patienten rinnt reichlich, wenn eine offene Kommunikation zum Bronchialbaum besteht. Das Sekret ist übel riechend (meist Mischinfekte mit Anaerobierbeteiligung!), oft etwas hämorrhagisch bis grünlich verfärbt. Die Körpertemperatur ist im Allgemeinen hoch, terminal kann sie indessen auf ein subnormales Niveau sinken. Bei der Auskultation wird Rasseln festgestellt, und die Perkussion zeigt eine Dämpfung des ventralen Thoraxbereiches. Initial kann eine hochgradige Leukozytose beobachtet werden, kurz vor dem Tod dann ein starkes Absinken der Neutrophilenzahl und eine Leukopenie. Radiologisch sind deutliche Verschattungen der betroffenen, vorwiegend ventralen Lungenbezirke feststellbar. Sonografisch kann mit hoher Genauigkeit die Seite der betroffenen Lunge, das Ausmaß der Lungenveränderungen und die mögliche begleitende Pleuritis diagnostiziert werden.

Wenn ein **Therapieversuch** unternommen wird, muss massiv chemotherapeutisch mit Wirkstoffen, die auch gegen Anaerobier wirksam sind (z. B. zusätzlich zu Penizillin-Gentamicin auch Metronidazol: 15 mg/kg KG p. o. QID), über mehrere Wochen vorgegangen werden.

Die **Prognose** derartiger Fälle ist quoad restitutionem ungünstig und auch quoad vitam eher ungünstig, da mit einer verbleibenden bakteriellen Infektion (Abszessen: Diagnose durch bildgebende Verfahren) zu rechnen ist. Ungünstig beeinflussen natürlich auch die anderen vielfältigen möglichen Komplikationen einer Pleuropneumonie die Prognose: z. B. bronchopleurale Fisteln, Perikarditis, Adhäsionen der Pleura, Pneumothorax, Pneumomediastinum, und Thrombophlebitis, Colitis und Hufrehe auch als Nebenwirkungen der Behandlung.

3.6.6.3 Lungenabszesse und Rhodokokkose beim Fohlen

Die von bindegewebigen Abzessmembranen umgebenden Ansammlungen von Eiter in der Lunge werden bei adulten Pferden eher selten diagnostiziert. Die zu abszedierenden Prozessen führenden Keime gelangen inhalativ oder lympho-hämatogen in das Lungengewebe. Streptokokken, Pseudomonas, Actinobazillen, Salmonellen sind die wichtigsten Vertreter der aeroben Bakterien, Clostridien, Bakteroides und Fusobakterien die der Anaerobier.

Symptome: Da es sich um eine lokal begrenzte bakterielle Entzündung handelt, sind die klinischen Symptome zunächst milde. Im Vordergrund stehen die Anzeichen einer bakteriellen Herdinfektion wie Inappetenz, schlechtes Haarkleid, Abmagerung, Apathie und Fieber nach Belastung, evtl. Husten und die deutlichen Veränderungen im Blutbild. Manchmal führen die Abszesse durch Gefäßarrosionen zu Blutungen, die sich endoskopisch nachweisen lassen und selten auch als Epistaxis (→3.1.2) manifestieren können. Brechen die Abszesse in die Atemwege auf, kommt es zu schubweisem Nasenausfluss, gelangt der Eiter in die Pleurahöhle, stehen die Symptome einer Pleuraerkrankung (→3.7) im Vordergrund.

Diagnose: Die Anamnese und die Anzeichen einer bakteriellen Herdinfektion sind wegweisend. Die Diagnose kann durch bildgebende Verfahren untermauert werden.

Therapie und **Prognose** grundsätzlich wie oben (→3.6.6.1.2 & 3.6.6.2) beschrieben. Eine erfolgreiche antibiotische Behandlung ist zwar auch bei größeren Abszessen möglich, allerdings ist immer eine lange Behandlungsdauer einzuplanen. Manchmal kann aber bei gut abgekapselten Abszessen eine chirurgische Eröffnung des Brustraumes mit Rippenresektion und anschließender Curettage und Spülungen über diesem Zugang erfolgversprechender sein.

Rhodokokkose beim Fohlen: *Rhodococcus equi* ist ein Gram-positiv-Bakterium, das ubiquitär vorkommt, an Staubpartikel gebunden ist, sich im Darm von infizierten Fohlen vermehrt und im Darm von Stuten überlebt und somit auf einem Zuchtbetrieb dazu neigt, zu endemischen Problemen zu führen. Auch hier handelt es sich um eine chronisch verlaufende Erkrankung des Lungenparenchyms. Die Fohlen infizieren sich aerogen in den ersten Lebenstagen, und eine granulomatöse Pneumonie entwickelt sich bei einigen Tieren bis zur Bildung von Abszessen, die zu großen eitrigen Lungenbereichen verschmelzen. Erst wenn die Lungenveränderungen relativ fortgeschritten sind, zeigen die Fohlen Symptome einer Atemwegserkrankung. Dabei sind die Fohlen meistens zwischen 1 und 5 Monate alt, und die Symptome sind akut bis subakut. Seltener verursacht *R. equi* auch in anderen Organsystemen abszessierende Veränderungen. Dazu zählen Osteomyelitiden an der Wirbelsäule oder Epiphysen von proximalen Knochen oder die abszedierende Adenitis der mesenterialen Lymphknoten.

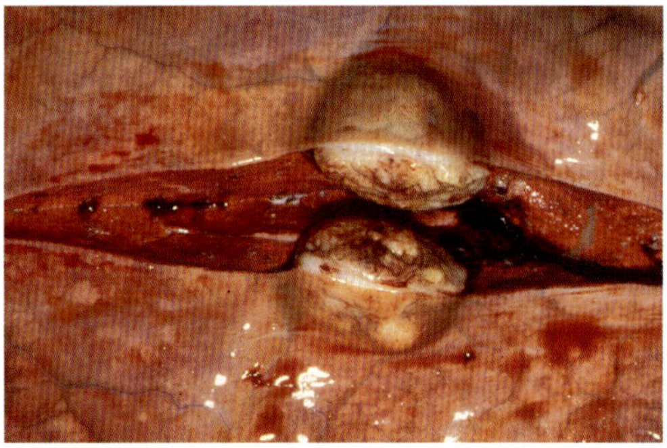

Abb. 3.14: Lungenabszesse: Rhodokokkenabzess unter der Pleura pulmonalis über dem linken Diaphragmallappen.

Symptome: Die Symptome sind dem Besitzer erst offensichtlich, wenn bereits ein großer Teil der Lunge verändert ist. Die Kardinalsymptome sind die einer infektiösen Pneumonie mit Fieber bis 41 °C, Dyspnoe und typische Auskultationsbefunde (Rasseln, Giemen und gedämpften Bereichen) sind vorhanden, Husten und Nasenausfluss können jedoch fehlen. Auch Durchfall und Polysynovitis können die Lungensymptome begleiten. In einzelnen Fällen tritt eine sehr rasche Verschlechterung der Symptome mit hochgradiger Dyspnoe (Polypnoe) und plötzlicher Tod ein.

Diagnose: Die Anamnese (Problembestand, staubige Umgebung u. a.) und Anzeichen einer infektiösen Bronchopneumonie lassen eine Verdachtsdiagnose zu. Der Nachweis von granulomatösen und abszedierenden Gewebeveränderungen in der Lunge kann mit hoher Sensitivität durch die Ultraschalluntersuchung geführt werden. Mittels Sonografie werden auch Lungenabszesse nachgewiesen, die nicht röntgenologisch darstellbar sind: Dies trifft insbesondere zu, wenn Abszesse sich in Lungenbereichen befinden, die sich röntgenologisch der Herz- oder der Zwerchfellsilhouette überlagern. Die Diagnose Rhodokokkose kann durch den Keimnachweis im tracheobronchialen Sekret durch mikrobiologische Verfahren untermauert werden. Allerdings ist die Sensitivität der kulturellen Isolierung mit ca. 55 % und der PCR mit ca. 50 % enttäuschend niedrig. Außerdem ist zu berücksichtigen, dass *R. equi* ubiquitär vorkommt und deshalb der Nachweis in den Atemwegsproben nicht zwangsläufig den Rückschluss erlaubt, dass er bei jedem Patienten Krankheitsursache ist. Der Befund darf nur in Verbindung mit den klinischen und sonografischen Befunden interpretiert werden.

Hämatologische Parameter sind nur bedingt hilfreich zur Diagnose. Die Anzahl an Blutleukozyten variiert sehr (von 8000 bis über 25 000 Leukozyten/µl Blut). Auch Fibrinogen, SAA und die Serologie haben eine niedrige Sensitivität und Spezifität.

Prognose: Bei unbehandelten Fohlen mit deutlichen Atembeschwerden ist mit einer Letalität von 80 % zu rechnen. Erholt sich das Fohlen klinisch in den ersten Tagen nach Beginn der Behandlung deutlich und erfolgt die Antibiotikagabe über eine angemessene Zeit, sind die Aussichten gut, dass die Lungenveränderungen vollständig abheilen und die zukünftige Leistung als Sportpferd nicht beeinträchtigt wird.

Therapie: Zur Behandlung von Fohlen mit *R.-equi*-Pneumonie hat sich die Kombinationen von Rifampicin mit einem Makrolid bewährt: Dabei hat sich Azithromycin als die beste Wahl durchgesetzt aufgrund der geringen Nebenwirkungen (lediglich kurzfristige Hyperthermie). Hingegen gilt Erythromycin als obsolet aufgrund der lebensbedrohlichen Durchfälle bei Stute und Fohlen und Clarithromycin als nicht ideal aufgrund der ungünstigen pharmakologischen Eigenschaften, insb. der signifikanten Reduktion der Konzentration in Verbindung mit Rifampicin. Die Antibiotika sollten mindestens über 4–6 Wochen verabreicht werden. Hilfreich sind in vielen Fällen fiebersenkende und entzündungshemmende Medikamente, Schleimlöser bei starker Sekretbildung, eine ruhige Umgebung, ein Schutz gegen zu heiße Außentemperaturen und eine staubarme Haltung.

Prophylaxe: Leider sind keine hygienischen oder Haltungsmaßnahmen in der Lage, die Erkrankungsrate auf einem Betrieb mit endemischer Rhodokokkose zu senken. Nur eine geringe Pferdedichte steht in Verbindung mit einer geringen Morbidität. Auch haben sich keine Impfungen oder Gaben von hyperimmunem Plasma als sinnvoll zur Vorbeugung der *R.-equi*-Pneumonie erwiesen.

Hingegen ist es durchaus möglich, die Verluste von Fohlen stark zu reduzieren. Dazu braucht es eine gute Zusammenarbeit zwischen Züchter und Tierarzt. Der Züchter sollte jeden Tag seine Fohlen genau beobachten und bei den ersten Anzeichen einer Lungenerkrankung (erhöhte Atemfrequenz, purulenter Nasenausfluss oder Husten) den Tierarzt konsultieren. Auf Gestüten mit endemischer Rhodokokkose sollte zusätzlich ein Überwachungsprogramm eingeführt werden: Dabei sollte jedes Fohlen alle 14 Tage klinisch untersucht und die Blutleukozytenzahl bestimmt werden. Bei klinischem Hinweis auf eine Atemwegserkrankung oder bei einer Leukozytenzahl über 13 000 Leukozyten/µl Blut sollte eine Ultraschalluntersuchung der Lunge vorgenommen werden. Werden größere Pneumoniebereiche dargestellt (Summe der Durchmesser höher als 8 cm), sollte das Fohlen behandelt werden.

3.6.6.4 Interstitielle Pneumopathie/Pneumonie

Die interstitielle Pneumonie oder Pneumopathie bezeichnet Erkrankungen des Lungenparenchyms. Unter Lungenparenchym wird der Bereich distal der terminalen Bronchien verstanden, dessen Hauptaufgabe der Gasaustausch ist. Die Alveolarwände enthalten neben dem Alveolarepithelium und Kapillarendothelien auch interstitielles Gewebe, weshalb man den unpräzisen Begriff interstitielle Erkrankung gewählt hat. Im Folgenden werden Krankheitsbilder näher definiert, deren Pathologie sich vorwiegend im Lungenparenchym abspielt. Sie entstehen meist durch virale Infekte. Obschon aber die ätiologische Diagnose in vielen Fällen nicht gelingt, sind zahlreiche verschiedene, z. T. sehr seltene Ursachen bekannt, die zu fibrosierenden und/oder granulomatösen interstitiellen Pneumopathien führen können. Die detaillierten unten besprochenen Krankheitsbilder (→3.6.6.4.1–3.6.6.4.3) stellen also nur eine kleine Auswahl dar.

Mögliche Ursachen und pathogenetische Mechanismen der interstitiellen Pneumopathien

- Infekte
  - viral (evtl. EHV-5, evtl. EVA, Myxoviren)
  - mykotisch (insb. Pneumocystis carinii; in gefährdeten Gebieten auch Kokkzidiomykosen (Erreger: Coccidioides immitis, *«valley fever»*)
- Hyperreaktivität, z. B.
  - eosinophile Pneumonitis (akut)
  - «Farmerlunge» (chronisch, verursacht durch thermophyle Aktinomyzeten)
- inhalierte Toxine, z. B. Silikose (bestimmte Sandarten in Kalifornien; evtl. industrielle Luftverschmutzung)
- oral aufgenommene Toxine (→ 14), z. B. Pyrrolizidinalkaloide; bei uns nicht vorkommende Giftpflanzen wie Perilla frutescens und Eupatorium adenophorum (*«croton weed»*)
- idiopathische granulomatöse Krankheiten
  - Sarkoidose oder *«generalized equine granulomatous disease»* (v. a. auch Hautmanifestation)
  - Wegener's Granulom (granulomatöse Polyangiitis)
  - idiopathische Lungenfibrose bei Eseln (oft spät oder nicht bemerkt)
  - *multisystemic eosinophilic epitheliotrophic-disease (MEED)*

Symptome: Die Pathogenese der Symptome liegt vorwiegend in einer restriktiven Ventilationsstörung mit oberflächlicher Atmung und gemischter (v. a. verlängerte Inspirationsphase) Dyspnoe. Je nach Ursache treten intermittierendes Fieber, Husten, Anorexie und Abmagerung auf. Dagegen husten diese Patienten im Vergleich zu solchen mit RAO und IAD (→3.6.2.1 resp. 3.6.2.2) relativ selten. Abgesehen von der primären Ursache finden sich die Symptome jedoch meist kombiniert mit denen einer obstruktiven Bronchopneumonie.

Diagnose: Die Diagnose wird aufgrund der Anamnese, der Symptome, des Nachweises von zahlreichen Kometenschweifechos bei der Ultraschalluntersuchung des Thorax, der diffusen Verdichtung (noduläres Infiltrat) auf dem Röntgenbild und in ausgewählten Fällen der Histologie (nach transkutaner Lungenbiopsie) gestellt. Die BALF-Zytologie liefert selten eine direkte Diagnose (z. B. *P. carinii*), kann aber beim Ausschluss und Nachweis von infektiösen (z. B. EHV-5 PCR →15.3.3.5) und neoplastischen Ursachen (Zytologie) helfen. Radiologisch findet sich ein diffus verteiltes, abgrenzbares noduläres Infiltrat mit interstitiellem oder gemischtem Lungenmuster, welches die Verdachtsdiagnose untermauert. Differenzialdiagnostisch sind bei einem solchen Muster seltene Pilzpneumonien (Aspergillose, z. B. nach Kortikosteroid- und Antibiotikatherapie; meist aber deutlich schlechterer Allgemeinzustand), selten hochgradiger Lungenwurmbefall *(D. arnfieldi)* und v. a. disseminierte Neoplasien im Lungengewebe abzugrenzen.

3.6.6.4.1 *Equine multinoduläre pulmonale Fibrose (EMPF)*

Die Krankheit, die wahrscheinlich durch EHV-5 (→15.3.3.5) ausgelöst wird, bezeichnet man im Englischen als *«Equine Multinodular Pulmonary Fibrosis»* (EMPF). Das Krankheitsbild dieser Lungenparenchymerkrankung war bisher zwar bekannt, die Verbindung zu EHV-5 ist jedoch neu. EHV-5 ist vor allem bei jungen Pferden auch in Deutschland und der Schweiz nachgewiesen worden, in der Regel aber im Zusammenhang mit harmlosen Infektionen der oberen Atemwege. EHV-5- und EHV-2- (→15.3.3.2) Erreger werden bei vielen Pferden ohne jegliche Krankheitssymptome in der Tränenflüssigkeit des Auges nachgewiesen. Im Blut findet man bei bis zu 93 % der Pferde Antikörper gegen diese Herpesviren. Bei allen bisherigen untersuchten EMPF-Fällen konnte EHV-5 mittels der PCR Methode nachgewiesen werden. Allerdings lässt sich das Virus auch bei gesunden Pferden nachweisen. Aufgrund der histopathologischen und molekularbiologischen Befunde wird eine Verbindung zwischen EMPF mit einer EHV-5-Infektion vermutet.

Die **Symptome** der EMPF sind verbunden mit Atemnot, Tachykardie, intermittierendem neutropenischem Fieber, Husten, Nasenausfluss, Appetitlosigkeit, Gewichtsverlust, Abmagerung und Apathie. Die Tiere sind anämisch und zeigen eine Leukopenie aufgrund einer Neutropenie. Aufgrund der irreversiblen restriktiven Ventilationsstörung ist die **Prognose** entsprechend der Nutzung der Pferde zu stellen. Bei gesicherter viraler Ätiologie, ist eine spezifische antivirale **Therapie** mit Gabe von Aziclovir (10 mg/kg KG i. v. BID) oder Valaziclovir (20–40 mg/kg KG p. o. BID), wenn früh im Verlauf der Erkrankung begonnen, möglicherweise erfolgreich.

3.6.6.4.2 *Pneumocystis carinii*

Früher als Parasit betrachtet, wird *Pneumocystis carinii* heute den Pilzen zugerechnet. Beim Fohlen ist diese Art der Pneumonie sehr selten. Voraussetzung für die Entwicklung einer Pneumonie ist eine gestörte zelluläre Immunabwehr. Beim geschwächten Fohlen im Alter von 1–8 Monaten entwickelt sich die Pneumonie sehr rasch. Die klinischen **Symptome** entsprechen einer perakut verlaufenden Pneumonie. Eine Differenzierung ist am ehesten mithilfe von Röntgenaufnahmen und Ultraschalluntersuchung (Nachweis von diffus verteilten Kometenschweifechos) möglich. Der Erreger kann unter Umständen mikroskopisch (Giemsa-Färbung) im Bronchialsekret oder bronchoalveolären Lavageflüssigkeit nachgewiesen werden.

Therapie: Trimethoprim/Sulfamethoxazol-Kombination und die üblichen symptomatischen Notfallmaßnahmen. Bei Fohlen haben sich Prednisolon in hohen Dosen (2–4 mg/kg KG p. o. BID) und die Sauerstoffinsufflation (2 l/min) bewährt. Allerdings ist diese Behandlung nur von Erfolg, wenn sie so früh wie möglich initiiert wird.
Tritt 48 Stunden nach Beginn einer intensiven kausalen und palliativen Therapie keine deutliche Besserung ein, ist die **Prognose** ungünstig.

3.6.6.4.3 *Farmerlunge*

Durch die «allergische» Reaktion auf inhalierte Sporen von thermophilen Aktinomyzeten (*Saccharopolyspora rectivirgula,* früher *Micropolyspora faeni* (Syn. *Faenia rectivirgula*) aus verschimmeltem Heu, kommt es zu einer entzündlichen Infiltration der Alveolen, terminalen Bronchien und des Lungeninterstitiums. Abhängig von Stärke und Dauer der Exposition, führt die Alveolitis zu einer sich progredient entwickelnden Lungenfibrose. Derartige Erkrankungen sind vorwiegend beim Menschen und beim Rind bekannt und früher in der Schweiz als **Urner-Pneumonie** beschrieben. Die klinische Differenzierung dieses Allergietyps vom eigentlichen Asthma bronchiale ist besonders bei Dauerexposition kaum möglich. Die reine Typ-III-Reaktion führt nicht zu Bronchialobstruktionen, im Vordergrund steht die restriktive Ventilationsstörung. Die Körpertemperatur derartiger Pferde ist häufig etwas erhöht und bewegt sich im subfebrilen Bereich zwischen 38 und 38.5 °C. Es gelingt in seltenen Fällen, das Allergen zu isolieren und im Serum präzipitierende Antikörper nachzuweisen.

Die klinische **Symptomatik** unterscheidet sich von der RAO nur in der erhöhten Körpertemperatur.

Für die **Diagnose** ist die Anamnese der wichtigste Baustein (Exposition zu verschimmeltem Heu). Die Differenzierung gelingt mit der Röntgenaufnahme und der Ultraschalluntersuchung (Nachweis von diffus verteilten Kometenschweifechos). Feinnoduläre und retikulonoduläre Verschattungen mit deutlicher Gerüstzeichnung im fibrotischen Endstadium lassen die Farmerlunge von der COB-Lunge zu differenzieren. Die histologische Untersuchung einer Lungenbiopsie bestätigt den Verdacht einer chronisch interstitiellen Pneumopathie.

Aufgrund der ausgedehnten irreversiblen Schädigungen des Parenchyms nach starker Staubexposition ist die **Prognose** ungünstig. Als **Therapie** ist die Allergenexposition zu vermeiden und die Entzündung mit Kortikosteroiden zu bekämpfen.

3.7 Krankheiten der Pleura

3.7.1 Pleuraverletzungen

Pleuraverletzungen kommen beim Pferd meistens im Zusammenhang mit traumatischen äußeren Verletzungen (Hufschlag, Hornstöße, Verkehrsunfall, schwerer Sturz), aber auch bei Zwerchfellsrupturen und bei Ösophagusperforation vor. Die auf äußeren Traumen beruhende Pleuraverletzung geht in der Regel mit deutlichen Allgemeinstörungen einher, vor allem mit Atemnot. Sichtbare Verletzungen der Thoraxwand sind vorsichtig mit behandschuhter Hand/Finger zu sondieren; die Eröffnung der Brusthöhle ist meist leicht festzustellen (Luftaspiration). Eine Mitverletzung der Lungen äußert sich im Austritt schäumenden Blutes aus der Wunde und oft auch aus der Nase. Perforierende Thoraxverletzungen erzeugen einen **Pneumothorax** mit Kollaps der gleichseitigen Lungenteile wegen des Druckanstieges in der Brusthöhle (Abb 3.15). Über der affizierten Seite sind keine Atemgeräusche mehr auskultierbar. Besteht gleichzeitig eine erhebliche Blutung in die Brusthöhle, bildet sich ein **Hämothorax**, der meistens mit mehr oder weniger ausgeprägten Schocksymptomen verbunden ist. Es stellt sich bei jeder verschmutzten Verletzung prompt, wenn sie perforierend ist, und verzögert, wenn sie erst durch Einschmelzung zur Kontamination der Pleurahöhle führt, eine Infektion ein. Diese entwickelt sich meist zu einer jauchig-gangränösen **Pleuritis**.

Nach **intrathorakaler Schlundperforation** ist in kürzester Zeit mit einer jauchigen Entzündung des Mediastinums zu rechnen und bei einer zusätzlichen Perforation des Mediastinums mit einer ausgedehnten ein- oder beidseitigen exsudativen Pleuritis. Derartige Patienten weisen schwerste Allgemeinsymptome auf mit hohem Fieber, hoher Pulsfrequenz, hochgradiger Dyspnoe und später Erscheinung eines Schocks. Der Pleuraerguss kann perkutorisch, sonografisch und durch Thorakozentese erfasst werden. Röntgenbilder zeigen eine horizontal begrenzte Verschattung, bei allein bestehender Mediastinitis eine diffuse zentrale Verschattung.

Zwerchfellsrupturen ziehen eine sterile Pleurareaktion nach sich, wenn die vorgefallenen Darmteile nicht rupturiert sind. Offensichtlich kann bei großer Bruchpforte der Zustand längere Zeit unbemerkt bleiben, v. a. wenn die Pferde nicht gearbeitet werden. Inkarzerationen im rupturierten Zwerchfell führen jedoch rasch zu einer septischen Pleuritis. Die Zwerchfellsruptur manifestiert sich neben den bei Inkarzeration obligaten Kolikerscheinungen in Atemnot, auskultatorisch feststellbaren Darmgeräuschen über dem Thorax, perkutorisch nachzuweisenden Dämpfungsbezirken und in einem typischen Röntgenbefund.

Die **Diagnose** einer von außen perforierenden Pleuraverletzung mit Pneumothorax bereitet keine Schwierigkeiten; Schlundperforationen und Zwerchfellrupturen sind bei Zuständen mit Atemnot nach entsprechenden primären Symptomen in Betracht zu ziehen. Für die Beurteilung solcher Fälle leisten die Ultraschall- und die Röntgenuntersuchungen unentbehrliche Dienste.

Prognose: Jede perforierende Pleuraverletzung ist a priori prognostisch als zweifelhaft zu beurteilen, wobei die Größe, das Alter und der Verschmutzungsgrad der Verletzung sowie der Blutverlust berücksichtigt werden müssen.

Therapie: Äußere Pleuraverletzungen werden in möglichst frischem Zustand chirurgisch angegangen. Bei hochgradiger Luftaspiration mit ausgeprägtem Pneumothorax ist eine Vakuumdrainage angezeigt. Eine systemische Breitspektrum-Antibiose für die Dauer von mindestens einer Woche ist angezeigt. Auch Entzündungshemmer sollten einige Tage zur Schmerzbekämpfung und zum Erhalt der Futteraufnahme verabreicht werden. Auch wenn es gelingt, die Wunde an sich zur Abheilung zu bringen, ist immer mit pleuritischen Adhäsionen zu rechnen, die die spätere Verwendung des sonst genesenen Pferdes beeinträchtigen können.

3.7.2 Pneumothorax

Ein Pneumothorax entsteht durch Eintritt von Luft in den Pleuralraum, entweder über eine offene Thoraxverletzung, iatrogen durch unsachgemäße Durchführung einer Thoraxpunktion und -lavage, durch eine Verletzung der Lunge in Verbindung mit einer Rippenfraktur, iatrogen nach einer transkutanen Lungenbiopsie oder auch idiopathisch durch Ruptur von kleinen terminalen Emphysembläschen.

Ein Pneumothorax geringen Ausmaßes hat keine klinische Relevanz und ist häufig ein Zufallsbefund auf der Thoraxaufnahme eines Patienten. Bei größerem Ausmaß kann es zu einer Dyspnoe kommen. Auskultatorisch ist die betroffene Seite «still». Ein Pneumothorax lässt sich am besten röntgenologisch nachweisen. Dabei sollte die Aufnahme am Ende der Exspiration erzielt werden. Beim sog. **Spannungspneumothorax** kann durch die Ventilwirkung der Verletzungspforte die einströmende Luft in den Pleuralraum (Inspiration) bei der Ausatmung nicht mehr entweichen. Der intrathorakale Druck steigt dadurch auf der verletzten Pleuraseite an und verdrängt das Medistinum zur gesunden Lunge hin. Die gesunde Lunge und die Hohlvenen werden dadurch komprimiert. Neben der pulmonalen Insuffizienz kann es durch die Drosselung des venösen Rückstromes (Kompression der Hohlvenen) zum Absinken des Herzminutenvolumens und damit zu kritischen Situationen kommen.

Die **Prognose**, wenn keine weiteren Begleiterkrankungen (z. B. Pleuropneumonie oder stark dislozierte Rippenfraktur) bestehen, ist gut.

Therapie: Nach chirurgischem Beheben der Ursache und der Infektionsprophylaxe resorbiert sich je nach Ausmaß ein Pneumothorax meistens spontan über 8–10 Tage. Hierzu ist eine strikte Boxenruhe förderlich. Ist allerdings die Dyspnoe ausgeprägt, sollten eine Thoraxdrainage und eine Absaugpumpe eingesetzt werden.

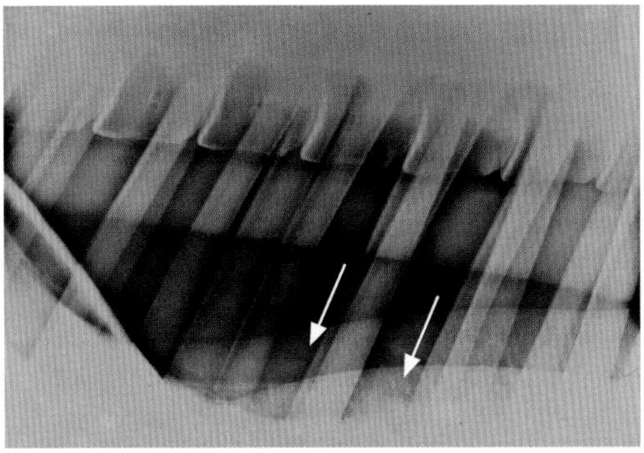

Abb. 3.15: Pneumothorax: Das radiologische Bild einer deutlichen Kontur der Aorta und der oberen Abgrenzungen der kollabierten Diaphragmallappen (Pfeile).

3.7.3 Hämothorax

Der Eintritt von Blut in den Pleuralraum entsteht durch Verletzung des Thorax inkl. Läsion einer Rippenarterie oder z. B. durch ein mediastinales Hämangiosarkom.

Pferde oder Fohlen mit einem Hämothorax zeigen **Symptome** in Verbindung zum Blutvolumen im Pleuralraum. Bei größerem Erguss ist die Atemfrequenz erhöht und unspezifische Symptomen wie milde Kolik werden beobachtet.

Diagnose: Bei der Auskultation des Thorax sind im ventralen Bereich keine Atemgeräusche wahrzunehmen, allerdings ist häufig auf der betroffenen Seite die Auskulationszone des Herzes erweitert. Bei der Perkussion des Brustkorbes ist eine ventrale Dämpfungszone offensichtlich. Es empfiehlt sich dann, eine Ultraschalluntersuchung des Thorax durchzuführen, um den Erguss zu bestätigen und andere Erkrankungen wie z. B. eine Zwerchfellhernie auszuschließen. Blut stellt sich als heterogene Flüssigkeit mit wellenförmigen Bewegungsmustern synchron zur Atmung dar. Die Thorakozentese bestätigt dann den Verdacht. Die Ursache der Blutung lässt sich am besten sonografisch ermitteln, denn die Rippen und Rippenfrakturen sind gut, insb. im Querverlauf, mit einer linearen Sonde darzustellen. Es empfiehlt sich dringend, bevor der Erguss drainiert wird, ihn als «Schallfenster» zu nutzen, um den Mediastinalbereich zu untersuchen und dadurch evtl. einen Tumor darzustellen. Leider lässt sich nicht in allen Fällen die Diagnose eines Tumors stellen, denn er ist nicht immer sonografisch darstellbar, und die zytologische Untersuchung gibt nicht in allen Fällen eine Aufklärung.

Die **Prognose** hängt von der Grunderkrankung und ihrem Ausmaß ab. Beim Hämangiosarkom ist die Prognose infaust. Von einer Rippenfraktur erholen sich die Patienten in der Regel gut.

Therapie: Die Behandlung leitet sich von der Grunderkrankung ab. Bei Rippenfrakturen muss im Einzelfall entschieden werden, ob eine chirurgische Stabilisierung indiziert ist. Meistens heilen Rippenfrakturen insb. bei Fohlen konservativ gut ab. Wenn Atembeschwerden offensichtlich sind, muss der Hämothorax drainiert werden. Eine Lavage hingegen ist nur selten indiziert. Wenn eine Verletzung vorliegt oder der Erguss abgelassen wird, sind systemische Antibiotika am Platz.

3.7.4 Aseptischer Pleuraerguss (Hydro- und Chylothorax)

Unter einem **Hydrothorax** ist eine Transsudatansammlung im Pleuralraum zu verstehen ohne primäre Affektion der Pleura selbst. Derartige Zustände sind beim Pferd sehr selten und lassen sich in der Regel auf Gefäßstauungen zurückführen (Kompression durch Tumore, Abszesse; Stauung durch Herzfehler, Leber- oder Lungenerkrankung). Nicht so selten sind aseptische Ergüsse bei einer Neoplasie (Lymphom; Mesotheliom →3.8) im Brustraum, differenzialdiagnostisch ist immer eine infektiöse Pleuritis/Pleuropneumonie (→3.7.5 resp. 3.6.6) auszuschließen.

Oft ist bei Hydrothorax auch ein Ödem der Unterbrust festzustellen. Dabei können sich bei Großpferden Flüssigkeitsmengen von bis 50 l im Thorax sammeln. Die **Symptomatologie** wird beherrscht von der Dyspnoe; der Perkussionsbefund besteht im Nachweis einer immer horizontal verlaufenden Dämpfungslinie; die Ultraschalluntersuchung macht eine hypoechogene Flüssigkeitsansammlung deutlich, die Brusthöhlenpunktion ergibt ein klares, eiweißarmes, zellarmes und spezifisch leichtes Punktat. Die Röntgenaufnahme lässt eine horizontale Verschattungsgrenze erkennen. Eine Therapie müsste sich gegen das Primärleiden richten und hat bei tumoröser Genese wenig Aussichten auf einen bleibenden Erfolg. Die Brusthöhlenpunktion mit Vakuumdrainage kann dem Patienten vorübergehend Erleichterung verschaffen. Meistens kommt es zu einem Rezidiv des Ergusses innerhalb weniger Tage. Unter **Chylothorax** versteht man die Ansammlung von Lymphe im Pleuralraum. Meist entsteht dieses sehr seltene Geschehen durch Traumen (Fohlen) oder beim älteren Pferd durch tumoröse Entartung des *ductus thoracicus*.

Kardinalsymptome und -befunde des Pleuraergusses

- Dyspnoe in Abhängigkeit von der Ergussmenge
- Unterbrustödem
- Thorakalschmerz und Fieber bei starker Entzündung (Stöhnen, klammer Gang)
- Auskultation- und Perkussionstöne (Dämpfungsbereich, Plätscher- oder Reibegeräusche)

3.7.5 Pleuritis

Pleuritiden sind beim Pferd unter unseren Verhältnissen recht selten und kommen kaum selbstständig vor. Sie entstehen im Anschluss an Pleuraverletzungen oder meist in der Folge von eitrigen Bronchopneumonien, Pleuropneumonien; *«shipping fever»* →3.6.6.1.1). Gewisse Pleuratumoren (Mesotheliom →3.8) können einen entzündlichen Pleuraerguss verursachen.

Die **Pleuritis** verläuft in typischen Fällen mit Fieber, bei mehr oder weniger deutlich beeinträchtigtem Allgemeinzustand und meistens mit Schüttelfrost, Piloerektion und manchmal auch mit einer kolikähnlichen Unruhe. Die Pferde drehen die Ellbogen nach außen und bewegen sich nur ungern, stöhnend mit vorsichtigen Schritten, die an den Gang bei Hufrehe erinnern. Die Atmung erscheint oberflächlich und betont abdominal. Der Husten ist schwach, unterdrückt und oft stöhnend. Die **trockene Pleuritis** erzeugt auskultatorisch hörbare Reibegeräusche (Schaben, Kratzen usw.). Die beschriebenen Symptome sind nur bei erheblicher Pleuritis deutlich. Eine leichte fibrinöse Pleuritis im Gefolge einer Pneumonie wird manchmal nicht bemerkt, wenn der Erguss nur sehr leichtgradig ist und im Ultraschall übersehen wird. Die Perkussion der Brustwand ist schmerzhaft und führt zu Abwehrbewegungen. In der Regel geht wahrscheinlich die Pleuritis sicca der Pleuritis exsudativa voraus.

Die **exsudative Pleuritis** von einigem Ausmaß provoziert eine Atemnot mit deutlich erschwerter Inspiration. Die Pferde weisen oft ein Ödem an der Unterbrust auf, das sich auf den Bauch, aber auch auf die Vordergliedmaßen ausdehnen kann. Von entscheidender diagnostischer Bedeutung ist eine immer horizontal begrenzte absolute perkutorische Dämpfung auf der affizierten Seite; in dem gedämpften Bereich sind keine Atemgeräusche auskultierbar, während dorsal davon meistens ein deutliches, peripheres und zentrales Auskultationsgeräusch festzustellen ist. Gelegentlich sind Plätschergeräusche hörbar. Befindet sich das Exsudat oder der Eiter in reichlicher Menge auf der linken Thoraxseite, so ist der Herzstoß nicht oder nur sehr schwach fühlbar, die Herztöne sind manchmal nur leise, z. T. aber auch über einer erweiterten Zone auszumachen. Die Herzschlagfrequenz liegt im Allgemeinen hoch. Der Befund lässt sich sonografisch und radiologisch bestätigen. Der exsudative Charakter der Pleuritis wird bewiesen durch eine Thoraxpunktion (links im 7., rechts im 6. Interkostalraum im Bereich der Dämpfung). Für die Punktion, die gleichzeitig therapeutisch genutzt werden sollte, sind weitlumige Trokare und Ein-oder Zweikammerventile zur Vorbeugung des Pneumothorax angezeigt.

Diagnose: Die Diagnose einer Pleuritis sollte beim Vorliegen eines Exsudates oder Eiters keine Schwierigkeiten bereiten. Die Ultraschalluntersuchung sichert die Diagnose sowohl einer exsudativen (genaue Feststellung von Höhe und Ausmaß, sowie der Qualität durch Echogenität, Fetzen usw. des Ergusses) wie auch einer trockenen (zahlreiche Kometenschweifechos im Ultraschall sichtbar) Brustfellentzündung. Nach diagnostischer (oder auch therapeutischer) Punktion, wird die Pleuritis weiter charakterisiert durch die genaue bakteriologische (Aerobier und Anaerobier; leider oft unergiebig) und zytologische Analyse des Punktats, die auch zur differenzialdiagnostischen Unterscheidung vom Hydrothorax und Chylothorax herangezogen wird. Auch die Bestimmung der Zellzahl und der Glukosekonzentration im Punktat hilft zur Unterscheidung zwischen septischem (niedriger Glukosegehalt) und aseptischem (Glukosegehalt wie im Blut des Patienten) Erguss.

Prognose: Quoad vitam ist die trockene Pleuritis meist von untergeordneter prognostischer Bedeutung, weil die primäre Pneumonie die Prognose bestimmt. Eine exsudative Pleuritis dagegen ist auch quoad vitam vorsichtig zu beurteilen, obgleich eine intensive (z. T. auch langwierige und kostspielige!) Behandlung ein Überleben bei frühzeitigem und gezieltem Eingreifen oft ermöglichen kann (schlechtere Prognose bei jauchigem Exsudat mit Anaerobierinfekt). Die langfristige Prognose für Sportpferde wird vor allem von der Tatsache beeinflusst, dass pleuritische, fibröse Adhäsionen die Atemtätigkeit beeinträchtigen können. Man kann sich dazu oft erst nach mehreren Wochen konstanter Therapie äußern. Auch andere Komplikationen (u. a. bronchopleurale Fisteln, Pneumothorax, Thrombophlebitis, Colitis und Hufrehe) können die Prognose negativ beeinflussen.

Therapie: Jede Pleuritis oder Pleuropneumonie verlangt eine intensive und über die klinische Heilung hinaus durchgeführte, systemische Chemotherapie. Die Therapie richtet sich bei der Pleuritis wenn möglich nach dem Resultat des bakteriologischen Befunds und des Antibiogramms. Wenn dies nicht möglich ist, wird man eine Breitspektrum-Antibiose (meist Penizillin-Gentamizin i. v. →16.24), bei Hinweisen auf Anaerobier (Geruch) inkl. Metronidazol wählen. Lokal muss bei exsudativer Pleuritis der Erguss punktiert und langsam entleert werden (cave! hypovolämischer Schock →12.1.1). Auch das ggf. wiederholte Lavagieren der Pleuralhöhle mit großen Flüssigkeitsmengen (20–30 l lauwarmer steriler NaCl-Lösung) ist hilfreich. Es muss regelmäßig sonografisch überprüft werden, ob beide Pleurahälften kommunizieren. Wenn dies nicht der Fall ist, müssen evtl. beide Seiten punktiert und gespült werden.

Pleuraerguss: Formen und Pathogenese

Formen
- Hydrothorax (z. B. Gefäßstauung infolge eines Tumors, meistens Lymphom; idiopathisch u. a.)
- Chylothorax (Verletzung oder tumorösen Entartung des *D. thoracicus*)
- Hämothorax (Rippenfraktur, Brustkorbverletzung, Hämangiosarkom u. a.)
- Pyothorax oder Pleuraempyem (Pleuritis, Bronchopneumonie, Infektion nach Brustkorbverletzung, *Oesophagusruptur*)

Pathogenese
- hydrostatisch (Stauung: Tumor, Herzinsuffizienz)
- entzündlich nicht infektiös (stumpfes Trauma)
- entzündlich infektiös (perforierendes Trauma, Pleuropneumonie, Pleuritis)
- neoplastisch (Mesotheliom)

3.8 Tumoren und seltene andere Erkrankungen im Brustraum

Primäre Lungen- und Bronchialtumoren (Schwannzelltumor, *«pulmonary granular cell tumor»*; Bronchialkarzinome oder Adenokarzinome) kommen beim Pferd äußerst selten vor, obwohl die Luftwege dieser Tierart in vielen Ställen einem Dauerreiz ausgesetzt werden. Manchmal kommen auch disseminierte metastatische Neoplasien vor. Je nach Lokalisation und Ausbreitung verursachen diese Tumoren variable Symptome, u. a. von nicht auf Behandlung ansprechenden Husten, über unspezifische Anzeichen wie intermittierendem Fieber, Anorexie und Abmagerung bis zu restriktiver Dyspnoe mit oberflächlicher Atmung. An eine neoplastische Erkrankung ist vor allem zu denken, wenn Stauungssymptome mit Ödembildung vorhanden sind, eventuell mit Hydrothorax (z. B. die wesentlich häufigeren Lymphosarkome in den Mediastinallymphknoten). In günstig gelagerten Fällen ist es möglich, mit einer tiefen Endoskopie, der Röntgen- oder Ultraschalluntersuchung eine Verdachtsdiagnose zu stellen. Auf der Pleura können sich ebenfalls Geschwülste bilden; ein besonderes Bild wird vom **Pleuramesotheliom** hervorgerufen, das durch perlsuchtähnliche Brustfellveränderungen auffällt. Derartige

Mesotheliome führen zu massiven Ergüssen einer entzündlich veränderten Flüssigkeit. Die Pferde weisen dabei eine ausgeprägte Schweratmigkeit auf, doch bleibt ihr Allgemeinzustand erstaunlich lange sehr gut. Die zytologische Untersuchung des Punktats sichert die Diagnose.

Weiterführende Literatur

Couetil L. L., Hoffman A. M., Hodgson J., Buechner-Maxwell V., Viel L., Wood J. L., Lavoie J. P.: Inflammatory airway disease of horses. (ACVIM Consensus statements) J Vet Intern Med. 2007 Mar–Apr; 21 (2): 356–361.

Deegen E. et al. Diagnostik der Atemwegserkrankungen des Pferdes, Boeringer-Ingelheim. In: Dietz O., Huskamp B. (Hrsg.): Handbuch Pferdepraxis (Tabelle auf S. 336), 2. Auflage, Enke Verlag, 1999.

Gerber V., Gerber H., Straub R. (Hrsg.): Untersuchungsmethoden beim Pferd. Ulmer Verlag, 2008.

Mcgorum B., Dixon P. M., Robinson N. E., Schumacher J. (Hrsg.): Equine Respiratory Medicine and Surgery, 1st edition, Saunders Elsevier, St. Louis, 2007.

Reed S. M., Bay W., Sellon D. C. (Hrsg.): Part II: 9 Disorders of the Respiratory System. In: Reed S. M., Bayly W. M., Sellon D. C.: Equine Internal Medicine, 3rd ed., Saunders Elsevier, St. Louis, 2010.

Robinson N. E.: Chairperson's introduction: International Workshop on Equine Chronic Airway Disease, Equine Vet. J. 2001. 33, 5–19.

Robinson N. E.: Consensus statements on equine recurrent laryngeal neuropathy: conclusions of the Havemeyer Workshop, Equine Vet. Educ. 2004. 16 (6), 333–336.

Sellon D. C., Long M. T. (Hrsg.): Section I: Clinical Problems, 1. Respiratory Tract Infections. In: Equine Infectious Diseases, 2nd edition, Saunders Elsevier, St. Louis, 2013.

Venner M.: Erkrankungen des Respirationstrakts. In: Fey K., Kolm G. (Hrsg.): Fohlenmedizin, S. 285–303, Enke Verlag, 2010.

4 Krankheiten des Verdauungstrakts, des Bauchfells, der Leber und der Bauchspeicheldrüse

V. Gerber, M. Venner und R. Straub

Das Bild der Verdauungskrankheiten unserer Pferde hat sich in den letzten Jahrzehnten deutlich gewandelt. Ganz besonders betrifft der Wandel das landläufig mit «Kolik» bezeichnete Syndrom. Die Ursachen für diese Änderung des Bildes sind nicht klar, doch dürften sie vor allem darin zu sehen sein, dass die Pferde regelmäßig mit wirksamen Anthelmintika entwurmt werden (mit möglicherweise ungünstigen Auswirkungen auf das Immunsystem des Darms) und dass die Gewohnheiten sich in Richtung konzentrierterer und zeitsparender Fütterung entwickelt haben. Medizinische Fortschritte sind vor allem bei der Erkennung und Therapie von Kolik- und Magenulzerapatienten und Schock gemacht worden.

4.1 Extraabdominale Teile des Verdauungsapparates

4.1.1 Lippen

Für eine unbehinderte Futteraufnahme bedarf das Pferd seiner Lippen. Zu diesem Thema sei auch auf das Kapitel über Dermatologie (→1) verwiesen. Hier muss eine kurze Rekapitulation genügen.

Schwellungen können die Futteraufnahme mechanisch oder wegen ihrer Dolenz behindern. Verletzungen der Maulwinkel durch ausgeleierte oder nachlässig angepasste Trensen, vorstehende Nägel in der Boxe etc. sind oft Ursachen von Lippenschwellungen. Bei Petechialfieber kann die hämorrhagisch-ödematöse Schwellung sehr ausgeprägt sein, zudem droht dem Pferd akute Gefahr wegen der gleichzeitig auftretenden Schwellung von Nüstern und Nasengängen (→13.3.2). Gelegentlich sind Insektenstiche, sehr selten Schlangenbisse als Ursache auszumachen. Die Lippenschwellungen bei Virusarteriitis (→15.2.5) oder auch bei Pferdepest (→15.2.3.1.1) sind meistens geringfügig und im ganzen Krankheitsbild nebensächlich.

Zu erwähnen bleiben **Lippenlähmungen,** Folgen einer Schädigung von Ästen des *N. facialis*. Eine einseitige Lähmung wird in der Regel recht geschickt kompensiert, die seltenen beidseitigen Lähmungen der Ober- und der Unterlippen hingegen machen eine ausreichende Futter- und Wasseraufnahme unmöglich (→6.3.3.2).

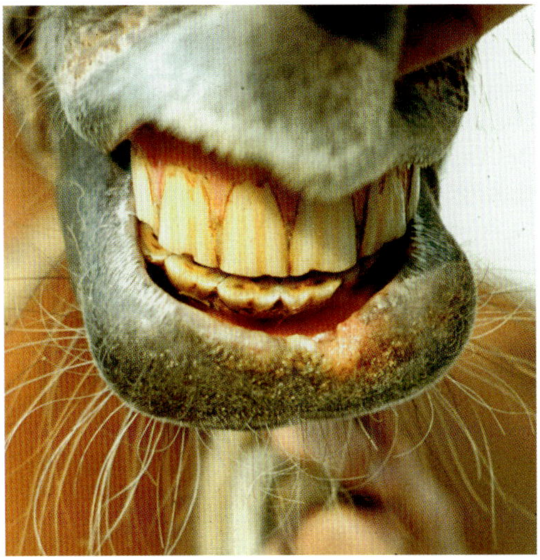

Abb. 4.1: Lippenverletzung: Verletzung mit entzündlichem Ödem führte zum Sistieren der Futteraufnahme.

4.1.2 Maulhöhle

4.1.2.1 Angeborene Anomalien

Die **Gaumenspalte** oder **Palatoschisis** («**Wolfsrachen**») ist häufiger am weichen und seltener am harten Gaumen in der Mitte anzutreffen. Ist nur das Gaumensegel betroffen, kann nur eine Endoskopie die Diagnose liefern. Ist der harte Gaumen betroffen, wird eine mehr oder weniger lange und breite Öffnung in die Nasenhöhle hinein mit dem Finger zu ertasten sein. Je nach Größe der Gaumenspalten zeigen die Saugfohlen: Unvermögen zu saugen, Regurgitieren von Milch über die Nüstern und Schnauben eher als Husten, und in einige Fällen keine Symptome im Fohlenalter aber später rezidivierender Husten in Verbindung mit einer subklinischen Dysphagie. Bei einem Verdacht ist eine endoskopische Untersuchung über die Nasengänge angezeigt. Außerdem ist in jedem Fall ein Lungenstatus zu erheben, um eine Aspirationspneumonie frühzeitig zu erkennen. Eine Operation ist technisch anspruchsvoll und meist nur Erfolg versprechend bei geringen symmetrischen Defekten des weichen Gaumens, die Prognose ist vorsichtig zu stellen, da mit Komplikationen zu rechnen ist.

4.1.2.2 Entzündungen der Maulschleimhaut (Stomatitis)

Durch verschiedene Reize **(mechanisch, chemisch, physikalisch, infektiös)** kann es zu entzündlichen Veränderungen der Mundschleimhaut kommen, einer Stomatitis. Eine Stomatitis tritt auch als Begleiterkrankung bei Haut-, Stoffwechsel- und Blutkrankheiten auf. Anlässlich des Backenzahnwechsels ist eine Stomatitis leichten Grades oft zu beobachten (Verletzungen durch scharfe Gegenstände, durch Zahnanomalien und -frakturen, ungeeignete, ausgeleierte Trensen, Maulgatter, Zahnraspeln, hartes Futter, v. a. Grannen und Spelzen, die sich mit Widerhaken in der Schleimhaut festsetzen). Aufnahme ätzender oder reizender Substanzen und Verbrennungen, gewisse Giftpflanzen und anorganische Gifte (v. a. mit Farb- und Konservierungsstoffen behandeltes Holz oder Einstreu) und Fremdkörper (z. B. Holzsplitter oder Drahtteile) führen zu mehr oder weniger lokalen oder allgemeinen ausgeprägten Entzündungen und/oder Sekundärinfektionen. Stomatitiden können sich mit leichtgradigen Rötungen, Bläschenbildung bis zu großflächigen Ulzerationen äußern. Die Langzeit-Verabreichung hoher Dosen von Phenylbutazon kann neben Geschwüren in Magen und Darm auch in der Maulhöhle zu Ulzerationen führen. Chronische Urämie ist oft von ulzerativen Maulschleimhautläsionen und Zahnsteinbildung und typischem urämischem Geruch begleitet (→5.2.1).

Eine **phlegmonöse Stomatitis,** als Folge tiefer, traumatischer infizierter Mauläsionen, ist selten. Die Pferde sind anorektisch, zeigen vermehrten Speichelfluss, einen oft sehr unangenehmen Maulgeruch, nicht selten auch Fieber und reaktive Mandibularlymphknoten. Schließlich ist die viral verursachte **Stomatitis vesicularis** zu nennen, die, wie der Name sagt, mit Bläschenbildung v. a. der Maulschleimhaut einhergeht. Die Vesikulärstomatitis ist vor allem in Amerika (Süden der USA und Karibik) ein Problem wegen ihrer Ähnlichkeit mit der Maul- und Klauenseuche bei Paarhufern (→15.2.10.1). In Europa ist sie bisher, bis auf einmalige isolierte Fälle im Kosovo, nicht aufgetreten.

Symptome: Alle Formen der Stomatitis gehen mit vermehrtem Speichelfluss (Ptyalismus), verminderter Fresslust und leerem Kauen einher. Bei Speicheln ohne offensichtlichen Entzündungs- und Verletzungsanzeichen ist differenzialdiagnostisch vor allem an Fremdkörper (zwischen den Zahnreihen, oder in der Zunge) zu denken. Die **Diagnose** ist aufgrund der Kardinalsymptome und der Effloreszenzen leicht zu stellen. Die **Prognose** ist abhängig von der Ätiologie. Die **Therapie** richtet sich zuerst nach der Ursache, zudem kommen Maulspülungen z. B. mit Kamillenextraktlösungen oder Desinfektionsmitteln (z. B. KMnO 1 : 1000) und

Verabreichung von weichem Futter (Mash) in Frage. Bei Trauma und Fremdkörper ist neben einer chirurgischen Lokalbehandlung der initialen Läsion oft auch eine systemisch-antibiotische Therapie am Platz.

Ursachen der Stomatitis und Glossitis	
physikalisch:	mechanisch (Trauma, Fremdkörper), thermisch (Verbrennung)
chemisch:	reizende Giftpflanzen, anorganische Gifte (v. a. mit Farb- und Konservierungsstoffen behandeltes Holz oder Einstreu); Cantharidinvergiftung (→ 14 & Tab. 14.2) endogene Vergiftung bei Niereninsuffizienz mit chronischer Urämie (→ 5.1.2), NASAIDs Langzeittherapie
infektiös:	Bakterien (Actinobazillus u. a.), Viren (Vesikulärstomatitis), Pilze
immunologisch:	typische Begleitsymptomatik der seltenen neonatalen Thrombozytopenie (verursacht durch kolostrale Antikörper, ähnlich der neonatalen Erythrolyse (→ 11.5.4 resp. 13.3.5.1) Pemphigus vulgaris (→ 1.2.3.3)

4.1.2.3 Krankheiten der Zunge

Isolierte Zungenerkrankungen spielen in der inneren Medizin des Pferdes keine wesentliche Rolle. Sie sind im Allgemeinen die Folgen von Traumen (durch Anbinden der Zunge; scharfe Trensen; Fremdkörper etc.), dann etwa auch von Infektionskrankheiten (Milzbrand; Schwellungen werden manchmal bei Petechialfieber gesehen). Meistens verläuft aber die Zungenentzündung (**Glossitis**) kombiniert mit einer Stomatitis (Abb. 4.2).

Klinisch schwierig zu finden können Fremdkörper sein. Drahtstücke stechen oft in die Zunge ein und wandern dann erstaunlich weit. Die Eintrittsstelle ist dabei oft sehr klein, die Zunge palpatorisch diffus dolent, und oft kann bei metallischen Fremdkörpern eine Röntgenuntersuchung Klarheit schaffen. Bei nicht metallischen Objekten, wie z. B. Holzstücken, bleibt als Zusatzuntersuchung der Ultraschall.

Die **Therapie** von Traumen der Zunge und von Glossitiden besteht in erster Linie im Abstellen der Ursache. Chirurgische Eingriffe sind bei nekrotisierenden Prozessen oder tiefen Verletzungen am Platz. Die Zungenspitze kann bis zum Ansatz des Frenulum amputiert werden, ohne dass das Pferd dadurch beim Fressen und Abschlucken behindert würde (wie sich allerdings ein «stummelzüngiges» Pferd noch reiten lässt, ist eine andere Frage! Eventuell mit dem Hackamore). Daneben sind lokal nur Spülungen mit milden Lösungen (z. B. Kamillenextrakt) angezeigt.

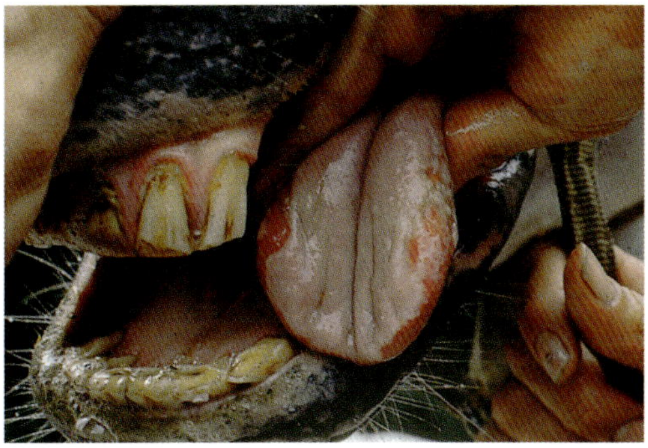

Abb. 4.2: Ulzera der Maulschleimhaut: Reizende Substanzen und auch endogene Toxine (z. B. bei Niereninsuffizienz) können Gingivitis und Schleimhautulzerationen verursachen, wie in diesem Fall an der Zunge und den Lippeninnenseiten.

Zungengrundzysten treten meistens bei Tieren im Wachstum als Retentionszysten von Speicheldrüsen, sehr selten als Ausstülpungen an der Mündung der Speichelgänge auf. Sie können eine erhebliche Größe erreichen und bei ungünstiger Lage und langem Zystenstiel das Abschlucken behindern. Derartige Gebilde müssen chirurgisch entfernt werden.

Eine **Lähmung der Zunge** beruht auf einer Affektion des *N. hypoglossus* (→6.3.3.2), die ihrerseits am ehesten als Begleiterscheinung einer Luftsackmykose (→3.2.2), eines Luftsackempyems, eines Botulismus (Bulbärparalyse →16.7.1) oder der Graskrankheit (→6.3.5) zu beobachten ist. Mechanische Traumen des Nervs sind selten; an Halsriemen oder Halftern mit engen Kehlriemen angebundene Pferde können bei Befreiungsversuchen den *N. hypoglossus* zerren. Die Lähmung kann mit einer hochgradigen Entzündung durch einen Fremdkörper im Zungengrund verwechselt werden. Bemerkt wird die Lähmung, weil die Zunge schlaff aus dem Maul heraushängt, bei einseitiger Lähmung nach der gesunden Seite hin verzogen, bei beidseitiger vorn aus der Maulspalte. Die tonuslose Zunge zeigt eine runzlige Oberfläche; die Seiten werden leicht von den Backenzähnen verletzt. Die Patienten können nicht abschlucken. Die **Therapie** zielt auf die Grunderkrankung hin, und evtl. schließt sie auch die orale Supplementierung über die Nasen-Schlund-Sonde (NSS) oder parenteral ein, bis das Pferd wieder schlucken kann.

4.1.2.4 Krankheiten, Fehlstellungen, Abnützungsanomalien und Überzähligkeit der Zähne

Gemeinhin werden Zahnerkrankungen den chirurgischen Leiden des Pferdes zugerechnet und auch entsprechend behandelt. Der Zustand der Zähne spielt indessen für den Allgemeinzustand des Pferdes, für die Differenzialdiagnose des Zustandes «Abmagerung» und für gewisse lokalisierte Krankheiten – etwa für die Sinusitis maxillaris (→3.1.6.1.1) – eine derart große Rolle, dass hier auch darüber gesprochen werden muss, aber nur in ganz knapper Form.

Die Bedeutung der sogenannten «Überbissigkeit», **Kieferverkürzung** oder **Brachygnathie,** bei uns auch **Prognathismus** genannt, liegt weniger in der Fehlstellung der oberen oder unteren Schneidezahnreihen gegeneinander als in der Verschiebung der Backenzahnreihen gegeneinander. Ist das Pferd oben «überbissig» (Prognathismus superior; häufiger), sprechen wir von Karpfengebiss, ist es unten «überbissig» (Prognathismus inferior; v. a. Kleinponyrassen) von Hechtgebiss. In regelmäßigen Abständen sind bei derartigen Pferden nicht nur die Inzisiven zurückzuschleifen, sondern besonders auch die mit der Zeit oft monströsen Haken an den vordersten Prämolaren und den hintersten Molaren zu entfernen. Pro- respektive Brachygnathie ist auch beim Pferd genetisch verankert (Region ECA013) und deshalb bei einer stärkeren Ausprägung auch von zuchthygienischer Relevanz.

Passen die Zahnreihen nicht genau aufeinander, kommt es zu Abnützungsanomalien, zu sogenannten **Spitzzähnen** oder **Sprossen**. Diese sind bis zu einem gewissen Grad physiologisch und treten sehr häufig auf. Das heißt, sie sind v. a. mit raufutterarmer Fütterung bei einer Mehrheit der Pferde zu erwarten. Die betroffenen Tiere zeigen beim Fressen von Kurzfutter eine leichte Schaumbildung außen an den Lippen, und überdies sind in ihrem Mist ungenügend zerkaute Getreidekörner zu finden. **Kanten-, Scheren- und Wellengebisse** bedürfen einer regelmäßigen Korrektur. **Treppengebisse** sind oft die Folge einer Zahnfraktur oder Backenzahnextraktion mit Vernachlässigung der regelmäßigen Korrektur des Antagonisten.

Verhaltensstörungen (→6.3.7) wie beim **Aufsetzkopper** zeigen ein sogenanntes **Koppergebiss**, **Zahnwetzer (Krippenwetzer)** ein **Wetzergebiss.** Wetzer sind sehr oft auch Weber. Abgesehen von den meist unwesentlichen Verletzungen der Gingiva deuten derartige Erscheinungen auf das «Laster» hin, das mit der Zeit zu chronischer Abmagerung und Leistungseinbuße führen kann. Abnorme Zahnabnützungen dürfen bei Kaufuntersuchungen nicht übersehen werden. **Zahnstein** besteht beim Pferd vorwiegend aus porösem Kalziumcarbonat und ist bei chronischer Niereninsuffizienz mit Urämie vermehrt anzutreffen (→5.1.2). Zahnstein führt zu Foetor exore, Gingivitis und selten zu Kaustörungen.

Zahnstein kann eine Gingivitis und Erkrankungen der Zahnhalteapparates (Periodont) zur Folge haben und die Entstehung von Zahnfrakturen und Alveolarperiostitis begünstigen. Eine **Alveolarperiostitis** kann eine Störung der Futteraufnahme verursachen, die in schweren Fällen zu Abmagerung führen kann. Wenn die Zahnfächer und Wurzeln der maxillären Prämolaren und Molaren betroffen sind, kommt es nicht selten zu Sinusitiden. Am Unterkiefer, weniger häufig am Oberkiefer, führen Zahnerkrankungen zu Fistelbildung. Betroffene Zähne werden in den meisten Fällen am besten entfernt. Eine systemische Antibiose ist alleine selten erfolgreich. Es ist immer mit einer Mischinfektion mit Anaerobierbeteiligung zu rechnen (typischer starker, übler Geruch von Zahneiter!). Die Antibiose sollte darum auf ein breites Bakterienspektrum ausgerichtet sein. Wenn *Bacteroides fragilis* beteiligt ist, kann auch Metronidazol (cave! verboten bei Pferden, die für die Schlachtung infrage kommen) verwendet werden.

4.1.3 Krankheiten der Kaumuskulatur

Selbstständige Krankheiten der Kaumuskeln werden nur selten beobachtet. Eine dieser seltenen Ausnahmen stellt die beidseitige **eosinophile Massetermyositis** dar, die zuerst beim American Quarter Horse beschrieben wurde (→7.11). Typisch sind dabei die als «Sturzbomber» (*«dive-bomber»*) charakterisierten Tonphänomene bei der elektromyografischen Untersuchung. Obschon es eindrücklich ist, wie gut ein Pferd mit praktisch vollständiger beidseitiger Masseteratrophie – bei erhaltener Temporalisbemuskelung – kauen kann, wird jede Affektion der Kaumuskulatur mehr oder weniger deutliche Kaubeschwerden zur Folge haben. Es seien deshalb einige weitere Zustände kurz beschrieben, die Erwähnung verdienen, obgleich ihnen das Charakteristikum der Selbstständigkeit abgeht.

Neurogene Inaktivitätsatrophie von Kaumuskeln, vor allem des Masseters, findet sich nach einer Beeinträchtigung des motorischen Trigeminus oder Schmerz im Kiefergelenk, z. B. nach Kiefer- und Zungenbeinfrakturen oder selten auch durch Überdehnungen bei unvernünftigem und sehr langem Aufsperren des Mauls mit einem Maulgatter und aufgrund von geriatrischem Gebiss. Die kausale Diagnose wird gestellt durch eine neurologische Untersuchung der Kopfnerven, Endoskopie der Luftsäcke und ggf. durch eine Röntgenaufnahme des Kopfes bzw. der Luftsäcke. Generell kann auch die Massetermuskulatur bei anderen Erkrankungen der Skelettmuskulatur wie z. B. bei Weidemyopathie (→7.5.2) oder der Weißmuskelerkrankung beim Fohlen (→7.3.1) betroffen sein, dies ist aber im Gesamtbild selten klinisch relevant. Von außen durch Hufschläge, seitlich Niederstürzen u. a. und von der Maulhöhle aus durch perforierende Verletzungen kann es zu Hämatombildung, Entzündung und Infektion kommen.

Ein **Trismus** (Kiefersperre) stellt sich als eines der Kardinalsymptome bei Starrkrampf unweigerlich ein (→16.7.2). Die tetanusbedingte Sperre (Abb. 6.4) lässt sich mit α_2-Agonisten (Xylazin) und Muskelrelaxantien (Diazepam) vermindern, was den Patienten in der Regel die Wasser- und Futteraufnahme und das Abschlucken wieder ermöglicht.

4.1.4 Erkrankungen von Kieferknochen und Kiefergelenken

Frakturen, die für die Futteraufnahme von Bedeutung sind, betreffen fast ausnahmslos das *Corpus mandibulare* des Unterkieferknochens. Die Behandlung richtet sich nach dem lokalen Befund (offene oder geschlossene Fraktur) und vor allem nach dem Resultat der Röntgenuntersuchung. Es ist erstaunlich, wie gut sich die Patienten mit Frakturen und auch mit den Werken der Osteosynthese (Fixateur externe und interne Plattenfixation) abfinden. Nach wenigen Tagen fressen die Tiere wieder mehr oder weniger normal. **Knochenfisteln** gehen meistens von Alveolarperiostitiden aus. Sie können gut lokalisiert bleiben oder verbunden sein mit einer ausgedehnten Osteomyelitis der Mandibula. Die präzise Untersuchung und gute Röntgenaufnahmen liefern die Grundlage für eine rationale Therapie. Bei **Osteodystrophia fibrosa** *(Osteitis fibrosa*, «Chrüschkrankheit») lockern sich die Backenzähne (Abb. 8.2). Es kann zum spontanen Zahnausfall kommen (→8.1.1). Das **Kiefergelenk** des Pferdes kann, manchmal als Folge von Zahnmalokklusionen, mit lokaler Dolenz und evtl. Schwellung erkranken. Die Kaubehinderung kann erheblich sein und mit der Zeit zu einer Masseter- vor allem Temporalisatrophie führen. Die **Diagnose** ist durch eine Ultraschall- und Röntgenuntersuchung (cave! medial lokalisierte Gelenksveränderungen sind schwierig darzustellen) oder besser durch eine CT- und Untersuchung des Gelenkspunktats zu präzisieren. Chronisch deformierende Arthritiden sind als prognostisch ungünstig zu beurteilen.

4.1.5 Erkrankungen des Zungenbeins

Unter den knöchernen Strukturen im Bereich des Schädels nimmt das Zungenbein eine spezielle Stellung ein. Krankheiten sind selten; am ehesten werden die idiopathische Osteopathie und Frakturen beobachtet. Eine Rarität stellen Osteosarkome dieses Knochens dar. Die Störung der Futteraufnahme ist in jedem Fall beträchtlich, die Prognose in manchen Fällen infaust. Mit sanftem Druck auf die distalen Zungenbeinäste zwischen den Mandibeln kann palpatorisch Schmerz ausgelöst werden. Radiologisch und auch endoskopisch (Luftsack) ist eine möglichst exakte Grundlage für die Beurteilung und eine eventuelle chirurgische Therapie zu schaffen. Eine ein- oder beidseitige (idiopathische) Osteopathie des Zungenbeins, möglicherweise als Folge einer Innenohrinfektion, ist in Nordamerika und in Europa, ohne Rasse-, Geschlechts- oder Altersprädisposition beschrieben. Diese Veränderungen äußern sich nicht nur mit Fress- und Schluckstörungen, vielmehr stehen die neurologischen Ausfälle im Vordergrund (z. B. Facialislähmung und Vestibulärsyndrom →6.3.3.2). Versucht werden sowohl medikamentelle (Antibiose, Entzündungshemmer inkl. Glukokortikoide) als auch chirurgische Behandlungen durch Resektion des betroffenen Zungenbeins. Die Prognose gilt nunmehr als vorsichtig bis gut. Bei Luftsackmykosen können die obersten Teile des Stylohyoids und das Temporohyoid betroffen sein (→3.2.2).

Ursachen der Dysphagie mit Sitz im Pharynx	
Missbildung:	Gaumenspalte, Hypoplasie oder Retroflexion der Epiglottis, Luftsacktympanie, Missbildung des 4. Kiemenbogens (4-BAD → 3.4.5)
osteo-myologisch:	Osteoarthropathie des Stylohyoids (→ 3.2.4), Ruptur des *M. rectus capitis,* Fraktur des *os petrosum*
physikalisch:	mechanisch (Fremdkörper im Pharynx, Gaumensegel, Subepiglottiszyste)
chemisch-toxisch:	Blei-Vergiftung (Tab. 14.3), Botulismus (→ 16.7.1), Tetanus (→ 16.7.2)
infektiös:	Luftsackmykose mit neurologischen Ausfällen (insb. Ramus pharyngeus des *N. vagus* → 3.2.2) Druse der retropharyngealen Lymphknoten (→ 16.6.1.1)
degenerativ:	Graskrankheit (→ 6.3.5)

4.1.6 Krankheiten der Speicheldrüsen

Auch hierzu ist zu sagen, dass selbstständige Erkrankungen der Speicheldrüsen beim Pferd eine Seltenheit darstellen. Entzündungen der Unterkiefer- und Unterzungendrüsen kommen mit einer beidseitigen, klinisch nicht deutlichen palpationsdolenten **Parotisschwellung** bei Pferden mit Weidegang sporadisch vor. Parotisschwellungen können auch durch hämodynamische Störungen, durch Stauung der *V. jugulares* (Thrombosierung, längeres Tiefhalten des Kopfes etc.), hervorgerufen werden. Das gruppenweise Auftreten und die bei uns gelungene Übertragung mit Speichel lassen, neben einer vermuteten hämodynamischen Genese, auch auf einen Infekt – ohne Blutbildveränderungen und mit nur mäßiger Beeinträchtigung des Allgemeinbefindens – schließen. Große, verhärtete Drüsen behindern manche Pferde; die

Tiere lassen sich ungern und nur mit Schwierigkeiten stark versammeln. Wahrscheinlich sind es auch Pflanzen wie Beifuß *(Artemisia)* und der kleine Sauerampfer *(Rumex acetosella)*, die zu einer Schwellung bei einigen Pferden auf der Weide führen können. Die Krankheit heilt spontan, wenn das Pferd von der Weide entfernt wird.

4.1.6.1 Entzündung der Maulspeicheldrüsen (Sialoadenitis)

Am ehesten ist die **akute Entzündung der Ohrspeicheldrüse (Parotitis)** des Pferdes auf eine Infektion mit Streptokokken (subparotideale Druse →16.6.1.1) zurückzuführen. Sie kann indessen auch auf dem Eindringen von Fremdkörpern in den Speichelgang beruhen (Getreidespelzen oder -grannen), dann aber auch auf traumatischen Einwirkungen (stumpfen Traumen bei Stürzen, perforierenden Verletzungen).

Symptome: In erster Linie ist eine mehr oder weniger umschriebene Schwellung der Parotis zu sehen und zu palpieren. Die Kopfhaltung ist im Allgemeinen gestreckt, und die Pferde kauen vorsichtig. Der Speichelfluss muss nicht vermehrt sein. Bei erheblichen Schwellungen können Atemstenosegeräusche auftreten. Wenn die Parotitis eine Druse (Abszedierung der subparotidealen Lymphknoten) begleitet, kann sie eitrig werden und abszedieren. Der Abszessabfluss geschieht nach außen aber auch über den Ausführungsgang in die Maulhöhle. Es besteht eine ausgeprägte Tendenz zur Spontanheilung. Nach Abszedierung der Parotis bleibt nur selten eine Speichelfistel zurück. Die Parotisschwellung sollte von einer Luftsackschwellung und auch einer Schwellung der retropharyngealen Lymphknoten im Allgemeinen durch die Palpation sicher abzugrenzen sein. Eine Endoskopie von Rachen und Luftsäcken und Röntgenaufnahmen sollten allerdings in Zweifelsfällen für die Sicherung der **Diagnose** herangezogen werden. **Therapie:** Bei Parotitiden ist Wärme (Halstuch; Kataplasmen; hyperämisierende Salben), ggf. zusätzlich Antibiose (→16.24), bei Abszedierung die chirurgische Intervention angezeigt. Selbstständige Entzündungen der Unterkiefer- oder der Unterzungendrüsen **(Sialoadenitis mandibularis; Sialoadenitis sublingualis)** sind beim Pferd sehr seltene Krankheiten. Verdächtig sind fluktuierende, mehr oder weniger dolente Schwellungen im Kehlgang oder auf dem Maulhöhlenboden (entzündliche Ranula); aus den Austrittsöffnungen entleert sich gelegentlich Eiter. Eine nähere Untersuchung unter Sedation oder Narkose und ggf. mittels Röntgen oder Ultraschall kann notwendig werden, z. B. um eine Sialolithiasis auszuschließen.

4.1.6.2 Speichelsteinbildung (Sialolithiasis)

Von einer Speichelsteinbildung betroffen wird am ehesten der Ausführungsgang der Parotis. Die Steine sind (nicht immer!) in der Gegend des Gefäßausschnitts am Unterkiefer oder auch in der Maulhöhle unter der *Papilla salivalis* zu spüren. Es kann versucht werden, mit einer Kontraströntgen- oder Ultraschalluntersuchung die **Diagnose** zu sichern. Der gestaute Parotisgang kann am Gefäßausschnitt oder an der Backe als fluktuierender Gang palpiert werden. Verschlüsse nahe der Mündung führen zur Bildung einer prallen

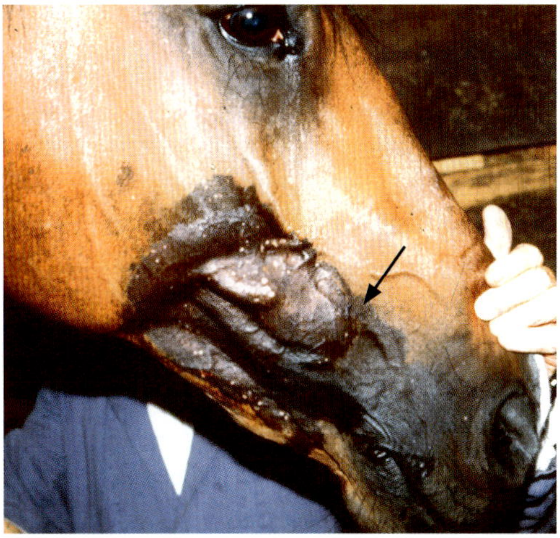

Abb. 4.3: Dilatation des Speichelganges: Die Stauung wurde durch Speichelstein (Sialolith) hervorgerufen (Pfeil).

Retensionszyste **(Ranula)** auf dem Maulhöhlenboden. Kongenitale Atresien von Ausführungsgängen mit Zystenbildung werden beim Fohlen beschrieben. Die **Therapie** muss auf operativem Weg vorgenommen werden.

Verletzungen der Speicheldrüsen, vor allem des Parotisgangs, können zu **Speichelfisteln** Anlass geben, wobei sich Speichel in erstaunlicher Menge nach außen ergießen kann. Die chirurgische Sanierung derartiger Fisteln, die medikamentelle Verödung (Jod, Formalin) werden oft nicht von Erfolg begleitet; besser soll die Radiotherapie und die in der Humanmedizin praktizierte wiederholte Instillation von 60 Grad heißer, 3%-hypertoner Kochsalzlösung wirken, die zur Verödung der betroffenen Drüse führt.

4.1.7 Erkrankungen des Ösophagus

4.1.7.1 Schlundverstopfung, Obturationsstenose

Der Ösophagus des Pferdes wird relativ leicht und häufig akut durch Futtermittel verstopft. Die Verstopfung tritt vor allem auf bei hastigem Fressen und ungenügend Kauen bei alten Pferden mit senilem Gebiß von trockenem, pulvrigem, mehligem Futter, z. B. Würfelfütterung, seltener durch abgeschlucktes Obst, Maissilage, Maiswürfel oder Rübenschnitzel.

Symptome: Typisch ist ein plötzlich auftretendes, schweres Regurgitieren von schleimig-schaumigem Nasenausfluss, vermischt mit Futterpartikeln. Dazu würgen die Pferde krampfhaft (Ösophagismus →4.1.7.3). Sie manifestieren Angst und können eine Unruhe zeigen wie bei Kolik. Meistens ist der Speichelfluss vermehrt, der Kopf wird krampfhaft gestreckt nach vorne unten gehalten, dabei versucht das Tier zu schlucken und hustet bei Aspiration. Es können auch Futterbissen aus dem Maul herausfallen. Die NSS stößt auf Widerstand und sollte nicht eingeführt werden, bevor ein gut wirkendes Spasmolytikum verabreicht worden ist. Die wichtigste Komplikation der Krankheit ist eine Aspirationspneumonie (→3.6.6.2), viel seltener sind zum Glück perforierende Traumen.

Die **Diagnose** einer akuten Obturation ist leicht zu stellen. Auszuschließen ist in erster Linie eine akute Pharyngitis (→3.3.1) und auch andere, die Passage von Futter behindernde Veränderungen. Das oben beschriebene Bild ist typisch. Die Obturation ist nur sicht- und palpierbar, wenn sie im Halsteil liegt. Oft ist sie indessen über der Herzbasis lokalisiert (ungeeignete Futterwürfel) oder auch knapp vor der Kardia. In Einzelfällen wird ein Verdacht endoskopisch oder bei rezidivierenden Fällen auch kontrastradiologisch zu sichern sein. Bei der Röntgenuntersuchung wird durch Eingabe von Barium-Sulfat (ca. 400 ml/Pferd) per NSS und der sofort nachfolgenden Luft-Insufflation ein Doppelkontrast erzeugt. Die **Prognose** der Zustände richtet sich nach dem Sitz der Ursache und nach ihrem Grad.

Therapie: Man sollte möglichst rasch behandeln, und zwar in erster Linie z. B. mit Metamizol-Natrium (Novaminsulfon; Novalgin® bzw. Vetalgin®), wenn nötig mehrfach im Abstand von 20 Minuten wiederholt. Die Substanz wirkt stark analgetisch und wahrscheinlich über die Analgesie indirekt spasmolytisch. Die Spülung mit der NSS kann je nach Größe des feststeckenden Futterklumpens und je nach seiner Zusammensetzung lange dauern und birgt die Gefahr einer Aspiration von Wasser und Futterbestandteilen. Das Pferd ist deswegen meist mit einem Sedativum zu beruhigen. (cave! Blutdruckabfall! Keine Promazinderivate; nur α2-Agonisten und Analgetika) bis der Kopf dauernd tief gehalten wird, und damit die Gefahr einer Aspiration stark verringert wird. Parasympathikotonika sind kontraindiziert. Hingegen soll 10 IU/500 kg KG Oxytoxin am Ösophagus spasmolytisch auf die glatte Muskulatur des Schlundes wirken und kann zusätzlich verwendet werden.

Im Halsteil liegende Obturationen können eventuell durch Massage gelöst werden. Wenn das nicht gelingt oder wenn die Obturation im Brustteil liegt, so sind ein oder zwei Sonden (eventuell mit aufblasbarer Manschette) einzuführen. Damit wird versucht, den Futterbissen mit einer Syphonage aufzulösen und abzuhebern. Feste Körper können manchmal, nach der Verabreichung von Novaminsulfon mit einer NSS, sehr vorsichtig in den Magen gestoßen werden. Wenn dies nicht möglich ist, wird man nicht lange zögern, die Obturation unter Intubationsnarkose und Muskelrelaxation anzugehen. Diese Methode verspricht die schonendste Art der Therapie. Überdies verhindert die Intubation eine Aspiration von Futter und Speichel in die Lunge. Es kann dann mit angepasstem Druck gespült oder als ultima ratio operiert werden. Ist die Schlundverstopfung unkompliziert, nur von kurzer Dauer und ohne Aspiration verlaufen, ist den Tieren nach dem Lösen der Obturation initial unter Aufsicht Wasser anzubieten, und erst am nächsten Tag weiches Futter (Mash), eventuell Gras. Hat der Zustand länger angedauert, ist auf den Hydrierungs- und eventuell den Säure-Basen-Status (Chlorid-Verlust im Speichel, dadurch initiale Alkalose, später metabolische Azidose) zu achten und Defizite adäquat zu korrigieren (→12.2). Bei jeder Schlundverstopfung ist mit Aspiration zu rechnen. Die Lunge und die Luftröhre werden sorgfältig auskultiert. Gegebenenfalls kann man die Trachea endoskopieren, die aspirierten Futtermengen, die man dabei beobachten kann, sind oft erstaunlich groß und führen trotzdem in den meisten Fällen – dank der erstaunlichen Kapazitäten der mukoziliären Clearance – zu keiner klinisch relevanten Pneumonie. Eine Breitspektrum-Antibiose ist in allen Fällen mit vermuteter oder bestätigter Aspiration und Fieber oder deutlich vermindertem Allgemeinbefinden, angezeigt (→16.24).

Ursachen von rezidivierenden Verstopfungen des Ösophagus

- Zahnprobleme (ungenügend zerkautes Futter, besonders bei alten Tieren)
- hastiges Fressen (ungenügend zerkautes Futter, besonders bei Futterneid in Gruppenhaltung)
- verminderte Ösophagusfunktion (selten) ohne ersichtliche mechanische Stenose (ältere Tiere)
- Passagebehinderungen durch Strikturen, Tumoren u. a. (selten)
- Megaösophagus (sehr selten), sekundäre Ektasien und Divertikel

4.1.7.2 Traumen des Ösophagus

Verletzungen des Schlunds entstehen durch Fremdkörper (z. B. Nägel, Drähte, auch harte Futtermittel wie Rübenschnitzel, die meistens bei Schlundverstopfungen längere Zeit an derselben Stelle festsitzen können) oder auch iatrogen durch den groben Gebrauch der NSS anlässlich einer Schlundverstopfung.

Oberflächliche Schleimhautläsionen heilen gut und spontan, nachdem das Pferd zuerst gar nicht gefüttert oder dann langsam zuerst nur breiiges Mash und kein Raufutter vorgesetzt bekommt. Tiefer gehende, insb. perforierende Verwundungen pflegen im Halsbereich zu phlegmonösen Schwellungen zu führen. Die Pferde sind inappetent, aufgenommenes Futter wird manchmal regurgitiert. Im thorakalen Teil des Ösophagus liegende Perforationen führen zu einer jauchigen Mediastinitis mit schweren Allgemeinstörungen. Bei derartigen Patienten kann es nur darum gehen, möglichst rasch eine sichere Diagnose zu stellen und dem Leiden ein Ende zu machen. Das Ausmaß der Läsionen kann endoskopisch und radiologisch (Kontrastdarstellung) einigermaßen abgeschätzt werden, was besonders im thorakalen Teil des Ösophagus sehr wichtig ist. Von außen perforierende Verletzungen im Halsteil kommen sehr selten vor. Sie bieten keine diagnostischen Schwierigkeiten. Von Fall zu Fall ist zu entscheiden, ob konservativ oder chirurgisch behandelt werden muss. Die Operation ist im Halsteil des Schlunds im Allgemeinen indiziert, im thorakalen Ösophagusabschnitt aber unmöglich. Maden von Gasterophilen und Hypoderma können bei massivem Befall offenbar auch zu Bildung von **Ösophagusulzerationen** führen. Verdacht wäre ggf. endoskopisch zu sichern. Die Therapie (makrozyklische Laktone) richtet sich nach der Ursache und dem Ausmaß der Läsion. Aus den beschriebenen Verletzungen der Ösophaguswand können sich **Ösophagusfisteln** entwickeln, die auf der linken Halsseite daran zu erkennen sind, dass sich Wasser und Futter kurz nach der Aufnahme durch den Fistelkanal entleeren. Die Sanierung der Fistel erfordert meistens wiederholte Operationen.

4.1.7.3 Ösophagismus

Ein Ösophagismus (oder Ösophagospasmus) wird als Krampf des Ösophagusmuskulatur verstanden, der zu einer funktionellen vorübergehenden Stenose führt. Am häufigsten tritt ein reflektorischer Krampf indessen bei Verstopfung des Schlundes und beim Setzen der NSS ein. Die **Symptome** (Schluckversuche mit krampfhaftem Kopfstrecken; bei Versuchen, Wasser aufzunehmen, auch Regurgitieren) entsprechen denen einer Schlundverstopfung. Meistens dauert der Spasmus aber nur wenige Sekunden bis Minuten und klingt spontan ab und bleibt ohne Folgen. **Diagnose:** Die Symptome sind recht typisch. Dabei ist nach der Gabe eines Spasmolytikums ein ungehindertes Einführen der NSS möglich, was den Ösophagismus von einer Ösophagusverstopfung unterscheidet. Als **Therapie** kommen Spasmolytika, Analgetika (Novaminosulfon) und auch Sedativa (Xylazin und andere mit α2-Agonisten) infrage.

4.1.7.4 Ösophagitis

Eine selbstständige Entzündung des Ösophagus wird eher selten beobachtet. Die Ausdehnung und der Schweregrad der Schleimhautläsionen im Ösophagus und eventuell auch im Magen sind endoskopisch abzuklären (→4.2.5.2).

Ätiologisch handelt es sich meistens um Verätzungen, um Fremdkörperverletzungen, Gasterophiluslarven, eventuell entsteht die Entzündung auch nach dem Regurgitieren von Magen-Darm-Inhalt (bei «Reflux-Ösophagitis» z. B. etwa bei Pferden mit rezidivierenden Magenüberladung und -entleerungsstörungen bei Pylorusstenosen). Man findet endoskopisch Rötung, Schwellung, eventuell auch Ulzeration oder diphtheroide Beläge. Die Pferde zeigen wenig spezifische Symptome; Schlingbeschwerden mit Fress- und Würgbewegungen werden beobachtet, und auch Druckschmerz von außen. Bei akuter Ösophagitis lässt man die Pferde am besten hungern und ernährt sie parenteral, soweit das nötig ist, oder man verabreicht weiches Futter. Wenn als Ursache ein Regurgitieren von Magensäure vermutete wird, ist eine Behandlung über 2 Wochen mit Omeprazol (2–4 mg/kg KG p. o. SID) angezeigt. Wenn die Ursache des Magensaftreflux ein Magentumor ist, ist die Prognose infaust.

4.1.7.5 Ösophaguslähmung

Paralysen und Paresen des Schlundes stellen sich bei Erkrankungen des Hirnstamms (z. B. Borna'scher Krankheit →15.2.13), Tollwut →15.2.10.2) und bei Grass Sickness ein (→6.3.5). Die Symptome der Schlundparalyse gleichen denen der Ösophagusdilatation, wobei das Unvermögen, überhaupt abzuschlingen, dazukommt. Durch die Kombination mit einer Pharynxparese ist das Abschlucken meistens unmöglich. Die Pferde speicheln und würgen, regurgitieren oder lassen Futter, das sie nicht abschlucken können, wieder aus dem Maul fallen. Man kann derartige Zustände bis zu ihrer eventuellen Spontanheilung überbrücken, indem man die Pferde über die Schlundsonde oder parenteral ernährt. Selbstverständlich ist adäquate Hydrierung dieser Patienten (Cl-Verlust im Speichel, dadurch initiale Alkalose, später metabolische Azidose) und die Behandlung einer sich fast unweigerlich einstellenden Aspirationspneumonie durch die Gabe von Breitspektrumantibiotika äußerst wichtig (→12.2 resp. 16.24).

4.1.7.6 Ösophagusstenose, -striktur, -dilatation, -divertikel und kongenitale Missbildungen des Ösophagus

Stenosen im Ösophagus werden verursacht durch raumfordende Prozesse wie z. B. Blastome, Abszesse, auch infektiöse Granulome mediastinaler Lymphknoten, durch Struma (→10.2.3), in einem Fall durch ein Thymom. Die Symptome derartiger Passageverengungen entspricht denen der oben beschriebenen Obturation, wobei die Zeichen meistens bei der Futteraufnahme zu beobachten sind. Die Diagnostik bedarf der Sicherung durch Röntgen-, eventuell Ultraschalluntersuchungen und durch die Endoskopie. **Narbenstrikturen** des Ösophagus entstehen nach der Entzündung tieferer Schleimhautschichten (am ehesten durch Fremdkörperverletzungen oder iatrogen durch Sonden). Seltener sind sie Folgen äußerer Traumen (Operationen, stumpfe Gewalteinwirkungen). Die Symptome entwickeln sich meistens progredient, relativ langsam. Ösophagusstrikturen können sich am stehenden Pferd durch Ballondilatation oder auch «Bougieren» genannt, beheben lassen. Bei mechanischen Passagebehinderungen wie Divertikel muss sich die **Therapie** im Allgemeinen chirurgisch gestalten. **Ösophagusdilatationen** und **-divertikel** können sich proximal einer Stenose entwickeln. Eine Ösophagusdilatation ohne distale Passageverengung kann manchmal bei älteren Pferden beobachtet werden. Insbesondere kann es vor der Kardia selten zu einer Dilatation kommen, wenn die Kardiamuskulatur habituell spastisch kontrahiert (beim Menschen Achalasie). Selten scheinen derartige Krankheiten durch Elastizitätsverminderung im Alter (idiopathisch) oder nach Vaguserkrankungen aufzutreten. Bei neugeborenen Fohlen kann eine Ösophagusdilatation kongenital vor-handen sein, zum Beispiel nach der Einschnürung des Ösophagus durch eine Missbildung über dem Herzen. Die Symptome sind wiederum ähnlich wie bei der Obturation, das Kardinalsymptom beim Fohlen ist das Regurgitieren von Milch. Dabei ist, jedenfalls wenn die Dilatation bis in den Halsbereich reicht, ein periodisches Anschwellen des Ösophagus sehr deutlich zu sehen. Die NSS pflegt bei Ösophagusdilationen nicht auf Widerstand zu stoßen, während sie bei Stenosen und Obturationen nicht oder nur erschwert in den Magen vorgeschoben werden kann. **Ösophagusdivertikel** sind Ausstülpungen der Speiseröhre, die beim Pferd sehr selten sind und sich in unterschiedlicher Höhe derselben befinden können. Die Symptome können ähnlich wie bei der Obturation verlaufen. Die Röntgenuntersuchung mit Kontrastmittel und die Endoskopie sind für die **Diagnose** unerlässlich.

Beschrieben sind weitere kongenitale Missbildungen wie der **Megaösophagus** insbesondere bei Friesenpferden und die Duplikation des Ösophaguslumens. Relativ häufig findet man bei älteren Pferden eine **idiopathische Verdickung der Ösophaguswand** (Hyperplasie der Muskularis) meistens im distalen Ende des Ösophagus. Diese Wandverdickung und -versteifung verläuft meist ohne klinische Symptome und wird oft nur post mortem als Zufallsbefund erkannt. In den von uns beobachteten Fällen war eine solche Hyperplasie nicht mit den beim älteren Pferd häufigeren rezidivierenden Schlundverstopfungen vergesellschaftet. In seltenen Fällen mag sie aber, spontan oder verursacht durch das Schieben der Nasen-Schlund-Sonde, zur Bildung einer traumatischen intrathorakalen Perforation mit fatalen Folgen beitragen.

4.2 Intraabdominale Teile des Verdauungsapparates

4.2.1 Kolik: Definition und Grundsätzliches

Der Ausdruck «**Kolik**» ist keine Diagnose. Bereits im 1. J. n. Chr. beschreibt der römische Schriftsteller Columella in seiner «*de medicina veterinaria*» Kolik als Schmerz der Baucheingeweide. Die Schmerzäußerung bei «Bauchweh» ist individuell sehr unterschiedlich. Im weiteren Sinn kann als Kolik ein Komplex von ähnlichen oder gleichen Verhaltens- und Krankheitserscheinungen bezeichnet werden, deren Ursachen nicht offensichtlich sind und nicht nur durch Erkrankungen des Magen-Darm-Traktes hervorgerufen werden.

Die Quelle des Schmerzes ist in der Regel im Abdomen zu suchen, im Magen-Darm-Trakt beziehungsweise in seinem Aufhängeapparat, dem Mesenterium, und im Peritonaeum zu lokalisieren. Im Gegensatz zum parietalen Peritonaeum haben die Viszera keine schmerzanzeigenden, schnellleitenden A-delta-Nervenfasern (heller lokalisierbarer Schmerz), sondern nur langsam leitende C-Fasern, bei deren Schmerzübermittlung die Schmerzquelle schlecht lokalisierbar ist. **C-Fasern** werden durch **Entzündung, Ischämie, Dehnung, Zug** oder auch durch **starke Kontraktionen** von Darmteilen aktiviert, was zu dem sogenannten **Viszeralschmerz** führt.

Koliksymptome: Beispiele für nicht primär gastrointestinale Ursachen

intraabdominal	
Genitalapparat	Torsio uteri, Blutung ins *Lig. latum*, Skrotalhernie (Ischämieschmerz)
Harnapparat	Urolithiasis (→ 5.6), Tumoren u. a.
Leber	Cholelithiasis (→ 4.3.2.1), Zirrhose (→4.3.2.3) u. a.
Milz	idiopathische Splenomegalie
Lymphapparat	Abszess und Sarkom z. B. durch Zug am Gekröse
Zwerchfell	Rupturschmerz
Peritonaeum	Entzündung, Hämabdomen
extraabdominal	
Genitalapparat	Hodentorsion u. a.
Haut	Juckreiz (z. B. Unruhe, Stampfen und Schweifschlagen bei Ektoparasitenbefall → 1.1.1)
Neuromuskuläre	EMND (→ 6.3.4.4), Kreuzschlag (→ 7.1.1.1), Botulismus (→16.7.1)
Metabolische	Hypokalzämie (→9.1.1.1)
Orthopädische	Hufrehe (Schmerzsymptomatik z. T. Festliegen)

Meist ist für einen intraabdominalen viszeralen Schmerz eine der unten beschriebenen Ileusformen verantwortlich, manchmal eine beginnende Colitis oder auch Magenulzera. Viel seltener sind intraabdominale «falsche» Koliken bei unseren Pferden auf Nieren- oder Blasensteine (Urolithiasis), ausnahmsweise auf Gallensteine und Splenomegalie zurückzuführen. Häufiger sind dann wieder Koliken bei Stuten durch Uterustorsionen im letzten Drittel der Trächtigkeit. Weiter können auch ganz verschiedene extraabdominale Krankheiten, wie zum Beispiel eine Hodentorsion, Pleuritis, ein Kreuzverschlag, die atypische Weidemyopathie, ja sogar eine akute Hufrehe (besonders wenn alle Beine betroffen sind), akute EMND (Equine Motor Neuron Disease), Botulismus, oder auch ein massiver Befall mit Ektoparasiten (z. B. Lausfliege), kolikähnliche Symptome wie Unruhe, Schwitzen, Muskelzittern etc. verursachen. Ohne pathologische Ursache können die Geburtswehen sowie auch ein Wasser- und Futterentzug (Durst und Hunger) oder auch die Verhinderung von Harn- und Mistabsatz durch äußere Umstände (z. B. langer Transport), zu Unbehagen und sogar Kolikschmerzen führen.

Die klinische Manifestation von Bauchschmerzen gestaltet sich vielfältig, individuell sehr unterschiedlich, aber doch meist sehr typisch und in ernsthaften Fällen dramatisch. Bei meist vermindertem oder fehlendem Mistabsatz (viel seltener ist eine Kolik mit Durchfällen verbunden) äußert das Pferd Unruhe, es scharrt, legt sich hin, wälzt sich, springt auf und wirft sich bei sehr schmerzhaften Zuständen rücksichtslos wieder hin. Die Dramatik der Symptome hängt wohl in erster Linie von der Ursache der Bauchschmerzen ab, doch ist auch der Tatsache Bedeutung zu schenken, dass große individuelle oder rassebedingte Unterschiede in der Empfindlichkeit bestehen. Auf die gleiche Kolikursache wird ein Englisches Vollblut in der Regel viel heftiger reagieren als ein Kaltblutpferd oder gar ein Esel. Auch sind Fohlen schmerzempfindlicher als erwachsene Pferde. Weiter ist die Kolik oft nicht von gleichbleibender oder stetig zunehmender Heftigkeit, sondern intermittierend mit Perioden von Apathie und Depression, in denen das Pferd «zu» ruhig dasteht. Solche, besonders für den Besitzer trügerisch-ruhigen Phasen, können nach heftiger Kolik, wenn ischämische Darmteile nekrotisieren und sich eine systemische Endotoxämie einstellt, aber auch bei Graskrankheit und Duodeno-jejunitis (nachdem der Magen dekomprimiert wurde), Rupturen gespannter Viszera, Typhlocolitis und Peritonitis auftreten.

Das heißt, dass die Heftigkeit der Schmerzäußerungen kein genügendes Maß zur prognostischen Abschätzung einer Kolik abzugeben vermag. Die Art der Kolik vermag auch nur selten einen Hinweis auf die Ursache geben: Hundesitz bei Magenüberladung; regelmäßige Kolik während und nach dem Fressen bei Magenulzera; Fohlen in Rückenlage bei Magenulzera; Streckstellung (Entlastung) bei Obstipation, Dünndarminvagination, evtl. Sandkoliken; Intermittierende Kolik mit Absatz von wässerigem Mist bei Blinddarmobstipation, Polakisurie mit Streckstellung bei Obstipation der Beckenflexur etc. All diese Kolikformen sind keineswegs zuverlässige, geschweige denn eindeutige Hinweise auf eine Ursache.

Die diagnostische und prognostische Abschätzung beruht vielmehr auf einer gründlichen Erhebung der Anamnese und Untersuchung des Verdauungsapparates, insbesondere der Rektalbefunde und bei Verdacht einer Darminfarzierung oder einer Peritonitis eines Bauchpunktates inkl. Laktatbestimmung, sowie, wenn angezeigt, eines Blutbildes und Blutlaktatbestimmung vor allem zur sorgfältigen Beurteilung der zirkulatorischen Beeinträchtigung des Patienten. Jeder Kolikpatient ist ein potenzieller Schockpatient. Schwerste lebensgefährliche Koliken enden in der Regel im irreversiblen Schock.

Es ist wesentlich, dass der Untersucher in kurzer Zeit eine möglichst exakte Diagnose stellt. Ist es nicht möglich, zu einer gut begründeten Diagnose zu gelangen, so ist zu entscheiden, und zwar rasch, ob eine (Probe-)Laparotomie durchzuführen ist. Dem Pferdepraktiker im Feld kommt demnach die entscheidende Rolle für die Triage zu. Er hat einen gefährdeten Patienten möglichst schnell und schonend zur weiteren Abklärung und eventuellen Operation einer entsprechend eingerichteten Klinik zu überweisen. Um dieser Rolle gerecht zu werden, muss er die Bedeutung des Ausdrucks «Ileus» und dessen Formen genau kennen.

4.2.2 Ileus

Definition: «Ileus» bedeutet Unterbrechung der Darmpassage. Ein Ileus kann den Darm total **(Ileus)** oder nur partiell «verschließen» **(Subileus)**. Dabei ist «verschließen» nicht nur mechanisch, sondern auch funktionell-dynamisch zu verstehen.

Zu unterscheiden ist also der **mechanische Ileus** vom **dynamischen Ileus.** Beide mit ihren Unterformen sind in der folgenden Tabelle zusammengefasst (Tab. 4.1). Dem mechanischen Ileus sind z. B. Okklusions- und Strangulationsileus zugeordnet. Der **Okklusionsileus (Obstipation, Obturation, Obstruktion)** ist charakterisiert durch eine Darmverlegung, ohne wesentliche Beeinträchtigung von Wandgefäßen. Hingegen ist ein **Strangulationsileus charakterisiert** durch eine Verhinderung der Passage, die mit Durchblutungsstörungen der Mesenterial- und Darmwandgefäße einhergeht.

Tabelle 4.1: Ileusformen

	Bezeichnung	Beispiele	Ursache der Passagestörung
mechanischer Ileus	**Okklusionsileus**	Obstipation Obturation Obstruktion	Verstopfung mit Ingesta Verlegung des Lumens (z. B. Darmsteine) Einengung (Striktur, intramurales Hämatom, Kompression) von außen
	Strangulationsileus	Invagination Inkarzeration Torsion (auch Volvulus genannt) Flexion Volvulus Strangulation	Einstülpung Einklemmung Verdrehung Abbiegung, auch Abknickung Verschlingung, Verknotung Abschnürung
dynamisch-funktioneller Ileus	**paralytischer Ileus**		Lähmung der Darmmotilität führt zum funktionellen Ileus (z. B. postoperativer paralytischer Ileus)
	spastischer Ileus		Ileus durch Darmmuskelkrämpfe (oft vermutet, aber kaum nachweisbar)

Es leuchtet ein, dass unter den Formen des **mechanischen Ileus** diejenigen der Okklusion in aller Regel weniger dramatisch verlaufen als jene des Strangulationsileus, der immer mit einer mehr oder weniger schweren Beeinträchtigung der Gefäßversorgung einhergeht.

4.2.2.1 Mechanischer Ileus

Obstipation wird zur Charakterisierung einer Verstopfung oder einer Anschoppung mit Ingesta verwendet.

Obstipationen sind beim Pferd, jedenfalls in unserem Einzugsgebiet, die häufigste Ursache für Kolikerkrankungen. Sie beruhen meistens auf Diätfehlern, auch auf plötzlicher Ruhigstellung sonst regelmäßig arbeitender Pferde, sowie mangelnde Wasseraufnahme (v. a. im Winter) oder Dehydrierung (v. a. im Sommer oder bei schwerer Arbeit).

Obstipationen werden auch begünstigt durch rohfaserreiches Futter, das mangelhaft zerkleinert und verdaut wird: Strohfressen, verholzter Klee, verholztes Heu, Gebissfehler oder einfach vernachlässigte oder fehlerhafte Zahnbehandlungen. Die Obstipationen, die zum Beispiel häufig in der Beckenflexur des großen Kolons auftreten, werden weiter unten einzeln nach Darmabschnitt beschrieben (Box 4.2.2.1). Darmobturationen mit Verlegung durch Grasballen, Steine, Askaridenknäuel, Futterkonglobate und dergleichen kommen eher selten vor. Bei einseitiger Kleiefütterung können sich Darmsteine bilden, bei Weidegang auf sandigem Boden kommt es zur Darmversandung und manchmal zur Bildung sandiger Konkremente. Auch die Bildung von Phytobezoaren ist möglich (Grasballen bei Klee- und Luzernefütterung). Häufig ist aber keine klare Ursache eruierbar. Die Verlegung des Darmes ist meist eine partielle (Subileus). Die Symptome entsprechen dem Grad der Verlegung: Bei völliger Stenosierung (rasche Bildung eines Meteorismus) stellt sich schnell eine recht heftige Kolik mit anfangs wenig gesteigerter Pulsfrequenz ein. Die Darmentleerung sistiert, die Peristaltik wird unterdrückt.

Prädilektionsstellen für Obstipationen

- Ileum
- Blinddarmkopf
- Colon ascendens
- Beckenflexur und magenähnliche Erweiterung
- Colon descendens (Bezoare, Meconium)

Die Ausdrücke **Okklusion, Obturation** und **Obstruktion** und werden nicht einheitlich verwendet. Sie lassen sich untereinander austauschen, und sie bezeichnen den Charakter einer Verlegung nicht klar. Wir verwenden **Obturation** für Verlegungen durch irgendwelche Gebilde wie Darmsteine, Bezoare, Askaridenknäuel, Fremdkörper usw., die sich am ehesten am Übergang von der magenähnlichen Erweiterung ins kleine Colon finden. Askaridenknäuel obturieren gelegentlich das Jejunum von Fohlen und junger Pferde. Unter **Obstruktion** lässt sich irgendeine Verengung durch Darmwandveränderungen (Narbenstrikturen) oder Druck von außen (Tumoren, Abszesse) mit Passagebehinderung verstehen. Verengungen führen vorerst zum Subileus, selten und erst in einem späteren Verlauf zum Ileus. Kranial vom Engnis (prästenotisch) bildet sich eine Darmausweitung in Form einer Ektasie oder eines Divertikels.

Okklusion wird im Zusammenhang mit Koliken selten gebraucht.

Verlagerungen und Torsionen des Dickdarmes

- **Colon ascendens**
  - Retroflexion (Abknickung der linken Längslagen)
  - Rechtsverlagerung
  - Verlagerung in den Milz-Nieren-Raum
  - Torsion (Volvulus) partiell oder total
- **Caecum**
  - Abknickung
  - Torsion

Eine **Invagination** (auch Intussuszeption) ist eine Einstülpung des Darms in sich selbst oder in ein anderes Darmstück. Das Phänomen ist nicht häufig zu sehen, am ehesten am Jejunum in sich selbst (Fohlen!) oder in einen anderen Darmabschnitt: Jejunum-Ileum, Ileum-Caecum, möglicherweise begünstigt durch einen Befall mit Bandwürmern an der Ileo-Zäkal-Klappe und Caecum-Colon. Sehr selten sind reine Colon- oder Caecuminvaginationen. Invaginationen pflegen einen am Anfang nicht besonders dramatischen, manchmal über Stunden oder sogar Tage intermittierenden Verlauf zu nehmen. Im Gegensatz zu einer vom Verlauf her manchmal ähnlichen Obstruktionsläsion sind Invaginationen immer nur chirurgisch therapierbar. Darum kommt, wenn die gründliche Rektaluntersuchung unergiebig oder wegen der Größe des Patienten nicht möglich ist, der ultrasonografischen Untersuchung hier besondere Bedeutung zu.

Inkarzerationen sind Einklemmungen von Darmteilen, meistens des Jejunums, in normalen oder akzidentell entstandenen Öffnungen im Netz oder Mesenterium, im Leistenring bei Hengsten, im Zwerchfell; über dem Nieren-Milz-Band betrifft die Inkarzeration fast immer links gelegene Colonlängslagen und nur in seltenen Ausnahmen andere Darmteile.

Unter **Torsion** oder besser **Volvulus** verstehen wir Drehungen des Darms oder eines Darmanteils um seine mesenteriale Achse. Mit **Volvulus nodosus** benennt man die klassische Dünndarmverschlingung, mit Knotenbildung.

Als **Flexionen** (**Retro- und Lateroflexion**) bezeichnet man eine Abknickung, ein Umschlagen von Darmteilen um eine Linie in der Querachse. Die Form der «Flexion», ein nach kranial-Umschlagen (Retroflexion) der linken Colonlagen um eine mehr oder weniger weit vorne gelegene, quere Drehachse kommt häufig vor und ist wegen der eher seltenen Spontanreposition gefürchtet. Die Beckenflexur kommt dabei in Zwerchfellsnähe zu liegen.

Verlagerungen der linken Colonlagen nach rechts (Rechtsverlagerung, Lateroflexion) und die Verlagerung in den Nieren-Milz-Raum (Hernia spatii renolienalis) sind die häufigsten Verlagerungen des großen Colons.

Ein **Ileus** und auch der **Subileus** können neben Kolik auch weitere Folgen und mögliche **Komplikationen** haben. Neben **Reflux** in den Magen ist eine häufige, meist sehr schmerzhafte Folge eines Ileus der sekundäre **Meteorismus** (Blähung), der allerdings auch ohne Ileus (primärer Meteorismus) auftreten kann. Bei jedem Ileuspatienten vergegenwärtige man sich auch, dass ein Ileus mit Beeinträchtigung der **Zirkulation** in kürzerer oder längerer Zeit zum hämodynamischen **Schock** führt (Blutversackung ins Splanchnikusgebiet; Effekt einer Hypovolämie →12.1.1). Jede Stilllegung der Darmtätigkeit beschwört außerdem die Gefahr einer **Toxämie** herauf (Enterotoxämie (→16.1), die zum Toxinschock oder einer toxininduzierten Hufrehe führen kann (→12.1.2 & 4.2.4.4).

Eigentliche **Strangulationen** sind Abschnürungen von außen, hervorgerufen von gestielten Lipomen, fibrotischen Adhäsionsbändern (Bridenileus) und dergleichen.

Den Ausschlag dafür, wie gefährlich eine Läsion am Darm ist, gibt insbesondere meistens der Grad der Blutflussstörung respektive, wie stark die arteriellen und venösen Gefäße direkt und in ihrem Fluss beeinträchtigt sind.

Kolikursachen und deren Beeinträchtigung der Blutzirkulation in der Darmwand

- **Meist keine bis mäßige Beeinträchtigung**
  - Obstipationen
  - Dickdarmverlagerungen und -abknickungen; Kolontorsion < 180°
  - Striktur oder Kompression von außen
  - Paralytische und spastische Ileusformen
  - primärer Meteorismus
- **Meist deutliche bis hochgradige Beeinträchtigung**
  Grade der Beeinträchtigung sind zeitabhängig
  - Kolontorsion > 270°
  - Dünndarmvolvulus
  - Inkarzerationen, Strangulationen
  - Invaginationen (deutlich langsamere Progression als bei Torsio/Volvulus)
  - Thrombo-Embolie des Darmes

4.2.2.2 Funktioneller (auch dynamischer) Ileus

Der generalisierte **paralytische Ileus** ist die gefürchtetste postoperative Komplikation. Er stellt sich vor allem im Gefolge eines mechanischen Ileus des Dünndarmes ein, besonders wenn der Dünndarm längere Zeit dilatiert war und reseziert werden musste, aber leider auch nach an sich gut verlaufenen Operationen. Ein paralytischer Ileus kann auch mit einer Peritonitis oder nach Schwergeburten mit Darmquetschungen einhergehen und ist außerdem eine typische Manifestation der Graskrankheit (→4.2.6.1.4 & 6.3.5). Ein lokaler paralytischer Ileus tritt auch als Folge von Darmgefäßembolien und -thrombosen auf: thrombo-embolische Kolik; thrombotischer Infarkt. Wobei der akute Infarkt sich meist mit heftigerer Kolik durch ischämischen Schmerz äußert. Diagnostisch und während der Verlaufskontrolle (Ansprechen auf Prokinetika) leistet die ultrasonografische Untersuchung wichtige Dienste.

Weniger wichtig und harmloser ist der **spastische Ileus** (sog. «Krampfkolik»), der meistens als Folge der Aufnahme schlecht verträglichen Futters zu beobachten ist. Fressen von verdorbenem, schimmligem Raufutter (Silage oder Heu), von harndurchtränktem Stroh; Saufen von sehr kaltem Wasser in größeren Mengen und dergleichen können Spasmen der Darmmuskulatur auslösen. Der dynamisch-funktionelle Ileus aufgrund von Spasmen ist, so schmerzhaft er auch wirken mag, in der Regel weit harmloser als der paralytische Ileus.

4.2.3 Triage von Kolikpatienten

Bei jedem Koliker hat man sich die Frage zu stellen, ob sich der Zustand konservativ behandeln lässt oder ob eine chirurgische Intervention notwendig ist. Der Entscheid ist aufgrund einer speditiven (nie flüchtigen!) Untersuchung möglichst rasch zu fällen. Nun führt auch die beste Untersuchung eines Kolikers bei Weitem nicht in jedem Fall zu einer präzisen Diagnose. Umso wichtiger wird das kritische und sorgfältige Abwägen der erhobenen Symptome, der Chancen und Risiken der Operation gegeneinander. Es ist nicht korrekt, dem Besitzer die hohen Operationskosten bei doch beträchtlichem Risiko aufzubürden, ohne ihm vorher klaren Wein eingeschenkt zu haben.

Früher wurde nach der Devise entschieden: «Lieber einen Patienten zu wenig als einen zu viel operieren». Längstens hat sich aber die Devise insbesondere auch bei wertvolleren Pferden umgekehrt: «Lieber einen zu viel als einen zu wenig operieren». Um diesem Leitsatz gerecht zu werden, sind allerdings personelle und materielle Voraussetzungen notwendig, wie sie in der Regel nur in größeren Kliniken anzutreffen sind. Bei optimalen Voraussetzungen ist das Risiko der Laparotomie an sich wohl immer noch zu beachten, aber es ist doch so gering, dass es in Zweifelsfall in Kauf genommen werden muss. Etwa 85 % der Pferde «überleben» die Operation (der Rest wird auf dem Tisch wegen der Aussichtslosigkeit einer Heilung euthanasiert), und die meisten unter ihnen werden geheilt. Die Differenz geht zulasten postoperativer Komplikationen, etwa eines paralytischen Ileus, Colitis oder Hufrehe.

Die Tabelle 4.3 ist nur als grobe Richtlinie aufzufassen. Im Einzelfall wird selten gleich von Anfang an jedes Symptom klar in die Richtung «Operation» oder «konservative Therapie» deuten. Derartige Fälle werden vorläufig so behandelt, dass die Behandlung auch als Operationsvorbereitung gelten kann: Sondierung und gegebenenfalls Leeren des Magens; Stabilisierung des Kreislaufes (Schockprophylaxe oder Schockbehandlung!); kurzwirkende Spasmoanalgetika. Das Ansprechen auf diese Medikation wird diagnostisch-prognostisch ausgewertet. Das Einführen der NSS ist für die Triage aller bedrohlichen Koliken unentbehrlich. Die Abheberung von regurgitiertem Darminhalt hat auch therapeutische Bedeutung, weil die Entlastung des Magens die Schmerzen des Patienten offensichtlich wesentlich senkt und einer reflektorischen Verminderung der Peristaltik entgegenwirkt.

Für die Triage bei Verdacht auf einen Strangulationsileus sind die Punktion des Abdomens und die Beurteilung der Punktatflüssigkeit ebenfalls in vielen Fällen unentbehrlich (Tab. 4.3). Als operativen Eingriff hat man auch die Punktion gasgefüllter Darmteile anzusehen. Die Hauptindikation ist ein stark meteoritisches Caecum in der rechten Flanke. Der Eingriff kann allerdings sekundär zu lokaler, manchmal sogar generalisierter Peritonitis führen. Eine Punktion gasig geblähter Colonteile per rectum kann auch lebensrettend wirken, sollte aber nur als ultima ratio in Erwägung gezogen werden.

Der Entschluss zur Kolikchirurgie, also zu einer Laparotomie, sollte nicht nur bei klarem Verdacht auf einen Strangulationsileus mit Infarktrisiko, sondern z. B. auch bei Verlagerungsproblemen mit potenzieller Gefahr einer Strangulation des Darmes, rasch gefasst werden.

Voraussetzungen für eine optimale Überweisung zur Kolikoperation

- frühzeitige und akribische Triage
- Wahl der Klinik und gute Kommunikation
- Schockprophylaxe, -behandlung
- Dekompression (NSS)
- Schmerzbekämpfung für den Transport

4.2.4 Grundsätzliches zur Koliktherapie

Es gibt keine «Standardtherapie der Kolik». Dafür sind die Ursachen für Bauchschmerzen viel zu mannigfaltig. Immerhin lassen sich gewisse Grundsätze für die medikamentelle und für die chirurgische Behandlung formulieren. Koliker leiden par définition an Schmerzen, deshalb sind **Analgetika** grundsätzlich indiziert. Allerdings muss dabei berücksichtigt werden, dass Analgetika Schmerzen und Kolikanzeichen auch maskieren, was insbesondere bei Patienten, bei denen (noch) nicht klar ist, ob sie konservativ oder chirurgisch therapiert werden sollen, problematisch sein kann. **Jeder Kolikpatient ist ein potenzieller Schockpatient.** Die Therapie der verschiedenen Schockformen wird im Kapitel «Schock und Flüssigkeitstherapie» ausführlich behandelt (→12.2).

4.2.4.1 Analgesie und Entzündungshemmung

Um Koliкäußerungen nicht zu lange zu maskieren, ist Metamizol (5–20 mg/kg KG i. v., wenn nötig mehrmals wiederholt) am besten geeignet. In unseren Augen ist eine länger wirkende Analgesie mit nicht steroidalen Entzündungshemmern wie Flunixin-Meglumin (0.5–1 mg/kg KG i. v.) grundsätzlich nur zu empfehlen, wenn von vornherein klar ist, dass nicht operiert werden soll. Die Ausnahme bilden hier nicht allzu selten Obstipationen, die oft nicht operativ angegangen werden müssen, aber gerade wenn sie dabei sind, sich zu lösen, intermittierend recht heftige Schmerzen verursachen können.

Tabelle 4.2 Analgesie und Spasmolyse: Wirkstoffgruppen und Indikationen

Wirkstoffgruppe	Wirkstoff	Indikation
nicht steroidale Entzündungshemmer	Metamizol kurz wirkend; Flunixin-Meglumin länger wirkend	Analgesie und indirekte Spasmolyse bei leichtgradiger bis mittelgradiger Kolik und präoperativ
Parasympatholytika	Nur Butylscopolamin (andere Parasympatholytika sind wegen Darmparalyse gefürchtet)	direkte Spasmolyse z. B. für Rektaluntersuchung bei starkem Pressen
Alpha-2-Agonisten Morphinderivate «Schmerz-Dauertropf» Kombinationsinfusion	z. B. Xylazin und Domosedan z. B. Methadon und Butorphanol Butorphanol, Ketamin und Lidocain kombiniert	starke Kolik, zur Beruhigung für Abklärung und präoperativ, Transport etc.

Es liegt nahe, bei heftigen Koliken die Patienten zu sedieren, etwa zum Zweck einer besseren und gefahrloseren Untersuchung oder für den Transport in eine Klinik. Aber es ist klar, dass alle **Sedativa** mit einer blutdrucksenkenden (Zentralisation eines schon beginnenden Schocks) und die Peristaltik vermindernden (cave! Meteorismus) Wirkung potenziell gefährlich sind und mit Vorsicht eingesetzt werden sollten.

Medikamente mit parasympatholytischer Wirkung (Butylscopolamin 0.3 mg/kg KG; 1–2 cave! Darmparalyse) brauchen wir insbesondere bei Patienten, die bei der rektalen Untersuchung stark pressen. Zur Untersuchung und präoperativen Vorbereitung ist ggf. auch die Verabreichung von alpha-2-Agonisten (z. B. Xylazine bis 1 mg/kg KG i. v. [cave! vermeiden bei Fohlen < 14 Tagen] oder Domosedan bis 40 µg/kg KG i. v. oder i. m.), und auch von Methadon (bis 50 µ/kg KG i. v.) oder Butorphanol (bis 100 µg/kg KG i. v. oder i. m.) oder verwandter Substanzen notwendig (cave! Nicht bei Meteorismus). Sind die Schmerzen sehr stark und anhaltend, verwenden wir manchmal quasi als «letzte Möglichkeit» auch einen «Schmerz-Dauertropf» (Butorphanol 13µ g/kg KG/h, Ketamin 1.5 µg/kg KG/h und Lidocain 3 mg/kg KG/h in isotoner Lösung 0.9 % als kontinuierliche Infusion).

Tabelle 4.3: Koliker Triage in der Praxis

Parameter	konservative Therapie	chirurgische Therapie
Anamnese	progredienter Verlauf	perakuter bis akuter Verlauf
Schmerzäußerung	medikamentell beeinflussbar	medikamentell wenig beeinflussbar
Schockparameter	PF ≤50/min kontinuierlich Schleimhaut rosa KFZ ≤ 3 sec Hämatokrit ≤ 50 % Laktat ≤ 5 mmol/l Oberflächentemperatur warm	PF ≥ 50/min kontinuierlich Schleimhaut ziegelrot-verwaschen KFZ ≥ 3 sec Hämatokrit ≥ 50 % Laktat ≥ 7 mmol/l Oberflächentemperatur kalt, nass
Peristaltik	normal – hyperaktiv	fehlt, stark herabgesetzt
Mistabsatz	vorhanden	sistiert
Rektalbefund	keine besonderen Befunde; Colon-Obstipation	dilatierte Dünndarmschlingen; Colon Obstipation-Verlagerung stark gespannte Tänien und (aufgegaste) Darmteile, die nicht am Platz sind, fehlende ventrale Colonlagen oder Mesenterialgefäße rechtsseitig bei Colon-Rechtsverlagerung
Ultraschalluntersuchung	keine besonderen Befunde	dilatierte Dünndarmschlingen, ödematös verdickte Darmwand, Invaginationsanzeichen, deutlich vermehrte freie Flüssigkeit etc.
Nasen-Schlund-Sonde	kein Reflux abhebbar	spontan Reflux abhebbar
Parazentese	klar, leicht trüb, Eiweiß ≤ 15 g/l Laktat ≤ 2 mmol/l	trüb-rötlich, Eiweiß ≥ 25 g/l Laktat ≥ 8 mmol/l Leukozyten > 10 G/l ggf. zytologische Hinweise auf intrazelluläre Bakterien oder Tumorzellen

4.2.4.2 Prokinetika

Prokinetika sind Peristaltik anregende Substanzen (Tab. 4.4). Sie fördern die orthograde Motilität des Magen-Darm-Traktes. Obwohl den Metamizol-Präparaten und anderen Analgetika keine direkte Wirkung auf die Motilität des Magen-Darm-Traktes nachgewiesen werden kann, sind sie die erste Wahl bei Kolikpatienten, um eine ggf. reflektorisch durch den Schmerz verminderte Peristaltik zu verbessern.

Bei dynamisch-funktionellem paralytischem Ileus sollte indes primär versucht werden, den Magen dauernd wirksam von dilatierendem Reflux zu befreien, also über die NSS zu entleeren, um eine reflektorische Verminderung der Peristaltik zu verhindern. Außerdem versucht man oft, insbesondere wenn der paralytische Ileus länger andauert und viel Reflux aus dem Magen abgehebert wird (z. B. durchschnittlich mehr als 4 Liter alle 3 Stunden), die Peristaltik mit echten Prokinetika zu beeinflussen. Eigene positive Erfahrung konnten wir mit folgenden Wirkstoffen und deren Dosierungen machen: Erythromycin (bei Dünndarmileus; 1 g/500 kg KG in 1 Liter NaCl i. v. im schnellen Tropf QID); Lidocain (bei Dünndarmileus, oft postoperativ als «Ileusprävention»; 1.3 mg/kg KG über 15 min und dann 0.05 mg/kg KG/min i. v. als Dauerinfusion); Metoclopramid (bei Dünndarmileus, cave! Extrapyramidale Nebenwirkungen; 0.02–0.1 mg/kg KG QID i. m.); Neostigmin (um Dickdarmperistaltik anzuregen; 0.6 mg/100 kg KG s. c., i. m. oder i. v.).

Der Gebrauch von Prokinetika bei Fohlen birgt unseres Erachtens ein höheres Risiko für sekundäre mechanische Komplikationen (Invagination, Volvulus etc.) als beim Erwachsenen.

Es ist richtig, allen **Parasympathikomimetika** gegenüber sehr vorsichtig zu bleiben. Sogenannte **Drastika** (in der Humanmedizin verwendete, stark wirksame Abführmittel) sind beim Pferd in jedem Fall kontraindiziert, milder wirkende Mittel, etwa Prostigmin, dürfen nur verabreicht werden, wenn Gewähr besteht, dass der Darmtrakt auch wirklich durchgängig ist. Verwendet man derartige Medikamente nicht sehr selektiv, läuft man Gefahr, heftige Schmerzen sogar Magen-Darm-Rupturen oder Invaginationen zu provozieren.

Tabelle 4.4: Prokinetika: Wirkstoffe und Wirkungsort

Wirkstoffgruppe	Wirkstoff	Wirkungsort
Acetylcholinesterasehemmer	Neostigmin	Dickdarm (überwiegend)
Serotonin-Agonist + Dopaminantagonist	Metoclopramid	Magen, Dünndarm
Dopamin-Antagonist	Domperidon	Magen, Dünndarm
Motilin-Agonist	Erythromycin	Magen, Dünndarm, Dickdarm
Lokalanästhetikum	Lidocain	Dünndarm (überwiegend)

Von essenzieller Bedeutung ist bei jedem schockgefährdeten Koliker die **Auffüllung des Kreislaufs**. Dazu eignen sich Infusionen von Elektrolytlösungen und Plasmaexpandern. Die Behandlung mit Expandern und hypertonen Elektrolytlösungen dient zur raschen Korrektur des Volumendefizits und als Vorbereitung der Notfalloperation (→12.2). Nicht sehr effektiv (außer der Patient ist dehydriert) sind hingegen intravenöse Infusionen für die **Therapie von Obstipationen**. Hier sollte das Wasser wenn möglich per NSS direkt in den Magen-Darm-Trakt verabreicht werden. Das Wasser kann mit Kochsalz auf eine isotone Konzentration angereichert werden. Wir empfehlen, den Magen vor Eingabe von Wasser und Laxantien mit der NSS von Mageninhalt freizuspülen. Wenn das Pferd diese Mengen toleriert (keine Kolikanzeichen; kein Reflux), können über die NSS, die dazu oft im Pferd belassen wird, alle 3 Stunden bis zu 6–8 Liter (je nach Größe des Pferdes, Ponys natürlich entsprechend weniger) verabreicht werden. Das Gesamtvolumen von Flüssigkeit sollte beim erwachsenen Warmblutpferd, dem beschränkten Fassungsvermögen des Magens entsprechend, pro Mal 8 Liter nicht überschreiten.

4.2.4.3 Laxantien (Abführmittel)

Abführmittel können eingesetzt werden, wenn die Durchgängigkeit des Darmrohrs gewährleistet ist und kein paralytischer Ileus droht (Tab. 4.5). Paraffinöl (*Oleum paraffini*; 1–2 Liter; um die Gleitfähigkeit der Ingesta zu verbessern) in Kombination mit Glaubersalz (Na_2SO_4; etwa 80–200 g für ein Pferd von 500 kg Körpergewicht mit 6–8 l Wasser pro Mal) wird vor allem bei Colonobstipationen durch die NSS gegeben. Bittersalz (MgSO4) verwenden wir – im Gegensatz zum englischen Sprachraum – bei uns kaum. Grundsätzlich können hypertone Lösungen im Gegensatz zu Isotonen die Magenentleerung verzögern. Das Paraffinöl ist wahrscheinlich deutlich weniger wirksam zur Auflösung von Obstipationen als Wasser und Salze, aber kann als «Indikator» dienen. Mit einem «sichtbaren Erfolg», d. h. mit Paraffinölspuren um die Mistballen, ist kaum vor 24 Stunden zu rechnen. Anstelle von Paraffinöl wirkt auch Leinsamenschleim als integraler Bestandteil von Mash (diätetisches, leicht abführendes Pferdefutter) abführend und ist alleine auch bei einfacher Dickdarmobstipation indiziert.

Tabelle 4.5: Laxantien: Wirkstoffgruppen und Indikationen

Wirkstoffgruppe und Wirkprinzip	Wirkstoff	Indikation
Orale Verabreichung von größeren Wassermengen per NSS zur möglichst direkten intraluminalen Aufweichung von Anschoppungen	H2O, ggf. isoton mit NaCl angereichert	Obstipationen v. a. des Colons und des Caecums. Effizienter als intravenöse Infusionen (mind. doppelter Erhaltungsbedarf pro Tag) und salinische Abführmittel Cave! Magen jedes Mal kontrollieren
Intravenöse isotone Infusionen zur Rehydrierung	Versch. sterile isotone Lösungen	Dehydrierter Patient. Sobald Rehydrierung erreicht ist, keine zusätzliche Wirkung («Hyperhydratation») zu erwarten
Salze mit osmotischer Wirkung per NSS	Glaubersalz (Na2 SO4) Bittersalz (MgSO4), bei uns kaum eingesetzt	Obstipationen v. a. des Colons und des Caecums. Cave! Der Darm muss durchgängig sein
Gleitmittel	Paraffinöl *(Oleum paraffini)*	
Quellmittel – schleimhaltige Volumenabführmittel per NSS	Leinsamenmehlschleim aus Samen des Flachses *(Linum usitatissimum)*	
	Flohsamenschalen *(Plantago psyllium)*	«Sandkolik»
Wasser mit verschiedenen Zusätzen als rektale Klistiere – direkte retrograde Aufweichung und Volumeneffekt	H2O, ggf. isoton mit NaCl angereichert und evtl. Gleitgel	Colon tenue Obstipation
	Kommerzielle humane Präparate (cave! reizend; hohe Phosphat-Konzentration); warmes H2O mit Gleitgel, evtl. Acetylcystein 4 %	Mekoniumverhalten

4.2.4.4 Präventive Medikationen bei Kolikpatienten (Endotoxineffekte)

Bei vielen Kolikformen vor allem beim Ileuspatienten sistiert die Darmpassage, die Ingesta bleibt liegen. Dabei entwickelt sich eine Dysbakterie, es werden vermehrt Toxine gebildet. Die Exotoxine der Clostridien (vor allem *C. perfringens, C. difficile* →16.7) und Endotoxine (*E. coli* u. a. →16.1.1) spielen eine wesentliche Rolle bei der Entstehung des toxischen Schockgeschehens und der gefürchteten Folgeerkrankung, der Colitis. Um **Endotoxineffekten** entgegenzuwirken, wird oft **Polymyxin B** (1000–6000 IU/kg KG als Infusion, TID) gegeben, aber mit unklarem Erfolg. Die beste Wirkung wäre wohl zu erwarten, wenn man Polymyxin B prophylaktisch möglichst schon vor der Endotoxinämie geben könnte. Zum Beispiel ist das intra operationem vor oder während des «Zurückdrehens» einer Torsio coli indiziert. Je länger die Endotoxinwirkung andauert und je öfter man Polymyxin-B-Gaben wiederholt, desto schlechter wird wahrscheinlich die Wirkung. Außerdem sind potenzielle neurologische und evtl. auch renale Nebenwirkungen zu bedenken.

Auch die **Hufrehe** ist zwar nicht ein rein internistisches Problem, aber verdient als mögliche Komplikation der Kolik hier Erwähnung. Die Pathogenese ist immer noch nicht geklärt und entsprechend viele Therapieansätze (u. a. Kühlen mit Eis über längere Zeit; Nitroglyzerinsalbe; Azepromazin; Acetylsalicylsäure und Heparin) werden versucht, ohne dass ein Therapieprotokoll allgemein anerkannt ist. Unseres Erachtens geht es bei der **akuten, toxininduzierten Hufrehe** um eine möglichst frühzeitige, möglichst totale Coupierung der lokalen Entzündung. An unserer Klinik hat sich dafür, trotz der gefürchteten Nebenwirkungen, Phenylbutazon als Mittel der Wahl herausgestellt, und zwar in einer initial sehr hohen Dosierung bis zu 16 mg/kg KG i. v. nach Wirkung, am 2. Tag gefolgt von 8 mg/kg KG SID i. v., dann je nach Ansprechen reduzieren auf die halbe Dosierung. Die Tagesdosen können auf zwei Einzeldosen aufgeteilt werden. Es ist eine bedauerliche Erfahrungstatsache, dass das Nichtansprechen innerhalb von 4–6 Stunden auf die initiale Behandlung in den meisten Fällen mit einer ungünstigen bis infausten Prognose gleichzusetzen ist, was die hohe Dosierung von Phenylbutazon in unseren Augen allen Bedenken zum Trotz rechtfertigt.

Neben dem über die knöchernen Skelettanteile übertragenen Eigengewicht des Patienten trägt insbesondere der Zug der tiefen Beugesehnen dazu bei, dass das Hufbein mit zunehmendem Funktionsverlust des Hufaufhängemechanismus, innerhalb des Hornschuhs rotiert oder absinkt. Daher wird versucht, die Zugkräfte der tiefen Beugesehne möglichst stark zu reduzieren und die Belastung der Dermis im Bereich der Laminae und des Sohlenkörpers auf die «hinteren» Hufanteile zu verlegen. Umgesetzt werden können diese Ziele mittels verschiedenster Angehensweisen: zum einen durch ein deutliches Anheben der Trachtenregion (bis zu 12° zur Horizontalen) mittels Spezialschuhen (Nanric ultimates®, Gipseinlagen, Gipsverbände mit Fersenkeil); außerdem dadurch, dass die Kontaktfläche im Sohlenkörper entweder gänzlich freigehalten oder durch eine dicke Schicht Polstermaterial geschützt wird.

4.2.5 Magenerkrankungen

Die wichtigsten Erkrankungen des Pferdemagens sind chronische Magengeschwüre und die akute primäre oder sekundäre Magenüberladung. Die Anfälligkeit für beide an sich sehr unterschiedlichen Erkrankungen ergibt sich aus den anatomischen und physiologischen Eigenheiten des Pferdemagens:

- Ein im Vergleich zur Größe des Tieres kleiner Magen mit einem beschränkten Fassungsvermögen und nahe zusammenliegenden Kardia und Pylorus.
- Ein dorsaler drüsenloser Teil, der ohne «Raufutterkissen» der Magensäure ungeschützt ausgesetzt ist.
- Ein drüsentragender ventraler Fundus, der kontinuierlich, auch wenn das Pferd nicht frisst, salzsäurehaltige Magensäfte produziert.

Um Krankheiten zu vermeiden, ist eine artgerechte, diesen Eigenheiten möglichst gut angepasste Haltung und Fütterung äußerst wichtig. Der Magen des Pferdes, wie auch der Rest seines Verdauungstraktes und sein Stoffwechsel, sind dazu ausgelegt, kleine Mengen relativ nährstoffarmen Raufutters fast kontinuierlich aufzunehmen und zu verwerten.

4.2.5.1 Gastritis

Ätiologisch ist meistens unregelmäßiges Füttern verantwortlich zu machen, daneben qualitative und quantitative Diätfehler, ungewohntes Futter, Kaustörungen, hastige Futteraufnahme, schimmliges Heu, reizende Medikamente (z. B. orale Kalzium-und Digitalispräparate), aber auch mechanische Reize und Magenparasiten (*Gasterophilus*-Larven (Abb 4.4); und heutzutage äußerst selten *Habronema; Trichostrongylus axei* →4.8.1). Aufnahme von Sand, Luftkoppen, chronisch zehrende Infektionskrankheiten und «Stress» werden ebenfalls beschuldigt, wobei eine Bestätigung dazu fehlt. Hingegen sind längeres oder wiederholtes Hungern und eine Magenüberladung belegte Ursachen für Magenreizung und Ersteres sogar ein Modell der Entstehung von Magenulzera. Wenn sie von Haltungs- und v. a. Fütterungsbedingungen (konzentrierte, rohfaserarme Fütterung) verursacht wird, ist die chronische Gastritis von Ulzerationen geprägt. Wahrscheinlich nicht zur Gastritis zu zählen ist eine primär vermehrte Abschilferung und ein großflächiges Abblättern von losen Epithelschichten der kutanen Schleimhaut. Dies findet auch meist ohne sichtbare Entzündung und Ulzerationen statt und ist wohl ein physiologischer Vorgang.

Symptome: Die Pferde zeigen bei Gastritis Inappetenz, Lecksucht und Pica, abnormen Appetit und wählerisches Fressen, Gähnen, Flehmen und eventuell einen süßlichen Maulgeruch, manchmal auch leichte Koliken und einen leichten Ikterus. Die Krankheit ist aber eher symptomarm bis asymptomatisch. Nicht selten sind die Tiere leicht erregbar oder auch auffällig schlaff. Eine primäre, selbstständige Gastritis heilt nach dem Abstellen der Ursachen im Allgemeinen spontan und rasch. Ohne Abheilung erfolgt oft eine progrediente Abmagerung der Patienten, die indessen kaum einen hohen Grad erreicht.

Wenn eine akute Gastritis durch Dünndarmreflux verursacht ist, stehen die Symptome des primär verantwortlichen mechanischen oder paralytischen Ileus im Vordergrund (→4.2.2). Patienten mit Duodeno-jejunitis zeigen daneben meistens eine erhöhte Herzfrequenz und etwas Fieber (→4.2.6.2.2.1).

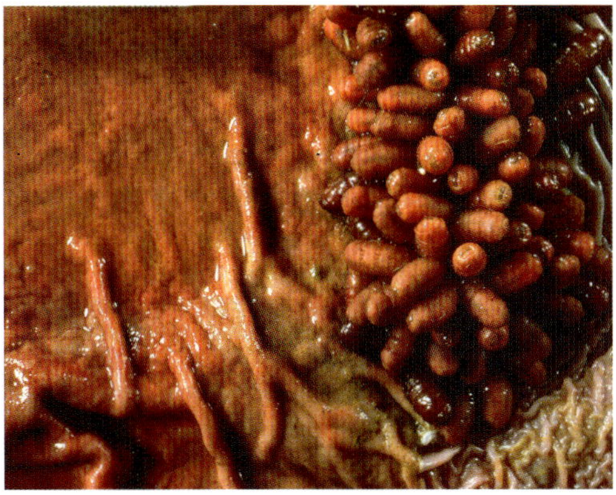

Abb. 4.4: Dassellarven: Larven von Gastrophilus intestinalis an der Magenwand.

Diagnose: Es braucht meistens eine mehrtägige genaue Beobachtung des Patienten, um einen begründeten Verdacht formulieren zu können. Die Diagnose kann mithilfe der Gastroskopie gestellt werden. Von besonderem Wert ist die Endoskopie natürlich beim Vorliegen von Magengeschwüren.

Therapie: Es ist günstig, den Pferden wenig Futter in kleinen Portionen zu verabreichen, viel Raufutter, wenn möglich eher Gras als Heu (nicht Klee), und evtl. auch weiche, breiige Nahrung, z. B. handwarmes Mash. Mit Mucilaginosa (schleimhaltigen Medikamenten), die je nach Präparat auch eine antazide Wirkung ausüben, sowie mit «schleimhautabdeckenden» Mitteln wie Sucralfat können Gastritiden manchmal günstig beeinflusst werden. Daneben ist natürlich das Abstellen der Ursachen und die Bekämpfung von Magenparasiten wesentlich. Außerdem werden die klinischen Symptome unmittelbar gelindert, wenn Omeprazol (2–4 mg/kg KG SID p. o.) verabreicht wird.

4.2.5.2 Magengeschwüre

Magengeschwüre sind zweifellos die häufigsten Erkrankungen des Pferdemagens. Eine generalisierte Gastritis kann mit lokalisierten Geschwüren einhergehen, viel eher sehen wir aber Magengeschwüre ohne begleitende offensichtliche Gastritis der restlichen Schleimhaut. Während die Häufigkeit von Magenulzera beim Pferd in den letzten Jahren klar erkannt worden ist, bleibt die klinische Bedeutung von leichteren Geschwüren aber immer noch unklar. Gesichert ist, dass bis über 90 % von intensiv trainierten und gehaltenen Rennpferden mindestens leichte Geschwüre in der drüsenlosen Zone v. a. entlang des *Margo plicatus* zeigen. Die Häufigkeit von Ulzerationen ist bei älteren, 3 Mal täglich gefütterten, im Stall gehaltenen Reit- und Sportpferden und sogar bei Zuchtstuten auf der Weide aber ebenfalls hoch (40–70 %).

Mittel- bis hochgradige sowie in der Drüsenschleimhaut im Fundus und besonders am Pylorus lokalisierte Ulzera sind, außer bei Fohlen und nach übermäßiger Gabe nicht steroidaler Entzündungshemmer, zwar seltener (immerhin auch bis zu 40 % intensiv gehaltener Pferde), aber können dafür umso schwieriger zu therapieren sein.

Bei vermuteten Ulzerationen von endoskopisch nicht abgeklärten Patienten sollte nach 7-tägiger Omeprazolgabe (2–4 mg/kg KG SID p. o.) eine klinische Besserung eintreten («diagnostische Therapie»), ansonsten ist von einer anderen Ursache auszugehen.

Pathologische Laborbefunde (leichte Anämie, Hypo- und Dysproteinämie) sind außer bei hochgradigen oder mit einer generalisierten Gastritis einhergehenden Ulzerationen selten und sollten eher als mögliche Hinweise auf andere begleitende, prädisponierende Krankheiten (v. a. bei Fohlen) interpretiert werden. Bei Perforationsverdacht (Fohlen) kann ein Bauchpunktat und/oder eine Endoskopie der Bauchhöhle die Diagnose sichern (→4.5). Neben der Gastroskopie sind Ultraschalluntersuchungen bei Fohlen und erwachsenen Pferden mit Verdacht auf Magenentleerungsstörungen aufschlussreich (→4.2.5.3). Der Nachweis von okkultem Blut im Kot durch die positive Benzidinprobe ist beim Pferd nicht aussagekräftig. Eine negative Probe kann Ulzerationen im Magen-Darm-Trakt nicht ausschließen, und eine positive Probe bedeutet nicht zwangsläufig, dass das Blut aus dem Magen stammt.

Die **Prognose** ist allgemein gut für leicht- bis mittelgradige Ulzerationen, wenn die entsprechenden therapeutischen und prophylaktischen Maßnahmen eingehalten werden. Sogar hochgradige Geschwüre entlang des *Margo plicatus* können bei adäquater Therapie und Prophylaxe innerhalb einer etwas längeren Zeit vollständig abheilen, während aber die Abheilung schwerer Veränderungen im Pylorusbereich nach unserer Erfahrung deutlich längere Heilungszeit in Anspruch nehmen, zu Narbenbildung und damit verbundenen Magenentleerungsstörungen neigen. Die Situation beim Fohlen ist etwas komplizierter. Grundsätzlich ist bei den meisten Patienten die Heilungstendenz ebenfalls gut, es besteht aber anders als beim erwachsenen Patienten vor allem bei Fohlen mit anderen Primärkrankheiten ein Risiko für schwere Komplikationen (Perforation mit septischer Peritonitis und sekundäre Magenentleerungsstörungen).

Therapie und Prophylaxe: Das Ziel der Magenulzera-Therapie ist die temporäre Verminderung der Säureproduktion und -einwirkung auf die Schleimhaut, um damit symptomatische Besserung und Abheilung der Ulzerationen zu erlauben (Tab. 4.5). Dies geschieht mithilfe von Säureblockern, durch Blockade der Wasserstoffionenpumpe (z. B. Omeprazol) oder durch Rezeptorblockade mit H2-Antagonisten (z. B. Cimetidine), mithilfe von Antazida, die die Magensäure neutralisieren (z. B. Magnesiumhydroxid und Kalziumkarbonat insbesondere bei Fohlen) oder mithilfe von schleimhautschützenden Mitteln (z. B. Sucralfat). Die Dauer, die zur Abheilung nötig ist, hängt weniger vom Ausmaß als vom Schweregrad der Ulzerationen ab. Ausgedehnte, aber oberflächliche Erosionen können innerhalb von Tagen abheilen, während tiefe Geschwüre Wochen brauchen, bis das Geschwürbett zugranuliert, vollständig epithelialisiert oder vernarbt ist. Bei mittel- bis hochgradigen Fällen ist darum eine gastroskopische Nachkontrolle sinnvoll. Genauso wichtig wie eine gezielte Therapie sind Korrekturen von Haltungs-, Trainings- und Fütterungsfehlern. Ohne prophylaktische Maßnahmen ist nach dem Absetzen der Medikation mit Rezidiven zu rechnen.

Tabelle 4.6 Wirkstoffe zur Behandlung und Prävention von Magenschleimhautläsionen

Medikamentengruppe	Wirkstoff	Pferd	Fohlen
Protonenpumpenhemmer	Omeprazol	X	(X)
H2-Rezeptorblocker	Cimetidin, Ranitidin	X	X
Antazidum	Magnesium- und Aluminiumhydroxid	nicht empfohlen	(X)
Mukosaschutz	Sucralfat	empfohlen	X

Die **wirksamsten** und die einzig wirklich zuverlässigen Magenulzera-Medikamente sind bis dato die **Omeprazole** (und evtl. Pantoprazol), welche die säureproduzierende **Protonenpumpe** (H^+-K^+-ATPase) blockieren. Die für das Pferd registrierte Paste wirkt in der vom Hersteller empfohlenen Dosierung (4 mg/kg KG SID p. o.) auch bei schweren Ulzerationen therapeutisch so gut, dass ein Ansprechen oft bereits nach 2–3 Tagen diagnostisch interpretiert werden kann. Zeigt das Pferd eine klinische Besserung, sollte die Behandlungsdauer mind. 21 Tage betragen, sodass die Schleimhautläsionen gänzlich abheilen können. Zur Prophylaxe bei anfälligen Tieren in intensivem Training, nach einer Woche mit der vollen Dosierung, und bei leicht- bis mittelgradigen Ulzerationen reicht in unserer Erfahrung eine tägliche Dosis von 2 mg/kg KG. Dies vermindert die doch immer noch erheblichen Kosten. Weil die Bioverfügbarkeit beim Pferd von vielen Präparaten nicht bekannt ist, sollte man mit dem Einsatz von nicht registrierten Omeprazole-Pastenpräparaten vorsichtig sein.

Die **Histamin (H_2)-Rezeptor-Antagonisten** (Cimetidin: 20–25 mg/kg KG QID p. o., 8 mg/kg KG IV TID -QID oder Ranitidin: 7 mg/kg KG p. o. TID, 1.5 mg/kg KG i. v. TID) sind wesentlich **billiger** als Omeprazole, haben aber allgemein beim Pferd eine **schlechte Absorption** (Bioverfügbarkeit ca. 20 %) und wirken bei manchen Individuen gar nicht. Sie sind darum höchstens in leichtgradigen Fällen und evtl. prophylaktisch bei gefährdeten Tieren einzusetzen.

An sich gut, aber leider nur kurz wirksam (sollten v. a. beim Fohlen mehrfach täglich eingesetzt werden), sind **Antazida** Magnesium- und Aluminiumhydroxid-Präparate wie Maalox TC® und schleimhautschützende Medikamente wie Sucralfat (12 mg/kg KG, BID, p. o.).

Misoprostol ist ein synthetisches Prostaglandin E1 Analogon (2 µg/kg KG PO TID-QID), fördert die Durchblutung in der Schleimhaut, kann aber als Nebenwirkungen beim Pferd Schwitzen, Durchfall, Inappetenz, Kolik und Aborte verursachen und ist bei uns sehr teuer. Wie oben erwähnt, sollte die Therapie unbedingt von prophylaktischen und palliativen Maßnahmen begleitet werden: wenn möglich **Weidegang**, **wenig Kraftfutter, häufig Raufutter**, Verminderung der Trainingsintensität und der anderen «**Stressoren**» wie Konkurrenz in einer Gruppe oder am Futterplatz. Bei älteren Fohlen ist darauf zu achten, dass sie nicht von der Stute in größerem Maße Kraftfutter «stehlen»! Bei langer routinemäßiger «Ulzeraprophylaxe» mit Omeprazol bei kranken Saugfohlen wird diskutiert, ob mit einem damit verbundenen Verlust der «Säure-Schutzbarriere» gegen oral aufgenommene Keime des Magens zu rechnen ist. Außerdem gibt es Hinweise darauf, dass die Pylorusschleimhaut beim Fohlen unter Omeprazoltherapie gereizt werden kann.

4.2.5.3 Störung der Magenentleerung

Eine verzögerte Magenentleerung wird beim erwachsenen Pferd und bei Fohlen diagnostiziert und ist meistens eine Folge von Ulzerationen im Pylorus und im proximalen Duodenum. Es kommt aber auch vor, dass das Problem bei einem sich schlecht entwickelnden, mageren Pferd («Kümmerer») erst im Alter von über 2 Jahren erkannt wird!

Der Pylorus ist kein echter Sphinkter. Er übt keine reflektorische Kontrolle über die Magenentleerung aus, sondern öffnet sich mit den vom Magenantrum herkommenden Peristaltikwellen für gut durchmischtes, relativ flüssiges Futter und hält den noch zu wenig angedauten und durchmischten, festeren Inhalt zurück. Während die komplette Entleerung des Magens von festem Inhalt beim Erwachsenen 6–12 Stunden dauert, sollte Milch beim neonaten Saugfohlen und Wasser beim Erwachsenen innerhalb von 2 Stunden vollständig aus dem Magen entleert sein.

Die **Symptomatik** gleicht in den akuteren Fällen derjenigen von Magenulzera beim Fohlen: Kümmern, Anorexie, Bruxismus, vermehrter Ptyalismus, «Auf-dem-Rücken-Liegen», Kolik, manchmal Durchfall und entsprechend dem Schweregrad des Rückstaus sogar Reflux von Mageninhalt aus der Nase. Chronische Fälle zeigen schlechtes Wachstum, rezidivierende Kolik, oft Apathie abwechselnd mit Übererregbarkeit.

Für die **Diagnose** kann auch die Ultraschalluntersuchung einen vergrößerten Magen (linke Seite, Norm: vom 8.–9. bis 12.–13. Interkostalraum IKR) und ein Duodenum (dorsale rechte Seite, unmittelbar kranial von der Niere) mit verdickten Wänden zeigen. Wenn der Magen nach 6–12 Stunden Fasten immer noch vergrößert und nicht entleert ist, verstärkt sich der Verdacht auf eine Entleerungsstörung.

Endoskopisch sollte der gesamte Magen beurteilt werden, insbesondere sollte der Pylorus und das proximale Duodenum sehr genau auf Ulzerationen, Verdickung, Entzündung und Lumenverengungen (Strikturen) untersucht werden. Meistens zeigen Patienten mit Pylorusstenose eine hochgradige chronische ulzerative Gastritis der *Pars non glandularis* im Bereich der großen und der kleinen Kurvatur. In einzelnen Fällen kann sogar eine «Reflux-Ösophagitis» beobachtet werden. Oft fällt endoskopisch auch auf, dass der Magen trotz längerem Fasten schlecht entleert ist.

Anämie und Hypoproteinämie sind bei chronischen Patienten nicht selten und deuten auf chronisch-aktive ulzerative Prozesse oder Enteritis hin.

Die **Prognose** ist vorsichtig bis gut bei leichten funktionellen Störungen. Hingegen ist die Prognose ungünstig bis infaust bei deutlicher Verengung mit Strikturen des Pylorus oder Duodenums.

In allen Fällen ist eine medikamentelle **Therapie** über mindestens 14 Tage indiziert. Fohlen sollten mit einem Maulkorb daran gehindert werden, zu große Mengen zu fressen und sollten bei der Stute kontrolliert saugen. Sie sollten immer Zugang zu frischem Wasser und wenn möglich Gras (Weidegang) zur Verfügung haben. Neben Omeprazol (2–4 mg/kg KG p. o. SID) zur Reduktion der Magensäureproduktion, kann, vorausgesetzt, es liegt keine Pylorusstenose vor, Bethanechol (0.025–0.03 mg/kg KG s. c. oder p. o. QID) oder Metoclopramid (0.05–0.15 mg/kg KG i. m. TID) zur Anregung der Magenentleerung gegeben werden.

4.2.5.4 Akute Magenerweiterung (Magendilatation, Magenüberladung, Magenüberfüllung)

Wie schon erwähnt, ist der Pferdemagen relativ klein. Bei einer akuten Magenerweiterung eines 500-kg-Pferdes ist mit bis 20–25 Litern Inhalt zu rechnen. Die akute Magenüberladung lässt sich klinisch in eine Überfüllung mit festem oder flüssig-gasigem Inhalt einteilen. Diese einfachen Kategorien sind wichtig für sinnvolle therapeutische Entscheidungen.

Die **primäre Magenüberladung** entsteht nach Überfressen, Aufnahme von quellendem Futter, hastigem Trinken von großen Wassermengen etc. Sekundäre Magenerweiterungen sind sehr viel häufiger als primäre. Die **sekundäre Magenüberladung** entsteht vorwiegend durch Reflux aus dem Dünndarm (Ileuspatienten) oder bei mangelnder Magenentleerung durch funktionelle oder pathologisch-anatomische Ursache.

Ursachen und Verlauf der Magendilatation	
primär:	durch Überfütterung – meist akuter Verlauf durch Magenentleerungsstörung – meist chronischer Verlauf
sekundär:	bei einem mechanischen oder funktionellen Dünndarm-Ileus – meist akuter Verlauf bei einer Pylorus-Stenose – meist chronischer Verlauf

Symptome: Bei der primären Magendilatation treten die Kolikerscheinungen kurze Zeit nach der Futteraufnahme auf, bei der sekundären progredient, je nach Refluxmenge (z. B. bei Graskrankheit →4.2.6.1.4). Die Kolik manifestiert sich meistens heftig und anfallsweise in kurzen Intervallen. Die Pferde nehmen gelegentlich eine hundesitzige Stellung ein. Die Pulsfrequenz steigt in der Regel rasch auf hohe Werte. Die Atmung ist wegen des Zwerchfellhochstands oberflächlich, frequent. Es kommt vor, dass die Tiere rülpsen, wobei ein unangenehmer Geruch festzustellen ist, und manchmal kann dabei am Ösophagus eine Antiperistaltik beobachtet werden. Das Symptom des Würgens ist ein sehr ungünstiges Zeichen. Rektal ist im Allgemeinen wenig fühlbar, eventuell eine Verlagerung der Milz nach hinten. Bei hochgradigen Erweiterungen und zugleich kleinen Pferden kann selten die Hinterwand des Magens betastet werden. Die Dyspnoe ist auch bei fehlendem Meteorismus des Darms ausgeprägt. Darmgeräusche sind oft vermindert oder fehlen ganz. Die primäre Magenerweiterung kann zu einem reflektorisch-paralytischen Ileus führen, ein Ileus wiederum, wie erwähnt, zur sekundären Magenerweiterung.

Die **Diagnose** wird gestellt aufgrund der Anamnese, der typischen Symptome, der Stellung, die die Pferde einzunehmen pflegen, und vor allem aufgrund des abgeheberten Mageninhalts. Bei einer Magenüberladung mit festem Inhalt wird beim Einfließenlassen bereits von kleinen Mengen an Flüssigkeit über die NSS die Schmerzsymptomatik verstärkt (cave! Es besteht Rupturgefahr, bereits beim Schieben der NSS). Nur in Ausnahmefällen und bei chronischer Magendilatation ist der Magen kranial in der linken Abdomenhälfte bei der transrektalen Untersuchung als sehr feste glatte runde Masse zu tasten.

Bei zweifelhaften Fällen kann die Ultraschalluntersuchung den Verdacht bestätigen. Im Falle einer Dilatation lässt sich der Magen auf der linken Pferdeseite als parallele, hyperechogene kompakte Kuppel oder als flüssigkeitsgefülltes Organ unmittelbar kranial der Milz über mehr als 4–5 Interkostalräume darstellen. In extremen Fällen (Füllungszustand 35 Liter) kann der Magen sonografisch bis zur linken Leistengegend darstellbar sein.

Verlauf und Prognose: Eine Magenerweiterung muss immer möglichst schnell angegangen werden. Leichte Fälle einer primären Erweiterung heilen nach symptomatischer Behandlung. Bei sekundärer Erweiterung hängen die Prognose und das weitere Vorgehen vom Primärproblem ab. Eine eher seltene Komplikation ist die Aspirationspneumonie (→3.6.6.2). Ohne rechtzeitige Behandlung stellt sich in vielen Fällen der Tod durch Ruptur und Schock ein. **Therapie:** Die Patienten sollten analgetisch mit Metamizol (5–20 mg/kg KG i. v.) behandelt werden. Bei der **primären Erweiterung** ist der Mageninhalt **(Chymus)** oft zu konsistent, um ohne vorheriges Aufweichen über die NSS siphoniert werden zu können. Das Vorschieben der Sonde besonders kurz vor der Kardia (die extreme Füllung des Magens verursacht ein Abknicken des Mageneingangs) und das Eingeben von Wasser verursacht Schmerzen und Abwehr. Trotz akuter Rupturgefahr (!) muss die Sonde vorsichtig bis in den Magen vorgeschoben werden. Oft geht danach etwas Gas ab, was den Patienten kurzfristig

Erleichterung verschafft. Vorsichtiges und geduldiges Spülen mit zuerst kleinen Mengen (1–2 Liter) Wasser ist am Platz. Dieser Vorgang kann mehrere Stunden in Anspruch nehmen. Manchmal lohnt es sich, wenn es der Zustand des Patienten erlaubt, 15-minütige Pausen einzulegen, damit das eingegebene Wasser den festen Inhalt lösen kann. Es wird beschrieben, dass 100–200 ml Dioctyl-Natrium-Sulfosuccinat (8 %) per Sonde helfen kann, den Inhalt besser aufzulösen.

Der Gasgeruch ist bei primären und sekundären Magenüberladung mit festem Inhalt typisch säuerlich und wird erst bei protrahiertem Verlauf übel riechend. Weil bei Magenerweiterungen mit festem Inhalt zu Beginn oft nur wenig Mageninhalt abgehebert werden kann und diese Pferde oft starke Kolik zeigen (wegen der Magenüberladung und/oder eines anderen Primärproblems), kommt es zu oft vor, dass die Überladung erst intra-operativ erkannt wird. Aus diesem Grund ist es wichtig, dass die NSS bei allen Kolikpatienten perioperativ liegen bleibt.

Bei der **sekundären Magenerweiterung** mit Flüssigkeit entleert sich aus der Schlundsonde dünnflüssiger, übel riechender, gelblich bräunlicher Inhalt, oft in Mengen von mehreren Litern. Der Magen füllt sich bei Ileus mehr (mechanischer Ileus, niveauabhängig) oder weniger (paralytischer Ileus) rasch wieder mit regurgitiertem Dünndarminhalt. Bei Dünndarmileus muss flüssiger Reflux immer wieder, je nach Quantität bis alle 2 Stunden, abgehebert werden. Dazu kann die Sonde in gewissen Fällen belassen werden. Wegen der Unzugänglichkeit des Magens ist eine Laparatomie bei einer primären Überladung nicht angezeigt. Wenn man sich wegen eines anderen Primärproblems zur Kolikoperation entschließt, sollte man den Magen jedoch wenn möglich vorher gut entleeren. Intraoperativ lässt sich zwar Flüssigkeit durch die Magenwand einspritzen und der Inhalt etwas massieren, die Entleerung durch die NSS klappt intra-operativ meistens aber sehr schlecht.

4.2.5.5 Magenruptur

Eine Magenruptur stellt sich vorwiegend bei festem Mageninhalt ein. Durch den Druck überlastet und möglicherweise wegen mangelnder Blutversorgung in seiner Wand geschwächt, reißt der Magen fast immer an der *Curvatura major*. Die initiale und trügerische Beruhigung des Pferdes ist begleitet von einer Pulsfrequenzsteigerung, meistens einem Temperaturabfall, eines starken Schwitzens und Zitterns am ganzen Körper und einer hochgradigen Agranulozytose (Neutropenie wegen Sequestration der neutrophilen Granulozyten). Eine Absicherung der Diagnose ist unumgänglich, da die Prognose praktisch infaust ist und der Patient erlöst werden muss. Ein Behandlungsversuch ist nach vorangegangener Magenruptur mit hochgradiger **Kontamination** des Abdomens mit Futter aussichtslos.

Diagnose: Typisch ist der Verlauf der Koliksymptomatik, das abrupte Verschwinden der Kolikäußerung und damit verbunden das Auftreten der sich rapid verschlimmernden Schockanzeichen (→12.1.2). Ist das rektal palpierbare Peritonaeum mit Ingesta kontaminiert, kann man eine raue Oberfläche und evtl. das Knistern von subperitonealem Gas palpatorisch erfassen. Durch eine korrekte Entnahme des Bauchhöhlenpunktates, das typischerweise mit Futterpartikel kontaminiert ist, kann die Diagnose gesichert werden. Bei den seltenen kleinen Perforationen kann trockene Ingesta im Netzbeutel zurückgehalten werden, sodass das Bauchhöhlen-Punktat während Stunden unauffällig bleibt. Bei unvollständigen Rupturen, wenn die Schleimhaut noch intakt ist, findet man ein deutlich hämorrhagisches, aber nicht mit Futter kontaminiertes Bauchhöhlenpunktat.

4.2.5.6 Magentumoren

Magentumoren sind selten, am ehesten kommen Plattenepithelkarzinome vor. Diese betreffen die drüsenlose kutane Schleimhaut des Magens und manchmal auch des Ösophagus. Auch Leiomyosarkome u. a.

können im Pferdemagen auftreten. Die **Symptomatik** ist mit chronischer Abmagerung, fehlendem Appetit, leichter Kolik, Apathie, Bruxismus und Ptyalismus unspezifisch und tritt oft erst spät auf.

Die **Diagnose** wird endoskopisch und mit einer Biopsie bestätigt. Bei der Blutuntersuchung zeigen die Patienten oft eine ausgeprägte Anämie und meistens eine deutlich veränderte Elektrophorese mit einer Hypoalbuminämie.

Therapie: Kleinere, gut lokalisierte und zugängliche Neoplasmen könnten an sich per Laser oder Hochfrequenz-Chirurgie reseziert werden. Meist sind aber die Tumoren dazu bereits zu groß und haben schon in benachbarte Organe wie Zwerchfell, Netz und Milz metastasiert.

4.2.6 Darmerkrankungen

4.2.6.1 Nicht infektiöse Darmerkrankungen

4.2.6.1.1 Diätetische Darmerkrankungen

4.2.6.1.1.1 «Krampfkolik» und akute Enteritis

Eine sogenannte «Krampfkolik», die nur auf einen Spasmus zurückzuführen ist, wird häufig vermutet. Eine klare diagnostische Bestätigung (rektal oder sonografisch festgestellte Darmspasmen) ist aber höchst selten, und auch die **Ätiologie** bleibt meist unbekannt. Auch akute Enteritiden sind selten, aber diagnostisch-sonografisch als verdickte Darmwandabschnitte dokumentierbar. Reizendes oder verdorbenes Futter sind mögliche Ursachen. Akute Enteritiden nach Kraftfutterüberschuss sind mit Recht gefürchtet. Besonders gefährdet sind Ponys und kältere Rassen/Typen, und vor allem Tiere, die nur wenig Kraftfutter gewohnt sind. Der Pferdedarm kann sich bei vorsichtiger und langsamer Umstellung an ungewohntes Futter gewöhnen. Wenn der Dünndarm des Pferdes jedoch abrupt mit ungewohnt hohen Dosen von Kohlenhydraten belastet wird, kann es im Caecum zur Fehlfermentation und Dysbakterie kommen. Ebenfalls gefährlich sind gewisse Medikamente, insbesondere orale Antibiotika (Colitis! mit regionalen Unterschieden in der Anfälligkeit der Darmflora) und hoch dosierte nicht steroidale Entzündungshemmer. Ein schnelles Erkennen und therapeutisches Handeln ist hier unbedingt angezeigt. Als Komplikation ist besonders eine Hufrehe (→4.2.4.4) gefürchtet. Die Duodeno-jenunitis und die Typhlo-colitis werden unten als eigenständige Krankheitsbilder beschrieben.

Die **Symptome** und deren Schweregrad sind sehr vielfältig und werden von der Ursache und der individuellen Empfindlichkeit bestimmt. Die Pferde zeigen Inappetenz, bei Dickdarmentzündung mag der Appetit normal sein. In einem Teil der Fälle kommt es zu einer rasch auftretenden, lebhaften bis heftigen Kolik. Die Darmgeräusche sind eventuell zuerst etwas herabgesetzt, dann gesteigert. Der Rektalbefund ist entweder negativ oder es lassen sich spastisch-rigide Dünndarmschlingen palpieren. Etwas Meteorismus ist eine häufige Begleiterscheinung. Zu Beginn der Erkrankung besteht nicht selten Kotverhaltung, der Mist wird dann dünner bis wässrig und übel riechend. Manchmal ist Tenesmus zu beobachten. Vor allem ist auf den Verlauf der Krankheit und die damit verbundenen Komplikationen zu achten. Die **Diagnose** Krampfkolik und die nicht infektiöse akute Enteritis sind nach Erheben einer ausführlichen Anamnese an sich leicht zu diagnostizieren: Afebrile Patienten mit Krampfkolik, mit oder ohne Durchfall, haben erhöhte Darmmotorik, ohne schwere Allgemeinsymptome oder spezifische Rektalbefunde. Wie oben erläutert, ist die «Krampfkolik» meist nur eine Vermutung, die Enteritis dagegen ist grundsätzlich diagnostizierbar.

Die **Prognose** ist günstig. Es wird allerdings spekuliert, Volvulus und Invaginationen träten vor allem im Gefolge akuter Dünndarmenteritiden auf.

Therapie: Die Krämpfe sprechen gut auf Metamizol-Präparate an. Leichter Durchfall ohne Kolik klingt meistens rasch von selbst ab. Man verordnet eine Raufutterdiät und nachher wieder langsames Anfüttern mit Kurzfutter. Stallhygiene ist wichtig, damit das Pferd keine verschmutzte Einstreu fressen kann. Das Wasser sollte lauwarm verabreicht werden. Styptika sind nicht indiziert, da nach Durchfallepisoden eine Tendenz zu Obstipationsneigung zu bemerken ist. Bei starken, andauernden Durchfällen muss der Wasser- und Elektrolytverlust ausgeglichen werden. Bei Komplikation wie Colitis steht die Schock- und Toxinbekämpfung im Vordergrund (→12.2 resp. 4.2.4.4).

Klinik der akuten Enteritis

Symptome:	akute milde bis starke Kolik Kreislaufparameter wenig gestört Kot physiologisch oder weich
Diagnose:	Darmmotorik: verstärkt Rektalbefund: negativ NSS: kein Reflux
Therapie:	Spasmonanalgetika (Infusion selten notwendig)

4.2.6.1.1.2 Meteorismus

Die oft heftige Kolik wird der übermäßigen Dehnung der Darmwand durch Gasansammlung zugeschrieben. Die Diagnose eines Meteorismus des Darmtraktes ist eine rein symptomatische, und man sollte in allen Fällen versuchen, Ursache und Primärkrankheit zu eruieren. Ein **primärer Meteorismus** tritt häufig auf bei fehlender behutsamer Angewöhnung an neues Futter, vor allem an den Weidegang im Frühling, aber auch bei blähender Fütterung mit Klee, Luzerne, frisch gemähtem, leicht angewelktem Gras, Gerste, Rüben, auch mit Kartoffeln und unbehandeltem Mais. Bei der Fermentation dieses Futters im Caecum werden zu viel flüchtige Fettsäuren gebildet, welche die Darmmotilität hemmen und dadurch zu einem *circulus vitiosus* mit weiterer übermäßiger Gärung und Gasbildung führen. Das Koppen wird gelegentlich ebenfalls als Ursache des Meteorismus angesehen, aber man weiß heute, dass beim Koppen keine Luft bis in den Magen abgeschluckt wird, und darum ist Aerophagie kaum je Ursache akuter Störungen. Ein **sekundärer Meteorismus** entwickelt sich bei Ileus und Subileus jeder Art, oft auch bei Peritonitis.

Ein Meteorismus, der gleichmäßig alle abdominalen Teile des Verdauungsapparats betrifft, tritt selten auf. Viel eher spielen mehr oder weniger lokalisierte «Meteorismen» eine Rolle, die am häufigsten im Blinddarm festzustellen sind, weniger häufig auch im Magen und im großen Colon.

Symptome und Diagnose: Bei geringem Meteorismus tritt milde, bei höhergradigem oft heftige Kolik auf. Wenn die Blähung nicht ausgeprägt ist, sind lebhafte, klingende Darmgeräusche zu hören, begleitet von wenig Mistabsatz und häufigem Flatus. Bei ausgeprägtem Meteorismus besteht im Allgemeinen eine Stilllegung der Peristaltik mit gelegentlichen, hoch klingenden, metallischen Geräuschen. Es kommt zu einer Bauchumfangsvermehrung mit sehr gespannter Bauchwand, die Blähung selbst ist meistens am besten in der rechten Flanke oben zu sehen (Caecum). Der Perkussionsschall über den geblähten Regionen ist laut und schallend. Es kommt bei hochgradigem Meteorismus sehr rasch zu Dyspnoe wegen des Zwerchfellhochstandes. Es besteht akute Schockgefahr, v. a. wenn der venöse Rückfluss zum Herz wegen einer Stauung der Hohlvenen vermindert ist. Rektal ist ein allgemeiner von einem lokalen Meteorismus zu unterscheiden. Lokal kommt die Aufgasung am häufigsten im Caecum vor, wobei der Blinddarm die Beckenhöhle fast ganz einnehmen kann und eine hart gespannte kaudale Taenie bei der transrektalen Untersuchung zu spüren ist. Der Meteorismus des Caecums ist von außen (geblähte rechte Flanke) und per rectum leicht zu diagnostizieren. Meteorismus des großen Colons verursacht eine beidseitige Blähung des Abdomens, sehr selten knien solche Pferde zur Entlastung. Ein hochgradiger Meteorismus verläuft stürmisch mit Zirkulationskollaps oder mit Rupturen von Darmteilen, wonach sich das Pferd vorübergehend beruhigt. Die Diagnose ist leicht zu stellen, schwierig ist aber die Erkennung der Ursache, wenn die Blähung der Darmschlingen eine genauere rektale Untersuchung unmöglich macht. Der Meteorismus des Magens allein ist oben besprochen worden; dabei wird gelegentlich eine hundesitzige Stellung eingenommen. Die **Prognose** ist abhängig vom Grad der Erkrankung. Sie ist prinzipiell vorsichtig zu stellen.

Therapie: Man mag versuchen, die Entleerung der Gase durch Gabe von Spasmolytika und Bewegen des Pferdes zu fördern. Bei leicht- bis mittelgradigen Meteorismen (ohne Schockanzeichen und/oder deutliche Dyspnoe) kann der Patient z. B. nach dem Schieben der Magensonde (Gas ablassen, Siphonieren, 2–3 L Paraffinöl geben), an der Longe 5–10 Minuten wiederholt getrabt werden. Dabei deutet eine nachhaltige Besserung des Zustandes nach möglichst ausgiebigem Flatus auf einen primären Meteorismus hin. Bei starker und bedrohlicher Dyspnoe und/oder Schocksymptomen darf man mit einer wirksameren Therapie allerdings nicht warten, um zu einer genaueren Diagnose zu kommen. Als Therapie und Sofortmaßnahme nach der Gabe eines Analgetikums ist die Punktion geblähter Darmteile zu empfehlen. In der rechten Flanke ist der Caecumkopf leicht zu punktieren: Nach systemischer Antibiose, chirurgischer Vorbereitung, Lokalanästhesie und Hautschnitt, sticht man mit einem Trokar oder Katheter auf dem am deutlichsten gespannten Punkt der rechten Hungergrube (evtl. Probepunktion mit feiner Nadel) in Richtung des gegenüberliegenden Ellbogens ein und lässt das Gas entweichen. Um möglichst viel Gas zu evakuieren, kann man versuchen, durch Druck von ventral mit dem Knie oder dem Rücken des Operateurs die Bauchwand anzuheben und damit das Caecum zu komprimieren. Von der linken Seite können grundsätzlich die Colonlagen auch punktiert werden. Diese Punktion von links durch die Bauchdecken ist aber weit weniger zuverlässig möglich und sollte darum, wenn überhaupt, nur unter Ultraschallkontrolle versucht werden. Man kann auch per rectum wiederholt und erfolgreich punktieren, aber mit einem recht hohen Risiko für Peritonitis und Verklebungen. Starke Colonblähungen mit deutlichen Allgemeinsymptomen stellen deshalb heute von vornherein, d. h. ohne vorgängige Punktionen, eine Indikation für die Laparotomie dar. In allen Fällen, in denen die konservative Therapie oder die Punktion nicht rasch zum Abklingen der Symptome führt, rechtfertigt sich die Laparotomie zum Zweck der Entlastung und Entleerung der betroffenen Darmteile. Dabei wird man natürlich nach möglichen mechanischen Ursachen suchen und diese gleich zu beheben versuchen. Man wird wenn immer möglich versuchen, den Magen präoperativ über die Sonde zu entleeren. Ebenfalls kann eine Caecumpunktion auch präoperativ Linderung verschaffen und das Narkoserisiko vermindern. Dagegen sind die Colonpunktionen sowohl von rektal als auch durch die linke Bauchwand unseres Erachtens nur angezeigt, wenn andere therapeutische Möglichkeiten ausgeschöpft sind und keine Besitzererlaubnis zur Operation vorliegt.

Klinik bei Darmmeteorismus	
Symptome:	akute milde bis starke Kolik Kreislaufparameter wenig bis stark verändert Kot physiologisch vermehrter Flatus
Diagnose:	Darmmotorik: reduziert Rektalbefund: aufgegaster Darm NSS: kein oder wenig Reflux sonografisch: kein spezifischer Befund
Therapie:	Analgetika, Bewegung, Punktion, Infusion bei Schockanzeichen

4.2.6.1.2 Toxische Darmerkrankungen

Bei den toxischen Darmerkrankungen sind die **endogenen bakteriellen Toxine** die weitaus häufigsten Ursachen. Diese endogenen Toxinerkrankungen werden unter den infektiösen Darmerkrankungen (→4.2.6.3.3.3 & 16.7.8) weiter unten behandelt. Erkrankungen nach Aufnahme **exogener Gifte,** vor allem von **Giftpflanzen** (Tab. 14.3) wie der Eibe, sind häufig. Die meisten Eibenarten, wie die Europäische Eibe *(taxus baccata)*, enthalten sehr giftige Inhaltsstoffe wie Taxin B. Giftig sind Rinde, Nadeln und Samen. Pferde sind besonders empfindlich. Schon der Verzehr von 200 g Eibennadeln kann zum Tode führen. Die Robinie oder «Falsche Akazie» *(robinia pseudoacacia)* verursacht Zittern, akute Koliken und Obstipationen und bei Aufnahme von 100 g Rinde zusätzlich zentralnervöse Störungen wie Exzitationen, später Somnolenz, Blindheit, Gleichgewichtsstörungen und Festliegen. Alle Pflanzenteile bis auf die Blüten sind toxisch. Die toxischen Proteine (Lektine) induzieren Darmepithelschäden, Erythrozytenagglutination und Gewebsnekrosen. Die ganze Pflanze von Oleander *(nerium oleander)* enthält das herzwirksame Glykosid Oleandrin, das neben Herzrhythmusstörungen und Tachykardie auch Apathie, Kolik und schwere Durchfälle bewirkt.

Besonders gefährlich sind also «Gartenabfälle». Größere Mengen von Rosskastanien, Hahnenfuß, Eicheln und Eichenblättern, Heidekräutern und dergleichen können auch eine schwere Enteritis verursachen.

Zur Behandlung betroffener Pferde sollte die weitere Resorption der Giftstoffe möglichst verhindert werden mittels mehrfacher oraler Gabe von Aktiv-Kohle (*carbo medicinalis*: 1–3 g/kg Körpergewicht als wässerige Suspension in etwa 4 l Wasser) und ggf. Laxantien (→4.2.4.3), bei lipophilen Giften insb. Gabe von 1–3 l Paraffinöl. Außerdem muss der Kreislauf durch Infusionen stabilisiert und bei Exitation eine leichte Sedation mit α2-Agonisten und Analgetika zur Behandlung der Kolik verabreicht werden.

Gifte, wie Arsen oder Quecksilber, spielen *in praxi* nur eine Rolle, wenn ein Pferd mit diesen Giften gebeiztes Saatgut (Saatkartoffel, Weizen u. a.) aufnimmt oder z. B. quecksilberhaltige Salben (heute nicht mehr auf dem Markt) ableckt. Rizinussamen und -öl können eine schwere lebensbedrohliche Colitis verursachen. Auch Leinsamenöl (> 1 ml/kg KG) kann beim Pferd Kolik, Inappetenz und Durchfall auslösen. Wenn eine Wasserquelle als Durchfallverursacher infrage kommt, sollte an Blaualgen (ebenfalls Leberschäden mit Fotosensibilisierung) gedacht werden. Vergiftungen mit Organophosphaten (Pestiziden), Amitraz (Akarizid), Propylenglykol (Frostschutz; Behandlung der Rinderketose) oder auch mit Ionophoren oder verschiedenen Mykotoxinen können von Durchfällen begleitet werden, es stehen aber andere Symptome im Vordergrund (Tab. 14.3) und solche Vergiftungen sind dank strengerer Vorschriften heute seltener. Unbekannte, für Pferde nicht getestete Einstreumittel können Enteritiden verursachen. Dabei ist zu beachten, dass manchmal nur gewisse Tiere eine bestimmte Einstreu (und anderes «futterfremdes Material») aufnehmen, während die anderen das Material nicht fressen und darum auch nicht krank werden. Häufiger sind offensichtlich iatrogen-medikamentelle Darmschädigungen, vor allem mit nicht steroidalen Entzündungshemmern. Unter allen Medikamenten ist Phenylbutazon hervorzuheben, doch ist diese Stellung wohl ebenso seinem weitverbreiteten Gebrauch und Missbrauch wie seiner eigentlichen (immerhin erheblichen) Toxizität zuzuschreiben. Grundsätzlich können alle Antibiotika, ob oral oder parenteral gegeben, beim Pferd akute Enteritis (Typhlocolitis) auslösen. Welche besonders gefährlich sind, hängt wahrscheinlich von der Reaktion der lokalen, regionalen Dickdarmflora ab. Das heißt, dass z. B. bei uns Gentamicin und Neomyzin für das Auslösen postoperativer Colitis (s. u.) gefürchtet sind, während andernorts Sulfonamide und Tetrazykline verantwortlich gemacht werden. Es ist daran zu denken, dass auch Glaubersalz und andere Abführmittel reizend wirken und in zu hohen oder zu oft wiederholten Gaben Durchfall verursachen können.

4.2.6.1.3 Mechanische Behinderung der Darmpassage

Wie oben erwähnt, kann eine Passagebehinderung, partiell (Subileus) oder komplett (Ileus) sein. Die mannigfaltigen mechanischen Passagebehinderungen (→4.2.2.1), stellen die weitaus größte Gruppe der Kolikursachen dar und können je nach Schweregrad auch zu starken Schäden, meist mit hämorrhagischem Infarkt, führen. Die wohl häufigste Form des mechanischen Ileus ist die Obstipation des Dickdarmes.

4.2.6.1.3.1 Dünndarmobstipationen

Obstipationen im Dünndarm sind in den weitaus meisten Fällen im **Ileum** lokalisiert, sehr selten im Duodenum oder im Jejunum. Die Ätiologie ist oft unklar, meist ist **grobes, rohfaserreiches Futter** (in den USA v. a. «Bermudagrass»,; bei uns vor allem zu kurze Strohhäcksel sowie Hanf- und Leinstroheinstreu) an der Entstehung beteiligt. Es wird auch vermutet, dass ein Befall *mit Anaplocephala perfoliata* an der Ileozäkalklappe Ileumobstipationen, die öfter bei jungen Pferden vorkommen, begünstigen. Manchmal werden Ulzera oder Divertikel auch Hypertrophie der Muskularis des Ileums, zusammen mit Obstipationen, bei einer Laparatomie gefunden. Bei Jungtieren sind Dünndarmobstipationen (meist **Jejunum**) am ehesten auf **Ascaridenknäuel** zurückzuführen, vor allem nach Entwurmung. Seltener führt ein Subileus aufgrund einer entzündlichen oder neoplastischen (Abb. 4.6) Veränderung der Darmwand zu rezidivierenden Obstipationen.

Symptome: Es kommt bei einem Ileumverschluss durch Verstopfung anfänglich zu recht heftiger Kolik und Krämpfen nach der Fütterung. Später nehmen die Kolikanfälle eher ab, bei allmählichem Steigen von Puls- und Atemfrequenz, wofür wahrscheinlich die eintretende sekundäre Magenüberladung verantwortlich ist. Man schätzt, dass ein ausgewachsenes Pferd 3–4 Liter pro Stunde Flüssigkeit in den Dünndarm sezerniert. Zum Reflux bis in den Magen kommt

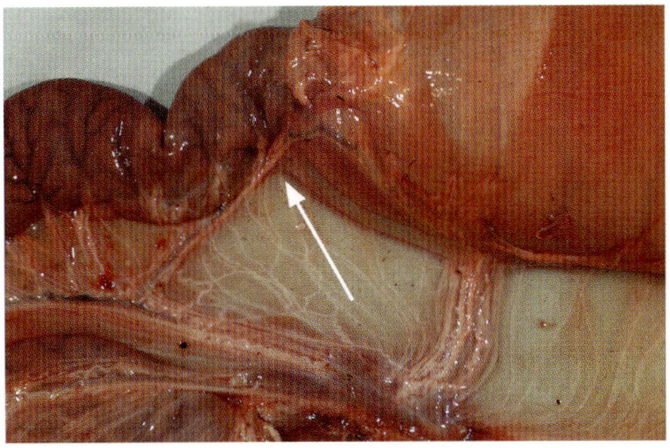

Abb. 4.6: Subileus im Duodenum: Partieller Darmverschluss (Pfeil) mit prästenotischer Erweiterung, verursacht durch ein Lymphom in der Darmwand.

es bei Verschlüssen im proximalen Jejunum nach ca. 3–6 Stunden, bei Verschlüssen im Mittelteil des Jejunums nach ca. 6–12 Stunden, und bei einer **Ileumobstipation** nach mehr als 12 Stunden. Die Allgemeinsymptome verschlimmern sich dann schnell. Die Pferde werden apathisch, die Schleimhäute sind stark injiziert, oft ikterisch, die Pulsfrequenz steigt an. Im Allgemeinen kommt es zur völligen Kotverhaltung (Ileus). Rektal ist das Ileum als glatte Wurst quer hinter der linken Niere spürbar. Die Wurst zieht nach vorne rechts oben zum Blinddarmkopf hin. Die genaue Diagnose fällt bei der rektalen Untersuchung negativ aus, wenn das Passagehindernis außerhalb des Bereichs der untersuchenden Hand liegt. Allerdings sind zahlreiche dilatierte Dünndarmschlingen tastbar, die einen sicheren Hinweis auf einen mechanischen Ileus des Dünndarms geben. Einspritzgeräusche in den Blinddarm sind nicht zu hören. Eine **Duodenumobstipation** ist eventuell in der Gegend der kranialen Gekrösewurzel zu ertasten.

Diagnose: Die Diagnose einer Ileumobstipation ist aufgrund des Rektalbefundes für einen routinierten Untersucher an sich sicher zu stellen, sie setzt aber Routine voraus. Andere Dünndarmobstipationen präzise zu diagnostizieren, kann sich als schwierig erweisen, denn auch mithilfe einer Ultraschalluntersuchung ist nicht das gesamte Abdomen zu erfassen. Bei Fohlen führt häufig das Gewicht einer Dünndarmobstipation dazu, dass der betroffene Dünndarmanteil nach ventral absinkt, weshalb es sonografisch häufig darstellbar ist. Beim erwachsenen Pferd können prästenotisch dilatierte Dünndarmschlingen oft sonografisch nachgewiesen werden, bevor diese rektal zu ertasten sind. Auskultatorisch sind bei der Ileumobstipation keine Einspritzgeräusche im oberen rechten Viertel, über der Caecumbasis zu hören. **Prognose:** Die konservative Therapie kann durchaus zum Erfolg führen. Die Gefahr einer Darmperforation mit fataler Peritonitis besteht aber speziell bei Askaridenknäueln und allgemein bei lang andauernden Obstipationen wegen Störungen der Blutzirkulation in der Darmwand des poststenotischen Darmteiles (langandauernder Spasmus der Muskularis). Bei der chirurgischen Intervention richtet sich die Prognose nach der intraoperativen Diagnose.

Therapie: Die wichtigste initiale Maßnahme ist die rasche Gabe hoher Dosen von Analgetika und Spasmolytika, Magensiphonierung um den Reflux abzulassen, sowie eine aggressive Infusionstherapie (→12.2). Bleiben die Kreislaufparameter physiologisch, ist der konservative Behandlungsversuch zu empfehlen und kann über 4–10 Stunden andauern. Bei einer sekundären Magenerweiterung wird eine Sonde in den Magen eingeführt und dort zur Dekompression (Reflux, Gas) belassen. Eine einigermaßen gute Chance bei konservativer Therapie haben wahrscheinlich nur relativ kurze und weiche Obstipationen, diese sind aber rektal umso schwieriger zu diagnostizieren, geschweige denn (sehr selten möglich) rektal «auszumassieren». Wenn man abwartet, läuft man Gefahr, dass der Darm lokal weiter geschädigt wird, und das Risiko einer Peritonitis wegen einer Darmwand Perforation durch die Askariden und auch eines paralytischen Ileus wegen der Dehnung des restlichen proximalen Dünndarms zunimmt. Darum ist die Operation früh vorzunehmen. Das verstopfte Ileum kann dann direkt massiert und wenn nötig eröffnet werden. Auch eine Resektion oder eine Überbrückung (Ileocaecostomie) kann sich bei fortgeschrittener Schädigung aufdrängen. Wenn eine Kolikoperation vorgenommen wird, haben Obstipationen, die aus noch wenig geschädigtem Darm ausmassiert werden können, eine gute Prognose. Bei hochgradigen Askaridenobturationen sind oft mehrere Enterotomien des Dünndarms nötig, und die post-operative Überlebenschance der Patienten ist dementsprechend ungünstiger.

Klinik der Dünndarmobstipation	
Symptome:	akute milde bis starke Kolik Kreislaufparameter verschlechtern sich stündlich meistens kein Kotabsatz
Diagnose:	Darmmotorik: reduziert oder sistiert (Ileumobstipation: keine Einspritzgeräusche) Rektalbefund: anfänglich kein Befund, später dilatierte Dünndarmschlingen evtl. obstipierte Schlinge als feste «Wurst» mittig-rechts, schräg nach dorsal und zu tasten NSS: anfänglich kein, später Reflux Sonografie: flüssigkeitsgefüllte und dilatierte Dünndarmschlingen
Therapie:	zunächst analgetische Behandlung und Infusionen, bei Verschlechterung der Befunde → Laparotomie

4.2.6.1.3.2 Dickdarmobstipationen

4.2.6.1.3.2.1 Obstipationen des Blinddarms

Blinddarmobstipationen können vereinfacht in fütterungsbedingte (z. B. grobfaseriges Futter wie Hanf- und Leinstroheinstreu), primäre, meist einmalige Anschoppungen mit festem Inhalt (Typ I) gegenüber zu Rezidiven neigenden, idiopatischen Motilitäts- und Ausflussstörungen mit eher flüssigem Inhalt (Typ II) eingeteilt werden. Bei rezidivierenden Caecumobstipationen ohne Fütterungsfehler müssen daher als Ursache der Obstipation idiopathische Caecumwandveränderungen in Betracht gezogen werden. Dabei ist ein Neuronendefizit im *Plexus mesentericus* der Caecumbasis zu beobachten und eine Hypertrophie der Ringmuskulatur der Caecumwand. Dadurch kommt es zu einer irreversiblen Entleerungsstörung. Die klinischen Symptome spiegeln den Umfang der Anschoppung wider, welche meist in Caecumbasis und -kopf beginnt. Während der Anfangsphase kann infolge der angelagerten Ingesta nur noch dünnflüssige Ingesta das Ostium caecocolicum passieren. Feste Stoffe sammeln sich demzufolge vor dem Ostium an, das Ostium beginnt sich zu schließen.

Symptome: Ist die Blinddarmbasis angeschoppt, kann diese im oberen rechten Quadranten des Abdomens als bis zu fußballgroßer, glattwandiger, pendelnder Umfangsvermehrung ertastet werden. Kommt es zum prästenotischen Stau, ist der Blinddarm senkrecht in der rechten Hälfte der Bauchhöhle mit deutlicher Poschierung zu finden. Bei zunehmender Füllung werden die Poschen undeutlich oder nicht mehr wahrnehmbar. Die Unruhe besonders bei chronischen Obstipationen ist oft nur mäßig. Die Pferde sind eher apathisch, der Mistabsatz ist vermindert, meistens aber nicht völlig sistiert, der Mist ist breiig, lehmartig und oft übel riechend. Symptomfreie Zeitintervalle können aber längere Zeit andauern. Auch klinisch relativ unauffällige, (fast) ohne Koliksymptome verlaufende Caecumobstipationen können plötzlich zur Ruptur führen. Die Symptomatik ist dann wie bei der Magenruptur: Sistieren der Koliksymptome und kurz darauf eintretender Schock.

Diagnose: Inappetenz und Koliksymptome richten sich nach dem Verlauf der Erkrankung und sind mehr oder weniger ausgeprägt. Rektal kann eine deutliche Umfangsvermehrung des Blinddarmes in den rechten zwei Quadranten leicht diagnostiziert werden. Ist bei beginnender Obstipation des Blinddarmkopfes respektive seines überhängenden Teiles, die Vergrößerung rektal nicht zu diagnostizieren, weist am ehesten eine gespannte ventrale Tänie auf das Geschehen hin. Rektal kann eine Unterscheidung in eine primäre Caecumobstipation gegenüber einer sekundären meist nur vermutet werden. Bei starkem prästenotischem Stau vor dem Ostium caecocolicum füllt sich der Blinddarm allmählich und wird als teigige, z. T. mit Gas umgebene Masse, und stark gespannten Tänien fühlbar. Die Poschierung der Wand ist nicht mehr wahrzunehmen. Bei lang andauernder Obstipation kommt es zur Wandverdickung und zunehmender Rupturgefahr. Die Diagnose einer idiopathischen Caecumwandveränderung kann rektal vermutet werden durch Ertasten einer verdickten Caecumwand. Sonografisch lässt sich der Verdacht auf eine Wandverdickung erhärten.

Prognose: Die Prognose hängt bei akuten Caecumobstipationen von der Menge des Darminhaltes, von der Intensität der konservativen Behandlung, ggf. von der Geschwindigkeit der Entscheidung zur Laparotomie, v. a. von der Ursache ab. Primäre, fütterungsbedingte Obstipationen haben eine bessere Prognose als rezidivierende, Probleme aufgrund von idiopathischen Motilitätsstörungen. Letztere können meist nur chirurgisch behandelt werden. Die akute Obstipation entleert sich nach sachgemäßer konservativer Behandlung meist nach ca. 3–7 Tagen. Wegen der Rupturgefahr sind die Fälle aber auch nach einem zuerst positiv scheinenden Verlauf so lange vorsichtig zu beurteilen, bis eine normale Füllung, Entleerung und entsprechend normaler Mistabsatz über mehrere Tage beobachtet werden können.

Therapie: Günstig wirkt Fasten. Den Pferden sollte allerdings, wenn sie Appetit haben, mehrmals täglich eine Handvoll Gras oder schönes Heu angeboten werden. Dazwischen ist das Anlegen eines Maulkorbes zu empfehlen. Man versuche mittels intensiver abführender Therapie (→4.2.4.3), die angeschoppten Massen aufzuweichen durch Gaben von Wasser, Glaubersalz, Leinsamenschleim und Mineralöl. Es wird aber in hartnäckigen Fällen nicht zu umgehen sein, zu laparotomieren und das Caecum zu entleeren und ggf. einen Caecum-By-Pass oder eine Erweiterung des Ostium Caeco-colicum vorzunehmen.

Bei zusätzlich starkem Blinddarmmeteorismus mit Kolik und Zirkulationsstörung ist eine Blinddarmpunktion in der rechten Hungergrube indiziert (→4.2.6.1.1.2). Es ist selbstverständlich, dass man die Pferde mit Analgetika versorgt. Prokinetika sind wegen Rupturgefahr kontraindiziert.

Klinik bei Caecumobstipation	
Symptome:	milde Kolik, Apathie, Inappetenz, Kreislaufparameter anfänglich physiologisch Kotabsatz meistens keiner oder wenig, oft stinkiger, dünner Mist
Diagnose:	Darmmotorik: reduziert Rektalbefund: obstipiertes Caecum füllt die rechte Abdomenhälfte aus, manchmal ist aber v. a. der Caecumkopf angeschoppt und nur weit kranio-dorsal spürbar; fester Inhalt: primäre Obstipation flüssiger Inhalt: sekundäre Anschoppung Wandverdickung manchmal spürbar Sonografie: Caecum vergrößert und ggf. Wandverdickung messbar
Therapie:	Futterentzug intensive orale abführende Behandlung und bei Dehydratation Infusionen, Analgetika Laparatomie, evtl. Caecum-Bypass

4.2.6.1.3.2.2 Obstipationen des Colons

Die häufigsten Anschoppungen findet man beim Pferd im Colon. Die Colonobstipation ist weit häufiger links als rechts und häufiger ventral als dorsal lokalisiert, und sehr oft erstreckt sich die Obstipation bis in die Beckenflexur. Oft wird sie darum auch «Beckenflexurobstipation» genannt. Diese Obstipation der Colonlängslagen stellt sich mit Vorliebe bei Pferden ein, die plötzlich nach sonst regelmäßiger Arbeit ruhig gestellt werden müssen (z. B. Unfallpatienten in Kliniken). Auch Fütterungsumstellungen, vor allem auf grobes Futter, oder viel frisches Stroh als Einstreu, das in großen Mengen gefressen wird, scheinen oft verantwortlich zu sein. Bei kaltem Wetter im Winter vermuten wir oft auch, dass die Pferde zu wenig saufen und darum eine Tendenz zu Anschoppungen entwickeln.

Symptome: Der Kotabsatz wird allmählich weniger häufig, der Mist spärlicher, trockener, kleingeballt und hart. Der Absatz kann fast völlig sistieren, dabei ist die Ampulla recti aber voller Mist. Die Puls- resp. Atemfrequenz bewegt sich, je nach Schmerzempfinden, zwischen 36–50/min resp. 16–25/min. Das Allgemeinbefinden der Pferde wird oft nur wenig beeinflusst. Die Kolik ist je nach Empfindlichkeit des Pferdes mehr oder weniger heftig, im Allgemeinen mild. Oft nehmen die Pferde eine Streckstellung ein, als ob sie Harn absetzen möchten (fälschlicherweise vom Laien oft als «Nierenkolik» bezeichnet). Dieses Symptom wird von Laien und manchmal auch von Tierärzten falsch als «Harnabsatzstörung» interpretiert. Es bedeutet meistens, dass die **Beckenflexur** angeschoppt ist, in die Beckenhöhle hineinragt und auf die Harnblase drückt. Die Schmerzen sind deutlich remittierend oder intermittierend. Es können praktisch symptomlose Pausen von längerer Dauer auftreten. Obstipationen der linken Colonlagen und der Beckenflexur führen weniger rasch zu manifesten Symptomen als Obstipationen der rechten dorsalen Längslage. Der Rektalbefund ist bei Anschoppung der linken Längslagen sehr typisch. Es findet sich eine lange, große Walze von teigiger bis trockener Konsistenz links unten, wobei die Obstipation so hochgradig sein kann, dass die linke ventrale Längslage über die Mitte nach rechts und auch sehr weit hinauf ragt. Meistens ist dabei auch die Beckenflexur angeschoppt und später die dorsale Längslage; die Obstipation kann so weit gehen, dass die ganze Beckenhöhle ausgefüllt scheint, wobei After und Perinaeum nach außen gedrückt werden. Die rechte ventrale Längslage ist schwieriger zu palpieren. Bei mittel- bis hochgradiger Obstipation findet sich weit vorne rechts ebenfalls ein angeschoppter Körper von teigiger Konsistenz, der nach links unten zieht.

Die **magenähnliche Erweiterung** ist bei Anschoppungen (cave! Ausgang zum *Colon transversum* Prädilektionsstelle für Enterolithen, Phytobezoare und andere Fremdkörper) ventral der Mitte vor dem Blinddarmkopf (knapp!) zu spüren. Sie verschiebt sich meistens etwas mit der Atmung.

Obstipationen des **Colon tenue** sind relativ selten (gehäuft z. T. bei Minishettys, Fäkoliten). Sie können Folgen sein von Stenosen (Darmsteine, Phyto- und Trichobezoaren; Abb. 4.7) und eines Ödems (vermutet wird thrombo-embolische Ursachen, z. B. Endarteriitis in der hinteren Gekrösewurzel). Dieses Ödem ist ein typischer Rektalbefund (raue Schleimhaut). Die prästenotische Obstipation präsentiert sich vor dem Beckeneingang als nach unten ziehender, pendelnder, armdicker, wurstförmiger Körper. Klinisch können diese Obstipationen trügerisch ruhig verlaufen, aber wenn sie über Tage andauern, können sie zu Darmwandschädigungen und Peritonitis führen. Die Fresslust ist oft lange fast normal.

Diagnose: Bei einem typischen Rektalbefund bereitet die Diagnose keinerlei Schwierigkeiten. Wichtig ist hier die Abgrenzung gegenüber der sekundären Eintrocknung des Darminhaltes mit deutlicher Skulpturierung (Abb. 4.10) der Poschen des *Colon ascendens*, z. B. bei Grass-Sickness oder Dünndarmileus. Auch wenn der Rektalbefund nicht sicher ausfallen sollte, deuten mäßige Unruhe, geringe Allgemeinstörungen, kleine, harte

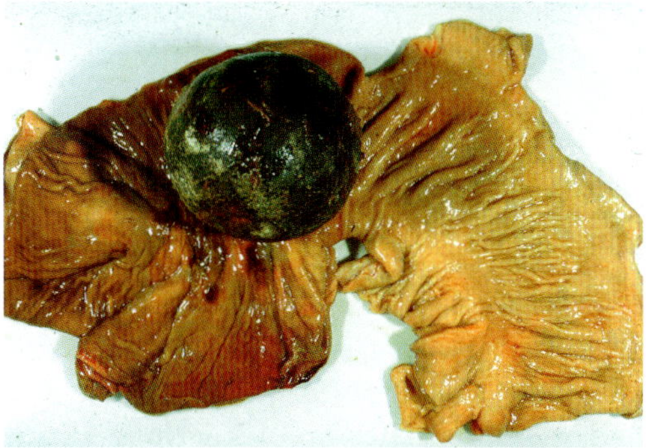

Abb. 4.7: Darmstein: Enterolith mit einem Durchmesser von 15 cm im kleinen Colon. Prästenotisch deutlich entzündliche Veränderungen der Darmschleimhaut.

Mistballen und ein Puls, der nicht über 50 steigt, sowie ein gutes Ansprechen auf Analgetika bei während Tagen andauernder Kolik auf eine Obstipation des Colons hin.

Prognose: Die Prognose der Colonobstipation ist bei ausdauernder, gewissenhafter Überwachung und gezielter Therapie günstig und nur in verschleppten Fällen zweifelhaft.

Therapie: Die Medikation mit Analgetika ist immer angezeigt, auch wenn die Kolik selbst nur mild erscheint. Wichtig ist der Versuch, die angeschoppten Kotmassen durch große Wassermengen und ggf. Laxantien zu erweichen (→4.2.4.2 & 4.2.4.3). Die obstipierten Pferde sollten außerdem wiederholt Schritt geführt werden und in sehr kleine Portionen Heu, zur Anregung der Peristaltik gefüttert werden. Klysmen vermögen eventuell die Peristaltik anzuregen und bei der Obstipation des kleinen Colons den Obstipationspfropf zu erweichen. Absatz von flüssigem Mist ist kein Garant, dass sich die Anschoppung aufgelöst hat, da die flüssigen Ingesta oft den Weg an der obstipierten Masse vorbei finden. Die Therapie einer schweren, verschleppten Colonobstipation kann bis zu einer Woche in Anspruch nehmen. Problematisch sind die Fälle, die zusätzlich eine Magenentleerungsstörung zeigen, vermutlich bedingt durch eine Kompression des Magenausgangs durch das voluminöse Colon. Solchen Patienten kann man die Flüssigkeit mit Infusionen in großen Mengen zukommen lassen. Chirurgische Eingriffe sind im Allgemeinen nicht notwendig.

Häufig liegen Grasballen und dergleichen im Endteil des großen Colons, das heißt am Engpass, der am Übergang von magenähnlicher Erweiterung zum *Colon transversum* besteht oder im *Colon tenue*. Diese und andere Obturationen im Dickdarm verlaufen anfänglich unter milden Erscheinungen, die denjenigen einer Colonobstipation ähnlich sind. Magenwärts der Obturation bildet sich verhältnismäßig rasch eine Anschoppung, die besonders in der magenähnlichen Erweiterung monströse Ausmaße annehmen kann, sodass dieser Colonteil sich per rectum betasten lässt. Nach Stunden oder auch erst nach mehreren Tagen entwickeln sich dann die Symptome eines Ileus mit fortschreitender Toxämie.

In Gegenden mit sandigem Boden kann es zur Darmversandung und zur Bildung von sandigen Konkrementen im Darm kommen. Die dabei entstehenden sog. **Sandkoliken** sind unter unseren Verhältnissen selten. Die Anamnese und Informationen über eine Paddock-Haltung oder stark abgegraste Weiden am Ende des Sommers mögen auf diese Möglichkeit hindeuten. Die Diagnose wird durch Auskultation der Zwerchfellflexur ventral caudal von Xyphoid und das typische askultatorische Geräusch von «rinnendem Sand» gestellt. Weitere Hinweise liefern eine Aufschwemmung von Mist und Nachweis von Sand im Sediment.

Manchmal kann eine Röntgenaufnahme der ventralen Bauchkontur aufschlussreich sein. Eine raufutterbetonte Fütterung oder eine Therapie mit Flohsamenschalen (Psyllium) 1 g/kg KG täglich ins Futter kann versucht werden. Die operative Entleerung ist nur selten nötig, birgt aber wegen des Gewichtes eine erhöhte Rupturgefahr.

Klinik bei Colonobstipation	
Symptome:	milde bis starke Kolik, Inappetenz, Kreislaufparameter anfänglich physiologisch, meistens reduzierter Mistabsatz, trockene Kotballen
Diagnose:	Darmmotorik reduziert (insbesondere links) Rektalbefund: Obstipiertes Colon füllt meistens die linke Abdomenhälfte aus NSS: negativ. Evtl. Kotaufschwemmung zum Nachweis von Sand
Therapie:	Bewegung und kleine Portionen Gras/Heu zur Anregung der Peristaltik intensive orale laxierende Behandlung (wiederholt Wasser, Glaubersalz, Paraffinöl) Infusion bei länger andauernder Obstipation, analgetische Behandlung

4.2.6.1.3.2.3 Mekoniumverhalten

Bei Mekoniumverhalten des Neugeborenen verschließt Darmpech (dunkelbraune, relative harte Kügelchen aus Amnion- und Gallenflüssigkeit, Schleim und Epithelzellen) das Rektum und die hinteren Teile des *Colon tenue*. Normalerweise sollte das Mekonium innerhalb von 3–4 Stunden nach der Geburt abgehen. Auf manchen Gestüten werden Klysmen auch prophylaktisch verabreicht, um den Mekoniumabgang zu fördern. Männliche, unreife und übertragene Fohlen sowie solche, die kein Kolostrum aufgenommen haben, sind prädisponiert, ein Mekoniumverhalten zu zeigen. Die Bauchpalpation erlaubt gelegentlich das Erfühlen einer aus dem Becken ragenden «Wurst» oder gasgefüllter Dickdarmschlingen. Der in den Anus eingeführte explorierende Finger erreicht in der Regel Mekoniumbällchen oder das hintere Ende dieser «Mekoniumwurst» (cave! Verletzungsgefahr). Die Fohlen zeigen Tenesmus, liegen oft auf dem Rücken, sie sind unruhig, saugen schlecht, zeigen aber, jedenfalls zu Beginn, sonst wenig Allgemeinstörungen.

Diagnose: Die Darmpechverhaltung ist mithilfe einer ausführlichen Anamnese, der digitalen rektalen Palpation, dem klinischen Verlauf meistens einfach zu diagnostizieren. Mehr kranial liegende Verschlüsse sind schwieriger zu diagnostizieren und können mittels Kontraströntgenaufnahmen diagnostiziert werden. Kontrastmittel wird vorsichtig ins Rektum eingegeben und unmittelbar darauf wird die Aufnahme gemacht. Auch die Ultraschalluntersuchung kann gute Hinweise auf die Lokalisation der Anschoppung geben.

Prognose: Wenn die Diagnose gesichert werden kann, ist die Prognose günstig, weil man sich dann rasch entschließen kann, unverzüglich das Fohlen intensiv konservativ oder operativ zu behandeln. Bleibt die konservative Behandlung nach 6 Stunden erfolglos und/oder nehmen die Koliksymptome zu, muss das Mekoniumverhalten (insb. kraniale Verschlüsse) chirurgisch gelöst werden.

Therapie und Prophylaxe: Kleine Konkremente können nach der Gabe von Klysmen abgehen. Nicht allzu harte Konkremente können eventuell manuell per rectum mit dem Finger sehr vorsichtig (cave! Verletzungsgefahr!) zerkleinert werden. Entscheidend ist die widerholte rektale Instillation von 150–800 ml Klysmen entweder aus einer Wasser-Gleitgel-Mischung, einer Acetyl-Cystein-Lösung (z. B. 6 g Acetyl-Cystein auf 150 ml Wasser mit 15 g Backpulver Bikarbonat in körperwarmem Wasser) oder kommerzielle Klysmen aus der Humanmedizin (cave! Phosphatgehalt; manchmal reizend). Die Instillation darf nur passiv durchgeführt werden, z. B. über einen vorsichtig ins Rektum vorgeschobenen 30-French-Foley-Katheter. Zusätzlich wird das Fohlen analgetisch mit Metamizol (5–10 mg/kg i. v.) behandelt. Der Flüssigkeitshaushalt muss über Infusionen (bei längerer Dauer auch parenterale Ernährung) in einzelnen Fällen ausgeglichen werden (→12.2). In manchen Fällen bewährt sich auch ein vorsichtiges Abführen mit 100 ml Paraffinöl und gleichzeitigem Fasten (reduzierter Milchaufnahme). Führen diese Maßnahmen nicht zum Erfolg, ist eine Laparotomie mit Ausmassieren des Mekoniums am Platz. Prophylaktische Klysmen sind sinnvoll.

Klinik bei Mekoniumverhaltung	
Symptome:	kein Mistabsatz; milde bis starke Kolik, Tenesmus, Kreislaufparameter anfänglich physiologisch
Diagnose:	Darmmotorik: reduziert (insbesondere links) oft aufgegastes Abdomen Rektalbefund: harte Mekoniumbällchen digital proximal im Becken zu ertasten
Therapie:	intensive, aber vorsichtige rektale Instillation von Klysmen, ggf. begleitet mit vorsichtigem Abführen, Fasten und Infusionen, sowie analgetische Präparate (Metamizol); nur selten ist eine Laparotomie nötig
Prophylaxe:	Klysmen; als empirische Maßnahme: salzreiche Fütterung (Mash) der Stute vor dem Termin

4.2.6.1.3.3 Dickdarmverlagerungen und -torsionen

Sowohl der Dünn- als auch der Dickdarm können ihre Lage – ohne dass sie inkarzeriert sind (→4.2.6.1.3.4.2) – verändern. Einfache Verlagerungen sind dabei nicht strangulierend, bei Torsionen dagegen ist je nach Grad die Blutzufuhr eingeschränkt oder unterbunden und es kann zu ischämischer Gewebenekrose kommen.

Tabelle 4.7: Lageveränderungen des Darmes

	Colon/Caecum	Dünndarm
Verlagerungen ohne Inkarzeration	Milznierenband Verlagerung (Colon Linksverlagerung) Colon Rechtsverlagerung Colon Retroflexion (Caecum Retroflexion, sehr selten)	Verlagerung in große Bruchöffnung
Torsionen	Colontorsion (Torsio coli)	Volvulus mesenterialis
Invaginationen	Caecum ins Caecum (I. caecocaecalis) Caecum ins Colon (I. caeco-colica)	Dünndarn in Dünndarm (z. B. jejuno-jejunalis) Ileum ins Caecum (ileocaecalis)
Verlagerungen mit Inkarzerationsrisiko (Hernien)	Zwerchfellshernie	innere **Hernien** Zwerchfellshernie Foramen Epiploicum Hernie Mesenterialhernie Omentalhernie Bridenileus (hernia pseudoligemantalis) **äußere Hernien** Inguinal- und Skrotalhernie Nabelhernie

4.2.6.1.3.3.1 Verlagerung des Colons über das Milznierenband

Die Verlagerung des Colons über das Milznierenband entsteht vermutlich durch progressives Hochwandern der linken Colonlagen zwischen Milz und Bauchwand, endet in einigen Fällen mit dem Überwinden der dorsalen Kante der Milz und schlussendlich mit einem Zustand, der im englischen Sprachraum richtigerweise als «Entrapment» bezeichnet wird. Bei dieser Verlagerung hängt sozusagen das Colon über dem Milznierenband. Die Tatsache, dass bei Pferden mit Adhäsionen zwischen Milz und Bauchwand diese Art der Colonverlagerung auch vorkommt, lässt darauf schließen, dass eine Verlagerung der Beckenflexur des Colons von kranial nach kaudal ebenfalls zu einer derartigen Verlagerung führen kann. Ein unterschiedlich langer Anteil des Colons befindet sich kaudal der linken Niere, ist mit unterschiedlich viel Ingesta oder Gas gefüllt. Bedingt durch die Einengung des Darmlumens, findet im überhängenden Darmteil keine physiologische Darmmotorik und Darmpassage mehr statt. Hier kommt es häufig durch fehlende Beförderung der Ingesta zu einer Gärung und zu einem sekundären Meteorismus. Bereits das Gewicht des verlagerten Colons über dem Milznierenband kann durch Spannung des Peritoneums zu Schmerzen führen. Hinzu kommen der Schmerz durch die Darmwandquetschung, vorübergehende Hypoxie/Ischämie und später v. a. der Schmerz der Dehnung der aufgegasten Darmanteile. Die Ursache für die Verlagerung des Colons zwischen Milz und Bauchwand bis über das Milznierenband bleibt unklar. Eine Rolle spielen vermutlich verschiedene Gegebenheiten wie Hypomotilität und Aufgasung des Colons sowie temporäre Änderungen der Größe der Milz. Sicher ist, dass großrahmige Pferde für MIlznierenband-Verlagerungen prädisponiert sind.

Symptome: Die Koliksymptome und die Heftigkeit der Schmerzäußerung ist bei der Milznierenband-Verlagerung sehr variabel und abhängig vom Grad der Strangulation und sekundären Aufgasung resp. Anschoppung und reicht von einer leichten Apathie bis zu hochgradigen Koliksymptomen. Meistens allerdings zeigen die Pferde reduziertes Allgemeinbefinden und Appetitlosigkeit.

Der Mistabsatz nimmt mit der Dauer der Kolik ab.

Diagnose: Meistens ist der Kreislauf bei der Verlagerung des Colons über dem Milznierenband nicht beeinträchtigt, entsprechend fehlen Schockanzeichen. Der Bauchumfang ist häufig etwas vermehrt, und bei Meteorismus wölbt sich die linke Hungergrube nach außen. Die Darmmotorik ist auf der linken Seite reduziert. Bei zunehmendem Meteorismus sistieren die Darmgeräusche vollständig, die Herzfrequenz steigt und die Koliksymptome nehmen zu.

Die Diagnose wird durch die rektale Untersuchung gestellt. Das Milznierenband ist oft nicht mehr ertastbar, die Niere oft nicht medial der Milz darzustellen und die Milz meistens nach ventral manchmal auch nach medial verlagert. Gas oder festgefüllte Teile des Colons erschweren den Zugang zur linken Niere. Wenn ertastbar, fühlt sich der dorsale Rand der Milz verdickt und abgerundet an. In einzelnen Fällen ist aufgrund der starken Dilatation des Darmlumens durch Aufgasung zwischen eine Verlagerung des Colons über dem Milznierenband nicht sicher von einer Torsion des Colons zu unterscheiden. In diesen Fällen kann die transkutane Sonografie helfen, die richtige Diagnose zu stellen

Die **Prognose** ist nach Wiedererlangen der physiologischen Colonposition gut. In einzelnen Fällen kann es zu Rezidiven kommen. Bei solchen Patienten wird ein Verschluss des Milz-Nieren-Raums per Laparoskopie am stehenden Pferd empfohlen. Die **Therapie** und ihre Intensität richten sich nach den Befunden und der Stärke der Koliksymptome. Grundsätzlich ist eine abführende Behandlung durch wiederholte orale Flüssigkeitgabe per NSS (→4.2.6.1.3.2.1) in Kombination mit einer Analgesie (z. B. Metamizol) und einer aktiven Bewegung indiziert. Bei dehydriertem Patienten ist eine Infusion mit einer isotonen Lösung angemessen (→12.2). In einigen Fällen entsteht eine starke Ingestafüllung des Colons, wodurch es zu einer Störung der Magenentleerung kommt, die eine orale laxierende Behandlung sehr einschränkt. Oft geben wir zur Auslösung einer Milzkontraktion die Phenylephrin-Infusion (10–20 mg/500 kg KG Phenylephrin verdünnt in 1 Liter physiologischer 0.9-%-NaCl-Lösung über 10–15 Minuten i. v. verabreicht) in Verbindung mit Bewegung an der Longe oder freie Bewegung (viele Pferde wälzen sich; spontane Reposition). Wenn Phenylephrin nicht erhältlich ist, kann mit Vorsicht auch Epinephrin (1 µg/kg/min. über 5 min. als Infusion; cave! Nebenwirkungen wie starkes Schwitzen) verwendet werden. Auch Prokinetika wie Neostigmin (0.01–0.03 mg/kg KG i. m. oder i. v.) werden bei Vorliegen eines Meteorismus in Kombination mit Analgetika und Bewegung verwendet (cave! Rupturgefahr). Versucht werden kann auch die Therapie durch Wälzen in Narkose (Box 4.2.6.1.3.3.1), bei uns meist nur, wenn die anderen Maßnahmen (Phenylephrin-Infusion und Bewegung) nicht erfolgreich sind und die Besitzer einer Operation nicht zustimmen. In seltenen Fällen, weniger als 10 % der Patienten mit Milznierenband-Aufhängung, ist eine Laparotomie notwendig. Bei solchen Patienten liegt häufig eine weitere Darmverlagerung vor, z. B. eine (partielle) Torsion.

Therapie Milznierenband-Verlagerung: Wälzen in Narkose

Als Option kann die Phenylephrin-Infusion wiederholt werden, kurz bevor das Pferd sediert und abgelegt wird.

- Das Pferd wird mittels Kurznarkose (z. B. mit «*Triple-Drip*») auf seine rechte Seite abgelegt. Die rektale Untersuchung sowie die Sonografie werden in dieser Position wiederholt.
- Dann wird das Pferd in Rückenlage verbracht und an den Hinterbeinen ca. 20 cm mit einem Kran angehoben und das Abdomen 1–2 Minuten in schaukelnde Bewegung gesetzt.
- Der Patient wird anschließend zuerst in die linke Seitenlage und dann in die sternale Lage verbracht. Die sonografische Darstellbarkeit der linken Niere und ggf. die rektale Präsentation werden in dieser Position überprüft. Das Pferd sollte bis zum Aufstehen in der Sternallage verweilen.

Die gesamte Prozedur kann bis zu 3 Mal wiederholt werden, bis entweder die sonografische und/oder rektale Untersuchung die Korrektur der Milznierenband-Verlagerung bestätigen oder das Pferd operiert wird.

4.2.6.1.3.3.2 Colon-Retroflexion

Die Verlagerung der Beckenflexur des Colons nach kranial bis in die Region des Xyphoids wird als **Colon-Retroflexion** bezeichnet. Dabei wird die Blutzirkulation in den verlagerten Darmanteilen und die Passage der Ingesta mehr oder weniger beeinträchtigt. Weiterhin kann es zu Gärung und Aufgasung kommen, die wiederum eine Motilitätsstörung bewirken.

Symptome: Anfänglich wenig schmerzhaft. Setzt aber eine Schädigung der Darmwand und ein Meteorismus ein, wird die Schmerzäußerung heftiger bis zum Niedergehen und Wälzen. Parallel dazu sind anfänglich die Kreislaufparameter unverändert. Später steigen Herz- und Atemfrequenz. Die Darmmotorik ist immer reduziert und der Mistabsatz sistiert nach einigen Stunden vollständig.

Diagnose: Der klinische Verlauf ist meistens protrahiert und die Symptome zunächst mild. Bei der rektalen Untersuchung fällt ein ungewöhnlich leeres Abdomen auf. Die Anteile des Colon ascendens fehlen. Im späteren Verlauf kann sich sekundär ein Meteorismus des Caecums entwickeln, der wiederum gut zu tasten ist. Sonografisch sind zunächst keine besonderen Befunde zu erheben. Später wird die Aufgasung im Caecum sichtbar und bei ischämischen Läsionen eine Verdickung der Darmwand des Colons in den ventralen Regionen des Abdomens. Die **Retroflexion des Caecums** ist im Gegensatz zur Abknickung des Colons sehr selten, äußert sich aber klinisch ähnlich. Rektal lässt sie sich evtl. vermuten, wenn das Caecum ventral «nicht am Platz» ist (DD: Invaginationen des Caecums).

Prognose: Meistens sind diese Fälle medikamentell erfolgreich zu behandeln und Rezidive sind selten. Wenn eine Laparotomie notwendig ist, hängt der postoperative Verlauf vom Zustand der Darmwand ab. Ist die Schädigung gering, wird die Reperfusion komplikationslos stattfinden und der Patient eine schnelle Rekonvaleszenz haben. Ist die Darmwand ischämisch und ödematös, kann es zu Reperfusionsschäden kommen.

Therapie: Im Vordergrund stehen hier die intensive, orale abführende Behandlung (→4.2.4.3), die Analgesie mit z. B. Metamizol und die Bewegung des Patienten. Bei starker Blinddarmaufgasung ist eine Dekompression mithilfe der Caecozentese indiziert. Bewirkt diese Behandlung keine Besserung der Symptome, keine Wiederkehr des Mistabsatzes oder eine Verschlechterung der Kreislaufsituation, muss rasch eine chirurgische Behandlung erfolgen. Bei ischämischen Reperfusionsschäden sind nicht steroidale Entzündungshemmer (z. B. Flunixin meglumin) und niedermolekulare kolloidale Lösungen angezeigt.

4.2.6.1.3.3.3 Colon-Rechtsverlagerung

Diese Art der Verlagerung entsteht durch Wanderung der Beckenflexur des Colons von kranial nach kaudal zwischen Bauchwand und Caecum oder viel seltener von kaudal nach kranial. Dabei wird das Caecum stets mindestens teilweise mitgedreht. Die Stärke der Koliksymptome variiert sehr von milde über viele Tage bis perakut. Sie ist Abhängig vom Grad der Aufgasung und Zirkulationsstörungen in der Darmwand. Die **Diagnose** wird durch die Befunde der rektalen Untersuchung gestellt. Meistens ziehen Colontaenien waagerecht durch das Abdomen um den Blinddarm und die Caecumtänie ist entweder nicht oder nur über ein kurze Strecke dorsal zu tasten. Durch sekundäre Aufgasung kann sich die Interpretation der rektalen Palpationsbefunde sehr schwierig gestalten. Zur Klärung der Befunde mittels einer besseren rektalen Untersuchung kann manchmal eine einmalige Gabe von Butylscopolamin (Tab. 4.2) helfen. In einigen Fällen lässt sich rektal und sonografisch eine verdickte Darmwand feststellen.

Wie bei den anderen Colonverlagerungen ist die **Prognose** meistens gut, vorausgesetzt, die Schädigung der Darmwand ist nicht zu fortgeschritten. Die Rezidivgefahr ist höher im Vergleich zu andern Colonverlagerungen. Wenn eine analgetische und abführende **Therapie** in Verbindung mit Bewegung und der Möglichkeit, sich zu wälzen, keine Besserung bewirkt, ist eine chirurgische Behandlung einzuleiten. Der Versuch, durch eine Entgasung (Punktion des Colons per rectum) Erleichterung und Platz für eine spontane Reposition und Heilung zu schaffen, kann in Einzelfällen erfolgreich sein. Wir sehen dieses Vorgehen aber nur bei Patienten ohne Besitzererlaubnis für die Operation als indiziert an.

4.2.6.1.3.3.4 Colontorsion (torsio coli)

Die Torsio coli (auch Volvulus coli genannt) entsteht durch Drehung des Colon ascendens um die eigene Achse an zwei Prädilektionsstellen. Die Torsio kann **partiell** oder **total** (gesamte Colonlängslagen) sein: in ca. 45 % der Fälle proximal, das heißt unmittelbar am Ansatz also am Ostium caecocolicum/magenähnliche Erweiterung des Colons (Torsio coli totalis) und bei ca. 25 % der Fälle nur Caecumbasis/Colon transversum (Torsio coli totalis plus Caecum), bei ca. 30 % der Patienten an der Zwerchfellflexur oder weiter caudal (Torsio coli partialis). Das Colon dreht sich üblicherweise (von hinten betrachtet) im Uhrzeigersinn. Wie die anderen Darmverlagerungen entsteht die Colontorsion nicht unbedingt durch Wälzen, sondern ebenso spontan im Stehen. Wenn einmal durch Zusammenspiel der Gewichtsverhältnisse, der Unterbrechung der Darmpassage und der darauf folgenden Aufgasung eine Colontorsion stattgefunden hat, ist eine spontane Reposition praktisch unmöglich. Besonders gefährdet sind multipare Zuchtstuten mit «viel Platz im Bauch».

Symptome: Das Colon kann unterschiedlich stark gedreht sein. Ab 180° wird das Lumen eingeengt. Ischämische Schäden hängen vom Grad der Drehung und dem Füllungszustand des Colons ab. Bei einer Drehung von über 360° sind die Symptome meistens dramatisch. Durch die Unterbrechung der Gefäßversorgung des Darms und den Meteorismus entstehen schwerste Schmerzen, die häufig trotz Einsatz von Analgetika nicht zu beherrschen sind. Solche Patienten stellen für sich und für Anwesende eine hohe Verletzungsgefahr dar (Niederwerfen des Patienten). Herz- und Atemfrequenz sind erhöht, die Schleimhäute werden zyanotisch, die Darmmotorik ist nicht vorhanden.

Ist die Drehung nicht vollständig, also unter 360°, sind die Symptome milder und der Verlauf protrahiert.

Diagnose: Die beeinträchtigte Kreislaufsituation und der rektaler Befund, mit Aufgasung des Colons und meist quer verlaufende und gespannte Tänien begründen den Verdacht einer Torsio coli. Erst die Laparotomie ergibt mit letzter Sicherheit die Diagnose.

Die **Prognose** richtet sich nach den pathologischen Veränderung der Darmwand, dem Allgemeinzustand der Patienten und der Therapie. In vielen Kliniken wird während der Laparotomie der Zustand der Darmwand eingeschätzt und bei sehr stark ischämischen Veränderungen ggf. reseziert oder bei einem hohen Risiko für postoperative Komplikationen und einen ungünstigen Ausgang der Patient in tabula euthanasiert. Auch längerfristig post operativ zeigen die Pferde mit Torsio coli eine hohe Quote an Relaparotomien und rezidivierenden Koliken. Bei rezidivierenden Fällen (v. a. multipare Zuchtstuten) kann die Endscheidung getroffen werden, prophylaktisch eine Colopexie (Annähen des Colons an die Bauchwand) oder eine nahezu vollständige Colonresektion vorzunehmen. Diese verläuft nach Anpassung der Diät in einer Mehrheit der Fälle günstig.

Therapie: Fehlende Antwort auf die analgetische Behandlung und die Verschlechterung der Symptome und der Kreislaufzustand leiten die Endscheidung zur Operation ein. Um **Endotoxineffekten** und ischämischen Reperfusionsschäden entgegenzuwirken, wird Polymyxin B (1000–6000 IU/kg KG als Infusion, TID) resp. nicht steroidale Entzündungshemmer und niedermolekularen Plasmaexpander gegeben, am besten intra operationem vor und während des «Zurückdrehens» einer Torsio coli.

4.2.6.1.3.4 Dünndarmverlagerungen

4.2.6.1.3.4.1 Dünndarmvolvulus (Volvulus mesenterialis)

Hiermit ist eine Drehung des gesamten Dünndarms und des Gekröses (**vollständiger Volvulus mesenterialis**) oder eines Teils des Dünndarms (**partieller Volvulus mesenterialis**) bezeichnet.

Der Schweregrad der **Symptome** hängt auch hier vom Grad der Drehung ab. Manchmal wird eine milde Koliksymptomatik über mehrere Stunden bis Tage beobachtet. Auch die Kreislaufparameter können sich u. U. nur schleichend verschlechtern. Das Palpieren von dilatierten Dünndarmschlingen überall in der Bauchhöhle begründet einen Verdacht, aber die **Diagnose** gelingt nur in den selten Fällen bei denen eine Drehung der Gekrösewurzel zu ertasten ist. Hierzu kann eine einmalige Gabe von Butylscopolamin das tiefe Eindringen der Untersucherhand ermöglichen.

Prognose: Die postoperativen Aussichten sind in diesen Fällen grundsätzlich gut, und die Rezidivgefahr ist eher selten, vorausgesetzt, die Schädigung der Darmwände ist gering. Wenn eine Resektion (bis maximal 50 % des Dünndarmes möglich) eines Darmstückes vorgenommen werden muss, steigen aber die postoperativen Risiken (z. B. postoperativer paralytischer oder mechanischer Ileus, Stenosen an der Anastomosestelle; Verklebungen auch noch langfristig) an, die Prognose bleibt aber grundsätzlich günstig.

Therapie: Wichtig ist bei diesen Patienten eine Dekompression des Magens durch wiederholtes Abhebern über die NSS sowie die Stützung des Kreislaufs durch Infusionen. In äußerst seltenen Fällen kann durch Gabe von Analgetika und aktive Bewegung eine spontane Lagekorrektur erfolgen. Häufig allerdings ist solchen Patienten nur durch eine Laparotomie zu helfen.

4.2.6.1.3.4.2 Hernien (Eingeweidebruch) und Inkarzerationen

Unter einer Eingeweidehernie versteht man den Austritt von Eingeweiden durch eine angeborene oder erworbene Lücke. Es werden nach dem Ort ihres Auftretens innere und äußere Hernien unterschieden. Ist die Hernie von außen zu erkennen oder führt die Bruchpforte vom Körperinneren in Richtung Haut, spricht man von einer **äußeren Hernie.** Die **innere Hernie** liegt innerhalb des Rumpfes und ist von außen nicht zu entdecken.

Als **Inkarzeration** wird im weiteren Sinne das Einklemmen von Gewebe bezeichnet. Beim Eingeweidebruch mit Inkarzeration wird ein Teil des Darmes abgeklemmt, Kot oder Gas kann im entsprechenden Darmabschnitt eingeschlossen sowie die Darmpassage beeinträchtigt (Subileus) oder unterbunden (Ileus) werden. Des Weiteren wird durch die Einklemmung die Blutzufuhr und damit die Nährstoff- und Sauerstoffversorgung des Gewebes mehr oder weniger unterbunden, was bis zum Absterben der betroffenen Regionen führen kann.

Die häufigsten inkarzerierenden Hernien

Innere Hernien
- Foramen Epiploicum Hernie
- Mesenterialhernie
- Omentalhernie
- Brideneileus (hernia pseudoligemantalis)
- Zwerchfellshernie

Äußere Hernien
- Inguinal- und Skrotalhernie
- Nabelhernie

Innere Hernien

Beim Eingeweidebruch durch das *Foramen epiploicum* (Syn. *Foramen omentale*, *Foramen epiploicum Winslowii*), der **Foramen Epiploicum Hernie** (Hernia foraminis omentalis) tritt ein mehr oder wenig großer Dünndarmabschnitt (meistens Jejunum), in den meisten Fällen von medial nach lateral in die Bruchpforte ein. Ein spontanes Zurückgleiten ist nur im leeren, nicht ödematisierten Zustand möglich. Die eingeklemmte, inkarzerierende Darmschlinge wird durch Gas- und Flüssigkeit dilatiert und zieht, durch ihre Peristaltik weitere leere Dünndarmteile durch die Bruchpforte. Dieser Vorgang kann sich so lange fortsetzen, bis der anatomische Fixpunkt, das caudale Ende des Ileums erreicht ist. Die Darmwand verdickt sich durch die Ödematiserung und die Blutfülle, der Darm wird mehr oder weniger infarziert. Die Erkrankung beginnt mit Kolik, deren Symptomatologie der eines Strangulations-Ileus entspricht. Grundsätzlich gelten diese Pathogenese, die Symptome und der Verlauf der Krankheit für alle inkarzerierten Hernien. Interessant ist, dass unabhängige Studien einen Zusammenhang von Koppen und Foramen epiploicum Hernien gezeigt haben, daraus ergeben sich aber leider keine praktisch anwendbaren **prophylaktischen** Möglichkeiten.

Die Bruchpforten werden bei der **Mesenterialhernie** (Hernia mesenterialis) durch Gekröselücken gebildet und finden sich im Mesoduodenum, -jejunum, -ileum, -colon ascendens,- colon descendes und dem Mesocolon. Neben den kongenitalen Ursachen sind Traumata (iatrogen; rektale Untersuchung, Geburt, Hyperperistaltik, Meteorismus u. a.) für die Entstehung von Bruchpforten verantwortlich zu machen. Bei der **Omentalhernie** (Hernia omentalis) bestehen die Bruchpforten aus vernarbten, aus Netzrissen gebildeten Netzsträngen. **Pseudoligamente** sind Narbenstränge, die mit der Bauchwand oder anderen Bauchorganen verwachsen sind. Dadurch können Bruchpforten entstehen, die hindurchtretende Darmabschnitte inkarzerieren resp. strangulieren können. Bei älteren Pferden (meist > 15 Jahre und oft mit viel Abdominalfett) ist der am häufigsten auftretende **Brideneileus** (Hernia pseudoligamentalis) eine Dünndarmstrangulation, die durch ein **gestieltes Lipom,** das sog. *Lipoma pendulans* hervorgerufen wird. Für die inneren Hernien beschränkt sich die **Diagnostik** auf die rektale Untersuchung (Lokalisation, verdickte Darmwand), den Ultraschall (Lokalisation, dilatierte, amotile flüssigkeitsgefüllte Därme) sowie auf die Diagnostika eines Strangulationsileus (→4.2.2.1). Die einzig mögliche **Therapie** ist die Laparotomie. Ebenfalls entspricht die **Prognose** im Grundsatz der bei anderen strangulierenden Dünndarmläsionen: Die postoperativen Aussichten sind grundsätzlich gut, v. a. wenn nicht reseziert werden muss, und etwas schlechter, wenn eine Resektion (bis maximal 70 % des Dünndarmes möglich) vorgenommen wird. Dies geschieht v. a. wegen postoperativer Risiken und Komplikationen wie z. B. paralytischen, mechanischen Ileus, Stenosen an der Anastomosestelle; Verklebungen auch Monate später.

Die **Zwerchfellshernie** (Hernia diaphragmatica) wird beim Pferd selten diagnostiziert und ist meist nicht traumatisch bedingt. Die wichtigsten Symptome sind Kolik und

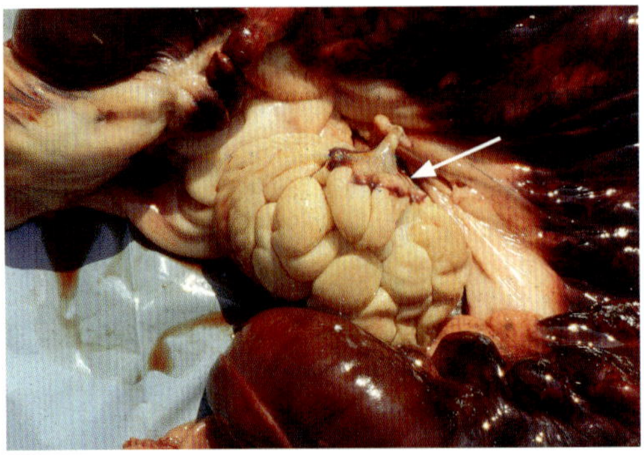

Abb. 4.8: Strangulation: Abschnürung des kleinen Colons durch ein gestieltes Lipom (Lipoma pendulans; Pfeil).

durch die Einengung des Thoraxvolumens hervorgerufene respiratorische Symptome. Eine Atemnot ist aber auch nur bei einigen der Patienten zu beobachten. Ist die Bruchpforte eng, kommt es meist zu Inkarzerierung von Dünndarmschlingen mit heftiger Kolik. Bei großer Bruchpforte (> 30 cm) ist die Inkarzerationsgefahr nicht sehr groß, die Einengung des Thoraxvolumens durch das Darmvolumens (Dickdarm) aber umso größer. Ein Verdacht ergibt sich oft aus der Kombination der Symptome (Kolik und Atemnot) und aus dem klinischen Verlauf (Chronizität; rezidivierende Kolik). Die Atemnot kann manchmal (bei großen Bruchpforten) diagnostisch provoziert werden, indem die Pferde mit Kopf nach unten an einen Hang gestellt werden, was die respiratorischen Symptome verstärken kann. Die Diagnose kann aber nur mithilfe der Radiologie, Sonografie oder Laparotomie bestätigt werden.

Äußere Hernien

Bei der **Inguinalhernie** (Hernia inguinalis) handelt es sich um eine erworbene Hernie. Der Bruchring wird durch den *Anulus vaginalis* gebildet. Die Inguinalhernie führt zu einem Strangulationsileus. Kardinalsymptome sind heftige Kolik, der Hoden auf der erkrankten Seite ist mit kaltem Schweiß bedeckt und in den meisten Fällen aufgezogen. Bei der rektalen Untersuchung findet man die prästenotische, oft dilatierte Dünndarmschlinge die in den *Anulus vaginalis* führt. Der Zug an den Darmschenkeln ist schmerzhaft. **Diagnose:** Mit der äußeren Palpation und dem Rektalbefund ist die Diagnose gesichert, eine sonografische Untersuchung zur Bestätigung ist meist nicht nötig. **Therapie:** Bei einer frischen Inguinalhernie kann am stehenden Pferd unter starker Sedation, durch vorsichtigen, leichten Zug an beiden Darmschenkeln und gleichzeitigem Druck auf die Schwellung des Hodensacks von unten nach oben eine Reponierung versucht werden. Misslingt der Versuch, kann das Prozedere in Vollnarkose (Erschlaffung des *M. cremaster*; relativ gute Chancen der Reposition) wiederholt oder eine Laparatomie (oft mit einseitiger Kastration verbunden) vorgenommen werden. Von außen oder innen (Laparotomie) kann der Bruchring durch Inzision erweitert und damit eine Reposition des Darmes ermöglicht werden. Vor allem nach konservativer (wenn man die Vitalität des Darmes nicht beurteilen kann), aber auch nach operativer Behandlung sind die Patienten während 24–48 Stunden gut zu überwachen, damit eine Darmnekrose und/oder ein paralytischer Ileus rechtzeitig erkannt werden können. Bei der **Skrotalhernie** (Hernia scrotalis) handelt es sich um den angeborenen Hodensackbruch des Hengstfohlens, bei dem Darmschlingen ein- oder beidseitig im abnorm erweiterten *Processus vaginalis* bzw. Hodensack liegen. Bei ca.15 % der Hengstfohlen mit zu weitem Inguinalspalt bei Geburt, verengt sich dieser in den folgenden 2–3 Wochen spontan. **Diagnose:** Das Skrotum der erkrankten Seite ist durch den eventrierten Darm deutlich vergrößert. Wenn der Darm durch die Bruchpforte subkutan austritt, was sich oft in einem Ödem an der Schenkelinnenseite zeigt, steigt das Risiko einer Inkarzeration des Dünndarms. Wegen der Größe des Bruchringes tritt ohne subkutane Bruchstelle die Durchblutungsstörung aber meist nur langsam ein, die Symptomatologie ist entsprechend. **Therapie:** Eine momentane Reponierung der Därme in die Bauchhöhle (Seiten- oder Dorsallage) ist in diesen Fällen der Skrotalhernie möglich. Bis zum Ausbleiben des Darmvorfalles hilft eine täglich mehrfache Reponierung des Bruchinhaltes. Verengt sich der Inguinalspalt nicht spontan, ist in diesen Fällen, trotz der Dehiszenzgefahr der operative Verschluss ohne Verzug angezeigt.

Die **Nabelhernie** (Hernia umbilicalis) ist vererbbar (wie möglicherweise auch andere Brüche) und beim Neugeborenen selten voll ausgebildet. Erst Tage nach der Geburt ist die Bruchpforte in der Nabelgegend deutlich fühlbar. Der Nabel liegt im Zentrum des Bruchsackes. Bis zur 4. Woche vermehrt sich durch den zunehmenden intraabdominalen Druck der Bruchinhalt, der Bruchsack wird damit deutlich sichtbar. Ist der Bruchinhalt (Darm, Netz) nicht reponierbar, muss man damit rechnen, dass der Bruchinhalt durch den Bruchring eingeklemmt wird und es zur Infarzierung des Bruchinhaltes kommt. Bei Verdacht auf Inkarzeration muss sofort operiert werden.

4.2.6.1.3.4.3 Invaginationen

Eine Invagination (auch Intussusception genannt) sind Einstülpungen von Darmabschnitten in sich selbst oder in einen unmittelbar benachbarten Abschnitt. Dies entsteht durch eine fehlgesteuerte Darmmotorik, wobei der Auslöser auch während einer Laparotomie oft nicht festzustellen ist. Eine **jejuno-jejunale-Invagination** kommt v. a. bei Fohlen, aber auch bei erwachsenen Pferden vor (Abb. 4.9). Die **ileo-caecale-Intussusception** oder Invagination dagegen sehen wir nur bei erwachsenen Pferden, am häufigsten bei jungen Erwachsenen, 2- bis 4-Jährigen. Hierbei werden Bandwürmer als Ursache genannt, die aber nicht immer während der Laparotomie nachgewiesen werden. Umgekehrt haben sehr viele Pferde *Anoplocephala perfoliata* im Bereich der ileocaecal Klappe ohne an einer Invagination zu leiden. Ein kausaler Zusammenhang ist also nicht klar gegeben. Weiter kann sich auch das Caecum einstülpen, einerseits in sich selbst **(caeco-caecale Invagination)** andererseits sogar auch in das Colon **(caeco-colica Invagination)**. Insgesamt treten Invaginationen selten auf.

Symptome: Die Kolikschmerzen von Pferden mit Invaginationen sind sehr unterschiedlich intensiv. Patienten können sowohl eine akute Kolik oder auch einen milden, oft rezidivierenden Verlauf mit asymptomatischen Phasen über mehrere Tage, in einzelnen Fällen sogar auch über Wochen, zeigen, insbesondere bei der caeco-caecalen Invagination. Dabei sind Allgemeinbefinden und Futteraufnahme oft reduziert und die Pferde zeigen häufig mit apathischem Verhalten und vermehrtem Liegen, aber auch perakute Koliken mit unbeherrschbarem Niedergehen können vorkommen. Entsprechend variiert auch die Kreislaufbeeinträchtigung von leichtgradig bis zum Schockzustand.

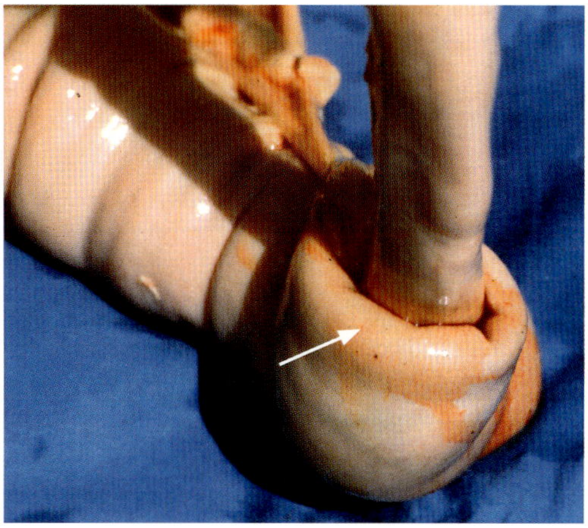

Abb. 4.9: Invagination des Jejunums: Jejuno-jejunale Intussuszeptionen beim Fohlen.

Diagnostik: Die Darmmotorik ist meistens reduziert. Als spezifischer Hinweis auf eine **ileo-caecale Intussusception** fehlt bei dieser Invagination das sogenannte ileo-caecale «Einspritzgeräusch». Beim erwachsenen Pferd werden bei der **Dünndarm-Invagination** zahlreiche dilatierte Dünndarmschlingen bei der rektalen Untersuchung diagnostiziert. Die Ultraschalluntersuchung bestätigt dies auch beim Fohlen. Diese Präsentation gilt grundsätzlich auch bei der ileo-caecalen Intussusception, allerdings oft verzögert erst nach Tagen, weil der (Sub-)Ileus am distalsten Teil des Dünndarms stattfindet und sich dieser nur langsam retrograd auffüllt. Es kommt vor, dass die Invagination sonografisch darstellbar ist, dann nämlich wenn sie sich unweit der Bauchwand befindet. Sie stellt sich im Querschnitt als eine kreisrunde Scheibe mit konzentrischen hypo- und hyperechogenen Ringen (sieht aus wie eine Zielscheibe, engl. «*bulls-eye sign*»). Solche Befunde sind für Invaginationen pathognomonisch. Im Längsschnitt sind parallel und gerade verlaufende in Abwechslung hypo- und hyperechogene Streifen typisch.

Bei einer **caeco-caecalen Invagination** können bei der rektalen Untersuchung eine ungewöhnliche Leere im ventralen rechten Abdomen und eine gespannte ventrale Blinddarmtänie gefühlt werden. Liegt eine ***invaginatio caeco-colica*** vor, ist die ventrale Blinddarmtänie nicht zu ertasten, aber die rechte dorsale Region des Abdomens ist angefüllt mit einer kompakten Darmmasse, die sich ödematös anfühlen kann. Auch hier kann die transkutane Ultraschalluntersuchung in den meisten Fällen die Diagnose sichern. Hier liegen verdickte hypo- und hyperechogene Darmwände ineinander. Das **Bauchhöhlenpunktat** kann trotz Infarzierung des Darmabschnittes lange normal bleiben, weil die durch das Exsudat veränderte Flüssigkeit sequestriert bleibt. Besteht die Invagination bereits einige Tage, zeigt das veränderte Punktat (Farbe; Protein- und Laktatkonzentrationen, Leukozytenzahl) die zunehmende Beeinträchtigung der Darmwandversorgung und -integrität an. **Behandlung und Prognose:** Diese Patienten können nur mit einer Laparotomie erfolgreich behandelt werden. Das Zurückziehen des eingestülpten Dünndarms gelingt manchmal, ohne dass eine Resektion vorgenommen werden muss, hingegen ist das Ausstülpen des Caecums nur in seltenen Ausnahmefällen möglich. Meistens ist eine Resektion des invaginierten Abschnitts und wenn nötig des gesamten Blinddarms indiziert. Je chronischer der Zustand und je länger der Abschnitt des invaginierten Darms, desto ungünstiger die Prognose.

4.2.6.1.3.4.4 *Obstruktionsstenosen und Strangulationen*

Eine Obstruktion der Darmes (Dick- und Dünndarm) kann durch verschiedene Prozesse zu einer Einengung führen. Zu Beginn besteht meistens nur ein Subileus. Es kann sich dann durch eine prästenotische Stauung von Ingesta ein Ileus herausbilden. Viele der möglichen Ursachen wurden oben bereits besprochen: **Strikturen, Neoplasien, intramurale Hämatome** und **Adhäsionen** nach Peritonitis (eventuell mit Abknickungen der Darmschlingen) und Verwachsungen mit anderen Darmteilen. Adhäsionen stellen gefürchtete postoperative Komplikationen dar. Auch nach Darmquetschungen (intramurale Hämatome) unter der Geburt können sich Adhäsionen ausbilden. Lipome, die an bindegewebigen Stielen hängen (*Lipoma pendulans, Abb 4.8)*, können zu Subileus oder Ileus (Strangulationsileus) Anlass geben.

Ursachen für Darmstenosen durch Kompression von außen oder Verdickung der Darmwand

- Tumore des Darmes (sehr selten)
  - Karzinom des Colons
  - Melanosarkome bei Schimmeln,
  - infiltrierend wachsende Lymphome können sowohl von außen wie von innen das Lumen einengen (Abb. 4.6)
- eosinophile infiltrative entzündliche Prozesse im Darm *(«eosinophilic inflammatory bowel disease»)*
- Hämatome, die vor allem nach Darmquetschungen unter der Geburt und am ehesten im Jejunum und Colon tenue auftreten
- Abszesse der kranialen Gekrösewurzel, die um einen Darmteil herumwachsen
- Druckstenose kann auch bei Trächtigkeit auftreten

Bei den infiltrativen entzündlichen Darmerkrankungen (*«inflammatory bowel disease»*, IBD) und den Lymphomen (früher Lymphosarkomen) sind es nur diejenigen Formen, die lokalisierte, begrenzte Massen bilden, die Kompression von außen oder Verlegungen von innen verursachen (Abb. 4.6). Die diffusen Formen führen dagegen zu Malabsorption mit Abmagerung (Dünndarm) und/oder zu Durchfall (Dickdarm).

Symptome: Vor der Verengung kommt es zu einer prästenotischen Dilatation des Darmrohrs, oft verbunden mit einer Muskularishypertrophie. Die Symptome sind diejenigen einer periodischen Okklusion, indem der Grad der Anschoppung (Qualität der Ingesta) vor der Stenose variieren kann. Die Symptome sind je nach Lage verschieden, im Allgemeinen je proximaler im Darmtrakt und je enger die Stenose, desto schwerer. Der Rektalbefund variiert natürlich auch nach Art und Lage. Die Stenose selbst ist oft nicht fühlbar. Es kommt im Allgemeinen zu Anfällen in immer kürzeren Intervallen und dann nach einer variablen Zeit zu schweren Koliken wegen eines Ileus. Derartige Pferde zeigen nicht selten einige Zeit vorher Abmagerung und rasche Ermüdung. Bewegung kann die Kolikepisoden auslösen. **Diagnose:** Nach den Ergebnissen der klinischen und Ultraschalluntersuchung. Eine Laparoskopie kann wesentlich zur Diagnostik beitragen. Als ultima ratio ist die Probelaparatomie angezeigt. Die Prognose und Therapie richten sich nach der Diagnose.

4.2.6.1.4 *Dynamische Behinderung der Darmpassage – Graskrankheit*

Zu den funktionell neurogenen Formen mit verminderter, anormaler oder ganz fehlender Motilität gehören die **Graskrankheit,** der oben schon ausführlich beschriebene **postoperative paralytische Ileus,** paralytische Darmsegmente nach thrombo-embolischer Infarzierung (→4.2.6.1.5) sowie verschiedene schlecht verstandene und kaum klassifizierbare Motilitätsstörungen. Als weniger wichtig und harmloser wurde der **spastische Ileus,** die «Krampfkolik» beschrieben (→4.2.2.2). An dieser Stelle wird aufgrund ihrer vornehmlich im Verdauungstrakt lokalisierten Kardinalsymptome die primär neurogene Graskrankheit vorgestellt.

Bei der **Graskrankheit** *(«Grass Sickness», «Equine Dysautonomie»)* kommt es zu Degeneration und Nekrose in den Ganglien des vegetativen Nervensystems im ganzen Verdauungsapparat (oft inklusive Pharynx). Außerdem können auch Neuronen im Rückenmark und Stammhirn geschädigt werden. Das klassische Bild bietet sich nur bei Weidepferden. Die Ätiologie der Erkrankung ist aber unbekannt. Verdächtigt werden Intoxikationen, z. B. durch Clostridientoxine (insbesondere *C. botulinum Typ C* →16.7.1), aber auch Pflanzen- und Pilzgifte werden verdächtigt. Die Krankheit befällt alle Rassen und auch Esel, eher junge Tiere (bis etwa 7-jährig) als ältere, in der Schweiz meistens Jährlinge und Zweijährige, sehr selten Fohlen unter 6 Monaten. Als Risikofaktoren wurden neben dem Wetter (kalt-trocken mit Nachtfrösten) und der Saison (v. a. Frühling und Herbst), auch «Stress» und v. a. das Weiden auf Feldern, die dicht bestoßen sind und auf denen die Krankheit bereits aufgetreten ist, identifiziert.

Tabelle 4.8: Graskrankheit: Symptome und Verlaufsformen

perakut/akut	subakut	chronisch
– Apathie, Depression – plötzlicher Tod – erhöhte Herzfrequenz – oft Kolik; z. T. vollständige intestinale Stase, Ileus (Dünndarn +/– Dickdarm), rektal: sekundär skulpturiertes Colon mit festem Darminhalt; trockene, schleimüberzogene Kotballen – Kau-und Schluckbeschwerden mit Salivation und z. T. Regurgitieren – Muskelzittern – hängende Augenlider – anormales Schwitzen – aufgezogenes Abdomen – Penisprolaps	– leichtgr. Apathie, Schläfrigkeit – Penisvorfall – stark erhöhte Herzfrequenz – manchmal Kolik (sek. Magenüberladung); verminderte Darmtätigkeit (v. a. Dickdarm), rektal: sekundär skulpturiertes Colon mit festem Darminhalt und harten, schleimüberzogenen Kotballen – manchmal Kau- und Schluckbeschwerden – Muskelzittern – hängende Augenlider – anormales Schwitzen – Gewichtsverlust – unterständige Stellung und aufgezogenes Abdomen – Rhinitis sicca	– leichtgr. Apathie, Schläfrigkeit – Penisvorfall – stark erhöhte Herzfrequenz – sekundäre Magenüberladung (Kolik); verminderte Darmtätigkeit – manchmal Kau- und Schluckbeschwerden – Muskelzittern – hängende Augenlider – anormales Schwitzen – Gewichtsverlust, z. T. stark – Mühe aufzustehen – unterständige Stellung und aufgezogenes Abdomen – Rhinitis sicca

Perakuter Verlauf: Meist werden Pferde tot auf der Weide gefunden, ohne dass vorher irgendwelche Krankheitserscheinungen zu beobachten gewesen wären. Die perakute Krankheit verläuft innerhalb etwa 24 Stunden tödlich. Es kommt zu raschem Auftreten von Apathie bis Somnolenz, feinschlägiger Muskeltremor, aufgezogener Bauch, die Schleimhäute sind injiziert, schmutzig, subikterisch bis ikterisch, der Puls steigt rasch auf über 60 pro Minute; es besteht ein paralytischer Ileus, daneben auch deutlicher Ptyalismus und Regurgitieren, wenn die Tiere versuchen, Futter aufzunehmen. Oft werden diffuse Schweißausbrüche bemerkt. Die Krankheit verläuft in den meisten Fällen schmerzlos. Nur selten ist etwas Kolik in den Anfangsstadien zu beobachten.

Akuter Verlauf: Auch die akute Form führt meist innerhalb von drei Tagen zum Tod. Auffallend sind die allgemeine Depression der Tiere, eine mehr oder weniger ausgeprägte Ptosis und Kau- und v. a. Schluckstörungen. Die Pferde regurgitieren. Beim Einführen der Sonde entleert sich oft viel flüssiger, meistens stinkender Mageninhalt, die Sonde wird aber häufig von festerem Material blockiert. Speichelfluss ist auffallend. Hengste und Wallache weisen einen leichten Penisprolaps auf. Die Maulhöhle strömt einen unangenehmen Geruch aus. Die Schleimhäute sind gestaut, injiziert und schmutzig, die Pferde ausgeprägt somnolent und apathisch. Die Pulsfrequenz steigt auf 80–120. Sehr oft zeigen die Tiere Muskelzittern an Ellbogen und Flanken und Schweißausbrüche. Der Mistabsatz sistiert, das Abdomen ist meist aufgezogen. Gelegentlich wird etwas Kolik (refluxbedingte sekundäre Magenüberladung) beobachtet, die kranken Pferde liegen auffallend oft. Rektal findet man etwas Meteorismus, dabei ist der ganze Verdauungsapparat völlig atonisch. Rektal kann die Skulpturierung der ventralen linken Kolonlagen (Abb. 4.10) und harte Kotballen im Colon tenue gefühlt werden. Die Mistballen sind sehr trocken und typischerweise mit viel eingetrocknetem Schleim überzogen.

Subakuter Verlauf: Beim subakuten Verlauf endet die Krankheit innerhalb 1–3 Wochen mit dem Tod, wenn nicht vorher (auch aus tierschützerischen Überlegungen) das Pferd erlöst wird. Die Symptome sind die gleichen wie die eben beschriebenen, aber weniger ausgeprägt. Manchmal besteht noch etwas Mistabsatz, wobei der abgesetzte Mist sehr hart und schleimüberzogen ist. Der Puls ist eher weich und tachykard. Die Tiere haben Schluckbeschwerden. Hengste und Wallache zeigen oft Penisvorfall. Meist stehen die Patienten mit untergeschobenen Hintergliedmaßen da. Praktisch alle Tiere weisen einen zunehmend aufgezogenen Bauch auf, die Palpation der Bauchdecken ist nicht schmerzhaft. Dazu kann eine Rhinitis sicca kommen, ein Zeichen, das nicht oft auftritt, aber als einziges Symptom als pathognomonisch gelten kann.

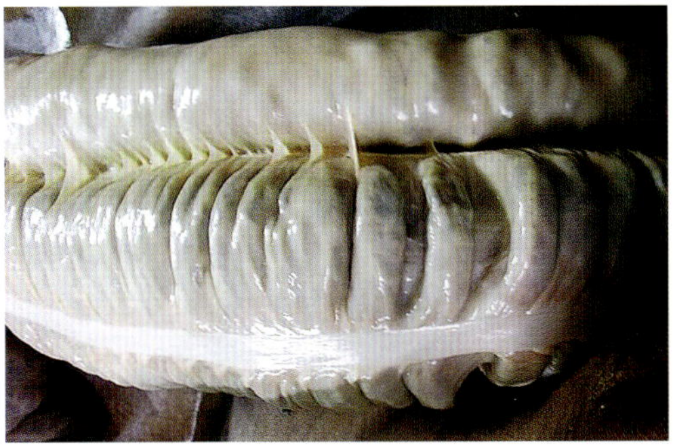

Abb. 4.10: Skulpturierung der linken Colonlagen: Flüssigkeitsentzug der Ingesta führt zur Skulpturierung (cave! nicht zu verwechseln mit Colonobstipation) bei Dünndarm-Ileuspatienten und besonders ausgeprägt bei der Graskrankheit.

Chronischer Verlauf: Es kommt zum Tod nach über drei Wochen (Erschöpfung). Meistens ergibt sich der chronische Verlauf aus einem subakuten Krankheitsverlauf. Die Symptome sind die gleichen wie oben. Sie sind wenig ausgeprägt, setzen schleichend ein. Die Pferde haben einen aufgekrümmten Rücken, verlieren in kurzer Zeit den Bauch und magern außerordentlich rasch ab. Bei einem Teil derartiger, chronisch-atypisch verlaufender Fälle könnte es sich um Mischformen von Graskrankheit (→6.3.5) – EMND handeln (→6.3.4.4).

Diagnose: Die Diagnose Graskrankheit stützt sich auf die typische Symptomatologie und das gebietsweise Auftreten. Praktisch **pathognomonisch** ist nur die, durch die Neuropathie des *Ganglion sphenopalatinum* hervorgerufene pseudomembranöse Rhinitis einer **Rhinitis sicca** (Abb. 3.1) bei subakuten und chronischen Fällen, die aber nicht immer auftritt. Differenzialdiagnostisch müssen verschiedene Formen von paretischem (in akuten Fällen auch mechanischem) Ileus oder Subileus, Botulismus (→16.7.1), EMND (→6.3.4.4) und Endstadien von Darminfarkten ausgeschlossen werden, was aufgrund der folgenden Unterschiede geschehen kann:

- **Klinisch:** Grass Sickness verursacht keine oder nur milde Koliksymptome (außer der Magen ist sekundär stark überladen). Darmparalyse. Muskelzittern und aufgezogener Bauch. Sie ist oft mit Schluckbeschwerden verbunden, und dabei ist eine **stark erhöhte Pulsfrequenz** festzustellen. **Rhinitis sicca** nur bei Graskrankheit.
- **Phenylephrin-Augen-Test:** Die lokale, einseitige Verabreichung einer 0.5%igen Phenylephrin-Lösung führt zu einer deutlichen Vergrößerung der Lidspalte (Reaktion der Ptosis; Seitenvergleich), was diagnostisch hilfreich sein kann, aber nicht ausschlaggebend ist.
- **Ileumbiopsie:** Der einzige definitive Test wäre die unter Laparotomie vorgenommene Ileumbiopsie mit anschließender histologischer Diagnose einer Degeneration der intramuralen Ganglien.

Prognose: Die Prognose ist bei akuten und subakuten Fällen in faust, auch bei intensiver unterstützender Therapie liegt die Letalität über 95 %. Etwas differenzierter ist die Situation, wenn man chronische Fälle sehr intensiv pflegt und therapiert. Trotz der Substitutionstherapie kommt es in fast allen Fällen zu einer graduellen, relativ rapiden Abmagerung und zu Erschöpfung. Deshalb sind in diesen Fällen gewisse Anzeichen (häufige Kolik; z. T. vollständige intestinale Stase; deutliche Kau- und Schluckbeschwerden mit Salivation oder Regurgitieren; starke Abmagerung; Mühe aufzustehen) prognostisch ungünstig zu werten und entsprechend von einem Therapieversuch abzuraten.

Therapie: Es gibt keine spezifische Therapie. Mit intensiver unterstützender Therapie (inkl. viel Beschäftigung mit dem Patienten; aufmerksame Pflege z. B. mit Entfernung von Krusten in der Nase; kurzes Führen an der Hand), Diät (verschiedenes Futter: frisches Gras, Karotten, Äpfel, eingeweichte energiereiche Futtermittel, ggf. Mash etc.) und aufwendiger und teurer Substitutionsbehandlung, inkl. parenterale Ernährung und Ernährung durch die Sonde. Ggf. können analgetische, anti-ulzerative, prokinetische, Appetit stimulierende (z. B. Diazepam; auch Corticosteroide), probiotische und z. T. mild laxative Medikationen derartige Tiere manchmal während Wochen am Leben erhalten.

4.2.6.1.5 Durchblutungsstörungen des Darmes

Die häufigsten Durchblutungsstörungen kommen durch die oben beschriebenen Formen von strangulierendem mechanischem Ileus zustande. Direkt vaskuläre Durchblutungsstörungen sind dagegen viel seltener.

Thrombotisch-embolische Schädigung des Dünndarms

Primär vaskuläre, thrombo-embolische Infarkte sind heute wegen wirksamer Entwurmungsprogramme und damit verbundenen seltener Verwurmung mit *Strongylus vulgaris* relativ selten. Prädilektionsstelle für die verminöse Endarteriitis («Aneurysma») ist hauptsächlich die kraniale Gekrösewurzel.

Symptome: Die Symptome der Erkrankung sind relativ uniform. In der Regel setzt eine heftige Kolik (ischämischer Schmerz) plötzlich ein, nicht selten nach größeren Anstrengungen. Die Erscheinungen von starken Bauchschmerzen halten während einiger Stunden an. Während dieser Zeit wird oft noch Mist abgesetzt, meistens ziemlich breiig, die Peristaltik ist vorerst lebhaft, die Pulsfrequenz tachykard. Das Bauchhöhlenpunktat ist von Anfang an verändert, und seine Qualität verschlechtert sich rasch (rasch zunehmender Laktat-, Eiweiß- und Zellgehalt).

Nach diesem Stadium folgt eine gastrointestinale Atonie (segmentaler paralytischer Ileus). Das Pferd beruhigt sich, die Schmerzen nehmen ab, die Pulsfrequenz sinkt vorübergehend auf trügerisch tiefe Werte ab. Dieser Zustand der «Besserung» ist illusorisch und wird mehr oder weniger rasch gefolgt von einer Spätphase, dominiert von den Symptomen einer enterogenen Toxämie und toxischem Schockgeschehen (→12.1.2).

Die rektale Untersuchung lässt einen leichten bis mäßigen Meteorismus nachweisen, die infarzierte Darmwand wird dicker und fühlt sich «fleischig» an. Sobald sich eine Atonie einstellt, wird kein Mist mehr abgesetzt und im paralysierten Dünndarm setzt eine Vermehrung von Bakterien ein, vor allem von *Clostridium perfringens* (→16.7.7). Dünndarminhalt, versetzt mit Massen von Anaerobiern wird zum Teil in den Magen regurgitiert, der in dieser Phase oft schon einer sekundären Erweiterung unterworfen ist. Das Einführen einer NSS hilft diagnostisch, indem man oft große Quantitäten von Mageninhalt absyphonieren kann. Dieser Mageninhalt ist übel riechend, meistens gelblich braun und in seinem Sediment sind massenhaft sporulierende Bakterien festzustellen. Sobald die Symptome der enterogenen Toxämie überwiegen, verschlechtert sich der Allgemeinzustand der Pferde wieder rapid. Es kommt erneut zu Schweißausbrüchen, zu einer Verschlechterung des Aussehens aller Schleimhäute, zu einer beschleunigten

Puls- und Atemfrequenz. Die Pferde sind in dieser Phase recht ruhig und zunehmend apathisch. Zum Teil kann Drangwandern beobachtet werden, und im Blutbild ist eine zunehmende Hämokonzentration mit Leukozytose festzustellen. Bei der Entwicklung einer Peritonitis (vor allem nach einer Ruptur) kommt es zu einem Granulozytensturz. Die Darminfarktpatienten können bei massiver Substitutionstherapie manchmal während 2–4 Tagen am Leben erhalten werden. Der Tod stellt sich je nach der Ausdehnung des Infarktes und der nachfolgenden Intoxikation binnen 1–7 Tagen ein.

Diagnose: Die Diagnose ist in typischen Fällen nicht allzu schwierig zu stellen, mit Sicherheit allerdings nur post mortem oder intra operationem. Der Nachweis einer veränderten Gekrösewurzel per rectum hat für die Diagnosestellung wenig Bedeutung, sie kann jedoch die Verdachtsdiagnose erhärten. Ganz am Anfang kann das Bild demjenigen einer Krampfkolik ähneln, doch sprechen die Patienten nicht auf Analgetika an. Differenzialdiagnostisch sind alle Formen des mechanischen Ileus abzugrenzen. Auch ein paralytischer Ileus bei einer Duodenojejunitis kann klinisch ähnlich aussehen. Leider lässt hier meist auch die sonografische Untersuchung keine klare Differenzierung zu. Vor allem, wenn man die Pferde erst im Stadium der Darmparalyse und Toxämie zu sehen bekommt, ist es kaum möglich, den Zustand genauer abzuklären.

Prognose: Bei den meisten Fällen ist die Ausdehnung des Infarktes groß, die Veränderungen an der Gekrösewurzel weit fortgeschritten. Die Emboliegefahr bleibt bestehen, was bei einer chirurgischen Intervention bedacht werden muss. Die Prognose dieser Fälle ist ungünstig. Kleine Infarkte können aber unter Narbenbildung spontan abheilen.

Therapie: Die konventionelle Therapie ist gezwungenermaßen symptomatisch. Durch die symptomatische Therapie können bei nicht sehr ausgedehnten Infarkten gewisse Patienten gerettet werden. Die chirurgische Intervention muss ins Auge gefasst werden. Die Chancen des chirurgischen Eingriffs hängt ab vom Allgemeinzustand des Patienten, dem Dauer des Eingriffes, der Länge des reserzierten Darmstückes und von der Veränderung des Zustandes der Gekrösewurzel.

Zirkulationsstörungen im terminalen Colon

Grundsätzlich kann jedes Darmsegment vaskulär-ischämisch geschädigt werden, aber das Ödem des terminalen Colon tenue stellt ein selbstständiges, allerdings auch seltenes Krankheitsbild dar. Die Pathogenese ist nicht gesichert. Man vermutet eine thrombo-embolische oder eine venöse Abflussstörung im Einzugsbereich des veränderten Darmstückes. Am Übergang zum Rektum kommt es zu einer manchmal massiven Ödembildung der Darmwand und damit zur Verlegung des Darmlumens. Prästenotisch entsteht eine Anschoppung, die das Colon tenue nach unten in die Bauchhöhle zieht. Rektal ist die Einengung des Darmlumens gut spürbar, die Schleimhaut fühlt sich sehr rau an. Man muss die prästenotische Obstipation mit vorsichtig durchgeführten Klysmen und Abführen angehen, eine Resektion des Darmstückes ist außerordentlich schwierig und hat eine schlechte Prognose. Differenzialdiagnostisch ist wenn möglich eine Obturation des *C. tenue* (z. B. die nicht so seltenen «Fäkoliten» bei Minishettys) abzugrenzen, die aber auch sehr hartnäckig ist und oft auch zu Darmwandschäden und -ödemen führen kann (Abb. 4.7).

4.2.6.1.6 *Chronische Enteritiden mit Verdauungsinsuffizienz und chronischen Durchfällen*

Die **Ätiologien** dieser Erkrankungen sind sehr vielfältig. Die meisten chronischen Enteritiden haben eine idiopathische Pathogenese. Sie können primär chronisch entzündlich sein, primär neoplastisch, ulzerativ oder nach akuten Enteritiden zur Chronizität übergegangen sein. Mechanisch kann **Sand**, der sich v. a. im großen Colon ansammelt, die Schleimhaut zu rezidivierenden Durchfällen reizen, die aber häufig auch mit milder Kolik einhergehen. Infektiöse Ursachen werden sehr selten diagnostiziert, sollten aber immer ausgeschlossen werden. Beim Pferd sind Verdauungsstörungen kaum ein Begleitsymptom von chronischer Herz-, Nieren- oder Leberinsuffizienz. Als gut beschriebene Entitäten können die Formen der **chronisch-infiltrativ entzündlichen Darmerkrankungen («*inflammatory bowel diseases*», IBD)** gelten.

Formen der chronisch-infiltrativ entzündlichen Darmerkrankungen (IBD) und ihre prädominanten Zelltypen

- granulomatöse Enteritis (GE)
- lymphozytäre-plasmazytäre Enterocolitis (LPE)
- *multisystemic eosinophilic epitheliotropic disease* (MEED)
- *idiopathic focal eosinophilic enterocolitis* (IFEE)

Die Pathophysiologie dieser idiopathischen Erkrankungen, die Ähnlichkeiten mit Morbus Crohn beim Menschen und *Johne's disease* beim Rind haben (beide mit *Mycobacterium avium* ssp. *paratuberculosis* und einer spezifischen Genvariante assoziiert →16.8.6), ist schlecht verstanden. Zum Teil werden die granulomatösen Formen mit *Mycobacterium-avium*-Infektionen in Verbindung gebracht, beim Pferd fehlen jedoch klare Hinweise für eine bakterielle Genese. Vermutet werden auch Überempfindlichkeitsreaktionen gegen häufige Antigene aus dem Futter oder Parasiten und Bakterien. Eine Überempfindlichkeitsreaktion gegen Gluten (sog. Zöliakie, ähnlich der häufigen Unverträglichkeit beim Menschen) ist beim Pferd beschrieben.

Die **Symptome** sind meist unspezifisch und variieren je nach Schweregrad, Ausdehnung und Lokalisation: Abmagerung, Malabsorption (Dünndarm betroffen), Ödeme (häufig bei chronischen Zuständen deutlich weniger ausgeprägt als bei akuten, weil sich ein neues Gleichgewicht einstellt) aufgrund einer Hypoproteinämie *(«protein-loosing-enteropathy»)* intermittierende Durchfälle von unterschiedlicher Konsistenz (bei Pferd immer ein Hinweis, dass der Dickdarm betroffen ist), manchmal auch leicht- bis mittelgradige rezidivierende Koliken. Sowohl bei den chronisch-infiltrativ entzündlichen Darmerkrankungen als auch bei den differenzialdiagnostisch wichtigsten und klinisch ähnlichsten Lymphomen (früher auch Lymphosarkome →11.4.1) sind es diejenigen Formen, die lokalisierte begrenzte, von außen oder innen stenosierende Massen bilden, die Kolik verursachen. Die diffusen Formen führen dagegen je nach Lokalisation zu Malabsorption mit Abmagerung (Dünndarm) und/oder zu Durchfall (Dickdarm). Patienten, die an der sog. multsystemischen-eosinophilen-epitheliotropen Krankheit (MEED: *«multisystemic-eosinophilic-epitheliotropic disease»)* leiden, haben auch andere Organmanifestationen: Dermatitis, sowie eosinophile Infiltrationen in der Leber, Lunge und Pankreas, manchmal auch eine deutliche Eosinophilie im Blut.

Diagnose: Sie wird aufgrund der nicht fieberhaften, chronischen intermittierenden oder anhaltenden Durchfälle, Abmagerung, der evtl. rezidivierenden Kolik nach Ausschluss anderer Ursachen wie Infektionen, Sandfressen, ausgeprägten Leber- und Nierenerkrankungen oder fokaler Colitis der rechten dorsalen Colonlagen nach Gabe von nicht steroidalen Antiphlogistika (*«right dorsal colitis»* →4.2.6.3) als Verdachts- und Ausschlussdiagnose gestellt.

Hinweise auf IBD Formen (spezifisch für eine Form sind am ehesten andere Organlokalisationen, z. B. Haut bei der MEED) oder auch Lymphome geben u. a. die klinischen Symptome zusammen mit den Laborresultaten (tiefes Gesamtprotein, insb. Albuminverluste, segmental verdickte Darmwand im Ultraschall, Malabsorption, (Glukose- oder d-Xyloseabsorptionstests bei Dünndarmaffektion). Viele (bei uns die Mehrzahl) dieser Fälle können *intra vitam* keiner genaueren Diagnose zugeordnet werden, außer wenn eine Biopsie eine histopathologische Diagnose liefert. Am stehenden Pferd sind nur das Duodenum per Endoskop, die Schleimhaut der Ampulla per rectum (Uterusbiopsiezange, vorsichtige Entnahme einer Schleimhautfalte) und anderer Darmabschnitte laparoskopisch zugänglich. Die Rektalbiopsie hilft leider jedoch nur in der Minderheit der Fälle, nämlich nur, wenn die Infiltration bis ins Rektum reicht; sie ist also v. a. indiziert, wenn Durchfall beobachtet wird und damit eine Dickdarmbeteiligung wahrscheinlich ist. Rektale Schleimhautbiopsien sind ungefähr bei der Hälfte der GE- und MEED-Fälle diagnostisch, bei LPE und IFEE sind sie leider meist nicht hilfreich. Bei Gewichtsverlust wegen Malabsorption ist umgekehrt eher eine Duodenumbiopsie angezeigt. Wenn der transabdominale oder rektale Ultraschall verdickte Dünn- oder Dickdarmteile zeigt, die zum Teil auch schon manuell per rectum gefühlt werden können, kann eine laparoskopisch oder unter Zoeliotomie gezielt entnommene Biopsie die Diagnose sichern. Mit Eröffnung der Bauchhöhle können natürlich Darmsegmente immer noch am gezieltesten biopsiert werden (cave! Die Wundheilung kann bei Patienten mit hochgradiger Hypoproteinämie gestört sein). Die histopathologische Diagnose braucht viel Erfahrung zur Abgrenzung von auch normalerweise oft vorhandenen Eosinophilien (Parasitenstimulus) und auch Lymphozytosen. Die lympho-plasmazytäre entzündliche Form ist z. T. nur mit einer Immunhistochemie von einem diffusen intestinalen Lymphom abzugrenzen.

Manche dieser Fälle bleiben aber auch nach einer gründlichen Untersuchung *post mortem* «idiopathisch». Wenn rezidivierende Koliken und/oder Abmagerung zum Krankheitsbild gehören, stehen die Chancen für eine Diagnose *intra vitam* günstiger.

Tabelle 4.9: Chronisch-infiltrativ entzündliche Darmerkrankungen: Lokalisation, Ausbreitung und Diagnostik

	diffus	lokalisiert
Dünndarm	Malabsorption, Abmagerung ⇒ Sonografie ⇒ Glukose, Xylose-Absorptionstest ⇒ Biopsie im Duodenum	(rezidivierende) Kolik; ggf. mit Reflux ⇒ Sonografie ⇒ Laparoskopie/Probelaparotomie
Dickdarm	Durchfall, oft von wechselnder Konsistenz ⇒ Sonografie ⇒ Rektumschleimhautbiopsie	(rezidivierende) Kolik, ggf. mit Anschoppung ⇒ Sonografie ⇒ Laparoskopie/Probelaparotomie

Diese vereinfachte Darstellung ist grundsätzlich unabhängig von der spezifischen Ursache (z. B. IBD Formen; intestinales Lymphom) diagnostisch verwendbar.

Prognose: Bei monatelangem Bestehen einer chronisch-infiltrativen Darmentzündung sind die prognostischen Aussichten *quoad restitutionem* eher ungünstig. *Quoad usum* hängt die Prognose sehr davon ab, wie stark die Leistungsfähigkeit herabgesetzt ist. *Quoad vitam* besteht keine unmittelbare Gefahr, aber die Kontaktdermatitis, die sich bei chronischen Durchfällen mit der Zeit an den Hinterschenkeln einstellt, kann zu einer sehr ernsthaften Komplikation werden. Manche dieser Patienten lassen sich mit Kortikosteroiden (Dexamethason 0.02–0.04 mg/kg KG p. o., oder Prednisolon 0.25–2 mg/kg KG p. o. SID nach Wirkung auf Appetit, Gewichtszunahme und Durchfall) während Monaten bis Jahren teilweise in gutem Zustand halten. Wenn aber klare Hinweise auf eine der IBD Formen oder auf ein Lymphom bestehen, ist die Prognose mittel- bis langfristig (je nach vorübergehendem Ansprechen auf Therapieversuche) ungünstig bis schlecht, außer betroffene Darmabschnitte können klar lokalisiert und reseziert (manchmal bei IFEE) werden.

Therapie: Eine vernünftige Therapie eines chronischen Durchfalls ungeklärter Ursache besteht oft in einer Schondiät, die während längerer Zeit strikt einzuhalten ist, mit ausreichenden Wassergaben. Es ist gefährlich, derartigen Pferden die Wassermenge einzuschränken. Außerdem sollten genügend Elektrolyte (Mineralsalz für Pferde direkt ins Futter oder als Leckstein) angeboten werden. Einen Erfolg verspricht eine Diät mit gutem Heu (2 % des KGW), und gutes Haferstroh als Streu. Gezieltere diätetische Maßnahmen sind nur bei klar diagnostizierten Überempfindlichkeiten, wie z. B. einer Glutenunverträglichkeit (wahrscheinlich sehr selten) möglich. Wasser sollte das Pferd nach seinem Ermessen aufnehmen können, jedoch kann es sich lohnen, die Wasserquelle zu wechseln. Mit diesem Regime gelingt es nicht selten, den Mist bei breiiger oder normaler Konsistenz zu erhalten. Es ist dann Sache des tierärztlichen Ermessens, zu welchem Zeitpunkt man wieder langsam mit der normalen Fütterung beginnt. Bei im Stall gehaltenen Pferden kann umgekehrt reiner Weidegang versucht werden. Die Idee dahinter ist meistens eine Normalisierung einer – so wird vermutet – von der Norm abweichenden Bakterienflora (Dysbakterie) im Darm. In mindestens einem von uns beobachteten Fall führte dies von einem Tag zum anderen zum Erfolg. Probiotika, die meist Laktobazillen enthalten, werden angewendet, nützen aber in chronischen Fällen wenig. Eine Übertragung von frischem Mist oder besser Caecuminhalt (Spender nach Euthanasie, cave! Salmonellenträger) in 5 Litern Wasser vermischt, 2–3 Mal über die NSS gegeben, kann versucht werden. Schließlich wird Iodochlorohydroxyquin 20 mg/kg KG p.o. SID als möglicherweise Flora modifizierende Medikation, die bei manchen chronischen Fällen helfen soll, beschrieben.

Die früher empfohlenen Gaben von Styptika, Adstringentien etc. scheinen mehr zu schaden (Kaolin und Pectin z. B. können eine Malabsorption verstärken) als zu nützen. Durchfallmittel wie Codeine Phosphat (1–3 mg/kg KG BID) können probiert werden, doch sind die Erfolge meistens bescheiden.

Wenn eine der IBD Formen diagnostiziert wird, können verschiedene medikamentelle Therapien versucht werden: Diätetische Maßnahmen (s. oben); Kortikosteroide, Metronidazol (cave! regulatorische Beschränkung), Azathioprin (ein immunsuppresiver Nucleosid-Antimetabolit); bei den eosinophilen Formen auch Vincristin, Interferon-α und Cyclosporin. Alle diese Therapieversuche haben bisher aber nur beschränkte Erfolge gezeigt. Wenn eine lokalisierbare Läsion vorliegt (z. B. die klar demarkierten zirkumferenziellen Bänder bei der IFEE, meist mit Kolik), kann diese reserziert werden.

4.2.6.1.7 *Nicht infektiöse Durchfälle beim Fohlen*

Alimentäre (Milchersatzpulver; Pica; Sand etc.) und medikamentell iatrogene Ursachen müssen von den infektiösen Durchfallverursachern (Rota- (→ 15.2.3.3), Coronaviren (→15.2.12); *Lawsonia intracellularis* (→16.20), u. a.) aufgrund der Epidemiologie (andere Fohlen betroffen), Klinik (Fieber, Allgemeinzustand) und Blutbild abgegrenzt werden. Die Rolle von nicht steroidalen Entzündungshemmern bei Magenduodenalulzera, welche nicht selten mit Durchfall einhergehen können, wurde oben beschrieben. Antibiotikainduzierte Durchfälle sind bei Fohlen meist weniger ernsthaft als bei erwachsenen Tieren.

Der «Fohlenrossedurchfall» koinzidiert mit dem ersten postpartalen Zyklus der Stute: Die meisten Fohlen zeigen in der

2. Lebenswoche während einiger Tage einen meist milden, aber manchmal recht stinkigen Durchfall ohne Allgemeinsymptome. Der «Fohlenrossedurchfall» ist wahrscheinlich eine normale Begleiterscheinung bei der Etablierung der Darmflora und wird weder von Hormonen in der Stutenmilch (Waisenfohlen zeigen denselben Durchfall) noch von *Strongyloides westeri* (→4.8.1) verursacht. Oft sind nicht infektiöse Durchfälle beim Fohlen selbstlimitierend und verlaufen ohne systemische Beeinträchtigung. Stärker betroffene, dehydrierte und geschwächte Fohlen sind aber gut zu pflegen (Sauberkeit der Haut) und zu überwachen (Fohlen beim Saugen beobachten; Euter der Stute auf Füllung kontrollieren). Wenn immer ein Fohlen durch einen Durchfall geschwächt ist, muss in jedem Fall eine Gewichtskontrolle und wenn nötig eine Substitutionstherapie vorgenommen werden (→12.2).

4.2.6.1.8 Kotwasser

Anders als beim Durchfall ist die Konsistenz des Pferdekots bei einer Kotwasserproblematik mehr oder weniger normal. Nach oder vor dem Absatz der Pferdeäpfel laufen oder spritzen aber wässerige Ingesta aus dem After und rinnen an den Beinen hinunter. Nicht selten stellen sich schwer zu behandelnde Dermatitiden ein. Die der normalen Friktion unterworfenen Schenkelfalten sind besonders gefährdet. Als mögliche Ursachen sind Zahnprobleme, qualitative Fütterungsfehler, Parasiten, Silagefütterung u. a. zu erwähnen. Die Ursache des Kotwassers ist noch nicht abschließend geklärt. Vermutlich sind es mehrere, wie Futtermittelunverträglichkeit, «Stress» und hoher Sympathikotonus (bei starker Aufregung ist «zwei-phasiger», wässriger Mist bei nervösen Pferden normal), Ungleichgewicht der Darmflora etc. **Therapie:** Wichtig ist, dass das Pferd jederzeit Heu von bester Qualität und ausreichend Wasser zur Verfügung hat. Verabreichung von weniger Kraftfutter, um eine evtl. Übersäuerung mit Fehlgärung zu vermeiden, Weidegang oder Grasfütterung können zum Erfolg führen. Silagebetonte Fütterung kann das Auftreten von Kotwasser begünstigen. Aus diesem Grund sollte man zur Abklärung Silage durch Heu ersetzen. Die Futterration sollte auf das Einfachste reduziert werden (heutzutage werden Pferde mit einer ganzen Kollektion an Futtermittelzusatzstoffen und komplexen «Müslis» gefüttert). Korrektur von evtl. Zahnproblemen. Probiotika, pflanzliche Durchfallmittel (trockene Karottenschnitzel und Ligno cellulose) können ausprobiert werden, wie auch viele der oben (unter Therapie von chronischem Durchfall; z. B. Glutenunverträglichkeit testen; Futtermittel und auch Trinkwasser wechseln) genannten Ansätze, der Erfolg lässt jedoch leider meist auf sich warten.

4.2.6.2 Infektiöse Darmerkrankungen

4.2.6.2.1 Infektiöse Durchfälle beim Fohlen

Rotavirusinfektionen betreffen meist Fohlen in den ersten zwei Lebenswochen, aber auch ältere Fohlen (bis etwa 3 Monate) können bei massiver Exposition erkranken. Rotaviren sind hoch infektiös (→15.2.3.3). Die Inkubationszeit beträgt 1–2 Tage, Viren werden bis zu einer Woche nach Abklingen des Durchfalls ausgeschieden. Aber auch Adeno-, Parvo- und Coronaviren sowie nicht genau identifizierte Viren kommen als Durchfallverursacher infrage. Bei neugeborenen Fohlen bis zum Alter von ca. 4 Wochen treten infektiöse Durchfälle bei uns vor allem als Komplikation einer Septikämie auf (v. a. 1. Lebenswoche), seltener primär. Primär bakteriell führen vor allem Salmonellen spp. und Clostridien (*C. perfringens* Typ A, weniger Typ C und *C. difficile* →17.7) zu Durchfällen. Clostridien-Enteritiden treffen häufig wohlgenährte, gut entwickelte Fohlen und können ein Gestütsproblem sein. Demgegenüber sind aus irgendeinem anderen Grund (Frühgeburt etc.) geschwächte Fohlen eher anfällig für Durchfälle, die sekundär eine Sepsis begleiten und u. a. von *Actinobacillus equuli*, *E. coli*, *Streptococcus* spp. und *Klebsiella* spp. und Mischinfekten verursacht werden (→16.4.2, →16.1.1, →16.6.1 resp. 16.1.3). Bei älteren Fohlen kommen auch mehr chronische Darminfekte vor: *Rhodocccocus equi* kann bei 1–6 Monate alten Fohlen neben den typischen, fast immer vorhandenen pulmonalen Läsionen unter anderen Organlokalisationen auch das Darmrohr (v. a. Colon) und Mesenteriallymphknoten infizieren und dabei Fieber, Durchfall und Gewichtsverluste verursachen (→16.4.2.2). Die Infektion mit *Lawsonia intracellularis* betrifft meist Absetzfohlen, verläuft subakut, chronisch und wird unten separat beschrieben (→16.20 & Tab. 4.10).

Cryptosporidium parvum (cave! Zoonose; nahe verwandt mit *Toxoplasma gondii* →17.7.1) verursacht Durchfälle sehr unterschiedlichen Grades meist in den ersten 2–4 Lebenswochen, kann aber auch viel jüngere oder ältere (manchmal Übergang in Chronizität) Fohlen betreffen. Während die Cryptosporidiose in Zuchtgebieten auf gewissen, meist größeren Gestüten ein echtes Problem darstellt, wird sie bei uns selten diagnostiziert. Parasiten spielen je nach Haltungsbedingungen (Weidehygiene!) eine unterschiedlich große Rolle und treten meist bei älteren Fohlen auf (Weidegang). *Strongyloides westeri*, über die Stutenmilch und auch durch die Haut übertragen, mit einer Präpatenz von 1–2 Wochen, ist fraglich pathogen. Strongyliden hingegen können gerade gut entwurmte Fohlen, wenn sie auf eine «verseuchte» Weide kommen, hart treffen.

Symptome: Ein von Viren (und auch von Cryptosporidien) verursachter Durchfall kann mild sein, ohne Allgemeinsymptome verlaufen und ist so klinisch nicht von Fohlenrossedurchfall abzugrenzen. Er kann aber auch wässrig werden und mit Dehydrierung (Wasserverlust und vermindertem Saugen), Fieber und initial auch mit Kolik einhergehen.

Bakterielle Durchfälle, ob primär oder chronisch, sind oft mit Kolik, deutlichen septischen Allgemeinsymptomen (Apathie, Dehydratation und Schock; Hyper- oder starke Hypothermie) und Blutbildveränderungen (Neutropenie mit toxischen Anzeichen; Hyponatriämie, -chlorämie, -kaliämie und -kalzämie; Hypoglykämie; metabolische Azidose) verbunden. Der Durchfall ist oft wässrig und stinkend (Fischgeruch kann für Clostridiose typisch sein), und bei *C. perfringens* Typ C oft blutig. Demgegenüber sind die parasitären und alimentären Durchfälle der älteren Fohlen meist milder und, abgesehen von Abmagerung, schlechtem Haarkleid und aufgetriebenem Bauch, nicht von Allgemeinsymptomen begleitet.

Diagnose: Bei Kolik und aufgetriebenem Bauch ist eine Ultraschalluntersuchung (5 MHz Sektorschallkopf; am besten am stehenden Tier) zur Abgrenzung von mechanischen Ursachen bei Fohlen besonders wichtig. Bei Enteritis sind die Darmwände der Dünndarmschlingen meist etwas verdickt und hypoechogen, bei hochgradiger Clostridiose manchmal mit Gasechos. Peristaltik ist meist vorhanden, je nach Fall auch verstärkt, kann aber auch vermindert sein. Ein mechanischer Ileus ist auszuschließen (Sonografie: Prästenotische Dünndarmschlingen dilatiert und unbeweglich, manchmal lässt sich auch eine spezifische Läsion, z. B. eine Intussuszeption, darstellen).

Allgemein werden virale Fohlendurchfälle immer noch mittels Elektronenmikroskopie untersucht (z. B. Coronavirus), für Rotavirus A gibt es einen spezifischen ELISA u. a. kommerzielle Tests. Differenzialdiagnostisch ist bei schwereren Fällen an primäre oder sekundär komplizierte bakterielle Durchfallerkrankungen zu denken und eine bakterielle Kotkultur anzusetzen. Zum *Intra-vitam*-Ausschluss von Salmonellen ist ein 3- bis 5-maliges negatives Ergebnis im Mist, je im Abstand von 24 Stunden, nötig. Bei Verdacht auf eine Clostridienenteritis können frisch entnommene und sofort anaerob angesetzte quantitative Kulturen (>10^3 Kolonien/ml Faeces) und Toxin-Nachweise (*C. difficile* Toxin A und B; α- und β-toxinogene *C. perfringens* und Enterotoxin) aussagekräftig sein. Bei Sepsisverdacht sollte, wenn immer möglich vor Antibiotikagabe, eine Blutkultur angelegt werden. Die Oocysten der Cryptosporidien können mit Flotation, Färbung oder Immunfluoreszenz im Mist gut nachgewiesen werden.

Prognose und Therapie: Die reine Virusinfektion ist an sich nicht sehr gefährlich, aber eine andauernde Diarrhoe schwächt natürlich jedes neugeborene Fohlen sehr, führt zu Exsikkose und zu hypovolämischem Schock mit Azidose (→12.1.1). IgG-Werte sind natürlich zu überprüfen und gegebenenfalls muss homologes Plasma substituiert werden. Je nach Zustand benötigen die Patienten eine Substitutionstherapie mit isotonischen, glukose- und aminosäuren-, wenn nötig auch bikarbonathaltigen Elektrolytlösungen →12.2). Bakterielle Komplikationen müssen durch frühzeitige Gabe von Breitspektrumantibiotika wenn möglich verhindert werden. Je mehr Anzeichen von Sepsis vorhanden sind, desto wahrscheinlicher ist ein schlechter Verlauf mit Komplikationen (septischer Schock; septische Arthritis/Osteomyelitis, Pneumonie; Meningitis, Uveitis etc.) und entsprechend ungünstiger ist die Prognose. Die Kausaltherapie einer Cryptosporidiose ist beim Fohlen, wie beim Kalb und Menschen (Zoonose!) äußerst unbefriedigend, denn es gibt keine geeignete Behandlung.

Die bei schwereren Enteritiden vorhandene oder zu erwartende Endotoxinämie, kann auch beim Fohlen mit Polymyxin B (1000–6000 IU/kg KG in NaCl i. v. TID) bekämpft werden. Als «Antidiarrhoika» können Styptika (Aktivkohle-, Heilerdemittel und Kräutermischungen) eingesetzt werden. Daneben gilt es, mit Protonenpumpenhemmern ulzerativen Komplikationen und späteren Magenentleerungsstörungen, für die die Fohlen mit Durchfall besonders anfällig sind, zu begegnen. Aus demselben Grund sind nicht-steroidale Entzündungshemmer (z. B. Flunixin Meglumin in tiefer Dosierung 0.25 mg/kg KG i. v. TID-QID) nur sehr restriktiv zu verabreichen. Falls nötig, kann man für die Schmerzbekämpfung in erster Linie Metamizolpräparate oder bei starken Schmerzen Butorphanol (0.2 mg/kg KG i. v.), Xylazine (cave! vermeiden bei Alter < 14 Tagen) oder anderen α_2-Agonisten und Analgetika einsetzen.

Prophylaxe: Greifende **Hygienevorschriften** in den Zuchtstätten ist die beste Prophylaxe. Bei jedem Verdacht auf einen infektiösen Durchfall sind zudem betroffene Fohlen mit ihren Müttern zu isolieren, und bei der Pflege ist Schutzkleidung zu tragen. Bei einer Salmonellose ist von einem Trägertum unter den Stuten auszugehen. Bei Cryptosporidiosen helfen prophylaktisch nur gründliche Hygiene- und Desinfektionsmaßnahmen gegen die äußerst resistenten Oocysten. Impfung der Stuten vor dem Abfohlen mit einer modifizierten Lebendvakzine verspricht eine abgeschwächte Ausprägung des Rotavirusdurchfalls.

Klinik: Durchfall bei Fohlen	
Symptome:	Durchfall von vielfältiger Konsistenz, Farbe und Geruch
Diagnose:	Kotuntersuchung: auf Sandgehalt, Endoparasiten (Cryptosporidien u. a.); Bakterien (u. a. Salmonellen, E. coli, Lawsonia, Clostridien u. a.) Viren (Rotavirus, Coronavirus)
Therapie:	bei Viruserkrankungen: keine spezifische, nur intensive Substitutionstherapie; bei Clostridien-Durchfall → Metronidazol; allgemein: Substitutionstherapie

Proliferative Enteropathie (*Lawsonia intracellularis*) bei Absetzfohlen

Infektionen mit *Lawsonia intracellularis* – einem obligat intrazellulären Bakterium – wurden in mehreren Spezies nachgewiesen (→16.20). Neben Schweinen und Pferden sind auch Nagetiere, Affen und Wildtiere betroffen. Wahrscheinlich sind mehr Pferde dem Erreger exponiert, als bisweilen angenommen wurde. Die meisten Erkenntnisse stammen aus der Schweinemedizin, in der

(u. a. aufgrund der intensiven Haltungsbedingungen) Durchfallerkrankungen bei Ferkeln, hervorgerufen durch *L. intracellularis*, bereits seit Längerem ein ernsthaftes Problem darstellen. Doch auch hier bleiben nach wie vor viele Fragen bezüglich der Ausbreitung und Immunitätsausbildung ungeklärt. Der Hauptübertragungsweg (beim Schwein nachgewiesen) ist oral durch Erreger im Kot. 4–7 Monate alte Fohlen scheinen am empfindlichsten zu sein, ältere Tiere können auch betroffen sein. Die Krankheit tritt meist als Bestandsproblem auf.

Symptome: Die typischen, klinischen Symptome treten in der Regel erst bei Absetzfohlen auf: reduziertes Allgemeinbefinden, rascher und auffälliger Gewichtsverlust, Unterhautödem, Durchfall und seltener Kolik. Fieber ist selten. Häufig haben die betroffenen Fohlen ein struppiges, trockenes Haarkleid und einen «Heu-» bzw. «Wurmbauch». Der Verlauf ist unterschiedlich. Betroffene Fohlen können innert Tagen *ad exitum* gehen oder auch chronisch kümmern.

Diagnose: Die Laborbefunde sind unspezifisch: Meist besteht eine **Hypoproteinämie** mit ausgeprägter Hypoalbuminämie, dazu auch eine leichte Leukozytose, Anämie und zu tiefe Elektrolytwerte (Ca, Cl und Na erniedrigt). In dieser Altersklasse und mit dieser Präsentation sind differenzialdiagnostisch und als begleitende Krankheitsursachen Verwurmung, andere bakterielle Infekte (v. a. *Rhodococcus equi* (→16.8.2.2), evtl. auch Salmonellose →16.1.2) und auch respiratorische Infekte auszuschließen. Die Hypoproteinämie zusammen mit dem typischen Alter der Fohlen (4–7 Monate) und dem Nachweis von verdickten distalen Dünndarmschlingen per transabdominalem Ultraschall erhärten einen Verdacht. *Intra vitam* ist es denn auch eine Verdachtsdiagnose per Ausschluss, weil die bakteriologische Kultur des Erregers sehr schwierig ist. Auch der PCR-Test zum Nachweis der Lawsonien im Kot ist zwar spezifisch, aber wenig sensitiv. *Post mortem* sind häufig schon fast pathognomonische, makroskopische Veränderungen der Ileumschleimhaut sichtbar. Die Erreger können in der Ileumschleimhaut mit einer Silberfärbung direkt nachgewiesen werden.

Prognose: Je nachdem, wie weit fortgeschritten die Erkrankung zum Zeitpunkt des Therapiebeginns ist und welche Begleiterkrankungen (Wurmbefall etc.) bestehen, kann die Prognose als ungünstig bis günstig gestellt werden. In günstigen Fällen ist ein gutes Ansprechen auf die Antibiose innerhalb von 1–2 Tagen zu beobachten.

Therapie: Antibiose mit Azithromycin (10 mg/kg KG p. o. SID) und Rifampicin (10 mg/kg KG p. o. SID) oder mit Doxycyclin (10 mg/kg KG p. o. BID) während mehrerer Tage (bis zu 21 Tagen) unterstützt durch eine symptomatische Behandlung.

Prophylaxe: Die Stallhygiene und mögliche Infektionsquellen sollten überprüft werden. Lawsonien können mindestens während 2 Wochen außerhalb des Wirtes in infektiöser Form überdauern. Eine effektive Umgebungsreinigung sollte mit 3.3%igen Ammonium-Verbindungen oder 1%igen Jod-Lösungen erreicht werden können. Eine Eradikation auf einem betroffenen Betrieb ist aber angesichts der Nagetierwirte leider unwahrscheinlich.

4.2.6.2.2 *Infektiöse Darmerkrankungen beim adulten Pferd*

Die durch klar definierbare Mikroorganismen hervorgerufenen Krankheitssymptome des Verdauungsapparates werden im Kapitel «Infektionen» eingehend behandelt (→15–18). Primär parasitäre (Bandwürmer, große und kleine Strongyliden) akute Enteritiden sind bei Erwachsenen selten, können aber mit Kolik und Durchfall verlaufen. Die von einer Cyathostomose verursachte hochgradige Colitis wird unter →4.2.6.2.2.2 speziell beschrieben. Unter den Bakterien sind bei erwachsenen Pferden neben den Salmonellen und Clostridien, die unter Typhocolitis (→4.2.6.2.2.2) speziell diskutiert werden, auch *Aeromonas* spp., *Histoplasma* spp., *Mycobacterium avium* (chronisch granulomatös) und auch *Mycobacterium tuberculosis* als seltene Durchfallverursacher beschrieben (→16.8.6). *Aspergillus spp.* können nach Antibiose bei geschwächten Colitispatienten nicht nur den Darm, sondern auch die Lungen und andere Organe besiedeln; die Prognose ist in solchen Fällen praktisch infaust (→18.3).

Die eigentlichen Krankheitserreger, deren Toxine und deren Pathogenese sind bei den folgenden vorgestellten, potenziell lebensbedrohlichen Krankheiten oft nicht vollständig bekannt.

Abb. 4.11: Duodenitis: Akute proximale Enteritis wird ätiologisch oft mit Clostridieninfektionen in Zusammenhang gebracht.

4.2.6.2.2.1 Duodeno-Jejunitis – proximale Enteritis

Die Häufigkeit dieses Krankheitsbildes scheint regional sehr unterschiedlich zu sein. Wir diagnostizieren eine Duodenitis, eine Duodeno-Jejunitis oder eine Gastro-Duodenitis in unserem Patientengut nur selten. Die Symptome sind recht unspezifisch und variabel. Die Pferde zeigen neben einem abrupten Leistungsabfall und einem beeinträchtigten Allgemeinzustand subfebrile bis leicht febrile Temperaturen, Appetitlosigkeit mit meist undeutlichen Zeichen von Kolikschmerzen. Die klinischen Symptome und die Ultraschallbefunde leiten sich von den pathologisch-anatomischen Veränderungen ab, wie spastische bis paretische Darmwände, Gefäßstauung, Ödem, Blutungen bis Nekrosen in der Mukosa und Submukosa. Oft kommt es durch die Verlegung der Papillen zu sekundären Leber- und Pankreasschäden. Hufrehe tritt als Komplikation recht häufig auf (→4.2.4.4).

Das Krankheitsbild wird ätiologisch oft mit *Clostridium perfringens* und *C. difficile* in Zusammenhang gebracht (→16.7.7 resp. 16.7.8). Der Keim findet im gestörten Darmmilieu zu seiner Vermehrung und Toxinbildung ideale Bedingungen. Damit ist fraglich, ob Clostridien(-toxine) eher die Ursache oder die Folge der Darmmilieuveränderungen darstellen. Weiter werden als Ursachen auch Salmonellen und Mykotoxine vermutet.

Symptome: Die Pferde zeigen meist milde bis deutliche Koliksymptome, sie sind rasch dehydriert, apathisch, tachykard und subfebril bis febril. Die Lähmung und Entzündung des Jejunums äußert sich klinisch durch das Regurgitieren reichlicher Mengen stinkenden und manchmal typisch braunorangefarbenen Dünndarminhalts in den Magen. Die ausgeprägte sekundäre Magenüberladung resultiert in entsprechenden Kolikäußerungen. Auch spontanes Erbrechen durch die Nüstern ist keine Seltenheit.

Die **Diagnose** wird aufgrund der Symptomatik gestellt. Differenzialdiagnostisch ist die proximale Enteritis von der Graskrankheit (ebenfalls meist deutliche klinische Besserung nach Magenentlastung; evtl. spezifischere Zeichen wie Ptosis, pseudomembranöse Rhinitis →4.2.6.1.4) und von einem mechanischen Ileus (typischerweise keine oder wenig Besserung nach Abhebern von Reflux; stärker verändertes Bauchpunktat →4.2.3) abzugrenzen. Eine Ultraschalluntersuchung kann helfen, die Duodeno-Jejunitis (Dünndarm flüssigkeitsgefüllt, aber nicht deutlich dilatiert, variable Motilität und

Wanddicke) gegenüber einer strangulierenden Läsion (prästenotisch stark dilatiert poststenotisch normal, leer) abzugrenzen. Intra-operativ gibt es eine Stauung von Duodenum und Jejunum mit Flüssigkeit und, anders als bei der Graskrankheit, deutliche Ödematisierung von Darmwand und Mesenterium mit subserösen Hämorrhagien ohne ersichtliche Spuren einer mechanischen Läsion. Da das Ausmaß der Entzündung ohne Laparatomie nicht festzustellen ist, muss die **Prognose** präoperativ vorsichtig gestellt werden.

Therapie: Selbstverständlich muss wie bei jedem paralytischen Ileus der Magen in kurzen Abständen (je nach Refluxmenge alle 2–4 Stunden entleert werden), die Magensonde wird dazu am besten im Patienten platziert und belassen. Flüssigkeits- und Elektrolytdefizite müssen prompt und gezielt ersetzt werden (→12.2). Meistens bessern sich die Pferde klinisch unter der Infusionstherapie rasch, und der Verdacht eines mechanischen Ileus rückt nach hinten. In einzelnen Fällen brauchen wir, um den Endotoxineffekten entgegenzuwirken, Polymyxin B (1000–6000 IU/kg KG als Infusion, TID), aber mit unklarem Erfolg. Prokinetika (z. B. Lidocain) werden versucht, scheinen aber wenig zu nützen. Hingegen wird von manchen Autoren eine Antibiose mit Metronidazole (i. v. oder nach Magenentleerungen p. o. 15–25 mg/kg KG BID; cave! Lebensmittelgesetzgebung) und Penizillin (20 000–40 000 I.E./kg KG i. v.) sowie eine Laparotomie zur Entleerung des Dünndarminhaltes ins Caecum mit anschließender Zäkostomie und Entleerung des Blinddarms empfohlen. Unsere Verdachtsfälle wurden entweder konservativ (mit Palliativtherapie ohne Antibiose) oder mit Laparotomie (zum Ausschluss einer mechanischen Ursache) und Ausstreichen des Dünndarms in den Blinddarm ohne Zäkostomie behandelt. Dabei konnten wir beobachten, dass sich solche Patienten zum Teil postoperativ entgegen unseren Erwartungen mit nur kurz dauerndem paralytischem Ileus relativ schnell und gut erholten.

Trotzdem ist die **Prognose** unseres Erachtens vorsichtig zu stellen.

Duodeno-Jejunitis	
Symptome:	Apathie, Inappetenz, milde bis starke Kolik, subfebril bis febril
Diagnose:	sekundäre Magenüberladung, übel riechender Magenreflux oder spontane Regurgitation, erhöhte Körpertemperatur rektal und sonografisch: dilatierte, dickwandige Dünndarmschlingen
Therapie:	Magenentlastung substitutive Therapie, Analgetika, evtl. Metronidazol

4.2.6.2.2.2 Akute Colitis und Typhlo-Colitis

Bei der akuten Colitis handelt es sich um eine spezielle, nicht leicht abzugrenzende Form der akuten Enteritis, oft einer Typhlo-Colitis (früher auch Colitis X genannt), die ohne Behandlung akut bis perakut zu verlaufen pflegt und, wenn nicht früh diagnostiziert, meist mit dem Tod endet. Pathologisch handelt es sich um eine ödematöse bis thrombo-hämorrhagische ulzerative Enteritis des Blinddarmes und des Colons. Die Typhlo-Colitis beim Pferd muss als ätiologisch uneinheitliche Krankheit angesehen werden. Neben einer fulminanten Salmonellose (bei uns selten) und dem «*Potomac-Horse-Fever*» (*Neorickettsia risticii*; kommt in Europa nicht vor →16.9.3) sind wohl schwere Dysbakterien, etwa nach per oralen Antibiotikabehandlungen, besonders wichtig. Hohe Dosen von Phenylbutazon (8 mg/kg KG) können am 3.–5. Behandlungstag in einer Typhlo-Colitis enden, besonders wenn das Medikament nach belastenden Operationen eingesetzt wird. Auch «Stress» alleine, zum Beispiel Hospitalisierung, Operationen, Wettkampf, abrupte Futterumstellung, kann prädisponierend sein. Besonders anfällig auf nicht steroidale Entzündungshemmer wie Phenylbutazon sind wahrscheinlich Ponys, insbesondere Minishetties. Es dürfte sich pathophysiologisch meistens um hochgra-

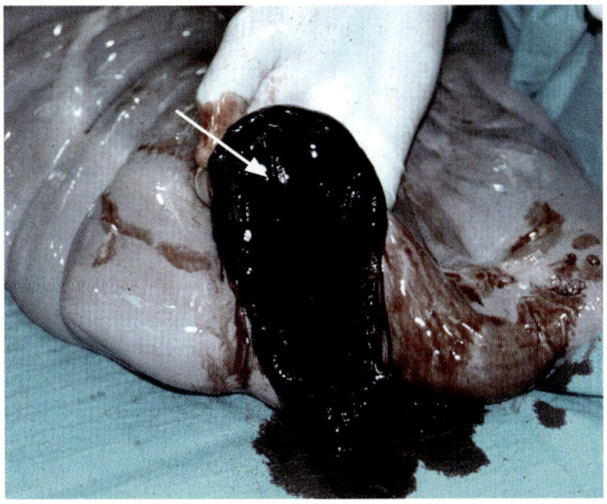

Abb. 4.12: Colitis: Ulzerativ-hämorrhagisch veränderte Schleimhaut (sichtbar an der Enterotomiestelle der Beckenflexur; Pfeil) des Colons.

dige Endotoxin- (LPS; gramnegative Bakterien) und Exotoxinwirkungen (Toxine von Clostridien, wie insb. β-toxinogene *C. perfringens* und *C. difficile* →16.7.7 resp. 16.7.8) handeln. Es gibt aber auch viele Fälle, bei denen die Ursache nicht eruierbar ist. In unserem Patientengut ist der Rückgang der Fälle in den letzten Jahrzehnten auffällig. Die Ursachen kennen wir nicht, aber eine Veränderung in der Zusammensetzung und «Anfälligkeit» der Darmflora scheint naheliegend.

Typisch ist das plötzliche Einsetzen der **Symptome** Inappetenz, mit Fieber nur bei Infekt mit Enterobakterien, Tachykardie, mit **wässrigen, stinkenden Durchfällen**, im Initialstadium erhöhter, später herabgesetzter und fast fehlender Peristaltik. Rasch einsetzende Exsikkose, Zyanose, Äußerungen von Angst, eher wenig Kolik, sind ebenso bezeichnend wie auch der **Granulozytensturz** und die Hypoproteinämie durch die Proteinverluste über den Darm. Mit den erwähnten Kardinalsymptomen kann die **Diagnose** gesichert werden. Bei sehr frühzeitigem Eingreifen stehen die therapeutischen Chancen nicht allzu schlecht.

Prognose: Hängt vom Zeitpunkt der Erkennung der Prodromalsymptome Inappetenz, Neutrophilensturz und Durchfall ab. Werden die Symptome zu spät erkannt, muss man mit einer Letalität von über 90 % rechnen. Bei Früherkennung und adäquater Intensivtherapie sinkt die Letalität auf unter 10 %. In terminalen Stadien und bei hämorrhagischen Durchfällen ist die Prognose ungünstig.

Therapie: Der intravenösen Wasser- und Elektrolytzufuhr und der Plasmasubstitution (zur Zufuhr von Eiweiß und Gerinnungsfaktoren) kommt selbstverständlich die größte Bedeutung zu (→12.2). Positiv vermag die Verabreichung von Kortikoiden (Methylprednisolon: 1–2 mg/kg KG i. v.; in unserer Erfahrung eine wichtige Medikation), evtl. zusammen mit Metronidazol (15–25 mg/kg KG TID bis QID, p. o. oder per rectum, wenn eine Magenentleerungsstörung vorliegt; ggf. auch i. v.) den Verlauf zu beeinflussen. Bei Verdacht auf Gerinnungsstörung in Verbindung mit der Toxämie wird die Behandlung mit Heparin empfohlen. Außerdem muss bei diesen Patienten bei den ersten Anzeichen einer Hufrehe entsprechend therapiert werden (→4.2.4.4).

Parasitäre Typhlo-Colitis (Larvale Cyathostomiase)

Dieses Krankheitsbild ist im Zusammenhang mit einer hochgradigen, ödematösentzündlichen Schädigung der Blind- und Dickdarmwand (Typhlo-Colitis) beobachtet worden. Eigentliche Ursache des Schadens kann ein ungewöhnlich massiver Befall mit kleinen Strongyliden sein (respektive deren plötzliche massenhafte Auswanderung aus der Schleimhaut; möglicherweise provoziert durch Entwurmung), die ja sonst kaum je zu klinisch manifesten Krankheiten Anlass geben. Die betroffenen Pferde, oft jüngere Tiere (jünger als 6 Jahre) zeigen die **Symptome** und auch Blutbildveränderungen (Elektrolytverschiebungen und Neutropenie) einer akuten bis chronischen Typhlo-Colitis.

Die symptomatische **Therapie** akuter Fälle wie bei der Colitis, unterstützt von einer anthelmintischen Behandlung (Fenbendazol: 7.5 mg/kg KG p. o. SID über 5 Tage oder Moxidectin: 0.4 mg/kg KG p. o.), kann zum Erfolg führen.

4.2.6.3 Ulzerative Darmerkrankungen

Bei den oben beschriebenen Typhlo-Colitiden handelt es sich, wie schon erwähnt, auch um eine ulzerative, aber primär toxikoinfektiöse Entzündung von Dickdarmabschnitten. Die in diesem Abschnitt erwähnte Erkrankung ist hingegen durch ein primär ulzeratives Geschehen gekennzeichnet.

Ulzerative Colitis der magenähnlichen Erweiterung

Unter den Darmgeschwüren verdienen Ulzera in der magenähnlichen Erweiterung des Colons, in der englischen Literatur als «***right-dorsal-colitis***» bezeichnet, eine spezielle Besprechung. Dieses Krankheitsbild wird immer mit der Gabe von Phenylbutazon oder anderen klassischen nicht steroidalen Entzündungshemmern assoziiert. Es scheinen aber v. a. bestimmte, besonders empfindliche Tiere (Ponys, Kleinpferderassen, Friesen; aber auch Vollblüter und andere Rassen) betroffenen zu sein, und dies oft auch ohne «Überdosierung». Allerdings wird die Krankheit bei uns selten angetroffen, aber wenn, dann doch meist bei «Sportopfern» und Pferden, die wegen chronischer Lahmheiten mit nicht steroidalen Entzündungshemmern behandelt wurden.

Symptome: Abmagerung (Grad ist abhängig von der Dauer), rezidivierende Kolik, intermittierender Durchfall, Appetitlosigkeit, evtl. Ikterus und Bauchödem gehören zu den unspezifischen Symptomen. Es gibt auch akutere Fälle mit recht heftiger Kolik, Fieber und Endotoxämieanzeichen. Eine ausgeprägte Hypoproteinämie und -albuminämie ist häufig. Manchmal lässt sich okkultes Blut im Mist nachweisen (cave! falsch positiv nach Rektaluntersuchung).

Diagnose: Sie wird aufgrund der typischen, aber unspezifischen und meist subakut, chronisch auftretenden Symptome gestellt. Wenn die Veränderungen lateral in der Wand der magenähnlichen Erweiterung liegen, lassen sie sich ultrasonografisch (3.5–5 MHz Sonde, 12er–15er Zwischenrippenspalt, rechts ventral der Lungengrenze) als Wandverdickung (> 0.7 cm) nachweisen. Eine szintigrafische Untersuchung mit radioaktiv-markierten Leukozyten wurde beschrieben, kann aber auch nur bei lateral liegenden Geschwüren diagnostisch sein und bietet darum wohl keine klaren diagnostischen Vorteile. Eine Laparatomie mit direkter manueller und wenn möglich visueller Untersuchung ist die einzige Möglichkeit, die Diagnose *intra vitam* sicher zu bestätigen.

Die **Prognose** hängt ab vom frühzeitigen Erkennen der Krankheit, bevor hochgradige Veränderungen entstehen, und von der Geduld der Besitzer und dem konsequenten Befolgen der Haltungs- und Fütterungsempfehlungen. Vorsichtigerweise sind solchen Patienten auch nach einer Genesung möglichst keine, und wenn, dann COX-2 selektive nicht steroidale Entzündungshemmer zu verabreichen.

Therapie: Die konservative Therapie ist dem Versuch einer chirurgischen Sanierung der ulzerativen Veränderungen vorzuziehen. Der Patient wird unter Diät (ballastarme, pelletierte Diät in kleinen, häufigen Portionen; 5 Mal am Tag), um die mechanische Belastung des Colons zu vermindern. Zudem ist ein kurzer Weidegang 4–6 Mal pro Tag von einer Viertelstunde ratsam. Die Besitzer solcher Patienten müssen sich auf eine 3- bis 6-monatige Therapie- und Rekonvaleszenzzeit ohne Arbeitsstress einstellen. Medikamentell können zusätzlich folgende Präparate verabreicht werden: Flohsamenpulver (30–60 g/Tag 500 kg KG p. o.), Sucralfat (22 mg/kg KG p. o. TID), Metronidazol (15 mg/kg KG p. o. TID, cave! Lebensmittelgesetzgebung und Inappetenz als mögliche Nebenwirkung), und mehrfach ungesättigte Fettsäuren (Omega-3 in Leinöl), sowie das sehr teure Humanpräparat Misoprostol, ein E1- Prostaglandin (2 µg/kg KG p. o. TID bis QID), welches beim Pferd mit Nebenwirkungen (Kolik, Durchfall, Abort) behaftet ist. Die Wirksamkeit dieser Medikamente ist allerdings für diese Krankheit nicht bewiesen.

Tabelle 4.10 Ursachen der Durchfallerkrankungen beim Pferd

Erkrankung	Ursache	Diagnose
Typhlo-Colitis (→ 4.2.6.2.2.2)	Toxikoinfektion mit Clostridien, Salmonellen, Rickettsien, Medikamente, Stress	Symptome: perakuter Verlauf mit Apathie, Inappetenz, profusem Durchfall, evtl. Fieber und Kolik, Leukopenie, Hypoproteinämie
Cyathostominose-Typhlo-Colitis (→ 4.2.6.2.2.2)	Cyathostomen (→ 4.8.1)	Alter: 2- bis 5-jähriges Pferd Nachweis von Cyathostomiden nativ im Kot oder Wurmeier bei der Flotation, Durchfall, Oedem u.a.
Chronisch-infiltrativ entzündliche Darmerkrankungen (IBD → 4.2.6.1.6)	verschiedene Formen: GE, LPE, MEED und IFEE	Durchfall, Abmagerung, milde Kolik Chronischer Verlauf Hypoproteinämie, Hypoalbuminämie Nachweis der Infiltration in einer Duodenumbiopsie
Diffuses Lymphom (→ 11.4.1)	Neoplasie	
Intermittierender Durchfall	versch. Ursachen wie Sandaufnahme, Fütterungsfehler; Glutenunverträglichkeit	intermittierender Durchfall ohne systemische Symptome, meist auch ohne Kolik (Ausnahme «Sand»)
«Kotwasser»-Syndrom (→ 4.2.6.1.8)	unbekannt	2-phasiger, wässeriger Mist bis intermittierender Durchfall ohne systemische Symptome und ohne Kolik
Ulzerative Colitis des rechten dorsalen Colons (→ 4.2.6.3)	nicht steroidale Entzündungshemmer	Anamnese der Verabreichung von nicht steroidalen Entzündungshemmern Durchfall, milde Kolik Hypoproteinämie, Hypoalbuminämie Sonografie: Nachweis der verdickten rechten Colonwand
Proliferative Enteritis bei Absatzfohlen (→ 4.2.6.2.1)	*Lawsonia intracellularis* (→ 16.20)	Fohlen im Absetzalter (4–7 Monate alt) Abmagerung Hypoproteinämie, hochgradige Hypoalbuminämie Nachweis von *L. intracellularis* im Kot (PCR)
Infektiöser Durchfall beim Saugfohlen (→ 4.2.6.2.1)	Rota-, Coronaviren; Cryptosporidien u. a. (→ 15.2.3.3, → 15.2.12, → 17.3)	je nach Verdacht und Erreger: ELISA, PCR, Kultur Durchfall von vielfältiger Konsistenz, Farbe und Geruch
Nicht infektiöser Durchfall beim Saugfohlen («Fohlenrossedurchfall») (→ 4.2.6.1.7)	unbekannt	erster postpartaler Zyklus der Stute; keine Allgemeinsymptome; Ausschluss anderer Ursachen

4.3 Leberkrankheiten

Klinisch manifeste Hepatopathien treten unter unseren Verhältnissen nicht häufig auf. Vor allem sind primäre Schäden selten, während sich sekundäre, wie sie bei Darmerkrankungen unvermeidlich sind, natürlich viel häufiger einstellen, aber kaum je eine praktische Rolle spielen. Erstellt man bei irgendwelchen internistischen Leiden ein Leberprofil der Laborwerte, so erhält man einen Eindruck über die Häufigkeit subklinischer Leberschäden. Solche subklinischen Schäden mit erhöhten Leberenzymaktivitäten (aber normalen Gallensäurewerten) sind also ungleich viel häufiger, als klinisch relevante Hepathopathien.

Eine Differenzierung der Hepatopathien in einzelne, definierte Formen der Schädigung gelingt indessen bei Weitem nicht in jedem Fall. Das ist auch nicht von großer praktischer Bedeutung, weil die Regenerations- und Kompensationskraft der Leber außerordentlich groß ist. Sekundäre Hepatopathien beeinflussen deswegen die Prognose ernsthafter Primärleiden im Allgemeinen nicht oder nur unwesentlich.

Die **Symptome** der Lebererkrankungen beim Pferd unterscheiden sich grundsätzlich kaum nach der Ursache (z. B. toxisch oder infektiös) und Form (akut oder chronisch) und werden deshalb hier zusammenfassend dargestellt: Allgemein sind die auffälligsten Symptome zunächst unspezifisch geprägt durch Abmagerung, Leistungsschwäche und später neurologischer Art **(Hepatoenzephalopathie oder hepatozerebrales Syndrom)** und bestehen vor allem in ungestümem Vorwärtsdrängen der ansonsten abgestumpften Patienten. Die Perioden der Apathie können von Phasen der Übererregbarkeit, die bis zur Raserei gehen, abgelöst werden. Die ZNS-Symptome und die Stadien der Hepatoenzephalopathie korrelieren aber nicht sehr eng mit der NH_3-Konzentration im Blut. Die Stadien gehen fließend von Grad I (leichtgr. Apathie und Verhaltensänderungen), Grad II (Depression, Lethargie, Desorientierung, «Kopfpressen», zielloses Drangwandern und Manegebewegung; leichtgr. Ataxie, Gähnen), Grad III (Somnolenz, Stupor, aggressives Verhalten (Patient ist aber ansprechbar) bis zu Grad IV (Koma, Konvulsionen).

Ein weiterer relativ spezifischer Hinweis auf eine Leberaffektion ist eine sekundäre **Fotodermatitis.** Dagegen sind Inappetenz und Apathie zwar deutlich häufiger, aber dafür sehr unspezifisch. Der Ikterus ist beim Pferd nicht ein triviales Symptom und wird unten detailliert besprochen. Weitere, allerdings seltenere klinische Anzeichen sind Kolik (evtl. wegen Gallengangskonkrementen oder akuter Lebervergrößerung mit Kapseldehnung), sowie Verdauungsstörungen und Durchfälle, sekundäre Blutungsneigung (selten Petechien), Pruritus und Seborrhoe, Ödeme und Aszites. Eine hochgradige Vergrößerung der Leber kann sehr selten rektal ertastet werden.

Der **Ikterus** ist beim Pferd kein zuverlässiges Zeichen eines Leberschadens. Ab einer Serumkonzentration von 35 µmol/l Bilirubin wird der subjektive Eindruck einer Gelbverfärbung der Schleimhäute und Skleren offensichtlich. Hoch im Blut stehende Pferde haben eine hohe (> 35 µmol/l), Esel und Ponys eine sehr niedrige (< 35 µmol/l) Bilirubinkonzentration im Serum. Physiologischerweise entwickelt das Pferd eine mäßige Hyperbilirubinämie schon nach 24-stündigem Fasten oder auch nach hartem Training. Es besteht eine Korrelation mit der Erythrozytenzahl, deren Bedeutung nicht geklärt ist. Zudem verlaufen gewisse Leberkrankheiten anikterisch, andererseits sind die prähepatischen Ikterusformen häufiger als die hepatozellulären. Jeder Ikterus bedarf also der gründlichen Differenzierung. Andere klinische Zeichen eines Leberschadens wie Inappetenz und Apathie sind noch unspezifischer. Nur das sogenannte hepatozerebrale Syndrom und seine oft dramatischen Manifestationen dürfen als typische Erscheinungen angesehen werden.

Labordiagnostik: Neben den Leberfunktionsproben (heute die Bestimmung der Gallensäuren, früher die Bromosulphtaleinprobe) liefert die Enzymdiagnostik (Leberparenchym: SDH und GLDH, weniger spezifisch auch AST und LDH; Gallengänge: γGT und weniger spezifisch AP) die hilfreichsten Informationen. Weitere Werte wie die von Harnstoff, Triglyzerid, Elektrolyten und pH sowie Serumproteinogramm und Gerinnungsstatus können zusätzliche Anhaltspunkte liefern. Schwere chronische Leberschäden, zum Beispiel eine lymphosarkomatöse Schädigung, ergeben nur klare Laborresultate, wenn etwa zwei Drittel des Lebergewebes befallen und zerstört sind. Im Gegensatz dazu wird sich eine diffuse akute, aber an sich unbedeutende Hepatopathie in eindeutigen Werten äußern. Zu bedenken ist jedenfalls, dass leberspezifische Enzyme nur in erhöhten Serumaktivitäten erscheinen, wenn Zellen aktiv geschädigt werden, also bei akuten Zuständen, bei chronischen nur dann, wenn ein akut-aktiver Schub abläuft (Zirrhose!). Dagegen liefern die Werte der Gallensäuren eine sehr zuverlässige Einschätzung der Leberfunktion.

Ikterus: Einteilung und Ursache

- prähepatisch (Hämolyse-Ikterus)
- hepatisch (Parenchym-Ikterus)
- posthepatisch (Stauungsikterus)

Kernikterus: Bilirubinenzephalopathie bei Neugeborenen mit zentralen Symptomen

Die **Ultraschalluntersuchung** (2.5–3 mHz Schallkopf; Leber ist nicht vollständig darstellbar, aber die Homogenität, die Gefäß- und Gallengangsgröße und -form, die etwas niedrigere Echogenität im Vergleich zur Milz (linke Seite), sowie die Leberränder [Abstumpfung]) und eine unter sonografischer Kontrolle entnommene **Leberbiopsie** können erheblich zur Diagnose und zur Ursachenfindung beitragen (z. B. akute Dystrophie, portale Fibrose; Einschlusskörperchen). Die Leberbiopsie wird transkutan meistens auf der rechten Körperseite im 12. bis 14. Interkostalraum durchgeführt. Meist bestimmt man vorher die Gerinnungsparameter. Blutungen treten aber nur äußerst selten auf, selbst wenn die Gerinnungsparameter durch die Lebererkrankung verändert sind. Vorausgesetzt, das Bioptat stammt aus einem veränderten Leberbereich, liefert die histologische Untersuchung Informationen über Ursache und Prognose der Hepatopathie. Wie bei allen Organbiopsien ist die Interpretation des Biopsiebefundes problematisch. Auch wenn die meisten Lebererkrankungen relativ generalisiert und diffus verteilt sind, ist es möglich, dass knapp neben einem pathologisch veränderten, gesundes Gewebe entnommen wird; es kommt aber auch vor, dass zum Beispiel in der Umgebung eines alten, absolut bedeutungslosen Wurmknötchens eine zirrhotische Veränderung nachgewiesen wird. Über den Umfang der Veränderung sagt deshalb die Biopsie leider nichts aus.

4.3.1 Akute Lerbererkrankungen

4.3.1.1 Akute Leberdegeneration

Die Ätiologie dieser Krankheit ist uneinheitlich. Sie ist meistens auf **Phytotoxine** (Pyrrolizidinalkaloide u. a.) und **Mykotoxine** (Aflatoxin u. a.) zurückzuführen, wobei die Aufnahme von Jakobskreuzkraut (*Senecio jacobaea;* Pyrrolizidinalkaloide*)* und deren Zierformen, das Greiskraut (*Senecio bicolor*) die häufigste Ursache sein dürfte (cave! Gartenabfälle gehören nie in die Reichweite von Pferden). Seneciovergiftungen können auch über Wochen bis Monate chronisch und in Schüben verlaufen (→4.3.2.3). Auch Weiden mit einem hohen Anteil von gewissen Kleesorten (Schwedenklee, *Trifolium hybridum*) können leicht- bis mittelgradige Leberdegenerationen mit **Fotodermatitis** auslösen. Gifte wie Phosphor, Arsen, Tetrachlorkohlenstoff und dergleichen sollen ebenfalls zu akuter Leberdegeneration führen. Sekundär tritt eine akute Leberdegeneration auch als Folge hochgradiger Hämolyse und Toxämien auf.

Bei einem Verdacht auf Vergiftungen mit Futtermitteln ist es wichtig, nicht nur die offensichtlich betroffenen Tiere zu untersuchen, sondern die Leberenzymaktivitäten und Gallensäurewerte im Blut auch bei den anderen Pferden, die mit dem gleichen Futtermittel gefüttert werden oder auf der gleichen Weide stehen, zu überprüfen. Therapie der Lebererkrankungen →4.3.2.9.

4.3.1.2 Akute infektiöse Hepatitis

Eine primäre bakterielle, akute Hepatitis tritt beim Saugfohlen auf. Die sogenannte Tyzzer's Krankheit wird durch *Clostridium piliforme* verursacht (→16.7.3). Die Krankheit verläuft meist perakut und tödlich. Bei Adulten werden sehr selten primär infektiöse Hepatitiden (Clostridiosen, Leptospirosen) diagnostiziert. Bei der seit Langem bekannten Serumhepatitis bei Pferden (→13.3 & 15.2.6.4), die mit Immunserum aus equinem Plasma oder Tetanus-Antitoxin behandelt wurde, und die meist akut und mit tödlichem Ausgang verläuft, wurde kürzlich ein Virus (*Theiler's Disease Associated Virus,* TDAV) als infektiöse Ursache nachgewiesen.

Bei Kolikpatienten, vor allem bei Patienten mit proximaler Enteritis und bei Nabelinfektionen beim Neugeborenen, kann es in seltenen Fällen auch zu einer aszendierenden Infektion kommen. Auch eine schwere Hepatitis äußert sich im Allgemeinen wie die eben beschriebene Leberdegeneration in neurologischen Symptomen, die von Abstumpfung bis zu Exzitation, Vorwärtsdrängen und Raserei variieren können. Auch sekundäre Fotodermatitis sowie die oben bereits genannten unspezifischeren Anzeichen (Inappetenz; Apathie etc.) kommen vor. Daneben ist meistens ein Ikterus zu beobachten und ein Anstieg der leberspezifischen Enzymaktivitäten im Serum.

Diagnose: Relativ spezifische Hinweise sind, wie oben erwähnt, die Hepatoenzephalopathie und die Fotodermatitis. Viel häufiger zeigen die Patienten aber nur unspezifische Symptome. Die Diagnose der akuten Lebererkrankungen wird deshalb oft mithilfe der Anamnese und eines eher unspezifischen klinischen Bildes als Verdacht gestellt und anschließend aufgrund der Laborwerte erhärtet. Die Ultraschalluntersuchung kann in einigen Fällen diagnostisch sehr wertvoll sein. Sie ermöglicht zwar nur die Darstellung eines kleinen Teils der Leber, da aber Lebererkrankungen beim Pferd häufig diffus sind, lassen sie sich auch in einem reduzierten Abschnitt erkennen. Bei der sonografischen Untersuchung der Leber wird die Form der Ränder der Leberlappen, die Struktur des Leberparenchyms und die Zahl und Durchmesser der Gallengänge (im Normalfall nicht darstellbar) beurteilt. Bei Auffälligkeit empfiehlt sich dann eine Leberbiopsie unter Ultraschallkontrolle.

4.3.1.3 Leberruptur

Leberrupturen kommen vor bei Amyloidose und Leberverfettung; meistens werden sie aber nach heftigen, stumpfen Traumen beobachtet (Sturz bei Rennpferden; Hufschläge bei Fohlen u. a.). Die Leberruptur muss nicht unbedingt tödlich verlaufen. Wenn die akute Blutung diagnostiziert wird, besteht eine gewisse Heilungschance mit intensiver unterstützender Therapie inkl. Bluttransfusionen. Das Hämabdomen führt zu Abdominalschmerz und muss dementsprechend behandelt werden (→4.2.4.1).

4.3.2 Chronische Lebererkrankungen

4.3.2.1 Cholelithiasis

Gallensteinerkrankungen kommen beim Pferd relativ selten vor, sollten aber in Betracht gezogen werden bei Pferden, die eine Kombination der **Symptome** Kolik, evtl. Ikterus und Unwohlsein zeigen, insbesondere wenn weitere Anzeichen eines Leberschadens dazukommen. Ursächlich vermutet werden aszendierende Infektionen, die ihrerseits möglicherweise durch eine Stase im Duodenum (vorübergehende Kompression und Ileus z. B. bei Colonverlagerungen durch Zug am *L. duodenocolicum*) begünstigt wird. Wenn der Abführgang durch das Konkrement zeitweilig ganz verlegt wird, führt dies zu schweren, aber meist nur kurz dauernden Koliken während und direkt nach dem Fressen (Gallenfluss).

Diagnostik: Nur bei chronischer Stauung besteht zuverlässig eine Hyperbilirubinämie. Größere, nicht allzu tief gelegene Steine lassen sich zusammen mit dem durch Stauung erweiterten Gallengang auch echografisch darstellen.

Therapie: Eine Operation (Choledochotomie) kann grundsätzlich in Betracht gezogen werden, trägt aber offenbar ein hohes Risiko für Kontamination der Bauchhöhle (Choleperitonäum) mit hochgradiger Peritonitis. Meist versucht man deshalb, eine Cholelithiasis konservativ medikamentell (mit Breitspektrum-Antibiose über Wochen bis Monate; 2–4 Wochen über die Normalisierung der γ-GT-Werte hinaus) zu behandeln. Verschiedene Antibiotika sind bei Cholangiohepatitis und Cholelithiasis mehr oder weniger erfolgreich eingesetzt worden: z. B. Penizillin mit Gentamicin, Ceftiofur, Enrofloxazin, Metronidazol, und auch Trimethoprim- Sulfonamid sowie Chloramphenicol.

Die **Prognose** ist vorsichtig bis ungünstig.

4.3.2.2 Leberverfettung, Steatosis

Eine Leberverfettung wird bei einem Syndrom beobachtet, das als **Hyperlipämie oder Hyperlipidämie** vor allem bei Minishetties, Shetlandponys und Eseln vorkommt. Dabei kann die Leber vergrößert sein und ein außerordentlich stark verfettetes Parenchym zeigen. Selten ist dieses Krankheitsbild bei Großpferden zu finden. Eine Erhöhung des Serumbilirubins ist nicht immer vorhanden. Hingegen ist das Serum dieser Tiere deutlich verändert, indem es weißlich opalesziert. Vor allem die Konzentration der Neutralfette ist außerordentlich stark erhöht. Es wurden sehr hohe Werte von > 150 g/l Gesamtlipide gemessen. Die Hyperlipidämie kann aufgrund der Laborbefunde eindeutig diagnostiziert werden. Hyperlipämie oder Hyperlipidämie werden im Kapitel über Krankheiten des Endokriniums und des Stoffwechsels detailliert besprochen (→10.7.2).

Ätiologie der Lebererkrankungen	
– toxisch:	Phyto- und Mykotoxine (→ 14.3)
– metabolisch:	Leberverfettung (→ 10.7.2), Steatose (→ 10.7.3), Amyloidose (→ 4.3.2.8)
– infektiös:	*Tyzzer's disease* (→ 16.4.3), Leptospirose (→ 16.10.2), Theiler's disease (→ 15.2.6.4) u. a. Fasciolose, Echinococcose (→ 4.8.2) u. a.
– hereditär:	Caroli-Krankheit (→ 4.3.2.4)
– tumorös:	Lymphosarkom (→ 11.4.2)
– physikalisch:	Trauma

4.3.2.3 Chronische Leberdegeneration, Leberzirrhose

Die Leberzirrhose des Pferdes tritt regionenweise ziemlich häufig auf, hierzulande indessen selten als abgrenzbares, klinisches Bild. Die Krankheit wird beschrieben als Leberkoller, Lebersucht, Schweinsbergerkrankheit, Z'darerkrankheit, «*Enzootic liver cirrhosis*», Dunziekte in Südafrika etc.

Die Ätiologie ist unklar, meistens sind Phytotoxine (*Senecio*-Arten) zu beschuldigen (Abb. 14.1). Dann scheinen auch Larvenwanderungen von Strongyliden etwa am Auftreten einer Leberzirrhose beteiligt zu sein, die allerdings meist auf kleine Bezirke beschränkt bleibt und ohne klinische Bedeutung ist. In Endstadien der chronischen Viruserkrankung EIA entwickelt sich ebenfalls eine Leberzirrhose (→15.2.7). Nur diffuse, progressive Zirrhosen provozieren typische Symptome.

Auffallend sind bei der klinisch manifesten Zirrhose wiederum vor allem die neurologischen Störungen, wobei die Pferde ein dummkollerartiges Benehmen zeigen, vorwärtsdrängen, nicht selten etwas Kolik. Die Zirrhose mag anikterisch verlaufen, meist ist sie aber mit einem Subikterus oder einem deutlichen Ikterus verbunden. Die übrigen Laboruntersuchungen ergeben oft normale Resultate.

4.3.2.4 Kongenitale Lebererkrankung

Die **kongenitale Leberfibrose** (CLF; früher Caroli-Krankheit), eine seltene monogen autosomal rezessiv vererbte Krankheit, die bis anhin nur bei Freibergerfohlen bekannt ist, äußert sich mit Ektasie der intrahepatischen Gallenwege und sekundärer Zirrhose. Die Leber der erkrankten Fohlen ist stark vergrößert und mit unterschiedlich großen Gallenzysten durchsetzt, betroffene Fohlen werden zunehmend schwächlich und sterben im Alter von ca. 2–6 Monaten. Der Verdacht wird anhand der typischen Anamnese (Abstammung), klinischer Symptome und von Ultraschallbefunden begründet und kann mit einem indirekten Gentest mit großer Sicherheit bestätigt werden. Die Prognose ist infaust.

Eine weitere kongenitale Leberveränderung ist der intra- oder extrahepatische **Portosystemischer Shunt.** Betroffene Fohlen zeigen intermittierende neurologische Symptome wie Ataxie, Blindheit und Depression, außerdem ist bei länger überlebenden Fällen das Wachstum vermindert.

4.3.2.5 Leberabszesse

Leberabszesse finden sich fast ausschließlich beim Fohlen. Eitrige Omphalophlebitiden führen aszendierend zu Leberabszessen (Streptokokken u. a.) oder durch hämatogene Streuung bei Bakteriämie z. B. durch Actinobazillen. Sehr selten sind Leberabszesse bei Erwachsenen, z. B. eine gestreute Druse (*S. equi* subsp. *zooepidemicus* →16.6.1.2). Die Diagnose wird durch eine Ultraschalluntersuchung gestellt. Die Therapie ist konservativ durch langzeitige Verabreichung von Breitband-Antibiotika, chirurgische Eingriffe sind grundsätzlich möglich.

4.3.2.6 Parasitäre Lebererkrankungen

Wurmknötchen durchwandernde Larven der Ascariden und Strongyliden sind sehr selten klinisch relevant. Echinokokkenblasen werden nur zufällig bei Lungenröntgen oder bei der Ultraschalluntersuchung des Abdomens diagnostiziert. Auch die Infektion mit Leberegeln (*Fasciola hepatica* →4.8.2) kommt beim Pferd selten vor.

4.3.2.7 Lebertumoren

Unter den Neoplasien der Leber ist das Lymphom (oder Lymphosarkom) am häufigsten. Es tritt sehr selten als Primärtumor des lympho-retikulären Gewebes auf, häufiger als Metastase. Äußerst selten sind eigentliche hepatische Neoplasien, wie ein Cholangiokarzinom, ein hepatozelluläres Karzinom oder ein Hepatoblastom.

4.3.2.8 Leberamyloidose

Eine Amyloidose der Leber ist bei serumproduzierenden Pferden beschrieben und kommt sonst spontan nur extrem selten vor. Bei der Produktion gewisser Immunseren wird damit gerechnet, dass ein Teil der Pferde bei hoher Beanspruchung schon nach wenigen Wochen oder Monaten an einer Leberamyloidose zugrunde gehen kann. Die Krankheit kann praktisch symptomlos verlaufen oder mit unbestimmten Verdauungsstörungen verbunden sein. Sie endet meistens in Leberruptur und perakutem Tod.

4.3.2.9 Therapie der Leberkrankheiten

Wie oben die Symptomatik werden hier die Therapiemöglichkeiten zusammenfassend für die verschiedenen Ätiologien und Formen dargestellt.

Etwas wie eine «Leberschontherapie» gibt es nicht. Angezeigt ist aber in jedem Fall die Zufuhr leicht verwertbarer Energie, am besten in Form von Glukoseinfusionen (2–5–10 %, dabei sollte im Blut und Urin überprüft werden, wie viel Glukose der Patient ohne Glukosurie aufnehmen kann); und selbstverständlich drängt sich eine kohlenhydratreiche, proteinarme Fütterung auf (melassierter Häcksel; gutes Heu).

Empirisch bewährt hat sich bei degenerativen und entzündlichen Hepatopathien die parenterale Verabreichung von Glukokortikosteroiden (1 mg Prednisolon/kg KG p. o. SID; kontraindiziert aber bei Hyperlipidose und begleitender Hufrehe →4.2.4.4), sowie nicht steroidale Entzündungshemmer oder auch Pentoxyphyllin.

Leberkranke Pferde nehmen manchmal zu wenig Wasser zu sich (Hämokonzentration) und Elektrolytverschiebungen (v. a. Hypokaliämie und Azidose) können sich einstellen. In derartigen Fällen ist die Glukoseinfusion zu ergänzen mit der Zufuhr von angepassten Elektrolytlösungen in der benötigten Menge (→12.2). Weiter sollten ggf. Vitamin K (v. a. bei Blutungsneigung und Cholestase) und Vitamin B, sowie Folsäure verabreicht werden.

Bei Fieber mit hämatologischen Veränderungen sowie ggf. Cholangiohepatitis ist, wie oben dargestellt, eine Langzeit-Antibiose angezeigt (→16.24).

Bei jeder medikamentellen Therapie von Leberpatienten sollte man sich vergegenwärtigen, dass Metabolisierung, Ausscheidung und damit Halbwertszeit vieler Medikamente (z. B. gerade der Kortikosteroide) verlängert sind.

Zeigen sich Symptome des **hepatozerebralen Syndroms** in Form von Erregungszuständen, drängt sich eine vorsichtige Sedation, am besten mit α_2-Agonisten oder Phenobarbital (Diazepam kontraindiziert; stark verlängerte Halbwertszeit) sowie ggf. Schutzmaßnahmen für Patient und Personal auf. Empfohlen werden auch Mannitol, DMSO und Vitamin E-Gaben; Laktulose (0.2 ml/kg KG p. o. TID), Essig (0.5 ml/kg KG p. o. TID) oder Neomycin (5 mg/kg KG p. o. TID über 2 Tage).

4.4 Erkrankungen der Bauchspeicheldrüse

Über Pankreaserkrankungen ist beim Pferd wenig bekannt. Der Nachweis, dass Pankreasveränderungen sich auch beim Pferd in *Diabetes mellitus* manifestieren können, wurde schon 1908 geführt, Typ I Diabetes mellitus zählt aber in unserem Patientgut zu den Raritäten. *Diabetes mellitus* (Typ I und II) wird im Kapitel über Störungen der endokrinen Organe und des Stoffwechsels detailliert besprochen (→10.6.1). Es ist möglich, dass eine Pankreatitis bei akuten Entzündungsprozessen im Dünndarm entsteht. Die Annahme, akute Pankreatitis trete häufiger auf, als sie diagnostiziert werde, trifft wahrscheinlich zu, doch ist ihre primäre Rolle als Ursache schwerer, tödlicher Koliken wohl trotzdem sehr selten. Akute Pankreatitis ist gekennzeichnet durch hochgradige Kolikschmerzen (meist mit Ileus und Reflux) und hypovolämischem Schock (→12.1.1) mit allen seinen Folgen, aber auch weniger dramatische, chronischere Krankheitsbilder sind möglich. Die **Diagnose** von Pankreaserkrankungen kann nur im Labor einigermaßen gesichert werden. Das Abdominalpunktat ist nicht zuverlässig makroskopisch verändert, aber erhöhte α-Amylase und Lipasewerte lassen sich im Punktat eher als im Blut nachweisen, um eine Verdachtsdiagnose zu erhärten.

Eine chronisch verlaufende Pankreasfibrose scheint eine der Folgen des Befalls mit Larven von *Strongylus equinus* (→4.8.1) zu sein. Der Zustand ist sehr selten und offenbar in den meisten Fällen nicht von klinisch wahrnehmbaren Symptomen begleitet. Eine purulente Pankreatitis kann bei metastatischer Druse auftreten. Pankreastumoren sind ebenfalls selten und führen bei starkem Wachstum am ehesten zu mechanisch bedingten Verdauungsstörungen.

4.5 Krankheiten des Bauchfells

Selbstständige Peritonitiden kommen anscheinend beim Pferd recht selten vor. Lokale und diffuse Bauchfellentzündungen stellen Folgen von Darmverletzungen (Quetschungen von außen) oder von Darmschädigungen dar, die durch die Wand bis in die Serosa reichen. Gelegentlich geben Larven von *Strongylus edentatus* (→4.8.1) Anlass zu Peritonitis (Abb 4.13). Magen- und Duodenalulzera können – beim Erwachsenen extrem selten – perforieren (→4.2.6.3). Klinisch bedeutsame Peritonitiden, die auch

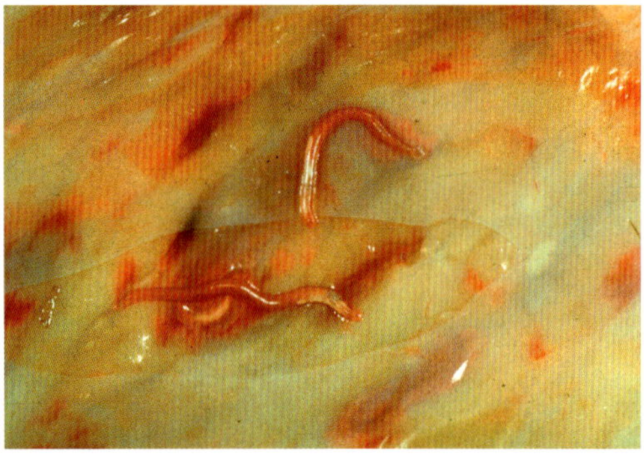

Abb. 4.13: Peritonitis: Punktförmige Entzündung des Bauchfells, hervorgerufen durch die Larven von Strongylus edentatus.

zu Verklebungen Anlass geben, entstehen wohl leider am häufigsten iatrogen. Zum Beispiel als Folge von Caecum- und Colonpunktionen oder als gefürchtete Komplikation einer Laparotomie sowie auch einer Darmperforation bei der Rektaluntersuchung.

Auf Entzündungen reagiert das Peritonäum mit Fibrinausschwitzungen und der raschen Mobilisation von Makrophagen und Neutrophilen. Es entstehen fibrotische Verwachsungen, die flächenhaften oder bandartigen Charakter haben können (Pseudoligamente; Bridenileus →4.2.2.1).

Als solche ist eine **lokalisierte Peritonitis** diagnostisch auch mithilfe einer Laparoskopie oft schwierig nachzuweisen. Bei einiger Ausdehnung sind die Bauchdecken gespannt, die Körpertemperatur etwas erhöht. Es kann eine periphere Leukozytose bestehen. Diese Erscheinungen lassen sich alle kaum von der Primärkrankheit abgrenzen. Das trifft auch auf Veränderungen des **Bauchhöhlenpunktates** zu. Eher selten, etwa nach Geburtsquetschungen, lassen sich Verklebungen per rectum erfühlen.

Eine diffuse Peritonitis, wie sie sich nach Ureter-, Magen- oder Darmrupturen (und leider auch bei Rektumperforationen durch den Tierarzt) einzustellen pflegt, verläuft dramatisch. Das gilt meist auch für die seltenen Askariden- und Fremdkörperperforationen sowie für punktionsbedingte Verletzungen der Darmwand. Lokale Peritonitis und die sich daraus ergebenden Verklebungen, Verwachsungen stellen ein postoperatives Risiko der Laparotomie, vor allem der Darmresektion dar (Spätkomplikationen nach Wochen, Monaten oder sogar Jahren).

Klinik: Peritonitis

Ursachen:	iatrogen (Punktionen, Laparotomie); parasitär (→ 4.8.1); Darmverletzung (Geburt), -Ruptur (Ileus)
Symptome:	unspezifisch: evtl. Fieber; Apathie, Inappetenz, meist wenig oder keine Kolik, evtl. schmerzhafter Mistabsatz
Diagnose:	Veränderungen des Bauchpunktates; Leukozytose; erhöhtes Fibrinogen und APP; Leukoprenie im Akutstadium Ultraschallbefunde: freie Flüssigkeit (akut), Verklebungen (chronisch)
Therapie:	Breitspektrum-Antibiose; Peritonealspülungen

Eine diffuse Peritonitis kann sich nach einer Laparotomie und bei Perforationen oder Rupturen in kleinerem Ausmaß auch langsamer entwickeln. Die Tiere leiden (oft ohne Kolik) deutlich, die Bauchdecken sind (nicht immer!) angespannt, die rektale Untersuchung ist schmerzhaft. Die Atmung ist kostal, oberflächlich und beschleunigt. Im peripheren Blut kann es zu massiven Leukozytosen (im akuten Stadium Leukopenie) und Ansteigen von Fibrinogen und «Akute Phase Proteine» (APP) kommen. Ausschlaggebend für die Diagnose ist der zytologische Befund im Punktat.

Bei **Omphalophlebitis** (auch Omphalitis, Urachusentzündungen) wird sich immer eine mehr oder weniger gut begrenzte Peritonitis einstellen. Eitrige Peritonitiden entstehen bei jungen Pferden auch im Zusammenhang mit metastasierender Druse (selten) oder mit aufsteigenden Kastrationsinfekten.

Die **Diagnose** stellt sich anhand der klinischen Befunde (Fieber, erhöhte Bauchdeckenspannung, Schmerzen beim Mistabsatz), der Befunde der Laparoskopie und der Zytologie der Abdominozentese. Leider ist die Sonografie zum Nachweis respektive zum Ausschluss von Verklebungen weder besonders spezifisch noch sensitiv, und ihre Aussagekraft darum beschränkt.

Die **Prognose** einer diffusen, schnell verlaufenden Peritonitis nach Rupturen ist ungünstig. Je kleiner die entzündete Region, desto besser die Prognose!

In Zweifels- und Verdachtsfällen drängt sich eine massive antibiotische **Therapie** (→16.24) auf, die beim Pferd systemisch, seltener intraperitoneal vorgenommen wird, und eine Spülung der Bauchhöhle mit großen Mengen an NaCl-Lösung (mehrfach 10–20 l lauwarm über einen Foley-Katheter).

4.6 Abdominalergüsse

Transsudate entstehen bei Stauungen großer Venen in der Bauch- und der Brusthöhle und führen zum sogenannten **Aszites**. Derartige Stauungen sind meistens die Folge einer fortgeschrittenen Herzerkrankung mit Rechtsherzversagen, einer Kompression durch Tumoren (vor allem Lymphosarkome), selten durch Abszesse, bei Leberkrankungen (Portalstauung) und chron. Nierenversagen. Erheblich häufiger sind **Exsudationen** zu beobachten. Eine Peritonitis ist zu einem variablen Grad immer exsudativ, bei Darminfarkten kommt Diapedesisflüssigkeit dazu. Das seltene Bauchfell-Mesotheliom ist die Ursache massiver Ergüsse; die Punktatflüssigkeit enthält reichlich entzündliche Zellen, daneben auch mehrkernige Tumorzellen.

Nur bei massiven Flüssigkeitsansammlungen (50 und mehr Liter) wird man beim erwachsenen Pferd eine Umfangsvermehrung in den unteren Teilen des Bauches feststellen, bei Hengsten gelangt die Flüssigkeit über den Leistenkanal auch in das Skrotum und kann dort zu hochgradigen Anschwellungen führen. Ausschlaggebend für die Diagnose, die Prognose und die Therapie sind der Rektalbefund, die transkutane Ultraschalluntersuchung des Abdomens und vor allem die zytologischen und chemischen Resultate der Punktatuntersuchung.

Blutungen in die Bauchhöhle stellen eine besondere Form des Ergusses dar. Bei älteren Zuchtstuten reißt die *Arteria uterina media* recht oft. Vom geringfügigen Hämatom im *Ligamentum latum uteri* bis zum raschen Verbluten in die Bauchhöhle lässt sich jeder Übergang beobachten. Diese Patienten sollten möglichst ruhiggestellt werden und Bluttransfusionen erhalten. Arrosionsblutungen durch Tumoren kommen vor. Auch intramurale Darmhämatome sind etwa mit Blutungen ins Abdomen zusammen beobachtet worden. Nach Kastrationen kann es zur Hämorrhagie in die Bauchhöhle kommen. Schwere Traumen führen auch beim Pferd zu Milz- und Leberrupturen oder zur Ruptur einzelner Gefäße. Milz- und Leberrupturen sind eine häufige Todesursache bei «Serumpferden», die an Amyloidose leiden, kommen selten aber auch spontan ohne ersichtliche Ursache vor. Die erwähnten okkulten Blutungen rufen neben den Allgemeinsymptomen eines Blutverlustes, die von der Menge und der Geschwindigkeit des Blutverlusts abhängig sind, auch Koliksymptome hervor. Ernsthafte Blutungen führen immer zu einem hämorrhagisch-hypovolämischen Schock (→12.1.1). Jedenfalls sind – neben dem Aussehen der Schleimhäute, der Puls- und der Atemfrequenz – Hämatokrit und Gesamteiweiß im Blut zu überwachen. Bei Verdacht auf Gerinnungsstörungen muss der Quicktest durchgeführt werden. Für die **Diagnose** ausschlaggebend ist der Ultraschallbefund und die Bauchhöhlenpunktion.

Je nach Zustand des Patienten ist eine **Transfusion** mit homologem Blut, aber auch mit autologem Blut, nachdem das in das Abdomen sequestrierte Blut zur Reinfusion gewonnen wurde, lebensrettend. Unklare Fälle sollten, trotz schlechten Sichtbedingungen, operativ angegangen werden.

Bei neugeborenen Fohlen (Hengstfohlen haben ein erhöhtes Risiko) ergießt sich nach Blasenruptur (→5.4.3) der Harn in die

4.8.2 Parasiten in der Leber

Trematoden

Kleiner Leberegel (***Dicrocoelium dendriticum;*** Syn. ***D. lanceolatum***) wird beim Pferd nur äußerst selten gefunden. Der Egel ist ohne Bedeutung.

Großer Leberegel ***(Fasciola hepatica)***: Eine chronische Fasziolose wird beim Pferd beschrieben, ist aber selten. Symptome einer chronischen Gallenstauung mit sekundärem Leberschaden können vorhanden sein. Gegebenenfalls würde man therapeutisch Triclabendazol (10 mg/kg KG p. o. 2 × im Abstand von 3 Wochen) einsetzen.

F. gigantica: Afrika. Rolle für das Pferd unklar; Befall nachgewiesen.

Fascioloides magna: Beim Pferd in Nordamerika nachgewiesen. Offenbar keine Bedeutung.

Cestoden

Cysticercus tenuicollis ist ein Zwischenstadium von *Taenia hydatigena*. Die Berichte über das Vorkommen von *C. tenuicollis* beim Pferd sind von fraglicher Zuverlässigkeit.

Echinococcus granulosus und ***Echinococcus multilocularis***. Das Pferd fungiert als Zwischenwirt. Zysten in Lungen und Leber waren je nach Herkommen der Pferde recht häufig; selten treten sie in anderen Organen auf. Die Symptome hängen von Lokalisation und Größe der Zysten ab; in der Regel verläuft der Befall symptomlos. Die Diagnose ist deshalb kaum zu stellen; Echinokokkenblasen in den Lungen *(E. granulosus)* oder in der Leber (v. a. *E. multilocularis*) werden bei Röntgenuntersuchungen als Kuriosität gelegentlich festgestellt oder als Zufallsbefund bei einer Laparotomie gefunden.

Tabelle 4.11 Bedeutendste Endoparasiten des Gastrointestinaltraktes beim Pferd

Endoparasit	Läsionen	Symptome	Diagnose	Pathogenität	Behandlung
Gasterophilus	Rachen-, Rektumschleimhaut Magen	Fresshemmung Sommer u. Herbst	Adspektion Endoskopie	ggr.	Ivermectin p. o. Dichlorphon p. o.
Parascaris equorum	unspezifisch Lunge Leber	Abmagerung Kümmern Husten Ileus	Eier im Kot	mgr. bei Jungtieren	cave! Resistenzen Benzimidazole p. o. Ivermectin p. o. Moxidectin p. o.
Strongyloides westeri	???	Durchfall?	Eier im Kot	?	Ivermectin p. o.
Strongylus vulgaris	Endarteriitis der Gekrösewurzel, visceralle Gefäße (v. a. Iliacalarterien)	Kolik Intermittierendes Hinken	rektale Untersuchung Laparotomie Sonografie		Benzimidazole p. o. Ivermectin p. o. Moxidectin p. o. Antikoagulation
Strongylus edentatus u. equinus	Peritonitis	Kolik Abmagerung	Eier im Kot	ggr.	Ivermectin p. o.
Cyathostominae	Colitis	Abmagerung Durchfall akute/chron. Kolik	Eier, Larven, ggf. Adulte im Kot	häufig ggr. bis mgr.	cave! Resistenzen Benzimidazole p. o. Moxidectin p. o. Fenbendazol p. o. über 5 Tage
Anoplocephala perfoliata	Obstruction Ileum Ileo-Caecalinvagination	Abmagerung Kolik Invag. Ileocaecal.	Eier im Kot? Sammelproben	ggr. bis hgr.	Praziquantel p. o.
Coccidien	Enteritis	Durchfall	Eimeria leukarti im Kot? Serologie?	ggr.	Sulfonamide p.o.
Cryptosporidien			Cryptosporidium parvum	ggr.	Halofuginon p.o.

Legende: ggr. = leichtgradig; mgr. = mittelgradig; hgr. = hochgradig
?: fraglich diagnostisch wegen unregelmäßiger Eiausscheidung oder sonst fraglicher Zuverlässigkeit

Weiterführende Literatur

HUSKAMP B., Kopf N., SCHEIDEMANN W.: Magen-Darm-Trakt. In: DIETZ O., HUSKAMP B. (Hrsg.): Handbuch Pferdepraxis, 2. Auflage, Enke Verlag, 1999.

MAIR T., DIVERS T., DUCHARME N. (Hrsg.): Manual of Equine Gastroenterology. W. B. Saunders, 2002.

NATHANIEL A., WHITE MOORE J. N., MAIR T. S.: Equine Acute Abdomen. Teton NewMedia, Incorporated, 2009.

REED S. M., BAYLY W. M., SELLON D. C (Hrsg.): Disorders of the gastrointestinal system. In: REED S. M., BAYLY W. M., SELLON D. C.: Equine Internal Medicine, 2nd edition, Saunders Elsevier, St. Louis, 2009.

REEF V. B.: Adult abdomnial sonography. In: REEF V. B. (Hrsg.): Equine Diagnostic Ultrasound, Saunders, 1998, 273–363.

ROBINSON N. E., SPRAYBERRY K. A.: Appendix, Table of drugs, approximate dosages. In: ROBINSON N. E. (Hrsg.), Current Therapy in Equine Medicine. 6th edition, W. B. Saunders, St. Louis, 2009.

5 Krankheiten der Nieren und Harnwege

V. Gerber und R. Straub

Manifeste Krankheiten des Harnapparates treten beim Pferd unter unseren Verhältnissen nicht sehr häufig auf, und die Symptomatik ist gerade bei Niereninsuffizienz oft längere Zeit unspezifisch. Gerade deshalb werden diese Krankheitsbilder mitunter übersehen, und es wird oft nicht daran gedacht, bei nicht von vornherein klaren Krankheitsbildern den Harnapparat zu untersuchen. Weil die klinischen Symptome v. a. bei Niereninsuffizienz in den früheren Stadien oft unspezifisch sind, ist eine gründliche Diagnostik, inkl. Zusatzuntersuchungen nötig.

Definitionen

- **Niereninsuffizienz:** prärenal, renal oder postrenal verursachtes, akutes oder anhaltendes Auftreten einer verminderten glomerulären und/oder tubulären Filtration mit der Folge von Azotämie, Störungen des Flüssigkeits- und Wasserhaushaltes sowie des Säure-Basen-Haushaltes, im fortgeschrittenen Stadium: urämisches Syndrom oder tödliches Nierenversagen.
- **Azotämie** («Labordiagnose»): Zunahme des Gehaltes an Nichtprotein-N (Harnstoff, Kreatinin, Aminosäuren) im Blutplasma
  - tritt erst auf, wenn glomeruläre Filtrationsrate um 75 % vermindert
  - anschließend bedeutet eine Verdoppelung von Harnstoff und Kreatinin etwa eine weitere Halbierung der glomerulären Filtrationsrate
- **Urämie/urämisches Syndrom:** Azotämie mit Symptomen der «Harnstoffvergiftung»

5.1 Niereninsuffizienz

5.1.1 Akute Niereninsuffizienz

In der Humanmedizin werden zahlreiche Formen und Definitionen von akuter Niereninsuffizienz unterschieden. Wir beschränken uns auf die Differenzierung von leichtgradigen (mit Azotämie, aber ohne deutliche klinische Symptome einhergehenden) bis schwereren (bis zum urämischen Syndrom und Nierenversagen führenden) prärenal (verminderte Perfusion ohne Zellschaden), renal (ischämische oder toxische Nierenschäden) oder postrenal (Obstruktion des Harnabflusses) verursachten Niereninsuffizienzen. Bei einer kompensierten Niereninsuffizienz dürfen wir mit einer gesamten glomerulären Filtrationsrate (GFR) von über 50 %, bei einer dekompensierten Niereninsuffizienz unter 50 % rechnen. Im Endstadium mit Nierenversagen fällt die glomeruläre Filtrationsrate unter 20 %, die Störung der Homöostase ist mit dem Leben nicht mehr vereinbar. Beide Zustände führen zum Syndrom einer ausgeprägten Urämie.

Unter den prärenalen Ursachen spielt die Hypovolämie oder der hypovolämische Schock (→12.1.1), am häufigsten beim Kolikpatienten, die Hauptrolle. Fohlensepsis (→16.23) und andere schwere neonatale Erkrankungen führen, vor allem wenn die Flüssigkeitstherapie nicht schnell und angemessen eingeleitet wird, relativ oft zu einer Niereninsuffizienz. Beim Fohlen können direkt nach Geburt stark erhöhte Kreatininwerte gemessen werden, welche aber im weiteren Verlauf mir entsprechender Infusionstherapie rasch absinken und meist auf eine Plazentitis der Mutterstute zurückzuführen sind. Sie sind keine Anzeichen von Nierenversagen, sondern basieren auf einer Umverteilung von Kreatinin aus der Allantoisflüssigkeit. Myokardinsuffizienz (→2.1.2), die zur akuten Niereninsuffizienz führt, tritt beim Pferd kaum auf, und wenn, dann als Folge anderer schwerer Primärkrankheiten.

Die im Rahmen eines Schockgeschehens ablaufende Zentralisation (→12.1) führt auch in den Nieren zu einer anfänglichen Vasokonmehr Granulozyten, evtl. auch Eosinophile, aber ohne Infekthinweise) fehlt meist beim Pferd, wegen der Seltenheit von klar diagnostizierten primär interstitiellen Schäden, die Erfahrungsgrundlage.

Bei der Ultraschalluntersuchung stellen sich die Nieren nicht selten normal dar, manchmal können aber Veränderungen wie Nierenrindenverdickung, Verlust von Echogenitätsunterschieden zwischen Rinde und Medulla und ein perirenales Ödem festgestellt werden. Die Differenzierung der renalen akuten Schäden in tubuläre (am häufigsten), glomeruläre, interstitielle und (sehr selten) vaskuläre Schäden ist nicht einfach. Die für eine weitere Differenzierung nützliche Nierenbiopsie wird selten durchgeführt, weil sie – trotz Dopplerultraschallkontrolle und modernen Biopsienadeln – eine nicht unerhebliche Blutungsgefahr birgt und die histologische Differenzierung, die meist einige Tage in Anspruch nimmt, die therapeutischen Entscheidungen kaum beeinflussen kann.

Bei der Suche nach spezifischen Ursachen sind anamnestisch Vergiftungsrisiken (z. B. iatrogen mit nicht steroidalen Entzündungshemmern und Aminoglykosiden) zu eruieren. Bei Jungtieren und bei Fieber sollte man eine Leptospirose ausschließen (Dunkelfelduntersuchung oder PCR aus Harn; Serologie unzuverlässig, niedrige Spezifität!). Die **Prognose** ist abhängig von der Primärkrankheit, der Dauer der Insuffizienz, dem Ansprechen auf die Therapie sowie von der Entwicklung sekundärer Probleme wie Hufrehe, Durchfall u. a. Allgemein gilt aber: Je schneller die Therapie einsetzt, desto besser die Prognose! Andauernde Oligurie gilt als sehr ungünstiges prognostisches Zeichen. Die Ultraschalluntersuchung und/oder eine Biopsie kann prognostisch wertvoll sein. Die Besitzer sind zu informieren, dass auch bei einer Normalisierung der Kreatinin- und Harnstoffwerte die Nieren geschädigt bleiben. Dementsprechend ist bei diesen Pferden besonders auf eine immer genügende Wasseraufnahme zu achten, und nicht steroidale Entzündungshemmer sowie Aminoglykoside sind wenn möglich zu meiden.

Therapie und Prophylaxe: Eine diagnostizierte Hypovolämie muss rasch und effizient behandelt werden, um eine Schockniere zu verhindern. Der Säure-Basen-Status und die Elektrolytkonzentrationen im Plasma sind zu messen, damit die Infusionslösung angepasst werden kann (mit oder ohne Laktat, Natrium-Bikarbonat, K^+, Mg++oder Ca++). Die Flüssigkeitstherapie wird im Kapitel Schock (→12.2) ausführlich besprochen.

Bei ausgeprägter Oligurie oder sogar Anurie sowie beim Vorliegen einer Hämolyse oder bei Myoglobinurie ist die Förderung der Diuresedurch Furosemid (Lasix®; 1 mg/kg KG i. v. ggf. zu wiederholen. Cave! Die Toxizität von Aminoglykosiden kann damit verstärkt werden!), in extremen, anurischen Fällen auch mit Dopamin (Vasodilatation der Arteriolen) oder Mannitol indiziert. Diese Maßnahmen müssen zusammen mit der energischen Korrektur von Elektrolyt-, Säure/Basen- und Wasserhaushalt durchgeführt werden, und dabei sollten, v. a. bei An- und Oligurie, der Blutdruck, das Körpergewicht, der Füllungszustand der Jugularvenen überwacht sowie auf die Entstehung von peripheren Ödemen und von Aszites oder Thoraxergüssen geachtet werden, um eine Kreislaufüberfüllung frühzeitig zu erkennen. Idealerweise würde die Korrektur mittels Dialyse erreicht. Beim Pferd kommt dazu nur eine abdominale Dialyse infrage, als einziger Therapieversuch mit fraglicher Effizienz. Bei Anurie ist initial die Verabreichung von 6–8 Liter Wasser über die Nasen-Schlund-Sonde sicherer als die intravenöse Substitution mit isotoner Kochsalzlösung. Diese sollte erst einsetzen, wenn die Diurese in Gang gekommen ist, sonst besteht die Gefahr einer Kreislaufüberfüllung mit peripheren und auch pulmonalen Ödemen. Bei akutem Nierenversagen besteht oft Hyponatriämie und Hyperkaliämie. Bei Hyperkaliämie (cave! > 5 mmol/l Gefahr von Herzrhythmusstörungen →2.1.3) ist die Infusion einer isotonen, 1.4%igen Natrium-Bikarbonat-Lösung (evtl. kombiniert mit Glukose) indiziert: die Infusion senkt auch die Plasma-K-Konzentration, und zwar (theoretisch!) um 0.6 mmol/l bei einem Anstieg des pH-Wertes um 0.1 Einheiten. Bei Hypernatriämie dagegen kann 0.45 % NaCl mit 5 % Glukose verwendet werden. Bei normalem Elektrolytstatus (fraktionierte Exkretion) können auch polyionische isotone Lösungen verwendet werden. Die Flüssigkeitstherapie (zuerst, falls toleriert!, mit zweifachem Erhaltungsbedarf 100 ml/kg KG pro Tag dann mit einfachem Erhaltungsbedarf von 50 ml/kg KG/Tag) wird fortgesetzt, bis sich Wasser- und Futteraufnahme (oft recht schnell, innerhalb 1–3 Tagen) und die Azotämie normalisieren oder mindestens deutlich verringern (Harnstoff um ca. die Hälfte, Kreatinin um ca. ein Drittel). Jedenfalls ist es das Ziel, die Flüssigkeitsdefizite wenn möglich innerhalb von 6–12 Stunden zu korrigieren. Oft stimmen aber Harnstoff- und Kreatininblutwerte nicht sehr gut mit den klinischen Symptomen überein. Ausschlaggebend ist der klinische Verlauf.

Der Einsatz von nicht steroidalen Entzündungshemmern und Aminoglykosiden (Nephrotoxizität) ist zu vermeiden. Als Alternative bei entzündlichen Geschehen sind Kortikosteroide indiziert, bei Infekt Trimethoprim-sulfonamid-Kombination oder bei Leptospirose Penizillin oder Cephalosporine. Zur **Prophylaxe** sind bei Risikopatienten die Harn- und Blutwerte gut zu überwachen, und auf nephrotoxische Medikamente ist zu verzichten.

Postrenale Ursachen sind am seltensten, mit Ausnahme der Blasenruptur beim Hengstfohlen (→5.4.4). Die klinischen primären Anzeichen einer postrenalen Insuffizienz sind meistens heftige Kolik (Ureteren), Strangurie (Harnblase, Urethra), Pollakisurie (Harnblase). Dazu kommen erniedrigte Kochsalzwerte im Blut; fast immer mit erhöhtem Kalium und manchmal einer metabolischen Azidose im Blut; im Harn tritt bei Steinverschlüssen eine meist schon makroskopisch sichtbare Hämaturie auf.

5.1.2 Chronische Niereninsuffizienz

Eine primär chronische kompensierte Niereninsuffizienz wird klinisch selten nachgewiesen, häufiger werden die Patienten vorgestellt, wenn sie einen akuten symptomatischen «Schub» wegen einer chronisch vorgeschädigten Niere zeigen (*«acute-on-chronic»*). Eine chronisch dekompensierte Insuffizienz ist das Endergebnis verschiedener chronischer, in der Regel irreversibler Nierenerkrankungen bei Infektionen (z. B. *Corynebacterium renale* →16.8.5.1; *Actinobacillus equuli* →16.4.2), toxischen Geschehen (z. B. Oxalatnephrose, Pigmentnephrosen, Medikamente wie nicht steroidalen Entzündungshemmern oder Aminoglykosidbehandlung, Sulfonamide sind fraglich), aber auch bei Stoffwechselerkrankungen (z. B. Hyperlipidämie und Amyloidose). Chronisch dekompensierte Insuffizienzen entstehen durch Schädigung und/oder Funktionseinbußen der Nierenkörperchen (Glomerulus), der Nierentubuli oder des Interstitiums. Eine interstitielle Nephritis tritt beim Pferd selten auf, wesentlich häufiger werden tubuläre Schäden diagnostiziert.

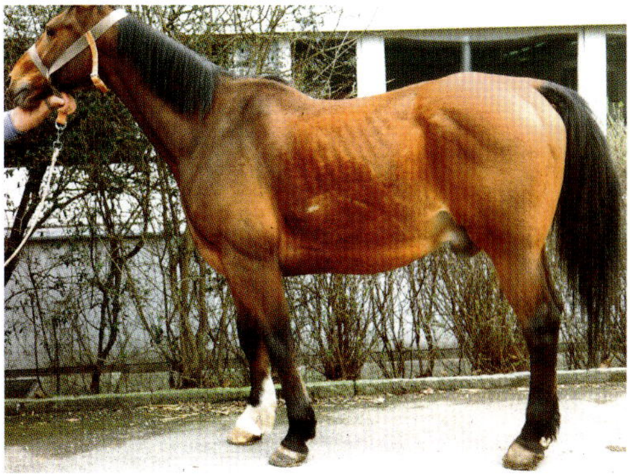

Abb. 5.1: Chronische Niereninsuffizienz: Das Pferd zeigt äußerlich typische, aber nicht spezifische Anzeichen eines chronisches Nierenversagens wie Abmagerung, schlechtes Haarkleid und ausgeprägtes Unterbauchödem.

Symptome und Diagnose: Weil viele Fälle mit akut auftretenden Symptomen (s. o. «*acute-on-chronic*») vorgestellt werden, gelten grundsätzlich auch hier die oben unter akuter Niereninsuffizienz (Box 5.1.1) gemachten Ausführungen. Dazu kommt bei schwereren chronischen Fällen die Symptomatik einer chronisch-zehrenden Krankheit. Die Anamnese erwähnt meistens einen graduellen Appetit-, Konditions- und Gewichtsverlust (Abb. 5.1), oft ein sprödes, glanzloses Haarkleid, gelegentlich einen abnormen Appetit (Pica). Neben Inappetenz bis Anorexie, gehören je nach Fall u. a. auch progressive Apathie, Schleimhautulzera (Abb. 4.2), vermehrte Zahnsteinbildung (Abb. 5.2), urämischer Geruch und nephrogene Ödeme zum klinischen Bild. Die Harnmenge schwankt ebenfalls von Fall zu Fall: Oligurie bis Polyurie. Nicht selten ist die chronische Niereninsuffizienz verbunden mit Diarrhoe. Die rektale Palpation der linken Nieren ergibt oft eine «Nierenschrumpfung» und Verdichtung, manchmal auch eine Vergrößerung der Nieren oder eine veränderte Kontur und Oberfläche (sonografische Überprüfung der Nierendimensionen, ggf. Hyperechogenität, Zysten, Mineralisationen und Konkremente).

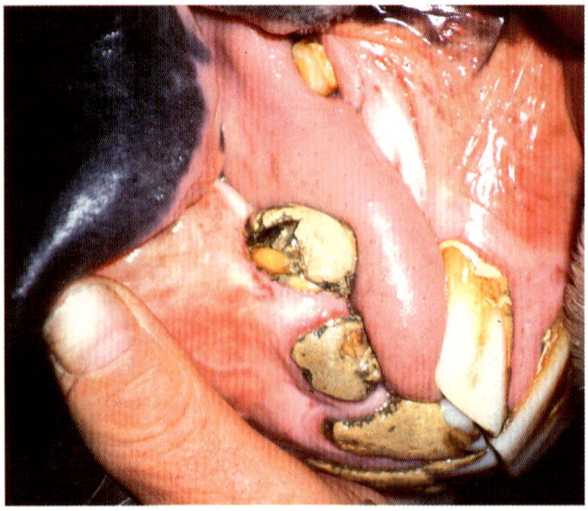

Abb. 5.2: Zahnstein bei Urämie: Neben ulzerativen Veränderungen in der Maulschleimhaut findet man bei chronischer Urämie oft auch eine ausgeprägte Zahnsteinbildung.

Die **Proteinurie** ist bei Glomerulonephritis ausgeprägt (cave! Urinteststreifen wegen alkalischen Pferdeharns zur Beurteilung ungeeignet, Gesamtprotein: Kreatinin-Verhältnis als Diagnostikum verwenden), das Sediment unauffällig bis typisch für Nephritis. Die Sulfanilat-Clearence ist herabgesetzt. Beim Pferd zeigt das Blutbild oft eine Hyperkalzämie und Hypophosphatämie. Die **Prognose** ist vorsichtig bis langfristig ungünstig, weil die meisten zugrunde liegenden Nierenschäden irreversibel sind und sich die Symptome erst einstellen, wenn die große Reservekapazität der Nieren (über 75 %) erschöpft ist.

Eine **Therapie** verspricht oft nur eine vorübergehende Besserung. Viele Pferde weisen nach Wochen oder Monaten wiederum eine klinische Verschlechterung *(«acute-on-chronic»)* auf und müssen wiederholt behandelt werden.

Entsprechend dem akuten Auftreten der Krankheitsschübe und ihrem Schweregrad, richtet sich die Behandlung nach den oben bereits gemachten Ausführungen (→5.1.1). Als Grundsatz gilt v. a. auch **prophylaktisch**, dass das Pferd immer Wasser ad libitum erhalten muss (Box 5.1.2). Ist die Plasma-Bikarbonat-Konzentration niedriger als 18 mEq/l, gibt man $NaHCO_3$ über das Futter oder die Sonde (bis zu 200 g/500 kg KG), liegt sie höher als 24 mEq/l und die Plasma-Chloridkonzentration unter der Norm, gibt man Kochsalz zur Ration. Eine forcierte Diurese (Infusionen; Lasix) wirkt eher ungünstig, und sie beeinflusst meist auch die Urämie nicht! Zusätzlich oft nötig: Angepasste Fütterung, um den Energiebedarf zu decken und den Appetit anzuregen.

Management – Besitzeranweisungen

- Wasseraufnahme sicherstellen und «fördern»
  - jederzeit ad libitum Zugang zu ausreichenden Mengen frischen Wassers, auch auf der Weide und während Transporten, Turnieren etc.
  - Wasserbilanz protokollieren
  - Salzleckstein
  - Kochsalz ins Futter, evtl. kleine Menge Salz ins Wasser
  - evtl. Salzlösung ins Maul geben
  - Wasser lauwarm anbieten
  - etwas Apfelsaft ins Wasser
  - Raufutter bei der Tränke anbieten
- Dehydrierung vermeiden
  - Wassermenge messen, besonders bei kaltem oder heißem Wetter; aus dem Eimer tränken, Pferde mit chronischer Insuffizienz 30–50 Liter, um die glomeruläre Filtrationsrate kompensatorisch zu erhöhen
  - keine lang andauernde Belastung; vorsichtiges Training bei heißem Wetter
  - besondere Vorsicht bei Behandlungen mit nephrotoxischen Medikamenten (nicht steroidale Entzündungshemmer, Antibiotika u. a.)
- Fütterung
  - stark Ca-haltige Raufutter (z. B. Luzerne) vermeiden
  - Kraftfutter (Hafer, Mischfutter ggf. testen), Öl etc.; Gras; Kochsalz
  - Ω3-Fettsäuren als «Nierenschutz» (Human- und Kleintiermedizin)
- Rückmeldung an den Tierarzt/die Tierärztin
  - sofortige Benachrichtigung, wenn matt, apathisch, inappetent etc.
  - Information vor jeder Behandlung des Pferdes!
- Überwachung der Blutwerte-Behandlung
  - periodische Nachkontrolle der Blutwerte (Harnstoff, Kreatinin; ggf. Elektrolyte) und des KGW's
  - ggf. Infusionstherapie (oder über Sonde) nephrotoxische Medikation (insb. nicht steroidale Entzündungshemmer und Aminoglykoside) meiden oder, wenn nötig, dann nur nach guter Hydrierung verabreichen

5.2 Eigentliche Nierenkrankheiten

5.2.1 Nephritis

Klinisch lassen sich infektiöse von nicht infektiösen, akute von subakuten oder chronischen Nephritiden nicht immer leicht unterscheiden. Am ehesten lässt sich, wie oben (Box 5.1.1) bereits beschrieben, mittels der Harnuntersuchung (Proteine; spez. Gewicht), der Sonografie und ggf. einer Biopsie eine Glomerulonephritis von einer tubulären oder (tubulo-)interstitiellen Nephritis abgrenzen. Allerdings beschränkt sich auch diese Differenzierung in den meisten Fällen auf eine Verdachtsdiagnose.

5.2.1.1 Glomerulonephritis

Post mortem Untersuchungen haben gezeigt, dass subklinische Glomerulonephritiden bei älteren Pferden häufig als subklinischer Befund festgestellt werden. Nur ein kleiner Teil davon führt zu klinisch manifesten Problemen. Am häufigsten werden primär immunogene Ursachen vermutet, zum Teil wohl eigentliche Autoimmunprozesse (z. B. bei Lupus erythematosus) mit Ablagerung von Immunkomplexen an der glomerulären Basalmembran und dem Mesangium. Primär ischämische, toxische und infektiöse (z. B. Streptokokkenantigene) Auslöser von sekundären Immunmechanismen sind aber ebenfalls möglich.

Das «nephrotische Syndrom» bei Glomerulonephritis ist durch eine vermehrte Durchlässigkeit des Glomerulums für Proteine (Eiweiße) gekennzeichnet. Den größten Anteil an den Eiweißverlusten hat das Albumin. Es kommt zu einer Hypoproteinämie mit Hypoalbuminämie und Dysproteinämie mit erhöhter α2-Fraktion (Elektrophorese) sowie durch die vermehrte renale Eiweißausscheidung zu einer Proteinurie. Histologisch wird eine Glomerulonephritis festgestellt. Zu Schäden der Tubulusepithelien kommt es selten.

Symptomatik und Diagnose: Grundsätzlich gelten die Prinzipien, die oben unter akuter und chronischer Niereninsuffizienz (→5.1.1 resp. 5.1.2) dargestellt sind. Bei der Glomerulonephritis bleibt die Konzentrationsfähigkeit der Nieren oft erhalten. Die Niereninsuffizienz ist oft subakut und nicht oligurisch. Entsprechend wenig hilfreich ist das spezifische Gewicht und die Osmolarität des Harns. Charakteristisch ist die **Protein-**

urie (besonders ausgeprägt im Stadium des nephrotischen Syndroms) und v. a. in akuten Fällen die (Mikro-) **Hämaturie.**

Die **Therapie** und **Prognose** entsprechen ebenfalls grundsätzlich dem oben unter akuter und chronischer Niereninsuffizienz (→5.1.1 resp. 5.1.2) Dargestellten. An sich wäre eine immunsuppresive Therapie z. B. mit Kortikosteroiden zumindest theoretisch bei immunogener Pathogenese angezeigt. Weil aber eine klare Diagnose einer immunogenen Glomerulonephritis nicht häufig ist, wird dieser Behandlungsansatz doch nur selten in der Praxis umgesetzt.

5.2.1.2 Tubulointerstitielle Nephritis

Tubulointerstitielle Schäden sind meistens die Folge einer tubulären Nekrose nach toxischer oder ischämischer Schädigung. Hypovolämie mit Hypoperfusion aufgrund der typischen möglichen Ursachen wie u. a. Blutverluste, Kolik, Durchfall, Endotoxämie oder Sepsis. Lokalisierte, aszendierende oder hämatogen gestreute bakterielle Infekte, ebenso toxische Schäden durch Medikamente kommen als Ursachen vor. Klassische nephrotoxische Medikamentenklassen sind Aminogykoside, wie Gentamicin und insb. Neomycin mit Schäden in den proximalen Tubuli des Kortex, Cephalosporine (mitochondriale Schäden) und nicht steroidale Entzündungshemmer mit Schäden v. a. in der hypoxisch sensiblen, metabolisch aktiven Zone an der kortikomedullären Grenze (*«medullary rim sign»* typisch hyperechogener Ultraschallbefund →5.2.2). Gesunde Nieren haben eine gewisse Resistenz (oder einfach mehr Reservekapazität) auch gegenüber Überdosierungen dieser Medikamente, aber Schäden können sich sehr schnell einstellen, wenn z. B. eine Minderduchblutung dazukommt. Weiter sind auch Vitamin D, Vitamin K3 und gewisse Schwermetalle nephrotoxisch. Auch Hämo- sowie Myoglobin, z. B. bei intravasaler Hämolyse (→11.3.4) respektive bei einem Kreuzschlag (→7.1.1.1), können tubuläre Schäden verursachen. Diese sog. **Pigmentnephrose** verläuft oft mit deutlicher akuter oligurischer Niereninsuffizienz aufgrund der tubulären Obstruktionen.

Symptome und Diagnose: Grundsätzlich gelten auch hier die Prinzipien, die unter akuter und chronischer Niereninsuffizienz (→5.1.1 resp. 5.1.2) dargestellt sind. Auch die Abgrenzung zur Glomerulonephritis und zum nephrotischen Syndrom ist oben bereits erläutert. Als deutliche Anzeichen eines tubulären Schadens können Enzymurie, γ-GT/Kreatinin Quotient > 0.25, Glukosurie und erhöhte fraktionierte Natriumexkretion nachgewiesen werden.

Bei einer akuten infektiösen Genese sind tubulointerstitielle Nephritiden zusätzlich durch Entzündungsparameter charakterisiert. Hämatogen gestreute bakterielle Nephritiden kommen v. a. bei neugeborenen Fohlen mit Sepsis vor. *Actinobacillus equuli* ruft multifokale, schwere Nephritiden (Abszesse; *«sleepy foal disease»* →16.4.2.1) hervor. Die Aussaat von *Streptococcus equi* kann im Verlauf einer Druse ebenfalls zu multifokaler Nephritis mehr oder weniger ausgeprägten klinischen Symptomen und Laborbefunden führen (→16.6.1.1). Bei den sehr seltenen Infektionen mit *Trueperella pyogenes* (Syn: *Corynebacterium pyogenes, Actinomyces pyogenes* →16.8.5.3), wie auch mit anderen bakteriellen Erregern, handelt es sich dagegen fast immer um aszendierende, mit Grieß- oder Steinbildung vergesellschaftete Prozesse (auch *E. coli*, Streptokokken, *Proteus* etc.). Von Leptospirennephritis wird in Einzelfällen beim Fohlen und beim Erwachsenen berichtet, und eigene Erfahrung bestätigt den Nachweis des Erregers im Harn von Fohlen mit Anorexie, Fieber, Anurie und Urämie. Bei bakteriellen Infektionen, allgemein gekennzeichnet durch eine Leukozytose und durch erhöhte Körpertemperatur, kommt es zusätzlich neben der Proteinurie zur Ansammlung von Bakterien und Leukozyten im Harnsediment.

Therapie und Prognose: Entsprechen ebenfalls grundsätzlich auch den oben unter akuter und chronischer Niereninsuffizienz (→5.1.1 resp. 5.1.2) aufgeführten Äußerungen. Bei Verdacht auf einen bakteriellen Infekt ist zusätzlich eine Antibiose gemäß Antibiogramm indiziert (→5.2.1.3 & 16.24).

5.2.1.3 Pyelitis und Pyelonephritis

Beide Erkrankungen sind beim Pferd selten. Normalerweise wird ein Rückstau und Reflux von der Blase über die Ureteren bis zum Nierenbecken und damit eine aszendierende Infektion durch den anatomischen Verlauf der distalen Ureteren in der Blasenwand mit Ventilfunktion an den Papillen verhindert. Deshalb ist eine Pyelonephritis meistens die Folge von Grieß- oder Steinbildung im Nierenbecken. Aber auch weiter unten liegende Probleme können sekundär zu Pyelitis und/ oder Pyelonephritis führen (Urolithiasis →5.4.6, Blasenlähmungen →5.4.2, Zystitis →5.4.1, ektopischer Ureter →5.3; oft wird dabei die «Huhn-oder-Ei-Frage» aufgeworfen). Viele Zystitiden verlaufen aber, ohne eine Pyelonephritis zu verursachen. Eine hämatogene Streuung ist zwar selten, aber (v. a. bei Fohlensepsis →16.23) durchaus auch ein möglicher Infektionsweg.

Symptome und Diagnose: Die Pyelonephritis selber bewirkt häufiger eine Hämaturie und Pyurie als Strangurie und Pollakisurie (im Gegensatz zur Symptomatik bei Urolithiasis →5.6). Nur wenn in seltenen Fällen ein kleiner ausgeschwemmter Harnstein einen Harnleiter verlegt, kommt es zu Kolik (Abb. 5.3). Die restliche Symptomatik ist unspezifisch: Fieber, Apathie, Anorexie, Abmagerung. Rektal ist möglicherweise eine Nierenschwellung (bei Rückstau mit Dilatation und Hydronephrose kann die Niere extrem vergrößert sein) und/oder ein dilatierter und evtl. verdickter Ureter zu palpieren. Aber auch eine völlige Schrumpfung einer Niere nach Pyelonephritis kann manchmal als Zufallsbefund bei der Autopsie festgestellt werden. Allerdings ist es bei stark verkleinerten, verhärteten, histologisch sklerosierten und hyalinisierten **«End-Stadium-Nieren»** oft nicht möglich, die ursprüngliche Ursache und Pathologie, die dazu geführt hat, noch festzustellen. Diagnostisch sind neben dem Blutstatus mit besonderem Augenmerk auf Entzündungsanzeichen (Hämatologie, SAA, evtl. Fibrinogen) und ggf. auf eine Azotämie, auch die Zystoskopie mit Beobachtung des Harnflusses (Links-rechts-Vergleich) aus den Ureteren und die selektive Harnentnahme (Harnstatus, Bakteriologie) wertvoll. Weiter sollten nicht nur die Niere, sondern auch die Blase und, so weit möglich, die restlichen ableitenden Harnwege endoskopisch und sonografisch auf Infekte und Urolithiasis (→5.6) untersucht werden. Die **Prognose** bei beidseitiger Pyelonephritis ist ungünstig, weil die Veränderungen meist schon weit fortgeschritten sind.

Therapie: Grundsätzlich gelten die gleichen Empfehlungen wie für die akute und chronische Niereninsuffizienz (→5.1.1 & 5.1.2). Solange die Nieren noch die Fähigkeit zur Konzentrierung besitzen, erzielt die systemische Behandlung einer Infektion mit Sulfonamiden oder anderen harngängigen Antibiotika im Urin immer eine hohe Konzentration. Es geht also wie bei einer bakteriellen tubulointerstitiellen Nephritis darum, mittels eines Antibiogramms das gegen den Keim wirksamste Chemotherapeutikum zu wählen. Beim Streptokokkeninfekt, bei Actinobacillus und Leptospiren sind hohe Penizillingaben zu verabreichen. Ansonsten richtet sich die palliative Therapie nach dem Grad der Insuffizienz. Bei schweren, aber unilateralen Schädigungen ist nach einer erfolglosen längeren (Wochen) Antibiose und der funktionellen (keine Azotämie), bakteriellen (im selektiv entnommenen Harn < 10 000 CFU/ ml) und sonografischen (normale Struktur und Echogentität) Überprüfung der gesunden Niere, evtl. eine einseitige Nephrektomie in Betracht zu ziehen.

5.2.2 Niereninfarkt, papilläre Nekrose und Hydronephrose

Die Thrombosierung oder der embolische **Verschluss der *a. renalis*** oder deren Ästen, hervorgerufen durch eine Endarteriitis *(Strongylus vulgaris)* sind heutzutage aufgrund des weit verbreiteten konsequenten Entwurmungsregimes sehr selten. Durch Resistenzbildung können diese Probleme in Zukunft wiederum zunehmen. Die Verdachtsdiagnose wird allerdings nur bei einer erheblichen Infarzierung von Nierengewebe gestellt.

Die **akute papilläre Nekrose** ist dagegen eine häufigere Form von Infarzierung, die bei der Gabe von nicht steroidalen Entzündungshemmern (insb. Phenylbutazon) v. a. bei gleichzeitig dehydrierten Patienten auftritt (s. a. tubulointerstitielle Schäden mit *«medulary rim sign»* →5.2.1.2).

Symptome: Hämaturie wechselnden Grades und Zylindrurie werden beobachtet. Während die papillären Nekrosen meistens asymptomatisch verlaufen, können sich größere verminöse Infarzierungen u. U. mit heftiger Kolik mit aufgekrümmtem Rücken klinisch manifestieren.

Diagnose: Die klinische Diagnose wird selten gestellt. An die Möglichkeit eines Niereninfarkts ist besonders bei Hämaturie in Kombination mit Kolikanfällen oder an Medikation mit nicht steroidalen Entzündungshemmern zu denken. Doch sind dabei eine Urolithiasis der ableitenden Harnwege oder Quetschungen, vor allem der Blase, sorgfältig auszuschließen. Die Szintigrafie und Sonografie können die Durchblutungsstörung nachweisen.

Die **Prognose** ist wegen der großen funktionellen Kapazität der Nieren nicht unbedingt infaust. Kleinere Infarkte scheinen ohne weitere klinische Beschwerden abzuheilen. Bei der papillären Nekrose können sich aber durch das nekrotische Gewebe nicht nur Mineralisationen, sondern auch ein Nidus für Konkrementbildungen bilden. Wenn diese Nierensteine die Uretheren obstruieren, kann sich als Komplikation ein Rückstau ins Nierenbecken mit **Hydronephose** bilden (Abb. 5.3). Ggf. ist in solchen Fällen eine einseitige Nephrektomie indiziert. Wichtig ist die vorherige genaue Abklärung (keine Azotämie, normale Ultraschallbefunde, selektive Harnuntersuchung) des Gesundheitszustandes der verbleibenden Niere! Die **Therapie** entspricht im Allgemeinen der der akuten und chronischen Niereninsuffizienz (→5.1.1 & 5.1.2).

5.2.3 Kongenitale Nephrosen, Nierenblutungen, -neoplasien und -amyloidose

Zu den **kongenitalen Nephrosen** gehören Missbildungen wie Nierenagenesien, -hypoplasien, -dysplasien, Hydronephrosen und multiple Zysten. Kongenitale Nierenzysten äußern sich wie die anderen angeborenen Nierenkrankheiten abhängig vom Ausmaß des Schadens und des funktionellen Defizits bereits in den ersten Lebenswochen mit einer dekompensierten Niereninsuffizienz, oder deutlich später bei 1- bis 3-Jährigen mit vermindertem Wachstum und Leistungsfähigkeit, manchmal auch erst als Zufallsbefund oder bei einem zusätzlichen Schaden bei Erwachsenen. Kongenitale Zysten müssen abgegrenzt werden von sekundären Dilatationen des Nierenbeckens, die in der Regel die Folge von Abflussstörungen sind aber auch als Folge einer Nephritis oder als Begleiterscheinung bei Nierenatrophie oder -schrumpfung vorkommen können.

Die **idiopathischen Nierenblutungen** *(«idiopathic renal hematuria»)* sind seltene, aber oft akute und lebensbedrohliche uni- oder bilaterale Blutungen, die bei Pferden beider Geschlechter und verschiedener Rassen (v. a. aber Araber) dokumentiert wurden. Differenzialdiagnostisch müssen zuerst andere Ursachen der Pigmenturie (Urolithiasis, Neoplasien, arterielle Fisteln,

Traumen u. a.) ausgeschlossen werden. Als **Therapie** kommt der Versuch einer Hämostase mit Alpha-Amino-Capronsäure, bei einseitiger Präsentation auch eine Nephrektomie infrage. Die Veränderungen können auch spontan abheilen. Die **Prognose** ist aber grundsätzlich ungünstig.

Neoplasien, wie Lymphome oder Hämangiosarkome können auch in die Nieren metastasieren. Primäre Nierentumoren (z. B. das Adenokarzinom eher bei älteren oder das Nephroblastom eher bei jüngeren Pferden) sind dagegen sehr selten. Diese Nierentumoren können gelegentlich rektal palpiert oder sonografisch diagnostiziert werden, aber oft wird der Krebs erst diagnostiziert, wenn die Krankheit schon weit fortgeschritten und eine **Prognose** infaust ist.

Auch eine **Amyloidose** der Nieren ist beim Pferd, außer bei Tieren die zur Hyperimmunserumproduktion verwendet werden, eine Seltenheit (Leber und Magen-Darm, meist als Folge chronischer Entzündung und Tumorerkrankungen, häufiger betroffen).

5.2.4 Renale tubuläre Azidose

Pferde mit akuter oder chronischer Niereninsuffizienz zeigen nicht selten eine metabolische hypochlorämische Azidose. Bei der idiopathischen renalen tubulären Azidose besteht aber neben der **hyperchlorämischen, hypokaliämischen Azidose keine Niereninsuffizienz** (normale Harnstoff- und Kreatininwerte und Konzentrationsfähigkeit des Urins). Die Pferde zeigen aber anfänglich ähnlich unspezifische **Symptome** wie bei einer weniger ausgeprägten Niereninsuffizienz: Leistungsschwäche, Apathie, Inappetenz bis Anorexie und Abmagerung, später mit zunehmender Hypokaliämie wird die Schwäche und Ataxie ausgeprägter, und es kann zu Bradykardie und Kollaps kommen. Entsprechend breit ist die Liste der Differenzialdiagnosen, die von verschiedenen kardiovaskulären, neurologischen Ursachen bis zur ausgeprägten Endotoxämie reicht. Die **Diagnose** stützt sich auf die ausgeprägte Hypokaliämie (< 2.3 mmol/l) bei starker Azidose (venöser pH oft < 7.15) und auf normalen Harn-pH. Beim Pferd sind Typ I (distale renale tubuläre Azidose mit verminderter H+-Sekretion im distalen Tubulus), Typ II (weniger ausgeprägte Azidose bei der proximalen renalen tubulären Azidose, mit verminderter Reabsorption von Bikarbonat im proximalen Tubulus oft mit Glukosurie, Proteinurie) und Typ IV (distale Tubuli mit verminderter Rückresorption von Natrium und unzureichender Kaliumsezernation, deren primärer Defekt in einem Aldosteronmangel oder -resistenz begründet ist) der renalen tubulären Azidose beschrieben. Falls nach adäquater und sofortiger Behandlung innerhalb von 12–24 Stunden eine klinische Verbesserung und eine Normalisierung der Bikarbonat- (meist schneller) und Kaliumwerte erfolgt, ist die **Prognose** günstig. Nach gesicherter Diagnose sollte bei Typ I & II eine sofortige **Therapie** eingeleitet werden, da sie unbehandelt tödlich verlaufen können. Unabhängig vom Typ I oder II wird Kalium und Bikarbonat substituiert (→12.2). Wichtig ist, dass die $NaHCO_3$-Gaben nicht ohne Kalium- und ggf. auch Glukosesubstitution erfolgen, damit die Kaliumwerte nicht weiter absinken. Bei Typ IV ist eine kaliumarme Diät angezeigt. **Prophylaktisch** sollten die Typ I & II-Patienten zuerst weiter mit Bikarbonat substituiert, mit Heu von guter Qualität (Kaliumversorgung) gefüttert und regelmäßig überwacht werden. Typ IV-Patienten sollten hingegen kaliumarm (Weizen anstelle von Heu, Stroh) gefüttert und nach Therapie →5.4.4 behandelt werden.

5.3 Ureter

Selbstständige Erkrankungen der Ureteren werden kaum beobachtet. Die häufigsten Erkrankungen sind Steinverschlüsse des Ureters mit Harnstauung (Abb. 5.3), selten mit Ruptur. Kongenitale ektopische Ureteren, uni- oder bilateral, sind selten, aber stellen beim Pferd doch die häufigsten angeborenen Anomalien des Harnappaates dar. Vorgestellt werden die Fohlen wegen Inkontinenz meist mit Urin-Dermatitis an den Hinterschenkeln. Bevor eine Therapie (Reimplantation des Ureterenendes in die Blase oder, evtl. erfolgversprechender bei unilateraler Präsentation, eine Nephrektomie) mit den Besitzern diskutiert werden kann, sollten diese Fälle gründlich abgeklärt werden. Die Abklärung umfasst funktionelle, visuelle, endoskopische und röntgenologische Untersuchungen (Kontrastmittel).

Unter der Geburt können Quetschungen der Ureteren auftreten, gelegentlich ebenfalls mit retro- oder intraperitonealer Ruptur. Bei der retroperitonealen Ureterruptur ist kaudal der Niere eine diffuse, mehr oder weniger deutlich fluktuierende Anschwellung festzustellen. Die Therapie ist ebenfalls, nach Stabilisierung wegen der postrenalen Azotämie, chirurgisch.

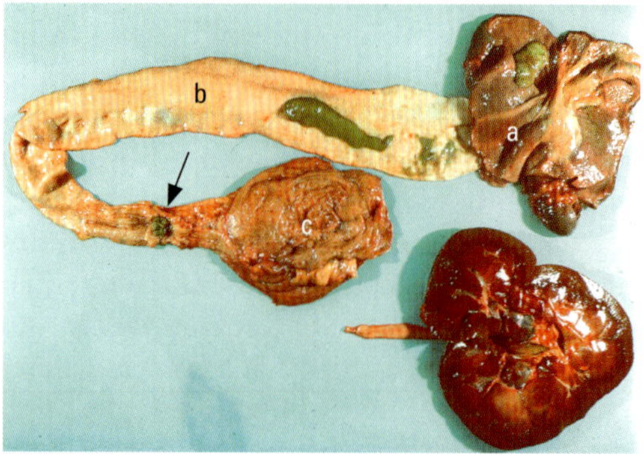

Abb. 5.3: Hydronephrose durch Harnstauung (Ureter-Harnstein): Die häufigste postrenale Ursache für eine Niereninsuffizienz ist der Steinverschluss. In diesem Fall war die rechte Niere betroffen (a), die linke Niere war gesund und hat den Funktionsverlust kompensiert. Prästenotisch ist der Ureter (b) durch den Harnrückstau stark dilatiert, was zu intermittierenden Koliksymptomen führte. Die Ureterschleimhaut ist durch den Harnstein (Pfeil) entzündet. Die Harnblasenwand (c) ist ebenfalls entzündet und verdickt. Das Pferd litt vorgängig auch an einem Blasenstein.

5.4 Blase

5.4.1 Blasenentzündung (Zystitis)

Eine selbstständige Zystitis tritt beim Pferd selten auf. Meistens ist sie die Folge einer Urolithiasis, einer Blasenlähmung bei Neuritis caudae equinae (→6.3.6.1) und in den USA und Australien bei Sorghumvergiftung («*Sudangras*» →Tab. 14.2). Es stellt sich hier natürlich wiederum die «Huhn-oder-Ei-Frage»: Eine Lähmung führt zu elastisch-visköser, oft hochgradiger Harngrieß- und Schleimmixansammlung (**sabulöse Zystitis**), aszendierender Infektion, vermehrter Entzündung und Überdehnung der Blase, was wiederum zu Lähmungserscheinungen führt. Weiter kann unter der Geburt, manchmal auch bei Koliken, die Blase gequetscht werden, Traumen sind auch möglich bei ungeschickten tierärztlichen Manipulationen (Katheterisierung) und Sodomie. Eine chronische Zystitis kann selten als Komplikation eine beidseitige Pyelonephritis (→5.2.1.3) zur Folge haben.

Symptome: Sie hängen vom Grad der Schädigung und Entzündungsgrad ab: Tenesmus, Pollakisurie, Strangurie mit Harnabsatz unter Schmerzen; mehr oder weniger massive Hämaturie gehören zum typischen Sedimentbefund, auch Pyurie mit flockigem, sehr trübem Harn, intermittierendes Harnträufeln und folglich chronische Dermatitis der Hintergliedmaßen. Während der Bewegung zeigt das Pferd Stetigkeit, Harndrang und manchmal auch Koliksymptome. Schmerzäußerungen bei der rektalen Blasenpalpation untermauern den Verdacht auf Zystitis.

Diagnose: Bei typischer Symptomatologie (Harndrang, Hämat- und Pollakisurie u. a.) ist die Diagnose einfach zu stellen. Insbesondere ist die sedimentbedingte Zystitis (Harngrieß-Zystitis oder sabulöse Zystitis) häufig bei Hengsten oder Wallachen. Hierbei ist der Harn sehr trüb und Kalzium-Karbonat-Kristalle sind massenhaft vorhanden. Rektal können bei entleerter Blase evtl. Konkremente oder eine verdickte Blasenwand palpiert werden, für eine zuverlässige Aussage sind aber meist Zusatzuntersuchungen nötig. Mithilfe der Endoskopie und transrektaler (bei Ponys transabdominaler) Sonografie kann ein Verdacht bestätigt oder ausgeschlossen werden. Die Harnuntersuchung (am besten innerhalb von 30–60 Minuten nach Gewinnung der Probe) ergibt eine Leukozytose (> 10 Leukozyten pro Hauptgesichtsfeld bei 400x), massenhaft Kristalle und meistens eine bakterielle Besiedlung (häufig *E. coli,* aber auch *Proteus, Klebsiella, Enterobacter, Pseudomonas aeruginosa,* Streptokokken, Staphylokokken, *Corynebacterium renale*; *Candida* wird manchmal bei neugeborenen Fohlen nach Breitspektrum-Antibiose isoliert). Normale Sedimentbefunde schließen eine bakterielle Zystitis nicht aus. Für die Bewertung der Bakteriologie sollte eine quantitative Analyse angestrebt werden, > 10 000 CFU/ml Probe aus Mittelstrahlharn (selektive transendoskopische Aspiration aus Ureteren (um eine Kontamination durch die oberen Harnwege auszuschließen) gelten als wahrscheinlich klinisch relevant.

Therapie: Eine Therapie ist nur bei deutlich manifesten Zystitiden notwendig. Wichtig ist die Entfernung der Ursache (Lähmung →5.4.2, Urolithiasis →5.6), gegebenenfalls gibt man zur Bekämpfung von Schmerz und Tenesmus Metamizol (Novaminosulfon)-Präparate oder bei normaler Nierenfunktion auch steroidale Entzündungshemmer. Liegt eine sedimentbedingte Zystitis vor, empfiehlt es sich, das Pferd durch NaCl-Salz (20–75 g/Pferd/Tag) ins Futter über 4 Wochen zu supplementieren und auf sämtliche kalziumhaltigen Futtermittel (z. B. Luzerne und Rübenschnitzel, kräuterreiches Heu) zu verzichten. Weitere diätetische Maßnahmen zur Wasseraufnahme und Harnansäuerung werden unter →5.6 behandelt. Bei Infekten kann ein Kombinationspräparat mit desinfizierender Wirkung aus Phenylazodiaminopyridin, Hexamethylentetramin und Natriumbenzoat p. o. verabreicht werden. Die Wahl der Antibiotikatherapie (meist mindestens während einer Woche) erfolgt ggf. nach Antibiogramm. Empirisch kann die Wahl u. a. Trimethoprim-Sulfonamide, Penizillin evtl. in Kombination mit Aminoglykosid (cave! Niereninsuffizienz ausschließen; gute Hydrierung), Cephalosporine oder Nitrofurantoin sein. Großvolumige Blasenspülungen evtl. mit milden Desinfizientien (Kamillenextrakt), auch Chlorhexidin 0.02 % sind ebenfalls geeignet und besonders bei Konkrementen und viel Sediment («sabulöser Zystitis») wichtig.

5.4.2 Blasenlähmung

Blasenlähmungen können auftreten bei Dysfunktionen des oberen motorischen Neurons («spastische Blase»; sehr selten, meist hochgradige Rückenmarkssymptomatik wie Hinterhandparalyse und Festliegen im Vordergrund) und des unteren motorischen Neurons («paralytische Blase», Neuropathie v. a. *N. pudendus* und Lähmung des externen Sphinkters), sowie die myogene, nicht neurogene Form der Blasenlähmung. Unter unseren Verhältnissen tritt eine primäre Blasenlähmung fast ausschließlich als paralytische Form und als Folge der *Neuritis caudae equinae*, lumbosakralen Traumen, oder bei Myelitis/Neuritis nach EHV_1-Infektion auf (→15.3.3.1); selten leiden Stuten an Blasenlähmung nach Nervenquetschungen unter der Geburt. In den USA und Australien leiden Pferde oft an Sorghumvergiftung (Sudan- und Johnsongras). Es handelt sich um eine Zyanidvergiftung die zu Myelomalazie führt und daraus resultierender epizootischer Blasenlähmung, die oft mit Ataxie verbunden ist. Weiter sind natürlich auch durch Tumoren im Wirbelkanal, meist Lymphome oder Melanome, verursachte Lähmungen möglich. Jede Blasenlähmung führt über kurz oder lang zu einer Zystitis, meist mit Grießansammlung und später weiter aszendierend evtl. auch zu Pyelonephritis.

Umgekehrt ist bei einer lang dauernden Zystitis mit starker Wandverdickung die Entleerung anatomisch bedingt v. a. bei männlichen Tieren ebenfalls eingeschränkt, was wiederum einer sabulösen Zystitis Vorschub leistet. Die von der Konkrementansammlung zunehmend schwere Blase hängt nach unten und zieht nach vorne. Dies führt zu einer Überdehnung der Blasenwand und zu funktionellen Defiziten des *M. detrusor*, die in einer sekundären Lähmung enden können. **Symptome:** Die sehr seltene «**spastische Blasenlähmung**» ist durch eine prall gespannte Blase, die sich gegen einen erhöhten Sphinkter- und Uretertonus nicht entleeren kann (die passive Entleerung ist intermittierend), gekennzeichnet. Bei der viel häufigeren **paralytischen Form** ist dagegen eine schlaff in die Bauchhöhle hängende, volle Blase typisch. Es besteht Harninkontinenz in Form einer Überlaufblase mit Harnträufeln oder passiver, schwallweiser Entleerung bei Stuten, was zu Hautentzündung der Schenkelfalten und Hintergliedmaßen führen kann. Nach einiger Zeit stellt sich, wie oben beschrieben, eine Zystitis ein, die später zu weiter aufsteigenden Schädigungen der Harnwege führen kann. Bei der paralytischen Form sollte immer auf zusätzliche neurologische Ausfälle (herabgesetzter Analsphinktertonus, perineale Hypo- und Paraesthesien, Schwäche und Muskelatrophien der Hintergliedmaßen) geachtet werden. Die zystometrische Druckmessung kann zur Objektivierung der Blasenfunktion und damit zur besseren Prognosestellung angewandt werden.

Prognose: Viele Fälle sind zum Zeitpunkt der Diagnose mit sekundärer sabulöser Zystitis, Wandverdickung und -überdehnung bereits weit fortgeschritten. Die Prognose ist für diese Fälle ungünstig.

Die **Therapie** beschränkt sich oft nur auf die Bekämpfung der Folgeerkrankungen (Zystitis, Dermatitis u. a.). Eventuell ist eine langzeitige Katheterisierung (bei männlichen Tieren über eine perineale Urethrostomie), um einer Überdehnung entgegenzuwirken, und regelmäßige Spülungen bei vermehrter Sedimentansammlung unterstützend sinnvoll, v. a. solange noch keine irreversiblen Schäden durch die chronische Überdehnung eingetreten sind. Das Gleiche gilt für den Versuch der medikamentellen Förderung der Blasenentleerung mit Betanechol (0.25–0.75 mg/kg KG s. c. TID, angefangen mit der tiefsten Dosierung; cave! Nebenwirkungen). Gleichzeitig kann ein alpha-adrenergischer Blocker, Phenoxybenzamine (0.7 mg/kg KG p. o. QID; cave! Nebenwirkungen) gegeben werden, um den Widerstand in der Urethra zu reduzieren (v. a. bei Problemen des oberen motorischen Neurons). Zur Relaxierung der Urethra können Diazepam (0.2–0.5 mg/kg KG i. v.) oder Dantrolene (10 mg/kg KG initial, dann 2.5 mg/kg KG p. o. QID) eingesetzt werden. Auch hier sind die Chancen besser, wenn frühzeitig therapiert werden kann. Bei Nervenschäden muss eine medikamentelle und v. a. unterstützende (Katheterisierung, Spülungen) Therapie über Wochen bis Monate aufrechterhalten bleiben. Von den verschiedenen Ursachen für paralytische Blasenlähmungen gibt es nur für die EHV-1-Myelitis eine medikamentelle Behandlungsmöglichkeit (Valacyclovir →15.3.3.1).

5.4.3 Blasenprolaps

Ein Blasenvorfall mit Umstülpung durch die weite Urethra kommt bei der Stute post partum (sehr selten bei Kolik) gelegentlich vor, wie auch ein Vorfall ohne Umstülpung durch Risse in der Vagina bei der Geburt oder nach Verletzungen durch den Hengst (Abb. 5.4). Cave! Beschrieben ist bei Hengsten auch ein sehr seltener Blasenvorfall ins Skrotum.

Symptomatik und **Diagnostik:** Bei der umgestülpten Blase sind Schleimhaut und meist auch die Uretereinmündungen sichtbar; nicht zu verwechseln mit einem Plazentavorfall (Farbe Dunkelrot). Meistens führt der Blasenvorfall zu einen kompletten Obstruktion der Harnröhre. Aber Urethra-

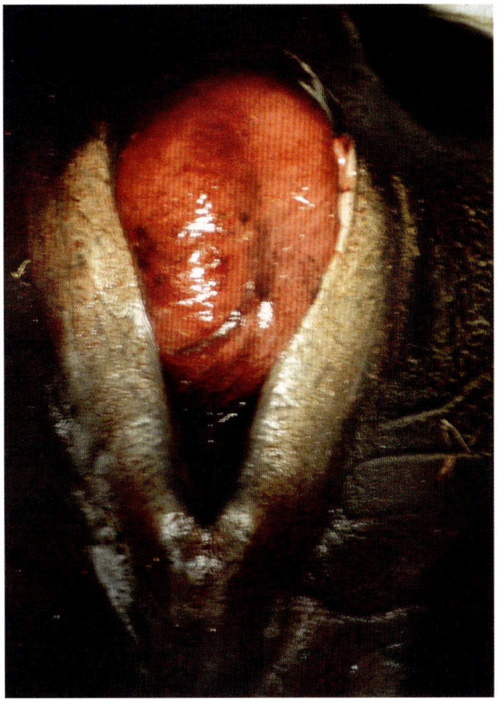

Abb. 5.4: Blasenprolaps: Blasenvorfall mit Umstülpung durch die weite Urethra bei der Stute post partum, selten kommt dies auch bei Kolik vor.

verschlüsse können auch bei Vaginal- oder Gebärmutterprolaps vorkommen und müssen entsprechend abgegrenzt werden.

Therapie: Ein Versuch zur Reposition sollte unter Epiduralanästhesie oder Allgemeinnarkose erfolgen, die Manipulation ist einfacher und Defekte können sauber versorgt werden. Manchmal kann die Blase einfach manuell zurückgedrückt werden, meist ist jedoch eine Sphinkterotomie oder sogar Laparotomie (wenn sich die Kolonbeckenflexur in die umgestülpte Blase verlagert hat) notwendig. Wegen der möglichen Komplikationen wie Peritonitis und Abszessbildung, sollten auch Breitspektrumantibiose und Entzündungshemmer verabreicht werden.

5.4.4 Blasenruptur

Besonders beim Hengstfohlen, aber auch bei Stutfohlen kommt es nicht allzu selten unter der Geburt oder auch post natum durch Tenesmus beim Mekoniumverhalten zur Blasenruptur. Begleitende neonatale Krankheiten wie Frühgeburt, Sepsis (→16.23), hypoxisch-ischämische Enzephalopathie (→6.3.1.3) und Zystitis können das Risiko erhöhen. Diese Rupturen verlaufen meist dorsal an der Blase. Sehr selten kann es auch bei der Stute unter der Geburt oder bei schweren abdominalen Traumen zu Blasenrupturen bei Erwachsenen kommen.

Symptomatik: Die Fohlen scheinen zuerst normal. Nach 1–4 Tagen wird dann eine, durch die Azotämie hervorgerufene, zunehmende Apathie beobachtet. Oft besteht ein leichter Penisvorfall, Strangurie und Pollakisurie oder Anurie. Diese Harnabsatzstörungen mit häufigem Absatz kleiner Mengen oder nur «Dastehn zum Harnabsatz» wirken oft kolikähnlich (Differenzialdiagnose: Mekoniumverhaltung →4.2.6.1.3.2.3). Im Verlauf zeigt sich das Uroperitomäum, die abdominale Harnansammlung, zunehmend in einem birnenförmigen, prallen Bauch.

Diagnose: Die genaue Beobachtung des Patienten, die Bauchpalpation, die Sonografie und die Abdominozentese ermöglichen eine Diagnose. Bei der Punktion (beim Fohlen evtl. mit Ultraschallkontrolle) fließt Flüssigkeit im Strahl ab. Im Punktat ist das Kreatinin stark erhöht (> 300 mmol/l; wichtigstes Diagnostikum: Kreatinkonzentration im Punktat mindestens doppelt so hoch wie im Serum). Bei Erhitzung ist ein ammoniakalischer Geruch festzustellen. Bei den Laborbefunden sind eine neutrophile Leukozytose, erniedrigte Werte von Natrium und Chlorid und eine Erhöhung des Kaliums festzustellen, zudem eine Azotämie und metabolischer Azidose. Die Hyperkaliämie führt zu einer Verlängerung der QRS-Komplexe und einer verlängerten ST-Strecke im EKG. Anzeichen für gefährlichere kardiale Veränderungen sind eine deutliche Bradykardie und Arrhythmien wie AV-Blöcke.

Bei Beachtung dieser Charakteristika fällt die differenzialdiagnostische Abgrenzung gegenüber einer Sepsis, einer hypoxisch-ischämischen Enzephalopathie und v. a. eines Mekoniumverhaltens, die rein klinisch (ZNS-Symptome resp. kolikartiges Verhalten, Inappetenz) nicht immer möglich sind, nicht schwer. Die **Prognose** ist bei kleinen Defekten mit konservativ, abwartender Therapie mittels Einlegen eines Katheters trotz Korrektur von Elektrolytverschiebungen eher zweifelhaft, bei frühzeitigem chirurgischem Eingreifen und bei einem sonst gesunden Fohlen günstig.

Bei den meisten Fällen besteht die **Therapie** in der Operation nach vorhergegangener Korrektur von Elektrolytverschiebungen (insb. wegen der Gefahr von Arrhythmien und Herzstillstand). Korrektur der Hyperkaliämie und Säure-Basen-Verschiebungen (bei Kalium > 5.5 mmol/l sollten präoperativ 1–3 Liter physiologische NaCl-Lösung oder $NaHCO_3$-Lösung mit 5–10 % Glukose über 30–40 Minuten, unter Kalium Nachkontrolle, verabreicht werden), sowie einer evtl. vorhandenen Hypovolämie stehen im Vordergrund. Wenn die Hyperkaliämie weiter besteht, ist eine Drainage des Uroperitonäums und eine Insulingabe (0.1 mg/kg KG i. v.) angezeigt. Die Fohlen werden präoperativ unter Antibiotika gesetzt und gut gepflegt (Wärmelampe). Intraoperative Waschungen der Bauchhöhle helfen mit, eine Peritonitis zu mildern. Veränderte Nabelstrukturen können gleichzeitig entfernt werden. Postoperativ kann, je nach Präferenz, während 48 Stunden ein Katheter in der Blase belassen werden. Wichtig ist präoperative gründliche sonografische Beurteilung von Urachus, Nabelarterien und -vene. **Prophylaktisch** kann bei kranken, festliegenden Neugeborenen, je nach Präferenz des Klinikers, die Blase katheterisiert werden, um einer Blasenruptur vorzubeugen.

5.4.5 Urachusfistel

Es kommt gelegentlich vor, dass sich die Verbindung der Harnblase zum Nabelstrang bei der Geburt, bzw. nach dem Reißen der Nabelschnur nicht schließt oder der durch einen Infekt geschwächte Urachus später wieder aufgeht. Dieser persistierende Urachus kann sich zwar auch in den ersten Lebenstagen ohne weitere Folgen noch selbstständig schließen. Im Extremfall kann dies aber bis zu drei Wochen dauern. Aus dem Nabel tröpfelt oder fließt Harn (Abb. 5.5); daneben kann normal Harn abgesetzt werden. Die Umgebung des Nabels wird nass, der Harn kann auch in die Bauchhöhle und/oder in die Bauchwand gelangen, was zu entzündlichen Ödemen und zu aufsteigenden Nabelinfektionen führen kann.

Symptomatik: Der Nabel ist gewöhnlich entzündet, palpationsempfindlich und in der Regel auch verdickt. Wenn Harn in die Bauchhöhle fließt, kommt es zu einem Uroperitonäum und – z. T. nach einer noch längeren Zeit 48 Stunden – zur der gleichen Symptomatik wie bei der Blasenruptur (→ 5.4.4). Wenn Urin in die Bauchwand gelangt, so fällt beim Hengstfohlen für gewöhnlich zuerst ein ödematisiertes Präputium auf.

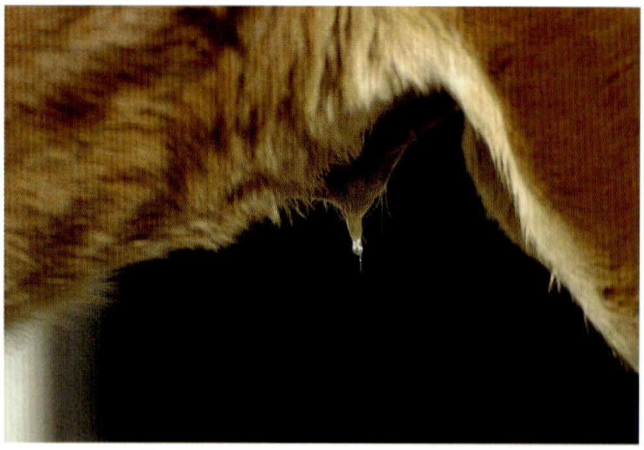

Abb. 5.5: Persistierender Urachus (Urachusfistel): Die Verbindung der Harnblase zum Nabelstrang schließt sich normalerweise nach dem Reißen der Nabelschnur. Aus dem Nabel tröpfelt oder fließt Harn. Ein spontaner Verschluss kann sich noch nach Tagen einstellen.

Diagnostik: Die klinische Untersuchung, evtl. ergänzt durch die Endoskopie der Blase, erlaubt eine sichere Diagnosestellung. Eine zusätzliche Überprüfung und detaillierte Beurteilung aller Nabelstrukturen (Urachus, Nabelarterien und -vene) mittels Ultraschall, insb. um eine angeborene und unkomplizierte Urachusfistel von einer erworbenen septischen Ophalitis abzugrenzen, ist ratsam.

Therapie: Ein spontaner Verschluss kann in den Tagen nach der Geburt eintreten. Nur selten kann sich später unter lokaler Therapie (z. B. häufiges Eintauchen des Nabels in milde desinfizierende Lösung, z. B. Chlorhexidin- oder Jodlösungen; cave! keine zu aggressiven ätzenden Mittel, diese können eine Omphalitis begünstigen) die Fistel verschließen. Wenn sich die Fistel mit konservativer Therapie innert 7 Tagen nicht verschließen lässt oder wenn klinisch oder sonografisch ein Verdacht auf eine persistierende Infektion besteht, wird eine chirurgische Intervention notwendig. Eine systemische Antibiotikagabe ist in jedem Fall indiziert. Die **Prognose** ist bei einer unkomplizierten, nicht infizierten Urachusfistel gut, sie ist vorsichtiger zu stellen bei septischer Omphalitis, v. a. wenn die Nabelvene betroffen ist (Ultraschalluntersuchung!).

5.5 Harnröhre

Verschlüsse der Harnröhre treten bei Urolithiasis (→5.6; nur männliche Tiere sind betroffen), selten durch Neoplasmen und Granulome oder bei mangelnder Hygiene und Vernachlässigung, sehr selten auch durch verhärtetes Smegma in der *Fossa glandis* an der Penismündung auf. Beim Hengst ist ein partieller Urethraverschluss nicht selten die Folge eines Hufschlags (meist einer Stute; versuchter Deckakt auf der Weide) an Präputium und Penis: Urethraverschluss durch Schwellung oder Blutung. Gelegentlich mag eine Paraphimose (traumatisch oder nach Sedation u. a. mit Ace-Promazin) zur Verlegung der Urethra Anlass geben. Unmittelbar angrenzend an die Urethra und diese möglicherweise obstruierend, kommen auch Entzündungen, Schwellungen und Infekte der akzessorischen Geschlechtsdrüsen (Hengste), des *Corpus spongiosum* (Blutungen und Hämatom) und des Präputiums (sekundär z. B. bei Habronemabefall, Fremdkörper oder Neoplasien) vor. Verletzungen der Urethra können bei der Stute beim Deckakt vorkommen, gelegentlich auch bei Sodomie oder ungeschickten tierärztlichen Manipulationen unter der Geburt.

Symptomatik und **Diagnose:** Die allgemeinen Anzeichen sind Strangurie und Pollakisurie mit Unwohlsein bis deutlicher Schmerzäußerung je nach Grad der Obstruktion. Ggf. ist eine äußere Schwellung sicht- oder palpierbar. Die Diagnose lässt sich nach exakter Inspektion und Palpation (auch rektal!), wenn nötig mittels Katheterisierung, Endoskopie und Sonografie stellen. Beim Hengst mit Hämospermie ist eher eine Entzündung der akzessorischen Geschlechtsdrüsen als eine Urethritis zu vermuten und entsprechend (Endoskopie und Sonografie) abzugrenzen. Bei Hämaturie mit Ursprung in der Urethra (Blut erscheint meist tröpfelnd nach dem Harnabsetzen) ist, v. a. bei Quarter Horses ein Riss im *Corpus spongiosum* endoskopisch und evtl. sonografisch zu überprüfen.

Therapie und **Prognose** richten sich nach der Ätiologie. Wenn nötig, ist für einige Zeit ein Katheter einzulegen. Verletzungen der Urethra werden je nach Lokalisation und Zustand der Wunde primär chirurgisch versorgt oder einer sekundären Heilung überlassen. Wegen der Gefahr einer Strikturbildung werden manche Verletzungen, Verschlüsse und Veränderungen (z. B. auch Plattenepithelkarzinome) direkt mit einer Phallektomie, anstatt mit einem Versuch, die Harnröhre wiederherzustellen, angegangen.

Klinische Diagnostik der Hämaturie – «Timing» der Blutung

– Beginn des Harnabsetzens	– distale Urethra
– während des Harnabsetzens	– obere Harnwege
– Ende des Harnabsetzens	– Blase
– nach dem Harnabsetzen	– proximale Urethra

Die vermutete Lokalisation muss endoskopisch, ggf. auch sonografisch überprüft und bestätigt werden

5.6 Urolithiasis

Harngrieß und Harnsteine können sich vom Nierenbecken weg überall in den abführenden Harnwegen finden und Obstruktionen (selten Harngrieß) und Reizungen verursachen (Box 5.6). Dies geschieht eher bei mittelalterlichen bis älteren Tieren und wegen der längeren und weniger dehnbaren Urethra, insb. bei männlichen Tieren (75 % der Harnsteine). Die meisten Harnwegsobstruktionen gehen auf eine Urolithiasis zurück und dabei sind Blasensteine und Urethrasteine weitaus am häufigsten die Ursache manifester Störungen. Bei der **sabulösen Zystitis** (→5.4.1 & 5.4.2) bilden sich die Harngrieß- und Schleimkonglomerate bei gestörter Blasenentleerung meist sekundär. Harnsteine sind Präzipitate von Harnsalzen. Bei alkalischem Harn sind am ehesten Karbonat- (evtl. gemischte Karbonat-Phosphat-) Steine zu erwarten. Oxalatsteine sollen vorkommen.

Symptomatik und **Diagnose:** Die Symptomatik ist abhängig vom Schweregrad der Obstruktion, der Lokalisation und von möglichen begleitenden Komplikationen (Abb. 5.3). Allgemein führt eine teilweise Obstruktion zu Strangurie, Pollakisurie und Unwohlsein, während ein kompletter Verschluss meist sehr schmerzhaft ist und in einer Blasen- oder Urethraruptur enden kann. In einem solchen Fall verschwinden die Schmerzanzeichen schnell, und es stellt sich dafür mit der postrenalen Azotämie eine zunehmende Apathie und Inappetenz ein, je nach Lokalisation, gefolgt von einem aufgetriebenen Bauch (Uroperitonäum) oder subkutanen Schwellungen um Penis und Präputium.

Wenn ein Harnstein in einer bestimmten Lokalisation gefunden wird, sollte man immer daran denken, dass ca. 10 % der Urolithiasispatienten mehrere Urolithen haben und weitere mögliche Lokalisationen sowie auch eine uni- oder bilaterale Nephropathie in Betracht zu ziehen sind. Die diagnostisch wichtigsten Zusatzuntersuchungen sind dementsprechend die Endoskopie und Sonografie (per rectum und transabdominal).

Mögliche Lokalisationen und Charakteristika von Urolithiasis

- **Nephrolithiasis** tritt selten auf (ca. 10 % der Harnsteine) und äußert sich als Pyelonephritis, möglicherweise auch in Form rezidivierender Koliken. In der Regel verläuft die Urolithiasis des Nierenbeckens aber unbemerkt (evtl. Haematurie). Die betroffene Niere atrophiert um die Steine; die gesunde kompensiert diesen Ausfall ohne Schwierigkeiten.
- Steinverschlüsse der **Ureteren** sind noch seltener (< 10 %) und werden von ausgeschwemmten, verklemmten Nierensteinen hervorgerufen. Die Ureterstauung ist oberhalb des Verschlusses eventuell rektal spürbar und via transrektalen Ultraschall darstellbar. Es kann zu Rupturen mit anschließender Peritonitis mit infauster Prognose kommen.
- **Blasensteine** machen über die Hälfte aller Harnsteine aus. Blasensteine mit rauer Oberfläche, die frei in der Blase liegen, rufen typische Symptome hervor: Rückhaltigkeit, Harndrang, manchmal auch Koliksymptome während der Bewegung, Schmerzäußerungen beim Harnabsatz. Es besteht Tenesmus und Hämaturie. Die Steine sind rektal zu spüren, wenn nötig nach Ablassen des Blaseninhalts. Hierbei sollte palpatorisch geprüft werden, welche Konsistenz das Konkrement hat, denn es kann durchaus auch weich sein und manuell zerkleinert werden. Steine sind sonografisch gut darstellbar. Sie können am *Sphincter vesicae* oder häufiger bei männlichen Pferden in der Urethra zu Verschlüssen führen. Stauungsblase (bis zur Ruptur!).
- Die **Urethrasteine** sind die häufigsten Harnsteine beim männlichen Pferd und liegen meistens kaudal im Beckenabschnitt der Urethra *(Ardus ischiadicus)*. Sie können von außen oder von rektal palpierbar sein und sonografisch genau lokalisiert werden.

Therapie: Bei Stuten lässt sich ein **Blasenstein** manuell oft leicht entfernen: Nach guter Sedation und evtl. Epiduralanästhesie folgt die vorsichtige und graduelle Weitung der sehr dehnbaren Urethra mit der Hand und Herausnehmen des Steins. Bei männlichen Pferden können kleinere Blasensteine und entsprechend lokalisierte Urethrasteine mithilfe der Urethtrostomie über die am Sitzbeinausschnitt eröffnete Urethra mit einer Zange gefasst, wenn nötig zerkleinert und entfernt werden. Die offen gelassene Urethrawunde heilt in 2–3 Wochen meist komplikationslos zu. Heute ist aber die **Lithotripsie** beim Pferd meist die Behandlungsform der Wahl. Die Maßnahme wird am stehenden Pferd vorgenommen und benötigt je nach Größe des Blasensteins wiederholte Sitzungen von 1–3 Stunden. Alternativ hierzu ist die parainguinale Laparotomie in Rücklage. Postoperativ wird über mehrere Tage antibiotisch und entzündungshemmend therapiert. Für die Therapie der **sabulösen Zystitis** wird auf Kapitel 5.4.1 und 5.4.2 verwiesen.

Medikamentelle Therapie und **Prophylaxe:** Zur Verhinderung einer weiteren Steinbildung (Kalziumkarbonat) wird empfohlen, gefährdeten Pferden die Wasseraufnahme möglichst einfach und «schmackhaft» zu machen (jederzeit ad libitum Zugang; Salzleckstein; 50–75 g Kochsalz pro Tag ins Futter; lauwarmes Wasser und evtl. mit Apfelsaft gemischt, sämtliche stark kalziumhaltigen Futtermittel (→5.4.1) sind aus der Ration zu entfernen. Mit verschiedenen Mitteln wird auch versucht, den Harn anzusäuern, z. B. mit Vitamin C (1–2 g/kg KG p. o. SID), Methionin (1 g/kg KG p. o. SID) und offenbar am vielversprechendsten mit 175 mg/kg KG Ammoniumsulfat p. o. SID während Monaten. Die pH-Korrektur im Harn ist dadurch jedoch nicht gesichert.

5.7 Tumoren der Niere und Harnwege

Neoplasmen der Nieren (→5.2.3) wie auch der abführenden Harnwege sind beim Pferd Seltenheiten. Die Pferde zeigen vielfach nur unspezifische **Symptome:** Apathie, Gewichtsverlust, evtl. rezidivierende Kolik. Nur Harnabsatzstörungen, wie Strangurie und Pollakisurie und am häufigsten wohl (Mikro-)Hämaturie und evtl. sichtbare (z. B. Plattenepithelkarzinom an äußeren Genitalien) oder rektal palpierbare Massen, geben genauere Hinweise auf ein Harnapparatsproblem. Blasentumoren (am häufigsten Plattenepithelkarzinome, dann auch Übergangszellkarzinome, Lymphome, Leiomyosarkome und fibromatöse Polypen) müssen endoskopisch diagnostiziert werden. Ultraschall und Biopsie leisten in diesen Fällen oft auch wertvolle Hilfe. Allerdings werden die meisten Neoplasien des Harnapparats, mit Ausnahme der äußerlichen Plattenepithelkarzinome (meist Penis- oder Vulvaresektion evtl. ergänzt durch medikamentelle Therapie →1.5.2) für eine erfolgreiche **Behandlung** zu spät diagnostiziert, und die **Prognose** ist entsprechend ungünstig.

5.8 Parasiten der Niere

Beschrieben wird ein Befall des Nierenbeckens durch den Saprophyten *Halicephalobus deletrix* und durch *Dioctophyma renale*, einen Parasiten des Hundes. Harntraktinfektionen oder/und Besiedlung mit *Klossiella-equi*-Kokzidien scheinen recht häufig zu sein, verlaufen aber offenbar ohne klinische Symptome. Larven von *Strongylus vulgaris* führen zu Endarteriitis der vorderen Gekrösewurzel und evtl. auch der Nierenarterien, können zu Thromboembolien und somit zu Infarkten führen (→5.2.2 & 4.8.1).

Weiterführende Literatur

ROBINSON N. E., SPRYBERRY K. A.: The Urogenital System in: Current Therapy in Equine Medicine, Band 6, Elsevier Health Sciences, 2009.

SCHOTT H. C. II: Urinary Tract Disorders, Urinary Tract Disorders, An Issue of Veterinary Clinics of North America: Equine Practice, 1e (The Clinics: Veterinary Medicine), Volume 23, Number 3, Saunders Elsevier, St. Louis, 2007 (ISBN 978-1-4160-5134-3).

SCHOTT H. C. II, BAYLY W. M. (Autoren), REED S. M., BAYLYM W. M., SELLON D. C. (Hrsg.): Div. Kapitel in: Disorders of the urinary system. In: REED, S. M., BAYLY W. M., SELLON D. C.: Equine Internal Medicine, 2nd edition, Saunders Elsevier, St. Louis, 2009.

6 Krankheiten des Nervensystems

V. Gerber, C. Graubner und R. Straub

6.1 Einleitung und allgemeine Hinweise

Bei der Systematik der Krankheiten des Nervensystems sind rein anatomische, rein funktionelle oder rein ätiologisch orientierte Einteilungen möglich; sie überzeugen indessen alle nicht wirklich. Wir stellen darum in diesem Kapitel zuerst die Symptomatik nach Lokalisation (→6.2) und anschließend mehr oder weniger gut definierte Krankheitsbilder und Syndrome (→6.3–6.9), ebenfalls in erster Linie nach grober anatomischer Lokalisation und in zweiter Linie nach Pathogenese- und Ätiologiegruppen geordnet, dar.

Für den Pferdepraktiker geht es ja darum, einen Schaden zu lokalisieren, ihn zu charakterisieren und wenn möglich seine Ursache abzuklären. So ist der Kliniker dann imstande, eine präzise Diagnose zu stellen, z. B.: deformierende Spondylarthrose auf Höhe C5 bis C7 mit Rückenmarkskompression. Die rein klinische Diagnose «spinale Ataxie» (→6.2.4) dagegen reicht nicht aus, um Therapie und Prognose gut zu planen resp. zu begründen. Dazu muss man mindestens einen Verdacht haben, was für die beobachtete Gangstörung ursächlich verantwortlich ist. Im Übrigen ist es wichtig zu ergründen, ob nervöse Störungen tatsächlich auf einem primärneurologischen Schaden beruhen oder ob sie vielleicht nur Begleitsymptome anderswo lokalisierter Primärkrankheiten sind. Man denke an das hepatozerebrale Syndrom oder an gewisse Formen der Spastizität oder auch Schwäche bei primären Myopathien. Dennoch wird man in den meisten Fällen in einem ersten diagnostischen Schritt über eine symptomatische Diagnose versuchen, eine grobe Lokalisation der Läsion zu erreichen. Eine Übersicht zur Symptomatik nach Lokalisation (→6.2) ist darum dem Rest des Kapitels vorangestellt, das anschließend (wie im typischen Ablauf der klinischen Diagnostik) nach pathogenetischen und ätiologischen Kriterien geordnet ist. Diese Kriterien lassen sich auch beim Pferd mit dem Akronym VETAMIN D, also **V**askuläre Erkrankungen, **E**ntzündungen, **T**rauma, **A**nomalien, **M**etabolisch-toxische Erkrankungen, **I**diopathische Erkrankungen, **N**eoplasien und **D**egenerative Erkrankungen, umfassen. Allerdings beschränken wir uns – um den Rahmen des Buches nicht zu sprengen – natürlich auch in diesem Kapitel auf eine Auswahl, der uns klinisch und für den deutschsprachigen Raum am wichtigsten erscheinenden Krankheiten.

Beim Pferd mit einem neurologischen Problem stoßen unsere diagnostischen Bemühungen – ganz zu schweigen von den therapeutischen – oft und rasch an Grenzen, die gezogen werden von unserem mangelhaften Kenntnisstand, von methodisch-technischen Schwierigkeiten und natürlich auch von wirtschaftlichen und ethischen Erwägungen.

Zu diesem letzteren Punkt: Der größte Teil unserer Patienten besteht aus Pferden, bei denen zum Beispiel Störungen des Bewegungsablaufs einen vernünftigen Gebrauch oft unmöglich machen und außerdem den Patienten sowie seine Umgebung einer erheblichen Verletzungsgefahr aussetzen. Solche ethischen Überlegungen und vor allem die prognostischen Aspekte sind mit dem Pferdebesitzer in verständlicher Art zu besprechen und ihn auf die in den meisten neurologischen Fällen lange dauernde Rekonvaleszenzzeit vorzubereiten oder ggf. auch eine Tötung des Tieres in Betracht zu ziehen.

Es ist demnach die Aufgabe des Praktikers, auch bei neurologischen Fällen eine

Triage vorzunehmen. Im Allgemeinen ist es in der Praxis aber oft nicht möglich, z. B. die nötigen bildgebenden Verfahren anzuwenden, Liquor cerebrospinalis okzipital zu entnehmen und was der diagnostischen Hilfen mehr sind.

Als Voraussetzung für eine Überweisung an gut eingerichtete Kliniken sind zu nennen: keine unmittelbare Lebensgefahr für das Pferd und Sicherheit für Begleitpersonen, Fahrer und andere Verkehrsteilnehmer während des Transports und keine offensichtlich heftigen, unstillbaren Schmerzen; es sollten auch Aussichten auf eine funktionelle Heilung bestehen, sie mögen noch so gering sein. Vor allem um die Sicherheit sowie tierschützerische Aspekte zu gewährleisten, sind gewisse Maßnahmen zu treffen (Box 6.1), und manchmal ist ein Transport unter Narkose notwendig.

Auch an der Klinik werden gewisse Untersuchungsmethoden eine Narkose notwendig machen. Die Risiken, die Narkose könnte den Zustand des Pferdes an sich verschlimmern oder das Pferd könnte sich in der Aufwachphase schwerere Verletzungen zuziehen, diese Risiken sind gegen den zu erwartenden diagnostischen Gewinn abzuwägen. Es ist im Übrigen ratsam, sich zu versichern, dass ein Besitzer damit einverstanden ist, sein Pferd bei bestätigter Diagnose und ungünstiger Prognose gar nicht aus der Narkose erwachen, sondern das Tier euthanasieren zu lassen.

Maßnahmen für die Gewährleistung der Sicherheit im Umgang mit neurologischen Patienten

- Wenn nötig und vorhanden, Kopfschutz, ggf. auch Bandagen zum Schutz der Beine vor Verletzungen etc.
- Beruhigung: wenn nötig Sedation mit alpha2-Agonist, evtl. kombiniert mit Opioid; ggf. Diazepam bei Krämpfen
- Patient festliegend, aber hat Angst, bewegt Beine und Kopf unkontrolliert: ggf. Transport in Kurznarkose auf einer gepolsterten Matte

6.2 Allgemeines zur Symptomatik nach Lokalisation

6.2.1 Symptomatik bei Großhirnaffektionen

Bei der klinischen Beschreibung von Großhirnausfällen lassen sich anthropomorphisierende Ausdrücke, vor allem «Bewusstsein», kaum vermeiden. Das Bewusstsein (für veterinär-neurologische Zwecke = Wachsein des Sensoriums) sitzt in der Großhirnrinde und im Hirnstamm, in der *Formatio reticularis.*

Ausgedehntere Großhirnaffektionen gehen mit **Bewusstseinsstörungen** einher, die von einer leichten Abstumpfung bis zum Koma im Grad variieren, sich aber auch als Übererregbarkeit (bis zur Raserei, Tobsucht) oder epileptiformen Krampfanfällen äußern können, oft auch anfallsweise und abwechselnd zwischen abgestumpften und übererregten Phasen. Manchmal zeigen die Patienten repetitives, anormales («sinnloses») Verhalten, wie z. B. andauerndes Gähnen, leere Kaubewegungen oder Eintauchen von Maul ins Wasser, ohne zu trinken. Deutliche Veränderungen des für das betroffene Individuum typischen Verhaltens, ein Resultat von Wechselwirkungen zwischen Einflüssen aus der Umwelt und solchen, die angeeignet wurden (Lernerfahrung, Gedächtnis u. a.), sind eigentliche **Wesensveränderungen**.

Weiter kann auch die **Körperhaltung** und die **Motorik** in Mitleidenschaft gezogen werden. Derartige Schädigungen können auch zu Zwangsbewegungen, Hyperkinesien und unsicherem Gang mit zerebraler Ataxie führen. Beim Pferd ist es selten möglich, fokale Schäden im Hirn näher zu lokalisieren, höchstens bei definierten Ausfällen einzelner Hirnnerven oder bei Verdacht auf Läsionen in definierten Großhirnarealen wie z. B. der Sehrinde. Auch gut eingerichtete Kliniken sind nicht immer imstande, diagnostisch weiter zu kommen: Liquorentnahme und -untersuchung, Elektroenzephalografie, Hirnarteriografie, Computertomografie und v. a. die Magnetresonanztomografie kön-

Abb. 6.1: Schwer gestörte Propriorezeption und Zungenlähmung bei cerebraler Vasculitis.

nen aber wertvolle diagnostische Hinweise geben. Bei der Interpretation gerade von den letzteren bildgebenden Modalitäten sollte aber die manchmal erstaunliche Diskrepanz zwischen der Ausdehnung einer Läsion und den funktionellen Konsequenzen bedacht werden. Z. B. können etwa kortikale motorische Zentren im Vergleich zur Humanneurologie sehr viel «toleranter» sein, während auch kleine Läsionen in Hirnstamm oder Medulla z. T. dramatische Ausfälle des oberen motorischen Neurons hervorrufen können. Solche Beobachtungen macht man auch immer wieder post mortem, wenn der Pathologe bei deutlichen klinischen Ausfällen «nichts findet» und umgekehrt. Bei der Prognosestellung sollte auch immer die Plastizität des ZNS, vor allem die funktionelle Reversibilität irgendwelcher Störungen erwogen werden.

Hauptsymptome Nervensystem nach Lokalisation

Großhirn
- Apathie, Stupor bis Kopfpressen, in die Wand laufen
- Übererregbarkeit, Schreckhaftigkeit
- epileptiforme Krampfanfälle
- anormales, repetitives Verhalten (Gähnen, leeres Kauen, Spielen mit Wasser)
- Ataxie (oft leichtgradig)
- zentrale Blindheit

Kleinhirn
- grobschlägiges Zucken (v. a. Kopf); Intentionstremor
- Ataxie (oft ausgeprägt: breitbeinig, taumelnd)
- Dys-/Hypermetrie (spastischer, stelzender Gang und abrupte, überschießende Bewegungen)
- hochgr. Ausfälle: Opisthotonus und Extensorspasmus
- evtl. fehlender Drohreflex

Stammhirn
- Kopfnervenausfälle
- Ataxie
- Analgesie, Störung der Vitalfunktionen

Vestibulärapparat
- Kopfschiefhaltung, «Schlagseite» bis zum Umfallen, Kreisbewegung
- Nystagmus
- Ataxie (deutliche Verschlechterung bei Augenverbinden; cave!)

Rückenmark
- Ataxie
- Schwäche, Lähmungen

6.2.2 Symptomatik bei Kleinhirnaffektionen

Schwere Kleinhirnschädigungen verursachen Opisthotonus und Spasmen der Strecker. Solange das Tier noch stehen und gehen kann, drängen sich die Erscheinungen der zerebellären Ataxie in den Vordergrund (unkontrolliertes, breitspuriges Taumeln; stelzender, tappender Gang und abrupte, überschießende Bewegungen (Hypermetrie) vorne, seltsam ausfahrende Bewegungen hinten [zirkumduktive Hypermetrie], verbunden mit dem für eine Kleinhirnaffektion pathognomonischen Intentionstremor, überhaupt Tremores am ganzen Körper und insb. grobe Zuckungen mit dem Kopf, sowie auch eine allgemein gesteigerter Reflexerregbarkeit und Spastizität. Der **Intensionstremor** (feinschlägiger Muskeltremor bei zielgerichteter Bewegung mit größter Amplitude unmittelbar vor dem Ziel) ist pathognomonisch für Kleinhirnaffektionen, der Kliniker sollte sich aber Zeit nehmen für eine gute Beobachtung: v. a. sichtbar am Kopf beim Fressen und bei Fohlen, wenn sie versuchen zu saugen. Auch das Fehlen des Drohreflexes kann einen Hinweis auf einen Kleinhirnschaden geben, bei ausgedehnten zerebellären Schäden können auch vestibuläre Symptome auftreten.

6.2.3 Symptomatik von Hirnnerven- und Hirnstammläsionen

Schädigungen von Hirnnerven selbst lassen sich beim Pferd recht häufig feststellen, die Symptomatik ist unten für Hirnnerven I bis XII einzeln beschrieben (→6.3.3.2). Seltener sind Schäden der Hirnnervenkerne im Hirnstamm (Mittelhirn z. B. mit *N. occulomotorius*; Pons z. B. mit Nucleus des Trigeminus; Medulla oblongata z. B. mit *N. hypoglossus und vagus*). Die Symptome hängen vom geschädigten Nerv selber ab oder aber von der zugrunde liegenden zentralen Affektion. Hirnstammschäden sind mit Bewusstseinsstörungen verbunden (*Formatio reticularis*, Ausfälle siehe Großhirn →6.2.1), manchmal auch mit schweren Gang- und Gleichgewichtsstörungen (Box 6.2.1) und u. U. mit einem tödlichen Ausgang, wenn vitale Zentren (z. B. Atem- oder Kreislaufzentrum der Medulla) betroffen sind.

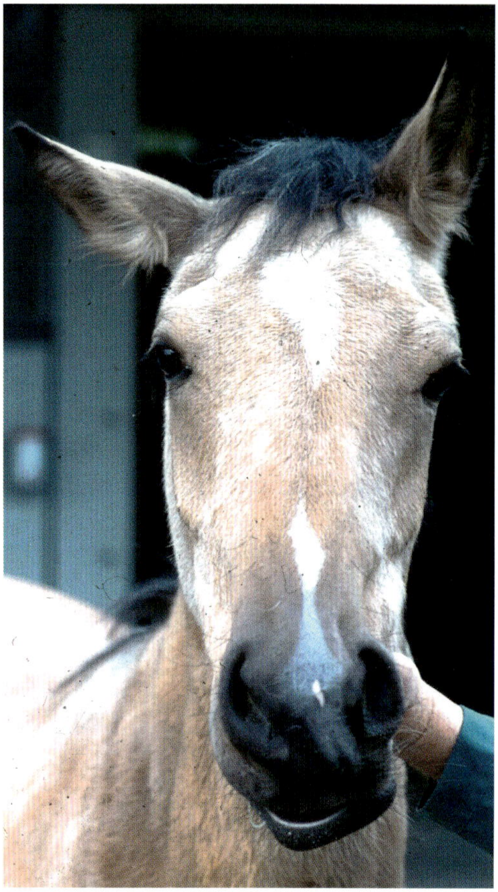

Abb. 6.2: Facialislähmung: Periphere Facialisläsion rechts mit Nüstern- und Ohrmuskellähmung.

6.2.4 Symptomatik der Rückenmarksschäden

Die durch Rückenmarksschäden (Hals-, Thorakal- und Lumbalmark) hervorgerufenen Bewegungsstörungen sind von **spinaler Ataxie** aufgrund sensorisch propriozeptiver Ausfälle und von Schwäche geprägt. Diese **Parese** kann sowohl eine Komponente des oberen Motoneurons (v. a. Flexoren, diagnostisch nicht einfach von der Ataxie zu unterscheiden) als auch eine des unteren motorischen Neurons (v. a. Extensorenschwäche) haben. Zum Beispiel ist der typische «Wobbler» mit einer zervikalen Läsion von einer oberen Motoneuron-Parese geprägt und wird dem diagnostischen Zug am Schweif im Stehen gut widerstehen, sich im Gehen aber leicht aus dem Gleichgewicht bringen lassen. Dagegen wird eine lumbale Läsion mit Ausfällen des unteren motorischen Neurons eine deutliche Extensorenschwäche zeigen, die Hinterhand des Patienten lässt sich auch im Stehen leicht verschieben.

Die häufigste Lokalisation liegt beim Pferd im Halsmark. Gleich welche Ursache verantwortlich ist, spricht man in diesen Fällen von zervikaler Ataxie. Unter den auslösenden Faktoren sind die Veränderungen an der Wirbelsäule selbst oder an ihren Weichteilverbindungen (synoviale Zysten) bei Weitem am wichtigsten.

Unabhängig von der Lokalisation werden undeutliche Ataxien in tiefem, weichem Boden beim Abwärtsführen und auf dem Zirkel (zirkumduktive Hypermetrie der Hintergliedmaßen) deutlicher. Nur in schweren Fällen lässt sich Unsicherheit beim Stehen nachweisen. Liegt die Störung im Halsmark oder im spinozerebellären Trakt, sind alle vier Gliedmaßen betroffen, liegt sie dahinter (T_3 oder kaudaler), lassen sich typischerweise nur in der Nachhand ataktische Bewegungen und Dysmetrien feststellen! Auch wenn bei zervikalen Kompressionen alle vier Gliedmaßen grundsätzlich betroffen sind, manifestieren sich aber die Bewegungsstörungen in der Nachhand fast immer deutlicher als in der Vorhand (seltene Ausnahmen bei fokalen Läsionen zwischen C6–T2 mit ausgeprägter Schwäche des unteren motorischen Neurons), sodass sich leichtgradige zervikale Ataxien oft nur an den Bewegungen der Hinterhand manifestieren. Der Grund liegt darin, dass die propriozeptiven Nervenbahnen aus der Nachhand oberflächlicher liegen und deshalb anfälliger für Traumata sind als die Vorhand. Der häufig verwendete engl. Ausdruck «**Wobbler**» bezeichnet im weiteren Sinn jedes von (spinaler) Ataxie geprägtes Symptomenbild, im engeren Sinn nur Fälle mit zervikaler Kompression («*Cervical Vertebral Stenotic Myelopathy*», CVM oder CVSM; →6.3.4.2.1). Bei CVM vom Typ II kommen gerade bei älteren Pferden mit Läsionen zwischen C5 und C7 oft auch (Hals-)steifheit und -schmerzhaftigkeit, Probleme beim Reiten und Lahmheiten dazu («tief-zervikales Syndrom»).

Bei schweren Fällen, kommt es je nach ihrer Lokalisation zu Para- oder Tetraplegie. Läsionen kaudal von T_2 manifestieren sich in reinen Hinterhandausfällen, bei ausgeprägter Symptomatik mit Hinterhandlähmung in hundesitziger Stellung. Außer den motorischen Symptomen sind oft auch sensible Ausfälle zu beobachten.

Ataxie ist nicht spezifisch für Rückenmarksschäden (Box 6.2.1). Wichtig ist u. a. auszuschließen, dass der Patient Verhaltensänderungen manifestiert: Abgrenzung zu Schäden des Großhirns mit Ataxie →6.2.1 und Box 6.2.1. Diese kortikalen Ataxien lassen das Gefühl für die Qualität des Bodens vermissen: häufiges Stolpern mit tappendem, schwerfälligem Gang. Die zerebelläre Ataxie lässt sich von der spinalen leicht differenzieren (meist angeborene Krankheit; Intensionstremor, ausgeprägte Dysmetrien u. a. →6.2.2 & Box 6.2.1). Meist lassen sich auch vestibuläre Ataxien gut abgrenzen: oft deutlich asymmetrische Erscheinungen, Nystagmus, Kopfschiefhaltung, einseitiges Taumeln und Drängen (→6.5.2 & Box 6.2.1) mit deutlicher Verschlechterung durch Augenverbinden (cave! Sturzgefahr).

Neben degenerativen kompressiven Schäden sind auch Rückenmarkstraumen nicht so selten. Als eine der schwierigsten Aufgaben des Tierarztes gilt es, nach ernsten Traumen der Wirbelsäule und des Rückenmarks zu entscheiden, ob das Tier unverzüglich zu erlösen ist oder ob abgewartet werden darf. In diese Situation kommt der Pferdespezialist auf Renn- und anderen Pferdesportplätzen recht häufig. Heutzutage reagiert das Publikum empfindlich auf derartige Zwischenfälle im Pferdesport, doch der Tierarzt sollte auch in diesen schwierigen Situationen ruhig entscheiden. Ein offensichtlich schwer verletztes Pferd ist ggf. zu sedieren oder in Kurznarkose zu versetzen, obgleich diese Maßnahmen die Stabilität einer traumatisierten Wirbelsäule nicht eben fördern (cave! Relaxantien). Anschließend wird das Tier schonend in einem geeigneten Transporter an einen Ort verbracht, wo es gründlich untersucht werden kann.

Spinale Ataxien treten nicht nur bei degenerativen Schäden und Traumen, sondern auch bei lokalisierter Myelitis, Myelomalazie, Hämatomyelie (z. B. bei Infekten, wie EHV-1 →6.3.4.5.1 oder EPM →17.6.2) oder degenerativen Krankheiten, wie EDM (→6.3.4.4) und raumfordernden Prozessen im Rückenmarkskanal auf. Bei der klinischen Untersuchung können nicht nur eine gründliche neurologische, sondern auch andere klinische Abklärungen (z. B. Fieber oder Nasenausfluss als Hinweis auf infektiöse Ursachen wie EHV-1; rektale Untersuchung zur Diagnose einer *A. iliaca* Thrombose) wichtig sein. Neben der grobsinnlichen Untersuchung sind die bildgebenden Untersuchungsresultate, ob negativ oder positiv ausgefallen, sehr oft differenzialdiagnostisch entscheidend. Auch Laboruntersuchungen (Blut, evtl. Liquor) können in gewissen Fällen weiterhelfen.

6.2.5 Symptomatik der Erkrankung der Meningen

Selbstständige Krankheiten der Meningen sind unter unseren Verhältnissen kaum je anzutreffen. In Einzelfällen beobachtet man meningeale Druseabszesse, die über die Kompression von Rückenmark oder Gehirn zu funktionellen Ausfällen führen. V. a. bei Jungtieren beobachtet man manchmal auch andere bakterielle Meningitiden (z. B. *S. equi* subsp. *zooepidemicus* →16.6.1.2). Auch Metastasen von Melanomen haben wir in den Meningen festgestellt, und perforierende Traumen betreffen die Hirnhäute selbstverständlich auch. In der Regel weist aber das Pferd eine Meningomyelitis, Meningoenzephalitis oder Meningoenzephalomyelitis im Zusammenhang mit Virusinfektionen auf. Die Symptome werden von der Läsion der nervösen Substanz dominiert, die Tendenz zu Hyperexzitations- und Krampfzuständen, zu Nystagmus, und zu Para- und Hyperästhesie scheint indessen bei Meningitis besonders ausgeprägt zu sein. Überdies ist bei diffuser Meningitis der Liquordruck erhöht, vielleicht lässt sich eine Stauungspapille nachweisen. Die Liquoruntersuchung ist von entscheidender diagnostischer Bedeutung.

Als besondere Veränderung gilt die **Ependymitis granularis** in den Ventrikeln des Pferdes, die im Zusammenhang mit chronischer EIA beobachtet werden kann (konnte!) und die zu Liquorabflussstörungen und Ventrikelerweiterung führen kann. Vermutlich handelt es sich dabei um Ablagerungen von Immunkomplexen, primär im *Plexus chorioideus.*

6.2.6 Symptomatik des vegetativen Nervensystems

Die einzige Krankheit, die beim Pferd die Ganglien des vegetativen Nervensystems – manchmal verbunden mit der Symptomatik einer «Bulbärparalyse» – betrifft, ist die Graskrankheit (*«grass sickness»*), auf die im Zusammenhang mit Verdauungskrankheiten näher eingegangen wurde (→4.2.6.1.4).

6.2.7 Symptomatik der peripheren Nerven

Eine wichtige spezielle Krankheit des peripheren Nervensystems unserer Pferde ist die Neuritis caudae equinae, die gelegentlich auch mit Schäden der hintersten Rückenmarksabschnitte zusammen auftritt.

Ansonsten sind Krankheiten der peripheren Nerven eigentlich meistens Probleme der Pferdechirurgie. Im Rahmen dieses Kapitels gehen wir nur kurz auf die peripheren Nervenschäden (Lähmungen) ein.

Diese Besprechung der Symptomatik nach Lokalisation ist nicht vollständig. Allerdings sind lokalisierbare neurologische Läsionen des Zwischenhirns beim Pferd sehr selten: Schädigungen des Thalamus (Sehhügel) sind beim Menschen z. B. mit thalamischem Schmerz verbunden, und Läsionen im Hypothalamus können sich in einem Verlust der autonomen Kontrolle (z. B. Körpertemperaturregulation, Wasser-Elektrolyt-Haushalt und Appetit-/Sättigungszentrum) oder endokrinen Störungen (Kontrolle der Hypophyse mit ACTH, ADH, Wachstums-, Geschlechts- und Schilddrüsenhormonen →10) äußern. Weiter ist zu bedenken, dass das Nervensystem zwar an der Motorischen Endplatte, also am neuromuskulären Übergang aufhört, muskuläre Ausfälle und Krankheiten aber differenzialdiagnostisch in der Neurologie sehr wichtig sind (→7).

Die Krankheitsursachen des zentralen-, peripheren und des vegetativen Nervensystems sind ohnehin schon vielgestaltig. Manchmal sind mehrere Ursachen für funktionelle und/oder pathologisch-anatomische Veränderungen des Nervengewebes verantwortlich, und die Läsionen sind nicht selten multifokal, was bei der Diagnosestellung in Betracht gezogen werden sollte. Obwohl sich die Erkrankungen oft nicht nur auf einen Bezirk des Nervengewebes beschränken, werden wir im Folgenden die Krankheiten anatomisch gut definierten Orten zuzuordnen.

6.3 Selbstständige Krankheitsbilder, Syndrome und Symptomenkomplexe

6.3.1 Großhirnkrankheiten

6.3.1.1 Angeborene Krankheiten

Ein angeborener **Hydrozephalus**, entweder verbunden mit einer Druckatrophie des Gehirns oder sogar mit **Anenzephalie** imponiert oft als Geburtshindernis, weil die Missgestaltung des Schädels enorme Ausmaße annehmen kann. Die Fohlen sind nicht lebensfähig und kommen in den meisten Fällen schon tot auf die Welt.

Andere Missbildungen betreffen die Augen (**Mikrophthalmie**) oder nur Malformationen des Schädels ohne Einschränkung der Großhirnfunktionen. Der Züchter stellt bei Missbildungen oft die Frage nach der Erblichkeit («Soll ich mit dieser Stute / diesem Hengst weiterzüchten?»). Man kann hier prinzipiell beruhigen: Die Wahrscheinlichkeit einer genetischen Prädisposition ist bei angeborenen Missbildungen grundsätzlich klein. Eine Ausnahme bilden evtl. An- und Mikrophthalmien, die in gewissen Warmblutlinien evtl. gehäuft vorkommen. Bei Hydrozephalus, der nicht so selten vorkommt, dagegen ist uns nur ein einziger Bericht einer familiären Häufung bekannt, die weitaus meisten Fälle sind sporadisch.

6.3.1.2 Krampf- und andere Anfallsleiden

Zu den Krampf- und Anfallsleiden gehören verschiedene, ätiologisch und pathogenetisch uneinheitliche und z. T. schlecht verstandene Syndrome (Box 6.3.1.2.1). Grob unterscheiden wir hier konvulsive, epileptiforme Anfallsleiden von anfallsartigen Somnolenz und Kollaps (Narkolepsie, Kataplexie; Koma).

6.3.1.2.1 Konvulsion, epileptiformer Anfall, Epilepsie

Epileptische Krämpfe sind die klinische Manifestation von exzessiven schnellen Entladungen in der Großhirnrinde. Beim **neugeborenen Fohlen** kommt es im Vergleich zum erwachsenen Pferd häufig und aus verschiedenen Gründen (Box 6.3.1.2.1) zu anfallsweisen Konvulsionen (*«convulsive syndrome»*, *«seizures»*; epileptiforme Anfälle). Diese sind in den meisten Fällen eine Folge der Hypoxisch Ischämischen Enzephalopathie (HIE →6.3.1.3). Man sollte dabei nicht von einer angeborenen Erkrankung im engeren Sinn, sondern eher von erworbenen neonatalen Schädigungen sprechen, auch wenn manche dieser Schäden und Risikofaktoren schon intrauterin vorbestehen. Eine Ausnahme bilden evtl. die gutartigen, meist als kongenital betrachteten Konvulsion (*«seizures»*) von Araberfohlen, bei denen es sich um genetische Prädispositionen handeln könnte. Andere Formen der Epilepsie bei erwachsenen Pferden sind offenbar nicht genetisch bedingt.

Ob eine echte Epilepsie, mit der spezifischen Symptomatik, wie sie beim Menschen auftritt, auch beim **erwachsenen Pferd** vorkommt, ist unklar. Beim Menschen sind epileptische Anfälle nicht immer mit Verkrampfungen und Zuckungen verbunden, sondern können auch kaum merklich ablaufen, etwa in Form einer kurzen Abwesenheit oder Missempfindung. Solche Manifestationen sind beim Pferd nicht klar dokumentiert. In den meisten Fällen von Pferden mit epilepsieartigen Krampfanfällen ist es nicht möglich, eine der zahlreichen möglichen Ursachen (Box 6.3.1.2.1) eindeutig zu diagnostizieren. Die plötzlichen Entladungen der Nervenzellen müssen aber auf bestimmten Faktoren beruhen, welche die Nervenzellmembran instabil machen und die elektrischen Entladungen begünstigen: traumatische, infektiöse, toxische oder eventuell neoplastische Läsionen in der Großhirnrinde werden beschrieben, doch sind auch epilepsieähnliche Anfälle zu beobachten, die kein pathologisch-anatomisches Substrat zu erklären vermag (perinatale Ischämie, metabolisch-toxische Störungen; Elektrolytungleichgewicht: Ca, K, besonders Mg; gestörte Neurotransmitterproduktion, Hypoglykämie). Immerhin ist festzuhalten, dass die meisten möglichen infektiösen und toxischen Ursachen andere neurologische Begleitsymptome zeigen. Am ehesten können bei erwachsenen Pferden offenbar verminöse (Wurmfehlwanderung), protozoäre (EPM bei Pferden aus den USA; *Sarcocystis neuronae* →17.6.2) Ursachen oder bakterielle Abszesse Krampfanfälle ohne andere neurologische Manifestationen verursachen.

Definitionen und **Symptomatik:** Ausgeprägte Symptome manifestieren sich als kurze krampfhafte Kontraktionen oder Zuckungen der Muskulatur, die durch kurze Entspannungsphasen getrennt sind (klonisch) oder als anhaltende Krämpfe starker Intensität ohne Unterbrechungsintervalle, mit anschließender Erschlaffung der Muskulatur (tonisch). Meistens findet man die Kombinationen beider Formen. Partielle Krampfanfälle (oft mit Zuckungen bis tonisch-klonischen Krämpfen, die das Maul, die Zunge, das Gesicht oder eine Gliedmaße betreffen; manchmal auch Im-Kreis-Rennen oder Selbstmutilation) gehen von kleineren kortikalen Arealen aus. Ein generalisierter Krampfanfall geht vom gesamten Kortex aus, und der ganze Körper ist von Bewusstseinsverlust und generalisierten tonisch-klonischen Krämpfen betroffen. Von Status epilepticus, der dritten Form, die beim Pferd sehr selten ist, spricht man erst, wenn generalisierte Krämpfe wiederholt in kurzer Abfolge auftreten. Allgemein gilt, dass ein bestimmter Stimulus z. B. Erschrecken Anfälle auslösen kann, diese aber auch spontan auftreten können.

Das konvulsive Syndrom des Neugeborenen, welches auf die zerebrale Hypoxie zurückzuführen ist und der Hypoxisch-ischämischen Enzephalopathie (HIE →6.3.1.3) zugeordnet wird, manifestiert sich in milden Fällen in Abstumpfung und Orientierungslosigkeit *(«Dummy»)*, kann aber, v. a. unbehandelt, zu partiellen bis generalisierten Krampfanfällen führen. Das Leiden kann sich grundsätzlich in allen Altersklassen aber auch dramatisch äußern. Tiere mit schweren Konvulsionen stürzen und zeigen unwillkürliche rudernde Bewegungen mit Opisthotonus. Die meisten epileptiformen Anfälle enden nach wenigen Minuten von selbst und der Patient erholt sich auch ohne therapeutische Maßnahmen.

Differenzialdiagnostisch sind v. a. bei partiellen Krampfanfällen andere Ursachen für spastisch-tonische Krämpfe ohne Bewusstseinstrübung (z. B. bei Tetanus →6.3.4.5.2 oder bei *«Shivers»* und *«Stiff-Horse-Syndrome»* →6.3.6.6) auszuschließen.

Die definitive **Diagnose** Epilepsie kann aber nur mithilfe der Elektroenzephalografie (EEG) gestellt werden. Epilepsietypische Veränderungen geben einen direkten Hinweis auf sich pathologisch entladende Nervenzellen im Kortex. EEG's sind in «normalen Episoden» der Epilepsie unauffällg, die Bestätigung mittels EEG ist bei Krampfanfällen selten. Bei deutlicher Symptomatik und beim Fohlen ist aber die klinische Diagnose epileptiformer Anfall ggf. mit HIE (→6.3.1.3) rasch gestellt; hingegen ist es oft nicht möglich, sich über die Ursache Klarheit zu verschaffen, besonders beim erwachsenen Patienten. Man wird am lebenden Tier organische Hirnerkrankungen (insb. Abszesse, Massen, Tumoren) mithilfe bildgebender Verfahren (CT und v. a. MRI) und metabolischer Störungen (Labor) auszuschließen versuchen.

Beispiele möglicher Ursachen von Krampfleiden und epileptiformen Anfällen

- angeboren (gutartige Epilepsie der Araber*; evtl. bei Hydrozephalus*)
- vaskulär (HIE*; evtl. *Strongylus vulgaris,* intraarterielle Injektion; venöse Stauung; s. a. Hypoxie/Ischämie →6.3.1.3)
- traumatisch (→6.3.1.4.1)
  - mechanisch
  - elektrisch (Blitzschlag)
- metabolisch (→6.3.1.5.1–6.3.1.5.3; Hypoxie* (→6.3.1.3); Hypoglykämie*, Hyperkaliämie*;
  - Hepatozerebrales Syndrom (→6.3.1.5.1 & 4.3); Urämie (→5.1); Hyperlipämie (→10.7.2); Hyperammonaemie (→5.1.1)
  - Hypomagnesiämie und -kalzämie (→9.1.2 resp. 9.1.1.2)
- toxisch# (→6.3.1.6; z. B. Organosphosphate; Methaldehyd; Schwermetalle; Farn)
- infektiös# (→6.3.1.7)
  - bakteriell (Sepsis*, Meningitis*, subduraler Abszess*; Tetanus →16.7.2)
  - viral (Tollwut; Arboviren wie z. B. West-Nil-Virus; VEE, EE; WEE →16)
  - protozoär (EPM →17.6.2)
- Neoplasie (Hamartome und Granulome; evtl. pituitäres Adenom →10.1.2)

* insb. auch bei neugeborenen Fohlen bis Jährlingsalter; #v. a. europäische Beispiele, zahlreiche weitere Vergiftungen (→6.3.1.6 & 14) und Infektionen (→6.3.1.7 & 15) kommen in Nordamerika und andern Erdteilen vor. Die genannten Beispiele sind aber u. U. bei importierten Tieren auch bei uns differenzialdiagnostisch relevant (z. B. EPM →17.6.2)

Prognose: Die Prognose ist abhängig von der Anfallshäufigkeit, -dauer, und -stärke. Bei steigender Tendenz ist die Prognose eher zweifelhaft; bei unter 5 Monate alten Patienten ist sie eher günstig. Prognostisch besonders ungünstig sind in kurzen Intervallen rekurrierende Anfälle, die Wochen oder Monate nach Traumen auftreten. Wichtig ist v. a. auch die Besprechung der Prognose *quoad usum:* Solche Pferde sollten aus Sicherheitsgründen nicht geritten oder gefahren werden, bis sie mindestens 6 Monate ohne antikonvulsive Behandlung keine Symptome gezeigt haben. Bei Pferden, die sich während Krampfanfällen verletzen, sind auch tierschützerisch-ethische Überlegungen angezeigt.

Die gutartigen «Seizures der Araber-Absetzfohlen» sprechen gut auf Barbiturate an und verschwinden dann spontan. Die Fohlen «wachsen in einigen Wochen aus der Krankheit heraus». Moderne bildgebende Verfahren wie MRI und CT helfen mit, die Prognose zu präzisieren, indem pathologisch-anatomische Läsionen diagnostiziert resp. ausgeschlossen werden. Um die Prognose allgemein zu verbessern ist es wichtig, dass solche Patienten frühzeitig und gründlich therapiert werden, weil betroffene Hirnareale durch die epileptischen Entladungen weiter geschädigt werden.

Behandlung: Die Kausaltherapie steht natürlich im Vordergrund, d. h., dass z. B. eine bakterielle oder verminöse Ursache antibiotisch resp. anthelminthisch und entzündungshemmend behandelt wird. Die symptomatische Behandlung zentraler Krämpfe wird meist begonnen, wenn mehrere Krampfanfälle beobachtet wurden, z. B. häufiger als alle 2 Monate oder mehrmals innerhalb von Tagen, und wenn prognostische, sowie ethische Überlegungen (v. a. bei erwachsenen Pferden) mit den Besitzern diskutiert wurden. Bei Fohlen, auch beim erwachsenen Patienten, beginnt man zuerst meist mit Diazepam (0.05–0.4 mg/kg KG langsam i. v., nicht vor 8 Stunden wiederholen; Gesamtdosis nicht über 0.6 mg/

kg KG) zu therapieren, wenn nötig gefolgt von Phenobarbital-Natrium (initial 12–20 mg/kg KG langsam i.v. über 30 min., Unterhaltungsdosis bis zu 5–9 mg/kg KG BID). Man dosiert vorsichtig nach Wirkung. Eine Sauerstoffinsufflation und Beatmungsmöglichkeit sollte immer vorbereitet werden (→6.3.1.3). Verwendet wird auch Primidon (Mysoline®), das im Stoffwechsel Phenobarbital freisetzt: 10–40 mg/kg KG bis zu 4 × täglich peroral. Phenytoin, 5 mg/kg KG i.v. initial 2.5 mg/kg KG i.v., i.m. oder per os als Unterhaltungsdosis (3× täglich) wirkt anscheinend gut. Unterstützend können Vitamin E und B6 sowie Magnesium substituiert werden, manche Kliniker geben initial auch Kortikosteroide und Dimethylsulfoxid (DMSO). Bei der Unterhaltstherapie mit Phenobarbital sollten die Serumkonzentrationen überwacht werden (15–40 µg/ml). Wenn der Patient während mehr als eines halben Jahres keine Anfälle mehr hatte, kann die Dosis langsam über 3 Monate verringert und dann das Medikament abgesetzt werden. Ivermectin- und andere makrozyklische Laktone, die γ-Aminobuttersäure Aktivität verstärken können (GABA-erg), sollten während einer anti-konvulsiven Behandlung nicht verabreicht werden. Auch Acetylpromazin, Xylazin und Ketamin gelten bei Patienten mit Krampfanfällen als kontraindiziert und sollten, außer in Notfällen (z. B. Sedation mit Alpha-2-Agonist) nicht verwendet werden.

6.3.1.2.2 *Narkolepsie, Kataplexie*

Erwachsene Pferde schlafen nur 3–5 Stunden und verbringen nur ca. eine halbe Stunde im REM Schlaf, einer Schlafphase, die durch schnelle Augenbewegungen (REM, «*Rapid-Eye-Movement*») gekennzeichnet ist. Während jüngere Pferde sich zum Schlafen oft hinlegen, schlafen ältere Pferde oft stehend. Ob und wie viel ein Pferd aber abliegen muss, um sich gut zu erholen, ist wohl individuell verschieden.

Beim Pferd können wahrscheinlich verschiedene Ursachen, die aber kaum je eindeutig diagnostiziert werden, zu einem Phänomen führen, das meist als **Narkolepsie** (Hypersomnie mit zentraler Ursache) **oder Kataplexie** (Muskelversagen, Einknicken oder Niederstürzen) beschrieben wird. Während beim neugeborenen Fohlen ein durch Festhalten induzierter kataplektischer Zustand in den ersten Lebenstagen normal ist, tritt der Zustand beim Erwachsenen bei verschiedenen Rassen und öfter bei mittelalten bis älteren Pferden als pathologische Störung des in der Pons gesteuerten Schlaf-Wach-Rhythmus auf. Beim Pferd sind aber weder die beim Hund (z. B. Rezeptoren des Neuropeptids Orexin A und B, die im Hypothalamus gebildet werden und Einfluss auf den Schlafrhythmus haben) noch bei Menschen (Genmutation mit Verlust an Orexin) vermuteten molekularen Veränderungen, noch Hirnstammschäden der Pons als Ursachen bekannt. Wahrscheinlich ist der Zustand beim Pferd in vielen Fällen die Folge einer chronischen Übermüdung, die zu den «pseudo-narkoleptischen» kataplektischen Anfällen führt. Der Schlafmangel kann wiederum soziale oder orthopädische Ursachen haben.

Die typische **Symptomatik** wurde schon früh unter der Bezeichnung «Schlafkoller» (→6.3.1.2.3) treffend beschrieben: Die betroffenen Pferde verhalten sich meistens normal, sie leisten auch ihre Arbeit. In unregelmäßigen Abständen schlafen sie indessen ohne erkennbaren Grund stehenden Fußes ein. Manchmal scheint auch ein bestimmter Stimulus die Schlafsucht auszulösen, sie knicken im Carpus ein, stürzen im Schlaf manchmal nur fast, manchmal ganz zu Boden und ziehen sich typische Sturzverletzungen zu (Couronnements: Wunden und Narben auf den Fesselköpfen, selten vorne am Carpus), deren Spuren den Wert eines Pferdes erheblich mindern.

Diagnose: Allgemein handelt es sich bei der Narkolepsie um eine Hypersomnie zentraler Ursache mit Störung der Schlaf-Wach-Regulation. Der plötzliche und vorübergehende

Kontroll- und Tonusverlust über die Haltemuskulatur mit der Folge des Einknickens oder Niederstürzens (die eigentliche **Kataplexie**) und das «Erwachen» unmittelbar nach der kataplektischen Episode (nur selten bleiben die Pferde während Minuten schlafend liegen) sind zwar symptomatisch typisch, und bei einem Teil dieser Fälle mag eine echte Narkolepsie zugrunde liegen. Um diese Diagnose zu bestätigen, müssten aber (in Analogie zum Menschen und anderen Spezies) strikte EEG-Kriterien (verfrühter REM-Schlaf zu Beginn anstatt in der Mitte eines Schlafzyklus) erfüllt und dokumentiert werden. Unseres Wissens ist eine echte Narkolepsie in diesem strengen Sinn beim Pferd bisher nicht klar nachgewiesen. **Differenzialdiagnostisch** sind seltene familiäre Formen (evtl. echte Narkolepsie bei Suffolk- und Shetlandponys) von einer wahrscheinlich viel häufigeren, erworbenen Hypersomnie («Pseudonarkolepsie»), die auf einem Schlafmangel aus sozialen, orthopädischen oder neurologischen Gründen (s. u. Therapie) beruht, abzugrenzen. Das hier beschriebene Phänomen tritt meistens auf, wenn die Pferde nicht stimuliert werden, aber kaum während der Arbeit. Selten sind Putzen oder Füttern die Auslöser. Eine Gefährdung der Reiter etc. ist darum meist nicht gegeben. Dagegen ist aber der bei typischer Symptomatik recht einfache Ausschluss von anderen neurologischen (z. B. Krampfleiden oder hypoxischen Zuständen →6.3.1.2 resp. 6.3.1.3), myogenen (z. B. HYPP →7.4.1) und kardiogenen (→2.1.8) Ursachen von plötzlichem Kollaps, Krämpfen oder von Synkopen auch aus Sicherheitsgründen sehr wichtig. Zur Aufarbeitung solcher Fälle gehört neben der Beobachtung der Episoden (ggf. mittels 24-Stunden-Videoüberwachung), darum v. a. in Zweifelsfällen auch eine vollständige neurologische und kardiologische Untersuchung. Blutbild und auch Zerebrospinalflüssigkeitsanalysen sind meist unauffällig.

Wie oben beschrieben, wäre die EEG-Untersuchung das Mittel der Wahl, sie ist aber beim Pferd nicht einfach durchzuführen und zu interpretieren. Mit einem pharmakologischen Provokationstest (Physostigmin Salicylat, a 0.05–0.08 mg/kg KG langsam i. v.) sollte sich bei anfälligen Pferden innerhalb von 3–0 Minuten eine Kataplexie auslösen lassen. Der Test scheint aber nicht sehr zuverlässig zu sein.

Therapie: Medikamentelle Behandlungsversuche mit Prednisolon (Verdacht auf eine immunologische Ursache), Imipramine aus der Klasse der trizyklischen Antidepressiva gegen die Narkolepsie, dem Alpha-2-Antagonisten Yohimbin als adrenergenem «Aktivator» gegen die Kataplexie, Atropin (cave! gastrointestinale Nebenwirkungen!) und orale Tyrosinsupplementierung sind meist nicht nachhaltig befriedigend. Wichtiger ist die Behebung möglicher endogener oder exogener Ursachen für eine chronische Übermüdung, die zu den «pseudo-narkoleptischen» kataplektischen Anfällen führt: z. B. Pferde, die sich wegen orthopädischer Probleme, wegen *«Shivering»* (→6.3.6.6) oder aus sozialer Unsicherheit (fehlende Geborgenheit in einer Herde mit anderen Pferden als «Aufpasser» während der Schlafphasen) nicht hinlegen. Die **Prognose** ist nur dann vorsichtig günstig, wenn sich mit der Anpassung und Verbesserung orthopädischer Probleme oder der Umweltbedingungen eine mindestens teilweise Besserung erreichen lässt. Je jünger die Tiere sind, desto besser ist die Prognose: Kataplexie ist eine normale Reaktion beim Festhalten von Neugeborenen, und sporadische Anfälle können offenbar bei Pferden bis zu 3 Jahren spontan verschwinden.

6.3.1.2.3 «Dummkoller» und «Schlafkoller»

Der sogenannte **Dummkoller** (Franz. «*immobilisme*») ist wahrscheinlich seit über 50 Jahren nicht beobachtet worden, verdient aber hier eine kurze «historische» Fußnote, weil er als selbstständiges und gut definierbares Krankheitsbild klinisch (zunehmende Abstumpfung bis zur Somnolenz, progredienter Verlust des angelernten Verhaltens, träge oder fehlende

Reflexe und herabgesetzte Propriozeption mit unphysiologischen Stellungen und unsicherem Gang) und pathologisch (Abflachung oder Verlust der Gyri und Druckatrophie) in der alten Literatur sehr gut beschrieben wurde. Außerdem gehört der Dummkoller in Deutschland offenbar immer noch zu den sog. Gewährsmängeln. Ein Teil der Fälle («Schlafkoller») war wohl mit dem heutigen Syndrom der Narkolepsie (oder «Pseudonarkolepsie») mit Kataplexie identisch (→6.3.1.2.2). Wie aber gewisse Krankheiten scheinbar neu auftauchen (z. B. EMND →6.3.4.4 oder die atypische Weidemyopathie →7.5.2), ist der Dummerkoller mindestens z. T. wohl ein echtes eigenständiges Krankheitsbild, das relativ häufig war und heute «ausgestorben» ist.

Eine **Therapie** für Dummkoller gab es nicht. Heute wird man bei Verdacht auf ein Ödem im ZNS Kortikosteroide in Kombination mit Osmodiuretika (Mannitol) und (je nach Präferenz des Klinkers evtl. auch DMSO) einsetzen. Ist ein Ödem vorhanden, bessern sich die Symptome mit großer Wahrscheinlichkeit; bei echtem Dummkoller würden sie wohl nicht beeinflusst.

6.3.1.3 Störungen der Sauerstoffversorgung – hypoxisch ischämische Enzephalopathie des Fohlens und andere Äußerungen hypoxischer Gehirnschädigungen

Obschon das Gehirn weniger als 2 % des Körpergewichtes ausmacht, verbraucht es 20 % des im Kreislauf zirkulierenden Sauerstoffs. Es reagiert daher auf einen Sauerstoffmangel besonders empfindlich. Bereits eine 3 Minuten andauernde Hypoxie kann zu einer irreversiblen Schädigung der Gehirnzellen führen. Ab einer akuten Absenkung des PaO2 unter 70 mmHg konzentriert sich der Körper auf die Versorgung lebenswichtiger Organe mit Sauerstoff, vorrangig auf das Gehirn. Dieser Kompensationszustand bricht aber ab einem PaO2 von $\leq$ 50 mmHg zusammen. Es kommt zur Hyperkapnie, zu einem einer CO2-Narkose ähnlichen Zustand mit ausgeprägte Hypotonie und Bradykardie. Später tritt ein Koma ein, und ein PaO2 ab $\leq$ 30 mmHg wird als letale Schwelle angesehen.

Eine akute arteriell-ischämische Hypoxämie des Großhirns bis zum anämischen Infarkt beim **adulten Pferd** stellt sich bei erheblichen Blutverlusten ein; auch bei Schockzuständen beim Koliker mit Blutversackungen etwa in das Splanchnicusgebiet, oder bei einer kardiogenen arteriellen Minderversorgung wie z. B. bei Vorhofflimmern, Myo- oder Perikarditis u. a. (→2.1.2–2.1.4). Auch ein venöser Blutstau mit einer hämorrhagischen Infarzierung kommt vor: Eine Blutstauung im Gehirn und in den Meningen ist eine mögliche Folge einer beidseitigen Verlegung der venösen Gefäße im Brust-, Hals- und Kopfbereich. Das häufigste Beispiel ist die Verlegung beider *Venae jugulares* bei iatrogener Thrombophlebitis. Seltener sind bedrohliche Stauungen wegen Strangulation bei unsachgemäßem Anbinden oder durch zu enge Kopperriemen, Kompression der Gefäße durch raumfordernde Prozesse (Tumoren) und Rechtsherzinsuffizienz.

Eine chronische Hypoxämie begleitet jede ältere, mittel- bis hochgradige Anämie oder nicht kompensierte Pneumopathie. Während chronische Zustände wesentlich besser toleriert werden (Adaptation), kann eine akute hochgradige Hypoxie zu Hirnödem und -schwellung führen. Die Pferde scheinen abgestumpft, in schweren Fällen taumeln sie und stürzen «ohnmächtig» zusammen (weite Pupillen, hohe P- und A-Frequenzwerte). Hypoxische Zustände können auch Krämpfe und Konvulsionen auslösen.

Das häufigste von einer Hypoxie und/oder Ischämie des Gehirns geprägte Krankheitsbild beim Pferd ist die oben als Ursache von Konvulsionen schon erwähnte Hypoxie des Gehirns des **neugeborenen Fohlens.** Prä- und perinatale Störungen der Sauerstoffversorgung des Fohlens, nicht selten als Kombination mehrerer Ursachen (Box 6.3.1.3), führen zur sogenannten **hypoxisch-ischämischen Enzephalopathie** (HIE). In der aktuellen Literatur wird z. T. der umfassendere Begriff des **perinatalen Asphyxie-Syndroms** bevorzugt, weil bei betroffenen Fohlen neben der HIE auch nicht neurologische hypoxische Schäden und entsprechende klinische Manifestationen des Magen-Darm-Traktes (z. B. Ileus), der Nieren (Insuffizienz), seltener auch respiratorische, kardiologische und endokrinologische Probleme auftreten. Früher wurde häufig der etwas saloppe, aber oft sehr treffende Begriff «*Dummy* (foal)» gebraucht oder auch «*neonatal maladjustement syndrome*».

Eine neuere **alternative Theorie**, die möglicherweise einen Teil dieser Fälle und ihr Verhalten besser erklärt als die «Hypoxie», basiert auf erhöhten neuroaktiven Pregnan- (Gestagene) Werten nach der Geburt, die den Übergang von uterinen fötalen zum normalen postpartalen Verhalten verzögern oder verhindern. Für diese Theorie sprechen der Erfolg der Therapie «*squeezing*» (siehe unter Therapie) in gewissen, v. a. leichteren Fällen und das Fehlen von klaren histologischen Anzeichen für hypoxische Schäden, Ödeme oder Hämorrhagien in vielen postmortalen Untersuchungen.

Beispiele möglicher Ursachen von Hypoxie bei Fötus und bei neugeborenen Fohlen

- **Krankheiten und Probleme der Stute**
  - schwere systemische Krankheit mit Hypotension (z. B. Kolik, Colitis; Endotoxinämie)
  - schwere Lungenaffektion mit Hypoxämie (z. B. hochgr. RAO oder interstitieller Pneumopathie)
  - hochgradige Anämie
  - Bluthochdruck (z. B. bei starken Schmerzen, Hufrehe)
  - längere Narkose (meist aber unproblematisch)
- **Plazentäre Ursachen**
  - Plazentitis, Plazentadegeneration
  - ungenügende Oberfläche, z. B. bei Zwillingen
  - vorzeitige Plazentaablösung
  - Verdrehung und Anomalitäten der Nabelschnur bis zur Strangulation
- **Geburtsprobleme**
  - Schwergeburt
  - medikamentelle (Oxytozin) Geburtseinleitung
  - Kaiserschnitt
- **Probleme des Neugeborenen**
  - Unreife, insb. mit Lungenproblemen (Surfactantmagel)
  - Sepsis, Pneumonie, pulmonaler Überdruck, Aspiration oder Probleme des Bewegungsapparates mit direkter Lungenaffektion oder seitlichem Festliegen (Lungenfunktionseinschränkung)
  - neonatale Isoerythrolyse oder Anämie anderer Ursache (z. B. Blutung aus Nabel)
  - angeborene Herzfehler

Symptome: Allgemein manifestieren sich hypoxische Schädigungen v. a. in Großhirnsymptomen (→6.2.1). Neben den hypoxischen, neurologischen Symptomen (stumpfes, apathisches Verhalten, in schweren Fällen taumelnder Gang) zeigen Pferde mit einer Verlegung des venösen Abflusses auch gestaute Gesichtsvenen mit mehr oder weniger ödematisiertem Kopf, gerötete bis zyanotische Kopfschleimhäute und Stauung der Papillengefäße.

Das konvulsive Syndrom des **Neugeborenen**, welches oben z. T. schon beschrieben wurde (→6.3.1.3) und die HIE klinisch charakterisiert, manifestiert sich in milden Fällen in Abstumpfung, Orientierungslosigkeit und Interessenverlust (z. B. gegenüber der Umgebung, Personen und auch der Mutterstute). Typisch ist ein «Umherwandern» *(«wanderers»)* in der Boxe und Nichterlernen oder Vergessen des erlernten Saugaktes, inkl. des Auffindens der Mutter und ihres Euters. Manche Fohlen bleiben auch so lange stehen und «vergessen», sich hinzulegen, bis sie erschöpft zusammensacken. Weitere Anzeichen sind Zähneknirschen, Speichelfluss, abdominale Atmung mit bellenden Atemgeräuschen *(«barkers»)*, zentrale Blindheit und steife, ungeschickte Bewegungen bis zu paroxysmalen, epileptiformen Krampfanfällen wie oben beschrieben.

Diagnose: Während die klinische Präsentation oft recht typisch ist und eine symptomatische Diagnose erlaubt, stellt sich die Herausforderung, sich über die Ursache Klarheit zu verschaffen. Man wird versuchen, organische Hirnerkrankungen ggf. mithilfe bildgebender Verfahren sowie metabolische und infektiöse Störungen und Komplikationen mittels Laboruntersuchungen, inkl. einer Blutprobe für IgG-Messung (passiver Immunitäts-Transfer/Kolostrumaufnahme) und einer bakteriellen Blutkultur und des Erstellens eines Sepsisscores etc., auszuschließen. Beim Fohlen ist es äußerst wichtig, differenzialdiagnostisch Unreife und Sepsis (→17.23) abzugrenzen. Die Sepsis hat eine viel schlechtere Prognose und muss wesentlich aggressiver therapiert werden.

Prognose: Die Prognose ist bei adulten Pferden mit hypoxischen Hirnschäden grundsätzlich zweifelhaft bis ungünstig und kann nur im Verlauf besser beurteilt und klarer formuliert werden. Im Gegensatz dazu ist die Prognose bei der unkomplizierter HIE vorsichtig günstig zu stellen. Eine Mehrheit der Fälle überlebt ohne klinisch relevante bleibende Schäden; eine intensive Therapie ist dafür nötig.

Die **Therapie** muss sich insb. beim adulten Patienten gegen die spezifische Ursache der Hypoxämie richten (Bluttransfusionen; Schockbehandlung; Sauerstoffinsufflation usw.). Bei Fohlen mit HIE sollte man neben der Bekämpfung der Hypoxie (nasale Sauerstoffinsufflation mit 8–10 Liter pro Minute ggf. mechanische Ventilation und Bluttransfusion bei Anämie mit Hämatokrit < 20 %) und der medikamentellen Behandlung von Krampfanfällen (→6.3.1.2.1) nicht vergessen, auch die Beeinträchtigung anderer Organsysteme therapeutisch anzugehen: ggf. durch Unterstützung des Kreislaufes, bei Niereninsuffizienz der Diurese und bei Hypotension durch Einsatz von Pressoren (z. B. 2–5 [bis max. 20] µg/kg KG/min Dopamin i. v. mittels Infusionspumpe, beim Fohlen Dobutamin 3–10 µg/kg KG/min.; Förderung der Diurese mit 0.25–1 mg/kg KG i. v. Bolus oder kontinuierlicher Infusion [0.25–2 mg/kg KG/Stunde] Furosemid, beim Fohlen Vasopressin 0.25–0.5 mU/kg KG/min. Ggf. Kolostrum-/Plasmagaben und Antibiose zur Vorbeugung einer Sepsis sind beim Neugeborenen immer sehr wichtig. Ebenso ist eine unterstützende Therapie und Pflege (u. a. Lagerung festliegender Fohlen, Unterstützung beim Aufstehen und Trinken; vorsichtige (!) Korrektur von Wasser-, Elektrolyt- und Säure/Basen-Verschiebungen unter Kontrolle der Blutwerte und der Urinproduktion cave! Überkorrektur) unerlässlich. Unklar und z. T. umstritten ist der Wert von Thiamin-, Magnesium- (auch präventiv bei Stuten mit Plazentaproblemen) und Naloxongaben.

Besonders bei leichtgradigeren Fällen scheint sich ein initialer Behandlungsversuch mit der **«Squeeze»-Methode**, bei der das Fohlen mit einem Seil um den Thorax (cave! Technik) hingelegt, gedrückt und über diese mit Somnolenz und Erschlaffung verbundene Simulation des Geburtsvorganges eine Reduktion der unphysiologisch erhöhten Pregnane und dadurch eine Normalisierung des «Dummy»-Verhaltens erreicht werden soll.

6.3.1.4 Physikalisch bedingte Schäden

6.3.1.4.1 Mechanisches Trauma

Im Zusammenhang mit Unfällen im Pferdesport, bei Transporten, im Stall (Sich-nach-hinten-Überschlagen nach Anbinden und Losreißen) und in Ausläufen (Hufschläge) erleiden Pferde sogenannte **Gehirnerschütterungen** – *commotio cerebri* – ohne sichtbare Veränderungen am Hirn oder auch **Gehirnprellungen** – *contusio cerebri* («coup-contre-coup»), die sehr oft mit Hirnprellungsblutungen (epidural, selten subdural, intrazerebral oder am häufigsten subarachnoidal) und Schädelfrakturen (insb. Basisphenoid, aber auch andere Knochen am Kopf) verbunden auftreten. Gefährlich sind auch die Folgeschäden von Hirnödem und -schwellung und der damit verbundene erhöhte intrakranielle Druck und verminderte Blutfluss. Das Ödem kann intra- (zytotoxisch) und extrazellulär (vasogen) sein. Letztere Form ist besonders schädlich für die weiße Substanz und kann – wie auch eine Hirnblutung – den intrakraniellen Druck stark erhöhen, was bis zu einer Herniation und Hirnstammkompression mit Todesfolge führen kann. Schäden verursachen auch oxidative Prozesse durch freie Sauerstoffradikale.

Die **Symptome** nach derartigen Traumen variieren stark. Sie können sich auf eine rasch vorübergehende Unsicherheit im Gang oder auf einen kurzen Bewusstseinsverlust beschränken. Nach Minuten, Stunden oder wenigen Tagen sind solche leicht betroffenen Pferde oft wieder normal. Eine längere Bewusstlosigkeit wird zusätzlich oft gekennzeichnet durch längeres anschließendes Festliegen (Tetraparese), Apathie bis Depression und Bewusstseinsstörungen, Mydriase (uni- oder bilateral dilatierte starre Pupillen), Reflexausfälle, langsame, angestrengte Atmung, vielleicht Herzrhythmusstörungen und unwillkürlichen Kot- und Harnabgang. Nach kürzerer oder längerer Zeit kehren Bewusstsein und Reflexe zurück, nicht selten von Muskelzuckungen und Krämpfen begleitet. Das Tier wird dann versuchen aufzustehen, wozu es die Hilfe mehrerer Personen benötigt. Bei schweren Kontusionen kann der Tod auf der Stelle oder nach wenigen Minuten eintreten.

Diagnose: Die Diagnose bereitet keine Schwierigkeiten, wenn der Zusammenhang mit dem Trauma klar etabliert ist oder wenn das Pferd Spuren von Gewalteinwirkungen am Schädel aufweist. Immerhin kann es schwierig sein, die Symptome zu differenzieren (Box 6.3.1.5.1). Eine neurologische Untersuchung soll die Lokalisation der neurologischen Schäden (evtl. auch mehrere Lokalisationen) eingrenzen (→6.2). Insb. zur Abgrenzung von Rückenmarksschäden ist es notwendig, die spinalen Reflexe und nozizeptiven Reaktionen auch und gerade bei schwer betroffenen Tieren zu testen. Vestibuläre Schäden sind im allgemeinen Folge von Fissuren oder Frakturen des Os petrosum (Kopfschiefhaltung; Taumeln nach einer Seite usw.). Diagnostisch wertvoll sind weiter natürlich die bildgebenden Verfahren (Röntgen, MRI, CT) des Kopfes, evtl. auch eine Liquoruntersuchung. Das erhöhte Narkoserisiko (→6.3.1.2.1; v. a. aber auch Verletzungsgefahr beim Aufstehen) bei solchen Patienten ist immer zu bedenken. Wichtig ist es auch, sich zuerst einen Überblick über die Symptomatik zu verschaffen und begleitende, komplizierende Schäden, wie Frakturen nicht zu übersehen. Nasenbluten oder Blutaustritt aus dem Maul und aus den Ohren deuten auf Schädelbasisfrakturen hin. Auch eine zügige, aber gründliche Allgemeinuntersuchung ist ebenfalls angezeigt. Z. B. können Arrhythmien sowie erhöhte Troponin- und LDH-Subklassen-Werte einen Hinweis auf ein seltenes, aber potenziell tödliches Hirn-Herz-Syndrom mit Myokardnekrose geben.

Prognose: In den meisten Fällen ist es unerlässlich, einige Zeit abzuwarten. Auch relativ dramatisch aussehende Fälle können sich völlig erholen! Bei Verdacht auf eine Schädelbasisfraktur mit ausgeprägten Symptomen und Austritt von Blut aus den Ohren (auch Liquor!), Nüstern oder dem Maul ist die Prognose wegen der anstehenden Komplikationen (Infekt u. a.) ungünstig. Ebenfalls prognostisch ungünstig sind Mydriasen und anormale Atemmuster (Hinweis auf Schäden an vitalen Hirnstammzentren). Wiederholte neurologische Untersuchungen sind für die Prognosestellung und die Anpassung der Therapie oft sehr wichtig. Folgeschäden können Paresen, Hirnnervenlähmungen, und dergleichen sein.

Therapie: Die Tiere sind wenn möglich sehr schonend in eine große, ruhige und abgedunkelte Boxe zu verbringen (Box 6.1). Wenn der Patient für eine Versorgung zu aufgeregt und gefährlich ist, ist Xylazin, trotz der Bedenken wegen einer Erhöhung des intrakraniellen Druckes, wahrscheinlich die beste Option. Bei stehenden Tieren ist darauf zu achten, dass der Kopf hochgehalten wird um eine venöse Rückstauung in den Kopfbereich zu verhindern. Beim liegenden Tier ist der Schädel hochzulagern und der Patient von Zeit zu Zeit zu wenden (alle 2–3 Stunden, weiche Unterlage). Tieren, die aufstehen möchten, hilft man und verbringt sie in die Aufhängung in einem Netz. Es gibt keine einzelne medikamentelle Therapie, die alleine Erfolg verspricht. Kortikosteroide (v. a. gegen die oxidativen Schäden; z. B. 0.1–0.25 mg/kg KG Dexamethason i. v. SID bis QID während 1–2 Tagen, anschließend gefolgt von 0.5–2 mg/kg KG Prednisolon) in Kombination mit einem Diuretikum ist in den Fällen ohne starken Blutungsverdacht indiziert. Von den osmotischen Diuretika, die v. a. gegen ein Hirnödem und den erhöhten intrakraniellen Druck helfen sollen, hat sich 20 % Mannitol (0.25–2 mg/kg KG i. v. über 20 Minuten) beim Pferd bewährt, hypertone (3–7.5 %) Kochsalz- (oder Hydroxyethylstärke) Lösungen (1–2 Liter pro Mal) sind aber evtl. noch besser geeignet. Eine angemessene Hydrierung muss aber anschließend über physiologische isotone Infusionslösungen gewährleistet werden. Sofern der Patient normal hydriert ist, kann auch Furosemid gegen einen erhöhten intrakraniellen Druck eingesetzt werden.

Weiter werden gegen die oxidativen Schäden von vielen Klinikern trotz unklarer Effektivität Dimethylsulfoxide (DMSO; 1 g/kg KG i. v. als 10–20 % Lösung täglich während 3 Tagen, gefolgt von 3 × jeden 2. Tag) oder auch Vitamin E verabreicht. Wenn die Patienten epileptiforme Krämpfe zeigen, wird zuerst mit Diazepam, später mit Phenobarbital (→6.3.1.2.1) behandelt. Frakturen sind in speziellen Fällen chirurgisch zu behandeln, ggf. mit Antibiose.

6.3.1.4.2 *Elektrizität*

Alte, nachlässig installierte oder unterhaltene elektrische Leitungen in Ställen oder in Reitbahnen sind für die immerhin seltenen Elektrounfälle verantwortlich, die auch bei Niederspannung mit dem Tod durch Kammerflimmern enden können. An sich nicht tödliche Berührungen mit nicht isolierten Drähten versetzen die Pferde in Schrecken oder Panik, und diese Reaktionen können gefährlicher werden als der Elektrounfall selbst.

Bei Starkstromunfällen (im Sturm heruntergerissene Leitungen auf Weiden) findet man die Pferde meistens tot auf der Weide. Das gilt auch für die Mehrzahl der Unfälle bei Blitzschlag. Pferde, die vom Blitz nicht unmittelbar getötet werden, haben eine gute Chance, sich zu erholen. Folgeschäden können aber z. B. Retina- und Innenohrschaden mit Blind- und Taubheit oder vestibulären Ausfällen inkl. Kopfschiefhaltung, Gangstörungen etc., z. T. auch Fazialisschäden sein. **Diagnostisch** (meist post mortem) wichtig können die Blitzfiguren («Brandspuren» insb. an den Ein- und Austrittsstellen des Stromschlags) an den Gliedmaßen und den unteren Teilen des Rumpfs sowie Blutungen aus Nüstern und Anus sein. Bei Überlebenden mit Großhirnschäden gelten grundsätzlich die gleichen Überlegungen und Hinweise zu **Prognose** und **Therapie** wie →6.3.1.4.1.

6.3.1.4.3 *Hitze*

Bei grundsätzlich lebensbedrohlicher Erhöhung der Körpertemperatur ≥ 41.5 °C durch äußere Temperatureinwirkung, kombiniert mit einer unzureichenden Wärmeabgabe, kommt es zum Wärmestau. In unseren Breiten ist ein sogenannter **Sonnenstich** speziell bei Pferden etwas sehr Seltenes. Dabei wird das Gehirn (ohne allgemeine Hyperthermie!) durch lange andauernde direkte Sonneneinstrahlung überwärmt, was zum Ausfall vitaler Zentren führt, der tödlich enden kann. Unter **Hitzschlag** dagegen versteht man eine allgemeine Hyperthermie, oft im Zusammenhang mit anstrengender Arbeit bei feucht-heißem Wetter, man spricht dann besser von **Wärmestauung**. Am ehesten sind solche Probleme bei Distanzrennen in großer Hitze anzutreffen. Wärmestauungen werden auch in ungenügend belüfteten Transportfahrzeugen beobachtet. Sie stellen sich besonders rasch bei ungenügend getränkten und entsprechend dehydrierten Pferden ein.

Symptome: Pferde, die an einer Wärmestauung leiden, werden apathisch und unsicher im Gang, sie stolpern, taumeln und brechen auch zusammen. Die Körperkerntemperatur erreicht außerordentliche Werte (bis > 42 °C). Puls- und Atemfrequenz sind hoch, die Schleimhäute ziegelrot bis zyanotisch, die Pferde sind zuerst in Schweiß gebadet. Sie wirken oft eher stumpf, seltener sind Exzitationszustände, immer aber manifestieren die Pferde Angst. Mögliche Komplikationen sind disseminierte intravasale Gerinnung (→11.5.3) und multiples Organversagen mit Todesfolge.

Diagnose und Therapie: Die Diagnose ist leicht zu stellen und ist im Allgemeinen klar. Die Pferde müssen sofort gekühlt und ruhiggestellt werden. Das ganze Tier, besonders aber der Schädel, wird dann mit kaltem Wasser abgekühlt. Die Gehirnregion des Schädels kann mit Eis bepackt werden. Sobald es dem Pferd besser geht, wird es selber kühles Wasser saufen, doch kann man auch über die Sonde eine Abkühlung erreichen, wie auch über kalte, rektale Einläufe. Da die Pferde sich oft mittel- bis hochgradig dehydriert bis exsikkotisch präsentieren, ist unverzüglich auch über Infusionen für eine Behebung des Wasserdefizits zu sorgen. Auch Kortikosteroide (Dosierungsempfehlungen) können günstig wirken. Anzeichen eines Lungenödems mit Austritt steifen Schaums aus den Nüstern sind als ungünstig zu beurteilen.

6.3.1.5 Metabolische Großhirnschäden

Es ist eine Reihe von Krankheiten bekannt, die beim Pferd auf degenerativ-malazischen Schäden oder auch auf rein funktionellen Störungen beruhen. Die Abgrenzung von entzündlichen Prozessen ist manchmal nicht scharf. Diese Neuropathien (oft eben kein pathologisches Substrat!) des Pferdes sind meist auf eine toxische Ursache zurückzuführen, auch metabolische Störungen werden verantwortlich gemacht. Derartige Krankheiten sind bei unseren Fütterungspraktiken selten.

6.3.1.5.1 *Hepatozerebrales Syndrom (Hepatoenzephalopathie), Hyperammoniämie und urämische Enzephalopathie*

Auch für das **hepatozerebrale Syndrom** gibt es einen alten Ausdruck: **Leberkoller.** Es handelt sich dabei um eine sekundäre Hirnfunktionsstörung. Diese beruht mindestens z. T. auf endogenen Giftstoffen (Ammoniak und anderen Stickstoffverbindungen aus dem Proteinstoffwechsel), die durch die Funktionseinbuße der Leber nicht entgiftet und ausgeschieden werden können oder von der gastrointestinalen Flora freigesetzt werden. Daneben spielen wahrscheinlich auch Aminosäuren – («falsche Neurotransmitter») und Energiehaushaltsentgleisungen, Schäden an der Blut-Hirn-Schranke und eine erhöhte Aktivität der Gamma-Aminobuttersäure (GABA) – eine Rolle. Die Leberschädigung (→4.3.1 & 4.3.2) kann unterschiedlicher Natur sein. Selten und meist nur leichtgradig manifestiert sich die Hepatoenzephalopathie bei Hyperlipidämie (→10.7.2), deutlich jedoch bei ausgeprägter Leberverfettung (→4.3.2.2). In manchen Fällen lässt sich der primäre Leberschaden auf die Aufnahme toxischer Pflanzen zurückführen (vor allem *Senecio*-Arten; außerdem auch *Amsinckia* und *Crotalaria*). Die Serumhepatitis des Pferdes (Theiler's Syndrom; neu wird ätiologisch ein Virus vermutet →15.2.6.4) oder beim Fohlen die Tyzzer's Krankheit, durch *Clostridium piliformis* (→16.7.3) verursacht, verlaufen akut bis perakut. Bei neugeborenen Fohlen ist ggf. auch an die seltenen portosystemischen Shunts und insb. nach einer neonatalen Isoerythrolyse (→13.5.1) auch an einen Kernikterus (Bilirubinenzephalopathie) zu denken.

Symptomatik und **Diagnose:** In perakuten Fällen sterben die Tiere je nach Art und Menge des Toxins oder infektiösen Agens innert Stunden am Leberversagen. Die Großhirnsymptomatik (→6.2.1) ist grundsätzlich nicht spezifisch, aber relativ typisch sind repetitives Gähnen und das Abwechseln zwischen neurologischen Manifestationen mit

6.3.1.6.1 *Pilzgifte*

Die Krankheit **Leukoenzephalomalazie** ist in Nordamerika unter dem Namen *«moldy corn poisoning»* bekannt. Es handelt sich tatsächlich um eine Mykotoxikose, die auf die Verschimmelung von Maiskörnern mit *Fusarium moniliforme* zurückzuführen ist. Die Toxine (Fumonisin B) bewirken massive Nekrosen der weißen Substanz im Großhirn, oft begleitet von Blutungen. Klinische Erscheinungen sind 3–4 Wochen nach regelmäßiger Aufnahme des verdorbenen Futters zu erwarten.

Symptome: Die Patienten sind apathisch, lethargisch, soporös. Sie zeigen eine Ataxie und oft Blindheit. Der Tod kann sich sehr plötzlich einstellen. Proteingehalt und Zellzahl im Liquor sind erhöht.

Kontaminiertes Futter sollte natürlich möglichst schnell entfernt werden. Eine **Therapie**, z. B. mit Glukokortikosteroiden und DMSO kann versucht werden, wird aber bei der voll ausgebildeten Krankheit nichts ausrichten, die zugrunde liegenden Läsionen sind zu schwer und ausgedehnt.

In unserem Patientengut findet sich ein Fall mit Fumomisin B1-Vergiftung, die zu epileptiformen Anfällen und Koma und zu bei Leukoenzephalopathie (Fumonisin B)-typischen pathologischen Veränderungen im Gehirn geführt hat: verflüssigende zerebrale Nekrose und Schwellung. Vermutet wurde eine Toxinbildung und -kontamination des Kraftfutters in einem Futtersilo.

Ein weiteres neurotoxisches Pilztoxin ist **Lolitrem B** aus *Neotyphodium lolli* aus der Familie der Mutterkornpilzverwandten (Clavicipitaceae). Sie sind Symbionten, die endophytisch in verschiedenen Süßgräsern vorkommen und auf der Weide oder über Heu aufgenommen werden können und dann Muskelzittern und (vestibuläre) Ataxien *(«perennial ryegrass staggers»)* hervorrufen können. Außerdem können auch Toxine aus Penizillinspezies ein ähnliches Syndrom hervorrufen.

6.3.1.6.2 *Pflanzengifte*

Pferde können sich direkt auf der Weide oder über Heu vergiften. Überdies werden pflanzliche Gifte auch als Insektizide und Rodentizide (→6.3.1.6.1–6.3.1.6.4) verwendet.

Durch Pflanzen der Gattung *Centaurea* (Kornblumen, Flockenblumen) wird die **nigropallidale Enzephalomalazie** verursacht. Die mit unseren Flockenblumen eng verwandte *Yellow Star Thistle (Centaurea solstitialis)* ist offenbar am häufigsten für die Krankheit verantwortlich, *Centaurea repens* aber ist toxischer. Unter anderen konnten auch toxische Guaianolide (Cynaropicrin und Solstitialin-13-Acetat) von den Pflanzen isoliert werden. Sie spielen bei der Pathogenese degenerativer neurologischer Erkrankungen des motorischen Systems beim Menschen (Parkinson-Erkrankung) und wahrscheinlich auch beim Pferd eine Rolle. Obgleich *Centaurea solstitialis* am Mittelmeer und seltener auch bei uns vorkommt, sind Vergiftungen nur im Westen Nordamerikas beobachtet worden, wo vielerorts auf den sogenannten Weiden nichts anderes «grünt» als Disteln. Die bei uns recht verbreiteten *Centaurea*-Arten (Flockenblume u. a.) geben anscheinend keinen Anlass zu Vergiftungen.

Symptome: Die Pferde müssen während mehrerer Wochen *Centaurea solstitialis* aufgenommen haben, doch entwickeln sich dann die Symptome in akuter Weise. Von Anfang an fällt eine starre Hypertonie der Oberkiefermuskeln auf, das Gesicht wirkt verzogen, das Maul steht oft etwas offen. Die Tiere können weder fressen noch saufen, leeres Kauen und Knirschen ist typisch; sie werden meistens rasch apathisch und zeigen dann bei tiefer Kopfhaltung ein hochgradiges Gesichtsödem. In gewissen Fällen drängen die Pferde mit aller Kraft auch gegen Hindernisse vorwärts. Ohne palliative Therapie verhungern und verdursten die kranken Tiere.

Diagnose: Die Diagnose liegt in typischen Fällen und der bekannten regionalen Flora nahe. Auch die pathologisch-anatomischen

Veränderungen sind sehr typisch und eindrücklich: Es handelt sich um gut begrenzte, degenerativ-malazische Nekrosen der *Substantia nigra* und des *Globus pallidus*.

Therapie: Eine Therapie kommt nicht infrage; die Prophylaxe allerdings wäre an sich eine einfache Sache.

Weitere für das Pferd giftige Pflanzen die zu funktionellen Störungen im Nervensystem führen, sind in der Folge aufgeführt und werden zum Teil im Kapitel Vergiftungen (→14) ausführlicher behandelt.

Thiaminasen kommen bei verschiedenen Pflanzen vor, bei uns sind Vergiftungen u. a. möglich mit Schachtelhalm- und Farnarten. *Equisetum* sp.: Verschiedene Schachtelhalmarten (Equisetales) enthalten eine Thiaminase. Muskelschwäche und Inkoordination, Abstumpfung bis zum Koma zeichnen das Bild aus, daneben auch Durchfälle. *Pteridium aquilinum*, der Adlerfarn, kommt bei uns sehr häufig vor (Leptosporangialae). Adlerfarn enthält ebenfalls eine Thiaminase, die Thiamin- (Vitamin-B1-)Mangel verursachen kann. Inkoordinationen bis zu Taumeln und Torkeln werden beschrieben *(«bracken staggers»)*, außerdem Muskelzittern, Apathie und Schwäche. Festliegende Tiere zeigen Opisthotonus und chronische Krämpfe.

Ähnliche Veränderungen und klinische Erscheinungen sind in Österreich gehäuft aufgetreten und auf einen Thiaminmangel (vgl. zerebrokortikale Nekrose der Wiederkäuer) zurückgeführt worden. Demnach besteht eine Indikation für einen Behandlungsversuch mit Vitamin B1 (200 mg/500 kg KG pro Tag oder mehr).

Astragalus sp., die Bärenschote, gehört wie *Oxytropis,* die Fahnenwicke zu den Leguminosen (Papilionaceae). In Amerika heißt *Astragalus* bezeichnend «*locoweed*», in Europa scheinen Vergiftungen kaum vorzukommen. Die Hauptsymptome sind Unberechenbarkeit und Übererregbarkeit bis zur Raserei. Überdies besteht eine (zerebelläre) Ataxie. Der Tod unter Krämpfen folgt oft einer Phase der Hyperexzitation.

Lupinus sp.: Lupinensamen (Leguminosen) können Getreide verunreinigen und zu Vergiftungen führen, die durch Übererregbarkeit und Krämpfe charakterisiert werden.

Cytisus sp. der Geißklee (Leguminosae). Bekannt sind Goldregenvergiftungen *(Laburnum)*, bei denen Erregungszustände von Apathie und Lähmungen gefolgt werden. Der verwandte Besenginster *(Cytisus scoparius)*, verursacht ähnliche, weit mildere Symptome. Zu den Leguminosen gehört auch die verbreitete Scheinakazie, *Robinia pseudoacacia*. Pferde vergiften sich beim Beknabbern des Baumes oder seines Holzes (cave! Oft draußen verwendet wegen guter Haltbarkeit). Sie zeigen Abstumpfung und Nachhandlähmungen.

Cicuta sp. und *Conium* sp. sind Schierlinge (Umbelliferae). *Cicuta virosa*, der Wasserschierling, soll rasch nach der Aufnahme zu Krämpfen mit Mydriase führen, später zu Gleichgewichtsstörungen und Tod durch Atemlähmung. *Conium maculatum*, der Gefleckte Schierling, verursacht nach einer initialen Stimulation des ZNS einen Ausfall der autonomen Ganglien. Die Pferde können ohne deutliche Vorzeichen zusammenfallen; typischer ist zunehmende Inkoordination, Muskelzittern, Stürzen. *Ricinus communis,* der Wunderbaum gehört zu den Euphorbiaceen. Bei uns haben Pferde kaum Gelegenheit, sich direkt zu vergiften und Behandlungen mit Rizinusöl sind obsolet. Muskelspasmen und Inkoordination sind Begleiterscheinungen einer schweren gastrointestinalen Reizung mit profusem Durchfall.

Strychnos nux-vomica, die Brechnuss (Contortae) enthält in ihren Samen Strychnin. Auch mit dieser Pflanze geraten unsere Pferde nicht in Berührung *Nerium oleander* wird kaum frisch gefressen, aber angewelktes oder dürres Laub wird aufgenommen. Die Pferde stumpfen sehr rasch und hochgradig ab, daneben zeigen sie schwere Durchfälle, etwa mit Kolik. *Nicotiana tabacum* (Solanaceae) wird nicht aufgenommen, der Gebrauch von Nikotin als potentem Insektizid oder Acarizid ist obsolet. Doch kommen gelegentlich akzidentelle Vergiftungen vor: Übererregbarkeit wird gefolgt von Abstumpfung, Ataxie, später von schlaffen Lähmungen. Der Tod tritt nach Krämpfen durch Atemlähmung ein bei Vergiftung mit *Solanum nigrum* (Solanaceae). Der schwarze Nachtschatten verursacht im typischen Fall Apathie, Schwäche bis zum Festliegen. Durchfälle sollen ein gutes prognostisches Zeichen sein! *Atropa belladonna*, die Tollkirsche, wirkt vor allem durch ihren hohen Atropingehalt toxisch (kompetitiver Ach-Antagonist; Mydriase, Herzrhythmusstörungen, Hyperthermie). Die Pyrrozilidin-Derivate, die Gifte des Kreuzkrautes (*Senecio* sp.) führen je nach Art und Menge zu akut bis chronischen zerebralen Erscheinungen und sind dem primären Leberschaden zuzuschreiben. *Eupatorium rugosum*, («*Snakeroot*»), Wasserdost. Ein weiterer Vertreter der Compositae wird in Nordamerika einer Vergiftung beschuldigt, die beim Pferd atypisch verläuft: Muskelzittern, Ataxie, Pharynxlähmungen, aber auch Tod ohne Vorwarnung werden beschrieben.

6.3.1.6.3 *Rodentizide*

Arsenik wird offenbar in Amerika nach wie vor eingesetzt (siehe auch Strychnin). Die klinischen Erscheinungen werden dominiert von der gastrointestinalen Reizung. Apathie bis Stupor, Ataxie, Muskelzittern gehören auch zum klinischen Bild (Behandlung: Dimercaprol 3 mg/kg KG i. m. u. a.).

Zinkphosphid ruft neben anderen Erscheinungen auch etwa Konvulsionsanfälle hervor.

Fluorazetat ist hochgiftig (LD_{50}: 0.5–0.2 mg/kg KG). Es verursacht Angstzustände, Übererregbarkeit, Konvulsionen und führt meistens zu einem raschen Tod.

Strychnin und Fluorazetat werden in den USA als Rodentizid eingesetzt und auch zur Vernichtung von Koyoten und anderen Wildtieren verwendet! Strychninvergiftungen sind gekennzeichnet von schweren, heftigen Konvulsionen und Übererregbarkeit. Sie enden mit dem Tod.

6.3.1.6.4 *Antiparasitika, Insektizide*

Überdosierungen von **makrozyklischen Laktonen** wie Ivermectin und Moxidectin gehören wahrscheinlich zu den häufigeren toxisch bedingten neurologischen Problemen, die auch diagnostiziert werden. Bei oraler Applikation ist erst bei 10 × zu hoher Dosis mit klinischen Manifestationen zu rechnen, aber (cave!) Fohlen unter 4 Monaten sind empfindlicher, und allgemein sind leichte Tiere (z. B. kleine Ponys) für akzidentelle Überdosierungen stärker gefährdet.

Diese Vergiftungen (Potenzierung inhibitorischer GABA-Effekte) verlaufen zum Glück meist recht mild und gutartig mit vorübergehenden **Symptomen** von Ataxie, Schwäche (inkl. Zungentonus, herabgesetzter Reflexe) und evtl. Blindheit. Eine **Behandlung** stützt sich auf die Dekontamination mit Aktivkohle und Glaubersalz per Nasen-Schlund-Sonde, ggf. Lipidinfusion beim Jungtier und unterstützende Therapie (Infusionen, ggf. Bekämpfung von Krämpfen →6.3.1.2.1, ohne spezifische medikamentelle GABA-Antagonisierung).

Chlorierte Kohlenwasserstoffe dürfen in der Schweiz nur noch zur Bekämpfung von Ektoparasiten der Kleintiere gebraucht werden. Vergiftungen beim Pferd sind Hyperexzitabilität, Hyperästhesie und tonisch-klonische Krämpfe können abwechseln mit Phasen der Abstumpfung. Den Konvulsionen gehen Muskelzuckungen voraus und oft auch Festliegen. Schwer vergiftete Pferde sterben innerhalb weniger Stunden.

Organophosphate und Carbamate dürfen gegen Ektoparasiten und gewisse Endoparasiten *(Gasterophilus)* eingesetzt werden. Die klinischen Erscheinungen leiten sich ab von der Wirkung der Chemikalien als Cholinesterasehemmer (cave! Bronchospasmen). Muskelschwäche, Ataxie und Festliegen. Mit den gleichen Symptomen ist bei der Carbamatvergiftung zu rechnen. Carbamate werden vor allem als Insektizide, Fungizide und Herbizide in der Landwirtschaft eingesetzt. Die Giftigkeit einiger Carbamate kommt der der als Pestizide verwendeten Phosphorsäurederivate gleich und beruht auf ihrer neurotoxischen Wirkung. Auch hier wirkt Atropin als Antidot. Pyrethrine sind eine Gruppe von Naturstoffen, die für die insektizide Wirkung von Pyrethrum verantwortlich sind. Sie werden von bestimmten Chrysanthemen-Arten gebildet. Pyrethrine werden aus Pyrethrum-Extrakt isoliert und beim Pferd als Repellent eingesetzt. Pyrethrine wirken neurotoxisch, sowohl auf sensorische wie auch auf motorische Nerven. Wenn Pyrethrine auf die Haut aufgebracht werden, hat das oft ein kurzzeitiges Kältegefühl durch lokale Parästhesie zur Folge (cave! Keine Pour-on-Präparate verwenden).

Weitere Vergiftungen werden im Kapitel Vergiftungen oder unter anderen neurologischen Lokalisationen beschrieben: z. B. Bleivergiftung und Ausfälle peripherer Nerven *(N. laryngeus)*. Z. T. sind sie beim Pferd – anders als beim Kleintier (z. B. Metaldehyd; «Schneckenkörner») oder beim Nutztier (viele Giftpflanzen) – zum Glück sehr selten.

6.3.1.7 Entzündlich-infektiöse Schäden des Großhirns

Die meisten entzündlichen Schäden des Gehirns und des Rückenmarks sind infektiöser Natur. Viele Schäden sind wahrscheinlich auch immunogener Herkunft, doch handelt es sich im Allgemeinen um Prozesse, die gegen ein infektiöses Agens (z. B. EHV1) gerichtet sind.

Weil die Erreger mit ihren Krankheitsbildern in den jeweiligen Kapiteln ausführlich beschrieben sind, beschränken wir uns hier auf eine Übersicht möglicher Erreger (Box 6.3.1.7) eine knappe Darstellung der klinischen Bilder Enzephalitis und Meningoenzephalomyelitis der entzündlich-infektiösen Schäden.

Übersicht über neurotrope Erreger

Viren

- EHV-1* (→15.3.3.1), Borna* (→15.2.13) WNV (→15.2.6.1), Tollwut (→15.2.10.2), AHS (→15.2.3.11), EIA* (→15.2.7), Zeckenenzephalitis/ FSME (→15.2.6.4) unklar beim Pferd: Aujeszky* (→15.3.3.6)
- Amerikanische und asiatische Enzephalitiden: EEE (→15.2.4.1), EEE (→15.2.4.2), VEE (→1.2.4.3), Japanische Enzephalitis (→15.2.6.2), St.-Louis-Enzephalitis (→15.2.6.3)

Bakterien

- Sepsis*, Meningitis* und subduraler Abszess* (bei septischen Fohlen; sonst v. a. *Strep.* spp. [→16.6.1], seltener auch *Klebsiella* [→16.1.3], *Actinobacillus* [→16.4.2], *Pateurella*, sehr selten: *Listeria* [→16.5.2]) Borreliose* [→16.10.1] u. a.)
- Bakterientoxine: Tetanus* (→16.7.2 & 6.3.4.5.2), Botulismus* (→16.7.1 & 6.3.6.3), unklare Ätiologie: Grassickness* (→4.2.6.1.4)
- Protozoen: Trypanosomiase (→17.1): *Sarcocystis neuronae* (Equine Protozoal Myelitis, EPM, →17.6.2)

Helminthen

*Halicephalobus** (Syn. *Micronema) deletrix; Strongylose u. a.*

* Vorkommen auch in Mitteleuropa. Andere Infektionen sind aber u. U. bei importierten Tieren auch bei uns differenzialdiagnostisch relevant (z. B. EPM)

Entzündlich-infektiöse Hirnerkrankungen sind oft fieberhafter Natur. Die **Enzephalitis** beginnt mit Abstumpfung, Wesensveränderung, manchmal abgelöst von Perioden der Übererregbarkeit, ja Tobsucht, zuletzt dann Stupor und Koma. Zu unterscheiden ist eine disseminierte oder multifokale, meist virale Enzephalitis von der rein fokalen, eher bakteriell bedingten, Enzephalitis, wie sie bei lokalisierten Abszessen zu beobachten ist.

Einer **Neuroborreliose** mit lymphohistiozytärer **Meningitis** und Polyradiculoneuritis, klinisch gekennzeichnet durch Ataxie, Hyperästhesien, Halssteifheit, Muskelatrophie und -zittern ist als seltene Manifestation von *B. burgdorferii*, beschrieben (→16.10.1.1). Isolierte **Meningitiden** nach perforierenden Verletzungen, bei meningealen Druseabszessen und dergleichen gelten in unserem Krankengut als große Seltenheiten, doch haben wir auch mit Meningoenzephalitis wenig zu tun. Wenn auch nicht spezifische, so doch immerhin typische **Symptome** für eine Meningitis sind Hyperästhesie, Hyperalgesien, Krampfbereitschaft, Zuckungen der Nüstern und Ohren (Differenzialdiagnose: virale Enzephalistis, insb. WNV →15.2.6.1) Opisthotonus und Nystagmus.

Gewisse Erreger (z. B. EHV-1) verursachen weniger eine Enzephalitis als vielmehr eine **Myelitis** und werden entsprechend bei dieser Lokalisation erwähnt (→6.3.4.5.1).

Differenzialdiagnostisch ist in Tollwutgebieten bei Großhirnsymptomen immer ein **Tollwutverdacht** auszuschließen, zu entkräften oder im Gegenteil zu bestärken oder wenn nötig post mortem zu sichern. Auch protozoäre (Importpferd aus Amerika: *S. neuronae*) und verminöse Schäden sind insb. bei (multi-)fokalen und asymmetrischen Ausfällen in Betracht zu ziehen (→6.3.4.5.3).

Der **Liquor** cerebrospinalis ist in vielen Fällen verändert; seine Untersuchung erlaubt erst die einigermaßen sichere Abgrenzung von nicht entzündlichen Krankheiten, und manchmal lässt sich aus der Liquoruntersuchung eine präzise **Diagnose** ableiten (bakterielle Meningoenzephalitis). Klinisch-chemische Analysen und Untersuchungen der Immunglobuline im Liquor könnten zu einer besseren Diagnostik beitragen.

6.3.1.8 Neoplasien und weitere Großhirnerkrankungen

Tumoren treten im ZNS des Pferdes nur als große Seltenheiten in Erscheinung. Sie dürften kaum je klinisch diagnostiziert werden, obgleich natürlich beim viel zu oft ausgesprochenen Tumorverdacht am Ende eine gewisse Trefferwahrscheinlichkeit besteht. Ein Tumor wird als raumfordernder Prozess in erster Linie je nach seiner Lokalisation, in zweiter Linie nach seiner Größe klinische **Symptome** verursachen. In dieser Beziehung ist seine Bösartigkeit im ZNS eher Nebensache. **Diagnostisch** sind natürlich moderne bildgebende Verfahren wie MRI und CT die Mittel der Wahl.

An einen Tumor ist wohl vor allem bei Schimmeln mit neurologischen Ausfällen zu denken, bei denen ein **Melanosarkom** auch anderswo Metastasen gebildet hat. Bei einem **Cholesteatom** (kein eigentliches Neoplasma) oder einem **Ependymom** kann es zu einem Stauungs-Hydrocephalus mit Symptomen eines erhöhten intrakraniellen Drucks kommen. Weiter können Hamartome und Granulome auftreten. Sehr selten kann evtl. ein pituitäres Adenom (ECS →10.1.2.1) eine Druckatrophie in ZNS-Bereichen z. B. mit Blindheit oder Somnolenz verursachen.

Eine idiopathische Großhirnkrankheit ist die **postanästhetische zerebrale Nekrose**, die sehr selten Stunden bis Tage nach einer Narkose und ohne bisher bekannte klare Risikofaktoren auftritt. Die **Symptomatik** umfasst u. a. Somnolenz und Abstumpfung, Ataxie, Drangwandern, zentraler Blindheit und Zuckungen der Nüstern und Ohren (Differenzialdiagnose Meningitis oder virale Enzephalitis).

6.3.2 Kleinhirnkrankheiten

Die am häufigsten diagnostizierten isolierten zerebellären Leiden sind vererbbar und sind praktisch nur in bestimmten Blutlinien arabischer Pferde zu finden; die Ataxie der Gotland-Ponys aber wohl pathogenetisch mit der Krankheit der Araber identisch; es handelt sich um **hereditäre, rezessiv** vererbte Eigenschaften ingezüchteter Linien, die **zerebelläre Abiotrophie**. Dort wird auch auf eine gewisse Geschlechtsdisposition hingewiesen (mehr Hengstfohlen). Sehr ähnlich scheinen auch das klinische Erscheinungsbild und die pathologischen Veränderungen bei zwei weiteren **erblichen zerebellären degenerativen Hypoplasien** zu sein, der sogenannten Oldenburger Fohlenataxie und den neurologischen Ausfällen von Fohlen in Neukaledonien. Krankheiten des Cerebellums resultieren in einer mehr oder weniger ausgeprägten zerebellären Ataxie und groben Tremoren insbesondere dem pathognomonisch **Intensionstremor**. Das Verhalten dieser Pferde ist normal; sie können aber bestimmte, an sich verhaltenskonforme Bewegungen nicht normal ausführen.

6.3.2.1 Zerebelläre Abiotrophie

Zerebelläre Abiotrophie («*Cerebellar Abiotrophy*», CA; auch als Zerebelläre Corticale Abiotrophie oder Kleinhirnatrophie bezeichnet), ist eine genetisch bedingte, autosomal rezessive Erkrankung bestimmter Araber- und Gotland-Pony-Linien. Sie entwickelt sich durch einen programmierten Zelltod der Purkinjezellen, die vor allem für die Erhaltung des Gleichgewichtes und der Feinmotorik verantwortlich sind. Bei Pferden beginnen die Purkinjezelle in den meisten Fällen innerhalb der ersten 90 Tage nach der Geburt abzusterben.

Symptomatik: Ein Teil der betroffenen Fohlen zeigt erste Anzeichen der Erkrankung unmittelbar nach der Geburt; diese Anzeichen bestehen vor allem in einem Intentionstremor des Kopfes. Der größere Teil der Tiere leidet aber unter einem progressiv sich verschlimmernden Zustand der Ataxie, der vielen Laien erst auffällt, wenn die Tiere 2–4 Monate alt sind.

Der erwähnte **Intentionstremor** wird zusehends deutlicher, und besonders wenn die Fohlen erschrecken, zeigen sie eine spastische Hyperextension der Vordergliedmaßen. Zeichen der gestörten Tiefensensibilität können sich schon in Ruhe äußern: das Tier schwankt hin und her oder nach vorn und hinten; es steht oft unphysiologisch breit oder eng, sodass man an ein propriozeptives Defizit denkt. Im Schritt geht das Fohlen vorn spastisch, im Paradeschritt «*goose stepping*», ganz besonders, wenn es abwärts geführt wird. Die Nachhand ist ebenfalls ataktisch, doch zeigen die Hintergliedmaßen wenig Streckspasmen; sie werden oft hypermetrisch-ausmähend vorgeführt. In schweren Fällen kann sich ein liegendes Fohlen nicht ohne Hilfe erheben. Typisch ist, dass die Tiere ein Ziel nur «auf Umwegen» erreichen können. Die Reflexe dieser Tiere sind normal, nur der Drohreflex ist träger als normal, oft fehlt er ganz!

Diagnose: Die Diagnose aufgrund der Kleinhirnsymptomatik, des Verlaufs und der Abstammung sollte keine Schwierigkeiten bereiten. Das verantwortliche Gen und die kausale Mutation sind zwar noch nicht eindeutig identifiziert, aber ein indirekter Gentest wird als «Screening» angeboten (UC Davis Veterinary Genetics Laboratory) und hat offenbar eine gute Zuverlässigkeit. Auch mittels MRI lässt sich die Diagnose bestätigen. Mit einer Röntgenuntersuchung lassen sich wenn nötig atlanto-occipitale Missbildungen, wie sie ebenfalls bei Arabern beschrieben worden sind, abgrenzen. Auch der Ausschluss von Schädelbasisfrakturen (meist Nystagmus, Kopfschiefhaltung) geschieht auf der Grundlage der Röntgenbefunde. Der Liquor ist im Allgemeinen unverändert.

Therapie: Eine Therapie kommt nicht infrage. Nur eine strikte Zuchtpolitik bekämpft den Zustand an der Wurzel: Erkrankte Tiere müssen so oder so euthanasiert werden, früher oder später. Tierschutzrelevant: Manche Besitzer haben solche Fohlen, die eine Gefahr für sich und die Umwelt darstellen, bis zum Erwachsenenalter aufgezogen und sich erst zur Tötung durchringen können, als die Tiere immer wieder verunfallt sind und sich verletzt haben. Jedenfalls sollten die Elterntiere von der Zucht ausgeschlossen werden und sind Paarungen zu vermeiden, aus denen abiotrophe Fohlen hervorgegangen sind.

6.3.2.2 Andere zerebelläre Erkrankungen

Alle Kleinhirnaffektionen sind beim Pferd selten. Am ehesten hat man wohl mit Traumen zu rechnen, die Blutungen, Ödemen und Schwellungen verursachen können. Bei entsprechend hochgradigen Volumenzunahmen des Großhirns, also bei Hirnschwellung und -ödem, kommt es indirekt auch zu einer Verdrängung des Kleinhirns nach hinten unten, doch ergeben sich daraus kaum typische oder gar spezifische Symptome. Die Großhirnsymptomatik dominiert das Bild.

Die meisten viralen Enzephalitiden können auch das Kleinhirn betreffen (Box 6.3.7). Sehr selten sind auch entzündliche granulomatöse Veränderungen mit (multi-) fokaler evtl. asymmetrischer Symptomatik, die sich aus der Wanderung versprengter Parasitenlarven (*Strongylus vulgaris* u. a.; Box 6.3.7) ergeben oder (in Amerika; Importpferd) fokale zerebelläre Läsionen bei der von *S. neuronae* verursachten equinen protozoären Enzephalomyelitits (→17.6.2). Anamnese, Röntgenuntersuchung und Veränderungen im Liquor cerebrospinalis mögen mithelfen, die Diagnose zu verfeinern und jedenfalls ein Trauma auszuschließen. Das Gleiche gilt für die bei Druse und anderen Infekten doch gelegentlich anzutreffenden epi- oder subduralen Abszesse, die bei geeigneter Lokalisation zu Kompressionen im Gebiet des Cerebellums geführt haben. Vergiftungen, die das Großhirn betreffen (→6.3.1.6), können z. T. auch Kleinhirnsymptome verursachen, wie z. B. eine zerebelläre Ataxie bei Intoxikationen mit *Astragalus («locoweed»)*. Auch Methylquecksilber soll beim Pferd v. a. eine Kleinhirnsymptomatik mit hypermetrischer Ataxie und Kopfzuckungen auslösen.

Tumoren im Kleinhirn sind, wie allgemein im ZNS des Pferdes, Raritäten (→6.3.6.6). Bei Schimmeln, insb. mit sonst nachweisbaren Melanom-Metastasen, ist an die Möglichkeit einer Metastase im ZNS zu denken.

Gewisse Erreger (z. B. EHV-1) verursachen manchmal auch zerebelläre Schäden, die Läsionen sind aber v. a. die einer Myelitis und werden entsprechend bei dieser Lokalisation (→6.3.4.5.1) beschrieben.

6.3.3 Erkrankungen des Hirnstamms und der Hirnnerven

Für den Kliniker ist es oft schwierig oder unmöglich, Veränderungen im Großhirn (weniger im Kleinhirn) von Läsionen abzugrenzen, die im Hirnstamm lokalisiert sind. Diese Schwierigkeit geht deutlich aus dem vorliegenden Kapitel hervor: Es werden im Kapitel Großhirn Krankheiten erwähnt oder besprochen (z. B. nigropallidale Enzephalomalazie; EHV-1 Enzephalomyelitis, Tollwut u. a.), die ihre Hauptlokalisation in der Gegend des Hirnstamms aufweisen. Wie in der Box (6.3.3) dargestellt, lassen Anamnese, Symptomatik und zusätzliche Befunde (Röntgen, CT, MRI) immerhin oft Rückschlüsse zu, ob ein Trauma eher von vorne/seitlich (v. a. Großhirnschäden) oder von hinten (v. a. Hirnstammausfälle) stattgefunden hat. Entsprechend lassen sich manchmal auch infektiöse, toxische, neoplastische und andere Läsionen des Groß- und Kleinhirns (→6.3.1 & 6.3.2) abgrenzen.

Symptomatik bei Kopftrauma

- Trauma «von vorne/seitlich»; evtl. mit Frakturen des Kalvariums, frontal und/oder parietal
  - Meist bei direktem Trauma von vorne, z. B. bei frontalen Kollisionen
  - Großhirnsymptomatik aufgrund einer Gehirnerschütterung bis -prellung, evtl. mit Blutungen (epidural, selten subdural, intrazerebral oder am häufigsten subarachnoidal), Frakturen, Hirnödem und -schwellung (→6.2.1)
    - kontralaterale zentrale Blindheit bei normalem Pupillarreflex
    - Apathie bis Depression und Bewusstseinsstörungen, bis zur Bewusstlosigkeit und oft auch längeres anschließendes Festligen (Tetraparese) sowie Reflexausfälle
    - Drangwandern zur Seite der betroffenen Hemisphäre
    - Anisocorie oder Mydriase (uni- oder bilateral dilatierte, langsam reagierende Pupillen) als Hinweis auf steigenden intrakraniellen Druck mit Risiko der Herniation der Okzipitallappen unter das *Tentorium cerebelli* (starre mydriatische Pupillen)
    - Muskelzuckungen, Krämpfe und epileptiforme Krampfanfälle
- Trauma «von hinten», evtl. mit Schädelbasisfrakturen *(basisphenoid, basiocciput und/oder os temporalis)*
  - Meist bei Trauma auf Hinterkopf/Genickregion; typischerweise beim «Sich-nach-hinten-Überschlagen», oft wenn Pferde angebunden sind und zurückziehen, bis der Anbindestrick oder das Halfter reißt.
  - Symptomatik reicht von Apathie, Depression, (vorübergehende) Bewusstlosigkeit, *N. vestibulochochlearis* und *-facialis*-Ausfällen, bis zu Tetraplegie und Blutungen; die Symptome können Hinweise auf die Lokalisation der Läsion geben:
    - Fraktur des Okziput: Avulsionsfrakturen an der Insertion des *M. rectus capititis ventralis*
    - Fraktur des Basisphenoids: Blutungen (z. T. sehr stark und in den Luftsack; Epistaxis; Verblutungsgefahr bei *A. basilaris*-Ruptur) und Kompression des Hirnstamms
    - Fraktur des *Os petrosum* mit Mittel- und Innenohrschäden:
      - peripher vestibulärer Symptomatik: Ataxie, breitbeiniger Stand; Kopfschiefhaltung, Seitendrall, Kreisbewegungen zur erkrankten Seite; horizontaler Nystagmus mit schneller Phase von der Läsion weg) und
      - *N. facialis*-Ausfällen (→6.3.3.2)
      - Blut und/oder Liquor aus Ohr
    - z T. starke Blutungen in Luftsack (Epistaxis), Innenohr und Kalvarium

Auch wenn Kopfnervenkerne (III–XII →6.3.3.2) betroffen sind, ist eine Lokalisation möglich. Allerdings ist es oft schwierig, eine Kernaffektion von einem Schaden des Hirnnervs selbst zu differenzieren. Ist der Hirnstamm betroffen, pflegen auch andere zentrale Symptome vorhanden zu sein. Überdies ist meistens – wie das bei peripheren Hirnnervenschäden der Fall ist – nicht nur ein einziger Nerv betroffen. Das Gebiet umfasst den hinteren Thalamus, die Vierhügelplatte, die Hirnschenkel, die Roten Kerne und die *Substantia nigra*, dann die Kleinhirnschenkel und die Ponskerne und in der Medulla die restlichen Hirnnervenkerne. Überdies bildet die *Formatio reticularis* einen wichtigen Bestandteil des Hirnstamms. Nicht zum Hirnstamm gehören Zentren, die den ersten *(N. olfactorius)* und den zweiten Hirnnerv *(N. opticus)* kontrollieren. Diese Nerven selbst sind Bestandteil des Großhirns, die anderen gelten als periphere Nerven.

6.3.3.1 Hirnstamm

Derartige Ausfälle lassen sich klinisch einigermaßen sicher interpretieren. Zu bedenken ist, dass Hirnstammläsionen zu Störungen des Bewusstseins, von Körperhaltung und Bewegungsauslösung, des Muskeltonus und des Bewegungsablaufs, der Propriozeption (Tiefensensibilität) und vitaler Funktionen führen (Puls, Atmung, Schlucken, Harn- und Kotabsatz). Es ist klar, dass neben den traumatischen Läsionen (Box 6.3.3 & 6.3.1.4) die entzündlich-infektiösen Enzephalopathien (→6.3.1.7), andere Großhirnaffektionen wie metabolische Störungen (→6.3.1.5) oder die sehr seltenen Neoplasien (→6.3.1.8), sowie insb. auch der Tetanus (→6.3.4.5.2) mit Hirnstamm-Hirnnerven-Ausfällen verbunden sein können.

6.3.3.2 Hirnnerven (I–XII)

Ausfälle der Hirnnerven (auch Kopfnerven genannt) lassen sich, die funktionell-anatomischen Kenntnisse für eine möglichst genaue klinische Lokalisierung vorausgesetzt, klinisch einigermaßen sicher interpretieren. Weiter sind, wenn möglich, zentrale (Hirnstamm, Kerne der Kopfnerven) von peripheren Schäden abzugrenzen. Hirnstammläsionen (→6.3.3.1), zum Beispiel bei entzündlich-infektiösen Enzephalopathien (→6.3.1.7), führen neben den Hirnnervenausfällen typischerweise vor allem auch zu Störungen des Bewusstseins, von Körperhaltung und Bewegungsauslösung, des Muskeltonus und des Bewegungsablaufs, der Propriozeption (Tiefensensibilität) und/oder vitaler Funktionen (Puls, Atmung, Schlucken, Harn- und Kotabsatz). Bei der klinischen Untersuchung ist bei fast allen Hirnnerven der Links-rechts-Vergleich auf Asymmetrie hilfreich. Als zusätzliche Untersuchungsmodalitäten sind je nach Präsentation v. a. die Endoskopie des Rachens und Luftsacks (V, VIII, IX, X, XI, XII →3.2), diagnostische Anästhesien (v. a. V), Radiologie (z. B. Trauma, insb. bei Frakturverdacht (Box 6.3.3) und Magnetresonanztomografie (alle) oder Computertomografie (weniger gut als MRI) und elektrodiagnostische Untersuchungen (EMG (v. a. V, VII), akustisch (VIII) und optisch (II) provozierte Potenziale *(«auditory and visual evoked potentials»)* diagnostisch hilfreich. Im Folgenden werden die Hirnnerven der Reihe nach besprochen, wobei wir besonderes Gewicht auf funktionelle Gruppierung und neuere Erkenntnisse legen.

Der ***N. olfactorius*** (I) ist nicht Bestandteil des Hirnstamms. Am offensichtlichsten kommt der Riechsinn beim Hengst mit direktem Kontakt zu Stuten zum Tragen: Beriechen von Stutenharn und -mist, gefolgt von Flehmen und Markieren. Futter oder Wasser, welche man als attraktiv oder abstoßend für das Pferd beurteilt, werden nicht nur mit dem Riechsinn, sondern offensichtlich auch mit den Lippen und ihren Tasthaaren (*N. trigeminus* s. u.) aufs Sorgfältigste untersucht! (Übrigens ist das Entfernen dieser Tasthaare bei Show-Arabern und anderen Pferden nicht nur eine Unsitte; es macht ein «artgerechtes» Verhalten unmöglich und ist im Sinne des Gesetzes deswegen als Tierquälerei zu betrachten.) Der Riechsinn kann mit vor die Nase gehaltenen alkoholgetränkten Tupfern getestet werden. Bei letzterem Test sind aber wegen der direkten Irritation der Schleimhäute durch aufsteigende Dämpfe verfälschte Reaktionen nicht auszuschließen. Eigenständige Olfactoriuserkrankungen, wie sie bei Menschen oder Hunden genetisch bedingt beschrieben werden, sind beim Pferd kaum bekannt, was wohl auch an der schwierigen Diagnose liegt. Natürlich kann auch der Olfactorius traumatisch, infektiös (Prädilektions- und mögliche Eintrittsstelle von Bornavirus) oder neoplastisch (Neurinom; Neuroblastom; Kompression durch Melanom etc.) geschädigt werden, wie alle anderen Nerven auch. Solche generellen Läsionen werden im Weiteren nicht mehr einzeln erwähnt.

Der ***N. opticus*** (II) ist ein Teil des Großhirns. Er ist verantwortlich für den Gesichtssinn (panoramische Sicht bis 350°, binocular nur ca. 60°; dichromatisches Sehen mit bester Wahrnehmung von Gelb und Grün und guter Nachtsicht), aber auch – über Fasern die zum Mittelhirn ziehen – für den Pupillarreflex. Sehschwächen und sogar beidseitige Blindheit werden von Pferden oft erstaunlich gut kompensiert und sind dann nicht unbedingt offensichtlich. Bei beginnender einseitiger Blindheit tritt manchmal eine meist vorübergehende Kopfschiefhaltung auf. Neben der Überprüfung des Sehvermögens (Testen des linken und rechten Gesichtsfeldes über und an Hindernissen sowie mit dem Drohreflex; Elektro-Retinogramm und Messung von «*visual evoked potentials*») ist die Untersuchung des Augenhintergrunds nie zu unterlassen. Dabei können direkter und konsensueller Pupillarreflex gleich mit geprüft werden: mit starker Lichtquelle – Verengung der Pupille im belichteten (direkter Reflex) und im gegenseitigen Auge (indirekter oder konsensueller Reflex). Beim Pferd ist der Pupillarreflex deutlich träger als beim Menschen oder Kleintier. Fohlen zeigen normalerweise bis etwa zur Vollendung der 2. Lebenswoche keinen Drohreflex.

Andere traumatische Schäden am Opticus oder am *Chiasma opticum* kommen bei Unfällen (Zug und Kompression), Infekten des *Sinus sphenopalatinus* (Kompression) und selten als Komplikation bei der chirurgischen Behandlung (Arterienokklusion, starke Blutung) der Luftsackmykose vor. Zentrale Blindheit kommt bei hypoxischen (HIE bei Fohlen meist reversibel →6.3.1.3), traumatischen, infektiösen (viral, bakteriell, parasitär), neoplastischen und toxischen (z. B. Ivermektinüberdosierung, Mykotoxine; selten bei Hepatoenzephalopathie) Geschehen vor (→6.3.1.6–6.3.1.8). Wenn man am anderen Ende des *N. opticus* die Retina auch berücksichtigt, wären viele weitere ophthalmologische Erkrankungen zu nennen, neben traumatischen und infektiösen Schäden mit Ablösung der Netzhaut (z. B. bei rezidivierender Uveitis), auch die besonders bei Appaloosas aber auch anderen Rassen vorkommende kongenitale Nachtblindheit und Retinoblastome. Möglicherweise ist auch die bei Borna oft beobachtete Blindheit (teilweise) retinalen Ursprungs.

Der ***N. oculomotorius*** (III) kontrolliert den größten Teil der Augenbewegungen (nach ventral und lateral; entsprechend bei Ausfall dorsomedialer Strabismus), aber auch über parasympathische Fasern die Pupillenweite (bei Ausfall: Mydriase), zusammen mit sympathischen Fasern (→ leichtgr. Miose bei Horner-Syndrom →6.3.5), die aus dem Thorakalmark kommen. Auch eine Ptosis *(M. levator palpebrae superioris)* kann auftreten und differenzialdiagnostisch von einem *N. facialis* oder einer Sympathikusläsion (Horner-Syndrom) zu unterscheiden. Der ***N. trochlearis*** (IV; Ausfall: ventraler Strabismus) zieht den Bulbus nach oben, der ***N. abducens*** (VI; Ausfall: medialer Strabismus) nach außen. Motorische Ausfälle dieser Nerven äußern sich als Schielen (Strabismus), ein Zustand, der beim Pferd gar nicht leicht festzustellen ist. Zur Untersuchung beobachtet man deshalb besonders die Stellung, Symmetrie und Bewegung der beiden Pupillen in Ruhe und bei Manipulation des Kopfes in allen Richtungen. Beim Fohlen ist eine ventromediale Pupillenstellung nach der Geburt normal, die sich über die ersten Monate nach dorsomedial verschiebt. Eine Stimulation der parasympathischen Fasern des Oculomotorius gibt Anlass zur **Miose**, ein Ausfall zu **Mydriase.** An dieser Stelle sei auf das **Horner-Syndrom** verwiesen, das bei einer Entzündung des Sympathikus zu beobachten ist und entsprechend bei den Erkrankungen des vegetativen Nervensystems beschrieben wird (→6.3.5).

Der ***N. trigeminus*** (V) ist ein komplex aufgebauter Nerv mit motorischen und sensiblen Funktionen. Seine *Rami mandibulares* und *maxillares* innervieren die Kaumuskeln, *M. masseter* und *M. temporalis.* Bei Starrkrampf (→6.3.4.5.2) ist die Trigeminusaffektion für den Trismus verantwortlich. Lähmungen äußern sich im Herabhängen des Unterkiefers (nicht etwa der Lippen: *N. facialis*!) und in der Unfähigkeit, das Maul zu schließen. Leichtere, z. T. kompensierte Ausfälle insb. am *M. temporalis* können im Symmetrievergleich festgestellt werden (DD: Atrophie wegen einseitigem Kauen bei Zahn- oder Kiefergelenksproblemen). Sensible Teile des Trigeminus umfassen Kornea, Nüstern, Nasengänge, Teile des Pharynx, Zähne und Zunge. Man untersucht also die Sensibilität im Bereich des Schädels und überprüft den Kornealreflex. Die Trigeminusganglien sind neben Nasenschleimhaut, Lymphknoten und Lymphozyten eine der Hauptprädilektionsstellen für die weitverbreiteten latenten Infektionen mit EHV-1 und -4, und auch verschiedenen Gamma-Herpesviren (EHV-2 →15.3.3.2). Bei akuten Borna-Infektionen (→15.2.13.1) wird auch dieses Virus gehäuft im Trigeminus gefunden.

Das idiopathische **«Head-shaking»** kann transient, saisonal bis permanent, leichtgradig (intermittierendes Kopfschütteln und Schnauben, reitbar) bis hochgradig unkontrollierbar (Verletzungsgefahr von Pferd und Personen), mit oder ohne Rhinitisanzeichen und Reiben der Nase auftreten und wird meist durch Arbeit, selten auch durch Aufregung ausgelöst und zunehmend verschlimmert. Es handelt sich dabei typischerweise nicht um ein eigentliches seitliches Schütteln des Kopfes, sondern eher um ein vertikales «Zucken», eine kurze und unwillkürliche, Kontraktion einzelner Muskeln oder Muskelgruppen. Für das idiopathische Head-shaking im engeren Sinn scheinen periphere oder zentrale Irritationen des Trigeminus verantwortlich zu sein; über eine ätiologische Rolle von Herpesviren wird spekuliert. Sorgfältig auszuschließen sind aber immer das lichtinduzierte Head-shaking *(N. opticus, N. trigeminus)*, welches eine Empfindungen wie bei Rhinitis hervorzurufen scheint. Um Fremdkörper oder Räudemilben im Gehörgang, Luftsack-, Gebiss-, Zahn-, bis zu Reiter- (!) und Rückenprobleme, irritierendes Zaumzeug, Insekten und andere Ursachen auszuschließen, können (je nach Präsentation und Fall) verschiedene Untersuchungen systematisch durchgeführt werden: Endoskopie der oberen Luftwege, insb. der Luftsäcke, Beurteilung des Lichteinflusses, spezielle Kopfmasken (Insekten abwehren, taktiler Reiz), fest angezogene hohe Nasenbänder (Druck auf *N. infraorbitalis*), Ausschließen vermuteter allergener Stimuli der Nasenschleimhaut (saisonales Auftreten). Mit einer Beurteilung (je nach Präsentation meist an der Longe oder unter dem Sattel) vor und nach lokaler Anästhesie (*N. ethmoideus*, Ast des Trigeminus unterhalb des Auges und weniger häufig positiv, beim Austritt des *N. infraorbitalis* im *Foramen infraorbitale*) kann in vielen Fällen die Verdachtsdiagnose einer primären Neuropathie des Trigeminus erhärtet werden. In manchen Fällen können Pathologisch-anatomische Korrelate mit MRI exakt lokalisiert werden.

Als **Therapie** ist eine infraorbitale chemische oder chirurgische Neurektomie sogar bei gesicherten positiven Lokalanästhesie, wenn überhaupt, nur sehr bedingt zu empfehlen, weil auch nach einer Neurektomie die **Prognose** auf konstante Besserung nur abwartend ungünstig ist: ein Teil der Fälle zeigt eine nur vorübergehende Verbesserung der Symptomatik. Ein Versuch mit einem Nasennetz oder speziellen Nasenband lohnt sich dagegen in vielen weniger ausgeprägten Fällen. Dagegen wird leider die medikamentelle Behandlung nur sehr selten von einem nachhaltigen Erfolg gekrönt. Wir setzten bei Verdacht auf lichtinduzierte Probleme zuerst Cyproheptadin (0.3–0.6 mg/kg KG p. o. BID) ein oder einzeln oder in Kombination das zuverlässigere, aber teurere antikonvulsive Carbemazepine (4 mg/kg KG TID bis QID, vor der Arbeit), das bei der Trigeminusneuralgie des Menschen verwendet wird. Beide Medikamente können Lethargie, Inappetenz bis zu Kolik verursachen, bei der Dosisfindung ist entsprechend vorsichtig vorzugehen. Als praktisch unwirksam haben sich in unserer Erfahrung und gemäß Literatur bisher Antihistaminika erwiesen. Eine Ausnahme macht Cyproheptadin, das antagonistisch sowohl an Histaminrezeptoren als auch an Sertoninrezeptoren wirkt und darum wohl schmerzlindernd wirkt. Kortikosteroide, nicht steroidale Entzündungshemmer, Hyposensibilisierung, Akupunktur u. a. Modalitäten erwiesen sich als ineffizient. Bei einigen betroffenen Pferden kommt es zu spontaner Besserung bis Verschwinden der Symptome. Das Krankheitsbild scheint saisonal zur Frühjahrs- und Sommerzeit (Insekten- und Pollenflug, Lichteinfluss u. a.) gehäuft aufzutreten.

Der ***N. facialis*** (VII) innerviert die Gesichtsmuskulatur und ist demnach für die Mimik verantwortlich. Die distalen Fazialisäste werden wegen ihres oberflächlichen Verlaufs besonders oft traumatisch geschädigt, was aufgrund der Nüsternlähmung zur Unbrauchbarkeit von Hochleistungstieren führen kann. Am auffallendsten sind die asymmetrischen Lähmungen: nach der gesunden Seite hin verzogene Nüstern und Oberlippen, einseitig herabhängende Unterlippe (Abb. 6.2). Bei weiter proximal lokalisierten Schäden (Luftsackuntersuchung! Osteoarthropathie des Zungenbeins) kommen Ptosis (der Palpebralisast von VII innerviert den *M. levator anguli oculi medialis*; DD: Horner-Syndrom →6.3.5 oder *N. oculomotorius* und/oder einseitiges «Hängeohr» (Aurikularisast) dazu. Zu überprüfen ist der Lidreflex (Orbicularis-oculi-Reflex; Trigeminus und Fazialis). Selten sind Innervationsstörungen (parasympathische Fazialisfasern) der Tränen- (Keratokonjunktivitis sicca), Speichel- sowie der Nasengangsdrüsen (Ganglion sphenopalatinum bei Graskrankheit) zu beobachten. Auch der kaum zu überprüfende Geschmackssinn unterliegt im vorderen Teil der Zunge der Fazialiskontrolle.

Der ***N. vestibulocochlearis*** (VIII) ist ein rein sensibler Nerv, der über den *N. vestibularis* das Gleichgewicht, über den *N. cochlearis* das Gehör kontrolliert. Ein reduziertes Hörvermögen wird beim Pferd leicht einmal vermutet und kommt zusammen mit dem **Vestibulärsyndrom** (s. u.) wahrscheinlich häufiger vor, als es diagnostiziert wird. Bei kompletter Taubheit (z. B. kongenitaler Gehörlosigkeit bei manchen Paint-Horses mit weißem Kopf und blauen Augen, sog. *«blast white»*) kann der Verdacht durch Beobachtung der Reaktionen auf Laute (Zurufen, Händeklatschen etc.) im Vergleich mit anderen Pferden erhärtet werden. Der zuverlässige Nachweis einer Schwerhörigkeit ist indessen objektiv nicht möglich, ohne dass aufwendigere Methoden eingesetzt würden (EEG; und v. a. *«brain stem auditory-evoked potentials»*-Messung). Schäden am *N. vestibularis,* überhaupt am Vestibularapparat, äußern sich im Vergleich zur Taubheit in auffälliger und sehr typischer Art. Der Kopf wird schief (mit der Kopfbasis) zur erkrankten Seite hin gehalten, der Nystagmus ist bei peripheren Vestibularisläsionen horizontal mit der schnellen Phase von der betroffenen Seite weg. Bei zentralen Läsionen des Vestibulariskerns kann der Nystagmus auch vertikal und horizontal paradox (in der entgegengesetzten Richtung) sein. Die Pferde stehen breitbeinig und zeigen eine Tendenz zu «Seitendrall» und Kreisbewegungen auf die kranke Seite hin, die zu Stürzen führen kann. Die Ursache dafür liegt im Hypotonus der ipsilateralen und Hypertonus der kontralateralen Strecker. Die Bewegungen sind dysmetrisch, einseitig. Die Gleichgewichtsstörung verschlimmert sich beim Zubinden der Augen und damit Ausschalten der kompensatorischen Leistung des Gesichtssinns zum Teil dramatisch (typischerweise stärker als bei einer spinalen oder zerebellären Ataxie; cave! Sturzgefahr!). Die häufigsten Ursachen sind beim Pferd Traumen des *os petrosum,* durch Sturz, Hufschlag u. a. Selten sind die in Nordamerika recht verbreitete Osteoarthropathie des Zungenbeins im Luftsack (→3.2.4), Infektionen des Mittel- oder Innenohres und Neoplasien.

Diagnose: Sie ist mit der typischen Symptomatik leicht zu stellen. Die Ursachen der Funktionsstörung gilt es mit der klinischen Untersuchung und mithilfe bildgebender Verfahren (ggf. Röntgen, CT oder MRI) zu eruieren um eine Prognose zu stellen und falls möglich eine Therapie einzuleiten. Mit einer langen Rekonvaleszenzzeit ist in jedem Falle zu rechnen. Typischerweise verbessern sich zuerst der Seitwärtsdrall und das Kreislaufen, dann der Nystagmus und schließlich die Kopfschiefhaltung. Diese bleibt auch am häufigsten bestehen. Eine nur teilweise Besserung von Gleichgewichtsstörungen (visuelle Kompensation, darum immer Test mit verbundenen Augen) genügt indessen für ein Reitpferd nicht; die Prognose *quoad usum* ist bei bleibenden Schäden ungünstig.

Der ***N. glossopharyngicus*** (IX motorische und sensible Anteile) innerviert zusammen mit V (sensibel und motorisch), X (motorisch), XI (motorisch) und XII (motorisch) das Pharynx/Larynxgebiet. Das koordinierte Zusammenspiel dieser Nerven ist damit nicht nur für den Schluckakt, sondern auch für eine optimale Funktion der oberen Luftwege verantwortlich. Der Glossopharyngicus ist auch für die sensible Innervation im hinteren Drittel der Zunge verantwortlich, was wiederum für Schlucken und Atmung wichtig sein muss, sich aber nur schwierig untersuchen lässt.

Läsionen am IX führen je nach Lokalisation zum Kollaps des Pharynxdaches *(M. stylopharyngeus)* mit Obstruktion der oberen Luftwege und **Stridor** bei Arbeit. Eine alleinige Schädigung des IX führt selten zu **Dysphagie**, dazu müssen noch weitere Hirnnerven (insb. X und XII) betroffen sein. Diese Kombination von Nervenausfällen, die als Hauptsymptom zu Dysphagie führt, wurde früher als «Bulbärparalyse» bezeichnet, also Affektionen des «*Bulbus medullae spinalis*» (*Medulla oblongata*, insb. Kerne von IX, X, XI und XII). Die Störung der Hirnnerven IX, X, XI und XII sind dementsprechend klinisch oft sehr schwierig auseinanderzuhalten. Die Ursachen der Funktionsstörung gilt es mit der klinischen Untersuchung und insbesondere auch der Endoskopie und mithilfe bildgebender Verfahren zu eruieren. Klinisch kann bei bilateralen Ausfällen von IX, X und XI eine Paralyse der Pharynx- und Gaumensegelmuskulatur meist mit einer permanenten **Gaumensegelverlagerung**, Würgen und Regurgitation (→3.2) beobachtet werden, die ein Abschlucken praktisch unmöglich macht und oft eine Aspirationspneumonie zur Folge hat. Wie unter den jeweiligen Hirnnerven beschrieben, verursachen auch andere Nervenausfälle Dysphagie im weiteren Sinne: Allerdings manifestieren sich Schäden an V in Kaustörungen, solche an XII in einer Zungenlähmung, und an VII in Lippenlähmungen mit meist nur leichten Futteraufnahmestörungen, die relativ leicht abgegrenzt werden können.

Differenzialdiagnostisch müssen ätiologisch v.a. Luftsacksaffektionen abgeklärt werden (Box 3.2.1). Eine Dysphagie kann aber auch z. B. bei Graskrankheit (→6.3.5), Botulismus (→6.3.6.3) oder Neuritis Cauda Equinae (→6.3.6.1) auftreten, sowie aufgrund zahlreicher anderer, neurologischer wie auch nicht neurologischer Ursachen (Box 4.1.5).

Der ***N. vagus*** (X) ist beteiligt an der motorischen Innervation des Pharynx, also am Schluckakt (s. o.), überdies aber innerviert er über seinen *N. recurrens* zusammen mit dem *N. accessorius* den Larynx. Eine Recurrensschädigung auf der linken Seite ist verantwortlich für die idiopathische Hemiparesis laryngis (detaillierte Ausführungen zu Symptomatik, Diagnose, Therapie und Prognose →3.4.3), traumatische und toxische Schäden können auch die rechte oder beide (lebensbedrohliche Obstruktion) Seiten betreffen, sind aber selten. Weniger bekannt ist, dass *N. vagus* mit seinen verschiedenen Ästen motorisch auch die *Mm. palatinus, palatopharyngicus, pterygopharyngeus, hyopharyngeus* und *thyropharyngeus* versorgt, allesamt Konstriktoren auf verschiedenen Ebenen des Pharynx. Weil die entsprechenden Äste von X (v. a. *Ramus pharyngeus*) durch den Luftsack führen, können Luftsackerkrankungen zu Gaumensegelverlagerung, fehlende Öffnung der Luftsackklappen beim Schlucken, Schluckstörungen und/oder Pharynxkollaps (→3.3.4) verantwortlich sein. Der Vagus ist überdies auch verantwortlich für die parasympathische Innervation der Eingeweide. Ein hoher Vagotonus ist verantwortlich für die Ruhebradykardie gut trainierter Pferde, die außerdem noch durch AV-Blöcke ergänzt sein kann. Die Zunahme der Bronchialsekretion ist kaum zu erfassen, hingegen ist eine in Ruhe sehr aktive Peristaltik auf vagale Einflüsse zurückzuführen wie auch in Einzelfällen die vermehrte Absonderung intestinaler Sekrete (breiiger Kot).

Der ***N. accessorius*** (XI) ist an der Larynxinnervation beteiligt, und er versorgt zusammen mit den ersten Zervikalnerven (zu denen er eigentlich gehört) proximal auch einige Halsmuskeln. Funktionelle Einbußen sind schwierig zu diagnostizieren (Beobachtung und Endoskopie unter Belastung; EMG), sie betreffen die akzessorischen Atemmuskeln *(Mm. omo-, genio-, sterno- und thyrohyoideus)* und können zu Gaumensegelverlagerung führen. Der Versuch, durch eine

Neurektomie der innervierenden Äste des Halsmuskels *(M. sternocephalicus)* das Aufsetzkoppen zu unterbinden, bringt in der Regel wenig Erfolg.

Der ***N. hypoglossus*** (XII) innerviert motorisch die Zunge, deren koordinierte Funktion nicht nur für das Abschlucken, sondern wiederum auch für die Atmung besonders bei Arbeit essenziell ist. Der stark herabgesetzte Zungentonus ist das Kardinalsymptom einer Funktionseinbuße von XII.

6.3.4 Krankheiten des Rückenmarks

Die typische Symptomatik bei Rückenmarksschäden wurde oben bereits beschrieben (→6.2.4). Mit wenigen Ausnahmen, wie z. B. Tetanus, der spezifisch Interneuronen im Rückenmark und Hirnstamm betrifft und sich in einem typischen spastischen Bild zeigt, oder der EMND, die spezifisch Motoneuronen im ventralen Horn betrifft, sind fast alle anderen Rückenmarkskrankheiten durch spinale Ataxie, Hypermetrie und Parese (oberes motorisches Neuron und/oder unteres motorisches Neuron) geprägt. Das gilt sowohl für primäre Schäden des Rückenmarks (infektiöse Myelitis, z. B. EHV-1 Infekt; degenerative Myelomalazien, z. B. EDM; oder andere Störungen infektiöser, metabolischer oder toxischer Genese; oft multifokal oder diffus lokalisierte Läsionen sowohl in der weißen und auch der grauen Substanz) als auch für die häufigeren Rückenmarkskompressionen von außen. Das wichtigste Differenzierungs- und Lokalisierungsinstrument stellen dabei neben der Klinik die bildgebenden Verfahren dar (Röntgen, Myelografie, Szintigrafie, CT und MRI). Myelografie, Magnetresonanz- und Computertomografie müssen allerdings in Allgemeinnarkose durchgeführt werden. Bei ausgeprägten Ataxien kann es dabei anschließend zu Problemen während der Aufwachphase kommen. Bei spezifischen Problemen können spezielle Laboruntersuchungen, wie z. B. PCR in Nasen-Rachentupfer, Serumantikörpertiter, Xanthochromie des Liquors bei Verdacht auf EHV-1 Myelitis (→6.3.4.5.1) oder Vitamin-E-Blutwerte bei Verdacht auf EMND oder EDM wertvoll sein (→6.3.4.4).

6.3.4.1 Missbildungen und (Sub-)Luxationen der Wirbelsäule

6.3.4.1.1 *Atlanto-okzipitale Malformation*

Gut bekannt ist bei Araberfohlen eine kongenitale und erbliche Missbildung, die in der Fusion des Okziputs mit dem Atlas besteht: **Atlanto-okzipitale-Malformation** oder **Fusion**. Dazu gesellt sich oft eine Subluxation des Epistropheus gegen ventral (okzipito-atlanto-axiale Missbildung: atlanto-okzipitale Fusion mit atlantoaxialer Subluxation). Bei anderen Pferderassen kommen auch ähnliche Missbildungen vor.

Die Missbildung, die verbunden ist mit Knickungen und Einengungen in der Längs- und in der Querachse, führt zu einer hoch gelegenen Myelomalazie.

Symptome: Eine sich kurz nach der Geburt manifestierende, meist hochgradige Ataxie und Hypometrie, z. T. mit Tetraparese bis -plegie, sind die Kardinalsymptome. Die Fohlen oder Jährlinge fallen auch durch ihre gestreckte und manchmal schiefe oder krumme Kopf-Hals-Haltung auf. Sonst verhalten sich die Tiere normal.

Diagnose: Mithilfe des Röntgens leicht zusichern, die **Prognose** ist infaust.

Es ist nach wie vor unklar, ob die dynamische Stenose des zervikalen Spinalkanals aufgrund einer instabilen Verbindung der Intervertebralgelenke (meistens mittlere Halswirbelsäule, C2 bis C5, vor allem C2/3 und C3/4), die zum **Wobbler-Syndrom** führt, tatsächlich einer Missbildung gleichkommt. Nicht allein die Instabilität, sondern auch die sich langsam einstellenden Reaktionen der Weichteile (Bänder v. a. *Ligamentum flavum,* Gelenkskapsel, *Anulus fibrosus*) tragen zur Kompression bei. Tatsache ist, dass diese Krankheit bei jungen Englischen Vollblütern

– meistens Hengsten! – häufiger vorkommt als bei anderen Rassen. Diese Form der spinalen Ataxie manifestiert sich in der Regel erst bei Jährlingen oder bei Zweijährigen.

Von den meisten Autoren werden diese Veränderungen, die zum Typ I der ***«Cervical Vertebral Stenotic Myelopathy»* (CVM)** gezählt werden, als degenerative Osteoarthropathien klassifiziert und werden darum dort detailliert besprochen (→6.3.4.2.1).

6.3.4.2 Raumfordernde – degenerative Osteoarthropathien mit Rückenmarkskompression

Es ist zwar nicht richtig, die Diskussion über Spondylarthrosen und ihre Auswirkungen auf das Rückenmark des Pferdes auf die Halswirbelsäule zu beschränken, aber spinale Ataxien aufgrund von Rückenmarks- und evtl. Nerven-kompressionen (Radiculitis od. Radiculopathie) durch degenerative Osteoarthropathien sind weit häufiger zervikal als thorakal oder lumbal lokalisiert. Sehr oft betreffen die Veränderungen mehr oder weniger ausgeprägt mehrere Wirbelgelenke in verschiedenen Abschnitten der Wirbelsäule.

6.3.4.2.1 *Zervikalsyndrom*

Weil die Halswirbelsäule so häufig betroffen ist, bezeichnet der geläufige Ausdruck «**Wobbler-Syndrom**» im engeren Sinn nur Fälle mit zervikaler Kompression. In der wissenschaftlichen engl. Literatur werden v. a. auch die Begriffe ***«Cervical Vertebral Stenotic Myelopathy»*** (je nach Autor auch *«Cervical Vertebral Stenotic Myelopathy»* [CVM oder CVSM]) verwendet. Spondylarthrotische Veränderungen an den dorsalen Intervertebralgelenken der Halswirbelsäule führen zur Einengung des Rückenmarkkanals und der intervertebralen Foramina und geben Anlass zu Kompressionen des Halsmarks resp. der abgehenden Nerven. Die knöcherne Deformation (statische Kompression) selbst oder die damit offensichtlich häufig verbundene Zubildung der Weichteile (**synovialer Zysten,** gallenartige Aussackungen der Gelenkskapsel; dynamische Kompression) führen zur Kompression. Auch das *Ligamentum flavum* kann anscheinend allein für eine Kompression ausreichen, wenn es durch Entzündung erheblich verdickt wird.

Vereinfachend lassen sich zwei Typen von CVM unterscheiden: Die **Typ-I-CVM** tritt v. a. bei jüngeren Vollblütern auf (Absetzfohlen bis 2-Jährigen), und die Veränderungen an den Wirbeln (v. a. C2–C4) können z. T. als kongenital angesehen werden (→6.3.4.1.2). Die pathogene wird als multifaktoriell (Geschlecht, Wachstum, Diät, Genetik, Trauma) angesehen mit einem erhöhten Risiko für männliche, große und schnell wachsende Tiere (→8.1.2).

Bei der **Typ-II-CVM** betreffen die Veränderungen in der Regel die unteren Halsabschnitte (C5-Th1; C6/7 erkrankt am häufigsten), insb. auch die Fazettengelenke, oft mit hochgradigen Veränderungen der knöchernen und knorpligen Gelenksanteile (Proliferationen bis zu Frakturen) und/oder der Weichteile (v. a. Zystenbildung). Sie kommen bei Pferden jeden Alters vor, doch führen sie in der Mehrzahl der Fälle erst nach einem Alter von 5 Jahren zu eingeschränkter Halsbeweglichkeit, Dysmetrie bis hin zu Ataxie. Männliche Pferde erkranken häufiger als Stuten, Warmblüter eher als Freiberger.

Symptome: Die Patienten werden meist erst vorgestellt, wenn sie an Ataxie mit ausgeprägter Dysmetrie und/oder an einer «Halssymptomatik» (v. a. Typ II mit «tiefzervikalem Syndrom»: steifer Hals, schlechte Biegsamkeit und Reitbarkeit, Blockade bei tiefer Halshaltung u. a.) leiden (→6.2.4). Die Symptome der Vorhand sind immer weniger deutlich als die der Hinterhand. Beim Vorliegen synovialer Zysten als Ursache der Bewegungsstörung ist der Grad der Ataxie sehr variabel und kann sich durch die Veränderung der Zystenform, -größe und -konsistenz je nach Bewegung (dynamische Stenose) rasch ändern. In recht vielen Fällen weisen die Pferde eine Stolper- und/oder Sturzanamnese auf. Der Sturz ist aber dabei wohl meist eher Folge des vorbestandenen Wirbelleidens als dessen Ursache. Neben der Ataxie manifestieren viele Pferde (v. a. Typ II CVM mit «tief-zervikalem Syndrom») lokale, einseitige und dolente Muskelverspannungen. Die passive und aktive Halsbeweglichkeit ist oft eingeschränkt. Passiven Bewegungen des Halses wird Widerstand entgegengesetzt. Aktive Bewegungen werden vermieden oder schlecht ausgeführt. Die eigentlichen Ursachen temporärer, meist ventraler Blockierungen der Halswirbelsäule und die damit verbundene steife, tiefe und gestreckte Halshaltung sind nicht bekannt. Die Hautsensibilität (Hyperästhesie mit Muskelverspannung) und Beweglichkeit ist beim Zervikalsyndrom oft nicht auf beiden Halsseiten gleich. Pferde mit chronischen Veränderungen können ein- oder beidseitige Muskelatrophien aufweisen. Ob die Schmerzen eher auf eine Kompression der Nervenabgänge (Radikulitis) zurückzuführen sind oder eher von den arthrotischen Veränderungen der Zwischenwirbelgelenke ausgehen, lässt sich meist nicht entscheiden. Überhaupt sind diese «tief-zervikalen» Krankheitsbilder häufig komplex und damit diagnostisch schwierig.

Diagnose: Die Diagnose wird als «spinale Ataxie» oder als «(tief-)zervikales Syndrom» gestellt. Das anatomisch-pathologische Korrelat kann mit bildgebenden Verfahren (Röntgen inkl. lateraler Aufnahmen aller Segmente und Schrägprojektionen der Zwischenwirbelgelenke) gesucht, sollte aber nicht überbewertet werden. Um die röntgenologische Beurteilung zu standardisieren und die Interpretation zu vereinfachen, sind zahlreiche Mess- und Scoringverfahren entwickelt worden, die in der spezialisierten Literatur vorgestellt werden. Am ehesten haben sich intra- und intervertebrale sagittale Verhältnisse der Rückenmarkskanal-, im Vergleich zum Wirbelkörperdurchmesser bewährt, um die Wahrscheinlichkeit (aber nicht unbedingt die Lokalisation) einer Stenose abzuschätzen. Bei dynamischen Stenosen ist es zusätzlich manchmal notwendig, die Subluxation durch Extension und Flexion der Halswirbelsäule zu provozieren, um die Läsion überhaupt sichtbar machen zu können. Die **Myelografie** ist mit einem gewissen Risiko belastet, sie allein erlaubt indessen die genauere Lokalisation der Kompression und gilt bei Patienten, deren Wirbel chirurgisch stabilisiert werden sollen als unabdingbar. Latero-lateral einwirkende Prozesse (synoviale Zysten!) werden auch mit der Myelografie nicht immer erfasst, dazu werden manchmal auch schräge Projektionen gefordert. Die Knochenszintigrafie weist auf aktive Umbauvorgänge in den knöchernen Strukturen (z. B. Osteoarthritis) hin, bevor diese als Deformationen radiologisch in Erscheinung treten. In Fällen ohne zuverlässige Anamnese sind Wirbelfrakturen klinisch und radiologisch zuverlässig auszuschließen. Mithilfe des qEMG (quantitative Elektromyografie) kann beim Auftreten vergrößerter und verlängerter Muskelaktionspotenziale, hoher Grundaktivität und verstärkter Polyphasie die Region der Nervenkompression auf die Muskulatur zwischen einzelnen Wirbeln der Halswirbelsäule eingegrenzt werden. Alle diese Zusatzuntersuchungen sollten vorsichtig interpretiert werden, die Korrelation mit (milden) klinischen Befunden ist leider oft ungenügend.

Prognose: Die Prognose quoad restitutionem ist ungünstig, quo adusum, wegen der Sturzgefahr zweifelhaft. Besserungen durch Heilungsprozesse oder/und kompensatorisches Geschick sind manchmal nach chirurgischer Stabilisierung (im Durchschnitt ist eine Besserung um 1–2 Grade zu erwarten) und/oder monatelanger Erholungszeit bei gleichzeitiger kontrollierter Bewegung und Physiotherapie zu vermerken. Solange nicht erwiesen ist, dass die Disposition für derartige Leiden nicht genetisch fixiert sein könnte, ist es mindestens fragwürdig, solche Tiere zur Zucht zu verwenden.

Therapie: Es wird immer wieder versucht, derartige Pferde mit Entzündungshemmern und mit DMSO (Dimethylsulfoxid) zu behandeln, meist ohne nachhaltigen Erfolg. In gewissen Fällen (v. a. bei jungen Pferden mit Typ I CVM) darf nach monatelanger Boxenruhe bzw. platzlimitiertem Auslauf und einer rigorosen, knappen Diät mit Besserung oder Heilung der neurologischen Ausfälle gerechnet werden.

Bei älteren Pferden mit Typ II CVM kann die Therapie in der palliativen Verabreichung potenter Entzündungshemmer (systemisch oder lokal appliziert in die verdächtigen Facettengelenke der Halswirbelsäule) bestehen, doch beeinflussen derartige Behandlungen eine vorhandene Ataxie in der Regel nicht oder nur kurzzeitig (Abschwellung der komprimierenden Weichteile). Die chirurgisch-operative Behandlung (Laminektomie; Entfernung des *Ligamentum flavum*) ist therapeutisch beim Pferd ohne praktische Bedeutung.

Die Stabilisierung einer Subluxation mittels chirurgischer Fixierung der zwei betroffenen Wirbelkörper wird v. a. bei jüngeren Tieren mit Typ I CVM und leicht- bis mittelgradigen Ataxien (bis Grad 2 von 4) propagiert. Der Erfolg wird mit ca. 60 % angegeben. Die chirurgische Stabilisierung kann aber zu einem Dominoeffekt führen. Das heißt, dass zwar die Instabilität behoben ist, kranial und/oder kaudal davon aber durch die veränderte Biomechanik neue Instabilitäten entstehen können.

6.3.4.2.2 *Osteoarthrotische Veränderungen der Brust- und Lendenwirbelsäule*

Obwohl osteoarthrotische Veränderungen an der **Brust**- und (oder) an der **Lendenwirbelsäule** wahrscheinlich häufiger vorkommen als an der Halswirbelsäule (oft aber kombiniert), führen sie sehr selten zu Ataxie (ausschließlich der Nachhand), sondern vielmehr zu Irritation der abgehenden Nerven und sind damit eine wahrscheinlich häufige Ursache verspannter, überempfindlicher Rückenmuskulatur (→8.3). Die Spondylarthrose der dorsalen Intervertebralgelenke tritt manchmal zusammen mit sogenannten *«kissing spines»* (Thorakalwirbel!) auf, manchmal findet man auch ventrale, knöcherne Brücken von einem Wirbelkörper zum andern. Dementsprechend sollten diese Veränderungen eigentlich eher als «vertebrales Schmerzsyndrom» oder einfach «Rückenschmerzen», einem beim Pferd noch wesentlich diffuseren Begriff als beim Menschen, klassifiziert werden und nicht als eigentliche Rückenmarksschäden. Von der Lokalisation her folgen sie aber auf die entsprechenden zervikalen Veränderungen, und ihre Häufigkeit verlangt hier eine kurze (wir wissen ohnehin immer noch sehr wenig über diese wichtige Problematik) Besprechung.

Symptome: Die Besitzer beklagen sich in den häufigsten Fällen über eine neu aufgetretene Widersetzlichkeit ihrer Pferde oder über Schwierigkeiten in den Wendungen. Die Pferde lassen sich nicht biegen wie vorher, und manche galoppieren hartnäckig im Kreuzgalopp oder auf derjenigen Hand, die ihnen offenbar weniger Schmerzen bereitet. Ein Teil der Tiere lässt beim Aufsitzen den Rücken «durchfallen» oder zeigt eine ausgeprägte vorübergehende Kyphose, nur wenige wehren sich mit Steigen und Bocken gegen das Reitergewicht. Wir nehmen an, dass ein Gurtenzwang häufig die Folge schmerzhafter Zustände in der Rückenwirbelsäule darstellt. Zur Differenzialdiagnose gehören neben dem «Zervikalsyndrom» (→6.3.4.2.1) u. a. auch reiterliche Probleme und eine ungenügende Sattelpassform. Vor allem die Rücken- und Lendenmuskulatur derartiger Pferde ist schmerzhaft verspannt. Die Rückenflexionen, vor allem die ventrale, ist schmerzhaft und lässt sich nicht auslösen. Die Pferde zeigen im Gang hinten steife Bewegungen, manchmal einen hahnentrittigen, unregelmäßigen Schritt, mit wenig Schub. Deutliche Ataxien dagegen sind wie erwähnt selten.

Diagnose: Die Diagnose muss mithilfe einer guten Anamnese, einer exakten Untersuchung erhoben und wenn möglich mit bildgebenden Verfahren gesichert werden. Dabei muss aber darauf geachtet werden, dass Befunde der Röntgen- oder Szintigrafieuntersuchungen nicht überinterpretiert werden, die Korrelation mit der Klinik ist thorakal und lumbal wohl ebenso unsicher wie im Bereich der Halswirbel.

Prognose: Die Prognose quoad usum ist meist ungünstig. Man muss dem Reiter dabei vor Augen halten, welche Schmerzen ein derartiger Patient bei jedem der Krankheit nicht angepassten (erzwungene Biegung, «Rollkuren» mit Schlaufzügelmissbrauch etc.) Belastung erleidet. Nach der knöchernen Fusion der erkrankten Wirbel kann der Zustand schmerzfrei werden oder sich auf einen Bereich kranial oder kaudal der Ankylose verlagern (Dominoeffekt).

Therapie: Als Therapie kommt in der Regel nur die symptomatische Behandlung mit Entzündungshemmern infrage. Physiotherapeutische Maßnahmen, evtl. druckausgleichende Schabracken (cave! diese können die Probleme bei einem schlecht sitzenden Sattel noch verstärken) und Wärme (Eindecken) mögen die Verspannung der Muskulatur günstig beeinflussen. Die lokale Injektion von Kortikoiden, besonders bei *«kissing spines»* sollte nur als letztes palliatives Mittel versucht werden.

6.3.4.3 Traumatische Rückenmarksschäden

Oft ist eine Traumatisierung des Rückenmarks verbunden mit Frakturen oder Dislokationen der Wirbelsäule, gelegentlich werden Hämatomyelien auch ohne Wirbelsäulenverletzungen beobachtet. In jedem Fall ist eine Verdachtsdiagnose radiologisch zu überprüfen. Vorbestandene Symptome (Ataxie) müssen jedoch bei unerklärlicher Sturzursache immer als primäre Ursache in Betracht gezogen werden. Ist der Unfall aber nicht beobachtet worden, sucht man auch nach äußeren Verletzungen. Zu bedenken bleibt, dass neben Stürzen, Huftritten, Verkehrsunfällen auch heftige Befreiungsversuche zu Wirbelsäulen- und Rückenmarksverletzungen führen können, oder wenn Pferde sich in einer Boxenecke «verliegen».

Symptome: Nach Erschütterung (Commotio) des Rückenmarkes zeichnet sich innerhalb weniger Minuten eine deutliche Besserung ab. Nach Quetschung (Contusio) des Rückenmarks ist mit länger andauernden Symptomatik (> 30 min) zu rechnen. Eher selten werden Hämatomyelien postoperativ oder nach Kontusion auch ohne Wirbelsäulenverletzungen beobachtet. In jedem Fall ist deshalb bei länger andauernder Symptomatik ein Verdacht auf Luxation oder Wirbelfraktur radiologisch zu überprüfen. Verletzungen des Rückenmarks ergeben sich am häufigsten nach Sturz während Hindernisrennen oder nach Abstürzen im Gebirge (Tragpferde, Touristen-Trekking). Als Folge von «Sich-nach-hinten-Überschlagen» kommt es oft zu sehr schmerzhaften, an sich nicht gefährlichen, multiplen Frakturen der Dornfortsätze im Bereich des Widerrists, nicht selten auch zu Großhirnschäden (→6.3.1.4.1). Je nach Schweregrad und Lokalisation (es gelten die oben definierten diagnostischen Kriterien →6.2.4 & 6.3.4.2) manifestiert sich das Trauma in einer Ataxie, Parese bis Paralyse der Vor- und/oder der Hintergliedmaßen.

Diagnose: Auf dem Platz ist eine Diagnose nur dann zu stellen, wenn Verletzungen der Wirbelsäule offensichtlich sind. Steht das Pferd, sollte man nichts unnötig übereilen. Sind Aufstehversuche des Patienten erfolglos wird man sich in den meisten Fällen zum Transport oder zur Tötung des Tieres entschließen müssen. Wenn es möglich ist, das verletzte Pferd schonend zu transportieren (z. B. mit speziell ausgerüstetem Rettungsanhänger/-transporter), sollte eine Röntgenuntersuchung angestrebt werden. Fehlt ein sicherer Frakturbefund oder sind nur Fortsätze abgerissen und sind die Symptome nicht allzu dramatisch, darf bei bester Pflege und Überwachung auch noch abgewartet werden.

Therapie: Die Therapie besteht, wenn man sich zu einem Behandlungsversuch entschließt, in Gaben von Kortikosteroiden (meist Dexamethason und anschließend Prednisolon), Mannitol und/oder (nach Präferenz des Klinikers auch) DMSO zur Verhinderung der Ödembildung. Die Behandlung des Traumapatienten mit Großhirnläsion ist oben detailliert, inkl. Dosierungen und pflegerischer Maßnahmen zur Vermeidung von Komplikationen etc., dargestellt (→6.3.1.4.1) und lässt sich in vielen Punkten auf ein Rückenmarkstrauma übertragen. Welche Glukokortikosteroide (Methylpredinoslon) in welcher Dosierung am effektivsten wirken, ist auch in der Humanmedizin, geschweige denn beim Pferd, nicht restlos geklärt. Wichtig ist wohl v. a., dass die Entzündungshemmer relativ hoch dosiert und möglichst ohne Verzögerung (max. einige Stunden) verabreicht werden.

Die **Prognose** ist nicht voreilig und wenn möglich erst nach gesicherter Diagnose, nach dem Verlauf und Absprechen auf die Therapie zu stellen. Die Prognose ist bei Wirbelkörperfrakturen infaust; bei Fortsatzfrakturen mit vermuteten Rückenmarksblutungen ist sie ebenfalls eher ungünstig, doch bei Rückenmarkstraumen ohne Frakturen und ohne Festliegen (nach wenigen Tagen steigt das Risiko von schwerwiegenden Komplikationen, wie Pneumonien, Myopathien und Verstopfungen) kann eine deutliche Besserung der neurologischen Ausfälle innerhalb von Tagen bis Wochen eintreten, und es lohnt sich nicht selten, einige Zeit abzuwarten.

6.3.4.4 Degenerative Myelopathien

Die **Equine degenerative Myeloenzephalopathie** (EDM) tritt in den USA in Einzelfällen oder auch in bestimmten Beständen gehäuft auf. Es liegen Indizien dafür vor, dass es sich um eine Störung des Vitamin-E-Stoffwechsels handeln könnte, und auch Intoxikationen könnten infrage kommen. Gehäuftes Aufkommen in bestimmten Pedigrees und sogar Rassen (Paso Finos, Norwegisches Fjord, Araber, Welsh Ponys und Haflinger) legt auch eine genetische Komponente nah.

Die Pferde erkranken in relativ jugendlichem Alter, von der Geburt bis zu 3 Jahren. Die **Symptome** entsprechen den degenerativen Läsionen vorwiegend der weißen Substanz (Bahnen) des Rückenmarks bis zum Hirnstamm: Auffallend ist zuerst eine Dysmetrie der Hintergliedmaßen, seltener der Vordergliedmaßen. Später stellt sich oft vorne und hinten eine schwere Ataxie ein.

Eine **Diagnose** kann nur post mortem gesichert werden. Der Verdacht auf EDM beruht demnach auf dem Ausschluss anderer, prämortem feststellbarer Differenzialdiagnosen. Pathologisch-anatomische Veränderungen sind ausgedehnte, neuroaxonale Läsionen in den Hirnstammkernen und verschiedenen Rückenmarksabschnitten. Prophylaktisch scheint jedoch Vitamin E die Morbidität in einem gefährdeten Pferdebestand zu reduzieren. Bei Morgan-Pferden soll ein ähnlicher Zustand besonders häufig vorkommen.

Prophylaktisch ist eine Tocopherolsubstitution (2000 IU/500 kg KG SID) und v. a. Zugang zu frischem Grünfutter in gefährdeten Beständen sinnvoll. Eine **Therapie** ist nicht bekannt, auch die Vitamin-E-Zufuhr (bis 6000 IU/Tag) scheint höchstens eine teilweise Besserung zu bewirken.

Eine nicht selten tödlich endende **degenerative Erkrankung motorischer Neuronen**, die **«Equine Motor Neuron Disease» (EMND)** des Pferdes, wird seit 1990 beschrieben. Es handelt sich um eine progressive, schwere Degeneration motorischer Neuronen und ihrer Axone in Hirnnervenkernen, vor allem in Neuronen des Vorderhorns im Rückenmark (unteres motorisches Neuron). Diese Veränderungen, die mit der amyotrophen Lateralsklerose des Menschen vergleichbar sind, führen zu einer progressiven, diffusen Muskelatrophie, vor allem der Haltemuskulatur (vorwiegend oxydative Muskelzellen ausdauernder Extensoren, wie Trizeps, Quadrizeps und Schweifheber). Die Ursachen der

Krankheit sind bisher nicht bekannt, doch scheint oxidativer Stress pathogenetisch am wahrscheinlichsten. Dass vor allem die oxidativen Typ I Muskelfasern betroffen sind, untermauert dieser These. Wie bei der EDM wird ein Zusammenhang mit dem Vitamin-E/Selen-Stoffwechsel vermutet. Es besteht weder eine Alters- noch eine Rassendisposition.

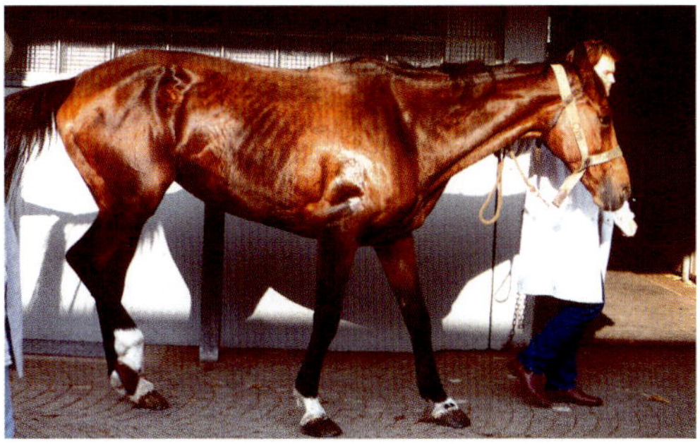

Abb. 6.3: Equine Motoneuron-Erkrankung (*«Equine Motor Neuron Disease»*, EMND): Die Symptome des akuten Stadiums dieser degenerativen Myelopathie sind u. a. rasche Muskelatrophie (v. a. Haltemuskulatur, insb. *Mm. triceps und quadriceps)*, Schwitzen, hyper- und dysmetrischer Gang (im Bild v. a. Hyperflexion hinten erkennbar).

Die **Symptomatik** ist relativ typisch. Bei gutem Appetit zeigen die Pferde eine zunehmende allgemeine Schwäche, Muskelzuckungen und -tremores, vor allem auch eine über Wochen oder Monate sich verschlimmernde diffuse Muskelatrophie und Abmagerung. Profuses Schwitzen wird im akuten Stadium oft beobachtet. Die Pferde sind durch die Fehlinnervation der Haltemuskulatur unruhig beim Stehen (sie «gehen besser als sie stehen»; unterständige Stellung) und liegen viel. Man beobachtet oft einen kurzen, dysmetrischen Gang. Typisch, aber nicht in allen Fällen zu beobachten ist eine Hyperflexion der Gliedmaßen (manchmal mit hahnentrittähnlichem Gangbild; Beschreibung und DD →6.3.6.6), weil die Extensoren stärker betroffen sind und die Flexoren dadurch in ihrer Wirkung überwiegen. Tiefe Vit.-E-Serumwerte und eine Pigmentretinopathie sind weitere typische Krankheitssymptome. Trotz der speziellen Symptomatik ist die Diagnosestellung besonders in atypischen Fällen nicht trivial. Früher sind wohl einzelne derartige Fälle als atypisch-chronische Graskrankheit falsch diagnostiziert worden, evtl. bestehen selten auch Überschneidungen zwischen diesen Krankheitsbildern. Normale Laboruntersuchungen geben auch keine spezifischen Hinweise. Beim größeren Teil der Fälle sind mäßig erhöhte CK-(Creatinkinase-) Serumaktivitäten festzustellen (ein Befund, der bei einer rein neurogenen Muskelatrophie überrascht und eher sekundären Muskeltraumen zuzuschreiben ist), manchmal auch erhöhte Eiweißgehalte im Liquor ohne Zellzahlerhöhung. Die elektromyografische Untersuchung zeigt Denervationspotenziale: Spontanaktivität wie positive scharfe Wellen, Fibrillationspotenziale; qEMG: Neurodegeneration mit *«Giant Motor Unit Action Potential's, MUAPs»*. Die Diagnose lässt sich meist (Spezifität und Sensitivität ca. 90 %) mit einer Biopsie des *M. sacrococcygeus* (oder *sacrocaudalis*) *dorsalis medialis* und dem Nachweis der Atrophie der Typ-I-Fasern sichern.

Prophylaxe und **Therapie** entsprechen den oben bei EDM beschriebenen Empfehlungen: Vitamin-E-Gaben und v. a. Zugang zu frischem Grünfutter. Weil die Schäden an den Motoneuronen grundsätzlich irreversibel sind, ist kein substanzieller Behandlungserfolg zu erwarten, aber der Rückgang sowohl von EDM- als auch von EMND-Fällen lässt hoffen, dass Pferdebesitzer besser darauf achten, dass ihre Tiere Zugang zu frischem Gras oder mindestens zu Heu guter Qualität haben.

Die **Prognose** ist quoad vitam gut, aber quoad restitutionem ungünstig: die Tiere können in einem stationär geschädigten Zustand (Muskelatrophie, Ganganomalien z. B. Hahnentritt u. a.) überleben. Eine gewisse Verbesserung ist evtl. möglich, aber nur kompensatorisch und nie vollständig.

6.3.4.5 Infektiöse und toxische Myelitiden

Entzündungen des Rückenmarks (Myelitis) treten oft mit ähnlichen Veränderungen im Gehirn zusammen auf und sind in der Regel infektiöser Natur. Im Gegensatz zu den verschiedenen viralen Enzephalitiden (→15.2.4 & 15.2.6), für die wir auf die entsprechenden detaillierten Beschreibungen im jeweiligen Kapitel verweisen, weil sie entweder bei uns (noch) nicht (z. B. West Nile Virus; amerikanische Enzephalitiden: EEE, VEE, WEE) oder sehr selten (z. B. Tollwut) vorkommen, werden ihrer Wichtigkeit halber die Infektion mit EHV-1 und die Toxiko-Infektion des Tetanus hier parallel und mit gleichzeitigem Verweis auf die jeweiligen Abschnitte in den anderen Kapiteln auch dargestellt.

Dagegen werden die toxischen Ursachen (Lathyrismus →14), die bei den Großhirnerkrankungen (→6.3.1.6) ausführlich besprochen werden, hier nicht mehr wiederholt, weil diese nur sehr selten als Ursachen für Rückenmarksschäden infrage kommen (z. B. Ivermectin oder Moxidectin; Ryegraspilztoxin, Lolitrem B) und die Großhirnsymptomatik auch in diesen seltenen Fällen im Vordergrund steht.

6.3.4.5.1 *Virale Erreger*

Bei der **equinen Herpesmyeloenzephalopathie** (EHM) ist eine reine Myelitis eher die Regel als die Ausnahme. Deshalb wird die EHM hier unter den Rückenmarksaffektionen besprochen. Die Beschreibung ist aber kurz gehalten, weil der wichtige Erreger **EHV-1** im Kontext der anderen equinen Herpesviren im Kapitel 15.3.3.1 detailliert vorgestellt wird: die verschiedenen Erscheinungsformen (Aborte, respiratorische und neurologische Symptome) und ausführliche Angaben zu Diagnostik, Therapie, (Impf-) Prophylaxe sowie Empfehlungen zu Maßnahmen bei Ausbrüchen.

Warum bei derartigen Infektionen nach respiratorischen Infekten und auch nach dem Auftreten sogenannter *«abortion storms»* nicht immer auch ZNS-Affektionen vorkommen, ist unklar. Ein besonderer Neurotropismus bestimmter Virusstämme ist offenbar nicht ausschlaggebend, jedenfalls kommen EHM-Affektionen genauso bei «nicht neurotropen» EHV-1-Infekten vor. Es wird auch spekuliert, dass möglicherweise auch das weit verbreitete EHV-2 eine gewisse Wegbereiter-Rolle für den EHV-1-Neurotropismus spielt. Im Anschluss (typischerweise 1–2 Wochen später) an leichte respiratorische Erkrankungen oder EHV-1-Aborte, evtl. auch durch Reaktivierung einer latenten Infektion durch Stress, z. B. bei längeren Transporten (aber auch ohne eine solche Vorgeschichte) können bei einzelnen und oft mehreren Tieren Symptome einer Myelitis auftreten. Unter unseren Verhältnissen ist deshalb bei einer Häufung von neurologischen Fällen (besonders, aber nicht nur in Gestüten und bei entsprechender Anamnese) immer an EHV-1-Infektionen zu denken. Der Virusnachweis gelingt indessen beim lebenden Pferd längst nicht immer und der Verlauf der Antikörpertiter kann irreführen (stationäre oder gar abfallende Titer). Der Liquor cerebrospinalis soll eine erhöhte Proteinkonzentration aufweisen und Xanthochromie zeigen.

Die **Symptome** reichen von einer leichten, vorübergehenden Ataxie der Nachhand bis hin zu Paraplegie. Gewisse Pferde weisen auch eine Schweif-, Sphinkteren-, Blasen- und selten Penislähmungen auf. Kopfnervenausfälle und zerebrale Symptome kommen ebenfalls vor. Die neurologischen Ausfälle manifestieren sich meist plötzlich und erreichen ihren Höhepunkt innerhalb von 2–3 Tagen.

Die **Prognose** ist, wenn nicht schwere Lähmungserscheinungen persistieren, d. h. solange die Tiere stehen können, quoad vitam eher günstig. Die Pferde erholen sich manchmal bis zu einem Grad, der wenigstens die weitere Verwendung zur Zucht erlaubt. Die Erholung kann aber Monate dauern. V. a. schwerer betroffene Tiere haben bleibende Ausfälle (Ataxie oder Harninkontinenz), was sich erst nach Wochen beurteilen lässt.

Die **Therapie** ist, abgesehen von den teuren und in ihrer Effektivität noch nicht nachhaltig getesteten antiviralen Medikamenten (z. B. Valazyklovir →16.3.3.1), eine rein pflegerisch-symptomatische. Entzündungshemmer (je nach Präferenz des Klinikers inkl. DMSO) können zur Besserung beitragen. Nicht nur DMSO (das, wenn es in einer Dosierung von 1 g/kg KG in 20-%-Lösung nichts nützt, wenigstens wohl nicht schadet), auch Kortikosteroide sind bei Herpesinfektionen sehr umstritten: eine Abschwächung der Vaskulitis und des Thromboserisikos steht einer möglichen verminderten Immunantwort gegen EHV-1 gegenüber. Wir brauchen Kortikosteroide deshalb nur bei festliegenden oder deutlich ataktischen Fällen mit ungünstiger Prognose. Pferde mit mäßigen Lähmungserscheinungen sind in der Aufhängung (Netz) zu pflegen.

Auch wenn die Wirksamkeit von Herpesvirus-Vakzinen viel zu wünschen übrig lässt, ist es nicht zu verantworten, die Stuten in Gestüten nicht schutzzuimpfen (Totvakzine Duvaxyn® EHV1/4). Gegenwärtig wird auch der **prophylaktische** Wert einer Herdenimmunität durch möglichst flächendeckende Bestands- und Populationsimpfungen diskutiert.

6.3.4.5.2 *Bakterielle Erreger*

Der **Tetanus** oder «**Wundstarrkrampf**» ist eine potenziell tödliche, von *Clostridium tetani* (→16.7.2) verursachte Toxiko-Infektion. Der Keim ist ein sporenbildender, ubiquitär vorkommender, strikter Anaerobier. Unter anaeroben Bedingungen vermehrt sich das Bakterium und produziert Exotoxine. Das Tetanospasmin gelangt über das Blut und über eine retrograde, axonale Migration an den Erfolgsort den inhibitorische Neurone in der grauen Substanz des Hirnstamms und des ventralen Horns des Rückenmarks. Die Schädigung der inhibitorischen Interneuronen verursacht die typischen Muskelkrämpfe über eine nach Ausfall der dämpfenden Wirkung unkontrollierten Aktivität der Motoneurone. Ein zweites Toxin, das Tetanolysin, ist herzschädigend und kann hämolytisch wirken, ist aber pathogenetisch nicht bedeutend.

Anaerobe Bedingungen in sich rasch schließenden Verletzungen sind besonders gefährlich; z. B. am Huf, bei intramuskulären Injektionen und tiefen Verletzungen (Pfählwunden, Fremdkörper-Stichwunden usw.), die sich an der Oberfläche ventilartig schließen. Aber auch ohne äußere Verletzungen kann sich *C. tetani* in nekrotischem oder ischämischem Gewebe (Aktivierung von vorhandenen Sporen in der Muskulatur) entwickeln.

Symptome: Nach einer sehr variablen Inkubationszeit von wenigen Tagen bis mehreren Wochen zeigt sich im Frühstadium ein herabgesetztes Ohrspiel und als Reaktion bei Erschrecken, z. B. bei einem leichten Schlag mit der Handfläche auf die Nüstern, ein **Vorfall des 3. Augenlides**. Im fortgeschrittenen Stadium ist eine typische **spastische Kontraktion der quer gestreiften Muskulatur**, ganz besonders der Strecker festzustellen. Das Pferd steht in einer zusehends steiferer Streckstellung da, manchmal mit deutlich weggestrecktem Schweif (besonders Fohlen): Sägebockstellung. Es besteht Trismus, meistens mit Speichelfluss. Die Tiere haben Mühe mit Fressen und Abschlucken (DD →6.3.3.2; Box 3.2.1; Box 4.1.5). Das 3. Augenlid ist vorgefallen, die Nüstern sind steif, gespannt, aufgesperrt (Atemnot), die Ohren steif leicht nach hinten gezogen, das **Ohrspiel verlangsamt**. Das Gesicht macht den Eindruck großer Angst, bei aufgezogenen Maulwinkeln spricht man von «*risus sardonicus*». Jeder akustische oder taktile Reiz (Erschrecken) verschlimmert die Symptome, manchmal derart dramatisch, dass das Pferd steif zu Boden fällt und dort einen ausgeprägten Opisthotonus zeigt. Am Boden liegende Pferde rudern auch mit steif gestreckten Beinen.

Eine Stimulation des Sympathikus führt zu Schweißausbruch und hoher Herzschlagfrequenz. Der Tod tritt meistens wegen eines Starrkrampfs der Atemmuskulatur, seltener wegen Komplikationen (**Verschluckpneumonie** u. a.) ein.

Diagnose: Die Diagnose ist klinisch zu stellen. Im Frühstadium wird ein Starrkrampf etwa verwechselt mit einem Kreuzschlag (CK-Aktivität), Halstrauma und sogar mit «Kolik», was bei genauer Beobachtung nicht vorkommen dürfte: Die Kardinalsymptome Vorfall des 3. Augenlids und Muskelspasmen können schon im Frühstadium durch taktile oder auch akustische Reize (s. o. Klaps auf die Nüster, Erschrecken) ausgelöst werden. Der Liquor cerebrospinalis ist bei Tetanus unverändert, was zum Ausschluss eines Meningitisverdachtes (was nach gründlicher Untersuchung nicht nötig sein sollte) verwendet werden kann. Die differenzialdiagnostische Abgrenzung zu anderen Krampfursachen (→6.3.1.2), wie z. B. Hypokalzämien oder -magnesiämien, ist klinisch ebenfalls meist gut möglich.

Frühsymptome der Starrkrampfpatienten

- Vorfall des 3. Augenlides auf taktilen oder akustischen Reiz
- Fehlendes Ohrenspiel
- Hypertonus der Gliedmaßenstrecker bei akustischem/taktilem Reiz
- Weit offene Nüstern (Atemnot, Aufregung, Angst)

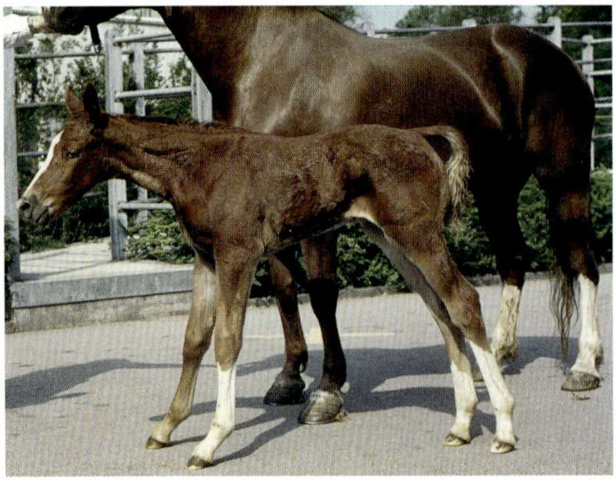

Abb. 6.4: Schwerer Tetanus beim Fohlen: Tetanie, Trismus, Vorfall des dritten Augenlides, Angst und Atemnot (weite Nüstern) sind die Kardinalsymptome von Tetanus.

Prognostisch ist auch heute noch jeder Starrkrampf als zweifelhaft bis ungünstig zu beurteilen. Festliegende Patienten sind oft verloren.

Therapie: Tetanuspatienten sollten in eine ruhige, verdunkelte Boxe gebracht werden, wenn nötig mit Anlegen eines Aufhängenetzes, um ein Abliegen zu verhindern. Man wird in erster Linie versuchen, den Infektionsherd zu finden, zu sanieren und zirkulierendes Toxin (das gebundene lässt sich nicht beeinflussen) mit Antitoxin zu neutralisieren. Eine einmalige Dosis von 10 000–50 000 IU i. v. genügt für das erwachsene Pferd. Die etwa propagierte epidurale Verabreichung ist sinnlos, die intrathekale aufwendig und riskant (Allgemeinnarkose, Occipitalpunktion); wiewohl damit bessere Resultate erzielt werden sollen. Sie widerspricht vor allem dem Grundsatz, dass dem Tetanuspatienten jede Aufregung zu ersparen sei. Das ist spätestens beim Aufwachen und den mühsamen Aufstehversuchen nicht mehr möglich.
Penizillin wird am besten in kristalliner Form in hohen Dosen (20 000–40 000 IU/kg KG i. v. QID) gegeben. Damit beabsichtigt man, *C. tetani* am Ort zu beeinflussen, und überdies ist das Antibiotikum auch ein Prophylaktikum gegen gewisse Komplikationen (Verschluckpneumonie). Metronidazol ergänzt die Antibiotikumtherapie bei bleibendem Verdacht einer tiefen Wunde mit anaerobem Milieu (10–20 mg/kg KG i. v. TID-QID). Die intravenöse Gabe vermeidet den Stress der oralen Verabreichung. Man gibt überdies Toxoid zur Immunisierung, weil der klinisch manifeste Tetanus keine belastbare Immunität vermittelt! Je nach Kliniker wird Toxoid sofort oder erst in der Heilungsphase gegeben.
Sedativa mit relaxierender Wirkung sind ebenfalls indiziert. Vor allem Xylazin (0.2–1.1 mg/kg KG i. v.; evtl. bis 2.2 mg/kg KG i. m. nach Wirkung) oder Detomidin (40 µg/kg KG nach Wirkung) ermöglichen dem Pferd oft die spontane Wasser- und Futteraufnahme. Nimmt das Pferd wegen des Trismus

trotz Sedation kein Wasser auf, ist die Flüssigkeitszufuhr über Infusionen oder die Nasen-Schlund-Sonde zu gewährleisten. Die Sonde kann lange Zeit belassen werden; über die Sonde lässt sich auch flüssig-breiige Nahrung zuführen. Ggf. sollte trotz der höheren Kosten auch eine intravenöse parenterale Ernährung über einen Dauerkatheter erwägt werden, um dem Pferd die Aufregung durch das Schieben der Nasen-Schlund-Sonde zu ersparen.

Prophylaxe: Alle Equiden sollten wegen ihrer Empfindlichkeit gegenüber dem Tetanustoxin und der hohen Letalität des Wundstarrkrampfes unbedingt korrekt **grundimmunisiert** werden. Oft werden die Fohlen aber (z. T. nach Herstellerangaben) zu früh geimpft, wenn sie noch kolostrale Antikörper haben und keine wirksame Impfantwort erwartet werden kann. Wir empfehlen, die 1. und 2. Grundimmunisierung erst ab dem 7./8. Monat mit mindestens 8 Wochen Abstand zu machen, und die 3. dann nach einem Jahr. Der Impfschutz scheint jahrelang (wahrscheinlich 10 Jahre oder lebenslänglich) anzuhalten, doch ist angesichts der niedrigen Kosten besser, nach dem Grundsatz zu verfahren «Lieber einmal zu viel als zu wenig», und wir empfehlen eine Wiederholungsimpfung nach 5 Jahren. Es ist angesichts der niedrigen Kosten und der Leiden, die Starrkrampf auslöst, tierschützerisch unverantwortlich, Pferde (und ebenso Ponys und Esel, bei denen manchmal «gespart» wird!) nicht zu impfen. Allerdings muss man auch festhalten, dass viele (Sport-)Pferde mit den kombinierten Tetanus-Influenza-Impfstoffen wegen der Influenzavorschriften bei Sportveranstaltungen (→15.2.8) ohnehin unnötig oft – (halb)jährlich – gegen Tetanus immunisiert werden. Damit eine Zuchtstute ihrem Fohlen ausreichend kolostrale Antikörper mitgeben kann, ist sie 4–8 Wochen vor dem Abfohlen mit Toxoid zu impfen! Fohlen von Mutterstuten ohne bekannte Immunisierungsanamnese sind nach der Geburt passiv zu schützen. Empfohlen werden 3000 IU am 3. Lebenstag; in der 3. Woche ist der passive Schutz dann zu erneuern.

Pferde, die tetanusgefährdete **Verletzungen** aufweisen und deren Impfanamnese nicht genau bekannt ist, müssen passiv geschützt (10 000–50 000 IU Antitoxin) und können gleichzeitig mit dem Toxoid geimpft werden. Die Unterlassung dieser Maßnahme kommt einem Kunstfehler gleich. Auch bei geimpften Pferden befürworten manche Tierärzte die Verabreichung von Antitoxin; man kann aber alternativ den Impfstatus auch mit einem Schnelltest (Fassisi TetaCheck®) überprüfen.

Bakterielle Myelitiden sind beim Pferd sehr selten. Auch raumfordernde Prozesse wie z. B. **meningeale Druseabszesse** im Rückenmarkkanals beobachtet man heute selten.

Am ehesten ist, besonders bei Saugfohlen, an eine **eitrige Spondylarthritis** zu denken, weil sie anlässlich einer Sepsis (→16.23) oder septisch-eitrigen Polyarthritis an den Wirbelgelenken erkranken können. Von eitrig infizierten Gelenken ausgehend, kann der Prozess lokal auf die Meningen übergreifen und bis zum Rückenmark vordringen. Aber auch ohne ein derartiges Übergreifen kann die angefüllte Gelenkskapsel eine Kompression ausüben.

Symptome: Die Fohlen weisen die allgemeinen Symptome einer infektiösen Arthritis auf. Sind nur die Wirbelgelenke erkrankt, leiden die Fohlen an verspannter Rückenmuskulatur und steifem Gang mit unklaren Lahmheiten und evtl. lokalem Palpationsschmerz. Ist das Rückenmark zusätzlich betroffen, kann Ataxie bis hin zur Paralyse diagnostiziert werden.

Die **Diagnose** wird aufgrund der Symptomatik und evtl. eines Palpationsschmerzes gestellt, v. a. wenn auch sonst Anzeichen einer septischen Krankheit mit Arthritis vorhanden sind. Bei reinen Wirbelgelenksaffektionen wird manchmal nicht an diese Möglichkeit gedacht. Bildgebende Verfahren, bakteriologische Untersuchung von Gelenkpunktaten (oft negativ!) und Liquoruntersuchungen könnten in fortgeschrittenen Fällen diagnostische Hilfe bringen.

Therapie: Eine rasche bakteriologische Untersuchung eines Gelenkpunktats (oft negativ) aus einem betroffenen Gliedmaßengelenk würde die gezielte Therapie ermöglichen, bei allerdings düsteren Aussichten (*E. coli*; Streptokokken; evtl. *Staphylococcus aureus*; bei etwas älteren Fohlen *Salmonella typhimurium* cave! Meldepflicht!). Jedenfalls muss eine rasche und massive antibiotische Behandlung lokal und systemisch in Kombination mit nicht steroidalen Entzündungshemmern erfolgen. Bei Fohlen muss hier besonders auf den Schutz der Magenschleimhaut und die Sicherstellung der Nierenfunktion geachtet werden.

6.3.4.5.3 *Parasitenverursachte Rückenmarksläsionen*

Bei uns vorläufig nicht beobachtet worden ist die **equine protozoäre (Enzephalo-) Myelitis** (EPM), die von einem *Sarcocystis* zugeordneten (früher Toxoplasmose) Mikroorganismus verursacht wird *(Sarcocystis neurona* →17.6.2). Zurzeit ist die Krankheit noch ein nordamerikanisches Problem. In Europa sind nur Fälle von aus Amerika importierten Pferden und äußerst seltene Einzelfälle von Infekten durch *Toxoplasma gondi* bekannt (→17.7.1). Der Liquor ist entzündlich verändert, die Diagnose lässt sich durch Antikörper im Blut und besser im Liquor stützen, aber nicht definitiv bestätigen. Die Krankheit verläuft progressiv und ungünstig.

Wandernde **Wurmlarven** sind ebenfalls selten die Ursache von fokalen Myelitiden. Am häufigsten in der Literatur beschrieben sind Saprophyten wie *Halicephalobus* (Syn.: *Micronema deletrix* und auch *H. gingivalis* u. a.), seltener auch Strongyliden (u. a. *Strongylus vulgaris, S. equinus*) sowie *Setaria* spp. und *Hypoderma* spp. →4.8). Meist sind nicht reine Rückenmarksschäden dokumentiert, sondern auch andere ZNS-Lokalisationen und entsprechende Ausfälle. Bei einem Verdacht auf (multi-)fokale, evtl. asymmetrische verminöse Schäden, wäre neben der entzündungshemmenden Therapie (Kortikosteroide etc.) auch ein entsprechendes Antiparasitikum einzusetzen.

6.3.4.6 Vaskuläre und neoplastische Krankheiten des Rückenmarks

Bei länger dauernden Operationen in Rückenlage unter Halothannarkose kann es (v. a. bei jungen Pferden) zu einer sogenannten **Hämatomyelie** kommen. Glücklicherweise sind derartige Zwischenfälle sehr selten, denn eine Erholungschance besteht, anders als bei der halothanassoziierten Myasthenie (schlaffe botulismusähnliche Lähmung →6.3.6.3), nicht. Es handelt sich um eine diffuse Blutung in das Rückenmark, im Allgemeinen in dessen hintersten Abschnitten. Das leidende Pferd vermag nach dem Erwachen aus der Narkose die Nachhand nicht aufzurichten, es besteht eine schlaffe Paraplegie mit Verlust der Sensibilität. Auch die Sphinkteren von Anus und Blase sind gelähmt. Da heute Halothan allgemein durch andere Narkosegase ersetzt wurde, tritt diese Hämatomyelie praktisch nicht mehr auf.

Ebenfalls sehr selten sind als komprimierende Ursachen Tumoren der Meningen auszumachen, am ehesten noch bei einer metastatischen Aussaat von Melanomen.

6.3.5 Erkrankungen des vegetativen Nervensystems

Wir wissen über neurovegetative Störungen beim Pferd wenig. Lokalisierte Reizung des Sympathikus verursacht begrenztes lokales Schwitzen. Am klarsten charakterisiert ist das **Horner Syndrom:** Ptosis (DD: *N. oculomotorius* [III] oder *N. palpebralis* Ast von VII →6.3.3.2), Enophthalmus mit Nickhautvorfall und eine meist leichtgradige Miose (Ausfall des *M. dilatator pupillae*). Oft kommt v. a. bei proximalen Sympathikusläsionen auch eine Hyperämie und streng lokalisiertes Schwitzen an Hals und Kopf dazu. Z. T. auch «paradoxes Schwitzen»: Wo das Pferd sonst schwitzt, bleiben diese Stellen trocken. Ursachen sind Sympathikusschäden, die von der vorderen Thoraxhälfte über den Grenzstrang und Luftsack bis zum Retrobulbärraum lokalisiert sein können. Ätiologisch kommen u. a. Luftsackmykosen und andere -affektionen, seltene Mittel- und Innenohrentzündungen, iatrogene Läsionen (z. B. Druck auf den Sympathikus durch ein Hämatom nach Punktion der *A. carotis*) und Läsionen des Plexus brachialis infrage.

Es ist hier auch auf die detaillierten Ausführungen zu Symptomatik, Diagnose, Therapie und Prognose der **Graskrankheit**, der wichtigsten Krankheit des autonomen Nervensystems beim Pferd, im Kapitel Verdauung verwiesen (→4.2.6.1.4). Neben den dominanten gastrointestinalen Symptomen (Ileus) und der typischen anormalen Stellung, fällt bei Graskrankheits-Patienten oft auch eine bilaterale Ptosis (Sympathikusreizung? DD: Horner-Syndrom) und eine praktisch pathognomonische pseudomembranöse Rhinitis auf.

Auch auf die detaillierten Ausführungen zu Symptomatik, Diagnose, Prognose und Therapie der **Kehlkopflähmung *(Hemiparesis laryngis)*** verweisen wir auf das Kapitel 3.4.3 & Abb. 3.8.

6.3.6 Erkrankungen des peripheren Nervensystems

Hier wird auf das selbstständige Krankheitsbild der Neuritis caudae equinae und auf Botulismus eingegangen und überdies auf einige der häufigeren Nervenlähmungen an den Gliedmaßen. Was die Hirnnerven betrifft, an sich von III bis XII ebenfalls periphere Nerven, wird auf das entsprechende Kapitel «Erkrankungen der Hirnnerven» verwiesen (→6.3.3.2). Zum Schluss beschreiben wir kurz zwei schlecht verstandene, aber in der Pferdemedizin wichtige Syndrome: «Hahnentritt» und «*Shivering*».

6.3.6.1 Neuritis caudae equinae (NCE)

Die Neuritis caudae equinae bietet ein gut abgrenzbares, selbstständiges Krankheitsbild, das auch mit der Bezeichnung «Schweif- und Sphinkterenlähmung» definiert wird. Diese Namen charakterisieren die Hauptsymptome der Krankheit, die aber heute eher unter dem weiteren Begriff des **Cauda-Equina-Syndroms** zusammengefasst werden. Weil aber auch Hirnnerven (insb. *N. facialis*) betroffen sein können, wird die Krankheit in der neueren engl. Literatur «**Polyneuritis equi**» genannt.

NCE tritt sporadisch auf, in unserem Patientengut etwas häufiger bei Stuten als bei Wallachen. Spekulationen, die NCE sei ein immunogener Spätschaden nach Virusinfektionen (z. B. EHV-1 oder Adenoviren) ist alt, aber bis heute steht der Beweis aus. Die NCE bleibt idiopathisch.

Symptome: Bei NCE dauert es Wochen und Monate, bis das Krankheitsbild vollständig wird. Bei langsamer Entstehung bemerkt man in den frühen, eher akuten Phasen zunächst Hyper- und Parästhesie im Bereiche des Schweifes und der Analgegend. Sie wird daran erkannt, dass das Tier diese Teile gegen Nachbargegenstände reibt (Parästhesie), gelegentlich auch Unruhe kundgibt. Die Sensibilitätsstörungen äußern sich im kaudalen Bereich der Kruppe, der kaudalen Gesäßgegend, des Dammes, Afters und der Schamlippen gewöhnlich beiderseits, wenn auch zumeist asymmetrisch. Empfindungslose Gebiete werden von überempfindlichen Zonen abgelöst (Abb. 6.5).

Später wird die Krankheit chronisch und ist von den paralytischen Ausfällen gekennzeichnet. Der gelähmte Schweif (Hammelschwanz) baumelt bei Bewegung im Trab als ein lebloses Anhängsel zwischen den Hinterbacken hin und her, wird im Stande der Ruhe oder bei Abwehr von Fliegen nicht oder nur nach der einen Seite bewegt, beim Harn- und Mistabsatz nicht angehoben, daher von Harn und Mist beschmutzt; auch lässt er sich widerstandslos passiv bewegen.

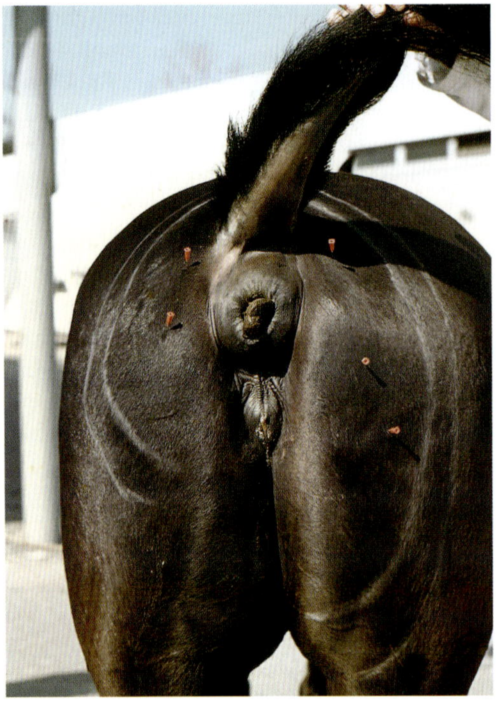

Abb. 6.5: Neuritis caudae equinae (Syn.: Polyneuritis equi): Die betroffene Stute zeigt einen schlaff offen stehenden After, umgeben von einer anästhetischen Hautzone, an die sich eine Zone der Hyper- und/oder Parästhesie anschließt.

Es besteht Kotverhaltung, wobei aber aus dem klaffenden After zeitweise und besonders während der Bewegung, beim Aufstehen oder Niederlegen einzelne Mistballen herausfallen und aus der Afteröffnung angestaute Kotmassen hervorragen. Die Kotverhaltung, die sich bis in das seine Kontraktionsfähigkeit bewahrende Colon descendens fortsetzt, löst zeitweilige leichte Kolik aus. Des Weiteren wird Harnträufeln beobachtet mit schubweise erfolgenden Entleerungen nur geringer Harnmengen oder von Harntropfen, besonders bei jeder Steigerung des Bauchinnendruckes (Aufstehen, Niederlegen, Traben usw.). Die häufigste Komplikation der Harnblasenlähmung sind die Zystitis und Schenkelfaltendermatitis.

Die sehr seltenen Bewegungsstörungen verdanken ihr Entstehen einer Mitbeteiligung der kranialsten Sakral- und der kaudalen Lendennerven (Hinterbeine) resp. von Nerven des Plexus brachialis (Vorderhand). Sie erscheinen als Kreuzschwäche oder als einseitige Lähmung des Kreuznervengeflechts mit Muskelschwund. Ebenfalls selten sind die bereits erwähnten Hirnnervenausfälle; V, VII und VIII sind am häufigsten betroffen, in der Literatur sind aber außer I und XI alle beschrieben. Die Hirnnervenschäden manifestieren sich natürlich mit den jeweiligen Defiziten von Kau- und Schluckstörungen, über Augenlid-, Lippen- und Ohrparesen bis zu Ataxie (→6.3.3.2). Diese kranialen Ausfälle sind oft asymmetrischer als die häufigeren kaudalen.

Die klinische **Verdachtsdiagnose** bereitet keine Schwierigkeiten und hat eine hohe Wahrscheinlichkeit für die nur post mortem mögliche Bestätigung, weil differenzialdiagnostisch fast nur ein schweres Trauma der Kreuzgegend und des Schweifansatzes infrage kommt, was aufgrund der Anamnese und der bei Traumen plötzlich auftretenden Symptome meist leicht möglich ist. In Zweifelsfällen ist die Sakralgegend radiologisch, ultrasonografisch, gegebenenfalls auch szintigrafisch zu untersuchen. Laboruntersuchungen zeigen manchmal Anzeichen der chronischen Entzündung (Neutrophilie; erhöhte Fibrinogen- und Totalproteinwerte, leichte Anämie im Blut und erhöhtes Protein im Liquor), diese sind aber weder spezifisch noch sensibel genug, um die Diagnose wesentlich zu erleichtern. Auch zirkulierende Antikörper gegen P2 Myelin sind nicht spezifisch und werden auch bei Herpes- und Adenovireninfekten beobachtet. EHV-1, das meist mit akuten paralytischen Anzeichen und oft bei mehreren Tieren einer Gruppe auftritt lässt sich leichter ausschließen als EPM (Importpferde aus Amerika →17.6.2).

Die **Prognose** ist ungünstig, eine kausale **Therapie** gibt es nicht. Die NCE schreitet meist sehr langsam fort, und Pferde können natürlich weiterleben, doch ggf. müssen (durch die Besitzer) dann Rektum und evtl. Blase täglich wiederholt entleert und die

Haut gepflegt werden. Hierbei ist das Risiko für Besitzer und Pferd (Huftritt; Rektumperforation) nicht zu unterschätzen.

6.3.6.2 Infektiöse und toxische Polyneuritis

Eine bakterielle **Polyradiculoneuritis** und lymphohistiozytäre Meningitis mit Ataxie, Hyperästhesien, Halssteifheit, Muskelatrophie und -zittern ist als seltene Manifestation von *B. burgdorferii*, einer Neuroborreliose, beschrieben (→16.10.1.1). Eine protozoäre **Polyneuritis** gehört zu den Erscheinungen der Beschälseuche (*Trypanosoma equiperdum* →17.1.1).

Chronische Bleivergiftungen sollen ebenfalls zu Polyneuritis führen, wobei besonders der Vagus und der Sympathikus betroffen werden. Man hat bei Bleivergiftungen auch eine oft bilaterale und damit potenziell tödliche Hemiparesis laryngis beobachtet.

6.3.6.3 Botulismus

Botulismus ist eine ganz distal an den peripheren Nerven, an der motorischen Endplatte beim Übergang zur Muskulatur lokalisierte, lebensbedrohliche Erkrankung, die durch Toxine von *Clostridium botulinum* (→16.7.1) hervorgerufen wird. Der Keim ist ein ubiquitär im Boden vorkommender Toxinbildner; die Toxintypen, insgesamt kommen Typ A–G vor, beim Pferd sind A–D relevant. Sie variieren von Region zu Region. Während in Nordamerika die Typen A und B zu Erkrankungen bei Pferden führen, sind in Europa eher Typ C und D dafür verantwortlich. Meistens nehmen Pferde wohl das schon in Kadavern, Erdgut oder Futter (Silage) gebildete Toxin direkt zu sich (Intoxikation; Umgebungsuntersuchung). Fohlen dagegen nehmen vermutlich eher Sporen auf, die auskeimen und erst im Organismus das Toxin bilden (Toxikoinfektion, s. u. «*Shaker foals*»). Die Botulismustoxine hemmen die Azetylcholinausschüttung an der motorischen Endplatte, entsprechend ist die Krankheit charakterisiert durch eine schlaffe, neuromuskuläre Paralyse und deutliche Hirnnervenausfälle, ohne dass in der Pathologie irgendwelche makroskopischen oder histologischen Läsionen nachweisbar sind.

Symptome: Die Prodromalsymptome sind sehr unspezifisch und ähneln leichtgradigen Koliksymptomen (Unruhe, Inappetenz u. a.). Perakute Verlaufsformen mit Exitus in wenigen Stunden erlauben keine Diagnose, doch sind akut-subakute und typische Verläufe häufiger. Im fortgeschrittenen Stadium sind die Symptome beim erwachsenen Pferd typisch und eindrücklich. In der Regel erkrankt außerdem nicht nur ein einzelnes Pferd.

Im Verlauf fallen zunehmend individuell oft unterschiedliche Hirnnervenstörungen auf. Die Pupillen sind weit geöffnet (Mydriasis DD →6.3.3.2 & 6.3.5) und unbeweglich, eine Ptosis stellt sich ein (DD →6.3.3.2 & 6.3.5), die Zunge verliert ihren Tonus und ist später ganz gelähmt; das Pferd hat Schluckbeschwerden (Dysphagie DD →4.2.6.1.4, Box 3.2.1 & 4.1.5), die sich zur Schluckunfähigkeit steigern kann. Es kommt, solange die Zunge noch etwas beweglich ist, oft auch zum Regurgitieren von Wasser und Futter aus den Nüstern. Dann verliert der Patient auch die Fähigkeit zu kauen. Gleichzeitig mit diesen fast modellhaften Kopfnervenausfällen zeigt das Pferd feinschlägige, manchmal auch gröbere Tremores der Trizeps-Muskulatur und der Flanken. Es geht vorsichtig und unsicher. Das Tier wird dann zusehends schwächer, es kommt zum Festliegen mit einer schlaffen Lähmung der Skelett-, schließlich auch der Atem- und Herzmuskulatur. Es gesellen sich dann auch Anzeichen einer Darmatonie (eines paralytischen Ileus) dazu; die Blase ist voll und schlaff gelähmt. Das Tier leidet unter zunehmender Atemnot und der Tod tritt meistens als Folge einer Atemlähmung oder seltener eines Herzstillstandes ein.

Diagnostische Anhaltspunkte bei Botulismusverdacht

- Anamnese (Silageverfütterung)
- Reduzierter Allgemeinzustand
- Muskelschwäche und -zittern
- Festliegen
- Mydriase («starrer, ängstlicher Blick») und Ptosis
- herabgesetzter Zungentonus
- Dysphagie, Regurgitieren
- Atemnot
- Ersticken aufgrund Atemlähmung

Therapie: Das Wichtigste ist bei einem Verdacht auf Botulismus, unverzüglich 200 ml (Fohlen) bis 500 ml eines polyvalenten Antiserums zu verabreichen, um die Heilungsaussichten zu verbessern. Damit sollen die noch zirkulierenden Neurotoxine gebunden werden. Bereits durch Toxine blockierte Synapsen können jedoch dadurch nicht mehr beeinflusst werden. Die Behandlung ist darum nur in den ersten 24 h nach Beginn der Symptome wirksam. Die Patienten bedürfen außerdem intensivster Pflege, symptomatischer Behandlung und möglichst der Verhinderung von Komplikationen (z. B. Verstopfung, Pneumonie; Myopathien). Diese bestehen aus Infusionen und regelmäßigen oralen Gaben isotoner Flüssigkeit mit Futter in Breiform über die Nasen-Schlund-Sonde. Außerdem versucht man, abführend mit Paraffinöl, Glaubersalz (→4.2.4.3) und Prokinetika (z. B. Metoclopramid; →4.2.4.2) einer Obstipation vorzubeugen. Ein weiteres wichtiges Ziel, eine Aspirationspneumonie zu verhindern, versucht man durch Antibiotikagaben (Breitspektrum inkl. ggf. orale Gabe von Metronidazol, um der Vermehrung von Clostridien im Darmtrakt und der Entwicklung einer Anaerobier-Pneumonie entgegenzuwirken). Außerdem sind Präparate wie magnesiumhaltige Abführmittel und Procain-Penizillin kontraindiziert, weil sie per se die neuromuskuläre Blockade fördern. Die Kosten dieser intensiven Betreuung sind erheblich, und angesichts der ungünstigen Prognose und der langen Genesungszeit (die Regeneration der motorischen Endplatte dauert 3 Wochen) werden diese Patienten oft euthanasiert, besonders wenn die Möglichkeit einer Antiserumgabe fehlt.

Solange der Patient steht und schluckt, ist die **Prognose** noch nicht infaust, grundsätzlich ist sie bei Botulismus jedoch ungünstig zu stellen, die Verlustrate liegt um die 90 %.

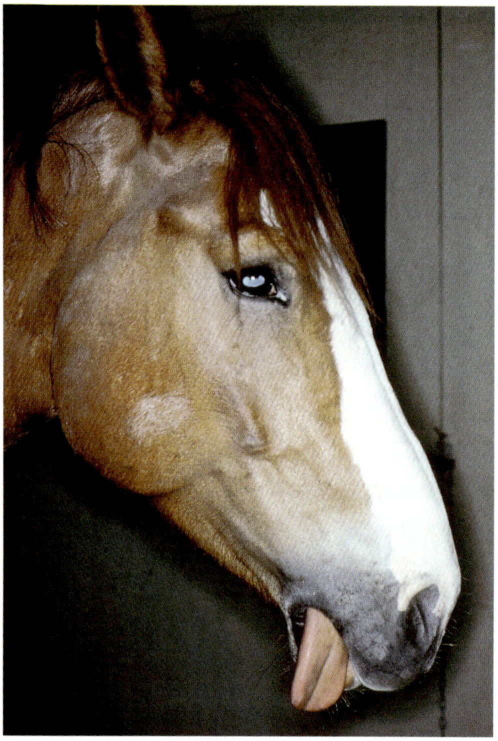

Abb. 6.6: Botulismus: Zur typischen Symptomatik gehören u. a. Muskelschwäche und -zittern mit verzögerten Haltungs- und Stellreaktionen bis Festliegen, Mydriase («starrer, ängstlicher Blick»), Ptosis, verzögertem Pupillarreflex, herabgesetzter Hautsensibilität, Dysphagie und Atemnot. Der dargestellte Fall zeigte eine Mydriase und einen herabgesetzten Zungentonus, nach dem Herausziehen wurde die Zunge nicht wieder ins Maul zurückgezogen.

Prophylaxe: Es ist nur Silage von bester Qualität zu verwenden, besonders muss auch Kontamination mit Erde (zu kurzer Schnitt) geachtet werden. Das gesamte Futter und alle Wasserquellen müssen kontrolliert werden (Kadaver). Eine Vakzination mit Toxoid-Typ-C&D-Vakzinen ist möglich, schützt aber nicht gegen B-Toxin. Eine Typ-B-Toxoid-Vakzine und Antiserum könnte indessen in den USA beschafft werden.

Shaker foals. Die meisten Fohlen erkranken vor dem Absetzen, manche aber kurze Zeit nach der Geburt. Das Unvermögen zu schlucken zeigt sich daran, dass den Fohlen Milch aus dem Maul oder den Nüstern rinnt. Zungen- und der Schweiftonus sind herabgesetzt, und die Tiere zeigen auch Skelettmuskelschwäche, indem sie übermäßig häufig und lange liegen. Zwingt man sie zum Stehen, imponiert heftiges Muskelzittern *(«Shaking»)*. Kranke Fohlen sind grundsätzlich so zu behandeln wie adulte Patienten. Differenzialdiagnostisch ist in erster Linie die Weißmuskelkrankheit auszuschließen (CK-Aktivitätsbestimmungen). Zum Schutz der Fohlen werden trächtige Stuten in Kentucky, wo diese Form des Botulismus gefürchtet ist, innerhalb der letzten drei Trächtigkeitsmonate dreimal geimpft.

6.3.6.4 Andere generalisierte myasthenische Affektionen mit Lokalisation an der neuromuskulären Endplatte

In der Literatur beschrieben ist auch eine halothanassoziierte **Myasthenie** (schlaffe botulismusähnliche Lähmung aufgrund einer neuromuskulären Blockade nach Halothannarkose, evtl. zusammen mit Aminoglykosiden und anderen Faktoren), die wie die Hämatomyelie nach Narkose (→6.3.4.6) sehr selten auftritt. Betroffene Patienten können sich offenbar z. T. innerhalb von Tagen erholen.

Zwar werden zahlreiche verschiedene Zeckenspezies als mögliche Verursacher der **Zeckenparalyse** (Speichelgift mit myastenischer botulismusähnlicher Wirkung an der motorischen Endplatte) beschrieben, Fälle aus Mitteleuropa sind uns aber nicht bekannt. Beschrieben werden hochgradige Krankheitsbilder mit Todesfällen bei Pferden und anderen Spezies v. a. aus Australien (durch Schildzecken, *Ixodes holocyclus*).

Außerdem sind sehr seltene Einzelfälle von vermuteter **Myasthenia gravis** mit anstrengungsbedingt verstärkter allgemeiner Muskelschwäche, -zittern, Aufregung und Festliegen beschrieben, die auf Kortikosteroidgaben angesprochen haben.

6.3.6.5 Einzelerkrankungen peripherer Nerven

Nervenschädigungen sind in der Regel die Folge von Traumen, worunter vor allem Quetschungen eine Rolle spielen. Zu beachten ist die Gefahr einer offensichtlich ischämischen Druckschädigung (Kompartement- oder Logensyndrom) besonders bei länger dauernden Narkosen! Derartige Läsionen geben Anlass zu Lähmungen, die nicht immer mit einer Analgesie verbunden zu sein brauchen.

N. suprascapularis: Einer Schädigung dieses Nervs begegnet man nach Anrennen mit der Schulter und nach Stürzen, mit oder ohne Fraktur der Scapula. Meistens wird der ***M. infraspinatus*** verletzt. Der Ausfall der betroffenen Muskeln führt bei einem Belastungsversuch zum sogenannten Abplatten der Schulter, gekennzeichnet durch ein Auswärtsweichen des Buggelenks. Das Pferd vermag die Gliedmaße nicht zu adduzieren. Nach kurzer Zeit stellt sich eine Muskelatrophie ein *(«Sweeny»)*; die *Spina scapulae* tritt dann deutlich hervor.

N. radialis: Der Radialis wird dicht über dem *condylus lateralis* des Humerus leicht geschädigt. Unter allen Nerven wird er am häufigsten bei länger dauernder Seitenlage in Narkose (cave! Lagerung, Polsterung; Blutdruck und Dauer der Anästhesie) betroffen. Der Ellbogen sinkt ab, «das Bein wird zu lang», die Pferde überköten als Folge der Lähmung der Unterarmextensoren. Im Schritt besteht Zehenschleifen und mühsames, wenn nicht unmögliches Vorführen der Gliedmaße. Die Pferde haben große Mühe mit dem Aufstehen.

Differenzialdiagnostisch ist vor allem eine Myositis der Trizeps-Muskulatur auszuschließen. Die Störungen sehen wohl ähnlich aus, doch ist die Muskulatur zuerst schmerz-

Weide sind und einen uni- oder bilateralen Hahnentritt entwickeln. Die verantwortliche Vergiftung und ggf. spezifische Giftpflanze (Verwandte des Ferkelkrauts kommen bei uns vor) konnte bisher nicht identifiziert werden. Die Symptome können manchmal mit oder ohne eine symptomatischen **Therapie** (Mephesin und v. a. Phenytoin; beschrieben ist auch die chirurgische Durchtrennung des *M. extensor digitalis lateralis*) z. T. ganz oder teilweise wieder verschwinden. Eine solche transiente Symptomatik wird v. a. beim toxischbedingten Fällen beobachtet, der sporadische Hahnentritt bleibt meist chronisch. Differenzialdiagnostisch sind mit einiger Erfahrung ähnliche, aber doch bei genauer Beobachtung klar unterschiedliche Gangstörungen, die oben bei den Differenzialdiagnosen zu «*Shivers*» bereits aufgeführt sind, leicht auszuschließen.

Weitere Vergiftungen werden unter anderen Lokalisationen (→6.3.6 & Kapitel 14) beschrieben: z. B. Bleivergiftung und Ausfälle peripherer Nerven *(N. laryngeus).*

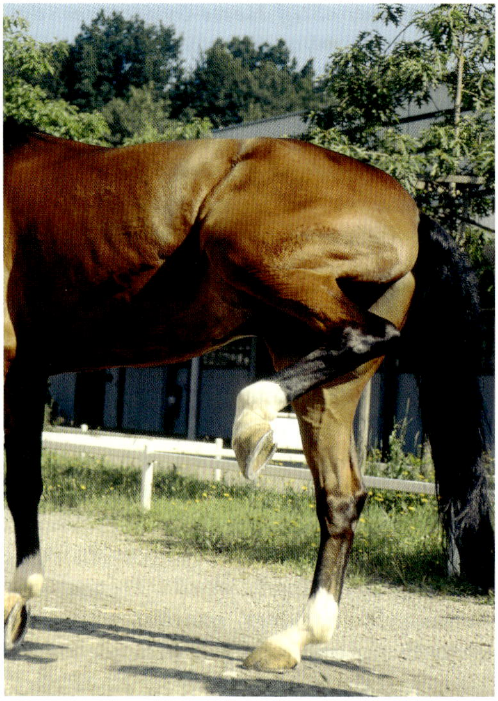

Abb. 6.7: Hahnentritt: Als Hahnentritt beschreibt man eine ausprägte und z. T. spastische Hyperflexion Hintergliedmaßen, die meist uni-, selten bilateral auftritt.

6.3.7 Verhaltensstörungen

Obwohl es sich bei den Verhaltungsstörungen des Pferdes meist nicht um physische, sondern um psychische Erkrankungen handelt, soll hier ein kurzer Überblick über die wichtigsten Probleme gegeben werden. Dies, weil die Grenzen zwischen physischen und psychischen Leiden, wie in der Humanmedizin (Neurologie und Psychiatrie), so auch beim Pferd nicht immer ganz klar gezogen werden können. Außerdem sind diese Störungen, unter denen man ganz allgemein Verhaltensmuster versteht, die vom gewünschten oder normalen Verhalten des Pferdes abweichen, differenzialdiagnostisch für verschiedene somatische Störungen und medizinische Probleme wichtig.

Umgangssprachlich werden Verhaltensauffälligkeiten und -störungen beim Pferd immer noch oft als «Untugenden» oder «Laster» bezeichnet. Man sollte aber heute mindestens grob unterscheiden zwischen unerwünschtem Verhalten und echten Verhaltensstörungen, wie die Stereotypien Koppen, Weben oder Boxenlaufen, die nicht zum normalen Verhaltensrepertoire gehören.

Ursachen der Verhaltensstörungen	
symptomatisch:	physische Erkrankungen Beispiel: Hepatozerebrales Syndrom
zentralnervös:	zentralnervöse Erkrankungen Beispiel: Virusinfekte (Borna, Tollwut u. a.)
endogen:	endokrine Störungen Beispiel: Wildrossigkeit
mangelbedingt:	fehlende Substanzen für den Stoffwechsel Beispiel: Pica, Lecken, Benagen u. a.
reaktiv:	unzureichende Bewegung, haltungsbedingt, Umgang Beispiel: Weben, Boxenlaufen, Steigen

Unerwünschte Verhaltensweisen präsentieren sich nicht als ein a priori anormales Verhalten, aber schränken meist die Nutzung der Tiere durch den Menschen ein. Dazu gehören u. a. dominantes und aggressives Gebaren, für welches manche Hengste natürlicherweise prädestiniert sind, wenn sie nicht korrekt erzogen und behandelt werden. Aber selbstverständlich können auch Wallache und Stuten gegenüber Menschen oder anderen Pferden und Tieren aggressiv werden. Solches Dominanzverhalten entsteht oft durch mangelhaftes oder unsachgemäßes Training und einfach fehlendes «Pferdeverständnis». Es gibt auch spezielle Aggressivitätsäußerungen: Insb. bei erstgebärenden Araberstuten kommt manchmal ein gefährlich aggressives Verhalten ganz spezifisch gegenüber dem eigenen neugeborenen Fohlen vor.

Durchbrennen, Steigen, Bocken, Kleben und andere Unarten beim Reiten sollten zwar auf mögliche schmerzhafte Ursachen (z. B. im Maul →4.1.2, Hals →6.3.4.2.1 & 8.3.1 oder im Rücken →6.3.4.2.2 & 8.3.2) untersucht werden. Solche Widersetzlichkeiten und Abwehrreaktionen sind oft auch auf reiterliche Probleme (grobe oder inkorrekte Hilfegebung; Überforderung) zurückzuführen. Eine spezielle Abklärung verlangt manchmal ein übermäßiges «Kopfschütteln»: Wiederum nach Ausschluss von schmerzhaften Zuständen und reiterlichen Problemen, lässt es sich in manchen Fällen auf das idiopathische *«Head-Shaking»* (→6.3.3.2) zurückführen. Schließlich gibt es auch Verhaltensmuster, die manche Besitzer als «moralisch» störend empfinden, wie das Masturbieren bei Hengsten und auch Wallachen.

Echte Verhaltensstörungen gehören dagegen nicht zum normalen Verhaltensrepertoire von Pferden. Oft handelt es sich um wiederholende, stereotypische Aktivitäten ohne erkennbaren Grund und Funktion. Solche **Stereotypien** gelten heute als eine Reaktion auf Stress (→10.4.3; z. B. durch mangelnden Sozialkontakt, sexuelle Frustration beim Hengst, kurze Fresszeiten oder wegen mangelndem Raufutterangebot) und Langeweile (mangelnde Bewegung, Reizverarmung), evtl. mit einer genetischen Prädisposition, wie sie für das Koppen gezeigt wurde. Hindert man die Pferde an deren Stereotypie, läuft man evtl. Gefahr, dass man damit den Stresspegel erhöht, wenigstens gemäß der Theorie, dass die Stereotypie dem Pferd hilft, mit dem Stress umzugehen (*«coping mechanism»*). Auch deshalb ist z. B. die Kopperoperation sehr umstritten. Ohne wesentliche Verbesserung der Haltungs- und Managementbedingungen sind medizinische Behandlungsversuche meist auch erfolglos.

Allerdings lassen sich nicht alle Verhaltensauffälligkeiten klar klassifizieren, z. B. können Zungenspielen, Lippenschlagen, Belecken, Boxenschlagen und Scharren entweder einfach als unerwünschte Verhaltensmuster oder auch als reaktive *«coping strategy»* aufgefasst werden.

Beispiele und Kategorien von Verhaltensauffälligkeiten und -störungen

«Unerwünschtes Verhalten»
- Boxenschlagen, exzessives Scharren
- Übermäßige Dominanz und Aggressivität
- Bocken, Steigen, Durchbrennen, Kleben usw.
- Masturbieren
- Übermäßiges Kopfschütteln
  Idiopathisches *«Head-Shaking»*
  DD: Schmerzen in Maul, Hals, Rücken, reiterliches Problem (z. B. «harte Hand»)

Stereotypien, «echte Verhaltensstörungen» und andere *«coping strategies»*
- Koppen (Aufsetz- oder Freikopper)
- Weben
- Zahnwetzen
- Boxenlaufen
- Selbsttraumatisierung
- Anormales Trink- und Fressverhalten
- Zungenspielen, Lippenschlagen und Belecken von Gegenständen

Kopper: Die meisten Kopper sind sog. Aufsetzkopper (Krippensetzer). Sie setzen die Schneidezähne bei gebeugtem Hals an einem Gegenstand auf, der Freikopper beugt den Kopf gegen die Brust. Dabei kontrahiert der Kopper die unteren Halsmuskeln (*M. sternothyreoideus, M. omohyoideus, M. sternohyoideus* und *M. sternomandibularis*) was zum Unterdruck des periösophagalen Gewebes führt, zum Öffnen des Schlundes und zum Einströmen von Luft unter gurgelndem Ton. Erschlaffen die Muskeln, entweicht die Luft wiederum geräuschvoll nach außen, in den meisten Fällen aber, ohne abgeschluckt zu werden. Es wird immer wieder behauptet und vermutet, dass Koppen «ansteckend» auf andere Pferde wirke und erlernt werden könne. Dies ist aber wissenschaftlich bisher unbestätigt. Dagegen gibt es Hinweise auf eine genetische Veranlagung. **Therapien**, seien es medikamentelle (Antidepressiva) oder chirurgische (Neurektomie, Ventralast vom *Nervus accesorius*; Myotomie) Ansätze wie auch Aversionstherapien (Kopperriemen; Elektroschock, Tierschutz!) sind, außer der ästhetisch unschönen radikalen Myotomie nach Forsell, wenig Erfolg versprechend, wenn nicht wesentliche Verbesserung der Haltungs- und Managementbedingungen vorgenommen werden. Wie oben schon bemerkt, gibt es auch Hinweise, dass Pferde noch vermehrt gestresst werden, wenn man sie an der Ausübung der Stereotypie hindert.

Weber stehen breitbeinig da und verlagern mit pendelndem Kopf ihr Gewicht von einem Bein auf das andere. Die Stereotypie wird meist nur im Stall ausgeführt. Weber sind manchmal auch Zahnwetzer. Die Abschliffspuren beim Zahnwetzer (Abschliff obere und untere Inzisivi) sollten bei Ankaufsuntersuchung nicht übersehen und vom Koppergebiss (Abschliff v. a. obere Inzisivi) unterschieden werden (→4.1.2.4).

Boxenlaufen (Kreislaufen) wie auch unablässiges **Scharren** oder **Schlagen** und **Treten gegen die Boxenwand**, sowohl mit den Vorder- als auch den Hinterbeinen, können wie andere Stereotypen durch bevorstehendes Füttern und soziale Unstimmigkeit hervorgerufen und verstärkt (oder umgekehrt durch entsprechende Haltungsänderungen manchmal auch vermindert) werden. Gewisse Pferde laufen nicht nur in der Boxe, sondern auch auf Außenplätzen und Paddocks repetitiv im Kreis.

Selbsttraumatisierung (Automutilation): Die Pferde beißen und benagen sich selbst, meist in der Flanke (Flankenbeißer) oder am Unterarm. Häufig sind dies frustrierte Hengste und Pferde mit Bewegungsmangel. Differenzialdiagnostisch sind Krankheiten auszuschließen, die Juckreiz (→1.1.1 & Tab. 1.2; u. a. wegen Ektoparasiten) oder seltene neurogene Schmerz- oder Fehlempfindungen (z. B. Parästhesien bei Neuritis caudae equinae →6.3.6.1; auch bei infektiösen Enzephalitiden, wie z. B. Tollwut →6.3.1.7 & 15.2.10.2) verursachen.

Bei vermutetem übermäßigem oder anormalem Trinken sollte zuerst die Trinkmenge über mehrere Tage gemessen werden. Bevor ein **psychogenes Trinken** diagnostiziert wird, müssen dann somatische medizinische Probleme, wie eine Niereninsuffizienz, endokrinologische (z. B. Diabetes insipidus →10.1.1.2, PPID →10.1.2.1) und neurologische Probleme, z. B. bei Hepatoenzephalopathie (→6.3.1.5.1), ausgeschlossen werden. Nicht unbedingt ein mengenmäßig exzessives, aber ein anomales Trinkverhalten (oft wird das Maul ins Wasser gehalten, ohne zu trinken) beobachtet man z. B. bei Patienten mit hochgradiger Hyperlipämie (→10.7.2) und hepatoenzephalem Syndrom.

Ebenso kann ein **anomales Fressverhalten** (Pica-Syndrom; Allotriophagie) eine Verhaltensstörung, ein unerwünschtes Verhaltensmuster (z. B. Holznagen) oder ein Anzeichen eines physischen Problems darstellen. Als Äußerung eines neurologischen Problems (z. B. Hepatoenzephalopathie →6.3.5.1) oder einer Mangelerscheinung ist Pica zwar wohl selten, aber beschrieben ist z. B. eine Allotriophagie mit Fressen von

Holz, Steinen, Knochen in Phosphormangelgebieten (→9.1.1.3).

Weiterführende Literatur

MAYHEW I. G.: Large Animal Neurology. 2nd edition, Wiley-Blackwell, Oxford, United Kingdom, 2008.

REED S. M., ANDREWS F. M.: Disorders of the neurologic system. In: REED S. M., BAYLY W. M., SELLON D. C. (Hrsg.): Equine Internal Medicine, 2nd edition, Saunders Elsevier, St. Louis, 2009.

REED S. M., FURR A.: Equine Neurology. Blackwell Publishing, Oxford, United Kingdom, 2008.

7 Krankheiten der Skelettmuskulatur

V. Gerber, L. Unger und R. Straub

Man kann Myopathien in neuro- (z. B. Botulismus, →6.3.6.3 & Tetanus, →6.3.4.5.2) und myogene, angeborene und erworbene Erkrankungen sowie in weitere ätiologische und pathophysiologische Gruppen einteilen. Spezifische Krankheitsbilder passen dabei nicht selten in mehrere Kategorien, weil sie multifaktoriell bedingt sind (Box 7). Beispiele dafür umfassen u. a. die Polysaccharid Speichermyopathie (*«Polysaccharide storage myopathy»*, PSSM →7.1.1.2), die sowohl metabolisch-anstrengungs- (→7.1.1), fütterungs- als auch in vielen Fällen genetisch bedingt ist, oder auch die postanästhetische Myositis, deren Ursachen sich sowohl als metabolisch (hypoxisch)-kreislaufbedingte (→7.1.2.2) als auch als traumatische einteilen lassen. Die Einteilung der Myopathien, die wir in diesem Kapitel vorgenommen haben, richtet sich den Umständen entsprechend nach den jeweils klinisch möglichst wegweisenden ätiologischen und pathophysiologischen Kriterien und Kategorien.

Überblick über verschiedene Ursachen der Myopathie

metabolisch
- sporadische anstrengungsbedingte Rhabdomyolyse/Myopathie
  - sporadischer Kreuz(ver)schlag (Überbeanspruchung, energiereiche Diät, Elektrolyt- und Antioxidantiendefizite, virale Infekte)
  - Überanstrengung, Muskelkater (*«Delayed Onset Muscle Soreness»*, DOMS →7.2.1)
- rezidivierende anstrengungsbedingte Kreuz(ver)schläge/Rhabdomyolyse/Myopathie
  - Polysaccharid Speichermyopathie
  - Tying up (*«Recurrent Exertional Rhabdomyolysis»*, RER →7.1.1.3)
- kreislaufbedingt
  - generalisierte postanästhetische Myositis, maligne Hyperthermie (→7.1.2.1)
  - lokale postanästhetische Myositis (→7.1.2.2)
  - ischämische Myositis und Muskelschmerzen nach Arterienthrombosen
- weitere, z. B. genetisch- (*«Glycogen Branching Enzyme Deficiency»*, GBED →7.4.2) oder endokrinbedingte metabolische Myopathien (PIPP →10.1.2)

traumatisch (z. B. fibrosierende Myopathie →7.2.2; im weiteren Sinn auch DOMS und postanästhetische Myositis)

ernährungsbedingt (z. B. Vitamin-E-/Selen-Mangel, Weißmuskelkrankheit, WMD →7.3.1, EMND →6.3.4.4; auch die klinische Ausprägung einer PSSM oder RER kann durch Fütterung modifiziert werden)

genetisch
- Erkrankungen des Kohlehydratstoffwechsels (z. B. PSSM, GBED; maligne Hyperthermie)
- Krankheiten und Funktionsstörungen der Ionenkanäle (*«channelopathies»*/Myotonien; z. B. HYPP →7.4.1, evtl. Myotonien und RER)

toxisch (z. B. Weidemyopathie →7.5.2, Ionophoren-Vergiftung →7.5.1)

infektiös (z. B. clostridienbedingte Muskelnekrose, streptokokkenbedingte immun-mediierte Myopathien; evtl. Myalgie nach Influenzainfektion; parasitär auch Trichinella)

verschiedene weitere Ursachen, u. a. Störungen im Elektrolyt- oder Mineralstoffhaushalt, Myotonien/*«channelopathies»* und Muskelneoplasien

Die Diagnosen von Myopathien gleichen sich dabei häufig. Akute Schädigungen der Muskelzellmembran oder der ganzen Muskelzelle spiegeln sich zuverlässig in Aktivitätserhöhungen muskelspezifischer Serumenzyme und dem Nachweis von Myoglobin in Plasma und Urin wider. Man verlässt sich in frischen Fällen am besten auf die Creatinkinase CK (auch CPK oder KK geschrieben), in älteren Fällen sind weniger spezifische, aber länger im Serum persistierende Enzyme zu bestimmen (Aspartat-Aminotransferase, AST; auch LDH und ihre Isoenzyme; Aldolase, ALD). Die Bestimmung der Muskelenzyme vor und nach einem Belastungstest kann weitere wichtige Informationen liefern.

Es lohnt sich, auch Plasma-Elektrolyt-Konzentrationen zu bestimmen, vor allem Na+, K+, Ca++, Mg++. Als in vielen Fällen sehr wertvoll ist die technisch einfache Muskelbiopsie anzusehen. Die biopsierten Stücke werden je nach der zu beantwortenden Frage histologisch, elektronenmikroskopisch und histochemisch in Speziallabors näher untersucht.

Die Elektromyografie führt, jedenfalls bei uns, noch ein Mauerblümchendasein. Zum mindesten bei vermuteten neurogenen Muskelleiden sollte sie vermehrt angewendet werden, doch ist die Methode auch bei primären Myopathien und Endplattenproblemen von Nutzen. In speziellen Fällen leisten bildgebende Verfahren (v. a. Ultraschalluntersuchungen) von Weichteilen recht gute Dienste.

7.1 Metabolische Ursachen

7.1.1 Anstrengungsbedingte Myopathien

7.1.1.1 Kreuzschlag/Kreuzverschlag

Der **Kreuz(ver)schlag** wird in der englischen Literatur «*Recurrent Exertional Rhabdomyolysis*» (RER) genannt, was die (Über-)anstrengung als Auslöser betont. Veraltet sind die Ausdrücke «*Azoturia*», «Lumbago» und «paralytische Myoglobinurie». Letzterer ist auch irreführend, weil die Pferde nicht an einer Paralyse (vollständigen neurogenen Lähmung) leiden, sondern vielmehr an einer «myogenen Parese», genauer an muskulärbedingt eingeschränkter Bewegungsfähigkeit und Kraftverlust.

Grundsätzlich unterscheidet man zwei verschiedene Arten von Kreuz(ver)schlag: eine sporadische Form nach physischer Überanstrengung, insb. nach Ruhetagen und Kohlehydratakkumulation (zu energiereiche Diät) oder auch bei heißem Wetter mit größeren Elektrolytverlusten, bei Antioxidantiendefiziten und evtl. nach respiratorischen viralen Infekten (Herpes, Influenza) und einer rezidivierenden oder chronischen Form bei einer zugrunde liegenden Myopathie mit genetischer Grundlage. Zu Letzteren gehören insb. die PSSM (Polysaccharid-Speicher-Krankheit, →7.1.1.2) beim AQH, Kaltblut oder auch Warmblüter, sowie die (rezidivierende arbeitsinduzierte Myopathie, Tying-up →7.1.1.3), die v. a. bei Rennpferden auftritt. Allen Formen von Kreuz(ver)schlag gemeinsam ist der Auslöser der Anstrengung. Jedoch muss bei Pferden mit genetischer Prädisposition für PSSM oder RER die Intensität der Arbeit nur gering sein, um eine erneute Episode auszulösen, wohingegen bei sporadischen Kreuz(ver)schlagspatienten die Überanstrengung und Unregelmäßigkeit der Arbeit klar im Vordergrund stehen. Prädisponierend wirken können Elektrolytverluste (Schwitzen), evtl. respiratorische Infekte und v. a. unregelmäßige Arbeit bei kohlehydratreicher Fütterung.

Der klassische Kreuz(ver)schlag war früher eine häufige und gefürchtete Krankheit, die weit öfter bei Zugpferden auftrat als bei leichteren Reitpferden. Mit dem Rückgang der Anzahl Zug- und Arbeitspferde ist der Kreuzverschlag seltener geworden. Vor allem hart arbeitende Tiere erkrankten im typischen Fall nach einer Ruheperiode von mehr als einem Tag («*Monday Morning Disease*»), wenn sie während der Ruhetage üppig, und zwar besonders kohlenhydratreich gefüttert wurden. Auch schwere Arbeit nach einer ungenügenden Aufwärmzeit kann einen Kreuzschlag provozieren. Heute wissen wir, dass beim Kaltblut die PSSM weit verbreitet ist.

Eine spezielle Form des Kreuzschlags oder der anstrengungsbedingten **Rhabdomyolyse** ist die Myopathie, die bei verzweifelten Befreiungsversuchen entstehen kann (Pferde, die sich «in der Boxe verlegen haben»), diese ist gut zu vergleichen mit der sogenannten *«capture myopathy»*, die beim Einfangen wilder Huftiere beobachtet wird und nicht selten mit dem perakuten Tod endet (Hyperthermie, Hyperkaliämie, Azidose; deshalb auch *«stress hyperthermia»* genannt).

Unabhängig von der zugrunde liegenden Pathogenese beim Kreuz(ver)schlag stellen sich sehr schnell und oft in ausgedehnten Muskelbezirken Membran- und Zellschädigungen ein (hyaline und schollige, akute Degeneration; Rhabdomyolyse), die sich klinisch in der Freisetzung von Myoglobin und in einem ausgeprägten Anstieg der Serumenzymaktivitäten (CK, LDH, AST) manifestieren. Es besteht hochgradiger Krampfschmerz mit verhärteter Muskulatur, steifer Gang bis zur Bewegungsunfähigkeit, Hyperthermie, erhöhte Herz- und Atemfrequenz und profuse Schweißausbrüche.

Neben der Muskulatur können selten auch durch den erhöhten Druck in den Muskellogen (Kompartementsyndrom) Gefäß- und Nervenschädigungen auftreten (→7.1.2.2). Eine gefürchtete Komplikation auch bei den Equiden ist die Pigmentnephrose (→5.1.1 & 5.2.1.2; auch myorenales Syndrom oder Crush-Niere mit akuter Niereninsuffizienz), eine Folge der Hypoperfusion und der toxischen Effekte von Myoglobin- sowie ggf. auch der verabreichten nicht steroidalen Entzündungshemmer.

Symptome: Die Symptome können in ihrer Stärke unterschiedlich ausfallen. Der klassische Kreuz(ver)schlag nach einer Ruhepause, gefolgt von intensiver Arbeit kann dramatisch verlaufen. Kurz nach Arbeitsbeginn, in der Regel innerhalb der ersten 20 Minuten (bei leichterer Ausprägung auch später, evtl. nach Ende der Arbeit), geht das Pferd nur noch unwillig vorwärts, es wird zusehends und rasch steif und klamm in seinen Bewegungen. Es fängt an, zu hyperventilieren (Krampfschmerz) und zu schwitzen. Der Blick ist oft ängstlich. Lässt man das Tier stehen, zeigt sich heftiges Muskelzittern. Die akuten Schmerzen und die Unruhe können den Laien zum Fehlschluss «Kolik», verleiten. Auffällig sind die hart geschwollenen und druckdolenten Muskeln, v. a. der Lenden-, Kruppen- und allgemein der Nachhandmuskulatur. Erholt sich das Pferd, werden die betroffenen Muskeln innerhalb von Stunden bis zu einem Tag wieder normal weich. Wird ein betroffenes Pferd weiter angetrieben (z. B. bei falscher Kolikdiagnose), kann es zum Einknicken in der Nachhand und zum Sturz kommen. Die Versuche aufzustehen, bleiben dann fast ausnahmslos ohne Erfolg.

Typisch, fast pathognomonisch ist die Myoglobinurie: Der Harn ist dunkelbraun bis schwarz verfärbt (Abb. 7.1). Oft wird aber erst nach einer initialen analgetischen Behandlung Harn abgesetzt. Alle üblichen Methoden zum Nachweis von Hämoglobin im Urin (z. B. «Dipsticks») ergeben positive Resultate. Myoglobin ist von Hämoglobin nur spektrometrisch zuverlässig zu unterscheiden. Daneben finden sich im Sediment Epithelien und Zylinder. Das Blut ist eingedickt, der Hämatokrit steigt in schweren Fällen auf über 60 %. Das Plasma ist etwas bräunlich rosa verfärbt. Die Serumaktivitäten der Muskelenzyme (CK, AST, LDH; Abb. 7.2) erreichen einsame Höhen; das Serum muss oft verdünnt werden, um eine Messung durchführen zu können. In schweren, aber nicht gleich tödlich endenden Fällen können sich anschließend die Anzeichen der Parenchymschäden anderer Organe (insb. der Niere) einstellen. Entsprechend wichtig ist es bei schweren Rhabdomyolysen eine Azotämie (erhöhte Harnstoff- und Kreatininwerte) frühzeitig zu erkennen. In schweren

Abb. 7.1: Myoglobinurie (Reagenzglas/Urin): Myoglobin im Harn ist ein guter Indikator für Rhabdomyolyse. Je nach Konzentration verfärbt sich der Harn dunkel bis schwarz. Bei extrem erhöhten Werten kann es zu Nierenversagen führen.

Fällen sind oft auch Elektrolytanomalitäten (Hypochlorämie, Hypokalzämie, Hyperkaliämie und Hyperphosphatämie aufgrund der Schweißverluste und der Muskelzellzerstörung) und meist eine metabolische hypochlorämische Alkalose, kaum je eine Azidose zu beobachten. Wie oben bereits betont, können aber die klinische Ausprägung und der Schweregrad sehr unterschiedlich sein. Rezidivierende Myopathien bei PSSM (→7.1.1.2) sind oft weniger ausgeprägt, wohl auch deswegen, weil die Pferde lernen, sich zu schonen. Fälle von PSSM bei Kaltblütern können nicht selten auch anormale Gangmuster und Schwäche zeigen. Auch beim Vollblüter kommen mildere Verläufe von RER mit Muskelkrämpfen der Nachhand und Unwilligkeit, sich vorwärtszubewegen, vor, das typische **Tying-up** (→7.1.1.3). Diese Patienten erholen sich meist innert weniger Stunden.

Diagnose: Die Diagnosestellung ist mithilfe der Anamnese und bei deutlichen Symptomen grobsinnlich zu stellen. Die Laboruntersuchungen sichern die Verdachtsdiagnose.

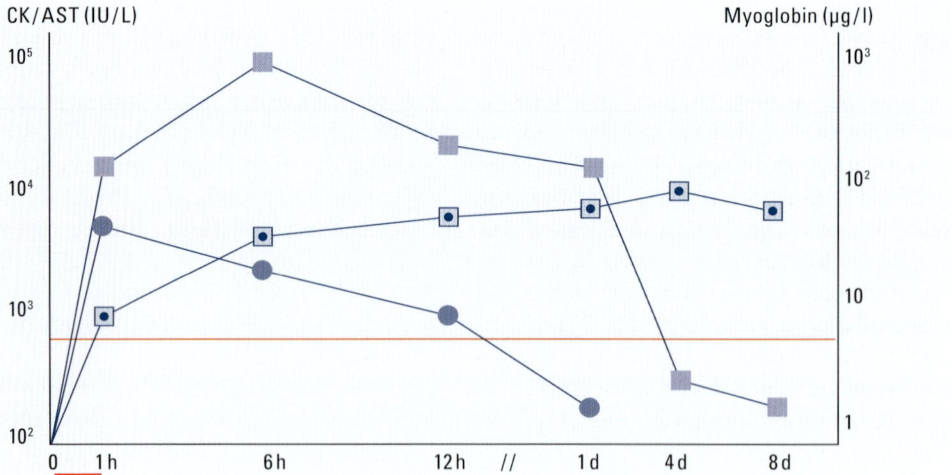

Abb. 7.2: Enzymaktivitäten und Myoglobingehalt im Serum nach einem Kreuzschlag: ▬ Belastung; — Schwelle für Normalwerte; ■ Creatinkinase (CK) (IU/L); ▣ Aspartat-Aminotransferase (AST) (IU/L); ● Myoglobin (µg/l).

Therapie: Die Behandlung richtet sich nach dem Grad der Erkrankung und hat zum Ziel, die Schmerzen und die Angst zu lindern sowie den Flüssigkeits- und Elektrolythaushalt wiederherzustellen, um eine weitere Schädigung von Muskulatur und Nieren zu vermeiden. Sofort ist anzuordnen (schon am Telefon!), das Pferd – nur wenn es noch gut läuft – in eine Boxe zu verbringen, sonst gar nicht mehr zu bewegen und am Ort warm und gut gedeckt in Ruhe zu lassen! Transporte sind zu diesem Zeitpunkt kontraindiziert. Wenn möglich, sollte der Patient, wenn er an einem ausgeprägten Kreuz(ver)schlag leidet, zuerst an Ort und Stelle versorgt werden. Die erste therapeutische Maßnahme besteht in der Verabreichung eines Analgetikums. Sofern der Patient nicht dehydriert ist, dürfen sofort nicht steroidale Entzündungshemmer (z. B. Flunixin Meglumin 0.25–1.1 mg/kg KG i. v.) eingesetzt werden. Sonst ist es vorsichtiger, zum Schutz der Nieren zuerst eher Sedativa (z. B. Azepromazin, 0.03 mg/kg KG i. m. oder i. v.; das auch anxiolytisch wirkt) und Opioide (mögliche Wirkstoffe mit Dosierungen siehe auch unten) zu verwenden, bis der Wasserhaushalt mit der unten beschriebenen Infusionstherapie korrigiert ist. Sehr oft überwindet diese Behandlung die Strangurie, und nach dem Absatz braunen oder schwarzen Harns ist der letzte diagnostische Zweifel behoben.

Wenn nicht bereits geschehen, ordnet man nun die energische Massage des erkrankten Gebiets an und lässt das Pferd (v. a. bei kalter Witterung) mit einer Strohschicht zwischen Muskulatur und Decke warm eindecken oder – wenn vorhanden – unter eine Infrarot-Wärmequelle stellen. Für eine möglichst gute Diurese bietet man immer Trinkwasser ad libitum an. Leichtgradig erkrankte Pferde dürfen nun im Schritt langsam in die Unterkunft geführt oder transportiert werden; als Futter sollte aber nur Heu angeboten werden. Schwerer erkrankte Pferde pflegt man wenn möglich weiter auf dem Platz. Die Behandlung besteht in der i. v. Zufuhr isotoner Ringer- oder Ringer-Laktat-Lösung (doppelter Erhaltungsbedarf, entsprechend 100 ml/kg KG pro Tag); bei einer Hyperkaliämie sollten kaliumfreie NaCl-Lösungen verabreicht werden. Da kaum je eine Azidose vorliegt, ist die von manchen Klinikern empfohlene Bikarbonatgabe per infusionem (0.5–1 mg/kg KG) höchstens bei starker Myoglobinurie oder Hyperkaliämie, wenn die Pferde nicht ohnehin schon die Alkalose zeigen, angezeigt. Myoglobin ist im alkalischen Harn besser löslich, und eine Alkalose wirkt einer Hyperkaliämie entgegen. Bei ausgeprägter Hypokalzämie kann z. B. 100–200 ml/500 kg KG 24-%-Kalzium-Borogluconat oder auch ein kombiniertes Kalzium-Magnesium-Präparat gegeben werden. Gut wirken unserer Erfahrung nach niedermolekulare Plasmaexpander (z. B. Polyoxygelatine oder Dextrane) zur Verbesserung der Mikrozirkulation und als Anregung der Diurese. Muskelrelaxantien, Antioxidantien wie Vitamin E- und Selengaben können therapeutisch-präventiv verabreicht werden. Festliegende Pferde verbringt man am besten unter Sedation (Azepromazin: 0.03–0.07 mg/kg KG i. m. oder i. v.; Xylazin 0.4–0.6 mg/kg KG i. v.; Detomidin: 20–40 µg/kg KG i. v.; Romifidin 40–50 µg/kg KG i. v.; Butorphanol: 10–50 µg/kg KG i. v.; bei hochgradigen Schmerzen auch ein Detomidin, Lidocain, Ketamin oder Butorphanol «Drip»), eventuell ergänzt durch ein Muskelrelaxans (z. B. Methocarbamol: 5–22 mg/kg KG langsam i. v.; evtl. auch Dantrolen, 2–4 mg/kg KG p. o., Absorption am besten gefastet, kann nach 3–4 Stunden wiederholt werden) oder sogar in Narkose, um Aufstehversuche zu verhindern, möglichst rasch in eine Klinik. Sie sind auf kurzer Streu weich zu betten und alle 4–6 Stunden zu wenden und zu massieren. Später, unter leichter Sedation muss auch versucht werden, das Pferd in der Aufhängung aufzurichten. Derart hochgradig Erkrankte benötigen eine sehr aufmerksame Pflege und eine intensive, aufwendige symptomatische Behandlung (Kosten!). Analgetika und nicht steroidale Entzündungshemmer sind unter Gewährleistung einer guten Nierendurchblutung weiter angezeigt. Bei festliegenden Pferden sollten präventiv (z. B. Pneumonie) auch Breitspektrumantibiotika gegeben werden.

Kontrovers ist die Verwendung von Kortikosteroiden (Hyperglykämie), die aber in frischen, hochgradigen Fällen (Festliegen) manchmal angezeigt sind. Unumstritten ist dagegen, dass die Pferde nach einem ausgeprägten Kreuzschlag zuerst einige Tage Stallruhe benötigen und anschließend zuerst nur kurz in einem kleinen Paddock oder an der Hand bewegt werden sollten. Erst wenn sich die Pferde komplett erholt haben, sollte ein vorsichtiges Trainingsprogramm (Box 7.1.1.1; sowie weitere Empfehlungen →7.1.1.2 resp. 7.1.1.3) aufgenommen werden.

Beispiel eines Aufbautrainings nach akuter Rhabdomyolyse

Woche 1: Zusammen mit der Diätumstellung je nach vermutetem Muskelschaden (CK) einige Tage Stallruhe und/oder kurze Zeit Auslauf in kleinem Paddock und Führen (3 × 5 min/Tag).

Woche 2: Beginn Aufbauprogramm. Allg. gilt: Wenn Gehunfreudigkeit oder Steifheit auftritt, Bewegungsprogramm unterbrechen. Verlaufskontrolle der Muskelenzymaktivitäten (CK und AST) zu empfehlen. Tägliche Aufwärmphase 10 Minuten Schritt (Laufband, «Walker» an der Longe oder unter dem Reiter) und anschließend 3 Belastungsintervalle im Trab (190–220 m/min) mit Erholungsphasen im Schritt pro Tag.

Tag 1: 3 Belastungsintervalle à 3 Minuten mit 2 Erholungsphasen à 3 Minuten total ca. 3 km

Tag 2: 3 Belastungsintervalle à 4 Minuten mit 2 Erholungsphasen à 3 Minuten total ca. 4 km

Tag 3: 3 Belastungsintervalle à 5 Minuten mit 2 Erholungsphasen à 5 Minuten total ca. 5 km

Tag 4: 3 Belastungsintervalle à 7 Minuten mit 2 Erholungsphasen à 5 Minuten total ca. 6 km

Tag 5: 3 Belastungsintervalle à 8 Minuten mit 2 Erholungsphasen à 5 Minuten total ca. 7 km

War der Patient während und nach den Belastungen unauffällig (Enzymkontrolle), kann das Training entsprechend seinem Fitnesszustand und entsprechender Diät wieder aufgenommen werden.

Prognose: Der Verlauf und damit die Prognose der Krankheit hängt vom Ausmaß des Muskelschadens ab. Die Prognose für noch stehende Pferde (auch in der Aufhängung) ist grundsätzlich quoad vitam günstig, für festliegende Tiere dagegen zum mindesten zweifelhaft. Quoad restitutionem sind die milderen Fälle auch funktionell günstig zu beurteilen; bei schwerer erkrankten Tieren muss mit einer wochenlangen Erholungszeit gerechnet werden.

Prophylaxe: Je nach Ursache des Kreuzverschlages (ausführliche Empfehlungen →7.1.1.2 resp. 7.1.1.3) müssen das Training und auch die Fütterung entsprechend angepasst werden: Leicht verdauliche Kohlenhydrate sind zu vermeiden. Es eignet sich eine Diät aus Heu und Mineralfutter sowie Wasser ad libitum. Allerdings ist hier zu betonen, dass sowohl für Mineralstoffe wie für Antioxidantien nur die Korrektur von bestehenden Defiziten eine Verbesserung verspricht. Es gibt keine Hinweise, dass eine Überversorgung mit Vitamin E, Selen, Chrom, Natrium, Kalzium, Kalium oder Chlorid vorteilhaft wäre. Im Gegenteil, ein Zuviel an Selen oder Chrom kann z. B. Probleme verursachen. Elektrolytdefizite (Natrum, Kalium, Kalzium, Chlorid) werden am genauesten mittels fraktioneller Exkretion identifiziert und dann gezielt angepasst (Box 12.2.1). Als ein weiterer prädisponierender Faktor werden, v. a. in der älteren Literatur, oft auch tiefe Außentemperaturen angesehen: kühles Wetter nach den Ruhetagen im warmen Stall soll bei der Arbeitsaufnahme einen Kreuzschlag begünstigen können. Aufwärmen, z. B. 20 Minuten ruhiger Schritt, bei kalter Witterung mit Kreuzdecken sind vorbeugende Maßnahmen.

7.1.1.2 Polysaccharid Speicherkrankheit (*«Polysaccharide Storage Myopathy»*, PSSM)

Die Polysaccharidspeichermyopathie (PSSM; früher, v. a. bei Kaltblutrassen auch *«Equine Polysaccharide Storage Myopathy»*, EPSM genannt) ist eine Erbkrankheit, die Muskelstoffwechselstörungen hervorruft. Eine Mutation im Glycogen-Synthase-1- (GYS1-) Gen ist eng mit der Typ-I- (nicht aber Typ II-) PSSM assoziiert. 72 % der Amerikanischen-Quarter-Horse-Population sind Träger der GYS-1-Mutation. Bei dieser Störung werden anormale Muskelenergiereserven gebildet. Es besteht eine erhöhte Insulinsensitivität, welche dazu führt, dass erkrankte Pferde Glukose schneller vom Blut in die Muskelzellen aufnehmen und Glykogen bilden können. Gekennzeichnet ist die Erkrankung dann durch die Anhäufung anormaler Polysaccharide oder auch durch die bis zu 4-fach übermäßige Anhäufung normaler Glykogenmoleküle im Muskel. Bei der exzessiven, in Haufen und kristallähnlich auftretenden Akkumulation von anomalen, amylaseresistenten Polysacchariden spricht man von der **PSSM Typ I,** bei der exzessiven subsarkolemnalen Akkumulation von normalen, amylase-sensitiven Polysacchariden von der **PSSM Typ II.** Diese Unterteilung ist bei der histologischen Beurteilung von Muskelproben wichtig. Die amylaseresistenten anormalen Polysaccharide schädigen die Muskelzelle. Die Krankheit ist nicht heilbar. Sie betrifft vor allem American Quarter Horses, Paint, Appaloosa, Haflinger und Kaltblutrassen, aber auch Warmblüter. Nicht selten tritt PSSM bei diesen Rassen familiär gehäuft auf. Mit angepasster Haltung, Diät und entsprechendem Training sind betroffene Pferde mehr oder weniger belastbar. Beim Typ II der PSSM, der ebenfalls bei verschiedenen Rassen auftreten kann und grundsätzlich dieselben Symptome verursacht, ist bisher keine verantwortliche Mutation bekannt. Pferde, welche zusätzlich an der genetisch verankerten Empfindlichkeit gegenüber Halothan leiden (maligne Hyperthermie →7.1.2.1; Gentest), können wesentlich schwerer erkranken und Kreuzschlagepisoden zeigen, die auch von Hyperthermie, Hypoxie und Laktatazidose geprägt sind.

Symptome: Die klinischen Symptome können recht beträchtlich variieren. Quarter Horses und verwandte Rassen zeigen typischerweise Muskelkrämpfe innerhalb der ersten halben Stunde nach Trainingsbeginn. Weitere Symptome sind: steifer Gang, Ängstlichkeit, in schlimmeren Fällen auch deutliche Schmerzsymptomatik mit Schwitzen, Weigerung, sich zu bewegen, bis hin zum Festliegen und Tod. Rezidivierende Myopathien bei PSSM sind aber oft weniger ausgeprägt, wohl auch deswegen, weil die Pferde lernen, sich zu schonen. Betroffene Kaltblüter können zudem auch Gangunregelmäßigkeiten bis hin zu Lahmheit, Leistungsschwäche, progressivem Muskelverlust, Muskelschwäche und evtl. auch shiveringähnliche Symptomatik aufweisen (→6.3.6.6). Auch bei Warmblütern treten nicht selten Gangunregelmäßigkeiten und Muskelschwäche auf. Viele Pferde haben eine lange Vorgeschichte verschiedener Muskelprobleme, die häufig nicht sofort als PSSM erkannt werden. Allen gemeinsam ist der wiederkehrende Charakter der Problematik und die Tatsache, dass vielfach bereits kleine Anstrengungen ausreichen, um eine erneute Krise auszulösen und zum Anstieg der Muskelenzyme zu führen.

Beim Trainingsaufbau zeigen sich bei Intensitätssteigerung (v. a. wenn diese nicht sehr vorsichtig progredient vorgenommen wird) Symptome in zunehmendem Maße. Wegen der unterschiedlichen, anfänglich oft schwachen Symptome (herabgesetzte Leistungsbereitschaft, inaktive Nachhand, schlechtes Rückwärtstreten, unregelmäßiger Gang, vermehrtes Schwitzen u. a.) wird manchmal auch auf andere Krankheiten untersucht. Häufig werden diese undeutlichen Anzeichen eher Trainings-, Reiter- und Fahrerfehlern oder dem «Unwillen des Pferdes» zugeschrieben.

Diagnose: Trotz der variablen Symptomatik führt die Anamnese, grobsinnliche Untersuchung und Enzymanalyse zur Differenzialdiagnose Belastungsmyopathie mit oder ohne PSSM-Hintergrund. Auch ein Belastungstest kann bei der Diagnosestellung helfen:

Bei an PSSM erkrankten Pferden steigen die Muskelenzyme nach leichter Belastung (4–6 h nach 20 Minuten Trab an der Longe) um > 1000 IU/l an. Der Gentest kann die Diagnose in den meisten Fällen bestätigen (Typ-1-PSSM), bei den restlichen Verdachtsfällen (Typ-II-PSSM) ist man mithilfe der Muskelbiopsie (*M. semimembranosus* oder *semitendinosus*) auf die histologische Diagnose, PAS-Färbung) angewiesen.

Therapie: Treten Symptome einer manifesten Rhabdomyolyse auf, sind diese wie oben beim Kreuz(ver)schlag beschrieben zu behandeln (→7.1.1.1).

Prophylaxe: Die wichtigsten Vorsorgemaßnahmen sind ein streng kontrolliertes Trainingsprogramm und die Diät (Box 7.1.1.2), wobei die Kombination ausschlaggebend ist, die Fütterungsumstellung alleine genügt nicht. Die Patienten sollten möglichst kohlenhydratarm gefüttert werden. Eine ausreichende Versorgung mit gutem Heu deckt den größten Teil des Futterbedarfes. Der tägliche Bedarf an Raufutter beträgt wie bei jedem anderen Pferd ca. 1.5–2 % des Körpergewichtes. Das Futter sollte weder Getreide (Stärke!) noch Melasse (Zucker!) enthalten, empfohlen wird ein Stärkeanteil von weniger als 5 %. Wird zusätzlich Energie benötigt (und nur dann, sonst werden die Pferde einfach zu dick), gibt es auf dem Markt sehr fettreiche Futtermischungen (12–25 % der Ration können aus Fetten wie Pflanzenölen oder Reiskleie bestehen). Wichtig ist es, die Fütterung sehr langsam umzustellen, um Indigestionen zu vermeiden. Die fettreiche Nahrung soll die Insulinsekretion und damit die Glukoseaufnahme in die Muskelzellen senken, was zu einer verminderten Glykogensynthese in den Muskelzellen führen soll. Den Patienten sollte ausreichend freie Bewegung gewährt und die Muskulatur sollte warm gehalten werden (Eindecken). Der Trainingsaufbau muss unbedingt dem jeweiligen Zustand und der Belastbarkeit des Patienten angepasst werden und ist in jedem Falle behutsam, kontinuierlich (keine Ruhetage; vorsichtige Steigerung) und langsam vorzunehmen. Regelmäßige Blutuntersuchungen (CK und AST Aktivitäten) während des Trainingsaufbaus sind hilfreich und verhindern ein Übertraining.

Polysaccharid Speicherkrankheit: Prophylaxe

Tägliche Bewegung! Ebenso wichtig wie die Fütterung!
- keine Ruhetage, täglicher Auslauf und Belastung
- Steigerungen der Trainingsintensität langsam und vorsichtig! (Box 7.1.1.1)
- Muskulatur warm halten (Stall- und Kreuzdecken)

Fütterung (langsame Angewöhnung/Umstellung/Menge der Leistung angepasst, nicht überfüttern!)
- Kurzfutter (l. verdauliche Kohlenhydrate) reduzieren: möglichst kompletter Ersatz von Stärke/Zucker (wenn Getreide, dann Hafer) mit Fetten als Energieträger
- Speiseöl, z. B. Maisöl 2–5 dl/500 kg KG/Tag (ca. 20–25 % Energie)
- kommerzielle Mischungen für Pferde mit PSSM
- Raufutter: nicht zu reichhaltige Weide, Heu, Graspellets oder Gras-Silage
- Supplements: Vit.-E-/Selen-Versorgung (Antioxidantien) und Elektroythaushalt (z. B. Magnesium) überprüfen und optimieren: ggf. Mineralleckstein anbieten oder Salzgaben (NaCl und KCl); gezielte Ergänzungsfuttermittel (Vit. E/Selen)

Prognose: Werden all diese Faktoren berücksichtigt, sind viele Fälle auch längerfristig belastbar und können zur ursprünglichen Leistung zurückkehren. Bei schweren Fällen muss mit einer Leistungseinbuße gerechnet werden.

7.1.1.3 Tying up («*Recurrent Exertional Rhabdomyolysis*», RER)

Es sind Zustände bekannt, die zu mehr oder weniger deutlichen Symptomen bei quantitativ geringer Muskelschädigung führen. Dabei handelt es sich anders als bei Kreuzschlagpatienten um volltrainierte Pferde, meist Rennpferde wie das Englische Vollblut oder auch Trabrennpferde (sog. Myalgie der Traber), die während oder unmittelbar nach der Anstrengung erkranken, ohne dass ein unregelmäßiges Training oder ein Glykogenüberschuss in der Muskulatur vorhanden sein müssen.

Das Tying-up stellt einen Zustand dar, der am ehesten nervöse, jüngere Vollblutstuten im Renntraining betrifft, rezidivierend auftritt und damit ein vernünftiges Training und einen Einsatz in Rennen unmöglich machen kann. Die Pferde werden während der Arbeit, manchmal auch kurz nachher oder im Rennen, steif und unwillig. Reitet man die Tiere nun im ruhigen Schritt, lösen sich die verspannten Muskeln oft schon auf dem Gang in den Stall. Versucht man weiterhin, schnell zu arbeiten, wird das Tier immer steifer, es galoppiert unwillig, unter Schweifschlagen und mit erhobenem Kopf. Die Bewegung bereitet offensichtlich Schmerzen. Eine Myoglobinurie besteht in den wenigsten Fällen; die Serumaktivitäten muskelspezifischer Enzyme zeigen sich oft nur leichtgradig erhöht. Dabei ist zu beachten, dass bei solchen Patienten – wie auch bei der Myalgie der Traber – schon die Ausgangswerte in Ruhe etwas erhöht sein können.

Die Myalgie der Traber äußert sich in einer deutlichen Schmerzhaftigkeit der Rücken-Lenden-Muskulatur. In Nordamerika ist dieses Syndrom unter dem Namen einer «*exertional myopathy (myositis) of standardbreds*» bekannt. Gute Traber weisen eine imposant entwickelte Rücken-Lenden-Muskulatur auf. Bei anfälligen Tieren – wiederum vorwiegend nervöse Stuten – lokalisiert sich die palpierbare «Muskelverspannung» in diesem Bereich, wobei sie meistens ein- oder beidseitig auch auf die Kruppen- und andere Gliedmaßenmuskeln übergreift. Das führt dann zu Unreinheiten im Gang oder zu einer eigentümlich hüpfenden Lahmheit. Man spürt die steif verspannte Muskulatur, die Palpation ist dolent, und in Einzelfällen sind die Muskeln bis zur Kruppe auch sichtbar kontrahiert, «geschwollen». Eine Myoglobinurie besteht nur selten. Falls vorhanden, bleibt sie für gewöhnlich leichtgradig. Doch zeigen diese Pferde schon in Ruhe eine leichte Hyperenzymämie, und nach Anstrengungen steigen die Enzymaktivitäten stärker an als bei vergleichbaren gesunden Tieren. Nach 24 Stunden sind die Ruhewerte der CK (T½ 9 h) in der Regel wieder erreicht, während AST (T½ 60 h) und LDH noch immer erhöht sind.

Diagnose: Die Diagnose derartiger Myopathien ist grobsinnlich zusammen mit der Anamnese leicht zu stellen. Um andere Myopathien auszuschließen, sind gezielte Laboruntersuchungen (Muskelenzymwerte) durchzuführen. RER im Speziellen kann durch den in vitro Halothan-Koffein-Kontrakturtest diagnostiziert werden: Es besteht eine erhöhte Sensitivität der Muskulatur auf Koffein und Halothan. Für diesen Test ist eine Biopsie eines *Musculus intercostalis* geeignet. Die genaue Mutation bei an RER-erkrankten Pferden ist noch unbekannt. Es gibt also noch keinen Gentest. Sicher ist die Erkrankung multifaktoriell bedingt (Fitness, Trainingsplan, Fütterungsmanagement, Temperament des individuellen Tieres, zugrunde liegende Erkrankung wie Lahmheit etc.).

Therapie und **Prophylaxe:** Die eher seltenen Fälle mit ausgeprägten Symptomen sind wie oben beim Kreuz(ver)schlag beschrieben symptomatisch zu behandeln (→7.1.1.1). Eine rational begründete nachhaltige oder gar ursächliche Behandlung gibt es vorläufig nicht. Antioxidantien, wie Vitamin E und Selen scheinen zu einer Besserung beizutragen. Veränderte Trainingsmethoden («über den Rücken reiten», ohne «Over Check» bei tiefer und gestreckter Kopf- und Halshaltung trainieren; Box 7.1.1.3) können die Symptome lindern. Wenn möglich, sollten alle Stressfaktoren für ein Pferd so gering wie möglich gehalten werden. Auch bei diesen Patienten wird eine kohlenhydratarme und fettreiche Diät empfohlen. Als Prävention kann in gewissen Fällen Dantrolene (4 mg/kg KG oral 1 h vor der Arbeit und wegen der sonst sehr schlechten Absorption auch vor der Fütterung) verabreicht werden, welches die Freisetzung von Kalzium aus dem sarkoplasmatischen Retikulum hemmt und damit unkontrollierten Skelettmuskelkontraktionen vorbeugen kann. Auch Phenytoin (1.4–2.7 mg/

kg KG p. o. BID; Serumspiegel überprüfen, Einstellen auf 8–12 g/ml Serum) wird als therapeutische Möglichkeit beschrieben. Abgesehen von der Dopingproblematik, sind aber sowohl Phenytoin wie auch Dantrolen als Langzeittherapien teuer. Weil diese Managementmaßnahmen und Therapien oft keinen oder nur einen unbefriedigenden Erfolg zeigen, werden von Tierärzten und Trainern sehr viele «Medikamente» verabreicht, die keine wissenschaftliche Grundlage haben (z. B. «Glycogen Loading»; Rubeola Virus Immunomodulatoren; Lactanase-, Heparin- und AMP-Gaben).

RER/Tying-up – Prophylaxe

Management – Trainingsumstellung
- gut aufwärmen, lange Schrittphasen
- wenn möglich, täglichen Paddockauslauf gewährleisten und «Ruhetage» vermeiden
- decken bei kalter Witterung
- «Stress» minimieren
- anfällige Pferde in einer «ruhigen Ecke» aufstallen und als erste aus dem Stall nehmen, damit sie sich nicht vor der Arbeit schon stark aufregen; evtl. auch vor den anderen Pferden füttern.
- auf Trainings, die «heiß» machen, wie Kopf-an-Kopf und Intervall-Galopparbeit verzichten.

Fütterung anpassen
- weniger Kraftfutter, mehr Fett
- ausreichende Vit. E-/Selen-Versorgung und Elektroythaushalt (z. B. Magnesium) überprüfen und optimieren: ggf. Mineralleckstein oder Salzgaben (NaCl und KCl) oder gezielte Ergänzungsfuttermittel.

Medikation
- evtl. Sedativa; Muskelrelaxantien
- evtl. Dantrolene (4 mg/kg KG p. o. 1 h vor Arbeit und Fütterung): vermindert Ca-Ausschüttung

Prognose: Die Prognose für Tying-up und die Myopathie der Traber ist in dem Sinn eher ungünstig, als solche Pferde meistens nicht angemessen trainiert und in Rennen eingesetzt werden können. Zum mindesten bei Vollblütern spielt auch der Umstand kaum eine Rolle, dass sich Rezidive mit zunehmendem Alter seltener einstellen. Die Stuten gehen in die Zucht, was sich wohl auf die Resistenz der Rasse nicht gerade günstig auswirkt!

7.1.2 Postanästhetische und kreislaufbedingte Myopathien

Zwei verschiedene narkosebedingte Myopathien lassen sich klar differenzieren in eine generalisierte postanästhetische Myopathie (maligne Hyperthermie, ein genetisch bedingter metabolischer Defekt) und eine lokale postanästhetische Myopathie aufgrund einer lokalen Durchblutungsstörung. Eine lokale Ischämie ist auch die Ursache der Myopathie und der Muskelschmerzen bei Arterienthrombosen. Am besten bekannt ist der Klassiker beim Pferd, die Thrombose der ileo-sakralen Endverzweigungen der Aorta mit dem Kardinalsymptom der intermittierenden Lahmheit (claudicatio intermittens; Abb. 2.19). Die Arterienthrombosen werden eingehend bei den Gefäßkrankheiten besprochen (→2.2.1.2).

7.1.2.1 Maligne Hyperthermie

Wie beim Menschen und beim Schwein kommt auch beim Pferd eine genetisch fixierte (autosomal dominant vererbte Mutation des Ryanodin Rezeptors, des RyR1-Gens) Empfindlichkeit gegen Halothan vor. Heute werden vor allem Isofluran und Sevofluran als Narkosegase eingesetzt, was die Prävalenz der anästhesiebedingten malignen Hyperthermie gesenkt hat.

Die Pferde mit maligner Hyperthermie (MH) sind meist asymptomatisch, bis das Krankheitsbild (erhöhte Körpertemperatur, Azidose, Muskelversteifung, Schwitzen, Bluthochdruck, Tachypnoe und Tachykardie; terminaler Herzstillstand) durch eine Allgemeinanästhesie, Stress oder starke Anstrengung (MH kann auch PSSM verstärken) ausgelöst wird. Zur Bestätigung der **Diagnose** bietet sich der Gentest an. Es kommt dabei zu einer massiven Kalzium-Freisetzung aus dem sarkoplasmatischen Retikulum, was die Muskelfasern aktiviert. Es fehlt jedoch an Energie, welche für die Wiederaufnahme von Kalzium zurück ins sarkoplasmatische Retikulum nötig wäre. Die Relaxation der Muskelfasern kann darum nicht einsetzen, und es kommt zur Hyperthermie, Gewebshypoxie, Hyperkapnie und Laktatazidose.

Therapie: Das Muskelrelaxans Dantrolen (4 mg/kg KG p. o.) könnte präventiv 30–60 Minuten vor einer Narkose eingesetzt werden, wenn die Inhalationsnarkose unumgänglich ist. Therapeutisch unterstützend wären sonst nur gekühlte Infusionen zur Korrektur der Temperatur, Elektrolyt- und Säure/Basenabweichungen, eine mechanische Beatmung sowie eine Abkühlung der Körperoberfläche z. B. mit Alkohol möglich. Aber auch diese Maßnahmen versprechen wohl bei einer ausgeprägten MH Krise wenig Erfolg.

7.1.2.2 Postanästhetische Myositis

Diese narkose- resp. lagerungsbedingte Myositis betrifft bei Seitenlage meistens den Trizepsmuskel, bei Rückenlage die Rücken- und Lendenmuskulatur. Die Komplikation tritt v. a. bei langen Narkosen mit unsachgemäßer Lagerung und Polsterung bei Pferden mit einem zu tiefen Blutdruck (Narkose) auf. Der Druck auf die erschlaffte, unten liegende Muskulatur und deren Logen (Gefäße und Nerven) führen zu vorübergehender lokaler Ischämie. Die sich anschließende Reperfusion spielt pathogenetisch eine wichtige Rolle. Der Sauerstoffmangel während der Ischämie führt innerhalb weniger Minuten zu einem raschen Abbau von ATP, dem universellen Energielieferanten der Zelle. Dadurch versagen die ATP-abhängigen Ionentransportmechanismen. In der Folge kommt es zu Störungen im Elektrolythaushalt, zum Kaliumausstrom aus resp. Kalziumeinstrom in die Myozyten. Dies führt u. a. bei der Reperfusion wiederum zu Enzymumwandlungen und vermehrter Oxidation mit Freisetzung von Sauerstoffradikalen wie zum Beispiel Superoxid, Wasserstoffperoxid oder Hydroxyl-Radikalen. Daraus resultieren starke Zellwandschäden.

Symptome: Ist die Trizepsmuskulatur betroffen, zeigen die Pferde Erscheinungen wie bei einer einseitigen Lähmung der Vordergliedmaßen (entsprechend einer Radialislähmung →6.3.6.5). Im Unterschied zu einer primären peripheren Nervenlähmung ist aber der betroffene Trizepsmuskel stark geschwollen (Ödem, Kontraktion) und druckdolent. Bescheidene bis mittelgradige Aktivitätserhöhungen muskelspezifischer Enzyme stellen sich ein. Die Muskulatur erschlafft dann nach 1–2 Tagen, sie wird «schwabblig» und weniger empfindlich. Je nach ursprünglichem Defekt darf nach Wochen mit einer Regenerierung oder Fibrosierung mit funktioneller Einschränkung der betroffenen Muskeln gerechnet werden. Es bleibt dabei oft unklar, inwieweit eine zusätzliche sekundäre Schädigung des *N. radialis* durch den Druck in der geschwollenen Muskulatur zur Symptomatik beiträgt.

Prophylaxe: Eine sorgfältige Überwachung während der Narkose (Blutdruck!) mit gewissenhafter Lagerung der Pferde und passiver Bewegung der Gliedmaßen ist unerlässlich und die beste prophylaktischen Maßnahme.

Therapie: Infusionen mit Ringer-Laktat oder bei hohen Kaliumwerten mit NaCl-Lösung und niedermolekulären Plasmaexpandern, Analgetika und Antioxydantien können anfänglich den Heilungsprozess günstig beeinflussen. Später ist eine kontrollierte Bewegungstherapie und Massage des betroffenen Muskels anzuraten.

7.1.3 Andere metabolische Ursachen

Eine weitere Myopathie, der ein metabolischer, genetisch fixierter Defekt zugrunde liegt, ist die schwere, tödlich verlaufende «*Glycogen Branching Enzyme Deficiency*» (GBED →7.4.2). Außerdem ist in der Literatur ein Einzelfall einer mitochondrialen Myopathie mit Muskelatrophie, Leistungsschwäche und anstrengungsbedingten Symptomen eines Kreuz(ver)schlags, aber mit Laktazidose und ohne CK-Erhöhung beschrieben.

Zu den klinischen Manifestationen des Hypophysenadenoms (Equines Cushing's

Syndrom, PPID →10.1.2) zählt auch eine nicht entzündliche, v. a. chronische Typ-II-Muskelfaseratrophie und -verlust.

7.2 Traumatische Ursachen

Die offensichtlich traumatischen und lokalen Myopathien und ihre Folgeerscheinungen, wie z. B. die fibrosierenden, ossifizierenden und die Insertions-Myopathien führen zu mechanischer Lahmheit und sind chirurgische Probleme, auf die wir hier nicht näher eingehen (z. B. die relativ häufigen sekundären Muskelatrophien, die auf eine schmerzbedingte Schonung einer Gliedmaße zurückzuführen sind) oder nur kurz (fibrosierende Myopathie →7.2.2) beschreiben. Im Gegensatz dazu ähnelt das klinische Bild des Muskelkaters den oben beschriebenen Krankheitsbildern der belastungsbedingten Muskelerkrankungen. Seine Pathogenese ist heute klar definiert.

7.2.1 Muskelkater («*Delayed Onset of Muscle Soreness*», DOMS)

Der Muskelkater entsteht beim Pferd meist bei ungewohnter exzentrischer Muskelkontraktion (bergab- und hangwärts), mit Überbelastung einzelner Muskelgruppen. Nach heutigen Untersuchungen wird der Muskelkater nicht, wie früher angenommen, von Stoffwechselprodukten wie der Milchsäure (Laktat) hervorgerufen, sondern von Mikrotraumen der Muskulatur. Bei diesen «Mikro-Verletzungen» werden Entzündungsmediatoren freigesetzt, Wasser kann in die betreffenden Fasern eindringen. Es entsteht eine Wasseransammlung – ein Ödem. Die betroffene Muskelpartie schwillt an und schmerzt; insb. nach übermässiger exzentrischer Kontraktion. Die Muskelbeschwerden, die sich in Schmerz, steifem Gang und/oder evtl. Lahmheit manifestieren, erreichen ihren Höhepunkt nach 1–2 Tagen und verschwinden innerhalb weniger Tage. In der Regel werden die zugrunde gegangenen Muskelzellen innert drei Wochen durch sog. Satellitenzellen ersetzt. Die Therapie besteht in Wärme (Decken, Infrarotstrahler), ggf. Massage und Schrittbewegung.

7.2.2 Fibrosierende Myopathie

Die fibrosierende Myopathie betrifft vor allem die Muskulatur der Beckengliedmaßen, in den meisten Fällen die *M. semitendinosus*, manchmal auch den *M. semimembranosus, M. biceps femoris* sowie *M. gracilis*, in seltenen Fällen die Muskulatur der Vordergliedmaßen wie den *M. biceps brachii*. Wenn es zu einer Verknöcherung der fibrotischen Muskelveränderungen kommt, spricht man auch von ossifizierender Myopathie. Die Pathogenese der fibrosierenden Myopathie ist nicht ganz klar belegt, jedoch scheint ein Trauma der ausschlaggebende Faktor für die Entstehung der Krankheit zu sein, sei es durch Verletzung der Muskulatur bei starker Beanspruchung (Beispiel «*sliding stops*» beim Reining-Western-Pferd) oder durch intramuskuläre Injektionen. Auch kongenitale Formen sind bekannt und vermutlich auch durch peripartale Verletzungen bedingt. Besonders oft beschrieben ist die Erkrankung bei Amerikanischen Quarter Horses, wohl in erster Linie aufgrund von deren Nutzung. Bei der Entstehung der fibrosierenden Myopathie kann es auch zu Verklebungen von Muskelgruppen (z. B. *M. semitendinosus* mit *M. semimembranosus, M. gracilis* oder *M. biceps femoris*) kommen, was eine normale Muskelbewegung z. T. unmöglich macht. Symptomatisch kommt es meist zu einem pathognomonischen Gangbild einer mechanischen Lahmheit mit verkürzter kranialer Vorführphase und evtl. verlängerter kaudaler Belastungsphase, wodurch das betroffene Bein am Ende der verkürzten Vorführphase ruckartig nach unten-hinten gezogen und auf den Boden aufgesetzt wird. Die **Diagnose** stützt sich hauptsächlich auf das charakteristische Gangbild. Zusätzlich ist oft eine Verdickung und Verhärtung der Muskulatur palpierbar. Auch eine Ultraschalluntersuchung der betroffenen Muskelpartien kann weiterhelfen und Aufschluss darüber geben, ob eine Ossifizierung bereits eingesetzt hat. Differenzialdiagnostisch muss die fibrosierende Myopathie vom Hahnentritt (→6.3.6.6) abgegrenzt werden: Beim Hahnentritt wird die betroffene Hintergliedmaße ruckartig nach oben-vorne (und nicht wie bei der fibrosierenden Myopathie nach unten-hinten) angezogen, bevor es zur Auffußung auf dem Boden kommt. Verschiedene operative **Therapien** (z. B. Resektion des fibrotischen Muskelanteils, *M. semitendinosus*-Myotomie, *M. semitendinosus*-Tenoktomie, wobei die Myotomien mehr Komplikationen zur Folge haben als die Tenotomien) sind beschrieben. Trotz chirurgischer Intervention bleibt jedoch meist eine mechanische Lahmheit bestehen. Zusätzliche postoperative Physiotherapie kann unterstützend helfen. Die **Prognose** bleibt jedoch ungewiss.

7.3 Ernährungsbedingte Myopathien

Für mehrere anstrengungsbedingte Myopathien, wie die PSSM (→7.1.1.2) und das Tying-up (→7.1.1.3), spielt die Fütterung eine wichtige Rolle, und natürlich sind Gifte, die oral aufgenommen werden (z. B. die als Ursache der Weidemypathie (→7.5.2) vermuteten Ahornsamen) auch «ernährungsbedingt». Im Folgenden wird der Begriff aber im engeren Sinn verwendet, und es werden Krankheitsbilder besprochen, die auf meist diätetische Defizite von Antioxidantien oder Elektrolyten beruhen.

7.3.1 Weißmuskelkrankheit (*«White Muscle Disease»*, WMD)

Die WMD tritt bei uns sporadisch auf; Fohlen von der Geburt bis ins Absetzalter können betroffen sein. Sie beruht auf einem Selen- und/oder einem Vitamin-E-Mangel. Selen und Vitamin E stellen Antioxidantien dar, die freie Sauerstoffradikale blockieren. Betroffen sind v. a. aerob arbeitende Muskelgruppen wie die Gliedmaßenstrecker, aber auch die Kau- und Atemmuskulatur einschließlich des Zwerchfells und sogar das Myokard. Die veränderte Muskulatur sieht wie gekocht aus, grau-gelblich bis weiß gestreift (Abb. 7.3). Größere Gebiete der Schweiz, Deutschlands und Österreichs gelten als (nicht extreme) Mangelgebiete. Der Selen-Versorgung der Mutterstuten ist dort besonderes Gewicht beizumessen.

Symptomatik: Die Fohlen kommen entweder schon krank und lebensschwach zur Welt, oder sie entwickeln die Krankheit erst später, häufiger kurz nach der Geburt als in höherem Alter. Neugeborene sind sehr schwach. Auffallend ist die beschleunigte, oberflächliche Atmung, die leider zur Fehldiagnose «Pneumonie» verleitet (Befall der Atemmuskulatur). Betroffene Fohlen liegen oft fest oder sind ataktisch, wenn sie noch stehen und gehen können. Starkes Muskelzittern, manchmal Schwitzen und eine gekrümmte Haltung sind weitere Merkmale der Erkrankung. Fohlen, die saugen möchten, offensichtlich aber nicht saugen können, leiden wegen des Befalls des Masseters an einem Trismus oder bei Beteiligung der Pharynxmuskeln an einer Schluckstörung. Bei allen WMD-Patienten besteht eine mittel- bis hochgradige Hyperenzymämie (CK, AST u. a. Enzyme); in allen Zweifelsfällen ist die Enzymaktivitätsbestimmung unerlässlich! Es kann Myoglobinurie zu beobachten sein. Unbehandelt, sterben die Fohlen innerhalb etwa einer Woche. Etwas ältere Fohlen setzen der Krankheit mehr Widerstand entgegen. Sie erkranken akut, liegen auffallend viel und, zur Bewegung gezwungen, zeigen sie Lahmheiten oder ataktischen Gang sowie hohe Puls- und Atemfrequenzen. Befallene Muskeln atrophieren sehr rasch. Manche Fohlen zeigen zusätzlich auch eine Steatitis (→10.7.3).

Diagnose: An sich ist die Diagnose aufgrund von Signalement, Anamnese und Klinik zusammen mit den Muskelenzymaktivitätserhöhungen leicht zu stellen; allerdings wird oft nicht an die Möglichkeit einer WMD gedacht. Um eine Unterversorgung mit Selen und Vitamin E abzuklären, liefert die Bestimmung der Serumkonzentrationen von Selen, CoFaktor der Glutathionperoxidase oder der Glutathionperoxidase-Aktivität brauchbare Informationen. Es ist zu empfehlen, die Mütter kranker Fohlen in die Untersuchung einzubeziehen. Die Serumproben müssen zwingend in Alufolie verpackt versendet werden, da Licht die Antioxidantien zerstört und das Ergebnis verfälscht.

Prognose: Die Prognose der WMD ist umso günstiger, je früher das Fohlen behandelt werden kann. Sie hängt also vom frühzeitigen Erkennen der Krankheit ab. Auch recht desolat aussehende Fohlen reagieren oft überraschend gut auf die Substitution mit Antioxidantien.

Abb. 7.3: Weißmuskelerkrankung (Präparat): Typische streifige Weißverfärbung der Zwerchfellmuskulatur.

Therapie: Die antioxidative Therapie (Selen ist im Molekül der Glutathionperoxidase enthalten, die Wasserstoffperoxid und organische Peroxide abbaut) besteht in der Zufuhr von Vitamin E (750 mg pro Fohlen; 2–10 IU täglich) und vor allem Natrium-Selenit (0.06–0.2 mg/kg KG SID-TID). Selen ist recht toxisch, doch kann in verzweifelten Fällen dieselbe Dosis am 2. Tag noch einmal gegeben werden. Die WMD-Patienten benötigen daneben während der ersten Tage eine intensive Pflege und medizinische Betreuung, ganz besonders diejenigen, deren Kau- und Schluckmuskulatur befallen ist. In einigen Fällen kann, auch aufgrund der erhöhten Gefahr für eine Aspirationspneumonie, Sondenernährung nötig sein. Eine Infusionstherapie und prophylaktische Breitspektrumantibiose ist meist ebenfalls angezeigt. Die erkrankten und atrophierten Muskelgruppen erholen sich oft erstaunlich rasch.

Prophylaktisch ist der Selenversorgung der Pferde, vor allen anderen der Mutterstuten, die angebrachte Aufmerksamkeit zu schenken, und dabei darf die ausgeprägte Toxizität des Spurenelements nicht vernachlässigt werden (bis 0.1 ppm Selen im Futter). Mit der WMD offensichtlich wesensverwandt ist die Steatitis (*«yellow fat disease»*). Es handelt sich um eine durch oxidative Schäden verursachte Steatose oder Steatitis, die auch mit Muskelschäden einhergehen kann, wie sie bei der WMD auftreten (und umgekehrt →10.8.3).

7.3.2 Elektrolytdefizite

In einem weiteren Sinn mag man Störungen im Elektrolyt- oder Mineralstoffhaushalt mit Auswirkungen auf die Funktion der Muskulatur als ernährungsbedingt auffassen. Mutterstuten scheinen in gewissen Gebieten nach der Geburt an hypomagnesiämischen Tetanien mit erhöhter Krampfbereitschaft (DD →6.3.1.2.1 & 6.3.1.5.3) zu leiden. Hypokalzämie dagegen scheint post partum beim Pferd kaum vorzukommen, vielmehr sind klinische Manifestationen einer Hypokalzämie nach großen Anstrengungen und Schweißverlusten zu erwarten. Das typische Symptom ist das durch die kardiale Stimulation des übererregbaren *N. phrenicus* ausgelöste «Zwerchfellflattern» (herzschlagsynchrone Zwerchfellkontraktionen →6.3.1.5.3). Was den Kaliumhaushalt betrifft, ist die Schwierigkeit hervorzuheben, dass normale Plasma-Kalium-Konzentrationen wenig aussagen über die Konzentration am Erfolgsort. Es ist nicht ausgeschlossen, dass gewisse, neuropathologisch unauffällige Krampf- und Übererregbarkeitszustände auf komplexen, kombinierten Plasma-Elektrolyt-Verschiebungen fußen.

7.4 Genetisch bedingte, kongenitale Myopathien

Die meisten der (z. T. vermutet) genetisch bedingten Myopathien des Pferdes werden oben unter anderen Kategorien besprochen, metabolisch-anstrengungsbedingt (PSSM und RER →7.1.1.2 resp. 7.1.1.3), maligne Hyperthermie (MH →7.1.2.1). Die Hyperkaliämische periodische Parese (HYPP) (→7.4.1) und die *«Glycogen branding enzyme deficiency»* (GBED) (→7.4.2) werden hier unten besprochen (→7.4.1 resp. 7.4.2). Typ-I-PSSM, der HYPP und der MH haben einen dominanten respektive einen ko-dominanten Erbgang, bei der GBED ist die Vererbung rezessiv. Von einigen kennen wir bereits sogar die verantwortliche Mutation auf dem jeweiligen Gen: z. B. GYS1 bei PSSM Typ I, RYR1 bei MH, GBE1 bei GBED und der erste Gendefekt, der beim Pferd identifiziert wurde, SCN44 bei HYPP. Bei anderen Myopathien wird eine genetische Grundlage vermutet (Typ-II-PSSM und RER), es ist unklar, ob sie erworben oder genetisch bedingt sind. Für den multiplen Acyl-CoA Dehydrogenase Mangel (*«Multiple Acyl-CoA Dehydrogenase Deficiency»*, MADD) vermutet man beim Menschen genetische Formen, beim Pferd kommt er nur als erworbene Erkrankung bei der Weidemyopathie vor und wird dort (→7.5.2) genauer erörtert.

7.4.1 Hyperkaliämische Periodische Parese (*«Hyperkalemic Periodic Paralysis»*, HYPP)

Die HYPP zählt zu den sogenannten Ionen-Kanaldefekten (*«channelopathies»*). Diese werden durch mutationsbedingte Defekte von Membranproteinen in und an Muskelzellen verursacht, welche den Durchfluss von Ionen und damit die De- bzw. Repolarisation der Muskelzellmembran stören. Bei Ionen-Kanaldefekten ist somit die elektrische Erregbarkeit der Muskulatur gestört. Beim HYPP-Patienten tritt die Mutation an der Transmembrandomäne des Natriumkanals auf, was zu einer erhöhten Natriumleitfähigkeit, einer erhöhten intrazellulären Natriumkonzentration, folgender Depolarisation und gleichzeitigem Kaliumausstrom (Hyperkaliämie im Extrazellulärraum/Blut) führt. Bei weiterer Depolarisation (ungebremstem Natriumionen-Einstrom) ist die Muskelzellmembran jedoch nicht weiter erregbar, es kommt zur Parese (Muskelschwäche). Der genetische Defekt geht auf den Quarter-Horse-Hengst «Impressive» zurück und tritt heute vor allem beim American Quarter Horse, sowie den verwandten Rassen Appaloosa und Paint Horse auf. Im Jahre 2003 zählte der Hengst über 55 000 Nachkommen und potenzielle Träger des Gendefektes. Der Erbgang ist ko-dominant, das heißt, sog. heterozytote Individuen mit einem «defekten» Allel sind (anders als bei einer dominanten Vererbung) weniger stark betroffen als homozygote, bei denen beide Allele die Mutation zeigen. Aber im Gegensatz zu einem rezessiven Erbgang, bei dem Heterozygote asymptomatisch bleiben, zeigen bei der HYPP auch Tiere mit nur einem mutierten Allel klinische Ausfälle.

Symptome: Da es sich bei HYPP um einen Gendefekt (autosomal dominant) handelt, ist das Tier ein Leben lang dem Risiko einer Erkrankung ausgesetzt, wobei homozygote Tiere, wie oben erläutert, stärker betroffen sind (insb. Stridor, Dysphagie, hochgradige Schwäche) als heterozygote Tiere. Die Kardinalsymptome sind sporadisches Muskelzittern und Muskelschwäche vor allem der Nachhand (hundesitzige Stellung). Frühe Anzeichen der Erkrankung sind Nickhautvorfall, Spasmen der Gesichtsmuskulatur sowie generalisierte Muskelanspannung. Im weiteren Verlauf kann es auch zu starkem Schwitzen am ganzen Körper und der Unfähigkeit, den Kopf anzuheben, kommen. Schwerwiegende Fälle kommen zum Festliegen. Die Anfälle können von lauten Atemgeräuschen, verursacht durch Muskellähmungen der Atemwege, und Dysphagie mit Speicheln begleitet werden. Anfälle können sich jederzeit und ohne äußeren Anlass entwickeln, doch scheinen sie bevorzugt in Stresssituationen (mögliche Faktoren: Kälte, starke Sedation/Narkose, Fasten, Aufregung) aufzutreten. In schweren Fällen kann es durch die Beeinträchtigung der Atem- und Herzmuskulatur (Herzstillstand durch Hyperkaliämie, Atemstillstand durch Versagen der Atemmuskulatur, Ersticken durch Larynxspasmus/-kollaps) zum plötzlichen Tod kommen.

Diagnose: Die Diagnose ist aufgrund der Anamnese, Abstammung und Symptomatik einfach zu stellen. Der Gentest bringt 100%ige Gewissheit, ob das Tier genetisch normal, homozygoter oder heterozygoter Anlageträger ist. Die histologische Untersuchung von Muskelbiopsien liefert keine auffälligen Befunde! Während eines Anfalls kann der Blutkaliumspiegel stark erhöht sein, in anfallsfreien Perioden liegt das Kalium meist in der Norm. Ein Elektromyogramm kann der Sicherung der Diagnose dienen (myotonische Potenziale, Fibrillations-Potenziale), heute wird aber zur Diagnosesicherung v. a. der Gentest verwendet.

Therapie: Bei milden Fällen hilft meist bereits die Gabe von leicht verdaulichen Kohlehydraten (z. B. Hafer), um die insulininduzierte Wiederaufnahme von Kalium in die Zellen zu fördern. Ggf. sind zusätzlich Gaben des Carboanhydrase-Hemmers Azetazolamid (2–4 mg/kg KG p. o. BID bis TID) oder des Thiazid-Diuretikums Hydrochlorthiazid (0.5–1 mg/kg KG p. o. BID) indiziert, welche eine vermehrte Kaliumausscheidung über den Urin bewirken. Bei schwereren Fällen wirkt eine Infusion von Kalziumglukonat in Glukoselösung (5 %) offenbar sehr gut (Stabilisierung der Zellmembran durch Ca und Beschleunigung des K-Rückflusses in die Zelle durch Glukose). Auch Bikarbonat und Insulin können helfen, den Kaliumspiegel im Blut zu senken. Gleichzeitig sollten kaliumfreie Infusionen verabreicht werden. Prophylaktisch werden die Pferde auf eine kaliumarme Diät gesetzt (kein Luzernegras oder -heu, keine Melasse, kein Raps- oder Sojaöl), sondern Hafer, Gerste, Mais und kaliumarmes Heu. Der Kaliumgehalt im Heu kann ggf. getestet und ein kaliumarmes Heu ausgesucht werden. Regelmäßiges, leichtes Training ist ebenfalls wichtig. Training bei kalten Temperaturen und unnötiger Stress sollten vermieden werden. Beim AQH-Verband müssen Individuen mit positivem HYPP-Gentest (wie auch PSSM Typ I-, MH-, GBED- und HERDA-positive, Kryptorchiden und Individuen mit Prognatismus) deklariert werden.

7.4.2 *«Glycogen Branching Enzyme Deficiency»* (GBED)

Die GBED ist eine autosomal rezessiv vererbte (GBE1 Genmutation), schwere Glykogenspeicher-Krankheit der Skelett- und Herzmuskulatur (CK 1000–15 000 U/L), die bei AQH und verwandten Rassen – wie Paints Aborte, Totgeburten und Symptome einer in allen Fällen tödlichen, sich von Geburt an manifestierenden Muskelschwäche mit Hypothermie, Hypoglykämie, Atmungs- und Herzversagen verursacht. Es gibt keine Therapiemöglichkeiten, die Prognose ist infaust. Post mortem kann die PAS-Färbung die hochgradige Glykogeneinlagerung bestätigen, diagnostisch am wichtigsten ist allerdings der Gentest (Veterinary Genetics Laboratory, University of California, Davis). Der Gentest dient v. a. auch zur Identifikation von Trägertieren (bis zu 10 % geschätzte Prävalenz unter AQH!), mit denen nicht gezüchtet werden sollte.

7.4.3 Myotonia congenita und dystrophica

Die sehr seltenen Myotonia congenita und dystrophica gehören wie die HYPP (→7.4.1) zu den angeborenen Myotonien und Ionen-Kanaldefekten *(«channelopathies»)*. Sie äußern sich in einem steifen, spastischen Gang und einer anfänglich sehr gut bis übermäßig entwickelten Muskulatur und später Muskelatrophien. Letztere manifestieren sich v. a. bei der Myotonia dystrophica, die im Gegensatz zur Myotonia congenita, die nur bis zu 12 Monaten progressiv ist, länger, bis 2-jährig, fortschreitet. Symptomatisch bezeichnend ist die meist länger (während einer oder mehrerer Minuten) persistierende Muskelkontraktur nach Perkussion (Schnippen mit dem Finger) der betroffenen Muskulatur. Die **Diagnose** stützt sich auf die typische Symptomatik und kann elektrophysiologisch (pathognomonische *«Dive-Bomber»* im EMG) gesichert werden. Differenzialdiagnostisch sind so verschiedene neurogene Ursachen wie Krampfleiden (→6.3.2.1), die zerebelläre Abiotrophie und Shivers auszuschließen. Die genetische Grundlage dieser Myotonien ist bisher nicht eindeutig geklärt, sie können aber mit weiteren kongenitalen Defekten (u. a. renalen, gonadalen und okulären Dysplasien) einhergehen und haben eine schlechte Prognose, weil keine **Therapie** bekannt ist.

7.5 Toxische Myopathien

7.5.1 Monensinvergiftung

Monensin ist ein ungemütliches Ionophor (Na+ und K+), das als sogenannter Leistungssteigerer und zur Behandlung der klinischen Kokzidiose in der Rindermast (auch Geflügel) eingesetzt wird. Es kann auf Bauernhöfen deshalb z. B. über Lecksteine leicht zu akzidenteller Monensineinnahme durch Pferde kommen. Für das Pferd ist die Substanz außerordentlich toxisch (LD50 2–3 mg/kg KG; 5- bis 50-fach tiefer als bei anderen Spezies)! Herz- und Skelettmuskulatur sind besonders betroffen, daneben äußern die Pferde Kolik, zeigen profuses Schwitzen und werden zunehmend schwach und ataktisch! **Symptome**: Sie entwickeln sich progredient-schleichend. Sie reichen von leichter Gangunsicherheit am Anfang zu Schwierigkeiten beim Kauen und Schlucken trotz eines guten Appetits (Trismus!). Die Masseter erscheinen geschwollen. An der übrigen Muskulatur kann sich ein Streckkrampf mit Sägebockstellung einstellen (Tetanus-Differenzialdiagnose: Nickhautvorfall; →16.7.2). Zu diesem Zeitpunkt besteht oft eine leichtgradige Myoglobinurie. Im Folgenden können sich Strangurie oder Anurie einstellen, auch Anzeichen einer Erkrankung der Atemmuskulatur und des Myokards. Nach 6–14 Tagen endete früher die Krankheit in 50–66 % der Fälle tödlich. Seit einigen Jahren ist in Europa der Einsatz von Monensinen als Leistungssteigerer verboten, damit sinkt auch die Vergiftungsgefahr deutlich. Beobachtete man heute derartige Syndrome, müsste in erster Linie der Stand der Selenversorgung abgeklärt werden, und das klinische Bild wäre durch Enzymaktivitätsbestimmungen zu vervollständigen.

7.5.2 Weidemyopathie (Atypische Myopathie der Weidepferde in Europa und saisonale Weidemyopathie in Nordamerika)

Seit Mitte des letzten Jahrhunderts gibt es zahlreiche Berichte von plötzlichen Todesfällen bei Weidepferden. Die Krankheit wurde genauer beschrieben, nachdem in Schottland in den 1980er-Jahren über ein Dutzend letal verlaufender Fälle wissenschaftlich dokumentiert wurden. Auch heute ereignen sich europaweit immer wieder Ausbrüche mit bis zu mehreren Hundert betroffenen Pferden. Die Letalität der «Atypischen Weidemyopathie» ist sehr hoch und beträgt oft über 90 %. Die Krankheit tritt dabei regional und saisonal gehäuft auf, überwiegend im Herbst von Oktober bis Dezember und seltener im Frühjahr von April bis Mai. Vor allem nach feuchter, windiger und kalter Wetterlage mit Temperaturen unter 10 °C. Als weitere Risikofaktoren gelten alle Weiden, auf denen bereits Fälle vorgekommen sind, sowie verschmutzte, sumpfige Tränkestellen, lange Auslaufzeiten auf stark abgegrasten, verkoteten Winterausläufen, wo anstelle von Gras vermehrt Erde, Laub, Samen und damit auch Toxine (siehe unten insb. Bergahorn) aufgenommen werden können.

Die Ursache der Atypischen Myopathie oder Weidemyopathie ist unklar. Zahlreiche Hypothesen zur Ursache der Erkrankung wurden geprüft: Näher untersucht wurden u. a. die Toxinwirkungen von Bakterien (Letaltoxine von *C. sordellii und C. bifermentans*) auf die Muskelzelle beim Pferd. Diese Toxine führen nachweislich zu einer selektiven akuten Myodystrophie, vorwiegend der oxidativ arbeitenden Muskelzellen der Skelett-, Zwerchfell und Herzmuskulatur und entsprechen damit dem pathologischen Korrelat der Krankheit. In den letzten Jahren konnten aber klare Parallelen zur Erkrankung der «saisonalen Weidemyopathie» in Nordamerika aufgezeigt werden. Erkrankte Pferde leiden bei beiden Krankheitsbildern, in den USA wie auch in Europa, am gleichen Enzymdefekt, einem Mangel an multiplen Acyl-CoA Dehydrogenasen (MADD). Dieser Enzymmangel verursacht schwere Störungen im Aminosäuren- und Fettstoffwechsel der Muskulatur und führt zu einer exzessiven Fettspeicherung in den Muskelfasern. Dies erklärt bei beiden Erkrankungen die hochgradige Rhabdomyolyse, die bei vielen Patienten aufgrund von Versagen der Atem- und Herzmuskulatur zum Tod führt. Eine Ursache des speziellen, erworbenen Enzymmangels konnte zunächst in Nordamerika ermittelt werden: eine Vergiftung mit Hypoglycin A aus den Samen des Eschenahorns *(Acer negundo)*. In Europa wurde ebenfalls ein toxisches Stoffwechselprodukt von Hypoglycin A im Blut von an Weidemyopathie erkrankten Pferden nachgewiesen. Zusätzlich wurde das Toxin Hypoglycin A in Samen der in Europa einheimischen Ahornart, des Bergahorns *(Acer pseudoplatanus)*, gefunden. Der Zusammenhang von Weidemyopathie und Bergahorn war auch bereits zuvor vermutet worden, da Weiden mit Fällen Atypischer Myopathie oft viele Bergahorne aufweisen. Ob die Atypische Myopathie eine reine Hypoglycin-A-Vergiftung darstellt oder ob neben dem Faktor Hypoglycin A noch weitere Faktoren wie Bakterientoxine (im Sinne eines multifaktoriellen Geschehens) eine Rolle spielen, ist noch unklar.

Folgende **Symptome** können bei der atypischen Weidemyopathie auftreten: plötzliche Schwäche mit Zusammenbruch und Tod innert kurzer Zeit (≤ 2 h) nach Weidegang. Steifer Gang mit Muskelzittern ohne Muskelschwellung und ohne deren Druckdolenz. Schwitzen mit erhöhter Atem- und Herzfrequenz. Ausgeprägte Myoglobinurie und extreme Erhöhung der Muskelenzymwerte. Die Diagnose kann mithilfe der Anamnese, der klinischen Symptome und der Laborresultate sichergestellt werden. Die Prognose ist für die betroffenen Tiere ungünstig, für die Weidegefährten ohne klinische Symptome nach Aufstallen und einem Tag eher günstig.

Therapie und **Prophylaxe** (Box 7.5.2): Die Therapie ist rein symptomatisch und besteht in der Gabe von Schmerzmitteln und Infusionen zur Steigerung der Diurese. Des Weiteren sind neben den Notfall- und Managementmaßnahmen beschrieben: Gabe von Antioxidantien (Vitamin E, Selen), Carnitin, Riboflavin und Muskelrelaxantien. Die Diät sollte (im Gegensatz zur Fütterung bei anstrengungsbedingten Myopathien →7.1.1) fettarm und kohlenhydratreich sein, da der Muskelfettstoffwechsel gestört ist und sich die Muskulatur mit dem weniger effizienten Kohlenhydratstoffwechsel versorgen muss. Als prophylaktische Maßnahmen versucht man die bekannten Risikofaktoren möglichst zu vermeiden.

Weidemyopathie – Therapie und Prophylaxe

Notfallmaßnahmen
- Bei Ausbruch der Krankheit: Aufstallen der Tiere mit Heufütterung und eine strenge Überwachung während zwei Tagen
- Wenn kein Stall verfügbar, Pferde auf andere Weide verbringen und mit Heu füttern.
- ggf. intensive unterstützende und symptomatisch-medikamentelle Therapie (Analgesie und Flüssigkeitstherapie)

Prophylaktische Maßnahmen
- Risikoweiden ganz meiden – d. h. Weiden, die Bergahornbestände in der Nähe aufweisen, auf denen bereits Fälle aufgetreten sind, die stark abgegrast sind und/oder verschmutzte, sumpfige (Tränke-)stellen aufweisen. Weidegang sollte vermieden werden, in den Risikomonaten Frühling und Spätherbst/beginnender Winter, insbesondere bei Temperaturstürzen und nassem Wetter v. a. auf «Risikoweiden».
- Tränken mit frischem Leitungswasser

Maßnahmen bei Weidegang auf «Risikoweiden»
- Auslaufzeiten verkürzen
- Ausreichend Raufutter zufüttern, damit das Risiko der Aufnahme von Bergahornsamen, Erde u. a. so gering wie möglich gehalten wird.
- Tiere gut überwachen

7.6 Infektionen der Muskulatur

Offene Muskelverletzungen gehen meist mit einer septischen Myositis (bakterieller Mischinfekt je nach Kontamination) einher, und es können sich natürlich auch in der Muskulatur Abszesse (u. a. durch Streptokokken →16.6.1; Staphylokokken →16.5.1; oder regional gehäuft auch *Corynebacterium pseudotuberculosis* →16.8.5.2) bilden. Geschlossene Muskelverletzungen, insb. Stichverletzungen und Muskelnekrosen nach Injektion reizender Substanzen wie nicht steriodaler Entzündungshemmer, haben dagegen ein hohes Risiko für die weitaus gefährlicheren Clostridien Myositiden. Beim **Gasbrand**, auch **malignes Ödem** («*gas gangrene*», «*malignant edema*» und «*clostridial myonecrosis*») genannt, und anderen **Clostridienmyositiden** handelt es sich um eine schnell entstehende, sehr gefährliche Toxikoinfektion mit meist gasbildenden Clostridien. Der alte Name ist aber ein bisschen irreführend, weil auch Clostridien-Myositiden vorkommen, die ohne deutliche Gasbildung, eher mit einer verflüssigenden Gewebenekrose einhergehen. Diese führen zwar weniger schnell zum Tode, sind aber auch sehr heimtückisch, weil sie eher übersehen werden können und dann v. a. wegen der hämolytischen, hämorrhagischen und renalen Komplikationen auch tödlich verlaufen können. Die hauptsächlich infrage kommenden anaeroben, gram-positiven und oft ubiquitär vorkommenden Sporenbildner sind: *C. septicum, C. perfringens, C. chauvei, C. histolyticum, C. novyi* (→16.7.1.5) und ggf. auch andere Anaerobier in Mischinfekten. Ihre Pathogenität ergibt sich erst mit dem Wechsel der Umweltbedingungen auf ein anaerobes Milieu (Sauerstoffmangel), wie es in Weichteilgewebe mit erniedrigtem Sauerstoffgehalt existiert. Begünstigend sind die Minderdurchblutung bei Muskeltrauma, iatrogene Gewebenekrose nach Injektion mit gewebeunverträglichen Lösungen (cave! intramuskuläre Verabreichung nicht steroidaler Entzündungshemmer und anderer lokal reizender Substanzen kann Nekrosen verursachen und ist kontraindiziert!; Abb. 7.4), starke Wundbesiedlung mit aeroben Erregern, was zu Sauerstoffmangel im infizierten Gewebe führt und somit die Lebensbedingungen für die Clostridien verbessert. Es kommt dann zur massenhaften Vermehrung unter anaeroben Bedingungen, wobei der Ursprung wahrscheinlich in manchen Fällen nicht in einer Kontamination von außen liegt, sondern in der Vermehrung von bereits in der Muskulatur vorhandenen «schlafenden» Sporen.

Symptome: Eine sehr schmerzhafte, emphysematöse, sich rasch ausbreitende (Wund-) infektion. In den meisten Fällen ist palpatorisch ein emphysematöses Knistern unter der Haut zu spüren, manchmal ist das Emphysem sogar als subkutane ballonartige Schwellung, die sich sehr schnell ausbreiten kann, sichtbar. Der Allgemeinzustand des

Patienten ist durch ein rasch fortschreitendes septisches Krankheitsbild, mit stark erhöhter Atem- und Herzfrequenz, hohem Fieber und Schock gekennzeichnet. Bei Eröffnung der Wunde entleert sich ein blutig-schwärzliches, schaumiges, süßlich-faulig riechendes Sekret. Die befallene Muskulatur ist von grauroter Farbe. Wie oben schon erwähnt, ist der Verlauf weniger schnell und dramatisch, wenn keine ausgeprägte Gasbildung, sondern eine verflüssigende Nekrose stattfindet. Diese Infekte sind klinisch schwieriger zu erkennen und einzuschätzen. Die Schwellung und Schmerzhaftigkeit sind mehr lokal, charakteristisch ist aber, dass der Allgemeinzustand und die Vitalparameter stärker eingeschränkt sind, als man es aufgrund des lokalen Infektes erwarten würde. Wichtig ist, dass diese Infekte schnell und gründlich abgeklärt (Sonografie und Aspiration von Sekret) und dann ebenso aggressiv behandelt werden wie ein klassischer Gasbrand. Wenn man diese «langsameren» Clostridien-Myositiden übersieht oder zu wenig aggressiv angeht, besteht das Risiko der weiteren Ausbreitung der Infektion (entlang der Faszien) und damit nicht nur eines zunehmenden Gewebeschadens, sondern auch von toxinbedingten Komplikationen wie intravasalen Hämolysen (→11.3.4), Gerinnungsstörungen (DIC →11.5.3) oder einem akuten Nierenversagen (→5.1.1).

Die **Diagnose** lässt sich ggf. mit einem sonografischen Nachweis von Gasechos, sowie Ausstrich und Gram-Färbung von aspiriertem Sekret, evtl. auch mit einer bakteriellen Kultur (dauert aber meistens zu lange) sichern.

Therapie: Die Therapie besteht aus einer sehr aggressiven chirurgischen Intervention (Entfernung des nekrotischen Materials, radikale Drainage mit Skarifizierung und Fasziotomie der betroffenen Gegend, Spülung mit Wasserstoffperoxid, Antibiotikagaben (hoch dosierte Kombinationen von kristall. Penizillin (30–40 000 IE/kg KG QID) und Metronidazol (15–25 mg/kg KG TID-QID), beides wenn möglich i. v.) und einer Schocktherapie mit Infusionen (→12.2). Die Krankheit kann sehr schnell voranschreiten, und die **Prognose** ist vorsichtig abwartend bis ungünstig, und die Heilungs- und Überlebenschancen lassen sich nur mit einer ohne Zögern eingeleiteten Kombination von beherzteren chirurgischen (Fasziotomie/Myotomie), medikamentellen und unterstützenden therapeutischen Maßnahmen, wie oben beschrieben, verbessern. Bei mangelnder Erfahrung ist der häufigste Fehler ein zu zögerliches und zu wenig aggressives chirurgisches Eingreifen. Leider mit meist tödlichen Folgen.

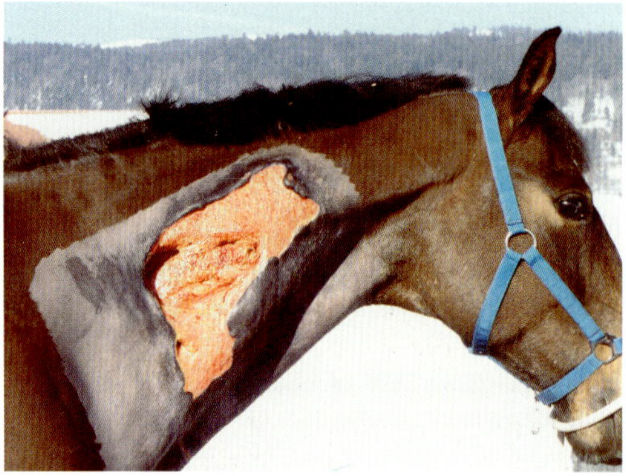

Abb. 7.4: Muskelnekrose: Halsmuskelnekrose wegen eines Anärobierinfektes nach einer intramuskulären Injektion mit gewebereizender Substanz, wie z. B. nicht steroidalen Entzündungshemmern.

7.7 Immunogene Myopathien

Immunogene Myopathien/immunbedingte Myositiden sind insbesondere nach oder während Infektionen mit *Streptococcus equi* subsp. *equi* (→16.6.1.1) beschrieben, können aber auch nach anderen Infekten oder unabhängig davon auftreten. Man unterscheidet drei verschiedene, allesamt seltene Krankheitsbilder.

7.7.1 Akute immunbedingte Rhabdomyolyse

Dieses Krankheitsbild ist v. a. bei Quarter Horses mit klaren Drusesymptomen (Lymphadenopathie, Fieber, Luftsackempyem) beschrieben. Pathogenetisch ist eine hochgradige Myonekrose, vermutlich verursacht durch die Virulenzfaktoren von *Streptococcus equi* subsp. *equi* (wie Proteasen, Zytotoxine, Streptolysin, Streptokinase u. a.) im Vordergrund. Die **Symptomatik** ist dementsprechend geprägt von einer hochgradigen, schmerzhaften Myositis. Erkrankte Pferde entwickeln eine plötzliche Steifheit, vor allem die Glutealmuskulatur ist betroffen. Die Krankheit ist sehr schmerzhaft und kann innerhalb von 1–2 Tagen zum Festliegen führen. Die Letalitätsrate ist hoch. Die Muskelenzyme sind bei solchen Patienten hochgradig erhöht. Die **Therapie** besteht in der Gabe von Infusionen, Antibiotika (Penizillin), Antiphlogistika und Kortikosteroiden. Oft sind starke Analgetika (Lidokain- und Ketamin-Dauertropfinfusionen) nötig, um die Schmerzen zu kontrollieren. Die **Prognose** ist ungünstig.

7.7.2 Infarzierende Purpura hemorrhagica

Dieses Krankheitsbild, das stark der Henoch-Schönlein-Purpura beim Menschen ähnelt und in den meisten Fällen tödlich verläuft, tritt meist innerhalb von drei Wochen nach einer *S. equi* subsp. *equi*-Infektion auf und unterscheidet sich von der klassischen Purpura hemorrhagica (→13.3.2) und von der IgG-vermittelten «Streptokokken-Myositis» (→7.7.3) durch eine deutlich höhere Letalitätsrate. Erste Symptome sind steifer Gang und ggf. kolikartige Symptome. Zusätzlich entwickeln betroffene Pferde klassische Anzeichen einer Purpura wie Petechien und klar demarkierte Gliedmaßenödeme. Im weiteren Verlauf kommt es zu fokalen intramuskulären Schwellungen. Die zugrunde liegende Pathogenese besteht in massiven Infarkten der Muskulatur, aber auch der Haut, des Gastrointestinaltraktes, der Lunge, der Nieren und anderer Organe, bedingt durch immunbedingte IgA-Immunkomplex-Ablagerungen. Therapeutisch kann die frühzeitige und länger dauernde (bis zu 10 Wochen lang) Gabe von Kortikosteroiden die (trotz Behandlung schlechten) Überlebenschancen steigern. Auch die Gabe von starken Immunosuppressiva wie Azathioprin oder Cyclophosphamid ist beschrieben.

7.7.3 Immunvermittelte Polymyositis

Auch diese Erkrankung ist v. a. bei Quarter Horses beschrieben, eine erbliche Komponente wird vermutet. Auslöser auch dieser immunbedingten, IgG-vermittelten Polymyositis scheint wiederum in den meisten Fällen eine *S. equi* subsp. *equi*-Infektion oder eine andere respiratorische Erkrankung zu sein. Bei der klinischen Symptomatik stehen eine massive und rapid verlaufende Muskelatrophie, vor allem der Rücken- und Kruppenmuskulatur, sowie Steifheit und ein reduzierter Allgemeinzustand im Vordergrund. Histologisch ist ein hochgradiges lymphozytäres Infiltrat in der betroffenen Muskulatur vorzufinden. Im Gegensatz zu den anderen «Streptokokken-Myositiden» (→7.7.1 & 7.7.2) hat diese Erkrankung eine gute Prognose. Die Gabe von Kortikosteroiden kann meist den Krankheitsverlauf verkürzen. Innerhalb von 2–3 Monaten können die meisten Patienten wieder eine normale Muskelmasse aufbauen. Rezidive sind jedoch beschrieben.

7.8 Neurogene Myopathien

Primär neurologische Probleme können sekundär die Muskelfunktion beeinträchtigen. Gut bekannte neurogene Myopathien sind die **Toxikoinfektionen** mit ***C. tetani*** (→16.7.2), die durch die toxische Blockade der inhibitorischen Ganglien durch das Tetanustoxin spastisch-tonische Krämpfe hervorruft und mit ***C. botulinum*** (→16.7.1), welches beim erwachsenen Pferd charakterisiert ist durch eine schlaffe, neuromuskuläre Paralyse und deutliche Hirnnervenausfälle. Die Giftwirkung beruht auf der Blockade der Signalübertragung der motorischen Endplatte. Die Ausschüttung von Acetylcholin wird gehemmt. Beim Fohlen führt es zum sog. «*shaker syndrom*». Beide Krankheitsbilder, wie auch die anderen neurogenen Myopathien und Atrophien unten, werden bei den neurologischen Krankheiten detailliert besprochen (Botulismus →6.3.6.3 & Tetanus →6.3.4.5.2).

Die in den USA beschriebenen «Equine Degenerative (Enzephalo-) Myelopathie» (EDM), die neuroaxonale Dystrophie und die degenerative Erkrankung motorischer Neuronen («*Equine Motor Neuron Disease*»; EMND) und weitere neurogene Krankheiten, die zu einer progressiven, diffusen Muskelzellatrophie und Funktionseinschränkung der Skelettmuskulatur führen, sind differenzialdiagnostisch zur Abgrenzung zu Myopathien wichtig, weil sie sich in Form von Dysmetrien (z. B. zervikaler Ataxie →6.3.4.2.1), Tremores (z. B. «Shivering» →6.3.6.6) sowie neurogenen Atrophien und Lahmheiten (peripheren Nervenschäden, z. B. Radialislähmung, →6.3.6.5) äußern können. Die protozoäre Myeloenzephalitis (EPM →6.3.4.5.3 & 17.6.2) kann auch zu massiver ein- oder beidseitiger Masseteratrophie führen.

7.9 Idiopathische Myopathien und neoplastische Muskelaffektionen

Sehr selten kann eine **idiopathische eosinophile Atrophie** beobachtet werden, die nur die Massetermuskulatur betrifft (Abb. 7.5). Formen einer **idiopathischen Polymyositis** mit progressivem steifem Gangbild, Muskelatrophie und charakteristischen elektromyografischen Veränderungen sind beim Pferd beschrieben. Auch **Neoplasien** der Muskulatur sind selten, aber wenn sie vorkommen, ist das Risiko relativ hoch, dass sie maligne sind.

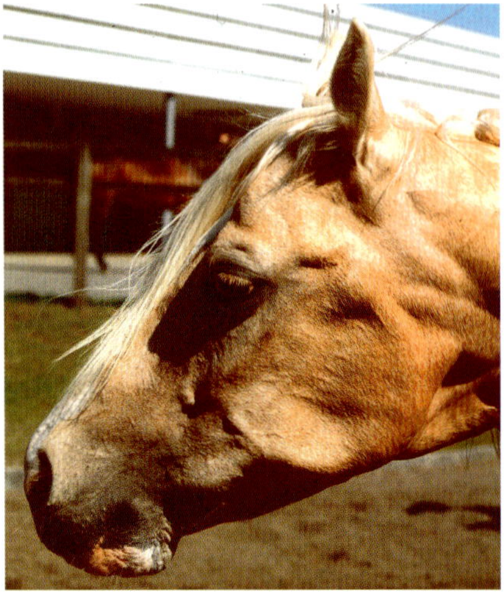

Abb. 7.5: Myogene Masseteratrophie: American-Quarter-Horse-Hengst mit seltener beidseitiger kompletter Atrophie der Masseteren aufgrund einer idiopathischen eosinophilen Myositis.

Am ehesten findet man Rhabdomyosarkome (harte runde Massen tief in der Muskulatur u. a. des Halses und der Gliedmaßen; relativ häufig bei jungen Pferden), Fibrome, Fibrosarkome, Lipome und Hämangiosarkome u. a.

Weiterführende Literatur

MACLEAY J. M.: Chapter 9: Diseases of the musculoskeletal system. In: REED S. M., BAYLY W. M., SELLON D. C. (Hrsg.): Equine Internal Medicine, 2nd edition, Saunders Elsevier, St. Louis, 2009.

MAYHEW I. G.: Large Animal Neurology. 2nd edition, Wiley-Blackwell, Oxford, United Kingdom, 2008.

REED S. M., FURR A.: Equine Neurology. Blackwell Publishing, Oxford, United Kingdom, 2008.

8 Skeletterkrankungen von internistischem Interesse

V. Gerber, C. Graubner und R. Straub

Gewisse systemische Knochenerkrankungen des Pferdes sind von unmittelbarem internistischem Interesse. Dabei handelt es sich um induzierte Endokrinopathien oder um vermutete Vitamin- und Mineralstoffwechselstörungen. Daneben gibt es weitere Krankheiten des Skeletts, die internistisch ein eher indirektes Interesse beanspruchen. Dazu gehören etwa Osteopathien, die von anderen inneren Krankheiten herrühren, oder umgekehrt, internistische, zum Beispiel neurologische Leiden, die auf primäre Osteo(arthro)pathien zurückgeführt werden können.

Die Diagnostik dieser Zustände fußt, neben der Anamneseerhebung und klinischen Untersuchung, vor allem auf den bildgebenden Verfahren. Erst in zweiter Linie hilft das Labor dem Kliniker weiter.

8.1 Systemische Knochenkrankheiten

8.1.1 Osteodystrophia fibrosa

Die Osteodystrophia fibrosa ist als klinische Manifestation eines sekundären, fütterungsbedingten **Hyperparathyreoidismus** (→10.3) zu verstehen. Die pathologisch-anatomischen Skelettveränderungen werden auch als Osteitis fibrosa definiert. Die Krankheit tritt bei uns nur sporadisch auf. **Pathogenetisch** spielt als auslösender Faktor ein zugunsten von Phosphor verschobenes Ca : P-Verhältnis im Futter die zentrale Rolle, also eine qualitativ ungenügende, falsche Fütterung. Beim wachsenden Pferd soll das Ca : P-Verhältnis etwa 1.5 : 1 betragen; es darf auch beim erwachsenen Tier nicht unter 1 : 1 absinken. Ein zugunsten von Kalzium verschobenes Verhältnis wirkt sich dagegen anscheinend bis etwa 3 : 1 nicht schädlich aus. In seltenen Einzelfällen mag sich eine Urolithiasis (→5.6) einstellen.

Die wichtigste Kalziumquelle ist für das Pferd Heu und Gras; als Phosphorquelle ist Körnerfutter ausschlaggebend. Bei extremer Kleiefütterung – die wichtigste Ursache der Osteodystrophia fibrosa – wird ein Ca : P-Verhältnis von 1 : 10 erreicht. Je ungünstiger das Verhältnis, desto hochgradiger wird die resultierende Hyperphosphatämie, die ihrerseits eine Hypokalzämie nach sich zieht. Diese Umstände stimulieren die Parathyreoidea, die eine kompensatorische Hypertrophie und Hyperplasie entwickelt. Es wird vermehrt Parathormon ausgeschüttet, um die Hypokalzämie zu bekämpfen. Diese Reaktion ist, was die Blutwerte angeht, erfolgreich: Konzentrationsbestimmungen von Kalzium und Phosphor im Plasma kranker Pferde ergeben wegen dieser Reaktion der Parathyreoidea meist normale Werte! Es folgt daraus eine vermehrte Knochenresorption, Osteoidapposition und Fibrosierung. Je nachdem, ob das durch die Demineralisation verminderte Volumen nur kompensiert wird

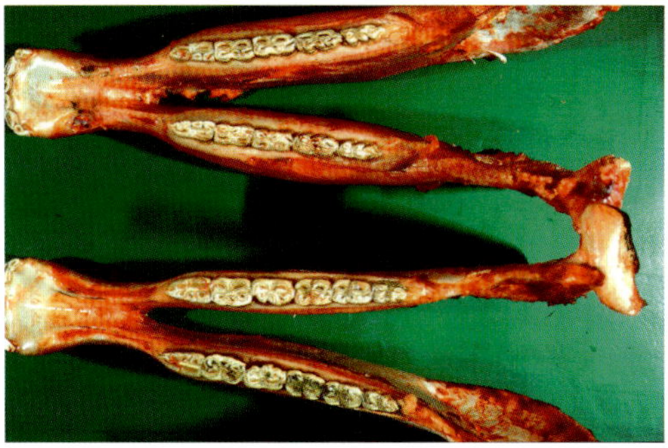

Abb. 8.1: Sekundärer Hyperparathyreoidismus: oben sind aufgetriebene Unterkieferäste abgebildet, darunter ein normaler Unterkiefer eines gleichaltrigen Pferdes zum Vergleich.

durch die Zunahme fibrösen Gewebes und Osteoid, oder ob die Kompensation überschießt, spricht man von isostotischer oder von hyperostotischer Osteodystrophie. Der Tierarzt wird in der Regel mit den auffälligeren hyperostotischen Zuständen, d. h. mit Volumenzunahmen, konfrontiert.

Symptome: An experimentell provozierten Fällen wurde gezeigt, dass die ersten Symptome in unbestimmten Lahmheiten, steifem und gestelztem Gang bestehen. Auch Muskelzittern und -schwäche werden beschrieben. Die Tiere gehen lieber Galopp als Trab, die Bewegung wird manchmal verweigert. In diesem Stadium können Spontanfrakturen auftreten. Die schwersten und auffälligsten Veränderungen manifestieren sich simultan oder mit zeitlicher Verzögerung an den Schädelknochen. Die hyperostotische Osteodystrophie kann am Kopf geradezu monströse Auftreibungen verursachen. In Südafrika, wo die Krankheit früher offenbar häufig war, spricht man darum von «*Bighead*». Die fibröse Dystrophie betrifft auch die Ober- und Unterkiefer und kann so weit gehen, dass die Backenzähne nur noch sehr locker sitzen und Kaustörungen auftreten.

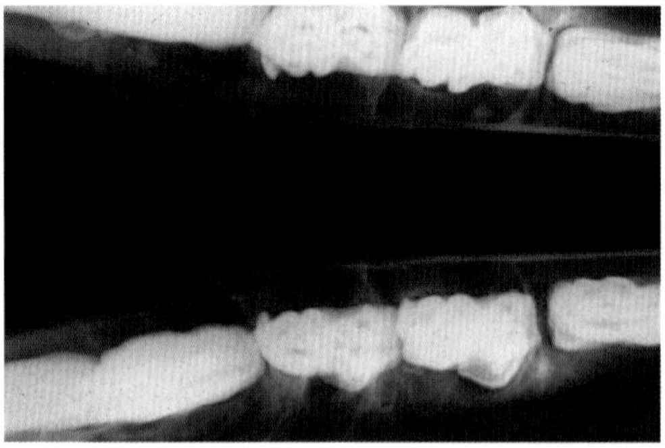

Abb. 8.2: Demineralisierte, aufgetriebene Unterkieferäste bei sekundärem Hyperparathyreoidismus: Röntgenbild der Unterkieferäste. Die Zähne sitzen nur noch locker im demineralisierten, fibrotisch veränderten Knochen.

Diagnose: Die klinische Diagnose bereitet bei ausgebildeten Fällen keine Schwierigkeiten (Fütterungsanamnese). Sie wird durch eine Röntgenuntersuchung gesichert, wobei die *Laminae durae* der Backenzahnalveolen als Beurteilungskriterium dienen. In klinisch unklaren Fällen ist meistens auch die Röntgendiagnose nicht einfach und nur mit viel Erfahrung zu stellen: die Demineralisation muss über 30 % betragen, um eine Röntgendiagnose zu erlauben (Abb. 8.2).

Differenzialdiagnosen von harten knöchernen Schwellungen umfassen den sehr seltenen Morbus Marie Bamberger (→8.6) mit knöchernen Zubildungen an Gliedmaßen und Kopf sowie häufigen großen Sinuszysten, die bis an die Alveolargrenze gehen, aneurysmale Knochenzysten der Mandibel oder Erkrankungen der *Suturae craniales.* Cave! Bei Shetlandponys, vor allem aber bei Minishetties und anderen Miniaturrassen, findet man knöcherne Auftreibungen manchmal schon bei der Geburt, ohne dass eine Osteodystrophie besteht.

Bei der Differenzialdiagnose von weichen Schwellungen und Ödemen an den Gliedmaßen und am Kopf wäre u. a. auch an Petechialfieber (→13.3.2) zu denken.

Das klinische Labor kann zur Stützung eines Verdachts beigezogen werden: Bei normalen oder leicht veränderten Kalzium- und Phosphorspiegeln ist die Serumaktivität der Alkalischen Phosphatase (AP) deutlich erhöht. Die Interpretation dieser Werte ist nicht einfach, weil junge Tiere im Wachstum in Abhängigkeit der Knochenumbaurate schon normalerweise hohe AP-Aktivitäten aufweisen. In Verdachtsfällen wäre die Bestimmung der fraktionierten Phosphor- und Kalziumexkretion (0–0.55 % resp. > 2.5 %; →9.1.1 & Box 12.2.1) und v. a. die Parathormonmessung (PTH) angebracht. Der Normalbereich von PTH-Hormons (Messung mit Radioimmunassay) liegt bei 0.27–0.92 ng/ml Serum bei Weidepferden und 0.61–1.25 ng/ml Serum bei Pferden, die Kraftfutter erhalten.

Prognose: Sie wäre bei nicht ausgeprägten und frischen Fällen an sich eher günstig; bei massiven Kieferveränderungen wird man sich aber meistens zur Euthanasie entschließen.

Therapie: Die Behandlung besteht in einer radikalen Futterumstellung: Gutes Heu; wenig oder kein Kraftfutter, vor allem keine Kleie und keine undefinierbaren Müllereiabfälle oder Fertigfutter. Grundsätzlich ist die tägliche Kalziumsubstitution in ausgeglichenem Verhältnis zu Phosphor empfohlen. Eine Kalziumkarbonat-Zufütterung ist zu diesem Zweck zum mindesten am Anfang der Therapie angezeigt. Die Patienten sollten außerdem auf gutem (in diesem Fall weichem!) Boden gehalten werden, und bei Lahmheiten, Kaubeschwerden und ähnlichen schmerzhaften Zuständen ist eine analgetische Therapie mit Entzündungshemmern indiziert.

8.1.2 Andere fütterungsbedingte Zustände

Auf einem **Vitamin-D-Mangel** beruhende Entkalkungen in der Form einer **Rachitis** bei wachsenden, einer **Osteomalazie** bei erwachsenen Tieren scheinen als Spontankrankheiten beim Pferd kaum oder gar nicht vorzukommen. Es ist gar nicht gesichert, ob die Kalziumaufnahme bei Pferden Vitamin-D-abhängig ist. Die zur Aktivierung nötige 1-alpha-Hydroxylase wurde in der Pferdeniere offenbar noch nicht nachgewiesen. In seltenen Einzelfällen ist man u. U. versucht, eine Röntgenverdachtsdiagnose zu stellen, doch lässt sich eine saubere Abklärung ohne großen Aufwand kaum vornehmen.

D-Hypervitaminosen dagegen sind auch beim Pferd nachgewiesen worden (→9.2.2), und zwar als **Kalzinosen** wie sie vom Rind her ja gut bekannt sind (Verkalkungen in Herz, Nieren, Lungen, Arterien, aber auch in Sehnen und Bändern; Entkalkung der Knochen). Spontane Kalzinosen durch Goldhaferfütterung sind uns allerdings nicht begegnet; der Zierstrauch (Hammerstrauch; *Cestrum diurnum*) dagegen scheint eine D_2-ähnliche Wirkung zu entfalten. Problematischer ist aber in manchen Fällen eine unkontrollierte und übermäßige Vitamin-D-Zufuhr, wie sie allzu häufig von Laien praktiziert wird.

Als fütterungsbedingt-metabolische Krankheiten mit einer wahrscheinlichen genetischen Prädisposition sind die **Osteochondrosis (-chondritis) dissecans** (OCD), evtl. und auch die Entzündung der Wachstumsfuge die sogenannte **Epiphysitis** sowie gewisse knöcherne Veränderungen bei jungen Pferden mit spinaler Ataxie (→8.2 & 6.3.4.1) angesehen, die hier erwähnt zu werden verdienen. Beschuldigt wird eine übermäßige, proteinreiche und kalziumarme Fütterung. Auch Kupfer- und Zinkimbalancen (→9.1.5) sollen dazu beitragen können. Eine derartige Ernährung führt aber wohl nicht nur über den Knochenstoffwechsel zu direkten Schäden, sondern auch über das beschleunigte Wachstum und die zu rapide Gewichtszunahme. Gefährdet sind also vor allem junge Tiere (Jährlinge!), die für einen möglichst günstigen Verkauf gewissermaßen «gemästet» werden. Bei einem vorauszusehenden Erwachsenengewicht von 500 kg sollte ein Absetzfohlen als «Faustregel» mit 6 Monaten nicht über 230 kg wiegen, mit 12 Monaten der Jährling nicht über 335 kg, der Anderthalbjährige nicht über 400 kg. Es gibt aber (wahrscheinlich «marktgerecht» immer häufiger: frühreife Sprinter) Vollblutfohlen, die beim Absetzen schon über 300 kg wiegen. Mehr und mehr macht sich aber auch bei uns die Unsitte breit, allen Fohlen neben der meist reichlich fließenden Muttermilch noch *ad libitum* Konzentrate anzubieten. In das Kapitel des provozierten, zu schnellen Wachstums gehört auch das Bild der Sehnenkontraktur («*contracted tendons*»; Abb. 8.3) mit der allzu gut bekannten steilen Stellung im Fesselgelenk und der sich daraus ergebenden Bockhufbildung. Eine solche Fütterungspraxis zieht aber nicht nur Skelettveränderungen und andere Schäden am Bewegungsapparat nach sich, sondern fördert auch Magenprobleme (→4.2.5.2).

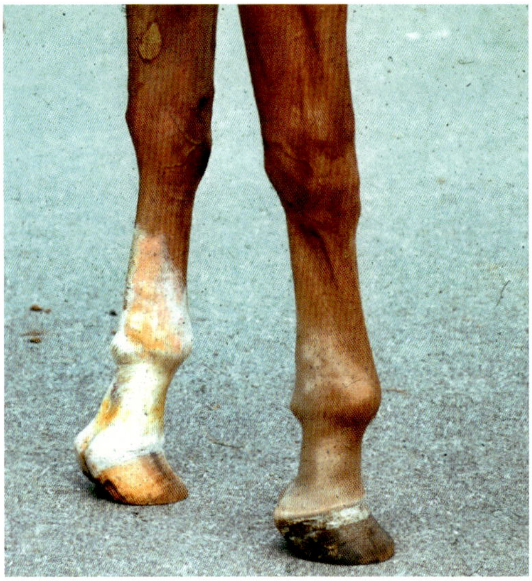

Abb. 8.3. Wachstumsstörung: Zu schnelles Skelettwachstum wegen übermäßiger Konzentratfütterung bei einem Jährling mit Stockmaß 164 cm und einem Gewicht von 570 kg, der auch eine Sehnenkontraktur (Engl.: „contracted tendon"), steile Fesselstellung aufwies.

Therapie: Neben verschiedenen chirurgischen Eingriffen, die bei diesen Störungen des Bewegungsapparates in manchen Fällen eine funktionelle Besserung oder Heilung bewirken können, sind die betroffenen jungen Pferde auf eine kalziumreiche und energiearme Raufutterdiät zu setzen. Außerdem ist die körperliche Belastung anzupassen.

8.2 Missbildungen des Skeletts

Neben **kongenitalen** Weichteilmissbildungen (z. B. des Herzes →2.1.1.3 oder der Gliedmaßen, wie z. B. die relativ häufigen Kontrakturen →8.1.2) beanspruchen auch solche des Schädels, wie die Verkrümmung des Nasenbeins («*wry nose*»), das Interesse des Internisten und andere, die oft auch weitere Organe in Mitleidenschaft ziehen (in anderen Kapiteln besprochen, u. a. im Zusammenhang mit Mikrophthalmie und Hydrozephalus →6.3.1.1 oder mit Gaumenspalten →4.1.2.1), v. a. der Wirbelsäule.

Sehr selten werden beim Neugeborenen verschiedene Formen einer **Spina bifida** beobachtet, also eine Spaltbildung der Wirbelsäule, bei der die dorsalen Wirbelbögen nicht geschlossen sind. Obgleich ein chirurgischer Verschluss grundsätzlich möglich sein müsste, wird man sich doch zur Tötung derartiger Fohlen entschließen, insb. wenn Spina bifida noch mit weiteren Missbildungen wie Hydrozephalus und Meningomyelozele einhergeht. Unter **Hemivertebra** versteht man einen Defekt, bei dem die eine Wirbelhälfte nicht oder mangelhaft ausgebildet ist, sodass es zu Knicken in der Wirbelsäule und von Geburt an zu Bewegungsstörungen kommt.

Etwas häufiger, aber dennoch selten sind kongenitale Missbildungen mit Achsenabweichungen der Thorax- und Lendenwirbelsäule. **Skoliose** ist eine Achsenabweichung nach der Seite, **Lordose** nach ventral (Senkrücken) und **Kyphose** nach dorsal. Das Rückenmark wird im Allgemeinen bei diesen Missbildungen nicht beeinträchtigt, die klinischen Störungen sind eher mechanischer Natur. Lordose und Kyphose, weniger Skoliose, können auch als erworbene Zustände bei älteren Pferden beobachtet werden. Während die Lordose älterer Zuchtstuten und Hengste meistens ohne weitere Störungen bleibt, besteht bei Kyphose (Karpfenrücken, Karpfenlende) oft eine deformierende Spondylarthrose der Thorakal- und Lendenwirbelgelenke.

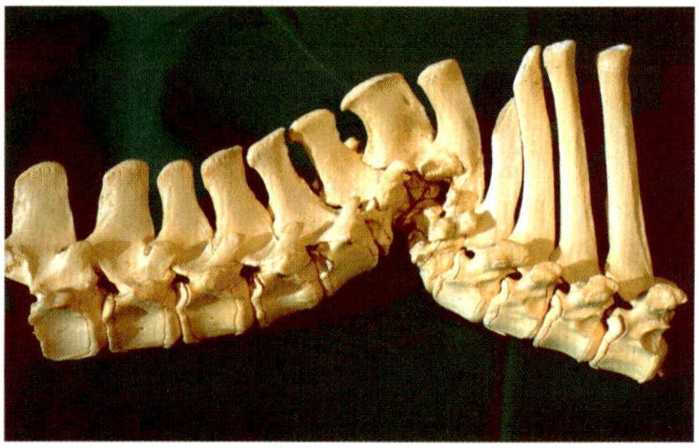

Abb. 8.4: Angeborene Kyphoskoliose: Das Pferd zeigte lediglich eine leichtgradige Ataxie, litt aber ebenfalls an einem Ventrikelseptumdefekt.

8.3 Spondylarthrose der dorsalen Intervertebralgelenke

Mit der Verbesserung der bildgebenden und auch der elektromyografischen Techniken wird die Diagnose **Spondylarthrose** der dorsalen Wirbelgelenke (auch Facettengelenke) häufiger gestellt, die klinische Bedeutung dieser Veränderungen ist aber keineswegs immer gegeben (diese degenerativen Veränderungen sind relativ häufig subklinisch) und muss in jede Einzelfall kritisch beurteilt werden. Meistens sind mehrere Gelenke betroffen, und es ist ungenügend untersucht, ob bei Spondylarthrosen der Rückenwirbelsäule nicht ein erhöhtes Risiko für ähnliche Veränderungen am Hals bestehen und umgekehrt. Es liegt aber auf der Hand, dass die klinischen Symptome von der Lokalisation abhängig sind und grob nach Hals- gegenüber Rückenwirbelsäule unterschieden werden können.

8.3.1 Halswirbelsäule

Die Veränderungen, die bei Sportpferden zu Problemen führen, sind in der Regel in der unteren Halswirbelsäule zu suchen (zwischen C5 und Th1); die in unserem von Warmblutsportpferden geprägten Patientengut am häufigsten veränderten Facettengelenke sind die zwischen C6 und C7. Die arthrotischen Läsionen treten schon bei jüngeren Tieren auf (vererbte Prädisposition, evtl. Osteochondrosis dissecans, OCD), doch führen sie meistens erst beim Anreiten oder Einfahren zu deutlichen klinischen Erscheinungen. Diese Erscheinungen können sich u. a. in einer spinalen Ataxie (→6.3.4.2.1), eingeschränkter Halsmotilität, Verspannung der Halsmuskulatur (Radikulitis) und/oder Widersetzlichkeit äußern. Ein Großteil der an Spondylarthrose leidenden Pferde sind aber nicht offensichtlich ataktisch. Diese Tiere weisen jedoch oft ebenfalls eine mechanische Behinderung der Beweglichkeit des Halses auf. Meist ist die Halsbeweglichkeit auf eine Seite stärker eingeschränkt als auf die andere. Dagegen ist ein völliger mechanischer Block der Halswirbelsäule sehr selten. In Fällen von sogenanntem **Torticollis** besteht meistens ein Block in der Körperlängsachse. Die Pferde stehen mit steif nach unten gestrecktem Hals und vermögen den Kopf nicht mehr anzuheben. In den meisten Fällen kommt es zu spontaner Lösung der Blockierung, auch die Halsmuskelschmerzen (Krampfschmerz) verschwinden nach der Lösung. Solche Symptome können aber auch auftreten, ohne dass radiologisch sichtbare Veränderungen der Facettengelenke vorliegen. In solchen Fällen ist es möglich, dass der Blockierung eine Schwellung der gelenksumgebenden Weichteile (Gelenkskapsel, *Lig. flavum*) zugrunde liegt.

8.3.2 Thorax- und Lendenwirbelsäule

Leiden der Rücken- und Lendenwirbelsäule kommen in der Form von Spondylarthrosen (-arthritis) sehr häufig vor und werden oft schon bei jungen Pferden nachgewiesen. Jedenfalls ist die Annahme, das Reitergewicht und Überbelastung führten zu derartigen Leiden, in vielen Fällen zu mechanistisch und einfach. Mangels gezielter Untersuchungen in dieser Richtung lässt es sich, wie oben erwähnt, noch nicht sagen, ob die Spondylarthrosen des Rückens häufiger mit solchen des Halses zusammen auftreten, doch liegt diese Annahme nahe. Möglicherweise kommt beim Pferd sehr selten sogar eine dem Morbus Bechterew des Menschen ähnliche und entsprechende Spondylitis ancylopoetica vor (autoimmune Erkrankung mit genetischer Prädisposition).

Beispiele anamnestischer und klinischer Symptome bei Hals- und Rückenwirbelproblemen

Halswirbelsäule
- Anamnesebeispiele
  - «steif auf einer Hand», «schlechte Biegung», «schlechtes Angaloppieren» oder «zunehmend schwierig im Maul»
  - «geht nicht mehr vorwärts», evtl. auch Gurtenzwang; Bocken; Steigen u. a. Widersetzlichkeiten
  - – evtl. spinale Ataxie (→ 6.3.4.2.1)
  - eingeschränkte Halsbeweglichkeit (selten komplette Blockierung)
  - – verspannte und schmerzhafte Halsmuskulatur

Thorax- und Lendenwirbelsäule
- Anamnese (Beispiele)
  - «Geht nicht mehr vorwärts; wenig Schub; hat den Schwung verloren»
  - «Gurtenzwang; bockt; steigt; weicht aus beim Satteln und Aufsitzen»
  - «Lässt beim Aufsitzen den Rücken fallen und läuft davon»
  - «Steif oder lahm hinten; refusiert sonst früher problemlose Sprünge» etc.
  - Probleme beim Angaloppieren
- Motorik
  - steife, z. T. unkoordinierte Bewegungen, Dysmetrien v. a. der Nachhand
  - Zehenschleifen
  - Kreuzgalopp; «Hasengalopp» (Hinterbeine fast zusammen fußend)
  - Passgang
- Sattelpassform beachten, z. B.:
  - ungenügende Widerristfreiheit
  - ungleiche Auflagefläche und -druck mit «Brückenbildung»
  - lokale Schmerzhaftigkeit und «Schweißmuster» (u. a. Symmetrie)
  - Ataxie seltener als bei Halswirbelveränderungen

Die Anamnesen variieren bei Rückenleiden (die Lende immer inbegriffen) des Pferdes außerordentlich, und sie liefern nicht immer zuverlässige Anhaltspunkte für die Lokalisation der Störungen (Box 8.3.2). Heutzutage werden Pferde dem Tierarzt auch häufig nach einer Untersuchung und Diagnosestellung durch einen manuellen Therapeuten bereits mit einer Verdachtsdiagnose vorgestellt. Adspektorisch scheint die Rückenmuskulatur verspannt, druckdolent manchmal, wenn sich das Pferd wegen starker Schmerzen schont, auch atrophiert. Das Pferd sollte aber nicht nur in Ruhe, sondern v. a. auch in Bewegung, an der Longe und unter dem Reiter beobachtet werden. Dabei ist auf die anamnestisch geschilderten Probleme und typischen Anzeichen von Rückenschmerzen, wie Probleme beim Satteln, am Sprung, Kreuzgalopp, Passgang etc. (Box 8.3.2) besonders zu achten. Die Sattelpassform und damit assoziierte Probleme sollten speziell untersucht und beachtet werden. Die Palpation des Rückens provoziert oft Schmerzreaktionen. Die Befunde sind im Allgemeinen nicht sehr klar (bei Trabern denke man an rein myogene Störungen!). Die Dorso-, Ventro- und Lateroflexionen können eingeschränkt sein, die Ventroflexion vor allem bei Erkrankungen der Dornfortsätze. Ausfälle in Form einer spinalen Ataxie und Dysmetrien der Nachhand sind, im Vergleich mit den entsprechenden Veränderungen an der Halswirbelsäule («Zervikalsyndrom» →6.3.4.2.1) eher selten (→6.3.4.2.2).

Radiologisch sind selten an einem, meistens an mehreren Facettengelenken (auch Rippengelenken) deformierende, spondylarthrotische Veränderungen sichtbar, deren Aktivität mithilfe der Szintigrafie weiter beurteilt werden kann. Überdies, und eher selten ohne gleichzeitige Arthrose, finden sich an den Dornfortsätzen häufig Veränderungen (besonders Th12–Th17; «*Kissing spines*»). Die Korrelation mit der bildgebenden Untersuchungsresultaten mit Schmerzhaftigkeit und den klinischen Symptomen ist oft nicht sehr gut. Man kann ggf. mittels lokaler Infiltrationsanästhesien versuchen, die Lokalisation zu überprüfen und einzuengen.

In länger bestehenden Fällen kommt es zu einem Verschmelzen der Wirbel an den dorsalen Intervertebralgelenken, im Lendengebiet und vor allem auch der Querfortsätze (Intertransversalgelenke). Auch knöcherne Brücken von Wirbel zu Wirbel ventral an den Körpern lassen sich beobachten, wohl Ausdruck des Bestrebens, die Wirbelsäule möglichst unbeweglich und damit schmerzfrei zu machen. Eine andere Erklärung solcher ventralen Spondylosen wäre eine Hypermobilität der direkt betroffenen Wirbel als Folge einer Hypomobilität kranial oder kaudal der unmittelbar benachbarten Wirbel, ähnlich dem Dominoeffekt nach einer chirurgischen Versteifung zweier Wirbel. Derartige Veränderungen sind gelegentlich schon bei 4- und 5-jährigen Pferden festzustellen.

Therapie: Therapeutisch ist leider auch bei Pferden, die keine radiologischen Veränderungen aufweisen, oft nicht viel auszurichten. In leichteren Fällen lassen sich Entzündungshemmer verantworten, insb. um weiterführende und nachhaltige Trainings- und Rehabilitationsmaßnahmen (Longenarbeit; Vorwärts-Abwärts-Reiten Warmhalten der Rückenmuskulatur etc.) zu ermöglichen. Die wiederholte Injektion von Kortikosteroiden – nach diagnostischer Infiltrationsanästhesie – in die Gegend sich berührender, aktiv entzündeter Dornfortsätze ist aber grundsätzlich nur eine palliative Maßnahme, die die Schäden an den Knochen noch verschlimmern kann (Kalzifizierung des Weichteilgewebes).

8.4 Entzündliche, aseptische Veränderungen

Am Schädel des Pferdes sind aseptische, entzündliche Veränderungen der Kopfnähte beschrieben *(«Suturitis»)*. Die Kopfnähte sind fibröse Gelenke und v. a. während des Schädelwachstums noch gut beweglich. Sie ermöglichen die Elastizität des Schädels unter der Geburt und während des schnellen Wachstums des Fohlens und Jährlings und dienen außerdem als Stoßdämpfer.

Beim Menschen findet die definitive Verknöcherung des Schädels erst im Alter zwischen 70 und 80 statt. Ein zu früher oder ein asymmetrischer Schluss kann zu klinisch relevanten Störungen des Kaumechanismus führen (Kiefergelenks-Inkongruenz). Die Ursache einer Suturitis ist aber schwer eruierbar. Meist wird ein Trauma vermutet. Ob primär ein veränderter Kaumechanismus (Zahnprobleme, Kiefergelenkserkrankung, Myositis des *M. masseter*) ebenfalls zu einer sekundären Suturitis führen kann, wird diskutiert. Aseptische Entzündungen der Kopfnähte klingen spontan ab. Eine chirurgische Stabilisierung mittels Osteosyntheseplatten ist ebenfalls beschrieben und hat zum Erfolg geführt. Epiphora kann als Konsequenz der Suturitis (spezifisch bei Exostosen der lacrimo-maxillären Knochennaht) nach sekundärer Verlegung des Tränennasenkanals auftreten (→3.1.5). Als Differenzialdiagnosen müssen Erkrankungen der Sinus (Zysten, Sinusitis), Schädelfrakturen und Neoplasien, bei Tränennasenkanalproblemen auch durch Fremdkörper verursachte Entzündungen in Erwägung gezogen werden. Über die Osteopathie des Temperohyoids wird ausführlich im Kapitel «Krankheiten der Atemwege» berichtet (→3.2.4).

8.5 Septische Knochen- und Gelenkserkrankungen

Infektionen des Skeletts und der Gelenke sind traditionelle Gebiete der Chirurgie. Sie werden in diesem Buch nur am Rand gestreift.

Wir haben in anderen Kapiteln den Umstand hervorgehoben, dass im Zug septischer Krankheiten des neugeborenen Fohlens (→6.3.4.5.2 und 16.23), die eine Polyarthritis zur Folge haben, auch Wirbelgelenke mitbefallen sein können. Neben den direkt durch die **septische Spondylarthritis** verursachten Schmerzen, kann die angefüllte Gelenkskapsel dann auch das Rückenmark und die abgehenden Nerven komprimieren, was zu Muskelverspannung, Ataxie oder – je nach der Lokalisation – zu Paraplegie oder Tetraplegie Anlass geben kann. Die bildgebenden Untersuchungen (Röntgen, CT, evtl. MRI) wird in etwas verschleppten Fällen bei eitrigen Prozessen schon erstaunlich früh knöcherne Veränderungen nachweisen. Je nach Alter und Reifestadium des Fohlens sind die Entzündungszeichen im Blut mehr oder weniger deutlich (Hyper-/Hypoproteinämie, Hypogammaglobulinämie, Leukozytose/Leukopenie, erhöhtes Fibrinogen, erhöhtes Serum Amyloid A).

Eine **septische Osteomyelitis** ist im Allgemeinen die Folge äußerer Verletzungen. Beim Fohlen kann sich eine septische Epiphysitis und Osteomyelitis auch nach einer Allgemeininfektion mit Bakteriämie oder Septikämie (→16.23) entwickeln, manchmal ist eine Epiphysitis auch verbunden mit einer eitrigen Arthritis/Polyarthritis.

8.6 Sekundäre Osteopathien

Als Folge primärer, chronischer Krankheiten in der Brust- oder der Bauchhöhle (bakterielle Herdinfektion, Tumoren u. a.; manchmal ist auch keine Primärkrankheit auszumachen) entwickelt sich beim Pferd als Seltenheit die sogenannte **Akropachie** (Morbus Marie-Bamberger; «Osteopathia hypertrophicans»). Diese hypertrophe Osteopathie wird bei neoplastischen Massen im Brustkorb als eine spezielle Form des paraneoplastischen Syndroms (Box 11.4.1) angesehen.

Es handelt sich dabei um eine diffuse ossifizierende Periostitis, vor allem der Röhrenknochen, die zu einer harten Umfangsvermehrung der meistens symmetrisch betroffenen Gliedmaßen führt. Symmetrische Auftreibungen am Kopf sind dagegen selten. Beim Pferd ist die Akropachie eine Osteopathie mit periostalen Auflagerung, die nicht die Gelenke betreffen. Die Pferde bewegen sich ungern und steif, Beugeproben provozieren einen offensichtlich heftigen Schmerz. Die Diagnose muss durch Röntgenaufnahmen gesichert werden. Die AP-Aktivität ist oft stark erhöht. Die Prognose ist, abhängig von Nachweis und Erkennung der Primärkrankheit, in einer Minderheit der Fälle nicht infaust.

8.7 Traumen der Rückenwirbelsäule

Wir lassen hier die schleichenden Veränderungen, welche die repetitiven Traumen und die Überlastung während der Arbeit mit sich bringen können, beiseite. Stürze im Pferdesport führen eher zu Hals- als zu Rückenwirbelfrakturen. Gefährdet sind auch Pferde, die sich nach rückwärts überschlagen (Losreißen, Steigen). Meistens werden dabei lediglich die Dornfortsätze des Widerrists gebrochen. Derartige Frakturen sind zunächst außerordentlich schmerzhaft, doch stellt sich meistens nach Monaten eine funktionelle Heilung in dem Sinn ein, als die Tiere wieder bewegt, geritten und gesprungen werden können.

Die meisten Rückenwirbelkörperfrakturen ziehen schwere neurologische Ausfälle in Form einer Paraplegie nach sich (→6.3.4.3). Man wird derartige Tiere in der Regel auf dem Platz töten müssen. Bei Pferden, die noch stehen und gehen können und in allen Fällen von Dornfortsatzfrakturen, bildet die radiologische Sicherung der Diagnose auch eine rationale Basis für die Prognose. Bei unklaren Befunden ist auch eine Knochenszintigrafie eine Woche nach Trauma angezeigt.

8.8 Knochentumoren

Neoplasien der Knochen (und der Zähne!) sind rar. Am häufigsten finden sich Osteosarkome und die am ehesten in den flachen Knochen des Schädels, wo sie je nach ihrer Lokalisation mehr oder weniger früh zu Störungen der Kautätigkeit oder zu Behinderungen der Atmung Anlass geben.

Gelegentlich sieht man gutartige, aber z. T. die Kautätigkeit behindernde Osteome oder ossifizierenden Fibrome des Kiefers (Abb. 8.5), die v. a. bei jungen Pferden auftreten *(«equine juvenile mandibular ossifying fibroma»)*, diese sollten differenzialdiagnostisch gegen die bei Jungtieren noch wesent-

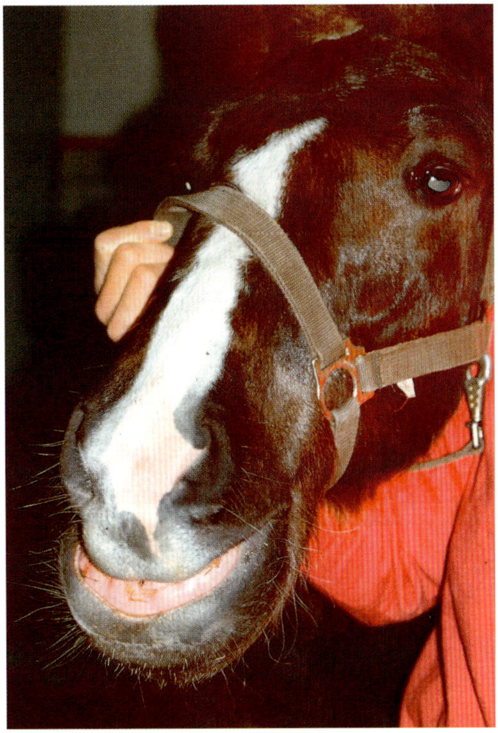

Abb. 8.5: Equines ossifizierendes mandibuläres Fibrom: Gutartiger Tumor neben den Inzisiven des Unterkiefers (DD: Osteom, Osteosarkom, Fibröse Osteodystrophie oder Dysplasie).

lich häufigeren knöchernen Auftreibungen um das Zahnfache im Unterkiefer, die meist spontan reversibel sind, abgegrenzt werden. Die Kieferhöhlentumoren des Pferdes gehen dagegen kaum vom Knochen aus; in der Regel handelt es sich um Plattenepithelkarzinome. Eine gewisse internistische Bedeutung kommt auch Osteosarkomen im Bereich des Thorax (Rippen) und der Wirbelsäule zu. In schweren Fällen von disseminierten Melanomen mögen sich Metastasen des Tumors im Mark verschiedener Knochen vorfinden.

Weiterführende Literatur

Fey K., Kolm G. (Hrsg.): Fohlenmedizin. Enke Verlag, Stuttgart, 2010.

Meyer H., Coenen M.: Pferdefütterung. 5. Auflage, Enke Verlag, Stuttgart, 2014.

Toribio R. E.: Disorders of the endocrine system. In: Reed S. M., Bayly W. M., Sellon D. C. (Hrsg.): Equine Internal Medicine, 2nd edition, Saunders Elsevier, St. Louis, 2009.

van der Kolk J. H., Nachreiner R. F.: Manual of Equine Endocrinology. Blackwell Verlag, Berlin, 2002.

9 Störungen des Mineralstoff- und Vitaminhaushalts

V. Gerber, N. Fouché, J. H. van der Kolk und R. Straub

Unter den Störungen des Mineralhaushaltes sind klinisch klar abgrenzbare Krankheitsbilder, wie z. B. der sekundäre fütterungsbedingte Hyperparathyreoidismus, der im Kapitel zur Endokrinologie und im Zusammenhang mit den Skeletterkrankungen besprochen wird (Osteodystrophia fibrosa →8.1.1 & 10.2.2), selten. Entgegen der Werbung für die diversen Futterzusätze zur Leistungssteigerung oder Kompensation eines vermeintlichen Defizits, besteht in der modernen Pferdefütterung eher die Gefahr einer Überversorgung, als dass ein Mangel an Mineralstoffen oder Vitaminen auftritt.

Mit Ausnahme von Selen und Vitamin E (→9.2.3) sowie Vitamin B1 (Intoxikationen mit thiaminasehaltigen Pflanzen, →9.2.4 & Tab. 14.2), spielt ein Spurenelement- und Vitaminmangel beim Pferd denn auch kaum eine Rolle. Dagegen sind Störungen im Haushalt von Mengenelementen bei Allgemeinerkrankungen (z. B. gewisse Kolikformen, Colitis, Sepsis, Endotoxinämie [→4.2.6.1 & 4.2.6.2 resp. 16.23] u. a. und auch bei muskulärer Überanstrengung [→7.1.1 & 7.3.2]) wesentlich häufiger. Elektrolytimbalancen sind also meist eine Folge anderer Primärerkrankungen und müssen auch im Zusammenhang mit der Primärerkrankung therapiert werden.

Wir geben hier Hinweise auf Referenzwerte, die sich (wenn nicht anders bezeichnet) auf den Normalbereich im Blut beziehen und sonst schwierig ausfindig zu machen sind, aber für weiterführende Informationen zu laborspezifischen Fütterungsempfehlungen oder Normalwerten gesunder Fohlen und Jungpferde verweisen wir auf die Literatur zur Pferdefütterung. Blutelektrolytwerte sind für die Feststellung von leichtgradigen Defiziten oft ungeeignet, da effiziente Regulationsmechanismen das innere Milieu und damit die Blutkonzentrationen lange aufrechterhalten. Empfindlicher sind Urinelektrolytwerte und v. a. die Berechnung der fraktionierten Exkretion (Box 12.2.1), die aber u. U. großen Schwankungen ausgesetzt ist: Die Normalwerte zur fraktionierten Exkretion variieren z. T. sehr stark je nach Studie resp. Haltungs- und Fütterungsbedingungen. Außerdem sind immer auch «laborspezifische» Unterschiede zu beachten, und wenn nötig sind vom jeweiligen diagnostischen Labor Informationen zu Normalwerten anzufordern.

9.1 Mineralstoffe

Die Mineralstoffe teilt man in sog. Mengenelemente (≥ 50 mg/kg; Na, Cl, K, Ca, P, Mg, S) und Spurenelemente (≤ 50 mg pro kg; F, Mn, Co, Se, I, Cu, Zn, Fe) ein, wobei das Spurenelement Eisen mit 60 mg pro kg an sich über der Definitionsgrenze liegt.

9.1.1 Kalzium und Phosphor

Kalzium (Referenzwert 2.42–3.38 mmol/l, ionisiert 1.4–1.8 mmol/l) und Phosphor (Referenzwert 0.26–0.54 mmol/l) sind die weitaus reichlichsten Mineralstoffe des Organismus und machen über 70 % der Asche des Gesamtkörpers aus. Die beiden Elemente beeinflussen sich gegenseitig sehr stark und werden deshalb gleichzeitig besprochen. Ihre Rolle als Strukturelemente, 99 % sind im Skelett als Hydroxyapatit gebunden, und in vielen Stoffwechselprozessen ist zentral (v. a. ionisiertes freies Kalzium, die biologisch aktive Form ist unentbehrlich für Muskelkontraktion, neuromuskuläre Reizübertragung, Blutgerinnung, Laktation, Zellteilung und Membranstabilität). Vor allem bei der Beeinflussung des elektrischen Membranpotenzials, und damit bei der Reizbildung und -leitung, spielt das Gleichgewicht von freiem Kalzium, freiem Magnesium, Kalium und Natrium eine wichtige Rolle. Magnesium beeinflusst darüber hinaus das Kalziumgleichgewicht auf bislang nur sehr unvollständig verstandene Weise. Der Stoffwechsel von Kalzium wird reguliert von Parathormon und von Metaboliten des Vitamins D, Ergocalciferol (D2) und Cholecalciferone (D3; Kalziferol), kaum von Calcitonin das in den C-Zellen der Thyreoidea gebildet wird. Diese Regulationsmechanismen sind aber beim Pferd ungenügend untersucht. Klar ist, dass gerade hier Analogieschlüsse aus anderen Spezies irreführend sein können. Das Pferd hat hohe Blutspiegel an gesamtem und ionisiertem Kalzium (besonders hoch bei Ponyrassen), eine wenig regulierte Kalziumabsorption im Darm und Ausscheidung im Urin, sowie relativ tiefe Vitamin-D-Konzentrationen. Verschiedene Formen des Hyper- und Hypoparathyreoidismus, mit Hyperkalzämie und Hypophosphatämie resp. Hypokalzämie und Hyperphosphatämie, sind beim Pferd beschrieben (→10.3). Mit Ausnahme des sekundären fütterungsbedingten Hyperparathyreoidismus, der durch ein erniedrigtes Ca : P-Verhältnis im Futter verursacht und im Zusammenhang mit den Skeletterkrankungen ausführlich besprochen wird (Osteodystrophia fibrosa →8.1.1 & 10.3, Abb. 8.1 & 8.2) sind dies aber alles Raritäten. Die Krankheitsbilder und Syndrome, die mit anormalen Kalzium- und Phosphorschwankungen einhergehen, werden beim Pferd also kaum je von einer Fehlfunktion der Parathyreoidea verursacht, sondern sind meistens anstrengungs- oder fütterungsbedingt.

Übersicht über Störungen des Kalziumhaushaltes – klinische Beispiele und mögliche Ursachen

Hypokalzämie
- primärer Hypoparathyreoidismus (sehr selten)
- sekundärer Hypoparathyreoidismus, v. a. fütterungsbedingt bei exzessiver Phosphorversorgung
- idiopathische Hypokalzämie beim Fohlen
- Endotoxinämie, v. a. bei gastrointestinalen Erkrankungen und Sepsis (evtl. sekundärer Hypoparathyreodismus)
- schwere Rhabdomyalyse
- Anstrengung, v. a. Schweißverluste
- variabel bei akuter Niereninsuffizienz
- Stute nach dem Abfohlen, Laktation (sehr selten)
- «Pseudohypokalzämie» bei Hypoalbuminämie
- Vergiftungen (Oxalate; USA: Cantharidiasis, *«blister beetle toxicosis»*) und iatrogene Medikamentenüberdosierung (Tetrazykline zu schnell i. v.; hohe Furosemid- und Bikarbonatdosen)

Hyperkalzämie
- Hyperparathyreoidismus (sehr selten)
- bei Tumorerkrankung; paraneoplastisches Syndrom
- Kalzinose – «Vitamin D»-Intoxikation (→9.2.2; 14 & Tab. 14.2)
- v. a. chronische, z. T. Niereninsuffizienz (→5.1.2)
- Minishetties (Normalwerte höher als bei Pferden?)

9.1.1.1 Hypokalzämie

Ein primärer fütterungsbedingter Kalziummangel kommt in unserer Pferdehaltung eigentlich nicht vor. Ein primärer Hypoparathyreoidismus mit Hypokalzämie, Hypomagnesiämie, Hyperphosphatämie und erniedrigten Parathormonkonzentrationen ist beim Erwachsenen beschrieben (sehr selten →8.1.1) und kommt wahrscheinlich auch bei Fohlen mit idiopathischer Hypokalzämie vor. Der sekundäre Hypoparathyreoidismus des Pferdes ist nicht als Entität beschrieben, ist evtl. aber bei septischen Zuständen (→17.23) nicht allzu selten. Eine **fütterungsbedingte Hypokalzämie** kann auch eintreten, wenn **Oxalat** Kalzium übermäßig bindet. Dies wurde v. a. bei Pferden auf Weiden beobachtete, auf denen sehr viel Ampfer (*Rumex* spp.) wächst. Allgemein wäre dieser Mechanismus zu erwarten bei Gras oder anderem Grünfutter mit einem Oxalatgehalt über 0.5 % bzw. einem Kalzium-Oxalat-Verhältnis von < 0.5.

Eine **sekundär auftretende Hypokalzämie** ist dagegen viel häufiger, v. a. im Zusammenhang mit Koliken und v. a. bei Patienten mit Endotoxämie, Durchfall oder Sepsis (→4.2.6.1 & 4.2.6.2 resp. 17.23), manchmal auch bei akuter Niereninsuffizienz (→5.1.1) oder belastungsbedingter Myopathie (→7.1.1). Laktation bei der Stute kann theoretisch zu einer Hypokalzämie führen, dies tritt jedoch in der Praxis anders als bei der Kuh nur sehr selten auf, was nicht erstaunt, weil ja die Stute kaum je über 20 l Milch pro Tag produzieren dürfte. Bei Stuten scheint post partum eher eine Tetanie aufgrund einer Hypomagnesiämie vorzukommen (→9.1.2). Jedenfalls sind in Zweifelsfällen die entsprechenden Laboruntersuchungen (Ca, Mg, P) immer vorzunehmen. Weil Kalzium an Albumin gebunden ist, sollte man dabei aber auch beachten, dass eine Hypoalbuminämie eine Hypokalzämie («Pseudohypokalzämie») vortäuschen kann.

Im **Schweiß** verlieren Pferde während harter Arbeit viel Kalzium und andere Elektrolyte (Na, K, Mg, Cl), zusätzlich kann das freie aktive Kalzium verringert sein, wegen erhöhter Bildung an Bikarbonat, Laktat und Albumin, besonders bei einer (hypochlorämischen) Alkalose (Distanzrennen!). Teilweise scheint hier auch eine ungenügende Parathormon-Antwort eine Rolle zu spielen.

Gleich welcher Ursache, führt eine Hypokalzämie (v. a. zusammen mit Hypomagnesiämie) zu einer erhöhten neuromuskulären Erregbarkeit und erniedrigten Kontraktilität der glatten Muskulatur. Die klinischen **Symptome** einer Hypokalzämie sind Apathie, Tachypnoe, Tachykardie und Arrhythmien (später Bradykardie), steifer, stelzender Gang oder Nachhandataxie, Muskelzittern, Trismus, Salivation, bis zu Krämpfen, Tetanie (DD →6.3.1.2 & 6.3.1.5.3) und Tod. Das klassische, aber längst nicht immer vorhandene Symptom ist außerdem das durch die kardiale Stimulation des übererregbaren *N. phrenicus* ausgelöste und in der Flanke sichtbare **«Zwerchfellflattern»** (Schweissverluste) (→6.3.1.5.3). Weiter kann auch bereits eine mildere Hypokalzämie (v. a. zusammen mit einer Hypomagnesiämie →9.1.2), ohne die gerade genannten klinischen Symptome, die Darmmotilität beeinträchtigen oder ein Nachgeburtsverhalten *(retentio placentae)* begünstigen.

Ein chronischer Kalziummangel wird sich in der Regel erst radiologisch einigermaßen darstellen lassen, nachdem der Knochen schon wesentlich demineralisiert worden ist. Vor allem fällt die dünne und fast poröse Kortikalis von Röhrenknochen auf. Abgesehen davon sind wachsende Tiere normal entwickelt und von durchschnittlicher Größe.

Bei der **Diagnostik** ist zu beachten, dass das im Blut gebundene Kalzium (ca. die Hälfte des Gesamtkalziums im Blut) stark von der Albumin-Konzentration abhängt. Aussagekräftiger als der Gesamtkalziumgehalt ist darum das ionisierte Kalzium, das biologisch aktiv ist. Eine Therapie sollte nur initiiert werden, wenn der Wert für ionisiertes Kalzium unter 0.9 mmol/l fällt. Zur Diagnosestellung eines Hypoparathyreoidismus würde die Bestimmung von Parathormon (Referenzbereich 0.25–2 pmol/l) dienen. Die fraktionierte Exkretion von Kalzium (cave! dazu müssen die Kalziumkristalle durch Ansäuerung des Urins gelöst werden) sollte bei genügender Versorgung über 2.5 % liegen (Box 12.2.1).

Zur **Therapie** kann Kalziumglukonat 23 % mit 0.2–1 ml/kg langsam i. v. über eine Dauertropfinfusion (→12.2.2) gegeben werden. Wenn klinische Anzeichen einer Hypokalzämie bestehen, können bis zu 6 mg/kg KG/h gegeben werden, was ein akutes Defizit meist in ca. 2 Stunden ersetzt, die schnelle Verbesserung der klinischen Symptomatik zeigt das Ansprechen auf die Therapie sehr zuverlässig an. In septischen und endotoxämischen Patienten mit subklinischer Hypokalzämie, sollte das Defizit langsamer (1 mg/kg KG/h; cave! bei septischen Patienten) und zusammen mit den anderen Infusionen (→12.2.2) korrigiert werden. Es ist darauf zu achten, dass nicht gleichzeitig chelierende Medikamente (z. B. Tetrazyklin) gegeben werden, und eine bestehende Hypomagnesiämie ist ebenfalls zu korrigieren.

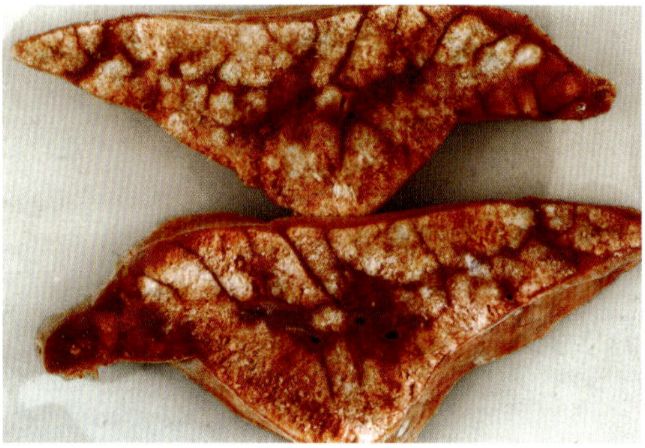

Abb. 9.1: Lungenkalzinose: Dissiminierte Verkalkung des Lungenparenchyms bei einem 5 Tage alten Fohlen durch gestörten Kalzium- und Phosphatstoffwechsel unbekannter Genese.

9.1.1.2 Hyperkalzämie

Eine Hyperkalzämie ist seltener als eine Hypokalzämie und wird beim Pferd gelegentlich im Zusammenhang mit einer chronischen, seltener auch einer akuten Niereninsuffizienz (→5.1.2), selten auch beim paraneoplastischen Syndrom (Box 11.4.1) diagnostiziert, wenn die Tumoren parathormonähnliche Proteine sezernieren. Ein primärer Hyperparathyreoidismus (Morbus Recklinghausen; Hyperkalzämie, Hypophosphatämie und erhöhte Parathormonwerte) wird bei Pferden mit Adenomen der Nebenschilddrüse beschrieben, ist aber offensichtlich äußerst selten (→8.1.1). Ein zugunsten von Phosphor verschobenes Ca : P-Verhältnis (1 : 3 oder mehr) im Futter führt beim Pferd, wie oben schon erwähnt, zu einer vermehrten Parathormonproduktion und zum sekundären fütterungsbedingten Hyperparathyreoidismus (Chrüschkrankheit; «*Bighead*» →10.3 & 8.1.1). Der Zustand ist chronisch und geht darum mit nur milder oder auch ohne Hypokalzämie und Hyperphosphatämie, aber mit erhöhten Parathormonwerten, einher. Eine fütterungsbedingte Hyperkalzämie könnte auch bei getreidereicher und raufutterarmer oder Vitamin-D-reicher Fütterung (Kalzinose – «Vitamin D»-Intoxikation →9.2.2 & Tab. 14.2) auftreten.

Zu den **Symptomen** einer Hyperkalzämie gehören Muskelschwäche, Apathie und Arrhythmien. Eine Kalzinose nach Vergiftung mit Pflanzen mit Vitamin-D-ähnlicher Wirkung kann sich außerdem mit Osteopetrosis, Lahmheit und Verkalkungen von Organen äußern (Abb. 9.1).

Zur **Diagnose** eignen sich die Bestimmung des Kalziumgehalts im Blut oder Bestimmung der fraktionierten Exkretion der Elektrolyte im Urin. Zu beachten ist, dass Shetlandponys und jüngere Pferde (< 1-jährig) physiologischerweise höhere Kalziumwerte im Blut aufweisen können, als die Referenzwerte für erwachsene Pferde vorgeben.

Therapeutisch kommen eine Infusionstherapie mit Natriumchlorid sowie eine diuretische Therapie mit Furosemid (0.5–2 mg/kg KG i. v.) infrage.

9.1.1.3 Hypophosphatämie

Eine Hypophosphatämie kann beim Pferd ernährungsbedingt oder nach einer Fastenperiode auftreten. Weiter kann eine schlechte Absorption im Darm, ein Verlust über die Niere bei einer chronischen Niereninsuffizienz (→5.1.2) oder ein Hyperparathyreoidismus (→8.1.1) zu einer Hypophosphatämie führen. Eine vorübergehende Hypophosphatämie tritt manchmal bei einer Sepsis (→17.23) oder bei Kolik- oder Colitispatienten mit Endotoxämie (→4.2.6.1.2 & 4.2.6.2) auf.

Symptome werden nur in Extremfällen beobachtet. Beschrieben sind Gewichtsverlust, Schwäche, Pica-Syndrom (Allotriophagie mit Fressen von Holz, Steinen und Knochen in Phosphormangelgebieten), Lahmheit und orthopädische Entwicklungsstörungen, sowie Reproduktionsstörungen bei Stuten.

Eine genaue **Diagnosestellung** ist schwierig, da nur ein kleiner Anteil von Phosphor frei im Blut vorliegt und der Großteil im Knochen gebunden ist. Darum sind zu tiefe Phosphatwerte im Blut nicht unbedingt diagnostisch für einen Gesamtphosphormangel. Trotz der großen Schwankungen ist in Zweifelsfällen die Bestimmung der fraktionierten Phosphorexkretion (normal: 0–0.55 %; Box 12.2.1) angebracht.

Eine **Therapie** ist selten notwendig und kann in einer Supplementierung des Futters mit Phosphaten, z. B. mit Mononatriumphosphat bestehen. Möglich wäre auch eine Supplementierung mit Kaliumphosphat, allerdings besteht dabei das Risiko einer Überversorgung mit Kalium. Auch eine Überversorgung mit Phosphor ist gefährlich und kann, wie schon erwähnt, v. a. bei Jungtieren über einen sekundären Hyperparathyreoidismus zur Osteodystrophia fibrosa (→8.1.1 & 10.3) führen.

9.1.1.4 Hyperphosphatämie

Eine Hyperphosphatämie wird selten beim Koliker (→4.2.6.1.2 & 4.2.6.2), bei akuter Niereninsuffizienz (→5.1.1) oder Hypoparathyreoidismus beobachtet. Grundsätzlich kann es auch bei einer Hämolyse oder Rhabdomyolyse (→11.1 & 11.3.4 resp. 7.1.1) zu erhöhten Phosphorspiegeln im Blut kommen.

Die **Symptome** einer Hyperphosphatämie sind sehr unspezifisch, ein Verdacht muss **diagnostisch** mittels Blutuntersuchung und fraktionierter Exkretion (Box 12.2.1) erhärtet werden.

Die **Therapie** richtet sich nach der zugrunde liegenden Ursache. Eine Infusionen und Diuretika könnte in Extremfällen unterstützend eingesetzt werden.

9.1.2 Magnesium

Magnesium ist an über 300 enzymatischen Reaktionen beteiligt und spielt eine essenzielle Rolle bei allen neuromuskulären Vorgängen und im Energiehaushalt; Magnesium wird von denselben Regelmechanismen beeinflusst wie Kalzium (Parathormon, Vitamin D etc.), die Regulation ist aber viel weniger genau.

Hypo- und Hypermagnesiämie

Auch hier ist hervorzuheben, dass klinische Störungen aufgrund von echten Mangelzuständen außerordentlich selten vorkommen. Ebenfalls nur sehr vereinzelt treten ausgeprägte **Hypomagnesiämien** offenbar bei Mutterstuten nach der Geburt, nach langen Transporten und bei hochgradigem Parasitismus mit Dickdarmschäden bei jungen Weidetieren auf (Symptomatik ähnlich der Weidetetanie beim Rind). Am häufigsten wird ein sekundärer, vorübergehender und meist leichtgradiger Magnesiummangel bei Patienten mit Kolik oder anderen Darmerkrankungen (→u. a. 4.2.6.1 & 4.2.6.2) und bei einem Verlust über die Niere beobachtet. Gentamicingaben können wahrscheinlich renale Magnesiumverluste verschärfen. Ebenfalls können septische und endotoxämische Zustände (→16.23) zu einer leichtgradigen Hypomagnesiämie (ionisiertes Mg) führen, die meist auch mit zu tiefem (ionisiertem) Kalzium einhergeht. Subklinische Magnesiumdefizite können entzündliche Reaktionen auf Endotoxin verschlimmern sowie paralytischen Ileus und Herzarrhythmien begünstigen. Da Magnesium die Erregbarkeit von Muskeln und Nerven herabsetzt, wird es nicht selten als «Beruhigungsmittel» eingesetzt. Dabei und auch mit dem oft als Laxativum verwendeten Bittersalz (Magnesiumsulfat, «*Epsom salt*» →4.2.4.3) kann es v. a. bei eingeschränkter Nierenfunktion bei iatrogenen Überdosierungen zur **Hypermagnesiämie** kommen.

Kommt es zu einem Magnesiummangel, ist vor allem mit einer **Symptomatik** von oben bereits beschrieben (→9.1.3.2), sondern auch zu einer Hyperchlorämie kommen. Sehr selten ist eine tubuläre Azidose (→5.2.4) für erhöhte Blutchoridwerte verantwortlich. Im Vordergrund stehen dabei aber die ausgeprägte Hypokaliämie (→9.1.3.5) und Azidose (venöser pH oft < 7.15) bei normalen Blutharnstoff- und Urin-pH-Werten. Die Hyperchlorämie an sich verursacht in der Regel keine klinischen **Symptome**. Die **Diagnose** und **Therapie** entsprechen grundsätzlich den bereits gemachten Ausführungen oben (→9.1.3.2). Eine bestätigte tubuläre Azidose müsste dagegen mit einer Substitution von Kalium und Bikarbonat behandelt werden (→5.2.4).

9.1.3.5 Hypokaliämie

Spontane, fütterungsbedingte Kaliummängel sind außer bei anorektischen Pferden nicht beschrieben. Da die Pferdenieren auch bei Hypokaliämie weiterhin Kalium ausscheiden, werden aber zu tiefe Blutkaliumwerte oft schon nach 1–2 Tagen Fasten oder Anorexie beobachtet. Sie treten entsprechend v. a. im Zusammenhang mit akuten Krankheiten des Verdauungstrakts (→u. a. 4.2.6.1 & 4.2.6.2) nicht selten auf. Weiter kann eine Hypokaliämie durch den Austausch von H+-Ionen und Kalium bei einer Alkalose entstehen. Eine bestehende Hypochlorämie (→9.1.3.3) kann diesen Effekt noch verstärken. Iatrogene Hypokaliämien können sich auch als Folge verschiedener Medikamente entwickeln, z. B. bei wiederholten Furosemidgaben, einer Glukose-Insulin-Therapie oder Behandlung mit gewissen Antibiotika. Schließlich wird bei der seltenen idiopathischen tubulären Azidose (→5.2.4) eine ausgesprochen hypokäliämische, hyperchlorämische Azidose (venöser pH oft < 7.15) bei normalen Blutharnstoff- und Harn-pH-Werten, beobachtet.

Pferde zeigen vielfach keine klinischen **Symptome**, wenn eine milde Hypokaliämie vorliegt. In ausgeprägteren Einzelfällen kann es zu Apathie und Somnolenz mit Muskelschwäche und trägen Reflexantworten, verminderter Peristaltik bis zur Darmatonie sowie Veränderungen im Elektrokardiogramm kommen.

Kalium findet sich vorwiegend intrazellulär, und die **diagnostisch** erfassten Plasmakonzentrationen sind deshalb relativ niedrig (Referenzwert 2.3–4.5 mmol/l). Das im Plasma gemessene Kalium hat biologisch eine wichtige Funktion, deshalb eignet sich der gemessene Plasmaspiegel für die Berechnung der Supplementierungstherapie. Außerdem ist bei einem Verdacht wiederum die Berechnung der fraktionierten Exkretion von Kalium im Urin (10–75 %; Box 12.2.1) angezeigt. **Therapeutisch** kann Kalium mit einer Endkonzentration von 20 bis maximal 40 mmol/l (Verabreichung maximal 0.5 mmol K^+/kg/h i. v.) in einer Infusionslösung supplementiert werden (→5.2.4 & 12.2.2). Bei der Infusionstherapie mit Kalium ist zur Vermeidung einer Hyperkaliämie mit Erregungsleitungsstörungen (→9.1.3.6 & 2.1.3.2) eine Überprüfung der Blutwerte empfehlenswert. Oral kann bei Kaliumdefiziten oder erhöhten Verlusten (Schweiß, Durchfall, Anorexie) einem Pferd therapeutisch oder auch **prophylaktisch** 30 g KCl pro Tag p.o. (1 g KCl = 15 mEq K^+) gegeben werden. Bei einer tubulären Azidose müsste dagegen möglichst schnell per infusionem nicht nur Kalium supplementiert, sondern auch mit Bikarbonat behandelt werden (→5.2.4 & 12.2.2).

9.1.3.6 Hyperkaliämie

Erkrankungen, die mit einer Hyperkaliämie einhergehen, sind Hämolysen (→11.3.4) oder andere Krankheiten, wie z. B. Myopathien (→7.1.1), die mit einer Zellschädigung und dem Austritt von intrazellulärem Kalium einhergehen. Auch bei der genetisch bedingten hyperkaliämischen periodischen Paralyse (→7.4.1), bei Niereninsuffizienz, v. a. bei akutem Nierenversagen mit Oligo- oder Anurie (→5.1.1) oder einem Uroperitonäum (z. B. bei Fohlen nach Blasenruptur →5.4.4) kommt es zu erhöhten Kaliumwerten im Blut. Weiter kann unabhängig von der primären Ursache eine Azidose, aufgrund des Austauschs von H^+- und K^+-Ionen zu einer Hyperkaliämie führen. Schließlich kann eine Hyperkaliämie aber auch akzidentell aufgrund eines technischen Fehlers bei der Blutentnahme und beim Probenhandling entstehen, wenn dabei eine Hämolyse der Erythrozyten verursacht wird. Dies sollte bei der Beurteilung der Resultate jeweils bedacht werden. Die **Symptome** bestehen in einer Muskelschwäche, Bradykardie und Veränderungen im EKG (z. B. Erregungsleitungsstörungen mit ventrikulären Extrasystolien →2.1.3.2). Jedoch muss die **Diagnose** in jedem Fall durch die Bestimmung der Kaliumkonzentration im Plasma und/oder der fraktionierten Exkretion von Kalium im Urin gesichert werden. Bei milden Fällen kann therapeutisch oft schon die Gabe von leicht verdaulichen Kohlehydraten (z. B. Hafer) helfen, die insulininduzierte Wiederaufnahme von Kalium in die Zellen zu fördern. Zusätzlich können Gaben des Carboanhydrase-Hemmers Azetazolamid (2–4 mg/kg KG p. o. BID bis TID) oder des Thiazid-Diuretikums Hydrochlorthiazid (0.5–1 mg/kg KG p. o. BID) indiziert sein, um eine vermehrte renale Kaliumausscheidung zu erreichen. Bei einer bedrohlichen oder persistierenden Hyperkaliämie ist eine Infusion von Kalziumglukonat in Glukoselösung (5 %) angezeigt. Damit wird eine Stabilisierung der Zellmembran durch das Kalzium und eine Beschleunigung des Kaliumrückflusses in die Zelle durch die Glukose bewirkt. Weiter können auch Bikarbonat- und Insulingaben helfen, den Kaliumspiegel im Blut zu senken. Gleichzeitig sollten kalium-freie Infusionen verabreicht werden. **Prophylaktisch** werden gefährdete Pferde, z. B. mit HYPP (→7.4.1), kaliumarm gefüttert, und man sollte Training bei kalten Temperaturen und unnötigen Stress vermeiden.

9.1.4 Eisen

Primäre Eisenmangelerkrankungen treten beim Pferd bei konventioneller Fütterung praktisch nicht auf. Es ist wichtig, dass Fohlen, die mit der Flasche und ohne Stute aufgezogen werden, früh Zugang zu Heu haben, was für eine genügende Eisenversorgung wichtig ist. Eine mikrozytäre, hypochrome Anämie mit tiefen Serum-Eisen-Konzentrationen (ferriprive Anämie) kann sich grundsätzlich bei chronischen Blutungen aufgrund eines damit einhergehenden Eisenmangels entwickeln (→11.3.2). Dies könnte bei massivem parasitärem Befall oder bei chronisch blutenden Ulzera des Magen-Darm-Trakts der Fall sein. In der Klinik sieht man aber bei diesen Patienten dennoch eher regenerative Anämien. Dies deutet darauf hin, dass eine primär mangelhafte Eisenversorgung bei diesen Patienten kaum je ein Problem darstellt. Viel häufiger kommt es wahrscheinlich bei Infekten zur Eisensequestration als Abwehrmechanismus gegen Bakterien. Entsprechend ist dann die Eisenbindungskapazität (Ferritinwerte), aber nicht die Eisenwerte selber herabgesetzt, im Gegensatz zur oben erwähnten sekundären hypochromen, mikrozytären Eisenmangelanämie nach chronischen Blutverlusten, bei der man eine Erniedrigung beider Werte erwarten würde.

Diagnostisch kann neben der Untersuchung und genauen Interpretation des roten Blutbildes (→11.1 & 11.3.2) die Bestimmung der Eisen- (Referenzbereich 15.2–40 mcrmol/l) und Ferritinwerte im Blut hilfreich sein. Der Eisengehalt des Blutes wird zwar in vielen Labors bestimmt, aber dieser Wert ist nicht sehr verlässlich und spiegelt nur ungenügend die wirkliche Eisenversorgung des Körpers wider. Ferritin wäre der verlässlichere Wert, gerade um die Eisen-Bindungskapazität abzuschätzen, wird aber nur von wenigen Labors bestimmt. Da ein wirklicher Eisenmangel nur selten als Ursache einer klinisch manifesten Erkrankung vermutet wird, stellt dies aber in der Regel kein großes Problem dar. Auch sind Knochenmarksuntersuchungen kaum indiziert. Bei Blutverlustanämien, chronischen Infekten etc. kann selbstverständlich nur die Bekämpfung der Ursache selber helfen. Diese Anämien sollten also nicht mit Eisenpräparaten **therapiert** werden. Sie verbessern sich rasch und spontan, wenn die primäre Krankheit erfolgreich behandelt werden kann. Es gibt also – zum mindesten unter unseren Verhältnissen – kaum Indikationen für parenterale Eisengaben, die im Übrigen mit einem gewissen Risiko belastet sind (Dextrane, anaphylaktische Reaktionen; wenn nötig, wären einem 500-kg-Pferd 1 g Eisen-Cacodylat i. v. zu geben). Per os wären am ehesten Eisensulfat-Präparate angebracht, aber auch damit können Leberschäden verursacht werden. Alle Eisenpräparate sind bei neugeborenen Fohlen (< 3 Tage), die besonders empfindlich sind, kontraindiziert. Bei **Eisenvergiftungen** mit akuten hochgradigen **Lebertoxikosen** (cave! Therapie s. o. und auch Zusatzfuttermittel, Mineralstoff- und Vitaminpräparate mit Eisen-Fumarat oder -Sulfat) kommt die Therapie (chelierende Agentien; bei Per-os-Vergiftung auch Abführmittel, Aktivkohle →14 & Tab. 14.2) in den meisten Fällen zu spät.

9.1.5 Kupfer und Zink

Kupfermangelkrankheiten können sich bei mangelhafter Versorgung entwickeln, aber auch als Folge einer Konkurrenz durch ein Überangebot an Molybdän. Der Kupferstoffwechsel kann auch durch zu hohe, toxische Zinkgehalte beeinträchtigt werden, was zu Entwicklungsstörungen des Knochen- und Knorpelwachstums beitragen soll (z. B. Osteochondritis dissecans →8.1.2). Grundsätzlich soll **Kupfermangel** (14–22 mcrmol/l im Serum) auch zu Anämie (ungenügender Eisenverwertung) führen und die Melaninsynthese beeinflussen: die Pferde werden heller oder grau im Haar. Besonders bei wachsenden Tieren kann es zu Knochendeformationen kommen. Man hat auch eine Tendenz zu Rupturen der *A. uterina media* bei älteren Zuchtstuten auf Kupfermangel zurückgeführt.

Zinkmangelzustände (Referenzbereich 10–15 mcrmol/l) kennt man beim Pferd nur aus dem Experiment. Es entwickelt sich eine Parakeratose der Haut, zuerst an den Beinen, später breitet sich die Veränderung auch auf den Rumpf aus. Im Einzugsgebiet unserer Klinik ist weder eine Kupfer- noch eine Zinkmangelkrankheit beim Pferd, das offenbar weit weniger empfindlich ist als die Wiederkäuer, je nachgewiesen worden. Experimentell provozierte **Zink-Vergiftungen** manifestieren sich mit Anämie, Epiphysenschwellungen und Lahmheit (5000 ppm in der Ration!). Kupfermangel, Zink-Überschuss und -Vergiftungen (→14 & Tab. 14.2) wären mit Kupfersubstitution der Futterration (Fohlen ca. 55 ppm) zu **behandeln**. Eine solche Supplementierung, zusammen mit einem Ausgleich der Zink-, Kohlehydrat- und Proteingehalte soll auch helfen, Entwicklungsstörungen (Osteochondritis dissecans →8.1.2) zu vermindern, kann aber diese aber nicht vollständig verhindern.

9.1.6 Jod

Ein Jodmangel führt beim Pferd, wie bei anderen Spezies, zu Hypothyreose (→10.2.1) und manchmal zur Ausbildung von Kröpfen (Abb. 10.3), ganz besonders bei Fohlen. Auch **Neugeborene**, die in utero nicht in genügendem Maß mit Jod versorgt worden sind, zeigen hypothyreotische Symptome (Schwäche; Kontrakturen). Der Gebrauch von jodiertem Kochsalz im Pferdestall verhindert eine Jodmangel-Hypothyreose wirksam. Außerdem kommen strumigene Substanzen in verschiedenen Kohlarten, Leinsamen, Sojabohnen und anderen Leguminosen vor (→10.2.3 & Box 10.2); die Pflanzen oder ihre Früchte werden hierzulande indessen kaum in größeren Mengen verfüttert. Gelegentlich wird aber auch des Guten zu viel getan, besonders mit Seetangsupplementen: Zuchtstuten, die während der Trächtigkeit über die Fütterung einem Jodexzess ausgesetzt waren, können ebenfalls Fohlen mit Kröpfen zur Welt bringen. Sowohl ein Joddefizit als auch ein Jodüberschuss kann also bei neugeborenen Fohlen das hypothyreotische Syndrom verursachen.

9.1.7 Fluor, Mangan und Kobalt

Gesicherte **Fluor**-Mangelzustände sind nicht bekannt. Die Fluorose, die als Intoxikation in der Nähe von aluminiumproduzierenden Betrieben beim Rind gut dokumentiert ist, tritt bei Pferden weniger rasch und leicht in Erscheinung. Immerhin sind Wachstumsstörungen, Gewichtsverluste, Zahndefekte und Lahmheiten wegen Knochendeformationen (Periostitis ossificans) beschrieben worden. Die Symptome bei **Mangan**mangel sind ungenügend untersucht, spielen bei uns aber keine Rolle. In bekannten Mangan-Mangelgebieten mit alkalischen Böden sind aber Fruchtbarkeitsstörungen bei Stuten aufgetreten, und Fohlen aus derartigen Stuten sollen eigenartige Missbildungen u. a. der Wirbelsäule aufweisen.

Auch zum **Kobalt** ist wenig bekannt. Unseres Wissens sind beim Pferd weder Mangelkrankheiten noch Vergiftungen je dokumentiert worden.

9.2 Vitamine

9.2.1 Vitamin A

Gras und gutes Heu versorgen das Pferd mit genügenden Mengen von Karotin. Immerhin ist für wachsende Tiere (40 IU Vit. A/kg KG) und für trächtige und laktierende Stuten (50 IU Vit. A/kg KG) manchmal eine Ergänzung nötig, die die angegebenen Tageswerte nicht überschreiten sollte. Für andere Pferde genügen 25 IU/kg KG als Erhaltungsdosis.

Experimentelle A-Hypovitaminosen entwickeln sich beim wachsenden schneller als beim erwachsenen Pferd. Die Fohlen fressen schlecht, sie zeigen Tränenfluss, Polyurie und v. a. Konvulsionen (DD →6.3.1.2.1 & 6.3.1.5.3), die durch Aufregung ausgelöst werden können. Erwachsene Pferde werden nach über einem Jahr auf einer Mangeldiät nachtblind, sie entwickeln Hornhauttrübungen, und bei Stuten und Hengsten treten Fruchtbarkeitsstörungen auf.

9.2.2 Vitamin D

Vitamin D wird heute als Hormon betrachtet. Eine Vitamin-D-Supplementierung kann eine inkorrekt (Kalzium-Phosphor-Verhältnis) zusammengesetzte Diät nicht korrigieren. Die eigentliche D-Hypovitaminose des wachsenden Tieres wäre eine Rachitis, des erwachsenen Tieres eine Osteomalazie (Knochenerweichung); beide Zustände sind – im Gegensatz zu einer Inaktivitätsosteoporose z. B. nach längerer Zeit der Immobilisation – beim Pferd nicht dokumentiert. Dass eine Kalzinose als Folge einer D-Hypervitaminose auch beim Pferd ausgelöst werden kann, ist hingegen experimentell bestätigt. Eine tägliche Zufuhr von über 660 IU/100 kg KG wirkt toxisch. Klinische Fälle kommen am ehesten unter Absetzfohlen und Jährlingen vor: Die Züchter meinen, einem mutmaßlichen Entwicklungsrückstand mit übermäßigen Vitamin-D-Gaben und Injektionen abhelfen zu können. Pflanzen, die ein Vitamin-D-ähnliches Prinzip enthalten (bei uns Goldhafer, *Trisetum flavescens*), können ebenfalls eine Kalzinose (Hyperkalzämie; Osteopetrosis und Lahmheit; Verkalkungen in Gefäßwänden besonders der Aorta (offenbar soll die Pulsation rektal kaum mehr fühlbar sein) und auch in den Nieren u. a. (Abb. 9.1; →9.1.1 & Tab. 14.2) auslösen.

9.2.3 Vitamin K

Grünfutter enthält hohe Konzentrationen von Vitamin K, man nimmt auch an, das Pferd synthetisiere das Vitamin im Darm. Wohl darum ist keine eigentliche K-Hypovitaminose bekannt. Spekuliert wird, dass bei Malabsorption im Dünndarm und bei Gallengangsproblemen eine Unterversorgung entstehen kann. Vitamin K wird bei Vergiftungen mit Kumarinderivaten als Nagerbekämpfungsmittel (früher auch zur «Behandlung» der Strahlbeinlahmheit; evtl. auch bestimmte Süßkleesorten, *Melitosus* spp.) in hohen Dosen (0.3–0.5 mg/kg KG Vitamin K1, s. c., nach Wirkung nachdosieren) als Kumarinantagonist eingesetzt, wenn Verblutungsgefahr besteht (→14 und Tab. 14.2). Die versuchsweise Therapie von Lungenblutungen bei Rennpferden (EIPH →3.6.5) mit Vitamin K3 hat sich nicht nur als unwirksam, sondern als auch nephrotoxisch erwiesen.

9.2.4 Vitamin-B-Komplex

Im Vitamin-B-Komplex ist eine Gruppe von biochemisch sehr unterschiedlichen, wasserlöslichen Vitaminen zusammengefasst. Das einzige Vitamin der B-Gruppe, von dem feststeht, dass sein Fehlen im Futter beim Pferd eine Mangelkrankheit hervorrufen kann, ist **Thiamin (B1)**. Hypoglykämie, erhöhte Blutpyruvatspiegel, erhöhte CK- und SDH-Aktivitäten in Seren, Bradykardie mit Arrhythmien, Ataxie und Muskelzittern sollen das Symptomenbild charakterisieren, das nach der Aufnahme von Schachtelhalm, Adlerfarn u. a. thiaminasehaltigen Pflanzen beobachtet wird. Das übliche Pferdefutter, vor allem Körner, enthält bei Weitem genug B1. Die Diät kann mit Bäckerhefe ergänzt werden (Pferde in hartem Training). Bei einem Verdacht auf Schachtelhalm- oder Adlerfarnvergiftung (Tab. 14.2) wird Thiamin **therapeutisch** in hohen Dosen verabreicht. Meist handelt es sich um Tiere, die über längere Zeit auf sehr mageren Weiden gehalten werden und dann Pflanzen aufnehmen, die sie sonst nicht fressen würden. Therapeutisch kann hoch dosiertes und frühzeitig verabreichtes Thiamin diese Pferde retten. Gemäß der Literatur kann als Initialdosis bis zu 5 mg/kg KG alle 3 Stunden i. v. gegeben werden. Im weiteren Verlauf werden diese Tiere mit sinkenden Dosierungen i. m. und schließlich p. o. versorgt. Ätiologisch unklare ZNS-Krankheiten werden vielerorts unter anderem auch mit Thiamin (0.25–1.25 mg/kg KG) behandelt.

Riboflavin-(B2)-Mängel lassen sich anscheinend nicht provozieren. Die Behandlung der periodischen Augenentzündung mit Riboflavin hat sich als nutzlos erwiesen.

Vitamin B12 wird vom Pferd offensichtlich in großen Mengen synthetisiert. Limitierend könnte evtl. ein Co-Mangel wirken (Cobalamin).

Auch alle anderen Vitamine der B-Gruppe stehen entweder in ausreichenden Mengen im üblichen Futter zur Verfügung oder/und sie werden vom Pferd selber produziert. Mangelzustände sind keine bekannt. Eine lang dauernde **Biotin**verabreichung (auch als **Vitamin B7 od. Vitamin H** bezeichnet) soll aber auf die Hornqualität des Hufs eine günstige Wirkung ausüben.

9.3 Wichtige Antioxidantien: Selen, Vitamin E und Vitamin C

Die wichtigsten endogenen **Antioxidantien** sind **Selen** (Referenzwerte: 0.7–8.4 mcrmol/l) als Bestandteil der Glutathion-Peroxidase, welche die Transformation von Peroxiden zu Alkoholen katalysiert, **Vitamin E** (α-Tocopherol; (Referenzwerte: 4644–23220 mcrmol/l) und **Vitamin C** (Ascorbinsäure). Wiewohl sicher ist, dass Vitamin E als Antioxidans gut wirkt, ist seine Bedeutung als eigentliches Vitamin umstritten. Ein **Selenmangel** ist gebietsweise verbreitet, was zum Auftreten der Weißmuskelkrankheit (→7.3.1) führen kann. Pferde, die Gras oder Heu guter Qualität fressen, zeigen keine **Vitamin-E-Defizite;** eine prophylaktische Supplementierung (1000 IU/500 kg KG p. o. SID) ist angezeigt, in Selenmangelgebieten und wenn wegen einer Diät kein frisches Grünfutter angeboten wird (z. B. zur Gewichtsabnahme und Hufreheprophylaxe bei gewissen Patienten mit dem Equinen Metabolischen Syndrom →10.7.1). Das Pferd synthetisiert in der Leber genügend **Ascorbinsäure (Vitamin C)** aus einfachen Zuckern. Man müsste höchstens bei ernsthaften Leberkrankheiten an einen Mangel denken. Dies ist aber nicht nachgewiesen.

Krankheiten: Die equine motorische Nervenzellendegeneration («*Equine Motor-Neuron Disease*» EMND →6.3.4.4) ist eindeutig, die equine degenerative Myeloenzephalopathie (EDM →6.3.4.4) weniger klar mit tiefen Vitamin E-Spiegeln vergesellschaftet. Fohlen mit Weißmuskelkrankheit (→7.3.1) und auch Pferde und Ponys mit Steatitis (→10.7.3), sprechen gut auf Vitamin-E-Selen-Gaben an und bei einem gesicherten Selenmangel auch auf Selen allein, aber nur ungenügend oder gar nicht auf Vitamin-E-Gaben allein. Experimentell lässt sich allerdings durch einen alleinigen Vitamin-E-Mangel bei Fohlen eine dystrophische Myopathie (einschließlich Myokard) hervorrufen, überdies auch eine Glomerulonephritis und erhöhte Fragilität der Erythrozytenmembran. Die manchmal vermuteten Zusammenhänge zwischen Fruchtbarkeitsstörungen der Stuten und Vitamin-E-Mangel haben sich dagegen nicht bestätigen lassen.

Therapie und Prophylaxe: Die wichtigste Prophylaxe eines Vitamin-E-Mangels ist der regelmäßige Zugang zu frischem Grünfutter (Weide, Heu guter Qualität). Selenarme Gebiete sind in der Regel bekannt. Vor allem Zuchtstuten und wachsenden Pferden ist dort ein Se-Supplement anzubieten, doch ist die therapeutische Breite zwischen Unter- und Überdosierung recht schmal. Als Zeichen einer **Vergiftung mit Selen** (→1.1.2 & Tab. 14.2) gelten Haarausfall (Langhaare), Ausschuhen, Blindheit *(«blind staggers»)* und Lähmungen (Serumwerte: 0.1 ppm Se reichen aus, 0.5 ppm sind gefährlich). Dagegen sind hohe Gaben von **Vitamin E** (z. B. bei EMND 5000–7000 IE/500 kg KG p. o. SID) und **Vitamin C** (z. B. bei Vergiftungen mit Blättern des kanadischen Ahorns [→Tab. 14.2], 30 mg/kg KG i. v. BID oder zur Ansäuerung des Urins bei Urolithiasis [→5.6] mit 1–2 g/500 kg p. o. SID) ungefährlich.

Weiterführende Literatur

Beech J.: Endocrine evaluation. In: Walton R. M. (Hrsg.): Equine clinical pathology, Wiley-Blackwell, Oxford, 2014.

Bohn A. A.: Acid-base and electrolytes. In: Walton R. M. (Hrsg.): Equine clinical pathology, Wiley-Blackwell, Oxford, 2014.

Bohn A. A.: Laboratory evaluation of the equine renal system. In: Walton R. M. (Hrsg.): Equine clinical pathology, Wiley-Blackwell, Oxford, 2014.

Meyer H., Coenen M.: Pferdefütterung. 5. Auflage, Enke Verlag, Stuttgart, 2014.

Nachreiner R. F., van der Kolk J. H.: Manual of Equine Endocrinology. Blackwell Publishing, Oxford, 2008.

Toribio R. E.: Disorders of the endocrine system. In: Reed S. M., Bayly W. M., Sellon D. C. (Hrsg.): Equine Internal Medicine, 2nd edition, Saunders Elsevier, St. Louis, 2009.

10 Störungen der endokrinen Organe und des Stoffwechsels

V. Gerber, N. Fouché, J. H. van der Kolk und R. Straub

In diesem Kapitel werden endokrinologische Störungen zuerst nach endokriner Drüse geordnet beschrieben, am Schluss des Kapitels werden generalisierte metabolisch-endokrine Krankheiten und Syndrome behandelt. Für die Diagnostik endokriner Störungen in diesem Kapitel wie auch bei den Störungen in Mineral- und Vitaminhaushalt (→9) geben wir zur Interpretation der Laborbefunde auch Hinweise auf sonst schwierig zu findende Normalwerte. Dabei sind aber immer auch «laborspezifische» Unterschiede zu beachten, und ggf. sind vom jeweiligen diagnostischen Labor Informationen zu Normalwerten anzufordern. Die folgenden Ausführungen beruhen einerseits auf eigenen Erfahrungen und andererseits auf den neueren wissenschaftlichen Erkenntnissen der Pferdeendokrinologie, die sich erst seit den 1990er-Jahren entfalten konnte. Weil dieses Gebiet beim Pferd immer noch große Lücken aufweist, werden z. T. auch Analogieschlüsse erwähnt. Diese sind aber immer mit Vorsicht zu beurteilen.

10.1 Hypothalamus und Hypophyse

Hypothalamus und Hypophyse steuern die vegetativen Funktionen des Körpers. Der Hypothalamus ist dabei der Hypophyse übergeordnet und bildet u. a. Effektorhormone (Realising und Inhibiting-Hormone), verschiedene Neuropetide und Dopamin. Die Hypophyse wird in Hinter- (Neurohypophyse), Vorder- (Adenohypophyse) und Zwischenlappen eingeteilt.

Tabelle 10.1: Übersicht hypothalamische und hypophysäre Hormone

Hypothalamus	Hypophyse	Peripherie
GnRH	FSH, LH	Ovar: Eireifung, Östrogen/Progesteron Hoden: Spermatogenese Testosteron
TRH	TSH	Thyreoidea: Thyroxin
CRH	ACTH	NNR: Cortisol
GH-RH	STH	Leber: Somatomedin Wachstum
MRH	MSH	Melanozyten: Pigmentbildung
TRH	Prolaktin Neurohypophyse	Euter: Milchbildung
	ADH (Vasopressin)	Niere: Wasserresorptin
	Oxtocin	Uterus: Wehen
		Euter: Milchabgabe

10.1.1 Neurohypophyse (Hypophysenhinterlappen)

Das Hypothalamus-Neurohypophyse-System produziert im Hinterlappen der Hirnanhangsdrüse Oxytocin und Vasopressin.

10.1.1.1 Oxytocin – Geburtseinleitung und Nachgeburtsverhalten

Über krankheitsbedingte Störungen der **Oxytocin**-Produktion bei der Stute ist kaum etwas bekannt. Hingegen findet das Hormon in der Praxis verschiedene Anwendungen. Oxytocin wird zur **Geburtseinleitung** nach dem 330. Trächtigkeitstag gegeben, 5–20 IU i. v. oder i. m., nach Wirkung wiederholt; die früher bevorzugten höheren Dosen (z. B. 75 IU in wiederholten Gaben von 15 IU oder als langsame i. v. Infusion) scheinen keine Vorteile zu bringen. Mit der tiefen Dosierung von 5 IU sprechen v. a. Stuten mit fortgeschrittener «Geburtsbereitschaft» an, innerhalb von 15–60 Minuten beginnen die Wehen. Ab einer Dosis von 20 IU, wenn nötig nach 20–30 Minuten wiederholt, sprechen die meisten Stuten an, auch solche, die noch nicht unmittelbar «geburtsbereit» sind. Allerdings steigt bei höheren Dosierungen die Komplikationsrate auf ca. 30 %: Schwergeburten; Geburt unreifer Fohlen (die endgültige Reifung des Fötus ist erst in den letzten 48–72 Stunden vor der Geburt zu erwarten), die nicht lebensfähig sind oder intensiver Therapie bedürfen; Nachgeburtsverhalten und ausbleibende Laktation.

Als Alternative kann Oxytocin für die Geburtseinleitung mit Prostaglandin $F_2\alpha$ (10 mg 500 kg KG i. m. nur einmalig! Mehrmalige Gabe nur bei Aborteinleitung z. B. bei missgebildeten Föten) ersetzt oder ergänzt werden. Diese wirken länger (Geburt innerhalb ca. 4 Stunden) und auch drastischer (Schwitzen, Unruhe, Durchfall und Kolik der Stuten). Besser verträglich ist dagegen meist Dexamethason (z. B. 50–100 mg/500 kg KG SID während 4 Tagen, kann bereits ab 316 Tagen begonnen werden), um die Reifung des Fohlens und die Geburtsvorbereitungen der Stute zu beschleunigen, wenn man erwartet, dass eine vorzeitige Geburt eingeleitet werden muss.

Eine Geburtseinleitung ist wegen der oben aufgeführten Nebenwirkungen und Risiken nur in seltenen Fällen indiziert, z. B. bei vorzeitiger Ablösung der Plazenta, Verletzungen im Geburtskanal, hochgradiger Kolik, Bauchmuskel- oder Sehnenabrisse (meist *Mm. obliquus internus abdominis* und/oder *rectus abdominis*) vor dem Becken und Hydrops. Bevor man sich zur medikamentellen Geburtseinleitung mit Oxytocin und/oder Prostaglandin entschließt, ist es in jedem Fall wichtig, dass die Kriterien der Reifung von Stute und Fohlen erfüllt sind: Trächtigkeitsdauer > 330 Tagen, erschlaffte Sakralbänder, Kolostrum im Euter mit spez. Gewicht > 1.030 und idealerweise eine erschlaffte, geöffnete Zervix. Einen weiteren Hinweis auf die Reife des Fohlens kann die Untersuchung des Eutersekrets geben: Wenn die Kalziumkonzentration über 200 mmol/l steigt, dauert es bis zum Geburtstermin meist weniger als 72 Stunden, wenn die Kaliumkonzentration diejenige des Natriums übersteigt (Kreuzungspunkt), weniger als 24 Stunden. Schließlich sollte eine rektale und vaginale Untersuchung der Geburtswege (inkl. Sonografie und «Caslick-Check») vorgenommen und die Besitzer gründlich über Nutzen und Risiken aufgeklärt werden.

Bei **Nachgeburtsverhalten** und ggf. auch nach Reposition von Gebärmutterversionen werden zur Förderung der Uterusevakuation nach Effekt gesteigerte Oxytocin-Dosen (10–15–20 IU/500 kg KG, i. v.) im Abstand von 2 Stunden mehrmals gegeben. Zuerst sollte man aber die Nachgeburt immer am Schweif der Stute aufbinden, damit sie nicht drauftritt. Die Nachgeburt sollte dann nach einer, max. nach 6 Stunden ausgestoßen sein, in der Regel wird man nach 2–3 Stunden p. p. mit den Oxytocingaben beginnen. Intravenös wirkt Oxytocin innerhalb einer Minute, die Wirkung hält knapp eine Stunde an. Oxytocin kann (v. a. nach Schwergeburt oder assistierter Geburt) auch schon präventiv gegeben, und die Ausstoßung der Nachgeburt kann weiter durch Dehnen der Chorioallantois mit ca. 15 l warmem Wasser über eine Nasen-Schlund-Sonde gefördert werden. Wenn die Nachgeburt nach 6–8 Stunden nicht vollständig (!) abgegangen ist, muss mit einer intensiven Therapie begonnen werden, inkl. nicht steroidaler Entzündungshemmer, Breitspektrumantibiose, Tetanusprophylaxe, Uterusspülungen und vorsichtiger manueller Ablösung der Nachgeburt. Es ist unbedingt auf Anzeichen von Hufrehe (→4.2.4.4) und toxischem Schock (→12.1.2) zu achten und ggf. sofort zu reagieren.

Bei gesunden Stuten ist, anders als beim Rind, das Einschießen der Milch p. p. in der Regel ein problemloser Vorgang, der nur in einzelnen Fällen durch Oxytocingaben (3 IU /500 kg KG i.v.) oder Dopaminantagonisten wie Domperidon (1.1 mg/kg KG p. o. SID) angeregt oder ausgelöst werden muss. Auf die weitaus häufigste Anwendung von Oxytocin, bei gynäkologischen Indikationen wie z. B. Flüssigkeitsansammlungen im Uterus und Endometritis, wird hier nicht näher eingegangen.

10.1.1.2 Antidiuretisches Hormon – zentraler und peripherer Diabetes insipidus

Antidiuretisches Hormon (ADH; auch **Vasopressin,** Adiuretin; Pitressin), ein Peptidhormon, das im Hypothalamus produziert und in der Neurohypophyse gespeichert und gezielt ausgeschüttet wird, bewirkt eine Vasokonstriktion, veranlasst und verstärkt dosisabhängig in der Niere die Wasserrückresorption aus dem Primärharn und führt damit zur vermehrten Harnkonzentration. Wassermangel mit Hypertonizität des Blutes bewirken über Osmo- und Barorezeptoren die Produktion und Ausschüttung von ADH.

Diabetesformen

Diabetes insipidus (→10.1.1.2)
- Diabetes insipidus centralis (Neurohypophyse, Hypophysenhinterlappen; ADH-Mangel)
- Diabetes insipidus renalis (Nieren; ADH-Resistenz)

Diabetes mellitus (Zuckerkrankheit)
- Diabetes mellitus Typ I (Pankreas; Insulin-Mangel →10.6.1)
- Diabetes mellitus Typ II beim Menschen Altersdiabetes oder mit Übergewicht (Pferd: EMS→10.7.1)
- Diabetes mellitus Typ III (Erfolgsorgane, Insulin-Resistenz; z. B. bei PPID v10.1.2.1), Hyperlipämie (→10.7.2) oder transient auch eine Endotoxinämie oder (Fohlen-)Sepsis (→17.23)

Eine verminderte Synthese und Ausschüttung von Vasopressin führt zu einem zentralen oder neurogenen Diabetes insipidus. Dagegen ist bei einem peripheren oder nephrogenen Diabetes insipidus bei gleichen klinischen Symptomen (PU/PD aufgrund des Unvermögens, den Harn zu konzentrieren) die Vasopressinkonzentration im Blut unverändert, weshalb man von einer Funktionsminderung der Vasopressin-Rezeptoren an der Niere ausgeht. Ein bestätigter zentraler neurogener Diabetes insipidus kommt beim Pferd nur sehr selten vor. In der Literatur sind nur Einzelfälle beschrieben, zum Beispiel als Komplikation einer Enzephalitis. Häufiger, wenn auch möglicherweise oftmals nicht als solcher diagnostiziert und evtl. transient, tritt vermutlich ein peripherer nephrogener Diabetes insipidus, zum Beispiel nach einer Endotoxämie, auf. Weitere Ursachen können genetische Defekte, Nierenerkrankungen (u. a. auch Neoplasien; →5.1.1 & 5.1.2) oder auch infektiöse und metabolische Erkrankungen sein, die zu defekten Aquaporinkanälen oder einem mangelnden Ansprechen der Rezeptoren auf Vasopressin führen.

Symptomatik: Das Leitsymptom eines Diabetes insipidus ist Polyurie und Polydipsie (PU/PD). Die Niere konzentriert den Harn ungenügend oder gar nicht mehr. Es können Harnmengen bis zu 100 Liter im Tag abgesetzt werden. Das spezifische Gewicht derartigen Urins liegt unter 1.010. In einem eigenen Fall betrug die aufgenommene Menge über 70 Liter pro Tag, beschrieben werden auch Patienten, die bis zu 120 Liter Wasser pro Tag tranken. Weil die meisten Pferde mit Selbsttränken gehalten werden, wird von den Besitzern meist zuerst die Polyurie in Form einer nassen Einstreu oder auch ein häufiger – in der Frequenz, aber nicht unbedingt im Volumen vermehrter – Harnabsatz bemerkt, die Pollakisurie ist also oft auffälliger als die Polyurie.

Diagnose: Aufgrund der Gefahr der Dehydrierung und wegen des hochgradigen Durstes dieser Patienten, ist es kaum zu vertreten, die Fähigkeit der Nieren, Harn zu konzentrieren, über einen kompletten Wasserentzug zu überprüfen. Ggf. (s. u.) ist höchstens ein teilweiser Wasserentzugstest angezeigt. Ob tatsächlich ein Vasopressinmangel und damit ein echter Diabetes insipidus vorliegt, kann mit reinem Vasopressin 0.5 IU/kg KG i. m. (ist oft nicht mehr erhältlich) oder besser (weniger kardiovaskuläre Nebenwirkungen) mit Desmopressin Azetat 0.05 µg/kg KG als 0.1 mg/ml Lösung i. v. nachgewiesen werden: Das spezifische Gewicht des Harns muss nach Vaso- oder Desmopressin innerhalb von 1–2 Stunden signifikant auf über 1.020 ansteigen. Bei einem peripheren **nephrogenen Diabetes insipidus** ist der Anstieg unvollständig. **Differenzialdiagnostisch** ist evtl. zuerst auch an verschiedene Ursachen einer Pollakisurie (z. B. Zystitis oder Urolythiasis →5.4.1 resp. 5.6) zu denken. Auch wenn die PU/PD erhärtet und quantifiziert ist, sind Diabetes insipidus oder primärer Diabetes mellitus (Typ I Diabetes →10.6.1) nur selten verantwortlich. Als mögliche Gründe kommen auch eine Niereninsuffizienz (→5.1.1 & 5.1.2), das equine Cushing Syndrom (PPID →10.1.2.1), sowie das sogenannte psychogene Trinken infrage. Relativ einfach auszuschließen, sind auch transiente (z. B. Sepsis →17.23; Endotoxämie; Salzüberschuss) und iatrogene (Diuretika, Alpha-2-Agonisten, Kortikosteroide) Gründe. Bei einigen dieser Ursachen, wie beim psychogenen Trinken, kommt es mit der Zeit sekundär zu einem sog. «*medullary wash-out*», also einer Auswaschung des Konzentrationsgradienten im Nierenparenchym, und entsprechend können diese Patienten nicht mit einem schnellen Anstieg des spezifischen Gewichts des Harns nach der diagnostischen Gabe von Vasopressin reagieren. Ähnlich ist es beim Saugfohlen, welches viel Milch trinkt und noch gar keinen Konzentrationsgradienten etabliert hat (spez. Gewicht < 1.010). Beim psychogenen Trinken kann der Konzentrationsgradient des Harns während eines vorsichtigen Wasserentzugstests (25–30 Liter pro Tag/500 kg Pferd über 5 Tage unter genauer Kontrolle der Hydrierung des Patienten) wiederhergestellt werden.

Therapie: Es gibt wenige Erfahrungen mit einer länger dauernden Substitutionstherapie bei **zentralem Diabetes insipidus**. Vorgeschlagen werden 10 IU/500 kg KG Vasopressin i. m. pro Tag. Desmopressin Nasensprays (oder Augentropfen) für Kleintiere (0.05 µg/kg gesteigert nach Wirkung) können ebenfalls versucht werden; bei **nephrogenem Diabetes insipidus** sollte zunächst die ursächliche Erkrankung behandelt werden. Zusätzlich kann eine vorsichtige Wasser- und Salzrestriktion zusammen mit Prostaglandin-Hemmern (Antidiuretikum) oder Thiaziddiuretika (paradoxer antidiuretischer Effekt in gewissen Fällen) versucht werden. Für psychogene Trinker reicht hingegen eine restriktive, angepasste Wassergabe mit Rücksicht auf Arbeitsbelastung und Außentemperaturen.

10.1.2 Adenohypophyse (Hypophysenvorderlappen) und Hypophysenzwischenlappen

Die Adenohypophyse und der Hypophysenzwischenlappen produzieren verschiedene glandotrope (TSH, ACTH, LH, FSH) und direkt wirkende Hormone (MSH, Somatotropin [STH, engl.: «*growth-hormone*»], Prolaktin).

Wegen seiner nicht nur beim wachsenden, juvenilen Tier, sondern auch beim Erwachsenen starken anabolen Effekte hat **Somatotropin** weniger als Medikament, sondern v. a. als Dopingsubstanz Bedeutung erlangt. Beim Zwergwuchs scheint ein STH-Mangel (wenigstens bei Friesenfohlen) keine Bedeutung zu haben.

Prolaktin kommt eine besondere Bedeutung im Zusammenhang mit der Fertilität beim Hengst und der Laktation bei der Stute zu. Stuten, die aufgrund einer systemischen Erkrankung, von Intoxikationen (Mutterkornalkaloide) oder aufgrund einer medikamentellen Therapie (z. B. durch Dopaminagonisten wie Pergolid →10.1.2.1) Störungen in der Laktation haben, können mit einem Dopaminantagonisten (Domperidon 1.1 mg/kg KG p. o. SID oder Sulpirid 1 mg/kg KG i. m. SID) therapiert werden. Im Gegensatz dazu wird bei Stuten, die nicht im Zusammenhang mit einer Trächtigkeit Milchdrüsensekretion zeigen, eine Prolaktin-Überproduktion vermutet. Dies kann im Zusammenhang mit PPID (→10.1.2.1) oder durch die Aufnahme von Phyto-Östrogenen auftreten. Oftmals verschwinden diese Sekretionen spontan oder müssen im Falle von PPID mit einem Dopaminagonisten (Pergolid oder Bromocriptine) therapiert werden.

Der Hypophysenhyperplasie bzw. dem Hypophysenadenom kommt unter den Veränderungen der Adenohypophyse die klinisch weitaus größte Bedeutung zu.

10.1.3 PPID («*Pituitary pars intermedia dysfunction*»; Syn. Equines Cushing Syndrom, ECS)

Bei den meisten Pferden entsteht mit dem Alter eine Vergrößerung der Hypophyse, bei der es sich um eine Hyperplasie oder um ein Mikro- bis Makroadenom der Hypophyse handelt. Die Grenze zwischen dem physiologischen hyperplastischen Alterungsprozess und einer als pathologisch anzusehenden Erkrankung ist dabei fließend. Es gilt, bei diesen Pferden rechtzeitig eine Therapie zu beginnen, bevor sich schwerwiegende klinische Probleme wie eine Hufrehe oder chronische Infektionen einstellen.

Pferde mit PPID sind in der Regel älter als 15 Jahre. Seltene Fälle von Hypophysenadenomen bei jüngeren Pferden haben zumeist neurologische Symptome mit einem ungünstigen Verlauf gezeigt. Trotz einem gesteigerten wissenschaftlichen Interesse an der PPID ist die genaue Pathophysiologie der Erkrankung noch nicht vollständig geklärt. Es ist aber klar, dass es nicht nur zu einer Überproduktion von ACTH kommt, sondern auch von verschiedenen anderen Hormonen wie MSH, Endorphinen und Derivaten des Prohormons Proopiomelanocortin (POMC), die anschließend zu einer Veränderung im Kortisol- und vermutlich auch im Insulinmetabolismus führen.

Abb. 10.1: Hypertrichose: Fehlender Haarwechsel im Frühling und später persistierende auffallende Hypertrichose im Sommer sind Kardinalsymptome des Equinen Cushing Syndroms (ECS; Syn. PPID von Engl.: „*Pituitary pars intermedia dysfunction*"). Wird fälschlicherweise auch als Hirsuitismus bezeichnet.

Entsprechend dem heterogenen Mix von übermäßig produzierten Hormonen ist die **Symptomatik** der PPID vielfältig und variabel (Tab. 10.2).

Oft sind aber die ersten Anzeichen der PPID undramatisch und bestehen in einem zuerst lediglich verzögerten oder gar fehlenden Haarwechsel im Frühjahr. Die Tiere entwickeln dann typischerweise auch den Sommer über ein persistierendes, langes, welliges oder gar krauses dickes Deckhaar und ab und zu Änderungen der Haarfarbe nach Gold (Abb. 10.1). Hypertrichose ist dafür als Ausdruck korrekter als Hirsutismus, der an sich für Behaarung an sonst haarlosen Stellen reserviert ist (→1.1.2). Diese Pferde mit ausgeprägter Hypertrichose schwitzen unter dem dichten Haarkleid manchmal schon in Ruhe, sodass sie in kurzen Abständen geschoren werden müssen. Die Hypertrichose ist sehr typisch, ja praktisch pathognomonisch für PPID, sie ist aber nicht immer sehr ausgeprägt und kann auch ganz fehlen. Häufig und auffällig ist weiter eine Einlagerung von festem Fett im Kamm und in den retroorbitalen Fossae (Abb. 10.2). Manche Pferde zeigen außerdem einen Muskelschwund mit Gewichtsabnahme (manchmal auch zuerst eine Zunahme) und entwickeln einen Senkrücken, dazu können verschiedene chronische Infekte (v. a. Sinusitis oder Dermatitis) und in Einzelfällen eine ausgeprägte Polydipsie und Polyurie kommen. Einige Tiere sind dabei lethargisch und werden schmerzunempfindlich (cave! Unterdrückung der Hufrehesymptome), andere fressen viel und gierig. Der Geschlechtszyklus der Stuten kann aus bisher unbekannten Gründen bis zur Anöstrie gestört sein. Welchen Einfluss die Erkrankung auf die Reproduktionsleistung von Hengsten hat, ist nicht untersucht. Nur sehr selten wird eine neurologische Symptomatik (Krämpfe, Narkolepsie, Visusprobleme →6.3.1.2.1, 6.3.1.2.2 resp. 6.3.7) beobachtet.

Die lebensbedrohlichste und damit wichtigste Folgeerkrankung, die im Zusammenhang mit PPID auftritt, ist die Hufrehe (→4.2.4.4). Obwohl die meisten Patienten mehrere der mit PPID einhergehenden Symptome zeigen, kann die Hufrehe durchaus auch als einziges klinisches Anzeichen der PPID auftreten. Es kann dabei zu akuten Hufreheschüben kommen, die mit starken Schmerzen einhergehen. Nicht selten treten aber auch chronische Hufreheverläufe auf, die nur durch eine veränderte Hufform oder anormale Lage des Hufbeins im Röntgen gekennzeichnet sind; in solchen Fällen können Symptome der akuten Hufrehe wie Pulsation und Wendeschmerz fehlen.

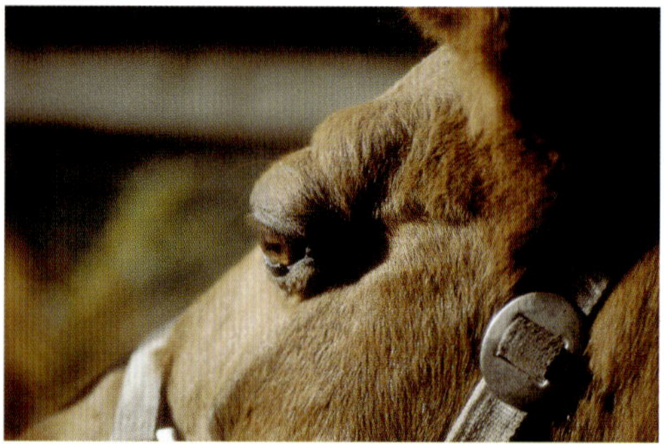

Abb. 10.2: Supraorbitales Fettpolster: Häufig ist bei Patienten mit Equinem Cushing Syndrom (ECS; Syn. PPID von Engl.: „Pituitary pars intermedia dysfunction") auch ein markantes supraorbitales Fettpolster zu beobachten.

Tabelle 10.2 PPID Symptome und ihre möglichen Ursachen

Symptome	bekannte oder vermutete Ursachen
Hufrehe	– Insulin-Dysregulation (→10.7.1)
Hypertrichose/verzögerter Fellwechsel (sehr häufig)	– unbekannt – MSH? Mechanische Kompression des Thermoregulationszentrums im Hypothalamus?
Fettumverteilung (Fettkamm, supraorbitales Fettpolster; sehr häufig)	– Hyperinsulinämie – Kortisolmetabolismus
Polyurie/Polydypsie (häufig)	– zentraler Diabetes insipidus durch Kompression der Neurohypophyse (→10.1.1.2) – gestörter Kortisolmetabolismus mit sekundärem Diabetes mellitus (periphere Insulinresistenz und Glukosurie →10.7.1) und kortisolinduzierte Erhöhung der glomerulären Filtrationsrate
Lethargie/Schmerzunempfindlichkeit (häufig)	– vermehrte Sekretion von Beta-Endorphinen
chronische Hufrehe (sehr gefürchtet, rel. häufig)	– gestörter Insulin- und Kortisolmetabolismus
chronische Infektionen	– gestörter Kortisolmetabolismus: Immunsuppression
Abmagerung/Muskelschwund	– Kortisolmetabolismus; katabole Stoffwechsellage
Hyperhidrose	– Hypertrichose – evtl. mechanische Kompression des Thermoregulationszentrums im Hypothalamus?
Polyphagie	– unbekannt
Infertilität	– unbekannt – evtl. verminderte Dopaminwirkung auf Reproduktionshormone?
neurologische Symptome (z. B. Narkolepsie; Krampfleiden)	– mechanische Kompression durch Adenom (→6.3.1.2.1, 6.3.1.2.2 resp. 6.3.7)

Die **Diagnosestellung** stützt sich zunächst auf die klinische Symptomatik. Bei Patienten, die eine Kombination klassischer Symptome wie Hypertrichose, Lethargie und Abmagerung im Zusammenhang mit Hufrehe zeigen, kann eine PPID mit großer Sicherheit auch ohne weitere Tests diagnostiziert werden; schon eine ausgeprägte Hypertrichose ist in den warmen Jahreszeiten praktisch pathognomonisch. Dagegen ist bei einer Hufrehe ohne begleitende Symptome **differenzialdiagnostisch** u. a. auch an das equine metabolische Syndrom (→10.7.1), eine endotoxinbedingte Hufrehe (durch Fütterung, Colitis oder Nachgeburtsverhalten) oder eine mechanische Belastungsrehe (→4.2.4.4) zu denken.

In solchen und anderen unklaren Verdachtsfällen (z. B. auch wenn bei einem älteren Pferd lediglich ein verzögerter Haarwechsel und eine vermehrte Kammfetteinlagerung beobachtet werden) können verschiedene Labortests die Diagnosestellung unterstützen. Allerdings bietet keiner der Tests eine 100%ige Sensitivität und Spezifität, und verschiedene Vor- und Nachteile sind von Fall zu Fall abzuwägen (Tab. 10.3).

Zu den unspezifischen Veränderungen im Blutbild gehören eine Leukopenie mit einer Neutrophilie und Lymphopenie sowie manchmal eine Hyperglykämie. Der normale zirkadiane Rhythmus des Kortisolspiegels geht zwar bei PPID verloren, aber die Kortisolbestimmung ist in der Regel nicht diagnostisch aussagekräftig. Der einfachste diagnostische Test stellt die Plasma-ACTH-Bestimmung dar. Sie erfordert nur eine Blutentnahme und ist relativ kostengünstig.

Bei einem akuten und sehr schmerzhaften Hufreheschub, bei sehr gestressten Tieren (→10.4.3) und evtl. auch schon bei der Anwendung einer Nasenbremse bei unkooperativen Pferden können ACTH-Werte aber auch fälschlicherweise erhöht sein. Bei einem fraglichen, unklaren Ergebnis kann der Test im Herbst wiederholt («natürlicher Stimulationstest» mit besserer Unterscheidung von gesund vs. PPID) oder durch einen TRH-Stimulationstest ergänzt werden. Auch der Dexamethason-Suppressionstest kann in unklaren Fällen zusätzliche Hinweise geben, allerdings braucht es eine zweimalige Blutentnahme («Über-Nacht-Test»), und dieser Test sollte bei Patienten mit einem erhöhten Hufreherisiko nicht durchgeführt werden. Um den metabolischen Zustand des Patienten besser einschätzen und entsprechende Empfehlungen für das Management des Patienten geben zu können (→10.7.1), empfehlen wir außerdem die gleichzeitige Bestimmung des Insulin- und Glukose-Basalwerts.

Tabelle 10.3: Vor- und Nachteile verschiedener diagnostischer Tests für PPID

diagnostischer Test	Vorteile	Nachteile
ACTH-Bestimmung Referenzwerte: ≤ 29 (–35) pg/ml respektive ≤ 47 (–51) pg/ml in den Monaten August bis Oktober	schnell und einfach durchzuführen kostengünstig	Probe muss relativ schnell gekühlt und zentrifugiert werden falsch positive Resultate durch Schmerzen und Stress (→10.4.3) möglich
TRH-Stimulationstest ACTH Basalwert, dann 1 mg/500 kg TRH i. v. und ACTH-Werte nach 10 (100 pg/ml) resp. 30 (35 pg/ml) Minuten	schnell und einfach durchzuführen guter ergänzender Test bei unklarem ACTH- Ergebnis	TRH ist relativ teuer und nicht überall erhältlich cave! keine Referenzwerte für Herbstmonate
Dexamethason-Suppressionstest 40 µg/kg KG Dexamethason i. m., bei Gesunden sinkt der Plasmakortisolwert nach ca. 19 Stunden um mindestens 30 % im Vergleich zum Basalwert.	relativ hohe Zuverlässigkeit	cave! nicht geeignet bei erhöhtem Hufrehe-Risiko erfordert zwei Blutentnahmen resp. Besuche

Grundsätzlich ist die **Prognose** quoad vitam gut, quoad restitutionem aber infaust. Die Lebensqualität der Patienten hängt vom Schweregrad der Symptome, den möglichen Komplikationen sowie von den Erwartungen der Besitzer an das Pferd und von ihrer Bereitschaft zu langfristigen therapeutischen und unterstützenden Maßnahmen ab.

Als **Therapie** der Wahl hat sich in den meisten Fällen die Medikation mit dem Dopamin-Rezeptor-Agonist Pergolid (ca. 0.002 mg/kg KG p. o. SID), einem Mutterkornderivat, herausgestellt. Es handelt sich hierbei um eine lebenslange Therapie. Spricht der Patient auf die niedrige Dosierung (meist versucht man zuerst über 4–6 Wochen eine tiefe Tagesdosis von 0.5 mg/500 kg KG) nicht an, kann diese schrittweise (ca. um 0.25 mg alle 3–4 Wochen) auf bis zu 5 mg/500 kg KG/Tag erhöht werden. Zu beachten ist, dass Pferde individuell sehr unterschiedlich auf die Therapie ansprechen, z. B. gibt es Patienten, die trotz einer Verbesserung der klinischen Symptomatik weiterhin erhöhte ACTH-Werte zeigen. Es ist deshalb wichtig, die Dosierung in erster Linie den klinischen Symptomen und ggf. Nebenwirkungen anzupassen. In der Humanmedizin wird Pergolid wegen kardialer Komplikationen nicht mehr verwendet. Bei Pferden sind solche lebensbedrohlichen Probleme nicht bekannt, aber Anorexie oder Kolik sind relativ häufig. Sollten Nebenwirkungen auftreten, kann die Dosis wieder verringert oder auf eine 2 Mal tägliche Gabe verteilt werden. Man kann auch auf ein in der Regel weniger gut wirkendes Medikament, wie Cyproheptadin (ein Serotonin-Antagonist; 0.25 mg/kg KG p.o. SID) oder Bromocriptine (ein anderer Dopaminrezeptor-Antagonist; 0.05–0.1 mg/kg KG p. o. BID) ausweichen oder die Pergoliddosis reduzieren und dafür mit einer Cyproheptadinmedikation (kann aber auch Schwitzen und Kolik auslösen) kombinieren. Beliebt sind auch alternative und komplementäre Behandlungen.

Die Auswirkung von Pergolid auf die Trächtigkeit und Laktation sind gegenwärtig noch ungenügend untersucht. Wenn trächtige Stuten nicht behandelt werden, haben die Föten wahrscheinlich eine erhöhtes Risiko für einen sekundären Diabetes mellitus Typ III (→10.6.1) und damit auch für Entwicklungsstörungen. Es gibt viele Stuten, die keine Probleme zeigen, wenn die Pergolidtherapie über den Geburtstermin hinaus fortgeführt wird. Trotzdem empfehlen wir, vorsichtshalber die Medikation 2 Wochen vor der Geburt abzusetzen, um eine Verzögerung der Geburt und eine Unterdrückung der Laktation zu verhindern. Die Therapie kann dann ungefähr 2 Wochen nach der Geburt wieder aufgenommen werden. Die Besitzer sind in diesem Fall über das während dieser Zeit möglicherweise erhöhte Hufreherisiko der Stute aufzuklären.

Neben oder evtl. auch anstatt (z. B. bei leichtgradigen Fällen, bei Unverträglichkeiten oder wegen der Kosten) der Medikation, ist auch eine gute unterstützende Therapie und Betreuung wichtig. Dazu gehören neben regelmäßigem Scheren, Zahn- und Hufpflege, einer angepassten, leicht verdaulichen, aber nicht zu kohlehydratreichen Fütterung und angemessener Bewegung, ggf. auch die Hufrehetherapie und die Behandlung von Infekten (→4.2.4.4 & 16.24).

10.2 Schilddrüse *(Thyreoidea)*

Die Thyreoidea des Pferdes besteht aus zwei unter der Haut sehr frei beweglichen, gut durchbluteten, glatten, rundlichen oder eiförmigen und nur durch einen schmalen fibrösen Isthmus verbundenen Körpern, die hinter dem Larynx, ventrolateral der Trachea meistens leicht zu palpieren sind. Ihre Größe variiert von Pferd zu Pferd und auch von einer Seite zur anderen stark. Viele Schilddrüsen sind ca. fingerdick, aber hühnereigroße Körper sind keine Seltenheit. Die Größe und Masse hat dabei grundsätzlich nichts mit der hormonellen Aktivität zu tun.

Die Hypothalamus-Hypophysen-Thyreoidea (HHT)-Achse wird durch mehrere negative Feed-back-Mechanismen (v. a. über die T_3-Konzentration) reguliert, ist aber an sich geradlinig: Das aus Neuronen des Hypothalamus stammende Thyreotropin-releasing Hormone (TRH) stimuliert die Sekretion des hypophysären Thyreotropins (Thyreoidea-stimulierenden Hormons TSH), welches wiederum die Thyreoidea aktiviert, die als Jodfalle funktioniert. Die Schilddrüsenhormone sind Derivate von L-Tyrosin und L-Thyronin, wobei in der Drüse Wasserstoff durch Jod substituiert wird. Eine biologische (hormonale) Wirkung üben 3-Monojod-L-Tyrosin; 3.5-Dijod-L-Tyrosin; **3.53 l-Trijod-L-Thyronin (T3)** und **Thyroxin (T4)** aus. Die fett gedruckten Hormone spielen für den Kliniker die wesentliche Rolle; wobei T3 eine wesentlich stärkere Wirkung, kürzere Halbwertszeit und eine durchschnittlich mehr als 20-fach tiefere Konzentration hat als T4. Diese Hormone sind beteiligt an der Regulierung des Wachstums, der Zelldifferenzierung und des oxidativen Stoffwechsels, greifen also in die Funktionen aller Organsysteme ein. Im Gegensatz zu den relativ häufigen gutartigen Adenomen (→10.2.3) sind aber echte hormonell-funktionelle Schilddrüsenerkrankungen selten.

Physiologische und pathophysiologische Einflüsse auf die Schilddrüsenfunktion

stimulierend
- kalte Umgebungstemperaturen
- intensives, aerobes Training

hemmend
- warme Umgebungstemperaturen
- Stress (→10.4.3), Fasten
- medikamentelle (z. B. Phenylbutazon) und diätetische Faktoren, übermäßige Aufnahme von
  - Iod
  - Selen
  - Nitraten
- weitere goitrogene (strumigene; Kropfbildner) Pflanzen und Substanzen (v. a. humanmed. Bsp., z. T. aber auch in Pferdefutter. s. a. Diät)
  - Sojabohnen, Seetang (übermäßiger Jodgehalt)
  - Raps, versch. Kohl- und Nussarten
- «Non Thyroidal Illness Syndrom», z. B. bei schweren Erkrankungen ohne primäre Schilddrüsenaffektion (z. B. beim Fohlen)
- Entzündung – entzündungsfördernde Zytokine (IL-1, Il-6 und Tumor-Nekrose-Faktor-alpha)
  - hemmen TSH
  - stimulieren Somatostatin

Neben einer gründlichen Anamnese, Adspektion und Palpation sowie ggf. der Sonografie und einer Biopsie (→10.2.3) bedarf die **Diagnostik** thyroidealer Störungen zum mindesten der wiederholten Bestimmung von T_3- und T_4-Konzentrationen im Serum. Weil diese Basalwerte sehr stark schwanken können, ist der diagnostische Wert, v. a. von einzelnen Bestimmungen, sehr beschränkt und kann zu Fehlinterpretationen und -diagnosen führen. Auch bei wiederholten Analysen sollten diverse Einflüsse beachtet werden: Die Normen für unsere Warmblüter sind nicht festgelegt, doch sind die Rassen- und Geschlechtsdifferenzen im Gegensatz zu altersabhängigen Unterschieden unwesentlich: Neugeborene Fohlen haben sehr hohe T_3 (ca. 8–20 µg/l) und T_4 (ca. 230–470 µg/l)-Werte, die in den ersten Lebenswochen schnell (T_4 ca. 50 µg/l) und dann über Monate (Absetzfohlen: T_3 ca. 0.8 µg/l, T_4 ca. 35 µg/l) und Jahre langsam auf die Werte Erwachsener (T_3 ca.0.6 µg/l); T_4 ca. 10 µg/l) absinken (cave! auch «laborspezifisch» unterschiedliche Normalwerte beachten; ggf. je nach Labor auch mögliche Messungen der freien T_3- und T_4-Fraktionen, die sensitiver sein können).

Auch bei erwachsenen, gesunden Pferden schwanken die Werte stark innerhalb und zwischen den Individuen. Allgemein lässt sich ein Anstieg um ca. 50–400 % während des Morgens und über Mittag und ein Absinken während der Nacht um ca. 20–25 %, beobachten. Weitere (patho-) physiologische Effekte (Box 10.2) sollten in Betracht gezogen werden: Gerade die kaloriensparenden Schutzmechanismen wie auch gewisse Medikamente (u. a. Phenylbutazolidinmedikation), können tiefe T_3- und T_4-Werte bei an sich normaler HHT-Achse verursachen und damit, wenn nur die Hormonspiegel im Serum bestimmt werden, eine Hypothyreose bei anderen Primärleiden vortäuschen. Man sollte auf das Verhältnis von T_3 zu T_4 (ca. 1 : 23) achten, weil es weniger anfällig auf diese Schwankungen sein sollte als die Basalwerte alleine. Es ist außerdem angebracht, Verdachtsfälle mit klinisch normalen Pferden gleichen Alters und Geschlechts, möglichst aus dem gleichen Bestand (vergleichbare Fütterung, Training etc.) zu vergleichen. Idealerweise sollte man die HHT-Achse mittels eines Stimulationstests überprüfen. Hierfür wird dem Patienten 1 mg TRH oder 5 IU TSH (pro 500 kg) i. v. injiziert. T_3 sollte nach 2 Stunden auf die 2- bis 5-fache, T_4 nach 4 Stunden auf die 2.5- bis 3-fache Plasmakonzentration ansteigen.

10.2.1 Hypothyreose (Hypothyreoidismus)

Eine Hypothyreose kann verschiedene Ursachen haben. In diesem Zusammenhang werden nur einige Beispiele genannt. Eine primäre Hypothyreose kann durch einen Jodmangel oder auch -überschuss sowie durch eine Neoplasie verursacht werden. Bei Jod-Überschuss kann es zum Wolff-Chaikoff-Effekt kommen: Unterdrückung der HHT-Achse und T_3T_4-Produktion bei jodreichen Futtermitteln, Expektorantien und sogar topischen Desinfektionsmitteln. Auch Medikamente wie Phenylbutazon (verdrängt

T_3 und T_4 von den Proteinbindungsstellen bis 10 Tage nach Absetzen des Medikamentes) und Kortikosteroide (unterdrücken die HHT-Achse) können eine (vorübergehende) sekundäre Hypothyreose verursachen oder vortäuschen (Box 10.2).

Eine Unterfunktion der Schilddrüse wird mit einer Reihe unspezifischer und vager **Symptome** in Zusammenhang gebracht. Ein echter hypothyreotischer Kropf ist beim Pferd selten nachzuweisen. Früher wurden – v. a. in Nordamerika – Hypothyreosen beim Pferd relativ häufig (fehl-)diagnostiziert. Dies hatte wahrscheinlich einerseits mit der bereits erwähnten hohen Variabilität der T_3- und T_4-Werte zu tun. Andererseits wurden wohl viele «leichtfuttrige» Tiere mit Übergewicht, die wir heute dem equinen metabolischen Syndrom (EMS →10.7.1) zuordnen würden, sowie zahlreiche Pferde mit anderen unspezifische Zeichen wie z. B. Lethargie und Zyklusstörungen oder auch ungenügenden Trainingsleistungen sowie belastungsbedingten Myopathien (→7.1.1) als hypothyreotisch klassiert. Auch die Vermutung, Störungen der Schweißsekretion wie die Anhidrose (*«Dry Coat»* →1.1.4) sei die Folge einer Hypothyreose, hat sich bisher nicht bestätigen lassen.

Beobachtungen an **thyreoidektomierten Pferden** haben die **Symptomatik** beim Erwachsenen etwas klären können: Tief(-normale) Körpertemperatur und Herzfrequenz; verminderter Appetit und Gewichtszunahmen; Kälteempfindlichkeit; grobes, z. T. schütteres Haarkleid, das spät gewechselt wird; verminderte Libido bei Hengsten, unregelmäßige Zyklen der Stuten, grundsätzlich aber bei erhaltener Fruchtbarkeit. Diese Symptome, wie auch eine manchmal beobachtete normochrome Anämie, sollen in manchen Fällen auf eine Substitutionstherapie reagieren.

Leistungsschwäche im Frühsommer kann, natürlich neben sehr vielen anderen Ursachen, möglicherweise auf eine wärmeadaptiv reduzierte T_3- und T_4-Produktion (Box 10.2) zurückgehen.

Wie oben eingehend erläutert, ist die Bestimmung der Basalwerte von T_3- und T_4 nur von untergeordneter und meist nicht klarer diagnostischer Bedeutung. Verlässlicher ist die **Diagnostik** mittels eines TRH-Stimulationstests (→10.2).

In Gegensatz zu dieser eher vagen Charakterisierung der Hypothyreose beim Erwachsenen ist ein z. T. gestütsweise endemisch auftretendes **hypothyreotisches Syndrom bei neugeborenen Fohlen** (v. a. in West-Kanada, aber auch in den USA und in Nordeuropa) gut beschrieben. Ursächlich soll sowohl eine Unter- als auch eine Überversorgung mit Jod infrage kommen. Es wird meist ein nitratreiches (Düngemittel!) und jodarmes Futter- und Wasserangebot der Stuten verantwortlich gemacht. Eine Jodüberdosierung (z. B. algen-haltiges Futter, u. a. goitrogene Substanzen; Box 10.2) der trächtigen Stute kann aber ebenfalls beim Neugeborenen ein ähnliches Bild verursachen. Diese Fohlen werden oftmals nach einer verlängerten Trächtigkeit geboren und zeigen als typische Anzeichen eine Carpalbeugehaltung (eventuell mit Abriss der Strecksehnen), Anzeichen von Dysmaturität wie z. B. verminderte Ossifikation der Karpal- und Tarsalknöchelchen, Prognatismus inferior oder auch unspezifische Anzeichen von Unreife wie Lethargie, schlecht entwickeltes, weiches Fell, hängende Ohren und einen verminderten Saugreflex. Zum Vergleich gibt es Referenzwerte für die T_3- und T_4-Bestimmung bei neugeborenen Fohlen. Die Werte betroffener Fohlen können aber sowohl zu tief als auch normal sein. Ein sehr ähnliches Krankheitsbild mit allgemein milderer Symptomatik (insb. ohne Prognatismus und mit normaler Trächtigkeitsdauer), dafür aber mit Kropfbildung, wird ebenfalls beschrieben. Eine Therapie mit T_3- und T_4-Supplementierung wird bei diesen Fohlen momentan nicht empfohlen.

Therapie und Prophylaxe: Zuerst sollten verschiedene Ursachen (z. B. Medikamente, andere Krankheiten, Box 10.2) für tiefe Basalwerte entweder ausgeschlossen oder angegangen werden. Weist man entweder einen Jodmangel oder eine primäre Hypothyreose (Stimulationstest →10.2) nach, müsste entsprechend entweder jodiertes Kasein 5–10 g/500 kg KG, p. o. oder Natrium-Levothyroxin (20 µg/kg KG p. o.) zur täglichen Substitution verabreicht werden. Der Jodversorgung (2–4 µg/kg KG SID; min. 0.1 mg/kg KG Futter; evtl. bei tiefem Boden- und Futtergehalt jodiertes Kochsalz) ist ebenfalls Beachtung zu schenken! Bei endemischen Problemen sind gegebenenfalls auch Nitrat- und Nitritwerte in Futter und Wasser zu überprüfen.

10.2.2 Hyperthyreose (Hyperthyreotoxikose)

Eine Überfunktion der Schilddrüse, z. B. bei einem hormonell-aktiven Adenokarzinom oder bei gewissen Individuen als Antwort auf einen Jodüberschuss (Jod-Basedow-Phänomen, in Gegensatz zum Wolff-Chaikoff Effekt →10.2.1) ist offenbar etwas **sehr Seltenes** beim Pferd. Übererregbarkeit und übermäßiges Schwitzen, Tachykardie und Gewichtsverlust werden als **Symptome** erwähnt. Die **Diagnose** lässt sich nur im Labor (Injektion von 2.5 mg T_3, Messung von T_4 während 4 Tagen, bei normalen Pferden mit funktionierendem negativem Feedback sinkt der T_4-Wert) oder mit der Szintigrafie stellen. Der Zustand kann offenbar mit einer Kropfbildung (Struma) verbunden sein. Bei akuter Thyreotoxikose sollten Kortikosteroide die Symptome lindern. Versuchsweise, wenn ein Jod-Basedow-Typ ausgeschlossen wird, könnte eine antithyroidale **Therapie** mit 1 g KI/500 kg KG p. o. pro Tag, eine Besserung erzielen. Als Erfolg versprechende Behandlung kommt sonst nur die Thyreoidektomie in Frage. Bei beidseitiger Thyreoidektomie muss anschließend Substitution mit Natrium-Levothyroxin durchgeführt werden (→10.2.1).

10.2.3 Schilddrüsenvergrößerungen und -tumoren

Schilddrüsenhyperplasien und -adenome sind bei älteren Pferden häufig. Die Grenzen zwischen Hyperplasien und Adenomen werden dabei oft recht willkürlich gezogen. Auch der Ultraschall lässt keine klare Abgrenzung zu, die «Adenome» sind wie die normale Struktur der Schilddrüse ebenfalls multifollikulär und vielkammrig. Mit seltenen Ausnahmen sind diese Vergrößerungen **(Struma)** nicht funktionell, also hormonell inaktiv. Selten (dafür aber von Bedeutung) lassen sich Adenokarzinome beobachten, deren rasches Wachstum eher zu Atembeschwerden und auch zu Schluckstörungen führt als zu klinisch bedeutsamen hypo- oder hyperthyreotischen Effekten. Die Kehlgangsgegend ist diffus geschwollen. Ebenfalls sehr selten sind Fälle mit gleichzeitigem, kombiniertem Auftreten von multiplen Hyper- und Neoplasien der Thyreoidea, Parathyreoidea und der Nebenniere, vergleichbar dem beim Menschen genetisch bedingten «Multiple Endocrine Neoplasia Syndrome».

Abb. 10.3: Struma: Ungewöhnlich umfangreiche, hormonell inaktive und gutartige Schilddrüsenvergrößerung in der Kehlgangsgegend.

Differenzialdiagnostisch ist bei Massen- und Umfangsvermehrungen in der Schilddrüsengegend auch an retrophyryngeale Abszesse (u. a. Lymphknoten, z. B. Druse →3.2.1 & 16.6.1.1) und Tumoren (primär oder Metastasen) im Bereich des Luftsacks und der Parotis, sowie verschiedene kongenitale Malformationen des 4. Kiemenbogens. Letztere betreffen z. T. den Larynx (z. B. 4-BAD →3.4.5), können sich aber auch als zystische Defekte der Schilddrüse manifestieren. Neben der klinischen Untersuchung inkl. einer ausgiebigen Palpation auf Umfang, Konsistenz und Schmerzhaftigkeit, sind ggf. sonografische, radiologische, endoskopische, zytologische (Feinnadelaspiration) und histologische (Biopsie) Untersuchungen angezeigt.

10.3 Nebenschilddrüse, Parathyreoidea

Die Parathyreoidea ist ein paariges Organ mit vier Drüsenkörpern, zwei kranial an der Schilddrüse und zwei weitere in der Nähe des Brusteingangs. Obwohl die Pathophysiologie der Parathormon (PTH)- und Calcitoninregulation beim Pferd nur sehr schlecht untersucht ist, scheint klar zu sein, dass die wenigen mit einer Hypo- oder Hyperkalzämie einhergehenden Störungen kaum je auf eine primäre Fehlfunktion der Parathyreoidea zurückzuführen sind. Beim Pferd sind sowohl ein primärer Hyperparathyreoidismus (bei hormonell aktiven, PTH-produzierenden Adenom der Parathyreoidea und Hyperplasien mit Hyperkalzämie, Hypophosphatämia, Phosphaturie und erhöhter PTH-Konzentration), wie auch ein primärer Hypoparathyreoidismus (Hypokalzämie, Hyperphosphatämie, tiefe PTH-Werte und Hypomagnesiämie) Raritäten. Besser dokumentiert ist der **sekundäre fütterungsbedingte Hyperparathyreoidismus** (diätetische Osteodystrophia fibrosa, «Chrüschkrankheit»; «*bran disease*» oder «*bighead*»), der durch ein zugunsten von Phosphor verschobenes Ca : P-Verhältnis im Futter verursacht und im Kapitel über Knochenkrankheiten ausführlich besprochen wird (→8.1.1; Abb. 8.1 und 8.2).

Die Krankheitsbilder und Syndrome der Hypokalzämie, die meist anstrengungs- oder fütterungsbedingt auftreten und u. a. durch Apathie, Tachypnoe, steifen, stelzenden Gang, Nachhandataxie, Muskelzittern, Trismus, bis zu allgemeinen Krämpfen, intestinalem Ileus, Nachgeburtsverhalten, und Tod (DD Krämpfe u. a. →6.3.1.2 & 6.3.1.5.3) gekennzeichnet sind, werden zusammen mit hyperkalzämischen Problemen (u. a. D-Hypervitaminose; Pseudohyperkalzämie) bei den Störungen des Mineralstoff- und Vitaminhaushalts (Kalzium und Phosphor →9.1.1; Vitamin D →9.2.2) erörtert. Das spezielle Symptom des «Zwerchfellflatterns» bei Hypokalzämie (herzschlagsynchrone Zwerchfellkontraktionen) wird außerdem kurz im Kapitel zu den Muskelkrankheiten besprochen (→7.3.2). Die von Hypokalzämie ausgelösten Symptome (→9.1.1.1) sprechen meist sehr gut auf Kalzium-Magnesium-Infusionen (→12.2.2) an.

10.4 Nebenniere

Die Nebennieren liegen retroperitoneal im perirenalen Fett kranial der Nieren und messen ca. 7–8 × 3–3.5 × 1.5 cm. Nebennierenrinde und -mark sind embryonal ursprünglich getrennte Organe, die unterschiedliche Aufgaben mit funktionell und chemisch sehr verschiedenen Hormonen erfüllen. Sie werden deshalb im Folgenden separat besprochen.

10.4.1 Nebennierenrinde (NNR)

Primäre Erkrankungen der Nebennierenrinde sind beim Pferd selten. Sie produziert aber eine Reihe lebenswichtiger Steroidhormone, die eine bedeutende Rolle im Stoffwechsel übernehmen. In der *zona glomerulosa,* der äußersten Schicht, wird nach Aktivierung des Renin-Angiotensin-Systems das

Mineralokortikoid **Aldosteron** produziert, das den Mineralhaushalt beeinflusst und eine vermehrte renale Natriumreabsorption und Kaliumausssscheidung bewirkt. Aus der *zona faszikulata* stammen die Glukokortikoide Hydrokortison (Kortisol) und Kortikosteron, die wichtigsten Glukokortikosteroide des Pferdes. Ihre Produktion wird vom Hypothalamus (Corticotropin-releasing Hormone, CRH) und von der Hypophyse (ACTH →10.1.2) reguliert, und ihre Sekretion folgt einem bestimmten Tagesrhythmus mit einem lichtabhängigen Maximum zwischen 6–9 Uhr morgens und dem Minimum zur entsprechenden Uhrzeit abends. Wie die anderen Steroidhormone ist Kortisol lipophil und liegt meist in proteingebundener Form vor: 75 % sind an das *«cortisol-binding globulin»* und 15 % an Albumin gebunden, nur 10 % sind frei.

In der *zona retikularis* erfolgt die Sekretion von Androgenen, den männlichen Sexualhormonen sowie von Östrogen-Vorläuferhormonen (→10.5).

Übersicht über die Nebenwirkungen von Kortisol und anderen Kortikosteroiden

- Stoffwechsel
  - Hyperglykämie (z. T. mit Glukosurie) durch Glukoneogenese und Glykogenolyse in der Leber
  - Anstieg der freien Fettsäuren im Blut durch Lipolyse im Fettgewebe
  - Anstieg der Aminosäuren im Blut durch Proteolyse im Muskelgewebe
- Harnapparat/Nieren
  - verstärkte Diurese mit Na-Retention und K-Ausscheidung durch ADH Hemmung, erhöhte glomeruläre Filtration und Mineralokortikoideffekte
  - erhöhter Blutdruck durch verstärkte Sensibilität auf Katecholamineffekte (Box 10.4.2)
- Magen-Darm-Trakt
  - Ulzerogene Effekte am Magen durch verstärkte Säureproduktion und verminderte Schleimbildung
  - vermehrte Glukoseabsorption im Darm
  - verminderte Kalzium-Phosphat-Absorption im Darm
- Knochen
  - grundsätzlich vermehrte Osteoporose zu erwarten durch verstärkte Osteoklasten- und verminderte Osteoblasten-Aktivität – beim Pferd aber kaum oder gar nicht beobachtet
- Entzündung/Immunsystem
  - Unterdrückung der Immunantwort, Wundheilung und Entzündung durch u. a. verminderte Gefäßpermeabilität, sowie der Aktivität von Entzündungsmediatoren, Leukozyten und Fibroblasten

10.4.1.1 Hyperadrenokortizismus

Ein **primärer adrenaler Hyperadrenokortizismus** ist bei einem Pferd beschrieben, das ein hormonell aktives, funktionelles Adenom mit sekundärer Atrophie der Adenohypophyse und der kontralateralen Nebennierenrinde hatte, aber kommt äußerst selten vor. Etwas häufiger dokumentiert sind **iatrogene Fälle** mit Apathie, PU/PD, Gewichtsverlust, Hufrehe und auch einer «Steroid-Hepathopathie», z. B. nach mehrmaligen hohen Dosen von Triamcinolon. Im Gegensatz zum viel häufigeren, oben ausführlich beschriebenen hypophysären sekundären Hyperadrenokortizismus (Hypophysenadenom; PPID →10.1.2.1) zeigen solche adrenale oder iatrogene Fälle keine Hypertrichose. Es ist zu erwarten, dass die basalen Kortisolwerte bei den adrenalen Fällen höher und bei einem iatrogenen Hyperadrenokortizismus tiefer als normal sind. Bei beiden Zuständen wären wegen einer starken Feedback-Hemmung tiefe ACTH-Werte zu erwarten, im Gegensatz zur hypophysären PPID mit erhöhten Werten. Trotz einer offenbar häufigen nodulären Hyperplasie der NNR bei alten Pferden spielen andere Ursachen als die PPID beim Hyperadrenokortizismus des Pferdes selten eine Rolle.

Aber auch beim **Hypophysenadenom mit PPID und sekundärem Hyperadrenokortizismus** ist die genaue Rolle der Nebennierenrinde nicht vollständig geklärt. Grundsätzlich kommt es durch die hohen ACTH-Spiegel zu einer vermehrten Stimulation der Nebennierenrinde und somit zu einer vermehrten Kortisolausschüttung, was einen großen Teil der klinischen Symptome erklärt (Tab. 10.2). Trotzdem ist bei PPID nicht mit einem diagnostisch verwertbaren hohen Kortisolspiegel im Blut zu rechnen. Lediglich die normalen tageszeitlichen Schwankungen der Kortisolspiegel gehen bei diesen Pferden verloren. Möglicherweise spielen auch ein verändertes Verhältnis von gebundenem (biologisch nicht aktivem) und freiem (biologisch aktivem) Kortisol im Plasma oder ein veränderter Gewebemetabolismus von Kortisol eine Rolle.

10.4.1.2 Hypoadrenokortizismus

Bei einem auffälligen Salzhunger, verbunden mit einer gesteigerten NaCl-Ausscheidung über die Nieren, wäre an eine NNR-Unterfunktion zu denken, das wäre einer renalentubulären Azidose von Typ IV ähnlich oder identisch damit (→5.2.4). Eigentliche primäre Erkrankungen und aldosteronabhängige Krankheitsbilder sind beim Pferd indessen kaum beschrieben. Auch eine sekundäre Unterfunktion der Nebennierenrinde ist beim Pferd selten. Wenn sie jedoch auftritt, dann meist im Zusammenhang mit einer Neoplasie oder als Folge einer systemischen Erkrankung. Bei unreifen und septikämischen Fohlen (v. a. bei Frühgeburten und bei Sepsis →17.23), allgemein wohl auch bei Pferden mit unerklärter Lethargie oder Leistungsschwäche in Zusammenhang mit persistierend anormalen Elektrolytwerten (s. u.) ist, insb. nach schweren Virusinfektionen und sicher bei verschiedenen akuten, v. a. **septisch-toxischen Schockzuständen** (→12.1, meist endo- oder -exotoxinbedingt, z. B. bei Colitis →4.2.6.2.2.2), an einen **akuten sekundären Hypoadrenokortizismus** zu denken, der möglicherweise sonst unterdiagnostiziert wird. Es kann hierbei zu einer Schädigung der Nebenniere (Blutungen, Nekrosen, später Atrophie und Fibrosierung) und funktionellem Zusammenbruch der Nebennierenrinde (Schockorgan! kommen.

Die Pferde können Apathie und Anorexie zeigen sowie Anzeichen für Kolik. Im Blutbild findet sich evtl. eine Hyponatriämie und -chlorämie, Hyperkaliämie und Hypoglykämie.

Bei frühgeborenen und septischen **Fohlen** kann es aufgrund einer unreifen Hypothalamus-Hypophysen-Achse zu einer ungenügenden Antwort der Nebennierenrinde auf endogenes oder exogenes ACTH (z. B. ACTH-Stimulationstest) mit verminderter Kortisolausschüttung kommen. Dies ist prognostisch quoad vitam ungünstig.

Auch die Langzeit-Wirkung endogener (chronischer Stress →10.4.3) und exogener Kortikosteroide und Steroidanabolika kann die Hypothalamus-Hypophysen-Nebennieren-Achse («*Hypothalamo Pituitary Adrenal-axis*», HPA) unterdrücken und zu einer Atrophie v. a. der *zona faszikulata* mit sekundären Hypoadrenokortizismus führen. In der Folge kann man manchmal bei Pferden, deren Kortikoidmedikation während des Trainings und der Sportsaison plötzlich abgesetzt wird, ein **«Kortikosteroid-Entzugssyndrom»** *(«steroid let-down syndrome»; «turning-out syndrome»)* beobachten. Solche Tiere können mit einem recht drastischen Form- und Gewichtsverlust reagieren. Sie zeigen mattes Haar, sie sind etwas anämisch, ermüden

Operation» vorgenommen werden. Oft wird auch mit mäßigem Erfolg eine Behandlung mittels Gestagenen (Therapie zur Erhaltung der Trächtigkeit, cave! Doping) versucht oder mit dem Einführen einer Kugel aus inertem Material in den Uterus eine Trächtigkeit künstlich vorgetäuscht. Eine weitere Alternative stellt «*gonadotrophin releasing hormone*» (GnRH)-Impfung dar, die innerhalb von Wochen eine während mindestens 3 Monaten anhaltende Dämpfung der Ovarfunktion mit Verminderung der Progesteron- und Östradiolspiegel und des Rosseverhaltens. Die Wirkung ist reversibel, sodass die behandelten Stuten später wieder belegt werden können.

Partnerwahl und Fruchtbarkeit: Wahrscheinlich sind Pheromone oder andere olfaktorische Signale für das Sexualverhalten von Pferden (Erregung, Bereitschaft zum Deckakt; Flehmen, Gähnen, Markieren usw.) ebenso wichtig wie bei anderen Tierarten, doch sind wissenschaftliche Untersuchungen dazu noch in einer Pionierphase. Erste Ergebnisse scheinen darauf hinzuweisen, dass beim Pferd Partnerwahl und Fertilität durch Duftstoffe, die mit dem *Major Histocompatibility Complex* (MHC →13.1 & 13.2) assoziiert sind, beeinflusst werden. Vereinfacht dargestellt, verspricht die durch die MHC-beeinflusste Partnerwahl und Fruchtbarkeit eine größere genetische MHC-Diversität und damit eine bessere Immunabwehr. Die Chancen für die Fitness der Nachkommen werden also möglicherweise verbessert, weil sie besser gegen Infektionskrankheiten geschützt sind.

10.6 Endokrines Pankreas, Leber und Niere

Krankheiten der Bauchspeicheldrüse und funktionelle Störungen sind sehr selten. Dysfunktionen der exokrinen und der endokrinen Leistung (Insulinmangel mit primärem Diabetes mellitus Typ I, Box 10.1.1.2) können aber, wie auch Koliksymptome (→4.2.1), im Zusammenhang mit primären Pankreasleiden (→4.4) wie einer Pankreatitis aufgrund von Parasitenwanderungen (v. a. *Strongylus-equinus*-Larven) oder neoplastischen Veränderungen (z. B. ein hormonell-inaktives Pankreaskarzinom oder ein abdominales Lymphosarkom) auftreten.

Insulin ist ein Polypeptidhormon, dessen Sekretion vom ZNS und vom vegetativen Nervensystem gesteuert wird. Muskelarbeit und Nahrungsaufnahme sind wichtige Faktoren, welche die Sekretion beeinflussen, Hunger hemmt z. B. die Insulinausschüttung. Beim Pferd ist die Glukosetoleranz, im Vergleich zu anderen Tierarten, auffallend gering. Monosaccharide wirken schwach, kurzkettige Fettsäuren praktisch nicht als insulinogene Stimulatoren. Übermäßige iatrogene oder sogar kriminelle (Versicherungsbetrug; Nachweis über speziesfremdes Insulin) Insulingaben können aber auch beim Pferd zu einer Hypoglykämie oder einem hypoglykämischen Schock führen mit zentralnervösen Ausfällen, inkl. Ataxie, Übererregbarkeit und Orientierungsverlust, Mydriase, Nystagmus, Schwitzen, Krampfanfällen (DD →6.3.1.2.1 & 6.3.1.5.3), Tachykardie und Tachypnoe bis zu Koma und Tod.

Glukagon ist ebenfalls ein im Inselorgan der Bauchspeicheldrüse gebildetes Polypeptid, das den Gegenspieler zum Insulin darstellt. Es dient der Mobilisation von Energie aus endogenen Substraten, eben mit antagonistischer Wirkung zum Insulin, aber mit weniger ausgeprägt schwankenden Blutkonzentrationen. Der wirksamste Reiz für seine Sekretion besteht in einem Blutglukoseabfall. Auch die Fettsäurespiegel und das Angebot an freien Aminosäuren beeinflussen die Sekretion.

10.6.1 Diabetes mellitus, Typ I, II und III

Ein **primärer Typ I Diabetes mellitus** (Insulinmangel, deswegen Hypoinsulinämie) mit Hyperglykämie und tiefem Insulin ist zwar beim Pferd, Pony und Esel dokumentiert und schon sehr lange bekannt, aber stellt eine absolute **Rarität** dar. Die beschriebenen Fälle litten an **chronisch-fibrösen Pankreatitiden** (evtl. Parasitenwanderungen), oder auch an einem chronischen Pankreasinfekt mit Abszessbildung. Eine Therapie mit Protamin-Zink-Insulin wäre ggf. zu erwägen.

Viel häufiger ist beim Pferd ein **sekundärer Diabetes mellitus** mit Insulinresistenz in der Peripherie, und als Folge dann auch Hyperglykämie, Hyperinsulinämie (oder normal) und Glukosurie (Nierenschwelle beim Pferd bei ca. 6–10 mmol/l Blutglukose). Dieser entspricht gemäß den gegenwärtigen Definitionen und Einteilungen beim Menschen entweder einem Typ II (beim Menschen «Übergewichts- oder früher Altersdiabetes» ohne zugrunde liegende Krankheit) oder, wenn außer Übergewicht eine prädisponierende Krankheit vorliegt, einem Typ III. Verschiedene Krankheiten und Zustände können beim Pferd zum Diabetes mellitus Typ II (Übergewicht, z. B. bei EMS →10.7.1) und III (Komorbidität, z. B. PPID →10.1.2.1, Hyperlipämie →10.7.2 und auch eine Endotoxinämie oder Fohlensepsis →17.23) führen. Die Differenzialdiagnose Diabetes insipidus ist oben ausführlich beschrieben (→10.1.1.2).

10.6.2 Leber und Niere als endokrine Organe – Erythropoietin

In der Leber wird beim Pferd ein Proerythropoietin gebildet, das dann in der Niere von einem spezifischen Enzym in das aktive Erythropoietin umgewandelt wird. Erythropoietin wirkt dann auf Stammzellen im Knochenmark ein, die zur Erythropoiese bestimmt sind, und beschleunigt dergestalt die Produktion und Reifung der Erythrozyten (→11.1 & 11.2). Es wird postuliert, dass die manchmal beobachtete Verbesserung des roten Blutbildes nach der Anwendung androgener Anabolika u. a. auf einem Synergismus der Anabolika mit Erythropoietin beruht. Umgekehrt hat Doping mit speziesfremden Erythropoietin durch die Bildung von Antikörpern, die sich dann auch gegen das eigene Hormon richten, zu **irreversiblen tödlichen Anämien** bei Rennpferden geführt.

10.7 Periphere endokrin-metabolische Krankheiten

Unter dieser Kategorie besprechen wir Krankheiten, die sich nicht einem einzelnen Organ zuordnen lassen, sondern mit verschiedenen Erfolgsorganen in der Peripherie, wie z. B. dem Fettgewebe und/oder der Leber, als sekundär endokrinen Organen assoziiert sind.

10.7.1 Equines metabolisches Syndrom

Viele Pferde mit Hufrehe, insb. solche mit chronisch-rezidivierenden Verläufen, leiden an einer zugrunde liegenden hormonellen und metabolischen Störung. Es handelt sich dabei entweder um die oben bereits beschriebene PPID (→10.1.2.1), die v. a. bei älteren Pferden auftritt, oder das sogenannte **equine metabolische Syndrom (EMS**; früher auch peripheres Cushing-Syndrom genannt).

EMS ist erst in den letzten Jahren genauer charakterisiert worden und wird gegenwärtig über drei Kriterien definiert: Obesitas, Hufrehe und eine mittels Labordiagnostik nachweisbare Insulin-Dysregulation. Besonders häufig betroffen von dieser Erkrankung sind bestimmte Pferde- und Ponyrassen wie z. B. Shetties und Minishetties, «Barockpferderassen», Morgan Horses und Paso Finos, die eine genetisch bedingte gute Futterverwertung (Leichtfuttrigkeit, Genügsamkeit; «*thriftiness*») zeigen, mit einer Veranlagung zum Fettansatz und zur Insulinresistenz. EMS ist aber fütterungsabhängig auch bei anderen Rassen wie AQH, Warmblütern, Haflingern und Freibergern sowie bei Eseln nicht selten, hingegen sind Vollblüter kaum betroffen. Abgesehen von dieser Prädisposition gewisser Rassen und «leichtfuttrigen» Typen, zeigen häufig auch hochträchtige Stuten im letzten Trächtigkeitsdrittel natürlicherweise eine Insulinresistenz, die aber zum Glück selten zu einer klinisch ausgeprägten Hufrehe führt (→4.2.4.4). Welcher Mechanismus genau bei EMS zur Hufrehe führt, ist unklar. Die Prädisposition zur Hufrehe beruht wahrscheinlich auf einem länger andauernden Zusammenspiel verschiedener Faktoren, wobei Insulinresistenz und Hyperinsulinämie eine wesentliche Rolle spielen. Auch die Sekretion von pro-inflammatorischen Zytokinen durch das anormale Fettgewebe von EMS-Patienten scheint in der Pathophysiologie der Hufrehe von Bedeutung zu sein. In manchen Fällen kommt dann ein offensichtlicher akuter Auslöser dazu, wie z. B. die Aufnahme größerer Mengen leicht verdaulicher Kohlehydrate oder «Stress» (→10.4.3), die eine zusätzlich erhöhte Insulinresistenz erklären. Oft ist aber auch keine unmittelbare äußere Ursache ersichtlich.

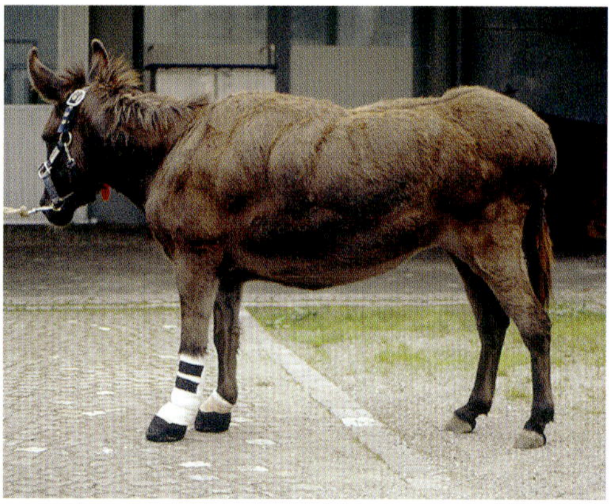

10.5 Equines metabolisches Syndrom (EMS): Die Charakteristika von EMS, Obesitas, Insulin-Resistenz und Hyperinsulämie, findet man nicht nur bei prädisponierten Pferde- und Ponyrassen, sondern auch bei Eseln. Die Stute zeigt deutliche regionale und/oder generalisierte Obesitas. Fett wird im subkutanen Gewebe, insb. im Hals- und Mähnenkamm, am Schweifansatz, Rücken und in der Schulterregion eingelagert. Die Verbände wurden wegen einer Hufrehe beider Vorderhufe angelegt.

Symptome: Betroffene Pferde zeigen eine deutliche Veränderung des Phänotyps, insb. eine regionale und/oder generalisierte Obesitas. Sie lagern vermehrt Fett im subkutanen Gewebe ein, insb. im Hals- und Mähnenkamm, am Schweifansatz, in der Schulterregion oder auch am Präputium und am Euter. Häufig zeigen diese Pferde Anzeichen einer akuten oder chronischen Hufrehe (unregelmäßiges Hornwachstum mit Ring- und Wulstbildung sowie radiologische Anzeichen), und, wie schon erwähnt, treten v. a. im Zusammenhang mit der Fütterung leicht verdaulicher Kohlenhydrate (z. B. bei Weidegang mit jungem Gras) vermehrt Reheschübe auf.

Diagnose: Die Verdachtsdiagnose kann bei einem Patienten mit Hufrehe und den oben beschriebenen phänotypischen Anzeichen klinisch gestellt werden. Weiter werden routinemäßig Glukose und Ruhe-Insulin bestimmt, welche bei EMS oftmals, aber nicht zwingend erhöht sind und damit auf einen sekundären Diabetes mellitus mit einer Hyperglykämie und erhöhten oder normalen Insulinspiegeln (DD →10.1.1.2 & 10.6.1) hinweisen können.

Der Insulinwert sollte immer nach kurzem Fasten des Pferdes und keinesfalls nach einer kohlenhydratreichen Fütterung bestimmt werden, also am besten 4–6 Stunden nach der letzten Fütterung. Der einfach durchzuführende orale Glukose-Test stellt einen weiteren diagnostischen Schritt dar, um eine Insulin-Dysregulation nachzuweisen: Zuerst werden die Insulin- und Glukose-Basalwerte bestimmt, dann verabreicht man 1 mg/kg KG Glukose p. o., und nach 2 Stunden werden die Insulin- und Glukosewerte wiederum gemessen. Der Referenzwert für Insulin nach 2 Stunden ist < 87 mU/Liter. Dieser Test hat den Vorteil, dass er die Insulinantwort des Patienten auf leicht verdauliche Kohlenhydrate, wie sie zum Beispiel im Frühjahr auf der Weide aufgenommen werden, gut widerspiegelt, weil er die «natürlichen» Vorgänge bei der Futteraufnahme imitiert, wie z. B. die Freisetzung von Inkretinen, intestinalen Hormonen, welche die Insulin- und Glukoseregulation beeinflussen. Dabei ist aber zu beachten, dass eine über mehrere Tage durchgeführte restriktive Fütterung bei Pferden und Ponys mit Hufrehe die Testresultate möglicherweise beeinflussen kann.

Aufwendiger ist der intravenöse Glukose-Insulintoleranz-Test (150 mg/kg KG Glukose in 50 % Lösung, unmittelbar gefolgt von 0.1 IU/kg Insulin i.v.; Blutproben nach 1, 5, 15, 25, 35, 45, 60, 75, 90, 105, 120, 135 und 150 Minuten zur Bestimmung der Glukosespiegel und vor und 45 Minuten nach der Injektion zur Insulinbestimmung), der eine periphere Insulinresistenz des Gewebes nachweist. Eine Insulinresistenz ist erwiesen, wenn der Blutzuckerspiegel länger als 45 Minuten über dem Ausgangswert bleibt. Der Test kann praktischerweise nach 60 Minuten abgebrochen werden, wenn die Patienten in dieser Zeit unter den Glukose-Basalwert fallen. Die weiteren Werte können aber als Referenz nützlich sein, z. B. bei einer Wiederholung des Tests nach der Behandlung. «Stress» (Aufregung, Schmerz etc. →10.4.3) kann eine transiente Insulin-resistenz auslösen. Um falsch-positive-Resultate zu vermeiden, ist es darum wichtig, diesen Test nicht während eines aktiven Hufreheschubes und möglichst in Ruhe, also einen halben Tag nach dem Kathetersetzen und ähnlichen Maßnahmen, durchzuführen. Sowohl bei der Diagnostik als auch bei der Therapie mit Insulin muss man mit einem (allerdings selten auftretenden) **hypoglykämischen Schock** rechnen, der sich mit Zittern, Ataxie, Nystagmus, Tachypnoe, Tachykardie, Schwitzen, Mydriase, Krämpfen (DD →10.6), Koma und sogar dem Tod äußern kann. Darum sollte beim Einsatz von Insulin auch eine **Glukoselösung** für eine Infusion zur Hand sein.

Patienten mit Anzeichen einer Hufrehe sollten auch entsprechend radiologisch untersucht werden.

Tabelle 10.4 Kriterien zur Unterscheidung EMS – PPID bei einem Patienten mit Hufrehe

Kriterien	EMS	PPID
Alter des Patienten	meist > 5 Jahre alt	meist > 13 Jahre alt
Klinische Anzeichen	Adipositas	verzögerter Fellwechsel und/oder Hypertrichose Schwitzen PU/PD Muskelatrophie
Labordiagnostische Tests Insulinresistenz	 positiv	 positiv
ACTH-Blutspiegel	normal	erhöht
oraler Glukosetest	positiv (verzögerter Abfall der Glukosekurve)	kann positiv sein
TRH-Stimulationstest	Vorsicht: kann in Ausnahmefällen positiv sein!	positiv

Therapie und Prophylaxe: Das wichtigste Ziel der Behandlung ist eine Gewichtsabnahme und, wenn möglich im Zusammenhang mit regelmäßiger Bewegung des Pferdes, eine Steigerung der «metabolischen Fitness» mit einem verbesserten Ansprechen auf Insulin.

Entsprechend empfehlen wir, diese Pferde nur mit qualitativ hochwertigem Heu und einem reinen Mineralfutter zu füttern. Die Heuration sollte zunächst für ca. 1.5–2 % des Körpergewichts des Pferdes berechnet werden. Sollte dies innerhalb von 4 Wochen nicht zu einer Gewichtsabnahme führen, kann die Ration auf 1 % des Körpergewichts reduziert oder das Heu für einige Stunden in Wasser eingelegt werden, um ihm einen Teil des Nährstoffgehalts zu entziehen. Damit das Pferd dennoch genügend Beschäftigung hat, kann das Heu mit etwas Stroh vermischt oder auch in einem kleinmaschigen Heunetz verfüttert werden. Weidegang sollte nur mit Maulkorb erfolgen. Wenn gar kein frisches Grünfutter verwendet wird, kann ergänzend Vitamin E (1000 IU/Tag →9.2.3) verabreicht werden.

Sofern die Hufgesundheit das zulässt (die größte Herausforderung stellen natürlich diejenigen Patienten mit Hufrehe dar, die sich kaum noch bewegen können), ist immer ein kontrolliertes und allmählich gesteigertes Trainingsprogramm angezeigt. Die körperliche Aktivität verbessert auch beim Pferd das Ansprechen auf Insulin, was sich mit dem oben beschriebenen kombinierten Glukose-Insulin-Test nachweisen lässt.

In besonders hochgradigen und hartnäckigen Fällen, sowie insb. eben bei Patienten mit Hufrehe, die nicht gearbeitet werden dürfen, können Gaben von synthetischen Schilddrüsenhormonen, Levothyroxinen (Natrium-Levothyroxin) das Abnehmen erleichtern und die Insulinsensitivität verbessern: zuerst 100 µg/kg KG p. o. SID während 3–4 Monaten zur Gewichtsabnahme, dann zum Ausschleichen reduziert auf 50 und 25 µg/kg KG p. o. SID während je 2 Wochen oder bis zum Erreichen des angestrebten Nährzustandes. Metformin, ein Wirkstoff aus der Gruppe der Biguanide, wird bei Menschen, die an sekundärem Diabetes mellitus und krankhaftem Übergewicht leiden, angewandt. Beim Pferd reduziert dieses Medikament zwar nicht die periphere Insulinresistenz, scheint aber dennoch einen positiven Einfluss auf die Insulinregulation zu haben. Man vermutet, dass es die lokale hormonelle Reaktion des Darmes auf leicht verdauliche Kohlenhydrate positiv beeinflusst. Bei einem erhöhten Hufreherisiko (z. B. wenn sich Weidegang bei einem Patienten nicht vermeiden lässt), wird empfohlen, die Dosierung von 15 mg/kg KG p. o. BID auf 30 mg/kg KG p. o. BID vor der Fütterung mit leicht verdaulichen Kohlehydraten anzupassen. Pergolid, das zur Therapie von Patienten mit PPID eingesetzte Dopaminrezeptor Agonist, scheint einen positiven Einfluss auf den Gewichtsverlust und den Insulinanstieg nach dem oralen Glukosetest zu haben, wird aber momentan nicht routinemäßig als zur Therapie von EMS-Patienten empfohlen.

Bei allen Patienten mit EMS muss man wegen des Hufreherisikos auf eine tadellose Hufpflege achten, und etwaige Hufreheschübe müssen natürlich möglichst schnell und effizient behandelt werden (→4.2.4.4).

10.7.2 Hyperlipämie und Fettlebersyndrom

Die **Hyperlipämie** ist ein Krankheitsbild, das v. a. kleine Ponys und Esel betrifft, mit einer deutlichen Erhöhung der Triglyzeride (Neutralfette und eine deutliche Erhöhung der «*Very Low Density Lipoproteins*», VLDL; im Gegensatz zur Situation beim Rind, welches Ketonkörper produziert) im Blut und mit klinischen Symptomen einhergeht und außerdem eine hochgradige Leberverfettung zur Folge haben kann.

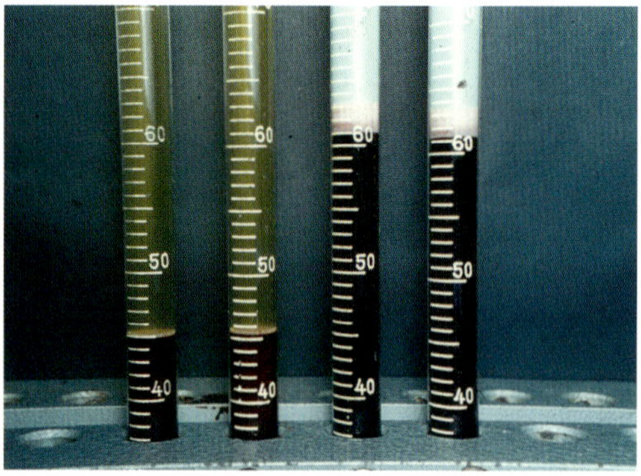

Abb. 10.6: Hyperlipämisches Plasma: Senkungsröhrchen, links mit normalem Pferdeplasma und einem Hämatokrit von 45 l/l); rechts, Röhrchen mit stark lipämischem, milchig trübem Plasma (Gesamtlipidwert 500 mg/l) und starker Hämokonzentration (Hämatokrit von 60l/l). Vergleiche die dazugehörende Leber in Abbildung 10.7.

Eine **Hyperlipidämie** ist dagegen eine «Labordiagnose», die sich auf die Erhöhung der Triglyzeride im Blut über die Normalwerte stützt, ohne eine offensichtliche Trübung des Plasmas, eine klinisch manifeste Lebererkrankung oder andere klinische Symptome.

Der Fettstoffwechsel wird von Somatotropin, ACTH, dem thyreotropen Hormon, und von hypophysären, lipolytischen Peptiden (Lipotropine) kontrolliert und von vielen weiteren Hormonen, u. a. Kortikosteroiden, Mineralokortikoiden, (Nor)adrenalin und Progesteron beeinflusst. Bei **Stress** (→10.4.3) wird die hormonsensitive Lipase durch ACTH, Glukokortikoide und Katecholamine, während der Trächtigkeit und Laktation durch Progesteron und Wachstumshormon aktiviert. Vielfach können dieselben Risikofaktoren (Box 10.7.2), die bei Pferden allgemein eine Hyperlipidämie ohne klinische Symptome bewirken, bei «Risikopatienten», wie z. B. Minishetties, mit einer konstitutiven Prädisposition zu einer verstärkten Aktivität der hormonsensitiven Lipase und damit zur Fettmobilisation bei Hunger- und Stresszuständen, das Krankheitsbild der Hyperlipämie auslösen. Bei fehlender Futteraufnahme fällt die dämpfende (herabregulierende) Wirkung von Insulin und Glukose auf die hormonsensitive Lipase zusätzlich weg, so kommt es nach mehrtägigem Fasten zu einem vielfachen Anstieg der Triglyzeridwerte.

Dementsprechend zeigen trächtige, kranke und stark gestresste Pferde nicht selten eine leichte Hyperlipidämie, die aber das primäre Problem kaum beeinflusst. Auch Saugfohlen sind wegen der Milchaufnahme leicht hyperlipidämisch, entwickeln aber kaum je das Krankheitsbild der Hyperlipämie. Kleine Ponys und Esel zeigen dagegen oft schon im Normalfall im Vergleich zu Pferden einen hohes Gesamtlipid im Blut (> 0.8 bis ca. 2.5 mmol/l) und synthetisieren außerdem sehr effizient Triglyzeride aus freien Fettsäuren. Wenn dann bei diesen Tieren exogene Risiko- und Stressfaktoren dazukommen, entgleist ihr Stoffwechsel leicht, und es kommt zur Hyperlipämie.

Risikofaktoren für Hyperlipidämie und Hyperlipämie

Signalement und physiologische Faktoren
- Ponys, insb. Minishetties, Shetties und Kleinesel
- weibliche Tiere
- ältere Tiere
- kataboler Stoffwechsel, z. B. bei Spätträchtigkeit oder Laktation

endogene und exogene pathologische Faktoren
- Obesitas
- Inappetenz, Fasten; Gewichtsverlust
- schmerzhafte Zustände, z. B. Hufrehe
- andere Krankheiten, die besonderen «Stress» verursachen, z. B. Obstipationen, Dysphagie, Schlundverstopfungen, Endotoxämie, Colitis/Durchfälle, Peritonitis, Sepsis; Huf- und andere Abszesse, Gebärparese, hochgradiger Endoparasitenbefall etc.
- prädisponierende chronische Krankheiten, z. B. Leber- oder Niereninsuffizienz; PPID (nur leichte Hyperlipidämie, keine Hyperlipämie)
- veränderte Haltungsbedingungen und sozialer Stress

Die Pathogenese ist nicht vollständig geklärt, aber diese Kleinrassen haben oft eine Veranlagung für eine periphere Insulinresistenz (→10.1.1.2, 10.6.1 & 10.7.1). Bei diesen Equiden scheint Insulin auch eine verminderte dämpfende Wirkung auf die hormonsensitive Lipase zu haben, und die relativ häufige Azotämie hemmt außerdem die Lipoprotein-Lipase, welche die Fette aus dem Blut entfernen sollte. In Stress- und Hungerzuständen entgleist dann, unter der zusätzlichen insulinantagonisierenden Wirkung der Stresshormone (Katecholamine und Glukokortikoide; →10.4.3), die hormonsensitive lipasebedingte Fettmobilisation zur Hyperlipämie (> 5 mmol/l) mit Verschlimmerung des klinischen Bildes, hochgradiger Leber- und Nierenverfettung und Fetteinlagerung in anderen Organen (Abb. 10.7). Die Hyperlipämie kann auch Fettembolien mit (u. a.) pulmonalen, renalen und subkutanen Gefäßthrombosen (→2.2.1.2) und eine Pankreatitis (→4.4 & 10.6) verursachen.

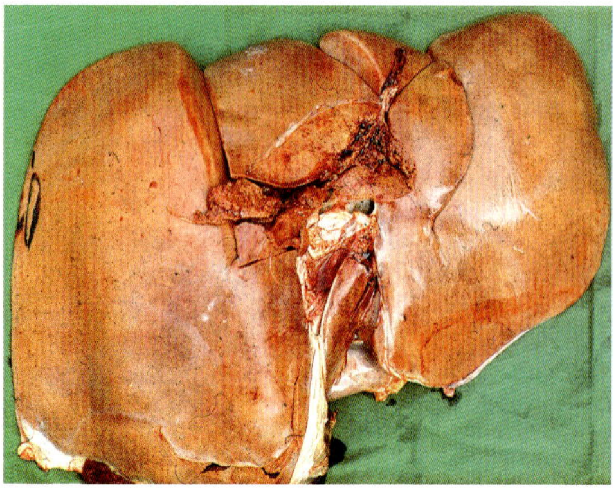

10.7 Hochgradig verfettete und vergrößerte Leber. Das histopathologische Bild zeigte eine nahezu 100%ige Leberzellverfettung mit Einlagerung von überwiegend Triglyzeriden in die Hepatozyten in Form von Fettvakuolen.

Symptome und Diagnose: Hyperlipämiepatienten machen oft einen schwachen, schwer kranken, stumpfen bis zu soporösen Eindruck. Sie verweigern meistens die Futteraufnahme, und nehmen oft auch zu wenig Wasser zu sich. Manchmal beobachtet man, dass die Tiere das Maul ins Wasser halten und darin herumrühren, ohne zu trinken (evtl. ein Anzeichen der Hepatoenzephalopathie →6.3.1.5.1). Das Haarkleid erscheint matt, gesträubt bis struppig. Auffallend sind in vielen Fällen diffus verwaschene, zuerst blasse, oft stark gerötete, manchmal leicht ikterische Schleimhäute mit verlängerter Kapillarfüllungszeit. Manche Patienten sind febril (begleitende Infektion?). Das Maul ist oft sehr trocken, der Speichel zäh, die Zunge mit grauen Belägen bedeckt. Die Tiere können an Durchfällen leiden, doch ist eine träge oder fehlende Peristaltik und der gelegentliche Absatz kleiner, trockener, manchmal gelber Ballen typischer. Oft geht eine rapide Verschlechterung mit hepatoenzephalen Symptomen wie Ataxie, Kopfpressen, Stupor und Muskelfaszikulationen einher (→6.3.1.5.1). Die Patienten können auch Dysphagie, Ödeme und etwas Kolik zeigen (Dehnung der Leberkapsel?). Trächtige Stuten können abortieren. Plötzlicher Tod infolge eines Kreislaufversagens oder einer Leberruptur kann vorkommen.

Die Diagnose ist mithilfe des Labors gut zu sichern. Das Blut schwer kranker Tiere ist oft schon grobsinnlich verändert: es ist sehr dunkel und wirkt schwärzlich blau; es weist eine ausgesprochene Agglutinationstendenz auf; der Hämatokritwert ist oft hoch; das Plasma opalesziert und ist milchig trüb (Abb. 10.6). Die Gesamtlipidwerte erreichen bei einem oberen Normwert von 0.7 mmol/l eine Konzentration von über 10 mmol/l, wobei besonders die Triglyzeridspiegel hoch liegen. In der Regel ist ein Leberschaden durch erhöhte Serumgallensäuren nachzuweisen; die Bilirubinwerte und die Aktivitäten der leberparenchymspezifischen Enzyme (v. a. SDH) sind je nach dem Stadium des Leberschadens mehr oder weniger deutlich erhöht. Die Aktivitäten der AP und der γ-GT liegen regelmäßig zu hoch. Oftmals zeigen die Patienten eine metabolische Azidose (Ketoazidose bei erhöhter Anionenlücke →12.2.1) und auch eine Azotämie als Hinweis auf eine Niereninsuffizienz. Die Fettleber lässt sich meist ultrasonografisch als Lebervergrößerung mit abgestumpften Rändern sowie einem hyperechogenen (gegenüber der Milz), körnigen Parenchym darstellen.

Die **Prognose** bei Hyperlipämie ist vorsichtig bis ungünstig zu stellen. Sie hängt davon ab, wie schnell die Patienten therapiert werden und anfangen, wieder selber zu fressen. Besonders problematisch sind oftmals Ponys oder Esel, die selbst kein Futter aufnehmen, sich stark gegen die Ernährung über die Nasen-Schlund-Sonde wehren und außerdem eine Insulinresistenz haben, was die parenterale Ernährung mit Glukose deutlich erschwert und gleichzeitig das Hufreherisiko erhöht. Des Weiteren spielt natürlich die zugrunde liegende Erkrankung, und ob diese diagnostiziert und therapiert werden kann, eine wesentliche Rolle.

Die **Therapie** richtet sich einerseits gegen die vermutete oder diagnostizierte Primärkrankheit, und zum anderen zielt sie darauf ab, der negativen Energiebilanz dieser Tiere entgegenzuwirken und sie zu stabilisieren (Wasser-, Elektrolythaushalt etc.).

Therapie der Hyperlipämie

- Identifikation und Behandlung einer Primärkrankheit (z. B. Hufrehe oder Kolik)
- Korrektur des Energie-, Wasser- und Elektrolythaushaltes und des Fettmetabolismus
  - Wenn möglich orale Ernährung, sonst i. v.
  - Protamin-Zink-Insulin (0.1–0.3 IU/kg KG i. m. BID) mit kontinuierlicher 2.5–5 % Glukoseinfusionen evtl. mit Aminosäurenpräparaten (teuer) kombiniert (deckt aber den Energiebedarf nur, um die Fettfreisetzung zu hemmen).
  - Heparin (40–50 IU/kg KG s. c. BID; Gerinnungszeit überwachen) zur Aktivierung der Lipoprotein-Lipase, um zirkulierende VLDL vermehrt abzubauen.
- Ggf. weitere unterstützende Maßnahmen
  - Entzündungshemmer zur Schmerzbekämpfung
  - Omeprazole zur Bekämpfung von Ulzera
  - Plasmatransfusionen bei Hypoalbuminämie
  - Bekämpfung einer «Hepatoenzephalopathie»
  - Wohlbefinden fördern, evtl. Aufstallung mit einem anderen vertrauten Tier

Der Patient soll zum Fressen animiert werden, so sollte man ihm möglichst **appetitanregendes Futter** anbieten (Gras, Heu, Karotten, Getreide, melassiertes oder pelletiertes Futter etc.). Wird die Futteraufnahme ganz verweigert, so sollten sie über eine Magensonde mit eingeweichten und pürierten Pellets (verstopfen oft die Sonden mit kleinem Durchmesser), mit einem selbst hergestellten Gemisch aus Glukose, Kasein, evtl. Luzernemehl, sowie einem ausgewogenen Elektrolyt- und Vitaminpräparat in 8 Liter Wasser pro Tag gefüttert werden. Man versucht dabei zu berücksichtigen, dass diese Patienten nicht zu stark gestresst werden sollten (cave! Schieben der Nasen-Schlund-Sonde!), weil dies die Hyperlipämie noch verschlimmern kann. Der Energiebedarf eines 250 kg schweren Ponys liegt bei ca. 6–8 Mcal pro Tag und sollte wenn möglich in 6–12 kleinen Portionen verabreicht werden. Somit kann die benötige Futtermenge anhand der Angaben auf dem Futtermittel berechnet werden. Oftmals erreicht man die vollständige Menge nicht sofort. Man beginnt mit einer niedrigeren Menge und steigert sie allmählich, wenn der Patient dies toleriert. Eine Ausnahme sind natürlich gastrointestinale Patienten mit Diätvorschrift, die sekundär an Hyperlipämie leiden.

Ist eine enterale Ernährung nicht möglich, kann die Energiezufuhr auch parenteral erfolgen. Hierbei werden sie meist, sofern erhältlich, am einfachsten mit geeigneter kommerziell erhältlicher Flüssignahrung (z. B. «NutriFoal®»oder «Osmolyte HN®») ernährt, oder es werden Glukose und Aminosäuren i. v. verabreicht und die oftmals in parenteraler Ernährung vorkommenden Lipide ausgespart. Es sollte mit dem Viertel des Erhaltungsbedarfs in Form von Glukose-Infusionen (in Ringer-Laktat, eventuell mit Zusatz weiterer Elektrolyte →12.2.2) begonnen werden. Die Blutglukose wird dabei überwacht und sollte 10 mmol/l nicht übersteigen. Die Glukosekonzentration der Infusionslösung sollte nur gesteigert werden, wenn die Patienten dies tolerieren: initial kann in der Praxis mit einer 5%igen Glukoselösung begonnen werden, die zunächst mit 1 ml/kg/h, dann (nach Überprüfung der Blutglukose) mit 2 ml/kg/h gegeben wird. Mit diesen Dosierungen werden ca. ⅛ bzw. ¼ des benötigen Energiebedarfs gedeckt. Bei einer klinisch manifesten Hyperlipämie sollte der Patient allerdings wenn möglich in eine Klinik überwiesen werden mit der Möglichkeit der parenteralen Ernährung unter intensiver Überwachung der Blutglukose. Weiter wird Insulin (Protamin-Zink-Insulin 0.1–0.3 IU/kg KG i. m BID oder ggf. reguläres Insulin über eine Spritzenpumpe i. v.) verabreicht. Besonders kritisch sind die Patienten mit einer peripheren Insulinresistenz, die trotz und wegen der Behandlung persistierende hohe Glukose- und Insulinkonzentrationen im Blut aufweisen. Solche Tiere sind vermehrt gefährdet, eine Hufrehe zu entwickeln, und sollten wenn möglich nur enteral ernährt werden. Möglicherweise kann Heparin die Entfernung der VLDL aus dem Blut durch Aktivierung der Lipoprotein-Lipase verbessern. Die Behandlung ist aber nicht unumstritten, weil die Lipoprotein-Lipase ist bei diesen Patienten wahrscheinlich schon maximal aktiviert ist und außerdem gerade bei Leberschäden wegen Gerinnungsstörungen (→11.5.2) nicht ungefährlich ist. Die Gerinnungszeit sollte darum überwacht werden. 40–50 IU/kg Heparin s. c. BID scheinen uns als Dosierung angemessen; gewisse Quellen geben aber bis zu 250 IU an.

Weitere Probleme wie eine metabolische Azidose sollten ebenfalls angegangen werden (Korrektur von Elektrolytimbalancen, Infusionstherapie bei Laktatazidose, eventuell Infusionen mit Natriumbikarbonat, falls ein echtes Defizit vorliegt etc. →12.2.2). Liegen Anzeichen einer Hepatoenzephalopathie vor, so sollte auch hier eine Therapie initiiert werden: Laktulose, evtl. Mannitolinfusionen bei Verdacht auf ein Hirnödem etc. (→6.3.1.5.1).

Dem Wohlbefinden des Patienten während der Therapie sollte besondere Beachtung geschenkt werden. Oftmals sind Ponys oder Esel betroffen, die sehr fixiert auf einen Gefährten oder den betreuenden Menschen sind. Wir haben nicht selten beobachtet, dass Patienten schneller wieder mit der Futteraufnahme beginnen, wenn ein zweites, vertrautes Tier dazu aufgestallt wurde.

Besitzer von gefährdeten Ponys und Kleineseln sollten über die Risiken einer Hyperlipämie und entsprechende **prophylaktische Maßnahmen** wie einer angemessenen Fütterung und körperlichen Training zur Gewichtsreduktion, Vermeidung von Stress und eine gute allgemeine Gesundheitsvorsorge (inkl. Hufpflege!) aufgeklärt werden.

10.7.3 Steatitis («*yellow fat disease*»)

Es handelt sich um eine durch oxidative Schäden verursachte Steatose oder Steatitis, die auch mit Muskelschäden einhergehen kann, wie sie bei der WMD auftreten und umgekehrt. Fohlen bis zu einem Alter von 6 Monaten sind prädisponiert, seltener sind auch ältere Tiere betroffen. Bei dieser Krankheit ist ein schleichender Verlauf typisch. Neben den Erscheinungen, die z. T. der WMD ähneln (→7.3.1) und relativ unspezifische Anzeichen wie Apathie, Schwäche, Ödeme, erhöhte Körpertemperatur, Atem- und Herzfrequenz umfassen, zeigt sich ein verzögerter Haarwechsel und insb. die typischeren Symptome der sich knotig anfühlenden, meist schmerzhaften subkutanen Fetteinlagerungen v. a. im Kamm (Nackenband), axillär, inguinal und allgemein in der Umgebung subkutaner Lymphknoten. Das Blutbild zeigt manchmal eine Anämie und Hypoproteinämie und Erhöhungen v. a. der LDH- und ASAT-, weniger deutlich der CK-Aktivitäten. Anscheinend sprechen die Tiere nicht gut auf eine Zufuhr von Vitamin E und Selen an. Ist das omentale Fett betroffen, können die Pferde auch Kolik äußern.

Weiterführende Literatur

Beech J.: Endocrine evaluation. In: Walton R. M. (Hrsg.): Equine clinical pathology, Wiley-Blackwell, Oxford, 2014.

Durham A. E., McGowan C. M., Fey K., Tamzali Y., van der Kolk J. H.: Pituitary pars intermedia dysfunction: Diagnosis and treatment. Equine vet. Educ. 26, 216–223, 2014.

Durham A. E., Fey K., McGowan C. M., Tamzali Y., van der Kolk J. H.: Dealing with equine pituitary pars intermedia dysfunction (equine cushing's disease) in equine practice, consensus recommendations (Boeringer-Ingelheim), 2013.

Meyer H., Coenen M.: Pferdefütterung. 5. Auflage, Enke Verlag, Stuttgart, 2014.

Nachreiner R. F., van der Kolk J. H.: Manual of Equine Endocrinology. Blackwell Publishing, Oxford, 2008.

Toribio R. E.: Disorders of the endocrine system. In: Reed S. M., Bayly W. M., Sellon D. C. (Hrsg.): Equine Internal Medicine, 2nd edition, Saunders Elsevier, St. Louis, 2009.

Walton R. M.: Laboratory assessment of lipid and glucose metabolism. In: Walton R. M. (Hrsg.): Equine clinical pathology, Wiley-Blackwell, Oxford, 2014.

11 Störungen der Blutbildung und klinische Hämatologie

V. Gerber, L. Unger und R. Straub

In diesem Kapitel werden Zustände besprochen, die z. T. nur Symptome (z. B. Anämie), manchmal Syndrome (z. B. Verbrauchskoagulopathie) darstellen, und andere, die als eigentliche selbstständige Krankheiten anzusehen sind (z. B. Hämophilie). Die Übergänge dazwischen sind fließend, und es ist auch eine Ermessensfrage, ob man gewisse Immunkrankheiten – etwa die neonatale Isoerythrolyse (Icterus neonatorum →13.5.1) – hier oder eben im Kapitel Immunkrankheiten abhandeln soll.

Das Labor liefert natürlich keine fertigen Diagnosen und ersetzt nie eine gründliche Untersuchung. Es versieht den Kliniker mit objektiven, bei den hier besprochenen Krankheiten diagnostisch oft ausschlaggebenden Zusatzinformationen, die aber immer im Rahmen des gesamten Krankheitsbildes zu gewichten sind.

Dabei ist auch auf die hämatologischen Eigenheiten des Pferdes Rücksicht zu nehmen, etwa darauf, dass Retikulozytenfärbungen im peripheren Blut bei den häufigen Anämien meist keine diagnostische Hilfe sein können. Auch die Möglichkeit, dass bei einer Entleerung des Milzspeichers die Werte des roten Blutbildes stark und relativ unberechenbar beeinflusst werden, ist bei der Diagnostik immer zu berücksichtigen.

Insgesamt sind anämische Zustände beim Pferd häufig, und es ist oft wichtig, eine sorgfältige Differenzialdiagnostik der Anämie vorzunehmen. Dabei können klinische Symptome erste Hinweise geben (Box 11.1), wichtig ist aber meist eine systematische Einteilung, z. B. anhand der Frage, ob eine Anämie v. a. hämorrhagisch, hämolytisch oder erythropoietisch bedingt ist (Tab. 11.1). Dazu dienen einmal die verschiedenen Indizes, vereinfacht z. B.: normozytäre Anämie – chronische Krankheit; mikrozytäre Anämie – chronische Krankheit und/oder Fe-Defizit; makrozytäre Anämie – Anzeichen für Regeneration, z. B. nach Blutverlust oder Hämolyse. Beim Pferd sind selten Retikulozyten nachweisbar. Weitere unentbehrliche Parameter sind der Gesamtproteingehalt des Serums, Bilirubinwerte, die Fibrinogenkonzentration des Plasmas, das Serum Amyloid A (SAA) u. a. m. Die Messungen von «Akute-Phase-Proteinen» wie SAA haben die ebenfalls sensitiven, aber auch unspezifischen Werte der Erythrozytensenkungsgeschwindigkeit weitgehend abgelöst.

11.1 Anämie

Streng genommen, verstehen wir unter Anämie nur einen herabgesetzten Hämoglobingehalt des Bluts. Diese Definition steht indessen im Widerspruch zur klinischen Usanz, die sowohl eine Erniedrigung der Hb-Konzentration als auch und vor allem einen herabgesetzten Hkt-Wert oder tiefe Erythrozytenzahlen mit «Anämie» bezeichnet.

Begleitende Symptomatik bei Anämie

- Unspezifische Schwäche, Apathie, Leistungseinbuße, die Ausprägung ist abhängig von der Ursache, aber v. a. vom Verlauf: Akute Anämien mit schnellem Erythrozytenverlust/-abfall bewirken bei gleichem Hämatokrit deutlichere Symptome als chronische Zustände, an die sich der Körper anpassen kann.
- Schleimhautfarbe
  - blass – v. a. bei akuten Anämien, z. B. bei frischen Blutungen oder Hämolyse; auch möglich, aber meist weniger ausgeprägt bei anderen Formen
  - ikterisch – v. a. bei länger anhaltenden oder zurückliegenden hämolytischen Anämien
- Tachypnoe (Dyspnoe, Box 3.6.2.2) und Tachykardie – wegen der herabgesetzten Sauerstofftransportkapazität
- Fieber – variables Symptom,
  - v. a. bei infektiösen Grundursachen (z. B. bei Piroplasmose (→17.9) oder EIA (→15.2.7), aber auch bei bakteriellen Infekten (sekundär ferriprive Anämie mit Eisen-Sequestration)
  - z. T. auch bei immunvermittelten Anämien (z. B. «immunzytotoxisch» bei neonataler Isoerythrolyse (→13.3 & 13.5.1) oder auch EIA (→15.2.7), evtl. auch bei Tumoren, «paraneoplastisches Syndrom», →Box 11.4.1)
- Pigmenturie
  - Hämoglobinurie – v. a. bei intravasaler Hämolyse
  - evtl. Hämaturie z. B. bei Nierenblutungen (→5.2.3) oder Harnwegskonkrementen (→5.6), diese sind aber als Anämieursachen beim Pferd selten

In einzelnen Fällen wird sich eine Knochenmarksentnahme dann zusätzlich aufdrängen. Trotzdem lässt sich in vielen Fällen, insb. bei leichtgradigen Anämien, keine klare ätiologische Diagnose stellen, oft muss man sich auf einen Verdacht (z. B. Anämie der chronischen Krankheit, Parasitenbefall bei Jungtieren) beschränken.

Tabelle 11.1: Differenzialdiagnose der Anämie

ätiologisch-pathogenetische Kategorie	Beispiele spezifischer Ursachen (→11.3) – Diagnostika	Charakteristika, Bemerkungen (→11.3)
Blutverlust (hämorrhagische Anämie)	**akute Blutung,** z. B. bei akzidentellem oder operativem Trauma; äußere Blutung oder Blutung in Körperhöhlen, Beispiele: – Blutspender, Aderlass (> 6–10 l) – Blutung ins *Ligamentum latum* – Gefäßarrosion (Luftsackmykose →3.2.2; maligne Tumoren etc.) – anstrengungsbedingte Blutungen in die unteren Atemwege (EIPH →3.6.5) – Gefäßwandschäden (Immunkrankheiten wie Petechialfieber →13.3.2) – Koagulopathien (hereditäre und toxische Gerinnungsstörungen, z. B. Vitamin-K-Antagonisten; Verbrauchs- und Immunkoagulopathien →11.5.3 resp. 11.5.4)	– während 1–6 Stunden ± normale Laborresultate; dann Absinken der roten Blutwerte entsprechend der verlorenen Erythrozytenmenge. In der Regenerationsphase MCV ↑, MCH ↑, RDW↑ *(Red Cell Distribution Width),* Anisozytose (Variabilität ↑der Erythrozytengröße und damit des Erythrozytenzahl-Verteilungsmusters). Laborwerte und Klinik sind abhängig von Primärkrankheit und vom Verlaufsstadium: initial oft nur Abfall von TP, erst später fällt Hkt; Laktatanstieg mit zunehmendem Blutverlust – evtl. drohender hypovolämischer Schock; P ↑, A ↑, T ↓, Schweißausbruch, blasse Schleimhäute, ggf. noch Blutdruckabfall – bei Petechialfieber gelegentlich perakutes Verbluten in den Magen-Darm-Trakt, selten in die Bauchhöhle. Sonst eher subakute Verluste durch die ± ausgedehnten sero-hämorrhagischen Ergüsse; die Anämie ist dann oft auch z. T. hypoplastischer, z. T. auch hämopoetischer Natur. Bei Virusarteriitis (EVA →15.2.5) oft nur unwesentliche Anämie
	chronischer Blutverlust, spezifische Beispiele: – Magen-Darm-Geschwüre →4.2.5.2) – Urolithiasis (Blase! →5.6) – Tumor (Hämangiosarkom) oder Pilzarrosion von Gefäßen (Arterienarrosion meist aber akut, hochgradig) – Endoparasiten (z. B. Strongylus vulgaris u. a. (→4.8) – Ektoparasiten (Läuse, Zecken →1.4.2 & 1.4.3)	– Symptome der verschiedenen Primärkrankheiten oft sehr undeutlich – Blutnachweis in Harn, Kot resp. Sekreten – Endo- und Ektoparasitenbefall gehören zur Differenzialdiagnose, sind aber unter unseren Verhältnissen i. d. R. nicht schwer genug für messbare Blutverluste – oft sekundär-ferriprive Anämie (hypochrom, mikrozytär); wenn aber regenerativ, s. o. bei «akuter Blutung» – bei Blutungen in den Harnwegen: Hämaturie – bei Blutungen in den Magen-Darm-Trakt (→4.2.5.2 & 4.2.6.2.2): Benzidin-Probe zum Nachweis von okkultem Blut im Kot aber weder spezifisch noch sensitiv!

ätiologisch-pathogenetische Kategorie	Beispiele spezifischer Ursachen (→11.3) – Diagnostika	Charakteristika, Bemerkungen (→11.3)
Hämolyse (hämolytische Anämie; vermehrter Abbau von Erythrozyten)	**akute intravaskuläre Hämolyse**: MCHC/ MCH↑, Serum Hb↑, Bilirubin ↑, Hämoglobinurie,; bei **Chronizität** auch MCV↓, evtl. MCH↓, Serum Hb↑, α_2+β-Glob.↑; erythrozytäre Enzyme ↑, Bilirubin ↑, Hämoglobinurie; Sphaerozyten; Beispiele: – neonatale Isoerythrolyse (Icterus Neonatorum; neugeborene Fohlen →13.5.1) – immunvermittelte hämolytische Anämie/Autoimmunanämie, auch immunogene Anämien (z. B. Transfusionen, Medikamente, Tumoren, Infekt), Typ II positive Hypersensitivitätsreaktionen: Coombstest, Erythrozyten-Fragilitätstest, Objektträger-Agglutinationstest, im Extremfall Retikulozyten, Sphaerozyten, Pigmenturie, manchmal Neutrophilie – parasitär: Piroplasmose (*B. caballi; T. equi,* selten auch akut →17.9) – bakteriell: Rickettsien (z. B. Anaplasmose →16.9.2, meist nur lgr. Anämie) *S. equi subsp. equi* (→16.6.1), bei akuter Druse u. a.: leichte Hämolyse häufig (β-Lysin); auch folgend immunogen: Petechialfieber – viral: Equine Infektiöse Anämie (→15.2.7) – toxisch: Phytotoxine (Oxydantien wie Blätter des Rotahorns *(Acer rubrum),* der in Nordamerika weit verbreitet ist und nicht selten tödliche toxisch-hämolytische Vergiftungen verursacht; viel weniger toxisch sind Zwiebel/Knoblauch in großen Mengen, evtl. Roteichenrinde *(Quercus rubra)* andere: Phenothiazin, Nitrite (→14.2)	– in deutlichen Fällen Hämaturie; Ikterus ab etwa 24 Stunden nach Hämolyse – primär immunogene Hämolyse sehr selten; echte Autoimmunerkrankung (Antikörper gegen normale Oberflächenproteine der Erythrozyten) – sekundär immunogene Hämolyse oder Agglutination (andere Ursache für Antikörperbindung an Erythrozyten, wie Veränderung der Erythrozyten-Oberfläche durch bakterielle Infekte, Viren, Neoplasie) – immunogene Hämolysen werden relativ selten diagnostiziert; bei Agglutination ohne Hämolyse kaum sichtbar, mit der Zeit Ikterus; Coombs-Test beim Pferd oft falsch negativ – Piroplasmose: massive intravaskuläre Hämolyse bei der Freisetzung von Merozoiten-Stadien aus den Erythrozyten, Fieber; *Theileria-equi*-Infektion: besonders hochgradige Anämie, Ikterus; nachgewiesener Zeckenbefall; evtl. Parasiten in Erythrozyten; PCR, Serologie (IFAT) – bei Anaplasmose: Fieber, oft Ikterus, Gliedmaßenödeme; unklare Pathogenese der leichtgr. Anämie; eher Leukopenie, Thrombozytopenie, Hyperbilirubinämie; neutro- und eosinophile Einschlusskörperchen (Morulae) – bei EIA: Zielzellen sind Zellen der Monozyten-Makrophagen-Zelllinie, sekundäre Thrombozytopenie/Anämie, Leukopenie; Hyperglobulinämie, Hyperlipidämie, LDH↑, Monozyten; komplexe Pathogenese der Anämie (Kombination: komplementabhängige Hämolyse, Gefäßwandschäden, hypoplast. Anämie durch Knochenmarkssuppression aufgrund von Zytokinen, auch Verbrauchskoagulopathie, herabgesetzte Erythrozyten-Lebensspanne, sek. Fe-Mangel) – bakterieller Infekt: Leukozytose, Neutrophilie, aber auch Leukopenie, Leichtgradige Anämie – Vergiftungen, insb. mit oxydativen Phytotoxinen vom roten Ahorn *(A. rubrum)*: kein Fieber; braunes Blut und brauner Urin, zyanotische bräunlich verwaschene Schleimhäute, oft schwerwiegende Verläufe; Anzeichen oxidativer Eythrozytenschäden: Methämoglobinämie, Zentrozyten, Heinz-Körperchen

ätiologisch-pathogenetische Kategorie	Beispiele spezifischer Ursachen (→11.3) – Diagnostika	Charakteristika, Bemerkungen (→11.3)
ungenügende Erythrozytenproduktion (hypo-plastische Anämien; Blutbildungsstörung)	**Knochenmarkserkrankungen** (Myelophthisis) – primär; invasive Lymphosarkome; lymphoide Leukämien (meist aleukämisch) vs. primäres Lymphom mit sekundärer Metastasierung ins Knochenmark (meist aleukämisch) – Myelofibrose (selten) – selektive Hypoplasie der erythroiden Zelllinie (z. B. nach EPO-Verabreichung mit Antikörperbildung) – aplastische Anämie (z. B. durch Chloramphenicol)	– Oft ausgeprägte Anämie, evtl. mit Elliptozyten; meist mit Leukopenie verbunden (außer seltene leukämische Leukozytose: Leukozytose mit Blasten →11.4.1), Agranulozytose, evtl. auch Thrombozytopenie. Im Extremfall Panzytopenie. Knochenmarksuntersuchung unerlässlich. Nicht regenerativ.
	sekundäre Depression der Erythropoese, häufige symptomatische Anämie bei: – chronischen **Entzündungen und Infektionen *(«aneamia of chronic disease»)*,** bes. bei Streptokokken- und anderen bakteriellen Iinfektionen: – Nieren-/Lebererkrankung – Endokrinopathie – Neoplasie – Mangelzustände: Fe, Protein – andere potenzielle Mängel (B6, B12, Folsäure) sehr unwahrscheinlich	– Mit Leukopenie (Granulozytopenie) oder auch mit Leukozytose, nicht regenerative Anämie; gelegentlich Fe↓ mit Hypochromasie; Mikrozytose, ↓MCH, Fe↓ Ferritin↓, Transferrin↓, Codozyten (glockenförmige Erythrozyten bei Leberschäden und hypochromen Anämien anderer Ursache) und evtl. Leptozyten (flache Erythrozyten bei Leberaffektionen) – *«anaemia of chronic disease»,* auch einfach symptomatische Anämie genannt – Toxinwirkung? EPO↓? Gestörter Fe-Stoffwechsel; ähnlich sekundärer ferripriver Anämie, aber mit Fe-Sequestration bei Infektion – Unter unseren Verhältnissen ist eine primäre ferriprive Anämie (evtl. mit Elliptozyten und Leptozyten, ovalen resp. flachen Erythrozyten) äußerst selten, möglich bei ungenügender Absorption im Gastrointestinaltrakt; bei chronischem Blutverlust (z. B. Gastrointestinaltrakt-Ulzerationen; Tumor mit Gefäßarrosion). – qual. und quant. Unterernährung; sehr selten. Proteinverluste über den Darm sind verbunden mit Durchfall und Exsikkose: i. d. R. eher Hämokonzentration; evtl. Hypochromie, bei stark erniedrigter Serumproteinkonzentration. – Erhebliche Verluste über die Niere sind verhältnismäßig selten und längere Zeit nicht zu einer Anämie führend (bei Nierenschäden eher Erythropoietinmangel).

11.2 Erythrozytose

Obwohl «Erythrozytose», also eine Erhöhung der Erythrozytenzahl, nicht das eigentliche Gegenteil von «Anämie» darstellt, wird der Ausdruck doch gemeinhin in diesem Sinn verwendet. Erhöhte Werte von Erythrozytenzahlen, Hkt und Hb sind beim Pferd nicht selten, wobei sekundäre und v. a. relative Erythrozytosen, insb. Hämokonzentration wegen Entleerung der Milz oder Dehydratation, sehr viel häufiger sind als echte primäre Erythrozytosen.

Absolute Erythrozytosen (Polycytaemia vera), sind Raritäten. Eine solche Diagnose darf nur nach dem sorgfältigsten Ausschluss aller möglichen anderen Gründe gestellt werden. Zudem müsste eine Knochenmarksuntersuchung schlüssig beweisen, dass eine vermehrte Erythrozytenproduktion vorliegt. Diese kann EPO-unabhängig sein (primäre absolute Erythrozytose) oder durch exzessive EPO-Produktion (sekundäre absolute Erythrozytose) hervorgerufen sein. Sekundäre absolute Erythrozytosen können eine Antwort auf Gewebshypoxie darstellen (physiologisch) oder durch EPO-sezernierende Tumoren bedingt sein und sind auch im Zusammenhang mit einem paraneoplastischen Syndrom (Box 11.4.1; evtl. auch ohne EPO-Produktion) bei Leber- und Nierentumoren beschrieben. Dies sind seltene Einzelfälle, im Allgemeinen ist bei chronischen Leber- oder Nierenschäden (→4.3.2 resp. 5.2.1) im Gegenteil eine (leichtgr.) Anämie zu erwarten.

In jedem Fall muss eine Hämokonzentration als wichtigste und häufigste Ursache einer **relativen Erythrozytose** ausgeschlossen werden: klinisches Bild der Dehydrierung, am ehesten verursacht durch Wasserverluste über den Darm oder über Schweiß mit erhöhter Gesamteiweißkonzentration (→12.1.1). Auch Milzkontraktion bei Anstrengung oder Stress kann zu einer relativen Eryhtrozytose bei normaler Gesamteiweißkonzentration führen. Sehr aufgeregte, ängstliche oder sehr widersetzliche Pferde können auch schon bei der Blutentnahme den Milzspeicher mehr oder weniger entleeren und eine Hämokonzentration vortäuschen (Pseudoerythrozytose; Pseudopolyzytämie). Wenn die Sedation solcher Pferde (z. B. mit einem $\alpha 2$-Agonisten) von einem signifikanten Sinken der Werte für Hkt und Erythrozytenzahlen gefolgt wird, ist eine Milzentleerung als Ursache für die erhöhten Werte wahrscheinlich. Wie bereits erwähnt, führen Sauerstoffmangelzustände auch beim Pferd zu einer mäßigen, meist nicht signifikanten sekundären absoluten Erythrozytose, die eine physiologische Antwort (EPO-Anstieg) auf die Hypoxie darstellt. Das heißt also, dass Pferde mit gewissen Herz- (Beispiel: Fallotsche Tetra- oder Pentalogie, selten bei Ventrikelseptumdefekt →2.1.1.3) und selten bei hochgradigen chronischen Lungenkrankheiten (z. B. RAO →3.6.2.2) erhöhte Hkt-Werte aufweisen können. Dabei ist allerdings meistens eher ein tendenziell hoher MCV-Wert als eine zu hohe Erythrozytenzahl zu beobachten. Entscheidend für die Diagnose der Hypoxämie ist in jedem Fall der Nachweis einer erniedrigten Sauerstoffspannung im arteriellen Blut. Pferde, die in Höhen über etwa 1500 m ü. M. gehalten werden, zeigen ebenfalls eher hohe Werte (Höhenerythrozytose).

Grundsätzlich verstehen wir also unter **Erythrozytose** oder **Polyzytämie (Polyglobulie)** eine Erhöhung der Erythrozytenzahl; in der folgenden Zusammenstellung indessen wird nicht exakter unterschieden, ob Erythrozytenzahlen, Hkt oder Hb allein oder in Kombination erhöht sind.

Tabelle 11.2: Erythrozytose

ätiologisch-pathogenetische Kategorie	Charakteristika, Bemerkungen
absolute (echte) Erythrozytose	Polyzytämie (Polyglobulie) bei normalem oder erhöhtem Gesamtblutvolumen. Sehr selten. Persistierende Erythrozytose bei normalen Serumproteinkonzentrationen, die nicht auf Infusionen anspricht. Die Pferde zeigen gestaute, gerötete oder zyanotische Schleimhäute mit erhöhter kapillärer Füllungszeit, Leistungsschwäche, Apathie, weil der Sauerstofftransport trotz hoher Hämoglobinkonzentration wegen der erhöhten Blutviskosität erniedrigt ist. Auch das Risiko von Thrombosen und Blutungen ist erhöht.
absolute primäre Erythrozytose, auch Polycythaemia rubra vera	Myeloproliferatives Syndrom. Erhöhte Thrombo- und Granulozytenzahlen. Viskosität des Blutes gesteigert. Gesamtblutvolumen erhöht. Beim Pferd nicht sicher nachgewiesene Rarität. EPO-unabhängig.
absolute sekundäre Erythrozytose	Bei erhöhter EPO-Produktion als Antwort auf Gewebehypoxie (Aufenthalt in großen Höhen; Herzkrankheiten wie Fallotsche Tetralogie →2.1.1.3 u. a. Krankheiten mit herabgesetzten pO_2, z. B. hochgradige RAO (→3.6.2.2) oder Lungenfibrose (→3.6.6.4.1); oder bei Organkrankheiten/ Neoplasien (Nieren- und Lebertumoren, paraneoplastisches Syndrom bei EPO-produzierenden Tumoren); Abusus mit androgenen (anabolen) Steroiden.
relative Erythrozytose	Polyzytämie bei erniedrigtem Gesamtvolumen. Bei Dehydratation (= Exsikkose) verschiedener Ursache → Hämokonzentration → GP ↑. Renale, gastrointestinale, pulmonale oder perkutane Flüssigkeitsverluste. Gefahr des hypovolämischen Schocks (→12.1.1). Bei schweren Eiweißverlusten über den Darm ergeben sich hohe Erythrozytenwerte bei einer erniedrigten Gesamtproteinkonzentration im Serum. Isotone Dehydratation (Na+ und Plasmawasser parallel erniedrigt) bei Durchfällen, ungenügender Wasser- und Nahrungsaufnahme. Hypertone Dehydratation (Na+↑) bei Diabetes insipidus, wohl auch bei D. mellitus; Fieber. Hypotone Dehydratation (Na+↓) bei Schwitzen, Verbrennungen. Relative Eryhtrozytose auch bei Milzkontraktion durch Aufregung, Stress, Anstrengung.

11.3 Spezielle Pathologie und Therapie des roten Blutbildes

Die hämatologische Differenzialdiagnostik ist oben bereits dargestellt (Tabellen 11.1 & 11.2) und viele der hier erwähnten Befunde und Zustände werden in anderen Kapiteln ausführlich besprochen und abgehandelt. An dieser Stelle wird versucht, die spezielle Pathologie und die meistens symptomatische Therapie von Veränderungen im roten Blutbild zusammenfassend darzustellen und auf die entsprechenden Kapitel hinzuweisen.

11.3.1 Akuter Blutverlust

In der Regel begegnen wir akutem Blutverlust im Zusammenhang mit Unfällen, die zu äußerlichen Verletzungen größerer Arterien geführt haben; seltener sind stumpfe Traumen zu beobachten, die zu innerlichen Blutungen führen (z. B. Milzrupturen →4.6). Unter den postoperativen Blutungen sind vor allem diejenigen, die nach der Kastration, Sinus- und Siebbeinoperationen, auftreten, gefürchtet: die Pferde sind sehr gewissenhaft zu überwachen. In derartigen Notfallsituationen ist das rote Blutbild zunächst normal, die Grundwerte (Hkt, Hb, Erythrozytenzahl) können aufgrund der in den ersten 1–2 Stunden nach Beginn der Blutung anhaltenden Milzkontraktion sogar etwas erhöht sein; dennoch zeigt das Pferd je nach Blutverlust aber zunehmend alle Anzeichen eines hypovolämischen Schocks (Tachykardie, Schwäche, Tachypnoe, blasse Schleimhäute (Abb. 11.1), Schwitzen, kalte Körperoberfläche mit Kreislaufzentralisation →12.1.1). Frühe labordiagnostische Indizien einer akuten Blutung sind erniedrigtes Gesamteiweiß sowie erhöhter Blutlaktatwert als Anzeichen einer Gewebshypoxie. Der Hämatokrit sinkt oft erst innerhalb der ersten 24–48 Stunden ab, da dieser Zeitraum vom Körper benötigt wird, um wieder ein normales Gefäßvolumen durch Umverteilung von Flüssigkeit aus dem Interstitium in das Gefäßsystem herzustellen, und ist deshalb kein sensitiver Laborparameter bei akuten Blutungen. Bei inneren Blutungen ins Abdomen oder den Thorax kann der Körper außerdem bis zu ⅔ der Erythrozyten innerhalb von 24–72 Stunden in die Zirkulation zurückführen und auch Eisen und Protein aus hämolysierten Erythrozyten wiederverwenden.

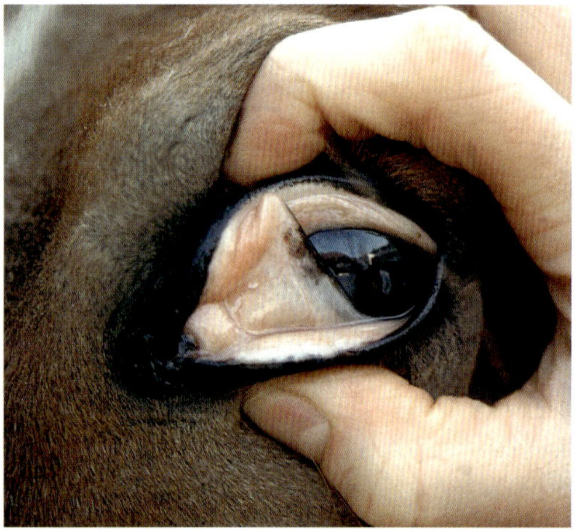

Abb. 11.1: Anämische Schleimhäute: Sehr blasse Konjunktiven nach akutem Blutverlust.

Die dringendsten therapeutischen Maßnahmen bestehen in der unverzüglichen Blutstillung und im Auffüllen des Kreislaufs. Die Blutstillung geschieht am besten mittels Ligatur, medikamentelle Maßnahmen sind meist unzuverlässig und z. T. relativ teuer. Versucht werden können z. B. Epsilon-Aminocapronsäure (3.5 mg/kg KG/min über 15 Minuten, anschließend 0.25 mg/kg KG/min oder, evtl. wirksamer, Tranexamsäure (5–20 mg/kg KG, ggf. wiederholt). Manche Kliniker bevorzugen günstigere Produkte wie das chinesische Yunnan Paiyao (4 g pro 500 kg Pferd p. o. QID) oder gar eine toxische und nur als ultima ratio indizierte i. v.-Gabe von 0.37 % Formaldehyd. Unterstützend können bei starken Schmerzen (z. B. bei der Stute mit Blutung ins *Ligamentum latum*), welche den Blutdruck erhöhen, nicht steroidale Entzündungshemmer (kein Aspirin) und umgekehrt zur Stabilisierung des Druckes in der Peripherie auch Opioidantagonisten wie Naloxon (0.2 mg/kg KG i. v.) eingesetzt werden.

Wenn der Patient bereits Schockanzeichen zeigt, ist das Auffüllen des Kreislaufs prioritär (→12.2). Dazu bieten sich nicht Plasmaexpander an (Gelatinepräparate; Stärkederivate). Der Hämotokrit eignet sich als einziges Kriterium für die Notwendigkeit einer Vollbluttransfusion. Vielmehr sollte eine Kombination aus klinischen Paramertern (Herzfrequenz, Atemfrequenz etc.) sowie Laborwerten (TP, Laktat, ...) verwendet werden. Bei Schocksymptomen ist eine Vollbluttransfusion immer indiziert. Oft ist man auf grobe Schätzungen des Verlusts angewiesen. Wenn mehr als 30 % des Blutvolumens verloren sind, ist in jedem Fall eine Vollbluttransfusion angezeigt. Meist werden 30–40 % des geschätzten Blutverlusts direkt ersetzt. Diese Menge ist in den meisten Fällen lebenserhaltend, bis eine Knochenmarksantwort mit der Bildung neuer Erythrozyten einsetzt, welche in der Regel 5–7 Tage dauert. Bei sehr starken Blutungen muss die Transfusion in hoher Geschwindigkeit verabreicht werden (bis zu 8–10 l Vollblut, also 20–25 % des Blutvolumens, innerhalb von 40 Minuten bei 500 kg Pferd). Aufgrund des komplizierten Blutgruppensystems bei Pferden mit mehr als 30 Erythrozyten-Oberflächenantigenen und insgesamt 8 Hauptblutgruppen ist es nahezu unmöglich, einen perfekt kompatiblen Blutspender zu finden. Dies ist bei einer ersten Bluttransfusion auch meist nicht nötig, da die Bildung von Antikörpern gegen transfundierte Erythrozyten meist mehr Zeit in Anspruch nimmt (in der Regel 5–7 Tage), als die Lebensspanne der transfundierten Erythrozyten beträgt. Erst bei Folgetransfusionen kann es zu akuter Hämolyse kommen. In diesem Fall ist ein vorheriger Kreuztest zwischen Donor und Empfänger anzuraten.

Arrosionen von Arterien werden am ehesten im Zusammenhang mit Luftsackmykosen (*A. carotis interna*; seltener *externa*) festgestellt (→3.2.2). Es handelt sich dabei fast immer um Notfallsituationen, die in gleicher Weise angegangen werden wie Blutverluste nach Unfällen. Viele dieser Patienten weisen indessen zusätzliche Hirnnervenschäden auf, die die Prognose noch ungünstiger erscheinen lassen, als sie das ohnehin ist.

Akute Blutungen aufgrund **immunologisch bedingter Gefäßwandschäden** komplizieren gelegentlich einen Fall von Petechialfieber (→13.3.2). Solche Blutungen in den Larynx, in den Magen, in die Skelettmuskulatur und in die Bauchhöhle enden oft tödlich. An schwere innerliche Blutungen ist jedenfalls zu denken, wenn ein Petechialfieberpatient plötzlich auch die Anzeichen eines hypovolämischen Schocks manifestiert.

Mögliche diagnostische Maßnahmen zur Lokalisation einer inneren Blutung

- Rektaluntersuchung – z. B. definierbare Massen, unregelmäßige Milz etc. (cave! Benzidin-Probe zum Nachweis von okkultem Blut im Kot nur aus vor der Rektaluntersuchung gewonnenem Mist, sonst oft falsch positiv)
- Ultraschalluntersuchung – Thorax und Abdomen, z. B. Massen; auch Hämothorax und Hämoabdomen lassen sich meistens gut diagnostizieren
- Bauch- oder Thoraxpunktion – z. B. zur Sicherung eines Verdachts auf Hämoabdomen resp. -thorax
- Endoskopie – z. B. obere Luftwege (insb. Luftsäcke, Mykose →3.2.2), untere Luftwege (ggf. mit Probeentnahme für Zytologie zum Nachweis von Hämosiderphagen) oder Magen (Ulzera sind, außer bei Jungtieren, seltene Ursachen einer Anämie beim Pferd →4.2.5.2)
- Urinuntersuchung mit Differenzierung von Hämat-, Hämoglobin- und Myoglobinurie – z. B. Blutung aus Harn oder Geschlechtsapparat (→5.2.3 & 5.6)
- Benzidin-Probe zum Nachweis von okkultem Blut im Kot – beim Pferd weder spezifisch (z. B. nach Rektaluntersuchung falsch positiv) noch sensitiv (z. B. bei Blut aus Magenulzera im GI-Trakt komplett abgebaut; Nachweis eher bei distalereren Ulzera im Colon möglich)

11.3.2 Chronische Blutverluste

Chronische Blutverluste führen auch beim Pferd mit der Zeit zum Bild einer mikrozytären, hypochromen Anämie mit tiefen Serum-Eisen-Konzentrationen (ferriprive Anämie). Weil der Körper mehr Zeit hat, sich zu adaptieren, manifestieren sich deutliche klinische Symptome (Box unter 11.1) oft erst bei einem tieferen Hämatokrit, erst ab 12 % gegenüber 15–20 %, wenn der Blutverlust akut verläuft.

Geschwüre des Magen-Darm-Kanals (→4.2.5.2 & 4.2.6.2.2), Tumoren der Luftwege, besonders des Siebbeins und der Nebenhöhlen (→3.1.6.2), verursachen eher eine chronische Blutverlustanämie, als dass sie zu akuten bedrohlichen Verlusten führen.

Sowohl nach akuten als auch bei chronischen Blutungen ist es wichtig zu überprüfen, ob sich die Blutwerte normalisieren. Neben den regenerativen Anzeichen einer Makrozytose (MCV) und einer (invasiven) Knochenmarksuntersuchung, können dabei wiederholte Hämatokritmessungen trotz der Variabilität dienlich sein: Im Schnitt sollte der Hämatokrit über längere Zeit um ca. 0.7 % pro Tag ansteigen.

Die Bekämpfung der Blutverlustursache steht im Vordergrund jeder therapeutischen Bemühung, doch ist es manchmal nicht einfach, die Ursache mit Sicherheit festzustellen: Nachweis von Blut in Sekreten der Atemwege bei Tumoren, im Harn als Hämaturie bei Blasensteinen, evtl. auch im Mist bei Magen- und/oder Darmgeschwüren (Box 11.3). Die Signifikanz eines Endo- oder Ektoparasitenbefalls (→4.8.1, 1.4.2 & 1.4.3), der grundsätzlich zu einem Blutverlust führen kann, ist meistens recht gering und lässt sich manchmal erst retrospektiv am Erfolg oder Misserfolg einer zielgerichteten Therapie abschätzen. Gelingt es, die Ursache des Blutverlusts auszuschalten, erübrigt sich meistens eine symptomatische Therapie der Anämie selbst. Primäre Eisenmangelzustände treten bei konventioneller Fütterung praktisch nicht auf. Cave! Eine Eisenzufuhr, v. a. über intravenöse Fe-Dextran-Injektionen, kann in Einzelfällen schwere, manchmal tödliche Unverträglichkeitsreaktionen verursachen. Neugeborene Fohlen (< 3 Tage) sind besonders empfindlich gegenüber Eisengaben.

Zu den Blutverlusten, die sich bei Gerinnungsstörungen einstellen können, siehe den entsprechenden Abschnitt dieses Kapitels (→11.5).

11.3.3 Störung der Erythropoese

Eine gering- bis höchstens mittelgradige **hypoplastische Anämie** durch eine ungenügende Erythrozytenproduktion ist als symptomatische Anämie beim Pferd häufig. Diese sekundäre **Depression der Erythropoese** tritt v. a. auf bei chronischen Entzündungen und Infektionen *(«anemia of chronic disease»)*, bes. bei Streptokokken (→16.6.1) und anderen bakteriellen Infektionen, aber auch bei Nieren- und Lebererkrankungen (→5.2.1, 5.2.2 & 4.3), neoplastischen Prozessen (Box 11.4.1) und Endokrinopathien. Die Ursachen und Mechanismen dahinter sind noch ungenügend erforscht (z. B. Eisensequestration als Abwehrmechanismus gegen Bakterien). Dabei ist die Fe-Bindungskapazität herabgesetzt, im Gegensatz zu einer sekundären hypochromen, mikrozytären Eisenmangelanämie z. B. nach chronischen Blutverlusten, wo sowohl die Eisenwerte selber (relativ unzuverlässig) als auch die Fe-Bindungskapazität (zuverlässigste Messung zur Abschätzung der Versorgung: Ferritinwerte) erniedrigt sind. Diese Anämien bedürfen meistens keiner Therapie. Sie bessern sich in der Regel rasch und spontan, wenn die primäre Krankheit erfolgreich behandelt werden kann. Eine Knochenmarksuntersuchung ergibt fast ausnahmslos normale Resultate.

Zusammenbrüche der blutbildenden Funktionen des Knochenmarks im Sinne einer **Myelophthisis** (evtl. Elliptozyten, ovale Erythrozyten) kommen beim Pferd außerordentlich selten bei malignen Entartungen vor. Für die **Diagnose** ist in diesen Fällen eine Knochenmarksuntersuchung unerlässlich; bei gesicherter Diagnose wird man auf jede weitere symptomatisch-therapeutische Maßnahme verzichten.

Eiweißmangelzustände müssen längere Zeit gedauert haben, um zu einer signifikanten Depression der Erythropoese und damit zu einer Anämie (evtl. mit Elliptozyten und Leptozyten, ovalen resp. flachen Erythrozyten) zu führen. Deswegen sind akute Proteinverluste über den Darm (z. B. bei akuter Typhlocolitis →4.2.6.2.2.2) in dieser Beziehung von geringer Bedeutung. Was die Proteinverluste über die Nieren anbelangt (→5.1), erreichen diese nur selten einen Grad, der zu einer Behinderung der Erythropoese Anlass gäbe. Im Übrigen spielt die Anämie bei derartigen Fällen eine recht unwichtige Nebenrolle: man wird, wenn immer möglich, eine ursächliche Therapie einleiten. Die Anämie verschwindet dann bei erfolgreicher Behandlung von selbst. Das Gleiche gilt für die Unterernährung, die unter unseren Verhältnissen nur ganz ausnahmsweise ausgeprägt genug ist, um zur Anämie zu führen.

11.3.4 Hämolytische Anämien

Ausgeprägte intravasale Hämolysen sind leicht zu diagnostizieren, weil sie zu einer sichtbaren Hämoglobinurie und nach kurzer Zeit zu einem hämolytischen Ikterus führen. Umso schwieriger sind die wahrscheinlich wesentlich häufigeren extravasalen Hämolysen (Elimination von Erythrozyten z. B. in der Milz) zu erkennen, weil sie sich nur in einer Anämie und ggf. mit Sphärozyten (insb. bei immunvermittelten hämolytischen Anämien) äußern. Anzeichen wie Hämoglobinurie, hämolytisches Plasma (Abb. 11.2) und oft sogar Ikterus fehlen. Geringgradige Hämolysen müssen, will man seiner Sache sicher sein, über eine Bestimmung der Serum-Hämoglobin- und wenn nötig auch der Haptoglobinkonzentration diagnostiziert werden.

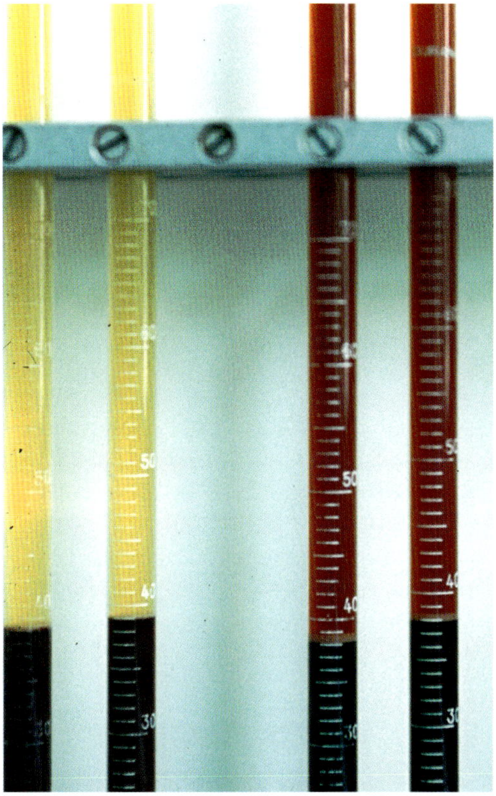

Abb. 11.2: Hämolytisches Plasma: Durch immunvermittelte Hämolyse bei der neonatalen Erythrolyse. Der Farbunterschied zwischen dem hämolytischen lackfarbenen rötlichen Plasma zu den gesenkten Erythrozyten in beiden rechten Blutsenkungsröhrchen im Vergleich zur normalen Plasmafarbe der beiden linken Röhrchen ist sehr deutlich erkennbar.

Immunvermittelte hämolytische Anämien («*immune-mediated hemolytic anemia*», IMHA) im engeren Sinn (mit Agglutination und/oder Lyse der Erythrozyten) verlaufen oft zuerst subakut und mit begleitenden, aber unspezifischen Symptomen wie Apathie, Fieber und manchmal Gewichtsverlust. Neben einem tiefen Hämatokrit, Makro- und Anisozytose, vermehrten Sphärozyten und erhöhtem Bilirubin, können weitere Laboranalysen hilfreich sein. Der Coombstest (IgG und IgM, sowie Komplement an Erythrozytenmembranen) gilt aber beim Pferd als nicht sehr zuverlässig (falsch negative Resultate) und kann darum mit einem einfachen Autoagglutinationstest (ein Tropfen EDTA-Blut 1 : 1 mit physiologischer NaCl-Lösung, Agglutination beobachten; bei 4° [Kälte-Agglutination] und bei Körpertemperatur [Wärmeagglutination]) ergänzt werden.

Immunvermittelte hämolytische Anämien sind beim Pferd sehr selten auf echte Autoimmunkrankheiten zurückzuführen, und andere primäre Ursachen wie Infekte, Neoplasien (z. B. Lymphosarkome) oder Medikamentenreaktionen (z. B. IMHA nach Penizillingabe, meist offenbar extravasale Hämolyse, weil keine Hämoglobinurie; auch Trimethoprimsulfonamid sind beim Pferd als mögliche Auslöser beschrieben) sollten abgeklärt werden. Auf immunogenen Mechanismen beruhende Krankheiten, die mit Anämie einhergehen, werden insb. im Kapitel «Klinische Immunologie» besprochen (z. B. Purpura haemorrhagica oder neonatale Isoerythrolyse →13.3.2 resp. 13.5.1) und die Infektionskrankheiten, die mit Hämolyse und Anämie verlaufen (z. B. Piroplasmose →17.9; EIA →15.2.7; Clostridieninfekte, z. B. Wund- und Gasbrand →16.7) werden hier ebenfalls nicht besprochen. Wenn immer möglich, ist eine ursächliche Behandlung unverzüglich einzuleiten, denn nur sie kann die Hämolyse rasch zum Stehen bringen (etwa Gabe von Imidocarb bei Piroplasmose durch *Theileria equi* →17.9.1) Bei IMHA bleibt meist nur eine immunsuppressive Therapie mit Kortikosteroiden (initial Dexamethason 0.04–0.1 mg/kg KG i. v., gefolgt von 1–2 mg/kg KG p. o. SID Prednisolon oral. Bei Menschen und Hunden, die darauf ungenügend ansprechen, wird u. a. auch Zyklophosphamid und Azathioprin eingesetzt, beim Pferd gibt es bisher nur wenig Erfahrung). Bei sehr tiefen Hämatokritwerten kann eine Bluttransfusion nötig sein (cave! Weitere Hämolysegefahr). Bei einer seltenen kälteassoziierten IMHA kann Aufstallen bei sehr kalter Witterung kurativ sein.

Anämie im Zuge von **Tumorerkrankungen**, insbesondere Lymphomen, kann diverse Ursachen haben wie z. B.: immunhämolytische Anämie im Sinne eines paraneoplastischen Syndroms (Box 11.4.1), Myelophthisis durch Metastasierung ins Knochenmark, Anämie der chronischen Krankheit, Blutverluste z. B. durch Ulzerationen im Verdauungstrakt oder Kombinationen dieser Faktoren.

Pflanzliche und andere organische **Gifte** (→14), etwa das heute obsolete Anthelmintikum Phenothiazin, wirken als potente Oxidantien oder als oberflächenaktive Stoffe (Saponine; z. B. Vergiftungen mit Bingelkraut, *Mercurialis* sp.) hämolysierend. In Nordamerika ist insb. die *«red-maple-leaf»*-Vergiftung gefürchtet, die oxidative Schäden (diagnostisch sind Granula aus oxidiertem, präzipitiertem Hämoglobin, sog. «Heinz-Körperchen» am Rande der Erythrozyten; am besten mit Methylenblau-Färbung sichtbar) verursacht und meist tödlich verläuft. Der rote Ahorn ist in Europa kaum verbreitet, ähnliche Vergiftungen sollen aber auch nach Verfütterung größerer Mengen von Zwiebeln vorkommen. Gewisse Schlangengifte führen ebenfalls zu mehr oder weniger hochgradiger Hämolyse. Die durch Streptokokkentoxine hervorgerufene geringgradige Hämolyse ist klinisch auch bei schweren Infektionen bedeutungslos.

11.4 Spezielle Pathologie und Therapie des weißen Blutbildes

Veränderungen im weißen Blutbild sind in der Regel Symptome der verschiedensten Krankheiten, und nur sehr selten deuten sie beim Pferd direkt auf primäre Erkrankungen des myeloischen oder des lymphatischen Systems hin (Tabellen 11.3 & 11.4). Leukämien mit sehr hohen Leukozytenzahlen im peripheren Blut des Pferdes gehören zu den großen Seltenheiten.

Tabelle 11.3 Ursachen von Leukopenie (Gesamt-Leukozytenzahl > $6 \times 10^9/l$)

Einteilung/hämatologischer Befund	Ursache, Charakteristika, Bemerkungen
Leuko(zyto)penie $< 5 \times 10^9/l$	Frische, akute Infektionen, vor allem Virusinfektionen. Toxämie (→12.1.2), etwa bei (Typhlo-)Colitis (→4.2.6.2.2.2), hoch dosiertes Phenylbutazon. Selten: Chloramphenicol wegen Knochenmarkssuppression. Ungünstiges Zeichen bei Petechialfieber (Purpura haemorrhagica →13.4.2). Strahlenkrankheit. Myelophthisis; kombiniert mit aplastischer Anämie und Thrombozytopenie.
Granulozytopenie $< 3.5 \times 10^9/l$	Siehe auch Leukopenie. Bakterielle Toxine, dabei in verschleppten Fällen auch Anämie. Sequestrierung der Granulozyten (insb. Neutrophile), z. B. bei (Typhlo-)Colitis (→4.2.6.2.2.2) oder bei ausgedehnter, fulminanter Peritonitis wie etwa nach Magenruptur (→4.2.5.5).
Neutropenie $< 3.4 \times 10^9/l$	Bakterielle Toxine (insb. Endotoxine →12.1.2) wie bei Granulozytopenie. Manchmal auch Herpesvirus-Infektion.
Eosinopenie $< 0.09 \times 10^9/l$	Sehr unspezifisch; jeder Stresszustand; Kortikosteroid- und Epinephringaben
Lymphopenie $< 2.1 \times 10^9/l$	Beginn von akuten Virusinfektionen (auch – nicht regelmäßig – chronische EIA →15.2.7); Kortikosteroidtherapie, Stresszustände, Immundefekte/-schwäche (SCID beim Araberfohlen, Fellpony-Syndrom), Chylothorax (Verlust von lymphozytenreicher Lymphe)

Tabelle 11.4 Ursachen von Leukozytosen

Einteilung/ hämatologischer Befund	Grad	Ursache, Bemerkungen
Leukozytose	absolut, geringgradig 10–15 × 10^9/1	Unspezifische Reaktion auf verschiedene Ursachen: Stress, Kortikosteroid-Therapie. Einigermaßen ausgedehnte Gewebeschäden nach Traumen, Entzündungen. Bakterielle Infektionen. In bescheidenem Maß hervorgerufen durch eine absolute Lymphozytose in der Regenerations- oder Erholungsphase von Entzündungen
	absolut, mittel- bis hochgradig, bis 25 × 10^9/1	Vor allem eitrig-bakterielle Infektionen, besonders Druse
	> 25 × 10^9/1	Ausgedehnte, bes. eitrige Entzündungen, etwa subakut-chronische Peritonitis (→4.5 oder Pleuropneumonien →3.7.5). Andere eitrige Herdinfektionen, z. B. Druseabszesse (→16.6.1.1), (bes. mesenterial). Rhodokokkose (→16.8.2.2) oder Osteomyelitis. Leukämische Leukosen (→11.4.1) und andere Tumorerkrankungen (selten!). Cave! Jungtiere zeigen bei gleicher Ursache und Schweregrad oft eine viel ausgeprägtere Leukozytose
Neutrophilie	relativ > 70 %	Chron. bakt. Herdinfektion. Auch unspezifische Reaktion auf verschiedene Ursachen: Stress, Kortikosteroid-Therapie
	absolut, > 6 × 10^9/l geringgradig	Entzündungs- und Stresszustände. Kortikosteroid-Therapie
	absolut, mittel- bis hochgradig > 8 × 10^9/l	Eitrig-bakterielle Infektionen, myeloische Leukämie sehr selten! Nicht obligat leukämisch (→11.4.1); eher ein pathologisches Überwiegen junger Zellen im peripheren Blut (hochgradige Linksverschiebung), manchmal auch bei Herdinfektionen
Eosinophilie	absolut, gering – mittelgradig 0.45–1 × 10^9/1	Relativ häufiger Befund, der ätiologisch nicht immer zu klären ist. Hautkrankheiten, v. a. allergischer und parasitärer Natur (Ektoparasiten! z. B. Habronema →1.4). Endoparasitenbefall (→4.8): Eosinophile vor allem bei Askaridenbefall junger Pferde, weniger regelmäßig bei Anoplocephala- und eher selten bei Strongylidenbefall; v. a. bei Migration larvaler Parasitenstadien im Körper. Selten: eosinophile IBD, eosinophiler Granulomkomplex, paraneoplastisches Syndrom (Box 11.4.1). Akute, systemisch-allergische Krankheiten: oft periphere Eosinopenie. Eosinophilie im Blut kommt auch bei den seltenen eosinophil infiltrativen Pneumonien (*«Idiopathic Chronic Eosinophilic Pneumonia»* →3.6.6.4 vor, ist dagegen offenbar beim multisystemischen eosinophilen Krankheitsbild (*«Multisystemic Eosinophilic Epitheliotropic Disease»*; v. a. Haut und Darm betroffen →1.5 & 4.2.6.1.6) meist nicht zu erwarten.
	absolut, hochgradig > 1 × 10^9/1	Verdacht auf eosinophiles Leukämoid, zu erhärten durch Knochenmarksuntersuchung; evtl. als paraneoplastische Manifestation (Box 11.4.1) bei Lymphosarkomen und Übergangszellkarzinomen

weisen. Gegenwärtig ist die exakte Mutation nicht bekannt, und es steht kein Gentest zur Verfügung.

Eine **Therapie** kommt bei gesicherter Diagnose nicht infrage. Trägerstuten sind aus der Zucht auszuschließen.

11.5.1.2 Defizienz des von-Willebrand-Faktors (vWF)

vWF ist das Trägerprotein des Blutgerinnungsfaktor VIII. Das Protein wird von Endothelzellen der Blutgefäße und Megakaryozyten gebildet. Des Weiteren befindet es sich auch in den α-Granula der Thrombozyten und schafft bei Gefäßverletzungen eine Brücke zwischen Thrombozyten und der verletzten Gefäßwand. vWF hat somit eine direkte Wirkung bei der zellulären Blutstillung. In der Humanmedizin unterscheidet man drei Haupttypen des Syndroms. Typ 1 und 3 beruhen auf einem quantitativen Mangel des vWF im Plasma, Typ 2 beruht auf einem molekularen Defekt, einem qualitativen Mangel des vWF. Bis heute wurden alle drei Typen der verbbaren Krankheit beim Amerikanischen Quarter Horse und Englischen Vollblüter festgestellt. **Diagnose:** ELISA für Typ 1 & 3 mit vWF-Antigen erlaubt die Quantifizierung der Kollagen-Bindungsfunktion des vWF oder durch Bildung eines Ristocetin-Kofaktors/vWF-Antigen Quotienten kann ein vWS Typ 2 im Thrombozytenaggregationstest weitgehend zuverlässig diagnostiziert werden. Auch die für vWF-Defizienzen verantwortlichen Mutationen sind noch nicht bekannt, und es stehen keine Gentests zur Verfügung.

11.5.2 Erworbene Gerinnungsstörungen

11.5.2.1 Cumarinvergiftung

Cumarinderivate (u. a. Warfarin) sind Vitamin-K-Antagonisten (→14.3), die durch eine kompetitive Hemmung von Vitamin K die Synthese der Gerinnungsfaktoren II, VII, IX und X beeinträchtigen oder verhindern. Man spricht von einem Prothrombinkomplex-Mangel. Medikamente wie Phenylbutazon steigern diesen Effekt, indem sie Bindungsstellen an Plasmaeiweiß (Albumin) besetzen, sodass dann mehr freies Cumarin zirkuliert.

Pferde können sich grundsätzlich mit Pflanzen vergiften, die Cumaringlykoside enthalten (z. B. *Melilotus officinalis*, der Steinklee). Derartige Zwischenfälle scheinen indessen sehr selten einzutreten. Häufiger sind Vergiftungen mit Getreidekörnern, denen als Rodentizid ein Dicumarolderivat beigemischt worden ist (Giftweizen).

Symptome: Blutungs- und Gerinnungszeiten sind deutlich erhöht und mit manifesten Blutungen ist 24–48 Stunden nach der Aufnahme zu rechnen. Petechiale bis ecchymotische Schleimhautblutungen sind meistens das erste Zeichen einer Cumarinvergiftung; oft sind sie mit Hämatomen vergesellschaftet, auch Hämarthros und Blutungen in die Atem- und Verdauungswege können auftreten. Rasche, tödliche Verläufe, die nach der Aufnahme von Giftweizen beobachtet werden, lassen sich in der Regel auf ein Verbluten in die Bauchhöhle zurückführen.

Die **Diagnose** fußt auf der Anamnese und wird gesichert durch eine Bestimmung der deutlich erhöhten Prothrombinzeit, eine Methode, die auch der Verlaufskontrolle dient.

Therapie: Man verabreicht Vitamin K (Konakion®) i. v. in hohen Dosen, z. B. 2 g/500kg KG täglich, aufgeteilt auf vier Gaben, bis zur Normalisierung der Prothrombinzeit. Frische Fälle werden mit Vorteil auch mit gesundem Plasma (bis zu 2 l) behandelt, das die fehlenden Faktoren des Prothrombinkomplexes enthält. Bei einer frühzeitigen Behandlung sind die Erfolge sehr gut.

11.5.3 Verbrauchskoagulopathien

Eine disseminierte intravasale Koagulopathie (*«Disseminated Intravascular Coagulation»*; DIC) ist keine eigenständige Krankheit, sondern ein meist sekundär zu einer schweren Primärerkrankung erworbener lebensbedrohlicher Zustand, bei dem durch eine pathologisch verstärkt ablaufende Blutgerinnung (Hyperkoagulabilität) im Blutgefäßsystem (Mikrothrombosierung im Kapillarbett) die Gerinnungsfaktoren verbraucht werden (Verbrauchskoagulopathie) und daraus eine ausgeprägte Blutungsneigung (Hypokoagulabilität) resultiert.

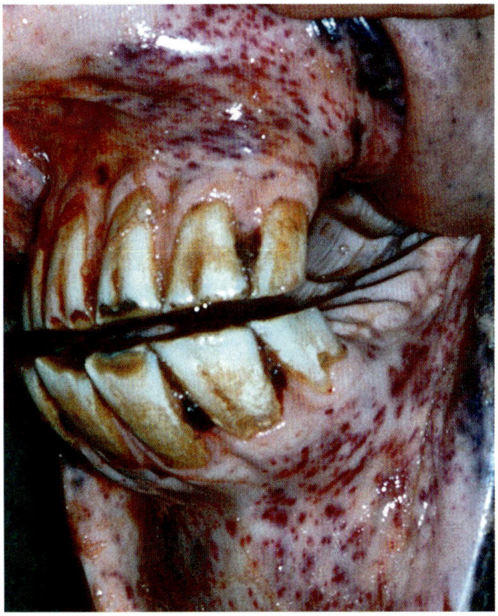

Abb. 11.4: Verbrauchskoagulation beim Schockpatienten: Vorgängige Hyperkoagulabilität (disseminierte intravasale Koagulopathie, DIC) mit anschließender Verbrauchskoagulopathie und ausgeprägter Thrombozytopenie mit petechialen Schleimhautblutungen.

Mit einer Verbrauchskoagulopathie ist zu rechnen bei Schockpatienten (insb. Endotoxinschock/Sepsis →12.1.2); schweren Kolikerkrankungen mit Toxämie, bei schwerer Hämolyse (Piroplasmose →17.9; EIA →15.2.7); auch schwere Lebererkrankungen (zusätzlich verminderte Produktion der Gerinnungsfaktoren II, V, VII, IX und X und auch von Fibrinogen! →4.3.2) können zur Verbrauchskoagulopathie führen. Ein ungünstig verlaufendes, zu Vaskultitis mit inneren Blutungen führendes Petechialfieber (Purpura haemorrhagica →13.3.2) mag terminal von der Koagulopathie dominiert werden (bei Petechialfieber «normalerweise» keine Thrombozytopenie!).

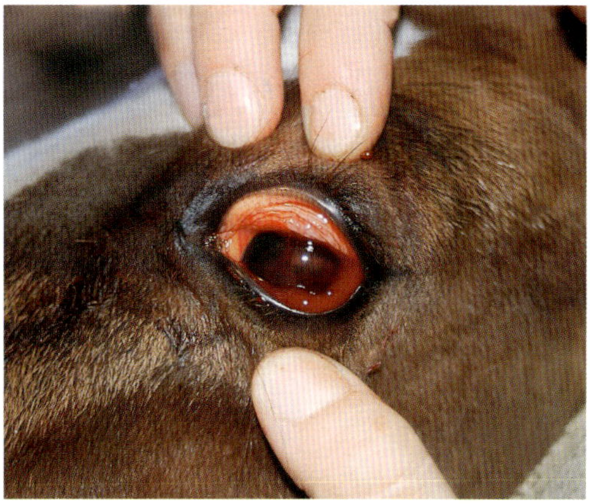

Abb. 11.5: Verbrauchskoagulation beim Schockpatienten: Selten sind Blutungen aus Körperöffnungen und –höhlen zu sehen. Als Ausdruck einer schweren Gerinnungsstörung zeigt dieser Patient neben Organblutungen (Darm, Niere, Gehirn u. a.) auch Schleimhautblutungen mit blutigem Augenausfluss.

Diagnose: Die Erkennung der Verbrauchskoagulopathie stützt sich in der Regel auf den Nachweis einer ausgeprägten Thrombozytopenie, in der Praxis vor allem auf eine stark verlängerte Blutungszeit. Die aufwendige Bestimmung plasmatischer Gerinnungsfaktoren krankt am Fehlen einigermaßen zuverlässiger Normen, doch ist wenigstens die Messung der Thromboplastinzeit (Prothrombinzeit; Quick-Test; PT und aPTT) durchzuführen, die erheblich verlängerte Zeiten ergeben muss. Messungen der D-Dimere (Fibrin-Degradatations-Produkt) ergeben erhöhte Werte, während entsprechend die Fibrinogenkonzentrationen im Plasma sehr tief liegen.

Prophylaxe: Antikoagulation (niedermolekulares Heparin, Salicylate, auch niedermolekulare Plasmaexpander) werden im Stadium der Hyperkoagulabilität zur Verminderung der Thrombozytenaggregation eingesetzt. Das Ziel ist, die Verbrauchskoagulopathie so früh wie möglich durch die Bekämpfung der primären Ursache zu stoppen und ihre Nebenwirkungen (insb. Gefäßthrombosen →2.2.1.2 & 2.2.2) durch die genannten Antikoagulantien zu mildern.

Wenn immunogene Mechanismen (→11.5.4) vermutet werden, sind auch Kortikosteoidgaben angezeigt, aber in späteren Stadien ist es kaum möglich und unrealistisch, eine eigentliche symptomatische **Therapie** der ausgebildeten Verbrauchskoagulopathie einzuleiten. Vielmehr ist der Zustand als prognostisch infaustes Begleitzeichen der meist schweren Primärkrankheiten zu beurteilen.

11.5.4 Immunkoagulopathien

Bei erworbenen Immunkoagulopathien unterscheidet man zwischen Inhibitoren gegen spezifische Gerinnungsfaktoren und/oder gegen Immunphänomene mit komplexer Beeinflussung der Homöostase. Es handelt sich um pathologische, zirkulierende Antikörper, die primär (Autoantikörper) idiopathisch, d. h. ohne offensichtliches auslösendes Ereignis sowie sekundär (Alloantikörper) nach offensichtlicher Antigenexposition gebildet werden. Einigermaßen sicher scheint zu sein, dass die idiopathische Immunkoagulopathie bei einzelnen Pferden vorkommt, also eine Koagulopathie, bei der Autoimmun-Antikörper gegen die eigenen Thrombozyten gebildet werden (IgG); der Komplex wird dann rasch von Makrophagen zerstört. Es kommt zur Thrombozytopenie. Die Pferde weisen petechiale Blutungen auf den Schleimhäuten auf und überdies Epistaxis, Hämatome und manchmal andere Anzeichen von Blutungen (Meläna). Die Blutungszeit ist hochgradig verlängert, die Thrombozytenzahl ist sehr tief ($< 0.01 \times 10^9$/l). Rasch entwickelt sich eine hochgradige Anämie mit den dazugehörenden Allgemeinstörungen. Ödeme wie bei Petechialfieber fehlen meistens. Klinisch bemerken die Besitzer Abgeschlagenheit, in manchen Fällen auch Fieber.

Ähnlich sollen sich Thrombozyten bei sekundären Immunkoagulopathien mit Immunkomplexen verbinden, die sich anlässlich von Infektionskrankheiten (EIA →15.2.7), gegen Tumorantigene oder bestimmte Medikamente bilden.

Diagnose: Ohne den aufwendig zu führenden Nachweis, dass Anti-Thrombozyten-Antikörper oder an Thrombozyten gebundene Immunkomplexe im Plasma vorhanden sind, lässt sich höchstens ein diagnostischer Verdacht rechtfertigen.

Der Verdacht lässt sich einigermaßen substantivieren, wenn auf eine Kortikosteroidgabe (0.1 mg Dexamethason/kg KG) eine Besserung eintritt (kürzere Blutungszeit). Man wird dann mit der **Kortikosteroidmedikation** bis zur Normalisierung der Thrombozytenzahl und nach klinischem Ansprechen einige Tage darüber hinaus mit derselben oder einer niedrigeren Dosis weiterfahren.

Eine mehr oder weniger lokal bis systemische, oft (vermutete) immunvermittelte Form der Koagulopathie kann sich auch in einer **Vaskulitis** mit Petechien und Ecchymosen manifestieren. Das klassische Beispiel ist wiederum das Petechialfieber (Purpura haemorrhagica →13.3.2), lokal begrenzt, kommen in der Haut auch ätiologisch ungeklärte, aber relativ häufige, rezidivierende und chronische Vaskulitiden vor (→1.2.3.4). Differenzialdiagnostisch ist bei Vaskulitis immer auch an infektiöse Ursachen wie EVA (→15.2.5), EIA (→15.2.7) und auch an die Equine Granulozytäre Ehrlichiose (*Anaplasma phagocytophilum* →16.9.2) zu denken. Bei Letzterer ist allerdings die Thrombozytopenie eher diagnostisch wertvoll als klinisch bedeutend, signifikante Blutungen kommen selten vor.

Bei **neugeborenen Fohlen** kommt selten eine relativ benigne, durch kolostrale Antikörper verursachte hochgradige **Thrombozytopenie** (< 30 000 Plättchen/µl; < 0.03 × 10^9/l;) vor. Der Mechanismus ist also analog zur neonatalen Isoerythrolyse (Icterus neonatorum →13.4.1), und die betroffenen Fohlen zeigen in den ersten Lebenstagen Erytheme, Petechien und Ulzerationen der Haut und Schleimhäute sowie eine leichtgradige Neutropenie. Die **Diagnose** stützt sich auf die typische Symptomatik und Laborbefunde. **Therapie** und **Prophylaxe** konzentrieren sich auf unterstützende Maßnahmen inkl. Antibiose, Entzündungshemmer, evtl. Infusionen und parenterale Ernährung und wie bei der neonatalen Isoerythrolyse auf die Vermeidung von Risikopaarungen oder der Kolostrumaufnahme.

Tabelle 11.5: Einteilung, Ätoilogie und Diagnostik der hereditären und erworbenen Gerinnungsstörungen

Einteilung/Kategorie	Laborbefunde	Ursachen, Bemerkungen
Hämophilie	Blutungs- und Gerinnungszeit ↑ (↑aPTT), Beweis nur mit Faktor-VIII-Bestimmungen	Erbkrankheit; selten: Hämophilie A (Faktor VIII↓); Saugfohlen mit Hämarthros u. a. Blutungsorten, erblich (X-chromosomaler Erbgang, daher männliche Tiere betroffen, v. a. Vollblut, Traber, Araber)
von-Willebrand-Faktor (vWF)-Defizite	ELISA für Typ 1 & 3; Bestimmung des Ristocetin-Kofaktors (vWF: Ristocetin-Kofaktor), bei Typ 2	Seltene Erbkrankheiten; vWF direkte Wirkung bei zellulärer Blutstillung. Typ 1 und 3 beruhen auf quantitativen Defiziten, Typ 2 auf einem qualitativen Mangel, alle drei bei AQH resp. Englischem Vollblüter nachgewiesen.
Vergiftung mit Vitamin K-Antagonisten	Blutungs- und Gerinnungszeit ↑, Prothrombinzeit ↑↑	Cumarinderivate verwendet als Rodentizide und Aufnahme von Steinklee (*«sweet clover»*); Kumulation der Wirkung durch Phenylbutazon. Ecchymosen, Hämatome, Hämarthros, auch Hämaturie und Meläna. Todesfälle: Verbluten in Bauchhöhle. Vit. K zur Behandlung. Auch erworbener und erblicher Vitamin-K-Mangel beschrieben.
Verbrauchs- Koagulopathien	abhängig von Primärkrankheit; Thrombozytenzahl ↓, auch Blutungs-/ Gerinnungszeiten↑ (PT, aPTT) ↑, D-Dimere ↑ Fibrinogen↓, u. a.	versch. Schockzustände mit intravasaler Gerinnung, bes. Endotoxinschock/ Sepsis →12.1.2 resp. 16.23; auch hämolytische Zustände, Kolik (hgr. ischämische oder entzündliche Zustände, septische Peritonitis) und post-operative Blutungen. terminale EIA →15.2.7) Symptome: Venenthrombose, Gewebshypoxie, Multi-Organ-Versagen
komplexe Koagulopathien	plasmat. Gerinnungsfaktoren ↓ (Synthese!) und Thrombozytenzahl ↓	vor allem Leberparenchymschäden (→4.3.2)
Thrombozytopenie	Th-Zahl < 30 000 /µL, mit normaler Prothrombinzeit u. a. Gerinnungstests bei verlängerter Blutungszeit	verminderte Produktion im Knochenmark (lymphoblastische Leukämie mit Knochenmarkinvasion und Hemmung der Megakaryozytenproduktion, Immunosuppressiva wie Chloramphenicol) Verbrauchskoagulopathie ↑ Zerstörung durch Makrophagen/autoimmun-mediiert (z. B. bei Anaplasmose, Piroplasmose, →17.9; EIA, →15.2.7; Neoplasie; Medikamentenreaktion) Sequestration in Milz oder in Kapillaren akute Blutung (z. B. Hämoabdomen) Pseudothrombozytopenie (EDTA als Antikoagulans) Neonatale Thrombozytopenie (kollostrale Antikörper)

Weiterführende Literatur

JACKSON K. V.: Chapter 3: Immunohematology and Hemostasis. In: Walton R. M. (Hrsg.): Equine Clinical Pathology, Wiley-Blackwell, Oxford, United Kingdom, 2013.

SELLON D. C.: Chapter 12: Disorders of the hematopoietic system. In: Reed S. M., Bayly W. M., Sellon D. C. (Hrsg.): Equine Internal Medicine, 2nd edition, Saunders Elsevier, St. Louis, 2009.

WALTON R. M.: Chapter 2: Equine Hematology. In: Walton R. M. (Hrsg.): Equine Clinical Pathology, Wiley-Blackwell, Oxford, United Kingdom, 2013.

12 Schock und Flüssigkeitstherapie

V. Gerber, C. Graubner und R. Straub

«Schock» lässt sich als Missverhältnis zwischen Blutzufuhr und Blutbedarf in der Peripherie definieren, er ist also ein Problem der mangelhaften kapillären Durchblutung mit der Folge hypoxischer Gewebeschäden. Der «Schock» ist folglich keine eigentliche Krankheit, sondern ein komplexes, akutes oder subakutes Syndrom, das in seiner generalisierten Form das Leben des betroffenen Pferdes unmittelbar bedroht. Wegen seiner Gefährlichkeit und weil er in der täglichen Praxis eine weit wichtigere Rolle spielt als manch eine ausgefallene, seltene klinische Entität, verdient er ein eigenes Kapitel. Beim Pferd sind wir auch zum Verständnis des Schocks zwangsläufig in mancher Hinsicht auf Analogieschlüsse angewiesen, die sich auf Resultate der experimentellen Medizin oder der Humanmedizin stützen.

Die Ursachen der mangelhaften Durchblutung der Peripherie liegen im Verlust der homöostatischen, hämodynamischen Regulationsmechanismen mit Verminderung des Herzminutenvolumens und/oder des absolut oder relativ zirkulierenden Blutvolumens und der dadurch schließlich ungenügenden Versorgung vitaler Organe. Der Körper versucht aber so lange wie möglich die vitalen Organe durch Aufrechterhaltung des Blutdruckes (Ausschüttung von Adrenalin und Noradrenalin mit Kapillarverengung und Steigerung des Herzminutenvolumens) und Umverteilung des zirkulierenden Blutvolumens (Zentralisation durch organspezifische Verteilung der Adrenorezeptoren: Gehirn hat keine α-Adrenorezeptoren) «lebenswichtige» Organe zu schützen. Diese Umverteilung mit verminderter Durchblutung und infolgedessen Hypoxie in der Peripherie führt zu einer metabolischen Azidose, einer Laktat-Azidose (auch als Laktazidose bezeichnet; Laktat > 2 mmol/l) und damit zum Austreten von Flüssigkeit ins Gewebe. Weiter kommt es wegen der Laktazidose und der Hämokonzentration beim toxisch-septischen Schock auch durch andere Faktoren, zum sog. *«Sludge-Phänomen»*: Erschlaffung der kleinen Arteriolen; Verschluss der Venolen und damit zur «Versackung» des Blutes (Stase) in der Peripherie und zu Gerinnungsstörungen mit Bildung von Mikrothromben mit evtl. anschließender Verbrauchskoagulopathie (→15.5.3). Ein Großteil des Schockgeschehens läuft dabei unabhängig von der Ursache gleichbleibend ab.

Klinisch kann das Schockgeschehen in zwei Stadien unterteilt werden. Das erste Stadium wird auch **Frühstadium** oder **Stadium des kompensierten Schocks** genannt.

Dabei gelingt es den Kompensationsmechanismen – also der Vasokonstriktion, der Erhöhung der Herzschlagfrequenz, der Sekretion von antidiuretischem Hormon und der Aktivierung der Renin-Angiotensin-Aldosteronachse («hyperdynamische Phase») – den Blutdruck und das Herzminutenvolumen nahezu auf normalem Niveau zu halten. Dieser Zustand ist aber sehr labil! Seine rasche Erkennung und ein gezieltes therapeutisches Handeln (→12.2) sind von eminenter Bedeutung, doch stützt sich die Diagnose dieses Stadiums beim Pferd meistens auf nicht mehr als auf eine erhöhte Herzschlagfrequenz von 60–80/min bei kühler, oft schon verschwitzter Peripherie, auf eine möglicherweise schon verzögerte kapilläre Füllungszeit und veränderte Schleimhautfarbe und überdies natürlich auf die Diagnose des schockauslösenden Primärzustands (z. B. Blutverlust; Durchfall; Darmverschluss usw.).

In diesem frühen Stadium des Schocks ist die therapeutische Intervention (→12.2.2) am vielversprechendsten.

Schockphasen und deren Symptomatik

Frühstadium – Leitsymptome (erste Anzeichen bis kompensierter Schock)
- Tachykardie
- verzögerte Kapilläre Füllungszeit (KFZ)
- kühle Körperoberfläche

Voll entwickeltes Schocksyndrom
- verstärkte Leitsymptome
- Dyspnoe (metabolische Azidose)
- blasse (rein hypovolämische Form) oder gerötete (septisch-toxischer Schock) Schleimhäute
- stark verminderte Venenfüllung und Hautturgor
- Hyperkoagulabilität

Spätphase (irreversibler Schock)
- ausgeprägte Symptomatik
- klebrige, kaltschweißige Körperoberfläche
- Dyspnoe; Zyanose; Jugularvenen kaum staubar
- Hypokoagulabilität (Verbrauchskoagulopathie) Blutungen; ZNS Symptomatik bis zu Stupor und Koma

Im zweiten Stadium **des voll entwickelten oder dekompensierten Schocks** versagen die Regulationsmechanismen allmählich, dies führt zu einer Gefäßerweiterung mit Sequestrierung von Flüssigkeit in die Peripherie und zu Blutdruckabfall. Die klinische Manifestation besteht zusätzlich in einer Tachypnoe, die der zunehmenden metabolischen Azidose zuzuschreiben ist. Eher selten stellt sich auch beim Pferd eine sogenannte «Schocklunge» ein, d. h. eine akute respiratorische Insuffizienz (oft wird dafür die englische Abkürzung ARDS verwendet: «*Acute Respiratory Distress Syndrome*»), deren pathophysiologische Grundlage ebenfalls in der hypoxisch bedingten metabolischen Azidose und der daraus resultierenden Zellschädigung mit Freisetzung der verschiedenen Mediatoren des Schocks zu sehen ist. Das Resultat ist ein vorerst interstitielles, später auch alveoläres Lungenödem und ein schwer beeinträchtigter Gasaustausch (Blutgasbestimmungen!), öfters kompliziert durch Gerinnungsstörungen mit multiplen Mikrothrombosen (→11.5.3). Klinisch beobachten wir also eine erheblich beschleunigte Herzschlagfrequenz bei kleinem Puls, in der Regel über 100/min, eine Tachypnoe, Hypotension (mittlerer Blutdruck < 65 mmHg), kaum staubare Jugularvenen, eine stark verlängerte Kapillarfüllungszeit. Die Körpertemperatur ist normal oder häufiger subnormal. Die Schleimhäute sind, bei bestehender Hypoxie (oft paO_2 < 70 mmHg; O2-Sättigung < 92 %), hohen Hämatokritwerten (> 50 %) und Azidose (Laktat > 4 mmol/l) manchmal zyanotisch; blass beim Blutungsschock; ziegelrot-zyanotische bei septisch-toxischem Schock. Gelingt es in diesem Stadium nicht, durch eine gezielte und aggressive Therapie den Teufelskreis zu unterbrechen, endet das Geschehen fatal im **Stadium des irreversiblen Schocks (Spätphase)**. Diese Phase ist erreicht, wenn sich der Zustand des kranken Pferdes trotz intensiver Therapie weiter deutlich verschlechtert, wenn sich also trotz der Wiederauffüllung des Kreislaufs der Blutdruck nicht halten lässt und die metabolische Azidose sich verschlimmert. Es kommt in diesem Stadium zu einem «*Systemic Inflammatory Response Syndrom*» (SIRS) und einem daraus resultierenden Multiorganversagen. Der Patient zeigt sehr hohe Herzschlagfrequenzen (über 120/min), Tachypnoe mit soporösem, zuletzt dann komatösem Verhalten. Im Endstadium des alveolären Lungenödems mag schaumigblutiger Nasenausfluss auftreten. Die zyanotischen Schleimhäute weisen nun petechiale oder auch ausgedehnte ecchymotische Blutungen auf, ein Zeichen der Gefäßwandschädigung, aber auch der Hypokoagulabilität des Blutes, der sogenannten Verbrauchskoagulopathie (→11.5.3). Die Nierenfunktion (Schockniere →5.1.1) wird beim Pferd meist indirekt über Messungen der Blut-Kreatinin- und Harnstoffwerte überwacht. Beim erwachsenen Pferd kommt es nur selten zu Lungenödemen oder dem ARDS (→3.6.4), hingegen ist eine Hufrehe (→4.2.4.4) als Komplikation beim Schock, insb. natürlich beim septisch-toxischen Schock (→12.1.2), immer sehr gefürchtet.

«Schockdiagnostik» – wichtige Parameter

- Klinische Diagnostik
  - Puls- und Atemfrequenz
  - periphere Körpertemperatur
  - Schleimhautfarbe
  - kapilläre Füllungszeit (KFZ)
  - Blutdruckabschätzung und -messung
    - Jugularvenenfüllung spontan und nach Stauung
    - Pulsqualität der *A. facialis*
  - Hautturgor
- Labordiagnostik
  - Hämatokrit
  - Gesamtprotein (Albumin-/Globulin-Konzentration)
  - Blutgasanalysen
  - Gerinnungsstatus
  - Kreatinin- und Harnstoffwerte
  - v. a. für die Erfolgs- und Verlaufskontrolle sehr wichtig: Laktatwerte

12.1 Schockformen

Pathophysiologisch lassen sich die Schockformen, ihrer mannigfaltigen Ätiologie entsprechend, in verschiedene Gruppen einteilen (Tab. 12.1). Die Gruppierung wird indessen nicht einheitlich gehandhabt. Es ist nicht zu vergessen, dass mehrere Ursachen gleichzeitig an einer bestimmten klinischen Manifestation beteiligt sein können. So ist in vielen Fällen eines schweren mechanischen Strangulationsileus (etwa Torsio coli, Volvulus jejuni und dergleichen) die Schockursache nicht allein in der effektiven Hypovolämie (interne Sequestration großer Blutvolumina ins Splanchnikusgebiet), sondern überdies nach kurzer Zeit auch in der Wirkung verschiedener Toxine (septisch-toxischer Schock; Endotoxinschock) und in der sekundären Freisetzung potenter Mediatoren zu suchen.

Tabelle 12.1 Schockformen mit klinischen Beispielen

Klassierung nach Ursache	pathophysiologische Klassierung	klinische Beispiele
hypovolämischer Schock	primärer Volumenverlust (Blut oder Plasma) vasal-peripheres Versagen führt zu sekundärem Volumenmangel bei Gefäßinsuffizienz, Vasodilatation: Verminderung des effektiv zirkulierenden Volumens; Verteilungsstörung des Blutes. Blutversackung; Sequestrierung oder «*Pooling*» großer Blutvolumina	Blutung, Durchfall, Schwitzen, ausgedehnte Verbrennungen u. a.: Blutversackung ins Splanchnikus-Gebiet, z. B. bei Ileus periphere Vasodilatation bis Gefäßlähmung bei Anaphylaxie; Sepsis; Toxämie, z. B. bei paralytischem Ileus immunogene Gefäßwandschäden, z. B. bei Morbus maculosus
septisch-toxischer Schock	grundsätzlich vasal-peripheres Versagen (siehe oben) mit sekundärem Volumenmangel, häufig kompliziert durch Blutgerinnungsstörungen «Sludge-Phänomen»	Zusammenbruch der intestinalen Mukosabarriere und Freisetzung bakterieller Toxine (bes. Endotoxin): Toxinämie bei vielen Kolikformen mit Ileus, bei Enteritiden auch bei Metritis, Pleuropneumonie, gram-negativer oder -positiver Sepsis und/oder Toxämie; besonders bei Fohlen seltener Exotoxine als Verursacher, z. B. toxischer Schock bei Staphylokokken- oder Clostridieninfekten

Klassierung nach Ursache	pathophysiologische Klassierung	klinische Beispiele
kardiogener Schock	primär kardiales Versagen: direkter Anlass zu herabgesetztem Minutenvolumen	Herzinsuffizienz, Reizleitungs- oder Reizbildungsstörungen; Myokarditis (Myokardinfarkt) u. a.
	intrathorakale Kreislaufhindernisse: verminderte Herzfüllung, herabgesetztes Minutenvolumen	selten Lungenembolie; Herztamponade; evtl. Pneumothorax (Spannungspneumothorax)
neurogener Schock	periphere Vasodilatation mit «*Pooling*» großer Blutvolumina; gehört eigentlich zu vasal-peripherem Versagen (siehe oben)	ZNS-Schädigung: Trauma, Entzündung, Anästhetika u. a.

12.1.1 Hypovolämischer Schock

Der hypovolämische Schock (auch Volumenmangelschock) ist beim Pferd zweifellos die häufigste und wichtigste Schock-Form. Überdies sind die ihm zugrunde liegenden Mechanismen verhältnismäßig einfach und klar, sodass auch der sicherste therapeutische Weg – Volumenersatz – auf der Hand liegt.

Der hypovolämischer Schock resultiert aus großen, sichtbaren und gut abschätzbaren oder nicht sichtbaren (sog. **okkulten Verlusten**) kaum einschätzbaren Flüssigkeitsverlusten. Beispiele Flüssigkeitsverluste: Große Vollblutvolumina können durch Traumen oder als Folge von Gerinnungsstörungen (z. B. bei Cumarinvergiftungen →11.5.2.1 & 14.2) verloren gehen. Beim Pferd sind dabei die intestinalen Obstruktionen (→4.2.2.1) mit der früher sogenannten «Blutversackung ins Splanchnikusgebiet» einer **Blutverteilungsstörung**, von hervorragender Bedeutung. Weiter können beträchtliche Flüssigkeitsmengen aus der Zirkulation entzogen werden, v.a. durch Sequestrierung in Darmwand (Wandödeme) oder -lumen (z. B. bei Colontorsion) (→4.2.6.1.3.3). Auch Flüssigkeitsvolumenverluste über den Darm (Durchfall) oder, seltener, über die Haut (Verbrennungen; übermäßiges Schwitzen ohne Wasseraufnahme bei großer Anstrengung). Aus verschiedenen weiteren, allerdings seltenen Gründen (z. B. bei Diabetes insipidus →10.6.1 & 10.1.2, oder iatrogen wegen übermäßiger Diuretikamedikation) kann es wegen einer ausgeprägter Polyurie ohne adäquate Wasseraufnahme (keine Tränkemöglichkeit) ebenfalls zu einer Hypovolämie kommen. Als Sequestration signifikanter Flüssigkeitsmengen mit reduziertem Plasmavolumen sind die oft sehr ausgedehnten Ödeme und innerlichen serösen bis serohämorrhagischen Ergüsse beim Petechialfieber (→13.3.2) und der Plasmaverlust bei großflächigen Verbrennungen 2. und 3. Grades zu nennen. Beim Petechialfieber handelt es sich um immunogene Schäden (immunkomplexinduzierte Vaskulitis). Kaum eine Ursache von Schock sind dagegen voluminöse Ergüsse in den Thorax oder ins Abdomen, wie sie bei den seltenen Mesotheliomen auftreten: Die Flüssigkeitsverluste stellen sich meist so langsam ein, dass sie in der Regel kompensiert werden. Werden Sie jedoch abrupt drainiert (ohne Volumensubstitution) kann es zum hypovolämischen Schock kommen. Beim anaphylaktischen und auch beim septischen Schock (ausgeprägtes «*Sludge*»-Phänomen mit allgemeiner Blutflussstase in der Peripherie) liegen große, nicht zirkulierende Volumina in allen von der Vasodilatation oder -lähmung (Gefäßinsuffizienz) betroffenen Gebieten.

Symptome: Tachykardie, Hypotonie, Tachypnoe, kalter Schweiß, Unruhe, blasse Schleimhäute (cave! beim Pferd nur bei Blut- oder reinem Flüssigkeitsverlust). Klinische und Labor-**Diagnostik** wie oben beschrieben (Box 12.1). Ziel der **Therapie:** verbesserte periphere Perfusion und Oxygenierung. Maßgeblich sind folgende Parameter zur Bewertung des Theapieerfolges: PaO2 > 70 mm Hg; PvO2 >35 mm Hg; SaO2 > 95 %; SvO2 > 60 %; PvCO2: PaCO2 ≅ 1; und v. a. ein einfach zu bestimmender und der für die Erfolgs- und Verlaufskontrolle wohl wichtigste Labor-Einzelwert: Laktat < 2 mmol/l. Die Volumensubstitution wird weiter unten eingehend behandelt (→12.2).

12.1.2 Septisch-toxischer Schock

Gemeinhin versteht man unter dem septisch-toxischen Schock einen Zustand im Gefolge einer gram-negativen Sepsis, also einen **Endotoxinschock** (z. B. bei Salmonellose), doch können selten auch Exotoxine von Streptokokken, Staphylokokken, sowie evtl. Clostridien z. B. bei Wundinfekten ebenfalls ein «toxisches Schocksyndrom» auslösen. Bei Fohlen mit Sepsis ist meistens eine gram-negative Komponente mit Endotoxinämie vorhanden (→16.23). Beim erwachsenen Pferd dagegen begegnen wir dieser Schockform als direkter Folge einer Sepsis eher selten; viel eher beobachtet man eine sekundär-toxische Komponente primär hypovolämischer Schockzustände bei Patienten mit schweren Enteritiden, etwa der gefürchteten Colontorsion, der akuten Colitis oder der Duodeno-Jejunitis und bei Pferden mit mechanischem oder paralytischem Ileus. Dabei kommt es bei vorerst normalem Herzzeitvolumen und erhaltenem Druck mehr oder weniger rasch zu einer Dilatation der Arteriolen und zu vermindertem peripherem Gefäßwiderstand. Daran schließt sich eine Dilatation der venösen Seite an («Sludge-Phänomen»). Das Resultat ist wiederum eine Reduktion des zirkulierenden Blutvolumens («*Pooling*» großer Blutmengen; deshalb spricht man auch von vasal peripherem Versagen oder von einer primären Verteilungsstörung des zirkulierenden Blutvolumens).

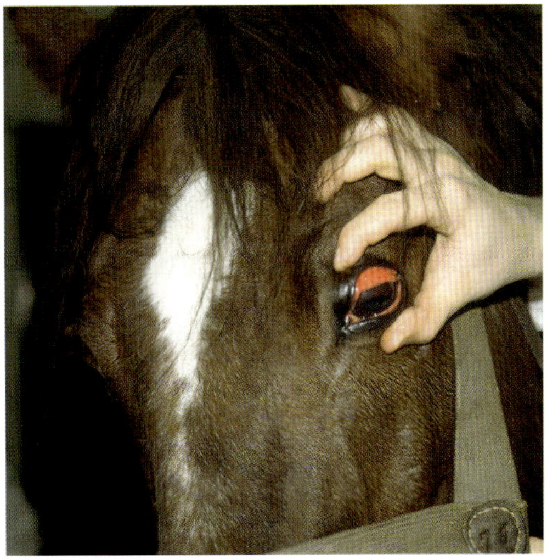

Abb. 12.1: Hochgradig verfärbte Konjunktivalschleimhaut: Kolikpatient im toxischen Schock mit stark gerötet verwaschenen Schleimhäuten.

Symptome und **Diagnostik:** Alle Symptome des hypovolämischen Schockes (u. a. Tachykardie, Schweißausbruch, Box 12) werden zusammen mit geröteten, schmutzigen, verwaschenen Schleimhäuten (Abb. 12.1), oft mit einer «toxischen Linie» des Zahnfleisches über den Inzisiven, initial erhöhter Körpertemperatur und einem Granulozytensturz (Neutropenie mit Linksverschiebung und toxischen Anzeichen) beobachtet. Das Labor erlaubt außerdem eine Abschätzung der Hämokonzentration (cave! Der Hämatokritanstieg ist oft nicht nur der Dehydratation, sondern auch der adrenergbedingten Milzkontraktion zuzuschreiben. Beim Fohlen mit Sepsisverdacht ist eine aerobe und anaerobe bakterielle Blutkultur angezeigt, die Diagnostik ist sonst wie oben beschrieben (Box 12). Als Folgeerkrankungen sind v. a. Hufrehe (→4.2.4.4) und Verbrauchskoagulopathie (→11.5.3) gefürchtet.

Therapie: Nicht selten muss mit der Therapie begonnen werden, während die (vielfach gastrointestinale) Ursache noch abgeklärt wird und deshalb nicht sofort direkt angegangen werden kann. Die Volumensubstitution (Gabe kolloidaler und kristalliner Infusionslösungen) ist auch beim toxischen Schock von zentraler Bedeutung und wird unten detailliert beschrieben (→12.2). Als «anti-endotoxämische» Therapie können Anti-LPS-Hyperimmunseren oder als günstigere Alternative auch Polymyxin B (1000–6000 IU/kg KG BID bis TID, verdünnt in 1 l 0.9%-NaCl-Lösung, über 30 Minuten) versucht werden. Die Wirksamkeit ist wahrscheinlich v. a. dann gegeben, wenn diese Therapie dem Endotoxineintritt in die Blutbahn zuvorkommt und das Endotoxin «abfangen» kann, bevor es seine Wirkung entfaltet (z. B. beim präoperativen Einsatz bei Verdacht auf Torsio coli). Bei Sepsisverdacht ist eine prompte Breitspektrumantibiose (→16.24; ggf. auch gegen Anaerobier) angezeigt. Weiter werden oft nicht steroidale Entzündungshemmer eingesetzt. Am häufigsten wohl Flunixin-Meglumin (0.25–1 mg/kg KG i. v.). Es ist fraglich, ob COX-2-selektive Entzündungshemmer, wie Meloxicam (0.6 mg/kg KG i. v.) oder Firocoxib, beim septisch-toxischem Schock einen Vorteil bringen, weil damit evtl. Thromboxane und Prostaglandin F2-α nicht blockiert werden. Dagegen kann evtl. Pentoxifylline (8–0 mg/kg KG p. o. oder i. v. BID) die Blutrheologie verbessern, aber die Wirksamkeit ist wahrscheinlich nur gut, wenn es sehr früh in einem septisch-toxischen Geschehen verabreicht wird. Auch der Einsatz von Acetylsalicylat ist in Betracht zu ziehen, weil es auch beim Pferd der Thrombozytenaggregation, die sich in den peripheren Kapillaren bei der disseminierten intravaskulären Koagulopathie (DIC) entwickelt, entgegenwirkt. Bei Verdacht auf Gerinnungsstörung in Verbindung mit der Endotoxämie wird auch eine Behandlung mit Heparin (z. B. niedermolekulares Heparin 50 anti-Xa IU/kg KG, s. c. SID; ausführliche Erläuterungen zur anti-thrombotischen Behandlung →12.2.2) empfohlen. Weiter mag eine Lidokain-Infusion (Lidocaine 1.3 mg/kg KG langsam i. v. als Bolus, gefolgt von 0.05 mg/kg KG/min Dauertropfinfusion nach der Rehydrierungstherapie) Vorteile, wie verminderte Leukozytenaktivierung und die analgetische Wirkung, bringen. V. a. beim neugeborenen Fohlen sind ggf. mittels Glukoseinfusionen (→12.2.2) und/oder kompletter parenteraler Ernährung und Insulingaben die Blutglukosewerte möglichst im physiologischen Bereich zu halten. In unserer Erfahrung ist es aber – trotz der Bedenken wegen einer Hufrehe – v. a. die Verabreichung von Kortikosteroiden, insb. schnell- und kurzwirkende (Methyl-Prednisolon 1–2 mg/kg KG i. v.), die einen septisch-toxisches Schockgeschehen positiv zu beeinflussen mag. Außerdem muss bei diesen Patienten bei den ersten Anzeichen einer Hufrehe entsprechend therapiert werden (u. a. Kühlen, Phenylbutazon, evtl. Pentoxyphyllin, Polsterung, Gipseinlagen etc. →4.2.4.4).

12.1.3 Kardiogener Schock

Verglichen mit der Rolle, die der kardiogene Schock beim Menschen als häufige Todesursache bei Myokardinfarkt beansprucht, ist seine Bedeutung beim Pferd klein. Obschon sie selten auftreten, sind die möglichen Ursachen aber auch beim Pferd vielfältig (→2.1.8): Schwere Reizleitungs- und Reizbildungsstörungen sind in Betracht zu ziehen, und auch Herzversagen durch Überanstrengung, Myokarditis, akutes Klappenversagen (Aorten- und Mitralinsuffizienz), Rupturen der Chordae, aber auch Herztamponaden sowie im strengen Sinn nicht primär kardiogene Ursachen wie Lungenembolien und intrathorakale Kreislaufhindernisse (z. B. Spannungs-Pneumothorax, Tumoren), die zu einer verminderten Herzfüllung Anlass geben, kommen in seltenen Einzelfällen als Schockursache infrage.

Ein Herzversagen führt bei erhöhter Herzfrequenz und verminderter Kontraktilität zu einem entsprechend eingeschränkten Herzauswurfvolumen. Reichen die Kompensationsversuche (Vasokonstriktion zur Zentralisation des Kreislaufs über eine Erhöhung des peripheren Widerstandes; weitere Erhöhung der Herzschlagfrequenz; verstärkte

Kontraktibilität des Myokards) nicht aus, fallen Blutdruck und -fluss u. U. schnell auf kritisch tiefe Werte ab. Es kommt im Endstadium auch beim kadiogenen Schock zum Multiorganversagen.

Symptome und **Diagnostik:** Es bestehen meist alle Symptome des hypovolämischen Schockes, aber mit geröteten, injizierten Schleimhäuten und im Gegensatz zu den anderen Schockformen mit gestauten Jugularvenen, weil der venöse Rückfluss von Blut zum Herz eingeschränkt ist. Typisch ist auch ein tiefer systolischer Blutdruck und im weiteren Verlauf die Entwicklung eines Lungenödems mit auskultatorischen Rasselgeräuschen. Klinische und Labor-Diagnostik sonst wie oben beschrieben (Box 12.1), anschließend kardiologische Abklärung (→2.1), inkl. Bestimmung der kardialen Troponin-I-Werte (cTnI sollte < 0.1 ng/ml Plasma sein) und einer EKG-Untersuchung, um ST-Absenkungen zu erkennen.

Therapie: Eine primäre Volumensubstitution ist kontraindiziert, da der Kreislauf durch das herabgesetzte Herz-Minuten-Volumen ohnehin schon überfüllt ist. Wenn möglich ist die Ursache der auslösenden Herzkrankheit (Herzrhythmusstörung, Myokarditis, Perikarditis, Herztamponade etc.) zu beheben, die Kontraktilität und der systolische Blutdruck zu steigern (Digoxin; evtl. auch Dopamin, Dobutamin und bei therapierefraktärem Blutdruckabfall Adrenalin oder Vasopressin; die Katecholamine sind aber umstritten; detaillierte Besprechung mit Dosierungen: Tab. 2.3) und der Körper ist mit genügend Sauerstoff zu versorgen (nasale Insufflation von Sauerstoff, ca. 15 l/min). Zur Verbesserung der Blutrheologie ist evtl. eine Blutverdünnung (Aderlass, 4–6 Liter/500 kg KG) und Substitution mit Ringer-Lösung zu erwägen.

12.1.4 Anaphylaktischer Schock

Der anaphylaktische (oder allergische) Schock stellt die schwerste Form einer Überempfindlichkeitsreaktion (→13.3) dar (z. B. allergische Reaktion auf Insektenstiche sowie perorale oder inhalierte Antigene) und ist beim Pferd sehr selten. Eine generalisierte Immunreaktion vom Typ I führt innerhalb Sekunden oder Minuten zu einem lebensbedrohlichen Zustand (→13.3.1). Die hochgradige Freisetzung von Histamin führt zu einer Gefäßerweiterung mit Sequestrierung von Flüssigkeit in die Peripherie und Blutdruckabfall. Das Herz-Minuten-Volumen nimmt ab, und die Bronchien verengen sich. Die Ödembildung kann v. a. im Larynx und Pharynx auch eine Erstickungsgefahr herbeiführen (→3.4.2 & 3.3.1).

Symptome: Tachykardie, Tachypnoe, die generalisierte Immunreaktion äußert sich sehr unterschiedlich von generalisierter Urticaria und Juckreiz, Bronchospasmen bis hin zu massivem Blutdruckabfall und Atemstillstand; evtl. Stridor. **Diagnostik** wie oben beschrieben (Box 12.1), zudem Abklärungen möglicher Auslöser der Anaphylaxie (→13.3.1). **Differenzialdiagnose:** Iathrogene intra-arterielle Injektion; nicht allergische Unverträglichkeitsreaktionen. **Therapie:** Als Notfallbehandlung Adrenalin (syn. Epinephrin; 1–2 (–5) ml/500 kg KG einer 1 : 1000-Lösung i. m. oder s. c.); Methyl-Prednisolon (1–2 mg/kg KG i. v.); Antihistaminika; ggf. Sauerstoffzufuhr (ca. 15 l/min nasale Insufflation) und Flüssigkeitstherapie zur Keislaufstabilisierung (→12.2). Bei ausgeprägter Bronchokonstriktion sind schnell wirkende Bronchodilatatoren i. v. (z. B. Scopolaminbutylbromid 0.3 mg/kg KG oder Clenbuterol 0.8–3.2 µg/kg KG) oder per inhalationem (z. B. Albuterol oder Salbuterol; weitere, detaillierte Angaben; Box 3.6.2.2), bei Larynxödem mit Erstickungsgefahr auch eine Tracheotomie (→3.4.2).

12.1.5 Neurogener Schock

Diese Schockform wird recht uneinheitlich definiert. Bei Intoxikation, Entzündung oder Trauma des Rückenmarks oder des Gehirns (→6.3.1.4 & 6.3.4.3), offenbar auch unter Narkose und bei reflektorisch sehr starken Schmerzen kann es zur Unterbrechung der nervalen Versorgung der Blutgefäße und zur Lähmung der Gefäßmuskulatur (Vasoparalyse ohne Gegenregulation durch den Sympathikus) kommen. Die periphere Vasodilatation mit einem Versacken großer Blutmengen entspricht im Effekt der oben erwähnten internen Sequestration und ist damit einem sekundären Volumenmangel gleichsetzen.

Symptome: Tachykardie, Tachypnoe mit Kardinalsymptomen der betroffenen ZNS-Region; typisch soll auch fehlendes Schwitzen sein (Anhydrose wegen Sympathikusausfall);

Diagnostik wie oben erläutert (Box 12.1), dazu eingehende neurologische Untersuchung (→6.2).

Therapie: Bekämpfung der Ursache, hoch dosierte steroidale Entzündungshemmer (z. B. ggf. DMSO, Sauerstoffzufuhr (ca. 15 l/min nasale Insufflation) und Kreislaufunterstützung durch Volumenzugabe.

12.2 Allgemeine Schock- und Flüssigkeitstherapie

Intravenöse Flüssigkeitstherapie ist ein wichtiger Bestandteil der heutigen Pferdemedizin. Verschiedene Erkrankungen wie Enterocolitis, Ileus oder persistierender Dünndarmreflux (→4.2.2) können mit großen Flüssigkeits- und Elektrolytverlusten einhergehen. Spezielle Bedeutung kommt dem Patienten im fortgeschrittenen hypovolämischen und septisch-toxischen Schock zu, welcher unter Umständen bis zu 100 Liter isotoner Flüssigkeit innerhalb von 24 Stunden braucht, um Defizite und Erhaltungsbedarf zu decken. Bei weiteren, andauernden Verlusten (v. a. starkem Durchfall, Colitis oder Reflux →u. a. 4.2.6.2.2.2 & 4.2.6.1.3.4) können in den folgenden Tagen der Behandlung zusätzlich bis zu mehreren Hundert Litern Flüssigkeit nötig sein. Dieses Kapitel gibt einen Überblick über die Infusionstherapie beim Pferd und veranschaulicht die physiologische Verteilung von Körperwasser und Elektrolyten, Störungen des Wasser- und Elektrolythaushalts sowie deren therapeutische Möglichkeit. Diese Prinzipien der Flüssigkeitstherapie beim hypovolämischen und septisch-toxischen Schock gelten nicht für alle Schockformen. Für die wesentlich selteneren Formen des kardiogenen und auch des neurogenen Schocks sind die Behandlungsrichtlinien oben beschrieben (→12.1.3 resp. 12.1.5).

12.2.1 Physiologie und Störungen des Wasser- und Elektrolythaushaltes

Physiologie Wasserhaushalt: 60–70 % der Körpermasse eines erwachsenen Pferdes bestehen aus Wasser. Für ein 500 kg schweres Pferd ergibt dies 300–350 Liter Wasser, wovon sich 200–210 Liter im Intrazellulärraum und 100–140 Liter im Extrazellulärraum befinden. Bei Fohlen liegt der prozentuale Anteil des Körperwassers höher, bei 70–80 %. Der Extrazellulärraum wird weiter unterteilt in Plasma-, Interstitial-, Lymph- und Transzellulärraum. Flüssigkeitsverschiebungen werden bestimmt durch kolloidosmotische Druckverhältnisse, welche vor allem durch Plasmaalbumin aufrechterhalten werden. Der intravaskuläre kolloidale Druck hält dem interstitiellen osmotischen Druck entgegen. Die Differenz bestimmt die Richtung der Flüssigkeitsverschiebung zwischen Plasma und Interstitium. Die Wasseraufnahme und -ausscheidung beim gesunden Pferd (Werte und Formeln Box 12.2.1) variieren in Abhängigkeit von individuellen Unterschieden, Umgebungsfaktoren wie Temperatur und Luftfeuchtigkeit, Arbeitsintensität, u. a. physiologischen und pathologischen Einflüssen (z. B. Laktation resp. Diurese, Polyurie) sowie von der Fütterung (v. a. Wassergehalt des Raufutters, z. B. Heu vs. Gras).

Physiologie Elektrolytverteilung: Natrium ist das wichtigste extrazelluläre Kation. Bei Pferden wird das gesamte austauschbare Natrium auf 14 000–15 000 mmol geschätzt. Kalium ist das wichtigste intrazelluläre Kation. Ein 500 kg schweres Pferd hat eine Gesamtkaliummenge von ungefähr 28 000 mmol. Weniger als 1.5 % des gesamten Kaliums im Körper finden sich in der Extrazellulärflüssigkeit. Plasma-Kaliumkonzentrationen sagen demnach wenig über den Kaliumhaushalt des Körpers aus. Über die tägliche Futterration nehmen Pferde viel Kalium auf, welches hauptsächlich über die Nieren wieder ausgeschieden wird. Im Gegensatz zu Natrium, welches bei Mangelzuständen fast vollständig von der Niere rückresorbiert wird, gehen bei ungenügender Kaliumzufuhr dennoch beträchtliche Mengen Kalium über den Urin verloren. Weitere wichtige Elektrolyte sind Kalzium und Magnesium. Kalzium ist zu 99 % im Knochen gespeichert, und nur 0.1 % des Kalziums befindet sich in der Extrazellulärflüssigkeit. Ähnlich wie Kalzium ist ein großer Teil des Magnesiums im Knochen gespeichert (60 %), und nur ungefähr 1 % zirkuliert im Blut. Weitere 20 % finden sich in Muskelzellen und in anderen Geweben. Anders als beim Kalzium, welches vor allem durch Hormone reguliert wird (allerdings beim Pferd schlecht untersucht: Parathormon, Kalzitonin und Kalzitriol →9.1.1 & 10.3), existiert bei Magnesium kein entsprechender Kontrollmechanismus, was zu schnellen Störungen im Magnesiumhaushalt führen kann. Ca und Mg sind im ionisierten Zustand biologisch aktiv, darum sollten wenn möglich iMg^{++} und iCa bestimmt werden. Chlorid und Bikarbonat sind die wichtigsten extrazellulären Anionen. Ebenfalls als Anionen wirken Plasmaproteine, organische Säuren und Sulfate. Weitere Ausführungen zu Elektrolytphysiologie und -störungen finden sich in den Kapiteln zum Mineralhaushalt und zur Endokrinologie (→9 resp. 10).

Physiologie Säuren- und Basen-Haushalt: Metabolische Vorgänge im Körper produzieren ständig Protonen (H+-Ionen), deren Konzentration im Blut durch die Nieren und Lungen reguliert wird. Eine strenge Aufrechterhaltung des Blut-pH um 7.40 ist nötig, um normale Zellfunktionen zu gewährleisten. Zusammen mit klinischen Parametern geben Blut-H_2 CO_2-Partialdruck und Bikarbonat Auskunft über den Säuren-Basen-Status. Weiter beeinflussen Natrium-, Kalium-, Chlorid-, Plasmaprotein- und Phosphatkonzentration sowie das Laktat den Säuren- und Basen-Haushalt und somit den Blut-pH, welcher mit dem sogenannten SID *(«Strong Ion Difference»)* beschrieben wird. Eine andere Methode zur Beschreibung des Säure-Basen-Status fußt auf der Henderson-Hasselbach Gleichung (Box 12.2.1), welche die Konzentration an nicht dissoziierten Säuren, die Konzentration der zugehörigen Anionen und den pH zueinander in Beziehung setzt. Besonders bei Pferden mit Störungen im Gastrointestinaltrakt scheint das SID-Modell für Störungen des Säuren- und Basen-Haushaltes der traditionellen Berechnung mittels der Henderson-Hasselbach'schen Gleichung überlegen zu sein, da Konzentrationen u. a. von Natrium, Kalium, Chlorid, Plasmaproteinen und Laktat berücksichtigt werden.

Störungen im Wasser-, Elektrolyt- und Säuren-Basen-Haushalt: Wasserverluste entstehen besonders bei Pferden mit starkem Durchfall, bei Sequestration von Flüssigkeit im Gastrointestinaltrakt und bei starken und langen Anstrengungen. Mit einem Wassergehalt des Mistes von bis zu 98 % bei akuter hochgradiger Diarrhoe können 80 Liter Wasser in 24 Stunden ausgeschieden werden. Akute Wasserverluste führen zu schneller Verminderung der Extrazellulärflüssigkeit. Um das osmotische Gleichgewicht aufrechtzuerhalten, fließt Wasser vom Intrazellulärraum in den Extrazellulärraum. Große Mengen Flüssigkeit können nötig sein, um diese Verluste zu ersetzen. Änderungen im **Elektrolythaushalt** sind eine Folge gestörter Aufnahme, Resorption, von Verlusten oder Sequestrierung von Elektrolyten wie zum Beispiel bei Enteritis, Diarrhoe, Dünndarmreflux, Ansammlungen von Flüssigkeit im Gastrointestinaltrakt bei Ileus (→4.2.2), Hämorrhagien, Störungen der Nierenfunktion (→5.1.1 & 5.1.2) und übermäßigem Schwitzen. Bei Pferden mit akuter Diarrhoe und mäßigem extrazellulärem Flüssigkeitsverlust wird ein Natriumdefizit von 3500–5000 mmol geschätzt, bei starkem extrazellulärem Flüssigkeitsverlust 7000–8000 mmol. Kaliumdefizite entstehen durch erhöhte Ausscheidung über Mist und Urin, verminderte Aufnahme und mögliche verminderte Absorption über den Gastrointestinaltrakt. Besonders bei Patienten mit Dünndarmreflux werden Natrium- und Chloriddefizite festgestellt, da in dieser Flüssigkeit viel Natrium und Chlorid enthalten ist. Weiter kann ein Kalziummangel bei starker Anstrengung mit Schwitzen u. a. zu «Zwerchfellflattern» →6.3.1.5.3 & 9.1.1.1 resp. 10.3) führen. Magnesiummangel tritt häufig bei verschiedenen gastrointestinalen Erkrankungen des Pferdes und bei Sepsis des Fohlens (→9.1.2 & 16.23) auf.

Da normale Elektrolytkonzentrationen im Blut durch verschiedenste Regulationsvorgänge möglichst lange aufrechterhalten werden, sind Veränderung erst bei relativ deutlichen Defiziten oder Überschüssen messbar. Die Berechnung der renalen Elektrolyt/Kreatininexkretion, die sogenannte *«fractional excretion»* (fraktionierte Exkretion), zeigt Veränderungen im Elektrolythaushalt schneller und zuverlässiger. Die in der Literatur angegebenen Referenzwerte haben aber eine große Breite, wahrscheinlich weil Fütterungs- und Haltungsbedingungen die fraktionierte Exkretion deutlich beeinflussen können.

Grundlagen – Faustregeln, Formeln und Referenzbereiche

- **Berechnung Grundbedarf – Erhaltung**
Wasser-Bedarfsabschätzung gesundes, erwachsenes Pferd: 50 (–80) ml/kg KG/Tag; Faustregel: 0.03–0.05 × kg = Liter/Tag (ohne besondere Arbeitsbelastung, Hitze, Laktation und bei normaler Fütterung). Neugeborene Fohlen trinken 80–100 ml Milch/kg KG/Tag, etwas ältere Fohlen sogar bis zu 150–200 ml/kg KG/Tag (ca. 20 % d. KG/Tag).
- **Berechnung Flüssigkeitsdefizite** (Box12.2.2)
- **Berechnung von Säure-/Basen-Verschiebungen**
  - Henderson-Hasselbach Gleichung: pH = pK + log ([HCO_3^-] / [CO2]) (pK = 6.103)
  - SID (*«Strong Ion Difference»*) = [Na^+] + [K^+] + [Ca^{++}] + [Mg^{++}] – [CL^-] – [andere starke Anionen, z. B. Laktat, Proteine, $PO43^-$] und Anionenlücke = ([Na^+]+[K^+]) – ([Cl^-]+[$HCO3^-$])
    - Anionenlücke ↑: Additionsazidose z. B. Bikarbonatverluste bei chronischen Durchfällen; selten renale HCO3-Verluste bei distaler tubulärer Azidose
    - Anionenlücke normal (ca.12 mmol/l): hyperchlorämische Azidose, häufigste Ursache: Laktazidose
    - Bsp. Anionenlücke ↓: unabhängig von der Azidose bei Hypoalbuminämie, erhöhten Ca und Mg-Werten und sehr selten bei Myelom mit Hypergammaglobulinämie

Berechnung der fraktionierten Exkretion-Referenzwerte

$$\frac{(E)U}{(E)S} \times \frac{(Kr)S}{(Kr)U} \times 100\,\% = \%\ \text{Kreatinin-Clearence E (fraktionierte Exkretion)}$$

E: Elektrolyt; U: Urin; S: Serum; Kr: Kreatinin;
Referenzwerte: Natrium 0.02–1 %, Magnesium 7–30 %, Kalium 15–75 %, Chlorid 0.04–3.6 %, Kalzium 2.5–4 %, Phosphat 0–4 % (Fohlen bis 10 %)

Ungleichgewichte im **Säuren-Basen-Haushalt** beim Pferd treten bei primären Störungen der Atmung (respiratorischer Azidose oder Alkalose), bei primären Störungen der Zusammensetzung des Blutplasmas (metabolischer Azidose oder Alkalose) oder einer Mischung beider auf. Respiratorische Azidosen beim Pferd werden bei Lungenerkrankungen, Lungenobstruktionen und ungenügender Ventilation der Lunge beobachtet (neonatale Schwäche, Allgemeinanästhesie u. a.), respiratorische Alkalosen bei Hyperventilation im Zusammenhang mit Überhitzung, Hypoxämie (Anämie, Herzfehler u. a.), Schmerz, Aufregung, ZNS-Erkrankungen und Septikämien. Beim Pferd am häufigsten zu beobachten ist jedoch die metabolische Azidose, welche durch erhöhte Ansammlung von Laktat («Laktazidose» bei starken Anstrengungen, Schock, Kolik; Sepsis; →4.2.6.1 & 4.2.6.2 resp. 16.23) entsteht, manchmal sind übermäßige Bikarbonatverluste (z. B. akute oder chronische Diarrhoe →4.2.6.2) verantwortlich. Seltener tritt eine metabolische Alkalose auf, welche meist mit Chloridmangel einhergeht, wie zum Beispiel bei langen Distanzritten mit starker Schweißproduktion oder bei lang anhaltendem Dünndarmreflux.

12.2.2 Therapie – Störungen des Wasser-Elektrolyt-Haushaltes

Zuerst müssen der Bedarf einer Therapie, die passende Flüssigkeit und die Art der Verabreichung bestimmt werden. Dazu sind eine gute Anamnese und eine genaue klinische Untersuchung nötig. Verschiedene weiterführende Laboruntersuchungen (Hämatokrit, Plasmagesamtproteine (Globulin/Albumin), Laktat, Kreatinin, pCO2, Bikarbonat, Elektrolyte wie Natrium, Kalium und Kalzium) können weitere wichtige Informationen liefern.

Die Menge der benötigten Flüssigkeit wird aus dem Grundbedarf (Box 12.2.1), den bestehenden Defiziten (Dehydratationsgrad Tab. 12.2) und den zusätzlichen Verlusten berechnet. Defizite werden anhand klinischer Symptome und weiterführender Laboruntersuchungen wie Hämatokrit, Plasmaprotein- und Kreatininkonzentration abgeschätzt. % – Dehydratation × kg Körpergewicht = Liter H2O ergibt die zu ersetzende Flüssigkeitsmenge (Box 12.2.2.1).

Tabelle 12.2 Klinische Abschätzung Flüssigkeitsdefizite – Dehydratation in % des Körpergewichts

geschätzter Grad	% Körpergewicht	klinische Symptome	Hämatokrit
leichtgradig	5–7	reduzierter Allgemeinzustand, Tachykardie (40–60/min), trockene SH, KFZ leichtgradig erhöht (< 3 sec)	< 40 (50)
mittelgradig	8–10	schwacher Puls, deutliche Tachykardie (60–80/min), erniedrigte Staubarkeit der Halsvenen und erniedrigter Hautturgor; KFZ (3–4 sec)	40–55
hochgradig	> 11	hochgr. Tachykardie (> 80/min), kalte Extremitäten, stehende Hautfalte; KFZ > 4 sec; Exitus	> 55

Vor allem beim Fohlen ist eine strenge Überwachung der Infusionstherapie nötig. Adulte Pferde mit intakter Nierenfunktion können größere Flüssigkeitsmengen und in begrenztem Maße auch Elektrolytüberschüsse ausgleichen. U. a. können folgende Parameter zur Kontrolle verwendet werden: Änderungen der Körpermasse, Urinabsatzfrequenz und geschätzte Urinmenge (beim Fohlen auch Katheterisierung und Messung), Plasmaproteine, Hämatokrit, Laktat, Harnstoff, Kreatinin, zentraler Venendruck resp. Jugularvenenfüllung und arterieller Blutdruck.

Die Infusionslösung wird aufgrund des Krankheitsbildes, des klinischen Zustands des Patienten und der labordiagnostischen Resultate gewählt (Kriterien und Dosierungsvorschläge für alle Lösungen; Box 12.2.2.1). Zur Initialtherapie werden Infusionslösungen verwendet, um Flüssigkeitsdefizite zu ersetzen und die normale Körperfunktion wiederherzustellen. Die am häufigsten verwendeten Produkte werden hier kurz vorgestellt.

Dabei konzentrieren wir uns hier auf die intravenöse Infusionstherapie, weil diese bei Schockpatienten die effektivste Verabreichungsart darstellt. Wenn mehr Zeit gegeben ist (z. B. in der Rekonvaleszenzphase) können Elektrolyt- und Energiedefizite, wie sie unter den Erhaltungslösungen besprochen werden, u. U. (wenn kein Reflux besteht) auch wesentlich kostengünstiger über orale Flüssigkeitsgaben korrigiert werden. Z. B. können 10 g NaCl, 15 g $NaHCO_3$, 75 g KCl, 60 g K_2HPO_4 in 21 Liter Wasser über 24 Stunden portioniert (z. B. 4 × 5 l) über die Nasen-Schlund-Sonde gegeben werden. Wegen der Präzipitationstendenz muss Ca separat gemischt und verabreicht werden.

12.2.2.1 Kristalloide Lösungen

Ringerlaktat und ähnliche Rehydrierungslösungen: Ringerlaktat ist eine isotone Rehydrierungslösung, welche in der Zusammensetzung ähnlich ist wie Plasma. Die Chloridkonzentration ist bei Rehydrierungslösungen oft höher als im Plasma, die Natriumkonzentration wenig unter der Plasmakonzentration, es ist wenig Kalium und meist kein Kalzium und Magnesium enthalten. Die Ringerlaktat-Lösung setzt durch Metabolisierung der Laktat-Ionen in der Leber Hydrogencarbonat-Ionen frei, die puffernde Wirkung auf den pH-Wert des Blutes haben, somit wirkt es als alkalisierendes Agens. Ringerlaktat und ähnliche Lösungen werden zur Rehydrierung oder für den kurzzeitigen Unterhalt verwendet. Cave! Langzeittherapien mit solchen Rehydrierungslösungen führen zu Natriumüberschuss und somit zu osmotischer Diurese sowie einer Neigung, Ödeme zu bilden.

Physiologische Kochsalzlösung NaCl 0.9 %: Ist ebenfalls eine isotone Rehydrierungslösung und besonders geeignet bei Erkrankungen mit erhöhten Blutkaliumwerten wie bei Uroperitoneum (z. B. Blasenruptur beim Fohlen →5.4.4), akutem Nierenversagen (→5.1.1) und bei hyperkaliämischen periodischen Paralyse (→7.4.1) oder anderen hochgradigen Rhabdomyolysen. NaCl 0.9 % sollten aber nicht über längere Zeit infundiert werden, da eine metabolische Azidose, eine Hypokaliämie, eine Hypernatriämie und eine Hyperchlorämie induziert werden kann.

Hypertone Kochsalzlösung NaCl 7.5 %: Dies ist eine hypertone Lösung, welche eine rasche Plasmavolumenzunahme bewirkt. Kleine Infusionsvolumen führen zu einer schnellen Stabilisierung des Kreislaufes (schnelle Verabreichung und Wirkungseintritt mit 4 ml/kg KM oder 1–2 Liter pro 500 kg Pferd) und sind darum besonders geeignet für die initiale Stabilisierung von Schockpatienten (z. B. für die Vorbereitung zum Transport in eine Klinik oder die Vorbereitung auf eine Narkose), auch unter Feldbedingungen. Hypertone Lösungen erhöhen das Herzminutenvolumen, stellen den arteriellen Blutdruck wieder her und verbessern die periphere Durchblutung. Allerdings wirken sie nicht nachhaltig, weil lediglich vorübergehend Flüssigkeit (v. a. aus dem Intrazellulärraum) in den Kreislauf gezogen wird. Da der Effekt nur kurzfristig und der Harnabsatz deutlich erhöht ist (Diurese), sind großvolumige, isotone Salz- und nach Bedarf auch Kolloidlösungen innerhalb der nächsten 1–2 Stunden zu verabreichen. Hypertone kristalloide Lösungen wie NaCl 7.5 % oder 7.2 % haben wenig Nebenwirkungen (z. B. Durst und leichte, vorübergehende Venenreizung), sollten aber bei Erschöpfung und Elektrolytverlusten nach Schwitzen, bei hyperosmotischen Zuständen (Salzintoxikationen und Wassermangel) und bei Nierenerkrankungen, sowie bei Fohlen (Regulation des Na-Überschusses) nicht oder nur mit Vorsicht angewendet werden.

Flüssigkeitstherapie – Faustregeln, Formeln und Referenzbereiche

- **Volumensubstitution und Infusionslösungen im Notfall – einfache Faustregeln aufgrund von «Minimallabor-Resultaten»**
  - Hämatokrit ≥ 50 % – initial hypertone NaCl-Lösung, evtl. mit Plasmaexpander; anschließend isotone kristalloide Lösung
  - Hämatokrit < 15 % (Hämoglobin < 30–70 g/l) – Vollbluttransfusion
  - Gesamtprotein ≤ 40 g/l – (zusätzlich) Plasma oder synthetische Kolloide
- **Methoden der Flüssigkeits-Defizitkompensation**
  - bei mittel- bis hochgradiger Dehydratation und 500 kg = 30–45 l. Zwischen einzelnen Boli (Erwachsene 10–20 ml/kg, wenn bei Fohlen Lungenödeme befürchtet werden, nur 2–3 ml/kg) sollten überwacht werden:
    - im Feld Schleimhautfarbe, KFZ, Herzfrequenz und Urinproduktion
    - beim hospitalisierten Patienten ggf. auch arterieller und zentraler venöser Blutdruck und kolloid-osmotischer Druck
  - Hypertone Lösung (7.2 oder 7.5 % NaCl): 4 ml/kg KG
- **Abschätzung Volumenbedarf bei Vollbluttransfusion**

  Menge Vollblut in l = normaler Hkt-Patient Hkt/normaler Hkt × 0.08 kg KG
- **Abschätzung Plasmatransfusionsvolumen bei Hypoproteinämie**

  $$\text{Menge Plasma in l} = \text{Körpergewicht (kg)} \times \text{Blutvolumen (7–8 \% des KG; l/kg)} \times \frac{\text{angestrebtes–gemessenes Albumin}}{\text{Albuminkonzentration Spenderplasma}}$$
- **ungenügende Wirkung (Blutdruck, KFZ, Urinproduktion etc.) der Flüssigkeitstherapie**

Medikamentelle Optionen je nach Schockform (→12.1), inkl. Digoxin, Dopamin, Dobutamin, Adrenalin oder Vasopressin (cave! umstritten; Dosierungen Tab. 2.3)

4% Natrium-Bikarbonat $NaHCO_3$: Wird bei gewissen Formen metabolischer Azidose verwendet. Wie oben schon diskutiert, ist aber beim Pferd der tiefe pH in den meisten Fällen von hypovolämischem und septisch-toxischem Schock das Resultat einer Laktazidose mit vergrößerter Anionenlücke (Additionsazidose; Box 12.2.1) und muss darum mit der Schock-Flüssigkeitstherapie (Box 12.2.2) behandelt werden, um die periphere Durchblutung und Oxigenierung wiederherzustellen. Dies reicht in den meisten Fällen aus, um die Azidose zu korrigieren. Außerdem kann Bikarbonat bei respiratorischer Insuffizenz die Azidose verschlimmern, wenn das entstehende CO2 nicht abgeatmet werden kann. Wenn Natriumbikarbonat zusammen mit anderen natriumhaltigen Lösungen verabreicht wird, kann ein Natriumüberschuss entstehen. Eine Zugabe von Bikarbonat kann zudem eine Hypokaliämie verursachen, welche bei bestehenden Kaliumverlusten lebensbedrohlich wird. Bikarbonat sollte darum nur verwendet werden, wenn die Ursache der Azidose nicht bei einem erhöhten Laktat (Grenze bei Laktat von 2 mmol/l und/oder hyperchlorämische Azidose mit normaler Anionenlücke; Box 12.2.1) liegt, der pH nach der Schocktherapie weiter deutlich zu tief (< 7.2) ist und das Basendefizit (stark negativer Basenexzess) zu groß bleibt, sowie bei normaler Funktion der Atemwege und normalen Kaliumwerten. Die benötigte Menge wird mittels der Gleichung Bikarbonat (mmol/l) = 0.3 (Pferd) 0.6 (Fohlen) × kg Körpermasse × Basendefizit (mmol/l) berechnet. Bei akuten metabolischen Azidosen wird zuerst nur die Hälfte der berechneten Menge ersetzt. Der Rest wird über die folgenden 12–24 h verarbreicht (idealerweise nach vorheriger Kontrolle der Blutgaswerte).

12.2.2.2 Kolloidale Infusionslösungen

Kolloidale Infusionslösungen dienen zur Stabilisierung oder Zunahme des intravasalen Blutvolumens. Sie enthalten kolloidale Makromoleküle wie Kohlenhydrate (Hydroxyethylstärke, Dextrane) oder Proteine (Albumin aus Blutplasma, künstliche Gelatineprodukte). Da diese die Gefäßwand nicht überschreiten können, wird der kolloidosmotische Druck so lange erhöht bleiben, bis die Moleküle enzymatisch oder über Phagozytose eliminiert sind. Je nach Präparat verhalten sich die Lösungen im Vergleich zum Blutplasma hypo-bis hyperonkotisch.

Sogenannte Plasmaexpander haben einen hohen kolloidosmotischen Druck, sind demnach hyperonkotisch und ziehen Wasser aus dem Extrazellularraum in die Blutbahn.

Natürliche Kolloide: Plasma: Frisches oder gefrorenes Plasma ist geeignet für Pferde und Fohlen mit tiefen Plasmaproteinkonzentrationen. Zusätzlich zu Albumin, welches den intravaskulären onkotischen Druck erhöht und so eine schnelle Erhöhung des Plasmavolumens bewirkt, enthält es Immunglobuline, Gerinnungsfaktoren, Thrombozyten, Fibronektine und andere wichtige Faktoren. Dosierungen von 20–40 ml/kg KG (bei FPT auch mehr) können beim Fohlen verabreicht werden. Einem gesunden Spender von 500 kg Gewicht dürfen 4–6 l Blut entnommen werden. Das Antikoagulans der Wahl ist Natrium-Citrat 4 % (Antikoagulanslösung/Blut = 1 : 9). Einigermaßen sauberes, d. h. erythrozytenfreies Plasma kann nur durch sorgfältige Zentrifugation gewonnen werden. Verwendet man eine Kühlzentrifuge, ist das Plasma anschließend wieder zu erwärmen. Die Bestimmung der Proteinkonzentrationen im Empfänger- und Spenderplasma lassen eine Berechnung der nötigen Plasmagabe zur Erzielung des gewünschten Effektes zu (Box 12.2.2.1).

Vollblut: Wird bei hämorrhagischem Schock und bei akuten Anämien (→11.3.1) mit einem Hämatokrit unter 0.15 l/l verwendet. Spender sollten männliche Tiere (oder Stuten, die kein Fohlen hatten) und negativ auf EIA und Piroplasmose getestet sein. Zudem sollte man (wenn zeitlich möglich) Agglutinationsproben machen, wobei gewaschene Spendererythrozyten mit Empfängerplasma und gewaschene Empfängererythrozyten mit Spenderplasma (Crossmatch) zusammengebracht werden. Vollblut sollte nicht zusammen mit kalziumhaltigen Infusionslösungen verabreicht werden. Die nötige Menge Vollblut kann anhand einer einfachen Formel berechnet werden, muss aber dem klinischen Zustand stets angepasst werden (z. B. bei andauernder Blutung; Box 12.2.2.1). Transfusionsreaktionen wie Fieber, Tachypnoe, Muskeltremor, Kolik, Urticaria und Anaphylaxien können bei allen natürlichen Kolloiden auftreten (→13.5.1). Eine (allerdings teure) Alternative ist das Hämoglobin-Glutamer-Produkt, ein aus Hämoglobin durch chemische Vernetzung mit Glutaraldehyd hergestelltes Makromulekül. Dieses synthetische Produkt, das Oxyglobin® (1–10 ml/kg KG; bovines Hämoglobin) hat neben der Sauerstofftransportkapazität (Wirkungsdauer ca. 18 Stunden) auch eine gute Kolloidwirkung.

Synthetische Kolloide: HAES (Hydroxyethylstärke) ist das beim Pferd am häufigsten verwendete synthetische Kolloidpräparat. Es ist ein modifiziertes **hochmolekulares Glukosepolymer** und stammt von Amylopektin ab. Das hohe Molekulargewicht (mittleres Molekulargewicht 100–200 000) bewirkt eine längere Halbwertszeit und damit längere kolloidosmotische Wirkungsdauer. Es ist das bei uns meistverwendete synthetische Kolloid in der Pferdepraxis und wird beim adulten Pferd als 10%ige Lösung in Dosierungen von 6–10 (–20) ml/kg KG/Tag verabreicht und kann ggf. zusammen mit kristalloiden Lösungen und auch Plasma kombiniert werden. Bei Fohlen, welche eine sofortige und schnelle Volumensubstitution brauchen, können z. B. 3–5 ml/kg KG zusammen mit Kristalloiden gegeben werden. In hoher Dosierung besteht bei Hydroxyethylstärkepräparaten ein Risiko für Gerinnungsstörungen und Nierentoxizität. **Niedermolekulare Plasmaexpander** (mittleres Molekulargewicht 35 000–70 000), wie verschiedene **Dextran- und Polyoxygelatineprodukte,** sollen eine positive Wirkung auf die Mikrozirkulation haben, indem sie die Gerinnungsbereitschaft (Mikrothrombenbildung) herabsetzen. Sie werden aber nicht mehr häufig verwendet. Wegen ihrer kurzen Halbwertszeit (schnelle Ausscheidung über die Niere) haben sie aber nur einen kurz dauernden Effekt, und es sind anaphylaktoide Nebenwirkungen (Dextran) beschrieben. Synthetische Kolloide können nicht refraktometrisch gemessen, und also nur mittels Messung des kolloid-osmotischen Drucks überwacht werden.

12.2.2.3 Erhaltungslösungen

Nach erfolgter Rehydratation ist oft eine weitere Flüssigkeitstherapie über mehrere Tage nötig. Die in der Human- und Kleintiermedizin verwendeten Erhaltungslösungen werden dem höheren Kalium-, Magnesium und Kalziumbedarf des Pferdes vielfach nicht gerecht, und sie sind meist nur in kleinen Volumeneinheiten erhältlich. Häufig werden einer isotonen kristalloiden Lösung wie der Ringerlaktat-Lösung oder NaCl 0.9 % Elektrolyte und Glukose zugefügt. Dadurch können zwar Kalium-, Magnesium und Kalziumdefizite kompensiert werden, es entsteht aber ein Natriumüberschuss, weil Rehydrierungslösungen für eine Langzeittherapie zu viel NaCl enthalten. In der Folge stellt sich eine osmotische Diurese mit zusätzlichen Verlusten von Kalium, Kalzium und Magnesium ein. Bei starkem Natriumüberschuss können auch periphere Ödeme, Lungen- oder Splanchnikusödeme auftreten. Splanchnikusödeme können wiederum zu erhöhtem intraabdominalem Druck, zu vermindertem mesenterialem Blutfluss, zu verminderter Sauerstoffversorgung des Gewebes und schließlich zu einem Ileus führen.

Die wichtigsten Elektrolyte können wie folgt ergänzt werden:

Kalium: Bei tiefen Serumkaliumkonzentrationen oder Anorexie über mehrere Tage kann Kalium mit 20 bis maximal 40 mmol/l Endkonzentration (Verabreichung maximal 0.5 mmol K^+/kg KG/h) substituiert werden. Eine Überprüfung der Blutwerte (cave! Hyperkaliämie mit Erregungsleitungsstörungen →9.1.3.6 & 2.1.3.2) ist notwendig.

Kalzium und Magnesium: Die Substitution ist v. a. bei Pferden mit gastrointestinalen Problemen angezeigt, die mehrere Tage infundiert werden. Je 1.5 mmol/l Ca++ und Mg++ sollten bei Dauerinfusionsrate Bedarf und Verluste decken, oft ist aber nach Überprüfung eine Erhöhung der Substitution (0.1–0.2 g/kg KG Magnesium Sulfate i. v./Tag) nötig.

Als **Energiequelle** kann Glukose der Erhaltungslösung beigemischt werden. 20 Liter einer Erhaltungslösung, verabreicht über 24 Stunden und ergänzt mit Glukose in einer Konzentration von 5 % ergeben 1000 g Glukose oder 16 747 kJ, was weniger als die Hälfte des Energiebedarfs eines 500 kg schweren Pferdes pro Tag in einer thermoneutralen Umgebung deckt. Es macht aber keinen Sinn, die Glukosekonzentration und -Menge zu erhöhen, da die Rückresorption der Nierentubuli beschränkt ist (Nierenschwelle 6–10 mmol/l) und man deswegen eine Glukosurie und Polyurie hervorruft. Aminosäurelösungen können ebenfalls intravenös verabreicht werden. Die komplette parenterale Ernährung des adulten Pferdes mit **Aminosäuren** und **Lipiden** wäre ideal, ist jedoch sehr teuer und aufwendig.

Weiterführende Literatur

Fey K., Kolm G. (Hrsg.): Fohlenmedizin. Enke Verlag, Stuttgart, 2010.

Hardy J.: Critical care. In: Reed S. M., Bayly W. M., Sellon D. C. (Hrsg.): Equine Internal Medicine, 2nd edition, Saunders Elsevier, St. Louis, 2009.

Orsini J. A., Givers T. J. (Hrsg.): Manual Equine Emergencies: Treatment and Procedures. 4e Hardcover, Saunders, 3. Auflage, 2007.

Reed S. M., Bayly W. M., Sellon D. C.: Disorders of the gastrointestinal system. In: Reed S. M., Bayly W. M., Sellon D. C.: Equine Internal Medicine, 2nd edition, Saunders Elsevier, St. Louis, 2009.

Wüger C., Gerber V., Straub R.: Intravenöse Flüssigkeitstherapie beim Pferd. Pferdeheilkunde 3, 327–333, 2006.

induziert IL-6 in der Leber die Produktion der sog. **Akut-Phase-Proteine**, von denen es mehr als 30 gibt und deren Wirkung einen wichtigen Teil der unspezifischen Abwehr darstellt. Zu den Akut-Phase-Proteinen gehören zum Beispiel, die auch labordiagnostisch oft genutzten Serum Amyloid A und Fibrinogen (Opsonine und verschiedene Proteine des Komplementsystems).

Die Hauptaufgabe des **Komplementsystems** besteht darin, die Oberfläche von Krankheitserregern für die Phagozyten erkennbar zu machen. Die Komplement-Proteine sind im Blutplasma gelöst oder zellgebunden und dienen primär der Abwehr von Mikroorganismen. Bei unregulierter Wirkung können sie aber im Verlauf von Krankheit, z. B. bei Lupus, auch zu schweren sekundären Gewebeschäden führen. Die klinische Rolle des Komplementsystems ist beim Pferd nur lückenhaft bekannt. C3 und C4 werden wahrscheinlich von Genen gesteuert, die mit dem Haupthisto-Kompatibilitätskomplex oder Haupt-Gewebeverträglichkeitskomplex (Major Histocompatibility Complex; MHC) gekoppelt sind und die beim Menschen eine wichtige Rolle bei der Entstehung der rheumatoiden Arthritis spielen. Auch die Immunregulation von Infektionskrankheiten dürfte zum Teil komplementabhängig sein: Anscheinend spielt C3 in der Pathogenese gewisser Symptome (Hämolyse) der Equinen Infektiösen Anämie eine Rolle. Es wird auch vermutet, dass das Equine Herpes-Virus-1 seinen inhärenten Neurotropismus nur bei Pferden ausspielen kann, die eine erhöhte Komplementkonzentration aufweisen.

Die **Immunglobuline** gehören zu den wichtigsten Elementen der spezifischen, adaptiven Immunabwehr. Sie sind beim Pferd dank seiner Verwendung zur Immunserumproduktion recht gut erforscht: IgD, IgA, IgM, IgE und **IgG** mit sieben Unterklassen (IgG1 bis 7) die mengenmäßig (80 %) den Hauptanteil der Immunglobuline im Blut ausmachen. Die IgG-Subklassen können noch nicht alle einzeln nachgewiesen werden, da Reagenzien, die spezifisch für nur eine Subklasse sind, zum Teil fehlen. Es können zum heutigen Zeitpunkt IgG1 (früher IgGa genannt), IgG1 & 3, IgG4 & 7 (früher IgGb genannt), IgG2 & 5 (früher IgG(T) genannt) und IgG6 (früher IgGc) nachgewiesen werden. Es gibt noch keine Reagenzien, die erlauben, IgG2 einzeln und IgD beim Pferd nachzuweisen, obschon die Gene, die für diese Antikörper-Klassen kodieren, identifiziert worden sind. IgG wirken vor allem gegen Viren und Bakterien. IgG1, IgG3, IgG4 und IgG7 spielen bei der Komplementbildung und bei der antikörper-assoziierten zellulären Toxizität eine wichtige Rolle. IgG1, IgG3, IgG4, IgG5 und IgG7 können mit den Fc-Rezeptoren auf Effektorzellen interagieren. IgG6, IgG3 und IgG 5 neutralisieren Exotoxine und sind für die Immunabwehr gegenüber Parasiten wichtig. Das Immunglobulin **IgA** kommt vorwiegend in Körperflüssigkeiten (Speichel, Darmsekret, Milch etc.) und auf Schleimhäuten vor. **IgM** aktiviert das Komplementsystem im Frühstadium der Immunreaktion und ist ein guter Marker zur Früherkennung von Immungeschehen und wird z. B. bei der Diagnosestellung von West Nile bestimmt. Man findet es auf aktivierten B-Gedächtniszellen. Das **IgE** ist zum größten Teil an Membranrezeptoren der Mastzellen und basophilen Granulozyten gebunden. Bindet es Allergene, so veranlasst es die Mastzelle Histamin und viele andere, Entzündungsmediatoren und Zytokine auszuschütten. Die IgE-abhängige Zytotoxizität wird durch eosinophile Granulozyten vermittelt. IgE ist das wichtigste Immunglobulin der Typ-I-Überempfindlichkeitsreaktion und spielt bei der Parasitenabwehr eine zentrale Rolle. **IgD** ist für die Aktivierung der B-Lymphozyten verantwortlich. Beim Pferd wurde bis anhin nur das verantwortliche Gen für die H-Kette gefunden.

Im Gegensatz zu den Antikörpern und den B-Zellen, die lösliche Antigene erkennen, können T-Zellen Antigene nur erkennen, wenn sie ihnen zusammen mit den für die Fremd- und Selbsterkennung essenziellen

Oberflächenmarkern des ***Major Histocompatibility Complexes*** (MHC) präsentiert werden. Diese MHC-Klasse-I- und MHC-Klasse-II-Antigene auf der Zelloberfläche werden beim Pferd als **Equine Leukozyten-Antigene**, auch Transplantations- oder Histokompatibilitätsantigene bezeichnet und finden wegen ihrer wichtigen Rolle bei Abstoßungsreaktionen von Transplantaten, in der Fortpflanzungsbiologie (neue Erkenntnisse zeigen, dass die Partnerwahl auch beim Pferd durch den MHC und die Equinen Leukozyten Antigene beeinflusst wird), v. a. aber wegen ihrer Assoziation mit verschiedenen Krankheiten, wie der rezidivierenden Uveitis, dem Equinen Sarkoid (→1.3.1.2 & 15.3.1.2) oder dem Sommerekzem (→1.2.3.2), die unten im Zusammenhang der Immungenetik noch ausführlicher besprochen werden (→13.5).

Diese hier genannten wichtigen Elemente des Immunsystems sollten bei einem Verdacht auf eine **Immunschwäche** möglichst systematisch untersucht werden. Allerdings wissen wir immer noch sehr wenig über Immunschwächen beim Pferd. Die besser untersuchten und unten detailliert beschriebenen Ausnahmen bilden die häufigste Immunschwäche beim Pferd, der IgG-Mangel des Neugeborenen bei Versagen des passiven Transfers (→13.2) und die beim neugeborenen und jungen Fohlen noch physiologisch eingeschränkte Immunkompetenz (→13.2), sowie die hochgradige angeborene Form (SCID →13.5.2). Weitere beschriebene Immunschwächen beim Pferd sind der selektive IgM-Mangel bei Araber und American Quarter Horse, die Agamma-Globulinämie beim Engl. Vollblut und Traber, das Fell-Pony-Syndrom beim Fell- und Dales Pony sowie mehrere Mischformen, welche unter dem Begriff CVID = combined variable immunodeficiency zusammengefasst werden. Der Verdacht auf eine angeborene Immunschwäche verdichtet sich oft erst im Alter von 2–6 Monaten, nämlich dann, wenn die maternalen Antikörpertiter abfallen. Charakteristisch sind rezidivierende Infektionen, welche immer schwerer verlaufen und immer schlechter auf die Therapie ansprechen. Oft werden auch opportunistische Erreger wie Pneumooystis corinii nachgewiesen.

In Betracht zu ziehen ist eine erworbene Immundefizienz v. a. bei chronischen, rezidivierenden bakteriellen Infekten und Mykosen mit an sich wenig pathogenen Keimen oder Kommensalen (z. B. ausgeprägte Dermatophytosen bei älteren Pferden; Affektionen der Schleimhäute, u. a. in den oberen Luftwegen, wie Sinusitiden), insb. wenn diese zusammen mit iatrogenen langzeitigen Kortikosteroidgaben, mit einem Cushing-Syndrom (ECS/PPID →10.1.2.1), oder auch mit Neoplasien auftreten. Ein relativ häufiges Beispiel sind chronische bakterielle Sinusitiden bei ECS. Pferde mit ECS scheinen auch eine vermehrte Anfälligkeit für Helminthenbefall zu haben. Andere Hinweise können eine schlechte oder fehlende Immunantwort auf Impfungen (evtl. mit Impfdurchbrüchen (Impferkrankung)), Erkrankungen nach Impfung mit attenuierten Lebendvakzinen und ausgeprägte anhaltende Lympho- und Neutropnien (→11.4) sein.

Besonders wenn keine prädisponierenden Krankheiten oder iatrogenen Faktoren vorhanden sind, kann es manchmal schwierig sein, vermutete Immunschwächen weiter abzuklären, weil die nötigen Untersuchungen und Tests zum Teil sehr aufwendig sind und beim Pferd nur von spezialisierten Forschungslabors oder gar nicht durchgeführt werden können (Box 13.1).

Diagnostische Aufarbeitung einer Immunschwäche

Kolostrum – Qualitäts- und/oder Quantitätsmangel
- anamnestische und klinische Hinweise
  - chronisch rezidivierende Infekte (v. a. wenn bakterielle oder mykotische Erreger niedriger Pathogenität)
  - vermehrte Anfälligkeit für Helminthenbefall
  - schlechte oder fehlende Immunantwort auf Impfungen
  - Erkrankungen nach Impfung mit attenuierten Lebendvakzinen
  - ausgeprägte, anhaltende Lympho- und Neutropenie
  - begleitend bei:
    - Equinem Cushing-Syndrom
    - Neoplasien
    - iatrogen langzeitigen Kortikosteroidgaben
- Labortests
  - Lymphozyten
    - quantitativ, Routine: hämatologische Differenzierung
    - quantitativ, spezialisiert: flowzytometrische (*«Fluorescence-Activated Cell Sorting»*, FACS) Differenzierung der (Sub-)populationen
    - funktionell, relativ einfach: Impfantwort (Titeranstieg); intradermaler Phytohämagglutinin-Test (entspricht einer Typ-IV-Überempfindlichkeitsreaktion ohne vorherige Sensibilisierung)
    - funktionell, spezialisiert: In-vitro-Lymphoproliferationstests (selektive Stimulation von B- & T-Zellen möglich)
  - Neutrophile Granulozyten
    - quantitativ, Routine: hämatologische Differenzierung
    - funktionell, spezialisiert: Chemilumineszenz; Tests der Bakterizidität; flowzytometrische Beurteilung der phagozytischen und oxidativen Kapazität
  - Eosinophile und Basophile Granulozyten
    - quantitativ, Routine: hämatologische Differenzierung
  - Immunglobuline
    - quantitativ, Routine: Elektrophorese
    - quantitativ, spezialisiert: Radioimmunoassays und ELISAs; Präzipitationstests
    - funktionell, relativ einfach: Impfantwort (Titeranstieg)
  - Komplement
    - quantitativ und funktionell, spezialisiert: evtl. hämolytischer Test mit Hühnererythrozyten; evtl. flowzytometrische Bestimmung
  - Akut-Phasen-Proteine
    - quantitativ, Routine: Einzelbestimmung von Fibrinogen und Serum-Amyloid A; Elektrophorese

13.2 Entwicklung des Immunsystems und Immunstatus des neugeborenen Fohlens

Ungefähr von der 10. Trächtigkeitswoche an lassen sich beim Pferd im Fötus Strukturen und Zellen des Immunsystems nachweisen (Lymphozyten, Hassal'sche Körperchen u. a.). Unter den **Organen des Immunsystems** sind beim Fötus und Neugeborenen vor allem Thymus, Darmwand und wohl auch die Milz als das größte lymphoretikuläre Organ von Bedeutung. Die Funktion der Milz als lympho- und (fötal) auch hämatopoietisches Organ ist beim Pferd allerdings weniger gut bekannt als ihre Rolle als Erythrozytenspeicher und Abbauorgan. Wie andere Spezies übersteht auch das erwachsene Pferd eine Splenektomie anscheinend unbeschadet, beim Fötus ist sie aber zusammen mit dem Thymus bei der Entwicklung des Immunsystems wichtig. Die Anlagen zum Thymus entwickeln sich nach der 11. Woche. Schon vorher können sich indessen im Fötus bei Antigenstimulation aus Primärfollikeln Keimzentren heranbilden. Neugeborene Fohlen zeigen grundsätzlich eine funktionell unspezifische Immunantwort (z. B. durch Neutrophile und Komplement), und schon der Fötus vermag auch neutralisierende Antikörper zu bilden. Macht er in utero Infektionen durch, weist sein Serum vor der Kolostrumaufnahme schon etwas IgG auf. Allerdings ist dieser aktive humorale Schutz durch Antikörper nur sehr schwach und den Anforderungen an die Immunabwehr beim Neugeborenen keineswegs gewachsen: Das Infektionsrisiko ist bei neugeborenen Fohlen, die keinen ausreichenden passiven Schutz durch eine genügende **Kolostrumaufnahme** haben, sehr hoch. Die große Mehrheit solcher Fohlen entwickeln eine Sepsis (→16.23) mit tödlichem Ausgang, wenn sie nicht schnell und aggressiv behandelt werden (v. a. Plasmagaben i. v. und Breitspektrumantibiose).

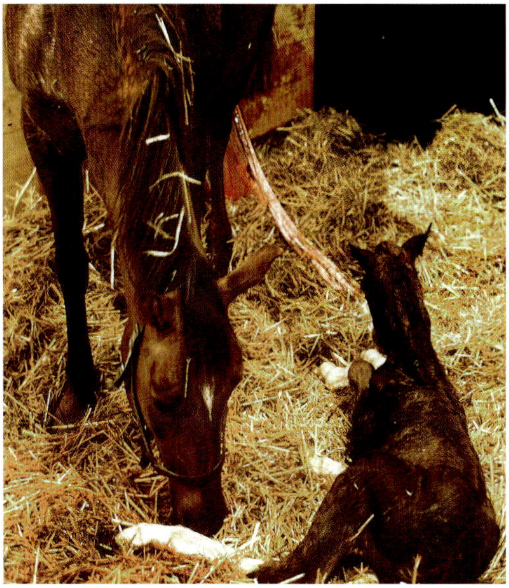

Abb. 13.1: Immunstatus des Neugeborenen: Der humorale Immunschutz des Neugeborenen ist sehr schwach. Das neugeborene Fohlen ist fast vollständig auf den passiven kolostralen Schutz angewiesen. Dieser ist von der Menge, der Qualität und zeitlichen Aufnahme des Kolostrums abhängig. Kolostrum kann aber, in seltenen Fällen, auch Gefahren in sich bergen (siehe Abb. 13.4).

Die humorale Immunkompetenz des neugeborenen Fohlens wird also bis zu seinem 3. Lebensmonat zum größten Teil durch die Qualität, Menge und frühzeitige Aufnahme von Kolostrum gewährleistet (passive Immunität). Der epichoreale Typ der Pferdeplazenta erlaubt keinen genügenden, das Neugeborene schützenden Transfer von Immunoglobulinen. Kolostrum wird im Normalfall von der Stute während der letzten zwei Trächtigkeitswochen gebildet und endet bei der Geburt. Der Immunglobulingehalt (IgG, IgA und IgM) des Eutersekretes beträgt unmittelbar nach der Geburt bis 120 mg/ml und sinkt nach Einsetzen der Milchproduktion innerhalb 24 Stunden rapide ab.

Weil die Fähigkeit des Dünndarms, diese Immunglobuline zu absorbieren und zu resorbieren, nach der Geburt rasch abnimmt, ist es äußerst wichtig, dass das Neugeborene innerhalb 8 Stunden p. p. 2–3 l Kolostrum aufnimmt, das über 30 g/l Immunglobuline enthalten sollte. Wenn das Fohlen schwach ist oder aus einem anderen Grund die Kolostrumaufnahme ungenügend oder fraglich ist (Box 13.2), wird präventiv Kolostrum oder ggf. Plasma verabreicht. Aber auch mit einer ausreichenden Kolostrumaufnahme ist die Resorption der Immunglobuline nicht garantiert. Entscheidend ist die Bestimmung des IgG-Gehaltes im Fohlenserum bis spätestens 24 Stunden nach der Geburt, und zwar bei jedem Fohlen und nicht nur bei schwachen Neugeborenen. Die Immunglobulinkonzentration im Serum des Fohlens (24 Stunden alt) sollte mindestens 4 g/l, besser noch über 8 g/l betragen. Als Goldstandards zur IgG Messung gelten immer noch die «*Radioimmunoassays*» (cave! laborspezifische Werte) und Elektrophorese, die aber oft nur in größeren Labors durchgeführt werden. Dementsprechend stehen die Resultate meist nicht sofort zur Verfügung. Als sog. «Screeningtests» werden darum kommerzielle Kits (z. B. SNAP-ELISA-Tests oder IgG-Latexagglutination) verwendet, die aber nicht gleich zuverlässig sind. Wenn man eigene Grenzwerte etabliert, kann aber die einfache Bestimmung der Gesamt-Serum-Globulinwerte eine qualitativ mindestens ebenbürtige und günstigere Alternative zu den kommerziellen Tests sein. Ein früher häufiger verwendeter Test ist der Gluteraldehyd-Koagulations-Test, welcher grob semiquantitativ ist, aber unter Praxisbedingungen gute Dienste leisten kann. In unserem Labor zeigen z. B. Gesamt-Kolostrum-Globulinwerte von unter 16 g/l, 21 g/l resp. 27 g/l ein hoch- (< 2 g/l Fohlenserum IgG), mittel- (2–4 g/l) respektive ein leichtgradiges (4–8 g/l) Versagen des passiven Transfers an. Bei vermutetem oder nachgewiesenem Immundefizit wird man bei Kolostrummangel Fremdkolostrum (1–2 Liter pro 50 kg KG innerhalb 12 Stunden p. p. auf drei Portionen verteilt) per Nasen-Schlund-Sonde verabreichen. Eine Alternative, v. a. wenn das Zeitfenster für die orale Aufnahme verstrichen ist, stellt die langsame Infusion von Spenderplasma (cave! neonatale Isoerythrolyse →13.5.1; v. a. Blutgruppen Aa, Qa, relativ hohes Risiko bei (Mutter-)stuten, darum eher gesunde männliche Tiere als Spender) mit möglichst hohem Globulingehalt. Erwarten kann man bei einem gesunden 45–50 kg schweren Fohlen mit einem Plasmavolumen von ca. 4 Litern eine Erhöhung um ungefähr 1–2 g/l pro 10 g IgG, die mit Spenderplasma i. v. verabreicht werden. Bei einem Fohlen mit komplettem Versagen des passiven Transfers (0 g/l) wären also ca. 1–2 (–3) Liter pro 50 kg KG bei Verabreichung von Hyperimmunplasma mit einem Antikörpergehalt im Plasma von 25–50 g/l IgG nötig; bei einem IgG Gehalt von ca. 5 g/l in normalem Spenderplasma braucht es entsprechend mehr. Die Gesamtmenge von 6–10 Litern muss dann entsprechend aufgeteilt werden; außerdem ist zu beachten, dass kranke, septische Fohlen, das transfundierte IgG aufbrauchen. Darum liefern diese Angaben und Kalkulationsbeispiele nur Richtwerte, die Gammaglobulinwerte müssen 24 Stunden nach Transfusion wieder überprüft werden.

Ausgewählte Punkte zu passivem Immuntransfer, Kolostrum- und IgG-Mangel

Kolostrummangel
- maternale Faktoren
  - Kolostrumqualität und -menge – verfrühte Laktation (Plazentitis, *«plazental separation»)*
  - Störung im Milcheinschuss
  - Verhaltensstörung, Aggression gegenüber Fohlen
- Risikofaktoren seitens des Fohlens
  - Frühgeburt (< 300–320 Tage), Unreife; *«dummys»;* Sepsis,
  - Schwäche; Störungen des Saug- und Schluckreflexes
  - Anomalien (z. B. ausgeprägte Fehlstellungen, die das Stehen behindern)
  - Malabsorption der Immunoglobuline

IgG-Mangel
- < 2 g/l IgG: komplett fehlender bis ungenügender passiver Immun-Transfer; unbedingt Plasmagabe
- 2–4 g/l IgG: partiell ungenügender Immun-Transfer; unbedingt Plasmagabe
- 4–8 g/l IgG: ungenügender bis grenzwertiger Immun-Transfer; Plasmagabe abhängig von der Klinik sowie den äußeren Umständen (Hygienische Bedingungen im Heimatstall, Gesundheitszustand vom Fohlen und Stute, etc.)
- > 8 g/l IgG: guter passiver Immun-Transfer; keine Plasmagabe

Die Halbwertszeit der kolostralen Immunglobuline beträgt etwa 21 Tage. Während der ersten 8–12 Wochen ist das Fohlen lediglich durch die passive Immunisierung gegen Infektionen geschützt. Der notwendige Aufbau einer eigenen Immunkompetenz wird durch verschiedene Faktoren gefördert (T- und B-Zellreifung) und verzögert (maternale AK). Er löst in der Regel den passiven Immunschutz nach 3 Monaten allmählich ab.

Um dem Fohlen einen möglichst guten Schutz gegen potenziell gefährliche Infektionen zu vermitteln, ist die Mutterstute einige Wochen vor dem Geburtstermin gegen Tetanus zu impfen. Auch Schutzimpfung gegen Influenza mag, trotz ihrer Schwächen (aktuelle Serotypen fehlen oft), angezeigt sein. Tot- (inaktivierte kombinierte Impfstoffe, EHV-1 und EHV-4, im 5., 7. und 9. Monat) und (je nach nationalen Registrierungsbedingungen, z. B. in Deutschland auch gemäß den Leitlinien der Ständigen Impfkommission des Bundesverbandes praktischer Tierärzte, BPT) ggf. auch Lebendvakzinen gegen EHV-1 (im 4. bis 5. und im 8. Trächtigkeitsmonat) können eingesetzt werden. In einzelnen Pferdezuchtgebieten werden die Stuten auch gegen Botulinumtoxin immunisiert.

Eine aktive Schutzimpfung hat ihre optimale Wirkung erst bei ausgereifter eigener Immunkompetenz. Werden Fohlen zu früh immunisiert, werden die Impfantigene von im Blut zirkulierenden Kolostrumantikörpern neutralisiert und können immunkompetenten Zellen zum Aufbau eigener Abwehr nicht präsentiert werden. Fohlen aus nicht korrekt geimpften Stuten sollten die Erstimpfung Ende des 4. Lebensmonates, Fohlen aus korrekt geimpften Stuten frühestens mit 6–8 Monaten geimpft werden. Die Influenza- (→15.2.8), Tetanus- (→6.3.4.5.2 & 16.7.2), Herpes- (→15.3.3.1) sowie Botulismusschutzimpfungen (→6.3.6.3 & 16.7.1) werden an anderen Stellen ausführlich diskutiert; für Deutschland siehe auch Leitlinien der Ständigen Impfkommission des Bundesverbandes praktischer Tierärzte.

13.3 Überempfindlichkeits-reaktionen und Allergien

Unter einer Überempfindlichkeitsreaktion oder Allergie versteht der Kliniker eine krankhafte (übermäßige) Reaktion auf den wiederholten Kontakt mit einem Antigen/Allergen). Dabei handelt es sich im Allgemeinen um Proteine oder um niedrigmolekulare Haptene, die an ein großes Trägermolekül, meistens wiederum ein Protein, gebunden sind.

Manche Autoren verwenden aber den Begriff Allergie nur im engeren Sinn für die IgE-vermittelten Typ-I-Überempfindlichkeitsreaktionen (Tab. 13.1). Wir verwenden die Begriffe hier mehr im weiteren klinischen Sinn, es ist aber oft vorsichtiger, von einer Überempfindlichkeitsreaktion als von einer Allergie zu sprechen, weil die zugrunde liegende Pathogenese beim Pferd sehr oft nicht genau geklärt ist.

Auf die verschiedenen spezifischen Krankheitsbilder, die von Überempfindlichkeitsreaktionen verursacht werden, wird unter denjenigen Organsystemen (v. a. Atemwege und Haut) näher eingegangen, in denen sie sich beim Pferd hauptsächlich manifestieren. Die nachstehende Tabelle und der Kommentar dazu fassen zusammen, was heute als einigermaßen gesichert gilt.

Tabelle 13.1: Klassifizierung der Überempfindlichkeitsreaktionen mit klinischen Beispielen

Typ	Pathogenese	Dauer bis zum Auftreten der Symptome	Beispiele für Krankheitsbilder	Antikörper	Antigen/ Allergen(-quelle)
Typ I	Sofortreaktion: IgE-vermittelte Mediatorfreisetzung z. B. Histamin bei Mastzell-degranulation; verzögerte *«late phase reaction»* mit T-Helferzellen Typ 2	≤ 30 Minuten 4 Stunden bis Tage	Anaphylaxie Sommerekzem gewisse Urticaria-formen (RAO, auch Typ III, IV?)	IgE	Arzneimittel Insektenspeichel Schimmelpilze Milben u. a.
Typ II	Zerstörung durch Fc-Rezeptoren tragende Zellen (z. B. Phagozyten)	Minuten bis Stunden	z. B. medikamentenvermittelte hämolytische Anämien und Thrombozytopenien neonatale Isoerythrolyse und Transfusions-reaktionen	IgG (evtl. IgM)	allg. zell- oder matrixgebundene Antigene; z. B. Penizillin
Typ III	Antigen-Antikörper – Immunkomplexe mit Komplement – Zerstörung durch Fc-Rezeptoren-tragende Zellen und Komplement	Stunden	Arthusreaktion; Vaskulitis/Petechialfieber	IgG-Antigen-komplexe	thermophile Aktinomyzeten Bakterienproteine (insb. von *S. equi*)
Typ IV	Lymphozyten: T-Helferzellen Typ1(TH1) und T-Killerzellen (zytotoxische T-Lymphozyten) und akt. Makrophagen	ca. 12 Stunden bis Tage	Farmer's Lung Serumkrankheit Uveitis evtl. RAO (TH 1) Kontaktdermatitis (zytotoxische T-Lymphozyten)	keine	Mikroorganismen Schimmelpilze Kontaktallergene

13.3.1 Typen der Überempfindlichkeitsreaktionen mit klinischen Beispielen

Die unmittelbare **Typ-I-Reaktion** wird als **Anaphylaxie** bezeichnet, wenn sie systemisch ist, als Atopie, wenn sie lokalisiert (z. B. Lunge, Haut) abläuft. Es ist die IgE-abhängige Sofortreaktion beziehungsweise deren klinische Äußerung. Die verzögerte Typ-I-Reaktion *«late phase reaction»* spielt evtl. beim Pferd auch eine größere Rolle. So reagieren sensibilisierte Pferde auf die intradermale Antigen-Zufuhr oft erst nach mehr als 30 Minuten mit einer Quaddelbildung, wobei die Quaddel erst noch während längerer Zeit, oft mehrere Stunden bis sogar Tage, an Größe zunimmt Abb. 1.5 & 1.6). Gewisse Formen der Urticaria (→1.1.5), flüchtige Lidödeme mit Konjunktivitis sind als Äußerungen von Immunreaktionen des Typs I aufzufassen.

In den meisten Fällen ist das **Sommerekzem** (→1.2.3.2) durch Typ-I-Reaktionen vermittelt, in gewissen Fällen können noch Typ-IV-Reaktionen dazukommen. Die RAO (→3.6.2.2), die sich als Bronchitis mit Muskelspasmen «asthmaähnlich» äußert, ist keine reine Typ-I-Reaktion; die Immunologie ist nicht geklärt, aber wahrscheinlich spielen auch andere Überempfindlichkeitstypen eine Rolle (Abb. 1.1 & 13.2).

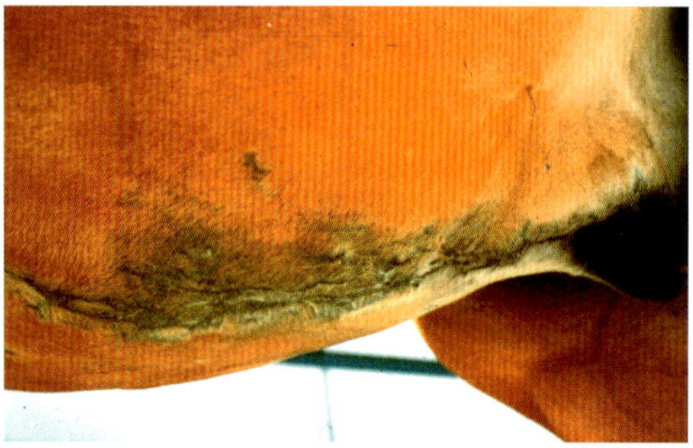

13.2 Immunreaktion der Haut beim Sommerekzem: Als erste Anzeichen nach dem Insektenstich sind papulöse Effloreszenzen, gefolgt von Ausschwitzungen und squamösem Ekzem am Mähnen- und Schweifansatz und je nach Mückenart entlang der Linea alba, mit starkem Juckreiz.

Anaphylaktischer Schock (→12.1.4) wird wohl öfter vermutet, als er auftritt. Obgleich ein Schockzustand unmittelbar oder kurze Zeit nach einer Injektion sicherlich nicht in jedem Fall einer Anaphylaxie gleichkommt. Die Ursachen für das Zusammenstürzen und eintretenden Tod, z. B. bei i. v. Chloramphenicolinjektionen, bei Trimethoprim und/oder Sulfonamiden in Kombination mit α-Agonisten Medikation oder bei fehlerhaften intraarteriellen statt venösen Injektionen sind bekannt und werden fälschlicher Weise oft einer Anaphylaxie zugeschrieben. Ein echter anaphylaktischer Schock ist wahrscheinlich sehr selten. Parenterale Injektion, perorale und inhalierte Zufuhr von Antigenen sowie Insektenstiche verursachen wohl eine Typ-I-Sofortreaktion, die aber im Allgemeinen als atopische Reaktion lokal und mit organspezifischen Symptomen abläuft. Die **Hauptsymptome** eines lebensbedrohlichen anaphylaktischen Schocks bestehen in plötzlicher Unruhe, Tachykardie, weißen Schleimhäuten, Muskelzittern, Schweißausbruch, rasch zunehmender Atemnot, manchmal Urticaria und Lidödem, Flatus und Kotabgang. Bei einem (sehr seltenen) anaphylaktischen oder allergischen Schock (→12.1.4) wäre als **Notfallbehandlung** Adrenalin (syn. Epinephrin; 1–2(–5) ml/500 kg KG einer 1 : 1000 Lösung i. m. oder s. c.) das Mittel der Wahl.

Die Rolle der **Typ-II-Reaktionen** ist beim Pferd ungenügend erforscht. IgG- (evtl. auch IgM- und IgA?) Antikörper binden sich an ein Antigen, z. B. ein Blutgruppen- oder Virusantigen (EIA; EHV-1?), an den Komplex lagert sich Komplement an. Das Komplementsystem wird aktiviert und provoziert eine Zytolyse. Anderseits können auch die natürlichen Killerzellen (NK-Zellen) Antikörper, die auf der Oberfläche von Zellen an Antigenen gebunden sind, erkennen und diese Zellen direkt lysieren. Außerdem kann auch Antigen allein Komplement aktivieren. Verschiedene medikamentenvermittelte hämolytische Anämien und Thrombozytopenien (→11.3.4 & 11.5.4), z. B. die Anämie bei der **neonatalen Isoerythrolyse** (syn. Ikterus neonatorum) und nach Transfusionszwischenfällen (detaillierte Besprechung unter den immunbedingten Krankheiten mit genetischer Grundlage →13.5.1), evtl. auch bei EIA (→15.2.7) und anderen immunvermittelten hämolytischen Anämien (→11.3.4) und immunvermittelte Thrombozytopenien (→11.5.4), sind einer Typ-II-Hämolyse anzukreiden. Wahrscheinlich sind die im Grad meistens recht milden Hämolysen bei akuten Streptokokkeninfektionen und bei schwerem Petechialfieber (→13.3.2) ebenfalls immunzytotoxische Phänomene. Diagnostisch kann bei Verdacht auf **immunvermittelte hämolytische Anämien** (mit den bekannten Einschränkungen) der Coombs-Test eingesetzt werden (→11.3.4).

Bei der **Typ-III-Reaktion** kommt es zur zirkulierenden Immunkomplexbildung vom Arthus-Typ. Die Immunkomplexe können sich in den Kapillaren ablagern und Komplement aktivieren, was zu entzündlichen Schäden führt. Die **Farmerlunge** (→3.6.6.4.3) und verwandte Krankheiten sind beim Menschen und auch beim Rind gut erforscht. Der Immunkomplex aktiviert das Komplement (C3), neutrophile Granulozyten wandern ein und setzen Mediatoren frei. Die Wände des Lungenkapillarbetts werden geschädigt; in der Folge kommt es zu perivaskulär-interstitiellen Rundzellinfiltraten. Beim Pferd treten derartige Störungen mit Sicherheit recht häufig auf, doch ist die Anzahl potenzieller Antigene derart groß, die Sensibilisierung gegen *Micropolyspora faeni* (syn. *Faenia rectivirgula*) dagegen so selten, dass die Einzelheiten dieser Krankheiten bisher unklar geblieben sind. Die Pathologie der **Purpura haemorrhagica** (syn. Petechialfieber;) passt zur Typ-III-Reaktion und wird unten als spezielles Krankheitsbild separat besprochen (→13.3.2 & Abb. 1.7 & 13.3). Ohne offensichtliche klinische Manifestation scheinen im Allgemeinen Immunkomplexablagerungen in den Wänden von Nierengefäßen zu verlaufen, obgleich derartige Befunde histopathologisch recht oft festgestellt werden.

Die zell-mediierte Spättyp, auch Tuberkulintyp oder **Typ-IV-Reaktion** beruht auf der Reaktion antigen- spezifischer T-Zellen. Werden TH1-Helferzellen aktiviert, spricht man von der **Typ-IVa1-Reaktion**. Ein Beispiel dafür ist die Tuberkulinreaktion. Bei der Pathogenese, wahrscheinlich im fortgeschrittenen Stadium der Uveitis, evtl. auch der RAO (siehe oben und →3.6.2.2) und der Farmerlunge (→3.6.6.4.3) spielt dieser Reaktionstyp eine nicht unwesentliche Rolle. Werden zytotoxische T-Lymphozyten aktiviert, handelt es sich um die **Typ-IVb-Reaktion.** Sie richtet sich gegen zellgebundene Antigene und bewirkt deren Zerstörung.

Die medikamentelle **Therapie von Überempfindlichkeitsreaktionen** beim Pferd stützt sich immer noch stark auf Kortikosteroidgaben (z. B. Prednisolon 1–2 mg/kg KG p. o. SID oder Dexamethason 0.03–0.1 mg/kg KG i. v. SID), weil Desensibilisierungs- und andere Immuntherapien (z. B. Inhalation mit immunstimulatorischem Dinucleotid, CpG bei RAO) noch weitgehend experimentell sind und andere Medikamente wie Antihistaminika (z. B.) auch bei Typ-I-Reaktionen wie Sommerekzem unwirksam sind. Ggf. können Mastzellstabilisatoren wie Natrium Cromoglycat bei IAD mit erhöhten Mastzellen und Luftwegshyperreaktivität eingesetzt werden (→3.6.2.2). Angesichts der beschränkten medikamentellen Möglichkeiten, ist bei allen Überempfindlichkeitsreaktionen die Identifikation der verantwortlichen Allergene und deren möglichst gänzliche Vermeidung umso wichtiger. Dies kann relativ standardisiert erfolgen wie z. B. die Vermeidung von Kontakt mit Gnitzen (Culicoidesmücken) bei Sommerekzem (→1.2.3.2 & 13.1.1) oder von Heu und Stroh bei RAO (→3.6.2.2). Es kann aber auch sehr schwierig sein, verantwortliche Allergene zu identifizieren: viele Überempfindlichkeitsreaktionen, wie z. B. die vermuteten Überempfindlichkeitsreaktionen gegen häufige Antigene aus dem Futter oder von Parasiten und Bakterien, die sich als Urticaria (→1.1.5) oder möglicherweise auch als rezidivierende

Durchfälle manifestieren können, sind z. T. noch kaum untersucht, geschweige denn verstanden. Ein Beispiel ist die mit Durchfällen und Kolik einhergehende Überempfindlichkeitsreaktion gegen Gluten (Zöliakie, ähnlich der häufigen Unverträglichkeit beim Menschen), die erst kürzlich beim Pferd beschrieben wurde (→4.2.6.1.6 & 4.2.6.1.8).

13.3.2 Purpura haemorrhagica (Syn.: Petechialfieber oder Morbus maculosus)

Der Ausdruck Petechialfieber» ist insofern etwas irreführend, als manche Patienten kein Fieber haben. Das andere Synonym «Morbus maculosus» (die alte «Blutfleckenkrankheit») ist etwas veraltet. Dagegen ist der neuere englische Begriff *«dermal vasculitis»* zu vereinfachend, weil er ein komplexes klinisches Bild auf die Haut reduziert. Obschon die schwersten Läsionen oft die Unterhaut betreffen, ist die Purpura haemorrhagica eine akute, aseptische, generalisierte Immunkomplex-Vasculitis (v. a. IgA und Streptokokken M-Protein Immunkomplexe; Typ-III- oder Arthus-Reaktion (Tab. 13.1) mit einer in der Regel multisystemischen Symptomatik.

13.3 Hochgradige Ödeme der Nüsterngegend (sog. „Nilpferdkopf" bei Petechialfieber (Syn.: Purpura haemorrhagica oder Morbus maculosus). Die meist nach einer Druse *(S. equi subsp. equi)* Infektion auftretende Typ-III-Reaktion, verursacht eine serohämorrhagische Diathese mit petechialen und ecchymotischen Blutungen in die Schleimhäute und monströsen subkutanen Ödemen.

In den meisten Fällen wird anamnestisch eine Streptokokkeninfektion (v. a. *S. equi* subsp. *equi,* aber auch *S. equi* subsp. *zooepidemicus*) oder auch eine Druseimpfung, die aber oft mehrere Wochen zurückliegt, auszumachen sein. Schon vor Jahrzehnten ist es gelungen, mit zellfreiem Serum von Drusepatienten Petechialfieber experimentell zu reproduzieren. Seltener sind keine vorangehenden bakteriellen Infektionen nachzuweisen; andere bakterielle Infekte (z. B. *Rhodococcus equi* oder *Corynebacterium pseudotuberculosis*) oder andere reine virale Influenza- oder Herpes- und v. a. Arteriitisinfektionen oder auch eine Medikamenten-Allergie können wohl verschiedene Formen von Vaskulitiden (auch Typ-I- und II-Überempfindlichkeitsreaktionen sind möglich) zur Folge haben, aber als Ursache eines voll ausgeprägten Petechialfiebers sind sie sehr unwahrscheinlich.

Dagegen können die dem Henoch-Schönlein-Purpura beim Menschen gleichende und oft tödlich verlaufende **Infarzierende Purpura haemorrhagica** (evtl. auch die immunbedingte Rhabdomyolyse und Polymyositis; →7.7) als spezielle Formen des Petechialfiebers angesehen werden. Ebenfalls verwandt mit dem Petechialfieber kommen in der Haut lokal begrenzt auch ätiologisch ungeklärte, aber relativ häufige, rezidivierende und chronische Vaskulitiden vor (→1.2.3.4), die wahrscheinlich immunbedingt sind.

Symptome: Manchmal kann eine Urticaria (→1.1.5) eine Purpura haemorrhagica ankündigen, die klinischen Zeichen werden aber dann schnell dominiert von serohämorrhagischen Diathesen, die auf mehr oder weniger schweren Gefäßwandschäden beruhen. Die Symptome treten, wie angedeutet, oft verzögert auf, im späteren Verlauf oder nach der klinischen Abheilung einer Druse. Die Pferde können sowohl fieberfrei sein als auch eine erhebliche Hyperthermie aufweisen; am häufigsten sind subfebrile bis leicht febrile Körpertemperaturen.

Ein typisches Zeichen des Petechialfiebers sind die oft monströse Ausmaße annehmenden subkutanen Ödeme oder serohämorrhagischen Ergüsse in die Subkutis, die scharf begrenzt am unteren Teil des Gesichts, an den Gliedmaßen (wie dicke Pfosten!) und an Unterbrust/Unterbauch auftreten. Die Pferde äußern Schmerzen und bewegen sich nur noch widerstrebend. Die subkutanen Schwellungen, auch die Schwellungen der Schleimhäute, zeigen eine Tendenz zur Nekrose und dazu, «Serum auszuschwitzen» (Abb. 1.7). Ausgedehnte Hautnekrosen, etwa in den Fesselbeugen, können auftreten.

Nachweisbare petechiale oder ecchymotische Blutungen zeigen sich zuerst am Nasenseptum und im falschen Nasenloch, später an den Konjunktiven, eher selten und später an der Maulschleimhaut. Es ist wichtig, sich zu vergegenwärtigen, dass solche oder schwerere Blutungen auch an anderen Schleimhäuten des Körperinnern auftreten können, am ehesten im Magen-Darm-Trakt, im Larynx-Pharynx-Gebiet, seltener in den Harnwegen und anderswo. Es besteht in jedem, auch in einem eher harmlos eingeschätzten Fall, Verblutungsgefahr (→11.5.4), bei Larynxschwellungen auch Erstickungsgefahr (→3.4.2).

Die hämatologische Untersuchung liefert sehr variable Resultate. Sehr oft besteht eine leicht- bis mittelgradige, selten eine hochgradige Anämie, doch ist auch Hämokonzentration zu beobachten, wenn das Pferd durch die geschädigten Gefäßwände vor allem Plasma verliert. Die meisten Patienten weisen eine leicht- bis mittelgradige Leukozytose mit Neutrophilie auf, aber auch Leukopenien sind zu beobachten, nach unserer Erfahrung besonders ungünstige Fälle. Die Thrombozyten sind selten erniedrigt (Verbrauchs- oder Immunkoagulopathie →11.5.3 resp. 11.5.4), meist in der Norm. Serum Amyloid A und Fibrinogen des Plasmas sind in der Regel erhöht. Viele Tiere sind hochgradig hypoproteinämisch (absolute Hypalbuminämie), besonders diejenigen, die eine Nierenschädigung mit Proteinurie aufweisen. Die mehr oder weniger gravierenden Schäden an den großen Parenchymen (Myokard, Niere, auch Leber) manifestieren sich mit den entsprechenden klinischen und klinisch-chemischen Befunden; es ist ihnen größte Beachtung zu schenken, weil sie natürlich die Prognose bestimmen können. Auch persistierende Durchfälle, die sich im Verlauf eines Petechialfiebers einstellen und die zu Proteinverlusten führen, sind gravierend; sie beruhen in der Regel auf schweren Epithelmetaplasien.

Diagnose: Die Diagnose ist leicht zu stellen, wobei die frühen petechialen Blutungen im falschen Nasenloch und im Nasenseptum, die Ödeme und die Anamnese (vorhergegangene Infektion) die Grundlage liefern. Die Krankheit ist nicht ansteckend, was sie leicht von Virusarteriitis abgrenzen lässt. Differenzialdiagnostisch ist bei Vaskulitis aber trotzdem immer auch an infektiöse Ursachen wie EVA (→15.2.5), EIA (→15.2.7) und auch an die Equine Granulozytäre Ehrlichiose (*Anaplasma phagocytophilum* →16.9.2) zu denken. Hautbiopsien der Läsionen (diese sollten 8–4 Stunden alt sein, um diagnostisch möglichst aussagekräftig zu sein) zeigen bei Petechialfieber eine leukozytoklastische Vaskulitis mit Neutrophilen- und z. T. auch Eosinophilenakkumulation, Degeneration und Blutungen in und um die Gefäße.

Die **Prognose** ist in jedem Fall unsicher bis zweifelhaft. Erst im Verlauf der Therapie kann sie präziser formuliert werden. Schwere Krankheitsbilder sind als ungünstig zu bewerten, besonders wenn Anzeichen von Parenchymschäden und ausgedehnte Hautnekrosen festzustellen sind.

Therapie: Initial wird Prednisolon 1–3 mg/kg KG SID oder Dexamethason (0.03–0.1 mg/kg KG i. v. SID) während der ersten Tage oder bis zum Ansprechen in Kombination mit kristallines K-Penizillin in Dosen von 30 000 IU/kg i. v.

KG in Abständen von 6 Stunden verabreicht. Die Antibiose (ggf. auch Breitspektrumpräparate) ist v. a. wichtig, um septischen Komplikationen vorzubeugen, die während der schweren Krankheit und der Kortikosteroidtherapie leicht auftreten können, aber auch bei noch aktiven Streptokokkeninfekten. Wenn ein anderer antigenetischer Stimulus identifiziert oder vermutet würde, wäre dieser ebenfalls zu bekämpfen und wenn möglich abzustellen. In vielen Fällen wirkt das (kaum mehr erhältliche) Kongorubin oder Kongorot gut. Man infundiert 1 g in 1000 ml Wasser sterilisiert i. v. Die Kortikosteroidtherapie (ggf. ergänzt durch nicht steroidale Entzündungshemmer) sollte nicht zu früh reduziert (etwa 10–15 % alle 1–2 Tage) und beendet werden, um Rezidiven vorzubeugen. Manche Pferde benötigen Kortikosteroide während mehrerer Wochen, bis die Ödeme endgültig verschwinden. Weiter ist auch die unterstützende Therapie sehr wichtig. Hydrotherapie ist vorteilhaft und feuchte Verbände (Kamillenextrakte) sind angezeigt, wo immer sie sich über den Ödemen anlegen lassen. Der Hautpflege ist viel Gewicht beizumessen. Diese Behandlung wird ergänzt durch weitere symptomatische Maßnahmen, die jedem Fall anzupassen sind. Oft sind Elektrolytinfusionen, wenn nötig Plasmaexpander, selten Bluttransfusionen notwendig. Wenn immer möglich, sind die Pferde in langsamem Schritt zu führen, um die Rückbildung der Ödeme zu unterstützen.

Bei Erstickungsgefahr ist früh genug eine Tracheotomie vorzunehmen.

13.4 Krankheitsassoziation mit Autoantigenen – klinische Beispiele von «Autoimmunkrankheiten»

Immunreaktionen, die sich gegen körpereigene Moleküle richten, verursachen Autoimmunkrankheiten. Während viele dieser körpereigenen Zielstrukturen in der Humanmedizin (z. B. bei Vitiligo, Lupus, Rheumatoider Arthritis u. a.) bereits molekular charakterisiert sind, ist die Identität der Autoantigene und die genaue Pathogenese beim Pferd oft noch nicht entschlüsselt; eine Ausnahme bildet hier z. T. die Hautmanifestationen und v. a. die iatrogen verursachte **Anämie** nach zu Dopingzwecken (Fälle v. a. bei Rennpferden in den USA) verabreichten Gaben von rekombinantem humanem **Erythropoietin** mit der Bildung von Autoantikörpern gegen das körpereigene Erythropoietin.

Die pathogenetischen Prinzipien der Autoimmunerkrankungen sind – soweit wir sie eben beim Pferd überhaupt verstehen – z. T. bereits oben unter den Überempfindlichkeitsreaktionen (→13.3.1 & Tab. 13.1) sowie z. T. auch in den Kapiteln zu den Hautkrankheiten (→1.2.3) und zur Hämatologie (→11.5.4), dargestellt. Zum Beispiel, kann die rezidivierende **Uveitis**, evtl. auch das seltene **Erythema multiforme** (→1.2.3.5) als Typ-IV-Überempfindlichkeitsreaktion klassifiziert werden. Außerdem gibt es Hinweise, dass auch das **Cauda-Equina-Syndrom** (syn. Neuritis caudae equinae →6.3.6.1) möglicherweise dieser Kategorie angehört.

Immunvermittelte hämolytische Anämien (→11.3.4) und **immunvermittelte Thrombozytopenien** (→11.5.4), die Charakteristika von Typ-II-Überempfindlichkeitsreaktionen zeigen: Die idiopathische oder Immunthrombozytopenie (→11.5.4) ist wahrscheinlich die Folge eines Autoimmunprozesses, der die Thrombozyten zerstört. Möglicherweise induzieren kreuzreaktive Antigene von viralen (EIA) oder bakteriellen Krankheitserregern (ähnlich wie beim Petechialfieber und anderen Immun-Vaskulitiden (→13.3.2), die gegen die Thrombozyten gerichteten Antikörper. Eine spezielle Form ist auch die durch kolostrale Antikörper verursachte Thrombozytopenie beim neugeborenen Fohlen (→11.5.4).

Symptomatik: Die Thrombozytopenie äußert sich als **hämorrhagische Diathese** mit Blutungen aus der Nase, dem Darm, in die Bauchhöhle, in andere Körperhöhlen oder in Gelenke (Ultraschalluntersuchung und Abdominozentese etc.), oder auch als multiple Hämatombildung. Mit einer derartigen Manifestation ist allerdings erst bei tiefen Thrombozytenzahlen ($< 40 \times 10^6$/l) zu rechnen.

Diagnose: Die kapilläre Blutungszeit ist erhöht (Vergleich mit einem gesunden Pferd!), und die Thrombozytenzahlen sind per definitionem erniedrigt. Zuerst ist immer eine Pseudothrombozytopenie aufgrund einer bei der automatisierten Zählung nicht erkannten Verklumpung der Plättchen bei Gebrauch von EDTA als Antikoagulans auszuschließen: eine frische Zitrat-Blutprobe wird mikroskopisch auf Verklumpung oder wirklich zu tiefe Thrombozytenzahl überprüft.

Die Patienten weisen natürlich auch eine mehr oder weniger ausgeprägte Anämie und tiefe Serum-Eiweiß-Konzentrationen auf. Quick-Test und verwandte Proben ergeben normale Resultate, auch der Fibrinogengehalt des Plasmas ist normal. Knochenmarksausstriche zeigen evtl. eine kompensatorisch erhöhte Megakaryozytenzahl. Differenzialdiagnostisch sind v. a. eine Verbrauchskoagulopathie oder immunogene Thrombozytopenien (→11.5.3 resp. 11.5.4) auszuschließen. Eventuell zu beobachtende petechiale Blutungen in der Nasen- oder der Konjunktivalschleimhaut sind auch sorgfältig von Petechialfieber (→13.3.2) abzugrenzen. Weil weitergehende immunologische Tests (Nachweis von Anti-Plättchen-Antikörpern) beim Pferd nicht praxisreif sind, ist die Identifikation der auslösenden Antigene oft schwierig.

Therapie: Auch wenn die verantwortlichen Antigene meist nicht genau bestimmt werden können, sollte eine bestehende Medikation als möglicher Auslöser unverzüglich abgesetzt werden, wenn eine Immunthrombozytopenie vermutet wird. Kortikosteroide wirken oft gut (Thrombozytenzahl überprüfen), wobei hohe Dosen empfohlen werden (→13.3.1), bis zur Wiederherstellung einer akzeptablen Plättchenzahl von > 10 000/µl.

In lebensbedrohlichen Situationen (Verblutung in die Bauchhöhle!) wird man Vollblut oder thrombozytenangereichertes Plasma transfundieren, doch halte man sich vor Augen, dass damit die Primärkrankheit natürlich nicht beeinflusst wird.

Hautmanifestationen, die z. T. Charakteristika von Typ-II- und III-Überempfindlichkeitsreaktionen (→13.3.1) zeigen, aber beim Pferd immer noch schlecht untersucht und verstanden sind: Der **Pemphigus foliaceus** (mit Autoantikörpern gegen Keratinozytenantigene →1.2.3.3 & Abb. 1.14 & 1.15) gilt als eine der «häufigeren» Autoimmunkrankheiten des Pferdes, während das **bullöse Pemphigoid,** eine blasenbildende Hauterkrankung aufgrund von gegen die Basalmembran gerichteten Autoantikörpern, der **Pemphigus vulgaris** (Antidesmoglobin Autoantikörper), wie auch systemische und kutane Formen von **Lupus erythematosus** (→1.2.3.7) sehr selten sind.

Die **Therapie** (→13.3.1) der Wahl ist eine Dauerbehandlung mit Kortikosteroiden (Prednisolon 1–2 mg/kg/ KG SID Anfangsdosierung, ggf. auch höher. Nach dem Ansprechen auf die Steroidbehandlung wird empfohlen, die Dosis vorsichtig jede Woche bis auf eine minimale Dosis um 20 % zu reduzieren. Bei Rezidiven wurden Therapieresistenzen beobachtet. Die Behandlung mit Goldsalzen (Natriumaurothiomalate 1 mg/kg KG i. m. einmal pro Woche während 6 Wochen parallel zu den Kortikosteroiden) kann in manchen Fällen das Absetzen der Kortikosteroide erlauben. Testdosen von 20 mg oder 50 mg pro Pferd werden häufig gegeben, bevor mit der Therapie angefangen wird. Jedes Pferd muss individuell therapiert werden. Außer bei gewissen Formen des Pemphigus foliaceus ist aber die Prognose dieser Krankheitsbilder trotz Therapie zweifelhaft bis schlecht.

13.5 Immunbedingte Krankheiten mit genetischer Grundlage

Prädisposition für verschiedene immunvermittelte Pferdekrankheiten fußen auf einer genetischen Basis, die Immungenetik befasst sich mit deren Ätiopathogenese. Manche Krankheiten zeigen ganz eindeutige und direkt kausale Assoziationen mit genetischen Markern und Merkmalen, z. B. Blutgruppen bei der neonatalen Isoerythrolyse oder genetische Defekte der T- und B-Lymphozyten bei Immunschwäche (SCID →13.5.2). Zu einem guten Teil hat sich diese genetische Basis dagegen eher als eine Komponente des Immunsystems im weiteren Sinn herausgestellt (Immungenetik), wobei mit molekularbiologischen Methoden sogenannte genetische Marker oder sogar direkt in die Pathogenese von Krankheiten eingreifende Merkmale (oder deren Fehlen) nachgewiesen werden können, wie die weiter unten dargestellten Beispiele des Equinen Sarkoids, der RAO oder des Sommerekzems zeigen.

13.5.1 Neonatale Isoerythrolyse und Transfusionszwischenfälle

Sind die Blutgruppen von Blut- oder Plasmaspender oder der Mutterstute (Kolostrum) mit denen des Empfängers nicht kompatibel, muss bei der Gabe der Bluttransfusion bzw. beim Fohlem mit Aufnahme des Kolostrums mit einer intravasalen Hämolyse gerechnet werden. Die eigentlichen Blutgruppen sind Antigene der Erythrozytenmembran. Beim Pferd sind acht Systeme (**A**, C, **D**, K, **P**, Q, **T**, U) mit über 30 erythrozytären Alloantigenen bekannt. Diese Antigene werden zusammen mit anderen, nicht erythrozytären, polymorphen Systemen zur zuverlässigen Identifizierung und zur Abstammungskontrolle von Pferden verwendet. Ihre Anwesenheit kann zu Transfusionszwischenfällen führen, und die starken Antigene Aa und Qa sind hauptsächlich für die neonatale Isoerythrolyse beim Fohlen verantwortlich. Bei der **neonatalen Isoerythrolyse** (syn. **Ikterus neonatorum**) kommt es zur Hämolyse (Typ-II-Überempfindlichkeitsreaktion →13.3.1 & Tab. 13.1), wenn die Mutter Antikörper gegen väterliche Erythrozytenoberflächenantigene des Fohlens gebildet und das Fohlen diese Antikörper über das Kolostrum aufgenommen hat. Maultierfohlen sind diesbezüglich mehr gefährdet als Pferdefohlen, da das Maultierfohlen das paternale Antigen «*donkey-antigen*» obligat besitzt, welches beim Pferd nicht vorkommt.

Symptome: Bei der neonatalen Isoerythrolyse kommt das Fohlen gesund zur Welt. Manchmal schon nach 6 Stunden, meistens aber erst 12 Stunden bis 5 Tagen nach der Kolostrumaufnahme erkrankt das Tier offensichtlich (je jünger, desto ungünstiger meist die Prognose). Subakute milde Formen zeigen unter Umständen nur Ikterus, Solche Fälle bleiben wohl nicht selten unbemerkt. Evtl. kommt dazu ein leichtes Fieber, leichtgradige Tachykardie und Tachypnoe sowie eine kurzzeitige Hämoglobinurie. In klassisch verlaufenden, akuten Fällen wird zuerst eine Hämoglobinurie beobachtet (oft übersehen!) und nach etwa 36–48 Stunden auch Ikterus, zunehmende Schwäche (v. a. bei Anstrengung), Fieber, Tachypnoe und -kardie, evtl. Muskelfaszikulationen. Bei der perakuten Krankheit kann sich ein Ikterus oft gar nicht erst manifestieren! Die erkrankten Fohlen werden zusehends schwächer, sie saugen selten und nur kurze Zeit,

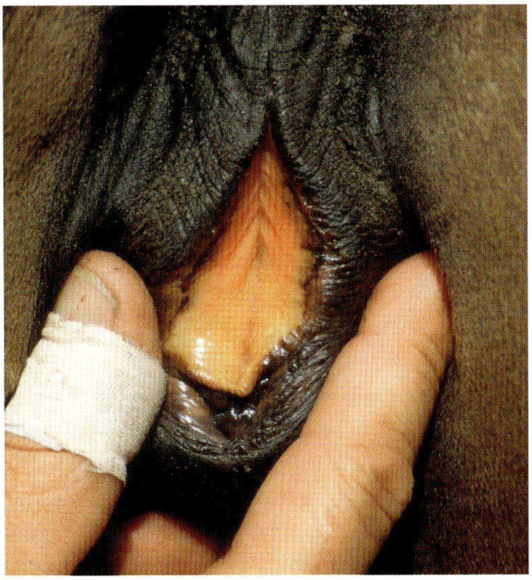

Abb. 13.4: Ikterische Vaginalschleimhaut eines Fohlens das an neonataler Isoerythrolyse leidet: Beispiel für immunbedingte Krankheiten ist der Ikterus neonatorum des neugeborenen Fohlens als Folge einer Hämolyse der Fohlenerythrozyten durch die kolostralen Antikörper der Stute. Die für die Typ-II-Überempfindlichkeitsreaktion verantwortlichen Blutgruppenantigene sind genetisch determiniert.

die Herzschlagfrequenz und **besonders die Atemfrequenz** sind erhöht. Schwer kranke Tiere schnappen nach Luft! Terminal sind ein kardiovaskuläres Schockgeschehen, Fieber oder auch Hypothermie sowie Krampfanfälle, abgelöst von komatösen Perioden, zu beobachten. Wenn die zentralnervösen Störungen nicht nur durch die periphere Gewebe-Hypoxie (→6.3.1.3), sondern durch einen Kernikterus (sehr selten: unkonjugiertes Bilirubin überwindet Blut-Hirn-Schranke und ruft eine schwere Enzephalopathie hervor →6.3.1.5.1) verursacht werden, ist die Prognose schlecht. Die initiale, elfenbeinerne Blässe der Schleimhäute wird von einer immer deutlicheren Gelbfärbung abgelöst.

Diagnose: Sie muss wegen der Unspezifität der Symptome im Labor gestützt werden: die Erythrozytenzahl liegt beträchtlich unter der unteren Grenze der Norm ($<< 6 \times 10^{12}$/l), der Hämatokritwert unter 0.25 l/l. Die Bilirubinspiegel steigen auf sehr hohe Werte an, diejenigen für direktes Bilirubin manchmal auf über 800 µmol/l! Bei schweren, perakuten Verläufen besteht auch eine ausgeprägte Azidose. Zur genauen Diagnosestellung stehen Agglutinations- (Kleiner Kreuztest mit Stutenserum und Erythrozyten des Fohlens, Coombs Test, *Jaundice Foal Agglutination Test*) und Hämolysetests *(Hemolytic cross-match test)* zur Verfügung. Steht kein kommerzieller Test zur Verfügung, kann unter Praxisbedingungen ein modifizierter *Jaundice Foal Agglutination Test* durchgeführt werden. Dazu werden 0.5 ml Stutenkolostrum mit 0.5 ml NaCl und einem Tropfen Fohlenblut gemischt, für 1 Stunde inkubiert und zentrifugiert. Agglutination liegt vor, wenn ein leichter Klaps aufs Laborröhrchen den Erythrozytenpellet nicht zurück in Lösung bringt.

Prophylaxe und Therapie: Bei den meisten Rassen liegt die Häufigkeit bei ca. 1–2 % der Geburten, bei Vollblütern und gewissen Traberlinien (Aa- und Qa-Blutgruppenfrequenz) ist das Risiko für eine neonatale Isoerythrolyse höher. Unter unseren Verhältnissen ist die Krankheit so selten, dass die Aspekte der **Prophylaxe** oft vernachlässigt werden. Stuten, deren frühere Fohlen schon an einer hämolytischen Anämie erkrankt waren, sind aber unbedingt 2–3 Wochen vor dem Geburtstermin zu untersuchen. Auch wenn nur an die Möglichkeit einer Sensibilisierung der Stute gedacht wird, ist die Untersuchung des Stutenserums auf Anti-Aa- und Anti-Qa-Antikörper angezeigt. Allerdings würde das Fohlen nur erkranken, wenn der betreffende Vaterhengst auch tatsächlich Aa- oder Qa-positiv ist. Bei einem bestätigten Fall sollte bei der nächsten Bedeckung der Stute ein anderer Hengst eingesetzt werden.

Ein wichtiges, aber bei leichtgradigen Fällen schwierig umzusetzendes **therapeutisches Prinzip** ist, dass diese Fohlen Ruhe benötigen, um sich erholen zu können. Die Fohlen derartiger Stuten dürfen v. a. auch kein Kolostrum der Mutter aufnehmen (während 24–36 Stunden Fohlen von der Mutter trennen oder mittels Maulkorb am Saugen hindern); Ersatz (Kolostrum und Milch einer anderen Stute) wird über die Nasen-Schlund-Sonde zugeführt, wobei natürlich das Ersatzkolostrum frei sein muss von gegen das Fohlen gerichteten Antikörpern (1.5–3 l und mehr fraktioniert innerhalb der ersten 12 Stunden; Immunglobulin-Gehalt des Fohlenserums überprüfen!). Die Stute muss dabei regelmäßig (ca. alle 2 Stunden) gemolken werden, damit der Milchfluss nicht zurückgeht. Nach 24–48 Stunden lässt man das Fohlen wieder saugen in der Annahme, dass sein Dünndarm jetzt für Makromoleküle nicht mehr durchgängig ist. Diese Fohlen haben ein erhöhtes Risiko, eine Sepsis (→16.23) zu entwickeln. Empfohlen werden deshalb die Überprüfung der IgG-Werte (→13.2) und ggf. eine Plasmagabe und ein prophylaktischer antibiotischer Schutz; in schweren Fällen auch die einmalige Gabe von Dexamethason (0.03–0.1 mg/kg KG i. v SID).

Entscheidend wichtig ist aber die Überwachung der Herz- und Atemfrequenz sowie der Serumlaktat- und Hämatokritwerte.

Fällt der Hämatokrit sehr schnell oder unter einen Wert von 0.15 l/l, muss eine Bluttransfusion entweder mit sorgfältig gewaschenen mütterlichen Erythrozyten (Vollblut des Hengstes eignet sich natürlich nicht!) oder mit Fremdspender-Vollblut, das Aa- und Qa-negativ ist und keine Alloantikörper im Serum enthält (je nach klinischem Zustand 1–2 l Vollblut, eventuell wiederholt; endgültige Dosierung nach dem Hkt-Wert! Agglutinationstest) in Betracht gezogen werden. In der Folge müssen bei schwereren Fällen auch die Nieren- und Leberwerte auf entsprechende sekundäre Organschäden durch Hämoglobin, unkonjugiertes Biliubin respektive Eisen überwacht werden. Hochvolumige Bluttransfusionen können beim neugeborenen Fohlen zu massiver Eisenfreisetzung aus Hämoglobin und damit zu Leberversagen führen.

Transfusionszwischenfälle beruhen auf dem gleichen Prinzip (Typ-II-Überempfindlichkeitsreaktion) und treten bei unseren Pferden selten auf. Vollbluttransfusionen sind meistens nur in Notfallsituationen angezeigt, das heißt bei akuten Blutverlusten erheblichen Umfangs (arterielle Verletzungen; Arterienarrosion; Hämolysen; auch etwa schwere Koagulopathien). Dabei hat man sich vor Augen zu halten, dass die meisten transfundierten Erythrozyten nicht länger als etwa 4–8 Tage überleben. Man wird auch daran denken, dass der Hkt bei akuten Blutverlusten erst nach einiger Zeit (24–48 Stunden) erniedrigt sein wird. Eine bedrohliche Hypovolämie wird nicht nur mit Vollblutersatz bekämpft; man wird neben Vollblut auch Plasma oder Plasmaexpander, für kurze Zeit isotonisch-wässrige Lösungen zuführen.

Prophylaxe: Die Spendertiere sollten sorgfältig ausgelesen werden. Einem gesunden Spender von 500 kg Gewicht dürfen 4–6 l Blut entnommen werden. Das Antikoagulans der Wahl ist Natrium-Citrat 4 % (Antikoagulanslösung: Blut/Natrium-Citrat = 1 : 9). Für die Blutgruppenunverträglichkeit sind in der Praxis vor allem Anti-Aa und Anti-Qa ausschlaggebend, doch gilt es hervorzuheben, dass nur wenige potenzielle Spender Alloantikörper gebildet haben und dass deren Reaktivität zudem noch sehr schwach ist. Trotzdem empfiehlt sich, eine grobe Verträglichkeitsprüfung durchzuführen. Man begnügt sich meistens mit Agglutinationsproben, wobei gewaschene Spendererythrozyten mit Empfängerplasma, gewaschene Empfängererythrozyten mit Spenderplasma *(«cross-match»)* zusammengebracht werden. Besser wäre die Prüfung auf Anwesenheit von Hämolysinen, doch erfordert der Test spezielle Einrichtungen (Blutgruppenlabor). Wird kein Cross-match durchgeführt, muss die Verträglichkeit mit einer strengen grobsinnlichen Überwachung (Puls- und Atemfrequenz, Verhalten, Muskelzittern, Kotabsatz, Nesselfieber, Herzarrhythmien aufgrund akuter Hypokalzämie (Zitratblut) während der ersten Infusionsminuten (50 ml) beurteilt werden. Treten keine pathologische Symptome auf, darf anschließend mit einer Geschwindigkeit von etwa 1 l/10 min für erwachsene Pferde und etwa 1 l/h für neugeborene Fohlen transfundiert werden (Mengenberechnung, Formeln →12.2.2).

Therapie: Prednisolon 2–3 mg/kg KG i. v.; bei Anzeichen einer hochgradigen Überempfindlichkeit und eines Schockzustandes als Notfallbehandlung auch Adrenalin (syn. Epinephrin; 1–2(–5) ml/500 kg KG einer 1 : 1000-Lösung i. m. oder s. c.) das Mittel der Wahl.

13.5.2 Weitere klinische Beispiele der Immungenetik

Beim Pferd sind verschiedene Immunschwächen mit vermuteter oder bewiesener genetischer Grundlage beschrieben. Die bekannteste ist die ***«Severe Combined Immunodeficiency»;* SCID**, welche v. a. Araberfohlen betrifft. Die genetische Basis der Krankheit steht fest: Beide Eltern sind obligat heterozygote Träger für das mutierte SCID-Gen (autosomaler, rezessiver Erbgang; ein Gentest ist vorhanden); die Häufigkeit von Trägertieren in der amerikanischen Araberpopulation wird auf 8–25 % geschätzt. Diese Fohlen bilden keine Lymphozyten, die zu einer normalen Immunantwort fähig wären. Die **Symptome** sind die einer schweren Immunschwäche mit rezidivierenden Infekten. Sie weisen eine deutliche Lymphopenie mit Zahlen unter 1×10^9/l (oft wesentlich tiefer) auf. Der Mangel an funktionierenden B-Zellen drückt sich in der Unfähigkeit aus, Antikörper zu bilden (IgG- und vor allem IgM-Bestimmung), derjenige an T-Zellen ließe sich ggf. mit dem Unvermögen nachweisen, auf eine intradermale Phytohämagglutininstimulation zu reagieren (→13.1). Im Labor erhärtet der Nachweis der markanten Lymphopenie einen Verdacht, und pathologisch zeigt sich – post mortem – eine Hypoplasie des Lymphgewebes (Milz, Thymus). Die **Diagnose** wird mit dem Gentest (Homozygotie für die Mutation) gesichert. Das Mangelsyndrom endet immer mit dem Tod der Fohlen, bevor sie 5 Monate alt sind. In der Regel erliegen sie «exotischen» Infektionen (Adenovirus; *Pneumocystis carinii;* verschiedenen bakteriellen Infektionen). Die **Prognose** für betroffene Fohlen (Bestätigung mit Gentest) ist infaust. Sie sollten euthanasiert werden, bevor mit einer hoffnungslosen Therapie Emotionen und Finanzen strapaziert werden!

13.5.3 Mit den Equinen Leukozyten-Antigenen assoziierte Krankheiten

Assoziationen zwischen Genen (beziehungsweise deren Expression als Protein) und bestimmten Krankheiten konnten auch beim Pferd nachgewiesen werden. Derartige Beziehungen zwischen Equinen Leukozyten-Antigenen (MHC-Marker) eines Pferdes und seiner Anfälligkeit für bestimmte Krankheiten sind für das **Equine Sarkoid** (→1.3.1.2), das **Sommerekzem** (→1.2.3.2) oder die equine rezidivierende **Uveitis** (ERU) gezeigt worden, vorausgesetzt, andere Faktoren (weitere Gene, Umweltfaktoren) werden mitberücksichtigt. Hingegen ließ sich kein Zusammenhang zwischen MHC-Markern und den Bronchitiden (IAD und RAO →3.6.2.1 & 3.6.2.2) des Pferdes erhärten. Vielmehr gibt es Hinweise für Assoziationen des Transferringens (ein eisenbindendes Protein mit bakteriostatischen Eigenschaften) und anderer immunassoziierter Gene (z. B. SLC11A1, IL7R, IL4R) mit der Anfälligkeit für IAD und auch für Rhodokokken-, Herpes- und Helmintheninfektionen.

Eine der deutlichsten **Vererbbarkeiten** sehen wir für die **RAO** (→3.6.2.2), und verschiedene Chromosomenregionen und auch Kandidatengene zeigen Assoziationen mit der Krankheit. Trotzdem ist es bisher nicht gelungen, eindeutige kausale Mutationen zu identifizieren. Der exakte Nachweis der genetischen Grundlagen gestaltet sich aufgrund der komplexen multifaktoriellen Ätiologie bei der RAO und auch bei anderen Krankheiten, die nicht einen einfachen monogenetischen Erbgang haben (wie z. B. SCID) oft sehr schwierig. Dessen ungeachtet hat die Untersuchung der Genetik der RAO andere interessante Erkenntnisse hervorgebracht: RAO scheint (wenigstens bei Warmblutpferden) vermehrt zusammen mit Sommerekzem (→1.2.3.2) und Urticaria (→1.1.5) aufzutreten. Umgekehrt scheinen Pferde mit RAO weniger Strongylideneier auszuscheiden, wahrscheinlich aufgrund einer stärkeren T-Helfer-2-Antwort, die einerseits eine bessere Immunabwehr gegen Helminthen erlaubt, andererseits aber für Überempfindlichkeitsreaktionen wie RAO prädisponiert (Box 13.1).

Weiterführende Literatur

Duchow K., Feige K., Horzinek M., Osterrieder K., Straubinger R., Truyen U., Düe M., Schüle E., Röcken M., Witzmann P.: Leitlinie zur Impfung von Pferden. 2. Auflage, Ständige Impfkommission Vet. (StIKo Vet.) im Bundesverband Praktizierender Tierärzte e. V. (bpt), September 2013.

Lunn D. P., Horohov D. W.: Part I: Mechanisms of Disease and Principles of Treatment, Chapter 1: The Equine Immune System. In: Reed S. M., Bayly W. M., Sellon D. C. (Hrsg.): Equine Internal Medicine, 3rd edition, Saunders Elsevier, St. Louis, 2010.

Rosenkrantz W. (Hrsg.): Part 3 – Equine Allergy. In: Noli C., Foster A. P., Rosenkrantz W. (Hrsg.): Veterinary Allergy, 1st edition, Wiley-Blackwell, Oxford, 2014.

14 Vergiftungen

V. Gerber, C. Graubner und R. Straub

Im Gegensatz zum gelegentlich von Pferdebesitzern geäußerten Verdacht, «das Pferd sei vergiftet (worden)», gehören klar nachgewiesene Vergiftungen im Einzugsgebiet unserer Klinik zu den Seltenheiten. Die folgende Besprechung beschränkt sich deswegen auf eine Auswahl von Vergiftungen, die unter unseren Verhältnissen vorkommen oder vorkommen könnten. Nebenwirkungen von Medikamenten, ausgenommen von Pestiziden, die auch am Pferd angewendet werden, sollen hier ebenso wenig besprochen werden wie der kaum je zu substantivierende Verdacht, es handle sich bei einer bestimmten Krankheit um eine «Futtermittelvergiftung» (Durchfall, Hufrehe). In Nordamerika scheinen Vergiftungen häufiger vorzukommen als bei uns, wir verweisen dazu aber auf die unten angegebene Literatur. Der Text wird außerdem ergänzt mit der Tabelle 14.2 und den weiteren Ausführungen zu Intoxikationen, die bestimmte Organsysteme betreffen und in den entsprechenden Kapiteln behandelt werden, z. B. zu Haut (u. a. →1.2.2), Magen-Darm-Trakt (→4.2.6.1.6), Leber (→4.3.1 & 4.3.2), Niere (→5.1.1 & 5.1.2), Skelettmuskel (→7.5.1 & 7.5.2), Nervensystem (→6.3.1.6.2–6.3.1.6.4) und Hämatologie (→11.5.2.1).

Abb. 14.1: Jakobs-Kreuzkraut (Senecio jacobaea): Als Unkraut und Gartenvarietäten häufig anzutreffen und auch getrocknet (z. B. im Heu) toxisch. Dementsprechend häufig kommen Vergiftungen vor. Akuter bis chronischer Verlauf, je nach aufgenommener Dosis und zeitlichem Verlauf. Die Aufnahme von 50g/kg KG führt zu akuten Symptomen und kann in einem tödlichen Leberversagen enden.

Giftpflanzen: Besonders bei Futtermangel, abgefressenen Weiden, Lust auf Grünfutter werden giftige Pflanzen, die sonst gemieden werden, aufgenommen. Giftpflanzen im Heu stellen eine besonders große Gefahr dar, da sie getrocknet leichter gefressen werden als im frischen Zustand. Besonders giftig sind: Eibe Taxus (Taxus-Alkaloide), Oleander (digitalisähnliche Herzglykoside), Eicheln, Eichenrinde und Eichenblätter (Gerbstoff Tannin), Thuja (Ätherische Öle), Goldregen (Quinilizidin-Alkaloide), Adlerfarn (Thiaminase), Buchs (Buxin Alkaloid), Bergahorn (Hypoglycin A), Kreuzkraut (Pyrrolizidinalkaloide) und Tollkirsche (Atropin). **Zierpflanzen und Unkräuter** gehören auch heute noch zu den häufigeren Vergiftungsursachen. Möglicherweise sind Phytointoxikationen häufiger, als man annimmt, weil zum Beispiel nicht tödliche Gastroenteritiden sehr oft auf keine bestimmte Ursache zurückgeführt werden können. Auch die Tabelle 14.2 repräsentiert nur eine Auswahl aus den möglichen Pflanzenvergiftungen. Ein wesentlicher Teil dieser Vergiftungen kann vermieden werden, wenn in der Umgebung von Pferden toxische Pflanzen nicht angepflanzt werden oder wenn jedenfalls der Kontakt damit sorgfältig vermieden wird (cave! Gartenabfälle, Heckenschnitt, Hackschnitzel, auch Pflanzkübel als Dekorationen bei Turnieren etc.). Auch unterwegs sollten Pferde nicht an Bäumen und Büschen naschen.

Tiergifte: In der Natur sind Gifte von vielen Tieren von großer Bedeutung. Die Wirkung verschiedener Gifte von Insekten, Reptilien u. a. werden in den Kapiteln der betroffenen Organsysteme behandelt (u. a. →4.1.1). **Cantharidin** ist in der Hämolymphe einer Reihe von Käferarten enthalten, vor allem bei den Ölkäfern *(Meloidae)*. Das Terpenoid wurde als Inhaltsstoff der Spanischen Fliege *(Lytta vesicatoria)* erstmals beschrieben und wurde als Hautreiztherapie in der Pferdemedizin und beim Menschen als Warzenmittel und Aphrodisiakum verwendet. Cantharidin ist ein starkes Reiz- und Nervengift. Außerdem führt es zu Entzündungen und insbesondere zu einer starken Schädigung der Nieren.

Schädlingsbekämpfungsmittel: Durch unbedachte Lagerung, Kontamination von Futtermitteln und Tränkewasser können u. a. Rodentizide (z. B. Cumarin, Zinkphosphid), Insektizide und Herbizide (z. B. chlorierte Kohlenwasserstoffe, Phosphorsäureester), Molluskizide (Schneckengifte, z. B. Metaldehyd) etc. zu Vergiftungen führen.

Futterzusätze: z. B. Selenüberdosierung bei unsachlicher Verabreichung von Zusatzfutter für Pferde. Für das Pferd giftige Zusatzfutter, Lecksteine und Wachstumsförderer für Rinder, Schweine und Puten (Monensin, Salinomycin) können zum Teil zu schweren Intoxikationen führen. Auch Mykotoxine in verschimmeltem Futter (Aflatoxine u. a.), Ablecken von Farbstoffen (Blei), Salben (Quecksilber u. a.), Aufnahme von Streuemitteln (Holzschutzmittel: Pentachlorphenol) können Vergiftungssymptome hervorrufen.

Vergiftungen mit **Metallen und Metalloiden** beziehungsweise deren Verbindungen werden zumindest in Europa immer seltener. Die nachstehende Tabelle 14.2 informiert über die Toxizität einiger Elemente, mit denen oder mit deren Verbindungen unsere Pferde in Berührung kommen könnten. Nachdem die früher oft verwendeten Therapien mit hochgiftigen Hg-, Pb- und S-Verbindungen in Verruf geraten sind, beobachtet man auch keine derartigen iatrogenen Vergiftungen mehr. Auch Erdölabfälle (Altöl) sind früher in den USA als Staubbindemittel in Reitbahnböden eingearbeitet worden, was zu progressiv-chronischen Vergiftungserscheinungen Anlass gegeben hat.

Vergiftungen mit sogenannten **Pestiziden** sind entweder Folgen einer Parasitenbekämpfung am Pferd oder, weil bei einer Nagerbekämpfung mit Giften im Stall oder auf der Futterbühne eine akzidentelle Aufnahme vorkommen kann. Nagergifte haben in der Umgebung von Pferden keinen Platz und die besonders gefährlichen, vergifteten Getreidekörner am allerwenigsten. Auch in Nordamerika werden zunehmend weniger außerordentlich toxische Rodentizide und vergiftete Köder (Strychnin; As-Verbindungen und dergleichen) verwendet, aber offenbar kommen derartige Vergiftungen bei Pferden immer noch vor. Die Tabelle 14.2 umfasst nur einen kleinen Teil der Unzahl sogenannter Pestizide; sie erwähnt die in der Landwirtschaft verwendeten Herbizide, Fungizide, Getreidekonservierungsmittel, Holzbehandlungsmittel usw. nicht, weil es kaum möglich ist, hier überhaupt eine Auswahl zu treffen. In jedem Verdachtsfall ist die Toxizität des betreffenden Präparates so rasch wie möglich abzuklären.

14.1 Allgemeine Regeln

Die Erhebung einer exakten Anamnese ist nie wichtiger als in Vergiftungsfällen! Durch Befragung und Besichtigung der Stallung,

Weide und der Futterräume müssen spezifische Punkte (Box 14.1) abgeklärt werden.

Bei Verdacht auf fahrlässigen Umgang mit Giftstoffen des Tierhalters oder auf böswillige Vergiftung der Tiere muss versucht werden, eine unanfechtbare Beweisführung zu garantieren. Identifikation der Tiere, Sektion unter Zeugen und Sicherstellen in fachgerechter Verpackung, Beschriftung, Versiegelung und Lagerung müssen garantiert werden. Die Sektion muss protokolliert werden mit Unterschrift des Tierarztes und der Zeugen (Box 14.1).

Wichtige Fragen bei der Anamneseerhebung

- Sind andere Pferde im selben Bestand ebenfalls erkrankt? Wenn ja, gibt es Hinweise auf eine infektiöse vs. eine toxische Ursache? Wird in diesem Bestand einheitlich gefüttert und getränkt?
- Hatte das Tier Zugang zu Zierpflanzen, zu Gartenabfällen (Heckenschnitt), zu Unkräutern, Hecken oder einzelnen Bäumen in der Umgebung des Stalls oder der Weide?
- Hatte das Tier Zugang zu Pestiziden, vor allem zu Nagerbekämpfungsmitteln und zu Insektiziden? Hat eine Nagerbekämpfung letzthin stattgefunden? Womit?
- Ist das Pferd vor der Erkrankung einer Ekto- oder Endoparasitenbehandlung unterzogen worden?
- Ist in der Umgebung des Pferdes in letzter Zeit etwas verändert worden? (Bauarbeiten, Wasserversorgung; Anstriche Holzkonservierung; Unkrautbekämpfung; neuer Reitbahnboden, Einstreue oder Staubbekämpfung in der Reitbahn usw.?)
- Eine ungezielte Suche nach irgendeinem «Gift» verspricht praktisch keinen Erfolg und ist außerdem sehr kostspielig (Information der Pferdebesitzer!). Durch die Erhebung einer exakten Anamnese und die detaillierte Beschreibung der beobachteten Symptome wird man zusammen mit den Toxikologen indessen die Richtung, in der gesucht werden soll, einigermaßen festlegen können.

Besteht ein **begründeter Vergiftungsverdacht**, sind weiter die folgenden **Regeln** zu beachten:

- Bei Weidegang, Aufstallen der Tiere, bis die Weide inspiziert und als Giftquelle ausgeschlossen werden kann.
- Therapeutische **Sofortmaßnahmen** bestehen in einer Magenspülung und/oder in der oralen Gabe eines indifferenten Abführmittels (2–3 l Paraffinöl bei fettlöslichen Giften, wiederholt größere Mengen Wasser (6–8 l QID, evtl. mit Glaubersalz) bei wasserlöslichen Giften, →14.2 & Tab. 14.1), gefolgt von Aktivkohle (0.2–0.5 g/kg KG) aufgeschwemmt in etwa 3 l Wasser. Eigentliche Antidote stehen in praxi kaum zur Verfügung! Hat sich das Pferd über eine kutane Giftresorption vergiftet, ist es unverzüglich mit großen Mengen lauwarmen Wassers resp. bei lipidlöslichen Toxinen mit Seifen- oder Geschirrspülmittellösung zu waschen.
- In jedem Verdachtsfall wird man Blut, Harn und Kot, wenn möglich auch Mageninhalt für eine spätere **toxikologische Untersuchung** gewinnen und einfrieren. Stirbt das erkrankte Tier oder sollte man es euthanasieren müssen, ist die Asservierung von Untersuchungsmaterial von vornherein sicherzustellen: Magen-, Dünn- und Dickdarminhalt, Blaseninhalt, Stücke von Leber, Niere, Bauchfett und Myokard (je ca. 200 g). Verdächtiges Material: Mehrere Proben an verschiedenen Stellen sammeln (1–2 kg Pflanzen und Giftstoffe können durch toxikologische Informationszentren identifiziert werden (CH +41 (0) 44 251 51 51; www.vetpharm.uzh.ch).

14.2 Notfalltherapie

In Ergänzung zu den oben beschriebenen Regeln, folgen hier noch weitere und spezifischere Angaben zur Therapie und Sofortmaßnahmen.

Dekontamination: Abhebern von Mageninhalt (cave! NSS nicht über den Mund ansaugen) und Magenspülung. Verabreichung von fettigen Laxantien wie Paraffinöl bei Intoxikation mit fettlöslichen Giften, Verabreichung von größeren Mengen Wasser (bis 6–8 l, nach Verträglichkeit alle 3 Stunden wiederholt; ggf. mit Glaubersalz als Abführmittel) bei Intoxikation mit wasserlöslichen Toxinen. Verabreichung von Absorbentien (Aktivkohle 100–200 g/500 kg KG in wässriger Suspension), dies v. a. auch bei Vergiftung mit ethanol-löslichen Substanzen.

Haut-, Fell-, Schleimhaut- und Augenkontamination mit wasserlöslichen Giften mit viel Wasser, bei lipidlöslichen Giften mit Seifenlösung oder Geschirrspülmittel und Wasser lange dekontaminieren. Besteht der Verdacht, dass fettlösliche Toxine bereits in das Blut resorbiert wurden (z. B. Permethrin; auch bei Ivermectin und Moxidectinintoxikationen eingesetzt) ist eine Lipidinfusion (Präparat, das für die parenterale Ernährung eingesetzt wird) angezeigt. **Respiration:** Freihalten der Atemwege, evtl. Tracheotomie. **Kreislauf:** Volumenersatz. **ZNS:** Osmotherapie bei Ödemen (Mannitol, Entzündungshemmer, DMSO). **Digestionsapparat:** Spasmolytika (Buscopan), Analgetika (Metamizol), Laxantien. **Forcierte Ausscheidung:** Diurese (Furosemid und Mannitol) **Spezifische Antidottherapie:** Atipamenzol bei Amitrazvergiftung (Ektoparasiten), Dimercaprol (ein selber toxischer Chelatbildner, der über seine Thiol-Gruppen mit den Metallionen reagiert) bei Arsenvergiftung (Insektizid), Dimercaptopropansulfonsäure (DMPS) ein chelierendes Antidot bei Blei- (auch $CaNa_2$-EDTA als Antidot), Arsen-, Quecksilber-, Gold-, Bismut-, Antimon- und Chromvergiftungen; Deferoxamin bei Eisenvergiftungen; lediglich Kupfer- und Kalziumsupplementierung bei Zinkvergiftung (Umweltverschmutzung, Zinksalben); lediglich symptomatische Maßnahmen und Dekontamination bei Selenintoxikation, weil Vit. C und CaNa2-EDTA kontrovers sind; Atropinsulfat, evtl. auch Buscopan bei Carbamat- und Organophosphatvergiftung (Insektizide, Herbizide, Fungizide); Vit. K1 bei Cumarinvergiftung (Rodentizide) u. a.

Die therapeutischen Interventionsmöglichkeiten sind auch in den jeweiligen Organkapiteln z. T. noch weiter ausgeführt: Haut (→1.2.2), Magen-Darm-Trakt (→4.2.6.2), Leber (→4.3.1 & 4.3.2), Niere (→5.1.1 & 5.1.2), Nervensystem (→6.3.1.6), Hämatologie (→11.5.2.1) und unter www.clinitox.ch/www.giftpflanzen.ch.

Tabelle 14.1: Einteilung der Gifte nach Löslichkeit in Wasser, Fett und Ethanol

wasserlösliche Toxine	fettlösliche Toxine
Alkaloide der Eibensamen und -nadeln	Thuja (ätherische Öle)
Oleander Glykosid	Phosphorsäureester (Insektizide, Herbizide)
Gerbstoffe der Eiche und ihrer Bestandteile	chlorierte Kohlenwasserstoffe (Insektizide, Herbizide)
Cytisin des Goldregens	Metaldehyd (Schneckengift)
Thiaminase des Adlerfarns	Selen
Buchs Alkaloide	Mykotoxine
Pyrrolizidinalkaloide des Kreuzkrauts	Blei
Atropin der Tollkirsche (Alkaloid)	Quecksilber (Dampf!!)
Blausäure Kernobst	Pentachlorphenol (Holzschutzmittel)
	Ethanol-lösliche Toxine
	Cumarin

Tabelle 14.2: Gifte, Vorkommen/Häufigkeit, Leitsymptome, Bemerkungen und Therapie

Gifte/Giftquellen	Vorkommen/ Häufigkeit	Leitsymptom	weitere Erscheinungen/ Bemerkungen	spezifische Therapie
Arsen (As) – **Arsenik** (As_2O_2)				
Pestizide (Köder) Herbizide, Holz- und Saatgutkonservierung, Emissionen, obsolete Medikamente	In Europa heute unwahrscheinlich, in Nordamerika gelegentlich beobachtet (Aufnahme per os oder auch perkutan)	– plötzlicher Tod – wässerig hämorrhagischer Durchfall und Hypovolämie	Hyperperistaltik; Exsikkose mit tiefroten Schleimhäuten; Kolik, Inkoordination und zunehmende Schwäche; Kreislaufversagen; Untertemperatur. Evtl. Proteinurie. Diagnose: Anamnese! Hämorrhagisch-nekrotisierende Enteritis, Leber- und Nierendegeneration; As-Konzentration > 10 ppm in Leber.	DMPS oder Dimercaprol 5, später 3 mg/kg KG i. m. alle 6 Stunden. Na-Thiosulfat 30–40 mg/kg KG als 20%ige Lösung i. v., auch p. o. Überdies: Flüssigkeitsersatz, Paraffinöl per os.
Blei (Pb)				
Emissionen (Gießereien etc.) Bleibenzin, Wasserrohr aus Blei, Pb-Farben, Burrow'sche Lösung (Pb-Acetat)	unwahrscheinlich	chronisch-progressive neurologische Ausfälle wie Inkoordination, bilaterale Hemiparesis Laryngis, Pharynxkollaps, Blindheit	In subakuten Fällen Diarrhoe und eventuell Kolik. In chronischen Fällen Abmagerung; stumpfes, mattes Haarkleid, steifer Gang; evtl. Gelenksauftreibungen, Hypochrome Anämie Diagnose: Sicherung durch Pb-Konzentrations-bestimmung in Knochen, Leber Niere p. m.	Behandlungsversuch mit $CaNa_2$-EDTA 75 mg/kg KG pro Tag als Infusion für 4 Tage. Wiederholung nach Unterbrechung von 2 Tagen; ggf. Notfalltracheotomie
Cadmium (Cd)				
Farben (Cd-Gelb) Rostschutzanstriche (Wasserkontamination)	offenbar äußerst selten	Ataxie, zunehmend	Cd ist ein Nephrotoxin! Hyperthermie, Kolik	Dimercaprol 5 mg/kg KG i. m. alle 6 Stunden
Fluor (F)				
Rodentizide; Köder (USA) (Fluoracetat) Emissionen (Aluhütten)	– unwahrscheinlich äußerst giftig! – chronische Fluorose: sehr selten	– plötzlicher Tod – Zahnschmelzverfärbung (gesprenkelte Zähne)	– Arrhythmien; Übererregbarkeit; Muskelzuckungen – Kaustörungen mit Abmagerung, Zahndefekte; Lahmheit Hyperostosen Diagnose: F-Konzentration in Harn > 15 ppm	Zufuhr von Ca-Carbonat

Gifte/Giftquellen	Vorkommen/ Häufigkeit	Leitsymptom	weitere Erscheinungen/ Bemerkungen	spezifische Therapie
Selen (SE)				
Se-Speicher Pflanzen (*Astragalus* u. a.) Wasser Medikamente (Überdosis)	Westen der USA	akut: rascher Tod (komplexe Symptomatik)	Apathie, Durchfall, Atemnot	Chelatoren $CaNa_2$-EDTA?
		Subakut: hepatozerebrales Syndrom mit Blindheit	zunehmende Schwäche bis Lähmung	
		chronisch: Langhaarausfall, Hufhorndefekt bis Hufrehe und Ausschuhen	Lahmheit, Gewichtsverlust, Apathie	
Zink (Zn)				
Zinksalben	sehr selten	Epiphysenverdickung und Lahmheit bei Fohlen	Abmagerung	Kupfer- und Kalziumsupplementierung
Zn-Phosphid als Rodentizid (giftig ist darin PH_3)	sehr giftig (nur Nordamerika)	Kolik	Lungenödem, Kreislaufkollaps; auch Krämpfe	Na-Bikarbonat
Erdölprodukte				
Staub-Binde-Mittel (Altöl in Reitbahnen, Tretschicht)	USA, CH Anstrich von Umzäunung	Abmagerung	Haarverluste bis ulzerierende Dermatitis. Koliken, Hämaturie, Hufrehe	
Ethylenglykol		akute Abmagerung, Nierenversagen		Bikarbonat, Fomebizol
Insektizide				
chlorierter Kohlenwasserstoff (obsolet)	trotz früher häufigen Gebrauchs nur selten Vergiftungsfälle	Übererregbarkeit, Muskelzuckungen bis ton.-klon. Krämpfe	Hyperthermie, Schwitzen, auch Kolik	
Organophosphate (Mittel gegen Ektoparasiten und Endoparasiten)	Bei vorsichtiger Dosierung und Verwendung sind Vergiftungen selten. Lungenkranke Pferde nicht behandeln!	Atemnot bei Bradykardie, Muskelzuckungen; Schweißausbruch.	alle Symptome einer Parasympathikus-Stimulation: Speichelfluss, Übererregbarkeit, Hyperperistaltik bis Kolik, Polyurie. Bronchial- und Lungenödem, Bronchospasmen Diagnose: Cholinesteraseaktivität (Vollblut) herabgesetzt	Atropin 0.15 mg/kg KG i. v., evtl. wiederholt. In leichten Fällen 0.05 mg/kg KG; wenn nötig sog. Cholinesterase- Reaktivatoren Buscopan?
Carbamate	wenig bekannt, wie oben	wie oben	wie oben	nur Atropin wirksam

Gifte/Giftquellen	Vorkommen/ Häufigkeit	Leitsymptom	weitere Erscheinungen/ Bemerkungen	spezifische Therapie
Molluskizide/Metaldeyd				
Schneckenbekämpfung «Hart-spiritus»	selten; Pferd sehr empfindlich	Erregung, Krämpfe	Schwitzen. Inkoordination. Tachypnoe, Tachykardie	
Rodentizide				
Warfarin u. a Cumarinderivate Nagerbekämpfung (warfarinversetzte Getreidekörner etc.)	Möglich bei unvorsichtigem Gebrauch der Giftkörner!	Nasenbluten, Blut im Kot, Hämatome; Verblutung in Bauchhöhle	Verlängerte Blutungs- und Gerinnungszeit. Anämie. Hypovolämischer Schock. Auch plötzlicher Tod.	Vollblut (wenn HK < 15 %); Vit. K 1 mg/kg KG 2 × täglich bis zur Normalisierung der Prothrombinzeit
Zinkphosphid (siehe auch Zn) PH_3-Giftweizen	obsolete Nagerbekämpfung; sehr selten	Magen-Darm-Reizung	Kreislaufversagen	sofortige Magenspülung mit $KMnO_4$ 0.1 %
Giftpflanzen				
wirksames Prinzip: Alkaloid				
Laburnum anagyroides (Cytisus laburnum) Goldregen (Cytisin)	häufiger Zierstrauch; Vergiftung besonders durch Samen	Erregung, später Lähmung	Schweißausbruch, P↑, A↑; Tod durch Atemlähmung	keine
Buxus sempervirens/Buchsbaum (Buxin)	häufiger Zierstrauch oder -bäumchen! Cave! Heckenschnitt; Dekoration bei Turnieren	Gastroenteritis mit Kolik (700 g frische Blätter können tödlich wirken)	Krämpfe, dann Lähmung	keine
Taxus baccata/Eibe u. Verwandte (Taxin)	Wild und als Hecke, Zierstrauch oder -baum. Alle Pflanzenteile sind giftig, auch getrocknet, besonders alte Nadeln. Cave! Heckenschnitt!	plötzlicher Tod; 100–150 g tödlich	Muskelzittern, Ataxie, terminal Krämpfe	keine
Senecio jacobea u. a. Kreuzkräuter (Senecio-Alkaloid: hepatotoxische Pyrrolizidin-Alkaloide	häufige Unkräuter, auch Gartenvarietäten	Hepatoenzephalopathie (Hepatozerebrales Syndrom)	i. d. R. chronische Leberschäden, klinische Erscheinungen treten aber oft akut auf: Anorexie. Apathie. Ikterus. Leberenzymaktivitäten ↑.	keine
Atropa belladonna/Tollkirsche (Atropin)	strauchige Staude an Waldwegen (ähnlich wirken *Datura* u. *Hyoscyamus*)	Übererregbarkeit	Toben, Krämpfe, Tachkardie	evtl. Neostigmin
wirksames Prinzip: Glykoside				

Gifte/Giftquellen	Vorkommen/ Häufigkeit	Leitsymptom	weitere Erscheinungen/ Bemerkungen	spezifische Therapie
Nerium oleander/Oleander	nicht winterharte Kübelpflanzen; ganze Pflanze, auch getrocknet; gefürchtet: verwelkte Blätter in Gartenabfällen!	Durchfälle, Apathie; auch plötzlicher Tod > 20 g (= 20 Blätter!) tödlich; Pferde sind sehr empfindlich, Giftigkeit wird oft unterschätzt	Herzarrhythmien; Schweißausbruch; Kalte Gliedmaßen	Atropin (?)
Mercurialis annua u. a. Bingelkraut (Saponine)	häufige Unkräuter, Vergiftungen aber sehr selten.	Hämaturie, auch Hämoglobinurie	Anämie, Ikterus	keine
wirksames Prinzip: Gerbstoffe und ätherische Öle				
Quercus/Eiche Juglans/Nussbaum	Rinde, Blätter, Eichel	Kolik, Hämaturie	Nierenversagen	keine
Thuja occidentalis/Lebensbaum	häufige Heckenpflanze; Pferde meiden Thuja i. d. R.	Gastroenteritis	Leber- und Nierenschäden	keine
Hypericum perforatum u. a. Johanniskräuter	häufiges Unkraut, wird meist gemieden	Dermatitis unpigmentierter Haut bei Sonnenbestrahlung	fototoxische Reaktionen	keine
wirksames Prinzip: Stickstoffverbindungen				
Colchicum autumnale/ Herbstzeitlose (Colchicin)	häufige Pflanze auf Alpenweiden (Jura), cave! auch getrocknet im Raufutter giftig; Vergiftungen eher selten	Gastroenteritis mit Kolik und oft Schock, Blut im Kot 50 g tödlich für Pferd (Heu!)	hypovolämischer Schock	Schockbehandlung; Tannin per os (bis 25 g)
Robinia pseudoacacia/Falsche Akazie (Robinie)	recht häufiger Baum an Waldrändern, auch Gärten; Vergiftungen durch Abknabbern von Rinde	Gastroenteritis mit Kolik, Atemnot; 150 g Rinde	Erregung, Krämpfe, dann Lähmungen; Hufrehe	keine
wirksames Prinzip: Thiaminase				
Equisetum palustre/Sumpfschachtelhalm u. a. *Equisetum* sp.	Häufig auf sauren, sumpfigen Böden. Vergiftungen aber sehr selten (Lischenheu oder -streue)	Erregbarkeit und Hyperästhesie	Muskelzuckungen, Ataxie, Krämpfe, dann Lähmungen. Bradykardie und Hypothermie	Vit. B_1 nach Wirkung (> 1 mg/kg)
Pteridium aquilinum u. a. Farne	sehr häufig auf Alpenweiden, Vergiftungen aber äußerst selten	wie Schachtelhalm Heu!!		keine

Gifte/Giftquellen	Vorkommen/ Häufigkeit	Leitsymptom	weitere Erscheinungen/ Bemerkungen	spezifische Therapie
wirksames Prinzip: Cyanide oder Cyanwasserstoff (Blausäure); blockiert Cytochrom-c-Oxidase des Mitochondriums und damit die Zellatmung: «innere Erstickung»				
Prunus avium/Kirsche u. a. Steinobst wie Pflaume, Pfirsich, Aprikose, aber auch in Mandeln	sehr selten nach Aufnahme und Zerkauen großer Mengen von Kirschkernen; evtl. auch industrielle Quellen und Brandrauch	Atemnot mit Tachypnoe, Tachykardie und hellroten Schleimhäuten; hochgradige Laktazidose bei normalem pO_2 und guter peripherer Durchblutung (normale KFZ)	evtl. neurologische Großhirnsymptomatik (Krämpfe u. a.)	Hydroxyccbalamin- oder Kobalt-EDTA; Na-Thiosulfat; außerdem Verabreichung von Sauerstoff nasal und Bikarbonat (0.5–1 mg/kg) i. v.
Prunus laurocerasus/ Lorbeerkirsche	als Zierstrauch und Hecke Aufnahme von Blättern und Samen; 1 kg Blätter können für 500 kg KG tödlich sein.		Myelomalazie	
Sorghum Sudangras	mit Hirse verwandt	Blasenlähmung		
Leinsamen, Kernobst und bestimmte Bohnenarten können deutliche Mengen an freisetzbarem Cyanid enthalten		Sauerstoffmangelerscheinungen; «innere Erstickung»	Methämoglobinämie (Zellatmung; cytoclavom-(Oxidase)	4-DMAP
Tiergifte				
Cantharidin	Käferarten	Haut und Schleimhautreizung	Hypocalcämie	keine

Weiterführende Literatur

Frey H.-H.: Vergiftungen. In: Wintzer H.-J. (Hrsg.): Krankheiten des Pferdes, Parey, Berlin, 1982.

Schmitz D. G.: Toxicologic Problems. In: Reed S. M., Bayly W. M., Sellon D. C. (Hrsg.): Equine Internal Medicine, Saunders Elsevier, St. Louis, 2009.

Wagner G., Lauber K., Gygax A.: Flora Helvetica. 5. Auflage, Haupt Verlag, Bern, 2012.

http://www.giftpflanzen-fuer-pferde.de

http://www.vetpharm.uzh.ch

15 Virusinfektionen

V. Gerber, Ch. Griot, R. Zanoni und R. Straub

Viruskrankheiten haben beim Pferd immer eine außerordentlich große Rolle gespielt. Eine seuchenhaft auftretende, fieberhafte Erkrankung konnte früher ganze Armeen immobilisieren. Aber auch heute noch vermag eine Viruskrankheit den Pferdesport und auch die Pferdezucht schwer zu beeinträchtigen.

Seuchenpolizeiliche Vorschriften variieren von Land zu Land. Grundsätzlich sollten derartige Vorschriften den internationalen Pferdeverkehr nicht unmäßig erschweren und dabei doch eine genügende Sicherheit gegen Seuchenverschleppungen gewährleisten. Obschon das Pferd für die Verschleppung von Zoonosen kein wichtiges Vehikel ist, darf auch dieser Gesichtspunkt von den Behörden nicht vernachlässigt werden (z. B. Tollwut, Hendra-Virus, West Nile Virus, amerikanische Enzephalitiden).

Art und Ausprägung der klinischen Erscheinungen hängen in erster Linie von den Eigenschaften des verantwortlichen Virus sowie vom Immunstatus (spezifische und unspezifische Abwehr) des Patienten ab. Es ist deshalb auch für den Kliniker wichtig, dass ihm die Eigenarten der infrage kommenden Viren bekannt sind und er also Klassierung und Taxonomie der Viren kennt (in der folgenden Klassierungstabelle sind die pferdepathogenen Viren fett gedruckt). Auch für die Bekämpfung (z. B. sind hüllentragende Viren viel empfindlicher auf Desinfektionsmittel) und die Epidemiologie (Übertragungsweg; Infektiosität, z. B. rapide antigenetische Veränderungen von RNA-Viren; erleichterte Veränderung der Oberfläche von behüllten Viren) sind natürlich die Eigenschaften eines Virus von ausschlaggebender Bedeutung, wenn auch auf diesem Gebiet äußere Gegebenheiten eine große Rolle spielen: z. B. die schon erwähnte außerordentliche Mobilität der Pferdepopulation im internationalen Maßstab und bei durch Arthropoden übertragenen Viren (z. B. African Horse Sickness; Japanische Enzephalitis; West Nile Virus) wahrscheinlich zunehmend auch die Klimaveränderungen.

15.1 Systematik der Viren

Die Erreger der nachfolgend beschriebenen Erkrankungen beim Pferd sind fett hervorgehoben; ss *(single stranded)* und ds *(double stranded)* bedeutet einfacher respektive doppelter RNA- oder DNA-Strang, weiter geben wir auch die Orientierung (+ oder –) an und ob das Virus behüllt oder unbehüllt ist. Außerdem werden Viren mit zoonotischem Potenzial mit ^{z} gekennzeichnet. Die Taxonomie der Viren wird regelmäßig aktualisiert und publiziert (http://www.ictvonline.org).

RNA-Viren

Familie Calciviridae (ss+RNA, unbehüllt)

Familie Picornaviridae (ss+RNA, unbehüllt)
- Enterovirus
- Cardiovirus
- Aphthovirus
  - **Equine Rhinoviren – Equines Rhinitis-A-Virus** (**ERAV**; früheres Equines Rhinovirus 1) z
- Erbovirus
  - **Equines Rhinitis-B-Virus B (ERBV-1, -2 und -3;** frühere Equine Rhinoviren 2 und 3 respektive Säure-stabiles Equines Picornavirus

Familie Reoviridae (dsRNA, unbehüllt)
- Orbivirus
  - **Afrikanische Pferdepest** (**AHS**; 9 Serotypen)
  - **Equines Enzephalose-Virus** (mind. 7 Serotypen)
  - Peruvian Horse Sickness Virus
- Reovirus (neu auch **Ortho**- und **Aquareovirus Genera**)
  - Reovirus Typ 1, 2 und 3)
- Rotavirus (Gruppe A)
  - **Equines Rotavirus** (zahlreiche Serotypen)

Familie Birnaviridae (dsRNA, unbehüllt)

Familie Togaviridae (ss+RNA, behüllt)
- Alphavirus
  - **Eastern Equine Enzephalomyelitis** (**EEE**) z
  - **Western Equine Enzephalomyelitis** (**WEE**) z
  - **Venezuelan Equine Enzephalomyelitis** (**VEE**) z
- Rubivirus

Familie Arteriviridae
- Arterivirus
  - **Equine Virus-Arteriitis** (**EVA**)

Familie Flaviviridae (ss+RNA, behüllt)
- Flavivirus
  - **West Nile Virus** z
  - **Japanische Enzephalitis**z
  - **St.-Louis-Enzephalitis**z
  - **Zeckenenzephalitis (FSME)**
- Pestivirus
- Hepacivirus
- Pegivirus (vorgeschlagene Gattung)

  - Theiler's Disease-associated virus (TDAV)

Familie Arenaviridae (ss–RNA; behüllt)

Familie Retroviridae (ss+RNA; behüllt)
- Oncovirinae
- Spumavirinae
- Lentivirinae, Lentivirus
  - **Equine Infektiöse Anämie** (**EIA**)

Familie Orthomyxoviridae (ss–RNA; behüllt)
- Influenzavirus A
  - Equine Influenzaviren (H7N7/, H3N 8)

Familie Paramyxoviridae (ss–RNA; behüllt)
- Parainfluenza
  - **Parainfluenzavirus 3** (Pathogenität und Systematik unklar)
- Henipavirus
  - **Hendravirus** (früher equines **Morbillivirus**) z
- TPMV-like Viruses
  - **Salemvirus**

Familie Rhabdoviridae (ss–RNA; behüllt)
- Vesiculovirus
  - **Stomatitis vesicularis** z
- Lyssavirus
  - **Tollwut** z
  - **Australian bat lyssavirus (Lagos bat virus)** z

Familie Bunyaviridae (ss–RNA; behüllt)
Orthobunyavirus
  - **Cache Valley Virus, u. a.** z

Familie Coronaviridae (ss+RNA; behüllt)

Subfamilie Coronavirinae
- Betacoronavirus
  - Equines Coronavirus

Familie Bornaviridae (ss–RNA; behüllt)
- Bornavirus
  - **Borna**

Subfamilie Torovirinae
- Torovirus
  - Bern-Virus

DNA-Viren

Familie Parvoviridae (ssDNA; unbehüllt)

Familie Papillomaviridae (dsDNA; unbehüllt)
- Zetapapillomvirus
  - **Equus caballus Papillomvirus 1 (EcPV-1)**
- Unklassifizierte Gattungen
  - **Equus caballus Papillomvirus 2–4 (EcPV-2–4)**

Familie Adenoviridae (dsDNA; unbehüllt)
- Mastadenovirus
  - **Equines Adenovirus Typ 1 (EAdV-1)**
  - **Equines Adenovirus Typ 2 (EAdV-2)**

Familie Iridoviridae (dsDNA; unbehüllt)

Familie Asfaviridae (dsDNA; behüllt)

Familie Herpesviridae (dsDNA; behüllt)

Subfamilie Alphaherpesviren (Alphaherpesvirinae; Infektionen mit Latenz)
- Varicellovirus
  - **Equines Herpesvirus 1 (EHV 1), verwandt mit dem Asinen Herpesvirus 3 (AHV 3)**
  - **Equines Herpesvirus 3 (EHV 3), verwandt mit dem Asinen Herpesvirus 1 (AHV 1)**
  - **Equines Herpesvirus 4 (EHV 4)**
  - **Suides Herpesvirus 1** aus der Subfamilie Alphaherpesvirinae, Genus Varicellovirus. auch Pseudorabiesvirus (PRV), Verursacher der **Aujeszky'sche Krankheit**

Subfamilie Gammaherpesviren (Gammaherpesvirinae; langsam wachsend):
- Rhadinovirus
  - **Equines Herpesvirus 2 (EHV 2), verwandt mit dem Asinen Herpesvirus 2 (AHV 2)**
  - **Equines Herpesvirus 5 (EHV 5)**

Familie Poxviridae (dsDNA; behüllt)
- Orthopoxvirus (oder unklassifiziert)
  - **Pferdepockenvirus**

15.2 RNA-Viren

RNA-Viren sind bekannt für ihre genetische Veränderbarkeit (Reassortment mit der unmittelbaren Folge eines Antigenshifts), die ihnen z. T. erlaubt innert kurzer Zeit wegen veränderter Oberflächenstruktur einen spezifischen Antikörperschutz in einer Population zu umgehen und so Epidemien zu verursachen, oder sogar auf neue Wirtsspezies überzuspringen. Das Influenzavirus ist dafür ein klassisches Beispiel, während das ungewöhnlich stark genetisch konservierte Bornavirus eine Ausnahme von dieser Regel darstellt.

15.2.1 Calciviridae

Das Virus des vesikulären Exanthems der Schweine scheint gelegentlich auch beim Pferd eine nicht typische Krankheit zu verursachen.

15.2.2 Picornaviridae, equine Rhinoviren und equine Rhinitisviren

Zu den Rhinitis- oder Rhinoviren gehören die prototypischen «Erkältungsviren» des Menschen. Es gibt zwei pferdepathogene Viren aus der Familie der Picornaviridae: Das equine Rhinovirus 1 wird neu als equines Rhinitisvirus A (ERAV, ein Aphthovirus), das frühere Rhinovirus 2 als equines Rhinitisvirus B (mit drei Serotypen ERBV1, 2 und 3) als einziges Mitglied des neuen Genus Erbovirus klassifiziert. Weil ERAV und ERBV keine gegenseitige Kreuzimmunität erzeugen (ERBV1 und 2 schon), sind neue Ansteckungen möglich, auch wenn ERAV und ERBV allein zu einer guten Immunität führen.

Verbreitung: Infektionen mit beiden Viren ist sehr verbreitet. Man kann mit einer praktisch vollständigen Verseuchung aller erwachsenen Pferde in größeren Beständen rechnen (ERAV und ERBV1, ERBV2 wahrscheinlich weniger). In Kanada wurde nachgewiesen, dass Fohlen unter 6 Monaten seronegativ sind, Pferde über 5 Jahre dagegen zu 90 % seropositiv. In Pennsylvania wurden 79 % einer gemischten Population als seropositiv befunden, in England 60 % aller Vollblüter im Training und 80 % der Zuchtstuten. Die Übertragung erfolgt offenbar vorwiegend durch direkten Kontakt. Epidemiologisch wichtig ist wohl die Tatsache, dass Rhinoviren (ERAV) noch wochenlang (nach dem Überstehen der manifesten Infektion) über Harn und Kot ausgeschieden werden. Offenbar besteht ein gewisses zoonotisches Potenzial, aber das Ansteckungsrisiko für Menschen scheint jedoch klein zu sein.

Immunität: Die Immunität nach Rhinovirusinfektion ist gut; sie ist aber serotypspezifisch. Möglicherweise kommt ein Trägertum vor, wobei das Virus wohl im lymphatischen Rachenring beherbergt würde.

Die **Symptomatik** ist nicht typisch. Nach der experimentellen Ansteckung kommt es zu einer Virämie innerhalb 3–7 Tagen, mit Fieber und Pharyngitis, die zu Nasenausfluss führt, manchmal verbunden mit feuchtem Husten (→3.1.4). Im Allgemeinen verläuft die Infektion asymptomatisch oder mild, doch scheint sie rasch sekundär kompliziert zu werden. In Spontanfällen wurde neben Pharyngitis auch eine milde Bronchitis festgestellt.

Die Viren haben vor allem Bedeutung als Verursacher von Leistungsabfall bei jungen Rennpferden, meist mit nur sehr diskreter Symptomatik (Fiebermessen morgens und abends, um transiente Anstiege der Körpertemperatur nicht zu verpassen!). Manche Stämme (wahrscheinlich eher ERAV) können aber wahrscheinlich in seltenen Fällen auch schwerere febrile und respiratorische Krankheitsausbrüche verursachen. Außerdem sind bei ERBV auch persistierend-chronische, aber asymptomatische Infektionen von bis zu 2 Jahren Dauer beschrieben.

Im Pharynx konnte auch eine Virusvermehrung bis zu einem Monat nach der experimentellen Infektion nachgewiesen werden. Die Pferde sind dann wegen der lang andauernden Pharyngitis manchmal anorektisch und nehmen über Tage hinweg kaum Futter zu sich. Es ist unklar, welche Rolle Rhinoviren bei der lästigen «follikulären Pharyngitis» (→3.3.1) junger Pferde spielen.

Diagnose: Die genaue Diagnose ist nur aufgrund serologischer und virologischer Untersuchungsmethoden möglich (neutralisierende Antikörper; Immunfluoreszenz; RT-PCR in Atemwegssekreten und ggf. auch im Urin).

Prognose: Die Prognose ist für die reine Virusinfektion günstig. Bakterielle Sekundärinfektionen beeinflussen die Prognose im Sinn einer Verlängerung der Krankheit.

Prophylaxe: Pferdebestände durchseuchen sich gewissermaßen selbst, Reinfektionen im Bestand kommen aber vor. Bei jungen Rennpferden lohnt es sich, durch zweimal tägliches Fiebermessen Betroffene frühzeitig zu erkennen und entsprechend zu schonen. In den USA ist seit 2012 eine neu zugelassene Vakzine gegen ERAV auf dem Markt.

15.2.3 Reoviridae

15.2.3.1 Orbiviren

15.2.3.1.1 *African Horse Sickness Virus (AHSV, Pferdesterbe-Virus,* peste equine virus*)*

Geschichte: Das Reservoir des Pferdepestvirus (AHSV), eines hüllenlosen Orbivirus mit 9 bekannten Serotypen und über 50 Unterstämmen, liegt im tropischen und subtropischen Afrika. Zebras stellen die natürliche Wirtsspezies für das dem equinen Enzephalosis-Virus und dem Bluetonguevirus der Ruminanten verwandte AHSV dar. Zebras und Esel, im Gegensatz zu Maultieren und v. a. Pferden, erkranken nur subklinisch bis leichtgradig und sind Reservoirwirte. Die ersten Pferde, die mit weißen Siedlern nach Südafrika kamen, sind alle erkrankt, wobei die Verluste (bei einer Epidemie starben über 70 000 Pferde) zeitweise die Erschließung des Landes stark behindert haben.

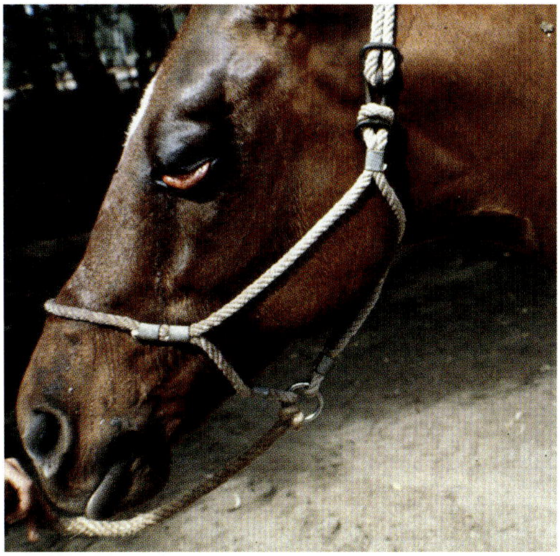

Abb. 15.1: Afrikanische Pferdepest („*African Horse Sickness*", AHS9): Chemosis und Schwellung der supraorbitalen Fossa kann mit der kardialen Form (Dikkop) von AHS einhergehen.

Mit Ausnahme von Jemen, blieb die Pferdepest bis 1944 auf den afrikanischen Kontinent südlich der Sahara beschränkt. 1944 trat die Krankheit erstmals in Ägypten auf. 1959 breitete sich der Serotyp 9 der Pferdepest bis an den Persischen Golf aus, um dann 1960/61 ans östliche Mittelmeer (inklusive Zypern) zu gelangen und von dort dann sehr rasch über den Iran und Afghanistan bis nach Indien vorzudringen. Diese Epidemie endete nach einer massiven Impfkampagne und so großen Verlusten an Equiden (> 300 000 Todesfälle), dass sich das Virus wahrscheinlich selber seine Grundlage entzog.

Epidemiologie: Epidemiologisch nicht abgeklärt ist ein sporadisches oder vielleicht endemisches Auftreten von AHS auf der arabischen Halbinsel (Jemen). 1965/66 wurde die Krankheit (ebenfalls AHSV Serotyp 9) zum ersten Mal in den Ländern des Maghrebs (Nordwestafrika: Algerien, Tunesien, Marokko) beobachtet. Im Oktober 1966 gelangte die Infektion über die Straße von Gibraltar in die Provinz Cádiz in Spanien. Bis zum Import subklinisch infizierter Zebras aus Namibia im Jahr 1987 sind dann in Europa keine neuen Fälle aufgetreten. In den Jahren 1987 und 1988 kam es zu einem Ausbruch von AHSV Serotyp 4 bei Madrid und in Andalusien, 1989 und 1990 zu weiteren Seuchenzügen. Es ist damit klar, dass das AHSV in Nordafrika, im Süden Spaniens und Portugals (Delta des Guadalquivir; Guadiana) und wahrscheinlich auch sonst in Südeuropa, die Voraussetzungen für eine Überwinterung oder sogar längere endemische Einnistung antrifft. Die Infektion ist wohl selbstlimitierend in Ländern, in denen geeignete Vektoren (v. a. *Culicoides* spp., insbesondere *C. imicola*, in Europa, aber auch *C. obsoletus* und *pulicaris*) fehlen oder in denen kein Reservoir im Wildtierbestand vorhanden ist. Es ist unsicher, bei welchen Wildtieren ein Trägertum auftreten kann; sicher ist, dass die wilden Equiden Afrikas resistent oder immun sind und als Reservoir dienen können. Mindestens AHSV Serotyp 9 ist aber auch in Gebieten Afrikas endemisch, wo es keine Zebras mehr gibt.

Es gibt klare Hinweise, dass sich die Culicoidesvektoren mit der Klimaerwärmung nach Norden ausbreiten. Das Auftreten der ebenfalls durch ein Orbivirus verursachten Blauzungenkrankheit (andere Culicoidesvektorspezies) wird als Hinweis auf die Gefahr von AHS-Ausbüchen in gemäßigten Gebieten Europas gesehen.

«Steckbrief» Afrikanische Pferdepest

- African-Horse-Sickness-Viren (AHS Serotypen 1–9) in Zentral- bis Südafrika endemisch, asymptomatisch infizierte Zebras als Reservoir. AHSV Serotyp 4 schon in Spanien und Portugal eingeschleppt. AHSV Serotyp 9 größte natürliche Verbreitung bis Nordafrika, Mittelost, Pakistan und Indien.
- Verbreitung abhängig von Culicoidesvektoren, mit der Klimaerwärmung Gefahr der Ausbreitung nach Norden in gemäßigte Gebiete Europas (wie Bluetongue-Orbivirus).
- Ausbruch in ungeschützten Pferdepopulationen potenziell verheerend. Nach Inkubationszeit von 2–14 Tagen 4 verschiedene Formen der AHS (perakute pulmonale Form; subakute kardiale (ödematöse) Form; akute pulmokardiale Mischform; milde Form [Horse Sickness Fever]) mit bis zu 95 % Letalität.
- Klinischer Verdacht bei gehäuften, zum Teil perakuten Todesfällen mit Kreislauf- und/oder Atemwegsstörungen (evtl. Lungenödem, supraorbitale Schwellungen und weitere Ödeme) während Culicoidesflugzeit (Sommer/Herbst). Bestätigung mittels RT-PCR, Serologie oder Virusnachweis. Genaue Anamnese von Importtieren!
- Keine virusspezifische, nur symptomatische Therapie möglich, zur Verhinderung der Weiterverbreitung bleibt nur eine sofortige Quarantäne und/oder das Keulen der Erkrankten. Kommerziell erhältlicher attenuierter multivalenter Lebendimpfstoff nicht ungefährlich und ausschließlich in den betroffenen Regionen eingesetzt und ist in der CH und EU nicht zugelassen.

Empfänglich sind natürlicherweise v.a. Equiden, selten Hunde, v. a. solche, die infiziertes Pferdefleisch fressen, sowie auch Kamele (asymptomatische Infektion). Experimentell können aber verschiedene Tierarten angesteckt werden. Das Pferd ist empfindlicher als das Maultier, das Maultier empfindlicher als der Esel und der Esel empfindlicher als das Zebra. Es wird eine kolostrale Immunität an die Fohlen weitergegeben, welche die Tiere vermutlich 6–9 Monate lang schützt. Das Virus ist pantrop, vorwiegend viszerotrop. Es lässt sich aus Blut und fast allen inneren Organen erkrankter Pferde isolieren. Eine erste Virämie tritt schon vor dem Fieberanstieg ein.

Übertragung: Das Virus wird durch stechende Insekten, selten durch tierärztliche Instrumente übertragen. Insbesondere wirkt *Culicoides* als **Vektor**, aber auch *Stomoxys, Anopheles, Aedes,* eventuell *Culex* und Bremsen werden beschuldigt. Es gibt keine direkte Übertragung von Pferd zu Pferd. Saisonale Schwankungen (Ausbrüche in der Regenzeit und aufgrund anderer Wetterphänomene) hängen mit der Insektenvermehrung zusammen.

Inkubation: Eine erste Virämie entwickelt sich schon kurz nach dem Stich durch infizierte Insekten. Manifeste Symptome mit einer zweiten virämischen Welle treten auf nach frühestens 2, meistens nach 5–7 Tagen. Die Inkubationszeit kann aber auch bis 21 Tage betragen.

Symptomatologie: Es werden 4 Krankheitsbilder und Verlaufsformen unterschieden:

1. Pulmonale oder pneumonische Form: *Dunkop*
2. Kardiale Form: *Dikkop*
3. Pulmo-kardiale Mischform
4. Milde Form: Horse-Sickness-Fieber

Daneben bestehen alle Grade von Übergängen zwischen diesen relativ gut definierten Formen. Allen Formen gemeinsam ist ein Fieberanstieg während 1–3 Tagen am Anfang der Krankheit.

Pulmonale Form (*Dunkop*): Verläuft akut bis perakut mit hoher Letalität (90–100 %). Besonders häufig anzutreffen ist diese Form der Erkrankung in vorher nie exponierten Pferdepopulationen (sowie auch bei infizierten Hunden). Oft werden nur hohes Fieber und plötzlicher Tod unter Erscheinungen eines akuten, schweren Lungenödems beobachtet. Solange nur das Fieber besteht, zeigen die Pferde eine erstaunlich gute Fresslust. Später kommt es zu einer hochgradig angestrengten Atmung, Husten in Anfällen, schaumigem Nasenausfluss, Manifestationen von Angst und Schweißausbrüchen. Die Tiere ersticken. Es werden schwere Stauungen in allen inneren Organen beobachtet. Diese Form verläuft innerhalb 12 Stunden, im Maximum innerhalb 48 Stunden tödlich.

Kardiale Form (*Dikkop*): Es handelt sich um eine akute bis subakute Erkrankung mit einer Krankheitsdauer von 5–20 Tagen oder länger. Der Fieberanstieg erfolgt langsamer als bei der pulmonalen Form. Typisch sind Schwellungen an Kopf, Hals und Brust, besonders in der Fossa supraorbitalis, später auch am übrigen Körper, aber ohne Ödeme der unteren Gliedmaßen. Außerdem werden Zyanose, petechiale Blutungen an Schleimhäuten, Chemosis (Abb. 15.1), eine hohe Pulsfrequenz mit leisen Herztönen (Hydroperikard) und Herzgeräusche (Endomyokarditis) beobachtet. Eventuell zeigen die Pferde Kolik. Sie können einem kardialen Versagen zum Opfer fallen. Die Letalität ist geringer als bei der pulmonalen Form (50 oder mehr Prozent). Wenn die Pferde die Erkrankung überstehen, bleiben sie während Monaten rekonvaleszent. Viele Tiere erholen sich wegen der Myokardschäden oft nie mehr ganz.

Gemischte Form: Ist bei Pferden die häufigste Form mit einer Letalität von ca. 70 % innerhalb von 3–6 Tagen.

Milde Form *(African Horse Sickness Fever)*: Diese Form wird vor allem bei Maultieren sowie Zebras und afrikanischen Eseln beobachtet, bei wenig virulenten AHSV-Stämmen und/oder teilweiser Immunität auch bei Pferden. Es kommt zu einem Fieberanstieg nach mehr oder weniger langer Inkubationszeit, gelegentlich mit supraorbitalen Schwellungen, Inappetenz, Konjunktivitis und leicht- bis mittelgradiger Frequenzsteigerung von Puls und Atmung.

Diagnose: Die ersten Fälle verlaufen in der Regel sehr typisch: perakute Todesfälle mit Lungenödem und Fälle von *Dikkop*. Die Diagnose sollte leicht zu stellen sein, wenn man daran denkt, dass sich die Krankheit eben nicht nur auf Afrika beschränkt. Die Diagnose von AHS (OIE Liste A) sollte man immer durch ELISA oder RT-PCR (mit Hybridisierung oder Sequenzierung auch serotypspezifische Identifikation innerhalb von 24 Stunden möglich) sowie bei unklaren Resultaten ggf. zusätzlich durch Virusisolation und serologische Untersuchungen (Titeranstieg; serotypspezifischer Serumneutralisationstest) bestätigen lassen. Es ist wichtig, den Typ, der für den Seuchenausbruch verantwortlich ist, so schnell wie möglich zu bestimmen, damit gezielt vakziniert werden kann.

Differenzialdiagnose: Vor allem sind seltene Infektionen mit dem nahe verwandten equinen Enzephalose-Virus (s. u.), schwere Virus-Arteriitis Verläufe, Hendravirus-Infekte (in Australien) und ggf. schwere Piroplasmosen oder Trypanosomiasen sowie bei uns v. a. eine Purpura haemorrhagica *(Morbus maculosus)* differenzialdiagnostisch auszuschließen. Die Arteriitis verläuft im Allgemeinen aber sehr viel milder und ohne nennenswerte Letalität. Die Dikkop-Symptome fehlen.

Prognose und Therapie: Die Prognose ist bei nicht immunen Tieren prinzipiell zweifelhaft bis ungünstig. Sie ist für Esel besser als für Maultiere, für Maultiere besser als für das Pferd.

Teilweise Immunität auch bei Pferden, siehe auch oben, Milde Form *(Horse Sickness Fever)*, kann die Prognose verbessern. Es existiert keine virusspezifische Therapie, zur Verhinderung der Weiterverbreitung bleibt nur eine sofortige Quarantäne und/oder das Keulen der Erkrankten. Steroidale und nicht steroidale antiinflammatorische sowie antibiotische Therapie zur Vorbeugung von bakteriellen Sekundärinfekten, insbesondere Pneumonien, wird in Südafrika bei ausgewählten Patienten zum Teil eingesetzt.

Immunität: In enzootisch verseuchten Regionen werden die Pferde alljährlich in der Regenzeit durch Insekten reinfiziert. Diese Populationen von Equiden zeichnen sich durch eine gute Immunität und geringe Verluste aus.

Prophylaxe: Bei Ausbrüchen wird empfohlen, alle kranken Tiere zu euthanasieren und innerhalb eines Kreises die ganze Equidenpopulation serotypspezifisch zu **vakzinieren**. Allerdings sind nur Lebendimpfstoffe (AHSV Serotyp 9, National Laboratory, Senegal, andere Serotypen, Onderstepoort Biological Products, Südafrika) erhältlich, die nicht nur teratogen sind, sondern auch eine Virämie des Impfvirus verursachen mit Impfdurchbrüchen und -erkrankungen (Enzephalitis u. a. Nebenwirkungen) in fast 1 % der Geimpften. In endemischen Gebieten (v. a. Südafrika) wird prophylaktisch geimpft. In verseuchten Gegenden sollte jährlich zum mindesten ein Prozentsatz von 20 % des Equiden-Bestands revakziniert werden, was vor allem in Afrika bei der Eselpopulation nicht immer gelingt.

Der kommerziell erhältliche attenuierte multivalente Lebendimpfstoff (gegen AHSV Serotyp 9) ist aber nicht ungefährlich, wird ausschließlich in den betroffenen Regionen eingesetzt und ist in der CH und der EU nicht zugelassen. Eine gut verträgliche und relativ wirksame Totvakzine wurde während der Epidemie 1987–1991 in Marokko, Spanien und Portugal kommerziell entwickelt («Equipest®»), aber nach der Eradikation wieder vom Markt genommen. Sub-unit AHS-Vakzinen wurden getestet, aber bisher nicht kommerzialisiert.

Der **Insektenkontrolle** wäre in jedem Fall größte Aufmerksamkeit zu schenken (Box 15.2.6.1). Die Tiere sind aufzustallen.

15.2.3.1.2 Equine Enzephalose- und Peruvian-Horse-Sickness-Virus

Das Equine Enzephalose-Virus (mind. 7 Serotypen) ist ein dem AHSV nahe verwandtes Orbivirus mit ähnlicher klinischer Symptomatik (allerdings oft subklinisch seropositive und auch bei Ausbrüchen tiefe Letalität), Vektoren- und Wirtsspezifität. Offenbar ist es aber wesentlich seltener und wurde bisher nicht außerhalb von Afrika und Israel beobachtet. Ein weiteres sehr seltenes Virus ist das **Peruvian-Horse-Sickness-Virus** mit von neurologischen Symptomen geprägten Ausbrüchen in Peru und Australien.

15.2.3.1.3 Ortho- und Aquareoviren (Reoviren)

Mehrere Reovirustypen (Reovirus Typ 1, 2 and 3) sind als Erreger von klinisch unspezifischen, subklinischen Infekten und milden Entzündungen der oberen Luftwege beim Pferd beschrieben (→3.1). Reovirus 3 soll bei Fohlen auch Enteritis und Enzephalomalazie hervorrufen können. Sonst ist sowohl virologisch, klinisch, wie epidemiologisch wenig bekannt, und eine virologisch-serologische Abklärung wäre ggf. dort angezeigt, wo eine Infektion mit einem der bekannteren Viren ausgeschlossen werden kann. Impfstoffe (früher Resequin®), die Reoviren 1 und 3 einschließen, sind gegenwärtig nicht mehr auf dem Markt.

15.2.3.2 Rotavirus, Equines Rotavirus

Beim neugeborenen Fohlen tritt eine sogenannte *«neonatal foal diarrhea»* auf, in der Regel im Alter von 1–2 Wochen. Aber auch ältere Fohlen (bis etwa 3 Monate) können bei massiver Exposition über eine orale Aufnahme – allerdings meist weniger schwer – erkranken. Betroffene Fohlen können riesige Mengen von infektiösen Viruspartikeln (10^{11} Viren/Gramm Fäzes) ausscheiden, was oft zu Ausbrüchen (hoher Morbidität) in

Beständen führt. Die klinische **Symptomatik**, **Diagnostik** (Elekronenmikroskopie ist Goldstandard, aber gebräuchlich sind kommerzielle Tests, z. B. ELISAs) und **Therapie** dieser wichtigsten viralen Durchfallerkrankung der Equiden werden in →4.2.6.2.1 beschrieben. Bei guter symptomatischer Pflege und Therapie (insb. Infusionen zur Korrektur des Elektrolyt- und Wasserhaushalts →12.2.2) ist die **Prognose** günstig und die Letalität gering.

Es existieren viele Genotypen, bei uns ist wahrscheinlich G3 am verbreitetsten. Impfungen der Stuten in der Trächtigkeit (im 8., 9. und 10. Monat, zugelassen in D) haben unter experimentellen Bedingungen eine gute Verträglichkeit, Immunogenität und befriedigende Wirksamkeit gezeigt, was die Dauer des Durchfalls (Reduktion von durchschnittlich 7 auf 2 Tage) und die Virusausscheidung angeht. Damit scheint die Impfung in «Problembeständen» sinnvoll. Voraussetzung ist eine gute Kolostrumaufnahme (→13.2). Begleitende Hygienemaßnahmen (Hochdruckreiniger, geeignete Desinfektionsmittel), v. a. in den Abfohlbereichen, sind ebenfalls zu veranlassen. Fohlen können das Virus noch ca. 3–5 Tagen ausscheiden, nachdem die Kotkonsistenz bereits normal ist.

15.2.4 Togaviridae, Alphaviren

Amerikanische Enzephalitiden: Die Krankheiten dieser Gruppe werden auch durch Insekten übertragen (*Arthropod-borne viruses*, Arboviren). Die Erreger sind Alphaviren aus der Familie der Togaviridae. Derartige Enzephalomyelitiden sind grundsätzlich auch menschenpathogen (→6.3.1.7). Insbesondere die Eastern Equine Enzephalomyelitis (EEE) ist für den Menschen gefährlich. Das Pferd ist aber meistens Endwirt und überträgt die Krankheit nicht mehr weiter (Ausnahme: *Venezuelan Equine Enzephalomyelitis* VEE).

«Steckbrief» Amerikanische Enzephalitiden

- *Eastern Equine Enzephalomyelitis* (EEE), *Western Equine Enzephalomyelitis* (WEE) und *Venezuelan Equine Enzephalomyelitis* (VEE), Verbreitung abhängig von Mückenvektoren, mit regionalen Unterschieden in Amerika.
- Wie alle arboviralen Enzephalitiden grundsätzlich zoonotisches Potenzial, auch verschiedene Vögel und Säugerspezies; Pferde und Menschen sind aber Endwirte.
- Klinischer Schweregrad der zentralnervösen Symptome von subklinisch und mild (eher bei WEE) bis schweren Verläufen mit hoher Letalität (v. a. VEE und EEE).
- Ggf. klinischer Verdacht bei Importtieren. Bestätigung mittels ELISA/Serologie, evtl. PCR oder Virusnachweis.
- Keine spezifische Therapie. Prophylaktische regelmäßige Impfungen in Risikoregionen, ggf. auch Mückenkontrolle (Box 15.2.6.1).

Die Epidemiologie dieser Krankheiten wird in der Regel dadurch charakterisiert, dass Vögel durch Mückenstiche infiziert werden. Im Geflügel entwickelt sich eine Virämie, wobei wiederum Mücken die Krankheit vom infizierten Vogel aus weiterverbreiten. Mücken werden als biologische Vektoren angesehen, wenn das Virus sich in ihrem Organismus vermehrt und über die Speicheldrüsen wieder ausgeschieden wird.

15.2.4.1 Eastern Equine Enzephalomyelitis (EEE)

(Blind staggers, Eastern Enzephalitis, Eastern Viral Enzephalomyelitis)

Das Virus der EEE ist wie dasjenige der WEE ein Alphavirus. Die beiden Viren sind jedoch nicht eng miteinander verwandt.

Verbreitung: Die Krankheit scheint im Großen und Ganzen auf Süd- und Nordamerika beschränkt zu sein. In Nordamerika tritt die EEE vor allem entlang der Atlantikküste und dem Golf von Mexiko auf, wo sie im Sommer Weidetiere befällt. Es liegen aber auch Berichte vor über das Vorkommen der Eastern Equine Enzephalomyelitis in Kanada, in Mexiko, in Zentralamerika, in Südamerika und auf den Karibischen Inseln vor, wobei die nordamerikanische Variante werden. Die physisch getrennte Haltung von dauerausscheidenden Hengsten und weitere Verwendung zur Zucht ist aber äußerst problematisch.

15.2.6 Flaviviridae

15.2.6.1 West-Nile-Virus (WNV)

Verbreitung: Das Flavivirus, das bei Pferden und Menschen Enzephalitis verursacht, ist seit Langem in Teilen Afrikas und Asiens endemisch (Stamm I in Nordafrika, Asien, Europa, jetzt auch Nord- und Südamerika, Australien; Stamm II im sub-äquatorialen Afrika inkl. Madagaskar, seit 2004 Vormarsch des Stamm II in Europa, bisher v.a. in Ungarn, Griechenland, Italien und vermutlich auch Balkanländer). Dass das WNV sporadisch, aber weitläufig in **Europa** zirkuliert (meist ohne klinische Fälle bei Pferden), zeigen serologische Titer und z. T. auch Virusisolation in Spanien, Portugal, Italien, Griechenland, Ungarn, Rumänien, Polen und sogar England und Irland. Verschiedene Vögel, insbesondere Rabenvögel, spielen eine wichtige Rolle in der Verbreitung des Virus und als Erregerreservoir. Der Infektionszyklus geschieht über Stechmücken *(Culicidae)*.

Wahrscheinlich findet der Erreger in Europa, anders als in Nordamerika, für Epidemien keine idealen Bedingungen vor: Insektenvektoren. Für Stamm II wurde initial von einer geringen Pathogenität ausgegangen, mittlerweile muss jedoch eine ähnliche Pathogenität wie bei Stamm I vermutet werden. Es gibt andere Vogelarten als Wirtstiere. In Nordafrika und Europa beobachtet man (bisher) kein Vogelsterben mit ausgeprägter Virämie wie in Nordamerika. Immerhin wurden WNV-Fälle bei Menschen (Israel, Tunesien, Algerien, Marokko; Russland, Rumänien, Italien, Frankreich) und kleinere saisonale (August–November) Ausbrüche bei Pferden mindestens in Portugal/Spanien (1962–1965; 2011), Italien/Österreich (1998–1999, 2011–2013) und in Südfrankreich (1962, 2000, 2006, 2015), Ungarn (2008), Rumänien/Bulgarien (2010, 2013), Griechenland/Mazedonien/Kroatien (2011, 2012, 2013) beobachtet. Man mag spekulieren, dass die Klimaerwärmung über Veränderungen in der Ausbreitung von Insekten vektoren und Zugvogelarten Europa eine Epidemie bringen könnte.

Jedenfalls hat das West Nile Virus vor allem seit seiner Einfuhr in Jahre 1999 aus Israel nach New York Bekanntheit erlangt: epidemisch hat sich der virulente Virusstamm (Ägypten, Israel, Wolgadelta) in **Nordamerika** innerhalb von 3 Jahren bis an die Westküste ausgebreitet, und dabei vor allem massenhaft Vögel (ausgeprägte Virämie und weitere Verbreitung durch stechende Insekten), aber auch Pferde und Menschen infiziert. Seit 2003 nehmen die Fallzahlen unter Pferden dank einer verbreiteten und gut wirksamen Vakzinierung, sowie Maßnahmen gegen die Insektenexposition wieder ab.

«Steckbrief» West Nile Virus (WNV)

- Flavivirus, Stamm I in Nordafrika, Asien, Europa, jetzt auch Nord- und Südamerika, Australien, Stamm II Afrika unterhalb der Sahara; neuerdings auch mit erhöhter Pathogenität auch in Europa (Ungarn, Italien etc.). Großflächige Epidemie in Nordamerika nach 1999. Ausbrüche in Europa bis anhin sporadisch, aber evtl. zunehmend.
- Hauptreservoir und Infektionsquelle sind Vögel.
- Wie alle arboviralen Enzephalitiden grundsätzlich zoonotisches Potenzial; Pferde und Menschen sind aber Endwirte.
- Klinischer Schweregrad der zentralnervösen Symptome von subklinisch (Mehrheit der Infizierten) und milden bis schweren neurologischen Verläufen; Letalität von klinisch Betroffenen bei 25–50 %.
- Klinischer Verdacht bei zentralnervösen Symptomen unklarer Ätiologie kann virologisch und v. a. mittels RT-PCR und serologisch gesichert werden (ELISA).
- Rein symptomatische Therapie. Prophylaktische Impfungen in Europa möglich, aber selten praktiziert.

Übertragung: Die Übertragung des WNV findet durch stechende Insekten (Stechmücken der *Culex-* und *Aedes*-Gattungen; in Nordamerika v. a. *Culex pipiens*) nach Blutmahl an infizierten Vögeln statt. In Europa und Asien wurden auch infizierte Zecken gefunden. Pferde und Menschen sind, wegen relativ niedriger Virämie, nicht infektiös.

Symptome: Das Krankheitsbild variiert in Abhängigkeit von der Virulenz des betreffenden Virus, von der Resistenz und vom Immunstatus des Pferdes. Die meisten infizierten Tiere erkranken nur subklinisch, zeigen aber einen klaren AK-Titeranstieg. Nach einer Inkubationszeit von etwa 5–15 Tagen, erkranken ca. 10–20 % der exponierten Pferde in Nordamerika mit Inappetenz (ca. ⅓), Fieber (ca. ¼–⅓) und Apathie (ca. ⅔) sowie spezifischeren neurologischen Anzeichen, wie Schwäche, Ataxien (häufigstes Symptom), Steifheit bis zur Paralyse v. a. der Hinterhand; Muskelfaszikulationen mit Nüsternzittern bis zu generalisierten Krämpfen; Seh- und Schluckstörungen sowie anderen Kopfnervenausfällen; Boxenwandern bis Kopfpressen; Übererregbarkeit bis Koma. In Nordamerika sterben weniger als die Hälfte der Pferde (ca. 30 %, beim Menschen dagegen unter 1 %), die klinische Symptome zeigen, oder werden euthanasiert. In Europa zeigten die betroffnenen Pferde beim Ausbruch von West Nile in Ungarn 2008 als häufigste Symptome Ataxie und Schwäche. die Überlebensrate betrug 70 %. 25 % der überlebenden Pferde hatte längerfristige neurologische Folgeschäden 6 Monate nach Diagnosestellung.

Diagnose: Die Verdachtsdiagnose (zentralnervöse Symptome unklarer Ätiologie) wird virologisch (Virämie beim Pferd gering und weniger als 6 Tage dauernd mittels RT-PCR, früh nach Infekt in Gehirn und Blut nachweisbar) und serologisch (Plaque-Reduktion-Neutralisationstest oder capture ELISA) gesichert. Der Nachweis von IgG-Titern ist unspezifisch, da Kreuzreaktionen mit Antikörpern gegen das Virus der FSME auftreten können. Methode der Wahl ist das Messen von IgM-Titern, welche sowohl im Serum als auch in CSF nachweisbar sind. In der Zirkulation sind sie ab Tag 6–7 post infectionem nachweisbar und können bis zu 3 Monate persistieren. Der Nachweis von IgM im CSF hingegen weist auf eine frische WNV-Infektion hin, da IgM-Antikörper nicht die Blut-Hirn-Schranke passieren können.

Differenzialdiagnose: Wenn zu den unspezifischen Symptomen, neurologische Anzeichen kommen, ist u. a. an Borna und Tollwut, in afebrilen Fällen auch an Hepatoenzephalopathie, Botulismus und EMND, sowie bei Pferden aus endemischen Gebieten an die anderen viralen akuten Enzephalitiden (Eastern, Western, Venezuelan, Japanese), zu denken (→6.3.1.7).

Prognose: Grundsätzlich ist die Prognose deutlich besser als bei anderen infektiösen Enzephalitiden. Wie schon erwähnt, liegt die Morbidität bei 10–20 % und die Letalität von klinisch Betroffenen bei 25–50 %, bei ca. 25 % der Überlebenden bleiben aber neurologische Ausfälle zurück. Bei einmalig geimpften Pferden (Dauer bis zur Immunantwort 7–14 Tage), die klinische Anzeichen zeigen, ist die Letalität deutlich tiefer.

Therapie: Es gibt keine antiviralen Medikamente, die gegen Flaviviren wirken. Entsprechend ist die Behandlung symptomatisch unterstützend (→6.3.4.5.1), wobei auch hier die Gaben von Kortikosteroiden sowie Therapien mit INF-alpha, Immunseren und Glutamat umstritten sind.

Prophylaxe: Vollständig (2 × Grundimmunisierung und Wiederholungsimpfungen) immunisierte Pferde sind gut geschützt. In Nordamerika sind verschiedene Produkte (auch eine DNA-Vakzine) zugelassen. Es sind zahlreiche verschiedene Impfstoffe entwickelt worden. In Europa wie auch in der Schweiz sind inaktivierte Impfstoffe seit 2012 zugelassen. In Europa waren Ausbrüche bisher selten und lokal begrenzt, eine Schutzimpfung gefährdeter Tiere, aber keine routinemäßige Immunisation ist daher angezeigt.

Neben der Impfung wird v. a. ein Schutz gegen Insektenstiche empfohlen:

- Insektenschutzdecken und -sprays (Repellentien)
- Aufstallen der Pferde während der Dämmerung; geschützter Unterstand auf Weide
- Vermeidung von stehendem Wasser, wie Pfützen und Tümpel, als Insektenbrutstätten; Wasser in Behältnissen auf Weiden häufig ersetzen
- Vermeidung von insektenanziehenden Lichtern bei Ställen und Unterständen
- Evtl. Aussetzen natürlicher Feinde von Insektenlarven

15.2.6.2 Japanische Enzephalitis-Virus

Das Virus der Japanischen Enzephalitis gehört den Flaviviridae an und kommt im Fernen Osten weit verbreitet vor. Das Virus verursacht Enzephalitis beim Menschen und gelegentlich bei Equiden – beides Endwirte – und ist offenbar die Ursache seuchenhafter Schweineaborte, obgleich bei dieser Tierart kaum zentralnervöse Störungen beobachtet werden. Schweine sind aber ein wichtiges Bindeglied bei der Aufrechterhaltung von Übertragungszyklen zwischen Insektenvektoren und Vögeln.

Die **Symptomatik** eines manifesten Falles unterscheidet sich kaum von der bei EEE beschriebenen. Sehr häufig handelt es sich beim Pferd um subklinische oder latente Infektionen, die Letalität ist gering. Zur **Prophylaxe** werden Impfungen in gefährdeten Gebieten mit Erfolg eingesetzt.

15.2.6.3 St.-Louis-Enzephalitis-Virus

Das Virus ist heute neben WNV Erreger einer der häufigsten Gründe für durch Arboviren ausgelöste neurologische Erkrankungen beim Menschen in Nord- und Südamerika. Pferde sind ebenfalls empfänglich für diese Virusinfektion, wie Fälle z. B. in Südamerika (Kolumbien) gezeigt haben.

Das Virus wird durch Stechmücken übertragen. Das Reservoir sind Vögel und Fledermäuse.

Symptome: Die Krankheit verläuft in den meisten Fällen symptomfrei. In den Regionen, in denen beim Menschen die Krankheit diagnostiziert wird, finden wir bei Pferden eine Serokonversion. Bei manifester Krankheit ist mit neurologischen Symptomen (Meningitis) zu rechnen, dies scheint aber sehr selten zu sein.

Prophylaxe und Therapie: Kontrolle der Vektoren durch Vermeiden von stehenden Wasserstellen, Frischwasserzufuhr auf Weiden, Repellentien u. a,. um die Vermehrung der Insekten zu reduzieren (Box 15.2.6.1). Totvakzine sind erhältlich.

15.2.6.4 Zeckenenzephalitis- (Frühsommer-Meningoenzephalitis, FSME) Virus

Das FSME-Virus ist ein humanpathogenes Virus aus der Familie der Flaviviridae und Gattung Flavivirus. Während die FSME beim Menschen sehr gefürchtet ist und die Impfung von Risikogruppen empfohlen wird, sind klinische Erkrankungen bei Pferden wahrscheinlich äußerst selten. Allerdings wurde das Virus vor mehr als 25 Jahren erstmals aus einem Pferd in der Schweiz isoliert, serologische Untersuchungen in Deutschland und Österreich an unauffälligen Pferden ergaben regional sehr unterschiedliche Seroprävalenzen bis über 25 %.

15.2.6.5 Theiler's Disease-associated virus (TDAV)

TDAV wurde als möglicher Erreger der *Theiler's disease* identifiziert und im vorgeschlagenen Genus Pegivirus der Familie Flaviviridae eingeordnet. Theiler's Disease ist eine häufig tödlich verlaufenden Hepatitis (→4.3.1.2), die nach Gaben von mit Pferden produzierten Serumprodukten, wie zum Beispiel Tetanus- oder Botulismusantisera, auftritt.

15.2.7 Retroviridae – Equines Infektiöses Anämie-Virus (EIAV)

Das Equine Infektiöse Anämie-Virus verursacht die **Equine Infektiöse Anämie (EIA**; Syn: Vallée'sche Krankheit, ansteckende

Blutarmut; *anémie infectieuse des chevaux, anémie infectieuse des équidés, anémie pernicieuse; equine infectious anemia, swamp fever, river bottom disease;* anaemia infectiosa equorum).

Die vielen Bezeichnungen zeigen die Bedeutung der EIA, sind aber insofern irreleitend, als sie oft das Anämiesymptom hervorheben, das in vielen Fällen chronischer oder inapparenter Infektionen fehlt oder nur wenig ausgeprägt vorhanden ist.

Die Krankheit wird durch einen Vertreter der Retroviridae, ein Lentivirus, das Makrophagen und Endothelzellen infiziert, hervorgerufen. Es zeichnet sich wie andere Lentiviren durch die Etablierung einer lebenslangen Persistenz aus mit einer auffälligen Variation (Drift) der Hüllenglykoproteine. Es sind mehrere Stämme unterschiedlicher Virulenz bekannt. Ebenfalls wie andere Retroviren beeinträchtigt das Virus der EIA vor allem die Funktionen des Immunsystems. Es ist das einfachste der bekannten Lentiviren, verhält sich aber in mancher Hinsicht wie das HIV, besonders was die Variation der Gene betrifft, die die Hüllenproteine kodieren. Parallelen gibt es auch zu anderen Lentiviren, wie zum Beispiel dem Felinen Immundefizienz-Virus der Haus- und Großkatzen, zum Maedi-Visna-Virus der Schafe oder zum Caprinen-Arthritis-Enzephalitis-Virus der Ziegen.

Verbreitung: EIA hat ein enges, auf Equiden wie Pferd, Maultier und Maulesel beschränktes Wirtsspektrum, Esel sind kaum oder nicht empfänglich. Die «ansteckende Blutarmut der Einhufer» wurde schon 1904 als erste von Lentiviren verursachte Krankheit beschrieben. Das erst viel später entdeckte verursachende Virus (EIAV) kommt wahrscheinlich auf der ganzen Welt mit ausgesprochen regionalen und saisonalen Häufungen vor. Zum Beispiel scheinen England und Deutschland trotz intensiven Pferdeverkehrs relativ lange von manifesten Krankheitsfällen verschont geblieben zu sein. Auch innerhalb von EIA-Regionen bestehen Verschiedenheiten in der Häufigkeit des Auftretens. Hoch gelegene Gebiete scheinen weniger gefährdet als tiefer liegende (Insektendruck). Die Krankheit tritt häufiger in nassen Jahren während des Sommers bis zum Herbst/Spätherbst auf. Die Krankheit war im 2. Weltkrieg und in der Nachkriegszeit in Europa weit verbreitet. In den letzten Jahren sind in Europa Fälle und auch sporadische Ausbrüche v. a. in Rumänien (endemisch mit über 3000 seropositiven Tieren 2006–2010), auf dem Balkan und in Italien (fast 1000 seropositive Tiere 2006–2010) und in Ungarn (alle wahrscheinlich regional endemisch), Frankreich, aber auch in Irland, England und Deutschland (immerhin 55 seropositive Tiere 2006–2015) aufgetreten. Als eingeschleppte Infektionsquellen (unter Europäischen Ländern) besonders gefährlich sind offenbar Import(schlacht-)pferde aus Rumänien (von 98 Importen nach Belgien waren 9 EIA-positiv!), evtl. auch Italien, Ungarn und Balkanländern. Es bestehen in den meisten Ländern mit intensivem, internationalem Pferdeverkehr mehr oder weniger scharfe seuchenpolizeiliche Vorschriften.

«Steckbrief» Equine Infektiöse Anämie (EIA)

- EIAV, Lentivirus, weltweites Vorkommen, mit Ausbrüchen in Europa in den letzten Jahren
- Übertragung und Einschleppung – Mechanismen und Risikofaktoren: meist größere stechende Insekten, nicht steriles Injektionsmaterial; Transporten von angesteckten Pferden und infizierten Blutprodukten oder Samen etc.; sehr selten direkte Übertragung (Aerosol) oder über Futter.
- Stämme mit unterschiedlicher Virulenz und verschiedenen Verlaufsformen von asymptomatischer, latenter Infektion bis hin zu perakuten, akuten oder subakut-chronischen Verläufen.
- Verdacht bei Risikofaktoren (siehe oben), klinischen Anzeichen und Laborbefunden:
  - rezidivierendes Fieber ohne Lokalisation, meist bei recht guter Fresslust;
  - Apathie, Abmagerung und Anämie ohne sichtbare Ursache;
  - petechiale Blutungen (beachte Zungenuntergrund/-unterseite) und Ödeme;
  - Labor: Anämie, Thrombozytopenie, auch Dysproteinämie.
- Bestätigung mit Agargel-Immunodiffusionstest (AGID; Coggins-Test), evtl. ergänzt mit C-ELISA
- Keine spezifische Therapie und keine Impfung. Beachtung seuchenpolizeilicher Vorschriften, insbesondere zur Ausmerzung resp. Tötung angesteckter Tiere, Testen von Kontakttieren, Isolation, Desinfektion (z. B. Virkon® 1 % mit Kaliummonopersulfat) etc.

Epidemiologie: Das Virus wird unter natürlichen Verhältnissen von größeren stechenden Insekten (Stechmücken, Stechfliegen, Bremsen) übertragen. Es handelt sich um eine rein mechanische Übertragung ohne Virus-Vermehrung in den Insekten. Deshalb muss es praktisch zu einer unvermittelten Übertragung von Pferd zu Pferd kommen, z. B. bei unterbrochenem Blutmahl. Da Tabaniden aber in solchen Fällen kaum über 50 m weit bis zum nächsten Opfer fliegen, wird in den USA die Absonderung infizierter Pferde in einer Distanz von mehr als 100 Metern (200 Yards) praktiziert.

Daneben spielt vor allem eine Übertragung durch nicht sterile Injektionskanülen (v. a. Laien; Kunstfehler) sowie legale und illegale Transporte von angesteckten Pferden, Samen, Eizellen und insbesondere von infizierten Plasmaprodukten eine große Rolle. Ansteckungen durch verseuchtes Futter und dergleichen scheinen dagegen sehr selten zu sein. Ebenso ist die transplazentäre Übertragung epidemiologisch unbedeutend. Trächtige Stuten können aber wegen einer intrauterinen Infektion den Fötus abortieren. Sperma scheint ein gutes Virusreservoir zu sein, und auch die Milch ist infektiös. Bei einem Ausbruch in einer Pferdeklinik kam es offenbar auch zu einer sonst noch nie beobachteten direkten Übertragung von Pferd zu Pferd durch aerogene Tröpfcheninfektion, verursacht durch einen Patienten mit Nasenbluten, der das infektiöse Blut ausprustete.

Die Verbreitung der Infektion hängt weitgehend davon ab, ob eine gegebene Pferdepopulation vorher schon dem Virus ausgesetzt gewesen ist und ob durch Insekten (rein mechanische Vektoren, kein längeres Überleben oder Vermehrung), Blutpräparate oder blutverschmutzte Injektionskanülen und andere Instrumente (Zahnraspeln!) eine Übertragung überhaupt möglich gemacht wird. Daneben sind wahrscheinlich das Ausmaß der Virämie infektiöser Pferde (hochgradig bei akutem, schwerem Anfall; klar infektiös bei rezidivierendem, leichterem Fieber; kaum infektiös in latenten Fällen) und die Virulenz des betreffenden Virusstammes für die Verbreitung entscheidende Faktoren.

Symptome: Die Krankheit tritt in verschiedenen Formen auf, wobei meistens unterschieden wird zwischen perakuter, akuter, subakut-chronischer und latenter Infektion (siehe unten). Latente Infektionen machen das überlebende Pferd in der Regel (wahrscheinlich immer) zu lebenslänglichen Trägern, wobei das Immunsystem das originale Infektionsvirus und weitere Quasispezies eliminiert, das Virus aber durch die Produktion immer neuer antigenetischer Varianten persistiert. Man sollte bei Verdacht auf EIA auch die Kontakttiere untersuchen.

Verlauf: Die Pathogenese der EIA ist, wie diejenige anderer Lentiviren, sehr komplex.

EIA nimmt jedoch im Reich der Lentiviren eine Sonderstellung ein, da es relativ rasch zu einer akuten Krankheitsform kommen kann, die aber mit der Zeit trotz lebenslanger Viruspersistenz häufig ohne weitere Komplikationen überwunden wird. Die Inkubationszeit beträgt 1–90 oder mehr Tage; meistens aber 10–20 Tage. Der Beginn der Krankheit wird oft nicht bemerkt. Die Pferde sind müde und schlaff, zeigen einen Leistungsabfall, und gelegentlich kommen plötzliche Todesfälle vor. Bei anderen Verlaufsformen bleiben die Patienten recht munter, magern aber ab bei guter Fresslust. Die starke Immunantwort führt bei EIA zu einer deutlichen Abnahme der Virusvermehrung und der akuten Symptome und gleichzeitig zur Entstehung (Selektion) neuer Virusvarianten, sodass es im Einklang mit einer neuerlichen Virämiephase zu mehreren chronisch-rekurrierenden Fieberschüben kommt. Typisch für die Krankheit ist deshalb ein anfallsweiser Verlauf mit Anfallsdauer von meist 2–20 Tagen. Die Intervalle variieren in ihrer Dauer ebenfalls sehr stark (Auslöser: Stress, harte Arbeit, andere Krankheiten usw.) und können sich auf Tage beschränken, sich aber auch über Jahre ausdehnen (latente EIA). Der Schweregrad und die Frequenz der Fieberschübe nehmen mit der Zeit stetig ab, sodass ungefähr nach einem Jahr trotz lebenslanger Viruspersistenz kaum noch Symptome auftreten. Der Infektionsverlauf ist häufig (30–90 %) inapparent.

Akute, schwere EIA: Hohes Fieber über 40 °C, remittierend oder intermittierend, ist typisch. Auffallend ist eine ausgeprägte Muskelschwäche mit schwankendem Gang und Zittern, etwas Ikterus oder Rötung der Schleimhäute, gelegentlich sichtbare Hämorrhagien. Auf der Zungenunterfläche werden zahlreiche **Punktblutungen** im Durchmesser von < 1 mm festgestellt. Blutungen können auch in der vorderen Augenkammer auftreten, manchmal im Rektum. Die Pferde zeigen nach kurzer Bewegung einen pochenden Herzschlag, eine ausgeprägte Pulsfrequenzsteigerung, oft ein systolisches Brummen bei Myokardschädigung. Albuminurie ist häufig, hingegen fehlen Ödeme bei den meisten Pferden. Wenn sie auftreten, sind sie an den tiefen Körperteilen lokalisiert. Thrombozytopenie und Anämie treten nach kurzer Zeit auf. Es handelt sich vorwiegend um eine komplementabhängige Erythrozytolyse. Die Fresslust kann vermindert sein, charakteristisch ist aber ein für die Schwere des Krankheitsbildes erstaunlich guter Appetit.

Subakute, mittelschwere EIA: Weniger stark ausgeprägte Symptome gleichen Charakters kennzeichnen den mittelschweren Anfall. Gute Fresslust ist typisch. Die Pferde nehmen aber an Gewicht ab. Die Fieberanfälle dauern häufig länger, aber die Temperatursteigerung ist bescheidener als beim schweren Anfall. Eventuell wird während Wochen ein leichteres, remittierendes Fieber beobachtet. Derartige Patienten sind oft hochgradig anämisch.

Chronische EIA: Die Patienten fallen auf durch Müdigkeit, schlechte Leistungsfähigkeit, Abmagerung. Ruhiggestellte Pferde zeigen oft keine Hyperthermie oder leicht erhöhte Abendtemperaturen. Nach Arbeitsleistungen ist in der Regel ein mehr oder weniger schwerer Fieberschub zu beobachten. Fohlen gedeihen schlecht. Häufig sind zentralnervöse Symptome mit Apathie und Benommenheit. Zirkulationsstörungen mit Gliedmaßen-, Brust- und Unterbauchödemen sowie auch ausgedehnten Thrombosen, etwa der Beckenarterien, und intermittierende Lahmheit kommen vor. Viele dieser Tiere zeigen bei der Sektion eine chronische Glomerulonephritis, die klinisch nur durch eine bescheidene Proteinurie auffällt.

Die chronische Krankheit kann sehr verschieden ausgehen: Entweder kann das Pferd klinisch völlig abheilen, wobei zu bedenken ist, dass es trotzdem Virusträger zu bleiben pflegt. Häufiger sind aber eine progrediente Abmagerung und rasche Ermüdbarkeit. Todesfälle durch akute Schübe werden in Zusammenhang mit virulenten Virusstämmen *(Wyoming strain)* beobachtet.

Es ist zu berücksichtigen, dass sich bakterielle Sekundärinfektionen häufig einstellen und bei EIA-infizierten Pferden schwer zu verlaufen pflegen. Die Resistenz gegenüber bakteriellen Sekundärinfektionen und wahrscheinlich auch gegen Parasitenbefall scheint deutlich herabgesetzt zu sein (Beeinträchtigung des Immunsystems).

Persistierende, inapparente EIA: Bei einer Mehrheit der infizierten Pferde scheint die Infektion primär, oder auch nach einem vorübergehenden symptomatischen Verlauf, in eine Persistenz ohne klinische Symptome überzugehen. Solche Pferde sind zwar während der Persistenz kaum über «Insektenstiche» infektiös, bilden aber ein Virusreservoir, und eine Reaktivierung der Krankheit ist jederzeit möglich.

Intermittierender Verlauf: Zwischen den Anfällen besteht kein Fieber, und das Tier scheint sich zu erholen, wobei ein Versterben im akuten Anfall immer möglich ist. Häufiger ist aber, dass die Anfälle seltener werden oder aufhören. Das Pferd bleibt nachher in der Regel klinisch gesund (inapparente persistierende Infektion).

Remittierender Verlauf: Die Körpertemperatur geht nie ganz auf die Norm zurück; bei fortgesetzter Arbeit kommt es zu schwerer Anämie, Ödembildung usw. Der Ausgang ist ungünstig.

Die **Letalität** von EIA ist meist gering, hängt aber von der Virulenz des betreffenden Virusstammes ab. In der Schweiz hat die Letalität um 1950 ungefähr 50 % betragen. In Gebieten mit virulenten Stämmen (Wyoming strain, Texas strain) kann sie auf über 80 % ansteigen.

Diagnose und Differenzialdiagnose: Wichtig ist die Unterscheidung zwischen persistierender Infektion ohne klinische Apparenz und eigentlicher Erkrankung (klinische Symptomatik Box 15.2.7). Die meisten Symptome sind unspezifisch, zu achten ist auf Ödeme und petechiale Schleimhautblutungen (kleine, petechiale Blutungen auf der Zungenunterfläche, die mit einer Lupe identifiziert werden müssen) sowie auf Thrombozytopenie und Anämie als Laborbefunde (→11.3). Die sichere Diagnosestellung der Erkrankung und noch viel mehr der Infektion allein ist allerdings mit rein klinischen Mitteln unmöglich.

Der Coggins-Test oder andere Nachweismethoden (cave! seuchenpolizeiliche Vorschriften) sind in jedem Verdachtsfall durchzuführen. Anämie ist beim Pferd für die meisten Infektionskrankheiten in mehr oder weniger schwerem Grad nachzuweisen. Die typische EIA verursacht indessen ausgeprägte und manchmal hochgradige Anämie. Es kann aber auch die Thrombozytopenie den Laborbefund dominieren (cave! Verwendung von Citratröhrchen zum Ausschluss einer Pseudothrombozytopenie). Fieber und Nachhandschwäche sind natürlich nicht spezifisch, hingegen scheinen die Zungenpunkte typisch zu sein. Vorsicht ist am Platz bei Arteriitis, die oft eine leichte Stomatitis verursacht und bei Stomatitiden anderer Genese. Ödeme treten auch bei Nephrosen, Nephritis, Herzfehlern, Petechialfieber, Pleuritis, Mastitis und dergleichen auf. Bei jungen Pferden ist vor allem auch an schweren Wurmbefall zu denken. In chronischen Fällen sind in erster Linie eitrige Herdinfektionen auszuschließen, was im Allgemeinen aufgrund des Blutbildes keine Schwierigkeiten bereiten sollte (Tab. 11.4). Zu bedenken ist allerdings immer, dass gerade eitrige Herdinfektionen bei EIA-Patienten besonders häufig auftreten!

Sicherung der Diagnose: Ein Agargel-Immunodiffusionstest (**AGID; Coggins-Test**) und ein **C-ELISA** ergeben relativ gute und übereinstimmende Resultate bei relativ kleinem Aufwand, wobei der Coggins-Test spezifischer, der ELISA aber sensitiver ist.

Diese Tests sind in vielen Ländern offiziell anerkannt und werden u. a. seuchenpolizeilich verwendet. Jeder Verdachtsfall (z. B. therapieresistentes Fieber ohne Lokalisation; Abmagerung bei guter Fresslust und gelegentlicher Temperaturanstieg etc.) muss 30–90 Tage nach vermuteter Exposition überprüft werden. Man verfügt heute über spezifischere und empfindlichere Methoden als den Coggins-Test (cave! falsch negative), mit deren Hilfe das inapparente Trägertum besser erfasst werden kann (PCR; Western Blot; ELISA), der AGID gilt aber offiziell meist noch als Goldstandard. Für bestätigte Fälle besteht in der Schweiz Meldepflicht, in Deutschland Anzeigepflicht.

Prognose: Die Prognose ist ungünstig in Bezug auf die Viruspersistenz. Die Prognose wird aber in der Regel von **seuchenpolizeilichen Vorschriften** bestimmt. In den meisten Ländern sind die Tötung infizierter Tiere, das Testen von Kontakttieren, die Isolation (Sperrung eines Betriebes im Umkreis von 1 km in Deutschland und in der Schweiz, Unterbinden von Tierbewegungen) und Desinfektion (z. B. Virkon® 1 % mit Kaliummonopersulfat oder Chlorkalk, Hypochlorit, Chloramin) etc. amtlich geregelt. Auch wenn die Ausmerzung oder Isolierung (weiter als ein «Stechmückenflug» von anderen Pferden entfernt, d. h. ca. 100 Meter, weil das EIAV nur 30 Minuten auf dem rein mechanischen Vektoren infektiös bleibt) kranker oder virustragender Pferde nicht gesetzlich vorgeschrieben wäre, müsste sie im Interesse der anderen Pferde eines Bestands (einer Region, eines Landes) unter Umständen vorgenommen werden. Werden Infizierte nicht wegen seuchenpolizeilicher Vorschriften getötet, ist die Prognose quoad restitutionem zweifelhaft, wobei sie vor allem von der Virulenz des betreffenden Virustyps abhängt. Ungünstig sind sehr akute Verläufe, bei den chronischen Formen starker Muskelschwund, allgemeine Schwäche von größerem Ausmaß, hochgradige Ödeme und remittierendes Fieber, sowie häufiger werdende Fieberanfälle.

Therapie: Es existiert **keine spezifische Therapie und keine Impfung**. Bei Fällen mit zweifelhafter Prognose würde sich eine kräftige, proteinreiche Fütterung, leichte Bewegung in den fieberfreien Intervallen und vollkommene Ruhe bei Fieber empfehlen. Die Tiere wären auch sonst gut zu pflegen, wurmfrei zu halten, und auf die Behandlung von Sekundärinfektionen wäre großes Gewicht zu legen.

Am wichtigsten ist das Vermeiden von Übertragungsmöglichkeiten: einmaliger Gebrauch oder Desinfektion von Nadeln und Instrumenten (auch Zahnraspeln!); Testen von Blutpräparaten; Insektenbekämpfung (Box 15.2.6.1), sowie das konsequente Testen von Neuzugängen. Daneben ist auf die Vorschriften der verschiedenen Verbände (z. B. Coggins-Test für Pferde aus betroffenen Ländern höchstens 14 Tage vor Start) zu achten.

Pathologische Anatomie: Inapparente Fälle zeigen ein negatives Autopsieresultat. Subklinische Fälle können dagegen oft schwere Veränderungen aufweisen, wie sie auch bei Chronizität angetroffen werden können: Abmagerung, Anämie, Ödeme, Ikterus, Myokardnarben, mäßige, sulzige Lymphknotenvergrößerung, Lungen groß, oft schlecht kollabiert, Leber vergrößert, marmorierte Schnittfläche, Milz vergrößert mit heller roter Schnittfläche, grobkörnig (Himbeermilz). Nieren eventuell vergrößert, Kapsel gelegentlich klebend, Oberfläche hell, Punktblutungen, manchmal graue Herde. Nicht selten Gefäßthromben und sublinguale Punktblutungen. Im Gehirn findet sich recht häufig eine Ependymitis granularis in den Seitenventrikeln.

Akute und perakute Fälle zeigen schwere Blutungen unter dem Endo- und Epikard, in der Pleura, auch in den Lungen, dann vor allem in den Darmserosen, den Nieren und verschiedenen Schleimhäuten. Myokardverfettung und eine dunkelrot gestaute Milz sind ebenfalls typisch.

15.2.8 Orthomyxoviridae – Equines Influenzavirus A

Equine Influenzaviren sind Erreger der equinen Influenza. Equine Influenza ist eine alte Pferdekrankheit, die mit allen möglichen und unmöglichen Bezeichnungen belegt worden ist, meistens aber nicht mit dem Namen Influenza, der seinerseits eher für die Pferdestaupe oder Equine Arteriitis verwendet worden ist. Unzählige lokale Trivialnamen wie Skalma, Hoppegartener Husten, Freudenauer Husten, Pferdegrippe wurden früher verwendet. Es wurden bis anhin zwei Orthomyxoviren festgestellt:

- Influenzavirus A/equi/Prag/1/56 (H7N7)
- Influenzavirus A/equi/Miami/2/63 (H3N8) [(z)]

Influenza-A-Viren werden nach der Antigenität ihrer Hämaglutinin- und Neuraminidase-Proteine typisiert. Sowohl das Influenzavirus A/equi-1 (H7N7), als vor allem auch A/equi-2 (H3N8), haben seit 1956 beziehungsweise 1963 zahlreiche mehr oder weniger lokalisierte Seuchenzüge verursacht. In dieser Zeit hat sich – wie bei Influenzaviren üblich – die Antigenstruktur der Viren zum Teil verändert *(antigenic drift)*, was für die Impfprophylaxe von Bedeutung ist.

1956 wurde zum ersten Mal nachgewiesen (Prototyp Stamm A/equi/Prague/1/56), dass ein echtes *Myxovirus influenzae* ein Typ-A-Influenza-Virus (ähnlich dem humanen Typ A) der Familie Orthomyxoviridae für respiratorische Krankheiten des Pferdes verantwortlich sein kann. Influenzavirus A/equi-1 ist wahrscheinlich seit Langem in unseren Pferdepopulationen heimisch gewesen. Es verursacht eher milde Erkrankungen und schien z. T. endemisch in Pferdebeständen vorzukommen, wo es begrenzte Ausbrüche unter jungen Tieren hervorzurufen pflegte. Der letzte bestätigte Ausbruch fand 1979 in Italien statt, seither wurde das Virus vom Subtyp H7N7 nie mehr isoliert. A/equi-1-Infektionen scheinen heute also nur noch selten, vielleicht gar nicht mehr aufzutreten. Serologische Hinweise auf ein persistierendes subklinisches Zirkulieren in gewissen Populationen wurden aber 1991 in Ost-Europa und Asien noch gefunden.

«Steckbrief» Equine Influenza

- Influenzavirus A/equi-1 (H7N7) und vor allem auch A/equi-2 (H3N8) können Epidemien auslösen. Empfänglich sind Equiden, aber auch andere Spezies (Hunde, Geflügel, Seehunde, möglicherweise auch der Mensch).
- Die equine Influenza ist hoch infektiös und verbreitet sich mit seiner kurzen Inkubationszeit (1–3 Tage) beim Husten erkrankter Pferde aerogen (und auch über Gegenstände und Menschen) sehr schnell innerhalb einer ungeschützten Population.
- Krankheitsbild relativ uniform, geprägt von intermittierendem Fieber, Husten, reaktiven Mandibularlymphknoten wenig Nasenausfluss (erst bei bakterieller Sekundärinfektion ausgeprägt) und Allgemeinsymptomen, wie Inappetenz, evtl. Muskelschwäche und steifem Gang.
- Diagnose stützt sich auf die explosive Ausbreitung der Infektion, auf den typischen, frequenten Husten und auf die Lokalisation in den unteren Atemwegen.
- Die Diagnose sollte wenn immer möglich serologisch/virologisch gesichert werden. Dabei ist die Abklärung der Antigenstruktur der Oberfläche jedes Isolats von großem praktischem Interesse!
- Die Letalität ist trotz möglichen Komplikationen tief und die Prognose grundsätzlich gut.
- Therapeutisch v. a. Ruhe und gute Lufthygiene im Stall wichtig (cave! Trigger für Folgekrankheiten). Ursächliche Therapie nicht erprobt, obschon Neuraminidasehemmer auch bei equiner Influenza gewisse Wirksamkeit haben.
- Unterschiedliche Impfvorschriften je nach Verband und viele verschiedene Impfungen auf dem Markt. Aktualität und «Modernität» von Impfstämmen (oft «veraltete» H7N7 und z. T. fehlende aktuelle H3N8 Stämme) und Adjuvans beachten.

1963 konnte das Influenzavirus A/equi-2 in Florida zum ersten Mal isoliert werden (Prototyp Stamm: A/eq/Miami/1/63). Im gleichen Jahr verbreitete sich die Infektion in den USA und griff 1964 auf Südamerika über. Ende 1964 gelangte das Virus wahrscheinlich mit Stuten nach Frankreich und breitete sich von dort über ganz Europa aus.

Der Seuchenzug 1963–1965 kann als Panzootie bezeichnet werden. Seither werden mehr oder weniger lokalisierte Ausbrüche beobachtet (Großbritannien 1976; Europa und Nordamerika 1978–1981; Südafrika 1986–1987; Indien, 1987; Hong-Kong, 1992; China, s. u. 1993–1994; Dubai, 1995; Philippinen, 1997; Großbritannien 2003), gelegentlich aber auch Ausbrüche mit interkontinentalen Ausmaßen (2007: Ausbruch in Japan mit Verschleppung nach Australien).

Infektionen mit A/equi-2 pflegen sich klinisch schwerer zu manifestieren als Infektionen mit A/equi-1. Die relativ schnellere «*antigenic drift*» von A/equi-2 H3N8 kann eine erhöhte Virulenz bei neuen Ausbrüchen bewirken und macht die Impfung gegen diesen Stamm zu einer Herausforderung (s. u.). Seit den späten 1980er-Jahren hat man eine divergente Entwicklung von H3N8 in eine europäische und eine amerikanische Linie beobachtet. Besonders verheerend sind Ausbrüche in vorher A/equi-2-freien Gebieten (Südafrika, Indien und Australien) und neue Mutationen (China, s. u.). Heute sind nur noch Neuseeland und Island frei von equiner Influenza. Ein verheerender Ausbruch war 2007 in Australien zu verzeichnen. Anstelle von Impfschutz war auf der Insel bis zum Ausbruch ein strenges Quarantäneprozedere vorgeschrieben. Bei zwei importierten infizierten Deckhengsten aus den Vereinigten Staaten wurden die Vorschriften unterlaufen. In der Folge erkrankten Zehntausende Pferde in den Regionen von Queensland und New South Wales. Pferdetransporte wurden untersagt, Renngeschäfte eingestellt. Die Letalitätsrate wurde auf 5 %, der kommerzielle Schaden auf Milliardenhöhe beziffert.

Eine Mutante (A/eq/Jilin/89; offenbar näher verwandt mit aviären als mit bisherigen equinen H3N8!) hat in China zu schweren Verlusten (bis zu 20 % Letalität) geführt. Glücklicherweise konnte sich dieser Stamm, der ein eindrückliches Beispiel für das aviäre Influenza-A-Reservoir darstellt, nicht über China hinaus ausbreiten und scheint auch nicht persistiert zu haben. Ein weiteres Beispiel für die potenzielle Überwindung der Speziesgrenzen sind, neben den besser bekannten Schwein-Mensch- und Geflügel-Mensch (Vogelgrippe) Übertragungen, die Infektionen von Hunden (Greyhounds) mit wahrscheinlich equinen H3N8-Subtypen in Nordamerika im Jahre 2003. Direkte Infektionen von Pferd zum Menschen sind nicht bekannt, aber experimentell lassen sich beim Menschen leichte Grippesymptome mit A/equi2 auslösen, und Pferde haben nach Exposition mit dem humanen Hong-Kong-H3N2 leichte fieberhafte Erkrankung gezeigt. Außerdem ist es wahrscheinlich, dass Anfang des 20. Jahrhunderts ein H3N8-Virus auch unter Menschen zirkulierte und dass viele heutige Gensegmente des humanen Influenza-A-Virus im 19. Jahrhundert aus einer H3N8-Pferdegrippe über Hühner auf den Menschen übertragen wurden.

Epidemiologie: Die Epidemiologie der Pferdeinfluenza zeigt im Allgemeinen ein typisches Bild. In einer weitgehend endemischen Situation kommt es nur von Zeit zu Zeit zu größeren Ausbrüchen. Bei der Einführung eines neuen Virus ist immer mit einer Pandemie, verbunden mit schwereren Verläufen, zu rechnen. Die Ausbreitungsgeschwindigkeit ist abhängig davon, ob ein Teil der Population immunologisch geschützt ist. Die Morbidität variiert von wenigen bis zu 100 % (Einführung eines neuen Virus). Hohe Morbiditätsraten werden beobachtet, wenn die Vakzination vernachlässigt wird, wie beim Ausbruch 2007 in Australien.

Die Inkubationszeit der Influenza beträgt im Allgemeinen 1–3 Tage. Extremwerte sind 18 Stunden und 7 Tage. Die Infektiosität angesteckter Pferde hält meistens nicht lange an. Es darf angenommen werden, dass ein Pferd, auch wenn es noch weiterhustet, nach 3 bis höchstens 6 Tagen nicht mehr infektiös ist. Gefürchtet als Ansteckungsquelle mit großer Reichweite bei internationalem Transport sind geimpfte (oder eher unwahrscheinlicher auch ungeimpfte) Tiere mit subklinischer Infektion. Die Übertragung geschieht v. a. aerogen (und auch über Gegenstände und Menschen) sehr schnell innerhalb einer ungeschützten Population. Bei einer Epidemie ist der Anteil an Mehrfachinfektionen (verschiedene Viren im gleichen Pferd) relativ hoch, und damit ist die Voraussetzung für eine weitere Evolution des Virus durch «*Reassortment*» gegeben.

Symptome: Das Krankheitsbild der Influenza ist ziemlich uniform und erlaubt im Allgemeinen eine klinische Diagnose, wenn mehrere Pferde untersucht werden können. Hervorstechendes Symptom ist ein trockener, lauter und sehr kräftiger Husten, der in den Anfangsstadien unproduktiv (aber hoch infektiös!) ist. Später wird der Husten weniger frequent und feuchter. Bei unkomplizierten Fällen pflegt der Husten innerhalb von 1–3 Wochen zu verschwinden.

Der Husten ist Ausdruck einer ausgeprägten Entzündung der Atemwege. Bei Influenza besteht wenig Rhinitis, wenig oder kein Lymphknotenödem, obgleich die mandibulären Lymphknoten während der ersten Stunden der Infektion etwas schmerzhaft sind. Reine Influenza verursacht auch nur spärlichen, wässrig-serösen Nasenausfluss. Er wird erst später mukös bis mukopurulent (Sekundärinfektion). Eine Laryngitis scheint oft in milder Form vorhanden zu sein. Pharynx und Luftsäcke sind nur bei sekundär komplizierten Fällen nachweisbar verändert. Die Trachea ist in den ersten Stunden der Erkrankung ebenfalls druckempfindlich.

Die Hauptlokalisation der Infektion liegt in den Epithelzellen der Trachea und des Bronchialbaums mit einer starken, lokalen Entzündungsreaktion, die Hyperämie, mononukleäre Zellinfiltration und Migration von Neutrophilen und Makrophagen in die Luftwege verursacht. Die Ausschüttung von Zytokinen führt zu Fieber und den allgemeinen Symptomen. Das Virus breitet sich in der Folge im Respirationstrakt aus, nach massiver Virusproduktion mit apikalem Budding und Ablösung von der Zelle. Daraus kann eine interstitielle Pneumonie und bei bakterieller Sekundärinfektion eine bakterielle Bronchitis oder Bronchopneumonie entstehen. Selten wird auch Myokarditis beobachtet. A/equi-1-Infektionen scheinen weniger ausgeprägt broncho- oder pneumotrope Eigenschaften aufzuweisen als die virulenteren A/equi-2-H3N8-Subtypen. Bei A/equi-2 werden die für die mukoziliäre Clearance verantwortlichen Zilien innerhalb von 4–6 Tagen in großen Teilen zerstört. Anlässlich der Einschleppung neuer A/equi-2-Varianten wurden sehr schwere Verläufe beobachtet, wie auch in neueren Ausbrüchen bei nicht geimpften Tieren. Beim H3N8-Ausbruch im Jahr 1989 in China wurde häufig Enteritis mit hoher Letalität festgestellt. Im Allgemeinen ist das Krankheitsbild aber weniger beunruhigend.

Der durchschnittliche Grad der klinischen Erkrankung in einer gegebenen Population hängt stark von deren Immunstatus und der Virulenz des Virusstammes ab. Bei ungeschützten Pferden steigt die Temperatur über 40 °C, oft auch über 41 °C. Sehr oft sieht man scharf verlaufende Fieberanstiege und rapide Abfälle mit mehr oder weniger kurzen Intermissionen zwischen den einzelnen Fiebergipfeln. Influenza kann einen, zwei oder auch mehr hohe Fiebergipfel verursachen, die offenbar allein durch die Virusinfektion ausgelöst werden. Das Fieber sollte aber nicht kontinuierlich mehr als 3–5 Tage dauern, sonst muss damit gerechnet werden, dass der Patient sekundär bakteriell infiziert worden ist. In diesen Fällen stellt sich meist auch ein mukopurulenter Nasenausfluss ein.

Die Pferde zeigen im Allgemeinen wenig ausgeprägte Allgemeinsymptome. Inappetenz kann vorhanden sein, oft werden etwas Muskelschwäche und steifer Gang beobachtet. Myokardinsuffizienz oder Myokarditis sind besonders bei Hochleistungstieren und alten Pferden nicht selten. Milde Leberschädigungen kommen vor.

Die hämatologische Untersuchung ergibt unspezifische Befunde: Es kommt zur leichten Anämie und ziemlich regelmäßig zu einer Lymphopenie, seltener zu einer eigentlichen, ausgeprägten Leukopenie. Bei einigen Ausbrüchen von Influenza konnte auch eine Monozytose beobachtet werden.

Verlauf und Komplikationen: Der Verlauf der Influenza ist variabel und vor allem abhängig von der Virulenz des Virus, vom Allgemeinzustand und dem immunologischen Schutz des Patienten. Es sind sehr milde bis sehr schwere Bilder zu beobachten, wobei allerdings die Letalität der reinen Virusinfektion gering zu bleiben pflegt: nur alte oder sehr junge Tiere, Esel, eventuell auch vorgeschädigte Pferde (Tiere mit Allgemeinkrankheiten und Bronchitiker) gehen an einer Influenza ein. Schwere Komplikationen (Myositis, Myokarditis; Enzephalitis; bakterielle Sekundärinfekte die zu Pleuropneumonie oder Purpura führen) sind bei gesunden erwachsenen und v. a. geimpften Tieren sehr selten. Milde Fälle ohne bakterielle Komplikation heilen spontan innerhalb 2 Wochen ab, schwere Fälle, besonders bei Hochleistungspferden, benötigen oft eine Rekonvaleszenz von mehreren Monaten, bis sich Lunge und Herz völlig erholt haben.

Die größte Rolle spielen beim jungen Pferd **Sekundärinfektionen mit Streptokokken** (→16.6.1). Es kann dabei zu schweren Bronchopneumonien kommen, in seltenen Fällen auch zu Pleuropneumonien. Derartige Bilder lassen sich vor allem im Zusammenhang mit Transporten kranker Tiere unter ungünstigen Bedingungen beobachten *(«shipping fever»)*. Häufiger stellen sich allerdings eitrige Infektionen der oberen Luftwege (Laryngitis, Pharyngitis und Druse) ein. Petechialfieber kann dann gehäuft auftreten. Eitrige Komplikationen werden vor allem in Händlerställen, in Kliniken und in Akklimatisationsstationen für Importpferde beobachtet. Bei älteren Tieren ist mit Komplikationen zu rechnen, wenn vorbestehende Läsionen, besonders der Lungen, vorhanden sind. Selten ist als Komplikation eine akute Hufrehe, häufiger eine Schädigung des Herzens festzustellen. Es scheint heute eher unwahrscheinlich, dass die chronische Bronchitis (→3.6.2) eine Folgeerkrankung der Influenza darstellt. Ebenfalls ist die chronische, follikuläre Pharyngitis junger Pferde eher eine Folge von EHV-4 und/oder Rhinoviren als von Influenzainfektionen. Grundsätzlich ist die Letalität (auch angesichts der Komplikationen) tief.

Diagnose: Die klinische Diagnose ist bei der Beobachtung mehrerer Fälle meistens gut möglich. Die Diagnose stützt sich auf die explosive Ausbreitung der Infektion, auf den typischen, frequenten Husten und auf die Lokalisation in den unteren Atemwegen. Die Diagnose sollte wenn immer möglich serologisch (Komplement-Fixation, Hämagglutination-Inhibitions-Test etc.: ein mindestens 4-facher Titeranstieg ist ein signifikanter Hinweis auf eine Infektion) oder virologisch (ELISA-Schnelltests oder idealerweise PCR aus Nasentupfern) gesichert werden. Dabei ist die Charakterisierung des Subtyps von großem praktischem Interesse!

Prognose: Die Prognose ist quoad vitam günstig. Zweifelhaft ist sie höchstens bei Saugfohlen und sehr alten Tieren. Quoad restitutionem ist die Prognose günstig bis vorsichtig zu stellen, da sich Komplikationen und vor allem Folgekrankheiten (s. o.) einstellen können.

Therapie: Es ist keine wirksame ursächliche Therapie erprobt; allerdings scheinen Neuraminidasehemmer nicht nur beim Menschen (z. B. Zanamivir und Oseltamivir [Tamiflu® Roche]), sondern in experimentellen Studien auch beim Pferd (Oseltamivir und Peramivir) klinische Symptome und Virusausscheidung mindestens teilweise unterdrücken zu können. Es gibt aber bisher nur in vitro klare Hinweise, dass Neuraminidase-Inhibitoren, wie Oseltamivir Carboxylat oder Zanamivir auch gegen die meisten equinen Influenza-A-Stämme aktiv wären. Ein Einsatz beim Pferd wäre aber auch aus Gründen einer Förderung der Resistenzbildung mindestens fragwürdig.

Alle Pferde sind sofort und lange genug ruhigzustellen. Es ist auf eine tadellose Stall(luft!)hygiene zu achten. Die Erholung der mukoziliären Clearance dauert 3–4 Wochen. Besonders während dieser Zeit sollte die Exposition zu potenziellen Allergenen und somit zu Staubexposition vermieden werden (cave! Influenza als Trigger-Folgeerkrankungen). Jeder Stress während einer Influenzainfektion ist zu vermeiden: keine Transporte, keine größeren Operationen, keine Inhalationsnarkosen, genügend lange Rekonvaleszenz. Das Training von Sportpferden ist nach einer Influenza sehr schonend und graduell wieder aufzunehmen.

Eine Antibiose (z. B. Penizillin oder Cephtiofur) ist angezeigt, wenn die Pferde ein Fieber haben, das mehr als 3–4 Tage dauert, wenn ein deutlicher Lungenbefund vorhanden ist oder wenn purulenter Nasenausfluss beobachtet wird. Mit der Antibiotikagabe kann man ein schnelleres Abklingen der klinischen Symptomatik etwa ab Tag 10 nach der Infektion erwarten.

Die beste **Prophylaxe** besteht in der **Vakzination** unter Verwendung eines gemäß OIE-Empfehlung regelmäßig zu aktualisierenden Impfstoffs. Dieser sollte die Ausprägung von klinischen Symptomen nach Infektion mit verschiedenen Influenzastämmen verhindern oder mindestens vermindern sowie die Virusausscheidung und damit die weitere Übertragung unterdrücken. Man schätzt, dass für die Verhinderung einer Epidemie ungefähr 70 % einer Pferdepopulation wirksam geimpft sein müssen.

Alle Impfstoffe erfordern mindestens eine zweimalige Impfung im Abstand von 3–13 Wochen im ersten Jahr (in den meisten Verbänden, inkl. FEI, ist eine dreimalige Grundimmunisierung vorgeschrieben) und eine jährliche (besser alle 6 Monate; FEI konform) Revakzination.

Die Immunität nach natürlicher Infektion dauert knapp 1 Jahr. Nach der Vakzination ist sie kürzer (höchstens 6–8 Monate). Pferde, die innerhalb eines Jahres wieder angesteckt werden, zeigen aber meistens nur subklinische oder milde klinische Bilder mit etwas Fieber und Husten während eines oder zwei Tagen. Immerhin wird empfohlen und von gewissen Verbänden vorgeschrieben, die Basisimpfung nach 150–210 Tagen durch eine *injection de rappel* zu ergänzen. Exponierte Pferde werden vielerorts 2 Mal jährlich oder häufiger nachgeimpft.

Die FEI verlangt zwar nach der Grundimmunisierung (2 Impfungen im Abstand von 21–92 Tagen, 3. Impfung innert 7 Monaten) die Wiederholungsimpfung im Abstand von maximal 365 Tagen, aber dadurch, dass bei Turnierteilnahme die letzte Impfung nicht länger als 6 Monate und 21 Tage zurückliegen darf, müssen Pferde, die regelmäßig an internationalen Turnieren teilnehmen, effektiv 2 Mal jährlich geimpft werden.

Gegenwärtig bestehen allein in der Schweiz zwischen Sportpferde-, Galopprennsport- und Trabrennsportverband drei unterschiedliche Impfvorschriften! Es sind darum immer auf die genauen Vorschriften der jeweiligen Verbände zu achten. Kontrovers ist nach wie vor die Impfung junger Fohlen. Versuche haben gezeigt, dass die Influenzaimpfung vor dem 6. Lebensmonat v. a. wegen der noch zirkulierenden kolostralen Antikörper der Stute nicht nur einen ungenügenden Schutz, sondern sogar Immuntoleranz gegenüber dem Influenzavirus verursachen kann. Wir empfehlen darum die Impfung der Stute ca. 4–6 Wochen vor dem Abfohltermin für einen möglichst guten passiven Schutz des Fohlens und die aktive Grundimmunisierung erst, wenn das Fohlen 6 Monate alt ist. Alte Pferde können u U. auch eine ungenügende Impfreaktion zeigen.

Während Jahrzehnten enthielten Impfstoffe sowohl A/equi-1 H7N7, als auch A/equi-2 H3N8. Dabei war der Schutz gegen H7N7 wesentlich sicherer, aber er erübrigt sich heute und ist nicht mehr empfohlen. Dagegen stellt ein wirksamer Schutz gegen H3N8 weiterhin eine Herausforderung dar – empfohlen wird, dass moderne Influenza-

Vakzinen sowohl A/eq/Newmarket/2/93-ähnliche Impfviren, als Repräsentanten der «europäischen Linie», als auch A/eq/South Africa/4/2003 oder A/equi-2/Ohio/03-ähnliche Impfviren, als Repräsentanten der «amerikanischen Linie» enthalten. Trotzdem haben die meisten Hersteller, wahrscheinlich aus ökonomischen Gründen, A equi-1 H7N7 weiterhin beibehalten, und die «neueren» H3N8-Stämme fehlen meist.

Die Vakzination kann zu Nebenwirkungen führen. Sehr selten werden anaphylaktische Reaktionen beschrieben, anscheinend kann es zu Exazerbationen vorbestehender Lungenkrankheiten kommen. Mit gewissen Impfstoffen ist eine Granulombildung an der Injektionsstelle zu befürchten (Adjuvans!).

Gegenwärtig enthalten die meisten Influenzaimpfungen noch inaktivierte Viren oder Subunit-Impfstoffe auf ISCOM-Basis (Equip F®, Schering-Plough), und vermitteln einen relativ kurzlebigen Schutz (einige Monate) durch möglichst hohe Antikörpertiter. Neuere Vakzinen enthalten lebende attenuierte oder in Poxviren «eingebaute» Influenzaviren. Diese Lebendimpfstoffe vermögen sowohl humorale wie zelluläre Immunität zu stimulieren. Ein kälte-adaptierte intranasale Lebendvakzine (Flu Avert®, Intervet) ist in Nordamerika auf dem Markt. Sie induziert eine Infektion mit Virusvermehrung (und damit guter Immunität) in den oberen, aber nicht in den wärmeren unteren Atemwegen. In Europa ist eine modifizierte Lebendvakzine auf Canarypox-Basis (Carbomer Adjuvans) erhältlich (Proteq Flu®, Merial), die Schutz gegen amerikanische und europäische Stämme verspricht. Damit vereint diese Impfung gegenwärtig die «modernsten» Impfstämme und das «modernste» Adjuvans. Weil sie gegen die HA-Proteine gerichtet ist, wird ihre Wirksamkeit von der regelmäßigen «Aktualisierung» (Antigen-Drift) gegen neue Varianten abhängen.

DNA-Vakzine erlangen stimulieren zwar eine gute Immunität, sind aber bisher wegen der Notwendigkeit einer mehrmaligen Applikation an verschiedenen Körperstellen für die Praxis ungeeignet.

15.2.9 Paramyxoviridae

15.2.9.1 Parainfluenzavirus 3

Als Erreger der **Parainfluenza** ist Parainfluenzavirus 3 beschrieben worden, die Rolle von Parainfluenza als Infektionskrankheit des Pferdes ist aber unklar und umstritten. Auf jeden Fall ist sie in Europa sehr klein, wenn das PI-3-Virus überhaupt pferdepathogen sein sollte, was zu bezweifeln ist. Untersuchungen an größeren Populationen haben in der Schweiz keine positiven Befunde erbracht. In Kanada sollen ungefähr 20 % der Pferdepopulation positive Titer aufweisen.

Symptome und Verlauf: Die Symptomatologie ist nach der Literatur unspezifisch. Die Krankheit soll mit Fieber bis 39.7 °C, Anorexie, Dyspnoe und einem seropurulenten Nasenausfluss einhergehen, d. h. die untersuchten Pferde sind sicher schon sekundär infiziert gewesen. Typisch ist eine Konjunktivitis mit Tränenfluss, und häufig tritt auch eine Lymphadenitis mandibularis auf. Die Krankheit soll innerhalb von 7–9 Tagen spontan abheilen.

Diagnose: Vorläufig wäre eine Diagnose nur durch die Virusisolation mit einem gleichzeitigen Nachweis eines Antikörpertiteranstieges möglich.

15.2.9.2 Hendra- und Salemvirus

Das zu den **Paramyxoviridae (Genus Henipavirus)** zählende **Hendravirus** (zuerst **equines Morbillivirus** genannt) verursacht in Australien, seit den ersten Fällen 1994, in unregelmäßigen Abständen bei Pferden und Menschen (Trainer und Stallpersonal) ein seltenes, aber fast immer tödlich verlaufendes, akutes respiratorisches Syndrom, welches der respiratorischen Form der AHS gleicht. Das Virusreservoir bilden offenbar Fruchtfledermäuse, übertragen wird die Krankheit wahrscheinlich durch direkten Kontakt mit infizierten Tieren, evtl. über Urin.

Ein weiteres equines Paramyxovirus (Genus TPMV-like Virus) ist das **Salemvirus**, das bei einem Ausbruch mit unklarer klinischer Symptomatik aus einem betroffenen Pferd isoliert wurde, dessen Pathogenität aber fraglich bleibt.

15.2.10 Rhabdoviridae

15.2.10.1 Vesiculovirus

Die **Stomatitis vesicularis** ist eine Krankheit von Pferden, Rindern, Schweinen und auch des Menschen (Zoonose). Die Krankheit ist in Amerika und auch in Afrika nachgewiesen worden, während ein Beweis ihres Vorkommens in Europa aussteht, obgleich vereinzelte alte Berichte vorliegen.

Zwei serologisch verschiedene Viren provozieren nicht unterscheidbare klinische Manifestationen (New-Jersey-Virus und Indiana-Virus). Es handelt sich um ein Vesiculovirus aus der Familie der Rhabdoviridae.

Die Morbidität in einer Herde beträgt 30–95 %. Offenbar sind nur Tiere empfänglich, die keine Antikörper gegen Stomatitis vesicularis aufweisen. Pferde sind empfindlicher als Maultiere, Maultiere empfindlicher als Esel; beim Rind scheint die Empfänglichkeit mit dem Alter zuzunehmen, während beim Schwein eine Abnahme der Empfänglichkeit festgestellt worden ist.

Epidemiologie: Das Auftreten der Krankheit scheint von gewissen geografischen oder topografischen Gegebenheiten abzuhängen. Am häufigsten kommt die Krankheit bei Weidepferden in relativ sumpfigen und waldigen Gebieten vor. Stomatitis vesicularis tritt vorwiegend im August und September auf (nördliche Hemisphäre). Das Reservoir für diese Viren, die ein breites Spektrum von Wild- und Haustieren anstecken können, ist nicht geklärt. Die Übertragung erfolgt jedoch in erster Linie durch bestimmte Insekten, gelegentlich auch direkt von erkrankten Tieren.

Symptome: Die Inkubationszeit beträgt meist (1–)2–8 Tage, kann aber auch länger sein. Als erstes Zeichen fällt, wegen der Schmerzhaftigkeit der Läsionen, starker Speichelfluss, Fressstörungen, Appetitverlust und Apathie auf. Anschließend wird ein Fieberanstieg bis auf 40 °C oder darüber beobachtet, der allerdings nur wenige Stunden dauert. Die Läsionen betreffen die Schleimhäute der Lippen und der Zunge, wobei die Vesikel auf der Zunge meistens zusammenfließen, bevor sie platzen. Die Erosion kann deshalb große Gebiete der Zungenoberfläche betreffen. Die resultierende Wunde ist tiefrot und oft blutend, wodurch der Speichel nicht selten mit Blut vermischt erscheint. In der Inguinalgegend und am Kronrand können ebenfalls Vesikel auftreten, letztere können Lahmheit verursachen. Ausschuhen soll als ungünstige Folge derartiger Veränderungen vorkommen. Die Krankheit ist bei Wiederkäuern wichtig wegen der Differenzialdiagnose gegenüber **Maul- und Klauenseuche**. Das verbreitete Auftreten bei Pferden in Herden, in denen Rinder und Pferde gemischt gehalten werden, spricht gegen Maul- und Klauenseuche.

Diagnose: Verätzungen oder Fotosensibilisierung sehen u. U. wie Stomatitis vesicularis aus; bei derartigen Krankheiten fehlt aber die Kontagiosität und in der Regel auch das Fieber. Die Diagnose kann serologisch und virologisch gesichert werden (→4.1.2.2).

Prognose: Die Läsionen heilen meist innerhalb von 2 Wochen spontan ab, entsprechend gut ist die Prognose.

Prophylaxe: Die überstandene Krankheit hinterlässt eine dauerhafte, gute Immunität. Eine Vakzination von Pferden wird im Allgemeinen nicht durchgeführt, wäre aber möglich.

15.2.10.2 Lyssavirus

Der Erreger der Tollwut ist das Lyssavirus (Rhabdoviridae) mit 7 Genotypen unterschiedlicher geografischer und speziesspezifischer Verbreitung. Das Virus wird meistens durch Bisse tollwütiger Tiere übertragen. Es sei auf die seuchenpolizeilichen Vorschriften der einzelnen Länder verwiesen.

Symptome: Das Krankheitsbild kann sehr variabel sein! Als erste Erscheinung fällt oft ein ausgeprägter Juckreiz an der Bissstelle auf. Die Bissstelle selbst befindet sich meist an den Lippen, der Nase oder auch an den Beinen. Frühzeitig äußert sich die Infektion durch eine erhöhte Erregbarkeit, Schreckhaftigkeit und Unruhe. Krampfhafte Lippenbewegungen, Speicheln und Fieber gehören in vielen Fällen ebenfalls zu den initialen Symptomen. Relativ typisch scheint die durch den starken Juckreiz verursachte häufige Automutilation (Beißen) zu sein.

Die meisten Pferde erscheinen später eher abgestumpft (stille Wut). Krampfanfälle von sehr kurzer Dauer (1–2 Minuten), vor allem der Kau- und Atemmuskeln, kommen auch vor. Gelegentlich besteht ein deutlich gesteigerter Geschlechtstrieb, der bei den Stuten als Rosse imponiert und von häufigem, tropfenweisem Harnabsatz begleitet ist. Männliche Tiere schachten aus und erigieren. Oft besteht auch ein Drang, gegen Wände zu laufen, seltener werden die Tiere aggressiv gegen andere Pferde oder auch Menschen (Beißsucht und Schlagen; rasende Wut).

Nach kurzer Zeit (Stunden oder Tage) pflegen sich Lähmungen zu manifestieren, wobei zuerst Schluckbeschwerden auftreten («Bulbärparalyse»). Es besteht Allotriophagie, und Wasser kann trotz des manifesten Durstes keines aufgenommen (Regurgitieren) werden. Als typisches Zeichen tritt in diesem Stadium ein heiseres Wiehern auf, das durch eine Stimmbandlähmung bedingt ist.

Die Lähmungen erfassen dann ziemlich rasch die hinteren Körperteile, was mit Tenesmus, Kolik und Verlust des Schweif- und Sphinktertonus einhergehen kann. Die Tiere zeigen Ataxie, schwanken, knicken zusammen, stürzen zu Boden und verenden meist innerhalb 2–7 Tagen nach dem Auftreten der ersten Krankheitserscheinungen, wenn sie nicht vorher euthanasiert werden.

Das Pferd ist wie alle anderen Säugetiere für Tollwut empfänglich (cave! Zoonosegefahr); für die Aufrechterhaltung der Übertragungskette spielt es aber keine Rolle, doch kann man sich leicht vorstellen, dass ein Tollwutfall in einem frequentierten Stallbetrieb höchst aufwendige Folgemaßnahmen nach sich ziehen kann.

Die **Impfung** von Pferden kann ohne Weiteres vorgenommen werden und ist in gefährdeten Gebieten vor allem für Weidetiere zu empfehlen oder vorzuschreiben.

Andere Lyssaviren, die sich an Fledermäuse adaptiert haben (***Australian bat lyssavirus***; evtl. *Lagos bat virus*), können u. U. offenbar auch neurologische Symptome bei Pferden verursachen.

15.2.11 Bunyaviridae

Neben den einzeln besprochenen viralen neurologischen Krankheiten – wie EEE, WEE, VEE, West Nile, Zecken-, St.-Louis- und Japanische Enzephalitis oder Borna – gibt es auch aus der Familie der Bunyaviridae, verschiedene Spezies, die sowohl beim Pferd als auch beim Menschen Enzephalitiden verursachen können. Zum Beispiel das ***Cache-Valley-Virus***, das v. a. beim Schaf Aborte verursacht, aber auch andere Spezies der Gattung Orthobunyaviridae, bei denen in Nordamerika bei Mensch und Pferd z. T. neurologische Erkrankungen, z. T. nur Serokonversionen beobachtet wurden.

15.2.12 Coronaviridae

Ein **equines Coronavirus** wird seit den 80er-Jahren sowohl bei gesunden Pferden als auch bei Fohlen mit Durchfall beschrieben (→4.2.6.2.1). Neuerdings wird dieses Virus als *«emerging pathogen»* angesehen, das auch mit schwereren Krankheitsausbrüchen (Japan, USA, z. T. mit Todesfällen) bei erwachsenen Pferden mit Apathie, Fieber, Anorexie, Durchfall und Kolik in Verbindung gebracht wird. Der Nachweis erfolgt über Mikroskopie, Antigen-capture ELISA Virusisolation oder – im Idealfall – quantitative PCR.

Die Verbreitung geschieht wahrscheinlich v. a. über infizierten Mist. Entsprechend sind bei einem Ausbruch mit Verdacht auf Coronavirus insb. Hygienemaßnahmen (z. B. Isolation, Händewaschen, Handschuhe, Kleiderwechsel, desinfizierende Fußbäder) angezeigt. Die Therapie ist symptomatisch unterstützend (→4.2.6.2). Ein Großteil der betroffenen Pferde zeigt eine Spontanheilung, wenige zeigen jedoch schwere Verläufe.

15.2.13 Bornaviridae

15.2.13.1 Bornavirus

Bei der **Borna'schen Krankheit** handelt es sich um eine seltene, regional deutlich begrenzte Krankheit des Zentralnervensystems, die durch das Bornavirus hervorgerufen wird, den prototypischen und einzigen Vertreter des Genus *Bornavirus* der Familie *Bornaviridae*, das eine für RNA-Viren erstaunliche genomische Stabilität zeigt. Serologisch und auch über den Nachweis von Virusgenom wird eine fast weltweite Verbreitung bei verschiedensten Spezies, neben Pferd und Schaf auch u. a. Rind, Ziege, Hund, Katze, Fuchs, Nagetiere, Vogelarten, Zootiere und auch Menschen, festgestellt. Die Bedeutung dieser Befunde ist aber gegenwärtig unklar und umstritten. Sicher ist nur, dass die eigentliche Krankheit fast ausschließlich bei Pferden und Schafen, und das regional immer klar begrenzt, auftritt. Die Krankheit wird auch als Polioenzephalitis enzootica equorum bezeichnet. In Rattenversuchen wurde gezeigt, dass Bornavirus, ähnlich dem Tollwutvirus, von Nervenenden des *N. olfactorius* und anderen Nerven im Oropharynx und Intestinum intra-axonal und zentripetal das ZNS erreicht. Histologisch werden perivaskuläre Infiltrationen, Ganglienzellveränderungen mit Einschlusskörperchen in der grauen Substanz nachgewiesen. Vor allem im Ammonshorn sind eosinophile Kerneinschlüsse nachzuweisen (Joest-Degen'sche Einschlusskörper), die pathognomonisch sein sollen, aber nicht immer vorhanden sind.

Borna ist früher epidemisch und mit größeren Verlusten vor allem in Sachsen aufgetreten, wo die Inzidenz aber offenbar seit den 1970er-Jahren deutlich abgenommen hat. Andernorts haben Einzelfälle zeitweise eher zugenommen. Gegenwärtig wird geschätzt, dass aber nur mehr ca. 100 Fälle pro Jahr, meist vereinzelt über das Verbreitungsgebiet, auftreten: Sachsen, Sachsen-Anhalt, Thüringen, Hessen, Baden-Württemberg; sowie eine Untergruppe von Genotypen mit Ausbreitung von Bayern zur Ostschweiz (Kantone St. Gallen und Graubünden, v. a. im St. Galler Rheintal, in der Bündner Herrschaft und um Bonaduz), in Lichtenstein und neuerdings auch in Österreich (Vorarlberg; neuer Genotyp).

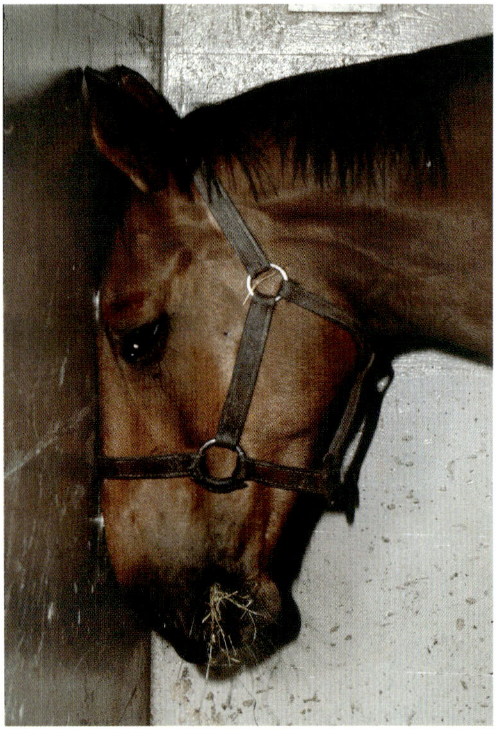

Abb. 15.3: Bornasche Krankheit: Das Pferd ist in einem somnolenten bis soporösen Zustand.

Die Virus-Ausscheidung und Übertragung ist immer noch unklar, wobei ein olfaktorisch- und oropharyngeal-aszendierender Infektionsweg vermutet wird. Nach experimenteller Infektion von Ratten wurde das Virus in Sekreten und Exkreten nachgewiesen. Auch transplazentale und laktäre Übertragung auf Fohlen ist möglich. Als Reservoir stehen kleine Nagetiere und Insektivoren unter Verdacht.

Symptome: Nach einer Inkubationszeit von mindestens 4 Wochen kommt es zuerst zu leichtem Fieber, zu Fressunlust, häufigem Gähnen, nicht selten Ikterus, Koliken und dergleichen. Das eigentliche Krankheitsbild kann meningitisch oder enzephalomyelitisch verlaufen. Die Pferde zeigen eine veränderte Psyche. Somnolenz bis Sopor, Bewegungsstörungen, propriozeptive Ausfälle mit oft schwerer Ataxie, anormalen Haltungs- und Stellreaktionen (gekreuzte Beine oder breitbeinige Stellung), auch Hyperästhesien, besonders am Kamm und Genick, sind typisch. Übererregbarkeit mit anschließenden Krämpfen kommen ebenfalls vor, vor allem etwa Kaukrämpfe mit Zähneknirschen, sowie Kreislaufen, Trismus, Bruxismus, Nystagmus, Strabismus, Myose und Zusammenbrechen. Regelmäßig entsteht eine lähmungsartige Schwäche im Verlauf der Krankheit, die praktisch die ganze Skelettmuskulatur betrifft. Nach dem initialen Fieber verläuft die Krankheit meistens afebril. Die Patienten weisen eine deutliche Leukopenie auf, und im Liquor finden sich gelegentlich ein erhöhter Eiweißgehalt, Rundzellen, seltener polymorphkernige Granulozyten.

Diagnose: Im Allgemeinen beträgt die Krankheitsdauer 1–3 Wochen. Der Antikörpernachweis, speziell in der Zerebrospinalflüssigkeit, kann zur Intra-vitam-Diagnose herangezogen werden. Postmortal können histologisch nebst disseminierter Enzephalitis die Joest-Degen'schen, nukleären Einschlusskörperchen nachgewiesen werden oder Virusantigen mittels Immunhistochemie (IHC). Eine weitere Möglichkeit ist RT-PCR in Hirngewebe. Besonderes Gewicht ist auf den Ausschluss von Tollwut zu legen (→15.2.10.1 und 6.3.1.7).

Prognose: Die Letalität beträgt 80–90 %. Überlebende Tiere leiden meistens zeitlebens an mehr oder weniger vagen, z. T. offenbar rezidivierenden, zentralnervösen Störungen.

Therapie: Eine spezifische Therapie existiert nicht.

Prophylaxe: In betroffenen Ländern wird die Krankheit durch veterinärpolizeiliche Maßnahmen bekämpft. Eine wirksame Impfung steht nicht zur Verfügung. Bei Auftreten der Krankheit müssen infizierte Tiere isoliert und kontaminierte Räume gründlich gereinigt und desinfiziert werden.

15.2.13.1.1 Bern-Virus (equines Torovirus)

Das taxonomisch interessante, offenbar weit verbreitete **Bern-Virus** ist aus dem Kot eines Pferdes mit Durchfall isoliert worden. Seine Pathogenität ist ungenügend bekannt, sie fehlt oder ist jedenfalls schwach. Das equine Torovirus scheint dem Bredavirus des Rindes nahezustehen.

15.3 DNA-Virus-Krankheiten

15.3.1 Papillomaviridae

15.3.1.1 Equus caballus Papillomvirus 1–4, EcPV-1–4

Das Virus der **Equinen Papillomatose** scheint spezies-spezifisch zu sein. Die Krankheit kann unter jungen, empfänglichen Pferden durch intradermale Injektionen bakterienfreien Filtrats leicht übertragen werden. Die Inkubationszeit nach derartigen experimentellen Infektionen beträgt 2–3 Monate. Das Virus scheint gegen äußere Einflüsse relativ resistent zu sein und wird durch Reiben von Papillomen an Stallwänden und Krippen und auch an Halftern, Kämmen oder Bürsten deponiert, wodurch sich empfängliche Tiere infizieren können. Im Übrigen verweisen wir auf das Kapitel über Hautkrankheiten (→1.3.1.1).

Symptome: Die Papillomatose des Pferdes ist eine nicht febrile Infektionskrankheit junger Individuen bis zu einem Alter von 2 bis höchstens 3 Jahren (juvenile Papillomatose; Abb. 1.17). Eine Erkrankung nicht immuner älterer Tiere stellt eine große Seltenheit dar. Die Papillome oder Warzen sind mit Vorliebe an der Nase und den Lippen lokalisiert. Es handelt sich um relativ kleine, gut begrenzte, oft gestielte Neubildungen. In sehr seltenen Einzelfällen können sich die Warzen ausbreiten und praktisch das ganze Pferd bedecken. Meistens verläuft die Krankheit gutartig. Die Papillome verschwinden spontan nach ungefähr 3 Monaten.

Therapie: Eine Therapie ist nicht notwendig. Das Pferd hat nach der Infektion eine offenbar lebenslange Immunität. Die chirurgische Entfernung der Papillome ist nur aus kosmetischen Gründen angezeigt oder wenn gewisse Tumoren an den Lippen das Kauen und die Futteraufnahme stören.

Neben EcPV-1 sind noch 3 weitere equine Papillomviren beschrieben (EcPV-2–4, unklassifiziert, aber ebenfalls zu den Papillomaviridae gehörend). Das **EcPV-2** wurde mit **Plattenepithelkarzinomen**, insbesondere im Genitalbereich, in Verbindung gebracht, und deswegen wird teilweise versucht, diese Läsionen mit Imiquimod zu behandeln. Imiquimod hat immunmodulierende, antitumorale und antivirale Eigenschaften, kann aber auch sehr irritierend wirken. **EcPV-3 und -4** sind in **Aural Plaques** (→1.3.1.3 & Abb. 1.19) nachgewiesen worden, allerdings ist auch hier eine ursächliche Beziehung nicht eindeutig geklärt.

15.3.1.2 Bovines Papillomvirus Typ 1 und 2

DNA-Sequenzen und Proteine des bovinen Papillomvirus (Typ 1 und 2) sind in Hauttumoren, den **Equinen Sarkoiden,** nachgewiesen worden. Zu diesem Thema wird auf das Kapitel über Hautkrankheiten (→1.3.1.2) verwiesen. Das Pferd leidet oft unter dem Befall mit einem sarkomähnlichen Hauttumor, dem sogenannten Sarkoid. Die Befallsfrequenz beträgt in der schweizerischen Pferdepopulation etwa 1 %, bei Jungtieren je nach Rasse aber bis über 10 %. Die Krankheit hat eine genetische Basis und ist infektiös. Es steht fest, dass durch das Virus der bovinen (kutanen) Papillomatose sarkoidähnliche Läsionen beim Pferd hervorgerufen werden können, während mit equinen Sarkoidextrakten auf der Haut des Rindes das Wachstum von Papillomen provoziert werden kann. Überdies sind in Sarkoidgeweben regelmäßig nicht nur DNA-Sequenzen, sondern auch Proteine des bovinen Papillomvirus (Typ 1 und 2) nachgewiesen worden.

Symptomatologie: Prädilektionsstellen für das Auftreten von Sarkoiden sind in erster Linie die Augenbögen und andere Stellen des Kopfes, wie die Lippenwinkel, Gurtlage und Unterbrust, das Präputium und die Gliedmaßen. Initial sehen die Tumoren meist Papillomen ähnlich, sie sind aber im Allgemeinen mit einer breiteren Basis in der Haut verankert und oft schlecht von der Umgebung abzugrenzen. Die Sarkoide können ulzerieren, in der Regel bleiben sie aber von Sekundärinfektionen frei. Der Tumor ist derb-fibrös. Das Wachstum der Tumoren ist nicht sehr rasch, aber sie rezidivieren nach Operationen oft in kurzer Zeit (einige Wochen). Bei der experimentellen Infektion beträgt die Inkubationszeit nur 3–4 Wochen. Spontane Regression der Tumoren kommt vor (→1.3.1.2).

Diagnose: Das Equine Sarkoid kann bei einiger Erfahrung mit ziemlicher Sicherheit klinisch diagnostiziert werden. Eine histologische Sicherung der Diagnose ist in Zweifelsfällen angezeigt, auch der Nachweis von BPV-DNA ist mittels PCR gut möglich.

Prognose: Wegen der großen Rezidivtendenz sollte die Prognose immer vorsichtig gestellt werden, besonders wenn die Sarkoide ungünstig liegen.

Therapie: Zu medikamentellen und chirurgischen Behandlungsansätzen; siehe →1.3.1.2.

15.3.2 Adenoviridae

Mastadenoviren (2 Serotypen EAdV-1 und EAdV-2) können aus Nasen-Rachen-Tupfern und etwa auch Rektaltupfern von Pferden jeder Altersstufe gelegentlich isoliert werden. Ihre pathogene Rolle ist dabei sehr unklar, weil die Durchseuchung wahrscheinlich sehr hoch ist, aber die meisten Infektionen subklinisch verlaufen. Nur selten, und kaum mit einer klaren ursächlichen Zuordnung, werden bei immunkompetenten Fohlen und Adulten, obere Luftwegssymptome (v. a. EAdV-1 isoliert), Bronchitis, Fieber oder gastrointestinalen Symptomen wie Durchfall (v. a. EAdV-2 isoliert) berichtet. Sicher ist, dass Adenovirusinfektionen bei Fohlen, die an einer Immundefizienz (Araberfohlen mit *Severe Combined-Immunodeficiency*, SCID) leiden, zu tödlich verlaufenden Erkrankungen (nekrotisierende Bronchitis/Bronchopneumonie) führen können. Ähnliche opportunistische Krankheitsbilder wurden auch bei wahrscheinlich immundefizienten Fell-Ponyfohlen beschrieben. Bei uns ist die Erkrankung bislang nicht nachgewiesen worden.

15.3.3 Herpesviridae

Infektionen mit Herpesviren gehören nicht nur zu den verbreitetsten, sondern auch zu den wichtigsten (EHV-1 mit respiratorischen und neurologischen Erkrankungen, Aborten und Chorioretinopathien) viralen Erkrankungen der Equiden. Von den neun bekannten equinen Herpesvirusspezies betreffen fünf das Pferd, die restlichen wurden in Eseln, Zebras, und Halbeseln (Onager, Kulan) identifiziert. Trotz großen Fortschritten im Verständnis und Investitionen in die Impfprophylaxe stellt v. a. EHV-1, seit neuerem meldungspflichtig beim OIE, in kleinerem Ausmaß auch EHV-4 (auch Mischinfektionen kommen vor) weiterhin ein ungelöstes Problem dar. Dies lässt sich u. a. auf die Eigenschaft dieser Alphaherpesviren zurückführen, in ihren Wirten latente Infektionen in Neuronen, Ganglien (v. a. *Ganglion trigeminale*) und im lymphatischen Gewebe (v. a. Rachenring), mit Reaktivierung v. a. nach Stress, zu etablieren.

15.3.3.1 Equines Herpesvirus 1 (EHV-1)

Während langer Zeit bestand eine große Konfusion in der Nomenklatur respiratorischer Viruskrankheiten des Pferdes. Heute kann als Synonym für EHV-1-Infektion noch «Virusabort der Stuten» (was nur eine mögliche klinische Manifestation beschreibt!) akzeptiert werden, «Rhinopneumonitis» sollte nur noch für das EHV-4 gebraucht werden.

EHV-1 ist in mehreren genetisch definierten Untergruppen (mit Unterschieden z. B. zwischen europäischen und nordamerikanischen Stämmen) weltweit verbreitet und überall vorhanden, wo Pferde gezüchtet werden. Sogenannte «neuropathogene» Stämme (D752-Genotyp) sind für viele (aber nicht alle!) neurologischen Erkrankungen (equine Herpesmyeloenzephalitis, EHM) verantwortlich. Der nicht neuropathogene N752-Genotyp ist aber keineswegs harmlos und ist für fast alle Aborte und immerhin für bis zu einem Drittel der EHM-Fälle verantwortlich.

Das Virus vermehrt sich lokal im oberen Respirationstrakt, was zu epithelialer Nekrose und entsprechenden respiratorischen Symptomen führen kann. Es kommt bei EHV-1 auch zur Infektion von mononukleären Zellen und von Endothelzellen von Blut- und Lymphgefäßen. Das Virus gelangt zum regionären Lymphknoten und mittels zellassoziierter Virämie in mononukleären Zellen (Monozyten und Lymphozyten) und erreicht auch andere Organe, wo es wie-

tiation of Infected and Vaccinated Animals) und rekombinante Kanarienpockenviren sind für EHV erst in Entwicklung.

15.3.3.2 Equines Herpesvirus 2 (EHV-2)

Das Gamma-Herpesvirus wird auch equines Zytomegalovirus genannt. Es bewirkt einen langsam auftretenden, wenig ausgeprägten zytopathogenen Effekt in Gewebskulturen. Es werden Synzytien und große Einschlusskörper gebildet. Das Virus ist sehr verbreitet, eine Durchseuchung findet meist bereits während der ersten Lebenswochen statt: EHV-2 wird manchmal schon in fötalen Nieren gefunden.

Die pathogene Rolle von EHV-2 ist noch unklar. Antikörpertiteranstiege im Serum von Pferden mit respiratorischen Symptomen lassen darauf schließen, dass das Virus gelegentlich leichte Erkrankungen der Luftwege (seröser Nasenausfluss, geschwollene Lymphknoten, evtl. Pharyngitis und Pneumonie, meist ohne Fieber) hervorrufen kann, auch werden unspezifische Symptome, wie Abgeschlagenheit, Inappetenz, Leistungsmangel, sowie eine Immunsuppression beschrieben. Es wird ihm eine immunsuppressive Vorreiterrolle für Rhoddokokkenpneumonien bei Fohlen zugeschrieben (→16.8.2.2). Am besten dokumentiert ist der Zusammenhang von EHV-2-Infektionen mit dem Auftreten einer unangenehmen **Keratokonjunktivitis** mit Epiphora, Blepharospasmus und Fotophobie. Neben dem Nachweis von Einschlusskörperchen und viraler DNA im Ausstrich mag ein Hinweis, dass die Keratitis herpesbedingt ist, darin gesehen werden, dass die Erkrankung mit Fluorourazil (auch Idoxuridine, Desoxyuridine und Trifluridine), in Form herpetizider Augensalben zusammen mit Glukokortikosteroiden, manchmal (oft erst nach langwieriger Behandlung) zur Abheilung gebracht werden kann. Die immunsuppressive Behandlung birgt aber wenigstens theoretisch auch das Risiko einer Reaktivierung latenter Herpesviren. Es ist wichtig, festzuhalten, dass EHV-2 auch bei vielen gesunden Pferden mittels PCR in Kornea-Abstrichen nachgewiesen werden kann.

Außerdem ist EHV-2 auch in granulomomatösen Hautveränderungen nachgewiesen worden. Die Vermutung, EHV-2 sei an der Pathogenese der chronischen Bronchiolitis entscheidend beteiligt, hat sich nicht bestätigt.

15.3.3.3 Equines Herpesvirus 3 (EHV-3)

Das Koitalexanthem ist eine Infektion mit EHV-3, wohl identisch mit dem Krankheitsbild, das historisch als «Bläschenausschlag oder «Bläschenseuche» der Pferde bezeichnet wurde (→1.3.1.5).

Das Virus vermehrt sich strikt lokal in Epithelzellen der Mukosa und in keratinisierenden (verhornenden) Epithelzellen des äußeren Genitaltrakts. Die Infektion kann zu schweren Läsionen der Schleimhäute und des Perineums bei der Stute führen. Die Temperaturempfindlichkeit des Virus bei Temperaturen über 34 °C gilt als Ursache für die Beschränkung der Virusvermehrung auf Epithelien des äußeren Reproduktionstrakts. Die Etablierung einer Latenz, vermutlich in Sakralganglien (Ischias), mit Reaktivierung ist ebenfalls bewiesen.

Symptome: Die Verbreitung der Infektion erfolgt vor allem durch den Deckakt, die Infektiosität der Geschlechtskrankheit ist sehr hoch, der Verlauf aber meist gutartig und selbstlimitierend. Die Inkubation nach dem Deckakt beträgt meistens nur 2 Tage, manchmal bis 10 Tage. Es werden kreisrunde, schmerzhafte Bläschen auf der Genitalhaut beobachtet (keine Affektion der Schleimhaut) und etwa Übergreifen auf die Schenkel, das Euter usw. Die Bläschen können in einem unregelmäßigen Muster konfluieren. Nach 2–5 Tagen entstehen daraus pockenähnliche Pusteln mit einem Durchmesser von bis zu 2 cm. Die Infektion verursacht wenig Schwellung und keine Allgemeinsymptome. Die Bläschen platzen und hinterlassen nach der meistens unkomplizierten Abheilung pigmentfreie Bezirke an der Vulva (Abb. 15.4)

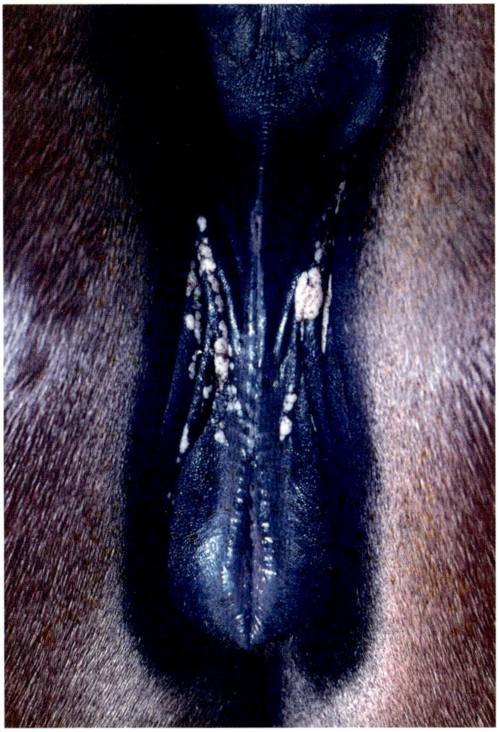

Abb. 15.4: Coitales Exanthem: Bestehende depigmentierte Flecken an der Vulva nach Abheilung des Coitalen Exanthems.

oder am Penis. Reaktivierung von EHV-3, insb. unter Kortikosteroidtherapie, ist beschrieben.

Diagnose: Die Diagnose ist leicht zu stellen. Die Läsionen sind charakteristisch (→1.3.1.5).

Prognose: Die Infektion verläuft günstig und heilt spontan in 1–3 Wochen ab.

Therapie und Prophylaxe: Eine Wundtoilette der entzündlichen Veränderungen ist angezeigt, vor allem sollte das Zuchtgeschäft bis zum Abklingen der Infektion in einem Stutenbestand vollständig eingestellt werden. Nach der kompletten Abheilung der Läsionen findet auch keine Übertragung mehr statt. Die Hengste sind besonders aufmerksam zu überwachen.

15.3.3.4 Equines Herpesvirus 4 (EHV-4)

«Equines Herpesvirus-4» ist identisch mit dem alten «Rhinopneumonitisvirus» und wurde früher auch als EHV-1-Subtyp 2 benannt.

Verbreitung: EHV-4 kommt sehr verbreitet vor und ist überall dort zu erwarten, wo junge Pferde trainiert werden. Die Seroprävalenz von EHV-4-Pferden wird auf nahezu 100 % geschätzt.

Das Virus vermehrt sich lokal im oberen Respirationstrakt, was zu epithelialer Nekrose und entsprechenden respiratorischen Symptomen führt. Es kommt, anders als bei EHV-1, kaum zur Infektion von mononukleären Zellen und von Endothelzellen von Blut- und Lymphgefäßen mit den entsprechenden Folgen. Das zelluläre Reservoir für die Latenz von EHV-4 sind ebenfalls T-Lymphozyten und sensorische Neuronen im Trigeminalganglion. Latentes Virus kann wie EHV-1 durch Stress reaktiviert werden, und gleichzeitig ist auch Superinfektion möglich. Reinfektionen sind nach kurzer Zeit möglich; sie verlaufen aber bei Erwachsenen meistens subklinisch und nicht manifest. Pharyngitiden mit follikulärer Entzündung könnten eine Ausdrucksform derartiger chronischer Infektionen mit Equinem Herpesvirus-4 sein (→3.3.1 & 3.3.2).

Epidemiologie: Die Krankheit herrscht endemisch in den meisten Pferdepopulationen vor. Ausbrüche der respiratorischen Form von einiger Bedeutung werden im Allgemeinen nur bei jungen Pferden (Fohlen bis 3-Jährige) beobachtet und sind darum v. a. in Rennställen problematisch).

Symptome: Das Krankheitsbild der Infektion hängt davon ab, ob das betreffende Tier dem Virus vorgängig ausgesetzt gewesen ist. In Zuchtgebieten erkranken vor allem Saug- und Absetzfohlen, später kommt es meistens nicht mehr zu deutlichen, manifesten Erscheinungen. Junge Fohlen im Alter bis

Hengsten finden sich Kommensalen, gemischt mit potenziell pathogenen Keimen, wie z. B. *Corynebacterium* spp. α- und β-hämolysierende *Streptococcus* spp., *Klebsiella* spp., *Lactobacillus* spp., und Pseudomonaden.

16.1 Enterobacteriales

Enterobacteriaceae (oder Enterobakterien) sind die einzige Familie der Bakterienordnung Enterobacteriales (von griechisch Enteron, Darm), die wiederum zur Klasse der Gamma-Proteobakterien gehört. Viele Enterobakterien sind Teil der gesunden Darmflora und kommen zum Teil auch auf von Fäkalkontaminationen in der Umwelt vor. Ihnen sind zahlreiche Bakteriengattungen untergeordnet, von denen für das Pferd die wichtigsten Vertreter *Escherichia*, *Salmonella* und *Klebsiella* sind.

16.1.1 Escherichia coli

Escherichia coli ist ein gram-negatives, stäbchenförmiges, begeißeltes Bakterium und gilt als Indikator-Keim für Fäkal-Kontaminationen. Von *E. coli* sind sowohl nicht pathogene als auch pathogene Typen bekannt. Letztere werden in verschiedene Pathovare, wie enteropathogene (EPEC), enterotoxigene (ETEC), enterohämorrhagische (EHEC), uropathogene (UPEC) und enteroinvasive *E. coli* (EIEC) unterteilt. Die Rolle von *E. coli* als pathogener Keim ist beim älteren Pferd nicht klar. *E.-coli*-Infektionen verlaufen vor allem bei Fohlen während der 1. Lebenswoche als manifeste Krankheit (Sepsis; seltener Durchfälle). Daneben scheinen sie eine gewisse Bedeutung als Ursache von Stutensterilität und Aborten zu haben.

Infektion beim Fohlen: Pathogene *E. coli* können allein zu manifesten Erkrankungen des neugeborenen Fohlens führen. Das Krankheitsbild ist die neonatale Sepsis (→16.23), bei der *E. coli* einer der häufigsten verantwortlichen Erreger ist. Zur Sepsis gesellt sich oft auch Durchfall. Enteritische Bilder ohne Sepsis sind dagegen beim Fohlen kaum, beim erwachsenen Pferd praktisch nie auf *E. coli* zurückzuführen. Am ehesten mögen Durchfälle bei älteren Fohlen auf einer Rotavirusinfektion, kompliziert durch *E. coli* beruhen. Gelegentlich kommt auch *Strongyloides westeri* dazu, ein Endoparasit, der auch allein zu Durchfällen Anlass geben kann. Die enteritische Form tritt bei Fohlen in einem Alter bis 3 Wochen nach der Geburt oder sogar später auf und äußert sich in schweren, wässrig-stinkenden Durchfällen, die manchmal blutig sind. Die Tiere haben Fieber und entwickeln rasch einen Zustand der Dehydrierung (Exsikkose; Hämokonzentration). Das Krankheitsbild ist nicht *E. coli*-typisch und lässt sich schwer von anderen Enteritiden der Fohlen (u. a. Clostridiendurchfälle →16.7) unterscheiden.

Eine Arthritis oder Polyarthritis kann bei septikämischen Verläufen, evtl. auch bei verschleppten Coli-Enteritiden auftreten. Die Gelenke sind angefüllt, schmerzhaft, die Synovia trüb und zellreich (Neutrophile), aber manchmal bakteriologisch steril. Die Autopsie derartiger Tiere ergibt oft eine Serositis im Abdomen und eine Synovialitis eines oder mehrerer Gelenke.

Prognose: Im Allgemeinen und bei der Fohlensepsis im Speziellen ist die Prognose zweifelhaft zu stellen. Die enteritische Form ohne Anzeichen einer Sepsis hat bessere Erfolgschancen, doch ist daran zu denken, dass eine Dehydratation bei Neugeborenen besonders ernst zu nehmen ist und dass ein Dehydratationsschock sich sehr schnell einstellen kann.

Therapie: Wie die meisten *Enterobacteriaceae* besitzen viele *E.-coli*-Stämme **multiple Antibiotika-Resistenzen**. Die Behandlung stützt sich deshalb auf Breitspektrum-Antibiotikagaben und richtet sich, wenn möglich, nach dem Antibiogramm (→16.23 & 16.24). Die Behandlung neugeborener Fohlen mit

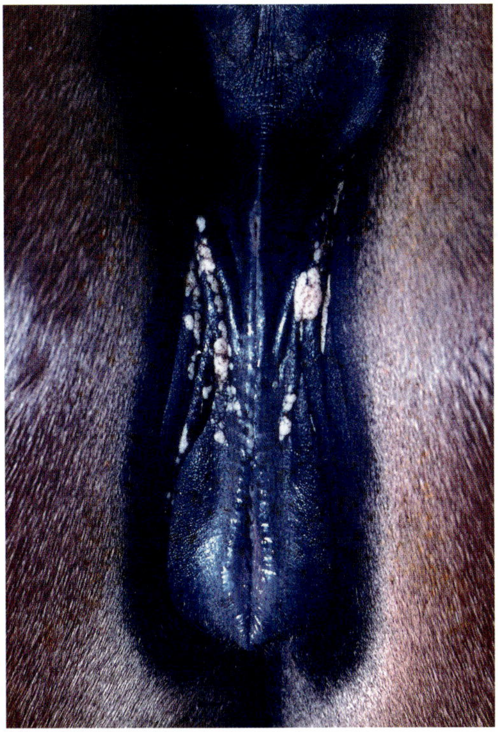

Abb. 15.4: Coitales Exanthem: Bestehende depigmentierte Flecken an der Vulva nach Abheilung des Coitalen Exanthems.

oder am Penis. Reaktivierung von EHV-3, insb. unter Kortikosteroidtherapie, ist beschrieben.

Diagnose: Die Diagnose ist leicht zu stellen. Die Läsionen sind charakteristisch (→1.3.1.5).

Prognose: Die Infektion verläuft günstig und heilt spontan in 1–3 Wochen ab.

Therapie und Prophylaxe: Eine Wundtoilette der entzündlichen Veränderungen ist angezeigt, vor allem sollte das Zuchtgeschäft bis zum Abklingen der Infektion in einem Stutenbestand vollständig eingestellt werden. Nach der kompletten Abheilung der Läsionen findet auch keine Übertragung mehr statt. Die Hengste sind besonders aufmerksam zu überwachen.

15.3.3.4 Equines Herpesvirus 4 (EHV-4)

«Equines Herpesvirus-4» ist identisch mit dem alten «Rhinopneumonitisvirus» und wurde früher auch als EHV-1-Subtyp 2 benannt.

Verbreitung: EHV-4 kommt sehr verbreitet vor und ist überall dort zu erwarten, wo junge Pferde trainiert werden. Die Seroprävalenz von EHV-4-Pferden wird auf nahezu 100 % geschätzt.

Das Virus vermehrt sich lokal im oberen Respirationstrakt, was zu epithelialer Nekrose und entsprechenden respiratorischen Symptomen führt. Es kommt, anders als bei EHV-1, kaum zur Infektion von mononukleären Zellen und von Endothelzellen von Blut- und Lymphgefäßen mit den entsprechenden Folgen. Das zelluläre Reservoir für die Latenz von EHV-4 sind ebenfalls T-Lymphozyten und sensorische Neuronen im Trigeminalganglion. Latentes Virus kann wie EHV-1 durch Stress reaktiviert werden, und gleichzeitig ist auch Superinfektion möglich. Reinfektionen sind nach kurzer Zeit möglich; sie verlaufen aber bei Erwachsenen meistens subklinisch und nicht manifest. Pharyngitiden mit follikulärer Entzündung könnten eine Ausdrucksform derartiger chronischer Infektionen mit Equinem Herpesvirus-4 sein (→3.3.1 & 3.3.2).

Epidemiologie: Die Krankheit herrscht endemisch in den meisten Pferdepopulationen vor. Ausbrüche der respiratorischen Form von einiger Bedeutung werden im Allgemeinen nur bei jungen Pferden (Fohlen bis 3-Jährige) beobachtet und sind darum v. a. in Rennställen problematisch).

Symptome: Das Krankheitsbild der Infektion hängt davon ab, ob das betreffende Tier dem Virus vorgängig ausgesetzt gewesen ist. In Zuchtgebieten erkranken vor allem Saug- und Absetzfohlen, später kommt es meistens nicht mehr zu deutlichen, manifesten Erscheinungen. Junge Fohlen im Alter bis zu 6 Monaten zeigen auch ohne deutliche klinische Erkrankung nach experimenteller Infektion bei der Sektion eine diskrete ausgedehnte Bronchopneumonie, mit Infiltration und Hyperplasie der Bronchiallymphknoten. Eine Instillation des Virus in die Nase und den Pharynx junger Fohlen führt meistens nur zu einer Affektion des lymphatischen Rachenrings. Solche Läsionen sind auch bei «immunen» Tieren zu beobachten.

Ältere Pferde erkranken, wenn sie nie oder jedenfalls während längerer Zeit keine Virusexposition mehr durchgemacht haben. In Ställen mit lebhaftem Pferdeverkehr, wie an Kliniken oder bei Pferdehändlern, beobachtet man etwa Einzelfälle oder zwei, drei Erkrankungen innerhalb kurzer Zeit.

Die Inkubationszeit beträgt für die Erkrankung der Atemwege 2–10 Tage. Das Fieber steigt nicht über 39.5, selten über 40 °C an. Die klinischen Symptome (wässriger Nasenausfluss, reaktive Mandibularlymphknoten und nicht sehr starker feuchter Husten) dauern 1–2 Wochen an. Die hämatologischen Befunde sind oft undeutlich. Die Pferde entwickeln aber in typischen Fällen während des Fiebers eine Leukopenie, die oft charakterisiert ist durch eine Neutrophilendepression. Zugleich sind auch die Lymphozyten vermindert. Die Lymphozytenzahlen steigen allerdings dann rasch wieder an, während die Neutrophilen meistens 5–12 Tage lang erniedrigt angetroffen werden. Manchmal kommt es in Einzelfällen auch zu wochenlang andauernder Granulozytopenie, offenbar als Ausdruck einer Knochenmarksdepression.

Der Appetit der Tiere ist je nach der Affektion des Pharynx mehr oder weniger beeinträchtigt. Die mandibulären Lymphknoten sind meistens in bescheidenem Maß ödematös geschwollen. Die Pferde leiden vor allem an einer Pharyngitis. Der Nasenausfluss ist zuerst serös bis seromukös, der Husten feucht. Eine Reinfektion ist innerhalb von 4–5 Monaten möglich. Sie verläuft meistens aber nicht manifest oder höchstens subfebril ohne deutliche respiratorische Affektion.

Bei der manifesten Form der Krankheit kommt es rasch und häufig zu einer Sekundärinfektion mit Streptokokken. Es entwickelt sich dann oft eine milde Pharyngitis mit eitrigem Nasenausfluss (*Streptococcus equi* subsp. *zooepidemicus*;→16.6.1.2), auch etwa eine klassische Druse (*S. equi* subsp. *equi*; →16.6.1.1). Bei Fohlen sind bronchopneumonische Komplikationen zu befürchten. Petechialfieber und, weniger häufig, enterale Komplikationen kommen ebenfalls vor. Weil es kaum eine signifikante Virämie verursacht, ist EHV-4, im Gegensatz zu EHV-1, nur äußerst selten, wenn überhaupt, die Ursache einzelner Aborte und neurologischer Affektionen. Hingegen gleichen sich EHV-1 und EHV-4 in ihrer latenten Persistenz v. a. in den Trigeminus-Ganglien.

Diagnose: Aufgrund klinischer Beobachtungen kann für die respiratorische Form nur eine unsichere Verdachtsdiagnose gestellt werden, die sich auf das Vorhandensein einer Pharyngitis oder einer leichten Pneumonie mit Neutropenie stützt. Die Diagnose bedarf unbedingt der virologischen Sicherung (Virusisolation; PCR; gepaarte Serumtiter).

Prognose: Die Infektion kann ohne Sekundärinfekt günstig verlaufen und in 1–3 Wochen spontan abheilen. Jedoch ist immer mit einem zellulären Reservoir und Latenz von EHV-4 zu rechnen.

Therapie: Es existiert keine wirksame Behandlungsmethode, Acyclovirpräparate wären ggf. zu versuchen, sind aber in den meisten Fällen zu teuer. Bakteriellen Komplikationen kommt man nur mit einer angepassten antibiotischen Prophylaxe zuvor.

Prophylaxe: Wie für EHV-1 beschrieben, stehen Impfstoffe zur Verfügung. Diese induzieren einen gewissen Schutz und Reduktion der Übertragung bei respiratorischer Erkrankung. Auffrischimpfungen sollten zur Gewährleistung eines guten Schutzes regelmäßig halbjährlich erfolgen. In manchen Rennställen hat man den klinischen Eindruck, mit der Vakzination der Jungtiere vor Beginn der Rennsaison die Häufigkeit und den Schweregrad der respiratorischen Affektionen vermindern zu können.

15.3.3.5 Equines Herpesvirus 5 (EHV-5)

EHV-5 ist wie EHV-2 ein Gamma-Herpesvirus, allerdings entweder weniger verbreitet oder schwieriger nachzuweisen als EHV-2. Immerhin steht fest, dass auch EHV-5 bei vielen gesunden Pferden, insb. im Tracheo-Bronchial-Sekret, nachgewiesen werden kann. Über EHV-5 ist noch wenig bekannt, ihm wird eine Rolle bei der equinen multinodulären pulmonalen Fibrose (EMPF →3.6.6.4.1), bei Lymphomen und eine immunsuppressive Vorreiterfunktion für Rhodokokkenpneumonien (→16.8.2.2) bei Fohlen zugeschrieben. Die EMPF ist eine schwerwiegende fibrosierende Pneumopathie, die im Kapitel Atemwegserkrankungen besprochen wird (→3.6.6.4.1). Die ursächliche Rolle von EHV-5 bei der EMPF und anderen vermuteten Erkrankungen, wie lymphoproliferativen Störungen (Lymphomen), ist aber noch nicht abschließend geklärt. Es liegen aber Berichte vor über erfolgreiche Therapien von EMPF und auch eines EHV-5-assoziierten Lymphoms mit Acyclovir oder Valacylovir (→15.3.3.1).

15.3.3.6 Suides Herpesvirus

Bei der **Aujeszky'schen Krankheit** (Pseudowut etc.) handelt es sich um eine Infektion mit einem **Alphaherpesvirus der Schweine** (Pseudorabiesvirus oder suides Herpesvirus 1). Das Suide Herpesvirus-1 kann offenbar sehr selten auch beim Pferd akute neurologische Erkrankungen (Schwitzen, Ataxie, Schwäche, Muskelzittern, Übererregbarkeit abwechselnd mit Apathie) verursachen, die fatal enden können (→6.3.1.7). Ein Verdacht wäre mittels ELISA, Immunhistochemie oder in situ Hybridisation zu erhärten und die Quelle in einer porzinen Infektion zu suchen.

15.3.4 Poxiviridae

Pferdepocken (Syn: *variola equina, stomatitis pustulosa contagiosa*; Schmutzmauke; Variole équine; *horse pox*). Die Erreger der Krankheit können Viren aus dem Genus **Orthopoxvirus** *(Cowpoxvirus, Uasin Gishu disease, Vaccinia)* oder aus dem Genus **Parapoxvirus** (Orf) sein.

Vorkommen: Es handelt sich um eine bei uns sehr seltene, evtl. «ausgestorbene», in anderen Erdteilen aber unter verschiedenen Erscheinungsformen beschriebene Krankheit. Unseres Wissens ist sie in Europa seit Jahrzehnten nicht mehr beobachtet worden. Die Krankheit wird durch direkten oder indirekten (z. B. Putzzeug) Kontakt übertragen und äußert sich in einem vesikulären bis pustulösen Exanthem der Haut, besonders der Fesselbeuge, oder auch in einer pustulösen, eventuell vesikulären Entzündung der Maulschleimhaut. Letztere Manifestation wurde anlässlich eines Ausbruchs in Brasilen beschrieben. In Afrika *(Uasin Gishu)* und in Nordamerika *(Molluscum contagiosum)* werden offenbar ähnliche Pferdepockenerkrankungen beobachtet.

Symptome: Pocken in der Fesselbeuge äußern sich wie eine akute Mauke (vesikuläres bis pustulöses Exanthem; →1.2.1.1). Die Fesseln schwellen etwas an, sind empfindlich, die Pferde bewegen sich steif und ungern. Es werden bis linsengroße Knoten oder Bläschen beobachtet, die nach dem Platzen Krusten bilden.

Häufiger wird offenbar die Lokalisation an der Maulschleimhaut beobachtet, die sich nach einer Inkubationszeit von 5–8 Tagen mit etwas Fieber äußert. Die Pferde zeigen Vorsicht beim Kauen und fressen langsam. Die Maulschleimhaut ist geschwollen, fleckenweise gerötet. Es entstehen kleine, feste Knötchen, vor allem an der Innenfläche der Lippen, auch am *Frenulum linguae*, an den Backen und eventuell am Zungenrücken. Die Knötchen entwickeln sich weiter zu Bläschen mit einem klaren Inhalt, die nach dem Platzen oberflächliche Erosionen zurücklassen. Größere Vesikel können zu Pusteln werden und Ulzera hinterlassen. Die Infektion befällt auch den Pharynx und den Larynx und kann dort leichte Entzündungen hervorrufen. Selten ist ein Übergreifen auf die Nasenschleimhaut oder auf die Konjunktiven und die Kornea. Gleichzeitig mit den Veränderungen im Maul können sich auch auf der übrigen Haut Knötchen, Pusteln, eventuell Ulzera bilden.

Die Krankheit verläuft meistens günstig mit Spontanheilung innerhalb 10–30 Tagen.

Diagnose: Eine klinische Verdachtsdiagnose kann ggf. aufgrund der Kontagiosität gestellt werden, wobei die Abgrenzung gegen Stomatitis vesicularis schwierig ist. Bei Stomatitis vesicularis kommt nur ein Bläschenstadium vor. Knoten und Pusteln werden nicht beobachtet. Als diagnostisch werden die histologischen Charakteristika beschrieben, entsprechend wäre ggf. eine Biopsie der Läsionen angezeigt (→1.3.1.4 & 4.1.2.2).

In Gebieten, in denen Rotz (→16.3.1.1) vorkommt, ist differenzialdiagnostisch in erster Linie diese Krankheit auszuschließen. Der Rotz verursacht in der Maulhöhle selten Läsionen, sondern vor allem in der Nase typische Knötchen, später tiefe Geschwüre (auch auf der Haut). Die Ulzera zeigen keine oder wenig Heiltendenz und weisen zerklüftete, wallartige Ränder auf. Die ausgeprägte Neigung zur Spontanheilung spricht differenzialdiagnostisch für Pocken.

Eine Labordiagnose kann mithilfe von Geschabseln von Läsionen (Elektronenmikroskopie, Anzucht in Zellkultur) gestellt werden.

Therapie: Eine Therapie ist im Allgemeinen nicht nötig. Man sollte den Pferden kein grobes Futter verabreichen, wenn möglich Gras oder ausgelesenes Heu. Antiseptische Spülungen mit $KMnO_4$ und dergleichen sind selten indiziert.

Prophylaxe: Sollten Pferdepocken auftreten, so ist eine gute Isolation der erkrankten Pferde wohl die wirksamste Maßnahme, um die Ausbreitung zu verhindern. Eine Impfung noch gesunder Tiere wäre bei einem Ausbruch grundsätzlich möglich.

Eine opportunistische Infektion mit **Rinderpockenvirus** wurde bei einem zu früh geborenen, lebensschwachen Warmblutfohlen diagnostiziert.

Weiterführende Literatur

Allen G. P., Kydd J. H., Slater J. D. et al.: Equid herpesvirus 1 and equid herpesvirus 4 infections. In: Coetzer, J. A. W., Tustin R. C. (Hrsg.): Infectious Diseases of Livestock, 1st edition, Newmarket: Oxford University Press, 2004: 829–859.

Cullinane A., Newton J. R.: Equine influenza – a global perspective. Vet Microbiol. 2013 Nov 29; 167 (1–2): 205–14.

Go Y. Y., Balasuriya U. B., Lee C. K.: Zoonotic encephalitides caused by arboviruses: transmission and epidemiology of alphaviruses and flaviviruses. Clin Exp Vaccine Res. 2014 Jan; 3 (1): 58–77.

Hopley R., Toth B.: Focus on: African horse sickness. Vet Rec. 2013 Jul 6; 173 (1): 13–14.

Lunn D. P., Davis-Poynter N., Flaminio M. J., Horohov D. W., Osterrieder K., Pusterla N., Townsend H. G.: Equine herpesvirus-1 consensus statement. J Vet Intern Med. 2009 May–Jun; 23 (3): 450–461.

Pusterla N., David Wilson W., Madigan J. E., Ferraro G. L.: Equine herpesvirus-1-myeloencephalopathy: a review of recent developments. Vet J. 2009 Jun; 180 (3): 279–289.

Reed S. M., Bayly, W. M., Sellon, D. C (Hrsg.): Mechanisms of Infectious Disease and Disorders of Specific Body Systems. In: Reed S. M., Bayly, W. M., Sellon, D. C.: Equine Internal Medicine, 3rd edition, Saunders Elsevier, St. Louis 2010.

Sambri V., Capobianchi M., Charrel R., Fyodorova M., Gaibani P., Gould E., Niedrig M., Papa A., Pierro A., Rossini G., Varani S., Vocale C., Landini M. P.: West Nile virus in Europe: emergence, epidemiology, diagnosis, treatment, and prevention. Clin Microbiol Infect. 2013 Aug; 19 (8): 699–704.

Sellon D. C., Long M. T. (Hrsg.): Section II: Viral Diseases. In: Equine Infectious Diseases, 2nd edition, Saunders Elsevier, St. Louis, 2013.

van der Kolk J. H., Veldhuis Kroeze E. J. B.: Infectious Diseases of the Horse. Manson Publishing Ltd, London, UK, 2013.

16 Bakterielle Infektionen

V. Gerber, J. Frey, L. Unger und R. Straub

Mikroorganismen lassen sich nach ihrem Verhältnis zum Wirt in apathogene, z. B. Saprophyten, Symbionten oder Kommensalen, in fakultativ pathogene (Opportunisten) und pathogene Mikroorganismen einteilen. Als **Normalflora** bezeichnet man die Gesamtheit der Mikroorganismen, die auf der inneren und äußeren Körperoberfläche des gesunden Pferdes leben, ohne in den Körper einzudringen (Infektion) und eine Erkrankung hervorzurufen. Sie wird zum größten Teil von Bakterien gebildet. Beim Menschen schätzt man die Anzahl der Normalflorabakterien auf $\approx 10^{14}$. Sie ist höher als die Gesamtzahl der Körperzellen ($\approx 10^{13}$). Die Opportunisten, viele gehören zur Normalflora, lösen nur Krankheiten aus, wenn die Situation für sie passend ist, z. B. bei Immunschwäche oder bei Eindringen in an sich sterile Körperhöhlen. Pathogene Keime sind Krankheitserreger, die bei Infektion mit hoher Wahrscheinlichkeit eine Krankheit auslösen.

Die Zusammensetzung der Normalflora ist abhängig von Faktoren wie Umgebung, Genetik, Alter, Geschlecht, Ernährung und der Lokalisation. Zum Beispiel ist die normale Hautflora anders zusammengesetzt als die normale Schleimhautflora.

Zur normalen **Hautflora** zählt man: *Acinetobacter, Aerococcus, Aeromonas, Bacillus, Corynebacterium, Flavobacterium, Micrococcus, Nocardia*, coagulase-negative Staphylokokken, *S. aureus, Streptomyces* und nicht hämolysierende Streptokokken, sowie über 30 Pilzspezies, wie *Alternaria, Aspergillus, Candida, Fusarium* und *Trichophyton* spp. Die häufigsten potenziell pathogenen Keime sind *Staphylococcus intermedius* und *S. aureus*, welche z. B. Hautkrankheiten (Pyoderma; Follikulitis) und opportunistische Wundinfekte verursachen können. Die **Conjunktivalschleimhaut** beherbergt normalerweise mehr gram-positive (z. B. *Corynebacterium* spp., *Bacillus* spp., *Staphylococcus* spp. und *Streptomyces* spp.) als gram-negative Flora *(Moraxella)*. Im **Naso- und Oropharynx bis zur Tracheabifurkation** findet man eine gemischte aerob/fakultativ anaerobe (*Acinetobacter* spp *Actinomyces, Bacillus* spp., *Cladiosporum* spp., *Citrobacter* spp., *Enterobacter* spp., *E. coli, Hormodendrum* spp., *Klebsiella* spp., *Micrococcus* spp., *Pasteurella* spp., *Pseudomonas* spp., *Streptococcus* spp., *Strep. equi zooepidemicus, Streptomyces* spp., *Mykoplasma* spp. *Nicoletella* spp. und anaerobe, v. a. Maul und Tonsillen; *Bacteroides* spp., *Fusobacterium* spp. etc.) Flora sowie inhalierte Kontaminanten zusammen mit verschiedenen Pilzen (*Aspergillus, Nocardia, Penicillium* und *Mucor* spp.). Entsprechende Isolate finden sich im Tracheobronchialsekret gesunder Pferde, aber auch in Mischinfekten bei Pleuropneumonien («*shipping-fever*» nach Beeinträchtigung des Immunstatus und der mukoziliären Abwehr). Die normale **Darmflora** nimmt in Menge und Komplexität vom Magen (v. a. *Lactobacillus* spp.) zum Dickdarm zu (v. a. gram-negative Stäbchen; *Enterobacteriaceae*; zellulose-verdauende Spezies, wie *Ruminococcus flavefaciens*; weiter viele *Bacteroides* spp., *Butynvibrio* spp., *Clostridium perfringens, Eubacterium* spp., *Lactobacillus* spp., *Propionibacterium* spp., *Streptococcus* spp., *Staphylococcus* spp. etc.). Gesunde Pferde beherbergen erstaunlich wenige Darmpathogene, wie *Salmonella* spp. (Trägertum < 2 %), *Clostridium difficile* (Trägertum < 2 %). Teilweise werden auch Pathogene des Respirationsapparates *(Rhodococcus equi)*, sowie manchmal potenziell fatale Toxinproduzenten wie z. B. *Clostridium botulinum*. Im äußeren **Genitaltrakt** von Stuten und v. a.

Hengsten finden sich Kommensalen, gemischt mit potenziell pathogenen Keimen, wie z. B. *Corynebacterium* spp. α- und β-hämolysierende *Streptococcus* spp., *Klebsiella* spp., *Lactobacillus* spp., und Pseudomonaden.

16.1 Enterobacteriales

Enterobacteriaceae (oder Enterobakterien) sind die einzige Familie der Bakterienordnung Enterobacteriales (von griechisch Enteron, Darm), die wiederum zur Klasse der Gamma-Proteobakterien gehört. Viele Enterobakterien sind Teil der gesunden Darmflora und kommen zum Teil auch auf von Fäkalkontaminationen in der Umwelt vor. Ihnen sind zahlreiche Bakteriengattungen untergeordnet, von denen für das Pferd die wichtigsten Vertreter *Escherichia*, *Salmonella* und *Klebsiella* sind.

16.1.1 Escherichia coli

Escherichia coli ist ein gram-negatives, stäbchenförmiges, begeißeltes Bakterium und gilt als Indikator-Keim für Fäkal-Kontaminationen. Von *E. coli* sind sowohl nicht pathogene als auch pathogene Typen bekannt. Letztere werden in verschiedene Pathovare, wie enteropathogene (EPEC), enterotoxigene (ETEC), enterohämorrhagische (EHEC), uropathogene (UPEC) und enteroinvasive *E. coli* (EIEC) unterteilt. Die Rolle von *E. coli* als pathogener Keim ist beim älteren Pferd nicht klar. *E.-coli*-Infektionen verlaufen vor allem bei Fohlen während der 1. Lebenswoche als manifeste Krankheit (Sepsis; seltener Durchfälle). Daneben scheinen sie eine gewisse Bedeutung als Ursache von Stutensterilität und Aborten zu haben.

Infektion beim Fohlen: Pathogene *E. coli* können allein zu manifesten Erkrankungen des neugeborenen Fohlens führen. Das Krankheitsbild ist die neonatale Sepsis (→16.23), bei der *E. coli* einer der häufigsten verantwortlichen Erreger ist. Zur Sepsis gesellt sich oft auch Durchfall. Enteritische Bilder ohne Sepsis sind dagegen beim Fohlen kaum, beim erwachsenen Pferd praktisch nie auf *E. coli* zurückzuführen. Am ehesten mögen Durchfälle bei älteren Fohlen auf einer Rotavirusinfektion, kompliziert durch *E. coli* beruhen. Gelegentlich kommt auch *Strongyloides westeri* dazu, ein Endoparasit, der auch allein zu Durchfällen Anlass geben kann. Die enteritische Form tritt bei Fohlen in einem Alter bis 3 Wochen nach der Geburt oder sogar später auf und äußert sich in schweren, wässrig-stinkenden Durchfällen, die manchmal blutig sind. Die Tiere haben Fieber und entwickeln rasch einen Zustand der Dehydrierung (Exsikkose; Hämokonzentration). Das Krankheitsbild ist nicht *E. coli*-typisch und lässt sich schwer von anderen Enteritiden der Fohlen (u. a. Clostridiendurchfälle →16.7) unterscheiden.

Eine Arthritis oder Polyarthritis kann bei septikämischen Verläufen, evtl. auch bei verschleppten Coli-Enteritiden auftreten. Die Gelenke sind angefüllt, schmerzhaft, die Synovia trüb und zellreich (Neutrophile), aber manchmal bakteriologisch steril. Die Autopsie derartiger Tiere ergibt oft eine Serositis im Abdomen und eine Synovialitis eines oder mehrerer Gelenke.

Prognose: Im Allgemeinen und bei der Fohlensepsis im Speziellen ist die Prognose zweifelhaft zu stellen. Die enteritische Form ohne Anzeichen einer Sepsis hat bessere Erfolgschancen, doch ist daran zu denken, dass eine Dehydratation bei Neugeborenen besonders ernst zu nehmen ist und dass ein Dehydratationsschock sich sehr schnell einstellen kann.

Therapie: Wie die meisten *Enterobacteriaceae* besitzen viele *E.-coli*-Stämme **multiple Antibiotika-Resistenzen**. Die Behandlung stützt sich deshalb auf Breitspektrum-Antibiotikagaben und richtet sich, wenn möglich, nach dem Antibiogramm (→16.23 & 16.24). Die Behandlung neugeborener Fohlen mit

Sepsis und auch mit Durchfällen ist immer eine arbeitsintensive Angelegenheit. In erster Linie sind der Immunglobulingehalt im Plasma des neugeborenen Patienten und der Hydrierungsgrad zu bestimmen (→12.2.2 & 13.2). Bei Globulinwerten unter 4 g/l braucht das Fohlen eine Substitution mit Immunglobulinen (spezielle Präparate, aber auch Plasmainfusionen), wobei ein Wert von 8 g/l angestrebt wird.

Infektionen älterer Pferde: Die (primär) pathogenetische Rolle von *E. coli* bei erwachsenen Pferden ist unklar. Zusammen mit anderen Keimen, wie *Proteus* spp., *Klebsiella* spp., *Enterobacter* spp., *Streptococcus* spp., und *Staphylococcus* spp. und *Pseudomonas aeruginosa* wird *E. coli* manchmal in meist sekundären Zystitiden (Urolithiasis) gefunden. In einer ähnlichen Mischung besiedelt der Keim auch gerne Brandwunden (evtl. noch mit *Clostridien* und *Candida* spp.) und kommt in (Aspirations-)pneumonien vor. In septischen Peritonitiden gehört er mit Anaerobiern zu den häufigsten Keimen. Es ist wahrscheinlich, dass gewisse Stämme bei Stuten Sterilität hervorrufen können (Urogenitalinfektionen) sowie als Plazentitis- und Abortursachen infrage kommen; der bakteriologische Befund sollte mehrmals überprüft werden; hohe Keimzahlen oder Reinkulturen sind verdächtig. Bei Orchitiden ist der Keim ebenfalls isoliert worden.

«Steckbrief» der Enterobakterien

- Enterobakterien sind gram-negative, stäbchenförmige Mikroorganismen. Sie sind ein Teil der gesunden Darmflora und kommen auch ubiquitär in der Umwelt, z. B. im Boden vor. Einige sind Krankheitserreger bei Mensch und Tier und befallen insbesondere Jungtiere und geschwächte adulte Individuen. Die wichtigsten krank machenden Vertreter für das Pferd sind: *Escherichia, Salmonella* und *Klebsiella*.
- Oft nosokomiale Serotypen mit Potenzial zu Zoonose, Trägertum und Antibiotikaresistenzen.
- Krankheitsbilder und Symptome sind vielfältig: Fohlensepsis (insb. *E. coli),* Fieber und Durchfall (insb. *Salmonella),* daneben werden z. T. auch Arthritiden, Abszessbildung, Harnwegsinfekte sowie bei Zuchtstuten Plazentitis und Abort beobachtet.
- Zum Schutz stehen Hygiene, Isolation und Desinfektion im Vordergrund. Eine intensive unterstützende Therapie (Volumensubstitution u. a.) ist oft von zentraler Bedeutung. Bei Jungtieren ist eine gezielte Antibiose (Breitspektrum, wenn möglich nach Antibiogramm) angezeigt, beim Adulten empfehlen wir, wenn möglich, auf Antibiotika zu verzichten.

Salmonellen gehören zu den gram-negativen, stäbchenförmigen Bakterien und sind eng mit *E. coli* verwandt.

Grundlage der Taxonomie von *Salmonella* ist das Kauffmann-White-Schema, welches vom Institut Pasteur im Auftrag der WHO unterhalten wird. Das Genus Salmonelle ist in zwei Spezies, *Salmonella enterica* und *Salmonella bongori* unterteilt. *Salmonella enterica* ist weiter unterteilt in 6 Subspezies, I: *enterica*, II: *salamae*, IIIa: *arizonae*, IIB: *diarizonae*, IV: *houtenae*, VI: *indica*. Weiterhin werden die Salmonellen in über 2500 Serotypen unterteilt, von denen die meisten zu *S. enterica* subsp. *enterica* gehören. Der offizielle Name für das weit verbreitete Isolat mit der antigenetischen Struktur 4,5,12:i:2 ist ***Salmonella enterica*** **subsp.** ***enterica*** Serotyp Typhimurium, oder abgekürzt *Salmonella* Typhimurium (die Bezeichnung des Serotypen wird nicht in Schrägschrift geschrieben). Ein besonderes Problem bei Salmonellosen, die nicht selten nosokomial sind und alle ein zoonotisches Potenzial besitzen, sind die verbreiteten **multiplen Antibiotikaresistenzen**.

Die **wirtsadaptierte** Serotyp ***Salmonella* Abortus equi** kann gemäß der älteren Literatur offensichtlich intrauterin erfolgen. Es kommt zum Abort, oder die Fohlen werden lebensschwach und krank geboren und gehen innerhalb der ersten zwei Tage ein. Sie liegen viel, saugen nicht oder kaum, können Dyspnoe zeigen, Gelenksschwellungen und Durchfälle. Überlebende Fohlen zeigen oft nach 1–2 Wochen eine Polyarthritis. Bakteriell verursachte Stutenaborte kommen bei uns sehr selten vor. *Salmonella* Abortus equi wurde in der Schweiz seit über 50 Jahren nicht mehr nachgewiesen, und scheint weltweit (Ausbrüche werden aber noch in Japan beschrieben) selten geworden zu sein.

Salmonellosen mit verschiedenen Serotypen (bei uns am häufigsten ***Salmonella* Typhimurium**), die auch zeitlich und geografisch variieren, werden bei Fohlen und beim ausgewachsenen Pferd beobachtet.

Infektion beim Fohlen: Salmonellen sind in Zuchtgebieten von Bedeutung, da Fohlen ab Geburt bis ins Alter von einigen Monaten befallen werden können. Sie verursachen manchmal eine Sepsis (insb. bei Neugeborenen bis 2 Wochen →16.23), bei älteren Fohlen eher Durchfälle, Polyarthritis oder auch Abszesse an Gelenken, subdural (Meningitis) und an der Körperoberfläche. Als Prädilektionsstelle sind die Seiten- und Unterbrust anzusehen (Rippen, Sternum). In Kentucky wird im Zusammenhang mit Durchfallerkrankungen, aber auch mit Arthritis und Abszessbildung bei Fohlen bis zu einem Alter von 6 Monaten häufig **S. Saintpaul**, ein Serotyp von **S. Enteritidis** isoliert. Der Keim zeichnet sich durch eine multiple Resistenz gegen alle üblichen Chemotherapeutika aus. Es ist klar, dass eine große Anzahl weiterer Salmonellenstämme als potenzielle Ursache ähnlicher Krankheitsbilder infrage kommt. Ihre Pathogenität für das Pferd ist in vielen Fällen indessen ungenügend untersucht oder nicht bekannt.

Diagnose: Eine Verdachtsdiagnose für enteritische (oder abortive) Salmonellen kann gestellt werden, wenn im Bestand febriler Durchfall oder Aborte vorgekommen sind und/oder lebensschwache Fohlen geworfen werden. Für die Diagnose einer Polyarthritis und auch von Abszessen ist der Erregernachweis unentbehrlich, ggf. ergänzt durch serologische Untersuchungen. Eine rein klinische Diagnose ist nicht mit Sicherheit zu stellen.

Prognose: Bei einer septikämischen Salmonellose junger Fohlen ist die Prognose auch heute in der Regel recht ungünstig. Bei allen anderen Formen ist sie zweifelhaft. Abszesse, verursacht durch *Salmonella* Typhimurium, zeigen eine schlechte Heiltendenz.

Therapie: Zum Schutz nicht infizierter Tiere stehen Prophylaxe, Isolation und Desinfektion im Vordergrund. Bei gesicherten Salmonelleninfekten ist der Versuch einer systemischen Behandlung bei Fohlen indiziert. Sie sollte nur auf einem zuverlässigen Antibiogramm fußen. Grundsätzlich geeignet sind lipidlösliche Chemotherapeutika, welche die intrazellulären Keime erreichen können: Enrofloxacin (5–10 mg/kg KG i. v. SID; cave! evtl. Knorpelschäden bei Fohlen), Chloramphenicol (10–15 mg/kg KG p. o. TID – QID; cave! länderspezifische Vorschriften und Verbote bei lebensmittelliefernden Tieren), evtl. Cephalosporine oder Trimethoprim-Sulfonamid (Antibiogramm!). Zudem muss eine intensive palliative Therapie angestrebt werden.

Infektionen älterer Pferde: Infrage kommen als Erreger vor allem wieder *Salmonella* Typhimurium, *S.* Agona, *S.* Enteritidis, *S.* Dublin (rinderadaptiert), dann (heute wohl sehr selten) auch *S.* Abortus equi und in Einzelfällen andere Salmonellen. Transientes Trägertum mit aktiver Ausscheidung findet sich wohl bei weniger als 2 % gesunder Pferde (einzelne Untersuchungen berichten von 10–20 %!), aber manifeste Erkrankungen sind eher selten. Sie werden durch Stresssituationen (z. B. Krankheit; Hospitalisation), Antibiotika-Abusus, grundsätzlich durch alles, was die Normalflora des Darmes und/oder den Immunstatus des Patienten beeinträchtigt, ausgelöst.

Symptome: Wie bei anderen Spezies kommt beim Pferd ein symptomloses, allerdings wahrscheinlich nur **transientes Trägertum** vor, eine Tatsache, die von wesentlicher epidemiologischer Bedeutung ist. Die enteritischen Salmonellen (S. Enteritidis, S. Typhimurium) können beim erwachsenen Pferd gelegentlich einen subfebrilen Zustand mit **Durchfall** ohne wesentliche Beeinträchtigung des Allgemeinbefindens hervorrufen, bis hin zu hochfebrilen lebensbedrohlichen Enteritiden (Typhlo-Colitis) und Septikämien. Die «Salmonellen-Colitis» ist klinisch, abgesehen von z. T. hohem Fieber, identisch mit den Colitiden anderer Ursachen (→4.2.6.2.2.2). Bei akutem Verlauf ist das Allgemeinbefinden hochgradig gestört und mit rasch eintretendem endotoxämischem Schock-Syndrom. Bei chronischem Verlauf, vor allem beim erwachsene Pferd, können sich Abszesse an der Körperoberfläche entwickeln (selten). Wie beim Fohlen betrifft das meistens die Rippenwand, dann kann es auch zu eitriger Orchitis oder – sehr selten – zur *Salmonella*-Pneumonie kommen. Abszesse bilden sich auch in der kranialen Gekrösewurzel heran, wenn diese durch eine verminöse Arteriitis vorgeschädigt ist. Daneben sind gelegentlich Bursitiden und Tendovaginitiden beschrieben worden.

S. Abortus equi, der einzige pferdespezifische Salmonellatyp wird heute bei uns nicht mehr beobachtet. Er führte vor dem 7. Trächtigkeitsmonat zu einem **«gutartigen Abort».** Die Stute bleibt dabei mehr oder weniger gesund, Vulva und Vaginalschleimhaut können geschwollen, gerötet und mit punktförmigen Blutungen besetzt sein. Meistens wird Kolostrum gebildet, der Abort erfolgt im Allgemeinen ohne besondere Schwierigkeiten. Selten sind Sturzaborte ohne jedes Vorzeichen. Der Scheidenausfluss persistiert für 3–4 Tage, die Schwellung der Genitalien und des Euters nimmt dann ab, und die Stuten sind 10 Tage nach dem Abort klinisch gesund. Aborte nach dem 7. Monat werden als «bösartige Aborte» bezeichnet. Der Verlauf ist weit schwerer. Es kommt im Allgemeinen zu einer Retentio secundinarum mit Endometritis und Metritis als Folge und mit der Gefahr einer Hufrehe. Die Stuten haben Fieber, sind sehr matt, zeigen wenig Fresslust, Scheidenausfluss schon vor dem Abort, steife Nachhand oder Ataxie und Ödeme in der Perinealgegend. Häufig sind Metastasen mit Gelenksentzündungen, besonders im Sprunggelenk, Sehnenscheidenentzündungen, dann auch Hufrehe, Pneumonien und Mastitis. Spontanheilungen sind möglich, aber auch ein tödlicher Ausgang ist nicht selten (Sepsis und Hufrehe). Nach dem Abort benötigen diese Stuten eine lange Zeit bis zur Heilung, die nur bei guten Zuchttieren wirtschaftlich tragbar ist. Hengste können eine Orchitis, Artritiden oder Bursitiden entwickeln.

Diagnose: Bei enteritischen Formen ist eine rein klinische Diagnose «Salmonellose» unmöglich, auch die Laborbefunde (Neutropenie mit toxischen Anzeichen und Linksverschiebung; sowie sekundäre Veränderungen, wie Hyperfibrinogenämie, Hämokonzentration, Hypoproteinämie, erhöhter Harnstoff etc.) entsprechen genau dem toxämischen Bild von Colitiden oder Sepsis anderer Ursachen. Bei Verdacht auf Salmonellose sollte der Erregernachweis aus dem Kot, bei Verdacht auf Septikämie (v. a. Fohlen!) aus Blutkulturen, aus Abszessmaterial oder veränderten Gelenken, Bursen und dergleichen angestrebt werden. Allerdings ist die Isolation aus dem Kot nicht empfindlich; empfohlen wird die Untersuchung von größeren Kotproben (30 g) an 5 aufeinanderfolgenden Tagen, mit bakteriologischer Anreicherung oder besser zusätzlich auch aus Rektumbiopsiematerial. PCR zur Diagnosestellung ist wesentlich empfindlicher und schneller, eine Keimisolation mit Antibiogramm bleibt aber für die Therapie sehr wichtig. Obschon *S.* Abortus equi bei uns nicht mehr beobachtet wird, sind gehäufte Aborte mit Allgemeinstörungen der Stuten grundsätzlich als salmonelloseverdächtig anzusehen. Hämorrhagisch eitrige Plazentitis im abortierten Material stützt diesen Verdacht, der in jedem Fall durch die bakteriologische und serologische Untersuchung erhärtet werden muss. Differenzialdiagnostisch sind andere infektiöse Abortursachen auszuschließen, wobei in erster Linie EHV-1 infrage kommt (→15.3.3.1).

Prophylaxe: Salmonellosen werden meist durch (evtl. asymptomatische) Träger in einen Bestand eingeschleppt. Bei Salmonellose-Fällen müssen die Tränkgeschirre täglich desinfiziert und die Krippen sollten tadellos sauber gehalten werden. Die Streue ist täglich ganz zu erneuern. Die Hygiene des Stallpersonals (Schutzkleidung, Händehygiene etc.), die Sauberkeit der Ställe ist von eminenter und grundsätzlicher Wichtigkeit. Kranke Tiere sind abzusondern. Im ganzen Bestand sind regelmäßige Temperaturkontrollen vorzunehmen. Der Pferdeverkehr aus und in infizierte Bestände ist zu verbieten und eine Quarantäne für mindestens 3 Wochen (siehe auch wiederholte Kotuntersuchungen oben) ist einzuhalten.

Prognose: Die Prognose ist auch für die schwere enteritische Form eher günstig. Der Gefahr eines Trägertums ist Rechnung zu tragen. Bei spätem Salmonellenabort ist die Prognose zum mindesten als zweifelhaft zu stellen.

Therapie: Bei Colitis/Salmonellendurchfällen erwachsener Pferde empfehlen wir, auf Antibiotika zu verzichten. Dagegen wird die intensive unterstützende Therapie in den Kapiteln «Krankheiten des Verdauungstraktes» behandelt (→4.2.6.2.2.2 & 12.2.2). Antibiose allgemein kann Salmonellendurchfälle auslösen und ungeeignete Antibiotika (z. B. Oxytatracyklin) verlängern das Trägertum mit aktiver Ausscheidung (→16.24.5).

Der Versuch einer systemischen Behandlung mit Antibiotika ist bei Erwachsenen nur in Einzelfällen indiziert: bei Anzeichen von Sepsis mit Gefahr von septischen Komplikationen (Abszessbildungen, infizierte Thrombophlebitis, septische Arthritis etc., begleitet von ausgeprägter Neutropenie). Grundsätzlich geeignet sind die oben (Fohleninfekte) beschriebenen Antibiotika. Die Wahl sollte immer auf einem zuverlässigen Antibiogramm fußen. Außerdem ist der Lokalbehandlung einer Polyarthritis (Spülungen, Drainage) und auch von Abszessen größte Aufmerksamkeit zu schenken. Trotz aller Anstrengungen sind die Heilungsaussichten für verschleppte lokale Infektionen nicht besonders gut.

16.1.2 Klebsiella

Klebsiellen gehören zur Normalflora des Pharynx und des äußeren Urogenitaltraktes. Als Krankheitserreger haben ***Klebsiella pneumoniae* ssp. *pneumoniae*** (evtl. auch ***K. oxitoca***) eine gewisse Bedeutung. Selten und sporadisch finden sich Klebsiellen in respiratorischen Sekreten bei Sinusitis und auch bei Pneumonien. Isoliert wurden sie, meist zusammen mit anderen Keimen, auch aus Brandwunden, Mastitiden, bei Fohlensepsis und -arthritiden und bei Cystitiden. *Klebsiella pneumoniae* (v. a. die Kapseltypen K1, K2, K5 et K7) gelten auch als mögliche Sterilitäts-, Endometritis-, Plazentitis- und Abortursache bei Stuten. Finden sich Klebsiellen in Reinkultur in wiederholt und kunstgerecht entnommenen Tupferproben bei Vaginitis, Endometritis und Aborten, darf die Diagnose einer Klebsielleninfektion gestellt werden. Die Behandlung richtet sich nach dem Antibiogramm und entspricht der für andere Schleimhautinfekte. Cave! Carbapenemeresistente *K. pneumoniae* stellen eine Gefahr für nosokomiale Infektionen und Zoonosen dar. Betroffene Stuten dürfen bis zur Elimination des Infektes nicht gedeckt werden. Einem wahrscheinlich häufigen Trägertum von Deckhengsten («normale» Präputialflora?) und einer entsprechenden Verbreitung schiebt man mit einer tadellosen Deckhygiene den wirksamsten Riegel vor.

16.2 Aeromonadales

Die Aeromonadales sind eine Ordnung der Delta-Proteobakterien.

Aeromonas hydrophila, Aeromonas caviae und andere spp. sind aus Faeces klinisch gesunder Pferde, zum Teil aber auch vermehrt von Fohlen und erwachsenen Pferden mit **Durchfall** isoliert worden. Der weltweit verbreitete, mit geografisch unterschiedlicher Häufigkeit vorkommende, boden- und wasserbewohnende Keim, der es gern warm und feucht hat, könnte u. U. auch an sekundären Pneumonien, Septikämien, Korneainfekten, Fohlenseptikämien und v. a. an **Aborten** beteiligt sein. Resistenzen gegen verschiedene gebräuchliche Antibiotika kommen häufig vor. Ein Antibiogramm ist bei Verdacht auf Aeromonas-Infektionen dringend angezeigt. Wichtig ist es, die Tränkewasserquellen zu überprüfen.

16.3 Burkholderiales

Die Ordnung der *Burholderiales* (ehemals Teil der Gattung *Pseudomonas*) gehört zu den Beta-Proteobakterien und umfasst Familien überall vorkommender gram-negativer, stäbchenförmiger und aerober Bakterien. Die für das Pferd wichtigen Familien sind die *Burkholderiaceae* und *Alcaligenaceae*. Die Arten der Gattung *Burkholderia* (*B. mallei, B. pseudomallei*) sind zoonotische Erreger und sind wegen ihrer hohen Letalität und Antibiotika-Resistenz sehr gefürchtet.

16.3.1 Burkholderiaceae

16.3.1.1 Burkholderia mallei

Definition: *B. mallei ist* der Erreger der Rotzkrankheit. Der Rotz ist eine ansteckende, gewöhnlich primär chronisch, oft mit intermittierenden akuten Schüben verlaufende Infektionskrankheit der Equiden, die durch Knoten und Geschwürbildung in den Schleimhäuten, der Haut und den inneren Organen charakterisiert ist.

Vorkommen: Rotz ist seit dem 4. Jahrhundert als definierte Krankheit bekannt. Gegen Ende des 19. Jahrhunderts wurden in Deutschland gegen 1500 Pferde pro Jahr wegen Rotz abgetan. Mit der Verbesserung der Diagnostik (Malleinisierung) ist es gelungen, die Seuche in Europa zum Verschwinden zu bringen. Zurzeit hat man vor allem auf der Arabischen Halbinsel, in Asien, Südamerika, weniger in Afrika, mit Rotz zu rechnen (vgl. jeweilige länderspezifische Vorschriften, z. B. Anzeigepflicht). Im 21. Jahrhundert wurde Rotz z. B. bei einem aus Brasilien nach Deutschland importierten Pferd diagnostiziert und bei einem Pferd, das sich nur in Deutschland aufgehalten hat. Ebenfalls scheinen Ausbrüche, wie z. B. in den Arabischen Emiraten, wieder zuzunehmen.

Empfänglichkeit: Am empfänglichsten sind Esel, gefolgt von Maultier und Pferd. Bei Eseln und Maultieren verläuft der Rotz meistens akut und schwer, beim Pferd im Allgemeinen eher chronisch, evtl. intermittierend mit akuten Schüben. An Rotz können unter natürlichen Bedingungen Kamele, kleine Wiederkäuer, seltener Feliden, Hunde und auch der Mensch erkranken.

Pathogenese und Infektion: Infektiös sind Sekrete kranker Tiere, vor allem Nasenausfluss und Eiter aus den Rotzgeschwüren. Weniger wichtig sind als Infektionsquellen Kot und Harn. Die Verunreinigung von Futter und Trinkwasser bzw. von Futterstellen und Tränkgeschirr spielt eine wichtige Rolle.

Eine Einschleppung in einen vorher gesunden Pferdebestand erfolgt im Allgemeinen durch latent angesteckte Pferde oder durch Tiere, die sich in der Inkubationszeit befinden.

Peroral aufgenommene Keime gelangen über den lymphatischen Rachenring in die Lymphbahn und damit in die regionären Lymphknoten, von dort in den meisten Fällen ins Blut. Es folgt eine fieberhafte Erkrankung und eine Aussaat in die verschiedensten Organe. Prädilektionsstellen sind die Lungen und die Nasenschleimhaut, seltener werden Leber und Milz befallen. Die Haut selber kann primär infiziert oder auch auf dem Blutweg befallen werden. Vor allem bei Eseln kann sich ein akutes oder perakutes Krankheitsbild entwickeln mit einem septikämieähnlichen Verlauf oder auch mit der Entwicklung massenhafter Rotzknötchen in allen Organen.

Symptome: Die Inkubationszeit beträgt im Allgemeinen zwei Tage, meistens jedoch zum mindesten zwei Wochen, seltener auch mehrere Monate. Als besondere klinische Formen werden vor allem der Lungenrotz, der Nasenrotz und der Hautrotz abgegrenzt. Die Formen können ineinander übergehen und beim gleichen Tier zur gleichen Zeit vorhanden sein.

Beim **Lungenrotz** handelt es sich in der Regel um eine primär-chronische oder zum mindesten subakute Erkrankung. (Die Patienten können monatelang infiziert sein, ohne dass manifeste Symptome auftreten.) Als Initialsymptome werden etwa Epistaxis beobachtet oder Husten mit blutigem Auswurf. Meistens fallen zuerst allerdings nur ein Leistungsabfall, Abmagerung, gelegentliches Fieber und ein dumpfer Husten auf. Der Zustand kann mit einer unspezifischen Bronchitis verwechselt werden. Eine allmähliche Verschlimmerung ist die Regel, allerdings werden auch während Monaten stationäre Zustände beschrieben. Eine Affektion des Kehlkopfes äußert sich in Heiserkeit und anfallsweisem, schmerzhaftem Husten.

Zu Beginn eines **Nasenrotz** wird eine Rötung der Schleimhaut mit einem eher schleimigen Ausfluss aus einem oder beiden Nasenlöchern beobachtet. Der Nasenausfluss wird dann reichlicher und eitrig, im Allgemeinen grünlich gelb, vermischt mit feinen Blutstreifen. In der Folge entwickeln sich dann über Wochen und Monate typische graue oder gelbliche Knötchen, die geschwürig zerfallen und nach wenigen Tagen die rotzspezifischen, wallartigen, zerfressenen Ränder und einen gelben, speckigen Grund nachweisen lassen.

Meist sind die mandibulären Lymphknoten vergrößert, schmerzlos, derb und knotig, und nur zu Beginn schmerzhaft geschwollen.

Haut und Subkutis sind bei **Hautrotz** knotig und geschwürig verändert. Die Knoten brechen auf und verwandeln sich in runde Geschwüre, die eine starke Tendenz aufweisen, zu konfluieren. In der Umgebung der Veränderungen werden eine Lymphangitis und eine regionäre Lymphadenitis gefunden. Die Subkutis ist kollateral ödematisiert.

Ein Knochenrotz der Rippen äußert sich in einer harten, schmerzlosen Verdickung, selten sind Gelenke befallen und noch seltener Hoden bzw. Euter. Eine rotzige Meningitis kann vorkommen und die entsprechenden Symptome hervorrufen.

Die oben erwähnten Formen des Rotz gehen mit Allgemeinstörungen einher. Meistens ist eines der ersten Zeichen ein verminderter Appetit und Abmagerung. Die Körpertemperatur schwankt intermittierend oder remittierend mit zeitweisen Anstiegen bis auf 40 °C oder höher. Sie kann auch während mehrerer Wochen völlig normal sein. Arbeitende Pferde entwickeln nicht selten eine Myokarditis.

Der **Rotz der Esel und Maultiere** verläuft als fieberhafte Allgemeinerkrankung, zum Teil mit kalten Abszessen in der Unterhaut des Rumpfes und im Allgemeinen mit einer Ödematisierung der Gliedmaßen. In der Nasenschleimhaut finden sich meistens multiple Knötchen und Geschwüre. Sehr steifer Gang ist eines der Initialsymptome. Die Krankheit dauert von wenigen Tagen bis zu mehreren Jahren. Spontanheilungen sind offenbar möglich.

In Gebieten, in denen Rotz immer noch heimisch ist, ist die klinische **Diagnose** im Allgemeinen leicht zu stellen. Die mögliche klinische Differenzialdiagnose des Rotz umfasst allerdings ein weites Spektrum von Krankheiten ohne seuchenpolizeiliche Bedeutung. Vor allem der Lungenrotz kann oft während längerer Zeit klinisch nicht diagnostiziert werden. Die Diagnose wird gesichert durch den Erregernachweis. Für die Bekämpfung des Rotz und für dessen Diagnose hat sich die Malleinisierung bewährt (Ophthalmo-Malleinprobe), doch kann sie zur Seropositivität des Tieres führen! Die Malleinisierung ist aber von klinischen Symptomen begleitet und die Serologie ist z. T. unzuverlässig. Offenbar kommen unspezifische Kreuzreaktionen mit Falschpositiven vor. Sie werden deshalb zunehmend durch PCR-Tests ersetzt oder ergänzt. Des Weiteren stehen zur Bestätigung einer Rotzdiagnose Komplement-Fixationstests sowie Immunoblot-Techniken zur Verfügung.

Prognose und Therapie: Die Prognose von Rotz ist insofern ungünstig, als kranke Tiere möglichst rasch ausgemerzt werden sollten. Eine Therapie kommt bei einer Ausrottungsstrategie nicht infrage, ansonsten wäre die Antibiotikawahl nach dem Antibiogramm zu richten. Die Bekämpfung des Rotz erfolgt über die Seuchengesetzgebung der einzelnen Länder.

16.3.1.2 Bukholderia pseudomallei (früher Pseudomonas pseudomallei)

B. pseudomallei ist der Erreger der **Meliodosis (Pseudorotz)**.

Es handelt sich beim Pseudorotz um eine Erkrankung, die bei Schafen in Australien nicht selten ist, die auch beim Menschen und Karnivoren vorkommen, beim Pferd indessen nur selten auftreten soll. Immerhin sind 1979 in Frankreich mehrere Fälle bekannt geworden. Wegen ihrer Bedeutung als Zoonose muss der Krankheit die gebührende Beachtung geschenkt werden. Die Läsionen gleichen denjenigen von Rotz. Respiratorische Symptome werden beschrieben, auch Durchfälle und andere, wenig typische Erscheinungen. Nur der Erregernachweis, die serologische Untersuchung und zunehmend spezifische PCR-Tests vermögen die Krankheit nachzuweisen.

16.3.2 Alcaligenaceae

Die ***Alcaligenaceae*** sind gram-negative, aerobe Kokkobazillen und bilden eine Familie, die zur Ordnung *Burkholderiales* gehört. Beim Pferd finden wir die wichtigsten Vertreter in den Gattungen ***Taylorella*** und ***Bordetella***. Pathogene Arten für das Pferd sind *T. equigenitalis*, der Erreger der ansteckenden Gebärmutterentzündung und *B. bronchiseptica* die bei starker Besiedlung zu Pneumonien führen kann.

16.3.2.1 Taylorella equigenitalis

T. equigenitalis Erreger der ansteckenden Gebärmutterentzündung der Pferde, gemeinhin einfach **CEM** genannt (***C****ontagious* ***E****quine* ***M****etritis*).

Der Keim und die von ihm verursachte Krankheit sind erst seit 1977 bekannt. Dabei handelt es sich um eine ausgesprochene Deckinfektion, um eine echte Geschlechtskrankheit. Die Übertragung geschieht direkt über Genitalkontakt oder kontaminierte Gegenstände (Putzzeug, Spekulum, künstliche Scheide etc.), seltener über Frisch- und Kühlsamen. Gefriersamen ist als Infektionsquelle nicht bewiesen. Es sind verschiedene Stämme isoliert worden, die sich nicht nur in der Kultur, sondern auch in ihrer Virulenz und in ihrer Empfindlichkeit gegen Antibiotika unterscheiden.

In den vergangenen Jahren hat sich CEM in den Pferdezuchten vieler Länder in mehr oder weniger ernsthafter Form manifestiert. Nationale und internationale Kontrollmechanismen haben die Inzidenz reduziert, aber Einzelfälle und kleinere Ausbrüche treten weltweit, auch in der Schweiz und Europa, immer wieder auf.

Symptome: Beim Hengst und bei recht vielen Stuten verläuft die Infektion klinisch stumm. Derartige Tiere sind epidemiologisch besonders wichtig; sie können als Keimträger die Infektion unbemerkt verbreiten. Bei Hengsten ist die bakteriologische Überwachung auf die *Fossa glandis* zu konzentrieren, bei Stuten auf die Klitorisgrube und die Sinus um die Klitoris herum.

Manifeste Krankheitsbilder werden nur bei Stuten beobachtet. *Taylorella equigenitalis* verursacht in typischen Fällen eine Endometritis und eine Cervicitis mit oft sehr reichlichem, dünn-eitrigem Scheidenausfluss. Die Symptome treten wenige (1–5) Tage nach dem Deckakt respektive der Infektion auf, können sich aber auch auf einen verkürzten Zyklus beschränken oder ganz fehlen. Es wird berichtet, dass der Erreger auch Aborte verursachen kann. Der Schweregrad der klinischen Manufestation variiert offenbar je nach Virulenz des jeweiligen *Taylorella equigenitalis*-Stammes. Die klinische Heilung der Stuten darf jedenfalls – ob mit oder ohne Therapie erreicht – in keinem Fall mit einer bakteriologischen Sterilisation gleichgesetzt werden! Ein Teil der Stuten kann *Taylorella equigenitalis* in der Klitorisgrube und den Klitoris Sinus als asymptomatische Träger beherbergen.

«Steckbrief» CEM

- Die Diagnose ist in jedem Fall mit dem Nachweis von *Taylorella equigenitalis* zu sichern.
- Beim Hengst und bei der Stute kann die Infektion stumm verlaufen (Trägertum). Manifeste Symptome sind Endometritis und eine Cervicitis mit oft sehr reichlichem, dünn-eitrigem Scheidenausfluss.
- Zur Prophylaxe spielt eine einwandfreie Deckhygiene, bei Ausbrüchen die Isolation die zentrale Rolle.
- Therapeutisch werden systemisch und lokal Antibiotika resp. desinfizierende Mittel eingesetzt.

Diagnose: Die Diagnose ist immer und in jedem Fall bakteriologisch zu sichern. Die speziellen Tupferproben sind bei der Stute aus der Klitorisgrube und der Zervix, beim Hengst aus der Fossa glandis, dem Ausgang der Urethra und am Präputium zu entnehmen. Die Entnahme hat unter aseptischen Kautelen zu geschehen, die Proben dürfen nur in speziellen Transportmedien (nach Amies mit Kohlezusatz) für die Einsendung in spezialisierte Laboratorien verwendet werden. Der Keim ist sehr schwierig zu züchten. Es vergehen 2–3, manchmal 6 Tage, bis die Diagnose feststeht. Die serologische Überwachung der Pferdepopulation sowie ein neuer sensitiver PCR-Test sind wohl wertvoll, sie ersetzen aber den direkten bakteriologischen Nachweis vorläufig noch nicht. Zu beachten sind unbedingt die geltenden seuchenpolizeilichen Vorschriften!

Prophylaxe und Therapie: In der Bekämpfung der CEM spielt eine einwandfreie Deckhygiene die zentrale Rolle. Das heißt, dass nicht nur die Verbreitung über direkten Genitalkontakt, sondern auch die passive Übertragung des Erregers über Personen, Putzzeug (Schwämme!), Einrichtungen und Transportfahrzeuge ausgeschlossen werden muss. Kranke Stuten werden systemisch (in der Regel Ampicillin; der Keim ist oft aber auch auf Penizillin, Tetratzyklin und Trimethoprim-Sulfonamid empfindlich) und lokal (meist Nitrofurazon 0.2 % und Chlorhexidin 4 %) mit Antibiotika, respektive Desinfektionsmitteln, behandelt. Die Behandlung von Trägern ist grundsätzlich die gleiche. Entscheidend wichtig ist der (wiederholte) Nachweis der bakteriologischen Heilung. In vielen Ländern besteht eine Meldepflicht; die Vorschriften für die Seuchenbekämpfung variieren von Land zu Land. Hier und da strebt man die Ausmerzung der Seuche ernsthaft an, andernorts lebt man mit der Infektion und lässt die Vorschriften eben Vorschriften sein.

16.3.2.2 Taylorella asinigenitalis

Wurde im Geschlechtstrakt von Eselhengsten isoliert und verursacht bei natürlicher Infektion offenbar keine Erkrankung.

16.3.2.3 Bordetella bronchiseptica

Ist für das Pferd von geringer Bedeutung. Immerhin haben wir seltene Einzelfälle fulminant verlaufender Bronchopneumonien beobachtet, die erst post mortem ätiologisch diagnostiziert worden sind. Öfter ist *Bordetella* an Mischinfekten bei Pleuropneumonien beteiligt. Hingegen ist eine ätiologische Rolle bei follikulärer Pharyngitis, wenn in Pharynxtupferproben *Bordetella* isoliert wird, unklar und eher unwahrscheinlich. In Verdachtsfällen wäre Bronchialsekret bakteriologisch zu untersuchen. Tetrazykline müssten auch beim Pferd gut wirken.

16.4 Pasteurellales

Die Familie der *Pasteurellaceae* ist das einzige Mitglied der Ordnung Pasteurellales innerhalb der Gamma-Proteobakterien. Es sind gram-negative, stäbchen- oder kokkenförmige Bakterien. Beim Pferd wurden die Vertreter vorwiegend im Respirationstrakt isoliert. Für das Pferd interessante Gattungen der Familien Pasteurellaceae sind *Pasteurella, Actinobacillus, Haemophilus,* und *Nicoletella*. Anders als von *Pasteurella* und *Actinobacillus* ist die Pathogenität von *Haemophilus, Nicoletella* und *Francisella* nicht gesichert. Bei 2- bis 3-jährigen Rennpferden scheint die Besiedlung der unteren Atemwege (v. a. der Trachea) besonders mit *Pasteurella* spp. *und Actinobacillus* spp. einem erhöhten Risiko für infektiöse Atemwegserkrankung einherzugehen (IAD →6.3.2.1). Möglicherweise spielt hier eine Adaptation der jungen Tiere an die Flora eine Rolle. Die Rolle dieser Keime bei leicht- bis mittelgradigen Bronchitiden älterer Pferde ist aber unklar; wir haben jedenfalls dieselben Kommensalen des oberen Respirationstraktes regelmäßig aus dem Tracheo-Bronchialsekret gesunder Pferde isoliert.

16.4.1 Pasteurella

16.4.1.1 Pasteurella caballi und Mannheimia haemolytica Typ 1

(alte Taxonomie: *Pasteurella haemolytica Typ 1*)

Historisch von Bedeutung ist die 1963 durch Pasteurellen verursachte, in Mexiko beschriebene Epizootie, bei der bis 10 000 Tiere – vor allem Esel – eingegangen sein sollen. Die Symptomatologie äußerte sich in schwankendem Gang oder manifester Inkoordination, Zungenparalyse, Zähneknirschen, offensichtlicher Blindheit und Tod nach 1–7 Tagen Krankheit. Pathologisch-anatomisch sollen aufgefallen sein: vermehrter Liquor cerebrospinalis, Kongestion der Großhirnhemisphären, Lungenkongestion bei einigen Fällen und hämorrhagische Petechien im Dünndarm. Antibiotika haben sich nach den mexikanischen Angaben als wirkungslos erwiesen. Eine typenspezifische Vakzine soll die weitere Ausbreitung der Seuche eingedämmt haben. Seither scheinen Infektionen (mit Abszedierungstendenz) auch bei uns aufzutreten, z. B. als Komplikation einer Thrombophlebitis, Endocarditis (streuender Herd) und Pericarditis, Fohlensepsis oder (Fohlen-)pneumonien sowie Genitaltraktinfekten bei Stuten *(Pasteurella multocida)*. Hingegen scheint eine eigentliche Pasteurellose bei Erwachsenen nur in Südeuropa und vor allem auch in den Subtropen und Tropen zu Verlusten zu führen. Als Erreger werden meistens *Mannheimia haemolytica* Typ 1 und *P. caballi* bezeichnet.

Wird eine Pasteurellose diagnostiziert, wäre der Einsatz von Penizillin, Cephalosporin indiziert (Antibiogramm!).

16.4.2 Actinobacillus

16.4.2.1 Actinobacillus equuli

Ein Keim, der häufig aus dem Pharynx und Maul gesunder Pferde isoliert wird, ist neu in nicht hämolysierende *A. equuli* subsp. *equuli* und in hämolytische, toxinproduzierende *A.*

equuli subsp. *haemolyticus* (u. a. «*sleepy foal disease*») unterteilt worden. Zu beachten ist, dass sich in vivo keine Hämolyse ereignet, sondern nur bei der Kultur auf Blut-Agar-Medium. Das Hämolysin ist in seiner Funktion ein Leukozyten-Toxin.

A. equuli subsp. ***haemolyticus*** führt gebietsweise zu verbreiteter septischer Infektion junger Fohlen, mit Organlokalisation inNiere und Gelenken, die klassische Krankheit der «*sleepy foal disease*». Grundsätzlich ist, wie unten beschrieben, eine *A. equuli* subsp. *haemolyticus*-Infektion klinisch meist nicht von einer Fohlensepsis (→17.23), die aufgrund anderer Bakterien verursacht wurde, zu unterscheiden. Seine Bedeutung als Sepsiskeim beim Fohlen geht aber wahrscheinlich weltweit zugunsten von *E. coli* und anderen Keimen zurück. Dafür werden bei Erwachsenen verschiedene Krankheitsbilder mit *A. equuli* – sowohl subsp. *haemolyticus* als auch subsp. *equuli* – in Verbindung gebracht.

Symptome: Die Infektion von Fohlen findet offensichtlich meistens in utero statt, manchmal auch nach der Geburt. Die Fohlen können schon lebensschwach auf die Welt kommen und innerhalb von 24 Stunden unter septikämischen Erscheinungen sterben. Häufiger wird aber ein etwas langsamerer Verlauf beobachtet. Die ersten Symptome treten dann zwischen den ersten Stunden und dem 4. Tag post partum auf und äußern sich als plötzliches Fieber über 40 °C, Abgeschlagenheit, nicht selten mit Durchfällen und Kolik, rascher Atmung, Appetitlosigkeit und Urämie. Nach diesen initialen Zeichen tritt meistens als typischer Befund Schläfrigkeit bis Koma ein *(«sleepy foal disease»)*. Die Palpation der Nieren, die beim neugeborenen Fohlen zum mindesten von links außen möglich ist, scheint schmerzhaft. Die Tiere zeigen auch nicht selten Harndrang. Gelegentlich werden Pneumonien und Polyarthritis bei Fohlen festgestellt, die den ersten akuten Schub überleben. Ein begleitender Ikterus kommt vor. Die ätiologische Rolle von *A. equuli* subsp. *haemolyticus* bleibt bei schweren, diffusen Pneumonien des Saugfohlens oft unklar, obgleich gelegentlich Reinkulturen aus dem eitrigen Bronchialsekret isoliert werden können.

Da Stuten von gesunden Fohlen meist hohe Serumtiter gegen das (hämolytische) Leukotoxin Aqx von *A. equuli* subsp. *equuli* aufweisen, nicht aber Stuten von Fohlen, die an «*sleepy foal disease*» erkrankten, wird angenommen, dass die Fohlenlähme auf ein Fehlen der Übertragung materneller Antikörper auf das Neugeborene zurückzuführen ist. Das gilt natürlich ganz grundsätzlich: «*failure of passive transfer*» ist ein bedeutender – wenn nicht der wichtigste – Risikofaktor für Fohlensepsis (→13.2 & 16.23).

A. equuli – z. T. subsp. *haemolyticus*, z. T. auch subsp. *equuli* (siehe auch unten) – wurde bei erwachsenen Pferden mit Bronchitis/Pneumonie, Endokarditis, Perikarditis, Periorchitis, Enteritis und v. a. mit Peritonitis, jeweils mit der entsprechenden Symptomatik, beschrieben.

Diagnose: Die Verdachtsdiagnose ist klinisch möglich, wenn Fohlen das typische Bild der «*sleepy foal disease*», d. h. eben Schläfrigkeit und Nephritis, zeigen. Allerdings sind viele andere Zustände, die Fohlen schläfrig-apathisch erscheinen lassen, wie jede von anderen Bakterien verursachte Sepsis (!) oder hypoxische ZNS-Schäden (→6.3.1.3) u. a., differenzialdiagnostisch auszuschließen. Die bakteriologische Untersuchung des Blutes und manchmal des Harns kann die Diagnose sichern. Bei einer Nephritis ist jedenfalls der Proteinnachweis im Urin positiv (cave! bei Fohlen bis zum Alter von 2 Tagen physiologische Proteinurie), das Sediment mit Entzündung typisch. Urämie und erhöhte Kreatininkonzentrationen im Blut stützen den Verdacht ebenfalls. In Gestüten tut man gut daran, die Autopsie (typisch sind multifokale Abszesse der renalen und adrenalen Kortizes) und die bakteriologische Untersuchung gestorbener Fohlen besonders gewissenhaft vorzunehmen. Bei eitrigen Pneumonien von Saugfohlen ist jedenfalls immer das Bronchialsekret bakteriologisch zu untersuchen. Die Tatsache, dass *Actinobacillus equuli* subsp. *haemolyticus* oft zusammen mit *Streptococcus equi* subsp. *zooepidemicus* zu finden ist, spielt therapeutisch kaum eine Rolle.

Prognose: Ohne Therapie verläuft die Krankheit im Allgemeinen ungünstig, mit adäquater Therapie ist sie als zweifelhaft bis günstig zu beurteilen.

Therapie: Der Keim ist in der Regel empfindlich auf Penizillin, Ampicillin und Gentamicin. Besonders gut reagiert er auf Chloramphenicol (cave! landesspezifische Bestimmungen resp. Verbote). Bei Polyarthritis sind die Gelenke zu punktieren, zu spülen und entsprechende Antibiotika (z. B. Amikacin) zu instillieren.

16.4.2.2 A. equuli subsp. equuli

Der Erreger wird vor allem als Opportunist bei Pneumonien, Peritonitiden, Mastitiden, Arthritiden und Endokarditiden gefunden. Er führt bei ausgewachsenen Tieren aber auch zu septikämischen Zuständen, manchmal mit hämorrhagischer Pneumonie, manchmal offenbar auch mit Nephritis. Das Auftreten dieser Form von Actinobacillose wurde in Osteuropa in Stutenherden beobachtet. Unter unseren Verhältnissen ist der Keim etwa an Sekundärinfektionen der Atemwege, manchmal an fistulierenden Hautläsionen beteiligt.

16.4.2.3 A. lignieresii

Der Verursacher der Holzzunge beim Rind ist bei Pferden aus Granulomen im Oropharynx, Lippen- und Zungenunterseitenkarunkel, aus Geschwülsten am freien Rand des Gaumensegels und am Larynx und infizierten Gelenken isoliert worden.

16.4.2.4 A. suis

Ist ebenfalls ein Opportunist und besiedelt die Luftwege. Über seine mögliche Rolle bei infektiösen Lungenerkrankungen junger Rennpferde wird spekuliert. Cave! *A. suis* wird oft mit *A. equuli* subsp. *haemolyticus* verwechselt, da sich die beiden Spezies nur mittels genetischer oder biochemischer Analyse der betreffenden Toxine (Aqx für *A. equuli* subsp. *haemolyticus,* Apx I/II für *A. suis)* unterscheiden lassen.

16.4.2.5 Haemophilus influenzae und Nicoletella semolina

Ebenfalls aus dem Tracheobronchialsekret von Pferden mit Husten isolierte Keime sind für das Pferd Kommensale und evtl. opportunistische Erreger. Entsprechend ist die Signifikanz gelegentlicher Isolationen unklar, wahrscheinlich aber – wenn überhaupt – gering.

16.5 Bacillales

Die Bacillales sind eine Ordnung gram-positiver Bakterien aus der Klasse der Bacilli. Folgende für das Pferd wichtige Familien werden unter die Ordnung subsumiert: *Staphylococcaceae, Listeriaceae* und *Bacillaceae.*

Die wichtigste der 4 Gattungen der zur Familie der *Staphylococcaceae* gehörenden Bakterien ist *Staphylococcus.*

16.5.1 Staphylococcaceae

Die Gattung *Staphylococcus* hat über 50 diverse Spezies und Subspezies gram-positiver Kokken, von denen die meisten klinisch kaum eine Rolle spielen. Einige wenige Spezies gehören aber zu den wichtigsten opportunistischen Krankheitserregern. ***Staphylococcus aureus*** hat eine höchst pathogene Potenz für Mensch und Tier und ist wegen seiner Multiresistenzen (z. B. MRSA= **M**ethicillin-**R**esistenter **S**. **A**ureus) gefürchtet. Neben ***Staphylococcus aureus*** gehören beim Pferd auch andere koagulasepositive Staphylokokken-Spezies, wie ***Staphylococcus intermedius***, ***pseudintermedius***, und der koagulasenegative ***Staphyloccocus epidermidis,*** der vorwiegend die Haut besiedelt, zu den häufigeren Isolaten.

Symptomatik: Staphylokokken sind grundsätzlich Opportunisten und können nicht selten auch bei Gesunden isoliert werden. Beim Pferd und Menschen spielen die Staphylokokken als zunehmend multiresistente Erreger und nosokomiale Keime bei Wundinfektionen (Bauchnahtinfekte; infizierte Thrombophlebitiden u. a.), bei septischer Arthritis (häufiger Keim v. a. bei Erwachsenen), Myositis, Metritis und manchen Gliedmaßenphlegmonen u. a. eine wichtige Rolle. Aus Hautveränderungen und auch Wundinfekten werden meistens *S. aureus* und *S. intermedius* isoliert, seltener *S. epidermidis.* Die Bezeichnung «Botryomykose» für eine durch Staphylokokken hervorgerufene Haut-und Wundinfektion mit fibrös-fistulierenden, granulomatösen Geschwüren ist heute obsolet. Die Infektion hat mit einer Mykose nichts zu tun! Die Krankheit ist früher besonders für die Chirurgie wichtig gewesen: Nach Kastration wird eine solche Infektion manchmal am Samenstrangstumpf beobachtet. Der Stumpf kann stark vergrößert, sklerosiert und von Abszesshöhlen durchsetzt sein.

Als Primär- oder Superinfekt kann sich auch beim Pferd eine unregelmäßig begrenzte, von borkigem Schorf bedeckte und durch die Produktion eines relativ klaren, gelblichen Eiters charakterisierte, sog. **Staphylokokken-Pyodermie** entwickeln (→1.3.2.2; Abb. 1.22). Die Staphylokokken-Mastitis ist für die Praxis ein seltenes, wenn sie aber auftritt, ernsthaftes Problem. Bei der chronischen Form einer Staphylokokken-Mastitis sind die Mammae hart und vergrößert, im Allgemeinen aber nicht dolent. Die Milchsekretion ist verringert oder eingestellt. Die klinische Bedeutung im Respirationstrakt (gelegentliche Isolation aus Bronchialsekret mit fraglicher Relevanz) und als Sterilitätsursache ist beim Pferd unklar. Das durch Staphylokokkensuperantigene *(S. mitis)* hervorgerufene «*Toxic Shock Syndrom*» ist beim Pferd beschrieben, aber sehr selten.

«Steckbrief» Methicillin Resistente Staphylokokkus Aureus (MRSA)

- Staphylokokken im Allgemeinen und *S. aureus* im Speziellen zeigen häufig multiple Antibiotika-Resistenzen.
- Resistenz gegen Penizillin (Beta-Lactamase-Gene) ist schon seit Langem beobachtet, Methicillin-Resistenz (*mec A* Gen; MRSA) seit den 1990er-Jahren.
- MRSA sind praktisch gegen alle Beta-Lactam Antibiotika (Penizillin, Cephalosporine, Carbapenems) und, je nach Stamm unterschiedlich, gegen diverse andere Antibiotikaklassen resistent.
- Entsprechend ist das Resistenzmuster von MRSA variabel und muss immer mittels Antibiogramm bestimmt werden.
- Diagnostik/Screening: Nasen- und Hauttupfer mit bakterieller Kultur, *MecA* PCR nicht MRSA-spezifisch
- *S. aureus* sind wie andere koagulasepositive Staphylokokken grundsätzlich potenziell pathogene Opportunisten.
- MRSA haben eine Affinität zu Menschen, Pferden und Schweinen. Verschiedene beim Pferd isolierte Stämme kolonisieren auch den Menschen. Wegen der Multiresistenzen sind MRSA von großer Bedeutung im humanen Gesundheitswesen.
- Virulenz abhängig von Faktoren (z. B. Proteasen, Koagulase, Hämolysine u. a.), die nicht mit Antibiotikaresistenz zusammenhängen. MRSA sind nicht per se virulenter als andere *S. aureus.*
- *M*ethicillin-*R*esistente *S*taphylokokkus *Pseud-intermedius* (MRSP) sind v. a. beim Hund ein Problem, aber wurden auch schon bei Pferden isoliert.
- Die Kolonisierung beim Pferd ist meist selbstlimitierend und sog. «Dekolonisierungsmaßnahmen» mit Antibiotika und Desinfektion sind meist nicht angezeigt. Pferdebesitzer sollten aber auf das zoonotische Potenzial hingewiesen werden und ggf. (Risikopersonen) mit ihrem Arzt Kontakt aufnehmen.
- Um Resistenzbildung und -Selektion zu vermeiden oder mindestens zu vermindern, sollten Antibiotika möglichst konservativ, also nur bei klarer Indikationsstellung und möglichst gestützt auf ein Antibiogramm eingesetzt werden.
- Zum Schutz stehen Hygiene, Isolation und Desinfektion im Vordergrund. Prophylaktische Maßnahmen, um die Ausbreitung von resistenten Keimen in einer Klinik zu minimieren:
  - häufiges Testen (Screening), um Träger bei Patienten und Personal zu identifizieren;
  - Isolation von Trägertieren;
  - konsequente Anwendung von Hygienemaßnahmen (regelmäßiges Waschen und Desinfizieren der Hände; Schutzkleidung, insb. Handschuhe).

Diagnose: Jede bakteriologisch gesicherte Diagnose einer Staphylokokken-Infektion muss durch ein Antibiogramm ergänzt werden, damit eine wirksame, gezielte antibiotische Behandlung eingeleitet werden kann.

Therapie und Prophylaxe: Wundinfekte, Arthritiden, Phlegmonen und Hautveränderungen müssen vorerst chirurgisch saniert werden und wenn möglich nur mit Antiseptika wie Povidon-Jod, Clorhexidin u. a. behandelt werden. Prophylaktische Maßnahmen und Umgang mit MRSA-Trägern (Box 16.5.1).

Die **Prognose** der Wundinfekte, Arthritiden, Phlegmonen und Hautveränderungen hängt vor allem von der chirurgischen Sanierbarkeit, dem Ansprechen auf Antiseptika oder eine gezielte (immer antibiogrammgestützte) Antibiose, sowie vom Grad und der Ausbreitung der Läsionen ab, daneben auch von der Zeit, die seit ihrem ersten Auftreten verflossen ist.

16.5.2 Listeriaceae

Listera sind eine Gattung fakultativ-anaerober, stäbchenförmiger, gram-positiver, nicht Sporen bildender, zur Familie der Listeriaceae gehörender Bakterien. Listeriose ist v. a. beim Wiederkäuer und wegen des zoonotischen Potenzials ein Problem.

Der Opportunist ***Listeria monocytogenes*** ist beim Pferd sehr selten klinisch relevant. Meningoenzephalitis, Listeriaaborte, Augeninfekte und v. a. bei Fohlen Sepsis werden beschrieben. Es besteht kaum eine Möglichkeit, klinisch auch nur einen Verdacht zu begründen. Die Diagnose muss mit dem Erregernachweis gestellt werden. Weil Listeriose klinisch nicht als solche erkannt wird, lässt sich zur Behandlung wenig sagen. Hohe Dosen von Penizillin oder Penizillin-Gentamicin (u. a.) müssten grundsätzlich gut wirken.

16.5.3 Bacillaceae

Bacillaceae bilden eine Familie gram-positiver Bakterien wie die *Staphylococcaceae* und *Listeriaceae* aus der Ordnung der *Bacillales. Bacillus* sind eine Gattung aerober, stäbchenförmiger gram-positiver, sporenbildender, zur Familie der *Bacillaceae* gehörender Bakterien.

Bacillus anthracis ist der Erreger von Milzbrand (Anthrax, *fièvre charbonneuse*). Wir verweisen auf die seuchenpolizeilichen Vorschriften der einzelnen Länder. Der in West- und Zentraleuropa nur ausnahmsweise vorkommende Milzbrand des Pferdes verläuft gemeinhin unter recht heftigen Kolik- oder Enteritiserscheinungen. Die Kolik kann einen Verdacht auf Volvulus oder einen anderen Darmverschluss rechtfertigen. Es fehlen allerdings alle Anzeichen eines Ileus. Häufig werden teigige Ödeme am Hals oder am Rumpf, zum Teil auch in der Rachengegend beobachtet. Es kommt relativ rasch zu Dyspnoe und Zyanose, dann auch zum Abgang blutigen Kots, manchmal blutigen Harns. Rektal ist die hochgradige Milzschwellung zu palpieren. Die Erkrankung verläuft meistens akut; sie endet innerhalb von 12 Stunden mit dem Tod und zieht sich nur gelegentlich über 1–8 Tage hin.

Jeder Verdacht ist diagnostisch zu erhärten (Kapillarblut; bei totem Tier abgeschnittenes Ohr einsenden; Aspirate von Ödemen) und stützt sich primär auf morphologische Kriterien, anschließend gefolgt von molekular-biologischen Methoden. Bei Antraxverdacht ist eine Sektion nicht angezeigt, um Sporulation und Verbreitung zu verhindern.

Grundsätzlich vermag Penizillin i. v. in hohen Dosen (oder auch andere gebräuchliche Antibiotika wie Tetrazykline, Erythromycin oder Ciprofloxacin, cave! *B. anthracis* ist ein gefährlicher Zoonose-Erreger) die Infektion zu bekämpfen; die sporadischen Fälle werden aber meistens in einem Stadium vorgestellt, in dem eine Therapie keine Aussicht mehr bietet.

16.6 Lactobacillales

Die Bakterien der Ordnung Lactobacillales gehören der Klasse der Bacilli an.

16.6.1 Streptococcaceae

Die *Streptococcaceae* bilden eine Familie gram-positiver Bakterien aus der Ordnung der Lactobacillales.

Die Arten der Gattung *Streptococcus* der Familie *Streptococcaceae* werden im Allgemeinen nach der Lancefield-Klassifikation (Klassifizierung der β-hämolysierenden Streptokokken) eingeteilt. Unter allen bakteriellen Infektionskrankheiten des Pferdes nehmen die Streptokokken-Infektionen eine hervorragende Stellung ein, weil sie sehr häufig vorkommen und auch oft schwere Krankheitsbilder verursachen. Als Erreger aus der **Lancefield-Gruppe C** kommen beim Pferd infrage: ***Streptococcus equi*** subsp. ***equi*** (→16.6.1.1) und ***Streptococcus equi*** subsp. ***zooepidemicus*** (→16.6.1.2).

S. equi subsp. ***zooepidemicus*** ist einer der häufigsten Schleimhaut Kommensalen und opportunistischen Erreger (nach viralen Infekten, Stress etc.). Der Keim ist genetisch zu 98 % identisch mit ***S. equi*** subsp. ***equi*** und besitzt viele ähnliche Virulenzfaktoren. *S. equi* subsp. *zooepidemicus* fehlen aber einige für die Virulenz von *S. equi* subsp. *equi* ausschlaggebende Faktoren, die z. B. für die Abszessbildung und das hohe Fieber bei Druse verantwortlich sind.

S. dysgalactiae subsp. ***equisimilis*** aus der Lancefield-Gruppe H und ***S. durans*** aus der Lancefield-Gruppe D sind für das Pferd nicht mit Sicherheit pathogen und stellen höchstens seltene Opportunisten dar.

Weiter sind **Pneumokokken** als Atemwegskommensale und -opportunisten von Bedeutung. Pneumokokken sind Bakterien der Art ***S. pneumoniae*** und gehören morphologisch zu der Gruppe der Diplokokken und sind dementsprechend paarweise angeordnet. *Streptococcus pneumoniae* (beim Pferd wird ein Kapsel-Typ-III-Klon gefunden), offensichtlich ein zoonotischer Opportunist, vermag Erkrankungen der Atemwege hervorzurufen oder zu unterhalten, wird aber auch aus den oberen Atemwegen gesunder Pferde isoliert.

Die Streptokokken rufen beim Pferd zum Teil spezifische und typische Krankheitsbilder hervor wie die Druse, daneben sind sie aber auch die weitaus wichtigsten Sekundärerreger respiratorischer Virusinfektionen (Bronchopneumonien, Pleuritiden usw.). Streptokokken sind außerdem Erreger der sogenannten Fohlenlähme und Ursache von Sterilität und sporadischer Aborte. Gefürchtet sind auch immunvermittelte Komplikationen wie das Petechialfieber (Morbus maculosus) und Myositiden, die meist auf *S. equi* subsp. *equi*-Infekte zurückzuführen sind. *S. mitis* wurde als Verursacher eines sehr seltenen toxischen Schocks *(«streptococcal toxic shock»)* bei einem Pferd beschrieben.

Pneumokokken sind primär menschenpathogen, und *S. equi subsp. zooepidemicus* hat ein klares zoonotisches Potenzial. Dagegen ist *S. equi* subsp. *equi* sehr stark an Equide adaptiert, und Infekte bei Menschen sind sehr selten.

«Steckbrief» Streptokokkeninfektionen

- Streptokokken sind sehr häufige Krankheitserreger der Equiden. Sie sind z. T. Kommensalen, die zur normalen Flora gehören können, aber verursachen oft schwere Krankheitsbilder und gefürchtete Folgeerkrankungen.
- Die wichtigsten Vertreter sind:
  - *Streptococcus equi* subsp. *equi*, der Erreger der Druse, einer Lymphadenitis (primärc Formcn: mandibuläre, retropharyngeale und subparotideale Druse) mit metastasierender Abszedierung (v. a. Mesenteriallymphknoten)
  - *Streptococcus equi* subsp. *zooepidemicus*, ein opportunistischer, mit *S. equi* subsp. *equi* genetisch zu 98 % identischer Keim. *S. equi* subsp. *zooepidemicus* wird mit leicht- bis mittelgradigen Erkrankungen er oberen (Pharyngitis →3.3.1) und unteren Atemwegs (IAD →3.6.2.1), Septikämien beim Fohlen (Fohlenlähmekomplex) sowie Endometritis, Plazentitis und Aborten bei der Zuchtstute in Verbindung gebracht.
  - *Streptococcus pneumoniae* ist ein Atemwegskommensale und -opportunist, der primär menschenpathogen ist.
- Komplikationen von *S. equi* subsp. *equi*: Schluckstörungen und Atemwegsstenosen; verschleppte, metastatische Druseabszesse, Petechialfieber (→13.3.2); Immunvermittelte Myositis (→7.7.3). Auch asymptomatische Träger und Ausscheider (Luftsack) sind problematisch.
- Antibiotika der Wahl ist Penizillin. Sanierung von Druse-Abszessen durch chirurgische Intervention.

16.6.1.1 *Streptococcus equi* subsp. *equi*

Streptococcus equi subsp. *equi* ist der Erreger der Druse. Es handelt sich bei der **Druse** (*lymphadenitis equorum, gourme, strangles*) um eine seit Jahrhunderten beschriebene ansteckende Infektionskrankheit der Pferde mit Vereiterung der regionären Lymphknoten mit ausgeprägter Abszedierungstendenz. Erreger ist *S. equi* subsp. *equi*. Seine Virulenz und ausgeprägte Tendenz zur Abszessbildung verdankt *S. equi* subsp. *equi* seiner Kapsel, den SeM- und Mac-Proteinen und anderen antiphagozitären Faktoren, die ihn vor Neutrophilen schützen. Die Druse ist eine Krankheit, die über die ganze Welt verbreitet ist und als Kinderkrankheit aller Equiden angesehen werden darf. Selbstverständlich kann sie aber auch bei älteren Tieren auftreten, wenn diese keine Immunität aufgebaut haben. *S. equi* subsp. *equi* ist imstande, primär eine Druse hervorzurufen, obwohl die Krankheit häufiger nach einer primären Virusinfektion auftritt. Alle Infektionskrankheiten des oberen Respirationstraktes können durch Druse kompliziert werden. Als Übertragungsmodus kommt im Allgemeinen die Verschleppung durch kontaminierte Futtergeschirre, Tränkeimer, Tränkwasser und dergleichen in Frage, bei engerem Kontakt selbstverständlich auch eine direkte Infektion. Der Keim kann in der Umwelt Wochen bis Monate persistieren. Selten scheinen intrauterine Infektionen zu sein. Fohlen können sich durch infizierte Milch anstecken. Möglich ist auch eine Infektion durch die verletzte Haut.

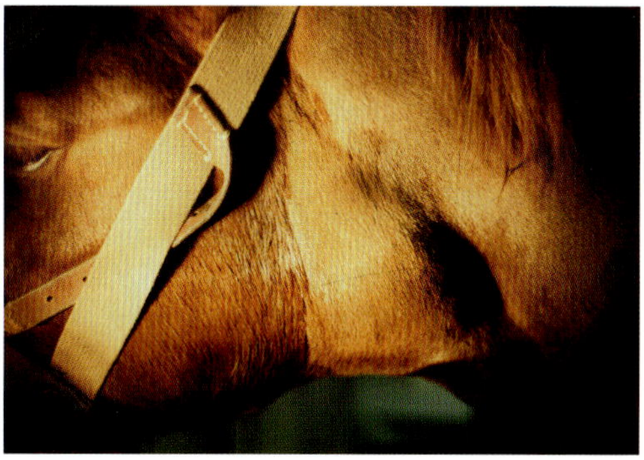

Abb. 16.1: Retropharyngeale Druse: Die Schwellung liegt in diesem Falle atypisch tief und relativ weit kaudal.

Die Ausscheidung des Erregers beginnt typischerweise 2–3 Tage nach Beginn des Fiebers. Der Keim wird nach der initialen Infektion bei den meisten Pferden bis zur Ausbildung einer guten Immunantwort während 2–3 Wochen ausgeschieden; auch Tiere mit milderen Symptomen sind Ausscheider. Bei einem relativ kleinen, aber epidemiologisch signifikanten Prozentsatz (bis zu 10 %) kommt es zu einem subklinischen Trägertum mit intermittierender Ausscheidung über Monate bis Jahre. Der Erreger wird bei derartigen «Trägern» am ehesten in den Luftsäcken, aber auch im Sinus, den Tonsillen, überhaupt im Rachenring und am weichen Gaumen gefunden. Die meisten Ausbrüche gehen aber wahrscheinlich auf nicht oder zu spät erkannte frisch infizierte Pferde oder solche mit milden Verläufen zurück.

Alle Equiden sind grundsätzlich empfänglich. Eine gute lokale (v. a. IgA) und systemische (v. a. IgG) Immunität, die Jahre anhalten kann, entwickeln etwa ¾ der Pferde, die eine natürliche Infektion durchgemacht haben. Da der Erreger häufig ist, erkranken vorwiegend junge Tiere bis zum 5. Jahr. Druse gilt eben deshalb als «Kinderkrankheit». Saugfohlen von Müttern mit guter Immunität sind meist bis zum Absetzalter passiv geschützt. Ältere Tiere mit teilweiser Immunität erkranken eher mit milden Symptomen, relativ schnellem und unkompliziertem Verlauf. Der Ausbruch von Druse hängt manchmal von äußeren Faktoren wie Überanstrengungen, langen Transporten und Pferdeansammlungen (hoher Keimdruck) ab. Virusinfekte begünstigen ihr Angehen. Seitdem die Häufigkeit von Influenza prophylaktisch durch Schutzimpfungen eingedämmt worden ist, tritt auch Druse seltener, aber immer noch vielfach häufiger als Influenza, auf.

In umfangreicheren Untersuchungen hat sich eine direkte Letalität von 1–3 % in unkomplizierten Fällen ergeben, sie steigt auf 8–10 %, wenn die Komplikationen (verschleppte Abszesse, Myositis und v. a. das Petechialfieber), die in bis zu einem Fünftel der Fälle auftreten, einbezogen werden.

Symptome: Die Inkubationszeit der Infektion beträgt 3–14 Tage, im Allgemeinen etwa eine Woche bis zur Lymphknotenschwellung. Als Initialsymptome werden zuerst Mattigkeit beobachtet, Fieber um oder über 40 °C, Inappetenz, zuerst eine seröse Rhinitis, die rasch eitrig wird, Pharyngitis mit steifer, gestreckter Kopfhaltung, Regurgitieren, Dysphagie, örtlicher Schwellung und Palpationsschmerz.

Mandibuläre Druse: Schon in den Initialstadien dieser häufigsten und an sich unkompliziertesten (einfache Drainage der Abszesse) Form ist eine Schwellung der mandibulären Lymphknoten festzustellen. Bei typischer Kehlgangsdruse, die nicht durch Antibiotikagaben gestört wird, kommt es rasch zu einer gut diagnostizierbaren, mandibulären Lymphadenitis mit Abszessbildung, die sich zuerst in einer heißen, diffusen Schwellung, gefolgt von Serumausschwitzung, vor Fluktuation und Durchbrechen äußert. Nach dem Eröffnen oder Durchbrechen der Abszesse stellt man ein rasches Sinken der Körpertemperatur fest.

Weniger typisch als die akute Kehlgangsdruse sind Kehlgangsabszesse ohne Fieber. Derartige Tiere schleppen die Krankheit leicht in einen neuen Bestand ein, leiden auch unter der chronischen Fokalinfektion und weisen im Allgemeinen ein deutlich verändertes Blutbild auf (erhöhte Entzündungsparameter wie Serum Amyloid A oder Fibrinogen; Anämie, normale oder erhöhte Leukozytenzahl mit relativer Neutrophilie). Das Krankheitsbild wird auch «**Kalte Druse**» genannt. Es entwickelt sich unter anderem nach einer erfolglosen antibiotischen Therapie (zu geringe Dosen!).

Retropharyngeale Druse: Die Vereiterung der retropharyngealen Lymphknoten ist häufiger (tritt knapp in der Hälfte der Fälle auf), als sie festgestellt wird. Meistens ist von außen wenig sichtbar, ein Abszess ist palpatorisch selten mit Sicherheit zu diagnostizieren. Kurzhalsige Pferde mit breiten Ganaschen weisen eher eine sichtbare Schwellung auf als langhalsige, elegante Tiere. Sind die retropharyngealen Lymphknoten befallen (Abb. 16.1), lässt sich meistens nur Palpationsschmerz nachweisen. Eine Röntgenuntersuchung des Gebiets ist oft sehr aufschlussreich; vor allem objektiviert sie eine Verengung im Larynxgebiet. Die Endoskopie der Luftsäcke weist in diesem Stadium eine kugelige Vorwölbung der hinteren ventralen Luftsackwand nach. Der abszedierende Lymphknoten bricht im Allgemeinen nach innen in die Luftsäcke durch. Die Bildung eines Luftsackempyems, oft mit **Chondroitiden** nach Abszessdurchbrüchen in die Luftsäcke, ist dagegen verhältnismäßig häufig zu beobachten und es kann im weiteren Verlauf zu asymptomatischen Trägern im Luftsack und Ausscheidern führen. Die Hälfte der Fälle mit sekundären Luftsackinfekten hustet ab und zu und zeigt intermittierenden (einseitigen) Nasenausfluss. Austritt von großen Eitermengen nach Husten ist meist ein Anzeichen eines Luftsackempyems. Seltener ist eine schleichend-chronische Verlaufsform mit wenig Druckdolenz, Fieber, ohne Abszessdurchbruch. Gefürchtet ist die Komplikation mit einer retropharyngealen phlegmonösen Schwellung. Nicht selten hört man dabei Stenosegeräusche, die durch die Einengung der Atemwege zustande kommen. Es besteht Erstickungsgefahr. Die meisten Patienten zeigen auch Schluckstörungen, regurgitieren Wasser und Futter. Die Palpation derartiger Schwellungen ist außerordentlich schmerzhaft.

Subparotideale Druse: Als weitere Verlaufsform ist der seltene Befall der subparotidealen Lymphknoten zu erwähnen. Es kann zu Schlundkopffisteln kommen, häufiger allerdings zu einer Parotitis.

Komplikationen: Eine Ausbreitung auf den respiratorischen Schleimhäuten in die tieferen Atemwege kommt erstaunlich selten zustande. Die Nebenhöhlen, darunter vor allem der *Sinus maxillaris*, entwickeln in der Folge der Druse ebenfalls recht oft eine purulente Entzündung oder ein Empyem. Wenn Sinus oder die Luftsäcke betroffen sind, ist die Gefahr eines Trägertums mit intermittiernder Ausscheidung (evtl. über Monate bis Jahre) besonders hoch.

Bei einer Druse besteht die Gefahr einer lymphatischen oder hämatogenen Streuung, vor allem wenn die Pferde nicht absolut ruhiggestellt werden. In der Folge treten **Druse-Metastasen** in verschiedenen Lymphknoten auf, am häufigsten in denjenigen der **kranialen Gekrösewurzel**. Derartige Patienten weisen meistens subfebrile bis leicht febrile Temperaturen auf, sie magern auch progredient ab, besonders wenn sie trotz ihres Leidens zur Arbeit verwendet werden, wobei es dann auch zu akuten Fieberschüben zu kommen pflegt. Bei absoluter Ruhigstellung sind die Allgemeinsymptome, die durch Mesenterialabszesse verursacht werden, allerdings oft erstaunlich geringfügig. Rektal fühlt man einen derben, etwas höckrigen Klumpen in der Gegend der kranialen Gekrösewurzel, medial vom hinteren Rand der linken Niere (mehrkammeriger Abszess). Der Abszess wächst durch Kapselzubildung oft sehr rasch auf eine erhebliche Größe an. Werden Därme in den Entzündungsprozess mit einbezogen, kommt es zu Kolikerscheinungen aufgrund eines Subileus. Die Diagnose sollte keine Schwierigkeiten bereiten. Das Blutbild ist zum mindesten in den Anfangsstadien deutlich verändert. Derartige Pferde weisen immer eine hohe Erythrozytensenkungsgeschwindigkeit auf, eine recht ausgeprägte Anämie, anfangs eine Leukozytose, später sind die Leukozytenzahlen oft normal mit einer ausgeprägten relativen Neutrophilie, nicht selten eine Monozytose und eine erhöhte Globulinfraktion auf.

Druse der Perianalgegend, der Bronchial- und Mediastinallymphknoten, der Zervikallymphknoten, der Bug- oder Axillarlymphknoten, Euter u. a. werden selten beobachtet. Als ebenso seltene Komplikation ist die **Hautdruse** zu beobachten, die nur bei offenbar gesteigerter Virulenz der Streptokokken oder stark herabgesetzter Resistenz des Patienten entsteht. Es handelt sich dabei um Hautabszesse längs der Lymphgefäße, ausgehend von einem abszedierenden Lymphknoten. Erstaunlich selten wird die Druse durch eitrige Pneumonien kompliziert, selten sind auch periorbitale Abszesse mit Lidschwellung, noch seltener durch Pleuritiden, Nephritiden, Peritonitis und submenigeale Hirnabszesse. Als weitere Folgekrankheit der Druse ist mit einer Immunkomplex-Vaskulitis, dem sog. **Pete-**

chialfieber (Synonyme: Purpura hämorrhagica, Morbus maculosus; Blutfleckenkrankheit) zu rechnen (→13.3.2), eine wesentlich seltenere Komplikation ist die ebenfalls immun-vermittelte Myositis (→7.7).

Diagnose: Die klinische Diagnose ist in akuten Fällen mit Leichtigkeit zu stellen; für die Diagnose einer Druse müssen abszedierende Lymphknoten vorhanden sein. Es darf im Kehlgang mit einer wahrscheinlichen Abszedierung gerechnet werden, wenn die Lymphknoten ungefähr Walnussgröße erreichen, dazu schmerzhaft und warm sind und rasch mit der Haut verwachsen. Bei dieser Größe sind meistens schon Erweichungsherde festzustellen. Bei jeder akuten Druse besteht Fieber. «Kalte Druse» verursacht kein Fieber oder subfebrile Temperaturen.

Die Druse ist abzugrenzen von anderen Streptokokken-Infektionen, insbesondere von einer nicht zu Abszessen führenden Pharyngitis simplex (*S. equi* subsp. *zooepidemicus*). Auch wenn die Diagnose eindeutig scheint, lohnt es sich immer, den Eiter bakteriologisch untersuchen zu lassen.

Bei einem Verdacht auf **Trägertum** in Lymphknoten, Luftsäcken, Sinus oder dem restlichen Pharynxgebiet ist die Untersuchung von Sekret, Tupfermaterial oder Spülflüssigkeit mittels bakteriologischer Kultur und/oder PCR-Test (sensitiver) immer angezeigt. Drei negative Nasen-Rachen-Tupferproben oder 1 negative Probe aus dem Luftsack sollten dokumentiert werden, bevor aus einem betroffenen Betrieb Pferde als negativ aus der Isolation entlassen und ggf. in andere Bestände verbracht werden. Kurzzeitträger-Tiere scheiden i.d.R. bis zu 6 Wochen nach Verschwinden der klinischen Symptomatik Virus aus. Langzeitträger können das Virus mitunter über Monate bis Jahre ausscheiden und somit in der Population weiterverbreiten. Serologische Untersuchungen (kommerziell erhältlicher SeM-Protein-spezifischer ELISA) sollen sich eignen, einerseits zur Erkennung von Pferden mit hohen Titern, die für ein Petechialfieber prädisponiert sein könnten und darum nicht geimpft werden sollten (Titer > 1 : 3200), andererseits auch bei einem Verdacht auf metastatische Drusenabszesse, die nicht direkt zugänglich sind (Titer > 1 :12 800).

Die **Prognose** einer typischen, unkomplizierten Druse ist im Allgemeinen günstig. Atypische Verlaufsformen und vor allem Metastasen und immunogene Komplikationen erhöhen je nach Ausprägung das Risiko beträchtlich. Günstig ist ein typischer Verlauf bei robusten Tieren in einem Alter von mehr als 2 Jahren zu beurteilen. Als wirklich typischer Verlauf ist die rasche Abszedierung eines einzigen Lymphknotenpaketes anzusehen, gleichgültig, ob die Lymphknoten im Kehlgang oder im Retropharynx befallen sind.

Ungünstig beeinflusst wird die Prognose durch eine schwache Konstitution des betreffenden Pferdes, eine ungünstige Lokalisation, ein Alter unter 2 Jahren (auch hohes Alter) und Begleitkrankheiten (hochgradiger Befall mit Darmparasiten bei jungen Tieren). Komplikationen wie Nervenlähmungen oder Parotisfisteln nach Eröffnung subparotidealer Abszesse, nicht zugängliche Metastasen, immunogene Folgeerkrankungen (v. a. Purpura) usw. beeinflussen die Prognose ebenfalls deutlich negativ mit einer Letalität, die dann auf 40 % ansteigen kann. Quoad restitutionem zweifelhaft ist die Prognose bei kalter Druse zu stellen, vor allem im Retropharynx, während sie im Kehlgang besser ist, da sie chirurgisch gut saniert werden kann.

Therapie: Die wichtigste Maßnahme, die möglichst rasch verordnet werden sollte, ist absolute Stallruhe, welche zum mindesten andauern muss, bis das Pferd 3 Tage lang fieberfrei gewesen ist. Zu empfehlen ist eine Woche Fieberfreiheit, bevor man die Pferde auch nur auf die Weide lässt. Andernfalls besteht Rezidiv- und vor allem Metastasierungsgefahr. Bei Schmerzen beim Fressen ist den Patienten außerdem geeignetes, weiches Futter anzubieten. Hyperämisierung befallener Lymphknotenpakete trägt zum rascheren Reifen der Abszesse bei. Wickel über wärmenden Salbenanstrichen sind angezeigt. Mandibuläre Abszesse sind erst zu eröffnen, wenn sie deutlich fluktuieren. Es spielt keine Rolle, wenn ein Abszess von selber durchbricht; es ist dann höchstens die Öffnung mit dem Skalpell zu erweitern. Die Abszesseröffnung geschieht am besten am sedierten und gebremsten Pferd, indem man die Länge des Skalpells mit den Fingern begrenzt (!) oder besser noch ein geknöpftes Skalpell verwendet und einen zum mindesten 4 cm langen Schnitt auf der Einschmelzungskuppe anlegt. Anschließend ist mit einem Finger durch die Öffnung in den Abszess einzugehen, wobei alle Kammern entleert werden sollten. Es kann dann gespült und eventuell ein Drain eingelegt werden. Die Wunde ist täglich zu reinigen. Die Heilung erfolgt im Allgemeinen rasch und komplikationslos. Bei retropharyngealen Schwellungen sollte nicht gewartet werden, bis sie fluktuieren, da Erweichungsherde nicht von außen spürbar sind. Man sollte die Abszesse eröffnen, sobald die Haut sichtbar gespannt erscheint. Man nimmt am gebremsten und sedierten Pferd eine kleine Hautanästhesie vor, macht dann auf der Kuppe der Schwellung einen Hautschnitt und geht mit geschlossener, runder Schere vorsichtig ein. Die Schere muss mindestens 20 cm lang sein, weil die Abszesse oft sehr tief liegen. Eine Probepunktion zur Abschätzung der Tiefe ist ratsam. Die Operation am stehenden Pferd ist als weniger belastend zu beurteilen als ein Eingriff in Allgemeinnarkose. Verhärtete Schwellungen sind mit hyperämisierenden Salben zu behandeln. Dasselbe gilt für die sogenannte kalte Druse. Bei Persistenz von Schwellungen und gleichzeitig deutlich verändertem Blutbild ist es etwa angezeigt, die verhärteten Lymphknoten chirurgisch zu entfernen. Luftsackempyeme sind, unter tiefer Kopfhaltung (Drainage) und ggf. Sedation, zu spülen. Chondroitoide müssen wenn nötig chirurgisch entfernt werden (→3.2). Bei Schluck- und Atembeschwerden sind u. U. nicht steroidale Entzündungshemmer gegen Schmerzen und Schwellungen angezeigt. Selten brauchen die Pferde eine intensivere Therapie (i. v. Infusionen), Fütterung über die NSS oder eine Tracheotomie als Notfalleingriff.

Es besteht eine Kontroverse zwischen Befürwortern einer antibiotischen Therapie und Klinikern, die dieses Vorgehen ablehnen. Es gibt keine Zweifel, dass durch eine Antibiose der normale Verlauf der Druse beeinflusst wird und dass sie, wenn ein Abszess sich bildet, den Verlauf der Abszessreifung verzögert. Eine Antibiose ist unter folgenden Voraussetzungen zu befürworten: wenn noch keine Anzeichen einer sicheren Abszedierung vorhanden sind (Schwellung unter Walnussgröße); wenn nach der Abszesseröffnung kein Fieberrückgang stattfindet; nach der Eröffnung von Druseabszessen zur Verhinderung einer Bakteriämie; bei Verdacht auf verborgene Herdinfektionen (dauernde Anämie und relative Neutrophilie, subfebrile Temperaturen und nach Belastung deutliche bakterielle Infektionssymptomatik: Fieber und Leukozytose). Erfolg versprechend ist die antibiotische Therapie allerdings v. a. im ersten Fall, also wenn (noch) keine Abszessbildung vorhanden ist und die Bakterien gut «erreichbar» sind.

Als Mittel der Wahl bietet sich Penizillin an, bisher sind keine Resistenzen bekannt. Initial sind intravenös bis zu 40 000 IU/kg KG SID zu geben; nach 3–4 Tagen kann die Dosis auf 6 Mio. IU i. m. für ein erwachsenes Pferd reduziert werden. Jedenfalls gilt für die antibiotische Behandlung von Drusepatienten, dass die Therapie massiv und über die Entfieberung hinaus durchgezogen werden muss, andernfalls ist ein verschleppter Verlauf zu erwarten.

Die Behandlung von Langzeit-Trägern in gut definierbaren Bezirken wie z. B. Luftsack, über eine systemische und lokale Antibiose (Instillation von Penizillinlösung oder Gelatinemix [10 Mio. U Penizillin in 2 g Gelatine und 40 ml steriles Wasser] in die Luftsäcke) oder mit Antiseptika ist empfehlenswert. Bei größeren Empyemen und kann eine 20%ige Azetylzysteinlösung und gegebenenfalls die endoskopische Entfernung von Chondroitiden angezeigt sein (→3.2.1). Eine systemische Therapie von unzugänglichen Metastasen kann ohne große Aussichten auf Erfolg versucht werden.

Prophylaxe: Kontakte bei Ansammlungen junger Pferde sind zu vermeiden und den Hygienemaßnahmen immer Rechnung zu tragen. Die Mehrheit der Pferde entwickelt nach Infektion eine gute natürliche Immunität, die in ¾ der Fälle während 5 Jahren oder länger anhält. Viele v. a. ältere Pferde mit erworbener Immunität erkranken nicht mehr oder nur noch abgeschwächt. Es gibt aber Fälle, die sich innerhalb weniger Monate wiederum infizieren.

Zurzeit stehen neue Impfstoffe gegen Druse zur Verfügung, die auch intranasal oder submukosal verabreicht werden. Diese neuen Lebendimpfstoffe sind von hoher Sicherheit und Effizienz und können bei Tieren ab dem 4. Lebensjahr eingesetzt werden. An Druse erkrankte und/oder mit Antibiotika vorbehandelte Tiere sollten nicht geimpft werden. Bei einem **Druseausbruch** sollte der Pferdeverkehr zum und vom betroffenen Betrieb gestoppt, infizierte und verdächtige Tiere isoliert werden. Hygienemaßnahmen beim Personal (Händewaschen, evtl. Schutzkleidung; wenn möglich getrennte Betreuung der gesunden resp. kranken Tiere), und, wenn möglich, Isolationsmaßnahmen mit Verwendung von separatem Material (separate Eimer, Putzzeug u. a.) sind angezeigt. Infizierte Pferde und solche, die mit infizierten in Kontakt waren, sollten während eines Ausbruchs nicht geimpft, aber gut überwacht (Isolation; Fiebermessen; klinische Untersuchung; ggf. ELISA Screening von Kontakttieren) werden. Kontakt mit anderen Pferden sollte erst mindestens 6 Wochen nach Ausheilung wieder erfolgen. In dieser Zeit sollten alle Gegenstände (insbesondere Holzoberflächen) gründlich gereinigt und desinfiziert und Weiden nicht benutzt werden. Nach dieser Zeitspanne wird die Mehrheit nicht mehr infektiös sein; es ist aber daran zu denken, dass subklinische Langzeit-Träger und Ausscheider nur mit bakteriologischen Untersuchungen (Screening evtl. mittels ELISA, positiver Pferde und anderer Verdachtsfälle, dann Luftsackendoskopie und bakteriologische Kultur oder PCR des Sekretes) der oberen Luftwege (v. a. Luftsäcke, auch Rachen, Sinus; Tupfer, Lavage s. o.) erkannt werden können. Drei negative Resultate im Abstand von je einer Woche gewähren eine relativ hohe Sicherheit, dass ein Pferd kein Träger ist.

16.6.1.2 Streptococcus equi subsp. zooepidemicus

S. equi subsp. *zooepidemicus* wird relativ häufig bei **leicht- bis mittelgradigen Bronchitiden** (IAD →3.6.2.1) aus dem Tracheobronchial-Sekret isoliert, daneben hat der Keim auch eine opportunistisch-pathogene Bedeutung bei der Streptokokkenpharyngitis der Jungtiere, bei Septikämien des Neugeborenen (→17.23) sowie bei Stuten mit Endometritis, Plazentitis und Aborten. Außerdem vermutet man, dass nicht nur *S. equi* subsp. *equi*, sondern auch *S. equi* subsp. *zooepidemicus* das Petechialfieber und Myositiden und evtl. auch andere immunvermittelte Komplikationen wie das *«toxic shock syndrom»* (Staphylokokkensuperantigene; *S. mitis*) auslösen können.

Bei der **Streptokokkenpharyngitis** (→3.3.1) handelt sich um eine früher häufige, heute eher seltene Krankheit junger Pferde, die vor allem nach Einstellen von Jungtieren in größere Bestände aufzutreten pflegt (Aufzuchtbetriebe; Händlerställe). Die sogenannte **Pharyngitis simplex** scheint vorwiegend durch *Streptococcus equi* subsp. *zooepidemicus* hervorgerufen zu werden, doch ist *Streptococcus equi* subsp. *equi* immer dann beteiligt, wenn sich eine abszedierende Lymphadenitis entwickelt. Eine bakterielle Kultur oder PCR aus Rachentupfern ist angezeigt, um *S. equi* subsp. *equi* zu identifizieren oder auszuschließen. Die Ausbreitung in einem Jungpferdebestand erfolgt vor allem durch Tröpfcheninfektion, durch verunreinigte Tränkgeschirre und kontaminierte Futterplätze. Die Streptokokkenpharyngitis stellt in den meisten Fällen die Folge einer primären Virusinfektion dar, am häufigsten wahrscheinlich von EHV-4 (→15.3.3.4).

Symptome: Die Pferde zeigen wenig Fresslust und konstantes Fieber 39–41 °C, anfangs meistens etwas serösen Nasenausfluss und eine auffallend gestreckte Kopf- und Halshaltung. Es stellen sich Regurgitieren ein und eitriger Nasenausfluss. Die Tiere husten kräftig, feucht, mit einem Rückschlag. Stenosegeräusche sind nicht selten. Die Schleimhautschwellung kann ein beträchtliches Ausmaß erreichen. Die Halsgegend ist ausgeprägt palpationsempfindlich. Der Nasenausfluss wird zusehends reichlicher und rein eitrig mit Futterpartikeln vermischt. Die Kehlganglymphknoten schwellen immer an, abszedieren aber in der Regel nur bei einer Mitbeteiligung von *S. equi* subsp. *equi*. Nicht selten ist vermehrtes Speicheln wegen Schluckbeschwerden (Inappetenz) festzustellen. Das Blutbild zeigt eine leichtgradige Anämie mit Leukozytose (Neutrophilie), daneben wird sehr oft als Folge einer geringgradigen Hämolyse etwas Ikterus beobachtet. Der Verlauf der Streptokokkenpharyngitis zieht sich über 1–2 Wochen hin. Nachher erfolgt meistens eine rasche Entfieberung. Ein Übergang in Chronizität kommt relativ selten zustande, vor allem aber dann, wenn die Tiere nicht lange genug ruhiggestellt werden. Eine chronische Pharyngitis kann sich über Monate hinschleppen.

Die **Diagnose** ist leicht zu stellen. Von der «normalen» follikulären Pharyngitis junger Pferde unterscheidet sich die voll ausgebildete Streptokokken-Pharyngitis durch ihren Schweregrad mit den oben beschriebenen Allgemeinsymptomen. Der auskultatorische Lungenbefund bei Streptokokkenpharyngitis ist negativ, oft werden fortgeleitete Stenosegeräusche im Inspirium festgestellt. Pneumonien sind leicht auszuschließen. Die Dyspnoe und evtl. Atemgeräusche, die die Patienten zeigen, können, beruht auf einer Einengung der oberen Luftwege. Sie sind vorwiegend inspiratorisch. Akute Schlundverstopfungen sind ebenfalls nicht schwer von Pharyngitis zu unterscheiden, schon weil sie fieberlos verlaufen, keine Lymphknotenreaktion festgestellt werden kann, daneben auch, weil ein Regurgitieren von Futter und Schleim praktisch dauernd stattfindet.

Die **Prognose** ist günstig bei der unkomplizierten, akuten und typisch verlaufenden Form. Sie ist quoad restitutionem zweifelhaft bei chronischen Streptokokkenpharyngitiden (selten!).

Die akute Pharyngitis erfordert zu ihrer **Therapie** eine sofortige und vollständige Ruhigstellung. Den Pferden ist eine Diät mit weichem Futter, wenn möglich Gras, anzubieten. Die Tiere sind am Boden zu füttern, um den Abfluss der Sekrete zu erleichtern. Bei Pharyngitis ohne Druse ist eine Antibiose mit Penizillin angezeigt, die im Allgemeinen während einer ganzen Woche aufrechterhalten werden muss, auch wenn das Fieber auf die Norm abgesunken sein sollte. Auch nach der Entfieberung sind die Tiere zum mindesten 3, lieber 5–7 Tage ruhigzustellen. Der Pharynx kann lokal mit Antiseptika, z. B. Povidon-Jod-Spray, 2 Mal täglich behandelt werden. Außerdem sind bei Schluck- und Atembeschwerden evtl. nicht steroidale Entzündungshemmer angezeigt. In sehr heftig verlaufenden Fällen besteht Erstickungsgefahr, die eine Tracheotomie notwendig machen kann.

Streptokokken Infektion von Saugfohlen: Es handelt sich dabei im Allgemeinen um eine Infektion mit *S. equi* subsp. *zooepidemicus*, dem Erreger, der früher als eigentliche «Fohlenlähme» bezeichnet worden ist. Eine intrauterine Ansteckung ist offenbar möglich. Meistens findet die Infektion p. p. über den Nabel oder durch Kontakt statt. Die

Fohlen werden in den meisten Fällen gesund geboren und stecken sich kurz nach der Geburt an. Sie erkranken in der Regel nach dem 5. Lebenstag mit Fieber, herabgesetzter Sauglust, schmerzhafter Arthritis insbesondere des Carpus und des Tarsus, seltener des Kniegelenks, des Ellbogengelenks, der Hüftgelenke oder des Bugs. Ein wichtiges Symptom ist oft die Lahmheit des Fohlens und die Tatsache, dass diese Tiere viel liegen, ungern aufstehen und einen steifen Gang zeigen. Es wird oft vergessen, dass auch Wirbelgelenke befallen werden können. Eine Kompression des Rückenmarks durch die aufgetriebene Gelenkskapsel führt zu lokalisationsabhängigen Lähmungen (Para- oder Tetraplegie). In Spätfällen werden akute Bronchopneumonien bei einer Vernachlässigung der Chemotherapie recht oft beobachtet. Der Verlauf der Streptokokkeninfektion des Saugfohlens ist im Allgemeinen ein akuter und lässt sich meist nicht von Fohlensepsis (→16.23) anderer Keime unterscheiden.

Streptokokkeninfektion von Zuchtstuten: Nahezu 50 % aller wegen Genitalinfektionen behandelten Stuten lassen einen Befall der Geschlechtswege mit β-hämolysierenden Streptokokken nachweisen; in der Regel handelt es sich um *S. equi* subsp. *zooepidemicus*. Die klinische Signifikanz dieses Befundes ist unklar. Ein positives bakteriologisches Resultat lässt nicht selten eine Konzeption zu, es wird aber angenommen, dass intrauterine Infektionen der Fohlen in der Folge nicht selten seien und dass sie die Ursache sein könnten für einen Teil der Fohlenkrankheiten während der 1. Lebenswoche. Fest steht, dass Streptokokken als Abortursache eine gewisse Rolle spielen. Es ist angezeigt, Stuten, bei denen Zervikaltupfer β-hämolysierende Streptokokken nachweisen lassen, antibiotisch (allgemein und lokal) zu behandeln.

16.7 Clostridiales

Die ***Clostridiaceae*** bilden eine Familie der Ordnung Clostridiales. Einige ihr zugestellten Gattungen sind wichtige Krankheitserreger. Die Fähigkeit, Endosporen zu bilden und somit ungünstige Bedingungen zu überstehen, macht sie allgegenwärtig. Zu den Habitaten zählen u. a. der Lebensraum im und am Körper von Tier und Mensch, Süß- und Salzwasser sowie Böden.

Die Clostridien sind gram-positive, obligat anaerobe, sporenbildende Bakterien. Ihre Endosporen sind hitzeresistent und können in siedendem Wasser überleben. Sie kommen ubiquitär, vor allem in Böden und im Verdauungstrakt von Tier und Mensch vor. In der Gattung befinden sich sowohl pathogene als auch apathogene Keime. Für den Tierarzt wichtige Krankheitserreger, die systemische und/oder intestinale Infekte oder Intoxikationen verursachen können, sind vor allem *C. botulinum* (Botulismus), *C. tetani* (Wundstarrkrampf), *C. piliforme* (Tyzzer's Krankheit; Hepatitis), *C. novyi* (Hepatitis), *C. sordelli und C. bifermentans* (möglicherweise an der Weidemyopathie mitbeteiligt), die Erreger von Gasbrand: *C. septicum, C. perfringens* (auch Enterotoxämie), *C. chauvei, C. histolyticum, C. novyi* und *C. difficile* (Colitis).

16.7.1 C. botulinum

Botulismus wird im Kapitel «Krankheiten des Nervensystems» ausführlich besprochen (→6.3.6.3). Der Keim besteht aus unterschiedlichen Untergruppen, deren einzige Gemeinsamkeit die Ausbildung von Botulinumtoxin ist. Botulismus-Toxine werden in 8 verschiedene Typen unterschieden (A, B, C1, C2, D, E, F und G), von denen vorwiegend die Typen A bis D für Pferde toxisch sind. Die Toxintypen variieren von Region zu Region. In Europa ist der Typ C (und D) vorherrschend, im Osten der USA Typ A, im Westen Typ B und in Florida Typ C. Meistens nehmen Pferde wohl das schon in Kadavern,

Erdgut oder Futter (Silage) gebildete Toxin direkt zu sich. Es wird vermutet, dass eine toxiko-infektiöse Form des Botulismus vor allem bei Fohlen bis 3 Monate *(«shaker foal syndrome»)* vorkommt: Aufnahme von Sporen, die auskeimen und erst im Organismus Toxin bilden. Selten soll auch ein Wundbotulismus beim Pferd vorkommen. Botulismus wird beim erwachsenen Pferd charakterisiert durch eine schlaffe, neuromuskuläre Paralyse und meist deutliche Hirnnervenausfälle, 12 Stunden bis mehrere Tage nach Toxinaufnahme. Die früher üblichen Diagnosen «Futtervergiftung» und auch «toxische Bulbärparalyse» dürften in vielen Fällen Botulismus betroffen haben. *C. botulinum* wird auch als potenzieller Auslöser der Graskrankheit diskutiert. Die klinische Verdachtsdiagnose stützt sich auf die typischen Symptome und ist relativ leicht zu stellen, v. a. wenn mehrere Pferde in einem Bestand betroffen sind und verdächtige Futtermittel (z. B. Silage) identifiziert werden. Die definitive **Diagnose** kann dagegen – auch post mortem – sehr schwierig sein. Oft ist der Mausinokulationstest, der immer noch als Goldstandard gilt, zu wenig sensitiv, weil das Pferd äußerst empfindlich ist. Alternative diagnostische Tests wie ELISA, Radioimmunoassay und PCR sind nicht allgemein etabliert.

Die **Prognose** ist abwartend vorsichtig bis ungünstig (mehrere Tage festliegende Patienten).

Die unterstützende **Therapie** ist sehr intensiv: intravenöse Infusionen, Ernährung über Sonde oder i. v.; häufiges Wenden am Boden bei Festliegen etc. Verschiedene Antitoxin-Seren (Hersteller u. a. in den USA und Südafrika) sind grundsätzlich erhältlich, aber meist schwierig zu beschaffen. Antibiose (Penizillin, Metronidazol) wäre nur bei Wundbotulismus indiziert.

Prophylaktische **Impfungen** sind kommerziell erhältlich, aber können deutliche Nebenwirkungen hervorrufen, v. a. lokale Schwellungen.

16.7.2 C. tetani

Tetanus wird im Kapitel «Krankheiten des Nervensystems» ausführlich besprochen (→6.3.4.5.2). Bei Tetanus, auch Wundstarrkrampf genannt, handelt es sich um eine häufig tödlich verlaufende Toxiko-Infektion, welche die muskelsteuernden Interneuronen des Rückenmarkes befällt. Unter anaeroben Bedingungen vermehrt sich das Bakterium und sondert proteolytische Exotoxine, Tetanospasmin und Tetanolysin ab. Deshalb sind sich rasch schließende Verletzungen am Huf besonders gefährdet, wie auch intramuskuläre Injektionen und tiefe Verletzungen (Pfählwunden, Fremdkörper-Stichwunden usw.). Auch ohne äußere Verletzungen kann sich *C. tetani* in nekrotischem oder ischämischem Gewebe (Muskulatur) entwickeln.

Das Tetanospasmin gelangt über das Blut und über eine retrograde, axonale Migration an den Erfolgsort, in die inhibitorischen Neuronen in der grauen Substanz des ventralen Horns. Die Schädigung der inhibitorischen Nervenzellen verursacht die typischen Muskelkrämpfe. Das Toxin Tetanolysin ist herzschädigend.

Eine klinische **Verdachtsdiagnose** lässt sich mit einiger Erfahrung relativ leicht stellen. Wenn ein Tier ordnungsgemäß geimpft ist, lässt sich Tetanus praktisch ausschließen. Der Impfschutz ist bei korrekter Grundimmunisierung lang anhaltend, mindestens 5 Jahre. Bei Fällen mit unklarer Impfanamnese lässt sich ein kommerzieller ELISA zum Nachweis von Antikörpern einsetzen. Neben Antibiose (früher Penizillin, heute vorzugsweise Metronidazol) und Tetanusantitoxingaben, die nur bei noch nicht gebundenem Toxin wirken können, ist die unterstützende **Therapie** auch bei Tetanus u. U. sehr intensiv: Sedativa, Narkotika (Kombinationen von Diazepam, Phenobarbital und Alpha-2-Agonisten) und Muskelrelaxation vorzugsweise mit Magnesium (MgSO4 i. v.); ggf. Infusionen, Ernährung über Sonde oder i. v.; «Aufhängen» im Netz, häufiges Wenden am Boden bei Festliegen; bis zu künstlicher Beatmung etc. Die **Prognose** ist abwartend vorsichtig bis ungünstig.

«Steckbrief» Infekte, Toxikosen und Toxiko-Infektionen mit Clostridien

- *Clostridien* sind gram-positive, obligat anaerobe Sporenbildner, die vor allem in Böden und im Verdauungstrakt vorkommen. Virulenzfaktoren sind die von ihnen gebildeten und z. T. hoch potenten Toxine.
- In der Pferdemedizin wichtige Krankheitserreger sind *C. botulinum* (Botulismus), *C. tetani* (Wundstarrkrampf), *C. piliforme* (Tyzzer's; Hepatitis), *C. novyi* (Hepatitis), *C. sordelli und C. bifermentans* (möglicherweise an der Weidemyopathie mitbeteiligt), die Erreger von Gasbrand: *C. septicum, C. perfringens* (auch Enterotoxämie), *C. chauvei, C. histolyticum, C. novyi* und *C. difficile* (Colitis).
- Die Kardinalsymptome sind organspezifisch: bei Botulismus eine Muskellähmung; bei Tetanus ein Muskelkrampf; Hepatitis bei Infekt mit *C. piliforme & novyi;* schwere hämorrhagisch-ulzerative Enteritiden mit *C. perfringens* und *C. difficile* (evtl. auch *C. septicum* und *C. sordelli*); Weichteilnekrose mit Emphysem (Haut und Unterhaut, Muskulatur) bei Infektionen mit *C. septicum, C. perfringens, C. chauvei, C. histolyticum* u. a.
- Prophylaxe: Schutzimpfung gegen Tetanus und ggf. Botulismus. Therapie: Hyperimmunseren, Antibiotika (Penizillin), evtl. hyperbare Oxygenierung, chirurgische Intervention und intensive unterstützende Therapie.

16.7.3 C. piliforme

C. piliforme verursacht die sog. **Tyzzer's Erkrankung,** die im Kapitel «Leberkankheiten» ausführlich besprochen wird (→4.3.1.2). Der Keim wurde früher auch *Actinobacillus* oder *Bacillus piliformis* genannt. Die Leberinfektion findet man beim Fohlen zwischen dem 4. und 40. Lebenstag mit Apathie, Hyperthermie, Ikterus, weißgrauem weichem Kot, neurologischen Ausfällen und metabolischer Azidose. Sie verläuft nach kurzer Zeit letal. Man glaubt, dass die Mutterstuten betroffener Fohlen asymptomatische Träger und Ausscheider sind.

16.7.4 C. sordellii und C. bifermentans

Die Keime sind sehr nahe verwandt und sind auch mit enterotoxischen Krankheitsbildern in Verbindung gebracht worden. Die dystrophische Eigenschaft ihres Letaltoxins auf die Myozyten des Pferdes konnte nachgewiesen werden und bestärkt den Verdacht, dass die Keime für die Pathogenese der hoch letalen **Weidemyopathie** von Bedeutung sind. Die Erkrankung Weidemyopathie wird im Kapitel «Krankheiten der Skelettmuskulatur» ausführlich besprochen (→7.5.2).

16.7.5 C. septicum, C. sporogenes, C. ramosum, C. fallax, C. chauvei, C. histolyticum

C. septicum, C. sporogenes, C. ramosum, C. fallax, C. chauvei, C. histolyticum und am häufigsten *C. perfringens* (Alpha-Toxin) sind die hauptsächlich isolierten Keime bei **Gasbrand** beim Pferd (→7.6) Ihre Pathogenität ergibt sich erst mit dem Wechsel der Umweltbedingungen auf ein anaerobes Milieu (Sauerstoffmangel), wie es in Weichteilgeweben mit erniedrigtem Sauerstoffgehalt existiert. Begünstigend sind die Minderdurchblutung bei Muskeltrauma, iatrogene Gewebenekrose nach Injektion mit unverträglichen Lösungen (z. B. i. m. verabreichte NSAIDs, z. B. Flunixin-Meglumin u. a.). Außer der typischerweise mit hohem Fieber und starker Einschränkung des Allgemeinbefindens einhergehenden **Clostridien-Myositis** sind uns bei Equiden keine spezifischen septischen Myositiden bekannt. Die Diagnose lässt sich ggf. mittels Ausstrich und Gramfärbung sowie evtl. bakterieller Kultur (dauert meist zu lange) von aspiriertem Sekret sichern. Die Krankheit kann sehr schnell voranschreiten und die **Prognose** ist eher ungünstig und lässt sich nur mit einer unverzögerten und aggressiven Kombination von medikamentellen (insb. hoch dosierter Antibiose mit Penizillin systemisch i. v. und lokal ergänzt durch Metronidazol p. o.), chirurgischen und unterstützenden (Infusionen; Entzündungshemmer) Maßnahmen (Fasziotomie/Myotomie) **therapeutisch** verbessern.

16.7.6 C. novyi Typ B

C. novyi Typ B verursacht eine perakute, meist mit dem Tod endende, nekrotisierende Hepatitis (mit Hämorrhagien in vielen Organen), wird nicht nur bei Schafen und Rindern, sondern in Einzelfällen auch beim Pferd wahrscheinlich nach Verbreitung des Keimes durch die Leber beschrieben (→4.3.1.2). Verdachtsfälle (Isolation des Keims intra vitam ist schwierig) sollten mit hohen Dosen Penizillin oder Ampicillin behandelt werden, die Prognose ist aber meist infaust.

16.7.7 C. perfringens

C. perfringens führt neben Gasbrand zu auch der in Pferdemedizin gefürchteten **Enterotoxämien**. Es handelt sich bei erwachsenen Pferden um eine perakut verlaufende, oft ödematisierende, manchmal auch hämorrhagisch-ulzerierende **Typhlo-Colitis**. Mögliche Ursachen sind Antibiotikagaben, Futterumstellungen, Futterkontamination mit dem Erreger u. a. Bei der Colitis erwachsener Pferde und evtl. auch bei der Duodeno-Jejunitis sind es v. a. Typ-A-Stämme (auch bei Gesunden am häufigsten isoliert) mit Bildung von α-Toxin (sekretogenes Phospholipase-C-Toxin) und auch β_2-Toxin (ähnliche toxische Aktivität wie das β-Toxin, aber genetisch nicht verwandt). Die Typhlo-Colitis wird im Kapitel «Krankheiten Verdauungstraktes eingehend beschrieben (→4.2.6.2.2.2).

Clostridium perfringens ist auch die Ursache einer Enterotoxämie von Fohlen. Bei Fohlendurchfällen wurden Typ A, B, C und D Stämme isoliert, wahrscheinlich am wichtigsten sind die Typ-C-Stämme (β-Toxinbildner: ulzerierend, nekrotisierendes Zytotoxin). Die sogenannte **Enterotoxämie der Fohlen** äußert sich im Allgemeinen in den ersten Lebenstagen (→4.2.6.2.1). Auffällig sind eine schwere, plötzlich eintretende Apathie und Depression mit Koliken, oft auch Durchfällen und Tod in wenigen Stunden. Die Tiere haben im Allgemeinen kein oder wenig Fieber. Die Diagnose kann nur als Verdacht gestellt werden und ist autoptisch und mikrobiologisch zu bestätigen. Typ-C-Stämme mögen auch bei weniger klar definierten Krankheitsbildern eine Rolle zu spielen.

Organinfekte und -intoxikationen mit Clostridien	
Nervensystem	
C. tetani	Starrkrampf
C. botulinum	Botulismus (Zusammenhang mit Graskrankheit?)
Darmtrakt	
C. perfringens	Typhlo-Colitis; Fohlenenteritis
C. difficile	Typhlo-Colitis
Leber	
C. piliformis	Tyzzer's disease
C. novyi	Hepatitis
Muskulatur	
C. septicum	Gasbrand
C. novyi	Gasbrand
C. sordellii	beteiligt an Weidemyoglobinurie?
C. bifermentans	beteiligt an Weidemyoglobinurie?

16.7.8 C. difficile

Seine Toxine, Enterotoxin A und Zytoxin B, können ebenfalls zu hämorrhagischen-ulzerativen Darmentzündungen führen. *C. difficile* ist sporadisch bei Fohlen und bei erwachsenen Pferden als Verursacher von Durchfällen (Läsionen im oberen Dünndarm: **Duodeno-Jejunitis** →4.2.6.2.2.1, und auch in Blind- und Dickdarm: **Typhlo-Colitis** →4.2.6.2.2.2) nachgewiesen worden. Beim Menschen wird der Keim in Fällen von antibiotikainduzierter Colitis gefunden.

Eine **differenzierte Diagnose** der Clostridien-Enteritiden ist schwierig, weil die Symptomatik der Enteritiden nicht spezifisch ist und die Keime auch bei gesunden Tieren im Kot nachgewiesen werden können. *C.-difficile*-Isolation wird bei Enteritiden immer als verdächtig angesehen, die bakterielle Kultur ist aber schwierig. Besser ist ein kommerziell erhältlicher ELISA für das Toxin A und B.

Diagnostische Test für *C. perfringens*-Toxine sind unseres Wissens nur für das Enterotoxin kommerziell erhältlich, PCR- und ELISA-Tests für einige andere Toxine werden nur in spezialisierten Labors gemacht und nicht kommerziell angeboten. Die Isolation von über 100 CFU *C. perfringens* pro Gramm Kot kann einen Verdacht auf Clostridiose (oft über eine Million CFU/g) erhärten; bei der Fohlenenterotoxämie ist der Befall manchmal so massiv, dass schon ein Gram-Ausstrich diagnostisch sein kann.

Therapie: Bei intestinalen Clostridiosen wird Metronidazol empfohlen. Bei der Fohlenenterotoxämie ist dies – bei Bestandsproblemen auch prophylaktisch – angebracht. Bei unseren Colitisfällen verzichten wir meist auf eine Antibiose, die mindestens potenziell die Darmflora weiter beeinträchtigt. In vitro können zum Beispiel schon minimale Gentamicinkonzentrationen die Bildung von β2-Toxin auslösen. Umso wichtiger ist die in den Kapiteln «Krankheiten des Verdauungstraktes» und «Infusionstherapie» beschriebenen intensiven unterstützenden Maßnahmen (→4.2.6.2.2.2 & 12.2).

16.8 Actinomycetales

Die **Actinomycetales** bilden eine Ordnung von Bakterien innerhalb der Klasse der Actinobacteria. Sie sind gram-positiv und ein wichtiges Merkmal sind ihre Filamente. Der deutsche Name Strahlenpilz (Aktinomyzeten) kommt von der Ähnlichkeit der Zellkulturen mit den von Pilzen gebildeten Myzelen.

16.8.1 Dermatophilaceae

Dermatophilaceae ist eine Familie der Ordnung Actinomycetales.

Dermatophilus congolensis zählt zur normalen Hautflora. Voraussetzung für das Auftreten einer durch den Keim verursachten exsudativen und lamellar geschichteten Krustenbildung sind vor allem klimatische Einflüsse, Hautverletzungen und eine gestörte Abwehrfunktion. Die Infektion tritt oft in Form von Mauke, bei Weidepferden auch als verkrustende Dermatitis des Rückens, der Lende und der Kruppe auf. Infektionen mit *D. congolensis* werden im Kapitel über Hautkrankheiten ausführlich besprochen (→1. 3.2.3).

16.8.2 Nocardiaceae

Nocardiaceae bilden eine Familie der Ordnung Actinomycetales. Ihr zugeordnet sind die Gattungen *Nocardia* und *Rhodococcus*.

16.8.2.1 Nocardia asteroides

Gehört mit ihren Typus-Arten zur Normalflora der Haut und macht das Pferd nur in seltenen Ausnahmefällen krank. Es soll dabei zu granulomatösen Veränderungen in der Haut (Mycetome), den Zahnalveolen oder selten bei Pneumonien mit Abszessbildung (wahrscheinlich nur bei ausgeprägter Immunschwäche) kommen.

16.8.2.2 Rhodococcus equi

Ist ein pleomorpher bodenbewohnender, opportunistischer Keim. Fälschlicherweise wurden früher für den Erreger auch andere Artbezeichnungen wie *Corynebacterium equi & purulenta, Bacillus hoagii, Mycobacterium equi & restrictum, Nocardia restricta und Proactinomyces restrictus verwendet.* ***Rhodococcus-equi***-Infektionen bei Fohlen werden im Kapitel über Krankheiten der Atemwege (→3.6.6.3) ausführlich besprochen. Sie sind in Zuchtgebieten ganz Europas, besonders in großen Gestüten und Aufzuchtbetrieben, immer bedeutender geworden. Ausschlaggebend für die Virulenz ist das Plasmid-kodierte, immunogene, virulenz-assoziierte Protein A (VapA), das dem Erreger Resistenz gegen phagolysosomale Verdauung (Vermehrung in und dabei Zerstörung von Makrophagen) und wahrscheinlich noch andere Vorteile verleiht. Keime, die dieses Plasmid nicht besitzen, sind nicht infektiös.

Hohe Pferdedichte im Bestand, Weidehygiene (Keime mit dem Mist ausgeschieden) und Klima, vor allem trockene, heiße Jahreszeiten, staubige Umgebung u. a. stellen die epidemiologischen Risikofaktoren dar. Am häufigsten betroffen sind Fohlen. Sie infizieren sich intrauterin oder in den ersten Lebenswochen.

R. equi wird gelegentlich auch als Erreger von Genitalinfektionen der Stute beobachtet und als Sterilitäts-, manchmal auch als Abortursache bezeichnet. Die Frequenz der Infektionen bei Stuten ist indessen gering. Die Genitalinfektion der Stute spielt aber möglicherweise eine Rolle, indem sich die Föten intrauterin anstecken. Erwachsene Pferde beherbergen den Keim, ob mit oder ohne Virulenzplasmid, im Darmtrakt, erkranken aber nicht, außer möglicherweise immungeschwächte Tiere. *R. equi* ist in der Humanmedizin ein Problemkeim bei Aids-Patienten.

Symptome: Bei Fohlen findet man oft einen schleichenden Krankheitsverlauf. Erst 1–6 Monate nach Verschwinden der passiven Immunität ist mit klinischen Symptomen zu rechnen. Je jünger ein Fohlen erkrankt, desto akuter der Verlauf. Bei akutem Verlauf findet man Symptome einer schweren Pneumonie mit Dyspnoe, respiratorische Rhonchi über der ganzen Lunge, gelegentlich Husten, Konjunktivitis, Nasenausfluss bei oft fehlendem Fieber. Hyperthermie bis 40.5 °C wird u. U. aber auch beobachtet. Erniedrigter arterieller Sauerstoffpartialdruck und oft hochgradige Leukozytose. In bis zur Hälfte der Fälle stellen sich komplizierend weitere Organmanifestationen ein: akute Enteritiden mit mesenterialen und subkutanen Abszessen, Arthritiden in einem oder mehreren Gelenken, manchmal auch nicht direkt durch den Keim hervorgerufene, immunogene Arthritiden und Uveitiden. Ältere Fohlen erkranken viel eher an einer afebrilen oder subfebrilen, subakuten bis chronisch verlaufenden fokalen Pneumonie (Abszessbildung) mit Husten, Dyspnoe, Rasseln, bei normaler Milch- und Futteraufnahme und im Allgemeinen bei Fehlen von Fieber. Wenn Nasenausfluss auftritt, so ist er manchmal nur schubweise und kurze Zeit zu beobachten. Laborwerte deuten auf eine chronische Herdinfektion hin (Anämie, relative Neutrophilie, erhöhtes Fibrinogen, Hypergammaglobinämie u. a.).

Diagnose: Da die Rhodokokkose keine pathognomonischen Symptome verursacht, ist die Diagnose, v. a. bei Erstausbruch, nicht leicht zu stellen. Die Anamnese, das Alter der betroffenen Fohlen, relativ schwere respiratorische Symptome bei normaler oder subfebriler Körpertemperatur, ein protrahierter Verlauf, der zur Abmagerung führt, und das Vorhandensein epidemiologischer Risikofaktoren, wie hohe Pferdedichte, schlechte Weidehygiene, trockene, heiße Jahreszeiten, staubige Umgebung u. a. helfen mit, die Verdachtsdiagnose Rhodokokkose zu untermauern.

In bekannten Problembeständen werden Fohlen mit regelmäßigen Bestimmungen der Körpertemperatur und Fibrinogenwerten und mit der klinisch empfindlichsten Methode der Ultraschalluntersuchungen der Pleuraoberfläche (pleuranahe Veränderungen der Lungenflügel) verfolgt, um betroffene Tiere möglichst früh zu erkennen und behandeln zu können. Betroffene Fohlen zeigen häufig eine neutrophile Leukozytose. Die mikrobiologische Sicherung der Diagnose ist unumgänglich (Bronchialsekret); klinisch gesunde Fohlen können aber sowohl serologisch wie bakteriologisch und auch im PCR positiv sein. Eine Ultraschall- und Röntgenuntersuchung (→3.6.6.3, Abb. 3.14) ist immer indiziert, um die Ausdehnung der Lungenaffektionen (Lungenabszesse) einigermaßen abzuschätzen.

«Steckbrief» Rhodokokkose

- *Rhodococcus equi*, ein pleomorpher Bodenbewohner und in Aufzuchtgebieten ein sehr gefürchteter, ubiquitärer Opportunist, der zu Genitalinfektionen bei der Stute und v. a. zu schleichenden bis zu schweren respiratorischen Erkrankungen der Fohlen zwischen dem 1. und 5. Lebensmonat führt.
- Diagnose aufgrund der Anamnese (ggf. Problembestand) von Symptomen einer bakteriellen Infektion mit Lokalisation in den unteren Atemwegen (Verlauf von asymptomatisch bis zu akuter, schwerer Pneumonie), pleuranahen Veränderungen (Ultraschalldiagnostik), Erregernachweis im Bronchialsekret.
- Weitere, relativ häufige Organmanifestationen und Komplikationen:
  - Enteritis mit mesenterialen und subkutanen Abszessen
  - Arthritis in einem oder mehreren Gelenken
  - immunvermittelte (nicht septische) Arthritiden, Uveitis, Panophthalmitis und Hypopyon
- Prophylaxe und Therapie: gute passive Immunitätsübertragung (Kolostrum), Reduktion der Pferdedichte, in Problembetrieben: regelmäßige, intensive Überwachung (klinische Beobachtung; Leukogramm und Thoraxultraschall) und frühzeitige kombinierte Antibiotikatherapie (Kombination Rifampicin mit Macrolid Antibiotikum). Unzuverlässig sind Hyperimmunplasmagaben.

Prognose: Die Prognose quoad vitam für akute Fälle mit deutlicher Atemnot und bei extrapulmonalen multiplen Abszessen ist zweifelhaft bis ungünstig; bei früher Erkennung und konsequenter Therapie sowie grundsätzlich bei unkomplizierten, mehr chronischen Verläufen ist sie vorsichtig günstig. Erstaunlich ist, wie lange es bei röntgenologisch massiven pulmonalen Veränderungen dauern kann, bis klinische Symptome auftreten; umgekehrt ist das Regenerationspotenzial der Lunge ebenso eindrücklich. Viele überlebende Fohlen bringen später, abhängig von der Leistungsanforderung, oft beachtenswerte Leistungen und können gut als Sportpferde eingesetzt werden.

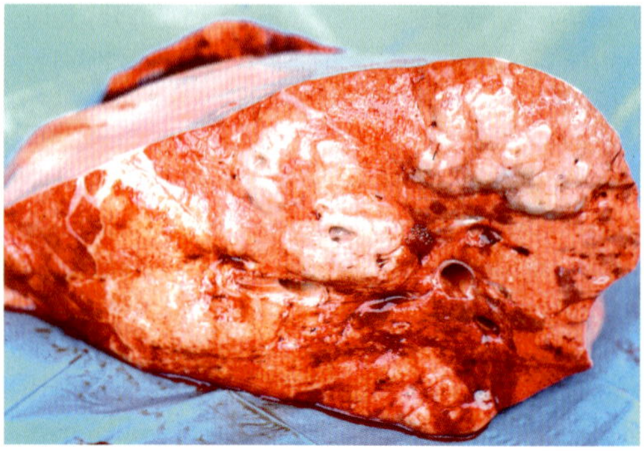

Abb. 16.2: Rhodokokkenpneumonie: Granulomatöse, abszedierende Rhodokokkenherde in der Fohlenlunge.

Für die **Therapie** von *Rhodococcus equi*-Infektionen hat sich die Kombination eines Macrolid-Antibiotikums mit Rifampicin bewährt. Wichtig ist vor allem das möglichst frühzeitige und massive therapeutische Eingreifen: perorale Verabreichung von Erythromycin-Succinat (25 mg/kg KG TID; cave! wird nicht mehr häufig verwendet wegen Colitis bei Stuten) oder vorzugsweise Azytromycin (10 mg/kg KG p. o. SID), kombiniert mit Rifampicin (5 mg/kg KG BID) während einer Woche, dann jeden 2. Tag während mindestens 4–6 Wochen. Eine weitere Alternative ist Clarythromycin (7.5 mg/kg KG p. o. BID; in Kombination mit Rifampicin, wie oben), das aber weniger gute pharmakologische Eigenschaften hat. Die Therapie ist aufwendig und teuer! Ihr Erfolg hängt von einer frühen Erkennung der Infektion ab und einer korrekt und dauerhaft durchgeführten Therapie. Beim Fohlen kann Erythromycin Hyperthermie, Enteritis, und Leberschäden verursachen; beim adulten Pferd provoziert es Durchfälle (prokinetische Wirkung); fatale Colitiden bei Mutterstuten von mit erythromyzin-behandelten Fohlen sind beschrieben.

Prophylaxe: Auf gute passive Immunitätsübertragung (Kolostrum) ist immer großer Wert zu legen, aber die prophylaktische Behandlung von Fohlen aus Problembeständen mit *R.-equi*-Hyperimmunplasma in der

1. Lebenswoche und wiederholt nach einem Monat, hat keine klaren Erfolge gebracht. Eine wirksame Vakzine existiert leider auch (noch) nicht. Die einzige organisatorische Maßnahme, um das Infektionsrisiko in Problembetrieben zu reduzieren, ist die Reduktion der Pferdedichte oder eine regelmäßige, intensive Überwachung. Wichtig ist die klinische Beobachtung auf Anzeichen wie Apathie, erhöhte Atemfrequenz, Husten oder purulenten Nasenausfluss. Bei solchen Anzeichen, oder in Problembetrieben ggf. alle 2 Wochen, sollte neben der klinischen Untersuchung auch ein Blutbild gemacht werden, und wenn die Leukozyten über 12 G/l liegen, ist eine Thorax-Ultraschalluntersuchung zu veranlassen. Fohlen mit größeren pneumonischen Bereichen (Summe der Durchmesser > 8 cm) sollten frühzeitig mit einer Kombination von Rifampicin und einem Macrolid-Antibiotikum behandelt werden.

16.8.3 Pseudonocardiaceae

Pseudonocardiaceae ist eine Familie aus der Reihe der Actinomycetales.

16.8.3.1 Saccharopolyspora rectivirgula

(Syn.: *Micropolyspora faeni, Micropolyspora rectivirgula; Faenia rectivirgula; Thermopolyspora polyspora*) ist ein thermophiler Aktinomyzet und als Gattung der Familie der *Pseudonocardiaceae* zugeordnet. Seine Sporen verursachen beim Rind und beim Menschen die in der Schweiz so genannte Urnerpneumonie oder im engl. Sprachraum die *«farmer's lung»* (→3.6.6.4.3). Auch beim Pferd können die Inhalationsallergene von Immunreaktion vom Typ III (IgG), kombiniert mit Typ-I-(IgE) und wohl auch Typ-IV-(T-Lymphozyten)-Reaktion verursachen. Klinisch äußert sich die Allergie mit Symptomen einer Pneumonie (Husten, Fieber, Dyspnoe u. a.). Histologisch sind vor allem interstitielle, perivaskuläre Rundzellinfiltrate und Fibrose zu diagnostizieren.

16.8.3.2 Crossiella equi

Eine Gattung aus der Familie der Pseudonocardiaceae wurde vor 20 Jahren als Erreger der in den USA (Kentucky) und seit 10 Jahren auch in Europa bei Stuten die an Plazentitis litten, lebensschwache Fohlen gebaren und zum Teil abortierten, aus der Plazenta isoliert.

16.8.4 Actinomycetaceae

Actinomycetaceae ist eine Familie der Bakterienordnung Actinomycetales.

Actinomyces pyogenes gehört zur Normalflora des Naso-Oro-Pharynx und wirkt beim Pferd nur in ganz seltenen Ausnahmefällen pathogen. Isolate des Keimes stammen praktisch immer aus Mischinfektionen, etwa aus Abszessen.

16.8.4.1 Corynebacteriaceae

Die Familie der Corynebacteriaceae wird der Ordnung der Actinomycetales zugeordnet.

Zu den wichtigsten Gattungen für das Pferd gehören die Gattungen Corynebakterium und Arcanobakterium.

16.8.4.2 Corynebacterium renale

Ist (selten) aus dem Harn von Pferden mit Zystitis isoliert worden.

16.8.4.3 Corynebacterium pseudotuberculosis

Wird mit anderen Corynebakterien-Arten für die geschwürige Lymphgefäßentzündung der Einhufer, der sog. **Lymphangitis ulcerosa** (→1.3.2.4) verantwortlich gemacht. Seit dem 1. Weltkrieg ist sie selten geworden und wird in Mitteleuropa seit Jahrzehnten nicht mehr beobachtet. Die Pferde wurden im Allgemeinen offenbar nicht durch direkten Kontakt angesteckt, sondern wahrscheinlich bei verletzter Haut durch verunreinigte Streu und dergleichen. Eintrittspforten sind wahrscheinlich meistens die Fesseln der Hintergliedmaßen und die Haut über dem Metatarsus. Relativ rasch kommt es zu einer Bildung von Knoten in der Subkutis, die nach einigen Tagen, eventuell nach Wochen, aufbrechen und unregelmäßige Geschwüre bilden, die einen rahmähnlichen, später dünnflüssigen Eiter sezernieren. Von den unteren Teilen der Hintergliedmaßen aus breitet sich offenbar die Infektion mit Vorliebe entlang der abführenden Lymphstränge aus. Die Krankheit verläuft primär chronisch und zieht sich über Monate hin. Vor allem in tropischen Gegenden ist sie eher bösartigen Charakters, während sie in gemäßigten Zonen spontan unter Zurücklassung unschöner Narben und Verdickungen abheilen kann.

In erster Linie ist sie in gefährdeten Ländern zu differenzieren von Hautrotz (→1.3.2.4) und dann auch von Lymphangitis epizootica (*Histoplasma farciminosum* →18.1) und evtl. Sporotrichose (*Sporotrix schenkii* →18.2) und anderen weniger typischen Knoten, Mycetomen (→1.3.3.2) etc. Die Diagnose muss bakteriologisch gesichert werden.

16.8.4.4 Trueperella (Arcanobacterium) pyogenes

Ist ein gewöhnlicher Besiedler der Haut und Schleimhäute, ein opportunistischer Erreger und spielt eine Rolle als Eiterreger bei Mischinfekten insbesondere im Genitaltrakt der Stute (Vaginitis, Plazentitis und Mastitis).

16.8.5 Mykobacteriaceae

Die Gattung ***Mycobacterium*** besteht aus ca. 100 Arten. Es sind gram-positive Keime mit einem prozentual hohen Guanin- und Cytosin-Anteil in der DNA (GC-Gehalt). Die wichtigsten Krankheitserreger sind *Mycobacterium bovis* (Rindertuberkulose), *Mycobacterium tuberculosis* (Tuberkulose), *Mycobacterium avium* subsp. *avium* (Geflügeltuberkulose), *M. avium* subsp. *paratuberculosis* (Paratuberkulose) und *M. leprae* (Lepra).

Tuberkulose

M. bovis hatte bei den Tieren in Europa im letzten Jahrhundert die größte wirtschaftliche Bedeutung. Weitere in der Landwirtschaft wichtige Arten sind *M. avium* subsp. *avium, M. avium* subsp. *paratuberculosis* und *M. tuberculosis*.

Die Tuberkulose des Pferdes ist schon zu den Zeiten eine seltene Krankheit gewesen, in denen die Tuberkulose von Menschen und Rindern eine große Rolle gespielt hat. Nach der Ausmerzung der Rindertuberkulose spielt die Infektion beim Pferd kaum mehr eine Rolle. Das Pferd steckt sich selten mit *M. bovis* (Infektionsquellen sind Wildtiere und u. U. offenbar auch Neuweltkameliden) an, noch seltener mit *M. tuberculosis* (wir haben einen einzigen Fall mit Lungentuberkulose diagnostiziert) und evtl. häufiger mit ***M. avium*** subsp. ***avium***. Letztere Infektion zeigt meist eine disseminierte granulomatöse Form, insb. mit **Darmbeteiligung**, Durchfällen und *«protein-loosing-enteropathy»*. Ansteckungen von Pferd zu Pferd kommen wahrscheinlich nicht vor, der Keim stammt wohl meist aus der Umwelt. Es gibt Indizien, dass *M. avium* subsp. *paratuberculosis* beim Menschen zusammen mit einer Genvariante eine chronisch-granulomatöse Schleimhautentzündung des Verdauungstraktes (Morbus Crohn) hervorrufen kann. In der Literatur über Verdauungserkrankungen beim Pferd wird ebenfalls darüber spekuliert, dass dieser Keim auch an der Pathogenese einer chronisch granulomatösen Enteritis beteiligt sein könnte. Infektionen mit *Mycobacterium leprae* (Lepra der Menschen) sind beim Pferd nicht bekannt.

Die Übertragung der Mykobakterien erfolgt durch Tröpfcheninfektion. Die Krankheit kann akut verlaufen, mit hochgradigem Fieber und einer Pneumonie, ausgeprägter Dyspnoe und raschem Tod. Im Allgemeinen manifestiert sie sich aber als chronisch zehrendes Leiden und sollte deshalb in der Differenzialdiagnose chronisch abgemagerter Fälle nicht ganz vergessen werden. Der Primärherd ist wohl meistens im Darm zu suchen. Symptome vonseiten des Respirationstraktes sind am ehesten als Bronchitis oder Bronchopneumonie und Nasenbluten zu sehen. Als Komplikationen kommen vor: tuberkulöse Pleuritis, Perikarditis, dann vor allem auch Enteritis und Lymphadenitis im Mesenterium. Einzelbeschreibungen über Knochentuberkulose mit Befall der Halswirbelsäule und mechanischer Kompression des Rückenmarks geben die typischen Symptome der spinalen Ataxie wieder. Beim einzigen sicheren Fall von Pferdetuberkulose, den wir selber gesehen haben, äußerte sich die Krankheit in einer chronischen, relativ rasch progredienten Abmagerung mit hochgradigen, subkutanen Ödemen des Rumpfes und der Gliedmaßen, mit Anämie und Dysproteinämie, in einer Neutrophilie und in therapieresistenten Durchfällen, die mit erheblichen Eiweißverlusten verbunden waren. Rektal ließen sich außerordentlich rigide Dünndarmschlingen palpieren. Die Sektion ergab dann eine ausgedehnte chronische Enteritis des Dünndarms mit einer hochgradigen Wandverdickung und Befall der Darmlymphknoten. Diese Symtomatik wird auch in der Literatur (meist *M.-avium*-subsp.-*avium*-Infekte) am häufigsten beschrieben.

Diagnose: Die Tuberkulinproben fallen beim Pferd nicht zuverlässig aus. Alle positiven Reaktionen müssen im Rahmen des gesamten klinischen Bildes angesehen werden. Bei einem negativen Ausfall kann eine Tuberkulose mehr oder weniger sicher ausschlossen werden.

Extrakte von **Mykobakterien** werden als Immunstimulantien (am besten bekannt BCG, Bacille Calmette-Guérin) zur lokalen Behandlung von schlecht operierbaren Sarkoiden in der Augengegend eingesetzt (→1.3.1.2) und bei systemischen Respirationserkrankungen als unspezifische Reiztherapie. Unschöne lokale Reaktionen, und nach mehrfachen IV-Gaben sogar progressive Lungenfibrosen, sollten vor dem Gebrauch bedacht werden und müssten mit Pferdebesitzern als mögliche Nebenwirkungen diskutiert werden.

16.9 Rickettsiales

Die Rickettsiales bilden eine Ordnung kleiner gram-negativer Bakterien innerhalb der Alpha-Proteobacteria. Die Ordnung hat zwei Familien, die *Rickettsiaceae* und die *Anaplasmataceae*, deren Arten obligat intrazellulär sind. Entsprechend oft sind sie parasitär und pathogen. Sie bedienen sich meist der Zecken, Flöhe, Milben und Läuse als Vektoren (Überträger).

16.9.1 Rickettsia rickettsii

Rickettsia rickettsii ist der Erreger des Rocky-Mountains-Fleckfiebers, das in Nord und Südamerika weit verbreitet ist, kommt beim Pferd anscheinend in Brasilien in gewissen Gebieten endemisch vor (70 % indirekt Immunfluoreszenz (IFA) positiv). Die Krankheit wird von Zecken übertragen und verläuft febril und mit grippösen Symptomen und petechialen Blutungen (Thrombozytopenie).

16.9.2 Anaplasma phagocytophilum

Anaplasma phagocytophilum (früher ***Ehrlichia equi***) ist der Erreger der equinen granulozytären Ehrlichiose/Anaplasmose, wird von Zecken übertragen und ist für das Pferd, die Wiederkäuer (Weidefieber) und den Menschen pathogen. Beim Menschen führt die Infektion zur sog. Humanen Granulozytären Anaplasmose, früher Humane Granulozytäre Ehrlichiose genannt. Das Pferd als End- und Fehlwirt stellt aber kein Reservoir (Wildtiere) oder eine Ansteckungsquelle dar.

Während der Zeckensaison (Ixididae als Überträger) in ganz Europa, Afrika, USA (v. a. in Kalifornien), Asien u. a. verursacht *Anaplasma phagocytophilum* beim Pferd nach einer Inkubationszeit von ungefähr einer Woche eine fieberhafte Krankheit während 1–9 Tagen, die sich überdies mit unspezifischen Symptomen wie Anorexie, Apathie, Gliedmaßenödem, Ikterus, selten Petechien, Ataxie und Herzarrhythmien manifestieren kann. Während Fohlen unter einem Jahr kaum Symptome zeigen, sind sie bei Jungtieren bis 4 Jahren deutlich milder als bei Erwachsenen. Hämatologisch werden Leukopenie, **Thrombozytopenie**, leichte Anämie und Hyperbilirubinämie beobachtet. In Neutro- und Eosinophilen werden **Einschlusskörperchen** (Morulae) festgestellt. Wenn sich die Einschlusskörperchen nicht feststellen lassen, können die Diagnose und Abgrenzung zu einem Petechialfieber, Piroplasmosen oder EIA, durch PCR oder serologische Demonstration eines Titeranstiegs ergänzt werden.

Therapie und Prophylaxe: Tetrazykline (6.6 mg/kg Oxytetrazyklin langsam in 1 l NaCl i. v. SID während 3–7 Tagen) vermögen die Erscheinungen innerhalb 24 Stunden zu coupieren. Zeckenprophylaxe ist in endemischen Gebieten (Tab. 1.4) angezeigt.

Prognose: Die Letalität der Krankheit ist auch ohne Behandlung gering, spezielle Folgeerkrankungen sind nicht bekannt.

«Steckbrief» Ehrlichiose in Europa

- Der Erreger *Anaplasma phagocytophilum* wird von Zecken übertragen und verursacht equine granulozytäre Ehrlichiose/Anaplasmose. *Neorickettsia risticii* (früher *Ehrlichia risticii; «Potomac horse fever»*) kommt in Europa nicht (oder nur sehr selten) vor.
- Diagnose equine granulozytäre Ehrlichiose/Anaplasmose: Anamnese (Jahreszeit; evtl. Zeckenbefall), Symptomatik (Apathie, Inappetenz; Fieber, Ikterus, Ödeme, selten Petechien, Ataxie und Arrhythmien), Laborbefunde (Thrombozytopenie und nachweisbare Einschlusskörperchen in den neutrophilen- und eosinophilen Granulozyten; PCR oder Serotiteranstieg).
- Vorbeugung equine granulozytäre Ehrlichiose/Anaplasmose: Zeckenschutz (z. B. mit Permethrin Repellentien) in endemischen Gebieten (Tab. 1.4)
- *A. phagocytophilum* und *N. risticii* sprechen gut auf Tetrazykline an, die Prognose ist bei der equinen granulozytären Ehrlichiose/Anaplasmose *günstig, bei Potomac horse fever* nicht.

16.9.3 Neorickettsia risticii

Neorickettsia risticii (früher ***Ehrlichia risticii***) ist der Erreger der in den USA beschriebenen equinen Neorickettsiose, dem sog. ***Potomac horse fever.*** Seropositive Pferde (Kreuzimmunität mit anderen Rickettsien?) werden auch in Europa, Südamerika, Asien und Australien gefunden. Klinische Fälle sind bei uns bisher nicht aufgetreten, aber als Einzelfälle in Holland und Frankreich dokumentiert. Der Erreger wird durch die Aufnahme von infizierten Trematoden (Zerkarien), die Wasserschnecken und -insekten befallen, übertragen. In den USA ist das Opossum als natürlicher Säugetierwirt identifiziert worden.

Das klinische Bild der Krankheit ist variabel, von subklinischer Infektion bis fulminanter Colitis, die nicht von Colitiden anderer Genese zu unterscheiden ist (→4.2.6.2.2.2). Erwähnt werden Hyperthermie (bis über 41 °C), Abgeschlagenheit und Anorexie, oft etwas Kolik mit milder bis heftiger Diarrhoe; zuerst Leukopenie, später dann Leukozytose. Akute Hufrehe ist eine häufige und gefürchtete Folgeerkrankung von Potomacfieber. Der Erreger kann in utero von der infizierten Mutter auf das Fohlen übergehen. Aborte sind möglich. Die Letalität der Infektion ist mit bis zu 30 % aller klinisch erkrankten Pferde hoch (Komplikation Hufrehe).

Die **Diagnose** müsste mit dem Nachweis des Erregers (Isolation aus Buffy-coat) gesichert werden, was aber für die Klinik zu lange dauert. Serologische Untersuchungen sind meist nicht hilfreich, ein neuer PCR-Test mag sich in Zukunft durchsetzen; meist wird in endemischen Gebieten auf die Verdachtsdiagnose hin therapiert.

Prophylaxe: Eine Vakzination gegen Potomacfieber ist möglich, aber der Impfschutz ist kurzlebig und ungenügend. Vorbeugend kann der Zugang zu Süßwasserflüssen und -bächen sowie die Weidebewässerung eingeschränkt werden.

Die **Therapie** manifester Fälle wird in der Regel mit Tetrazyklinen vorgenommen. Außerdem entscheidet bei Durchfallpatienten die Wasser- und Elektrolytzufuhr sehr oft über den Erfolg der tierärztlichen Bemühungen (→12.2.2).

16.10 Spirochaetales

Die Spirochäten stehen isoliert im Stammbaum der Bakterien. Sie sind gram-negativ, schraubenförmig und bewegen sich aktiv. Die Ordnung besteht aus vier Familien, von denen für das Pferd nur die *Spirochaetaceae* und die *Leptospiraceae* von Bedeutung sind.

16.10.1 Spirochaetaceae

Für das Pferd sind vorwiegend die Borrelienarten *B. burgdorferi* und *B. theileri* von Bedeutung.

16.10.1.1 Borrelia burgdorferi

(In Europa offenbar v. a. die Stämme *B. afzelii* und *B. garinii*) ist der nach dem Schweizer Forscher Burgdorfer benannte (1982) Erreger der Lyme-Borreliose, ein obligater Parasit mit einem 2-Jahres-Wirt-Zeckenszyklus. Übertragen wird der Keim durch *Ixodes ricinus*, den auch bei uns weit verbreiteten Holzbock, und durch andere Ixodidae. Entsprechend der Aktivität der Zecken wird eine saisonale Häufung der Erkrankung beobachtet. Die Durchseuchung der Zecken kann bis zu 70 % betragen, und die Seroprävalenz unter asymptomatischen Pferden kann regional hoch sein.

Symptome: Beim Pferd scheint *Borrelia burgdorferi* ein fieberhaftes Krankheitsbild mit Abgeschlagenheit und relativ unspezifischen Symptomen unterschiedlicher Organlokalisation hervorzurufen. Die Infektion kann zu Lethargie, Abmagerung, chronischer (immunvermittelter?) Arthritis, Steifheit und Lahmheit (mehrere Gelenke respektive Beine), Panuveitis, ZNS-Schäden (lymphohistiozytäre Meningitis und Radikulitis mit Ataxie, Hyperästhesien, Halssteifheit, Muskelschwund und -faszikulationen sind gut dokumentiert), knotigen Hautveränderungen und der Geburt lebensschwacher Fohlen führen. Auch Aborte werden beschrieben.

Die **Diagnose** ist demnach nicht leicht zu stellen. Ein Verdacht rechtfertigt sich bei einem Zeckenbefall v. a. natürlich von Weidetieren in bekannten endemischen Gebieten. Direkter Erregernachweis in Hautbiopsie und Synovia (Blut und Liquor ungeeignet). IgM- und IgG-Antikörpernachweis in Blut, Liquor oder Gelenkpunktat (ELISA). Die Interpretation der serologischen Resultate ist schwierig, da der Durchseuchungsgrad regional sehr unterschiedlich ist. Jedenfalls ist die potenziell hohe Zahl von seropositiv Gesunden zu bedenken. Bei Zeckenbefall und unspezifischen Symptomen (Fieber, Apathie, Ödemen etc.) ist eine Infektion mit *Anaplasma phagocytophilum* bei uns wahrscheinlicher (→16.9.2).

Die **Prognose** ist vorsichtig abwartend zu stellen.

Therapie: Die Borreliose lässt sich, wenn sie rechtzeitig erkannt wird, relativ gut mit Tetrazyklin behandeln (6.6 mg/kg KG langsam i. v. in 1 l NaCl SID während 1–10 Tagen; danach p. o. Doxyzyclin, bei persistenten Infekten während 4 oder mehr Wochen), weniger zuverlässig mit Doxyzyclin alleine (10 mg/kg KG p. o. BID, deutlich schlechtere Bioverfügbarkeit als Tetrazyklin i. v.), Penizillin, oder Ceftiofur. **Prophylaktisch** wäre eine Zeckenprophylaxe (z. B. mittels Weidemanagement oder Pyrethroiden; Tab. 1.4) in endemischen Gebieten angezeigt. In den USA werden für Hunde zugelassene Lyme-Borreliose-Impfungen auch für Pferde verwendet. Die Wirkung ist nicht bewiesen.

16.10.1.2 Borrelia theileri

Diese Borrelien wurden in Südafrika und Australien nachgewiesen und können beim Pferd ein ephemeres Fieber provozieren.

16.10.2 Leptospiraceae

Leptospiren sind sehr dünne, schraubenförmig gewundene, am Ende knopfartig verdickte Bakterien. Das Reservoir für die pathogenen Keime sind warmblütige Tiere, vor allem Nagetiere und Schweine, aber auch das Pferd. Die Erreger werden über den Harn infizierter Individuen ausgeschieden. Verschiedene Serovare der Gattung Leptospira verursachen Infektionskrankheiten die sog. **Leptospirose**. Klinisch manifeste Leptospirose des Pferdes wird selten diagnostiziert, obgleich ein hoher Prozentsatz unserer Pferde positive Titer gegen irgendwelche Leptospiren aufzuweisen pflegt (in der CH haben über die Hälfte der gesunden Pferde positive Titer, knapp 20 % zeigen > 1 : 200). Die häufigsten Erreger beim Pferd, die zu Erkrankungen führen, sind Serovare von *Leptospira interrogans, L. icterohaemorrhagiae, L. pomona, L. bratislava* und *L. grippotyphosa*, ein Serovar von *Leptospira kirschneri*. Beschrieben werden Aborte und Geburt lebensschwacher Fohlen. Die beschriebe Symptomatik ist oft unspezifisch und auch sehr vielfältig (s. u.). Klinisch manifeste, teilweise hochgradige Niereninsuffizienz haben wir selber nur bei Fohlen (bis 6 Monate) beobachtet. Die wohl gefürchtetste Folgeerkrankung einer Leptospirose beim Pferd ist die **equine rezidivierende Uveitis** (ERU). Es handelt sich um eine T-Zellen-mediierte hoch schmerzhafte Autoimmunerkrankung des Auges, die zu Erblindung führt. Uveitis beim Pferd wird (regional wohl stark unterschiedlich) in Deutschland in bis zu 95 % der Fälle durch eine immunologische Reaktion auf die Leptospiereninfektion ausgelöst.

16.10.2.1 Leptospira icterohaemorrhagiae

L. ietero haemorrhagiae verursacht die gefürchtete Weil'sche Krankheit beim Menschen.

Neben den allg. unspezifischen Symptomen finden wir auch beim Pferd eine Leber- und Nierensymptomatik (Hämaturie, Kolik) mit ausgeprägtem Ikterus (Hämolyse, Hepatitis) die teils durch den Erreger selbst oder durch Immunreaktionen entstehz. Meningitis wird beim Pferd selten beobachtet.

16.10.2.2 Leptospira grippotyphosa

Neben den allg. unspezifischen Symptomen (siehe unten) ist diese Infektion offenbar v. a. durch Effloreszenzen auf der Haut und Schleimhaut (Petechien, Urticaria, Haarausfall) charakterisiert.

Symptome der Leptospirose (div. Serovare): Perakute, akute und chronische Verlaufsformen sind auch beim Pferd bekannt. Die Inkubationszeit beträgt einige Tage bis drei Wochen. Hohes Fieber bis 41 °C, Inappetenz, Tachykardie und Ikterus (Hämolyse), steifer Gang (Myalgie), Niereninsuffizienz (Azotämie), Leukozytose mit Neutrophilie sind die Symptome der perakuten und akuten Form. Bei diesen Formen ist meistens eine Leptospirurie nachzuweisen. Bei der chronischen Form ist die Symptomatologie abgeschwächt. Die Leptospirämie dauert 2–5 Tage, worauf dann Agglutinine vom 7. bis 8. Tag nach Beginn der Erkrankung im Serum auftreten. Trotz humoraler Abwehr kann der Erreger in den Nierentubuli überleben, dadurch kommt es zu wochenlanger Erregerausscheidung über den Harn.

Diagnose einer Leptospirose ist nicht einfach, vor allem bei der Interpretation der Serologie ist der hohe Prozentsatz an Seropositiven zu bedenken. Der Erreger sollte im Harn (Dunkelfeld), eventuell im Blut direkt oder fluorimetrisch in Biopsienmaterial oder mit der PCR-Methode nachgewiesen werden. Nach etwa einer Woche (IgM) wird die Serologie Erfolg versprechend. IgG wird erst nach 4 Wochen nachgewiesen und ist über längere Zeit nachweisbar. Mit dem mikroskopischen Agglutinintest lassen sich beide Immunglobuline nachweisen und somit der Serovar festlegen. Der Test ist sehr spezifisch und arbeitet mit lebenden Leptospiren als Antigenen. Nur der Nachweis eines signifikanten Titeranstiegs ist diagnostisch brauchbar. Vor einer Vitrektomie (s. u.) empfehlen wir bei ERU eine Glaskörperaspiration zum Nachweis von lokalen Leptospiren-Antikörpertitern oder DNA (ELISA oder PCR).

Therapie: Behandelt wird die Leptospirose mit Penizillin hoch dosiert. Bei ERU ist neben der medikamentellen Therapie eine chirurgische (Vitrektomie mit «Entfernung» der Leptospiren, sowie der Entzündungsprodukte im Glaskörper) möglich. Eine Impfung ist unter unseren Verhältnissen überflüssig und ist bei autoimmunen Uveitiden sogar kontraindiziert.

16.11 Pseudomonadaceae

Die *Pseudomonaceae* bilden eine Familie innerhalb der Gammaproteobakterien. Es sind gram-negative und aerob wachsende Bakterien.

Pseudomonas aeruginosa spielt in der Pferdepraxis eine gewisse Rolle bei schlecht heilenden Infektionen, v. a. **Wundinfekten**. Diese sind oft schon aufgrund einer grünlichen Verfärbung (grünes Pigment = Pyoverdin der Pseudomonaden) zu erkennen. Eine Isolation aus Tracheobronchialsekret ist viel eher einer Kontamination (Endoskop) als einer pathogenen Besiedlung zuzuschreiben.

Pseudomonas aeruginosa gehört, zusammen mit anderen, auch v. a. gram-negativen Keimen wie E. coli, Proteus spp., Klebsiella spp. und Enterobacter spp. sowie seltener gram-positiven (Streptococcus spp., Staphylococcus spp.), zu den relativ häufigen Keimen, die bei **Harnwegsinfekten** isoliert werden. Findet sich *P. aeruginosa* in Reinkultur in wiederholt und kunstgerecht entnommenen Uterustupferproben oder wird er aus Abortmaterial isoliert, ist der Keim auch als **Sterilitäts**- und **Abortursache** auch **Plazentitis** in Betracht zu ziehen. Die Behandlung richtet sich nach dem Antibiogramm und entspricht der für andere infektiöse Metritiden. Betroffene Stuten sollten bis zur Elimination des Infektes nicht gedeckt werden. Einem wahrscheinlich häufigen Trägertum von Deckhengsten («normale» Präputialflora?) schiebt man mit einer guten Deckhygiene den wirksamsten Riegel vor.

16.12 Brucellaceae

Bruccellaceae, gram-negative Bakterien, bilden eine Familie der Alphaproteobakterien.

Brucella abortus equi spielt für das Pferd nur in Ländern (v. a. auch Afrika) eine Rolle, in denen die Rinderbrucellose noch immer heimisch und verbreitet ist. ***B. suis*** (nicht aber *B. melitensis* und *B. canis*) ist beim Pferd auch beschrieben. In brucellosefreien Ländern wird die Diagnose beim Pferd mithilfe der Serologie gestellt. In verseuchten Gebieten weisen viele seropositive Pferde keinerlei Krankheitszeichen auf. Die Brucellose, die auch zoonotisches Potenzial hat, äußert sich beim Pferd typischerweise als **Bursitis**, besonders am Genick, Hals und Nacken, v. a. auch am Widerrist; sie soll auch als Ursache für Arthritis und Aborte infrage kommen.

Prophylaktisch sind Pferde nicht mit brucellosepositiven Rindern zu halten, ggf. wäre ein Onchozerken- und Fliegenbefall zu bekämpfen. Brucellose scheint auf eine antibiotische **Behandlung** (z. B. Doxycyclin-Aminoglykosid Kombination) manchmal nicht genügend anzusprechen, sodass eine chirurgische Sanierung und Lavage der Läsionen nötig ist.

16.13 Moraxellaceae

Die Moraxellaceae sind eine Familie der Gammaproteobakterien und kommen ubiquitär vor.

Beim Rind *(M. bovis)* und Menschen *(M. catharralis)* kennt man pathogene Moraxellen. ***M. equi*** werden die Isolate von Pferden benannt. Der Keim dürfte beim Pferd gelegentlich als Erreger von Konjunktivitis oder Keratokonjunktivitis eine Rolle spielen.

16.14 Neisseriaceae

Die *Neisseriaceae*, kokkoide aerobe Bakterien, bilden eine einzige Familie der Neisseriales innerhalb der Beta-Proteobakterien.

Beim Menschen kann der Infekt zu Meningitis und Sepsis führen. *Neisseria* spp. wurden auch aus Augentupfern von Pferden isoliert, aber ohne nachgewiesene Pathogenität.

16.15 Bacteroidaceae

Bacteroidaceae sind eine Familie der anaeroben Stäbchenbakterien. Die Pathogenität der Vertreter dieser taxonomischen Familie ist für das Pferd nicht gesichert (gehört wie andere Anaerobier zur Normalflora), und sie werden selten als alleinige Krankheitserreger nachgewiesen. Möglicherweise spielen sie eine recht wichtige Rolle bei anaeroben Mischinfektion tiefer Wunden und vor allem bei Verletzungen des Hufs. Ob diese Keime am Zustandekommen des sogenannten Hufkrebses beteiligt sind, muss vorläufig dahingestellt bleiben. Dagegen können ***Bacteroides***- (u. a. Anaerobier)Isolationen aus Lungenabszessen und pleuropneumonischen Ergüssen, Hufabszessen, Alveolarperiostitiden u. a. klinisch bedeutsam sein. *Bacteroides* ist dabei in der Regel ein begleitender Keim, der die **Prognose** derartiger Fälle deutlich ungünstig beeinflusst. Die **Therapie** besteht aus einer Kombination von chirurgischer Sanierung und Antibiose, meist mit Penizillin hoch dosiert oder mit Metranodazole gegen penizillinresistente Bacteroides.

16.16 Fusobacteriaceae

Fusobacterium necrophorum ist ein gramnegatives, obligat anaerobes, nicht sporenbildendes Bakterium und wird beim Pferd gelegentlich isoliert, doch bleibt meist unklar, ob der Keim als Kontaminant (gehört wie andere Anaerobier zur Normalflora) oder als Krankheitserreger wirkt. Epidemische Infektionen wurden bei Bergzebras diagnostiziert. Als seltene Einzelfälle sind Dermatitiden zu betrachten, und auch eine Beteiligung von *Fusobacterium necrophorum* an Wundinfektionen, Alveolarperiostitis, Mesenterialabszessen und Strahlfäule (u. a. zusammen mit *Actinomyces pyogenes* und *Streptococcus equi*) und den oben erwähnten Anaerobier-Mischinfekten, insb. Pleuropneumonien und Lungenabszessen. Für **Therapie** und **Prognose** gilt grundsätzlich dasselbe wie bei *Bacteroides* (→16.15).

16.17 Mykoplasmataceae

Die *Mykoplasmaceae* sind die einzige Bakterienfamilie der Ordnung Mycoplasmales. Die meisten Arten sind Kommensalen, einige sind für Mensch und Tier gefährliche Krankheitserreger. Mykoplasmen werden, wenn man sie sucht, auch beim Pferd gefunden. Der Zusammenhang zwischen dem Nachweis von Mykoplasmen und einer bestimmten Krankheit bleibt indessen meistens unklar.

Mycoplasma haemofelis, M. equirhinis und ***M. equipharyngis*** werden in den Atemwegen gesunder Pferde oft nachgewiesen. Andere Arten finden sich ebenfalls in den Atemwegen, auf den Konjunktiven und im Genitaltrakt von Hengsten und Stuten. Fulminant verlaufende Pleuropneumonien, bei denen Mykoplasmen gefunden werden konnten, und ihr Nachweis in abortierten Föten lassen es angezeigt erscheinen, dieser Erregergruppe mit Respekt zu begegnen, auch wenn ihre Pathogenität nicht geklärt ist. Verdächtige Fälle könnten mit Tetrazyklinen oder Tylosin behandelt werden, bis ein Antibiogramm vorliegt.

16.18 Chlamydien

Die Chlamydien bilden eine Familie der Bakterien. Sie lösen insbesondere Krankheiten der Schleimhäute im Augen-, Atemwegs- und Genitalbereich aus. Der gelegentliche Nachweis von ***Chlamydia pneumoniae*** (equines Biovar) bei respiratorischen Erkrankungen des Pferdes und ***Chlamydia abortus*** und ***Chlamydophilia psittaci*** (Papageienkrankheit) aus abortierten Pferdeföten legen eine gewisse (gegenwärtig aber unklare) Bedeutung der Chlamydien auch beim Pferd nahe. Wird eine derartige Infektion diagnostiziert, müssten Tetrazykline oder Makrolidantibiotika eingesetzt werden.

16.19 Coxiellaceae

Die *Coxiellaceae* werden der Ordnung Legionellales und nicht mehr den *Rickettsiaceae* zugeordnet.

Coxiella burnetii ein gram-negativer, strikt intrazellulär lebender Keim und Verursacher des Q-Fiebers, einer Zoonose mit grippeähnlichen Symptomen. Der Erreger spielt beim Pferd keine bekannte pathogene Rolle. Das Pferd, das gebietsweise offenbar recht häufig positive Serumtiter zeigt, ist wahrscheinlich auch für die Epidemiologie menschlicher Krankheitsausbrüche unwichtig.

16.20 Desulfovibrionaceae

Die Desulfovibrionales bilden eine Ordnung innerhalb der Deltaproteobakterien. Mit Ausnahme von *Lawsonia* und *Bilophila*, die für das Pferd nicht von Bedeutung ist, können alle Arten dieser Ordnung Sulfat reduzieren («Desulferizierer») und sind obligat intrazellulär. Ihr Lebenszyklus ähnelt dem gewisser Arten der Rickettsiaceae.

Lawsonia intracellularis ist die einzige Art der Gattung *Lawsonia*. Der Erreger ist vor allem bekannt beim Schwein und führt dort zu proliferativen Enteritis. Infektionen mit ähnlicher Pathologie werden auch beim Pferd (Equine proliferative Enteropathie; →4.2.6.2.1) und anderen Haus- und Wildtieren beobachtet. Betroffen sind vor allem Absetzfohlen. Bei Auftreten von chronischen Durchfällen, Malabsorption und proliferativer Enteropathie ist differenzialdiagnostisch an *Lawsonia*-Infektionen zu denken. Allerdings sollte *Lawsonia* primär als opportunistischer Keim eingestuft werden. Die Verdachtsdiagnose kann aufgrund der Symptomatik (Ultraschall: verdickte Dünndarmwände) gestellt werden. Die **Diagnose** ist nur mit einer Untersuchung von Biopsiematerial oder post mortem mithilfe der PCR oder indirekter Immunfluoreszenz (IFA) zu stellen. Die **Prognose** kann als zweifelhaft bis günstig (bei gutem Ansprechen auf die Antibiose innerhalb von wenigen Tagen) gestellt werden. Zur **Therapie** werden verschiedene Antibiotika wie Azithromycin (10 mg/kg KG p. o. SID) mit Rifampicin (10 mg/kg KG p. o. SID) oder Doxycyclin (10 mg/kg KG p. o. BID) alleine während bis zu 21 Tagen, unterstützt durch eine symptomatische Behandlung, verwendet.

16.21 Erysipelotrichidae

Bilden eine Familie der Firmicutes, eines artenreichen Stamms innerhalb der Bakterien.

Erysipelothrix rhusiopathiae, der Erreger des Schweinerotlaufs, spielt keine große Rolle beim Pferd. In seltenen Fällen kann er aber offenbar, wie bei anderen Tierarten und beim Menschen, zu akuter oberflächlicher, flächenhafter und scharf begrenzter Entzündung der Haut, Endokarditis, Arthritis, fieberhafter Enteritis führen.

16.22 Campylobacteraceae

Die pathogenen Bakterien der Gattung *Campylobacter* sind Zoonoseerreger und sind beim Menschen für Durchfallerkrankungen verantwortlich.

Campylobacter jejuni: Über dessen Pathogenität ist beim Pferd wenig bekannt. Ob die verschiedenen Arten von Campylobacter beim Pferd (Gynäkologie und Enterologie) eine praktische Rolle spielen, ist nicht klar. Es wird aber vermutet, dass *Campylobacter jejuni* bei jungen Pferden Durchfälle hervorzurufen vermag.

16.23 Fohlensepsis

Eine transiente Bakteriämie ist auch bei erwachsenen Tieren wahrscheinlich nicht selten, bleibt aber meist ohne klinische Konsequenzen. Hingegen ist die Septikämie mit generalisierter, oft überschießender Reaktion des Körpers («*systemic inflammatory response syndrome*», SIRS) und der daraus resultierenden starken Beeinträchtigung des Allgemeinzustandes und Schäden an mehreren Organen («*multiple organ dysfunctions*», MODS) fast ein «Privileg» der **neugeborenen Fohlen in ihren ersten (zwei) Lebenswochen**. Dies kommt bei Erwachsenen nur in seltenen, sehr stark beeinträchtigten Einzelfällen vor.

Risikofaktoren der Fohlensepsis sind vor allem ungenügende Quantität (< 8 g/l) und Qualität der Immunglobuline, die das Fohlen über das Kolostrum aufgenommen hat (Hypo- oder Agammaglobulinämie), Krankheit der Stute, Plazentitis, Schwergeburt, und alle anderen Krankheiten des Fohlens. Die Infektion kann bereits intrauterin erfolgen, Post-partum-Eintrittsstellen sind v. a. der Gastro-intestinal-Trakt, aber auch der Nabel, die Atemwege und Wunden. In der Mehrzahl der Sepsisfälle isoliert man gramnegative Keime (v. a. *E. coli, Salmonella, Actinobacillus, Pseudomonas, Pasteurella, Citrobacter, Actinobacter, Enterobacteriaceae*), aber auch Misch- und selten Alleininfektionen mit gram-positiven Bakterien (v. a. Streptokokken, auch Staphylokokken spp.) und selten Anaerobiere (Clostridium spp.); die Bedeutung des «klassischen» Fohlenlähmekeims *Actinobacillus equuli* scheint zurückzugehen. Bei in Kliniken erworbenen Septikämien sind nosokomiale Keime (multiple Resistenzen, Antibiogramm!) häufig.

Symptome: Die frühen Anzeichen von Fohlensepsis sind unspezifisch, nehmen aber schnell im Schweregrad zu: Apathie, Somnolenz, vermindertes Trinken (normal 5–7 Mal pro Stunde) mit herabgesetztem Saugreflex, Schwäche, vermehrtes Liegen, fehlende Gewichtszunahme, Hyper- oder Hypothermie, Tachypnoe, Tachy- oder Bradykardie, injizierte toxische Schleimhäute, erhöhte kapilläre Füllungszeit, Zittern, Petechien in den Ohrmuscheln und entlang des Kronrandes, später hypotensiver (hypovolämischer) Schock, Krämpfe und Tod. Uveitis, Pneumonie, Omphalitis oder Durchfall können vorbestehen oder sich aus der Septikämie entwickeln. Komplikationen sind Ileus, Meningitis und, manchmal erst Tage nach einer Besserung des Allgemeinzustandes auftretend, eine septische Arthritis oder sogar Osteomyelitis, sowie Koagulopathien und Thrombosen.

«Steckbrief» Fohlensepsis

- Tritt in der 1. (oder 2.) Lebenswoche auf, besonders bei Fohlen mit Risikofaktoren:
  - Am wichtigsten: ungenügende Kolostrumaufnahme (Hypo- oder Agammaglobulinämie)
  - Krankheit der Stute, z. B. Kolik; anormale Trächtigkeitslänge
  - Plazentitis und/oder Plazentaablösung (evtl. mit verfrühtem Milchfluss und Kolostrumverlust)
  - Schwergeburt; ungenügende Hygiene (allg. Sauberkeit und spezifische Punkte wie z. B. verdreckte Eutergegend); andere Krankheiten des Fohlens, insb. Nabelprobleme
- Erregerspektrum sehr breit, insb. gram-negative Opportunisten
- Cave! Resistenzen, insb. bei nosokomialen Keimen in Kliniken (s. u. Antibiogramm)
- Die Symptomatik ist zu Beginn oft unspezifisch, kann aber schnell bis zum ausgeprägten Schock, zu Krämpfen und MODS fortschreiten.
- Spezifischere Organlokalisationen und Komplikationen umfassen Uveitis, Pneumonie, Enteritis/Durchfall; Omphalitis; Ileus; Meningitis; septische Arthritis und Osteomyelitis; Koagulopathien.
- Die Diagnose und Verlaufsbeurteilung wird mithilfe verschiedener Sepsisscores unterstützt.
- Die Therapie umfasst bei Fohlen mit Risikofaktoren schon prophylaktisch (anders als bei Erwachsenen) Breitspektrum-Antibiose (Penizillin/Gentamicin oder Penizillin/Amikacin oder Ceftiofur; Keimisolation mit Antibiogramm ist anzustreben); außerdem Plasmagaben und intensive Überwachung, unterstützende Therapie (inkl. Infusionen, Vasokonstriktoren; enterale und parenterale Nährstoffversorgung etc.) und Betreuung (Wärme, trockene Lagerung; Vermeiden von Dekubitus etc.)
- Die Prognose ist bei früher aggressiver Therapie vorsichtig günstig.

Diagnose: Verschiedene Sepsisscores helfen bei der initial oft unsicheren Diagnosestellung, besonders wenn das Fohlen andere Erkrankungen hat. Diese Scores stützen sich meist auf die oben genannten anamnestischen Risikofaktoren, auf klinische Anzeichen von Apathie, Depression, Krämpfen; Hypo- oder Hyperthermie; Petechien an den oben genannten begleitenden Organmanifestationen, sowie den Laborresultaten, Hypogammaglobulinämie, erhöhte Serum-Amyloid-A-Werte, Hyperfibrinogenämie, Hypoglykämie und Neutropenie (< 4 G/l) mit Linksverschiebung und toxischen Anzeichen. Man sollte immer versuchen, anaerobe und aerobe bakterielle Blutkulturen mit Antibiogrammen in Abständen von 2 Stunden zu gewinnen. Die Lungenauskultation ist beim Fohlen oft nicht diagnostisch, arterielle Blutgasmessungen (Entnahme an der lateralen Metatarsalarterie) geben aber Auskunft übcr dic Oxygenierung (cave! Wenn in Seitenlage entnommen, sind pO_2-Werte schon physiologischerweise um ca. 20 mm Hg erniedrigt). Bei geschwollenen, schmerzhaften (Lahmheit; Palpation) Gelenken, sollte ein Punktat auf seine Viskosität, Zellzahl, Zelltypen, Proteingehalt (septisch: Verflüssigung; 30 00/µl Zellen, v. a. Neutrophile und > 25 g Protein pro l) und Lactat untersucht werden. Röntgenuntersuchungen der Lungen und verdächtiger Gelenke/Epiphysen sind, wie auch Ultraschalluntersuchungen der Nabelstrukturen, angezeigt. Die Fohlen sollten 2 Mal täglich gewogen werden.

Prognose: Wenn eine Sepsis früh erkannt und aggressiv behandelt wird, keine begleitenden anderen Krankheiten vorliegen und keine Gelenksinfekte auftreten, ist sie eher günstig. Diese Fohlen werden weiter 1–1.5 kg Gewicht pro Tag zunehmen. In allen anderen Fällen ist die Prognose ungünstig. Trotzdem können genesene Fohlen auch nach schweren Verläufen vergleichbar gute Leistungen im späteren Leben zeigen. Schlecht bis infaust wird die Prognose bei einer Meningitis, wenn septischer Schock mit Blutdruckabfall und Dysregulation des Glukosemetabolismus mehr als 24 Stunden nicht korrigierbar ist, wenn sich mehrere Gelenke (Wirbelsäule!) infizieren, oder wenn sich eine Osteomyelitis einstellt.

Therapie: Vor einer Keimisolation mit Antibiogramm, besonders wichtig bei nosokomialen Infekten, ist eine hoch dosierte (z. B. Ceftiofur in höherer Dosierung als beim Erwachsenen (→16.24)) Breitspektrumantibiose mit Penizillin/Gentamicin oder Penizillin/Amikacin, Ceftiofur oder Cefquinom (cave! Reserveantibiotika) indiziert. Plasmagaben ersetzen fehlende oder verbrauchte Antikörper (erwartet werden kann ein Anstieg von etwa 10 % der IgG-Konzentration nach Plasmatransfusion pro Liter), eine vorsichtige Flüssigkeitstherapie stützt den Kreislauf (→12.2.2) und Polymyxin B in niedriger Dosierung (1000–6000 IU/kg KG BID, verdünnt in 1 Liter 0.9%-Kochsalzlösung, infundiert über 30 Minuten) soll zirkulierende Endotoxine neutralisieren. Wenn sie auch mithilfe (Aufstellen, Zum-Euter-Führen) nicht selber trinken, aber die Darmfunktion erhalten ist, sollten die Fohlen per Sonde mit Milch oder Milchersatz häufig (200–500 ml alle 2 Stunden) ernährt werden. Jedes Mal sollte kontrolliert werden, ob Reflux vorhanden ist. Wenn die Darmfunktion ungenügend ist (Reflux aus Sonde; Stase im Ultraschall), sind Glukoseinfusionen oder komplette parenterale Ernährung angezeigt. Bei schwerkranken Fohlen müssen die Blutglukosespiegel regelmäßig alle 2–4 Stunden überprüft, und die Glukosegaben (Konzentrationen < 5 %, oft nur 1–2 % toleriert) eingestellt und evtl. mit Protamin Zink Insulin (0.15 IU/kg KG s. c. BID) oder besser per Infusionspumpe (0.001–0.2 IU Insulin/kg KG/h; individuell eingestellt) ergänzt werden. Nasale Sauerstoffinsufflation (5–10 l/min; befeuchtet) ist auch ohne Atemnot angezeigt, und Fohlen mit tiefen Blutdruck sollten mit gefäßverengenden und inotropen Mitteln per Infusionspumpe unterstützt werden (Tab. 2.3). Die Wichtigkeit der kontinuierlichen intensiven Überwachung und Betreuung (Wärmedecken; Abtrocknen feuchter Körperstellen, Vermeiden von Dekubitus, besonders über Gelenken; Vermeiden von Corneaulzerationen [Verletzung beim Liegen und Entropion]; Fohlen möglichst sternal halten und alle 2 Stunden umlagern) kann gar nicht zu sehr betont werden: Ohne sie machen alle anderen therapeutischen Anstrengungen keinen Sinn. Infizierte Gelenke müssen sofort und meist mehrmals (evtl. arthroskopisch oder mehrere kleinere Arthrotomien und weitere Spülungen unter Sedation) steril gespült und anschließend intraartikulär mit Amikacin (resp. Antibiotikum entsprechend Synovia-Kultur) versorgt werden.

16.24 Behandlung bakterieller Infektionen

Vor jeder Antibiose, sollte man sich über deren Notwendigkeit, den potenziellen Nutzen gegenüber den möglichen Komplikationen und Nebenwirkungen, Rechenschaft ablegen. Dann wählt man die beste Antibiose entsprechend dem bei einem bestimmten Krankheitsbild vermuteten Keim, wenn nötig und möglich nach Isolation mit Antibiogramm, in Anbetracht auch der Gewebe- und Organlokalisation (Dosierung und Verteilung im Körper; Blut-Hirn-Schranke; Spiegel in Urin etc.), der Kosten, Praktikabilität und spezifischen Risiken.

Die folgenden Dosierungsangaben fußen auf der heute bekannten mittleren Empfindlichkeit eines Keims ohne zusätzliche erworbene Resistenz.

16.24.1 Penizilline

Ist die Rede von Penizillin schlechthin, ist **Penizillin G** gemeint: 1928 entdeckt, seit 1943 klinisch genutzt. Es wird in Einheiten von 0.6 µg (IU oder OU = Oxford Units) dosiert und interferiert mit der bakteriellen Zellwandsynthese. Sein Natriumsalz ist gut wasserlöslich und geeignet zur intravenösen Intensivbehandlung und auch zur nur selten indizierten intrathekalen Therapie. Über intravenöse Infusionen lassen sich die initial wünschenswert hohen Dosen von Penizillin (normal 22 000 IU, bis 44 000 IU oder mehr pro kg KG und Tag; QID) am besten verabreichen. Die Wirkung von Penizillin ist zeit- und nicht dosisabhängig, und die Eliminationshalbwertszeit beträgt beim erwachsenen Pferd leider nur etwa 1 h; deshalb wird es bei hospitalisierten Patienten i. v. QID über einen Venenkatheter verabreicht, oder, in der täglichen Praxis, als Depotform

Procain-Penizillin, das nur i. m. verwendet werden darf. Diese Anwendungsform begrenzt die praktische Verwendbarkeit von Procain-Penizillin: Tagesdosen von über etwa 15 000 IU/kg KG schaden der Muskulatur lokal manchmal mehr, als sie dem Patienten allgemein nützen! Entsprechend sind die maximalen Serumkonzentrationen oft ungenügend. Seines Procainanteils wegen ist Procain-Penizillin dort nicht indiziert, wo es eine bestehende Muskellähmung noch fördern könnte, also etwa bei Botulismus. Dazu kommt, dass das Procain über 400 Stunden im Urin nachweisbar (Dopingtests! z. B. FN: Karenzzeit 56 Tage) ist. Aus diesen Gründen wird Procain-Penizillin heute nur noch selten verwendet.
Penizillin G hat eine synergistische Wirkung mit Aminoglykosiden (s. u.), wirkt gut im Harntrakt (Ausscheidung im Urin), aber penetriert Abszesse schlecht und wird im sauren Milieu einer Gewebenekrose teilweise inaktiviert. Außerdem wird es im Magen fast völlig zerstört; hingegen ist Phenoxymethylpenizillin (**Penizillin V**) säurefest und oral anwendbar, ein Vorteil, der manchmal beim Fohlen ausgenützt wird.

Wirkungsspektrum: Empfindlich auf Penizillin G sind die meisten β-hämolytischen Streptokokken, *Actinomyces* spp., *Corynebacterium* spp. und die meisten Anaerobier, außer β-Lactamase-produzierende *Bacteroides* spp. Dagegen haben die meisten Staphylokokken und gram-negativen Keime eine natürliche Resistenz. Penicillinase (β-Lactamase)-produzierende Keime spielen beim Pferd, außer gewisse Staphylokokken, die ohnehin wenig empfindlich sind, eine kleine Rolle. Gegebenenfalls könnten aber β-Lactamase-resistente Isoxazoyl Penizilline wie Oxacillin, Cloxacillin, Nafcillin, Methicillin u. a. auch beim Pferd eingesetzt werden.

Dagegen ist das Breitspektrumpenizillin **Ampicillin** (bessere Penetration und Aktivität bei Gram-Negativen) penicillinaseempfindlich. Es sollte dort nicht eingesetzt werden, wo auch Penizillin G zu wirken verspricht, wohl aber bei *Taylorella*- und *Actinobacillus*-Infekten (grundsätzlich auch bei *Haemophilus*). Ampicillin ist säurefest; es kann deshalb auch p. o. verabreicht werden. Die Dosierung beträgt 10–40 mg/kg KG i. m, p. o. auch i. v.(Natriumsalz); wegen der kurzen Halbwertszeit von 1.6 h muss QID oder TID behandelt werden. Die für den intramuskulären Gebrauch zur Verfügung stehenden Suspensionen werden von vielen Pferden lokal leider schlecht vertragen, und die maximal erreichten Serumspiegel sind ungenügend.

Ein weiteres Penizillin mit breitem Spektrum ist **Amoxicillin**, das in 5%iger Lösung als Trihydrat p. o. (bis 30 mg/kg KG TID) oder i. m.(10 mg/kg KG BID) gegeben werden kann. Leider ist auch dieses Antibiotikum bei oraler Verabreichung mit einem Colitisrisiko behaftet, und ist nach i. m.-Gabe lokal reizend bei tiefen maximalen Serumkonzentrationen. Selten indiziert ist auch **Ticarcillin**; die vorgeschlagene Dosis beträgt 44 mg/kg KG alle 5 h i. v. oder alle 8 h i. m. Das Mittel, wie auch die verwandten **Carbenicillin** und **Piperacillin**, wirken, insbesondere in Kombination mit Clavulansäure, auch gegen *Pseudomonas* β-Lactamasen und erweitern damit das Spektrum (z. B. bei hartnäckigen Pseudomonasinfekten oder Fohlensepsis mit aminoglykosid-resistenten Keimen) verglichen mit Ampicillin oder Amoxicillin.

Das bakterizide **Imipenem** (ein Carbapenem) hat ein sehr breites Spektrum. **Es ist ein Reserveantibiotikum und sollte in der Veterinärmedizin nur bei sehr streng gestellter Indikation eingesetzt werden.**

Sehr seltene anaphylaktische (Immunreaktion Typ I) und autoimmune hämolytische (Immunreaktion Typ II) Reaktionen auf Penizillin sind beim Pferd beschrieben. Wesentlich häufiger, aber dramatisch, glücklicherweise nur kurzzeitig und vorübergehend sind zentral-nervöse Exzitationen, wenn Procain-Penizillin bei i. m.-Injektionen in die Blutbahn gelangt (kühle Lagerung und vorsichtige Injektion mit mehrmaliger Aspiration). Außerdem kann das Procain zu positiven Dopingnachweisen führen. Weitere lokale und gastrointestinale Unverträglichkeitsreaktionen anderer Penizilline sind oben bereits erwähnt.

Penizillin G in Kombination mit einem Aminoglykosid: Penizillin G wird oft in Kombination mit einem Aminoglykosid (Gentamicin, s. u.) als Standard-Breitspektrum-Antibiose bei hospitalisierten Patienten, wenn (noch) keine bakteriologische Diagnose vorliegt. Neben dem bislang immer noch guten Wirkungsspektrum macht man sich hier auch einen **synergistischen Effekt** (erhöhte Aufnahme des Aminoglykosids nach Zellwandschädigung durch Penizillin) zunutze.

16.24.2 Cephalosporine

Cephalosporine hemmen ebenfalls die Zellwandsynthese. Sie sind z. T. etwas nephrotoxisch und werden meist rasch ausgeschieden: Cefazolin-Natrium 11 mg/kg KG i. v. QID; Cephalexin 25 mg/kg KG p. o. QID; Ceforaxim-Natrium 40 mg/kg KG i. v. TID u. a.

Cefquinom, 1–2 mg/kg (adult), 1–4.5 mg/kg (Fohlen) KG i. v. oder i. m. SID bis BID, zeigt in vitro gute Aktivität gegen *Actinobacillus equuli* und Streptokokken, evtl. auch *Pseudomonas* spp., weniger gegen *Enterobacteriaceae* (MIC(90) = 0.125 microg/ml) und Staphylokokken, und ist ungeeignet gegen *Rhodococcus* spp.

Cephalosporine der 3. Generation sind ebenfalls Reserveantibiotika und sollten in der Veterinärmedizin restriktiv eingesetzt werden. Infrage käme **Ceftiofur** (2.2–4.4 mg/kg KG i. m. SID oder BID; bei Fohlensepsis 5–10 mg/kg KG i. v., i. m. oder s. c. TID oder BID). Ceftiofur kann nach i. m.-Gabe in der in der Lunge, der Synovial- und Peritonealflüssigkeit, im Urin, aber nicht im Liquor oder im Endometrium nachgewiesen werden. Wir brauchen es v. a. für respiratorische Infekte, auch inhaliert (250 mg in 10 ml 10%igem Alkohol, BID). Um das gramnegative Spektrum zu verbessern (z. B. bei Mischinfekten bei Cholangio-Hepatitis, Peritonitiden, Pleuropneumonien oder septischer Arthritis), kann es mit Aminoglykosiden kombiniert werden. Bei Arthritiden wird es auch intraartikulär (150 mg, pH 6.5) oder mit regionaler Stauungsantibiose i. v. (2 g) verabreicht. Ceftiofur hat ein breites Spektrum mit bakterizider Wirkung auf grampositive, auch β-Lactamase-produzierende Keime, sowie auf die meisten gram-negativen Keime. Ungenügend wirksam ist es aber in alleiniger Gabe gegen viele *S. aureus*-Isolate, Salmonellen und andere Enterobakterien mit multiplen Resistenzen, sowie gewisse Borrelien, Bordetellen und Mykoplasmen. Lokale Reizungen an der Injektionsstelle können vorkommen. Hoch dosiert, sind nach Ceftiofurgaben auch Durchfälle und Colitis beobachtet werden.

16.24.3 Makrolide und Azalide

Kombinationen von Macrolid-Antibiotika (Unterdrückung der Proteinsynthese durch Bindung an 50S ribosomale Untereinheit) mit Rifampicin (Hemmung der RNA-Polymerase) haben sich wegen der guten Lipidlöslichkeit und damit Verteilung und Penetration für die Therapie von Infekten mit intrazellulären Keimen, in der Pferdemedizin besonders bei *Rhodococcus-equi*-Infektionen der Fohlen (→3.6.6.3 & 16.8.2.2) bewährt.

Erythromycin wurde früher häufig beim Fohlen gegen *Rhodococcus equi* in Kombination mit **Rifampicin** (Rifampicin 5 mg/kg KG p. o. BID; darf wegen schneller Resistenzbildung nicht alleine verwendet werden) zur Bekämpfung der Lungenabszesse über mehrere Wochen angewendet. Dosierung: Erythromycin Estolat 20–25 mg/kg KG p. o. QID (Estolat oder Ethylsuccinat sind Ester, die magenresistent sein sollen). Erythromycin ist ein Motilin-Rezeptor-Agonist und wirkt im Darm prokinetisch und kann auch als solches verwendet werden (→4.2.4.2) Intramuskulär verabreicht ist es stark lokal reizend; beim Fohlen kann es Hyperthermie, Enteritis, und Leberschäden, beim adulten Pferd Durchfälle verursachen; auch tödlich verlaufende Colitiden bei Mutterstuten von mit Erythromyzin behandelten Fohlen sind beschrieben. Wegen dieser Nebenwirkungen wird Erythomycin nicht mehr häufig verwendet. In der Schweiz ist die orale Formulierung auch nicht mehr erhältlich.

Azithromycin (10 mg/kg KG p. o. zuerst eine Woche SID, dann jeden 2. Tag), ein Azalidantibiotikum, wird bei Fohlen mit Rhodokokkeninfekten trotz der höheren Kosten, zunehmend anstatt Erythromycin in Kombination mit Rifampicin gebraucht, weil es nur SID gegeben werden muss und wahrscheinlich weniger Nebenwirkungen verursacht. Es hat außerdem eine bessere Wirksamkeit gegen Anaerobier und gramnegative Bakterien als Erythromycin.

Clarithromycin (7.5 mg/kg KG p.o. BID) als besser erhältliche Alternative zu Erythromycin und Azithromycin in Kombination mit Rifampicin ebenfalls (trotz etwas weniger guter pharmakokinetischer Eigenschaften als Azithromycin) geeignet zur Behandlung abgekapselter (insb. *R. equi*) Infektionen.

Nebenwirkungen: Macrolidantibiotika sollten wegen der oben erwähnten gastrointestinalen Nebenwirkungen nicht bei erwachsenen Pferden verwendet werden. Außerdem kann auch **Rifampicin** unerwünschte Wirkungen wie eine orange Verfärbung des Urins und der Schleimhäute, eine verfälschte Erhöhung von Leberenzymaktivitäten, Appetitverlust und selten Durchfälle und Colitis verursachen.

16.24.4 Aminoglykoside

Aminoglykoside hemmen die Proteinsynthese durch Bindung an die 30 S ribosomale Untereinheit und somit einen Ablesefehler der mRNA verursachen. Sie wirken dosisabhängig mit einem guten post-antibiotischen Effekt, haben v. a. ein gram-negatives Wirkungsspektrum, und allgemein ist ihre Penetration in Zellen und Gewebe schlecht. **Streptomycin** ($T_{1/2}$ 2–3 h) oder Dihydrostreptomycin (15–25 mg/kg KG i. m. BID) wird wegen weitverbreiteten Resistenzen bei uns nicht mehr gebraucht. Hingegen sind **Gentamicin** ($T_{1/2}$ 4 h; 6.6 mg/kg KG i. v. BID), **Amikacin** und **Neomycin** grundsätzlich gegen gramnegative Keime gut wirksam, Gentamicin ist aber auch brauchbar gegen *Pseudomonas, Proteus,* Klebsiellen, Mykoplasmen, Staphylokokken. Intrazelluläre Keime, wie Salmonellen und Brucellen sind oft resistent, und Aminoglykoside wirken nicht gegen Anaerobier, weil ihre Aufnahme in die Bakterien auf einem sauerstoffabhängigen Transportmechanismus beruht. Die **Kombination mit Penizillin** deckt auch gram-positive Keime ab und wirkt synergistisch (s. o.). Das teurere **Amikacin** (21–25 mg/kg KG i. v. SID) hat das breiteste Wirkungsspektrum (insbesondere gegen Enterobacteriacae, *E. coli, Klebsiella pneumoniae*) und wird bei Gelenkinfekten sowie, ebenfalls in Kombination mit Penizillin, vor allem bei Fohlensepsis verwendet. Aminoglykoside werden vom Darm nicht resorbiert, gehen schlecht durch Drüsenepithelien in den Liquor und wirken kaum im sauren, hyperosmolaren und anaeroben Milieu von Abszessen und nekrotischem Material. Sie zeigen **Nieren- und Oto- (Neuro-)toxizität** (Erstere beim Tier wichtiger als Letztere) und akkumulieren sich im Organismus bei Niereninsuffizienz. Außerdem können Aminoglykoside, insbesondere in Kombination mit Anästhetika, mit der Wirkung von Acetylcholin an nikotinischen Rezeptoren interferieren und sollten bei Botulismus nicht verabreicht werden. Bei bakteriellen Bronchitiden und v. a. Bronchopneumonien kann Gentamicin mit Verdampfer zusammen mit der systemischen Gabe ergänzend auch gut per inhalationem gegeben werden (250 mg in 5 ml, BID).

Neomycin wird heute nur sehr selten systemisch angewendet; per os (bis 40 mg/kg KG) gegen *E. coli*-Enteritis (wirkt nur im Darmlumen), wird aber, wie auch **Lincomycin** und **Clindamycin** verdächtigt, beim Pferd Colitis auszulösen (wie Tetrazykline).

16.24.5 Tetrazykline

Tetrazyklin, Chlortetrazyklin, Oxytetrazyklin ($T_{½}$ 10.5 h für Pferde) sind Breitspektrumantibiotika, die ebenfalls die Proteinsynthese durch Bindung an die 30S ribosomale Untereinheit hemmen, und sie wirken gegen Mykoplasmen, Chlamydien und Rickettsien, sowie Anaplasma. Dagegen sind Enterokokken, Staphylokokken, *Pseudomonas, E. coli,* Klebsiellen und *Proteus* spp. meist resistent. Sie können beim Pferd nierentoxisch wirken und auch eine tödlich ausgehende Colitis erzeugen (bei der Clostridien überwuchern), vor allem dann, wenn gleichzeitig eine Stresslage für das Pferd geschaffen wird (z. B. Operation mit Narkose), und sollten deshalb beim Pferd nur mit Vorsicht (wahrscheinlich bestehen regionale Unterschiede in der Sensibilität der Darmflora) oral angewendet werden. Sie sollten auch nicht i. m. oder schnell i. v. (Chelierung von Ca-Ionen mit Kollaps aufgrund von Hypokalzämie) gegeben werden, sondern in 1 Liter physiologischer NaCl-Lösung über eine halbe Stunde. Bei Fohlen unter einem Alter von 4 Monaten sind Tetrazykline nicht indiziert mit Anwendung bei Infekten mit Chlamydien, *Borrelia, Lawsonia* und v. a. Rickettsien und *Anaplasma.* Allgemein sind Resistenzen gegen Tetrazykline relativ häufig, und ein Antibiogramm ist unbedingt erforderlich. Oxytetrazyklin wird auch zur Behandlung von Flexordeformitäten beim Fohlen (Kalziumchelierungseffekte) verwendet, und Doxyzyclin hat interessante antientzündliche und antifibrotische Effekte.

Oxytetrazyklin wird mit 5–10 (meist 6.6) mg/kg KG in 1 L NaCl langsam i. v. SID dosiert. Doxyzyclin 10 mg/kg p. o. BID.

16.24.6 Chloramphenicol

Chloramphenicol ist ein vom Darm resorbierbares Breitspektrumantibiotikum mit einer Halbwertzeit von etwa 1 h beim Pferd, das durch Bindung an die 50S ribosomale Untereinheit die bakterielle Proteinsynthese hemmt. Dank seiner guten Fettlöslichkeit verteilt sich Chloramphenicol sehr gut in allen Körperkompartimenten, inkl. des ZNS, und penetriert auch Abszesse gut. Chloramphenicol kann auch i. v. gegeben werden (gleiche oder etwas herabgesetzte Dosis). Seltene, tödliche Zwischenfälle unter oder kurz nach der Injektion sind bekannt geworden. Aus zwei sich einigermaßen widersprechenden Gründen hat dieses hochwirksame und, trotz deutlichen Veränderungen sowie Resistenzbildung in der Darmflora, oral gut verträgliche Mittel mit breitem Wirkungsspektrum viel von seiner Popularität eingebüßt:

1. Weil es u. U. bei Menschen mit Typhus oder *Hämophilus*-Meningitis lebensrettend ist, sollte Resistenzzüchtung möglichst vermieden werden; das verbietet den Gebrauch gegen triviale Infekte.

2. Weil es beim Menschen gelegentlich (1:30 000; nicht dosisabhängig!) eine irreversible Knochenmarksschädigung mit fataler Anämie verursacht, ist sein Gebrauch bei Nutztieren gänzlich verboten. Bei der Verabreichung bei Heimtieren (sofern erlaubt) sind entsprechende Vorsichtsmaßnahmen (Pulver-, Pastenpräparate: Handschuhe, Maske) einzuhalten. Dazu kommt eine dosisabhängige reversible Hemmung der Produktion von Knochenmarkszellen, Beeinflussung der Pharmakokinetik anderer Medikamente (z. B. nicht steroidaler Entzündungshemmer) und Hemmung der Antikörperproduktion (nicht gleichzeitig impfen). Es ist also sicher kein Allzweckmittel und darf nur sehr restriktiv eingesetzt werden. Gerechtfertigt ist der Gebrauch bei Infekten der Pferde z. B. mit Salmonellen oder *Hämophilus*-Arten und als oral verabreichbare Alternative bei der Langzeittherapie von Pleuropneumonien, Pleuritis, Arthitiden oder Abszessen. Die Dosierung beträgt 20–55 mg/kg KG p. o. QID.

16.24.7 Sulfonamide

Sulfonamide sind seit über 50 Jahren in Gebrauch und immer noch nützliche Chemotherapeutika, die auch p. o. angewendet werden können und ein relativ breites bakterielles Spektrum abdecken. Sulfonamide sind Säuren, die zur Injektion in Natriumsalze umgewandelt werden müssen, um gut löslich zu sein. Die Lösungen sind stark alkalisch. **Sulfadimidin** (-Natrium) ist beim Pferd erprobt. Es hat eine Halbwertzeit von etwa 10 h und wird 7 mg/kg KG p. o., i. m. oder i. v. BID dosiert, um 5 µg/ml im Plasma zu erzielen. Für höhere Konzentrationen verwendet man auch 15 mg/kg KG BID.

Die Kombination mit **Trimethoprim** (ein Teil Sulfonamid, 5 Teile) soll eine erhöhte Wirksamkeit gegen viele Keime geben, weil die Folsäuresynthese synergistisch gehemmt wird. Verwendet wird z. B. 5 mg/kg **Trimethoprim** und 25 mg/kg KG **Sulfadiazin** BID-TID. Beim Pferd gilt für beide Komponenten eine $T_{½}$ von 3–4 h. Typische Anwendungen beim Pferd sind Harnwegsinfekte, weil Sulfonamide renal ausgeschieden werden und sich im Harn anreichern, sowie auch die häufigen Streptokokkeninfekte oder diejenigen mit *Actinobacillus equuli*. Allerdings sind Resistenzen häufig und nehmen zu! Potenzierte Sulfonamide sind denn auch oft weniger wegen ihrer Wirksamkeit und Zuverlässigkeit verwendet, als vor allem weil sie einfach oral verabreicht werden können. **Nebenwirkungen:** Trimethoprim/Sulfadiazin i. v. sollte nicht schnell und vor allem nicht in Kombination mit Detomidin ($α_2$-Agonist) verwendet werden (Herzarrhythmien und Blutdruckabfall)! Sulfonamide können lokal irritierend wirken und sollten v. a. oral gegeben werden; Colitiden sind zwar beschrieben, wurden aber bei uns über Jahrzehnte nie beobachtet (geografisch unterschiedliche Empfindlichkeit der Darmflora?). Nicht regenerative Folsäure-Mangel Anämien wurden bei uns ebenfalls nicht beobachtet, dagegen ist bei langzeitigem, hoch dosiertem Einsatz eine reversible Neutropenie wahrscheinlich häufig.

16.24.8 Fluoroquinolone

Diese Gruppe synthetischer Antibiotika hemmt die bakterielle DNA-Gyrase mit Breitspektrumaktivität gegen die meisten gram-negativen (einschließlich z. B. *Pseudomonas aeruginosa* und Enterobacteriaceae) und einige gram-positive Keime (insb. Staphylokokken) sowie intrazelluläre Keime wie *Mycoplasmen*, *Chlamydien* und *Rickettsien*, aber nicht gegen Anaerobier. Fluoroquinolone sind gut fettlöslich und verteilen sich deshalb gut (inkl. Knochen und Lunge); die orale Absorption ist für **Enrofloxacin** wesentlich besser als für **Ciprofloxacin**. Bei oraler Verabreichung können Ulzerationen im Maul auftreten und auch Colitis, insbesondere nach Ciprofloxacin. Es ist unklar (widersprüchliche Informationen), ob die bei Kindern und Welpen beschriebenen Arthropathien beim Fohlen ebenfalls ein Problem darstellen. Interessant sind sie für uns v. a. wegen ihrer Wirksamkeit gegen gewisse, Aminoglykosid- und penizillinresistente, gram-negative Keime und Staphylokokken (zunehmende Fluoroquinolonresistenzen in der Humanmedizin!), besonders bei der Behandlung von Arthritiden, Osteomyelitiden, Wundinfekten, infizierten Thrombophebitiden und gram-negativen Pneumonien etc. Wir brauchen Enrofloxacin (5 mg/kg KG i. v. SID oder 7.5 mg/kg KG p. o. SID) bei Pferden und Fohlen.

16.24.9 Metronidazol

Dieses lipophile Antibiotikum, das die bakterielle DNA-Synthese stört, verteilt sich gut, inklusive in Abszessen, Knochen und ZNS, und hat eine hohe Wirksamkeit gegen Anaerobier, wie *Clostridien* spp., *Fusobacterium* spp., penizillinresistente *Bacteroides fragilis* sowie Protozoen. Wegen karzinogener Effekte bei Langzeittherapie ist Metronidazol für den Gebrauch bei Lebensmittelproduzenten verboten. Klinisch beschränken sich die Nebenwirkungen aber auf vorübergehende, z. T. ausgeprägte Anorexie, insb.

bei oraler Verabreichung (15–20 mg/kg KG initial, gefolgt von 7.5–10 (–20 mg) mg/kg KG p. o. BID bis QID, je nach Verträglichkeit). Es kann auf eine rektale, bei etwas schlechterer Absorption, oder i. v. Verabreichung ausgewichen werden. Wegen beschriebener teratogener Effekte bei schwangeren Frauen wird empfohlen, Metronidazol bei Stuten nicht im ersten Trimester der Trächtigkeit zu verwenden. Indikationen sind Pleuropneumonien und Lungenabszesse mit Anaerobiern, Clostridien-Enteritiden bei Fohlen (auch präventiv bei Bestandsproblemen), Duodeno-Jejunitis, Peritonitis sowie (nicht bei uns) Colitiden erwachsener Pferde.

16.24.10 Glykopeptid-Antibiotika

Vancomycin (7 mg/kg KG i. v. über 30 Minuten TID) stört die die Synthese des bakteriellen Zellwand-Peptidoglykans, hat aber eine schlechte Verteilung im Körper und eine ungenügende orale Bioverfügbarkeit. Dieser Wirkstoff stellt in der Humanmedizin ein sogenanntes **Reserveantibiotikum** für lebensbedrohliche, meist nosokomiale Infekte, sowie bei antibiotikaassoziierter, pseudomembranöser Enterocolitis und Unverträglichkeit gegen andere Antibiotika dar. Vancomycinresistente Enterokokken und neuerdings auch Staphylokokken werden bereits beobachtet. Aus diesem Grund sollte Vancomycin in der Veterinärmedizin nicht verwendet werden.

Weiterführende Literatur

HAGGETT E. F., WILSON W. D.: Overview of the use of antimicrobials for the treatment of bacterial infections in horses (Tutorial Article). Equine vet. Educ. (2008) 20 (8): 433–448.

MORLEY P. S., APLEY M. D., BESSER T. E., BURNEY D. P., FEDORKA-CRAY P. J., PAPICH M. G., TRAUB-DARGAT J. L., WEESE J. S.: Antimicrobial Drug Use in Veterinary Medicine – ACVIM Consensus Statement. J Vet Intern Med 2005; 19: 617–629.

REED S. M., BAYLY W. M., SELLON D. C. (Hrsg.): Mechanisms of Infectious Disease and Disorders of Specific Body Systems. In: Reed S. M., Bayly W. M., Sellon D. C.: Equine Internal Medicine, 3rd edition, Saunders Elsevier, St. Louis 2010.

SELLON D. C., LONG M. T. (Hrsg.): Section III: Bacterial and Rickettsial Diseases. In: Equine Infectious Diseases, 2nd edition, Elsevier, St. Louis, 2013.

VAN DER KOLK J. H., VELDHUIS KROEZE E. J. B.: Infectious Diseases of the Horse. Manson Publishing Ltd, London, UK, 2013.

17 Protozoen-Infektionen

V. Gerber und R. Straub

Die größte praktische Bedeutung unter den Protozoonosen des Pferdes haben unter unseren Verhältnissen die Piroplasmosen (*B. caballi* und *T. equi*) und in Nordamerika die Sarkozystose *(Sarkocystis neuronae)*. Die Verbreitung ist wie bei allen vektorübertragenen Infektionen, und das sind die Protozoonosen mit Ausnahme der Beschälseuche in der Regel, grundsätzlich an das Vorkommen der entsprechenden stechenden Insekten oder Spinnentiere (Zecken) gebunden. Equine Protozoonosen findet man darum v. a. in tropischen und subtropischen Zonen weltweit. Diese Erreger lassen sich aber ebenso leicht durch nicht steriles Injektionsmaterial übertragen, und beim heutigen lebhaften interkontinentalen Pferdeverkehr ist es wichtig, über «Reisekrankheiten» auf dem Laufenden zu sein. Gerade auch bei den Protozoeninfekten ist daran zu denken, dass der Nachweis, insb. nur serologisch, eines derartigen Organismus im Pferd nicht automatisch ein pathogenes Potenzial oder gar die Ursache für die z. T. unspezifischen Symptome bedeutet.

17.1 Trypanosomosen

Als Synonym für Trypanosomose findet sich in der engl. Literatur auch Trypanosomiasis. Verschiedene Arten der Gattung *Trypanosoma* verursachen Krankheiten, die im Allgemeinen nur für tropisch-subtropische Gebiete von Bedeutung sind. Allerdings lassen sich manche dieser Erreger offenbar morphologisch gar nicht, serologisch sowie genotypisch nur unklar differenzieren. Die klassische Zuordnung dieser Spezies und der entsprechenden Krankheitsbilder beim Pferd ist darum gegenwärtig nicht eindeutig. Eine interessante Hypothese ist die, dass die klinische Ausprägung eher eine Funktion des Wirtsimmunsystems und/oder des Klimas, denn der erregerspezifischen Infektion sei.

17.1.1 Trypanosoma equiperdum

T. equiperdum ist der Erreger der Beschälseuche («Dourine»)

Die Beschälseuche ist eine Deckseuche des Pferdes. Andere Equiden, insb. Esel, können auch, aber weniger deutlich erkranken und ggf. als Reservoir dienen. Die Dourine gehört zu den anzeigepflichtigen Tierseuchen. In Westeuropa gilt sie als ausgerottet, hat aber in Südost- und Osteuropa, Afrika, Asien und Nordamerika noch Bedeutung. Die Parasiten werden beim Deckakt, bei der Besamung oder bei der Reinigung der Geschlechtsteile übertragen. Die Inkubationszeit beträgt bis zu 7 Monaten. **Symptome:** Fieber, Ödeme, Nesselfieber (Abb. 1.5) und Geschwüre auf der Genitalschleimhaut, die später zu unpigmentierten Narben abheilen, knotige Schwellungen der Haut, Lähmungserscheinungen und starke Abmagerung im fortgeschrittenen Stadium. Symptomatik und Schweregrad können offenbar je nach Erregerstamm und Empfänglichkeit des Wirtes (Pferd mehr als Esel; importierte mehr als einheimische Pferde) variieren. Die **Diagnose** liefern die typischen Symptome unterstützt durch Laboruntersuchungen (Mikroskopischer Nachweis, PCR, KBR und Immunfluoreszenz Technik), dieser ist aber nicht spezifisch für *T. equiperdum*). Differenzialdiagnostisch kommt für die Hautveränderungen vor allem das coitale Exanthem (EHV-3 →15.3.3.3) infrage, mit dem die Dourine früher wahrscheinlich oft verwechselt wurde.

17.1.2 Trypanosoma evansi

Trypanosoma evansi als Erreger der Surra (Murrina, Mal de caderas) wurde 1880 in Indien entdeckt. Es sind die Krankheitserreger der Surra, einer Tierseuche, die vor allem bei Pferden und Kamelen in Nordafrika, im Nahen und Mittleren Osten, in Asien und in Lateinamerika auftritt. Beim Menschen ist bis heute nur ein Fall in Indien eines erkrankten Menschen beschrieben. Der ursprünglich *Trypanosoma equinum* genannte Erreger der Krankheit Mal de Caderas, einer Seuche bei Pferden in Südamerika, wird heute zur *Trypanosoma evansi* gezählt. Der Parasit wird durch Bremsen, gemeine Stechfliegen und Fledermäuse übertragen. **Symptome:** Fieber, Ödeme, Anämie, extreme Abmagerung. Ataxie u. a. **Diagnose:** Mikroskopischer Nachweis, PCR. **Therapie:** Verschiedenen Antiprotozoika, z. T. mit deutlichen Nebenwirkungen und Risiken, werden bei Surra eingesetzt: Suramin (10 mg/kg KG, nach einer Woche wiederholt), Quinapyramidin Sulfat, Isometamidium oder Melarsen Oxid.

17.1.3 Trypanosoma brucei brucei

T. brucei Brucei ist der Erreger der Nagana eine in Afrika auftretende, durch Tsetsefliegen übertragene Tierseuche. Sie ist, wenn nicht frühzeitig diagnostiziert meist tödlich für Pferde, Esel, Hunde, Katzen und verschiedene Nagetiere. Rinder erkranken selten. Nicht zu verwechseln mit der humanpathogenen *Trypanosoma brucei gambiense & rhodesiense*, den Erregern der Schlafkrankheit des Menschen. Die von *T. brucei brucei* verursachte Symptomatik deckt sich aber mit der von *T. congolense* und *T. vivax* (auch in Süd- und Mittelamerika). Die Differenzierung ist auch mit Labortest nicht einfach. Symptome, Diagnose und Therapie wie bei Surra.

17.2 Leishmanien

Die Leishmaniose ist weltweit bei Tier und Mensch verbreitet. Verbreitungsgebiete sind vor allem die tropischen Gebiete in Amerika und das östliche Afrika, aber auch der Mittelmeerraum und Asien. Hunde und Nager scheinen das Hauptreservoir der Leishmanien zu sein. Der Erreger benötigt für seine Entwicklung zwei Wirte, ein Stechinsekt und einen Säuger, wo sich die Entwicklungsform in Makrophagen aufhalten und vermehren. Pferde sind Fehlwirte. **Symptome:** Weil Leishmanien nahezu alle Organsysteme befallen können, kann sich die Krankheit sehr vielfältig gestalten. Der größte Teil der erkrankten Patienten leiden an Hautleishmaniose mit atypischen Effloreszenzen wie Alopezie, Schuppenbildung, Pusteln, Geschwüren, Knötchenbildung durch eingewanderte Makrophagen hervorgerufen. Die viszerale und muko-kutane Leishmaniose ist offenbar sehr selten oder kommt beim Pferd nicht vor. Aber auch angesichts des zoonotischen Potenzials, ist die Ausbreitung dieser Erreger im Auge zu behalten. Ein potenzieller Vektor, die Sandmücke *Phlebotomus mascittii*, verbreitet sich zunehmend in Zentraleuropa, außerdem scheinen viele «Findelhunde», die aus den Ferien im Süden (v. a. Spanien) nach Hause mitgebracht werden, infiziert zu sein. Es ist unwahrscheinlich, dass der gelegentliche Nachweis von *Leishmania* sp. beim Pferd gegenwärtig eine größere Bedeutung bekommt. Immerhin wurde auch in Europa, v. a. in Spanien, aber auch in der Schweiz und Deutschland, kutane Leishmaniose *(L. infantum)* nachgewiesen.

Symptome und **Diagnose:** Bei knotigen, nässenden bis ulzerativen Läsionen, die mit Sarkoiden verwechselt werden können (→1.3.1.2), ist differenzialdiagnostisch an kutane Leishmaniose zu denken. Die Diagnose wird histopathologisch (Erregernachweis mittels Giemsa-Färbung in Granulomen) gesichert.

Therapie und **Prognose:** Diese Läsionen können z. T. auch ohne spezifische antiprotozoäre (Kombination: Antimykotikum-Amphotericin B und Antibiotikum-Aminosidin) innert Monaten abheilen. Auch die Therapie mit Natrium Stiboglukonat (cave! Nebenwirkungen), einem spezifischen Wirkstoff gegen Leishmanien, wird beim Pferd beschrieben.

17.3 Giardien und Kryptosporidien

Möglichweise ist die Giardiose der Hunde und Katzen die häufigste Darmparasitose in den westlichen Industrieländern. Die Genotypen gelten zwar als weitgehend wirtsspezifisch, doch gibt es auch solche die tierartübergreifend bei Tieren und Menschen vorkommen. Im Vergleich zu Europa werden in Nordamerika recht häufig Giardia-Zysten (*Giardia duodenalis*, auch *G. lamblia* und *G. intestinalis* genannt), auch Zysten von **Kryptosporidien** (*Cryptosporidium* spp.) im Pferdekot nachgewiesen, sie sind aber – außer wegen ihres zoonotischen Potenzial (!) – klinisch nicht von großer Bedeutung, weil die Infektionen in den meisten Fällen asymptomatisch verlaufen. **Symptome:** Die Giardiose wie auch die Kryptosporidiose können selten, vorwiegend bei Jungtieren und geschwächten Tieren aufgrund einer Enteritis, zu anhaltenden Durchfällen, Abmagerung und Appetitlosigkeit führen. **Diagnose:** Bei der üblichen parasitologischen Kotuntersuchung werden Giardia-Zysten nur im Ausnahmefall diagnostiziert. Es sind geeignete Flotationsmethoden (Zinksulfatlösung) oder ELISA-Tests anzuwenden. **Therapie** der Wahl sind Halofuginone. Weitere Informationen zu Differenzialdiagnosen und Therapie der Durchfallerkrankungen liefert →4.2.6.2.1.

17.4 Trichomonaden

Viele Trichomonaden sind nur gering oder fakultativ pathogen. *Trichomonas equi* kommt im Darmtrakt vor und kann unter Umständen zu Enteritis führen. *Trichomonas equibuccalis* findet man vor allem auf dem Zahnfleisch von Pferd und Esel und hat klinisch keine Bedeutung. In einer Studie wurde bei über einem Drittel gesunder Pferde *Trichomonas equi* als normaler Kommensale nachgewiesen. **Diagnose:** Der Nachweis von Trichomonaden im Kot (PCR-Methode), ob mit oder ohne Durchfall, genügt nicht für den Nachweis ihrer Pathogenität. Eine **Therapie** mit Metronidazol oder Fenbendazol ist nur bei klinisch eindeutiger Symptomatik gerechtfertigt.

17.5 Klossiella

Oozysten von *Klossiella equi* können gelegentlich weltweit bei Pferden und anderen Equiden in den Nieren nachgewiesen werden. Die Schizonten entwickeln sich im Glomerular- und Tubulusepithelium, was zu leichtgradiger multifokalen lymphoplasmazellulären interstitiellen Nephritis führen kann. In seltenen Fällen kann es einer klinisch manifesten Nierenkrankheit führen.

17.6 Kokzidien

17.6.1 Eimerien

Bei systematischen Kotuntersuchungen lässt sich *Eimeria leuckarti* und andere *E.* spp. (früher *Globidium leuckarti*) bisweilen nachweisen (z. T. bei 40–80 % der Fohlen, eher selten bei Erwachsenen), doch ist in unserem Krankengut nicht ein einziger Fall mit klinischen Symptomen zu finden und auch experimentelle Infektionen rufen offenbar keine manifeste Erkrankung hevor. Die wenigen Berichte über klinische Krankheitsfälle überzeugen nicht. Bei einem begründeten Verdacht, dass nachgewiesene Eimerienoozysten für einen gleichzeitigen Durchfall verantwortlich seien, wäre eine Sulfonamidbehandlung (z. B. Sulfadimidin 7–15 mg/kg p. o. KG SID) zu empfehlen (→4.2.6.1).

17.6.2 Sarkozysten

Sarcocystis neurona gilt als sicherer Erreger der «**Equinen protozoären Enzephalomyelitis**» («*equine protozoal myeloencephalitis*», EPM). Der Erreger mit zweiwirtigem Lebenszyklus benützt viele Zwischenwirte, ist aber anscheinend auf das Opossum als Endwirt angewiesen. Das Pferd ist ein Fehlwirt und stellt epidemiologisch eine Sackgasse ohne weitere Verbreitung des Organismus dar. Die Infektion (Seroprävalenz) ist aber in Nord- und Südamerika weit verbreitet und gebietsweise häufig. Die EPM ist in Europa, Asien und Australien nur bei aus Nord- oder Südamerika importierten Pferden nachgewiesen worden. Es ist aber daran zu denken, dass in seltenen Einzelfällen nach Infektionen mit *Toxoplasma gondii* sowie *Neospora caninum* und *N. hughesi* praktisch identische protozoäre Myeloenzephalitiden bei Pferden nachgewiesen wurden. Nur ein relativ kleiner Teil der Pferde erkrankt klinisch, Stress und Immunsuppression erhöhen das Risiko. Entsprechend der multifokalen oder diffusen, unregelmäßigen und zufälligen Verteilung der Läsionen, sowohl in der weißen als auch in der grauen Substanz von Rückenmark, Hirnstamm und/oder Hirn, können sich neurologische Ausfälle unterschiedlichster Art manifestieren.

Symptome: Die Myelitis äußert sich vor allem als Gangstörungen (atypische Lahmheit, Ataxie, Spastizität und/oder Parese bis zur Gehunfähigkeit), aber u. a. kommen auch asymmetrische Muskelatropie (u. a. Masseter, Gluteus), Amaurose und auch Verhaltensstörungen vor. Weitere, ebenfalls meistens asymmetrische Symptome wie Hirnnervenausfälle, zerebelläre und zerebrale Störungen äußern sich u. a. mit Dysphagie, Kopfschiefhaltung, Drängen nach einer Seite, seltener durch Blindheit, Head-shaking oder generalisierte Krämpfe. Auch sensorische (Hypalgesie), reflektorische (Hyporeflexie) und sympathische (z. B. lokales Schwitzen) Störungen sind möglich.

Die **Diagnose** kann intra vitam durch den Nachweis von Antikörpern im Blut (Westernblot) oder, wesentlich spezifischer, im Liquor (cave! Kontamination mit Blut, falsch positive Ergebnisse sind möglich) unterstützt werden. Die Diagnose kann nur post mortem gesichert werden. Unter unseren Verhältnissen ist am lebenden Pferd eine saubere Differenzierung von anderen Formen der Ataxie oder überhaupt von zentralnervösen Affektion nicht möglich (z. B. EHV-1-Myelitis und Enzephalomyelitis; zerebraler Vaskulitis; Traumen usw.). Die Krankheit kann auch wie eine Cauda equina Neuritis oder irgendeine andere Affektion peripherer Nerven (Radialislähmung; Fazialistrauma; «Head-Shaking»-Trigeminusneuritis) aussehen. Zur Differenzialdiagnose verweisen wir auf die Ausführungen im Kapitel Krankheiten des Nervensystems (→6.3.1.7).

Therapie: Neben Entzündungshemmern (v. a. nicht steroidalen Entzündungshemmern, DMSO; cave! bei Kortikosteroiden wegen immunsuppressiver Wirkung) werden unterstützend auch Immunstimulantien (z. B. Levamisol, 1 mg/kg KG SID während 2 Wochen als Immunstimulans und Anthelmintikum) und Vitamin-E-Gaben (6000–10 000 IU 500 kg KG p. o. SID während ganzer Therapieperiode) gebraucht. Die eigentliche antiprotozoäre Therapie mit Kokzidiostatika v. a. Diclazuril, Nitrozoxanid, Toltrazuril und insb. sein Metabolit Ponazuril (5 mg/kg KG SID während 28 Tagen oder, immer noch verwendet, Trimethoprim-Sulfadiazine (5–25 mg/kg KG p. o. SID respektive TID), mit Pyrimethamin (1–2 mg/kg KG p. o. SID) über Monate (cave! Folsäuremangel-Anämien, Thromobozytopenien, Neutropenien) soll bei frühzeitigem Therapiebeginn eine Erfolgsrate von 50–75 % haben. Es ist aber schwierig oder unmöglich vorherzusagen, ob Defizite zurückbleiben oder Rezidive auftreten.

Sarcocystis equicanis benutzt das Pferd als Zwischenwirt, der Endwirt ist der Hund. In den herbivoren Zwischenwirten wird der

Sarcocystis-Befall in der Regel als symptomlose «**Muskelsarkosporidiose**» nachgewiesen. Weiter werden beim Pferd sehr selten auch Infektionen mit *S. fayeri*, ebenfalls mit dem Hund als Endwirt und mit multifokaler granulomatöser Myositis, beschrieben.

17.7 Toxoplasmen und Neosporidien

Die Toxoplasmose ist eine beim Pferd klinisch sehr seltene, allgemein aber häufig auftretende Infektionskrankheit, mit dem Hauptwirt Katze, die aber selber selten erkrankt. Als fakultative Zwischenwirte, die erkranken können, dienen alle anderen Säugetiere, einschließlich des Menschen. *Toxoplasma gondii*, sowie *Neospora caninum und N. hughesi*, die in ihren morphologischen Formen und Vermehrungzyklen *T. gondii* sehr ähnlich sind, rufen in seltenen Einzelfällen neurologische Läsionen und Ausfälle hervor, die praktisch identisch mit denjenigen der EPM sind. *N. hughesi* soll auch Stutenaborte und neuromuskuläre Erkrankungen bei Neugeborenen verursachen. Grundsätzlich scheint das Pferd weitgehend resistent zu sein. Asymptomatische *T. gondii*- und *N. caninum*-Infektionen bei Pferden konnten auch in Europa nachgewiesen werden. Allerdings ist die Prävalenz, wenigstens in der Schweiz und in Schweden, tief. Wie das Pferd in den Lebenszyklus dieser Protozoen passt und wie es infiziert wird, ist kaum untersucht. Nahe verwandt mit den *Toxoplasma gondii* sind die Kryptosporidien. *Cryptosporidium parvum* verursacht Fohlendurchfälle in der 2.–4. Lebenswoche (→4.2.6.2.1).

17.8 Besnoitia

Die hoch febrile Infektion ist seit Langem beim Rind bekannt und führt zu knotigen Verdickungen der Haut (Elefantenhautkrankheit) und Schleimhaut. Erstmals im 19. Jh. in Frankreich und Portugal diagnostiziert, tritt sie heute vorwiegend in Afrika, Asien und Südamerika auf. *Besnoitia benetti* benutzt Equiden als Zwischenwirte. Manifeste **Krankheitsbilder** mit miliären Knötchen der parasitären Zysten in der Haut (vorwiegend Nüstern, Ohren, Perinäum, Innenschenkel) und nasalen, pharyngealen, konjunktivalen und skleralen Schleimhäuten werden beim Pferd und Esel erwähnt, doch lässt sich die Bedeutung nicht mit derjenigen vergleichen, die die Besnoitiose *(B. besnoiti)* beim Rind in Afrika erlangt. Der diagnostische **Nachweis** gelingt mittels histologischer Untersuchung biopsierter Läsionen. Für die **Behandlung** gibt es gegenwärtig keine dokumentiert wirksamen Optionen. Ponazuril war bei einem Ausbruch offenbar wirkungslos (→17.6.2).

17.9 Piroplasmen (Babesien und Theilerien)

Die equine Piroplasmose wird von den apikomplexen Protozoen *Theileria equi* (früher *Babesia equi, Piroplasma equi, Nuttallia equi, Nuttallia asini)* oder *Babesia caballi* verursacht und ist gekennzeichnet durch Fieber, hämolytische Anämie, Ikterus und Schwäche. Sie verläuft akut, selten perakut, am häufigsten aber subakut bis chronisch. Primär subklinische und chronisch-asymptomatische Infektionen (bei *B. caballi* meist Monate bis ca. 4 Jahre, bei *T. equi* meist lebenslang!) kommen vor.

Die Babesiose ist dort von Bedeutung, wo Pferde den Überträgern, v. a. Schildzecken (z. B. *Rhipicephalus, Hyalomma, Dermacentor* für *T. equi* auch *Boophilus microplus)*, ausgesetzt sind. Die Bedeutung ist demnach von Region zu Region (und von Haltungssystem zu Haltungssystem) verschieden. Weltweit gelten offiziell nur die USA, Kanada, Australien und das UK als piroplasmosefrei. Diese Länder haben entsprechende Importrestriktionen beim Pferdeverkehr.

In der Schweiz haben sich *Dermacentor* und *Rhipicephalus* und mit ihnen die equine

Piroplasmose in den letzten Jahrzehnten ausgebreitet. Neben der Verbreitung durch den Transport von infizierten Pferden und Zecken spielen wahrscheinlich Klimaerwärmung und die vermehrte Außenhaltung von Pferden für die Etablierung der Krankheit eine Rolle. Im Stall gehaltene Sportpferde sind aber praktisch ungefährdet, solange sie nicht mit unsterilem Material oder Blutprodukten (bei Rennpferden wurden viele Fälle auf «Blutdoping» zurückgeführt) infiziert werden. Am empfindlichsten scheinen Pferde zu sein, dann folgt der Esel, wenig empfindlich ist offenbar das Maultier. *Theileria equi* erreicht eine Größe von 1.5–4 µm. Der Organismus ist rund-ovoid bis birnenförmig, und im Gegensatz zu den meisten Babesien scheint bei *T. equi* keine trans-ovarielle Übertragung bei Zecken vorzukommen. Der Erreger vermehrt sich nicht nur in roten, sondern v. a. auch initial in weißen mononukleären Blutzellen, v. a. Lymphozyten. Pro Erythrozyt ist oft nur ein Parasit anzutreffen. Manchmal sind allerdings vier in Form eines Malteserkreuzes angeordnete Organismen zu sehen. In akuten Phasen kann die Parasitämie hochgradig sein mit Befall von bis zu 80 % aller Erythrozyten. Normalerweise liegt die Parasitämie aber bei 1–7 %. Die Länge der Protozoen ist kleiner als der Radius des Erythrozyten.

Babesia caballi hat eine Länge von bis zu 6 µm. Der Organismus ist somit größer als der Radius der Erythrozyten. Eine Infektion von 0.1–1 % der Erythrozyten, in akuten Stadien auch mehr, kann als typisch bezeichnet werden. Meistens liegt der Parasit paarweise in den Erythrozyten.

Pathogenese: *T. equi* ist weit pathogener als *B. caballi*. Die Invasion der Erythrozyten und die Vermehrung der Parasiten können in akuten Fällen eine massive Erythrozytenzerstörung verursachen. Der Hämatokrit kann bei einer *T. equi*-Infektion auf 0.05 l/l fallen, die Erythrozytenzahl auf weniger als 2×10^{12} g/l betragen. Es bestehen eine Hämoglobinämie und ein Ikterus als Folge der Hämolyse, daneben, vor allem bei Befall mit *T. equi*, auch eine Hämoglobinurie (Nierenschäden). Das Blutbild ist auch durch eine Monozytose gekennzeichnet.

«Steckbrief» Piroplasmose

- Die equine Piroplasmose wird von *T. equi* und *B. caballi* verursacht und kommt (außer in den USA?, Kanada, Australien und dem UK) weltweit vor. Regionale Verbreitung aber von den Vektorzecken abhängig und meist auf wärmere, insb. (sub-)tropische Gebiete beschränkt. In der CH zunehmende Ausbreitung der Vektorzecken.
- Viele Piroplasmosefälle asymptomatisch, in endemischen Gebieten die Mehrheit; Verlauf kann aber auch akut und hochgradig sein.
- **Symptome:** *T. equi* ist weit pathogener als *B. caballi* mit stärkerem Befall der Erythrozyten, deutlicheren klinischen Symptomen (u. a. Fieber, Apathie, Inappetenz, blasse und ikterische Schleimhäute; z. T. Schleimhautpetechien und -ekchymosen, Ödeme, selten Kolik und Durchfälle, Dyspnoe und ausgeprägte Tachykardie, Urticaria bis Hautnekrosen, akute Niereninsuffizienz) und Laborveränderungen (hämolytische Anämie mit Hämoglobinämie bis Hämoglobinurie und Ikterus).
- **Parasitämie:** *T. equi* (bis 80 %) und *B. caballi* (1–7 %).
- **Diagnose:** Unterstützt bei Zeckenbefund an erkrankten Pferden, Bestätigung im Ausstrich (*T. equi* diagnostisch typisch «Malteserkreuz», *B. caballi* paarweise angeordnet) oder mittels PCR, ELISA, IFAT und KBR.
- **Differenzialdiagnosen:** u. a. Ehrlichiose, infektiöse Anämie, Leptospirose und andere immunpathologische, hämolytische Anämien; bei perakutem Verlauf in endemischen Gebieten auch Pferdepest und Trypanosomose,
- **Prognose:** Bei *T. equi* ungünstiger (meist lebenslange subklinische Infektion) als bei *B. caballi* (oft spontane Elimination, besseres Ansprechen auf Therapie).
- **Therapie:** Die medikamentelle Behandlung am effektivsten mit Imidocarb diproprionat, in endemischen Gebieten mit dem Ziel der Unterdrückung der klinischen Manifestation, kürzere Rekonvaleszenz (2.2–4.4 mg/kg KG, 2 Injektionen im Abstand von 24 h, streng i. m.), in nicht endemischen Regionen mit dem Ziel der Erregerelimination (4 Injektionen 4.4 mg/kg KG i. m. alle 72 Stunden). N-butylscopolamin unmittelbar vor der Imidocard-Gabe kann Nebenwirkungen dämpfen, Atropin nur im Notfall als Antidot.

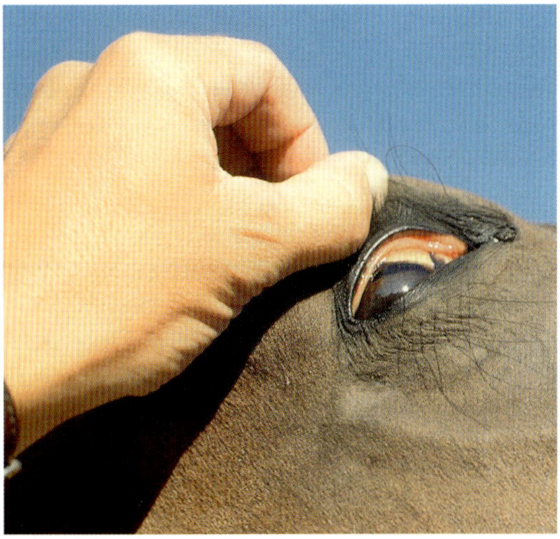

Abb. 17.1: Ikterische Skleren: Gelbverfärbung der Konjunktiven und Skleren bei Theileriose und Babesiose.

Symptome: Die Symptomatologie variiert etwas, je nach beteiligtem Erreger, Immunstatus und Region. In endemischen Gebieten verlaufen die meisten Fälle asymptomatisch chronisch. Sogar betroffene Fohlen erkranken dort oft nur mild. Dabei ist die Rolle der kolostralen Immunitätsvermittlung aber noch unklar. Im Allgemeinen kommt es aber bei Erstinfektionen von empfänglichen Tieren in nicht endemischen Gebieten nach 1–3 oder 4 Wochen Inkubationszeit zur manifesten Erkrankung, oft mit Fieber über 40 °C. Die Fresslust der meisten Patienten ist anfangs noch gut. Die Pferde sind trotz des Fiebers noch recht lebhaft und werden erst nach einigen Fiebertagen matt und unsicher im Gang. Bei *B. caballi* wird in den meisten Fällen ein kontinuierliches Fieber beobachtet, während bei *T. equi*-Befall die Körpertemperatur in der Regel mehrere Fieberschübe zeigen soll. Immer kommt es zu einem ausgeprägten Ikterus (Abb. 17.1), zum Teil mit Petechien und Ecchymosen an den sichtbaren Schleimhäuten (v. a. 3. Augenlid). Die Pferde leiden oft an Ödemen der Gliedmaßen und des Rumpfs und zeigen manchmal Koliksymptome (Verstopfungen) und Durchfälle. Dazu gesellen sich in schwereren Fällen Dyspnoe und eine ausgeprägte Tachykardie, manchmal auch Hautsymptome von Urticaria bis zu Nekrose. Die Tiere können an akuter Niereninsuffizienz mit Polyurie leiden (in schweren Fällen an Anurie), kombiniert mit Hämoglobinurie und Hämaturie, vor allem bei Befall mit *T. equi*. Die Anämie ist dabei meistens hochgradig.

Wenn ein Tier die initiale, akute Krankheit übersteht, kommt es nicht selten zur Chronizität und bei *T. equi*-Infektion zu einem lebenslangen, meist asymptomatischen Trägertum. Bei *B. caballi* kann man in den meisten Fällen eine Elimination innerhalb von Monaten bis ca. 4 Jahren erwarten. Manchmal magern diese latent infizierten Pferde progredient langsam ab und weisen immer eine leichte Anämie auf sowie geringgradiges Fieber vor allem nach Arbeit. Manchmal ist eine generelle Abnahme der Leistungsfähigkeit zu beobachten. Zentralnervöse Störungen sind häufiger beim Befall mit *T. equi*.

Die **Diagnose** ist initial wegen der im Anfangsstadium oft unspezifischen Symptome klinisch schwierig zu stellen, und asymptomatisch chronisch Infizierte werden natürlich meist nicht erkannt. Maßgebend für die Diagnose sind Labormethoden. Dieser direkte Nachweis der Erreger in den Erythrozyten, idealerweise etwa vom 2. bis zum 7. Krankheitstag (am besten im giemsagefärbten Ausstrich oder mit Immunfluoreszenz), gelingt bei *T. equi* weit leichter und regelmäßiger als bei *B. caballi* (Abb. 17.2 & 17.3). PCR und serologische Methoden (heute ELISA, früher KBR mit IFAT) ermöglichen eine sichere Diagnose, wenn der direkte Nachweis nicht gelingt, weil die manchmal kurzzeitige parasitämische Phase verpasst wurde. Sie erlauben zudem die Identifikation von subklinisch infizierten Tieren.

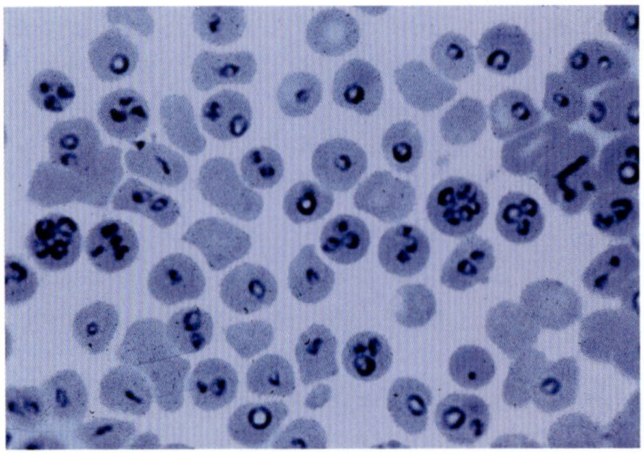

Abb. 17.2: Theileria equi: Giemsagefärbter Blutausstrich mit, im Vergleich zu B.caballi ausgeprägter Parasitämie. Die Parasiten liegen einzeln oder bis zu viert im Erythrozyt.

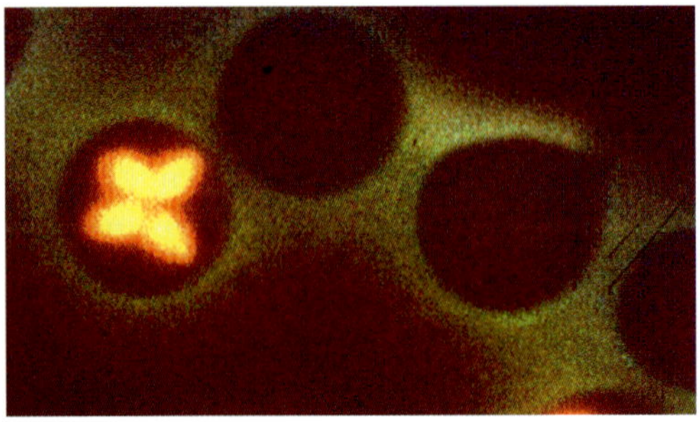

Abb. 17.3: Theileria equi: Die kranzförmige Anordnung der Parasiten im Erythrozyt ist typisch (Immunfluoreszenz).

Differenzialdiagnostisch kommen bei uns vor allem Ehrlichiose (v. a. Thrombozytopenie), infektiöse Anämie, Leptospirose und andere immunpathologische, hämolytische Anämien, die aber meist subfebril oder fieberfrei verlaufen, infrage. Bei perakutem Verlauf in endemischen Gebieten wäre auch Pferdepest in Betracht zu ziehen, ebenso Trypanosomose. Der Nachweis von Zecken an erkrankten Pferden unterstützt die Verdachtsdiagnose, es ist aber zur Sicherung der Differenzialdiagnose Gewicht auf einen direkten oder indirekten Erregernachweis zu legen.

Die **Prognose** eines Befalls mit *T. equi* ist ungünstiger (in der Regel lebenslange, meist subklinische Infektion; schwierige therapeutische Elimination) als diejenige der Infektion mit *B. caballi* (in vielen Fällen spontane Elimination nach Monaten bis Jahren, bessere Chancen auf Erregerelimination mit Medikation).

Therapie: Die Pferde sind ruhigzustellen. Die medikamentelle Behandlung unterscheidet sich, je nachdem ob betroffene Pferde in einem endemischen Gebiet (Ziel: Unterdrückung der klinischen Manifestation, kürzere Rekonvaleszenz) oder nicht (Ziel: Genesung; Elimination der Erreger) befindet. Es werden verschiedene Medikamente zur Behandlung der Babesiose angegeben. Steht kein spezifisches Medikament zur Verfügung, wird Oxytetrazyklin eingesetzt, bei *B. caballi*-Befall mit recht gutem Erfolg. Diminazenaceturat (Berenil®) wirkt auch gegen Trypanosomen und Leishmanien und kann beim Pferd gegen Babesien und Theilerien eingesetzt werden. Das Mittel der Wahl, in unseren Augen, ist Imidocarb diproprionat (Prävention und Kontrolle klinischer Symptome: 2.2–4.4 mg/kg KG, 2 Injektionen im Abstand von 24 h, streng i. m. (z. T. lokale Reaktionen, aber i. v. ist gefährlich); Elimination von *B. caballi* und weniger zuverlässig von *T. equi:* 4 Injektionen 4.4 mg/kg KG alle 72 Stunden (cave! Esel, Maulesel und Maultiere sind sehr empfindlich, wenn überhaupt, sollte maximal 2.2 mg/kg KG gegeben werden). Imidocarb diproprionat hat beim Pferd wahrscheinlich die größte therapeutische Breite, hinterlässt aber monatelang Rückstände im Gewebe und ist subklinisch nephrotoxisch. Akute Symptome sprechen dabei meistens gut an, aber *T. equi* lässt sich nicht zuverlässig eliminieren. Ein Versuch ist angezeigt, es scheint aber mehr oder weniger resistente Stämme zu geben. Allerdings sind cholinergische Nebenwirkungen (Unruhe, Speicheln, Hyperperistaltik, Durchfall und Kolik) nicht selten, und bei der Behandlung empfindlicher Pferde haben wir auch schwere Schocksymptome beobachtet. Das anticholinergisch wirkende N-butylscopolamin (0.3 mg/kg KG i. v.

unmittelbar vor der Imidocard-Gabe) kann die Nebenwirkungen dämpfen helfen, das Parasympathikolytikum Atropin (0.1 mg/kg KG i. v. einmalig) sollte nur im Notfall als Antidot gebraucht werden, weil es selber schwere Nebenwirkungen (paralytischen Ileus) verursachen kann.

Weiterführende Literatur

Reed S. M., Bayly W. M., Sellon D. C (Hrsg.): Mechanisms of Infectious Disease and Disorders of Specific Body Systems. In: Reed S. M., Bayly W. M., Sellon D. C.: Equine Internal Medicine, 3rd edition, Saunders Elsevier, St. Louis, 2010.

Sellon D. C., Long M. T. (Hrsg.): Section V: Parasitic Diseases. In: Equine Infectious Diseases, 2nd edition, Saunders Elsevier, St. Louis, 2013.

van der Kolk J. H., Veldhuis Kroeze E. J. B.: Infectious Diseases of the Horse. Manson Publishing Ltd, London, UK, 2013.

18 Systemische Mykosen

V. Gerber und R. Straub

In Gegensatz zu den prokaryotischen Bakterien sind Pilze Eukaryoten. Ihre Zellwand besitzt aber Sterol (z. B. Ergosterol) und Kohlenhydrate (z. B. Glucane und Galactomannan), die in eukaryotischen Säugetierzellen nicht vorkommen und darum als Angriffsziele für Antimykotika dienen können.

Systemische, invasive Mykosen spielen bei uns im Gegensatz zu oberflächlichen Pilzerkrankungen der Haut (Dermatophytosen oder Flechten, verursacht durch *Trichophyton equinum, T. verrucosum, T. mentagrophytes* oder *Microsporum canis* →1.3.3) nur in seltenen Einzelfällen eine Rolle.

Bei uns kommen praktisch ausschließlich Infektionen mit opportunistischen pathogenen Pilzen vor. Zu den seltenen, chronischen Mykosen, die tiefe subkutane und z. T. systemische Infekte verursachen (→1.3.3.2) gehören die Cryptococcose (*Cryptococcus neoformans*), Sporotrichose (*Sporothrix schenckii*, s. u.), Blastomykose (insb. Südosten der USA), Coccidioidomykose (subtropische und tropische Gebiete in Nord- und Südamerika), Histoplasmose (Lymphangitis epizootica, s. u.), sowie die Pythiose *(Pythium insidiosum)* und Zygomycose (*Conidiobolus* spp. und *Basidiobolus ranarum*), welche beide chronisch ulzerative Hautläsionen verursachen und in den südlichen USA auch als Phycomykose oder «*florida horse leeches*» bekannt sind. Am ehesten wären bei uns solche Infekte bei Importpferden mit chronischen, nodulären, z. T. auch ulzerierenden Hautveränderungen zu vermuten. Weil diese Infekte im Mitteleuropa so selten sind, werden hier nur die **Histoplasmose** und die **Sporotrichose** näher beschrieben.

Weitaus am häufigsten sind von ***Aspergillus fumigatus*** verursachte **Luftsackmykosen** (→3.2.2 & Abb. 3.6). Sehr selten treten Pilzinfekte (z. B. *Aspergillus* spp. (Lunge, Darm), *Mucor purrilus* und *Candida albicans* auch im Puerperium auf. Sonst sehen wir systemische Mykosen, z. B. Schleimhautplaques und systemische Hefeinfekte (v. a. *Candida albicans* und spp.) oder Aspergillosen der oberen oder unteren Atemwege, fast nur bei geschwächten, immunsupprimierten Patienten nach schwerer Krankheit oder längeren Perioden von Antibiotika- und/ oder Kortikosteroidmedikation. Interessant ist, dass gewisse Pilztoxine direkt Immunschwächen auslösen können. Die Schlauchpilze *(Ascomycota) Pneumocystis carinii* oder evtl. *Pneumocystis jirovecii* (neu wird Letzterer bei immungeschwächten Menschen als Erreger vermutet), kann, meist zusammen mit *Rhodococcus equi*, bei Pneumonien bei geschwächten Fohlen vorkommen (→3.6.6.4.2 resp. 3.6.6.3).

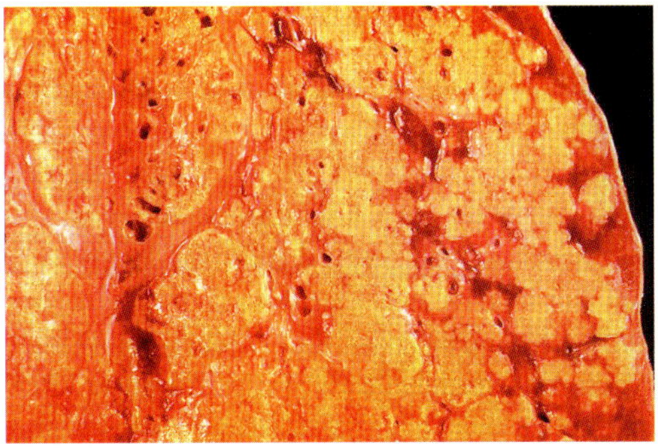

Abb. 18.1: Lungenaspergillose (Präparat): Systemische Aspergillose *(A. fumigatus)* bei einem Esel nach hoch dosierter, drei Wochen langer Antibiotikatherapie.

Es steht fest, dass Pilze beziehungsweise deren Sporen, als **Allergene** für respiratorische Pferdekrankheiten (insbesondere Pilzsporen bei RAO →3.6.2.2) eine viel größere Bedeutung haben denn als infektiöse Erreger.

Mykotoxine z. B. Aflatoxinvergiftungen in Südostasien und Leukencephalomalazie (Maiskörner verschimmelt mit *Fusarium moniliforme*) kommen vor allem in Nordamerika vor und spielen unter unseren Verhältnissen eine geringe Rolle.

18.1 Histoplasmose

Die Krankheit **Lymphangitis epizootica** wird durch die biphasischen Pilze *Histoplasma capsulatum* var. *farciminosum* ausgelöst. Sie kommt vorwiegend im Mittelmeerraum, Nordafrika und Ägypten, aber auch in (sub-) tropischen Gebieten Nord- und Südamerikas vor. Empfänglich sind u. a. Equiden und auch der Mensch. Es handelt sich um eine chronische Infektionskrankheit, die mit eitrigen Entzündung der subkutanen Lymphgefäße und Lymphknoten unter Beteiligung der Haut einhergehen. Die Übertragung erfolgt durch verschmutzte Einstreu, Putzzeug, Tränkeeimer oder auch direkten Kontakt. Die Inkubationszeit beträgt etwa 2 Monate, wobei wahrscheinlich nur ein kleiner Teil der exponierten Pferde klinisch erkrankt.

Symptome: Die Krankheit manifestiert sich im Allgemeinen zuerst an den Gliedmaßen oder am Hals und am Kopf (Lippen). Als erstes Indiz erscheint eine nicht heilende, granulierende und leicht blutende Wunde. Nach vermeintlicher Abheilung kann sich aus der Narbe ein Knoten entwickeln, der aufbricht und ein hässliches Geschwür bildet. Nach diesem primären Symptom entwickelt sich dann das charakteristische Krankheitsbild mit Schwellung der Lymphgefäße und Knotenbildung mit Ulzeration. Die Knoten sind kutan oder subkutan lokalisiert und entlang der Lymphgefäße perlschnurartig aneinandergereiht. Sie sind anfangs fest und nicht schmerzhaft, brechen nach wenigen Tagen auf und ein rahmartiger Eiter entleert sich. Anschließend entwickelt sich ein tiefes, rundliches, stark granulierendes Geschwür.

Prädilektionsstellen sind vor allem die Innenseiten der Hintergliedmaßen. Durch Benagen wird dann auch oft die Haut des Gesichtes und der Lippen befallen. Die lokalen Lymphknoten schwellen rasch an. Die Haut ist neben den lädierten Bezirken normal, selten sklerotisch verdickt. Die Gliedmaßen nehmen mit der Zeit ein Aussehen von dicken, knorrigen Säulen an. In Einzelfällen kann es zu blutigem Nasenausfluss kommen, wenn die Konchen betroffen sind. Bei Hengsten befällt der Erreger häufig auch das Präputium und das Skrotum, bei Stuten die Gegend der Vulva und des Perinäums. Allgemeinsymptome fehlen. Temperaturerhöhungen sind bedingt durch Sekundärinfektionen. Eine mykotische Keratitis, verursacht durch Histoplasma-Spezies ist auch beschrieben.

Verlauf: Die Krankheit verläuft chronisch. In Einzelfällen heilt sie spontan innerhalb von 4–6 Wochen ab und bleibt auf den Primärherd beschränkt. Häufiger ist aber ein Verlauf über mehrere Monate, wobei besonders in den Tropen eine progrediente Verschlimmerung mit Abmagerung bis zum Tod durch Kachexie zu beobachten ist.

Diagnose: In unseren Gegenden ist die rein klinische Diagnose nicht zu stellen. Man sollte Knoten oder Eiter mikroskopisch untersuchen, wobei der Erreger, teils frei, teils in Leukozyten eingeschlossen, leicht nachzuweisen ist. Differenzialdiagnostisch muss in rotzverseuchten Gebieten in erster Linie Rotz ausgeschlossen werden. Bei Rotz haben die Geschwüre ein viel zerfresseneres und unregelmäßigeres Aussehen. Die Lymphangitis ulcerosa (*Corynebacterium pseudotuberculosis* →16.8.5.2) ist gutartiger und beschränkt sich meistens auf die Lymphgefäßgegend der Hintergliedmaßen. Lymphangitiden anderer Genese sollten leicht abzugrenzen sein. Beschreibungen von ähnlichen Veränderungen werden im Kapitel Krankheiten der Haut (→1.3.2.4) sowie unten beschrieben.

Prognose: Besonders ungünstig sind Fälle mit einer Lokalisation in den Luftwegen. Sonst ist die Letalität der Infektion gering. Gleichwohl sollten derartig erkrankte Tiere bei sicherer Diagnose besser ausgemerzt werden.

Therapie: Beim Pferd fehlen genügende Erfahrungen für spezifische therapeutische Empfehlungen. Eine saubere Haltung der Pferde und ausgiebige Toilettierung der veränderten Stellen scheinen außerordentlich wichtig zu sein. Wenn möglich und wenn nötig, ist auch ein chirurgisches Vorgehen, mit Spalten der Knoten und Auskratzen und Ausätzen der Geschwüre, angebracht. Die Verwendung von Jodophoren lokal und Kalium-Jodid (NaJ)-Gaben per os könnten ebenfalls versucht werden. Amphotericin B ist von erheblicher Giftigkeit, außerdem sehr teuer und nicht leicht zu beschaffen: 0.3–0.5 (bis 1.5) mg/kg KG i. v., die Gesamtdosis in 1 Liter 5%iger Glukose. Auch Ketoconazol per os und Fluconazol topisch bei Keratitis sind beschrieben, doch fehlen die nötigen Erfahrungen. In Analogie zur Histoplasmosetherapie beim Menschen werden, nach initialer Amphotericin-B-Therapie, wochen- bis monatelange Gaben von Itraconazol empfohlen.

18.2 Sporotrichose

Die Zoonose Sporotrichose (Erreger: *Sporothrix schenckii*) ist vor allem in Nord-, Südamerika und Japan recht verbreitet, während sie hier in Europa sehr selten diagnostiziert wird. Die Infektion kann sich kutan, subkutan, pulmonal und okulär manifestieren. Beim Pferd wird vorwiegend die Haut- und Haut-Lymph-Form beschrieben, bei der die Eintrittspforte kleine Hautverletzungen sind. Die pulmonale und generalisiert systemische Form ist bei Pferd nicht bekannt.

Symptome: Es werden zwei verschiedene Verlaufsformen unterschieden. In typischen Fällen kommt es zu einer ulzerierenden Lymphadenitis und Lymphangitis, wobei ein Lymphknoten nahe der Eintrittspforte als Primärherd anschwillt. Von hier aus breitet sich die Infektion entlang der Lymphgefäße aus. Die Krankheit kann wie epizootische Lymphangitis aussehen, allerdings platzen die Knoten weniger häufig auf und Geschwüre sind seltener. Die Krankheit ist kaum ansteckend und meistens auf ein einziges Pferd beschränkt. Bei größerer Ausdehnung kann sie durch progrediente Abmagerung und sekundäre Infektionen zum Tod führen. Die Infektion verläuft chronisch.

Als zweite Form wird die Bildung von multiplen, subkutanen Knötchen beschrieben, die nicht dem Lymphgefäßsystem zu folgen scheinen. Wir haben einen klinisch dieser Variante entsprechenden Fall beobachtet, wobei bei uns aber als Erreger ***Candida guilliermondii*** identifiziert werden konnte.

Diagnose: Die Diagnose stützt sich völlig auf den Nachweis des Erregers. Eine Unterscheidung von epizootischer Lymphangitis (→18.1) ulzerativer Lymphangitis (→17.3.1), Nocardiose (*Nocardia asteroides* →16.8.2) und Rotz (*Burkholderia mallei* →16.3.1) ist im Allgemeinen möglich, weil die Krankheit auf Einzelfälle beschränkt bleibt. Für weitere Beschreibungen von ähnlichen Veränderungen verweisen wir auf die DD im Kapitel Krankheiten der Haut (→1.3.2.4 & 1.6.2).

Behandlung: Die Sporotrichose spricht gut an auf die Gabe von Jod, was im Übrigen auch bei unserem Fall einer kutanen-subkutanen Candidiase der Fall gewesen ist. Kalium-Jodid oder Natrium-Jodid sollten als 10%ige Lösung verabreicht werden (3 × pro Tag 10 g in Futter) oder initial auch 20–40 mg/kg KG i. v. SID als 20%-NaJ-Lösung. Die Sporotrichose soll nach langen chronischen Verläufen oft auch spontan abheilen, aber dabei können Narben oder auch interne Metastasen zurückbleiben.

Weiterführende Literatur

Reed S. M., Bayly W. M., Sellon D. C. (Hrsg.): Mechanisms of Infectious Disease and Disorders of Specific Body Systems. In: Reed S. M., Bayly W. M., Sellon D. C.: Equine Internal Medicine, 3rd edition, Saunders Elsevier, St. Louis, 2010.

Sellon D. C., Long M. T. (Hrsg.): Section IV: Fungal Diseases. In: Equine Infectious Diseases, 2nd edition, Saunders Elsevier, St. Louis, 2013.

van der Kolk J. H., Veldhuis Kroeze E. J. B.: Infectious Diseases of the Horse. Manson Publishing Ltd, London, UK, 2013.

Anhang

Sachwortregister

Symbole

A

B

C

S

T

U

V

W

X

Y

Z

Autorinnen und Autoren

Fouché, Nathalie
Dr. med. vet.
ISME Pferdeklinik, Vetsuisse Fakultät Universität Bern und ALP Haras, Bern, Schweiz.

Frey, Joachim
Prof. PhD
Institut für Veterinärbakteriologie, Vetsuisse Fakultät Universität Bern, Bern, Schweiz.

Gerber, Vinzenz
Prof. Dr. med. vet., PhD
DECEIM, DACEIM, FVH ISME Pferdeklinik, Vetsuisse Fakultät Universität Bern und ALP Haras, Bern, Schweiz

Graubner, Claudia
Dr. med. vet.
DECEIM, FVH, ISME Pferdeklinik, Vetsuisse Fakultät Universität Bern und ALP Haras, Bern, Schweiz.

Griot, Christian
PD Dr. med. vet.
Institut für Virologie und Immunologie, Nationales Tierseuchenreferenzzentrum und Vetsuisse Fakultät Universität Bern, Mittelhäusern, Schweiz.

Imhasly, Alexandra
Dr. med. vet.
DECEIM, Jäggin und Luder Pferde- und Kleintierpraxis, Oberwil, Schweiz.

Marti, Eliane
Prof. Dr. med. vet.
Abteilung Experimentelle Klinische Forschung (Klinische Immunologie), Department für klinische Forschung -VPH, Vetsuisse Fakultät Universität Bern, Bern, Schweiz.

Roosje, Petra
Prof. Dr. med. vet., PhD
DECVD, Departement für klinische Veterinärmedizin (Klinische Dermatologie), Vetsuisse Fakultät Universität Bern, Bern, Schweiz.

Straub, Reto
Prof. Dr. med. vet. em.
Gründungsmitglied ECEIM und FVH, ISME Pferdeklinik, Vetsuisse Fakultät Universität Bern und ALP Haras, Bern, Schweiz.

Unger, Lucia
Dr. med. vet.
DECEIM, ISME Pferdeklinik, Vetsuisse Fakultät Universität Bern und ALP Haras, Bern, Schweiz.

Van der Kolk, Han
Dr. med. vet., PhD
DECEIM, ISME Pferdeklinik, Vetsuisse Fakultät Universität Bern und ALP Haras, Bern, Schweiz.

Venner, Monica
PD Dr. med. vet., PhD
DECEIM, FTA für Pferde, Tierärztliche Klinik für Pferde, Destedt, Deutschland.

Zanoni, Reto
Prof. Dr. med. vet.
Institut für Virologie und Immunologie, in Kollaboration mit der Vetsuisse Fakultät Universität Bern, Bern, Schweiz.